Edmond PERRIER
MEMBRE DE L'INSTITUT
PROFESSEUR ADMINISTRATEUR AU MUSÉUM
D'HISTOIRE NATURELLE

Les Colonies Animales

Et la Formation des Organismes

DEUXIÈME ÉDITION

AVEC 2 PLANCHES ET 158 FIGURES DANS LE TEXTE

MASSON et Cie, Éditeurs

LES

COLONIES ANIMALES

ET LA

FORMATION DES ORGANISMES

7506-97. — Corbeil. Imprimerie Éd. Crété.

LES

COLONIES ANIMALES

ET LA

FORMATION DES ORGANISMES

PAR

EDMOND PERRIER

MEMBRE DE L'INSTITUT

PROFESSEUR-ADMINISTRATEUR DU MUSÉUM D'HISTOIRE NATURELLE

Avec 2 planches et 164 figures dans le texte.

DEUXIÈME ÉDITION

PARIS

MASSON ET Cie, ÉDITEURS

LIBRAIRES DE L'ACADÉMIE DE MÉDECINE

120, BOULEVARD SAINT-GERMAIN

MDCCCXCVIII

PRÉFACE

DE LA DEUXIÈME ÉDITION.

LES CAUSES DÉTERMINANTES DES FORMES DES ANIMAUX.

Lorsque parut la première édition de ce livre, ce ne fut pas sans peine qu'il arriva jusque sur le bureau de l'Académie des sciences. Son odyssée a été contée ailleurs (1). Depuis ce moment, la méthode qui en avait été l'âme, la doctrine qui s'en dégageait ont conquis dans l'esprit des naturalistes une place que constatent même d'irréductibles adversaires (2), et se sont fait jour jusque dans les spéculations des philosophes et des hommes politiques. Nous avons pu nous-même les mettre à l'épreuve dans un multiple enseignement, et nous en servir pour coordonner rationnellement les plus menus faits de l'organisation, du développement embryogénique et même de la classification des animaux (3).

Il nous sera donc permis d'exposer ici, avec plus d'assurance que nous ne pouvions le faire il y a quelques années, le but que nous avons essayé d'atteindre en écrivant cet ouvrage.

Les causes et les lois comparatives. — Darwin a, plus que tout autre, contribué à répandre cette idée que les formes vivantes résultent, au même titre que tous les phénomènes naturels, du libre jeu des forces physiques. Mais sa théorie de

(1) Préface du livre posthume de M. de Quartrefages : *Les Émules de Darwin*, p. LXVIII.

(2) Voir notamment la *Revue scientifique* du 13 mai 1896.

(3) Edmond Perrier, *Traité de zoologie*, 1892-1897.

la *lutte pour la vie* et de la *sélection naturelle* ne vise que les transformations ultimes des êtres vivants. Elle suppose forcément l'existence des êtres entre lesquels la lutte va s'établir ; elle constate leur variabilité, et explique comment de la lutte même résultent dans les rangs des combattants des vides, grâce auxquels le monde organisé se fragmente en groupes isolés, dont les membres sont capables de transmettre, sans grand changement, leur propre forme à leur descendance. Ces groupes sont ce qu'on nomme les *espèces*. Darwin nous montre, en un mot, comment il se fait, par exemple, que les chiens et les chats soient devenus incapables de se mêler entre eux, et comment, grâce à cette absence de mélange, le type *chien* et le type *chat* se conservent dans la nature ; mais il ne nous explique pas autrement que par des variations prétendues *spontanées*, comment le type chat et le type chien ont été réalisés.

C'est là pourtant le véritable problème du transformisme, celui que Lamarck avait génialement posé, au début de ce siècle et dont, faute de matériaux, il n'avait fait qu'entrevoir la solution.

Les matériaux sont aujourd'hui, pour ainsi dire, surabondants : les investigations des naturalistes ont été, surtout depuis trente ans, conduites avec une ardeur et une précision qu'il y a peu d'espoir de surpasser désormais ; toute la question est de coordonner les faits si minutieusement recueillis, suivant une méthode qui en fasse apparaître la filiation naturelle, et conduise par cela même à la détermination de leurs causes. Dans sa *Morphologie générale* et dans son *Histoire de la création naturelle*, et dans d'autres écrits, Hæckel a le premier tenté une coordination de ce genre ; le premier, depuis Lamarck, il a essayé de dresser un arbre généalogique du règne animal. Mais quel que soit l'intérêt des rapprochements qu'il établit, il se borne à tracer des filiations en s'appuyant sur des ressemblances anatomiques et surtout embryogéniques, sans déterminer d'une manière précise la cause initiale de la complication actuelle des organismes et des aspects si divers qu'ils présentent. L'explication des formes organiques ne prend évidemment un intérêt poignant, que si nous arrivons à découvrir quelque propriété commune à tous les êtres vivants, à qui l'on puisse, avec vraisemblance, attribuer cette fonction de *cause*, quant à l'évolution organique. La notion de causalité est cependant une de celles dont, par une opposition singulière avec les physiciens, les naturalistes se passent le plus volontiers. Appuyés sur les moindres ressemblances anatomiques ou embryogéniques d'origine souvent inconnue, ils admettent volontiers les transformations les plus extraordinaires, sans se préoccuper de rechercher si elles sont explicables par une cause quelconque ; c'est pourquoi, rien que dans ces dernières années, des hommes, tous éminents, ont pu, au hasard de leurs recherches, faire descendre indifféremment les Vertébrés des Tuniciers (Kowalevsky), des Arachnides ou plus précisément des Scorpions (Patten), des Crustacés (Gaskall), des Némertes (Hubrecht), des Vers annelés (Balfour, Semper), des Entéropneustes (Bateson).

La possibilité de pareilles divergences suppose, sans conteste, l'insuffisance des principes sur lesquels reposent encore les spéculations des naturalistes, incapables de distinguer, d'après ces principes, ce qui est possible de ce qui ne l'est pas.

La notion de causalité domine, au contraire, cet ouvrage, et les animaux y sont envisagés non pas comme des êtres définitivement réalisés et qu'il n'y a plus qu'à comparer entre eux, mais comme des organismes en voie de complication ou de simplification continuelles, et dérivant les uns des autres par suite de l'exercice constant de facultés fondamentales, nettement définies. Naturellement les grandes lois relatives à la constitution des organismes, les conceptions générales, auxquelles avaient conduit les *méthodes de comparaison* de ces organismes considérés à l'état statique, arrivent à leur place. La loi de la *répétition des parties* entrevue, par Buffon et Bonnet, appliquée par Gœthe à l'explication de la constitution des Végétaux et du squelette des Vertébrés, étendue par Dunal, Moquin-Tandon et surtout Dugès à la constitution des animaux, la conception du *polyzoïsme* des Vertébrés qui en est la conséquence ultime, formulée par Durand et de Gros, la loi de la *division du travail physiologique* si habilement développée par Henri Milne-Edwards, la *théorie cellulaire* de Schleiden et de Schwann, celle de l'*indépendance des éléments anatomiques* dont

Claude Bernard fit la base de la physiologie, la *théorie des générations alternantes* de Steenstrup, la loi de la *superposition de l'embryogénie à l'anatomie comparée et à la phylogénie* ou généalogie des formes actuelles, aperçue déjà par Étienne Geoffroy Saint-Hilaire, énoncée par Serres, son disciple, et, sous une forme plus moderne, par Fritz Müller, toutes ces intuitions, toutes ces généralisations qui ont marqué autant d'étapes, autant d'ères de discussion, tout au moins, dans la marche des sciences naturelles, gardent chacune sa place ; mais elles ne sont plus la simple constatation de faits d'essence inconnue ; elles apparaissent avec leur raison d'être, et se trouvent reliées en un seul et même système. En même temps, s'évanouissent les objections qu'on leur a faites et qu'ont tenté de renouveler contre ce livre ceux qui n'ont pas compris qu'il était non pas l'exposé d'une théorie d'imagination, mais l'application d'une méthode, la méthode explicative des physiciens. Ces objections ont été récemment réfutées (1).

Plastides et mérides. — On a cru un moment qu'il existait une substance vivante, sorte de composé complexe, instable, de carbone, d'hydrogène, d'azote, d'oxygène et de quelques autres corps simples, substance qui se retrouvait toujours la même et toujours diverse chez les organismes ; c'était le *protoplasma*, pour Huxley la *base physique* de la vie. On ne sait s'il a jamais existé des êtres ainsi formés d'une seule substance, mais les innombrables recherches dont la constitution des êtres animés a été l'objet ont établi que, dans la nature actuelle, de nombreuses substances, toutes vivantes au même titre, étaient associées pour constituer les plus simples d'entre eux. On ne sait pas davantage si jamais de pareilles associations ont pu croître indéfiniment et se développer en masses informes, de volume quelconque, comme aurait pu être la *gelée primordiale* d'Oken ou le prétendu *Bathybius* si célèbre il y a une trentaine d'années, mais toutes les observations précises de notre temps s'accordent à reconnaître que de nos jours, les *substances vivantes élémen-*

(1) E. Perrier, *Le mécanisme de la complication organique* (Revue générale des sciences, 30 avril 1897).

taires ne subsistent que sous des dimensions limitées, généralement très faibles. Les petites masses qu'elles forment ainsi, bien que pleines, correspondent aux *cellules* de Schleiden et de Schwann ; on les désigne communément aujourd'hui sous le nom de *plastides.*

Dans un plastide les substances vivantes sont groupées en deux masses inégales dont la plus petite, le *noyau*, est incluse dans l'autre. Par suite de la nutrition, ces deux masses grandissent et lorsqu'elles ont atteint une certaine taille limite, se divisent de façons diverses; le noyau se divise quelquefois d'une manière indépendante, et ainsi peuvent être réalisés des plastides à plusieurs noyaux ; ces plastides n'ont joué qu'un rôle très secondaire ou même presque nul dans l'évolution organique. Au contraire, les plastides où la division du noyau et celle de la masse enveloppante ont marché de pair, sont devenus les facteurs essentiels de la formation des êtres vivants les plus élevés. Il en est parmi eux dont la division a été immédiatement suivie de la séparation des deux plastides nouveaux qui en résultaient. Ces plastides toujours isolés par le fait même de cette séparation, n'en ont pas moins acquis une grande variété de forme et de propriétés; ils représentent, avec les plastides à plusieurs noyaux, le premier degré de l'organisation, celui qui caractérise les PROTOZOAIRES.

Mais il est d'autres plastides dont la division n'a pas été suivie de la séparation des éléments nouveaux, soit qu'une substance inerte maintînt unis ces éléments, soit qu'ils ne fussent doués que d'un faible pouvoir de locomotion et qu'il n'émanât d'eux aucune cause mécanique d'écartement. Ces plastides sont, par cela même, demeurés contigus, se sont groupés les uns par rapport aux autres suivant les conditions d'équilibre dans lesquelles ils se trouvaient placés ; dans les associations qu'ils ont formées, des échanges réciproques se sont établis, et ils sont devenus dissemblables, en raison des différentes positions relatives qu'ils occupaient et des conditions variées d'existence que ces positions leur imposaient. Ainsi se sont formés des organismes à éléments solidaires dont le degré de complication ne s'est pas élevé au-dessús de celle que présentent encore aujourd'hui les Hydres ou les Rotifères, par exemple. Nous désignons ces associations sous le nom de *mérides*.

De même que les dimensions des plastides, celles des mérides demeurent toujours très limitées. Ces organismes croissent d'abord en demeurant semblables à eux-mêmes, ou en ne subissant que des modifications de détail; mais à partir d'un certain moment la croissance s'arrête ; certains plastides se détachent de l'animal pour évoluer dans le même sens que lui et produisent des mérides nouveaux : c'est le phénomène de la *reproduction sexuée* ; ou bien, la croissance change de sens : les plastides nouvellement formés, au lieu de s'intercaler simplement entre les anciens, s'arrangent de manière à produire des mérides nouveaux; ceux-ci, suivant que le méride initial est fixé ou libre, se disposent les uns par rapport aux autres sous un angle quelconque ou se placent uniformément bout à bout de manière à constituer une chaîne ou un chapelet. Là encore, il peut arriver que les mérides se dissocient rapidement et semblent ainsi réaliser une *reproduction asexuée* qui se superpose, sans jamais la faire disparaître, à la reproduction sexuée. Quand cette dissociation est précoce, tout progrès important se trouve par cela même enrayé dans la complication organique. Si, au contraire, les mérides demeurent plus ou moins longtemps associés, alors même qu'ils conserveraient la faculté de se dissocier, en partie, à une époque plus ou moins tardive, ils constituent des *organismes ramifiés* (PHYTOZOAIRES) ou des *organismes segmentés* (ARTIOZOAIRES) qui ne sont pas autre chose que ce que l'on est convenu d'appeler les *animaux supérieurs*.

Les deux *types de structure*, le type ramifié et le type segmenté, sont purement liés, du reste, à des conditions mécaniques (p. 407).

LES SÉRIES ANIMALES ET LA LOI D'ASSOCIATION OU DE SYMBLASTOSE. — Le règne animal tout entier, abstraction faite des Protozoaires, peut être ramené à cinq séries continues d'organismes, celles des ÉPONGES, des POLYPES, des ÉCHINODERMES, des CHITINOPHORES et des NÉPHRIDIÉS, les trois premières ne comprenant que des organismes ramifiés, les deux dernières que des organismes segmentés. Chacune de ces séries commence par des organismes qui demeurent à l'état de méride, et se termine par des formes résultant de l'association et parfois de la fusion de plusieurs mérides. La plus remarquable de ces séries est celle des NÉPHRIDIÉS qui débute avec les Rotifères, et se continue, sans interruption, en passant par les Vers et les Mollusques, jusqu'aux Mammifères inclusivement. L'existence de pareilles séries montre que *les êtres vivants sont entre eux comme s'ils se distribuaient en séries généalogiques, et comme si les progéniteurs de chaque série avaient été de simples mérides qui auraient produit, grâce à la multiplication indéfinie de leurs plastides, des mérides nouveaux, diversement groupés, auxquels ils seraient demeurés associés.* Déjà, cette proposition que nous appelons la *loi d'association* ou de *symblastose* fournit à l'anatomie comparée une méthode rationnelle. D'autres constatations plus importantes encore, permettent de lui donner une signification très précise et de sortir du champ des simples comparaisons, pour entrer dans celui des explications, au sens propre de ce mot.

Effectivement, tous les êtres vivants, quels qu'ils soient, animaux ou végétaux, commencent par être réduits à un simple plastide, l'*œuf*. Dans toutes les séries, les formes relativement simples se développent de telle façon que l'œuf ne produit directement qu'un seul méride ; les autres procèdent directement de celui-ci. Ainsi la complication des organismes par le fait de la multiplication des mérides n'est pas seulement le résultat du développement d'un *plan de la nature*, comme aurait encore dit Dugès ; cette multiplication est le mécanisme même de cette complication, elle en est la cause réelle.

Si les organismes adultes se disposent tous en séries parallèles dont les formes initiales sont des mérides, c'est que chaque terme de chaque série représente une des étapes traversées par les organismes complexes pour arriver à leur forme actuelle ; si chaque organisme traverse individuellement ces mêmes étapes pour arriver à se constituer, l'embryogénie d'un être reproduit nécessairement sa généalogie. Nous retrouvons ainsi cette grande loi de l'*unité de la paléontologie, de l'anatomie comparée et de l'embryogénie*, déjà pressentie par les naturalistes du début de ce siècle.

Indépendance et variations des plastides et des mérides dans un même organisme. — Nous venons d'indiquer comment semble avoir été réalisée la complication organique, simple conséquence de la multiplication indéfinie des plastides, de leur association et du mode d'arrangement qui leur est imposé lorsqu'ils demeurent associés. Tous ces phénomènes sont liés très vraisemblablement aux conditions mêmes de la nutrition ; ils n'expliquent pas encore la grande variété qu'ont pu atteindre les organismes présentant un même degré de complication. Pour expliquer cette variété, il est nécessaire de faire appel à des considérations d'un autre ordre. La multiplication des plastides, celle des mérides dans un même organisme ne sont au fond que l'affirmation de l'indépendance réciproque de ces formations qui constituent ce qu'on est convenu d'appeler autant d'*individualités morphologiques*. Dans une science qui se serait logiquement constituée, l'*indépendance des éléments anatomiques* n'aurait donc pas dû apparaître comme une *loi* résultant de la généralisation de profondes recherches physiologiques, mais comme la règle fondamentale de la constitution des organismes.

Or, la forme et les propriétés des plastides comme des mérides résultent, dans une large mesure, des actions qu'ils éprouvent de la part du milieu extérieur et des réactions qu'ils exercent sur ce milieu. De leur indépendance dans un même organisme, il résultera donc qu'ils pourront, suivant les conditions dans lesquelles ils auront été placés, se modifier chacun pour son compte et arriver à un degré de variété mesuré par le degré de variété présenté par le milieu lui-même. Chaque plastide, chaque méride ayant une activité propre, la multiplication de ces unités aura pour conséquence d'introduire une variété de plus en plus grande dans les conditions qui leur sont faites au sein de l'organisme qu'ils constituent ; on comprend dès lors qu'il se soit différencié des *éléments épithéliaux*, des *éléments nerveux*, des *éléments musculaires*, des *éléments glandulaires*, des *éléments conjonctifs* de diverses sortes ; on comprend aussi que les divers rameaux d'un organisme arborescent, les divers segments d'un Ver annelé ou d'un Insecte ne se ressemblent pas. Les rameaux ou les segments similaires se groupent souvent ensemble de manière à paraître former un même tout ; ces ensembles forment, par exemple, chez les organismes segmentés, ce qu'on nomme les *régions du corps* : tels sont la *tête*, le *thorax* et l'*abdomen* d'un Insecte, respectivement composés de six, trois et onze mérides initiaux.

Il n'est pas rare que les mérides producteurs des éléments génitaux forment avec d'autres qui leur sont subordonnés des groupes capables de se séparer de l'organisme fondamental et qui ne présentent au premier abord aucune ressemblance soit avec cet organisme, soit avec les mérides dont il se compose. Ces phénomènes de dissociation compliqués de *polymorphisme* sont, pour la plus grande part, ceux qui ont servi de base à la fameuse *théorie des générations alternantes*.

La concurrence vitale et la division du travail physiologique dans l'organisme. — L'indépendance relative des plastides et des mérides entraîne cette conséquence que dans l'organisme dont ils font partie, ils sont comme s'ils étaient libres, soumis à la *concurrence vitale* et par conséquent à la *sélection naturelle*.

Les éléments ou les groupes d'éléments, *tissus* ou *organes*, les plus actifs, pourront prendre un développement plus ou moins considérable aux dépens des autres qui se réduiront d'autant ; nous sommes ainsi conduits à la loi du *balancement des organes* de Geoffroy Saint-Hilaire, et à la loi de la *céphalisation* de Morse. La première peut s'énoncer en disant que *chaque fois qu'un organe prend un développement considérable, un autre organe se réduit par compensation* ; la seconde, qu'on peut considérer comme un simple corollaire, constate que *chez les organismes segmentés, la région antérieure du corps, toujours très active, tend à prendre un grand développement* ; *la région postérieure, toujours plus ou moins inerte, tend à se réduire* ; d'où la formation si fréquente d'une *tête* et d'une *queue*.

La lutte entre les éléments organiques apparaît même sous la forme violente qu'elle présente entre les animaux d'un même cantonnement. Certains éléments anatomiques libres, auxquels on applique la dénomination générale de *phagocytes*, sont susceptibles de *manger* les autres, c'est le cas pour les globules blancs de notre propre sang ; ce phénomène a reçu le nom de *phagocytose* ; il joue un rôle important dans les métamorphoses des animaux et notamment dans celles des Insectes.

La conséquence immédiate de ces faits c'est que tout ce qui est inerte, dans un organisme, tend à en être éliminé. Lorsque cette élimination est achevée, il ne subsiste plus en lui que des éléments et des organes dont l'activité est indispensable à sa conservation ; cette conservation paraît être un but assigné d'avance ; et comme les éléments et les organes d'un même organisme sont, nous l'avons vu, différents les uns des autres, on peut dire, avec Henri Milne-Edwards, au sens même que les économistes attachent à ce mot, qu'il s'accomplit entre eux une véritable *division du travail physiologique*, et que chacun d'eux remplit une *fonction*. .

Loi des adaptations réciproques. — La concurrence vitale entre les organismes introduit maintenant une autre condition, en ne laissant subsister que les organismes dans lesquels a été éliminé non seulement tout ce qui est inerte, mais encore tout ce qui n'est pas directement utile à la victoire de chaque individu dans la lutte pour l'existence qu'il a à soutenir. Il arrive donc un moment où tous les plastides, tous les mérides d'un même organisme semblent façonnés les uns pour les autres ; et aussi les uns par les autres, en vue de la conservation de cet organisme ; c'est ce que nous avons exprimé en disant qu'il y a *adaptation réciproque* de ces diverses parties. Cette adaptation réciproque se produit aussi, comme nous l'avions fait remarquer dès 1881 (p. 711), lorsque deux organismes entrent dans des rapports tels qu'ils semblent ne constituer qu'un seul et même organisme, comme c'est le cas pour un parasite et son hôte. Dans ce cas le parasite s'adapte, pour ainsi dire, à son hôte ; mais l'hôte s'adapte aussi au parasite, si bien que le développement d'un parasite peut provoquer chez son hôte l'apparition des mêmes caractères que le développement précoce de ses organes génitaux (p. 234); de nouvelles adaptations de cet ordre ont été désignées depuis par M. Giard sous le nom de *castration parasitaire*.

Dans les cinq séries du règne animal, les adaptations réciproques se sont produites graduellement, et souvent chaque étape a pu être conservée. On voit donc dans ces séries les mérides d'abord isolés, s'associer ensuite en nombre indéterminé, en demeurant tous semblables entre eux; puis se différencier, en même temps que leur nombre se réduit et se fixe au point de devenir constant pour des sous-classes, comme celles des Malacostracés, ou même des classes entières, comme celle des Insectes. Dans de tels organismes, toutes les parties sont étroitement solidarisées; aussi la faculté de dissociation des mérides, si fréquente chez les formes inférieures, disparaît-elle toujours chez les formes supérieures; il n'y a pas ici, au moins en apparence, de *génération asexuée*.

Il ne faut pas oublier cependant que dans un méride les plastides gardent une large part d'indépendance; ils peuvent former des groupements spéciaux qui jouissent aussi d'une certaine autonomie, et constituer ainsi des *organes*. Dans un même organisme, surtout chez les organismes segmentés, les organes similaires des divers mérides, souvent en raison même de leur mode de formation, demeurent unis entre eux; ils peuvent, par suite du raccourcissement de leurs parties connectives, quitter le méride auquel ils appartenaient, s'agglomérer les uns avec les autres et finir par ne constituer qu'une seule masse, un seul et même organe, propriété indivise de tous les mérides; d'autres fois un organe d'un méride prend un développement exceptionnel, les organes similaires dont il accapare les fonctions se réduisent et disparaissent, tandis qu'il peut lui-même s'étendre dans plusieurs mérides ou même dans le corps presque tout entier; il devient, de la sorte, à son tour, une propriété indivise. La formation de tels organes qui fonctionnent pour l'organisme tout entier et non pas pour tel ou tel méride en particulier, a pour conséquence de diminuer l'indépendance de ceux-ci, de les rendre plus étroitement solidaires; c'est l'analogue de la *centralisation* dans les nations puissamment organisées.

Tant que cette centralisation est nulle ou faible, l'indépendance des mérides est tellement frappante que beaucoup de naturalistes ont cru ou croient encore que les organismes faiblement centralisés présentent un mode spécial de structure; ils les ont pris ou les prennent pour des *animaux composés*; le nom de *colonies animales* a été imaginé pour les désigner et les distinguer des *animaux simples*, constitués par un seul et unique *individu*. On n'a pas vu que ces colonies ne marquaient qu'une étape dans la réalisation de la complexité organique que présentent les animaux supérieurs, et comme tous les passages existent nécessairement entre les prétendues *colonies* et les prétendus *individus*, les discussions les plus ardentes et les plus stériles se sont élevées au sujet de la catégorie à laquelle il fallait rapporter certains êtres tels que les *Siphonophores* ou les *Vers solitaires*, par exemple. Bien que Geoffroy Saint-Hilaire ait déjà essayé de montrer que les Vertébrés et les Articulés ou animaux segmentés avaient, au fond, la même structure, Durand de Gros, en insistant sur ce qu'il appelle le *polyzoïsme* des Vertébrés, a été l'un des premiers à s'affranchir de cette opposition illusoire que bien des naturalistes éminents persistent encore à voir entre les *organismes polyzoïques* ou *colonies* et les *organismes monozoïques*, hautement centralisés, par conséquent indivisibles, dont ces « colonies » ont préparé la formation.

Allomorphoses et automorphoses. — Étant données les substances vivantes et leur faculté fondamentale de se nourrir et de se multiplier sous forme de plastides, eux-mêmes capables de se modifier et de transmettre leurs modifications à leur descendance, le milieu extérieur est sans doute la cause déterminante de toutes les modifications que peuvent présenter les organismes. Mais ce milieu peut agir, soit directement, soit indirectement. Directement quand il ne provoque, au sein des substances protoplasmiques, que des modifications chimiques, telles que la formation de la chlorophylle et des pigments, ou qu'une suractivité de la nutrition aboutissant, par exemple, à une croissance plus rapide soit de l'organisme tout entier, soit de tel ou tel organe. Indirectement, quand la stimulation du milieu provoque de la part de l'organisme une réaction qui paraît être la cause de la modification, comme dans tous les cas rattachés par Lamarck à l'*usage* ou au *défaut d'usage* des organes. On peut distinguer ces deux ordres de modification, malgré leur point de départ commun, et les désigner chacun par un nom ; les premiers seront des *allomorphoses*, les seconds des *automorphoses*. Un organisme à réactions externes très limitées, comme celui d'un végétal, ne paraîtra présenter que des allomorphoses. Au contraire, les automorphoses apparaîtront d'autant plus nettement caractérisées que, par le développement de la sensibilité et de la volonté, l'organisme sera plus capable de se soustraire à l'action du milieu, comme cela a lieu chez les animaux supérieurs.

On trouve déjà tous les intermédiaires entre les allomorphoses et les automorphoses chez les Protozoaires qui n'arrivent cependant pas à des automorphoses incontestables. Parmi les Infusoires ciliés, par exemple, ceux que l'on peut considérer comme primitifs ont une forme symétrique par rapport à un axe et qui ne semble déterminée que par la façon dont ces petits êtres se meuvent en tournoyant dans l'eau, leur « bouche » en avant (ENCHELYIDÆ) ; chez ceux qui ajoutent à la natation un autre mode de locomotion, la marche, la face ventrale s'aplatit, et l'on peut encore ne voir là qu'un effet de la pesanteur ; l'aplatissement s'effectue d'ailleurs d'une façon quelconque, et la bouche peut aussi bien être médiane (COLEPIDÆ, TRACHELIDÆ) que latérale. Lorsque la bouche est latérale, il se constitue le plus souvent une bande de cils puissants qui se dirige vers elle, en partant du côté de l'extrémité antérieure du corps dont elle est le plus éloignée (HÉTÉROTRICHES) ; puis les cils de la face inférieure du corps deviennent plus puissants, et les autres finissent par disparaître (HYPOTRICHES). Ce développement et cette localisation des cils vibratiles se rattachent à l'usage qu'en fait l'animal ; que cet usage soit ou non volontaire, il y a là un commencement d'automorphose.

Des automorphoses nombreuses apparaissent au cours du développement des animaux supérieurs. La forme originelle de ces organismes est, comme celle des Infusoires ciliés, un organisme ovoïde, se mouvant à l'aide de cils; mais cet organisme est creux, et sa paroi est formée de nombreux plastides disposés en une seule assise ; c'est ce qu'on nomme une *blastula*. Les plastides des embryons à l'état de *blastula* sont, en général, bourrés de réserves alimentaires. Ces blastula se meuvent en dirigeant en avant un de leurs pôles; les cils du demi-ovoïde correspondant à ce pôle sont particulièrement actifs, et leur activité entraîne la disparition rapide des réserves accumulées dans les plastides qui les portent; ces réserves persistent au contraire, dans la région postérieure. Dès lors, de cette région vers la région antérieure s'établissent des courants osmotiques qui amènent de nouveaux aliments aux plastides actifs; ces courants entraînent à la longue avec eux la région d'où ils partent, et la moitié postérieure de l'embryon s'enfonce ainsi dans la moitié antérieure. La concavité de la région ainsi enfoncée communique longtemps avec le dehors par un orifice *nécessairement postérieur* que l'on considère souvent, à tort, comme représentant une bouche primitive et qui est le *blastopore*. L'embryon est désormais formé de deux sacs emboîtés l'un dans l'autre, l'un externe et formé de *plastides actifs*, l'*exoderme*, l'autre interne et formé de *plastides nourriciers*, l'*entoderme*. Au contact des éléments nourriciers, c'est-à-dire tout autour du blastopore, se trouve une zone d'éléments dont la multiplication est particulièrement active ; les éléments qui résultent de cette multiplication sont naturellement entraînés dans le milieu nourricier, circonscrit par l'exoderme et l'entoderme ; ils y constituent une couche moyenne, le *mésoderme*.

Tous ces phénomènes confinent évidemment aux automorphoses. Mais les automorphoses les plus nettes sont celles qui résultent de l'activité même des organismes adultes, celles qui se produisent, comme disait Lamarck, sous le stimulant des *besoins*, lesquels mettent en jeu la *sensibilité* et la *volonté* de l'animal. Les automorphoses ainsi produites ne sont pas seulement des modifications de détail : il en est qui se retrouvent dans plusieurs groupes zoologiques, d'autres qui ont imprimé à des classes ou même à des embranchements tout entiers les caractères qui les distinguent. Elles sont dues, en général, à quelque changement plus ou moins radical dans le genre de vie des ancêtres du groupe considéré. En voici quelques exemples particulièrement frappants : Un assez grand nombre d'animaux primitivement libres, mais doués d'organes capables de faire affluer vers eux, même au repos, un courant de liquide aéré et chargé de particules nutritives, suffisant pour assurer leur respiration et leur alimentation, se sont fixés d'abord d'une manière temporaire, pour se reposer ou s'abriter, puis d'une manière définitive. La fixation à un corps solide exige une pression, or cette pression se trouvant naturellement produite par les mouvements qui déterminent la locomotion de l'animal, celui-ci se fixe presque toujours par son extrémité antérieure. Dès lors, la bouche placée au voisinage du corps solide est dans une position défavorable à la préhension des aliments ; l'animal fixé fait tous ses efforts pour l'amener exactement à l'opposé du point de fixation, et quand ce résultat est atteint, se fige pour ainsi dire dans cette attitude nouvelle qui devient l'attitude normale de ses descendants. Cette attitude n'est d'ailleurs presque jamais réalisée d'emblée ; les métamorphoses des Crinoïdes, des Bryozoaires, des Cirripèdes, des Tuniciers ne sont que l'ensemble des phénomènes de transformation d'organes et de tissus qui permettent à l'embryon de passer de l'attitude normale de l'ancêtre libre, à l'attitude nouvelle de l'ancêtre fixé. Ce changement d'attitude a été l'origine des classes des Crinoïdes et des Bryozoaires, de l'ordre des Cirripèdes, de l'embranchement des Tuniciers.

Les plus anciens des Mollusques étaient très vraisemblablement des animaux nageurs à coquille droite et à branchies ventrales. Certains de ces animaux ont cessé de nager pour ramper sur le sol, à l'aide d'appendices dépendant manifestement de leur tête ; ils ont ainsi porté leur coquille verticalement et leurs branchies se sont trouvées dirigées en arrière. Dès lors, pincées entre la coquille et l'organe de reptation ou *pied*, les branchies se trouvaient dans les conditions les plus défavorables à l'accomplissement de leur fonction. Pour les dégager, l'animal a été amené à pencher en avant sa coquille qui s'est enroulée en spirale; puis, le résultat étant insuffisant encore, à contracter dissymétriquement les muscles de son corps de manière à reporter ses branchies en avant. Il s'est ainsi tordu en faisant mouvoir ses branchies en sens inverse des aiguilles d'une montre, en ramenant en arrière les parties de sa coquille qu'il avait d'abord inclinée en avant, et il a été figé dans cette attitude par l'atrophie graduelle de l'une des moitiés de son corps et des organes correspondants. Par la réalisation de cette asymétrie, a pris naissance la classe des Gastéropodes ; la morphologie comparée et l'embryogénie de ces Mollusques reflètent encore toutes les phases de cette longue série d'efforts volontaires de leurs ancêtres. Les Bernards-l'Ermite, Crustacés voisins des Écrevisses, qui ont pris l'habitude de se loger dans des coquilles de Gastéropodes, ont subi des modifications analogues, quoique moins profondes.

Chez les animaux segmentés, en raison des excitations mécaniques multiples dont la face ventrale est le siège, au cours de la locomotion sur le sol, c'est toujours sur cette face que se développe la partie principale du système nerveux ; les Vertébrés, bien que segmentés eux aussi, présentent au contraire un système nerveux dorsal. Étienne Geoffroy Saint-Hilaire avait déjà expressément affirmé qu'il n'y avait pas eu déplacement du système nerveux, mais seulement renversement de l'attitude de l'animal ; on commence à comprendre aujourd'hui les causes de ce renversement tout à fait volontaire ; l'embryogénie du Vertébré le plus inférieur, l'Amphioxus, en retrace, pour ainsi dire, l'histoire et en démontre par cela même la réalité. Les Turbots, Soles, Limandes et autres poissons plats qui vivent couchés sur le côté sont revenus à une attitude intermédiaire, et leur embryogénie montre encore comment ils ont rendu asymétrique leur tête, primitivement semblable à celle des autres Poissons.

Les premiers Vertébrés marcheurs, les Batraciens, avaient les cuisses et les bras horizontaux ; leurs pieds et leurs mains portaient de toute leur longueur sur le sol ; de sorte que l'animal n'était soulevé que de la hauteur de ses jambes et de ses avant-bras, hauteur généralement insuffisante pour empêcher le ventre de traîner à terre; ils *rampaient*. C'est l'attitude que présentent encore les seuls Reptiles qui aient subsisté jusqu'à nos jours et les rares représentants des Mammifères primitifs, les Monotrèmes. Les Reptiles Dinosauriens de la période secondaire qui ont donné naissance aux Oiseaux et les Mammifères actuels présentent, au contraire, des allures variées qui toutes peuvent être reliées par cette formule : *les allures diverses des Mammifères et des Dinosauriens sont entre elles comme si les Vertébrés rampants avaient fait une série d'efforts pour ramener d'abord leurs cuisses et leurs bras dans un plan vertical, puis pour se dresser sur l'extrémité de leur doigt le plus long, et comme si certains d'entre eux s'étaient arrêtés aux diverses phases de cette attitude limite*. En d'autres termes, tout s'est passé comme si certains Vertébrés s'étaient évertués à voir le plus loin et à courir le plus vite possible.

Ces exemples montrent combien Lamarck avait raison de faire intervenir les besoins, parmi les causes de l'évolution organique dans le règne animal. Il leur attribuait seulement une influence trop exclusive.

Les séries régressives et la progenèse. — Les effets du parasitisme sur les parasites mettent en relief les conséquences, dans une direction opposée, du défaut d'usage des organes ou, ce qui revient au même, de l'inertie de la volonté; ils forment l'exacte contre-partie des cas précédents. Dispensé de rechercher une nourriture abondamment accumulée autour de lui, le parasite n'use plus de ses membres qui s'atrophient; il ne fait qu'un faible usage de son appareil musculaire qui se dégrade; ses organes des sens non stimulés succombent dans la concurrence que se font les éléments anatomiques; le système nerveux n'ayant plus à recueillir que de vagues sensations et à régenter qu'un appareil musculaire sans importance, subit à son tour une profonde déchéance; tous les groupes d'éléments, tous les organes qui marquaient le plus nettement la délimitation des mérides venant ainsi à disparaître, il n'y a aucune raison pour que ceux-ci subsistent;

si bien que, par suite du parasitisme, ont pu dériver des animaux segmentés des êtres dégradés dont le corps est tout d'une venue. La longue série des Némathelminthes paraît être ainsi une lignée d'Arthropodes déchus. Les Vers plats, qui forment au moins trois classes distinctes (Trématodes, Cestoïdes, Turbellariés), se relient de la même façon aux Vers annelés ; en les considérant comme des formes dégénérées, comme des *séries régressives*, on évite de constituer pour eux une série distincte, difficile à justifier. Des déchéances analogues résultent de l'immobilité, chez les animaux fixés au sol ou simplement sédentaires. Les éléments qui profitent de cette atonie générale des organes de la vie de relation sont les éléments reproducteurs. Ils prennent une importance exceptionnelle, et leur développement est souvent si précoce qu'ils apparaissent quand les autres organes de l'animal sont encore à peine ébauchés ; leur apparition détermine souvent l'avortement complet de ces organes. Ce développement précoce des organes génitaux n'est pas spécial aux parasites, nous l'avons rencontré chez les Polypes (p. 228 et 234) et nous nous en sommes servi pour expliquer les divers états sous lesquels on rencontre les mérides reproducteurs et les Méduses dans la grande classe des Hydroméduses. M. Giard lui a donné depuis le nom de *progenèse*. La *progenèse* a dominé toute l'évolution des Ascidies composées ; elle fournit l'explication des formes en apparence si différentes (Sporocyste, Rédie, Cercaire), qui se succèdent dans l'évolution des Trématodes et qu'on a essayé d'embrasser dans la théorie aujourd'hui émiettée des générations alternantes (1); elle peut être observée chez un certain nombre d'espèces éparses dans les groupes variés du règne animal (Pucerons, Lampyres femelles, Cirrhipèdes, Bonellies mâles), parfois sur un seul sexe, et le sexe progénétique garde presque toujours des caractères embryonnaires ou larvaires. Les séries régressives qu'elle a déterminées ont souvent compliqué les questions de généalogie des animaux. On a effectivement tout d'abord confondu les *formes simplifiées* avec les *formes simples* ; les unes et les autres ont

(1) EDMOND PERRIER, *Traité de zoologie*, 1896, p. 1791.

été, par suite, considérées comme des têtes de séries, et l'on a été ainsi conduit non seulement à faire des Némathelminthes et des Vers plats des groupes isolés, ne conduisant à rien mais encore à dresser à rebours la généalogie des Tuniciers. Si l'on remarque que dans tous ces groupes les modes de reproduction deviennent de plus en plus compliqués à mesure que l'organisme se simplifie, il ne peut cependant rester aucun doute sur le sens dans lequel s'est produite l'évolution.

Aussi bien que les organes génitaux, tous les organes peuvent être affectés de développement précoce; l'embryon est un champ clos dans lequel la lutte pour la vie entre les éléments anatomiques, les tissus et les organes est d'autant plus serrée que la multiplication des éléments est plus active. Geoffroy Saint-Hilaire avait déjà cherché dans ce fait l'explication de sa *loi du balancement des organes*; il avait vu que certains organes peuvent être plus ou moins tôt frappés d'*arrêt du développement* et que de leur avortement résultent des rapports anormaux entre les organes subsistants (1); ces arrêts de développement peuvent être temporaires et l'ordre d'évolution des organes présente alors des interversions apparentes que M. Giard nomme *hétérochronies*. Ces hétérochronies nous ont permis d'expliquer toutes les anomalies du développement des Siphonophores (p. 270).

Hérédité. — Tout ce que nous avons dit jusqu'à présent n'a de valeur que si les modifications acquises par un organisme, sous l'influence des conditions extérieures et de l'exercice même de ses facultés physiologiques, sont susceptibles d'être transmises à sa descendance. C'est là le phénomène de l'*hérédité* qui, malgré une récente dissidence (2), a servi de base, depuis Lamarck, à toute la théorie du transformisme. Le fait de l'hérédité met en relief une singulière propriété de la substance, telle qu'elle existe tout au

(1) Ét. Geoffroy Saint-Hilaire, *Principes de philosophie zoologique*, 1830, p. 71.

(2) Weissmann a essayé d'établir que les modifications *acquises* n'étaient pas transmissibles; il attribue l'évolution des organismes aux variations graduelles de constitution d'une certaine substance vivante, le *plasma germinatif*, que les êtres vivants se transmettraient sans interruption depuis l'origine.

moins dans les éléments reproducteurs et qu'on peut énoncer ainsi : *La substance vivante des éléments reproducteurs est capable de se substituer à toutes les causes de modification qui ont agi efficacement sur les ancêtres de l'organisme dans lequel ces éléments se développent.* Il en résulte que les caractères acquis apparaissent chez les descendants, et se conservent alors même qu'ont cessé d'agir les causes qui les ont produits ; de là la difficulté qu'éprouvent les biologistes à démêler ces causes. Lorsque les causes sont périodiques comme les variations annuelles de la température, l'hérédité établit, par exemple, une discordance entre le rythme des phénomènes biologiques et celui des phénomènes thermiques ; lorsqu'un animal est transporté dans une région où le rythme thermique est modifié, le rythme des phénomènes biologiques peut demeurer le même, de sorte qu'il n'y a plus de rapport, même approché, entre la manifestation de ces derniers et celle de leurs causes efficientes primitives. C'est ce qu'on observe souvent pour les mues et les pontes ; c'est encore ce qui a masqué pendant longtemps l'interprétation des phénomènes de prétendue *hypermétamorphose* des Cantharides et des Insectes voisins (1). C'est aussi l'hérédité de certains actes intellectuels et la discordance de ces actes avec leurs causes originelles qui ont conduit les anciens observateurs à opposer l'*instinct* à l'*intelligence*, et ont rendu si tardive l'explication des phénomènes instinctifs (2).

Grâce à cette faculté de la substance vivante de reconstituer les organismes en dehors des causes qui ont déterminé leurs caractères, la généalogie de ces organismes peut être reproduite par leur embryogénie, sans qu'aucune des causes qui ont déterminé la succession des formes ancestrales intervienne actuellement; par exemple, des êtres dont l'organisation ne s'explique qu'en admettant pour leurs ancêtres une phase de fixation, peuvent se développer en demeurant toujours libres ; tels sont les Trachyméduses, les Acalèphes, les Tuniciers nageurs, etc.

(1) E. Perrier, *Traité de zoologie*, p. 1220.

(2) E. Perrier, *Anatomie et physiologie animales*, 1881, p. 190-202, et Préface au livre de Romanes sur l'*Intelligence des animaux*, 1887 ; p. XXIII et XXXI.

Tachygenèse ou accélération embryogénique; patrogonie, tachygonie et armozogonie. — Le fait que le développement embryogénique s'accomplit ordinairement dans un temps très court relativement à la durée de la vie de l'animal adulte, et qu'une succession de caractères qui ont été élaborés depuis l'apparition de la vie est réalisée en quelques semaines témoigne d'ailleurs du raccourcissement extrême de la durée de chacune des phases essentielles traversées par l'organisme pour arriver à son état actuel. Ce raccourcissement constitue le phénomène de l'*accélération embryogénique* ou *tachygenèse*. L'histoire embryogénique des Siphonophores et surtout celle des Tuniciers en fournissent des exemples frappants, parce qu'ils se présentent sous une forme tout à fait inattendue, mais en fait, *la tachygenèse est le principal agent modificateur de l'embryogénie de tous les êtres vivants*. Lorsqu'elle dépasse certaines limites, elle peut arriver à rendre tout à fait illusoire la loi fondamentale de la répétition de la généalogie par l'embryogénie. Il est impossible de dire, en effet, d'un Mammifère ou même d'un Vertébré quelconque : *L'embryogénie d'un animal n'est que sa généalogie abrégée*, car à aucune des phases qu'il traverse avant son éclosion, l'embryon d'un Vertébré n'est en état de mener une existence indépendante, bien que les formes ancestrales aient toutes été capables de se suffire elles-mêmes. Il est tout aussi impossible d'admettre que l'organisation interne des ancêtres et les procédés histologiques de transformation d'une forme dans une autre aient été conservés : dans le cas extrême, par exemple, où des phagocytes détruisent brusquement les anciens tissus qui sont remplacés par d'autres issus de bourgeons spéciaux, comme c'est le cas dans les métamorphoses des Insectes, il est bien certain que nous sommes en présence d'un procédé de développement tachygénétique tout différent des procédés primitifs de transformation lente, *bien qu'il en dérive* (1), et il en est de même, ainsi que l'a fait remarquer M. Giard, chaque fois qu'un organe embryonnaire entre rapidement en dégénérescence graisseuse. L'un des problèmes

(1) E. Perrier, *Traité de zoologie*, p. 1225.

essentiels de l'embryogénie est donc de déterminer les lois de la tachygenèse. Or il n'y a pas pour cela deux moyens ; il faut de toute nécessité : 1° user de tous les matériaux que nous fournit la nature actuelle pour essayer de reconstituer, dans ses grands traits, la chaîne des formes adultes, dans l'ordre probable de leur apparition ; 2° étudier le développement des types dont l'éclosion est le plus précoce, dont les formes embryonnaires successives, toujours libres, ont d'autant plus de chances de ressembler aux formes ancestrales, qu'elles rappellent davantage les formes adultes des séries précédentes, et constituer ainsi ce qu'on peut appeler l'*embryogénie normale* ou *patrogonie* du groupe ; 3° comparer à cette embryogénie normale les embryogénies accélérées ou *tachygonies*. Cette méthode conduit à un certain nombre de règles que nous avons récemment exposées (1). La connaissance de ces règles est absolument nécessaire, si l'on veut tirer de l'embryogénie quelques renseignements sur les affinités des êtres ; c'est pour ne l'avoir pas compris que les embryogénistes ont introduit dans plus d'une partie de la science, d'inextricables confusions.

La tachygenèse atteint, en général, son maximum d'intensité chez les types à éclosion tardive. La réalisation dans l'œuf d'un organisme complexe n'a du reste pu se poursuivre qu'en raison de l'accumulation dans le vitellus d'une quantité suffisante de matières alimentaires. Le degré de tachygenèse dépend, dans une large mesure, de la quantité de matériaux ainsi rassemblés ; rien n'est plus probant à cet égard, que les différences présentées dans leur mode de développement par les *Palæmonetes*, proches parents des Crevettes communes. Le *Palæmonetes varians*, fréquent sur notre littoral, peut vivre indifféremment dans les eaux salées et dans les eaux douces. Les variétés marines ont de petits œufs nombreux et se développent à peu près comme les Crevettes ; les variétés d'eau douce ont de gros œufs, peu nombreux, et l'éclosion des jeunes est beaucoup plus tardive. La même différence apparaît lorsqu'on compare entre elles les espèces marines de ce genre

(1) E. Perrier, Rapport sur le concours pour le prix Serres en 1896. *Compte rendu de l'Académie des sciences.*

et les espèces fluviales voisines. Ainsi non seulement la même espèce peut présenter, suivant les circonstances, deux modes de développement différents (*Pœcilogonie*, Giard), mais encore ces deux modes de développement peuvent se fixer et caractériser des espèces vivant dans des conditions différentes.

L'accumulation dans l'œuf d'une quantité considérable de matériaux nutritifs n'est pas sans influer sur les formes successives que revêt l'embryon. Non seulement celui-ci doit se loger dans un espace plus restreint, mais encore il se comporte comme un parasite à l'égard de sa réserve nutritive et, en raison sans doute de son inertie, n'acquiert que tardivement ses organes locomoteurs. Il y a là une adaptation à des conditions de milieu, témoignant que l'embryon est capable d'en subir d'autres; effectivement les embryons pélagiques, par exemple, acquièrent fréquemment des organes temporaires qui ne sont nullement un legs des formes ancestrales, et qui disparaissent lorsque la vie de l'embryon se rapproche du genre de vie de l'adulte ; il y a alors *développement adaptatif* ou *armozogonie*. C'est là un nouvel écueil pour la détermination des affinités, d'autant plus que *la tachygonie et l'armozogonie ne sont nullement exclusives l'une de l'autre*. Les formes embryonnaires ne sont donc pas seulement des effigies fugitives des formes ancestrales ; elles sont fonction de deux variables, l'*hérédité* et l'*adaptation* ; celle-ci peut imprimer un certain temps des caractères tout spéciaux à l'embryon, mais la première finit généralement par l'emporter, et par conduire l'embryon à une forme identique à celle qui aurait été obtenue directement si l'armozogonie n'était pas intervenue.

Gonomorphoses. — Il arrive cependant que certaines formes embryonnaires adaptatives, comme celles qui résultent d'un arrêt de développement, sont conservées et deviennent l'origine de groupes zoologiques nouveaux. C'est le cas pour les Alcyonnaires parmi les Coralliaires, pour les Didemniens et surtout les Appendiculaires parmi les Tuniciers. S'il n'est pas établi que les monstruosités dues à des causes accidentelles puissent devenir la souche de formes animales nouvelles, il est au contraire constant que *par le jeu normal de l'embryogénie, les formes vivantes peuvent être modifiées aussi bien dans le sens régressif que dans le sens progressif.* A ces modifications de formes dues au mécanisme embryogénique même, on peut donner le nom de *gonomorphoses.*

L'apparition de la corde dorsale des Vertébrés peut ainsi s'expliquer par une gonomorphose. La segmentation du corps de ces animaux, leurs cils vibratiles, la constitution de leur appareil rénal primitif, leur appareil circulatoire complètement clos. autorisent à penser qu'ils dérivent des Vers annelés : ils sont surtout caractérisés par le volume exceptionnel et la position dorsale de leur système nerveux. Chez eux le système nerveux et le mésoderme ont un développement tachygénétique. Le premier se forme par invagination de l'exoderme qui repousse devant lui l'entoderme. De chaque côté de la région de l'entoderme ainsi refoulé, deux évaginations entodermiques ébauchent le mésoderme. La croissance rapide de l'invagination nerveuse et des évaginations mésodermiques épuise bien vite les matériaux nutritifs contenus dans la région entodermique qu'elles avoisinent. Les cellules de cette région dégénèrent et constituent le cordon inerte connu sous le nom de corde dorsale, commun à tous les embryons de Vertébrés, et qui fournit au squelette de l'adulte un axe de formation. D'autre part, le précoce développement du système nerveux occupant sur la ligne médiane toute la longueur du corps, a déterminé la migration graduelle de la bouche vers la face du corps primitivement dorsale, pour maintenir sa bouche tournée vers le sol, l'animal a dû imprimer à la région antérieure de son corps des torsions dont l'embryogénie de l'*Amphioxus* raconte toutes les étapes jusqu'au moment où cet orifice ayant atteint la ligne médiane hémale, le Vertébré a pris définitivement une attitude inverse de celle du Ver et constitué sa face neurale à l'état de face dorsale. Le Vertébré s'est ainsi retourné, grâce à une série d'automorphoses.

La loi de reproduction totale. — Dans ces dernières années, de nombreux efforts ont été tentés pour expliquer comment les caractères acquis par un organisme pouvaient être transmis par ses éléments reproducteurs. On n'est arrivé sur ce point qu'à des résultats fort imparfaits, mais qui n'en ont pas moins une certaine importance.

Malgré le rôle si important qui leur est dévolu, les éléments reproducteurs ne semblent pas différer essentiellement des éléments conjonctifs les moins spécialisés; chez beaucoup d'animaux inférieurs, ils sont manifestement de la catégorie des plastides qui flottent dans le liquide de la cavité générale; le plus souvent ils se différencient dans le revêtement péritonéal de cette cavité ou de ses dépendances. *Bien que dans un organisme complexe chaque méride paraisse avoir en propre ses glandes reproductrices, les éléments reproducteurs ne représentent cependant pas d'une manière plus particulière le méride dans lequel ils ont pris naissance, mais bien l'organisme tout entier.* Nous avons donné à cette proposition le nom de *loi de la reproduction totale* (p. 726). Ainsi, malgré le caractère colonial qu'on attribue aux Éponges et aux Polypes, les diverses parties de ces organismes apparaissent toujours, à partir de l'œuf, avec les mêmes caractères, de même que celles d'un végétal quelconque, et rien n'indique mieux tout ce qu'ont d'illusoire les différences que des naturalistes éminents s'imaginent encore exister entre ce qu'ils appellent des *colonies* ou des *organismes polyzoïques* et ce qu'ils considèrent comme des individus simples ou *organismes monozoïques*. Il n'y a dès lors aucune difficulté à comprendre comment, chez ces derniers, les organes génitaux, qui dans les formes primitives se répétaient comme les mérides, peuvent être remplacés par un organe unique; comment la tachygenèse peut porter sur la rapidité avec laquelle se forment et se transforment les divers mérides, aussi bien que sur la rapidité de la segmentation de l'œuf. La rapidité avec laquelle se constituent les mérides nouveaux entraîne dans leurs procédés de constitution, des modifications analogues à celles qui se produisent dans les procédés d'évolution des organes. C'est ainsi que chez les animaux segmentés, la segmentation du corps en arrive à ne se manifester d'abord que dans les tissus interposés entre le tube digestif et le tégument primitif, à n'apparaître que momentanément dans la région ventrale du corps de l'*Amphioxus*, et finalement à se confiner d'emblée dans la région dorsale chez les autres Vertébrés. La possibilité de telles modifications dans les procédés de développement montre à quel point doivent être tenues pour suspectes les catégories qu'on a essayé d'établir parmi les animaux, en s'appuyant sur le mode de formation de leurs organes ou même de leur cavité générale, sans tenir compte des lois de la tachygenèse.

Origine des éléments sexuels. — La tachygenèse semble d'ailleurs avoir eu sa part dans l'apparition même de la génération sexuée. Elle suppose, en effet, l'accumulation dans l'œuf d'une certaine somme de matériaux nutritifs, ou tout au moins l'acquisition par celui-ci d'un volume qui lui permette de se diviser un certain nombre de fois, pour former les éléments anatomiques de l'embryon, dans la période où ce dernier ne peut encore s'alimenter par lui-même. Les belles études de M. Maupas sur la reproduction des Infusoires montrent que l'instrument le plus actif de la formation du protoplasma et des réserves qu'il contient, c'est le noyau. A ce métier, le noyau s'use; certaines de ses parties meurent et, chez les Infusoires, sont éliminées.

Tout ce que l'on a appris le plus récemment des deux sortes d'éléments reproducteurs tend à établir que l'élément mâle et l'élément femelle proviennent d'éléments qui avaient primitivement les mêmes aptitudes reproductrices (*spores*, *zoospores*, *conidies*, etc.). Les noyaux de tous les plastides des organismes qu'ils doivent reproduire contiennent un nombre déterminé, constant pour chaque espèce, de corpuscules particuliers, les *chromosomes*. Au moment où ils s'unissent pour former un œuf prêt à se développer, les deux éléments reproducteurs ne contiennent chacun que la moitié de ce nombre de chromosomes, d'où l'impossibilité pour eux d'évoluer séparément ; par leur union seulement ils peuvent former un plastide complet, et la nécessité de la fécondation est par cela même établie. Mais pourquoi cette réduction du nombre des chromosomes? Elle s'explique pour l'œuf si l'on admet que, grâce à l'expulsion des *globules polaires*, qui en est le signe extérieur, sont éliminées les parties usées du noyau ; une telle interprétation ne s'applique pas à l'élément mâle. Mais si partant de l'identité primitive des éléments reproducteurs, on admet que l'élément mâle s'est différencié suivant les règles de la tachygenèse, par une division du noyau de plus en plus précoce, calquée sur celle des éléments où s'accumulent des réserves, mais arrivant à se produire avant que le noyau ait travaillé, on comprendra tout à la fois l'extrême réduction du protoplasme de cet élément, son incapacité à former des réserves et l'aptitude de son noyau à compléter celui de l'élément femelle.

La génération sexuée et l'apparition de l'espèce. — Quoi qu'il en soit, l'apparition de la reproduction sexuée entraîne avec elle une conséquence importante. Des éléments issus de deux individus différents concourent désormais à la formation d'un œuf ; par ce fait, les variations similaires des deux individus se renforcent, les variations en sens opposé se neutralisent ; le champ des variations se limite, par conséquent, et se limite d'autant plus que la sélection naturelle tend à faire disparaître toutes les variations inutiles ou désavantageuses. Aussi la descendance d'un même couple tend-elle à se scinder, sous l'influence indirecte de milieux différents, en lignées distinctes, si lentement variables depuis que nous les observons, qu'il nous a été impossible d'enregistrer leurs modifications, rendues évidentes par la paléontologie. Il arrive un moment où ces lignées sont incapables de se mêler entre elles ; elles constituent alors les *espèces* dont Darwin a si bien développé le mode de formation. Nous touchons avec cette question de la formation des espèces, aux limites du domaine purement scientifique que nous avons tenté d'explorer.

La formation du moi ; la sociologie. — Mais il est un autre problème d'ordre plus philosophique qui se mêle avec une insistance obsédante à toutes les questions traitées dans cet ouvrage. En somme, les organismes de rang inférieur que nous avons désignés sous le nom de mérides sont des associations de plastides ; tout organisme de rang plus élevé est une association de mérides. Plastides et mérides conservent toujours une certaine indépendance dans l'organisme qu'ils édifient par leur association et il peut même arriver que dans un tel organisme un certain nombre de mérides se groupent de manière à pouvoir se détacher de l'ensemble et mener une existence indépendante (p. 201, 260, 439, 451). Comment l'unité de conscience apparaît-elle et se développe-t-elle dans ces associations, au point de faire naître en nous cette notion si forte du *moi*?

Existe-t-il, d'autre part, quelque rapport entre la façon dont se sont formés et constitués les organismes, et celle dont se constituent les sociétés humaines qu'on leur a si souvent comparées? Est-il possible de tirer de ces comparaisons quelque chose de précis qui nous permette de prévoir l'avenir de nos sociétés, d'en régler l'ordonnance et de justifier les contrats sur lesquels elles reposent par une connaissance exacte des rapports de la biologie et de la sociologie? Telles sont les graves questions qui apparaîtront comme le couronnement de ce travail.

Le seul fait qu'elles apparaissent en telle place, suffit à démontrer que les sciences naturelles sont par elles-mêmes la plus haute, la plus impartiale, la plus certaine des philosophies. Et ce livre établira qu'elles ne nous prêchent pas seulement la lutte pour la vie ; elles nous montrent le succès dans cette lutte, le progrès dans la puissance, résultant de l'association ; elles nous enseignent que dans toute association prospère, les éléments associés, tout en gardant les uns vis-à-vis des autres une liberté qui est la condition nécessaire du progrès, demeurent unis par d'incessantes condescendances, et confirment la place toujours plus élevée que prend, parmi les vertus sociales, la pratique de la *solidarité*.

1er novembre 1897.

LES

COLONIES ANIMALES

ET LA

FORMATION DES ORGANISMES

LIVRE PREMIER

LA VIE ET LES PREMIERS ÊTRES

CHAPITRE PREMIER

INTRODUCTION. — LES THÉORIES PHYSIQUES ET LA DOCTRINE DE LA DESCENDANCE.

Deux doctrines sont depuis longtemps en présence relativement à l'origine des espèces animales et végétales.

L'une affirme que ces espèces ont apparu sur le globe à peu près telles que nous les voyons aujourd'hui, qu'elles n'ont subi et ne peuvent subir que de très légères modifications, qu'il n'y a et n'y a jamais eu rien de commun entre elles.

L'autre soutient que le règne animal et le règne végétal, avec tout leur appareil d'*espèces*, de *genres*, de *familles*, d'*ordres*, d'*embranchements*, n'ont pas été créés de toutes pièces ; que la vie s'est d'abord montrée sur la terre sous une forme simple, d'où sont sorties par une série ininterrompue de modifications successives toutes les formes, si complexes soient-elles, que nous révèle l'étude de la Nature.

Pouvons-nous choisir entre ces deux alternatives?

Quelques-uns disent : Ce sont là questions hors de notre portée. Il sera éternellement impossible à la science humaine de les résoudre. Acceptons le monde tel qu'il est sans nous embarrasser de ce qu'il a pu être ou de ce qu'il deviendra.

Mais l'homme ne se connaît pas si bien qu'il puisse assigner des limites à son propre savoir. Il serait au plus haut point téméraire d'affirmer que nul ne pourra comprendre, quel que soit le développement futur des connaissances, ce qui échappe de nos jours à notre entendement. Le droit du naturaliste à rechercher l'origine des êtres vivants est donc absolu. Cela admis, il est d'un trop grand intérêt de connaître cette origine, pour que l'on renonce jamais à la découvrir.

Tout autre est en effet la situation de l'homme vis-à-vis des organismes suivant la façon dont ils se sont formés.

Supposons-les immuables : la science de l'anatomiste est fatalement bornée à l'enregistrement de formes sans aucun lien entre elles ; celle du physiologiste ne subsiste qu'en vertu d'une hypothèse : rien ne prouve que les résultats de ses études sur une espèce soient vrais encore pour l'espèce la plus voisine. La recherche des lois est une pure chimère. Chaque espèce, indépendante de celles qui lui ressemblent le plus, est, comme elles, suivant une expression de Louis Agassiz, l'incarnation d'une pensée créatrice distincte. Vouloir établir un lien entre ces pensées, c'est vouloir pénétrer l'intelligence créatrice elle-même. Désespérant de l'atteindre, l'homme la rapetisse à l'image de sa propre intelligence. Il se représente le Créateur comme un architecte sans cesse occupé à construire de splendides édifices ou d'humbles cabanes qu'il laisse subsister quelque temps pour les renverser ensuite, par un caprice de sa volonté, et les remplacer par d'autres plus conformes aux idées nouvelles qui se dér ulent dans son esprit. L'homme assiste en spectateur à ces changements successifs dont la raison, extérieure au monde physique, lui est absolument cachée. L'intérêt avec lequel il les suit est purement philosophique. De tels phénomènes ne le touchent que très indirectement, puisqu'ils sont l'effet d'une volonté à laquelle il doit lui-même l'existence et dont il ne saurait deviner les motifs. Les espèces étant des faits sans rapport entre eux, l'homme n'a rien à leur demander ni sur leur origine, ni sur la sienne. Lié à certains êtres vivants par une cohabitation en quelque sorte accidentelle, il cherche à les connaître, soit en vue du profit qu'il en peut tirer, soit pour défendre contre eux sa personne ou ses établissements. Pourquoi s'inquiéterait-il des autres? C'est affaire à quelques curieux de les décrire et de les classer. La vie elle-même est soustraite à son action et n'a aucun secret à lui livrer.

Supposons au contraire que les espèces se soient graduellement produites à la surface du globe, que celles qui nous entourent descendent des espèces différentes qui les ont précédées, que toutes se rattachent par une succession non interrompue de formes continuellement en voie de variation, à des êtres simples, apparus dès l'origine et qui auraient produit tous les autres en se transformant ou en se groupant de façons diverses. Dès lors les espèces se trouvent intimement reliées entre elles. Les plus voisines sont réellement la même chair et le même sang. Les lois de la physiologie ont une généralité nécessaire. Celles que découvre l'anatomie comparée sont les lois mêmes de la formation et du développement des organismes. Elles dérivent des lois de la physiologie générale, c'est-à-dire des propriétés inhérentes aux substances vivantes. Les formes qui se succèdent résultent de l'action réciproque de ces substances et des milieux dans lesquels elles sont placées. Les premières étant bien connues dans leurs propriétés fondamentales, l'histoire des modifications subies par les seconds contient l'explication des transformations successives des organismes. L'homme, capable d'agir sur les milieux, doit être par cela même capable d'agir sur le monde vivant qui l'entoure, capable d'agir sur lui-même puisqu'il en fait partie. Sorti du règne animal, — qu'il constitue ou non un règne nouveau, — il trouve dans le passé de ce règne, sa propre histoire. Tout être vivant peut revendiquer avec lui quelque parent commun, n'est qu'une modification de la substance même dont il est formé ou d'une substance analogue. Apprendre à connaître les animaux et les végétaux, si infimes qu'ils soient, c'est donc apprendre à connaître l'homme, c'est apprendre à connaître le jeu de son organisme, et les modifications dont il est susceptible. Les lois des modifications de la matière vivante sont les mêmes partout : elles renferment le secret de ce que nous nommons les maladies, comme aussi celui de les prévenir ou de les guérir. La médecine, la physiologie, l'embryogénie, la science des formes, qu'on l'appelle anatomie comparée, zoologie, botanique descriptive ou paléontologie, constituent un ensemble étroitement cohérent auquel se relient toutes les sciences qui s'occupent de l'homme, et l'on conçoit, au-dessus de toutes ces sciences particulières, une science qui les englobe toutes, une *Science de la vie*, dont la science de l'homme n'est qu'un cas particulier : cette science a reçu un nom, celui de *Biologie*.

Il ne saurait plus être question de pensées créatrices isolément incarnées. Les espèces n'ont plus, pour seule et unique cause, une volonté aux desseins impénétrables. Leur développement s'accomplit suivant un ordre logique, rigoureux, résulte de lois fixes, inéluctables, comparables de tous points aux lois de la physique et de la chimie et entraînant avec elles des conséquences aussi variées. Chaque forme a ses causes déterminables et s'impose à nous, non plus comme un fait à constater, mais comme un problème à résoudre. De là l'accroissement d'activité qui s'est manifesté dans les sciences de la vie depuis la publication du livre célèbre de Darwin sur l'*Origine des espèces*.

A la place de l'implacable et froide immobilité dans laquelle le dogme de la fixité des espèces fait dormir l'empire organique tout entier, la théorie du développement graduel des formes spécifiques, la théorie de la *Descendance*, de l'*Évolution*, ou encore, comme on l'a appelée d'un mot, le *Transformisme*, nous montre partout le mouvement, la lutte, le progrès. La vie du monde n'est plus un tableau que contemple d'un œil désintéressé ce grand spectacteur qui s'appelle l'Humanité ; c'est un drame parfois sanglant, une immense bataille à laquelle il prend sa rude part et dont toutes les péripéties peuvent l'atteindre.

Toutefois là n'est pas seulement la cause de l'accueil enthousiaste qui a été fait au transformisme, des bruyants débats dont il a été l'objet. Ces débats n'auraient guère dépassé sans doute l'horizon du monde savant, si la doctrine discutée n'avait présenté un accord remarquable avec d'autres idées théoriques, nées séparément, mais qui sont bien vite devenues le fondement même de la philosophie scientifique de notre époque.

Le transformisme a sa place marquée à côté des grandes doctrines qui ont, depuis le commencement de ce siècle, renouvelé la face des sciences physiques. C'est par ces doctrines qu'a été ouverte la voie brillante qu'il a parcourue, c'est d'elles qu'il tire une partie du crédit qu'on lui a si rapidement et si généralement accordé. Si on veut l'apprécier avec impartialité, il est donc indispensable de ne pas le séparer de l'ensemble de conceptions auxquelles il se relie, qui en sont le commentaire obligé et qui, se prêtant un mutuel appui, témoignent en quelque sorte les unes pour les autres.

Nous devons jeter un coup d'œil sur cet ensemble grandiose.

Plusieurs naturalistes avaient avant Darwin pensé que les êtres vivants sont liés généalogiquement entre eux. L'illustre philosophe cite, dans l'une de ses préfaces, une liste de trente-quatre naturalistes ou philosophes qui tous, depuis le dix-huitième siècle, ont plus ou moins explicitement émis l'idée que les espèces actuelles sont susceptibles de varier, de donner naissance, dans des conditions déterminées, à des espèces nouvelles et descendent elles-mêmes d'espèces éteintes ou encore vivantes qui ne présentaient pas leurs caractères. Dans cette liste on trouve des noms illustres tels que ceux de Buffon, Lamarck, Étienne et Isidore Geoffroy Saint-Hilaire, Bory de Saint-Vincent, Léopold de Buch, d'Omalius d'Halloy, pour ne citer que les morts. En France même, c'était au fond leurs opinions sur le degré de variabilité des êtres vivants et sur leur origine qui divisaient Cuvier et Geoffroy Saint-Hilaire et firent éclater entre ces deux hommes de génie la brillante discussion dont l'Académie des sciences de Paris a gardé le souvenir.

Comment une question de cet ordre a-t-elle pu cesser, depuis lors, de préoccuper les naturalistes ? Comment, après avoir eu de tels défenseurs, la doctrine de la descendance a-t-elle pu tomber dans l'oubli ? Comment à cet oubli un si bruyant réveil a-t-il succédé? Sans doute l'idée nouvelle de la *sélection naturelle* apportée par Darwin, la dialectique sévère, la science étendue du naturaliste anglais ont eu leur part dans cet accueil ; mais la cause principale est plus haut ; elle est avant tout dans la transformation profonde qui s'est opérée dans l'esprit philosophique depuis l'époque des mémorables débats qui tenaient captive l'attention de Gœthe malgré le grondement des révolutions. Reportons-nous aux premières années de ce siècle, que de progrès accomplis !

La Chimie minérale venait à peine de trouver ses législateurs et rien n'aurait pu faire prévoir les développements immenses de la Chimie organique. On croyait encore à la matérialité des agents physiques : la lumière, l'électricité, la chaleur, le magnétisme étaient des *fluides*, différents les uns des autres, pénétrant la substance des corps, s'amassant en eux en proportions diverses, tandis que des *forces*, causes du mouvement, l'attraction, l'affinité, la cohésion sollicitaient leurs molécules. Si les mouvements des astres étaient déjà bien connus et calculés, on possédait à peine quelques notions sur la nature des planètes, et l'on ignorait totalement ce que pouvaient être le soleil, les étoiles et les comètes. L'Histoire même de la terre, la Géologie essayait seulement ses premiers pas : on considérait le globe terrestre comme un frêle ballon roulant dans l'espace, sujet à d'effroyables cataclysmes, à des révolutions mystérieuses détruisant, par intervalles, tout ce qui avait vie, nécessitant par conséquent un réveil périodique de la puissance créatrice. C'était là l'idée fondamentale de la Paléontologie de Cuvier. L'homme était apparu au début de la dernière période de calme. il devait, selon toute probabilité, finir avec elle.

D'autres idées cosmogoniques ont acquis aujourd'hui un caractère de certitude absolue. Une étude attentive des phénomènes qui s'accomplissent actuellement à la surface du globe a montré qu'ils étaient capables à eux seuls de produire sur lui les changements dont la géologie nous raconte l'histoire. Il n'y a pas eu de convulsions générales séparant les unes des autres les époques géologiques, transformant d'un coup la disposition des continents et des mers : la terre est parvenue à l'état où nous la voyons par une série ininterrompue de modifications graduelles et continues dont les causes agissent encore sous nos yeux et paraissent éternelles. La théorie des *causes actuelles* de Lyell a pris la place de la théorie des *révolutions du globe* et des *cataclysmes successifs*, exposée jadis par Cuvier avec tant de grandeur.

L'Astronomie est venue à son tour, aidée de toutes les ressources de la Physique, nous révéler cette partie du passé de notre globe que la Géologie ne peut atteindre. Le spectroscope a retrouvé dans le soleil, dans les étoiles et jusque dans les comètes, les substances terrestres et pas d'autres. L'unité chimique de l'Univers a été de la sorte établie. Nous avons appris qu'une portion considérable de la masse solaire était encore à l'état de gaz incandescent, que les comètes étaient en grande partie constituées de pierres disjointes ; ces pierres ou d'autres semblables traversent souvent notre atmosphère sous forme d'étoiles filantes; quelques-unes tombent sur notre sol, et les recherches de M. Stanislas Meunier ont prouvé qu'elles avaient autrefois fait partie de globes volumineux, sièges comme le nôtre, comme la lune, de phénomènes volcaniques. L'histoire des astres et de leurs métamorphoses est maintenant complète : le soleil et les étoiles nous représentent leur jeunesse, la terre et la plupart des planètes leur âge mûr. La lune froide et morne, presque entièrement solidifiée, traversée par d'immenses cassures, nous offre l'image de leur décrépitude. C'est déjà peut-être un cadavre dont les diverses parties, par le progrès du refroidissement, finiront par se disjoindre : l'astre sera remplacé par un amas de pierres météoriques.

Mais cet état ne fait que préparer une nouvelle métamorphose. Séparées de leurs sœurs par les mille accidents de leur course à travers l'espace, quelques-unes de ces pierres vont augmenter la masse d'astres plus considérables, d'autres, déviées de leur route, deviennent complètement errantes, allant au hasard des influences qui agissent sur elles, d'autres enfin sont englobées dans les amas cométaires. Là nous assistons à une sorte de renaissance, les pierres et les particules matérielles de provenances diverses, que la comète a ramassées le long de son orbite, animées de vitesses différentes, obéissant d'ailleurs à leur attraction réciproque, deviennent satellites les unes des autres. A chaque instant des chocs, des frottements, viennent ralentir leurs mouvements rapides, créant par cela même la lumière propre des comètes et la chaleur qui fondra, vaporisera même leurs éléments épars pour les réduire en une seule masse et transformer la comète en astre planétaire. La comète est donc une des formes que peut revêtir l'enfance des astres dont toutes les phases de la vie nous sont désormais connues.

Cependant une idée nouvelle s'est fait jour et a porté le premier coup à la vieille hypothèse des *fluides* ou *agents physiques*. Rumford avait entrevu ue la chaleur pourrait bien n'être qu'une transformation du mouvement : Fresnel proclame que la lumière n'est autre chose qu'un mouvement vibratoire, et aussitôt toutes les propriétés de cet « agent » jusque-là mystérieux, tous les phénomènes de l'optique s'expliquent comme par enchantement. J. Mayer, Joule, Hirn, Tyndall reprennent l'idée de Rumford et démontrent à leur tour que la chaleur n'est, elle aussi, qu'un mode particulier de vibration des particules matérielles. Ils prouvent que la chaleur se change en mouvement et le mouvement en chaleur suivant des règles fixes qu'ils déterminent. La *théorie mécanique de la chaleur* est créée : elle entraîne avec elle une théorie nouvelle de la constitution moléculaire des corps. Les solides, les liquides, les gaz que l'on pouvait croire formés de particules immobiles présentent au contraire une incroyable activité intérieure. Leur température, telle que l'apprécient nos organes, n'est autre chose que l'impression produite sur nous par le frémissement de leurs particules.

Déjà notre illustre Ampère avait établi l'identité de l'électricité et du magnétisme. Seebeck montre qu'il suffit de chauffer le point de soudure de deux métaux pour produire un courant électrique. L'influence de la chaleur sur le magnétisme, la production de l'électricité par le frottement font partie de nos premières notions sur ces agents ; leur transformation en lumière et en chaleur, par conséquent en mouvement, est devenue un fait vulgaire qu'attestent aujourd'hui d'innombrables industries et l'éclairage même de nos rues.

L'ancienne hypothèse des fluides indépendants est donc morte pour jamais ; il n'y a plus pour les physiciens qu'une matière subtile, l'*Éther*, remplissant l'espace, pénétrant tous les corps, capable d'agir sur eux et de leur communiquer ses mouvements.

La notion mystérieuse de la *force* fait place à celle du *mouvement*. Il n'y a d'autre cause au mouvement que le mouvement lui-même, d'autre moyen de transmettre le mouvement que le choc, d'autre cause modificatrice du mouvement que les mouvements antérieurement acquis. Le mouvement est lui-même indestructible, toujours en quantité constante dans l'univers, mais indéfiniment transformable, à ce point que nous venons à peine d'apprendre à le reconnaître sous ses dernières métamorphoses.

L'étude de la matière fait, elle aussi, de rapides progrès.

Les chimistes ont successivement décrit une soixantaine d'éléments qu'ils considèrent comme distincts, indécomposables, formant toutes les substances par leurs combinaisons diverses et qui sont pour eux des *corps simples* (1). On s'efforce d'abord de définir nettement les propriétés qui les distinguent, mais on ne tarde pas à se demander si ces prétendus éléments sont réellement indépendants les uns des autres, si quelques traits ne révèlent pas en eux une origine commune, si les alchimistes n'avaient pas raison de chercher la transmutation des métaux. M. Dumas établit le premier que ces corps peuvent se grouper en familles dont tous les éléments se comportent sensiblement de la même façon dans les réactions chimiques; revenant à une hypothèse de Proust, il fait voir que leurs poids atomiques sont en général des nombres entiers comme si les atomes des corps réputés simples étaient en réalité composés eux-mêmes d'un nombre variable de parties toutes identiques entre elles, comme si ces atomes ne différaient les uns des autres que par le nombre de ces parties.

(1) Le nombre des corps simples, qui était de 61 jusqu'à la découverte du spectroscope, serait aujourd'hui de 73 si les résultats des plus récents travaux se confirment. Les corps ajoutés à la liste sont tous des métaux, à savoir : le *Cæsium* et le *Rubidium* (Kirchhoff et Bunsen), le *Thallium* (Lamy, Crookes), l'*Indium* (Reich et Richter), le *Gallium* et le *Samarium* (Lecoq de Boisbaudran), le *Mosandrum* (Lawrence Smith), le *Philippium* et le *Decipium* (Delafontaine), le *Scandium* (Nilson), le *Thulium* et l'*Holmium* (Clève).

Mais de quoi sont faites ces parties elles-mêmes? Existerait-il une *substance primordiale* unique constituant à elle seule tout l'univers? Cette collectivité que nous nommons, par abstraction, la *matière* et dont notre esprit fait une grande unité, aurait-elle une existence réelle? La question est posée. MM. Mendeleef et Lothar Meyer, poursuivant la voie ouverte par M. Dumas, signalent à leur tour de singuliers rapports entre les poids atomiques des corps simples et leurs principales propriétés. Ils indiquent des lacunes dans la liste de ces corps, ils vont jusqu'à prédire que ces lacunes seront comblées et décrivent d'avance les éléments qui restent à découvrir. M. Lecoq de Boisbaudran arrive à des conclusions analogues par l'étude du spectre des corps simples, c'est-à-dire par l'étude de la constitution de la lumière qu'ils émettent quand ils sont incandescents. La découverte voulue, cherchée du *gallium* par laquelle s'est illustré notre compatriote, celle du *scandium* par M. Clève, viennent confirmer ces diverses prévisions théoriques. M. Lockyer observe de son côté, dans le spectre de certains corps simples, tels que le *calcium* et le *phosphore*, des dédoublements qui semblent indiquer en eux un commencement de décomposition. Les « *corps simples* » ne sont donc pas plus que les « *agents physiques* » des entités indépendantes les unes des autres. Ainsi tend à se confirmer l'idée qu'ils ne sont probablement que les apparences diverses d'une seule substance, la *Matière* par excellence, une et indestructible comme le mouvement, probablement identique à l'*Éther*.

Les apparences diverses que revêt cette matière, c'est encore aux mouvements qui l'agitent que des physiciens éminents l'attribuent. La forme même des atomes dépendrait d'après des recherches toutes récentes des vibrations dont ils sont animés. L'apparence géométrique des cristaux serait due aux mouvements intimes de leurs particules intégrantes. On arrive ainsi à conclure que le mouvement est absolument indispensable à l'existence des corps. C'est lui qui a fait naître leurs atomes et leurs molécules au sein de l'Éther. L'Éther n'est lui-même que la matière primordiale à l'état de raréfaction et de repos le plus grand que nous puissions concevoir. L'existence de la matière suppose donc le mouvement, comme le mouvement suppose la matière. L'un et l'autre sont indestructibles, inséparables. Les deux entités auxquelles nous avions ramené les corps et les forces se réduisent à leur tour à une majestueuse unité.

Toutes les parties du monde inorganique étant unies dans la continuité la plus absolue, leur état actuel résulte non seulement de leur action réciproque, mais encore de leur état antérieur et domine les états qui devront suivre. Tout phénomène, toute substance a une cause et devient cause à son tour ; aucun phénomène, aucune substance n'apparaît dans le monde subitement, isolément. Les physiciens et les chimistes disent depuis longtemps en parlant de la matière : « Rien ne se perd, rien ne se crée. » Cette proposition s'applique tout aussi bien aux phénomènes, combinaisons diverses, étroitement enchaînées l'une à l'autre de deux essences également indestructibles : le mouvement et la matière. Il ne saurait y avoir de *génération spontanée* pour les phénomènes pas plus qu'il n'y en a pour les substances, et, par un contraste piquant, c'est peut-être la meilleure raison théorique que l'on puisse imaginer en faveur de l'hypothèse de la génération spontanée des êtres vivants primitifs.

Nulle part on n'aperçoit dans le monde inorganique l'action d'une force extérieure à ce monde, d'une volonté apportant au cours des choses un trouble quelconque. Le physicien, en son laboratoire, ne peut concevoir la Divinité que comme présidant de toute éternité à l'existence de la matière et du mouvement dont elle est la cause première et au fonctionnement des lois immuables qui régissent l'enchaînement des phénomènes. C'est pour lui cette intelligence dont un illustre géomètre, complétant une pensée de Laplace, a magnifiquement décrit la puissance, en disant :

« Une intelligence assez vaste pour connaître à un moment donné la position de tous les atomes de l'univers, la grandeur et la direction des vitesses dont ils sont animés, connaîtrait non seulement le présent, mais pourrait encore prédire le plus lointain avenir et plonger dans les profondeurs du passé le plus reculé. »

Certes, dans cette conception de l'univers, une grande part est faite à l'hypothèse. Bien des apparences sont peut-être prises pour des réalités, des ressemblances pour des identités. Mais quel plus beau spectacle que de voir, dans toutes les directions, les sciences physiques remonter par un perpétuel et puissant effort la chaîne des causes, les ramener graduellement les unes aux autres, ne s'arrêter qu'après les avoir réduites à une seule, après avoir établi dans toute l'étendue de leur vaste domaine une admirable continuité! Comment ne pas accorder au moins la confiance de l'enthousiasme à ces hardies conquérantes de la Nature?

Pendant que, sans aucune protestation, cette révolution transformait nos connaissances relatives au monde inorganique, une ère nouvelle se levait aussi pour les sciences qui poursuivent l'étude des êtres organisés. « La Vie, disait une école célèbre, est une force *sui generis* qui soustrait pour un temps la matière aux lois des forces physico-chimiques. Les réactions qui s'accomplissent dans les organismes sont de tout autre nature que celles qui prennent naissance en dehors d'eux. L'intervention de la vie dans les phénomènes leur donne un caractère capricieux, irrégulier, qui ne permet pas de retrouver dans leur succession des relations de causes à effet analogues à celles que les observateurs sont habitués à voir dans les phénomènes purement physiques. »

C'était là, en substance, la théorie du *vitalisme*, théorie qui semblait condamner l'homme à demeurer éternellement impuissant en face de l'insondable mystère de la vie. Le physiologiste devait se borner à enregistrer les faits : si par hasard il tentait quelques expériences, leur résultat ne pouvait être prévu que par une sorte de calcul des probabilités. La vie était rebelle à toute précision.

Les travaux des premiers physiologistes semblaient, il faut bien le dire, donner raison à cette décourageante doctrine. Magendie lui-même, accumulant expériences sur expériences n'était pas sûr, malgré sa robuste foi, de se retrouver dans le dédale de leurs résultats contradictoires. Claude Bernard montre enfin que les résultats des expériences physiologiques ne sont contradictoires qu'en apparence; que les divergences observées tiennent à ce que l'expérimentateur s'est, à son insu, placé dans des conditions dissemblables et, croyant faire une opération, en a fait une autre en réalité différente. Il édifie le code de l'expérimentation physiologique : il proclame cette grande vérité que les forces physiques ou chimiques agissent dans les organismes, comme dans le monde minéral; il affirme enfin que, dans les organismes, comme dans le monde minéral, tout phénomène reconnaît une ou plusieurs causes déterminables, causes nécessaires et suffisantes pour assurer sa production. C'est là toute la théorie du *déterminisme* des phénomènes physiologiques, théorie féconde, car elle établit pour la première fois d'une manière explicite l'existence, entre les phénomènes physiologiques et leurs causes, de liens aussi étroits que ceux qui unissent les phénomènes chimiques ou physiques aux causes qui les déterminent. Pour la première fois, les principes de *causalité* et de *continuité*, sources de toute connaissance certaine dans l'empire inorganique, sont transportés dans l'empire organique. Les êtres vivants sont désormais considérés comme de petits mondes au sein desquels tous les phénomènes s'enchaînent, comme s'enchaînent dans le monde extérieur les phénomènes physico-chimiques.

En même temps, les perfectionnements apportés au microscope, les progrès accomplis dans l'art des recherches micrographiques ont permis d'étudier plus complètement les agents immédiats des phénomènes physiologiques. Schwann reconnaît que ces agents ne sont dans les deux règnes que des modifications relativement légères d'un élément fondamental, toujours le même, auquel on est convenu de donner le nom de *cellule*. La *cellule* est essentiellement une petite masse de substance vivante nue ou enveloppée dans une membrane d'ordinaire complètement close. Dans cette substance on aperçoit en général une vésicule d'aspect un peu différent, le *noyau*, contenant à son tour une petite masse globuleuse, le *nucléole*. Les cellules présentent dans leur forme et leurs dimensions une variété infinie. Elles constituent, presque à elles seules, tous les organismes, s'associant de mille façons, tout en conservant leur individualité, concourant toutes au même but, sans aliéner cependant leur indépendance, semblables à des musiciens jouant sur des instruments divers les parties différentes d'une même symphonie et contribuant, sans se connaître, à sa parfaite exécution.

Les incomparables recherches de M. Pasteur sur les *fermentations* répandent un jour tout nouveau sur les phénomènes intimes qui s'accomplissent au sein de ces éléments, véritables ouvriers de la vie, et sur les réactions chimiques dont les organismes sont le siège. Les *ferments*, causes des fermentations, ne sont en définitive que des cellules libres, toutes semblables entre elles, quand le ferment est pur, et que l'on peut faire vivre à l'exclusion de toutes autres, dans des conditions parfaitement déterminées. Mille cellules de ferment ne font que multiplier par mille l'action d'une seule. Suivre tous les détails d'une fermentation, c'est donc observer à un énorme grossissement ce qu'on pourrait appeler la *vie chimique* d'une cellule, d'un élément anatomique d'espèce déterminée, placé dans des conditions parfaitement définies ; c'est étudier la vie dans son degré le plus grand de simplicité, dans les circonstances les plus voisines de celles que l'on cherche à réaliser dans les expériences de physique ou de chimie.

Les conclusions auxquelles conduit cette étude sont transportables, à de légères modifications près, à la vie des cellules engagées dans des organismes. La vie d'un végétal ou d'un animal élevé ne diffère, au point de vue chimique, d'une fermentation, que par le nombre et la variété des phénomènes résultant de l'association d'éléments dont les propriétés sont parfois très diverses et dont chacun se comporte comme un véritable ferment. Si l'on pouvait faire vivre et cultiver, en dehors des organismes dont ils font partie, leurs éléments anatomiques, on réussirait à les connaître comme on connaît les *levûres* ou les *bactéries*, et les mystères les plus intimes de la vie seraient par cela même dévoilés. C'est ce qui donne à l'étude des ferments une importance philosophique si considérable, c'est la raison pour laquelle s'étendent sans cesse les limites du vaste champ dont M. Pasteur a entrepris l'exploration d'une façon si brillante, c'est pourquoi se multiplient indéfiniment les conséquences des admirables recherches de ce maître illustre.

On est aujourd'hui suffisamment avancé dans les études de chimie organique pour pouvoir affirmer que les réactions chimiques qui s'accomplissent dans les organismes sont de même nature, sont soumises aux mêmes lois que celles qui s'accomplissent au dehors. Bien plus, on est parvenu à les imiter dans le plus grand nombre des cas sans avoir recours à l'intervention de la vie. On croyait autrefois que les êtres vivants pouvaient seuls combiner l'hydrogène avec le carbone — tout au moins ne savait-on obtenir de carbure d'hydrogène que par la décomposition des matières dites *organiques*. M. Berthelot réussit le premier à obtenir directement l'un de ces carbures, l'*acétylène*. Or à l'aide de l'acétylène on peut former tous les autres carbures ; ceux-ci fournissent à leur tour les sucres, les alcools, les essences, les huiles et les divers acides ou alcaloïdes organiques. Dès 1860, M. Berthelot rassemble les résultats obtenus et dote la science de cette œuvre magistrale : l'*Essai de chimie organique fondée sur la Synthèse*. Il affirme et démontre que les composés les plus complexes produits par les corps vivants peuvent être reconstitués en prenant pour point de départ les éléments eux-mêmes à l'état isolé : le carbone, l'oxygène, l'hydrogène et l'azote. La barrière qui séparait les composés organiques des composés minéraux est désormais brisée.

A la vérité, les substances albuminoïdes, plus complexes que toutes les autres, résistent encore. Mais M. Schützenberger a réussi à leur faire éprouver les plus remarquables transformations : leur constitution chimique, naguère encore si obscure, commence à s'éclaircir et rien ne permet de supposer qu'on ne parviendra pas à les faire rentrer dans la loi commune.

Faut-il aussi désespérer d'obtenir artificiellement ces curieuses substances que les végétaux et les animaux fabriquent en si grande abondance et qui jouissent même à l'état amorphe de la singulière propriété de dévier le plan de polarisation de la lumière ? Dans les minéraux, cette faculté est liée à la forme cristalline et à cette altération régulière de la symétrie des cristaux que l'on nomme l'*hémiédrie*. Dans les composés organiques le pouvoir de dévier le plan de polarisation de la lumière, le pouvoir rotatoire, comme on l'appelle par abréviation, est indépendant de la cristallisation et semble plutôt dépendre de la constitution chimique du composé. Or toutes les fois que la synthèse a permis d'obtenir un de ces corps doués du pouvoir d'agir sur la lumière polarisée, elle a toujours donné en même temps une quantité égale d'un corps identique, à cette différence près qu'il agit exactement en sens inverse sur cette lumière, de sorte que l'ensemble de ces deux corps forme une solution neutre. Si le pouvoir rotatoire est dû à une certaine dissymétrie dans l'arrangement des atomes ou des molécules des corps, il semble donc que cette dissymétrie ne puisse être obtenue que sous l'action de la vie. Aurait-elle pour cause, comme l'a pensé M. Pasteur, la façon même dont la lumière solaire vient frapper les végétaux, source première de tous les composés organiques? Le pouvoir rotatoire aurait alors une origine toute physique. Il faudrait peut-être renoncer à obtenir artificiellement des substances qui d'emblée en fussent douées ; mais cette impossibilité n'impliquerait aucune antithèse entre les produits de la vie et les produits ordinaires de la chimie.

On peut donc affirmer qu'il n'y a pas de substance dont la production soit exclusivement réservée à l'action de la vie. Les organismes n'ont pas de chimie qui leur soit propre, ils n'ont pas non plus de physique particulière. Le rôle de la chaleur, de l'électricité, de la lumière dans l'accomplissement des phénomènes vitaux devient chaque jour plus manifeste.

D'autre part, la connaissance de certaines dispositions anatomiques suffit souvent à rendre compte de quelques-uns des phénomènes physiologiques les plus mystérieux ; la structure de la moelle épinière donne l'explication des mouvements réflexes; celle des olives de la moelle allongée conduit à ne voir dans la coordination des mouvements nécessaires à la production de la parole qu'un admirable mécanisme. L'organisme lui-même apparaît comme une machine, tantôt simple, tantôt complexe, soumise dans tous les cas aux lois rigoureuses de la mécanique, ne les transgressant jamais.

Ainsi le jeu des forces physiques conserve toute sa précision dans le domaine de la vie qui cesse enfin d'être considérée comme antagoniste de ces forces. Des liens chaque jour plus nombreux unissent le monde organique au monde inorganique ; tous deux se montrent régis par les mêmes lois.

La vieille antithèse entre le végétal et l'animal disparaît à son tour. Non seulement l'un et l'autre ont pour élément fondamental la *cellule*, toujours composée des mêmes parties essentielles, mais cette cellule, qu'elle soit animale ou végétale, se comporte toujours de la même façon, naît, croît, meurt, se nourrit, se reproduit suivant les mêmes lois, contracte les mêmes rapports avec le milieu dans lequel elle doit vivre. C'est seulement dans les détails que se manifestent des différences : si bien qu'entre la *vie animale* et la *vie végétale*, il devient impossible de tracer aucune limite précise.

A cette conception de l'unité de la vie correspond la conception d'une substance unique, fondamentale, chargée d'accomplir tous les phénomènes vitaux, commune à la fois aux cellules animales et aux cellules végétales dont elle forme la partie vraiment active, capable de subir de nombreuses transformations, présente dans tous les éléments anatomiques et cause première de leurs propriétés communes. Cette substance d'une importance si exceptionnelle, c'est le *protoplasme*. De même que les physiciens ramènent toutes les forces à ce substratum *unique*, le *mouvement*, de même que les chimistes voient dans les corps réputés simples et leurs composés les transformations diverses d'une matière primordiale également *unique*, de même les physiologistes subordonnent toutes les substances vivantes à une substance primitive qui les engendre toutes, mère de la vie et des organismes, le *protoplasme*.

Nous retrouvons donc partout, dans tous les domaines de la science, cette même tendance à remonter à une cause unique.

Mais le protoplasme lui-même n'est pas une cause qui échappe à toute analyse comme le mouvement, comme la matière primordiale. Ce n'est pas davantage un corps simple à la manière des éléments de la chimie ; il est formé de carbone, d'hydrogène, d'oxygène, d'azote et d'une petite quantité d'autres substances minérales. Est-il impossible à la chimie de reproduire une telle combinaison ?

Cette question, quelques-uns se la posent déjà avec audace. Forts des succès prodigieux réalisés par la synthèse chimique dans l'espace d'un demi-siècle, ils n'hésitent pas à répondre de ses succès à venir ; ils affirment hardiment que l'homme saura un jour faire sortir la vie de la matière inerte ; mais cela n'est pas nécessaire pour relier le monde vivant au monde minéral. Le protoplasme est le siège de tous les phénomènes vitaux, il est composé lui-même d'éléments chimiques bien définis, n'est-ce pas assez pour montrer qu'aucune frontière ne sépare l'empire organique de l'empire inorganique, pour prouver qu'il existe de l'un à l'autre une parfaite continuité?

L'enchaînement de ces idées paraît absolument nécessaire. La grandiose conception du monde qui en résulte semble devoir s'imposer d'une façon irrésistible : l'accord est tel entre les diverses sciences d'observation que l'on croit l'énigme de l'univers sur le point de s'évanouir.

Cependant une difficulté subsiste.

Si variées que soient les substances et les forces, on arrive par une série d'inductions légitimes à les réduire à l'unité; il semble au premier abord qu'il ne puisse en être de même des formes. Dans le monde vivant, certaines d'entre elles se perpétuent sans changement considérable depuis qu'il est donné à l'homme d'observer : des animaux ou des végétaux naissent les uns des autres, toujours semblables à leurs parents dont ils transmettent fidèlement la forme et les facultés à leur descendance. Ces formes, d'apparence immuable, caractérisent les *espèces*.

A les voir se répéter ainsi à travers le temps, les naturalistes ont dû penser tout d'abord qu'elles avaient été créées telles que nous les voyons, qu'elles ont été, sont encore et demeureront toujours irréductibles l'une à l'autre. Ainsi les chimistes ont fait successivement des corps qu'ils ont découverts, ainsi les physiciens, des forces. Comme eux, et avant eux, les naturalistes se sont efforcés de décrire et de caractériser leurs espèces, de les distinguer les unes des autres, de faire ressortir ce qui pouvait les séparer avant de rechercher ce qu'elles avaient de commun. Quelques-uns affirment encore que ce travail d'analyse est le but suprême de la science, et refusent au zoologiste et au botaniste ce droit à la synthèse dont physiciens et chimistes usent si largement. Cependant les naturalistes descripteurs eux-mêmes préparent l'avènement de nouvelles idées. Les espèces se multiplient à l'infini, il devient bientôt nécessaire de mettre de l'ordre dans ce chaos. L'attention se porte de plus en plus sur les ressemblances : on précise celles qui ont frappé de tout temps; on en découvre de nouvelles et l'on commence à répartir les espèces en groupes de plus en plus compréhensifs, que Linnée échelonne de la *classe* au *genre*. Les *classifications* prennent naissance. Ce ne sont d'abord que des moyens de se reconnaître facilement dans le vaste catalogue des productions de la nature. Peu à peu se dégage l'idée qu'elles doivent représenter exactement les affinités réelles des êtres. On ne s'arrête plus à des *systèmes* plus ou moins ingénieux ; on recherche une *méthode naturelle* de classification, et le mot de *parenté* se présente naturellement à l'esprit pour exprimer les rapports des espèces les plus voisines. On compare volontiers les classifications à des arbres généalogiques, sans leur en attribuer cependant la signification ; la comparaison est si bien dans l'esprit de Cuvier lui-même, le partisan résolu de la fixité des espèces, l'inventeur de la théorie des créations successives, que, lorsqu'il veut désigner les quatre groupes primordiaux par lui établis dans le règne animal, il ne trouve pas de meilleur nom que celui d'*embranchements*. Les noms de *famille*, de *tribu*, sans cesse employés dans la nomenclature, ne réveillent-ils pas d'ailleurs la même idée?

Lamarck a le premier la hardiesse de donner à ces comparaisons le sens d'une réalité. Chaque fois qu'on veut peindre l'ensemble des rapports que les êtres présentent entre eux, on est conduit à chercher des images dans les degrés de parenté; n'est-il pas plus simple d'accepter franchement ce que la force des choses semble imposer et de dire que l'empire organique est vraiment composé d'êtres tous parents entre eux, dont les classifications nous présentent un arbre généalogique approché ?

Lamarck est profondément imbu de ces idées de *continuité* et de *causalité* qui sont le fondement même des sciences physiques et que seuls, parmi les savants, repoussent encore les naturalistes. Il admet que les animaux et les végétaux sont descendus les uns des autres par une série ininterrompue de transformations graduelles dont il recherche les causes; il signale merveilleusement l'influence modificatrice des milieux, de l'habitude, des croisements, met nettement en lumière l'importance de l'hérédité des caractères, accepte enfin, pour les formes les plus simples des deux règnes, la *génération spontanée*, grâce à laquelle le monde vivant se relie, selon lui, au monde minéral. Un livre profond, la *Philosophie zoologique* résume sa doctrine, où, pour la première fois, le Règne animal et le Règne végétal sont représentés comme le résultat d'une *évolution* graduelle et non d'une *création*, dans le sens où l'on emploie généralement ce mot.

Aux côtés de Lamarck, Étienne Geoffroy Saint-Hilaire, comme lui professeur au Muséum, travaille à démontrer l'*unité de plan de composition* du Règne animal. Il poursuit l'étude des modifications diverses dont ce plan est susceptible. Appuyé sur la *loi des connexions* qui lui permet de reconnaître toujours un même organe et d'en suivre pas à pas les métamorphoses, il montre comment les mêmes parties peuvent être appelées à jouer les rôles les plus différents et à s'adapter aux fonctions qu'elles remplissent ; il signale l'importance philosophique des *organes rudimentaires*, frappés d'avortement par suite du défaut d'usage, fait servir l'étude des monstruosités elles-mêmes à déterminer les lois de formation des organismes, et dote l'anatomie comparée d'une méthode de recherche d'inépuisable fécondité. C'est à lui que revient l'idée de comparer les animaux inférieurs aux embryons des animaux supérieurs ; il ouvre ainsi la voie que l'embryogénie a depuis si brillamment parcourue. Chemin faisant, il signale l'influence des conditions extérieures sur le développement des animaux ; il demande à ces conditions l'explication de certaines monstruosités et fait pressentir la possibilité de cette tératogénie expérimentale, réalisée depuis par M. Dareste (1). Plus d'une fois, il exprime d'une façon explicite sa croyance à la mutabilité des formes spécifiques et à l'évolution graduelle du règne animal ; toute sa philosophie anatomique est un ardent plaidoyer en faveur de cette doctrine.

D'autres conceptions moins scientifiques, toutes issues de ce besoin de l'esprit humain de substituer le simple au complexe, avaient été déjà proposées pour relier entre elles les formes vivantes. Oken voyait dans les animaux la représentation des diverses parties

(1) Camille Dareste, *Recherches sur la production artificielle des monstruosités* ou *Essais de tératogénie expérimentale*, 1877.

de l'homme, synthèse de la création, merveilleuse réduction de l'univers, véritable *microcosme*. Le microcosme résultait lui-même de la répétition de parties primitivement semblables entre elles, plus ou moins modifiées ; cette idée, fausse sans doute si on la prend dans toute sa généralité, n'est cependant pas stérile : c'est elle qui conduit Oken à voir dans le crâne une modification de la colonne vertébrale, dans les os qui le composent des vertèbres transformées ; c'est depuis les *philosophes de la nature* dont Oken était le chef que l'on a plus activement recherché dans un organisme donné les parties de même nature, qu'on les a suivies dans toutes les transformations qu'elles peuvent subir, dans tous les rôles qu'elles peuvent jouer ; c'est seulement après avoir cherché à perfectionner la théorie vertébrale du crâne que Gœthe découvre dans les appendices variés des végétaux et jusque dans les pétales ou les étamines de la fleur, de simples modifications de la feuille.

Après avoir comparé les organismes entre eux, on compare les unes aux autres leurs diverses parties, on détermine leurs similitudes et leurs différences, on formule les lois de leur association. Ainsi se trouve créée une science nouvelle, la *morphologie*, qui rétablit l'ordre et la continuité dans le chaos jadis inextricable des formes vivantes et ne permet plus de méconnaître leur intime parenté.

L'étude du développement embryogénique vient encore resserrer cette parenté. Von Baër croyait avoir reconnu quatre types de développement, correspondant aux quatre embranchements de Cuvier et tout aussi indépendants les uns des autres. La notion de ces quatre types ne tarde pas à faire place à une toute autre conception des phénomènes d'évolution. On reconnaît d'abord que tous les animaux procèdent d'un œuf, aussi bien les mammifères que les éponges ; on démontre l'identité essentielle de l'œuf dans toute la série animale, et l'œuf lui-même ne se trouve pas distinct des cellules proprement dites dont il reproduit avec fidélité, dans le plus grand nombre des cas, la structure typique. On est bientôt amené à constater que les premières phases du développement sont les mêmes du plus bas au plus haut degré de l'échelle. Il est dès lors naturel de penser que la durée de la ressemblance de deux animaux pendant la période de leur développement est en quelque sorte proportionnelle à leurs affinités zoologiques. Dès 1844, M. Milne Edwards exprime cette pensée avec une netteté qui n'a jamais été surpassée :

« Les affinités zoologiques, dit l'illustre professeur (1), sont proportionnelles à la durée d'un certain parallélisme dans la marche des phénomènes génésiques chez les divers animaux ; de sorte que les êtres en voie de formation cesseraient de se ressembler d'autant plus tôt qu'ils appartiennent à des groupes distinctifs d'un rang plus élevé dans le système de nos classifications naturelles, et que les caractères essentiels, dominateurs de chacune de ces divisions, résideraient, non pas dans quelques particularités de formes organiques permanentes chez les adultes, mais dans l'existence plus ou moins prolongée d'une constitution primitive commune, du moins en apparence. »

N'oublions pas que tous les animaux ont le même point de départ, l'*œuf*, que leur développement s'accomplit essentiellement au moyen d'un procédé unique, la *segmentation*, non pas du *vitellus*, comme on le dit d'ordinaire, mais de l'œuf tout entier, abstraction faite de son enveloppe, et nous sommes ainsi conduits à nous représenter le règne animal comme un arbre dont le tronc se ramifie rapidement pour donner quelques branches maîtresses, ramifiées à leur tour à l'infini. Les divisions ultimes représentent les espèces, les diverses touffes correspondent aux groupes de nos méthodes. Ces groupes eux-mêmes, loin d'être indépendants, sont nécessairement reliés entre eux, puisque l'on peut toujours trouver dans l'histoire du développement des êtres qu'ils renferment des phases de ressemblance plus ou moins longues. De là à la doctrine de la descendance, il n'y a évidemment qu'un pas.

L'idée de l'unité d'origine du règne animal apparaît donc comme une conséquence bien difficile à écarter du rôle assigné

(1) Milne Edwards, *Considérations sur quelques principes relatifs à la classification naturelle des animaux* (*Annales des sciences naturelles*, 3e série, t. I, p. 65, 1844, et *Observations sur le développement des Annélides;* même recueil, t. III, p. 146, 1845).

par M. Milne Edwards à l'embryogénie dans la détermination des affinités zoologiques : elle repose non plus sur de simples interprétations, mais sur des observations rigoureuses que sont venues successivement appuyer les innombrables recherches accomplies depuis lors.

Ainsi, de toutes parts, les hommes voués à l'étude de la vie, quelle que soit la direction de leurs travaux, physiologistes, zoologistes, anatomistes, embryologistes, tous ceux qui cherchent à grouper les faits accumulés, tous arrivent à se trouver face à face, dans le monde vivant, avec les mêmes principes de *continuité* et de *causalité* qui, dès l'origine, se sont imposés aux physiciens et aux chimistes; tous arrivent à proclamer l'existence d'une grande unité qui domine les manifestations si variées de la vie à la surface du globe. L'idée s'est sans doute bien souvent présentée à eux de relier ces manifestations elles-mêmes à celles qui les ont précédées et de remonter ainsi jusqu'aux âges les plus lointains du passé.

La paléontologie accomplit cette œuvre. Reconstituant les faunes et les flores dont les débris sont ensevelis dans les couches géologiques, elle fournit à la science les données les plus inattendues. De même que l'hypothèse des révolutions du globe s'est effondrée, celle des créations successives tombe devant les faits. Des faunes et des flores diverses se succèdent à la surface du globe à mesure qu'il poursuit son évolution; mais aucune d'elles n'apparaît ou ne disparaît en bloc. Les espèces s'éteignent une à une et naissent une à une, de telle sorte que leur ensemble subit insensiblement dans le cours des âges une incessante transformation. La comparaison des organismes fossiles avec les organismes actuellement vivants révèle des rapports singuliers : chez certains d'entre eux, Louis Agassiz reconnaît des états permanents de formes que traversent seulement les organismes contemporains pour s'élever rapidement plus haut, ce sont pour lui des *types embryonnaires;* ailleurs, certains traits d'organisation indiquent l'apparition prochaine de groupes jusque-là inconnus, et les types qui les présentent ont ainsi le caractère de *types prophétiques*. D'autres fossiles enfin, réunissant en eux des caractères qu'on ne trouve aujourd'hui que disséminés chez des êtres d'ailleurs éloignés les uns des autres, constituent des *types synthétiques*. Qui ne voit que ces différents types embryonnaires, prophétiques, synthétiques ne font que diminuer les distances qui séparent les organismes actuels, que resserrer les liens de parenté un peu lâches en apparence qui les unissent ?

Progressivement, mais d'une façon continue, le règne animal et le règne végétal se rapprochent de la physionomie que nous leur connaissons aujourd'hui. Tous deux subissent une véritable évolution, parallèle à l'évolution du globe et qui se manifeste par la disparition successive de certaines formes et leur remplacement par d'autres ordinairement analogues, mais plus voisines des formes actuelles.

Comment s'effectue ce double mouvement ?

Faut-il admettre qu'une cause surnaturelle préside à une destruction continue des organismes que contre-balance une création également continue ?

Mais nous savons aujourd'hui comment les organismes disparaissent. Depuis les temps historiques, le Dinornis a cessé de vivre à la Nouvelle-Zélande, l'Æpyornis à Madagascar, le Dronte et plusieurs espèces de Tortues aux îles Mascareignes. En Europe, les Aurochs ne forment plus qu'un mince troupeau ; certaines Baleines ont disparu de nos mers. Les Apteryx et les Strigops diminuent rapidement à la Nouvelle-Zélande (1). Nous avons même vu des races humaines s'éteindre sans retour. Or nous avons la certitude la plus absolue que ces phénomènes n'ont rien de surnaturel. nous en connaissons les causes d'une façon certaine et, comme l'époque actuelle ne diffère en rien de celles qui l'ont précédée, nous sommes autorisés à attribuer à des causes naturelles l'extinction des espèces fossiles des âges plus anciens.

Si, d'autre part, des espèces disparaissent de nos jours, à moins que nous ne marchions — chose peu probable — vers l'extinction

(1) Le Dinornis, l'Æpyornis, le Dronte étaient, comme l'Apteryx encore vivant, des oiseaux incapables de voler ; la taille des deux premiers dépassait celle de l'autruche. Les Strigops sont des perroquets qui habitent des terriers et dont la physionomie rappelle singulièrement celle des oiseaux de proie nocturnes.

totale du monde vivant, il faut nécessairement que ces espèces soient remplacées, de même que l'ont été les espèces disparues autrefois. Il apparaît donc de nos jours des espèces nouvelles. Or, cela ne peut avoir lieu que de deux façons : ou lentement, et c'est alors par une graduelle transformation d'espèces actuellement existantes; ou brusquement, et cette brusque apparition serait un phénomène sur le caractère duquel il n'est peut-être pas hors de propos d'insister.

Une espèce, au moment de son apparition, est nécessairement représentée, au moins dans les groupes supérieurs, par deux individus, le mâle et la femelle. Ces individus sont eux-mêmes constitués par un certain poids de carbone, d'hydrogène, d'oxygène, d'azote, de chaux et de quelques autres substances minérales. De deux choses l'une : ou ces substances sont créées en même temps que l'individu qu'elles constituent et viennent augmenter d'autant la masse du globe, ou elles existaient déjà et sont seulement soumises à un nouveau groupement.

Il n'est pas un physicien, un chimiste, un astronome qui ne proteste contre la première de ces hypothèses. Quant à la seconde, elle a été faite souvent; elle supposerait aux premiers individus de chaque espèce un mode de génération bien connu et qu'on a déjà nommé, la *génération spontanée*. Tout le monde sait les efforts infructueux tentés par Pouchet, Joly, Musset, Charlton Bastian et bien d'autres pour obtenir la génération spontanée des êtres les plus simples : tout le monde sait avec quelle incomparable précision M. Pasteur a démontré, pour les organismes microscopiques, l'impossibilité d'admettre une telle origine. Qui donc serait disposé à y croire pour des organismes plus élevés ?

Le mot de *création* substitué à celui de *génération spontanée* ne diminue en rien la difficulté. Car la volonté créatrice ne se manifeste que par ses actes, et la science, ne pouvant remonter au delà de la constatation de ceux-ci, attribuera, par définition même, à la génération spontanée, l'apparition de tout être né sans parents. Cette apparition aurait lieu du reste forcément à un jour et en un lieu déterminés. Qu'on se demande l'accueil que ferait le monde savant à un voyageur qui oserait écrire : « Tel jour, à telle heure, en tel endroit j'ai vu apparaître spontanément un lion ou un éléphant! »

Aussi bien pour le mode d'apparition des espèces que pour tous les autres phénomènes biologiques l'esprit humain se trouve donc implicitement amené à admettre la *continuité* et la *causalité*. On n'ose parler de la *génération spontanée* des espèces qu'en l'appelant *création*, de la création qu'en la faisant reculer jusqu'à des époques auprès desquelles les époques mythologiques semblent d'hier, et quand tout démontre que des espèces nouvelles doivent se former sans cesse, quand on demande comment elles apparaissent, les plus sincères répondent : « Nous ne saurons jamais. »

D'ailleurs, aucune tentative tenant compte de toutes les connaissances acquises depuis le commencement de ce siècle n'est faite pour donner une solution du problème. Nous arrivons ainsi à l'année 1859, date de la publication du livre de Darwin.

Darwin met nettement en lumière les effets de la *concurrence vitale*, de la *lutte pour la vie;* il montre tous les êtres vivants obligés de conquérir ou de défendre leur place au soleil, mettant à profit pour cela les moindres avantages, ne réussissant à vivre et à se créer une postérité que s'ils l'emportent sur des concurrents moins aptes à soutenir la bataille. Ceux-ci disparaissent fatalement, de sorte que la vie appartient à un certain nombre d'élus, objets d'une *sélection naturelle*, et qui ne se perpétuent qu'à la condition de se modifier sans cesse.

Le fait même de la lutte pour la vie et de la sélection qui en résulte est indiscutable. C'est bien vaincues dans cette lutte, que les espèces disparaissent: les Baleines de nos océans ont été victimes de leur grande taille, le Dronte de son inaptitude à voler, diverses races humaines de leur infériorité intellectuelle.

Dans la théorie de Darwin, comme dans celle de Lamarck, l'hérédité des caractères acquis joue un grand rôle : cette hérédité ne saurait être mise en doute. On ne pourrait nier davantage que les espèces ne soient susceptibles de varier. Quiconque a manié une grande collection, quiconque a eu à marquer la limite précise entre deux espèces voisines, habitant une zone quelque peu étendue, sait combien cela est difficile. La multiplication même des noms spécifiques dont s'effraient si souvent les partisans les plus résolus de la fixité des espèces, n'est-elle pas la preuve de cette variabilité? Autour de nous, n'avons-nous pas réussi à faire varier dans les proportions les plus étendues les espèces dont nous avons fait nos compagnes habituelles? C'est, dira-t-on, l'influence de la *domesticité*. Mais l'homme a-t-il à son service des force différentes de celles de la nature? Qui voudrait soutenir que les modifications subies par les animaux autour de lui ont été dès l'abord des modifications préméditées, maintenues à l'aide d'une rigoureuse sélection, comme cela arrive pour les races qu'on réussit à créer si rapidement de nos jours? L'homme n'a fait que varier davantage les conditions d'existence des animaux asservis qui se sont naturellement adaptés à ces conditions. L'influence du milieu artificiel créé par lui ayant été moins prolongée que celle du milieu naturel, a été par cela même moins profonde. L'homme a en général déterminé la formation de *races* et non la formation d'*espèces*. Comment du reste aurait-il pu détruire en quelques centaines d'années l'empreinte des millions de siècles qui ont précédé l'établissement de sa domination dans la nature?

Voilà donc bien des faits acquis: les espèces varient; leurs variations se transmettent par voie d'hérédité; la lutte pour l'existence fait disparaître les variations inutiles ou désavantageuses; un petit nombre de variations sont donc choisies pour se perpétuer, fixées par l'accumulation des générations, et caractérisent d'abord des *variétés* et des *races*, puis des *espèces*.

Sans doute, la théorie de la formation des espèces telle que Darwin l'a présentée n'est pas complète: les causes premières, apparemment fort multiples, des variations individuelles restent à déterminer; les distances à franchir de l'Infusoire jusqu'à l'Homme sont trop considérables pour que toutes les lacunes soient comblées dans cette vaste généalogie; la raison de la fécondité illimitée des races et de l'infécondité relative des espèces croisées entre elles, n'est pas trouvée; mais ce sont des problèmes à résoudre, problèmes que pose la théorie de la descendance et que l'on ne saurait transformer en objections contre elle. Quelle est la théorie physique ou chimique qui ne présente, elle aussi, ses difficultés, qui n'ait ses points réservés, de qui on puisse dire qu'elle montre absolument le fond des choses?

La théorie de la descendance avait le mérite immense de faire rentrer dans la loi commune les sciences naturelles; de faire disparaître la discontinuité qu'impliquait nécessairement la fixité des espèces. Elle était seule capable d'accomplir cette révolution. Il n'y a pas d'alternative en dehors de la *création* et de l'*évolution* : or l'astronomie, la physique, la chimie, avaient montré l'évolution dans toutes les parties de l'univers et l'avaient fait admettre par tous les esprits; comment s'étonner du retentissement énorme obtenu par la rénovation d'une doctrine qui la montrait dans le domaine de la vie, dernier refuge de cette puissance aux impulsions soudaines, aux brusques soubresauts, sous les traits de laquelle les anciens aimaient à se représenter le Créateur et le Maître du m nde?

Si les animaux descendent effectivement les uns des autres, un problème nouveau s'impose aux recherches des naturalistes : Quelle a été leur filiation? Quels ont été les ancêtres des animaux et des végétaux actuels? Quels liens relient les espèces fossiles aux espèces vivantes de nos jours?

De toutes parts surgissent les travaux : Huxley nous montre comment les oiseaux sont issus des reptiles, et la découverte de plusieurs échantillons d'*Archæopteryx*, sorte de lézard emplumé, vient resserrer encore les affinités de ces animaux. Plusieurs naturalistes, aux premiers rangs desquels M. Albert Gaudry, s'efforcent d'établir les *Enchaînements du monde animal* (1). Le cheval est rattaché à l'*Hipparion* à trois doigts, descendant lui-même de l'*Anchitherium*, issu à son tour des *Palæotherium;* Woldemar Kowalewski indique la souche commune des ruminants et des porcins, tandis que son frère croit trouver dans l'embryogénie comparée des Ascidies et du Vertébré le plus inférieur, l'*Amphioxus*, la preuve que ces organismes ont une origine commune.

Tout récemment encore la faune des phosphorites, si brillamment étudiée par M. H. Filhol, révèle des liens inattendus entre les différents types de mammifères carnassiers; les chats se trouvent

(1) C'est le titre de l'un des récents ouvrages (1878) du savant professeur de paléontologie du Muséum.

reliés aux martes ; les chiens et les hyènes aux civettes, et les espèces de cette faune témoignent dans la classe des mammifères d'une variabilité que nous ne connaissons plus.

Au milieu de la multitude de travailleurs qui se font les apôtres de la doctrine de la descendance, un homme se signale par la tournure philosophique de ses travaux et la hardiesse de ses conceptions. Ernest Hæckel, professeur à l'université d'Iéna essaye de montrer quelle a été la succession probable des organismes, et tente de dresser d'après les documents actuels un arbre généalogique du règne animal. Il attaque bientôt et pose d'une façon nouvelle le problème de l'origine de la vie : il n'admet plus que des animaux ou des végétaux, même réduits à une seule cellule, puissent se former directement par l'union des éléments chimiques. Mais la cellule est essentiellement formée d'une substance peu différente, en apparence, d'un composé chimique. Cette substance c'est le *protoplasme* que l'on trouve partout où la vie se manifeste, et c'est elle qui, suivant Hæckel, serait produite par l'union directe des éléments chimiques : seul, d'après lui, le *protoplasme* pourrait naître spontanément. Une fois formé, il se perpétuerait, pourrait acquérir des propriétés nouvelles, s'organiserait en cellules et ces cellules, se groupant à leur tour, constitueraient enfin toute la série des organismes.

Hæckel admet ainsi une continuité absolue entre le monde minéral et le monde organique. L'un a engendré l'autre : les mêmes lois sont applicables à tous deux. Ce sont les lois de la physique et de la chimie qui ont présidé à l'apparition et au développement de la vie à la surface du globe. Le monde est un et contient en lui-même les raisons de ses incessantes transformations. Telle est la doctrine à laquelle le zoologiste d'Iéna a donné le nom de *Monisme*, vaste ensemble où la théorie de la descendance a sa place marquée, comme complément nécessaire des théories de l'unité de la force et de l'unité de la matière. Là s'arrête la puissance de l'induction et de la généralisation scientifiques. Remonter plus haut pour essayer de découvrir l'origine même de la matière et du mouvement ne saurait appartenir à la Science. Au-dessus d'elle la métaphysique et les religions offrent à l'esprit humain de vastes horizons. Elles ont un domaine à elles que la Science ne tente pas de leur disputer.

Nous avons essayé de montrer la place du transformisme dans la plus vaste philosophie naturelle qui ait jamais été conçue : nous avons tenté de faire voir combien il est conforme à toutes les tendances qu'affirment les sciences physiques ; nous nous sommes efforcé d'exposer les raisons supérieures qui l'imposent à l'esprit, malgré toutes les objections de détail.

Mais, l'évolution une fois admise, la succession généalogique des êtres une fois établie, il reste encore à rechercher les lois qui ont présidé à cette évolution, qui ont imprimé à cette succession la direction qu'elle a suivie. Comment le protoplasme a-t-il pris naissance? Quelles conditions ont déterminé sa formation ? Ces conditions sont-elles encore réalisables ? Comment se sont constituées les premières cellules? Comment ont-elles pris les caractères différents qui les distinguent ? Par quel procédé sont-elles parvenues à se grouper de manière à former — elles si simples — des organismes aussi compliqués que ceux des animaux supérieurs ? Ce sont là d'importantes questions sur lesquelles l'histoire des groupes inférieurs du règne animal nous semble jeter une vive lumière.

On peut encore s'élever par une pente presque insensible d'êtres exclusivement constitués par du protoplasme homogène jusqu'aux organismes supérieurs, suivre pas à pas la complication graduelle des formes vivantes et montrer qu'un petit nombre de procédés généraux ont suffi à les produire.

Nous tentons dans cet ouvrage de mettre en lumière quelques-uns de ces procédés, que paraissent indiquer nettement les faits rassemblés depuis le commencement de ce siècle par d'innombrables investigateurs.

CHAPITRE II

LA VIE ET LA SUBSTANCE VIVANTE.

L'une des conceptions les plus séduisantes de la biologie moderne a été celle de cette substance particulière, le *protoplasme*, commune à tous les êtres vivants, jouissant chez tous d'un certain nombre de propriétés générales, accomplissant à elle seule les phénomènes vitaux les plus variés, nécessaire à la production des plus humbles d'entre eux.

Le protoplasme est-il une réalité, ou ne doit-on voir en lui qu'une simple fiction ? Est-ce une substance que l'on puisse isoler ou une abstraction telle que ces prétendus fluides auxquels les physiciens attribuaient naguère encore les phénomènes électriques, calorifiques ou lumineux ?

L'idée d'une substance simple, possédant la vie, comme les éléments de la chimie possèdent leurs propriétés particulières, est ancienne dans la science. Au commencement de ce siècle Oken affirmait déjà l'existence d'une substance vivante fondamentale, d'une *gelée primitive*, devenue célèbre sous son nom allemand de *Urschleim*. C'est par elle qu'avait, selon lui, commencé le monde vivant, c'est d'elle qu'étaient sortis tous les organismes, c'est elle encore qui constituait la partie la plus importante du système nerveux, et formait toute seule le corps entier des êtres les plus infimes, des infusoires qu'Oken supposait dépourvus d'organes. La *gelée primitive*, le *Urschleim*, se formait spontanément au sein des eaux : les infusoires, n'étant que des grumeaux de cette gelée, naissaient comme elle sans parents.

Le rôle attribué par Oken à sa gelée primitive était tout hypothétique ; il résultait de conceptions *a priori* ou d'observations erronées contre lesquelles s'éleva avec une ardeur qui ne s'est jamais démentie dans le cours de sa longue carrière l'illustre micrographe Ehrenberg (1). Le *Urschleim* était sur le point de s'évanouir devant le nombre et la précision apparente de ses observations : il fut sauvé par un de nos compatriotes, Dujardin, naturaliste infatigable, mort professeur à la Faculté des sciences de Rennes.

Ehrenberg attribuait aux infusoires une organisation tout aussi complexe à certains égards que celle des animaux supérieurs. Dujardin démontra que le corps de certains êtres microscopiques est en réalité formé d'une substance molle, sans forme déterminée, incapable de se constituer en éléments définis et, *a fortiori*, en organes ou appareils, parfois absolument homogène, plus souvent granuleuse, douée de la faculté de se mouvoir, sans cesse parcourue par des courants qui entraînent dans un sens ou dans un autre les granules qu'elle contient. C'était bien là la gelée d'Oken. Mais, cette fois, la curieuse substance était rigoureusement observée, nettement définie ; ses propriétés étaient scientifiquement déterminées, aucune part n'était faite à l'hypothèse dans leur description. La substance vivante primitive qu'Oken avait inventée sans l'avoir jamais vue, Dujardin la découvrait réellement : il lui donnait le nom de *sarcode*, parfaitement choisi, car c'est la substance de la chair, sans être cependant la chair elle-même.

Depuis cette époque, qui remonte déjà à une quarantaine d'années, tous les naturalistes ont confirmé les observations de Dujardin. On a fait plus : on a montré que le contenu de toutes les cellules animales était une substance jouissant exactement des mêmes propriétés fondamentales que le sarcode. Les botanistes ont en même temps reconnu l'existence d'une substance sem-

(1) Né à Delitz, en Saxe, près Leipzig, le 19 août 1795, mort à Berlin le 27 juin 1876.

blable dans toutes les cellules végétales, pendant la période où elles s'accroissent et se reproduisent. Hugo von Mohl l'a appelée *protoplasme* alors que son identité avec le sarcode de Dujardin n'était pas encore soupçonnée. L'anatomiste allemand, Max Schultze, a montré à son tour qu'entre le protoplasme végétal et le sarcode animal, il n'y avait aucune différence essentielle : l'un et l'autre possèdent les mêmes propriétés, jouent le même rôle ; il est donc inutile de leur attribuer deux noms distincts : le nom de protoplasme a prévalu dans la science, sans doute parce qu'il exprime plus clairement cette idée théorique que la substance qu'il désigne est, comme l'a dit Huxley, la *base physique de la vie.*

Le protoplasme n'est donc pas une hypothèse. Il est bien vrai que les tissus, les organes, les appareils, les systèmes compliqués que l'anatomie fait découvrir dans les organismes élevés ne sont nullement nécessaires à la production de la vie. Leur arrangement réciproque, qui constitue l'*organisation*, peut sans doute donner une direction particulière aux phénomènes vitaux, mais ne modifie en rien leur essence. De là on a conclu que la vie n'est ni une *force* particulière, ni une combinaison de forces résultant du concours d'un nombre variable d'activités. Ce serai une *propriété* d'une substance ou d'un groupe de substances, d'un ou plusieurs protoplasmes, propriété indépendante de toute forme et de toute structure déterminées. Étudier le protoplasme et ses propriétés, ce serait donc étudier les conditions dans lesquelles la vie peut se produire et la vie elle-même. L'intérêt qui s'attache à l'étude de la vie se concentre tout entier sur cette merveilleuse substance, seule apte à la produire, dont elle est inséparable et qui ferait de l'homme presque un dieu s'il parvenait jamais à la faire naître à son gré.

S'il est impossible d'attribuer au protoplasme une forme ou une structure déterminée, c'est également en vain que l'on chercherait à le rattacher à l'une des catégories dans lesquelles la physique répartit les corps. Ce n'est ni un solide ni un liquide ; sa consistance est intermédiaire entre celles qu'on désigne habituellement par ces mots ; elle est variable, mais ne saurait atteindre à une fluidité absolue ni à la rigidité qui caractérise les corps vitreux ou cristallisés; fluide, le protoplasme se fusionnerait avec les liquides au sein desquels il vit; solide, il ne se prêterait pas aux échanges nécessaires à sa nutrition. Sa consistance particulière est donc une condition indispensable à son existence. Dans sa masse nagent ordinairement d'innombrables granulations qui semblent en faire partie intégrante, mais qui ne sont le plus souvent que des corpuscules étrangers en voie d'incorporation; le protoplasme pur, le protoplasme typique est en définitive une substance molle, douée d'une cohésion plus ou moins voisine de celle du blanc d'œuf, limpide et homogène, rappelant par tous ces caractères les substances dites *albuminoïdes*.

Sa composition chimique moyenne, autant qu'elle a pu être établie, est aussi celle de ces substances, c'est-à-dire qu'il est formé de carbone, d'hydrogène, d'azote, d'oxygène associés à une petite quantité de soufre et d'autres matières minérales.

C'est là un fait de haute importance : la substance douée de vie n'est pas simple ; elle est composée d'éléments chimiques parfaitement connus, dont les proportions sont déterminables; de plus, cette substance se rapproche beaucoup d'un certain groupe de substances, les substances albuminoïdes, que rien n'autorise à considérer comme d'une autre nature que les composés chimiques ordinaires. Par cela même, une question se présente à l'esprit : Est-il possible de reproduire le *protoplasme*, de créer par conséquent la vie par les procédés ordinaires de la chimie, c'est-à-dire en faisant agir d'une certaine façon les agents physiques sur les éléments chimiques qui le composent ?

Il importe de bien distinguer cette question de la production chimique du protoplasme, de la question fameuse des *générations spontanées*, telle qu'on l'entend d'habitude. Il ne s'agit plus ici de créer des organismes complexes, fussent-ils microscopiques, de fabriquer même un élément histologique, doué de personnalité, si simple qu'on le suppose : tout démontre que la Vie, dans ce qu'elle a de plus général, réside dans une substance sans forme ni structure particulière, qu'on a même supposée sans dimensions déterminées et sans personnalité, semblable sous ce rapport à toutes les substances chimiques, homogène comme elles ; c'est cette substance que l'on demande à l'art du chimiste de reconstituer.

A priori, le problème n'a rien d'absurde ; les belles expériences de M. Pasteur ne s'appliquent pas au protoplasme libre et impersonnel, si l'on peut parler ainsi, au protoplasme vierge de toute influence héréditaire, vierge de toute modification imposée par le milieu, tel qu'on se plaît à concevoir la substance qui a manifesté les premières activités vitales ; les ferments, les moisissures, les infusoires étudiés par le savant chimiste sont des organismes ayant forme, structure, dimensions, résultant de l'action prolongée d'influences extérieures ; leur évolution est dominée par les lois d'une longue hérédité ; ce sont en un mot des *êtres* vivants et non pas la substance vivante elle-même.

Quant à cette substance, on peut seulement conclure des expériences faites jusqu'à ce jour que les composés chimiques dans lesquelles elle se résout, lorsqu'elle cesse d'être active, ne peuvent la régénérer s'ils sont abandonnés à eux-mêmes. Or, ce n'est pas là un fait particulier au protoplasme. Quand un composé chimique a été détruit, il est bien rare que ses éléments laissés en présence les uns des autres se combinent spontanément, sans qu'aucune cause extérieure les force à se rapprocher de nouveau. Après l'électrolyse de l'eau, l'oxygène et l'hydrogène peuvent demeurer indéfiniment mélangés sans reformer de l'eau, si quelque flamme ou une étincelle électrique ne vient pas déterminer leur union.

La question de l'origine chimique du protoplasme, de sa formation spontanée dans la nature actuelle, demeure donc entière. Le fait même qu'on n'a pas encore réussi à le reproduire ne prouve pas grand'chose contre cette origine ; car le protoplasme, s'il est un véritable composé chimique, appartient certainement, par sa composition, au groupe des substances albuminoïdes ; jusqu'à ce jour tous les efforts des chimistes ont été de même impuissants à produire celles-ci, mais l'on ne peut conserver beaucoup de doutes sur un succès plus ou moins prochain.

Malheureusement, une étude plus attentive démontre que les raisons propres à entretenir cette espérance, en ce qui concerne les substances albuminoïdes, ne s'appliquent nullement au protoplasme. Si les éléments qui s'unissent pour former ce dernier sont identiques à ceux qui forment les composés chimiques, il n'y en a pas moins, entre ces composés et la substance vivante, des différences d'ordre fondamental. Tout d'abord, un composé chimique déterminé contient toujours les mêmes corps simples, dans les mêmes proportions, il est défini par sa composition même ; tout changement dans la nature, les proportions ou l'arrangement moléculaire de ses éléments en fait un autre composé doué de propriétés nouvelles et que l'on peut caractériser, comme lui, à la fois par sa composition et ses propriétés. De plus, même dans les composés organiques où les différences de composition sont moins grandes que partout ailleurs grâce au nombre d'équivalents des corps simples qui entrent en jeu dans les combinaisons, le passage d'un composé à un autre ne s'effectue pas d'une manière continue. C'est par sauts brusques, par *proportions définies*, que les éléments chimiques s'unissent entre eux. Pour me servir d'un exemple simple, 14 grammes d'azote ne se combineront pas indifféremment avec toutes les quantités d'oxygène possibles, mais bien avec 8, 16, 24, 32, 40 grammes de ce gaz, de manière qu'entre un composé et le suivant, il y ait toujours une différence de 8 grammes d'oxygène, ni plus ni moins. C'est même là ce qui distingue les véritables composés chimiques des simples mélanges ; c'est aussi l'un des caractères qui les distinguent du protoplasme.

La composition du protoplasme change, en effet, dans des proportions absolument quelconques, non seulement quand on passe d'un animal à un autre, mais dans un même animal, quand on passe d'un organe à un autre, dans un même organe, d'un tissu à un autre. Il y a plus : dans une même cellule, le protoplasme est toujours en voie de changement de composition ; il ne cesse de faire des emprunts au milieu extérieur et de lui céder quelque chose de sa propre substance. Généralement il lui emprunte plus qu'il ne lui donne ; son poids, son volume augmentent donc peu à peu et c'est en cela que consiste la *nutrition*.

Même quand le protoplasme n'est pas en voie d'accroissement, alors qu'il demeure stationnaire ou s'amoindrit, ce double échange, entraînant avec lui une modification continuelle de composition, ne s'arrête pas. Toujours des substances de nature diverse entrent dans la gelée vivante, tandis que d'autres en sortent ; il semble qu'un perpétuel courant la traverse, chaque molécule ne faisant que passer pour céder sa place à une autre.

Ainsi, non seulement le protoplasme diffère de tous les composés chimiques par des changements de composition ininterrompus, qui n'influent cependant en rien sur ses propriétés, mais encore par ce fait qu'aucun des atomes de matière qui se trouvent en lui au moment où peut le saisir l'analyse, atomes qui constituent l'essence même du composé chimique, n'est destiné à y demeurer.

Un composé chimique cesse d'être lui-même dès qu'on modifie si peu que ce soit l'édifice de ses molécules : pour le protoplasme cet édifice n'est rien ; il s'écroule perpétuellement pour se reconstruire aussitôt, et c'est précisément la façon dont il s'écroule et se réédifie qui définit chaque sorte de protoplasme. On pourrait dire que le composé chimique est caractérisé par des substances, le protoplasme par des mouvements. Dès que les mouvements s'arrêtent en lui, le protoplasme n'est plus ; il se transforme en un mélange de substances albuminoïdes et rentre alors dans le domaine de la chimie.

A vrai dire, la Vie ne réside donc pas dans les substances chimiques du protoplasme ; mais dans les mouvements dont les particules de cette substance sont animées. Le protoplasme est vivant, mais il n'est pas la *Vie :* la Vie est une combinaison de mouvements ou, si l'on veut, une *forme du mouvement.* Étant un mouvement, la Vie peut à son tour devenir cause de mouvements ; elle en détermine de plus ou moins complexes. A ce point de vue il est réellement permis de la considérer comme une force, et de dire qu'il existe une *force vitale.*

Toutefois, cette force vitale prend un caractère tout différent de ceux que lui attribuait l'école dite *vitaliste.* Ce n'est plus un agent capricieux et inconstant, une sorte d'intelligence libre d'agir à sa guise, défiant toutes les ressources de l'expérience, toute la sagacité des physiologistes. Elle nous apparaît soumise, comme tous les mouvements, à toutes les lois de la mécanique ; elle est au protoplasme ce que l'affinité est aux atomes, et les phénomènes qui s'accomplissent sous son impulsion présentent une fatalité semblable à celle des phénomènes dont l'affinité est la cause ; ils sont aussi rigoureusement déterminés par les circonstances qui interviennent dans leur production. La science du physiologiste présente donc le même degré de certitude rigoureuse que la science du chimiste, que celle du physicien.

La Vie s'ajoute, se superpose à l'affinité et aux agents physiques pour produire, à côté des phénomènes physico-chimiques, les phénomènes qui lui sont propres et qui sont essentiellement des phénomènes de mouvement soumis à des lois que recherche le biologiste. Ces mouvements vitaux n'empêchent en rien le jeu des affinités : dès qu'ils s'éteignent, les mouvements dus aux affinités se montrent seuls, les composés chimiques prennent la place de la substance vivante, et c'est pourquoi il n'est pas un composé chimique duquel on puisse dire qu'il ne se forme que sous l'action de la vie, pas un composé extrait d'un végétal ou d'un animal que la chimie ne puisse avoir la prétention de reproduire.

La vie mettant les molécules de carbone, d'hydrogène, d'oxygène, d'azote et de soufre qu'elle associe temporairement dans un état de tressaillement qui lui est propre, favorise seulement la formation de combinaisons d'une instabilité et d'une complexité plus grande que celle des combinaisons inorganiques. C'est pourquoi ces combinaisons ne peuvent être reproduites par le chimiste qu'au prix de longs et ingénieux efforts.

Vainement on prétendrait, comme l'a fait Oken, comme le fait encore de nos jours Hæckel, que l'histoire de la vie n'est qu'un chapitre particulier de la chimie du carbone. Cela peut être vrai de la chimie organique ; mais eût-on rassemblé et combiné toutes les substances chimiques que l'on croit entrer dans un protoplasme donné, de manière à former un produit chimiquement identique, encore faudrait-il imprimer aux molécules de ce composé ces mouvements complexes qui caractérisent la vie, qui aboutissent à une assimilation et à une désassimilation constantes que la chimie ne connaît pas. Or, nous ne savons qu'un moyen de communiquer à un tel composé les mouvements qui lui manquent :

c'est de le mettre en contact avec un protoplasme vivant. Il y a chance qu'il pénètre alors dans la masse de ce dernier, qu'il s'identifie avec sa substance et arrive ainsi à vivre à son tour. Mais ce phénomène de communication ou de transformation de la vie n'est autre chose que la *nutrition*.

La nutrition est encore un des caractères qui distinguent la substance vivante de la substance minérale. Elle ne consiste pas seulement, en effet, dans un accroissement pur et simple de la masse qui se nourrit ; sans cela, la différence entre les deux catégories de substances ne serait pas grande. Placé dans une solution saturée du corps dont il est formé, un cristal s'accroît aussi et présente par là une ressemblance superficielle avec un grumeau de protoplasme ; mais dans les deux cas l'accroissement a lieu de deux façons bien différentes. Dans le premier, le cristal ne fait qu'attirer à lui des molécules possédant sa propre composition chimique et ces molécules s'attachent à sa surface ; dans le second, le protoplasme englobe dans sa masse des substances dont la composition est souvent très variable, les décompose, s'assimile certaines de leurs parties, en rejette d'autres, maintenant constamment sa composition propre entre certaines limites de variation. A la manière de ces ferments solubles que seul il sait produire, qui ne sont peut-être qu'une partie de lui-même, il peut faire et défaire à son profit certaines combinaisons chimiques et s'accroît ainsi à l'aide de substances qui n'ont avec lui que de lointaines analogies de composition. Les substances organiques les plus résistantes finissent par céder à l'action corrosive de certains protoplasmes. La cellulose, substance fondamentale du bois et du coton, est dissoute par les *Amylobacter* et même par quelques organismes microscopiques tout à fait gélatineux comme les *Vampyrella*. Une bactérie observée par M. Miquel au laboratoire de la station météorologique de Montsouris décompose le caoutchouc et s'assimile une partie de sa substance en dégageant de l'acide sulfhydrique.

Souvent la nutrition du protoplasme est facilitée par l'exercice d'une faculté particulière que seul encore il possède parmi toutes les substances connues. Non seulement la gelée vivante est constamment en proie à un mouvement intérieur qui ne s'arrête pas, mais elle peut aussi spontanément exécuter des mouvements d'ensemble qui modifient profondément son apparence et ses contours. Aussi bien chez les végétaux que chez les animaux, lorsqu'elle n'est pas captive dans quelque vésicule rigide, on la voit se découper en lobes sans cesse changeants, s'étaler, se ramasser sur elle-même, s'allonger en menus filaments et, grâce à ces diverses manœuvres, se déplacer, ramper sur les corps solides, aller au-devant des substances qui sont propres à la nourrir, les englober pour les décomposer ensuite et s'assimiler leurs débris. Les conditions extérieures, la chaleur, la lumière, l'électricité, la composition chimique du milieu ne sont pas sans influence sur ces mouvements et agissent de même sur la mystérieuse circulation dont le protoplasme est le siège ; mais on ne saurait voir dans les forces physiques ou chimiques leur cause première. Même quand toutes les conditions demeurent rigoureusement constantes autour de lui, le protoplasme continue à se mouvoir. C'est donc une cause intérieure, résidant dans sa propre substance, qui détermine ses mouvements, et cette cause nous ne pouvons guère la concevoir que comme une volonté obscure, se déterminant sous l'action de stimulations extérieures ou de vagues besoins qui supposent un premier rudiment de conscience.

Nous nous éloignons déjà considérablement de la notion vulgaire du composé chimique ; mais que penser de cette autre faculté dont aucun protoplasme actuel n'est totalement dépourvu et qu'on peut appeler la *faculté d'évolution?* Il n'y a presque pas de corps vivants, même parmi les plus simples, dont l'existence ne présente plusieurs phases successives parfaitement distinctes. Abstraction faite des matières nutritives qui viennent s'ajouter à la substance vivante proprement dite, les œufs de tous les animaux ont non seulement la même composition anatomique, non seulement ils sont essentiellement formés de protoplasme, mais encore l'analyse chimique ne saurait révéler entre eux que des différences de composition d'ordre infinitésimal. Et cependant l'un de ces œufs devient une Éponge, un autre une Méduse, un troisième un Calmar, cet autre un Poisson, cet autre enfin un Homme! N'est-ce pas la meilleure preuve, qu'en dehors des substances chimiques et des forces qui en émanent, il y a dans ces divers protoplasmes quelques ressorts cachés dont ne tiennent pas compte les partisans de l'origine chimique de la vie?

De leur essence, les atomes de carbone, d'oxygène, d'hydrogène et d'azote, comme ceux de tous les autres corps simples, sont immuables, et nous ne pouvons leur imposer aucune modification d'aucune sorte. Ce ne sont donc pas les atomes qui peuvent posséder la faculté d'évoluer. Peut-on davantage l'attribuer à une de leurs combinaisons? De quelque façon que nous les supposions groupés, si ces atomes sont dans cet état de repos relatif, d'équilibre plus ou moins stable qui caractérise tout composé chimique, rien ne pourra faire que leur ensemble se transforme de lui-même et présente une trace quelconque de cette faculté évolutive, faite en grande partie de modifications héréditaires, transmises de génération en génération par chaque protoplasme à sa progéniture. Nous ne connaissons que les mouvements qui, sans perdre leurs qualités initiales, conservent ainsi la trace de toutes les perturbations qu'ils ont subies, et nous sommes encore ramenés par conséquent à concevoir la vie comme une forme variable, mais rigoureusement déterminée dans chaque cas, du mouvement.

Enfin une autre qualité non moins importante des protoplasmes les distingue encore des composés chimiques. Rien ne limite les dimensions de ces composés. On peut les obtenir en aussi grandes masses que l'on veut. Quelle que soit la taille d'un cristal, on peut l'augmenter encore ; il n'en est pas de même de la matière vivante : toute masse protoplasmique qui a atteint quelques dixièmes de millimètre au maximum se divise spontanément en deux ou plusieurs masses distinctes, équivalentes entre elles, équivalentes à la la masse d'où elles dérivent, qui se *reproduit* en elles. Le protoplasme n'existe donc qu'à l'état d'*individus* ayant une taille limitée, et c'est pourquoi tous les êtres vivants sont nécessairement composés de ces corpuscules microscopiques que les anatomistes désignent sous le nom de *cellules*.

Que signifie cette limitation de la taille des protoplasmes, sinon qu'ils sont le résultat d'une action qui ne s'exerce pas à leur surface comme à leur centre, que leurs molécules centrales ne sont pas dans les mêmes conditions que leurs molécules périphériques? Est-ce ainsi qu'agissent l'affinité et la cohésion qui déterminent la formation des corps simples ou composés? Ne les voyons-nous pas au contraire produire des masses telles que toutes leurs parties se ressemblent exactement, quelle que soit leur situation respective?

Ainsi, par les changements incessants qui s'accomplissent dans leur composition, par les mouvements dont ils sont le siège, par leur faculté de se nourrir, de se diviser en individualités distinctes, de se reproduire, les protoplasmes se distinguent nettement de toutes les substances chimiques : ils constituent une classe de substances tout à fait à part auxquelles on ne saurait étendre, sans un étrange abus de langage, les conséquences des découvertes qui attestent d'une façon si magnifique du reste la puissance de la chimie. Eût-on réalisé artificiellement la plus complexe des substances albuminoïdes, eût-on réalisé la synthèse de tous les composés que l'on peut extraire des êtres vivants, on n'aurait pas pour cela le droit d'espérer la création prochaine de la Vie. Tous ces composés existent dans le cadavre, et cependant la mort s'en est emparée pour jamais!

Entre les substances vivantes et les composés chimiques, il y a donc un hiatus manifeste; la biologie n'est pas la suite de la chimie organique. Il n'est pas indifférent toutefois d'avoir montré que la Vie n'est pas, comme on l'a cru longtemps, la conséquence de l'organisation, qu'elle existe avec tous ses caractères dans une classe de substances tout aussi simples, au point de vue de la structure, que les composés chimiques. Ainsi dégagée de toute complication accessoire, réduite à son essence, elle se prêtera plus facilement à notre analyse. Il est donc important de bien établir dans quelles limites nous avons le droit d'affirmer que les protoplasmes sont homogènes, c'est-à-dire dépourvus de toute structure régulière.

Est-on bien sûr que cette homogénéité ne soit pas une simple apparence résultant de l'imperfection de nos instruments d'optique, incapables de nous révéler les détails d'une organisation aussi délicate que pourrait l'être celle du protoplasme? La semifluidité du protoplasme ne serait-elle pas due précisément, comme celle de certaines humeurs de l'économie, à ce que les liquides qu'il contient sont emprisonnés dans quelque réseau flexible et ne serait-elle pas une preuve que ce que nous croyons une substance homogène est en réalité un organisme ?

La réponse est facile. Nos microscopes peuvent donner des grossissements de 2,000 fois en diamètre ; l'œil aperçoit, d'autre part, des objets qui n'ont guère plus de un centième de millimètre d'épaisseur, tels sont les poils follets de notre peau, les fils de certaines araignées. Les plus forts grossissements des microscopes peuvent donc rendre perceptibles des objets 2,000 fois plus petits, c'est-à-dire n'ayant guère que un deux-cent-millième ou cinq millionnièmes de millimètre de diamètre. Or, il a été possible d'acquérir des données assez positives sur les distances qui séparent les molécules des corps et sur les grandeurs de ces molécules (1).

On y est parvenu par diverses méthodes qui toutes ont fourni des résultats d'une remarquable concordance. M. Loschmidt a cherché à déduire le diamètre des molécules du rapport entre la densité d'un gaz et celle du liquide qui résulte de sa condensation. M. Van der Waals a pris pour point de départ les écarts que l'on observe entre la compressibilité réelle des gaz et la compressibilité théorique exprimée par la loi de Mariotte ; d'autre part, l'étude des propriétés optiques de certaines bulles ou de lames d'eau de savon obtenues par M. Plateau a permis à sir William Thomson d'établir par le calcul qu'il ne pouvait exister dans leur épaisseur plus d'une rangée de molécules, et cette épaisseur a pu être approximativement évaluée. Par toutes ces méthodes on arrive à trouver, pour le diamètre des molécules, des grandeurs variant de quelques millionnièmes à une fraction de millionnième de millimètre. Cauchy, de son côté, a autrefois démontré que les propriétés de la lumière supposent que les distances des molécules dans les corps sont elles-mêmes des grandeurs voisines du millionnième de millimètre. Toutes ces grandeurs sont à peine inférieures à celle des

(1) Dans son livre intitulé la *Théorie atomique*, faisant partie de la *Bibliothèque scientifique internationale*, M. Ad. Wurtz a donné, page 232, un résumé remarquable des recherches accomplies dans ce sens.

plus petits objets visibles aux plus forts grossissements du microscope. Si maintenant l'on se rappelle que, de l'avis unanime des chimistes, les substances albuminoïdes doivent compter parmi les composés dont les molécules ont le plus grand volume (1), on arrive à conclure que tout groupement de ces molécules en nombre suffisant pour constituer quelque chose de comparable à un élément anatomique serait visible. Dans le protoplasme les molécules ne constituent donc pas des unités d'une autre nature que celles dont sont formés les composés chimiques. Le jour où l'on verrait la structure du protoplasme, on serait bien près de voir aussi celle des composés chimiques, et cela indique nettement dans quelle mesure nous pouvons affirmer que le protoplasme est dépourvu d'organisation ou, ce qui revient au même, qu'il est homogène.

Il y a plus : si l'on entend par organisation une disposition spéciale et déterminée de parties semblables ou dissemblables, on est conduit à présumer que ce genre d'organisation se trouverait bien plutôt dans les composés chimiques que dans le protoplasme. Les molécules de ces composés sont en effet liées entre elles d'une façon plus ou moins étroite; elles sont dans un état de repos relatif, grâce auquel le composé peut se maintenir et résister dans une certaine mesure aux actions qui tendent à le détruire; celles du protoplasme sont, au contraire, constamment en voie de destruction et de reconstitution, en sorte que c'est précisément par l'absence de toute fixité dans sa structure, par l'extrême mobilité de toutes ses particules élémentaires que le protoplasme différerait de tous les composés chimiques connus.

Si l'on considère que, dans la série des composés organiques, les moins stables sont précisément ceux dont la composition se rapproche le plus du protoplasme, on pourrait être tenté

(1) D'après Lieberkühn, la formule de l'albumine serait $C^{240}H^{392}Az^{75}O^{75}S^{3}$, c'est-à-dire qu'une molécule d'albumine serait composée de 240 atomes de carbone, 392 atomes d'hydrogène, 75 atomes d'azote, 75 atomes d'oxygène et 3 atomes de soufre, comprendrait par conséquent 785 atomes de divers corps simples, aussi peut-on de l'eau séparer ces énormes molécules par simple filtration à travers ces filtres exceptionnellement fins dont Graham se servait pour ses dialyses.

de voir dans ce dernier corps une sorte de composé limite dans lequel toute stabilité aurait disparu. Mais quand, par un artifice quelconque, de tels composés se forment dans les mains du chimiste, ils ne se reconstituent pas une fois détruits. Nous voyons, au contraire, l'instabilité chimique du protoplasme coexister avec une stabilité remarquable de toutes ses propriétés biologiques. Tels les tourbillons qui se forment dans les cours d'eau et dans les mers, persistent avec tous leurs caractères pendant une longue durée, conservant leur personnalité alors que les molécules qu'ils entraînent sont sans cesse renouvelées.

Ces ressemblances entre les êtres vivants et les tourbillons n'ont pas manqué de frapper les physiologistes les plus sagaces : c'est à un tourbillon que Cuvier comparait la Vie ; c'est encore à un tourbillon que Huxley compare l'être vivant, voulant faire saisir l'un et l'autre cette permanence de la forme et des fonctions au milieu du renouvellement perpétuel de la matière qui caractérise les corps vivants. Mais la comparaison revêt un caractère plus précis quand, au lieu de prendre pour l'un de ses termes un être de raison comme la Vie, ou un organisme complexe, formé d'une multitude d'organes ou de tissus, elle s'empare d'un corps tel que le protoplasme, qui n'admet d'autre substratum que les atomes mêmes de la chimie. Il faut bien reconnaître alors que l'analogie est plus profonde qu'on ne voudrait le croire, que le protoplasme est vraiment le siège d'un mouvement particulier qui va saisir au dehors certaines molécules pour les rejeter ensuite, après les avoir associées quelque temps à d'autres molécules qu'il avait de même entraînées et qui tôt ou tard subiront le même sort.

Quelle peut être la nature de ce mouvement? Le problème est exactement de même ordre que celui qu'ont isolément abordé les physiciens et les chimistes contemporains, lorsqu'ils ont essayé de déterminer ce que sont les forces dont ils étudient les effets. Les conclusions auxquelles ils sont parvenus ne sont pas sans jeter quelque lumière dans l'esprit du biologiste.

Les forces, nous disent les physiciens, ne sont pas des entités distinctes ; ce ne sont que des transformations du mouvement. Le monde est composé d'une matière unique dont toutes les parties sont animées de mouvements plus ou moins complexes, que nous classons sous diverses catégories, suivant la façon dont nos sens les perçoivent, suivant les effets qu'ils produisent.

La lumière et l'électricité sont, pour le plus grand nombre des savants, des mouvements de ce fluide impondérable qui remplit l'espace, au sein duquel se meuvent les astres, dans lequel vibrent les molécules matérielles, être mystérieux, présent partout, confident des moindres tressaillements de la matière, messager fidèle, grâce auquel tous les mondes se donnent la main et entretiennent d'incessantes relations, gardien inconscient de toutes les activités de l'Univers. La lumière et l'électricité statique semblent n'être que des mouvements vibratoires de forme particulière des molécules de cette substance ; l'électricité dynamique est un mouvement d'ensemble de l'éther circulant entre les molécules matérielles qui le retiennent prisonnier. Dans les phénomènes dus à la chaleur et au magnétisme, les molécules matérielles interviennent directement ; mais c'est encore à des mouvements vibratoires de formes spéciales, que sont dues les manifestations de l'activité que l'on rapporte à ces causes.

Toutes les molécules matérielles sont également aptes à manifester des phénomènes calorifiques ; les phénomènes magnétiques, capables de modifier la lumière, d'engendrer l'électricité et par elle tous les autres agents physiques, semblent cependant l'apanage exclusif d'un petit nombre de substances voisines du fer.

Les atomes matériels ne seraient, à leur tour, suivant les curieuses recherches de William Thomson et de Helmholtz, que des tourbillons de l'éther, semblables à ces couronnes de fumée qui s'élèvent dans l'air après l'explosion d'une bouche à feu, et que savent reproduire en petit les habiles fumeurs, en lançant d'une certaine façon la fumée de leur cigare. S'il en est ainsi, il faut bien attribuer tous les phénomènes qui ressortissent à la pesanteur, à l'attraction moléculaire et à l'affinité, aux impulsions diverses que reçoit l'éther de ces tourbillons et aux actions que par son intermédiaire ces tourbillons exercent les uns sur les autres, actions auxquelles viennent se mêler, pour les favoriser ou les contrarier, celles des mouvements qui produisent les agents physiques.

Ainsi, nous voyons les diverses formes du mouvement des particules matérielles, qu'il s'agisse de l'éther ou des atomes, engendrer, en se propageant dans l'éther, les phénomènes variés qu'on attribuait jadis aux fluides ou agents physiques.

Chaque forme du mouvement a une tendance marquée à se reproduire sous la forme qui lui est propre : un corps choqué prend un mouvement d'ensemble, comme celui qui est venu le frapper ; un corps chaud échauffe les corps placés dans son voisinage ; un corps lumineux en fait des sources de lumière ; un corps électrisé en tire des étincelles ; un aimant donne la propriété de s'attirer réciproquement à tous les morceaux de fer ou d'acier qui subissent son action. Grâce à des artifices spéciaux, nous savons aujourd'hui transformer les uns dans les autres la plupart de ces mouvements ; mais, à mesure qu'ils deviennent plus complexes, leur métamorphose devient de plus en plus difficile. Nous voyons déjà les tourbillons simples qui se produisent dans les cours d'eau et dans l'atmosphère persister longtemps, malgré toutes les actions qui sembleraient devoir les détruire. Les calculs de Helmholtz, vérifiés par les expériences de William Thomson, montrent que, dans un milieu homogène, les couronnes de fumée, les tourbillons auxquels on est conduit à comparer les atomes, seraient éternels, indivisibles.

« Ces tourbillons, dit M. Wurtz (1), sont doués d'élasticité et peuvent changer de forme. Le cercle est leur position d'équilibre et, lorsqu'ils sont déformés, ils oscillent autour de cette position, qu'ils finissent par reprendre. Mais qu'on essaie de les couper, ils fuiront devant la lame, ou vont s'infléchir autour d'elle sans se laisser entamer. Ils offrent donc la représentation matérielle de quelque chose qui serait indivisible et insécable. Et lorsque deux anneaux se rencontrent, ils se comportent comme deux corps solides élastiques : après le choc ils vibrent énergiquement. Un cas singulier est celui où deux anneaux se meuvent

(1) Ad. Wurtz, *La théorie atomique*, 1879, p. 238.

dans la même direction, de telle sorte que leurs centres soient situés sur la même ligne droite et que leurs plans soient perpendiculaires à cette ligne ; alors l'anneau qui est en arrière se contracte continuellement tandis que sa vitesse augmente. Celui qui avait pris l'avance se dilate au contraire, sa vitesse diminuant jusqu'à ce que l'autre l'ait dépassé, et alors le même jeu recommence, de telle sorte que les anneaux se pénètrent alternativement. Mais à travers tous ces changements de forme et de vitesse, chacun conserve son individualité propre, et ces deux masses circulaires et fermées se meuvent dans l'air comme quelque chose de distinct et d'indépendant... »

Pour sir William Thomson, ce milieu parfait et ces tourbillons qui le parcourent représentent l'Univers. Le milieu, c'est l'éther des physiciens ; les tourbillons, ce sont les atomes éternellement vibrants, agissant les uns sur les autres comme nos tourbillons de fumée, pouvant se pénétrer, se mélanger, s'associer de mille façons sans rien perdre de leur individualité, sans changer de caractère, sans disparaître jamais, soustraits à toutes les actions des forces physiques incapables de les faire naître et de les détruire. Leur nombre est constant ; il ne saurait s'en former de nouveaux que par un acte de création, aucun de ceux qui existent ne saurait s'évanouir. C'est une démonstration du vieil axiome des chimistes : *Rien ne se perd, rien ne se crée.*

Ce qui est constant dans les atomes comme dans les tourbillons ordinaires, se propageant dans le fluide même où ils sont nés, ce ne sont pas les particules d'éther qui les composent, ce sont les mouvements, et c'est dans la nature même de ces mouvements que réside leur personnalité. Nous ignorons si les particules d'éther qui composent un atome ne sont pas sans cesse renouvelées, ces particules ne devenant apparentes pour nous qu'au moment où elles entrent dans le tourbillon. S'il en était ainsi, les corps n'existeraient que par une sorte de nutrition analogue à celle dont les protoplasmes sont le siège.

Quoi qu'il en soit, nous voyons, par cet exemple, le mouvement créer à l'aide de la matière des personnalités réelles, durables, capables d'agir les unes sur les autres, se laissant influencer par tous les mouvements qui se produisent en dehors d'elles, sans perdre pour cela leur essence, manifestant par la durée de leurs tressaillements qu'elles conservent une sorte de souvenir des actions exercées sur elles. Sans doute ce n'est pas encore là la vie, telle que nous la concevons. Mais n'est-il pas instructif de voir les formes du mouvement, à mesure qu'elles deviennent plus complexes, donner naissance à des êtres dont les propriétés se rapprochent de plus en plus de celles des êtres vivants ?

Supposons que des mouvements semblables ou plus complexes, au lieu de s'emparer de l'éther, s'emparent de certains des tourbillons nés dans son sein, entraînent et associent certains atomes, les conditions ne seront plus aussi simples : dans le milieu divers où ils se produisent, portant sur des êtres animés aussi de mouvements, ces mouvements nouveaux ne pourront plus se perpétuer de la même façon, mais ils produiront eux-mêmes des êtres personnels, indépendants des molécules qui les constituent, de dimensions déterminées, capables de se modifier sans cesse sans perdre leur essence, conservant le souvenir conscient ou non des actions exercées sur eux, en un mot des protoplasmes.

S'il en est ainsi, nous sommes en droit d'appliquer à ces derniers une grande partie de ce que nous avons appris sur les atomes. Les atomes des diverses sortes de substances chimiques, modifications d'un même élément, ont apparu pendant une certaine période d'évolution de notre globe ou du système astronomique dont il fait partie ; rien ne peut laisser supposer qu'il s'en soit formé de nouveaux en dehors de cette période, et nous savons que les forces physico-chimiques sont incapables d'un tel acte créateur. Ces atomes se sont montrés avec tout un cortège de propriétés qui leur ont fait les destinées les plus diverses. Quelle différence entre le petit nombre de composés fournis par les métaux précieux et la multitude infinie des composés du carbone !

De même, dans une période postérieure de l'évolution de notre planète, alors que les éléments futurs des substances vivantes flottaient, mélangés dans une lourde atmosphère, tout frémissants de leur condensation récente, certaines formes du mouvement comparables à celles qui ont été employées à former les atomes ont pu produire les premières combinaisons vivantes, les premiers protoplasmes. Rien ne permet de supposer que ces protoplasmes fussent alors tous identiques entre eux : ils devaient au contraire différer, non seulement par la nature des particules matérielles qui entraient dans leur constitution, mais encore par les conditions du mouvement qui les animait. Il y avait donc en eux deux éléments différents de variété. Sans doute, si les substances employées à former ces protoplasmes n'ont pas été plus nombreuses, c'est qu'au moment où ils ont pu se produire, nombre d'éléments chimiques avaient déjà pris l'état solide : l'azote, l'oxygène, l'hydrogène, le carbone et leurs diverses combinaisons, la silice, qui a dû se présenter longtemps sous l'état gélatineux, les sels de chaux peu solubles, mais répandus partout, et quelques autres corps ont fait tous les frais de ces substances vivantes. Celles-ci, comme les corps simples, sont nées avec des propriétés différentes, des aptitudes diverses et la lutte pour la vie s'est trouvée par conséquent établie d'emblée sur la terre.

Tandis que les éléments matériels évoluaient, formant, en vertu de leurs propriétés initiales, les innombrables composés chimiques, produisant des composés de plus en plus stables comme s'ils cherchaient les combinaisons les plus propres à assurer leur éternel repos, les protoplasmes évoluaient à leur tour, sollicitant au contraire la matière au mouvement, cherchant à l'entraîner chacun dans sa sphère, y réussissant plus ou moins, sans cesse en présence les uns des autres, forcés par les conditions mêmes de leur existence à engager la rude bataille d'où devait sortir le progrès pour les uns, la mort pour les autres.

L'évolution ultérieure de chacun de ces protoplasmes a été sans doute déterminée par les conditions d'existence qui se sont succédé à la surface du globe et parmi lesquelles se place en première ligne la concurrence vitale. Mais elle a été dominée avant tout par les propriétés premières, ce qu'on pourrait appeler les propriétés natives, tout comme cela s'est produit pour les corps simples ; là aussi les circonstances ont amené la succession des phénomènes auxquels les éléments chimiques ont pris part ; mais dans ces phénomènes chaque élément a joué un rôle assigné d'avance par les propriétés qu'il tenait de son origine. Les propriétés chimiques que manifestaient les corps simples ont été pour eux ce que les propriétés vitales ont été pour les protoplasmes. Ce que nous appelons l'*affinité* pour les premiers correspond à ce que nous nommons la *vie* pour les seconds.

De même que nous ne pouvons reproduire les corps simples, de même nous sommes sans moyen de produire la vie, par la raison que toutes les combinaisons de mouvement aptes à la produire ont été d'un seul coup employées à cette féconde création. Dès le début la somme des mouvements vitaux a atteint sur le globe son maximum : les uns se sont graduellement éteints, vaincus dans la lutte par les mouvements, avec qui ils ne pouvaient s'harmoniser ; d'autres se sont perpétués, produisant des organismes de mieux en mieux armés pour se protéger, seuls aptes à vaincre l'inertie de la matière que nous ne savons plus ranimer.

Évidemment ces assimilations ne doivent pas être prises d'une façon trop absolue ; nous ne voudrions pas affirmer l'identité des mouvements vitaux dans les protoplasmes avec les mouvements qui s'exécutent dans les atomes et qui, réagissant les uns sur les autres à travers l'éther, déterminent les phénomènes attribués par les anciens chimistes à une force spéciale, l'*affinité*. La lumière est un mouvement vibratoire qui agite les molécules d'éther, la chaleur agite au contraire bien réellement les atomes matériels et les molécules ; n'y aurait-il entre la *vie* et l'*affinité* qu'une différence du même ordre ? Cela est possible, mais qui pourrait dire si cette différence est la seule ? Il faudrait, pour être en droit de l'affirmer, avoir comparé la trajectoire des molécules d'éther dans les atomes et celle des atomes dans les protoplasmes, comparaison destinée sans doute à demeurer éternellement hors de nos moyens d'investigation. Mais c'est déjà quelque chose que d'avoir pu constater de telles ressemblances ; quelques conséquences vont en donner la preuve.

On considère habituellement comme deux parties d'un même tout la doctrine de l'*évolution* et celle des *générations spontanées*. Si l'on entend par là que la théorie de l'évolution suppose des êtres primitifs dénués de parents et formés par le libre jeu des forces existant dans le monde, cela nous paraît en effet bien difficile à contester. Mais si l'on prétend, comme le font la plupart des partisans de la génération spontanée, que le phénomène de la création de la vie se reproduit encore de nos jours, nous répondons que ce peut être une opinion soutenable, mais qu'elle n'a rien de commun avec le transformisme. Nous venons de voir, en effet, qu'une première création de protoplasmes ne suppose pas plus des créations subséquentes que la création première des atomes ne suppose qu'il puisse s'en former encore. Cuvier, partisan de la fixité des espèces, et Huxley, partisan de leur variabilité indéfinie, peuvent donc se rencontrer sur cette proposition, qu'ils ont l'un et l'autre formulée presque dans les mêmes termes : « La vie seule engendre la vie. »

On a considéré, et la plupart des biologistes considèrent encore comme incompatibles la théorie d'une *force vitale* particulière et celle du *déterminisme physiologique*, qui nous montre les organismes soumis à des lois aussi constantes que celles de la physique et de la chimie. C'est là encore le résultat d'une confusion. Le *déterminisme*, c'est-à-dire le fait que dans le monde vivant, comme dans le monde minéral, les *mêmes causes produisent toujours les mêmes effets*, n'a rien à faire avec la théorie qui ne veut voir dans les êtres vivants que le résultat de la libre action sur la matière des forces ordinaires de la physique et de la chimie. L'affinité produit des phénomènes d'un autre ordre que la pesanteur, la chaleur, l'électricité, le magnétisme et la lumière ; son action peut être modifiée par l'intervention de ces agents, cela n'empêche pas qu'elle ne soit une force distincte. De même la vie est une force qui se superpose à toutes les autres, y compris l'affinité, combine ses effets aux leurs, reçoit leur influence sans cesser de demeurer distincte et de produire tout un ordre nouveau de phénomènes qui lui sont propres. Il ne faudrait pas toutefois vouloir cacher sous ce mot *force* un être intelligent, capricieux ou volontaire. Les forces ne sont que des modes spéciaux de mouvement dont l'origine nous est inconnue, que l'on peut considérer comme primitifs et dont les transformations diverses sont la cause de tous les phénomènes : quelques-uns de ces modes de mouvement ont une remarquable permanence, on peut admettre qu'ils ont donné naissance aux atomes et aux premiers protoplasmes, d'où émanent l'*affinité* et la *vie* ou *force vitale*.

Cette dernière ne saurait se comporter autrement que l'affinité, avec laquelle elle présente tant de ressemblance ; ses effets sont aussi certains, aussi réguliers que ceux des autres forces de la nature, issues comme elle du mouvement. Mais confondre la vie avec les forces physico-chimiques, c'est faire une erreur plus considérable encore que celle qui consisterait à confondre l'homme avec le gorille ou le gorille avec l'homme, quoique l'un et l'autre puissent bien avoir quelque parent commun.

Le déterminisme des phénomènes physiologiques n'exclut donc pas plus la force vitale que le transformisme n'implique les générations spontanées dans l'état présent de notre globe. Les protoplasmes se sont formés une fois pour toutes ; ils ont apparu avec des facultés particulières qui ont réglé leur évolution, concurremment avec les conditions extérieures ; étant données ces conditions, la marche de leur évolution s'est trouvée aussi rigoureusement déterminée que le sont aujourd'hui les diverses transformations des composés chimiques.

La science de la vie, la biologie, est donc tout entière dans l'histoire des protoplasmes et de leurs modifications diverses, comme la chimie est tout entière dans l'histoire des corps simples. Mais le biologiste se butte dans ses recherches à une difficulté qu'ignore le chimiste. Quand ce dernier a isolé les corps simples, qu'il en a déterminé toutes les propriétés, il sait qu'il retrouvera ces éléments toujours identiques à eux-mêmes, et il peut les considérer comme autant de causes constantes, immuables, auxquelles tous les phénomènes chimiques se laissent aisément ramener. Au contraire, les protoplasmes, aux propriétés desquels il faut rattacher tous les phénomènes biologiques, changent incessamment ; ils se transforment souvent avec une merveilleuse rapidité : témoin la multitude infinie de cellules variées qui, chez les animaux supérieurs, naissent d'une cellule unique, l'œuf.

On peut affirmer qu'il n'existe pas actuellement un seul protoplasme identique dans toutes ses propriétés aux protoplasmes primitifs. Cependant on trouve encore dans les mers, dans les eaux douces et jusque dans la terre humide, des êtres d'une telle simplicité que l'esprit se trouve amené à les considérer comme les formes vivantes les plus rapprochées des formes originelles. C'est à leur étude que nous devons demander la confirmation des vues que nous venons de développer sur la nature de la vie et les caractères essentiels des protoplasmes. C'est dans leurs propriétés que nous devons rechercher les causes premières et les lois de l'admirable développement organique qui a permis aux êtres vivants de s'élever de l'humble sarcode jusqu'à l'homme.

CHAPITRE III

LES MONÈRES.

Hæckel a donné le nom de Monères aux formes les plus humbles sous lesquelles la vie se manifeste dans la nature actuelle.

Ses découvertes ont fait connaître aux naturalistes des êtres vivants plus étonnants, par leur extrême simplicité, que les organismes les plus perfectionnés ne le sont par la complexité de leur structure.

Un grumeau de gelée ! voilà tout ce que montrent en eux nos meilleurs instruments d'optique, nos microscopes les plus puissants. Mais cette gelée est vivante : on la voit à chaque instant changer de forme, s'emparer d'animaux d'ordre élevé, les dissoudre et les incorporer dans sa propre substance. Ce grumeau de gelée grandit et se reproduit : parfois il est absolument transparent ; entouré de grêles prolongements de formes variées, il apparaît dans le liquide qui l'entoure semblable à ces légers filaments qui ondulent dans un verre d'eau au-dessus d'un morceau de sucre qui fond ; d'autres fois sa masse est parsemée de très fins granules, presque toujours entraînés par cette sorte de mouvement circulatoire que nous avons déjà désigné sous le nom de *circulation protoplasmique*. Ces caractères se montrent déjà chez des êtres remarquables, dont la simplicité de structure avait été révélée par Dujardin, dès 1830, et à qui l'illustre micrographe de Rennes avait donné le nom de *Rhizopodes;* c'est leur étude qui lui avait suggéré l'idée du Sarcode. Mais les Monères de Hæckel sont encore inférieures à ce que l'on considérait alors comme les formes les plus élémentaires de la vie. On trouve dans la substance sarcodique des Rhizopodes des rudiments incontestables d'organisation : les Monères en sont complètement dépourvues pendant la plus grande partie de leur existence. Cet élément, qui semble dans tout le reste des règnes organiques une partie essentielle des cellules, le noyau lui-même, leur manque. Le protoplasme, à part quelques granules d'origine étrangère, a chez elles la limpidité d'un liquide.

La première Monère est relativement une nouvelle venue dans la science. Elle fut observée en 1864 à Villefranche, près de Nice, par Hæckel. C'est une sorte de sphère gélatineuse dont l'homogénéité n'est troublée que par la présence, dans sa masse, de quelques gouttelettes plus pâles : sa surface entière est hérissée de grêles filaments, rayonnant de toutes parts, qui s'allongent, se contractent, se ramifient, s'accolent de toutes les façons possibles, peuvent même rentrer complètement dans la masse générale et y disparaître en entier pour être presque aussitôt remplacés par d'autres : leur existence est donc tout à fait temporaire. C'est, en effet, la gelée vivante elle-même, le protoplasme, qui s'étire ainsi à sa surface pour produire ces espèces de pieds, ces *pseudopodes* qui lui servent à la fois à ramper, à saisir les aliments et même à les digérer. Qu'un Infusoire, un petit Crustacé vienne à frôler l'un des pseudopodes de notre Monère, il est aussitôt arrêté au passage et comme paralysé. Les pseudopodes ne tardent pas à l'envelopper de leur réseau gélatineux. Un mouvement insensible transporte la proie jusque dans la sphère centrale où elle semble se dissoudre complètement. Les parties qui résistent à cette action dissolvante sont repoussées au dehors par un mouvement analogue à celui qui les avait conduites dans la sphère du Sarcode. Celle-ci grandit assez rapidement. Lorsqu'elle a atteint une certaine taille, elle s'allonge, puis s'étrangle dans sa région moyenne et se partage bientôt en deux sphères à peu près égales qui continuent, chacune pour son compte, l'exercice des mêmes fonctions.

C'est bien là la vie sous la forme la plus simple que l'on puisse concevoir : toutes les fonctions exercées par une substance unique, homogène ; la reproduction, conséquence directe de l'accroissement, consistant dans le partage en deux moitiés égales d'une masse primitivement unique ; aussi Hæckel n'a-t-il pas hésité à

Fig. 1. — 1. Reproduction de la *Protomœba primitiva*. — 2. *Myxastrum radians*.

voir dans sa Monère de Villefranche un représentant des premières formes vivantes telles qu'elles ont dû, suivant lui, apparaître spontanément sur le globe : de là le nom de *Protogenes primordialis*, qu'il a donné à cet être singulier (1).

Il est à noter cependant que la Protogène est déjà un type assez nettement défini. Si sa forme sphérique relève des lois de la méca-

(1) *Zeitschrift für wissenschaftliche Zoologie*, t. XV, p. 360, pl. XXVI, fig. 1, 2.

nique, il n'en est pas de même de celle de ses pseudopodes; de plus sa taille est généralement déterminée, elle ne dépasse guère 1 millimètre de diamètre. Dès que cette taille est atteinte, la division de la sphère en deux autres se produit. Il semble qu'il y ait dans le protoplasme une sorte de centre d'attraction dont l'action est limitée à une certaine distance. Quand par l'accroissement de la masse cette distance est franchie, un centre nouveau se constitue et une division s'opère. Chacun des grumeaux protoplasmiques ainsi formés est une unité, un individu bien distinct, qui n'a plus aucun lien avec la masse primitive, peut se trouver placé dans des conditions biologiques toutes différentes de celles où se trouveront ses frères ou ses collatéraux et subir par conséquent une évolution toute particulière. Ce seul fait que les protoplasmes ne peuvent dépasser une certaine taille a donc une importance considérable, puisqu'il introduit un élément nouveau de variété dans l'espèce organique. Cette importance augmente encore si l'on remarque que, les grumeaux nés de la division constituant des unités équivalentes, la nutrition ne produit pas seulement l'accroissement des Protogènes, elle prépare l'exercice d'une fonction nouvelle qui n'est autre que la reproduction. La *Protogenes* n'est donc pas un être absolument amorphe.

Une autre Monère, la *Protamœba primitiva* (fig. 1), est plus simple encore que la Protogènes. Sa forme est absolument indéfinie : ses contours changent à chaque instant sans s'arrêter jamais, sa masse se découpe de mille façons en lobes arrondis, plus ou moins distincts, mais qui ne s'étirent jamais en filaments comme les pseudopodes de la *Protogènes*. Les *Protamœba* semblent ainsi des gouttelettes graisseuses qui coulent sur le porte-objet du microscope; malgré leur extrême simplicité, ils ne dépassent pas non plus une très faible taille ; quand ils ont atteint quelques centièmes de millimètre, ils se partagent par le travers, comme les Protogènes : chaque individu en fournit ainsi deux autres. La *Protamœba primitiva* a été également découverte par Hæckel, qui l'a décrite en 1866 dans sa *Morphologie générale*.

On a rencontré dans les profondeurs de l'Océan, jusqu'à 25,000 pieds au-dessous du niveau de la mer, une Monère qui paraît plus simple que les précédentes, en ce sens qu'on pourrait la croire absolument amorphe. Suivant Hæckel, ce nouvel être réalise d'une façon complète le type du protoplasme primitif : il peut grandir indéfiniment sans être astreint à se diviser et ne se décompose jamais en individus distincts. Quand par hasard une portion de sa substance vient à être séparée de la masse commune, elle grandit indépendamment ; mais si les deux masses viennent à se rencontrer de nouveau, elles se soudent et ne forment plus qu'un seul être absolument continu. Chez une telle substance, il ne saurait être question de reproduction. La reproduction, sous sa forme la plus simple, suppose des êtres vivants, limités, donnant naissance à des êtres semblables à eux : ici, rien de pareil, puisque la masse vivante est tout à fait illimitée. C'est, en 1868, durant la croisière du navire anglais *the Porcupine*, que les naturalistes Carpenter et Wyville Thomson découvrirent cette remarquable Monère ; entre les particules solides du fin limon que ramenait la drague, ils aperçurent une sorte de glu protoplasmique animée de mouvements d'une extrême lenteur. Cette glu contenait des corpuscules calcaires de forme parfaitement définie, que les uns ont considérés comme produits par la substance sarcodique elle-même, dans lesquels d'autres ont vu des algues calcaires très simples ayant servi de nourriture au protoplasme. Elle fut rencontrée par couches d'une vaste étendue en diverses régions de l'Atlantique, et des échantillons conservés dans l'alcool concentré furent rapportés et remis au professeur Huxley. C'est cet illustre anatomiste qui les décrivit comme appartenant à une Monère nouvelle et qui donna à celle-ci le nom de *Bathybius Hæckeli* (1).

Le *Bathybius* fit, lors de son apparition dans la science, une profonde sensation. Était-il donc vrai qu'il existât dans les profondeurs de l'Océan un limon animé, sans forme et sans limites, couvrant de ses réseaux de vastes étendues, abandonnant de temps à autre une portion de sa substance à quelque évolution individuelle, laissant ainsi échapper de son sein des êtres nouveaux ?

(1) *Journal of microscopical Science*, vol. VIII, 1868.

Était-ce là cette gelée vivante d'où l'empire organique serait sorti, héritière du *Urschleim* rêvé par Oken, mère des faunes et des flores de l'avenir? La vie s'élançait-elle du fond de l'Océan, comme d'un vaste et mystérieux laboratoire pour remplir les mers et les continents de ses productions variées? On le crut un moment.

Malheureusement les naturalistes d'une autre expédition, celle du *Challenger*, dirigée par Wyville Thomson lui-même, n'ont pu retrouver le *Bathybius*. Il est donc certain qu'on s'était trompé sur sa répartition au sein des mers ; la terre n'est pas enveloppée, comme on l'avait pensé, d'une couche vivante. Mais on est allé plus loin : on a prétendu que le *Bathybius* n'existait pas, que c'était un simple précipité gélatineux de sulfate de chaux, comme il s'en produit toutes les fois qu'on ajoute à de l'eau de mer de l'alcool concentré. Wyville Thomson, qui avait vu cependant les mouvements de l'être problématique, Huxley qui l'avait nommé et décrit ont cru devoir revenir sur leur opinion, en présence de l'insuccès des recherches du *Challenger* et considérer, eux aussi, le prétendu *Bathybius* comme une substance minérale.

Cependant Hæckel avait, de son côté, étudié cette substance et reconnu qu'elle se colorait vivement en rouge par le carmin, que l'iode et l'acide nitrique la coloraient en jaune; de tels caractères ne sauraient appartenir à un simple précipité de sulfate de chaux ; ils sont communs au contraire à un grand nombre de substances albuminoïdes. Le savant professeur d'Iéna persiste donc à considédérer comme parfaitement réelle l'existence du *Bathybius*.

D'autres observations sont du reste venues démontrer qu'il existe, dans la vase marine, des masses vivantes analogues à celles décrites par Huxley. Un naturaliste attaché à l'expédition du *Polaris* et heureusement échappé au naufrage de ce bâtiment, le Dr Emile Bessels a trouvé dans le détroit de Smith, par une profondeur de 92 brasses seulement, des masses de protoplasmes ne différant du *Bathybius* que parce qu'elles ne contiennent aucune concrétion calcaire. Il s'est fondé sur l'absence de ces particules solides pour distinguer la Monère plus simple qu'il venait de découvrir sous le nom de *Protobathybius* (1). S'il est vrai que les corpuscules

(1) D[r] Em. Bessels, *Memorandum on the most important discoveries of the*

calcaires du *Bathybius* lui soient réellement étrangers, le *Protobathybius* n'est sans doute pas autre chose que le véritable *Bathybius*. Or, les observations du Dr Émile Bessels ne peuvent laisser aucun doute : le *Protobathybius* est bien un être vivant ; ses mouvements

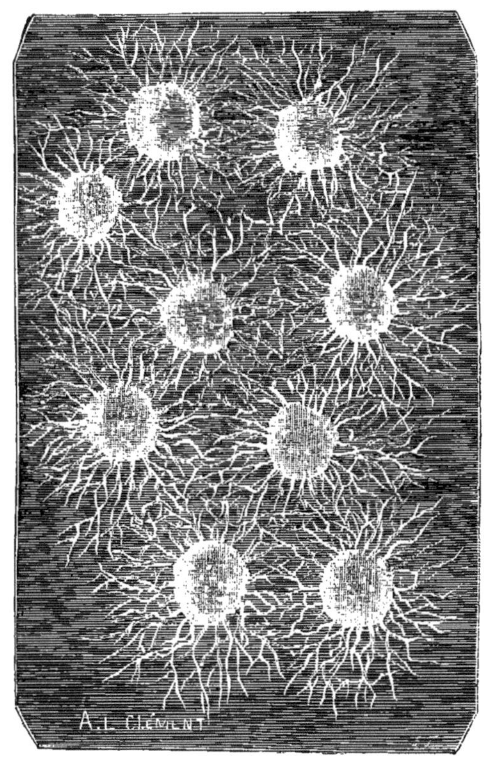

Fig. 2. — *Myxodictyum sociale*. (D'après Hæckel.)

ont pu être observés au microscope ; ses diverses parties sont le siège d'une véritable circulation protoplasmique, il absorbe, à l'aide de ses « magnifiques mouvements amiboïdes », des particules de

Northpol-Expedition (*Annual Report of the Secretary of the Navy*. Washington, 1873).

carmin ou d'autres corps étrangers. Son corps s'étend en un réseau complexe qui change incessamment de forme. Ces faits détruisent évidemment toutes les critiques qui ont été adressées au *Bathybius*. Si ce dernier n'est pas aussi répandu au fond des mers qu'on l'avait supposé tout d'abord, il n'en existe pas moins avec tous les caractères qu'on lui avait attribués et paraît décidément réaliser la forme vivante la plus simple qu'il soit possible de concevoir. En est-il vraiment ainsi ? C'est un point que nous allons éclaircir.

Une autre Monère, découverte également par Hæckel, nous ramène vers les Protogènes, mais avec une particularité nouvelle, c'est le remarquable *Myxodictyum sociale* (1). Là le proplasme (fig. 2 et 7, n° 2) constitue, comme chez la *Protogenes*, des individualités distinctes : ce sont de petits grumeaux plus ou moins sphériques, entourés de toutes parts de pseudopodes ramifiés et rayonnants. La reproduction s'opère exactement comme chez les Protogènes : quand une masse a acquis un certain volume, elle se divise en deux parties à peu près égales ; mais les deux moitiés, au lieu de se séparer complètement, demeurent unies par leurs pseudopodes et il en est de même des individus qu'elles engendrent par une nouvelle division ; le phénomène s'est-il répété un certain nombre de fois, l'ensemble des individus forme une véritable société dont les membres sont tellement unis qu'on peut suivre dans les pseudopodes confluents le passage des granules psotoplasmiques d'un individu dans la substance de ceux avec qui il est uni. Tous les individus se ressemblent, les courants protoplasmiques charrient de l'un à l'autre les particules alimentaires, c'est le communisme dans toute l'acception du mot. Les *Myxodictyum* sont donc des Monères vivant en société ; elles nous montrent, dans les formes les plus simples des êtres vivants, une tendance bien manifeste des individus qui se ressemblent à s'associer pour mettre tout en commun. Comment ces sociétés se forment-elles ? Deux interprétations sont possibles. Ou bien elles résultent de ce que les divers individus qui se forment par division du protoplasme ne peuvent se séparer au point de vivre d'une vie indépendante, et dans

(1) E. Hæckel, *Monographie der Moneren* (*Jenaische Zeitschrift*, Bd. IV, 1868).

ce cas le *Myxodictyum* serait une forme de passage entre le *Bathybius* et la *Protogenes;* ou bien l'association est un phénomène consécutif qui n'exclut pas une individualisation complète des sphérules et qui ne se produit que parce qu'elle est dans certains cas avantageuse, ayant pour conséquence de faire profiter tous les individus associés des bonnes captures de chacun.

Une Monère analogue, qui a été découverte dans les eaux douces de la terre humide de notre pays par M. Aimé Schneider, professeur à la faculté des sciences de Poitiers, vient à l'appui de cette dernière manière de voir. La *Monobia confluens* (1) ressemble beaucoup au *Myxodictyum sociale*, mais celles de ses colonies qui ont été observées sont formées d'un moins grand nombre d'individus; ces individus eux-mêmes sont plus petits et leurs pseudopodes sont si grêles et si transparents qu'on aurait peine à les apercevoir au microscope s'ils ne présentaient de distance en distance de légers renflements révélés par les jeux de lumière qu'ils produisent. Comme chez toutes les autres Monères, on ne distingue dans le protoplasme que les débris des corpuscules qui ont servi à l'alimentation et qui ont généralement entourés d'une gouttelette liquide résultant de l'action chimique que la matière vivante a exercée sur eux : aucune trace de noyau ou de toute autre organisation. M. Schneider a vu les *Monobia* former des colonies dans lesquelles tous les individus étaient frères, ne s'étaient jamais complètement séparés et changeaient à chaque instant leur position relative sans cesser de demeurer unis par un ou plusieurs de leurs pseudopodes; ces colonies se forment, comme celles du *Myxodictyum*, par simple division en deux parties égales des premiers individus qui les composent. Mais à côté des sociétés on trouve très fréquemment des individus isolés dont la forme est assez généralement celle « d'un biscuit à la cuiller » et qui émettent surtout des pseudopodes tout autour de leurs extrémités renflées. Ces individus ne sont pas du reste condamnés à un isolement perpétuel : leur forme même semble indiquer qu'ils sont en voie de division et s'apprêtent à fonder des colonies; on les voit aussi, quand ils rencontrent

(1) *Archives de zoologie expérimentale*, t. VII, 1878.

une colonie déjà formée, souder leurs pseudopodes à ceux de quelqu'un des individus associés et prendre rang dans la colonie.

Ainsi, dans les *Monobia*, l'association n'a rien d'essentiel ni de permanent ; elle peut se former ou se défaire suivant les circonstances. Faut-il admettre que la volonté des individus composants soit pour quelque chose dans ces alternatives ? La force qui pousse au dehors les pseudopodes de la Monère, les contracte, les divise, les rapproche pour saisir une proie ou la faire cheminer vers le centre, provoquée à agir dans une certaine mesure par les circonstances extérieures, émane cependant de l'intérieur ; elle peut donc être comparée à une volonté, et il est difficile de nier que cette volonté s'exerce dans l'acte de la soudure, car la fusion de deux pseudopodes n'est pas fatale, quand a lieu leur rencontre. Une volonté suppose d'ailleurs des sensations obscures peut-être, mais réelles ; et l'on comprend alors que les divers individus d'une colonie, ayant chacun tout ce qu'il faut pour mener une vie indépendante, demeurent ensemble, s'isolent ou se réunissent, après s'être séparés, suivant que les circonstances sont plus propres à l'un ou l'autre des genres de vie qu'ils peuvent mener.

Les filaments protoplasmiques qui unissent deux individus d'un *Myxodictyum* ou d'une *Monobia* peuvent avoir toutes les dimensions possibles, relativement aux centres d'où ils partent ; plus ils grossissent, plus l'importance de ces centres devient faible, et l'on conçoit très bien que l'on puisse arriver ainsi jusqu'à un réseau d'apparence amorphe, tel que celui du *Bathybius*. C'est donc une question de savoir si l'on doit considérer comme les plus rapprochées des formes primitives, les Monères sans individualité apparente comme le *Bathybius* ou celles qui sont individualisées comme les Protogènes. Les partisans de la nature purement chimique du protoplasme n'hésitent pas : les composés chimiques, les cristaux eux-mêmes, n'ont aucune individualité puisqu'ils peuvent grandir indéfiniment ; il n'y a pas de raison pour qu'une masse d'albumine ait un volume plutôt qu'un autre ; cela suffit pour qu'on affirme qu'il a dû en être de même des premiers protoplasmes. Le protoplasme n'étant qu'un composé albuminoïde a dû apparaître tout d'abord sans forme ni dimensions déterminées.

Les idées que nous avons exposées dans le chapitre précédent relativement à l'origine de la substance vivante montrent que cette hypothèse n'a rien de nécessaire. Il n'y a aucune raison de ne pas admettre que les premiers protoplasmes aient apparu avec des dimensions finies. Si les mouvements les plus complexes que nous ayons pu observer, si les tourbillons ont précisément pour caractère de créer une sorte de personnalité à l'ensemble de molécules qu'ils entraînent, si les atomes, produits de ces mouvements complexes, se sont formés avec des dimensions finies qui ne sont susceptibles que de faibles variations, pourquoi le plus complexe de tous les mouvements moléculaires, pourquoi la vie protoplasmique ne condamnerait-elle pas les masses primitives qu'elle constitue à ne pas dépasser certaines dimensions et n'aurait-elle pas ainsi créé d'emblée leur individualité ? Cette dernière opinion paraît la plus vraisemblable d'après la théorie, et, quand on considère que les Monères *individuelles* sont la règle, on en arrive à penser qu'elles ont pour le moins autant de droit que l'exceptionnel *Bathybius* à être considérées comme primitives. Leur rôle a, dans tous les cas, été prépondérant, car c'est à elles que le monde vivant doit sa variété infinie.

Si les observations du docteur Émile Bessels ont réhabilité le *Bathybius*, en tant que substance vivante, elles tendent d'ailleurs à jeter un doute bien grand sur son importance morphologique. En effet, partout où le savant a rencontré son *Protobathybius*, il l'a trouvé associé avec un être également protoplasmique, mais présentant déjà des traces bien nettes d'organisation, avec un véritable Rhizopode qu'il a nommé *Hæckelina gigantea*. L'*Hæckelina* a non seulement une taille bien définie, mais encore une forme à peu près constante. Elle se présente sous l'aspect d'étoiles à plusieurs branches couvertes de fin gravier et atteignant parfois près de 1 centimètre de diamètre. Au delà des extrémités de ces branches la masse sarcodique se prolonge à nu, en forme de bras, et émet de toute sa surface un réseau délicat de pseudopodes. La substance entière de l'*Hæckelina* est parsemée de gouttelettes jaunes assez régulièrement espacées, et l'on voit en outre dans son intérieur des cellules qui sont en train de se diviser et constituent peut-être un appareil de reproduction. Plusieurs *Hæckelina* s'unissent en général par leurs bras de manière à former des colonies assez semblables à celles du *Myxodictyum*. Or, dit le docteur Bessels (1), « supposez que les grumeaux protoplasmiques du réseau du *Protobathybius* se recouvrent de sable, vous aurez, sauf l'absence peu importante des pseudopodes, quelque chose de fort semblable à l'*Hæckelina*. » Il se pourrait donc que le *Protobathybius* ne fût qu'une forme transitoire de l'*Hæckelina* qui, dans tous les fonds sablonneux au-dessous de quatorze brasses, forme elle aussi des couches dont l'épaisseur et l'étendue « ne peut être comparée qu'à celle du *Bathybius*. » Le *Protobathybius* et le *Bathybius* seraient dès lors, comme le *Myxodictyum* et la *Monobia*, de simples colonies de Monères. Nous rencontrerons plus tard des réseaux protoplasmiques tout à fait analogues (2) dont la nature coloniale ne saurait être mise en doute. S'il en est ainsi du *Bathybius*, on ne saurait évidemment le considérer comme la forme la plus rapprochée des protoplasmes primitifs ; le rôle inférieur demeure aux Monères personnelles ; conformément à la théorie, il faut considérer l'individualité comme un des caractères fondamentaux des protoplasmes et la reproduction comme une de leurs fonctions essentielles.

Les Monères que nous avons étudiées jusqu'ici ne nous ont présenté que les formes les plus rudimentaires de cette dernière fonction. Chez toutes les autres la reproduction se distingue bien plus nettement de l'accroissement ordinaire ; ce n'est plus une simple division en deux parties d'un corps devenu en quelque sorte trop grand : il y a formation de corps reproducteurs spéciaux, extrêmement remarquables parce que leur forme, très nette cependant, se retrouve avec une étonnante constance non seulement chez un assez grand nombre de Monères, mais encore chez beaucoup de végétaux et d'animaux inférieurs. On peut donner le nom de *zoospores* à ces corps reproducteurs.

Les *Vampyrella* et les *Protomonas*, si bien étudiées par le natu-

(1) *Hæckelina gigantea; ein Protist aus der Gruppe des Monothalamien.* (*Jenaische Zeitschrift für Naturwissenschaft*, t. IX, 1875 ; Note de la p. 277).

(2) Ceux des Myxomycètes.

raliste russe Cienkowski (1), sont de petites Monères à pseudopodes courts, mais filamenteux. Les unes habitent l'eau douce, comme la *Protomonas amyli*, qui vit parmi les débris de certaines plantes en décomposition, les *Nitella;* d'autres sont marines, comme la *Vampyrella gomphonematis*. A une certaine époque de leur existence, les Protomonades rétractent leurs pseudopodes et se transforment en sphérules parfaitement régulières. La couche extérieure de ces sphérules devient plus résistante que le reste du protoplasme et constitue une sorte de kyste membraneux dans lequel le protoplasme se segmente en un nombre considérable de petites masses globuleuses. Puis le kyste se rompt et les petites masses s'échappent. Elles présentent alors à peu près la forme classique sous laquelle on représente les larmes dans les cérémonies religieuses. Ce sont des corpuscules piriformes dont l'extrémité amincie se prolonge en un long et mince filament, une sorte de cil dont les mouvements ondulatoires permettent au jeune zoospore de se déplacer rapidement dans le liquide ambiant. Bientôt des pseudopodes poussent sur toute la surface du corps reproducteur, le cil se confond avec eux; le zoospore est devenu une nouvelle *Protomonas*.

Chez quelques espèces, chez la *Protomonas amyli*, par exemple, un certain nombre de zoospores ainsi modifiés s'assemblent, se fusionnent complètement pour reconstituer la *Protomonas*. Ce phénomène se retrouve assez fréquemment chez les organismes inférieurs à forme amiboïde; il n'est donc pas sans importance et pourrait bien être l'origine du phénomène si général de la fécondation.

Les *Vampyrella* (fig. 3) diffèrent surtout des *Protomonas* parce que leurs kystes ne fournissent jamais à la fois que quatre spores, d'apparence amiboïde. Beaucoup habitent les eaux douces, et leur corps peut revêtir l'apparence régulière d'un soleil de feu d'artifice ou présenter les formes les plus bizarrement découpées. Elles sont extrêmement voraces; mais leur nourriture

(1) *Beiträge zur Kenntniss der Monaden*. (*Archiv für mikroskopische Anatomie*, vol. I, 1865) et *Ueber Palmellaceen und einige Flagellaten*, même recueil, vol. VI, 1870.

paraît être exclusivement végétale. On les voit se fixer à la surface de ces filaments verdâtres qui envahissent les eaux stagnantes et qui sont connues sous le nom de *conferves*. La paroi de la conferve se dissout au point où s'est fixée la *Vampyrella*, et le contenu vert de l'algue passe dans la substance de la Monère. Il semble que celle-ci hume, au moyen d'une succion, le contenu de celle-là, comme les vampires étaient réputés humer le sang des malheureux auxquels ils s'attaquaient. C'est là l'étymologie du nom de notre Monère (fig. 7). En réalité, le protoplasme de la *Vampyrella* pénètre simplement, grâce à ses mouvements amiboïdes, dans l'intérieur de la cellule, englobe la substance qui s'y trouve contenue et l'entraîne avec lui quand il se retire.

De petits organismes, en forme de bâtonnets, récemment étudiés par M. Van Tieghem (1), les *Amylobacter*, agents de la fermentation butyrique, jouissent, comme le protoplasme des *Vampyrella*, de la faculté de dissoudre et de décomposer la paroi, si résistante d'ordinaire, des cellules végétales.

Un mode de reproduction très analogue à celui des *Protomonas* est présenté par une splendide Monère trouvée à l'île Lancerote, l'une des Canaries, lors du séjour que firent dans ces îles MM. Herman Fol, Greef et Hæckel. Cette Monère a été décrite par Hæckel sous le nom de *Protomyxa aurantiaca* (2). La *Protomyxa* (fig. 4, 5 et 6), se trouve ordinairement sur les coquilles abandonnées d'un petit mollusque voisin des Poulpes, des Calmars et des Seiches, la *Spirule de Péron*, coquilles que la mer rejette par milliers sur la plage. Elle est visible à l'œil nu et on la reconnaît à sa belle couleur orangée qui tranche sur le fond blanc de la coquille. Elle allonge en tous sens ses pseudopodes ramifiés et diversement contournés toujours à la recherche d'Infusoires et de petits Crustacés dont les carapaces sont longtemps reconnaissables dans la masse gélatineuse qui s'est nourrie à leurs dépens. Quand elle a suffisamment grandi, la *Protomyxa* se comporte exactement comme les *Protomonas*, elle rentre ses pseudopodes et s'enferme dans une membrane épaisse et trans-

(1) *Comptes rendus de l'Académie des sciences*, 1879, t. LXXXVIII, p. 205.

(2) *Histoire de la création naturelle*, édition allemande, 1868, et *Monographie der Moneren* (*Jenaische Zeitschrift für Naturwissenschaft*, t. IV, p. 64).

lucide qui n'est qu'une modification de sa substance périphérique. La masse ainsi enfermée est d'abord complètement homogène (fig. 5, n° 1) ; mais elle ne tarde pas à se diviser et se transforme en un amas de petites sphères assez semblable à une mûre (fig. 5, n. 2). Bientôt les sphères se séparent les unes des autres, s'agitent à l'intérieur du kyste qui se rompt et laisse échapper une multitude de

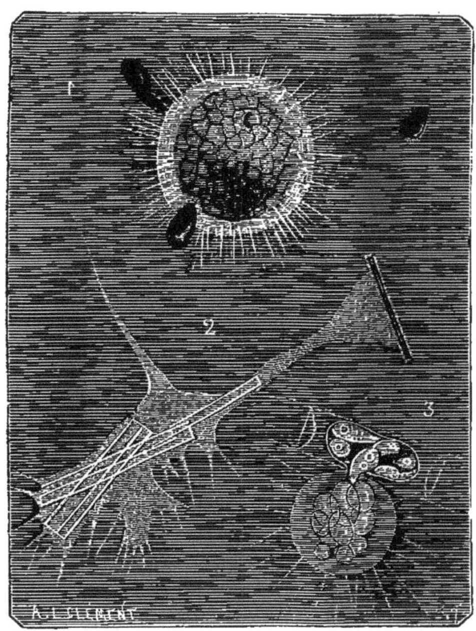

Fig. 3. — 1. *Actinosphærium Eichhornii* dévorant des *Stentor*. — 2. *Vampyrella vorax* ayant mangé des Diatomées. — 3. *Vampyrella Spirogyra* (grossissement 320 diamètres), dévorant le contenu d'une cellule d'Algue (d'après Cienkowski).

zoospores orangés, exactement semblables du reste à ceux que nous avons précédemment décrits. Ces zoospores n'ont, pour se transformer en *Protomyxa*, qu'à grandir et à émettre des pseudopodes, ce qu'ils font presque aussitôt après leur mise en liberté (fig. 6).

Le *Myxastrum radians* (fig. 7, n° 1), découvert par Hæckel dans le fin limon de Puerto del Arrecife, à l'île Lancerote, dès le début de ses recherches sur les Monères, est encore plus remarquable. C'est aussi une sphérule de protoplasme, émettant de toutes parts de grêles pseudopodes, mais ce protoplasme est absolument incolore et ses prolongements sont plus délicats que ceux de la *Protomyxa*. Le *Myxastrum* se nourrit, comme elle, de Diatomées dont on peut

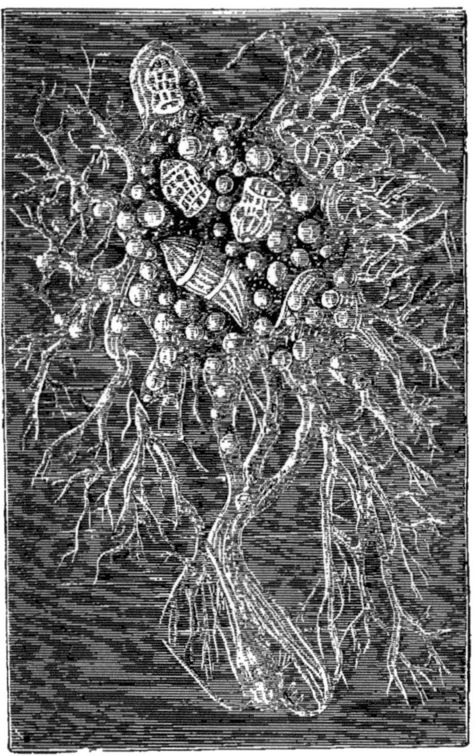

Fig. 4. — *Protomyxa aurantiaca* ayant capturé de nombreux Infusoires.

voir dans la figure 7 les carapaces enfermées dans la substance vivante. Quand vient le moment de la reproduction, les pseudopodes rentrent comme d'habitude dans la masse commune, une enveloppe protectrice se forme à ses dépens, tandis que le protoplasme restant se segmente; mais la segmentation ne donne plus ici des sphères confusément arrangées ; elle produit des zoospores allongés en forme de fuseau qui se disposent en rayonnant autour du centre et s'enferment dans une carapace siliceuse que les jeunes *Myxastrum* abandonnent peu de temps après leur naissance.

Divers auteurs ont encore décrit un certain nombre d'êtres dont les formes et les propriétés se rattachent de très près à celles des

Fig. 5. — *Protomyxa aurantiaca*. — 1. *Protomyxa* enkystée. — 2. Segmentation de l'intérieur du kyste. — 3. L'animal, à jeun, ayant développé ses pseudopodes.

Monères dont nous venons de parler. Il existe, suivant Greef, caché dans la vase des étangs, en masses relativement énormes, un protoplasme vivant, le *Pelobius*, qui remplacerait dans les eaux douces le *Bathybius* marin. Oscar Grimm, Cienkowski ont fait connaître plusieurs espèces bien distinctes de *Protomonas* et de *Vampyrella*.

Meereschowski (1) a décrit plus récemment encore une espèce

(1) *Archiv für mikroskopische Anatomie*, 1879, vol. XVI, p. 213, pl. XI, fig. 5,

nouvelle de *Protamœba*, la *Protamœba Grimmi*, en même temps qu'une Monère particulièrement remarquable, puisqu'au lieu d'être libre comme toutes les autres, elle se fixe à l'aide d'un pédoncule hyalin, immobile, sécrété par son protoplasme. Au sommet de ce pédoncule, la Monère s'épanouit, dardant de toutes parts ses pseudopodes rayonnants. Mereschowski a donné à cette

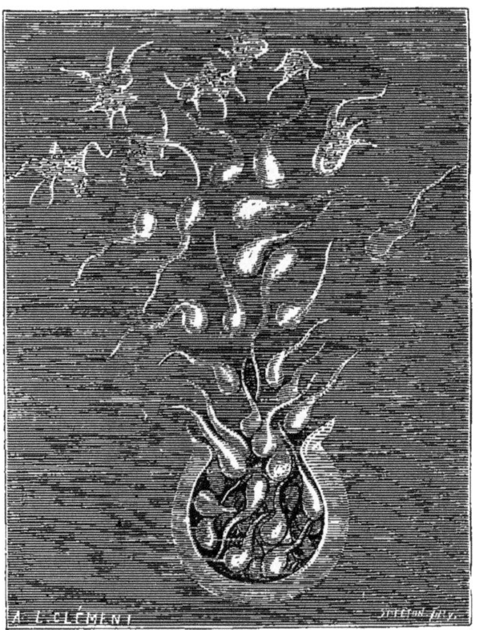

Fig. 6. — Kyste de *Protomyxa aurantiaca* rompu et montrant les phases flagellifère et amiboïde des zoospores (d'après Hæckel).

espèce intéressante le nom d'*Hæckelina borealis* qui ne pourra être conservé, la dénomination générique d'*Hæckelina* ayant déjà été employée par Bessels pour désigner, comme on l'a vu, un véritable Rhizopode. L'*Hæckelina borealis* est peut-être l'ancêtre des Rhizopodes fixés et des Infusoires suceurs qui s'attachent en si grand nombre aux végétaux aquatiques, tels que les *Podophrya*,

Solenophrya, etc. En raison de cette parenté hypothétique, on pourrait lui attribuer le nom de *Protophrya borealis*.

Il existe une autre classe de *Monères* qui se distinguent par des caractères bien tranchés. Là, la taille est encore plus petite, presque réduite aux limites extrêmes de ce qui est visible au micro-

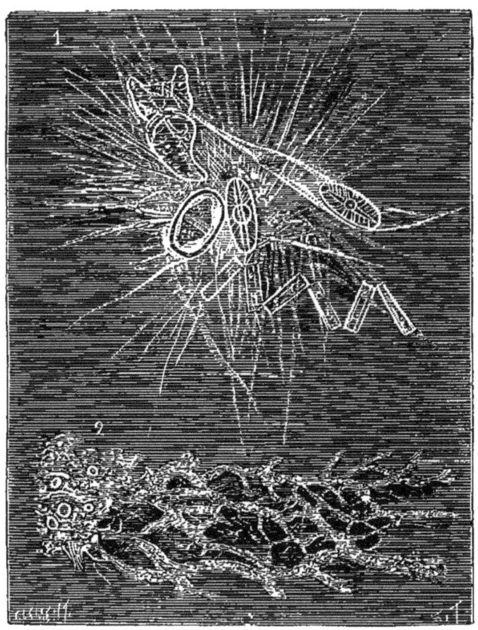

Fig. 7. — 1. *Myxastrum radians* ayant absorbé des Diatomées et des Infusoires. — 2. Réseau protoplasmique du *Myxodictyum sociale* (d'après Hæckel).

scope; la consistance du protoplasme est devenue plus ferme; la forme est nettement arrêtée ; plus de pseudopodes contractiles ni de mouvements amiboïdes. Quelques espèces sont cependant très agiles. Chez les plus grandes on peut s'assurer qu'un ou plusieurs filaments vibratiles battent le liquide et fonctionnent comme des rames déliées. D'ailleurs, dans ces petits êtres, les plus puissants microscopes ne révèlent aucune trace d'organisation, rien que l'on puisse comparer même à un noyau de cellule. Il faut donc bien voir en eux des Monères. Les botanistes les ont souvent revendiqués, et ont créé pour eux la classe des Schizomycètes : ils les considèrent comme des champignons inférieurs, voisins des levûres avec lesquelles ils partagent le pouvoir de provoquer des fermentations. Les Schizomycètes sont en effet ces Vibrions, ces Bactéries, ces *Micrococcus* qui abondent partout, pullulent dans tous les liquides organiques exposés à l'air et pénètrent même dans les tissus des animaux et des végétaux où ils se multiplient parfois à l'infini, déterminant les désordres les plus graves, causant des maladies d'autant plus redoutables qu'elles sont contagieuses au plus haut degré. Rien n'égale l'activité physiologique de ces molécules vivantes que leur petitesse a fait désigner sous le nom de *Microbes*. On les voit décomposer, pour se nourrir, les substances organiques les plus résistantes : les tissus les plus durs, la cellulose, la corne, les peaux ne résistent pas à l'action de quelques-unes d'entre elles. Le ferment microscopique observé à Montsouris par M. Miquel, qui s'attaque au caoutchouc et le décompose en dégageant de l'acide sulfhydrique est une Monère de ce groupe ; une autre, étudiée par MM. Schlœsing et Muntz, décompose les matières organiques azotées contenues dans le sol et produit à leurs dépens de l'*acide nitrique* (1). La vie même des plus puissants organismes succombe sous l'action dissolvante de certaines espèces dont l'effrayante multiplication défie toutes les ressources de la médecine. Un naturaliste allemand, Cohn, assure qu'une Bactérie peut en vingt-quatre heures produire seize millions cinq cent mille Bactéries. Il faudrait cinquante et un chiffres pour représenter en nombre sa postérité au bout d'une semaine. Une seule goutte d'eau peut contenir des millions d'individus.

Le charbon ou pustule maligne, la fièvre puerpérale, la fièvre récurrente, la diphtérie ou croup des enfants, la variole, le typhus des bêtes à cornes, le choléra des poules, dont l'étude fournit actuellement à M. Pasteur de si importants résultats et peut-être la

(1) *Comptes rendus de l'Académie des sciences*, novembre 1879.

plupart des maladies épidémiques ou contagieuses sont dues au développement dans l'organisme de diverses espèces de Bactéries; on comprend maintenant pourquoi les plus terribles de ces maladies se communiquent si rapidement, pourquoi elles éclatent parfois d'une manière foudroyante, pourquoi, dans un milieu infesté, il est si difficile de s'en défendre.

Les Bactéries parasites des animaux sont souvent de forme globulaire; on leur donne alors le nom de *Micrococcus*, littéralement *petits granules :* ce sont en effet les plus petits de tous les corps vivants connus. Les *Bacillus* et les Vibrions sont de forme allongée, les *Spirillum* et les *Spirochœta* sont enroulés en spirale plus ou moins serrée et munis à chacune de leurs extrémités d'un fouet vibratile qui les fait mouvoir avec une grande rapidité; quelques espèces, les *Bacterium* proprement dits, vivent en petites colonies linéaires, semblables à des chapelets.

Tous ces êtres se reproduisent ordinairement par simple division de leur corps en deux parties égales. Ce sont les agents les plus actifs de certaines fermentations et de la putréfaction des matières organiques. Ils ne peuvent vivre en général que dans des conditions bien déterminées. Chaque espèce a son milieu dans lequel elle se développe à l'exclusion de tout autre et dans lequel elle produit des altérations parfaitement caractéristiques. La présence de l'air est nécessaire au développement de certaines espèces, comme le *Micrococcus ureæ* qui produit la fermentation ammoniacale de l'urine, ou la *levûre lactique* qui aigrit le lait. L'*Amylobacter* qui rancit le beurre en produisant la fermentation butyrique, est tué au contraire par le contact de l'oxygène; il s'attaque aux substances les plus diverses, produisant toujours de l'acide butyrique et peut se développer dans des milieux où nul autre être vivant n'aurait accès; aussi ce Microbe aérophobe est-il répandu partout à profusion dans la nature. La présence ou l'absence de l'air semble indifférente à quelques-uns de ces organismes qui se bornent à changer, suivant les circonstances, leur façon de vivre; plus souvent, au contraire, un léger changement dans les conditions ambiantes suffit à détruire toute la population animée d'un liquide en pleine fermentation : un acide ajouté à l'urine empêche le développement du ferment de l'urée ; quelques degrés d'élévation dans la température suffisent pour tuer la Bactérie charbonneuse. Les oiseaux sont, dans les conditions ordinaires, incapables de contracter le charbon : par une admirable expérience, M. Pasteur a montré qu'il suffisait de refroidir les pattes d'une poule en les tenant dans de l'eau fraîche, pour faire cesser cette immunité.

Ces faits ont une importance pratique considérable : chaque sorte de ferment ayant des conditions d'existence parfaitement déterminées, ce qui tue l'un laissant l'autre parfaitement vivant, on voit que, dans un même liquide, il n'est pas impossible de détruire un ferment donné au milieu d'une foule d'autres : il n'est pas impossible en particulier d'atteindre dans le sang un organisme parasite, tout en respectant la vie des globules. Toute maladie contagieuse apparaît donc comme une maladie radicalement guérissable, à la seule condition de bien connaître toutes les particularités qui distinguent le mode d'existence du ferment qui la produit, du mode d'existence des globules sanguins et des éléments anatomiques. De là l'intérêt qui s'attache à la détermination exacte de ces ferments et aux tentatives de culture en dehors de l'organisme dont ils sont l'objet.

Les conséquences théoriques qui se dégagent de tout ce qui précède n'ont pas un moins grand intérêt.

Si simple que soit la substance qui constitue les Monères, elle présente d'une Monère à l'autre des propriétés fort différentes. Nous connaissons déjà autant de protoplasmes distincts qu'il existe de Monères, et chacun de ces protoplasmes se reproduit, non seulement avec tous ses caractères physiques et chimiques, mais encore avec tous ses caractères physiologiques : les individus vivants qu'il constitue naissent, vivent et meurent toujours de la même façon. Cependant toutes ces substances possèdent un certain nombre de propriétés qui leur sont communes : toutes exécutent des mouvements spontanés, toutes s'accroissent et s'assimilent des substances étrangères qu'elles façonnent par leur simple contact de manière à les rendre identiques à elles-mêmes, toutes présentent une tendance à constituer de petites masses individuelles capables elles-mêmes de se résoudre en masses plus petites encore, aptes à se transformer en individus nouveaux. En d'autres termes, tous ces protoplasmes se meuvent, se nourrissent, s'accroissent et, ce qui en est une conséquence, se reproduisent. Là se bornent les ressemblances: car chez chacun d'eux la locomotion, la nutrition et la reproduction s'accomplissent d'une façon particulière. Ces grandes fonctions caractérisent la *vie;* mais la vie a dans chacune des espèces une modalité propre, de même que dans chaque sorte d'atomes chimiques, l'*affinité* présente ses caractères spéciaux. Chez les atomes, ces caractères sont originels et dus aux modifications diverses d'une classe particulière de mouvements: l'histoire des Monères nous montre également les protoplasmes très différents les uns des autres, dès l'origine et même dans les formes les plus simples. Elle ne nous fournit aucun argument en faveur de l'hypothèse que les propriétés particulières de chacun d'eux ont été acquises. La théorie nous a permis d'établir que cette hypothèse n'est nullement nécessaire à la doctrine de la continuité entre le monde organique et le monde inorganique; loin de conduire à la conception d'un protoplasme unique dont les parties se seraient graduellement isolées les unes des autres, auraient acquis une individualité et des caractères distinctifs de plus en plus marqués, elle nous mène directement à l'idée de protoplasmes individualisés d'emblée et possédant, dès le moment de leur formation, les propriétés qui constituent ce qu'on pourrait appeler, à l'exemple des philosophes, leur *devenir*. Tout ce que l'on sait aujourd'hui des Monères est parfaitement d'accord avec cette manière de voir.

On peut donc admettre qu'il n'y a pas eu à l'origine *un* protoplasma, mais *des* protoplasmes. Ce mot désigne non pas *une substance* vivante, mais une *classe de substances :* les substances douées de vie, et ces substances ont toujours été nombreuses et variées. Sans doute leurs formes et leurs propriétés n'étaient pas d'abord exactement celles que nous leur voyons aujourd'hui: la postérité des unes s'est éteinte, celle des autres a donné naissance à des branches plus ou moins nombreuses dont les rapports seraient difficiles à établir; l'adaptation étroite de certains ferments à leurs conditions d'existence montre que plusieurs d'entre eux, issus peut-être d'une même origine, se sont modifiés avec ces conditions qui leur sont devenues de plus en plus nécessaires; mais rien ne permet de supposer qu'on pourrait remonter des Monères actuelles à une substance unique dont elles ne seraient que les modifications.

Comment concevoir, du reste, dans l'hypothèse d'un protoplasme primitif unique et non fragmenté en masses individuelles, dans l'hypothèse d'un protoplasme impersonnel et continu, que la concurrence vitale et la diversification des formes qui en doit résulter aient pu s'établir sur la terre? Nous voyons bien un tel protoplasme grandir indéfiniment, empruntant à la matière inorganique ce qui est nécessaire à son développement; nous le voyons, toujours continu, envahir les mers, tandis que des mouvements incessants maintiennent l'homogénéité de sa substance; nous comprenons bien que le basard ait pu détacher momentanément quelques-unes de ses parties, mais ces parties elles-mêmes auraient dû bien vite, en grandissant, rejoindre la masse principale et s'unir à elle de nouveau. Comment croire qu'elles aient au contraire continué à se diviser de manière à former une foule de petits individus indépendants, ayant chacun des propriétés distinctes et désormais incapables de se confondre en une seule masse? Supposera-t-on qu'une multitude de petits centres d'attraction préexistaient dans ce protoplasme en apparence homogène? Ce serait admettre déjà que ses diverses parties avaient une existence individuelle; mais comment ces centres se seraient-ils séparés? Comment les individus résultant de cette séparation, aptes à s'unir entre eux à la première rencontre, sans cesse ramenés à l'identité par ces unions, fussent-elles temporaires, auraient-ils pu subir l'influence élective de la concurence vitale? Il faut donc admettre non seulement des *individus protoplasmiques primitifs*, mais encore des *espèces protoplasmiques primitives*.

La réalité de ces espèces se trouve confirmée par une particularité de la physiologie des Monères qu'on ne saurait trop mettre en relief. Bien que nos premières notions précises sur les Monères ne remontent pas à une époque bien éloignée, nous en connaissons actuellement un assez grand nombre. Or, parmi elles, il n'y en a pas une seule qui soit capable de se nourrir directement de matières minérales, pas une seule qui puisse par conséquent communiquer directement la vie à des substances qui n'aient pas été, au préalable, élaborées par elle. Les Monères à protoplasme libre, mou, capable de s'étirer en pseudopodes, celles que Hæckel nomme les *Rhizomonères*, englobent et digèrent de petits Infusoires, des Crustacés microscopiques, des Algues monocellulaires, des Diatomées. Les Monères à protoplasme rigide, à formes bien déterminées, celles qui jouent le rôle de ferments, les *Tachymonères* de Hæckel, se développent soit dans le sang des animaux, soit dans les diverses humeurs de leur économie, pendant la vie ou après la mort des organismes qu'ils attaquent, soit dans des solutions de composés organiques ; les substances grasses ou albuminoïdes sont leur milieu de prédilection.

N'est-ce pas un fait bien étrange que les formes vivantes les plus simples, loin d'animer la matière inerte, soient au contraire constamment employées à détruire ce que la vie a produit? Comment expliquer ce fait sinon par la lutte qui a dû s'établir de très bonne heure entre les protoplasmes différents, vivant côte à côte? Une fois passée la période de formation dont les phénomènes échappent à toute analyse, les diverses Monères se sont réciproquement servi de nourriture, et celles qui n'ont pas été entraînées dans la splendide évolution qui a déterminé la formation du Règne animal et du Règne végétal n'en ont pas moins continué à chercher leurs aliments dans la substance des êtres plus favorisés qui s'élevaient graduellement, parmi elles, jusqu'aux sommets de l'organisation.

Il a fallu bien des perfectionnements avant que certaines Monères, gardant toute leur vie la membrane d'enveloppe qui protège temporairement le protoplasme de quelques-unes d'entre elles, soient devenues capables de demander directement à l'air atmosphérique et à l'eau, plus ou moins chargés de matières minérales, les éléments de leur constitution. Ce jour-là le Règne végétal a fait son apparition sur la terre. Pas plus que le Règne animal, il ne s'est formé subitement ; longtemps les Monères ont été les seuls habitants de ce globe, et c'est d'elles que sont lentement sortis, se développant simultanément côte à côte, les êtres qui devaient plus tard couvrir le sol de son vert manteau de végétaux ou donner aux prairies comme aux forêts leurs innombrables habitants.

Aucune raison théorique, aucun argument paléontologique ne permet de supposer que les végétaux aient été les ancêtres des animaux, comme on le dit communément. Le contraire est beaucoup plus probable, car la cellule végétale avec son protoplasme enfermé dans une prison de cellulose est bien plus éloignée des Monères, que la cellule animale nue ou entourée d'une mince membrane de nature albuminoïde. Par leurs mouvements, par le caractère de leur alimentation, les Monères ressemblent bien plus aux animaux inférieurs qu'aux végétaux : les animaux qui devaient si étrangement distancer les végétaux dans la série organique avaient donc sur eux, selon toutes les apparences, l'avantage de la primogéniture.

La reproduction des Monères n'est pas un phénomène moins significatif que leur nutrition. Toutes, après avoir grandi un certain temps, donnent par division de nouveaux individus. Souvent, nous l'avons vu cette division, s'accomplit dans des conditions de complexité qui témoignent de son importance au point de vue de la conservation de l'espèce. En serait-il ainsi si les Monères pouvaient se produire spontanément ? La faculté de la reproduction n'est pas une preuve absolue contre la génération spontanée, mais elle est tout au moins une forte présomption, et si l'on se souvient que les expériences les plus précises ont prouvé que les Monères qui déterminent les fermentations ne proviennent jamais que de Monères semblables à elles, contenues dans les substances qui fermentent, on est en droit d'étendre ces conclusions aux Monères à protoplasme diffluent et de répéter, avec Cuvier et Huxley : *La vie seule engendre la vie.* Loin d'infirmer cette proposition fondamentale, l'histoire des Monères ne fait que la confirmer. Le phénomène de l'apparition de la vie a été un phénomène de même ordre que celui de l'apparition de la matière et comme sa continuation. Il n'y a pas de raison pour que l'un se renouvelle aujourd'hui plutôt que l'autre.

La vie s'est montrée dès le début avec une grande variété : nous avons vu comment cette autre proposition importante se concilie avec les idées sur la continuité des phénomènes qui sont aujourd'hui la base philosophique de la science. L'histoire des Monères nous permet de comprendre en quoi pouvait consister la variété primitive des substances vivantes, indiquée déjà par la théorie qui voit dans la vie une forme particulière du mouvement. La cause première de cette variété est de même ordre que celle de la variété des éléments chimiques.

Enfin *les êtres vivants ont apparu à l'état d'individus* ayant une grandeur déterminée et fort petite, phénomène que permet encore de prévoir l'assimilation que nous avons faite entre les mouvements qui ont produit les premiers protoplasmes et ceux qui ont produit les atomes. L'histoire des Monères n'est encore qu'une démonstration de cette dernière proposition.

Le développement des deux Règnes organiques est tout entier dominé par ces trois prémisses.

Les êtres vivants élémentaires ne dépassant pas une taille presque toujours microscopique ne pourront en conséquence former les animaux et les végétaux de grande taille que nous connaissons qu'à la condition de s'associer en nombre considérable. C'est la cause première de l'*Organisation*.

Les protoplasmes ont apparu à l'état d'êtres individuels, indépendants; c'est pour eux une qualité fondamentale : même en se groupant en vastes sociétés ils ne pourront perdre leur individualité, qui fait partie de leur essence. Nous retrouvons ainsi le principe de l'*Indépendance des éléments anatomiques*, sur lequel s'appuie la physiologie expérimentale tout entière.

Tout individu protoplasmique procède d'un individu protoplasmique : donc, tous les éléments associés pour constituer un organisme proviennent d'éléments vivants antérieurs; aucun d'eux ne saurait se former spontanément dans les humeurs de l'économie. Autrement dit : *Toute cellule procède d'une cellule*. C'est le principe fondamental de l'embryogénie et de l'histologie.

Nous sommes ainsi amenés à concevoir tout organisme comme une association nombreuse d'individus, ayant vis-à-vis les uns des autres une réelle indépendance, et formant la postérité d'un individu primitif, analogue à chacun d'eux.

Toutefois les éléments qui constituent les organismes ne sont pas des Monères : ce sont des êtres plus compliqués, des *cellules*. Entre le premier organisme et la Monère la plus élevée, il y a donc une étape à parcourir.

Comment cette étape a-t-elle été franchie ? C'est ce que nous allons maintenant rechercher.

CHAPITRE IV

LES PREMIERS HÉRITIERS DES MONÈRES.

Les Radiolaires et les Foraminifères.

Examinant un jour les dépôts vaseux qui se forment dans les sources minérales de Franzenbad et de Carlsbad, en Allemagne, l'illustre micrographe Ehrenberg ne fut pas peu étonné de les trouver presque entièrement constitués par des corpuscules siliceux, souvent d'une grande élégance, toujours de forme bien déterminée et qui ne pouvaient avoir été produits que par des êtres vivants. Poursuivant ces recherches dans les dépôts analogues, il reconnut qu'une foule d'entre eux étaient formés de semblables éléments. Bientôt même des assises géologiques puissantes, celles de la craie, lui fournirent des carapaces d'êtres microscopiques en telle abondance que la masse des autres fossiles semblait presque insignifiante relativement à la leur. Des îles tout entières, les Barbades, par exemple, ne sont, pour ainsi dire, que les gigantesques ossuaires d'un monde aussi merveilleux par la petitesse de ses citoyens, que par leur infinie variété et leur innombrable multitude. Suivant Max-Schultze, l'once de sable du port de Gaëte ne contient pas moins de un million et demi de ces squelettes invisibles, qui peuvent cependant s'accumuler en quantité suffisante pour faire des montagnes.

D'une délicatesse de structure qui défie les plus habiles artistes, d'une richesse de formes qui surpasse tout ce que l'imagination la plus vive pourrait concevoir, ces squelettes se rattachent à deux types bien distincts. Tantôt ils sont formés par de petites loges sphériques ou ovoïdes, ou diversement contournées, empilées de façon à former des chapelets, des spirales, des pyramides, ou des figures bizarrement capricieuses (fig. 8 et 9) ; les parois de ces loges et les cloisons qui les séparent sont, en général, criblées d'une multitude de petits trous ; les loges possèdent en outre une ouverture spéciale et la substance qui forme leurs parois est du calcaire. Tantôt, au contraire, le squelette est constitué soit de sphères treillissées, emboîtées les unes dans les autres comme celles que fabriquent certains artistes chinois, soit de longues aiguilles réunies par l'une de leurs extrémités, libres sur le reste de leur étendue ou reliées entre elles par une admirable dentelle pierreuse ; d'autres fois enfin ce squelette se réduit à de petits corpuscules épars en forme d'ancres, d'érignes ou de crochets ; souvent se rencontrent des formes qui rappellent un casque à pointe et les différents thèmes sont variés de la manière la plus étrange, avec une profusion devant laquelle l'esprit demeure confondu (fig. 10 et 11). Dans tous, la substance qui constitue le squelette n'est autre chose que la substance même du cristal de roche, la silice.

On désigne les êtres qui sécrètent les squelettes calcaires, perforés, à plusieurs loges, ceux du premier type, sous le nom de *Polythalames* ou de *Foraminifères ;* ceux qui forment les squelettes siliceux, treillissés, du second type, sous celui de *Polycystines* ou de *Radiolaires*.

En présence de l'extrême complication de leurs parties solides, on serait tenté de croire que ces êtres sont eux-mêmes fort compliqués, malgré l'exiguïté de leur taille. Quelques naturalistes distingués, de Haan, Lamarck, Latreille, d'Orbigny, de Férussac, avaient eu cette idée. Frappés de la ressemblance que présentent parfois les coquilles microscopiques des Foraminifères, avec celles de certains mollusques marins d'un type fort élevé, ces savants avaient cru que les Foraminifères étaient eux-mêmes des Mollusques. Ils les considéraient comme des représentants microscopiques du groupe auquel appartiennent les Pieuvres, les Seiches, les Calmars, les Nautiles, les Spirules, ou encore les fossiles, parfois gigantesques, connus sous le nom d'Ammonites. Ils avaient été confirmés dans leur manière de voir par ce fait que l'ouverture des loges des Foraminifères donne passage, quand l'animal est vivant, à une multitude de bras présentant une vague ressemblance avec ceux d'un Nautile. Cependant un examen plus complet, fait à l'aide d'instruments suffisamment grossissants, conduit bien vite à une tout autre opinion.

Les bras souvent de couleur orangée, que l'animal émet en grand nombre par l'orifice de sa coquille, ne montrent nullement la fixité de forme qui caractérise ceux des Poulpes ; non seulement on les voit s'allonger et se raccourcir incessamment, mais encore ils se divisent de mille manières, leurs ramifications se soudent entre elles quand elles se rencontrent et leur ensemble forme souvent des réseaux irréguliers dont les mailles s'ouvrent ou se rétrécissent sans cesse, dont la configuration change d'une manière continuelle. Les soudures qui s'établissent entre les diverses ramifications ne sont pas une simple apparence : en examinant avec soin ces prétendus bras, on reconnaît qu'ils sont parcourus par des courants de granules ; arrivés au point où les soudures se manifestent, les granules passent indifféremment d'un bras à l'autre, montrant ainsi qu'il y a entre ces bras une continuité bien réelle, qu'il y a non seulement contact, mais encore fusion complète de leur substance.

Quelle peut donc bien être cette substance apte à se ramifier ainsi à l'infini, à se souder avec elle-même, à s'étaler en un réseau délicat ou à se ramasser en un mince grumeau, laissant, comme un liquide, s'établir des courants dans sa propre masse, sensible, contractile et cependant homogène, vivante et cependant semblable à une goutte mucilagineuse dépourvue de toute structure ?

Cette substance, nous la connaissons, nous l'avons déjà vue constituer toutes les Monères et les êtres qui s'en rapprochent le plus ? C'est elle encore qui forme les Radiolaires et les Foraminifères : c'est le *Protoplasme*. On doit surtout à notre illustre compatriote Dujardin d'avoir établi cette vérité. Ce sont les Foraminifères et les Radiolaires qui lui fournirent la première idée de sa théorie du Sarcode, dont nous avons déjà parlé : c'est à Dujardin qu'on doit d'avoir démontré que les prétendus bras de ces êtres ne sont que des prolongements sarcodiques, des *pseudopodes* analogues à ceux des Monères. Dujardin comparait ces pseudopodes au chevelu d'une racine de végétal ; de là le nom de Rhizopodes (1) sous lequel il réunit nos architectes microscopiques. Les pseudopodes des Foraminifères et des Radiolaires jouissent d'ailleurs exactement des mêmes propriétés que ceux des Monères et des Amibes. Ils arrêtent, par leur simple contact, les Infusoires ou les petits Crustacés qui viennent se frôler contre eux, les saisissent, les enveloppent de leur réseau mucilagineux, les dissolvent, s'incorporent leur substance qui est entraînée par la circulation protoplasmique dans la masse sarcodique principale où pénètrent même parfois des particules solides. Il n'est donc pas douteux qu'il ne s'agisse ici d'une véritable substance protoplasmique.

Dans la masse sarcodique d'un Foraminifère, les recherches les plus minutieuses, celles toutes récentes de Hertwig, par exemple, n'ont pu faire découvrir autre chose qu'un noyau tel que celui des Amibes ou des *Actinophrys*, noyau qui se déplace dans chaque individu à mesure que le nombre de ses loges augmente.

La structure des Radiolaires est un peu plus compliquée. Au centre de leur corps — qui ne dépasse pas, du reste, la grosseur d'une tête d'épingle — le microscope montre, noyée dans le protoplasme, une capsule membraneuse, dont le contenu est parfois segmenté en masses polyédriques plus ou moins opaques. Il y a continuité entre le protoplasme contenu dans la capsule et celui dont elle est enveloppée ; les spicules et les aiguilles siliceuses traversent souvent ses parois pour se réunir à son centre, mais elle n'a aucun rapport direct avec le squelette proprement dit. On trouve aussi dans la masse sarcodique des corpuscules réfringents, de couleur jaune, qui paraissent être de véritables cellules, contiennent de l'amidon, et sont eux aussi indépendants du squelette.

(1) De ῥίζα, racine, ποῦς, pied. — Littéralement : animaux à pieds en forme de racine.

Dans certains types, de taille relativement un peu plus considérable, il existe plusieurs capsules centrales (1). On doit considérer ces formes comme résultant de la réunion de plusieurs individus ordinaires qui ont mis en commun leur protoplasme. Elles sont aux Radiolaires ordinaires à peu près ce que les *Myxodyctium* sont aux *Protomyxa;* ce sont des *Radiolaires composés*. Il est fort probable qu'il existe aussi des Foraminifères composés et peut-être doit-on considérer chaque loge d'un Foraminifère comme un individu distinct, de sorte qu'il n'y aurait de Foraminifères simples que les Foraminifères uniloculaires tels que les *Lagenulina* (fig. 8, n° 5), en forme de petite bouteille, les *Vertebralina* en forme de bâtonnets ou les *Cornuspira* (fig. 9, n° 3), en forme de spirale. Les Foraminifères à plusieurs loges seraient des Foraminifères composés, de véritables colonies de Foraminifères uniloculaires. De fait, les *Nodosaires*, les *Dentalines*, les *Cristellaires*, les *Frondiculaires*, les *Flabellines*, etc., représentées dans les figures 8 et 9 des pages suivantes, semblent n'être que des colonies de *Lagenulina* diversement groupées, et l'on trouve entre elles toutes sortes de formes de passages. D'autre part il existe aussi tous les intermédiaires possibles entre les formes compliquées telles que les *Spiroloculines* ou les *Quinqueloculines*, et les formes plus simples, telles que les *Triloculines*, les *Biloculines* et les *Miliolines*. Ce sont donc des formes qui semblent être provenues les unes des autres par l'adjonction graduelle d'individus nouveaux aux individus primitifs, suivant des lois d'ailleurs très variables.

Une seule objection peut être faite à cette manière de voir. D'après Hertwig (2), chaque Foraminifère ne contiendrait qu'un seul noyau qui se déplacerait à mesure que le nombre des loges augmenterait. S'il en est ainsi, chaque coquille, malgré la multiplicité de ses loges, ne contiendrait qu'un seul individu, équivalent à une cellule : c'est un point qui demanderait de nouvelles recherches.

Quoi qu'il en soit, dans les deux groupes des Foraminifères et des Radiolaires le protoplasme accuse des propriétés chimiques

(1) Tels sont les genres *Collozoum*, *Sphærozoum*, dépourvus de squelette, *Collosphæra* et *Siphonosphræa* où il existe un squelette pour chaque capsule.

(2) *Jenaische Zeitschrift für Naturwissenschaft*, 1876.

bien distinctes, puisque dans un cas il enlève de la silice à l'eau ambiante pour la laisser déposer dans sa masse, tandis que dans l'autre c'est du carbonate de chaux qui est sécrété par une substance en tout semblable en apparence à la première.

On pourrait supposer que cette différence tient surtout à ce que les êtres qui la présentent vivent dans des conditions différentes. Les Foraminifères habitent en effet le plus souvent le fond de la mer et rampent lentement sur les tiges et les frondes des algues sous-marines; les Radiolaires se rencontrent, au contraire, en abondance à la surface des eaux où ils flottent par légions innombrables. Mais on ne voit pas pourquoi ces habitudes pourraient influer sur la nature chimique des produits solides que les Rhizopodes déposent dans leur substance. D'ailleurs, ces petits êtres sont loin d'être ainsi parqués dans des domaines différents. Plusieurs Foraminifères aiment précisément à se trouver parmi les troupes flottantes de Radiolaires : telles sont les Pulvinulines, les Globigérines (fig. 8, n° 2), ou encore les Hastigérines. Ces dernières, avec leur carapace sphérique, criblée de trous régulièrement disposés et surmontée d'une multitude d'épines longues et grêles, reproduisent même d'une manière frappante la physionomie de certains Radiolaires : on les rangerait certainement dans ce dernier groupe, si leur coque n'était exclusivement calcaire.

D'autre part, les dernières expéditions d'exploration sous-marine ont montré que dans diverses régions de l'Atlantique et du Pacifique le fond de l'Océan était formé par un fin limon exclusivement composé soit de Foraminifères, soit de Radiolaires vivants formant des dépôts en tout analogues à ceux qui ont constitué la craie. Le genre de vie n'est donc pour rien dans la nature des sécrétions solides du protoplasme, et c'est bien par un véritable choix, ou, si l'on veut, par une sorte d'affinité élective de ce corps que prennent naissance des dépôts de silice dans un cas, des dépôts de carbonate de chaux dans l'autre. Quelques Foraminifères présentent du reste des spicules siliceux, tandis que le squelette de certains Radiolaires peut contenir du calcaire. Il existe enfin des Rhizopodes tout à fait dépourvus de squelette, tels que les *Amibes*, l'*Actinophrys sol*, l'*Actinosphærium Eichhornii*; d'autres ont le corps recouvert en tout ou en partie par une membrane albuminoïde. Chez les *Arcella*, assez semblables aux Amibes, cette membrane recouvre la région dorsale ; chez les *Lagynis*, qui se rattachent de près aux Foraminifères, elle a la forme d'une petite bouteille dont le goulot livrerait passage aux pseudopodes ; chez les *Gromia* (fig. 8, n° 1) le protoplasme déborde par le goulot et entoure la

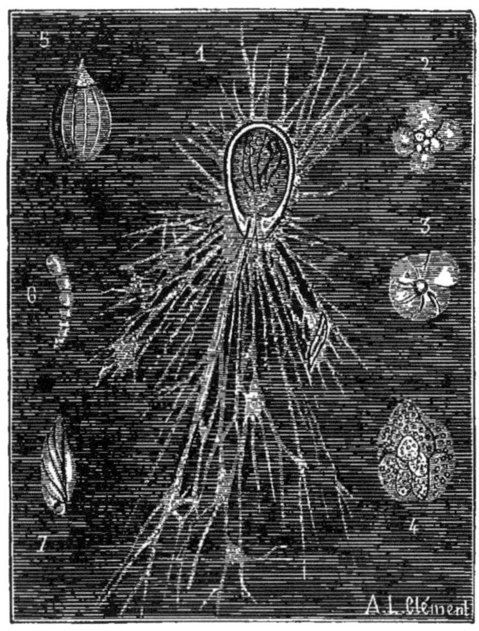

Fig. 8. — FORAMINIFÈRES DIVERS. — 1. *Gromia oviformis*, Duj. — 2. *Globigerina bulloides*, d'Orbigny. — 3. *Anomalina hemisphærica*, Terquem. — 4. *Rosalina anomala*, Terquem. — 5. *Lagenulina costata*, Villiamson. — 6. *Dentalina punctata*, d'Orbigny. — 7. *Cristellaria triangularis*, Terquem.

paroi extérieure de la membrane, émettant de toutes parts des pseudopodes rayonnants. Souvent cette membrane est capable d'agglutiner des grains de sable, de petites coquilles, et le Rhizopode habite alors une maison assez semblable à celle que dans nos cours d'eau savent se construire les larves de Phryganes.

C'est le cas des *Difflugia* ou de l'*Hæckelina gigantea*, dont il a été précédemment question.

S'il est étrange de voir des substances, si semblables entre elles en apparence, être le siège de phénomènes chimiques aussi différents que ceux qui supposent la formation de squelettes calcaires ou siliceux ou celle de simples membranes enveloppantes, il l'est bien plus encore de voir les parties solides qui se déposent dans ces substances affecter d'un type à l'autre des dispositions à la fois très régulières et éminemment variables.

Chez les Foraminifères, le squelette est en général réduit à une coquille qui enveloppe le protoplasme; les chambres ou loges qui s'ajoutent l'une à l'autre pendant la croissance peuvent naître de diverses façons; cependant les formes produites se rattachent en somme à des types assez simples, mais qui ne sont pas soumis à une grande symétrie. Chez les Nodosaires, les Dentalines (fig. 8, n° 6), les Frondiculaires, ces chambres se disposent bout à bout, en ligne droite ou légèrement courbe; chez les Cristellaires (fig. 8, n° 7), elles se disposent également en files, mais s'insèrent sur le côté les unes des autres et sont de plus en plus grandes, de manière à figurer un commencement de spire. Il en est de même chez les Flabellines, mais ici les dernières loges sont en forme de chevrons et à cheval sur les deux faces latérales des loges de la première série; avant le développement des loges en chevron, les jeunes Flabellines sont de véritables Cristellaires; elles passent aux Frondiculaires lorsque la spirale primitive est très courte. A leur tour, les Frondiculaires ne se distinguent des Nodosaires que parce que dans ces dernières la séparation des loges est à peu près plane, tandis que dans les premières chaque loge pénètre toujours plus ou moins dans la suivante.

Dans le groupe des Miliolides, les loges poussent alternativement à droite et à gauche de la loge primitive. Quand chaque nouvelle loge recouvre au moins la moitié de la loge précédente, on ne voit jamais que la dernière et l'avant-dernière loge, quel que soit le nombre de celles qui se sont superposées; c'est le caractère des *Biloculines*. Si la dernière loge ne recouvre qu'à peu près le tiers de celle sur laquelle elle naît, trois loges sont toujours apparentes; la section de l'ensemble qu'elles forment est triangulaire : on a alors le genre *Triloculine*. Dans tous les autres cas, toutes les loges qui se superposent sont plus ou moins visibles, au moins sur un côté de la colonie : on a donné le nom de *Quinqueloculines* aux formes dans lesquelles on voit deux loges d'un côté et trois de l'autre, celui de *Spiroloculines* aux formes dans lesquelles ces nombres sont

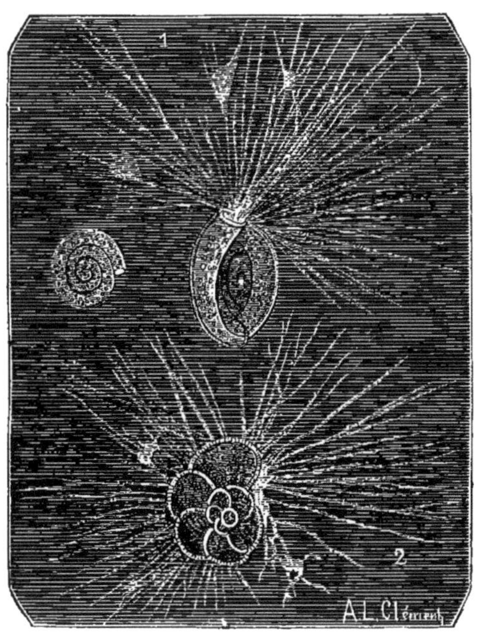

Fig. 9. — FORAMINIFÈRES DIVERS. — 1. *Miliola tenera*, Max Schultze. — 2. *Rotalia veneta*, Max Schultze. — 3. *Cornuspira planorbis*, Max Schultze.

dépassés, celui de *Milioles* (fig. 9, n° 1) enfin aux espèces dans lesquelles on aperçoit sur les deux faces de la coquille le même nombre de loges. Mais tous ces types sont étroitement reliés entre eux.

Les loges des Globigérines (fig. 8, n° 2), des Anomalines (fig. 8, n° 3), des *Rosalina* (fig. 8, n° 4), des *Rotalia* (fig. 9, n° 2), ont une tendance bien manifeste à se disposer en spirale ; ce sont certainement les espèces de ce genre qui avaient conduit d'Orbigny à comparer les Foraminifères aux Céphalopodes. Les plus complexes de ces êtres sont les Nummulites, formés d'une multitude de loges disposées en spirale serrée et pouvant atteindre les dimensions d'une pièce de cinq francs. Quelques espèces vivantes, les *Orbitolites*, rappellent encore de nos jours la dimension et l'apparence des Nummulites. Mais ces dernières ont disparu après avoir eu une ère de prospérité telle que leurs débris forment presque à eux seuls la plus grande partie de certains pics des Pyrénées.

La texture du test des Foraminifères présente aussi d'importantes variations. Certaines Quinquéloculines sont revêtues d'une simple membrane ; la coquille est mince, hyaline, percée de trous chez les Globigérines, Orbiculines, *Textularia*, *Rotalia;* épaisse et également perforée chez les *Lagenulina* (fig. 8, n° 5), *Nodosaria*, *Dentalina* (fig. 8, n° 6), *Lingulina*, *Cristellaria* (fig. 8, n° 7), *Frondicularia*, *Flabellaria*, *Rosalina* (fig. 8, n° 4), etc. Son aspect rappelle celui de la porcelaine et elle est imperforée chez les Milioles (fig. 9, n° 1) et les animaux voisins. Enfin la coquille épaisse des Nummulites est parcourue par tout un système de canaux dont le rôle et la nature sont totalement inconnus. Partout cependant les parties solides constituent un simple revêtement du protoplasme ; la substance vivante paraît être aux chambres qui la contiennent ce qu'un Mollusque est à sa coquille.

Dans les Radiolaires nous voyons apparaître un véritable squelette, plongeant dans la substance même qu'il est chargé de soutenir, et dont les formes, plus variables encore que celles des carapaces des Foraminifères, sont les plus étonnantes que le règne animal puisse offrir. Ce sont d'abord de simples spicules siliceux irrégulièrement branchus, qui se disposent sans ordre autour de la sphère centrale, comme chez les *Thalassosphères;* ces spicules deviennent plus nombreux, s'enchevêtrent de mille façons, se soudent les uns aux autres et finissent par former un tissu spongieux soutenu de place en place par des spicules plus forts en forme de flèches barbelées, comme chez les *Spongosphæra*, ou par une charpente régulière comme le disque figurant un crible à mailles rectangulaires des *Spongasteriscus*.

Dans le groupe des Acanthométrides, les pièces principales du squelette sont de longues aiguilles prismatiques qui se réunissent toutes au centre de la capsule sphérique et divergent ensuite, régulièrement espacées l'une de l'autre. Ordinairement ces aiguilles servent de support à des pièces accessoires qui peuvent demeurer isolées, constituant ainsi une série de boucliers supportés chacun

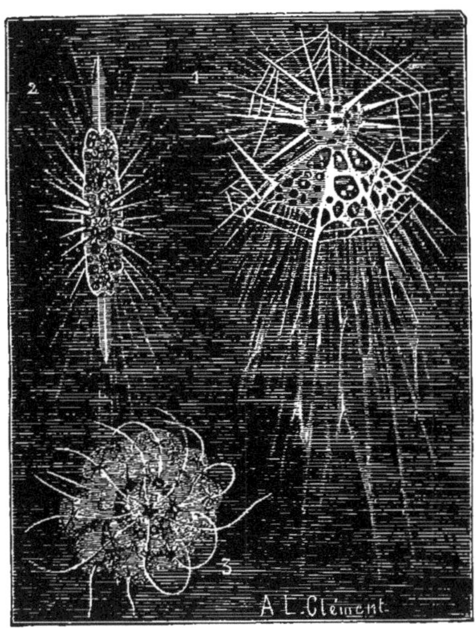

Fig. 10. — RADIOLAIRES. — 1. *Arachnocorys circumtexta*, Hæckel. — 2. *Amphilonche heteracanta* Hæckel. — 3. *Acanthometra elastica*, Hæckel.

par une aiguille qui traverse son centre, comme chez les *Xiphacantha*, ou s'unir entre elles et former ainsi une ou plusieurs sphères continues, emboîtées les unes dans les autres, comme chez les *Dorataspis* (fig. 11, n° 1). Les épines des *Acanthometra* ne portent pas d'appendices, et celles de l'*Acanthometra elastica* (fig. 10, n° 3) sont flexibles comme du verre filé. Quelquefois une épine prend un développement beaucoup plus considérable que les autres et figure une sorte de double glaive dont le milieu serait occupé par la masse protoplasmique suspendue elle-même à des épines plus petites : les *Amphilonche* (fig. 10, n° 2) présentent d'une façon bien nette cette élégante disposition que reproduisent avec diverses variantes les *Diploconus* et quelques autres genres. Dans la famille des Pansoleniées, chez les *Aulacantha*, par exemple, les grandes aiguilles sont creuses et leur axe est traversé par un filament protoplasmique qui vient s'épanouir au dehors.

Ailleurs, le squelette est formé par une sphère ou par plusieurs sphères concentriques constituées chacune par une dentelle siliceuse dont les mailles présentent souvent une régularité absolument géométrique. La charpente sphérique des *Heliosphæra*, des *Arachnosphæra* et de quelques autres types, est ainsi formée de mailles hexagonales parfaitement égales, et de sa surface s'élancent vers l'extérieur des épines rayonnantes, diversement ornementées, qui ajoutent encore à l'élégance de ces charmants objets.

Enfin deux types méritent une mention toute particulière. Chez l'un, dont les *Euchitonia* (fig. 11, n° 2) donnent une bonne idée, les parties solides sont planes : autour d'un disque circulaire viennent se placer trois ailes s'élargissant graduellement vers l'extérieur et formées, comme le disque central, d'arcs de cercle concentriques que relient des barres transversales. Une dentelle de cristal de roche remplit l'intervalle des trois sections et le tout est compris entre deux disques siliceux, percés de trous dont chacun correspond aux mailles du tissu intermédiaire. Ces dispositions éprouvent des modifications diverses ; les arcs de cercle des trois sections en forme d'ailes peuvent être remplacés par un tissu réticulé (1) ; les mailles du tissu qui les séparent peuvent, au contraire, se régulariser et se disposer en séries concentriques (2) ; les ailes, au lieu d'aller en s'élargissant du centre à la périphérie (3), peuvent affecter la forme d'un pétale de fleur, s'allonger, se raccourcir, se

(1) *Euchitonia Köllikeri*, Hæckel.

(2) *Euchitonia Leydigii*, Hæckel.

(3) *Euchitonia Beckmanni*, Hæckel.

bifurquer, se rétrécir ou s'élargir jusqu'à se toucher, ce qui arrive chez les *Rhopalastrum*. On passe ainsi à des genres où tout le squelette consiste en un disque formé de mailles disposées en séries concentriques (1) ou de cercles également concentriques coupés par des rayons qui se prolongent en pointes aiguës (2). A ces

Fig. 11. — RADIOLAIRES. — 1. *Doratuspis polyancystra*, Hæckel. — 2. *Euchitonia Beckmanni*, Hæckel. — 3. Spores spiculifères de Collozoum. — 4. Spores sans spicules de Collozoum.

genres en correspondent d'autres où la disposition circulaire est remplacée par la disposition spirale (3).

On peut considérer les *Arachnocorys* (fig. 10, n° 1) comme représentant, dans ce qu'il a d'essentiel, le second type : une sorte de

(1) *Euchitonia Kölliheri*, Hæckel.
(2) *Stylodyctia*.
(3) *Discospira, Operculina, Stylospira.*

casque surmonté d'une pointe et entouré d'épines, une large visière continue, s'évasant à partir de l'ouverture du casque, offrant ordinairement trois arêtes qui s'allongent en aiguillons, hérissée elle aussi de nombreuses épines, voilà la forme fondamentale à laquelle se rattachent tous les Cystidés. Faites varier les proportions relatives de la tête du casque et de sa visière, augmentez ou diminuez le nombre des épines et des pointes, effacez ou exagérez la saillie des arêtes, et vous aurez toutes les formes qui appartiennent à ce groupe singulier. On comprend qu'un pareil squelette suppose des modifications assez profondes dans la disposition des parties molles des Radiolaires qui les présentent. La vésicule centrale, divisée chez eux en trois parties en forme de poire, correspondant à chacune des arêtes du squelette, se transporte en effet à l'un des pôles de la masse protoplasmique ; c'est elle que coiffe directement la tête du casque siliceux ; quant au protoplasme, il continue à envoyer de toutes parts ses pseudopodes mobiles et ramifiés.

Comment prennent naissance des squelettes à la fois si variés, si élégants et si compliqués? La première idée est de rechercher dans les parties molles s'il n'existe pas quelque structure spéciale qui détermine le dépôt du calcaire ou de la silice dans des régions déterminées. La peau de la plupart des animaux a une tendance bien marquée à s'encroûter de substances solides; beaucoup de pièces du squelette des Vertébrés n'étaient au début que des plaques dermiques osseuses qui ont été graduellement entraînées à l'intérieur. Ne pourrait-on pas voir dans la coquille des Foraminifères une production analogue soit à la coquille des Mollusques, soit à la carapace des Crustacés, soit au test des Oursins? Mais chez tous ces animaux il existe une peau véritable ; celle-ci, recouvrant des organes demi-solides, d'une forme déterminée, affecte par cela même une forme nettement définie. Chez les Foraminifères, au contraire, le sarcode est absolument mou, presque liquide, et de plus constamment en mouvement ; on ne voit guère comment une telle substance aurait pu servir de moule aux coquilles si variées et à formes si arrêtées qui le recouvrent. L'existence de certaines espèces qui ne sont jamais revêtues que d'une peau molle conduit à se demander si la formation d'une enveloppe membraneuse ne précède pas toujours l'apparition du calcaire ; mais on n'a aucune observation précise sur ce point. D'ailleurs ce n'est pas toujours à la surface que se montre l'appareil protecteur ; chez certaines *Gromia*, où il demeure membraneux, on le voit ordinairement enveloppé d'une couche assez épaisse de protoplasme. D'où vient ce protoplasme? S'est-il répandu autour de la membrane après que celle-ci s'est constituée à la surface de la jeune Gromie ? Cette membrane s'est-elle formée au contraire dans l'épaisseur même du protoplasme ? C'est là ce que nous ignorons et l'on peut espérer qu'une fois ces problèmes secondaires résolus, le problème plus général de la formation des coquilles chez les Foraminifères sera considérablement éclairci.

Les Radiolaires sont encore plus embarrassants. Ce n'est plus à la surface de leur protoplasme, c'est presque toujours dans l'épaisseur même de leur substance que se déposent les particules solides, qui forment leur admirable squelette. Or là, point de conditions particulières, point de structure apparente, qui puisse expliquer l'apparition de dépôts siliceux en un point plutôt qu'un autre. Le plus souvent c'est autour de la capsule centrale que se construit le treillis cristallin, mais à distance cependant, de sorte que l'intervention directe de cette capsule dans sa production est au moins fort douteuse, et ne saurait être invoquée, dans tous les cas, que pour la partie la plus intérieure du squelette. Toutefois cette capsule peut avoir une autre influence indirecte : sa membrane est percée de pores très petits, par lesquels communiquent ensemble la couche externe et la couche interne de protoplasme qu'elle sépare. A travers ces pores s'établissent, sans doute, des courants protoplasmiques dont la direction est constante ; à chaque courant dirigé vers l'extérieur correspondent nécessairement des contre-courants en sens inverse; dans certaines régions ces deux sortes de mouvement se neutralisent et là, plus facilement qu'ailleurs, peuvent prendre naissance des dépôts de particules solides. Est-ce ainsi que se forment ces fins canaux siliceux dont l'axe, dans un grand nombre de genres, est occupé par un cordon sarcodique ? Les déplacements moléculaires que produisent les actes incessants d'assimilation et le désassimilation dont le protoplasme est le siège, impriment forcément à sa masse des mouvements complexes, dont la circulation protoplasmique n'est sans doute que l'un des effets; le conflit de ces mouvements détermine-t-il dans le protoplasme vivant des lieux de repos relatif, comparables, dans une certaine mesure, aux lignes nodales des surfaces vibrantes? Seraient-ce là les points où prennent naissance les dépôts solides? Il faut bien supposer quelque chose d'analogue car, de même que dans un liquide sans cesse agité, aucune cristallisation régulière ne saurait se produire, on ne voit pas comment des charpentes solides, aussi géométriques que des cristaux, pourraient se former dans un milieu dont toutes les parties seraient en mouvement.

D'autre part, quand on se rappelle l'admirable complication des *fleurs de glace* qui constituent les flocons de neige, quand on se rappelle que la forme cristalline de la silice dérive, comme celle de la glace, du prisme hexagonal régulier, et appartient par suite, à celui de tous les systèmes cristallins qui se prête au plus grand nombre de combinaisons symétriques, on ne peut se défendre de l'idée que les lois de la cristallisation ne soient pour quelque chose dans l'arrangement des faisceaux d'aiguilles et des mailles hexagonales que l'on retrouve si fréquemment dans le squelette des Radiolaires. A la vérité, nous ne trouverons plus à appliquer ici les lois mathématiques de la cristallographie. La régularité, qui frappe dans certaines formes, s'amoindrit ou disparaît dans des formes évidemment voisines; mais ces perturbations ne sont pas inexplicables. Les cristaux ne présentent une grande régularité que lorsqu'ils apparaissent et se développent dans des milieux bien fluides et en repos; or le protoplasme est toujours plus ou moins visqueux et toujours en mouvement. En outre, les recherches de Harting ont démontré, depuis quelque temps déjà, que la présence de substances albuminoïdes dans une liqueur apportait un obstacle tout particulier à la formation des cristaux, substituait notamment à leurs faces planes et à leurs arêtes, des lignes et des surfaces courbes, comme on en observe si souvent dans les concrétions solides qui se forment au milieu des tissus des êtres vivants; or le protoplasme est certainement analogue, au point de vue chimique, à une substance albuminoïde. Tout cela contribue, sans aucun doute, à masquer la part qu'il faut attribuer à la forme cristalline de la silice dans les productions dont nous cherchons à entrevoir l'explication.

Comment d'ailleurs espérer actuellement une explication précise et définitive de phénomènes résultant de l'action combinée des forces du monde minéral et de celles qui émanent des substances vivantes, que nous connaissons si peu? Que savons-nous de la mécanique intime de la vie? L'étude du mode de formation des carapaces cristallines des Radiolaires, de leurs rapports avec les mouvements protoplasmiques, n'est-elle pas de nature à nous apporter quelques révélations sur cet obscur mystère? L'avenir le dira. Mais il se dégage des faits acquis une conséquence importante; c'est que, sous une identité apparente, les protoplasmes les plus semblables entre eux, tels que ceux des Radiolaires, cachent une diversité inouïe de propriétés et d'aptitudes, aussi bien au point de vue chimique qu'au point de vue physiologique. A mesure que l'on avance dans ces études, on comprend de moins en moins comment peut s'accorder la diversité infinie que nous constatons à chaque pas avec l'hypothèse que le protoplasme n'est qu'un simple composé chimique. L'esprit se refuse de plus en plus énergiquement à ne voir en lui qu'une seule et unique substance: il conçoit, en un mot, *des* protoplasmes mais non pas *un* protoplasme.

On s'est demandé comment naissent, se développent et se reproduisent les étonnants architectes dont nous venons d'esquisser l'histoire. Malheureusement les recherches qui ont été faites dans cette direction n'ont donné jusqu'ici que fort peu de résultats. Dujardin, Max Schultze ont vu chez les Troncatulines des corps reproducteurs que Stretill Wright considère comme des œufs; Schneider a décrit chez les Milioles une sorte de reproduction sexuée, et il a pu suivre les premières phases du développement de quelques espèces; mais ce sont là des observations isolées qui ne permettent aucune généralisation.

On est un peu plus avancé en ce qui concerne les Radiolaires grâce aux recherches de Hertwig. A un certain moment, les pseudopodes et le protoplasme qui entourent la capsule centrale disparaissent peu à peu ; le contenu de celle-ci se divise en une multitude de petits corps sphéroïdaux, puis la capsule se rompt et ces petits corps apparaissent sous forme de globules munis d'un filament mobile, constamment agité et qui leur sert d'appareil locomoteur. Nous retrouvons, par conséquent, persistant avec une remarquable ténacité, l'élément reproducteur que nous avons déjà rencontré chez les *Protomyxa*, les *Myxastrum*, les *Protomonas* et autres Monères. Seulement le zoospore est ici pourvu d'un noyau et contient même parfois une concrétion minérale, d'apparence cristalline (fig. 11, nos 3 et 4). Il est probable que ces zoospores après avoir nagé quelque temps à l'aide de leur fouet vibratile, émettent des pseudopodes et se transforment directement en Radiolaires.

En somme, la reproduction des Rhizopodes ne diffère pas d'une simple division du parent en un nombre variable d'individus nouveaux. Ceci va nous donner l'explication d'un phénomène des plus remarquables, dont tous les naturalistes qui ont voulu étudier ces êtres, ont été frappés.

Les Foraminifères sont innombrables, et cette épithète s'applique tout aussi bien aux formes qu'ils peuvent revêtir et que l'on serait tenté d'appeler spécifiques qu'aux individus eux-mêmes. Des naturalistes éminents ont consacré un temps considérable à l'étude de ces formes : William Carpenter, en Angleterre, a essayé de classer les foraminifères vivants, et a publié un gros volume in-4° qu'il a intitulé modestement : *Introduction à l'étude des Foraminifères*. En France, le savant doyen de nos géologues, M. Terquem, a consacré toute une série de beaux mémoires à l'étude des foraminifères fossiles. L'un et l'autre arrivent à cette conclusion qu'il est impossible de tracer une limite à la variabilité de leurs formes : on peut passer de l'une à l'autre par les transitions les plus ménagées. Aussi Carpenter n'hésite-t-il pas à dire qu'il n'y a pas d'espèces parmi les Foraminifères, mais seulement des séries de formes se rattachant toutes plus ou moins à un nombre, très grand du reste, de types souvent unis entre eux de mille manières. Il arrive même à montrer que les types actuellement vivants se relient d'une façon continue aux types fossiles, que, parmi ceux-ci, les fossiles d'un terrain passent insensiblement aux fossiles du terrain précédent, de sorte qu'on peut remonter par des séries ininterrompues jusqu'aux formes les plus anciennes. Le type Foraminifère a ainsi subi à travers les âges d'innombrables variations, sans cependant présenter aucun progrès notable dans son organisation. Les formes primitives ont donné naissance à une infinité de formes, toutes reliées entre elles, sans que les séries produites de la sorte aient cessé d'être distinctes.

Quoique moins explicite, M. Terquem exprime à peu près la même idée :

« L'instabilité des espèces, dit-il (1), est inhérente, non aux ornements plus ou moins simples ou compliqués, mais bien à la forme des coquilles et au mode d'agencement de leurs loges... Quand l'espèce a épuisé tout son système de variations, elle acquiert les caractères d'une autre espèce et finalement, de variations en variations, l'espèce perd les caractères typiques du genre pour produire ceux d'un autre genre.

« C'est en effet ce qui se produit dans les *Marginulines*, qui finissent par se confondre avec les *Cristellaires;* ceux-ci, de leur côté, dans leurs variations non moins fréquentes, tendent à se rapprocher des Marginulines et il n'est plus possible d'établir la limite exacte où un genre commence et où l'autre cesse ; il y a fusion complète. »

Plus loin (2), M. Terquem montre que les coquilles biloculaires de l'oolithe inférieure, semblables aux Biloculines « deviennent d'une manière insensible des Triloculines, que celles-ci passent de même aux Quinquéloculines, etc. » Dans le seul genre Marginuline, pour la seule localité de Fontoy, il ne décrit pas moins de 194 formes, qu'il ramène à 33 espèces, susceptibles peut-être, dans son opinion, d'être réduites à 2 ou 3. Malgré cela, M. Terquem ne croit pas à une variabilité indéfinie ; son opinion est tout entière contenue dans cette phrase de l'illustre conchyliologiste

(1) *Premier mémoire sur les Foraminifères du système oolithique.* — Metz, 1867. — p. 44 et suivantes.

(2) Page 329.

Deshayes : « Nous ne pensons pas que les espèces soient modifiables à l'infini, comme sembleraient l'indiquer les opinions de Lamarck ; nous croyons qu'elles le sont jusqu'à une limite déterminée à laquelle l'espèce s'éteint plutôt que de recevoir de nouvelles modifications, les conditions de son existence étant enfin parvenues à leur extrême limite. »

M. Terquem nous dit lui-même que chez les Foraminifères, les limites de variations sont assez étendues pour permettre à une espèce de passer d'un genre à un autre, pour permettre à deux genres de se fusionner ; son opinion ne diffère donc pas beaucoup de celle de Carpenter. Parker et Rupert Jones vont beaucoup plus loin en admettant chez les Foraminifères une variabilité indéfinie.

En somme tous les savants qui se sont occupés de classer ces êtres reconnaissent que leurs formes n'ont aucune fixité ; ils diffèrent seulement sur le point de savoir si les séries que l'on peut établir entre elles convergent toutes vers une même forme primitive, ou vers plusieurs formes indépendantes.

Tout récemment le professeur Hæckel, d'Iéna, a eu à examiner une riche collection de Radiolaires recueillis par le *Challenger* pendant son expédition de draguages. *A priori*, il avait demandé cent planches in-4° pour figurer les formes, fort nombreuses déjà, qu'il croyait avoir reconnues comme distinctes. Un examen plus approfondi lui a montré que ces cent planches lui permettraient tout juste de figurer les types principaux. Il existe entre ces types une quantité infinie de formes intermédiaires ; rien ne permet de les répartir en espèces malgré l'apparente régularité de leurs parties solides qui semblerait donner prise à des caractéristiques précises.

L'espèce n'existerait donc pas non plus parmi les Radiolaires.

Il suffit pour rendre compte de ces conclusions, si étranges au premier abord, de rapprocher les conditions de la reproduction des êtres inférieurs qui nous occupent, des conditions de la reproduction des organismes les plus élevés parmi les végétaux et les animaux. Là la reproduction nécessite, en général, le concours de deux individus différents ou, tout au moins, d'éléments bien différents d'un même individu. Dans l'acte de la fécondation, les caractères personnels des individus tendent à se neutraliser, les caractères qui leur sont communs, les caractères spécifiques tendent à primer les autres, aussi l'espèce se maintient avec des caractères à peu près constants et dont la limite de variation, encore à déterminer, assez restreinte pour chaque période géologique, peut cependant être considérée comme indéfinie quand on embrasse la série des temps.

La génération sexuée n'exclut pas chez un grand nombre d'animaux et chez la plupart des végétaux un autre mode de reproduction, dans lequel une partie quelconque, détachée d'un individu, est apte à se constituer en un individu nouveau. Les végétaux, par exemple, se reproduisent non seulement par graines, mais encore par bouturage, par marcottage, etc. Or personne n'ignore que, dans ce dernier cas, les jeunes présentent non seulement tous les caractères spécifiques, mais encore tous les caractères essentiellement personnels de l'individu d'où ils proviennent. C'est ainsi que les jardiniers conservent et multiplient les innombrables variétés qu'ils ont réussi à obtenir, soit dans les plantes d'ornement, soit dans les arbres à fruits. Toute variété peut être reproduite à un nombre d'individus aussi grand qu'on le veut; elle sert elle-même de point de départ pour réaliser des variétés nouvelles dont rien ne limite le nombre.

Chez les Rhizopodes, ce que nous savons actuellement nous autorise à penser que la génération sexuée n'existe pas. La reproduction n'est donc chez eux qu'un véritable bouturage : toutes les variations individuelles se conservent par conséquent, et s'accumulent avec le temps, modifiant sans cesse les formes primordiales, écartant les unes des autres les formes issues d'un même parent, rapprochant d'autres formes d'origine différente, établissant ainsi mille liens accidentels d'un type à l'autre. L'influence héréditaire qui, dans la génération sexuée, tend à perpétuer la constance des formes, semble ici se mettre au service de l'influence modificatrice des actions extérieures dont elle contribue à maintenir l'effet. L'espèce ne peut donc se fixer. Théoriquement, elle ne saurait exister pour des êtres dépourvus de génération sexuée et les faits sont, on vient de le voir, parfaitement d'accord avec la théorie.

D'autre part, les variations que les propriétés du protoplasme peuvent éprouver sous l'action des circonstances extérieures, ne sauraient ici être maintenues dans une direction déterminée, comme cela peut avoir lieu pour des organismes supérieurs, entre lesquels la lutte pour la vie est ardente, la sélection naturelle par conséquent très rigoureuse, le perfectionnement rapide. L'ornementation du test d'un Foraminifère, la forme des spicules d'un Radiolaire, leur disposition même, ne sauraient assurer un avantage bien considérable à la masse protoplasmique qui les sécrète. Toutes ces masses sont à peu près équivalentes au point de vue de l'activité vitale. On ne voit pas en elles de cause de progrès. Leurs formes, malgré leur inconstance, tournent donc constamment dans le même cercle. Les types originels se conservent aussi bien que les variétés qui en dérivent : c'est pourquoi des formes analogues de Rhizopodes se retrouvent à la fois parmi les fossiles les plus anciens et dans la faune actuelle.

Nous n'apercevons ici aucune des conditions auxquelles Darwin attribue la formation des espèces élevées; comment expliquer, ce qui est pourtant nécessaire, dans la théorie de l'évolution, que ces espèces dérivent des formes simples dont nous venons de parler, puisque ces formes semblent vouées à une éternelle infériorité? Faut-il admettre qu'au moment où ils ont pris naissance, les premiers protoplasmes possédaient chacun déjà une faculté d'évolution spéciale, qui a permis aux uns de produire, sous l'action stimulante des agents extérieurs, les êtres vivants les plus hautement organisés, tandis que d'autres n'ont guère pu s'élever au-dessus de leur condition primitive? Cela n'aurait rien d'absurde. L'œuf des animaux actuels, même les plus élevés, est plus simple que la plupart des Rhizopodes. Il n'est lui aussi qu'une petite masse de protoplasme, enfermée dans une mince membrane et contenant un noyau et un nucléole. Cet œuf possède pourtant une faculté d'évolution dont la nature nous échappe, que nos sens ne nous permettent pas de définir et qui l'entraîne, à travers mille transformations, vers un but précis, déterminé. Mais certaines particularités physiologiques nous permettront bientôt d'assigner des causes plus simples aux premiers phénomènes de l'évolution organique.

Laissant de côté les Schizomycètes, ces petits êtres homogènes, à protoplasme cohérent, qui jouent le rôle de ferments, les Monères appartiennent à deux groupes bien distincts. Dans l'un, dont les Protamibes sont le type, les pseudopodes sont relativement à la masse commune, courts, épais, arrondis au sommet, ne se soudent jamais entre eux, et semblent plutôt des lobes du protoplasme que des appendices. Dans le second groupe, au contraire, les pseudopodes sont allongés, minces, grêles, pointus, susceptibles de se diviser à l'infini comme le chevelu des racines d'un arbre et de se souder temporairement entre eux quand ils se rencontrent (1). Chacun de ces groupes, contenant du reste des formes qui peuvent n'avoir entre elles aucun rapport génétique, a donné naissance à un groupe correspondant de Rhizopodes.

Un phénomène d'une importance considérable, puisqu'il semble avoir été nécessaire à la formation des éléments anatomiques, des cellules qui constituent les organismes les plus élevés, l'apparition d'un *noyau* au sein de la masse protoplasmique a marqué le passage des Protamibes aux Amibes (*Amœba*), sans autres modifications dans la forme ou les propriétés physiologiques. L'Amibe, comme le Protamibe est un petit grumeau gélatineux dont les contours changent sans cesse et qui se nourrit en englobant dans sa substance des particules solides. De temps à autre, on voit se former en un de ses points une vésicule limpide qui grossit lentement, puis se vide tout à coup, déversant à l'extérieur le liquide qu'elle contient ; c'est la *vésicule contractile* que l'on retrouve dans un grand nombre d'organismes inférieurs et dont les pulsations rythmiques se produisent à des intervalles suffisamment réguliers pour qu'on ait cherché dans leur durée, un caractère distinctif des espèces. On peut voir en elle le premier rudiment d'un appareil d'excrétion. Par son intermédiaire le protoplasme se débarrasse de la trop grande quantité d'eau et des substances inutiles qu'il contient ; bien qu'elle se creuse en un point à peu près fixe, la

(1) Hæckel a désigné respectivement ces deux groupes sous les noms de *Lobomonères* et de *Rhizomonères*, littéralement *Monères-lobes et Monères-racines*.

vésicule contractile manque de parois propres et ne peut être considérée comme un véritable organe.

Quant au noyau, la petitesse de ce corps s'opposera sans doute toujours à ce qu'on ait des notions précises sur sa composition chimique ; on sait seulement qu'il est, comme le reste du protoplasme, de nature albuminoïde. Mais il possède cependant des propriétés chimiques spéciales. On trouve un noyau dans toutes les cellules animales ou végétales, au moins pendant leur période de reproduction par division ; il est tantôt plus brillant, tantôt plus pâle que la masse qui l'entoure, tantôt plus limpide, tantôt granuleux ; quelquefois, il n'est possible de le mettre en évidence qu'à l'aide de réactifs, comme l'acide acétique, qui éclaircit la substance environnante ou de matières colorantes comme le carmin qui le teint plus fortement en rouge. Ces phénomènes suffisent à montrer que le noyau des cellules n'est pas chimiquement identique au protoplasme, dans lequel il est plongé.

Ses propriétés physiologiques sont également bien distinctes et d'une haute importance. Dans certaines cellules, pendant la période de repos, le noyau paraît enveloppé d'une membrane; mais pendant que les cellules se divisent, il est nu et prend une part importante à leur division. On avait vu depuis longtemps qu'il se segmentait comme elles et semblait même provoquer la reproduction en se partageant le premier. Des découvertes récentes dues surtout à M. Herman Fol, de Genève, et au docteur Bütschli, sont venues préciser son rôle durant ce phénomène. On le voit alors s'allonger, se décomposer en fibrilles et former finalement une sorte de fuseau au sommet duquel les granules du protoplasme viennent se disposer en étoiles rayonnantes rappelant un peu ces étoiles que la limaille de fer forme aux pôles d'un aimant. Puis le fuseau s'effile en son milieu et se divise, les étoiles s'effacent et leur partie centrale, avec l'extrémité correspondante du fuseau, devient un nouveau noyau. Nous devons renoncer, pour le moment, à expliquer ces singuliers mouvements du protoplasme ; mais tout indique qu'ils ont le noyau pour point de départ, preuve incontestable de l'importance désormais prépondérante de cette formation nouvelle.

Les Amibes conduisent à des formes plus élevées qui se distinguent par la transformation d'une partie de leur substance en membrane protectrice. Chez les *Arcella*, où cette membrane recouvre une moitié du protoplasme, il ne peut plus se former de pseudopodes dans cette moitié ; le petit être se meut donc à l'aide de la moitié opposée qui repose dès lors constamment sur le sol : ainsi se constituent une région dorsale et une région ventrale. Les *Difflugia*, à membrane dermique agglutinante, les *Quadrula*, chez qui cette membrane présente un élégant quadrillage, sont, parmi les Rhizopodes, les termes les plus élevés de la série qui a pour point de départ les Monères du premier type.

Ce sont des Monères du second type qui ont donné naissance aux Foraminifères et aux Radiolaires dont le protoplasme reproduit toutes leurs propriétés. Leur développement s'est fait en deux sens différents suivant que le corps s'est revêtu ou non d'une enveloppe. Les *Lieberkhunia*, avec leur mince membrane, leur corps s'allongeant en une sorte de bras d'où partent les pseudopodes, les *Gromia* enfermées dans leur membrane comme dans une bourse, sont les premiers termes de l'évolution qui a conduit aux Foraminifères, tandis que nous trouvons dans les *Actinophrys* et les *Actinosphærium* de nos eaux douces des formes analogues aux ancêtres des Radiolaires.

Les *Actinophrys* ne sont pour ainsi dire que des Protogènes pourvues d'un noyau et d'une vésicule contractile ; elles se reproduisent, comme les Monères, par simple division en deux parties. Fort abondantes dans les eaux stagnantes, elles y font un grand carnage d'infusoires et de petits crustacés. Les *Actinosphærium* (fig. 3, n° 1, page 69) ont les mêmes mœurs et à peu près la même apparence ; mais leur taille est beaucoup plus considérable : on les aperçoit facilement à l'œil nu, ce sont de petites pelotes gélatineuses, de la grosseur d'une tête d'épingle. Leur partie centrale, plus obscure, renferme un grand nombre de noyaux et simule déjà le contenu de la capsule des Radiolaires. La ressemblance avec les Radiolaires s'accuse davantage chez les *Acanthocystis* de Carter, et quelques autres genres, également d'eau douce, qui possèdent de fins spicules siliceux, disposés en rayons comme ceux des Acanthomètres, ou épars comme ceux des Thalassosphères. On trouve même chez les *Clathrulina*, les *Astrodisculus* et les *Hyalolampe* une coquille siliceuse, treillissée, rappelant celle des Héliosphères, et Cienkowski a démontré que les *Clathrulina* se reproduisent au moyen de zoospores. Les *Clathrulina* présentent, avec la *Protophrya* ou *Hæckelina borealis* une curieuse analogie : elles vivent, comme elle, fixées à l'aide d'un pédoncule aux objets submergés.

Il ne manque à ces êtres, pour être de véritables Radiolaires, qu'une capsule centrale et les corpuscules jaunes, contenant de amidon, si généralement répandus dans ce groupe. Par tout le reste de leur structure, ils établissent de la façon la plus graduelle le passage des formes relativement si compliquées des Radiolaires aux formes si élémentaires des Monères à pseudopodes réticulés.

En présence des légions infinies de Rhizopodes qui doivent leur origine à ces dernières, il semble que la postérité des Monères à pseudopodes courts et massifs ait été bien peu de chose. Ce n'est là qu'une apparence. On ne trouve dans les organismes supérieurs aucun élément dont le protoplasme présente les caractères du protoplasme des Foraminifères ou des Radiolaires. Au contraire, dans ces organismes, divers éléments passent au moins temporairement par la forme amiboïde. Chez l'Homme même, les globules blancs du sang conservent tous les caractères des amibes. Nous sommes ainsi amenés à penser que si les organismes inférieurs qui ont pour type le protamibe sont aujourd'hui si peu nombreux, c'est que la plupart se sont élevés rapidement dans l'échelle organique pour en atteindre les sommets.

Une qualité de leur protoplasme, bien peu importante au premier abord, paraît leur avoir préparé ces hautes destinées : c'est précisément l'impossibilité où se trouve ce protoplasme de donner naissance à de fins pseudopodes. Entourées de leur chevelure vivante, qui surgit de tous côtés, les Monères à fins pseudopodes sont toujours maintenues à distance les unes des autres. Leurs masses principales peuvent rarement arriver à se rencontrer. Leur protoplasme dès que sa division commence, se frange de toutes parts comme une étoffe qui s'effile et dans laquelle n'a prise aucun point de suture. Les mouvements des pseudopodes, sans cesse occupés à se ramifier de plus en plus, tendent à rendre à chaque instant plus fragiles les liens qui unissent temporairement les masses nées les unes des autres, ou celles que le hasard fait rencontrer. Les *Myxodictyum*, les *Monobia*, voilà le seul genre de colonies, lâches et sans cohérence, livrées sans défense à toutes les actions destructives, que de tels êtres peuvent former. L'apparition d'une membrane enveloppant le protoplasme, même en partie, faciliterait une association moins imparfaite ; mais la surface sans cesse mouvementée des Monères à pseudopodes réticulés se prête mal au développement des membranes protectrices qui abritent le protoplasme des cellules d'un grand nombre d'organismes inférieurs.

Il en est tout autrement chez les Monères amiboïdes. Leurs pseudopodes courts, lents à se former, permettent le contact sur de larges surfaces ; une communication intime peut s'établir entre les deux individus qui se touchent, préparant ainsi la vie coloniale. Qu'un grand nombre d'individus s'unissent ; ils formeront une masse compacte ; leurs moyens d'union seront suffisants pour leur permettre une certaine résistance aux forces qui tendraient à rompre l'association. Ce sera déjà un commencement d'organisme. Sur ces corps aux mouvements paresseux et peu marqués des membranes pourront s'étendre, suffisamment perméables pour ne pas s'opposer aux échanges nécessaires à la nutrition, limitant néanmoins les individus, cimentant leur union au moyen des exsudations qui traversent leur épaisseur et constituant de nouveaux moyens de défense, à l'abri desquels pourront se produire les phénomènes les plus merveilleux de l'évolution organique. Ainsi, pour employer une heureuse comparaison de Hæckel, tandis que les Monères à pseudopodes réticulés se dépensaient à former le frêle gazon d'une prairie, les Monères amiboïdes ont fourni les semences de deux arbres gigantesques, dominant tout l'empire organique : le règne animal et le règne végétal.

Si les animaux et les végétaux sont vraiment sortis de cette humble origine, nous devons retrouver des traces de leur parenté primitive, car le progrès n'est que bien rarement le partage de tous les enfants d'une même famille. A côté de ceux qui ont escaladé les plus hauts degrés de la hiérarchie, nous pouvons espérer retrouver quelques retardataires qui n'ont pu s'élever beaucoup au-dessus de leur condition première. Peut-être même chez les plus haut parvenus dans des directions différentes, pourrons-nous découvrir quelques caractères communs, parchemins à demi effacés qui nous donneront le moyen de remonter jusqu'aux premiers ancêtres. Il est donc d'un haut intérêt, au point de vue de la doctrine de la descendance, de savoir s'il existe au-dessus des Rhizopodes des formes plus franchement animales ou plus franchement végétales, par lesquelles cependant se touchent les deux Règnes, de rechercher même, si les conditions de la vie sont aussi différentes qu'on le suppose, dans les provinces les plus éloignées de l'Empire organique.

Cette étude, si elle nous donne un résultat positif, doit par une conséquence naturelle nous apprendre comment les premiers organismes se sont formés et quelles ont été les causes des premières divergences qui se sont produites.

CHAPITRE V

LES ÊTRES INTERMÉDIAIRES ENTRE LES ANIMAUX ET LES VÉGÉTAUX.

Entre un végétal et un animal, appartenant l'un et l'autre aux classes élevées de leur règne respectif, il ne semble pas qu'il puisse y avoir rien de commun. Quel contraste au premier abord, dans les façons de vivre de ces deux êtres !

L'animal est sans cesse en mouvement; il témoigne de mille façons sa sensibilité aux impressions qui lui viennent du dehors; il éprouve des émotions intérieures qui le déterminent à effectuer les actes les plus variés; il absorbe des aliments le plus souvent solides et d'origine organique, combinaisons complexes dont les éléments principaux sont le Carbone, l'Oxygène, l'Hydrogène et l'Azote; il les brûle dans ses tissus, rejette dans l'atmosphère de l'Acide carbonique et de la vapeur d'eau, et développe une quantité variable, mais souvent considérable de chaleur. Ses tissus sont essentiellement formés de substances albuminoïdes contenant les quatre éléments que lui apportent les substances dont il fait sa nourriture.

Le Végétal, au contraire, immobile et impassible à la surface du sol dans lequel plongent ses racines, ignore le milieu dans lequel il se développe et ne saurait avoir aucune notion de sa propre existence. Il puise dans la terre et dans l'air des aliments simples de nature minérale, qui ne pénètrent dans ses tissus qu'à l'état liquide ou gazeux. Là ces substances minérales sont diversement groupées pour former des myriades de composés dont un grand nombre constitueront précisément les aliments des animaux. A l'air, le Végétal emprunte de l'Acide carbonique, au sol il demande de l'eau, des composés azotés, des sels minéraux ; pour unir ces matériaux, il absorbe la chaleur solaire ; enfin, il restitue de l'Oxygène à l'atmosphère. Ses tissus sont essentiellement formés de substances ne contenant que trois éléments : le Carbone, l'Oxygène et l'Hydrogène.

L'antithèse, à s'en tenir à ces termes, est aussi complète que possible : on s'est plu longtemps à voir dans l'antagonisme du végétal et de l'animal une des grandes harmonies de la Nature, l'un réparant sans trêve les perturbations apportées par l'autre dans l'équilibre de notre coin du monde. Et cependant ce contraste, cette antithèse, cet antagonisme, n'ont rien d'absolu. Parfaitement réels quand on considère les résultats ultimes de la vie végétale et de la vie animale, ils s'effacent dès qu'on veut descendre à l'analyse des phénomènes, ou à l'étude de certains types particuliers, si bien que toute définition embrassant l'ensemble des animaux ou des végétaux devient absolument impossible.

Nombre de plantes exécutent des mouvements très apparents. Depuis les belles observations de Linné tout le monde connaît les mouvements qui font passer les végétaux de l'état de veille à celui de sommeil : tout le monde sait que certaines fleurs tournent sur leur tige pendant le jour, suivant le mouvement du soleil, les noms de *Tourne-sol*, d'*Héliotrope* rappellent cette curieuse propriété. Le pédoncule spiral des fleurs femelles de Vallisnérie se déroule pour porter la fleur à la surface de l'eau et s'enroule pour la ramener au fond quand la fécondation s'est produite. Les folioles de la feuille en forme de trèfle de l'*Hedysarum gyrans* tournent d'une façon constante sur leur pétiole ; leur mouvement s'accomplit périodiquement, en cinq minutes environ ; l'un des pétales (1) de la fleur d'une orchidée africaine, le *Megachirium falcatum*, oscille perpétuellement de haut en bas ; des mouvements oscillatoires analogues, quoique beaucoup plus faibles et souvent

(1) Le Labelle.

masqués par des mouvements plus étendus et de nature différente, s'observent chez un grand nombre d'autres plantes telles que les *Mimosa*, certaines espèces d'*Acacia*, d'Oxalides (1), de Trèfles (2).

Les plus singuliers de ces mouvements, parce qu'ils se rapprochent le plus des mouvements des animaux, sont ceux qui sont excités par le contact d'un corps solide ou par un ébranlement communiqué à la plante. Tels sont les mouvements bien connus des Sensitives ou *Mimosa* qui sont loin d'être aussi particuliers à ces plantes qu'on pourrait le croire, car on les retrouve plus ou moins marqués dans les feuilles de nombreuses espèces d'Oxalides, dans celles de l'Acacia vulgaire (*Robinia pseudo-acacia*) et encore chez les genres *Æschinomene*, *Smithia*, *Desmanthus*, etc.

Les étamines de l'Épine-vinette, des *Mahonia*, de plusieurs fleurs composées (3), parmi lesquelles celles des Chardons et des Chicorées, les stigmates du pistil des *Mimulus*, *Martynia*, *Goldfussia*, etc., l'ensemble des organes reproducteurs de certaines Orchidées (4), exécutent au moindre contact des mouvements souvent très vifs. Ces mouvements ont, en général, pour effet de faciliter la fécondation et ils sont provoqués le plus souvent par le piétinement des insectes qui viennent butiner dans les fleurs.

Ce sont aussi les insectes qui provoquent dans les poils du *Drosera*, les feuilles de la Dionée Gobe-mouches, celles des Vésiculaires, des mouvements dont ils sont les victimes.

Chose bien remarquable! la suppression de l'oxygène abolit temporairement ces mouvements; l'oxygène pur les arrête; l'éther, le chloroforme les suspendent. Il semble que dans ces diverses circonstances les plantes soient asphyxiées, empoisonnées, endormies comme l'auraient été des animaux. Les plantes sont seulement plus vivaces, et leurs mouvements renaissent dès qu'elles sont replacées dans des conditions normales.

Si la plante exécute certains mouvements sous l'influence d'excitations extérieures, s'il est possible de lui enlever momentané-

(1) *Oxalis acetosella.*
(2) *Trifolium incarnatum*, *Trifolium pratense.*
(3) *Centaurea*, *Onoperdon*, *Cnicus*, *Carduus*, *Cynara*, *Cichorium*, *Hieracium.*
(4) Le gynostème des *Stylidium*, de la Nouvelle-Hollande.

ment cette faculté par l'emploi d'anesthésiques, n'est-il pas légitime de conclure à l'existence chez elle d'une sorte de sensibilité? Sans doute cette sensibilité est confuse, sans doute elle n'aboutit pas à une conscience, mais qui pourrait dire en quoi consistent la sensibilité et la conscience d'une Éponge?

Le mode d'alimentation de la plante a pu sembler jusque dans ces dernières années, plus caractéristique. Mais la possibilité pour les plantes de rendre assimilables et d'absorber des substances solides, de *digérer* en un mot, tout comme le font les animaux, ne saurait plus être mise en doute. Les poils du chevelu des racines de tous les végétaux sont de véritables organes de digestion des matières qui les entourent et de nombreux travaux, en tête desquels il faut citer ceux de Charles Darwin et de son fils Francis, ont eu pour but de démontrer l'existence de *Plantes carnivores*. Les *Drosera*, les *Dionæa*, les *Nepenthes*, certains *Arum* sécrètent des sucs qui dissolvent les matières albuminoïdes et contiennent une sorte de pepsine, comme le suc gastrique des animaux. Ces plantes digèrent et absorbent la substance des insectes qu'elles capturent. Elles peuvent donc se nourrir, comme les animaux, de matières albuminoïdes. Elles peuvent, comme eux, rendre assimilables des matières qui ne le sont pas par elles-mêmes. Inversement, certains vers parasites, les Tænia, les Echinorhynques, par exemple, se bornent à absorber par la peau une nourriture toute préparée, comme pourraient le faire des végétaux. Des Crustacés parasites des Crabes, les Sacculines ont même un véritable appareil radiculaire qui plonge dans les viscères de leur hôte pour y puiser les sucs alimentaires.

La respiration n'établit pas davantage une différence tranchée entre le Règne animal et le Règne végétal. S'il est vrai que les animaux ne rejettent ordinairement dans l'air que de l'acide carbonique et de la vapeur d'eau ; s'il est exact que les plantes absorbent au contraire l'acide carbonique de l'air et lui restituent de l'oxygène, il ne faut pas oublier qu'elles ne le font qu'à la lumière solaire et que cet acte est du reste une sorte de digestion qui, pendant le jour peut dissimuler la véritable respiration. Mais la nuit, ou simplement à l'ombre, celle-ci reprend le dessus et les plantes comme les animaux dégagent alors de l'acide carbonique. Certains animaux, colorés en vert, les *Stentor*, l'Hydre verte, plusieurs vers inférieurs se comportent, du reste, au soleil comme des végétaux, dégagent de l'oxygène et meurent dès que cette fonction est supprimée. Les recherches faites par M. Geddes au laboratoire de zoologie expérimentale de Roscoff ont mis ce fait en pleine évidence pour de petites planaires qui habitent les parties les plus chaudes de la plage et forment sur le sable des plaques du plus beau vert (1). Comme les plantes, ces animaux contiennent cette importante substance à laquelle notre végétation doit ses belles couleurs, la *chlorophylle*.

On a cru que les végétaux produisaient seuls de l'amidon et de la cellulose. Depuis longtemps déjà la cellulose a été trouvée dans la tunique des Ascidies et des animaux voisins, et les recherches de Claude Bernard ont montré que l'une des principales fonctions du foie des animaux supérieurs est la sécrétion d'une substance facile à convertir en sucre, le *glycogène*, substance qui présente avec l'amidon les plus grandes analogies.

Il n'est donc pas une fonction que l'on puisse considérer comme absolument propre à l'un des deux Règnes. Les traits les plus caractéristiques de la vie végétale se retrouvent toujours chez quelque représentant du Règne animal ; réciproquement, même au point de vue des mouvements et de la sensibilité, quelques végétaux ne le cèdent en rien à certains animaux inférieurs.

Dans les deux Règnes, nous trouvons d'ailleurs les mêmes éléments anatomiques. Les végétaux comme les animaux sont formés de cellules juxtaposées. Chez les uns comme chez les autres le contenu de ces cellules, l'agent essentiel de la vie, n'est autre chose que du protoplasme. Chez les animaux le protoplasme est libre ou enveloppé d'une mince membrane flexible ; chez les végétaux, il est contenu dans une enveloppe résistante de cellulose ; mais ces règles souffrent encore de nombreuses exceptions. Les capsules qui entourent les cellules des cartilages des vertébrés sont tout aussi résistantes que la paroi de la plupart des cellules végétales et l'on a signalé des végétaux supérieurs chez qui le protoplasme peut

(1) *Comptes rendus de l'Académie des sciences de Paris*, décembre 1878, p. 1095.

demeurer absolument libre. Les *Dipsacus* sont des plantes bien connues de nos pays où on les désigne souvent sous le nom de *Cardères à foulons*. Leurs feuilles opposées forment autour de la tige une sorte de coupe, dans laquelle abondent des poils glanduleux. M. Francis Darwin a vu ces poils émettre de longs filaments protoplasmiques, tout comme pourraient le faire des Rhizopodes.

Même enfermé dans ses capsules de cellulose, le protoplasme végétal ne perd pas la faculté de se mouvoir. Dans les poils des étamines de *Tradescantia virginica*, dans les poils vénéneux des orties, les poils étoilés de l'*Althæa rosea*, dans les cellules des *Chara*, des Vallisnéries et de diverses autres plantes aquatiques, le protoplasme est le siège d'une véritable circulation analogue à celle que présente le sarcode chez les Monères et les Rhizopodes. Il semble qu'on n'ait qu'à briser la paroi de la cellule pour le voir s'épandre en masse et se mouvoir à la façon des amibes. Des recherches récentes ont démontré que toutes les jeunes cellules végétales et beaucoup de cellules déjà âgées présentaient une semblable circulation protoplasmique. Dans les poils des *Drosera*, C. Darwin a minutieusement décrit des mouvements plus remarquables encore, en ce sens qu'ils portent sur la totalité du protoplasme et accompagnent les mouvements d'ensemble de ces poils.

Les végétaux relativement inférieurs qui forment l'embranchement des Cryptogames présentent des caractères généraux qui les rapprochent bien plus encore des animaux que les végétaux plus élevés des groupes phanérogames. Chez eux, nous voyons la faculté de mouvement se généraliser. Beaucoup de Cryptogames présentent un mode de génération sexuée, résultant de la fusion d'un élément femelle, la *spore*, avec un élément mâle, l'*anthérozoïde*. Le nom de ce dernier indique déjà qu'il rappelle certains animaux, et de fait, c'est presque toujours un petit être, doué de mouvements extrêmement rapides qu'il exécute, grâce aux battements de cils dont il est pourvu, et qui sont en tout semblables aux cils des zoospores de Radiolaires.

Chez les Fougères et les Prêles, l'anthérozoïde, enroulé en tire-bouchon, porte, à sa partie antérieure, un nombre considérable de longs cils vibratiles (fig. 12, n°s 8 à 11). Les Mousses et les *Chara* ont aussi des anthérozoïdes enroulés en hélice, mais munis de deux cils seulement (fig. 12, nos 5, 6, 7) ; les *Fucucus* et les autres Algues marines de couleur olivâtre possèdent toutes des anthérozoïdes fort actifs, de forme ovoïde, présentant quelquefois

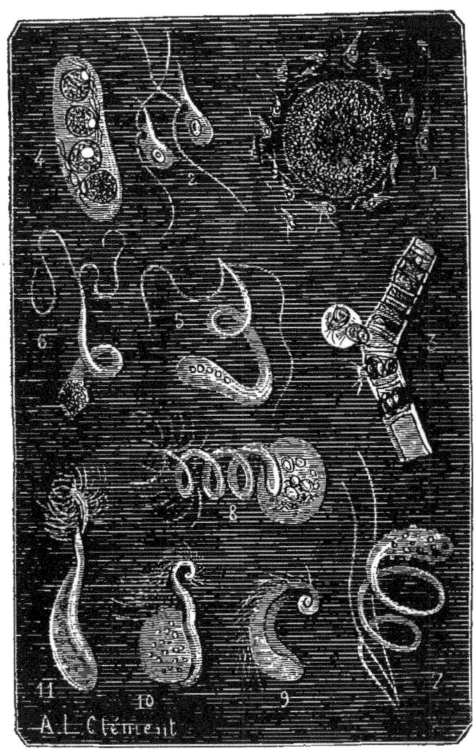

Fig. 12. — Zoospores et anthérozoïdes des CRYPTOGAMES. — 1. Spore et anthérozoïdes de *Fucus vesicolosus* (les anthérozoïdes sont plus gros qu'ils ne devraient être proportionnellement). — 2. Anthérozoïdes du même plus fortement grossis. — 3. Anthérozoïdes d'*Œdogonium gemelliparum* sortant du filament de l'algue où ils se sont développés. — 4. Zoospores de *Bulbochæte intermedia* enfermés dans leur cellule génératrice. — 5. Anthérozoïde d'une characée (*Nitella flexilis*). — 6. Anthérozoïde d'une mousse (*Funaria hygrometrica*). — 7. Anthérozoïde d'une autre mousse (*Sphagnum acutifolium*). — 8. Anthérozoïde d'une fougère (*Adianthum capillus Veneris*). — 9, 10, 11. Anthérozoïdes d'une Prêle (*Equisetum arvense*).

une tache oculiforme de couleur rouge, et toujours deux fouets vibratiles, partant d'un même point et dirigés l'un en avant, l'autre en arrière (fig. 12, n°s 1 et 2) ; enfin, certaines Conferves ou Algues d'eau douce ont aussi des anthérozoïdes dont la forme est assez variable (fig. 12, n° 3). De plus, dans ce dernier groupe et dans celui des Champignons, on voit apparaître un autre mode de reproduction. Le contenu de certaines cellules se change en petits corps pourvus tantôt d'un ou de deux cils vibratiles, tantôt, comme chez les *Œdogonium* ou les *Bulbochæte* (fig. 12, n° 4), d'une couronne de cils. Ces petits corps, auxquels on peut appliquer la dénomination de zoospores, se fixent, après avoir nagé plus ou moins longtemps et se changent directement soit en une Algue, soit en un Champignon semblable à leur parent. La forme la plus commune de ces zoospores est celle d'une petite masse ovoïde, pourvue d'un ou deux cils. C'est donc encore, à fort peu de chose près, l'élément reproducteur que nous avons eu plusieurs fois l'occasion de signaler chez diverses Monères et chez les Radiolaires. On ne peut cependant douter, dans le cas actuel, que les organismes qui l'ont produit soient bien réellement des végétaux.

Les zoospores des Algues sont généralement colorés en vert par la *chlorophylle,* mais les zoospores des Champignons sont absolument incolores, et rien ne pourrait indiquer, si l'on ne connaissait pas leur origine, que l'on doive les rapporter au règne végétal plutôt qu'au règne animal.

Dans les végétaux dont nous venons de nous occuper, la période de mobilité est relativement de courte durée ; mais il n'en est pas toujours ainsi. Dans certains groupes, sa durée est plus longue, au contraire, que celle des autres périodes, de façon qu'elle constitue, pour ainsi dire, l'état normal, la période d'immobilité n'étant alors qu'une période transitoire. C'est ce qu'on voit, par exemple, chez les *Volvox*, les *Stephanosphæra* ou les *Gonium*.

Une masse gélatineuse, sphérique chez les *Stephanosphæra* et les *Volvox* (fig. 13, n° 2), quadrangulaire chez les *Gonium* (fig. 13, n° 1), renferme des cellules vertes, régulièrement disposées un peu au-dessous de sa surface et munies chacune de deux cils vibratiles qui font saillie hors de la masse gélatineuse, et fouettent constamment le liquide ambiant. Grâce au mouvement des cils, la masse entière nage en tournoyant. Chez les *Volvox* (fig. 13, n° 2), les cellules ciliées sont fort nombreuses et reliées entre elles par une sorte de réseau protoplasmique. Chez le *Stephanosphæra pluvialis*, que l'on trouve après les pluies dans les moindres flaques d'eau, et notamment dans les creux des grosses pierres, ces cellules ne sont qu'au nombre de huit, disposées perpendiculairement à l'un des plans équatoriaux de la sphère ; elles sont en forme de fuseau, et

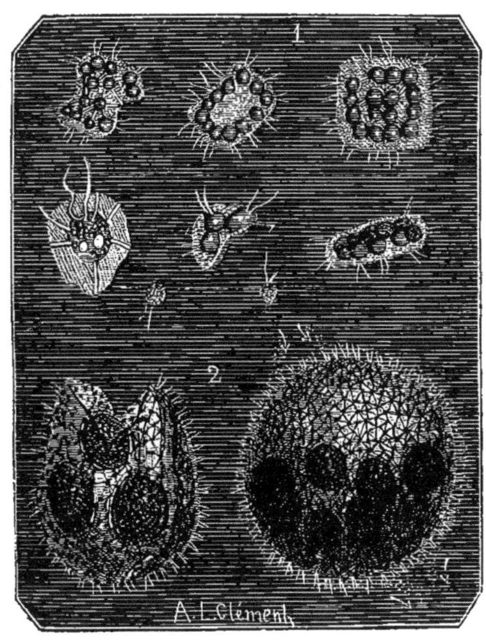

Fig. 13. — ALGUES de la famille des VOLVOCINÉES. — 1. Familles et cellules isolées de *Gonium pectorale*, Ehrb. — 2. Familles ou colonies de *Volvox globator*, Ehrb. (La colonie de gauche est rompue. Toutes les deux contiennent des jeunes.)

de leurs extrémités partent des filaments protoplasmiques qui vont s'attacher à la périphérie de la sphère. On a pu suivre presque toutes les phases de la vie de ce singulier végétal. Pendant la nuit, chacune des huit cellules composantes se partage en deux, quatre et enfin huit nouvelles cellules, de manière à produire une petite famille en tout semblable à celle dont elle faisait partie. Au matin, chaque *Stephanosphæra* contient donc, au lieu de huit cellules, huit jeunes individus, qui se meuvent à l'intérieur de la masse gélatineuse primitive jusqu'à ce que celle-ci se dissolve et les laisse en liberté. Le phénomène se renouvelle aussi longtemps que persistent les conditions de chaleur, de lumière et d'humidité nécessaires à la vie de la plante. De temps en temps, la succession des générations est interrompue par la formation d'un nombre considérable de petites sphérules, dites *microgonidies,* résultant d'une division répétée des cellules mères. Ces microgonidies, pourvues chacune de quatre cils vibratiles, se séparent les unes des autres et nagent librement dans le liquide ambiant : on ignore quelle est leur destinée ultérieure.

Lorsque les conditions deviennent moins favorables, chacune des huit cellules composant une *Stephanosphæra* perd ses cils, s'isole, s'enveloppe d'une membrane résistante et tombe au fond de l'eau, où sa couleur passe graduellement au brun et au rouge. Elle peut très bien, dans cet état, supporter la dessiccation ; mais que l'humidité revienne, la cellule isolée se divise de nouveau en deux, quatre, quelquefois huit parties ; sa membrane d'enveloppe disparaît et met en liberté des zoospores pourvus de deux cils locomoteurs. Chacun de ces zoospores donne naissance, par division, à une nouvelle *Stephanosphæra* à huit cellules.

La période de repos est donc ici presque nulle, et si l'on s'en tenait au caractère tiré du mouvement, il faudrait faire des *Stephanosphæra* et des autres Volvocinées de véritables animaux : la couleur verte des cellules composantes, la ressemblance des zoospores avec ceux des *Hydrodictyon*, qui, par la durée de leur période de repos, sont bien réellement des Algues, voilà les seules raisons qui font rattacher les *Volvox* au règne végétal.

Au contraire, on rattache plus volontiers au règne animal la remarquable *Magosphæra planula* découverte, en 1869, par Hæckel, dans la mer du Nord, et qui présente cependant certaines analogies avec les Volvox. A l'état adulte, un individu de *Magosphæra* (fig. 14, n°s 3 et 4) a l'apparence d'une petite sphère composée de trente-deux cellules en forme de pyramides, dont les sommets se réunissent au centre de la sphère, et dont les bases polygonales affleurent à la surface de celle-ci, où elles se disposent en mosaïque. Toute la surface libre des cellules est couverte de cils vibratiles, et la *Magosphæra* nage, comme un *Volvox*, en tournoyant sur elle-même. A un certain moment, la sphère se désagrège : les cellules mises en liberté se meuvent quelque temps encore en rampant, à la manière des amibes (fig. 4, n°s 5, 6, 7):

Fig. 14. — *Magosphæra planula*, Hæckel. — 1. Phase ovulaire de la *Magosphæra*. — 2. Segmentation de l'œuf à l'intérieur du kyste. — 3. *Magosphæra* adulte dont la surface est au foyer du microscope. — 4. La même, dont le plan équatorial est mis au foyer du microscope pour montrer la disposition interne des cellules. — 5, 6, 7. Cellules de la *Magosphæra* après leur isolement, revêtant diverses formes amiboïdes avant de s'enkyster pour passer à l'état d'œuf. (D'après Hæckel.)

puis elles prennent la forme sphérique et s'entourent d'une membrane d'enveloppe (fig. 4, n° 1). Rien ne les distingue alors des œufs des animaux. L'œuf de la *Magosphæra* n'a pas besoin d'être fécondé ; son contenu, par une série de bipartitions successives (fig. 3, n° 2), donne naissance à trente-deux cellules, d'abord indépendantes, et effectuant sans cesse des mouvements amiboïdes. Mais bientôt tout se régularise : les cellules s'effilent vers le centre du kyste, et prennent la disposition rayonnée que nous connaissons; elles cessent de produire des mouvements amiboïdes, sauf à leur surface. Là même, les pseudopodes qu'elles émettent cessent de devenir rétractiles tout en continuant à se mouvoir; ils forment ainsi le revêtement de cils vibratiles de la sphère. Enfin le kyste se rompt; une nouvelle *Magosphæra* est mise en liberté.

L'histoire du développement des *Magosphæra* nous montre un fait intéressant : la transformation des pseudopodes sans forme déterminée, essentiellement transitoires, en quelque sorte accidentels, de la masse amiboïde, en organes nettement définis, de forme constante, les *cils vibratiles*. Répandus dans le règne animal tout entier, jouant un rôle important dans l'économie des êtres les plus élevés, chez l'homme même, où ils revêtent d'une couche continue la trachée artère et les bronches, ces organes ne sont que de simples prolongements du protoplasme cellulaire qui, tout en perdant la faculté de changer de forme, conserve cependant la faculté primordiale de se mouvoir.

Les naturalistes qui considèrent la matière verte comme caractéristique des végétaux, seraient disposés à ranger les *Magosphæra* dans le règne animal; mais nous avons vu combien ce caractère a peu de valeur. Les *Magosphæra* sont donc des êtres absolument ambigus, et cela ne veut pas dire, remarquez-le bien, que si les naturalistes ne savent actuellement où les placer, ils pourraient néanmoins se décider un jour; cela signifie tout simplement qu'en réalité les *Magosphæra* ne sont ni des animaux ni des végétaux; elles sont composées des mêmes matériaux qu'eux, mais ces matériaux n'ont encore acquis ni le mode de groupement, ni les caractères qui les distinguent dans les deux règnes.

On peut en dire tout autant de cette curieuse *Labyrinthula macrocystis* découverte par Cienkowski, à Odessa, sur des pilotis enfoncés dans la mer. C'est une sorte de réseau muqueux, dans lequel peuvent glisser, en tournant sur elles-mêmes, des cellules couleur jaune d'œuf, tantôt isolées, tantôt groupées en amas irréguliers, plus ou moins considérables. Le mode de reproduction et de développement des Labyrinthules est encore peu connu. Leurs mouvements et l'absence totale de matière verte dans leurs tissus, tendraient à les rapprocher des animaux; mais ces caractères se retrouvent chez les *Myxomycètes* que l'on pourrait prendre aussi, pendant la plus grande partie de leur existence, pour des animaux, et que la considération de leurs organes de reproduction oblige cependant à regarder comme de simples Champignons.

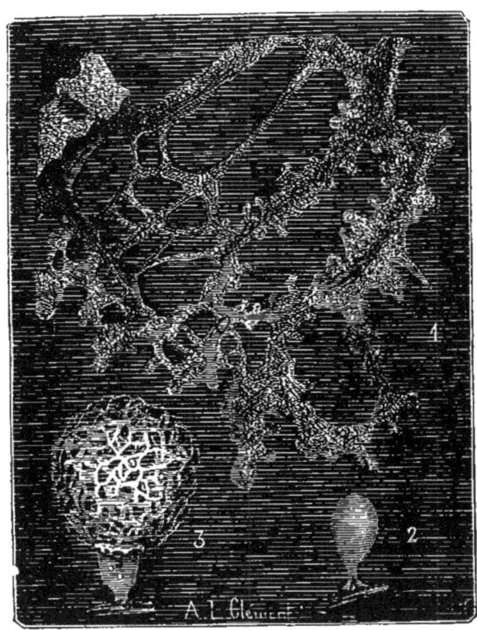

Fig. 15. — MYXOMYCÈTES. — 1. Réseau protoplasmique du *Didymium leucopus* pendant sa phase amiboïde. — 2. Sporange fermé d'*Arcyria incarnata*. — 3. Sporange après l'émission des spores et la sortie du *capillitium* encore adhérent aux parois de l'organe. (D'après Sachs.)

Le type du groupe des *Myxomycètes* est un organisme qui se développe abondamment pendant l'été sur les amas de copeaux de chêne ou de hêtre désignés par les fabricants de cuir sous le nom de *tannée*. Cet organisme est lui-même bien connu : c'est le *Champignon de la tannée* ou *fleur du tan;* les botanistes l'appellent

Æthalium septicum. Il forme des masses muqueuses orangées, d'un assez grand volume, et que l'on voit émettre de toutes parts des prolongements analogues aux pseudopodes des amibes; ces prolongements sont aptes à se souder entre eux, de manière que la masse entière a presque toujours une apparence réticulée semblable à celle dont le *Bathybius* nous a déjà fourni un exemple. Grâce à ses mouvements protoplasmiques, cette masse se déplace assez rapidement, elle englobe des matières étrangères, les dissout et se nourrit par conséquent tout à fait à la façon d'un animal. La figure 15 (n° 1) représente le réseau protoplasmique d'un champignon voisin le *Didymium leucopus*. Arrive la fin de l'été, tout change : à la surface du tan se montrent des espèces de gâteaux ayant quelquefois jusqu'à 30 centimètres de diamètre et 2 centimètres d'épaisseur. Ces gâteaux sont d'abord d'un beau jaune, et deviennent ensuite bruns; ils sont formés d'une sorte d'écorce rugueuse, au-dessous de laquelle se trouve un feutrage très serré de tubes anastomosés en réseau. Chacun de ces tubes en contient d'autres, beaucoup plus fins, formant un nouveau réseau dans les mailles duquel sont emprisonnées les petites semences sphériques, les *spores* qui doivent reproduire l'*Æthalium*. On donne le nom de *capillitium* (fig. 15, n° 3) aux tubes minces qui sont développés autour des spores, celui de *sporanges* aux gros tubes qui les contiennent. La croûte colorée qui protège ces tubes chez les *Æthalium* manque dans la plupart des autres genres; chez les *Physarum* les tubes sont eux-mêmes indépendants les uns des autres; ils sont remplacés par de petites sphères isolées chez les *Arcyria* (fig. 15, n. 2); enfin le *capillitium* est absent chez les *Licea* et les *Cribraria*. Dans tous les cas, c'est la masse muqueuse tout entière des Myxomycètes qui se métamorphose en organe de fructification. La croûte rugueuse qui forme, chez les *Æthalium*, la paroi externe de l'organe, n'est autre chose qu'une portion de cette masse dans laquelle se sont rassemblées toutes les substances solides étrangères que contenait le protoplasme au moment de la fructification. Cette sorte d'épuration est l'indication du début de la phase reproductrice.

Les spores de Myxomycètes mises dans l'humidité se gonflent;

leur paroi éclate, et leur protoplasme, devenu libre, manifeste aussitôt des mouvements amiboïdes ; peu à peu cependant sa forme se fixe, l'une de ses extrémités s'effile en un long cil mobile à l'aide duquel le zoospore ainsi constitué, peut nager dans le liquide ambiant. Ces zoospores se reproduisent plusieurs fois par division ; finalement un certain nombre d'entre eux reprennent l'apparence amiboïde, se fusionnent et constituent de la sorte un jeune Myxomycète qui n'a plus qu'à grandir pour refaire la masse protoplasmique dont nous avons parlé tout d'abord.

Lorsque, durant cette longue série de phénomènes, la sécheresse intervient, les zoospores ou les jeunes Myxomycètes qui résultent de leur fusion s'entourent d'une membrane d'enveloppe, *s'enkystent* et attendent ainsi le retour de l'humidité ; dans ces mêmes circonstances les masses protoplasmiques de taille déjà considérable se résolvent en une infinité de petits corps sphériques, enfermés chacun dans sa membrane et aptes à reproduire autant de nouveaux individus.

Rien de tout cela évidemment ne permet de conclure à la nature végétale des Myxomycètes : au contraire, leurs mouvements, leur mode d'alimentation tendraient à les faire considérer comme des animaux. Des botanistes éminents tels que de Bary et Rostafinski, ont soutenu successivement cette dernière opinion, l'un en 1866, l'autre en 1873 ; mais d'autres naturalistes ont prouvé que le passage des Myxomycètes aux véritables Champignons se faisait d'une façon insensible. Suivant Famitzine et Woronine, les Myxomycètes passent aux *Ceratium* d'une part, aux *Polypores* de l'autre par le *Ceratium hydnoides* et la *Polysticta reticulata*. M. Maxime Cornu a établi en outre leur passage aux Saprolégniées, petits Champignons parasites des matières animales en décomposition, par l'intermédiaire des *Chitridium*, eux-mêmes parasites des Saprolégniées. En présence de liens aussi multiples, il est impossible de séparer les Myxomycètes des Champignons, il faut voir en eux la forme de ce groupe la plus rapprochée de l'état initial des organismes, ou, suivant une expression courante parmi les naturalistes, de l'état non *différencié*, correspondant à une époque du développement de la vie où il n'y avait encore ni végétaux, ni animaux, mais des êtres protoplasmiques ayant en eux la puissance de le devenir.

Il est digne de remarque que nous retrouvons chez les Myxomycètes, succédant l'une à l'autre, trois formes que nous avons déjà eu presque constamment l'occasion de signaler : 1° la forme *amiboïde*, dans laquelle une masse protoplasmique dépourvue de toute membrane d'enveloppe se meut en modifiant sans cesse son contour, soit qu'elle produise de grêles et minces pseudopodes comme chez les *Rhizopodes*, soit qu'elle se découpe en lobes arrondis plus ou moins profonds comme chez les Amibes ; 2° la forme *ovulaire*, dans laquelle la masse protoplasmique devient sphérique, s'entoure d'une membrane et subit, ainsi abritée, diverses modifications généralement en rapport avec les phénomènes de reproduction ; 3° la forme *flagellifère* représentée par une petite masse ovoïde de protoplasme munie d'un long filament, constamment en vibration, qui sert d'organe locomoteur.

Ces deux dernières formes ont dans la plupart des êtres que nous venons d'étudier une plus courte durée que la première, tout au moins n'attirent-elles pas autant l'attention parce que les œufs sont immobiles, parce que les œufs et les zoospores sont de petite taille. La forme ovulaire, quelle que soit sa durée, ne peut d'ailleurs être considérée que comme transitoire, car elle implique une période de repos apparent qui est, en réalité, une période d'élaboration interne préparant le passage de la forme amiboïde à la forme flagellifère. Il n'en est pas de même de cette dernière qui se fixe à ce point que les zoologistes ont dû former une classe spéciale des *Infusoires flagellifères*.

Ces Infusoires, tous microscopiques, mais féconds au point de colorer de grandes masses d'eau, sont les *Monades* des anciens auteurs ; on en connaît aujourd'hui un grand nombre d'espèces qui pullulent dans toutes les parties du globe. Les uns sont pourvus d'un seul *flagellum* ou fouet vibratile, les autres en ont deux ; la plupart possèdent une *vésicule contractile* (fig. 17, n° 1) analogue à celle que présentent les Amibes, les *Actinophrys* et divers autres Rhizopodes, vésicule qui se retrouve même chez quelques spores d'algues.

Il ne faut pas confondre les *Infusoires flagellifères* avec les *Infusoires ciliés*, tels que les *Stentor* (fig. 16, n° 4), dont l'organisation est plus élevée et dont le corps est revêtu d'un grand nombre de cils vibratiles.

La forme et la couleur des Infusoires flagellifères sont extrêmement variables. Les *Phacus* (fig. 16, n° 2) sont aplatis en forme de feuille, les Euglènes (fig. 16, n° 3) allongées en forme de bâtonnet, les Astasies (fig. 16, n° 1) sont ovoïdes et peuvent être considérées comme des cellules de Volvocinées qui vivent toujours indépendamment les unes des autres au lieu de s'associer en colonies comme celles des *Stephanosphæra*, des *Gonium* ou des *Volvox* proprement dits.

Certaines espèces sont colorées en vert et l'on peut les considérer comme des végétaux unicellulaires, d'autant plus que les Astasies se revêtent, pendant un certain temps, d'une enveloppe de cellulose ; d'autres, comme l'*Euglena sanguinea*, l'*Astasia hæmatodes* (fig. 16, n° 1) présentent une couleur d'un rouge vif. Plusieurs organismes de ce groupe contribuent à la coloration rouge que présente parfois la pluie ou la neige, coloration attribuée jadis à du sang par le peuple effrayé. La *Monas prodigiosa*, également de couleur rouge, se développe assez fréquemment sur les substances amylacées ; on en a vu sur du pain, sur des hosties et l'on a considéré l'apparition des taches sanguinolentes que produit quelquefois sur ces dernières l'accumulation de myriades de ces petits êtres comme des manifestations non équivoques de la colère divine. On doit à Ehrenberg d'avoir définitivement montré la cause de ce phénomène prétendu miraculeux.

Beaucoup d'Infusoires flagellifères sont dépourvus de toute matière colorante. S'il est permis de rapprocher des algues ceux de couleur rouge ou verte, les Infusoires flagellifères incolores pourraient être rapprochés des Champignons ; mais, d'autre part, rien ne saurait empêcher de les classer parmi les animaux, et nous verrons qu'en fait, ils se rattachent très étroitement à certains éléments constitutifs des Éponges. Quelques-uns de ces organismes sont remarquables par l'apparition, à la base de leur flagellum, d'une sorte de collerette membraneuse, figurant un entonnoir suivant l'axe duquel le flagellum serait disposé. C'est un des caractères du genre *Salpingœca*. Diverses *Salpingæca* sécrètent un étui membraneux, en forme d'urne, dans lequel elles habitent, telle est la *Salpingæca Clarkii*, Butschli (fig. 17, n° 2).

Assez souvent un certain nombre d'Infusoires s'associent pour

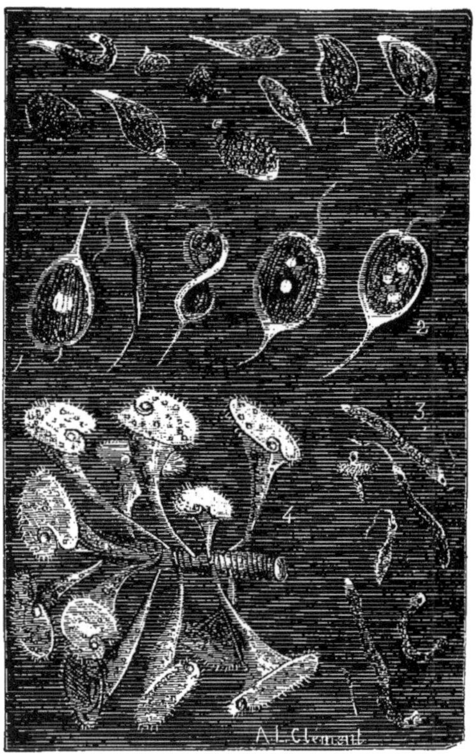

Fig. 16. — INFUSOIRES FLAGELLIFÈRES. — 1. *Astasia hæmatodes*, Ehrb. — 2. *Phacus longicauda* Ehrb. — 3. *Euglena deses*, Ehrb. — INFUSOIRES CILIÉS. — 4. *Stentor polymorphus*, Ehrb.

former des colonies. Des cellules semblables à des *Salpingæca* s'accolent-elles au nombre de huit à douze, en ligne droite, elles constituent les *Codonodesmus* de Stein. Les *Anthophysa* (fig. 18, n° 3) et les *Cephalothamnium* (fig. 18, n° 2) forment de gros capitules sphériques à l'extrémité de tiges plus ou moins ramifiées et flexueuses; les *Uvella* (fig. 17, n° 4), qui sont colorées en vert et les *Codosiga* (fig. 17, n° 1), qui sont incolores, se disposent en bouquets au sommet d'un long pédoncule. Les *Dinobryon* (fig. 17, n° 3), dont chaque individu possède un étui qui lui est propre, vivent en colonies ramifiées, arborescentes, d'une grande élégance.

Plusieurs espèces forment des colonies relativement volumi-

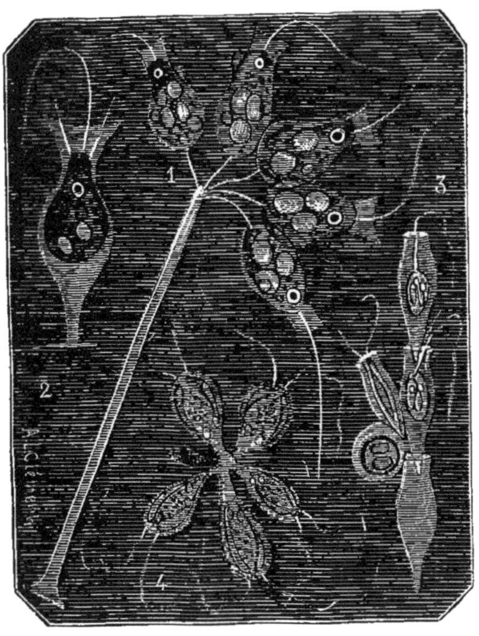

Fig. 17. — INFUSOIRES FLAGELLIFÈRES. — 1. *Codosiga Botrytis*, Ehrb. Les deux individus de gauche montrent sur le côté leur vésicule contractile gonflée. — 2. *Salpingæca Clarkii*, Bütschli. — 3. *Dinobryon sertularia*, Ehrb. — 4. *Uvella virescens*, Ehrb.

neuses et très remarquables, les unes par la régularité de l'arrangement des individus qui les composent, les autres par l'importance que prennent chez elles les parties secondaires sécrétées par les Infusoires pour se constituer un abri. Comme les *Anthophysa* et les *Codosiga*, les *Poteriodendron* (fig. 19, n° 4) sont pédonculés ; mais ici le fouet vibratile est en dehors de la collerette qui l'entoure dans d'autres genres, et chaque individu a son pédoncule particulier ; c'est par une série de bifurcations successives que se forment ces colonies charmantes par leur parfaite symétrie. Les pédoncules des *Dendromonas* (fig. 19, n° 1) sont disposés de manière

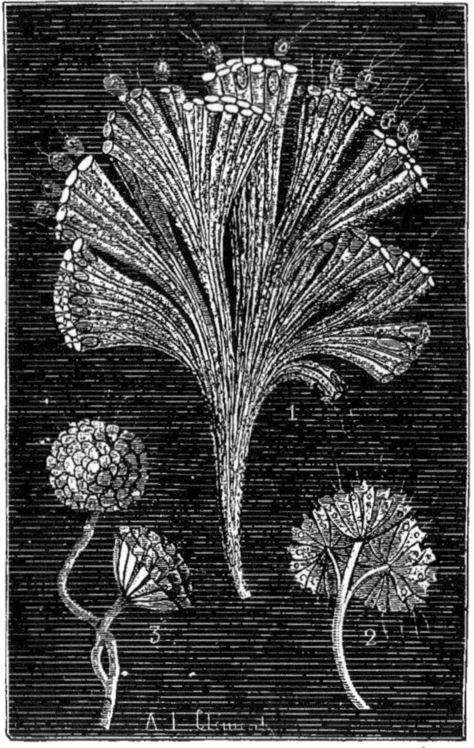

Fig. 18. — INFUSOIRES FLAGELLIFÈRES. — 1. *Rhipidodendron splendidum*, Stein. — 2. *Cephalothamnium Cyclopum*, Stein. — 3. *Anthophysa vegetans*, Stein. (D'après Stein.)

à porter au même niveau tous les individus et à constituer ainsi des espèces de corymbes.

Une urne membraneuse, transparente, à peine visible, un pédoncule plus ou moins allongé, voilà les seules parties qui viennent compliquer les colonies que nous venons d'étudier : la cellule flagellifère en est toujours l'élément le plus volumineux Chez les *Rhipidodendron* (fig. 18, n° 1), l'Infusoire habite un tube plus ou moins courbe, épais, granuleux, peu transparent, dont la longueur croît constamment et qui s'allonge si bien que son propriétaire n'occupe

g. 19. — INFUSOIRES FLAGELLIFÈRES. — 1. *Dendromonas virgaria*, Weise. — 2. *Cladomonas fruticulosa*, Stein. — 3. *Phalansterium digitatum*, Stein. — 4. *Poteriodendron petiolatum*, Stein. (D'après Stein.)

plus qu'une partie insignifiante de sa longueur. Plusieurs de ces tubes s'accolent l'un à l'autre de manière à former de gracieuses touffes, épanouies en éventail. Les *Cladomonas* (fig. 19, n° 2) construisent des tubes analogues, mais divisés en ramifications dichotomiques. L'habitation prend une importance plus grande encore chez les *Phalansterium* (fig. 4, n° 3) que l'on trouve logés au sommet de grandes massues gélatineuses, hantées les unes sur les autres et se disposant en arborescences plus ou moins compactes.

Ainsi non seulement les *Infusoires flagellifères* sont aptes à vivre en commun, à se grouper en colonies, mais encore ils peuvent, sans rien perdre de leur caractère primitif, compliquer ces colonies de parties accessoires volumineuses, vivantes en apparence et qui ne sont guère cependant que le résultat d'une sorte d'exsudation de l'Infusoire. On passe graduellement de formes simples, comme les Euglènes ou les *Salpingœca*, à de véritables cités d'Infusoires, cités bâties en commun, où chaque individu conserve son indépendance, au même degré que peuvent le faire les citoyens d'une ville les uns par rapport aux autres. De même aussi que dans une ville les maisons et les édifices sont infiniment plus volumineux que les habitants, nous voyons, dans ces colonies d'Infusoires flagellifères, l'habitation former souvent une masse infiniment plus considérable que la masse totale des êtres actifs à qui elle doit son origine. Ce renversement du rapport de grandeur entre l'essentiel et l'accessoire a une importance qui mérite d'être signalée ; nous le retrouverons dans d'autres cas où il aurait pu devenir embarrassant si sa possibilité n'était pas nettement démontrée par les faits que nous venons d'exposer.

Il arrive quelquefois que les individus composant ces colonies se détachent et vont fonder ailleurs de colonies nouvelles. Il suffit d'observer quelque temps un *Rhipidodendron* pour voir ce phénomène se produire. Aussi toute colonie contient-elle un assez grand nombre de tubes abandonnés par leur hôte ; mais quand la plupart des Infusoires sont encore là, une merveilleuse activité règne dans ce petit monde ; l'eau ambiante, constamment fouettée par les flagellum vibratiles, circule rapidement autour de lui, apportant sans cesse l'air nécessaire à la respiration et les matières alimentaires que chaque Infusoire saisit au passage.

Les colonies d'*Anthophysa*, de *Codosiga*, d'*Uvella*, de *Dinobryon*, etc., sont évidemment formées d'éléments exactement correspondants à ceux qui constituent un *Volvox*, une *Stephanosphæra* ou une *Magosphæra*. Il y a pourtant entre ces deux ordres de colonies une différence importante : dans celles de la première espèce, chacun des individus composants conserve, nous l'avons vu, d'une façon complète sa personnalité ; il ne contracte avec ses voisins qu'une union en quelque sorte mécanique, il en est tout à fait indépendant au point de vue physiologique ; personne certainement n'aura l'idée de considérer ces colonies comme ayant une individualité propre. Il en est tout autrement des *Volvox* et des organismes voisins ou des *Magosphæra*. Là l'individu paraît être l'assemblage de cellules ciliées ou flagellées que nous avons décrit plus haut : les cellules composantes ne sont que des individualités secondaires, subordonnées, concourant ensemble au maintien de l'individualité plus élevée dont elles font partie. Toutes ces cellules sont d'ailleurs exactement semblables entre elles, jouent exactement le même rôle, se comportent exactement de la même façon. Toutes portent en elles-mêmes comme l'effigie de l'individu complexe dont elles font partie ; toutes sont également aptes à le reproduire avec les particularités qu'il présente, et, dans ce groupe, la reproduction consiste essentiellement, en effet, en ce que chacune des cellules composant un individu, s'isole et se partage ensuite de manière à reconstituer un organisme semblable à celui dont elle s'est détachée.

Quelquefois l'organisme des Infusoires flagellifères se complique notablement, sans s'élever cependant au-dessus de la valeur d'une simple cellule. Dans les *Ceratium*, dont la figure 4 de la page 70 représente un individu capturé par une *Protomyxa*, dans les *Peridinium* le corps est couvert d'une carapace bizarrement découpée, dont les fentes laissent apparaître des bandelettes de cils vibratiles coexistant avec les *flagellum*. Les *Peridinium* sont phosphorescents ; ils se développent quelquefois en telle abondance que, malgré leurs dimensions absolument microscopiques, ils peuvent rendre les vagues lumineuses sur de vastes étendues. Une phosphorescence de la mer exclusivement due à des *Peridinium* a été observée par Ehrenberg, en 1869, dans la baie de Naples.

C'est, du reste, un organisme assez voisin de ces Infusoires, mais de taille beaucoup plus grande, la *Noctiluca miliaris* qui produit le plus ordinairement dans nos pays le brillant phénomène de la phosphorescence de la mer. Sa forme est sensiblement sphérique : toutefois, un sillon d'une certaine profondeur s'étend le long d'un de ses méridiens et du fond de ce sillon part un tentacule mobile que l'on a comparé au flagellum des Infusoires. Au pied de ce tentacule se trouve une fossette profonde, à demi recouverte par une sorte de lèvre garnie de cils vibratiles, et portant en outre à sa face inférieure deux *flagellum* (fig. 20, n°s 1 et 6). La paroi du corps des Noctiluques est membraneuse et résistante ; elle constitue une vésicule à l'intérieur de laquelle se trouve un noyau d'où rayonne un réseau protoplasmique, toujours en mouvement. On pourrait comparer ces êtres bizarres à des Radiolaires dont tout le protoplasme serait contenu à l'intérieur de la vésicule centrale. Les Noctiluques ont été étudiées avec soin par MM. de Quatrefages, Busch, Huxley, Webb, Brightwell. Dans ces derniers temps, Cienkowski et M. Charles Robin se sont occupés de leur reproduction : elle a lieu soit par simple division, soit par formation de zoospores en tout semblables à ceux des Radiolaires (fig. 20, n°s 2 et 3). Chaque Noctiluque fournit, suivant le moment où s'arrête la segmentation de son contenu, 256 ou 512 zoospores ; cette fécondité explique comment le nombre des individus est quelquefois assez considérable pour donner à l'eau de la mer une apparence laiteuse. Souvent deux Noctiluques s'accolent l'une à l'autre au moment de la production des zoospores, qui semble hâtée par cette sorte d'accouplement (fig. 16, n°s 4 et 5) ; mais il reste encore beaucoup d'obscurité sur la véritable nature et le degré d'importance de ce rapprochement qu'on a quelquefois considéré comme un acheminement vers la reproduction sexuée.

Ces phénomènes de reproduction montrent que les Noctiluques sont déjà des êtres plus élevés que les *Infusoires flagellifères* proprement dits. Doit-on les considérer comme des animaux? Évidemment elles ne présentent pas beaucoup plus que les Myxocètes les caractères propres au règne animal : ce sont des êtres équivalents à une seule cellule, mais la cellule a pris ici une taille considérable et s'est singulièrement éloignée de la forme typique qu'on lui connaît dans les organismes plus élevés.

En présence de tous ces faits, en présence des discussions sans fin qui ont surgi parmi les naturalistes, du désaccord qui existe encore entre eux au sujet de la place que doivent occuper dans nos méthodes les êtres dont nous venons de retracer l'histoire, il est bien évident que la délimitation des deux règnes, déjà si difficile à établir au point de vue physiologique quand on ne considère que les formes supérieures, est tout à fait impossible à tracer quand on descend aux formes inférieures des deux séries. Nous arrivons des deux côtés, par les transitions les plus ménagées, à des êtres qui se ressemblent et que l'on peut à volonté regarder comme les plus simples des animaux ou comme les plus dégradés des végétaux. Toute discussion sur la place que doivent occuper ces êtres est absolument inutile : ils ne sont ni des végétaux ni des animaux. Ils ne présentent aucun des caractères qui nous permettent de distinguer ceux-ci de ceux-là ; ce sont des matériaux non encore ébauchés. Leurs analogues dans les âges les plus reculés du monde se sont modifiés et groupés de manière à former deux séries divergentes dont ils ont été le point de départ, mais on ne peut les faire entrer eux-mêmes dans l'une ou l'autre de ces séries ; ils appartiennent à la fois à toutes deux ; ils forment comme un pont entre les deux Règnes organiques, et c'est pourquoi Hæckel a récemment proposé de les réunir dans un règne à part, le Règne des Protistes.

Les deux idées que le Règne animal et le Règne végétal se confondent insensiblement l'un avec l'autre, qu'il existe entre eux un règne intermédiaire, participant de leur double nature, sont loin d'être nouvelles. Aussi anciennes que la science elle-même, elles ont eu tour à tour leurs partisans. Les formes de passage des uns, celles qui, suivant les autres, devraient former le règne intermédiaire, ont nécessairement varié beaucoup à mesure que s'étendaient les investigations des naturalistes. Aristote considérait déjà les Ascidies, les Anémones de mer et les Éponges comme faisant le passage aux végétaux. Au seizième siècle, Freigius proposait, le premier, d'établir un règne intermédiaire entre les animaux et les végétaux ; au dix-huitième siècle, l'idée de ces organismes intermédiaires revenait sans cesse dans les écrits des naturalistes. Buffon pense que les trois Règnes sont insuffisants pour contenir toutes les productions de la Nature : il est ainsi bien près d'en créer un quatrième. Le nom de *Zoophytes* ou d'*Animaux-plantes*, imaginé

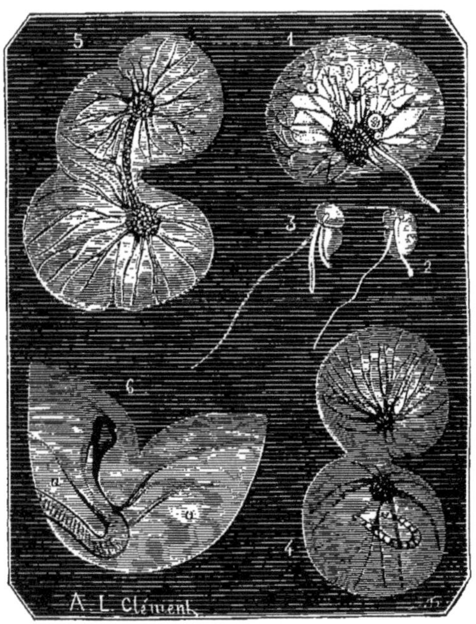

Fig. 20. — NOCTILUQUES. — 1. *Notiluca miliaris*. — 2 et 3. Spores flagellifères de la même. — 4 et 5. Phases diverses de la conjugaison des noctiluques. — 6. Portion de noctiluque montrant le sillon méridien et les flagellum qui sont à la base du tentacule.

par Pallas pour désigner les Coraux et les organismes analogues, implique la même idée ; mais Linné fait des Zoophytes un simple groupe de sa classe des Vers, tandis que Treviranus entend désigner par ce mot un règne véritable.

A propos du Corail, Donati écrit en 1758 (1) la phrase suivante :

(1) *Essai sur l'histoire naturelle de la mer Adriatique*, ch. VII, fig. 50 (Traduction italienne de Pierre de Hondt, La Haye).

« Vous voyez ici une végétation de plante et une propagation d'animal ; jugez donc si le Corail appartient à l'un ou l'autre de ces deux règnes, ou s'il ne faut pas le placer dans un règne mitoyen. »

Et soixante ans plus tard, Bory de Saint-Vincent s'élève contre les naturalistes « qui attachent beaucoup d'importance à distinguer le végétal de l'animal, distinction aussi vaine, aussi peu nécessaire à connaître que celle qu'on supposerait exister entre deux bandes de couleurs de l'arc-en-ciel. » Le même naturaliste réunissait dans un règne des Psychodiaires tous les êtres ambigus, Polypes, Éponges, Infusoires, et cherchait à montrer comment s'effectuait leur passage aux animaux et aux plantes véritables.

La plupart de ces êtres, dont la nature paraissait encore douteuse en 1825, ont trouvé leur place dans l'un des deux Règnes ; mais les progrès accomplis par la science ne nous ont pas montré plus nettement pour cela qu'à nos prédécesseurs la ligne de démarcation tant de fois cherchée par eux. Si personne ne doute plus que les Coraux, les Éponges, un grand nombre d'Infusoires même soient de véritables animaux, il reste au-dessous d'eux un nombre immense d'êtres vivants que rien ne rattache aux animaux plutôt qu'aux végétaux et dont il faut renoncer à assigner la place dans l'une des deux grandes divisions primordiales de nos systèmes. C'est de ceux-là seulement que Hæckel compose son Règne de Protistes.

Réunir dans un même groupe tous les êtres de nature douteuse, affirmer ainsi l'existence de formes qui ne peuvent trouver place dans les deux grands Règnes organiques, peut avoir certains avantages ; mais est-il bien nécessaire d'élever au rang de règne ce groupe de transition ? S'il est déjà difficile, disons mieux, impossible, de distinguer par une définition précise les deux premiers règnes l'un de l'autre, comment donner une définition plus exacte du troisième, qui doit les toucher par tant de points ? Si nous ne pouvons décider dans un grand nombre de cas entre les deux alternatives que nous offraient les anciennes méthodes, comment pourrons-nous mieux décider dans la méthode nouvelle, qui nous en offre une troisième ? Faudra-t-il prendre pour caractère du troisième règne l'hésitation même que provoquera dans notre esprit l'être qu'il s'agira de classer? Le Règne animal et le Règne végétal sont au moins parfaitement distincts dans leurs régions supérieures, mais que penser de ce règne des Protistes, qui devra confronter d'une part à l'empire inorganique et se relier d'autre part à chacune des deux grandes divisions de l'empire organique? Pourquoi paraître considérer comme un domaine particulier ce qui n'est que la ligne de séparation de deux domaines; pourquoi voir une œuvre à part dans ce qui n'est tout au plus qu'une préface? Le confluent de deux rivières a-t-il jamais été pour personne une rivière distincte? Fait-on un être particulier du tronc qui supporte les deux branches maîtresses d'un arbre?

Nous acceptons volontiers le mot *Protiste* comme un adjectif exprimant l'extrême simplicité d'organisation des êtres les plus inférieurs; mais il nous semble d'autant plus impossible de créer pour ces êtres un règne particulier, que la plupart d'entre eux ne sont pas exactement intermédiaires entre les animaux et les végétaux et manifestent une tendance bien nette soit vers les uns, soit vers les autres. Les transitions sont d'ailleurs tellement insensibles, que Hæckel se trouve conduit à ranger parmi ses Protistes les Infusoires ciliés, en qui bien peu de naturalistes refuseront de voir de véritables animaux, et les Champignons, que nul n'avait songé jusqu'ici à distraire du règne végétal (1). Les Protistes sont bien, comme le disait Bory de Saint-Vincent, cette zone indécise qui sépare deux couleurs de l'arc-en-ciel et qu'on ne saurait définir, parce qu'elle passe sans qu'on puisse saisir ses limites aux deux couleurs qui l'avoisinent. Ils sont comme le vestibule des deux grands Règnes organiques, mais non pas un règne distinct.

Si maintenant, résumant les faits que nous venons d'exposer, nous essayons de mettre plus nettement en lumière les rapports qui unissent les Protistes soit entre eux, soit aux végétaux et aux ani-

(1) Le règne des Protistes tel qu'il est défini par Hæckel comprend les MONÈRES, les AMIBES (sous le nom de *Lobosa*), les GRÉGARINES, les INFUSOIRES FLAGELLIFÈRES, les CATALLACTES (*Magosphæra*), les INFUSOIRES CILIÉS, les INFUSOIRES SUCEURS (*Acineta*), les LABYRINTHULÉES, les DIATOMÉES, les CHAMPIGNONS, les MYXOMYCÈTES, les RHIZOPODES (*Foraminifères, Héliozoaires, Radiolaires*), en tout quatorze classes.

maux proprement dits, nous pouvons tracer le tableau suivant de leur évolution :

Au plus bas degré de l'échelle, immédiatement au-dessus des Monères, se montrent des êtres protoplasmiques dont l'homogénéité n'est troublée que par la présence d'un noyau et d'un nucléole. Leur protoplasme est libre, sans membrane d'enveloppe, et son contour peut prendre toutes les formes possibles. Tels sont les Amibes, qui se reproduisent par une simple division en deux parties, à laquelle prennent part le noyau et le nucléole aussi bien que le protoplasme.

Un premier progrès est réalisé lorsque ce protoplasme devient apte à sécréter une enveloppe membraneuse au sein de laquelle il se divise de manière à donner naissance à des zoospores plus ou moins nombreux. L'enveloppe est-elle de nature albuminoïde, l'organisme qui l'a produite se rapproche du règne animal; est-elle, au contraire, de la nature de la cellulose, l'organisme tend à se rapprocher du règne végétal. Les substances albuminoïdes sont toujours plus ou moins flexibles, la cellulose est résistante ; il suit de là que les mouvements du protoplasme pourront encore se manifester au dehors dans le premier cas ; ils cesseront d'être apparents dans le second. C'est pourquoi tous les animaux sont capables de se mouvoir, tandis que le plus grand nombre des végétaux sont toute leur vie immobiles. La tendance vers le règne végétal s'accuse encore si, dans le protoplasme, se déposent des granules d'amidon ou une matière colorante verte ou rouge, comme on le voit dans beaucoup d'Infusoires flagellifères. Si la matière colorante n'apparaît pas, l'indétermination subsiste et l'on peut tout aussi bien rattacher les formes qui en sont dépourvues au règne animal, qu'au rameau du règne végétal représenté par les Champignons. Les Myxomycètes sont le dernier terme du passage des Protistes proprements dits aux Champignons. Au contraire, les Euglènes, les Astasies et autres Infusoires flagellifères colorés nous conduisent directement aux Algues vertes ou rouges, et par celles-ci aux végétaux les plus élevés et les mieux caractérisés.

Quant au passage aux animaux, il s'établit d'une façon si naturelle qu'il faut un certain effort d'esprit pour ramener au règne végétal les êtres qui viennent de nous occuper. On croirait d'abord devoir les classer dans le Règne animal, et de fait les premières formes franchement animales du monde organique sont infiniment plus près des Protistes que les premières formes franchement végétales. Le protoplasme, quelque paradoxal que cela paraisse, a dû moins se modifier, nous l'avons vu, pour produire les premiers

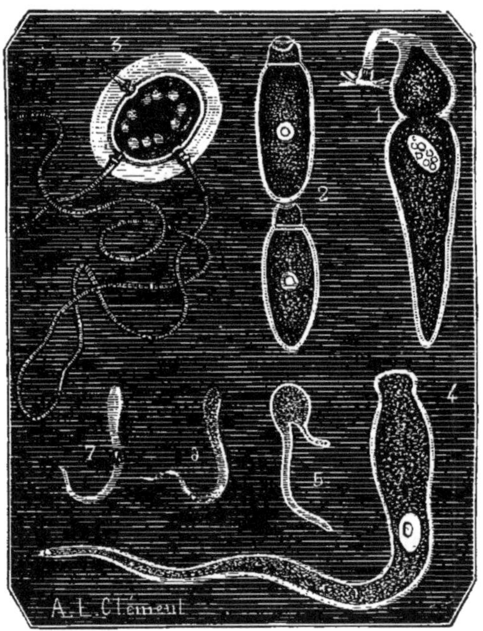

Fig. 21. — GRÉGARINES. — 1. *Hoplorhynchus oligacanthus*, A. Schneider. — 2. *Clepsidrina blattarum*, Schneider. — 3. Kyste de la même espèce émettant ses spores. — 4, 5, 6, 7. Phases diverses du développement de la *Gregarina gigantea*, E. Van Beneden, du homard.

animaux que pour produire les premiers végétaux. Ceux-là ont peut-être précédé ceux-ci dans l'ordre d'apparition

Les Grégarines, découvertes en 1826 par Léon Dufour, nous montrent à leur tour comment peut s'opérer la transformation des Monères en individus cellulaires, c'est-à-dire en individus dont le protoplasme contient un noyau et est entouré d'une membrane.

Les Grégarines adultes se composent de une ou deux cellules dont l'antérieure est parfois surmontée d'un appendice caduc servant peut-être d'organe de fixation (fig. 21, n° 1); toutes sont parasites. On les trouve par petits amas (de là leur nom de Grégarines) dans l'intestin d'un très grand nombre d'Insectes, dans celui des Taupes, dans la cavité du corps de certains Vers, dans les organes reproducteurs des Lombrics, qui en sont presque toujours bourrés. Elles ont été étudiées avec soin par Lieberkühn, Édouard Van Beneden et Aimé Schneider. A une certaine période de leur existence, elles s'entourent d'un kyste résistant; quelquefois deux Grégarines s'unissent pour s'enkyster en commun. Dans tous les cas, le contenu du kyste se divise bientôt et se transforme en une foule de petits corps que l'on appelle des *pseudo-navicules*, parce qu'ils ont chacun la forme d'une petite navette. Bientôt de longs tubes (1) se développent à la surface du kyste (fig. 21, n° 3), les *pseudo-navicules* s'y engagent et sont ainsi mises en liberté. Sous l'influence de l'humidité, l'enveloppe extérieure de ces petits corps se rompt; il en sort une petite masse protoplasmique douée de mouvements amiboïdes. M. Édouard Van Beneden a étudié le développement de ces corps amiboïdes chez une Grégarine gigantesque (*Gregarina gigantea*), de près d'un centimètre de long, qui habite l'intestin du homard (fig. 21, n° 4). La masse protoplasmique, après s'être mue pendant quelque temps d'une façon irrégulière, ne conserve plus que deux pseudopodes (fig. 21, n° 5) : l'un d'eux est rigide, immobile; l'autre est, au contraire, flexible et sans cesse agité d'un mouvement vermiculaire. Ce dernier se détache bientôt; il ressemble alors tout à fait à un petit ver, à une petite filaire sortant de l'œuf (fig. 21, n°s 6 et 7). Mais l'examen le plus attentif ne saurait y faire reconnaître la moindre trace d'organes : c'est une véritable Monère, la *pseudofilaire* de M. E. Van Beneden.

Bientôt cependant, dans sa région moyenne, apparaît une petite tache claire qui grandit peu à peu. Il semble qu'une sorte de départ se fasse dans la masse protoplasmique, qu'une partie plus cohérente, plus réfringente se précipite et se condense dans la région

(1) Aimé Schneider, *Contribution à l'histoire des Grégarines*. Archives de zoologie expérimentale, t. IV, 1875.

centrale : c'est l'origine du noyau, dont le mode de formation serait ainsi presque mécanique. La Monère, pourvue d'un noyau, est devenue une cellule. La cellule, pour être parfaite, n'a plus qu'à s'entourer d'une membrane ; une simple modification physique de la couche la plus externe du protoplasme suffit à produire ce phénomène et la jeune Grégarine se trouve ainsi achevée. On a contesté que les pseudo-navicules fissent partie du cycle d'évolution des Grégarines; quelques naturalistes voient en elles de simples parasites des Grégarines enkystées ; mais cela ne remet nullement en question la partie de l'histoire embryogénique des Grégarines qui les relie, par l'intermédiaire d'une phase où elles sont de véritables Monères, à la masse protoplasmique qui produit les pseudofilaires : M. Édouard Van Beneden n'a pas observé, en effet, les pseudo-navicules de la *Gregarina gigantea*.

Ainsi le passage graduel des animaux et des végétaux aux Monères se trouve établi de la façon la plus complète. Nous voyons les Monères se transformer en individus plus complexes ; ceux-ci vivent d'abord à l'état de simples cellules, capables de revêtir successivement plusieurs formes ; mais bientôt ils acquièrent une aptitude nouvelle, celle de s'associer. Les cellules nées les unes des autres demeurent unies en véritables familles dont les membres conservent cependant une grande indépendance réciproque, comme on le voit chez les *Dinobryon*, les *Anthophysa*, les *Codosiga*, etc. Souvent même, comme chez les *Rhipidodendron* et les *Phalansterium*, l'union des individus semble n'avoir lieu que par l'intermédiaire de parties secondaires dont la masse est considérable et qui viennent compliquer la colonie d'un élément important. Mais les membres de la famille peuvent aussi, par un progrès nouveau, contracter une union plus intime et constituer alors de véritables *individus polycellulaires*, composés d'ailleurs de cellules toutes semblables entre elles, comme les *Volvox* et les Algues voisines ou les *Magosphæra*. Toutes les cellules faisant partie de cette individualité nouvelle sont aptes à la reproduire, contiennent en elles-mêmes la loi de son développement et la transmettent à leur descendance. C'est là une conséquence nécessaire de ce fait que la reproduction des cellules n'a jamais lieu que par une simple division. Les parties qui proviennent de cette division sont forcément identiques à la cellule-mère et en possèdent par conséquent toutes les propriétés chimiques ou physiologiques, y compris celles qui déterminent son mode d'évolution. Il y a donc une raison toute mécanique de cette grande loi d'*hérédité*, en vertu de laquelle chaque organisme transmet à sa descendance ses caractères hérités ou acquis : *L'hérédité est la conséquence inéluctable du mode de reproduction des éléments constitutifs des êtres vivants.* Nous aurons à développer plus complètement cette proposition.

Les éléments constituant une société ou *colonie* sont primitivement tous semblables entre eux ; plus tard demeurent associés des éléments dissemblables, provenant cependant les uns des autres, représentant les phases successives que peuvent revêtir certains êtres monocellulaires, jouant dans l'association des rôles différents, vivant chacun pour son compte, mais accomplissant aussi au profit commun certaines fonctions qui leur sont propres. De là naît une variété plus grande : la colonie, au lieu d'être comparable à une association d'échoppes d'ouvriers travaillant chacun pour soi, semble devenir une vaste usine où la puissance de production se développe rapidement dans des proportions considérables.

Le but commun vers lequel tendent tous les efforts, c'est la conservation de la colonie, l'accroissement de sa prospérité ; toutes les activités se coordonnent pour atteindre ce résultat. La colonie revêt par cela même le caractère d'une unité supérieure au service de laquelle semblent travailler les individus associés ; elle constitue ce que nous appelons un *organisme ;* toutes ses parties, liées entre elles par une solidarité de plus en plus grande, finissent par devenir inséparables. Ce ne sont plus les parties, c'est la colonie elle-même qui mérite désormais le nom d'*individu.*

Depuis longtemps déjà les physiologistes, étudiant les organismes les plus élevés, sont arrivés à voir en eux des sociétés d'êtres unicellulaires. Ils comparent volontiers le fonctionnement de ces sociétés à celui des sociétés humaines, inversement les hommes politiques aiment à rapprocher les conditions d'existence des nations de celles des êtres vivants. L'étude de l'évolution graduelle du Règne animal donne à ces comparaisons une saisissante réalité. Tous les organismes supérieurs ont été d'abord, nous espérons le prouver, des *associations*, des *colonies* d'individus semblables entre eux. Un procédé simple et constant a suffi pour réaliser l'effrayante complexité des animaux les plus élevés : c'est la *transformation des colonies en individus.* Des lois rigoureuses, toujours les mêmes, ont présidé à cette transformation ; elles ressortiront naturellement de la série des faits dont l'exposition va suivre.

LIVRE II

LES COLONIES IRRÉGULIÈRES

CHAPITRE PREMIER

LES ÉPONGES ET LA FORMATION DE L'INDIVIDUALITÉ ANIMALE.

Pendant leur période d'activité, les êtres que nous avons étudiés jusqu'ici se montrent sous deux formes fondamentales : 1° la forme *amiboïde* dans laquelle le protoplasme nu peut produire, sur toute sa surface, des appendices temporaires d'aspect essentiellement variable, les *pseudopodes ;* 2° la forme *ciliée* ou *flagellifère* dans laquelle le protoplasme, souvent contenu dans une enveloppe, s'étire en un ou plusieurs longs filaments, les *flagellum*, *fouets* ou *cils vibratiles*, seuls capables désormais d'exécuter des mouvements et ne cessant jamais de battre d'une façon rythmique l'eau qui les entoure.

D'ordinaire la même monère, le même protiste peut revêtir successivement ces deux formes, après avoir traversé une phase de repos que l'on peut appeler la phase *ovulaire*, en raison de la ressemblance ou même de l'identité que pendant cette phase l'être considéré présente avec l'œuf des animaux. On se souvient, en effet, que les *Protomonas,* les *Vampyrella,* les *Myxastrum,* les *Protomyxa,* les Radiolaires, les Myxomycètes s'enkystent après avoir vécu plus ou moins longtemps sous la forme amiboïde, puis qu'à l'abri de son enveloppe protectrice, leur substance se divise en zoospores monociliés qui s'échappent du kyste et nagent librement dans le liquide ambiant. Sous ces deux formes, plusieurs individus peuvent s'associer pour constituer des colonies : les *Myxodyctium* sont des colonies de monères amiboïdes; il existe des Foraminifères et des Radiolaires composés; les *Anthophysa*, les *Codosiga*, les *Phalansterium*, les *Dinobryon*, les algues de la famille des Volvocinées, les *Magosphæra* sont des colonies de cellules ciliées.

Toutes ces colonies sont formées d'éléments semblables entre eux. Ces éléments eux-mêmes sont souvent complètement indépendants les uns des autres. Toutefois, chez les Foraminifères et les Radiolaires, de même que chez les Volvocinées, ils manifestent déjà une certaine tendance à s'unir d'une façon intime pour constituer une unité plus élevée à laquelle on peut donner le nom d'*individu polycellulaire*. Chez les Éponges, la *cellule amiboïde* (fig. 24, n° 5) et la *cellule ciliée* ou *flagellifère* (fig. 24, n°s 2, 3, 4) s'associent pour former des colonies qui sont, par conséquent, composées de deux sortes d'individus unicellulaires. De plus, ces individus s'unissent si étroitement qu'il n'est plus possible de voir en eux autre chose que les éléments composants d'un individu d'espèce nouvelle, l'*individu spongiaire* (fig. 1, n° 1). Le plus grand désaccord a longtemps régné, il est vrai, parmi les naturalistes au sujet de ce qu'il fallait entendre par le mot *individu* chez les Éponges; mais Oscar Schmidt et surtout le professeur Hæckel, dans sa belle *Monographie des Éponges calcaires*, ont nettement montré, dans ces dernières années, comment on pouvait faire dériver les formes si variées de ces animaux d'un type simple, essentiellement le même pour toutes, et ce type est devenu par cela même le type idéal de l'individu spongiaire.

On se ferait, hâtons-nous de le dire, une idée très fausse de ce que peut être une Éponge si l'on ne connaissait que l'Éponge usuelle, l'Éponge de toilette. Le réseau fibreux que l'on emploie dans les usages domestiques n'est, en effet, qu'une sorte de squelette destiné à soutenir la masse charnue d'un organisme des plus singuliers dont il reproduit assez fidèlement la forme et les principales particularités anatomiques. La composition chimique des fibres de ce squelette se rapproche beaucoup de celle de la soie. Chez certaines Éponges, au réseau fibreux viennent s'associer des productions siliceuses de forme bien nettement définie, ce sont les *spicules*. Le plus souvent, les fibres manquent et le squelette est alors tout entier constitué par ces spicules dont les formes, extrêmement variées, ont souvent une grande élé-

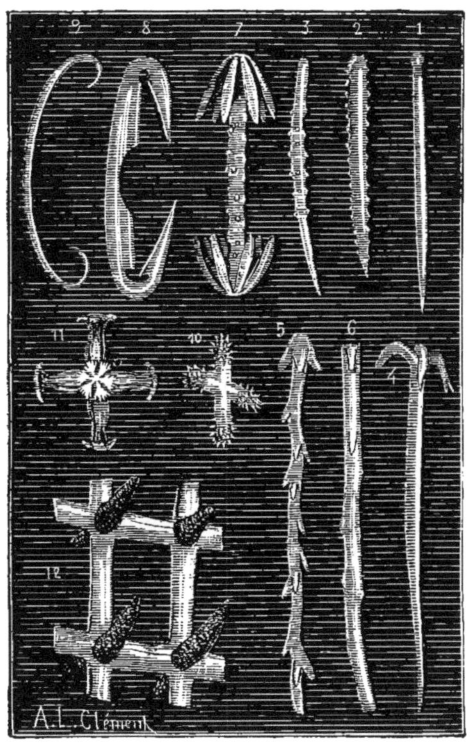

Fig. 22. — SPICULES D'ÉPONGES. — 1. Spicule en épingle d'*Hymeniacidon carnosa*. — 2, 3. *Halichondria incrustans*. — 4. *Tethea Collingsii*. — 5, 6, 11. *Euplectella aspergillum*. — 7, 10, 11. *Hyalonema mirabilis*. — 8. *Hymenodesmia Johnsoni*. — 9. *Halichondria variantia*. — 12. Réseau siliceux de *Farrea*.

gance (fig. 22). On y remarque des épingles, des crochets, des ancres, des étoiles à trois rayons, des clous à tête étoilée, des croix, etc. Le rôle des spicules n'est pas moins varié que leurs formes ; les uns soutiennent les parties molles de l'Éponge et forment la base de son squelette (fig. 22, nos 1, 2, 3, 10, 12) ; d'autres unissent ensemble ses divers tissus (même fig., nos 7, 8, 9, 11) ; quelques-uns, terminés en pointe acérée, hérissent sa surface externe ou les parois de ses canaux, et deviennent ainsi de véritables organes de défense (même fig., n° 4) ; on voit enfin chez les Euplectelles (pl. I, fig. 2) de longs spicules dont la pointe est enfoncée dans le squelette tandis que l'extrémité est armée de crochets (fig. 22, nos 5 et 6) ; ces spicules servent à fixer l'Éponge aux corps environnants.

Tantôt les spicules sont siliceux, tantôt ils sont calcaires. Nous voyons donc le protoplasme manifester encore ici des aptitudes chimiques différentes, mais exactement de même ordre que celles déjà connues de nous : les matières solides qui se déposent dans sa substance sont de trois sortes : elles sont de nature organique, calcaires ou siliceuses. Des spicules calcaires et siliceux ne coexistent jamais dans une même Éponge, de sorte que la composition chimique des spicules indique bien réellement ici une différence fondamentale dans les propriétés du protoplasme ; c'est un point sur lequel nous avons déjà insisté en parlant des Foraminifères et des Radiolaires. On pourrait donc se demander si les Éponges à spicules calcaires ou, pour abréger le discours, les *Éponges calcaires* et les *Éponges siliceuses* ne descendent pas de Protistes différents qui se seraient développés parallèlement. Tout au plus y aurait-il entre elles, dans cette hypothèse, une parenté collatérale. Quelques Éponges, entièrement dépourvues de squelette, devraient peut-être alors former un groupe spécial : on leur donne le nom de *Myxosponges* ou Éponges gélatineuses.

Les fibres et les spicules des Éponges ont été étudiés avec un soin extrême ; leur forme, la façon dont ces formes se combinent entre elles, l'arrangement des diverses sortes de spicules ont été employés à caractériser des genres et des espèces. Ces productions ne sont cependant que l'accessoire de l'Éponge, le principal c'est la masse charnue dans laquelle elles se développent, masse creusée de canaux ramifiés en sens divers et aboutissant à des orifices extérieurs qu'on reconnaît encore facilement en examinant avec tant soit peu d'attention une Éponge de toilette. Cet examen montre bien vite que ces pores sont de deux sortes : les uns rares, de grand diamètre, dans lesquels on pourrait facilement placer le bout du doigt, sont les *oscules ;* les autres, extrêmement nombreux et de petit diamètre, sont les *pores inhalants.* On trouve assez fréquemment, dans les eaux douces, deux espèces de petites Éponges sili-

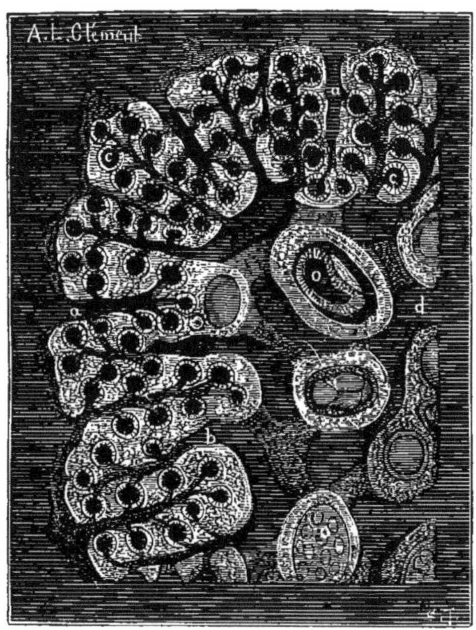

Fig. 23. — Coupe à travers une Éponge gélatineuse (*Halisarca lobularis*) montrant le système des corbeilles vibratiles (*c*) placées sur le trajet des canaux correspondant aux pores inhalants ; la cavité centrale (*d*) correspond à l'oscule ; dans l'épaisseur des colonnes charnues qui la traversent sont des embryons (*o*) à différents degrés de développement ; en *a*, canaux interstitiels.

ceuses : la *Spongilla lacustris* et la *Spongilla fluviatilis*, dont les pores et les oscules sont parfaitement évidents. Qu'on place ces Éponges dans un vase rempli d'eau tenant en suspension une poussière colorée comme de la poudre d'indigo ou de carmin. On ne tardera pas à constater, grâce au mouvement de cette poussière, qu'un courant d'eau continu pénètre dans la substance de l'animal par l'intermédiaire des pores inhalants et que cette eau est rejetée à l'extérieur par l'intermédiaire des oscules. Les pores inhalants semblent donc des milliers de petites bouches constamment ouvertes à l'eau chargée de matières alimentaires ; les oscules servent d'orifice de décharge.

On comprendra facilement comment est entretenu le courant d'eau qui traverse l'Éponge si l'on veut bien jeter les yeux sur la figure 4, qui représente une coupe pratiquée à travers une éponge gélatineuse, l'*Halisarca lobularis*. On voit sur cette figure : 1° de grandes lacunes centrales, qui font partie d'une vaste cavité correspondant à l'un des oscules, et 2° tout un système de canaux, partant de la périphérie de l'Éponge, aboutissant tous à la cavité centrale et s'ouvrant à l'extérieur par des orifices qui ne sont autre chose que les pores inhalants. Sur leur trajet les plus petits de ces canaux présentent presque toujours un élargissement sphérique, tapissé par des cellules munies chacune d'un flagellum. C'est là ce que l'on nomme une *corbeille vibratile* (fig. 2 et 4). Le mouvement des cils qui revêtent ces remarquables organes empêche l'eau d'y séjourner, la chasse toujours dans le même sens ; de là le courant qu'il s'agit d'expliquer. Carter, qui a découvert ces corbeilles vibratiles, les comparait à des *Volvox* retournés ; il voyait en elles la partie fondamentale de l'Éponge, l'organisme, l'individu dont toutes les autres parties n'étaient que des dépendances. Les Éponges étaient pour lui quelque chose comme des colonies de *Volvox*.

Il y a de vrai dans cette manière de voir, que la plupart des Éponges doivent être, en effet, considérées comme des colonies. Chaque oscule est le centre d'un système particulier de canaux et de cavités, qui constituent dans l'Éponge un domaine à part dont les limites sont plus ou moins nettement tracées. Parfois il y a continuité absolue entre deux domaines voisins ; mais parfois aussi la séparation est complète et chaque domaine se comporte alors comme un individu distinct. D'autre part, nombre d'Éponges ne possèdent jamais qu'un oscule ; ces dernières méritent évidemment le nom d'*Éponges simples* par opposition à celles dont les oscules sont multiples et qui sont des *Éponges composées*. Le domaine de chaque oscule correspond à une Éponge simple dans ces *Éponges composées* qui résultent par conséquent de la réunion, ou même de la fusion presque totale d'un nombre plus ou moins considérable d'*Éponges simples*. Seules ces dernières sont de véritables *individus;* les autres sont des collectivités, des *colo-*

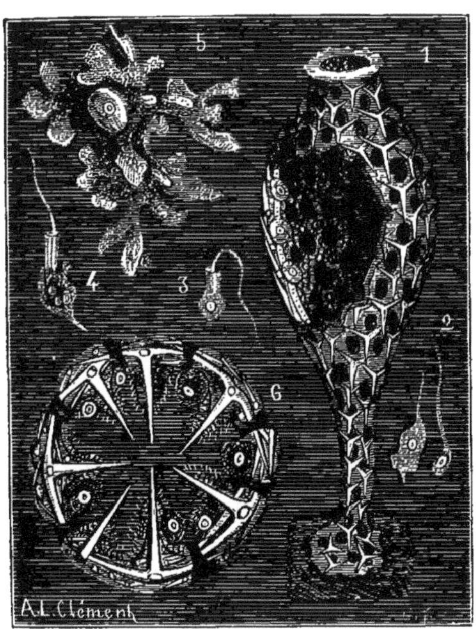

Fig. 24. — ÉPONGES CALCAIRES. — 1. *Olynthus primordialis*, Hæckel, type de l'*individu spongiaire*. — 2. Éléments mâles du même. — 3, 4. Cellules flagellifères du même. — 5. Cellule amiboïde considérée comme un œuf. — 6. Coupe transversale d'un *Ascaltis Gegenbauri*, montrant la couche amiboïde, les spicules, les œufs et la couche des cellules flagellifères.

nies. C'est là une distinction de la plus haute importance pour l'intelligence de l'organisation des Éponges; elle fut établie pour la première fois par Oscar Schmidt (1).

Tandis que les Éponges composées doivent à leur nature colo-

(1) Oscar Schmidt, *Die Spongien des Adriatischen Meeres*, Leipsig, 1862 à 1870.

niale une variété de formes pour ainsi dire infinie, en général les Éponges simples présentent, au contraire, une forme sensiblement constante. L'une des plus remarquables, celle à laquelle Hæckel (1) a ramené toutes les autres, est l'*Olynthus* (fig. 3, n° 1), que l'on peut se figurer comme une sorte de petite urne dont l'ouverture ne serait autre chose que l'oscule de l'Éponge; ses parois minces, soutenues par des spicules calcaires à trois branches, sont assez régulièrement perforées de trous, qui jouent le rôle de *pores inhalants*. Ces trous peuvent se fermer temporairement; il arrive même quelquefois qu'ils se ferment tous ensemble : la cavité intérieure de l'urne ne communique alors avec l'extérieur que par l'oscule que l'on pourrait prendre pour une bouche.

Les parois de l'*Olynthus* sont constituées par deux couches cellulaires superposées, bien distinctes. La couche interne est formée de cellules munies chacune d'un flagellum entouré à sa base d'une collerette membraneuse (fig. 5, n°s 3 et 4 et fig. 22, n° 2). Ces cellules sont identiques à celles qui constituent les corbeilles vibratiles des Éponges composées, de sorte qu'on peut considérer la cavité tout entière d'un *Olynthus* comme ne formant qu'une grande corbeille vibratile. On ne peut manquer d'être frappé de la ressemblance absolue des cellules flagellifères des Éponges avec les *Salpingœca* ou avec les individus constitutifs des colonies d'*Anthophysa* (fig. 18, page 130) et de *Codosiga* (fig. 17, page 129). Le noyau, le nucléole, la vésicule contractile, la collerette qui entoure le flagellum, tout concourt à établir leur identité fondamentale avec ces petits êtres. Aussi un naturaliste américain, James Clark (2), a-t-il proposé de considérer les Éponges comme des colonies d'Infusoires flagellifères, des *colonies de Monades*, opinion que soutient également M. Saville Kent (3).

En ne considérant que la couche externe de cellules, d'autres naturalistes avaient été conduits, d'une façon analogue, à voir dans les Éponges des *colonies d'Amibes*. Il est impossible, à la vérité, de dis-

(1) Hæckel, *Die Kalkschwämme*, 3 vol. Berlin, 1872.

(2) James Clark, *On the Spongiæ ciliatæ as Infusoria flagellata* (*Memoirs of Boston society of Natural history*, vol. 1, part. III, 1868).

(3) Saville Kent, *Annals and Magazine of Natural history*, 1878.

tinguer dans cette couche des cellules nettement délimitées ; mais on y voit de nombreux noyaux indiquant son origine cellulaire, et quand une partie quelconque de sa substance vient à être isolée, cette partie se met à exécuter des mouvements amiboïdes de la plus

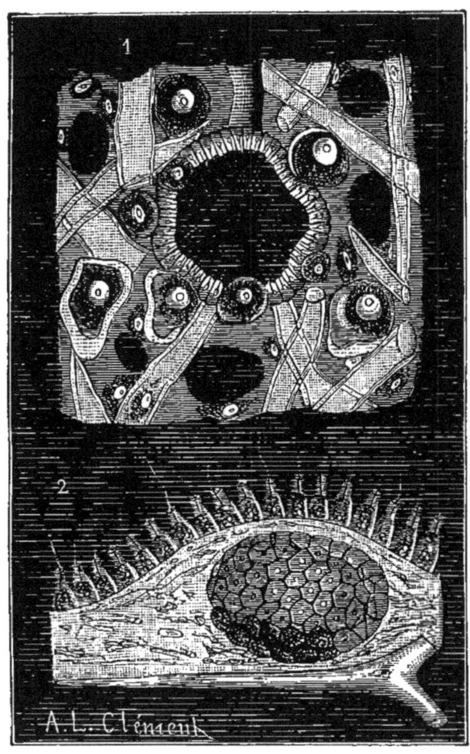

Fig. 25. — 1. Coupe à travers une Éponge calcaire (*Leucyssa incrustans*), montrant une corbeille vibratile, avec ses cellules à un seul cil, des œufs, les noyaux des cellules de la substance sarcodique et les enveloppes des spicules. — 2. Portion d'une éponge calcaire (*Sycandra compressa*) montrant la couche des *cellules flagellifères*, et au-dessous un embryon en voie de développement.

grande netteté. C'est là une particularité si frappante que pendant longtemps de nombreux auteurs, parmi lesquels il faut citer Dujardin, Carter, avant sa découverte des corbeilles vibratiles, Carpenter, Gegenbaur, etc., ont placé les Éponges à côté des Rhizopodes.

La divergence de ces opinions doit être pour nous un enseignement. Il n'est pas plus permis de dire que les Éponges sont des colonies d'Infusoires flagellifères ou des colonies d'Amibes que de dire qu'une maison est un assemblage de moellons ou un assemblage de pièces de bois. La maison, une fois construite, est un objet nouveau, méritant une dénomination propre et que ne définit plus suffisamment la désignation des matériaux qui la composent, parce que ces matériaux sont désormais liés d'une façon déterminée, en vue d'une destination précise. Il n'en est pas moins vrai cependant qu'après avoir pris place dans l'ensemble qui constitue l'édifice, moellons et pièces de bois conservent entièrement leurs caractères propres. C'est ce qui arrive pour les éléments d'une Éponge : chacun d'eux demeure comparable soit à un Infusoire flagellifère, soit à un amibe ; chacun d'eux conserve à un haut degré son individualité, vit pour son propre compte, à sa façon spéciale ; mais une discipline particulière soumet à sa loi tous ces organismes et les fait concourir au maintien de l'existence et à la prospérité d'une individualité nouvelle, d'une unité d'ordre supérieur : l'Éponge simple, l'*Olynthus*. Chacun de ces éléments composants de l'Éponge s'est élevé d'ailleurs au-dessus de sa condition primitive d'organisme unicellulaire. Il porte en lui une force d'évolution qui l'entraîne, dès qu'il est isolé, à reproduire l'individu dont il faisait partie : il n'est plus fait pour vivre indépendant ; seul, il est incomplet et tout l'effort reproducteur tend chez lui à reconstituer la société que nous venons d'apprendre à connaître. Cette tendance est mise à profit pour la reproduction de l'espèce chez les Spongilles et chez diverses Éponges marines dont la masse presque tout entière se résout à certaines époques en petites sphérules protoplasmiques, enveloppées d'un kyste, soutenu lui-même par des spicules d'une forme spéciale. A un moment donné, le protoplasme s'échappe du kyste par un orifice ménagé à cet effet, et après avoir rampé pendant un temps plus ou moins long à la façon d'un amibe, se transforme en Éponge.

Les Éponges ont un autre mode de reproduction, plus général et peut-être aussi plus instructif. Dans leur substance, probablement dans la couche amiboïde, apparaissent de grandes cellules, bien distinctes des tissus environnants et pourvues d'un beau noyau et d'un nucléole (fig. 25, n° 1). Ces cellules n'ont pas de membrane d'enveloppe, et lorsqu'elles sont isolées, leur contour présente les incessantes modifications de forme caractéristiques des amibes (fig. 24, n° 5); on doit les considérer comme de véritables œufs,

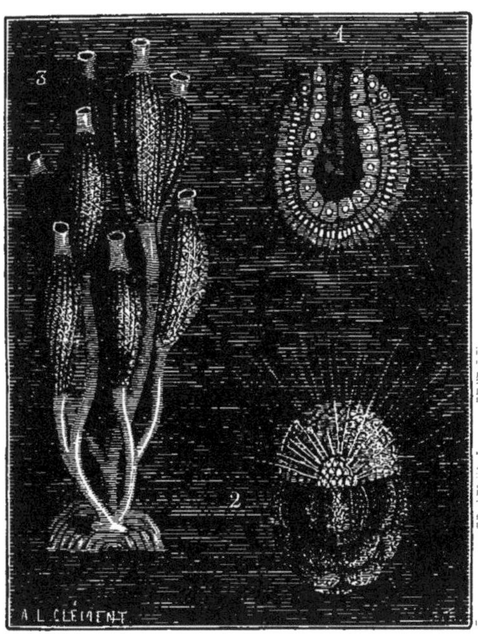

Fig. 26. — ÉPONGES CALCAIRES. — 1. Larve ou *Gastrula* de l'*Olynthus armatus*, d'après Hæckel. — 2. Larve de *Sycandra raphanus*, d'après F. E. Schulze. — 3. Colonie de *Sycinula ampulla*, Hæckel.

d'autant plus que l'élément mâle semble représenté chez les Éponges par d'autres cellules munies d'un flagellum et résultant peut-être d'une modification des cellules flagellifères ordinaires dont elles ne diffèrent guère que par leur petite taille (fig. 24, n°s 2 et 6). La fécondation n'a pas été observée de façon que l'on sache positivement en quoi elle consiste : mais il n'en est pas moins certain que les grandes cellules ovulaires ne tardent pas à se diviser, sans quitter la place où elles sont nées, en deux, quatre, huit, seize, trente-deux cellules ou même davantage et à se transformer en une petite masse sphérique, creuse, composée de cellules toutes semblables entre elles (fig. 25, n° 2), toutes semblables à la cellule d'où elles sont provenues par une série de bipartitions successives, équivalant chacune, par conséquent, à un amibe. La jeune Éponge, à ce moment, n'est réellement qu'une colonie d'Amibes.

Mais bientôt les cellules d'une des moitiés de la sphère s'allongent, s'effilent, produisent un flagellum, se transforment, en un mot, en cellules flagellifères, comme nous avons vu le faire les cellules amiboïdes des *Magosphæra*. L'embryon devient ainsi une colonie d'amibes et de monades (fig. 26, n° 2). Ces dernières jouent dans la colonie le rôle d'individus locomoteurs ; grâce au mouvement de leur fouet vibratile, l'embryon peut nager librement dans le liquide ambiant. Il est alors exactement comparable aux embryons des animaux supérieurs ; il représente au même titre qu'eux un individu distinct ; et cependant l'histoire du développement d'un tel individu nous apprend qu'il résulte de l'union d'éléments tout à fait identiques quant à leur structure et à leur mode d'évolution aux êtres unicellulaires que nous avons étudiés précédemment et auxquels nous n'avons pu refuser la qualité d'individus. Il n'y a dans l'histoire des Éponges qu'un fait nouveau, c'est que ces individus élémentaires, au lieu de se séparer à mesure qu'ils se forment, demeurent unis ; leur indépendance réciproque est d'ailleurs encore assez grande, nous l'avons vu, pour que des savants expérimentés aient pu les prendre pour les véritables individus dont l'association immédiate aurait constitué l'Éponge, sans passer par d'autres intermédiaires.

Les Éponges, même à cet égard, ne diffèrent pas des organismes les plus élevés. Comme elles, les animaux et les végétaux, du plus humble au plus parfait, l'homme lui-même, ne sont que des assemblages de cellules qui conservent toutes vis-à-vis de leurs compagnes une grande liberté d'allures. Seulement ces cellules sont plus nombreuses, elles revêtent des formes plus variées, accomplissent des fonctions plus diverses et se groupent de mille façons en organes ou en tissus plus distincts que chez les Éponges. Toutes ces cellules, comme celles des Éponges, proviennent d'un œuf unique ; mais elles subissent, au cours de l'évolution de l'être plus complexe dont elles font partie, des modifications plus considérables ; si chacune d'elles se nourrit, se multiplie, se transforme et meurt sans que ses voisines en prennent souci, elles concourent toutes ensemble à constituer un milieu spécial, indispensable à leur existence respective ; aussi chercherait-on en vain leurs analogues vivant à l'état isolé ; elles paraissent n'exister que pour l'organisme dont elles sont les éléments constituants ; elles semblent faites pour lui, et leur individualité est dès lors confondue dans la sienne, tandis que celle des éléments de l'Éponge paraît être demeurée complète ; mais il n'y a là qu'une différence de degré. Le mécanisme de formation des Éponges est en réalité le même que le mécanisme de formation des animaux les plus élevés ; les uns et les autres sont des colonies de cellules dont les ancêtres, d'abord solitaires, ont parcouru bien des étapes, se sont groupés de bien des façons avant de constituer les organismes qui se développent aujourd'hui autour de nous.

Les cellules flagellifères et les cellules amiboïdes, éléments essentiels de l'Éponge, se groupent d'ailleurs en tissus variés aussi bien chez elle que chez les animaux supérieurs. Dans la couche externe, les cellules amiboïdes sont ordinairement tellement confondues qu'elles ne deviennent distinctes que par leur noyau ; elles forment ainsi une sorte de masse sarcodique (1) qui subit des modifications particulières, soit à la surface de l'Éponge, soit le long de quelques-uns de ses canaux, soit enfin autour des spicules. Elle devient alors plus compacte et forme de véritables membranes (fig. 25, n° 1) qu'il est souvent facile d'isoler. Dans la substance même de la masse sarcodique on trouve un nombre assez considérable de cellules étoilées assez semblables aux cellules du tissu conjonctif des animaux supérieurs. Les cellules flagellifères à leur tour présentent d'assez nombreuses modifications. Dans la plupart des Éponges calcaires, elles se touchent à peine et semblent autant d'Infusoires parfaitement distincts les uns des autres (fig. 25, n° 2) ;

(1) C'est ce qu'on nomme le *Syncytium* de l'Éponge.

mais dans un grand nombre d'Éponges fibreuses, on les voit s'aplatir de plus en plus, prendre parfois une forme lenticulaire et figurer ainsi une membrane épidermique à la surface des canaux ou des corbeilles vibratiles. Dans tous ces faits, la tendance des cellules à se grouper en tissus est manifeste.

Si les Éponges possèdent des tissus, elles possèdent aussi des organes; leurs oscules, leurs corbeilles vibratiles, les canaux qui traversent leurs parois et mettent en rapport les diverses parties ne peuvent être désignées que sous ce nom. Enfin la masse entière ressent des impressions et peut exécuter des mouvements d'ensemble : une Éponge ouvre et ferme à volonté ses oscules, elle peut se contracter plus ou moins sur elle-même, toutes choses qui supposent une coordination des volontés des éléments constituants, et, si l'on peut parler ainsi à ce degré de la vie animale, une sorte de conscience commune. L'individualité des éléments cellulaires, si indépendants les uns des autres chez l'*Olynthus* et chez beaucoup d'autres Éponges calcaires, est donc subordonnée, chez les Éponges plus élevées, à une individualité plus générale, celle de l'Éponge elle-même. Mais — c'est là le point essentiel — ce phénomène s'accomplit graduellement. Entre les Éponges dont les tissus sont le plus variés, l'individualité la plus accusée et une société d'Infusoires, telle qu'une *Anthophysa*, on trouve un nombre considérable de transitions; de sorte que si l'on ne peut dire, avec James Clark, que les Éponges soient de simples colonies de Monades, on se trouve cependant conduit à les considérer comme formées par la continuation du procédé qui a produit ces colonies. Les Éponges résultent de la *transformation en individus* de semblables *colonies*, transformation qui suppose que des liens plus intimes se sont établis entre les organismes associés. De tels liens résultent simplement de ce que les éléments cellulaires d'une colonie, occupant en elle des positions variées, vivant par conséquent dans des conditions différentes, ont pris des formes et des fonctions appropriées à leurs situations respectives, avantageuses dans ces situations, désavantageuses dans toutes les autres et sont ainsi devenus peu à peu inséparables. Si bien que, chez les Éponges supérieures, leur indépendance est à peine plus grande que celle des éléments anatomiques des animaux d'ordre plus élevé.

Revenons maintenant à notre embryon d'Éponge.

Après avoir nagé quelque temps, il se laisse choir au fond de

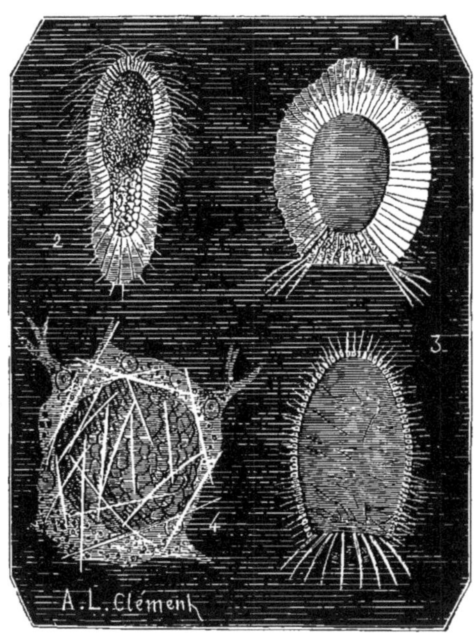

Fig. 27. — LARVES D'ÉPONGES. — 1. Larve de *Verongia rosea* (Éponge fibreuse). — 2. Larve de *Halisarca lobularis* (Éponge gélatineuse). — 3. Larve de *Isodyctia rosea* (Éponge siliceuse). — 4. Jeune Éponge calcaire (*Sycandra raphanus*) à surface externe encore douée de mouvements amiboïdes; l'oscule n'est pas encore formé.

l'eau et va se fixer à l'abri de quelque aspérité du sol. On voit alors l'hémisphère composé de cellules amiboïdes envahir de plus en plus l'hémisphère flagellifère. Celui-ci semble rentrer en se retournant lui-même dans l'intérieur du premier et l'embryon se trouve ainsi transformé peu à peu en une sphère composée de deux couches, l'une interne provenant des cellules monadoïdes, l'autre externe provenant des cellules amiboïdes. Ces dernières ne tardent pas du reste à se fusionner au point de n'être plus distinctes que par leurs noyaux; mais la masse qu'elles constituent conserve encore longtemps la faculté de s'étirer en pseudopodes qui servent à assurer la fixation de l'Éponge (fig. 27, n° 4). L'Éponge ne présente à ce moment aucun orifice. Bientôt les spicules apparaissent, l'oscule se forme, puis les pores inhalants. L'être qui résulte des métamorphoses de l'embryon est une Éponge simple plus ou moins analogue à un *Olynthus*. L'Embryogénie nous conduit donc, elle aussi, à considérer cette dernière forme comme le véritable individu chez les Éponges. Plus tard, dans les Éponges munies de corbeilles vibratiles, des vacuoles se creusent dans la masse et les cellules amiboïdes qui les tapissent se transforment en cellules monadoïdes.

Ce que nous venons de dire s'applique surtout aux Éponges calcaires dont l'Embryogénie présente encore du reste quelques points douteux ou obscurs. Chez les Éponges siliceuses et chez les Éponges gélatineuses (Myxosponges) on trouve des formes larvaires un peu différentes. Nous en avons fait représenter quelques-unes (fig. 27, n°s 1, 2 et 3) empruntées à l'intéressant Mémoire de M. Charles Barrois. On remarquera dans ces figures, comme dans la fig. 26, n° 2, que l'embryon d'Éponge a toujours la forme d'un sphéroïde complètement clos dont la paroi peut être formée d'une ou de deux rangées de cellules; une partie plus ou moins étendue de la surface externe est seule formée de cellules pourvues d'un fouet vibratile. Hæckel a décrit dans sa monographie des Éponges calcaires une autre sorte d'embryon dont l'existence a été depuis révoquée en doute, mais qui mérite une mention particulière, car il est devenu sous le nom de *gastrula* le point de départ d'une vaste théorie. Cet embryon (fig. 26, n° 1) serait un sac à double paroi, pourvu d'un orifice unique, une façon d'animal réduit à un estomac revêtu d'une peau immédiatement appliquée sur la muqueuse stomacale. Cette muqueuse serait formée par une simple couche de cellules amiboïdes, la peau serait au contraire formée d'une couche également simple de cellules flagellifères. Pour se transformer en *Olynthus*, l'embryon se fixerait

EDM. PERRIER. — *Colonies animales.* PLANCHE I. page 161.

2

1

Squelette de deux éponges siliceuses, grandeur naturelle. — 1. *Alcyoncellum speciosum*, Quoy et Gaimard. — 2. *Euplectella aspergillum*, Owen. (D'après les échantillons du Muséum.)

et produirait des spicules : puis ses cellules externes se fusionneraient, tandis qu'un flagellum se développerait sur chacune de ses cellules internes ; enfin ses parois se perceraient de pores inhalants. Bien qu'on ait étudié soigneusement, depuis les travaux de Hæckel, le développement d'un grand nombre d'Éponges, personne n'a pu revoir ni la gastrula des Éponges ni ses métamorphoses ; Hæckel pensait que cette forme embryonnaire était le point de départ commun de tous les animaux, le premier ancêtre qui venait s'affirmer au début du développement de chacun d'eux. Par une singulière fortune, les Éponges, qui avaient fourni la base de la théorie, paraissent ne jamais traverser la phase *gastrula;* on a pu constater au contraire l'existence réelle d'une phase analogue dans le développement d'animaux appartenant aux groupes les plus divers depuis les zoophytes jusqu'aux vertébrés. Il est impossible de ne pas accorder une certaine importance à une forme embryonnaire aussi répandue.

Dans le groupe des Éponges siliceuses, les Éponges simples sont plus rares que dans celui des Éponges calcaires ; mais elles atteignent en revanche une taille bien plus considérable et une élégance de forme qui confond l'observateur. Parmi les plus remarquables de ces Éponges se placent en première ligne ce magnifique *Alcyoncellum speciosum* (planche I, fig, 1), recueilli pour la première fois par Quoy et Gaimard, durant le voyage de l'*Astrolabe*, et la belle *Euplectella aspergillum* des îles Philippines (planche I, fig. 2). Ces grandes Éponges manquent d'oscules. Leur squelette est formé par un réseau siliceux, transparent comme le plus pur cristal de roche, régulier comme la plus belle dentelle. Des spicules à six branches (fig. 22, nos 11 et 12) en constituent la partie fondamentale, mais ces spicules sont reliés entre eux par des fibres siliceuses qui donnent au tissu de l'Éponge une assez grande solidité. Ce sont les Éponges dont le squelette est à la fois le plus géométrique et le plus compliqué.

L'*Alcyoncellum speciosum* est toujours demeuré fort rare ; les naturalistes du *Challenger* en ont cependant recueilli de beaux exemplaires. Les Euplectelles sont, au contraire, devenues assez communes; mais on ne se lasse pas pour cela d'admirer la beauté de leur tissu délicat et la finesse incomparable des grêles filaments qui forment à leur base comme une chevelure de verre filé; elles demeurent encore l'ornement des plus belles collections. Quatre ou cinq fois plus grande que l'*Euplectella* et que l'*Alcyoncellum*, la *Meyerina claviformis*, également des Philippines, est encore plus gracieusement tissée; mais toutes ces Éponges siliceuses sont moins étonnantes peut-être que l'*Hyalonema Sieboldi* dont la partie spongieuse est portée au sommet d'une torsade de spicules cristallins, pouvant dépasser trois décimètres de long. Un polypier, que l'on a pris quelque temps pour une partie de l'Éponge, vient presque toujours développer ses calices au-dessous de celle-ci, sur son brillant pédoncule; ce dernier, que l'on croyait être autrefois une sorte d'aigrette entourant l'oscule, plonge au contraire dans le limon sous-marin et soutient l'Éponge et le Polype bien au-dessus du sol. Les *Hyalonema* ont été d'abord rencontrées dans les mers du Japon ; mais M. Barboza du Bocage en a signalé une espèce sur les côtes du Portugal et la drague du *Challenger* en a ramené une autre des régions profondes de l'Atlantique.

Nous avons déterminé la forme simple des Éponges, celle qui, dans ce groupe du règne animal, est le véritable *individu;* nous savons qu'on peut se figurer l'*individu spongiaire* comme une sorte d'urne dont les parois, percées de trous, livreraient constamment passage à de l'eau qui sortirait par l'ouverture de l'urne, par l'oscule; nous avons vu comment on pouvait relier cet individu aux organismes unicellulaires et même aux monères par une série de formes successives : les Monères deviennent cellules ; les êtres unicellulaires se reproduisent d'abord par division en deux parties semblables; puis la reproduction s'effectue à l'intérieur d'un kyste; elle consiste en une division de la masse protoplasmique en un grand nombre de parties dont la forme, nettement déterminée, est différente de celle du parent; le *zoospore flagellifère*, la *Monade* succède ainsi à l'*Amibe* et alterne avec lui. La forme zoospore devient peu à peu la plus importante des deux ; ainsi prend naissance le groupe des *Infusoires flagellifères.*

Amibes et Infusoires flagellifères acquièrent ensuite la faculté de vivre en sociétés composées d'individus tous semblables entre eux. Dans ces sociétés, chaque individu est d'abord complètement indépendant de ses voisins et conserve d'une façon à peu près complète sa personnalité ; mais peu à peu cette personnalité s'efface, elle est absorbée par celle de la société : l'individu primitif déchoit

Fig. 28. — ÉPONGES CALCAIRES. — Colonie arborescente d'*Ascandra pinus*, Hæckel.

de son rang : il n'est plus qu'une partie plus ou moins importante d'une individualité nouvelle, le rouage d'une machine ; enfin les deux formes amibe et monade s'associent pour produire, avec quelques modifications de détail, l'individu spongiaire dans lequel les uns et les autres peuvent être plus ou moins complètement fusionnés entre eux.

Cet individu spongiaire, une fois constitué, se prête à son tour exactement aux mêmes combinaisons que les éléments unicellulaires qui le composent. Un certain nombre d'individus bourgeonnent d'abord les uns sur les autres, tout en conservant d'une manière complète leur indépendance ; dans une belle éponge calcaire des côtes de la Manche, le *Leucosolenia bothryoïdes* ou *Ascandra variabilis*, de Hæckel, quelques-uns des individus nouvellement formés peuvent même se détacher, ils se fixent ensuite sur les algues voisines et fondent ainsi de nouvelles colonies (1). Chez la *Sycinula ampulla* (fig. 26, n° 3), les nouveaux individus se forment seulement sur le pédoncule des anciens, de sorte qu'ils demeurent encore parfaitement séparés ; chez d'autres espèces, les bourgeons peuvent naître en un point quelconque de leur parent, dès lors toute régularité tend à disparaître. Dans les colonies arborescentes d'*Ascandra pinus* (fig. 22), les divers individus composants sont encore assez distincts, mais déjà leurs limites respectives sont souvent difficiles à déterminer. Leurs cavités centrales communiquent directement entre elles de façon à établir entre tous les individus composants des rapports étroits au point de vue de la nutrition : aussi voit-on fréquemment un certain nombre d'individus demander à leurs compagnons des services divers ; chez quelques-uns, notamment, l'oscule disparaît et l'eau qui entre par les parois du corps est éliminée par les individus voisins. Les individus d'une même colonie peuvent donc présenter des formes assez différentes les unes des autres, ce qu'on exprime, dans le langage scientifique, en disant qu'ils manifestent un commencement de *polymorphisme* (2). Il arrive dans d'autres colonies que plusieurs individus, d'abord distincts, se réunissent par leur extrémité supérieure pour n'avoir qu'un oscule commun ; on voit encore des colonies de même espèce, nées d'embryons différents et croissant dans le voisinage les unes des autres, se souder tout comme peuvent le faire les individus d'une même colonie. Ce phénomène a été désigné par Hæckel sous le nom de *concrescence*.

Souvent les individus composant une même colonie se fusion-

(1) G. Vasseur, *Reproduction asexuelle de la Leucosolenia bothryoïdes* ; (*Archives de zoologie expérimentale*, t. VIII, 1880).

(2) De πολύς, plusieurs et μορφή, forme.

nent à ce point qu'il est impossible de tracer entre eux aucune démarcation ; le nombre des individus composants ne peut être alors déterminé que par celui des oscules, et comme certains individus, dans quelques espèces, sont privés de cet orifice, ce dénombrement n'a lui-même rien de rigoureux. Ordinairement toutefois les divers individus d'une colonie laissent entre eux d'étroits espaces dans lesquels l'eau peut circuler pour pénétrer dans l'Éponge à travers les pores inhalants. Il en résulte un système de canaux bien différent de celui qui résulte de la fusion des cavités digestives et qu'on observe dans un grand nombre de colonies (fig. 23, *a*). L'Éponge commune, l'Éponge de toilette, est une des Éponges composées où la fusion des individus constituant la colonie est poussée au plus haut degré.

Un cas particulièrement remarquable est celui où la fusion des individus se fait de telle façon que la colonie reproduit à peu près fidèlement la forme primitive et semble par conséquent revenir à l'état d'*individu*. C'est ce qu'on observe chez certaines Éponges calcaires que M. Hæckel a réunies dans une même famille naturelle, celle des *Sycones*. On prendrait, au premier abord, ces Éponges pour des individus simples, exactement comparables à des *Olynthus* dont les parois se seraient épaissies, et seraient par conséquent traversées par des canaux rayonnants au lieu d'être simplement percées de trous. M. Hæckel pense cependant qu'on doit les considérer comme des colonies : pour lui, chacun des canaux rayonnants est la cavité digestive d'un individu particulier, né par bourgeonnement sur la paroi extérieure de l'*Olynthus* primitif, celui dans la cavité duquel viennent déboucher tous les canaux rayonnants. Les *Sycones* seraient donc des colonies dont les individus composants se seraient fusionnés de manière à reconstituer un autre individu d'ordre plus élevé, un individu, simple en apparence, mais en réalité composé d'*Olynthus* comme l'*Olynthus* est lui-même composé d'individus unicellulaires. Ce serait là le dernier terme de l'évolution des Éponges. Elles aussi commenceraient par s'associer pour former des colonies ; puis ces colonies se transformeraient en individus. Nous verrons bientôt ce phénomène se produire avec une remarquable netteté dans un groupe voisin, celui des Polypes hydraires, et son importance apparaîtra de plus en plus grande, à mesure que nous avancerons dans la connaissance des procédés, suivant lesquels le règne animal a acquis son développement.

En général, chez les Éponges composées, l'individualité de la colonie demeure assez vague et la forme est tellement flottante qu'on a créé jusqu'à des genres différents pour des individus appartenant à la même espèce. C'est là un caractère commun à toutes les colonies formées d'individus dont le mode de production sur leur parent n'est pas soumis à des lois fixes et constantes : toutes les circonstances qui déterminent l'apparition de nouveaux bourgeons peuvent dès lors influer sur l'aspect de la colonie, et ce fait a une importante conséquence. On s'est plus d'une fois demandé s'il ne serait pas possible de peupler la Méditerranée et les côtes de l'Océan des belles Éponges usuelles qu'il faut aller chercher dans le golfe de Smyrne. Mais pour être utilisées dans les usages domestiques, les Éponges doivent présenter une forme suffisamment compacte : une éponge aplatie en espalier, ou découpée en digitations profondes, comme la belle espèce qui porte le nom significatif de *gant de Neptune*, ne serait évidemment d'aucun usage. De plus son tissu doit être suffisamment serré et formé de fibres présentant un certain degré de finesse ; or tout cela varie chez l'Éponge commune aussi bien que la forme, et l'on est encore bien loin de savoir quelles conditions il faudrait réaliser pour installer des parcs de Spongiculture dont l'exploitation pût être sûrement fructueuse.

La variabilité des Éponges porte d'ailleurs sur toutes leurs parties. Il n'y a pas un seul caractère employé à la détermination des genres et des espèces qui ne soit, dans cette classe du Règne animal, sujet à la critique. On a invoqué tour à tour la disposition et la forme des oscules, leur absence ou leur présence, la forme et la disposition des spicules ; mais à peine a-t-on défini, à l'aide de ces caractères, un certain nombre de genres et d'espèces, qu'une multitude d'intermédiaires viennent les réunir de sorte que toute délimitation de l'espèce devient finalement impossible. Hæckel, qui a étudié les Éponges calcaires, Oscar Schmidt, qui a étudié les Éponges cornées et siliceuses, arrivent l'un et l'autre à cette conclusion qu'il n'y a pas d'espèce chez les Éponges, phénomène qui ne saurait nous surprendre après ce que nous avons vu chez les Rhizopodes. La génération sexuée est encore, en effet, à peine indiquée chez les Éponges; elle paraît, en tous cas, résulter de l'action réciproque d'éléments nés sur le même individu; la génération asexuée a donc dans ce groupe une importance prédominante ; nous nous retrouvons dans des conditions où la génération reproduit l'individu avec l'ensemble de ses caractères acquis ou hérités, sans que ceux-ci puissent suffisamment prédominer sur ceux-là pour constituer ce type moyen, sensiblement immuable pendant une longue période de temps, qui permet de caractériser une espèce. Dans le groupe des Polypes hydraires, nous allons voir la génération sexuée prendre, au contraire, ses caractères définitifs; l'espèce en même temps s'accuse assez nettement et la concordance de ces deux phénomènes nous fait comprendre comment la fixité apparente des espèces actuelles, loin d'être un argument contre la théorie de la descendance, témoigne au contraire en sa faveur.

CHAPITRE II

L'HYDRE D'EAU DOUCE ET L'INDIVIDUALITÉ ANIMALE.

Les recherches de Trembley (1), publiées à Leyde en 1744, ont rendu célèbres les Hydres ou Polypes d'eau douce. Des êtres que l'on peut multiplier autant qu'on le veut en les coupant en morceaux, qui vivent après avoir été retournés comme un gant, sans paraître avoir éprouvé le moindre dommage de cette opération, devaient à bon droit passer pour merveilleux. Ils nous apportent en effet de précieux enseignements.

Les Polypes de nos mares et de nos étangs ont été signalés pour la première fois en 1703, dans les *Transactions philosophiques de la Société Royale de Londres*, par l'illustre micrographe hollandais Leuwenhœk (2) et par un anonyme, qui n'avaient chacun pu en avoir qu'un très petit nombre d'exemplaires. Bernard de Jussieu les chercha et les découvrit aux environs de Paris où ils abondent, de même que dans les bassins du Jardin des Plantes. Il les montra à Réaumur qui en parle dans la préface du tome VI de ses *Mémoires pour servir à l'histoire des Insectes*. Mais ce fut seulement en 1740 que, sans connaître les travaux antérieurs, Trembley, précepteur des enfants du comte de Bentinck, com-

(1) *Mémoires pour servir à l'histoire d'un genre de Polypes d'eau douce à bras en forme de cornes*, par A. Trembley, de la Société Royale.

(2) Né à Delft en 1638.

mença l'étude des Polypes qu'il avait découverts à nouveau dans les bassins du château de Sorguliet, propriété du comte aux environs de La Haye. Ces petits êtres de couleur verte, presque toujours immobiles sur la plante qui les supporte, terminés par une

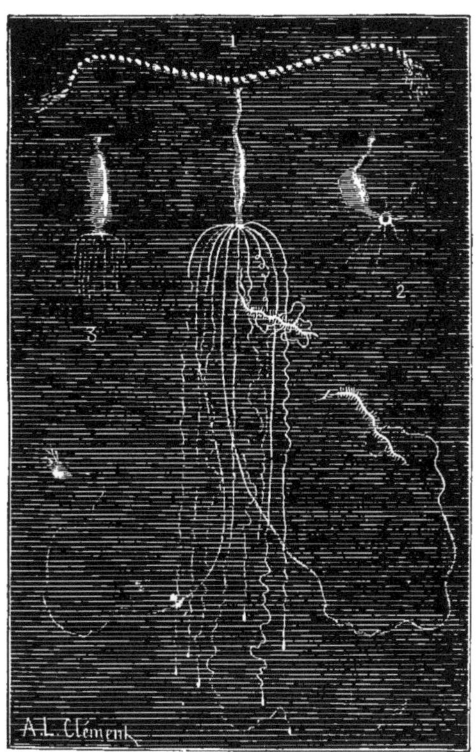

Fig. 29. — HYDRES A DIVERS ÉTATS DE CONTRACTION. — 1. Hydre brune ayant saisi deux Naïs et une Daphnie. — 2. Une autre à demi contractée et bourrée de nourriture. — 3. Hydre grise également en train de digérer ; ces deux figures montrent bien la différence de longueur des pédoncules dans ces deux espèces. (Grossissement = 3 fois environ.)

couronne de filaments déliés qui ressemblent à des branches ou à des racines, lui parurent tout d'abord des végétaux. Bientôt il les vit s'agiter lentement dans le liquide, se contracter ou s'étendre, changer de place pour venir se fixer toujours dans la partie la plus éclairée du vase qui les renfermait. Il dut se demander dès lors s'il n'avait pas affaire à des animaux; mais il conservait encore quelques doutes et il entreprit, pour les éclaircir, la merveilleuse série d'expériences qui ont fait de lui l'émule de Bonnet, son maître, de Swammerdamm, son contemporain, et de Lyonet, l'habile anatomiste, qui, dans son enthousiasme, apprit à graver pour exécuter lui-même sur le cuivre les planches des Mémoires sur les Polypes.

Il existe dans nos eaux douces trois espèces d'Hydres, déjà distinguées par Trembley : l'Hydre verte (*Hydra viridis*), l'Hydre aux longs bras (fig. 29, n°s 1 et 2, et fig. 30) ou Hydre brune (*H. fusca*) et l'Hydre grise (*H. vulgaris* ou *H. grisea*) (fig. 29, n° 3). Les unes et les autres offrent la forme générale d'un cornet dont l'extrémité pointue serait pourvue d'une sorte de ventouse permettant à l'animal de se fixer sur les corps submergés, tandis que l'ouverture du cornet serait surmontée par les bras du Polype dont le nombre varie de six à treize ou même dix-huit. Une membrane tendue entre les bras ferme cette ouverture, mais d'une façon incomplète, car elle est elle-même percée à son centre d'un orifice par lequel la cavité du cornet communique avec l'extérieur. Cet orifice sert à la fois à l'entrée des matières alimentaires et à la sortie des résidus de la digestion.

Les bras ont ordinairement l'aspect de filaments grêles, très contractiles, pouvant se mouvoir en tous sens; chez l'Hydre verte, leur longueur ne dépasse jamais la moitié de celle du corps de l'animal, mais ils peuvent atteindre — j'en ai été témoin — plusieurs *décimètres* chez l'Hydre aux longs bras (fig. 29, n° 1). Ils sont alors aussi déliés que des fils d'araignée et constituent d'ailleurs, comme eux, un véritable appareil de chasse. Tantôt le Polype les étend autour de lui comme des rayons délicats qui vont se fixer aux objets voisins et demeurent longtemps immobiles, tantôt il s'en sert pour explorer l'eau qui l'entoure. Malheur aux animaux de petite taille qui viennent à les rencontrer. Aussitôt frappés de paralysie, ils demeurent adhérents au bras qu'ils ont touché. Celui-ci s'enroule autour d'eux (fig. 30) et ne tarde pas à se recourber pour transporter sa proie dans la cavité même du Polype.

Cette façon de pêcher semble au premier abord identique à celle que nous avons décrite précédemment chez les Rhizopodes. On est tenté d'assimiler les bras ou tentacules des Polypes aux filaments protoplasmiques qui constituent les pseudopodes des organismes les plus inférieurs et qui sont également capables d'arrêter et de paralyser subitement de petits animaux. Cette ressemblance est toute superficielle. Chez les Rhizopodes, c'est dans la substance même des filaments protoplasmiques que réside la fa-

Fig. 30. — HYDRE BRUNE, ayant saisi deux Daphnies, portant deux œufs et entourée de ses grands nématocystes, grossie 15 fois. (Les vésicules des nématocystes qui restent normalement dans les tissus sont ici figurées libres pour montrer l'ensemble de ces organes.)

culté stupéfiante; les bras des Hydres offrent au contraire des organes bien définis, spécialement chargés de sécréter une substance vénéneuse et de la porter dans l'organisme des animaux dont le Polype veut s'emparer. Ce sont d'innombrables vésicules (fig. 30) à parois résistantes, toutes remplies d'un liquide hyalin et dans lesquelles on aperçoit, à un fort grossissement, un fil très fin enroulé en une spirale parfaitement régulière. Au moindre contact, ce fil est projeté au dehors comme un ressort fortement bandé et pénètre dans les tissus à la façon d'un aiguillon, portant avec lui le liquide venimeux dans lequel il était plongé et qui recouvre encore sa surface. On donne à ces singuliers organes le nom de *nématocystes*, qui rappelle que leurs parties essentielles sont un fil et une vésicule (1), ou celui de *capsules urticantes* qui fait allusion à leur propriété la plus remarquable. Les Hydres et les animaux analogues ne sont pas seuls à en posséder : les Actinies ou *Anémones de mer*, les Coraux, les Madrépores, les Polypes flottants connus sous le nom de *Galères* et les Zoophytes du même groupe sont tous pourvus de nématocystes dont l'action est souvent extrêmement puissante. Il est impossible de manier quelques-uns de ces animaux sans ressentir aussitôt comme une violente brûlure, suivie d'une enflure plus ou moins prononcée, qui demeure parfois assez longtemps douloureuse. Les mille flèches empoisonnées que le Polype darde de tous côtés causent à elles seules ces phénomènes inflammatoires bien connus des pêcheurs; aussi désigne-t-on depuis longtemps sous le nom d'*orties de mer* les belles anémones qui abondent sur presque toutes les plages. L'une des plus urticantes est l'*Anthea cereus*, reconnaissable à ses longs bras verts, à pointe rose, qu'elle ne peut jamais retirer entièrement dans le sac brun-rougeâtre qui forme son corps.

Les nématocystes des Hydres d'eau douce sont disposés par petits groupes formant autour des bras des spirales assez régulières, faciles à distinguer avec une forte loupe. Chacun de ces groupes présente à son centre une capsule plus grande que les autres et dont le fil spiral est armé à sa base, légèrement renflée, de

(1) De νῆμα, fil et κύστις, vessie.

trois crochets recourbés en arrière, qui le transforment en une sorte de harpon. On a cru autrefois que ces crochets étaient placés au sommet du fil qui était censé demeurer engagé dans les tissus, tandis que la vésicule à venin était projetée au dehors. Une figure presque classique, et que nous reproduisons pour mettre en garde contre elle, représente même une Hydre dont tous les grands nématocystes sont développés de la sorte (fig. 30). C'est exactement le contraire qui a lieu ; mais cette figure a au moins le mérite de donner une bonne idée du nombre et de la disposition de ces singuliers organes.

Supprimez les bras d'une Hydre, faites abstraction des nématocystes, il reste un organisme qui n'est pas sans de réelles analogies avec l'*Olynthus*, forme typique des Éponges. Dans les deux cas, l'organisme tout entier se trouve réduit à une sorte de sac dont les parois sont constituées par deux couches superposées de cellules, séparées par une couche moins distincte, où se développent des spicules chez les Éponges, des fibres contractiles plus ou moins nettes chez les Hydres. L'intérieur du sac est dans les deux cas une cavité digestive. Mais tandis que chez les Hydres cette cavité ne communique avec l'extérieur que par un orifice unique, remplissant à la fois les fonctions de bouche et d'anus, nous avons vu chez les Éponges un nombre considérable de pores servir à l'entrée de l'eau et des matières alimentaires, comme s'ils étaient autant de petites bouches, tandis qu'un orifice unique, l'oscule, est seul chargé de porter à l'extérieur ce dont l'organisme doit se débarrasser. L'oscule est donc *physiologiquement* un anus. Il paraît cependant que tous les pores inhalants peuvent se fermer simultanément dans certaines circonstances chez les *Olynthus ;* de sorte que dans ce cas, sauf les bras qui peuvent, du reste, manquer à certaines Hydres, comme la *Protohydra Leuckarti* de Schneider, sauf encore les spicules et les nématocystes, l'Éponge correspond exactement à l'Hydre ; l'oscule, servant à la fois à l'entrée et à la sortie de l'eau et des aliments, est tout à fait comparable à l'orifice unique des Hydres.

Il y a donc au point de vue de la constitution générale une grande analogie entre l'*Olynthus*, forme la plus simple des Éponges, et l'Hydre ordinaire. Ce sont des organismes exactement de même ordre. Toutefois, si l'on a pu hésiter longtemps avant de définir ce qu'on doit appeler *individu* chez les Éponges, si l'*Olynthus* lui-même, immobile, à peine sensible, sans volonté apparente, n'a pu être que difficilement distingué d'une véritable colonie d'Infusoires, il n'en saurait être de même des Hydres. Là la vie animale se manifeste dans toute son activité. Chaque Hydre se montre nettement comme un individu autonome qui veut, sait se mouvoir en vue d'un but déterminé et coordonne ses mouvements de manière à atteindre ce but. On a pu pressentir, par ce que nous avons déjà dit, ces facultés chez notre Polype ; mais rien ne les met mieux en évidence que l'observation des moyens qu'il emploie pour se déplacer. On le voit (fig. 31, n°s 1 à 4) courber son corps en arc, se fixer par la bouche, détacher son pied et le ramener vers sa bouche, puis détacher celle-ci, la fixer de nouveau et ramener vers elle, comme précédemment, sa partie postérieure ; l'hydre marche alors exactement comme le font les *Chenilles arpenteuses* qui ont l'air de mesurer le terrain sur lequel elles se meuvent. Les n°s 1 et 4 de la figure 3 représentent les diverses positions d'une Hydre rampant ainsi. Mais l'animal procède quelquefois d'une façon plus expéditive. Il fait son premier pas comme précédemment, se fixe par la bouche, puis se dresse verticalement, recourbe son corps du côté opposé, fixe son pied et se remet debout exactement comme un gymnaste exécutant une culbute (fig. 31, n°s 5 à 9). C'est ordinairement pour aller vers la lumière qu'elles aiment beaucoup, bien qu'elles n'aient pas d'yeux, que les Hydres exécutent tous ces mouvements ; mais elles se déplacent aussi pour chercher leur proie. Évidemment tout indique ici, à la différence de ce que nous avons vu chez les Éponges, une personnalité parfaitement nette. D'ailleurs une comparaison plus rigoureuse de ces deux sortes d'organismes montre qu'il existe entre eux des différences importantes, témoignant que leur origine ne saurait être la même.

Nous avons vu chez les Éponges la couche cellulaire interne que nous appellerons, pour abréger, l'*entoderme*, différer essentiellement de la couche externe, à laquelle on peut donner le nom d'*exoderme*. L'entoderme des Éponges est formé de monades flagellifères, l'exoderme est formé d'amibes et ces deux sortes d'éléments se distinguent déjà chez la larve. L'entoderme et l'exoderme de l'Hydre se ressemblent, au contraire, d'une façon presque complète. L'une des plus célèbres expériences de Trembley

Fig. 31. — LOCOMOTION DES HYDRES. — 1, 2, 3, 4. Hydre rampant à la manière des Chenilles arpenteuses. — 5, 6, 7, 8, 9. Positions successives d'une Hydre effectuant une culbute. (Grossissement = 3 fois.)

témoigne même d'une façon indiscutable de leur intime analogie. On peut à volonté faire, aussi souvent qu'on le désire, de l'entoderme d'une Hydre son exoderme et inversement. Il suffit pour cela de retourner comme un doigt de gant le double sac qui constitue le Polype. Pour que l'animal continue à vivre, il faut alors que son exoderme, qui lui servait de peau, se mette à digérer les aliments; que son entoderme, qui jouait le rôle de muqueuse digestive, devienne, au contraire, la partie tout à la fois protectrice et sensible du corps. Quel bouleversement plus complet peut-on apporter dans un organisme? Il semblerait que l'Hydre dût cent fois en mourir. Ce retournement est cependant sans aucune espèce de gravité pour le singulier animal. Pendant quelques heures, le patient semble à la vérité mal à l'aise; il tente même des efforts, assez souvent couronnés de succès, pour recouvrer sa position primitive. Mais, s'il n'y parvient pas, il fait très vite contre mauvaise fortune bon cœur : au bout de deux jours tout au plus, on le voit étendre ses bras pour pêcher et manger copieusement; il répare le temps perdu. L'exoderme s'acquitte fort bien de ses nouvelles fonctions et l'entoderme, devenu la peau, ne lui cède en rien sous ce rapport. Rien ne saurait évidemment mieux prouver l'identité primitive de ces deux tissus que la facilité avec laquelle on les transforme l'un dans l'autre.

Cette opération du retournement des Hydres se fait sans beaucoup de peine; elle mérite d'être décrite avec quelque détail. Le Polype est de trop petite taille pour qu'il soit facile de le manier dans son état normal. Il faut avant tout accroître son volume, dilater autant que possible sa cavité : on y parvient, grâce à la gloutonnerie de l'animal qui, s'il se contente à la rigueur d'Infusoires ou de petits Crustacés, tels que les Cyclopes et les Daphnies, dévore aussi parfaitement de grosses Naïs ou même des larves d'Insectes. Les vers rouges que l'on vend habituellement à Paris pour nourrir les poissons lui conviennent parfaitement; ce sont les larves d'un Diptère, le *Chironome plumeux*. On donne donc une de ces larves à manger à une Hydre qui n'est guère plus grosse qu'elle. L'Hydre se dilate pour l'avaler, comme on le voit figure 32, n° 1; on la met alors dans le creux de sa main gauche avec un peu d'eau, puis avec une soie de porc, on refoule lentement vers l'intérieur le fond du sac qui la constitue (fig. 32, n° 2). Quand on a réussi à l'y faire pénétrer d'une certaine quantité, il arrive d'ordinaire que, l'animal en se débattant, se retourne brusquement de lui-même; sinon, on continue à refouler le sac jusqu'à ce que le retournement complet soit obtenu. Cela fait, on embroche l'Hydre près de sa bouche avec une nouvelle soie, de manière à l'empêcher de se *déretourner*, pour employer l'expression de Trembley. Au bout de deux jours, l'Hydre est complètement habituée à sa nouvelle manière d'être ; elle recommence à manger.

Du succès de cette opération faudrait-il conclure que les deux couches de cellules qui forment la partie essentielle de l'Hydre

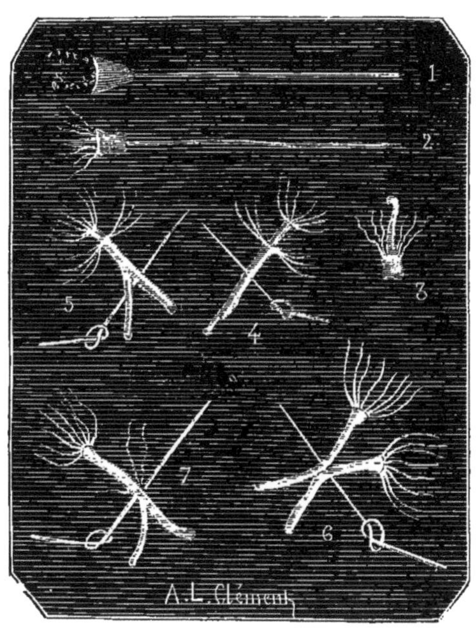

Fig. 32. — OPÉRATIONS SUR LES HYDRES. — 1, 2, 3. Façon de retourner une hydre. — 4, 5, 6, 7. Deux polypes mis l'un dans l'autre et en train de se séparer, d'après Trembley. Le Polype extérieur se fend pour laisser sortir le Polype intérieur. (Grossissement = 3 fois.)

sont, à l'état normal, absolument identiques l'une à l'autre et que dès lors leur situation relative n'est d'aucune importance pour l'animal? Le contraire paraîtra déjà probable si l'on se souvient que l'Hydre est visiblement malade pendant un certain temps après avoir été retournée et qu'elle fait des efforts pour revenir à sa position primitive? Mais l'Hydre retournée se charge de prouver directement que l'exoderme et l'entoderme ne jouissent pas, en temps ordinaire, de propriétés identiques. Il arrive fréquemment qu'une Hydre ayant subi cette opération se *déretourne* en partie, de manière à présenter l'apparence de la figure 32, n° 3. Dans ces conditions l'entoderme de la partie *déretournée* se trouve sur une plus ou moins grande longueur en contact immédiat avec l'entoderme de la partie retournée qu'il recouvre : il ne tarde pas à se souder complètement avec lui. De plus la partie déretournée forme à la partie supérieure du Polype une espèce de ligature qui resserre l'orifice supérieur, amène au contact toutes les parties provenant de l'ancien exoderme et ces parties ne tardent pas à se souder à leur tour, de sorte que la bouche se ferme ; il s'en refait bientôt une nouvelle au point de contact de l'extrémité de la partie réfléchie de l'animal avec le reste du corps.

Nous voyons se manifester ici une curieuse propriété des tissus de l'Hydre, celle de se souder entre eux quand on les maintient en contact. Toutefois, dans le cas dont nous venons de parler, la soudure n'a eu lieu qu'entre tissus de même nom : entoderme avec entoderme, exoderme avec exoderme.

Inversement la couche exodermique est-elle apte à se souder à la couche entodermique et réciproquement? Si ces deux couches sont exactement de même nature, cela doit être. Une autre expérience va répondre. Il est possible de faire avaler à un Polype un autre Polype presque aussi grand que lui. Si l'on coupe d'un coup de ciseau l'extrémité amincie du Polype qui doit avaler l'autre, on peut disposer les deux animaux de façon que le Polype intérieur soit exactement recouvert par le Polype extérieur comme par un manchon et le dépasse seulement à ses deux extrémités (fig. 32, n° 4). On pourrait croire que dans ces conditions le Polype intérieur sera digéré ou absorbé. Il n'en est rien. Loin de chercher à s'entre-dévorer, les deux Polypes font tout ce qu'ils peuvent pour se débarrasser l'un de l'autre : ils y parviennent toujours rapidement si l'on n'a pas eu soin de les maintenir unis en les embrochant au moyen d'une soie. Même dans ce cas ils trouvent encore moyen de se séparer, mais au prix d'une opération des plus terribles en apparence. Tantôt en avant, tantôt en arrière de la soie, le Polype extérieur se fend (fig. 32, nos 5 et 7); cette fente s'étend bientôt sur toute la longueur du corps de l'animal et le Polype intérieur se trouve mis en liberté. Puis le Polype extérieur se referme; les deux bords de la fente se ressoudent, et chacun des deux patients revient à la vie ordinaire.

Dans cette expérience, l'exoderme, la peau du Polype intérieur est en contact avec l'entoderme ou couche digestive du Polype extérieur; ces deux parties n'ont évidemment manifesté aucune aptitude à se souder. Mais faisons l'expérience d'une autre façon : retournons le Polype qui doit être avalé avant de l'introduire dans la cavité digestive de l'autre. Les conditions sont changées : le Polype intérieur et le Polype extérieur se touchent par toute l'étendue de leur entoderme; le résultat est tout différent. Les Polypes, cette fois, ne se séparent pas : au bout de peu de jours les parois de leur corps sont absolument confondues; les deux animaux ne forment plus qu'un Polype unique qui ne se distingue guère des Polypes ordinaires que par la plus grande épaisseur des parois de son corps et par sa double couronne de tentacules. Le Polype intérieur est seul chargé désormais des fonctions digestives, et l'on doit noter qu'en sa qualité de Polype retourné, c'est à l'aide de son ancien exoderme qu'il s'en acquitte.

On pourrait varier l'expérience en liant ensemble deux Hydres de manière à les maintenir en contact par leur exoderme, ou bien en retournant une Hydre et lui faisant aussitôt avaler de force une Hydre non retournée : ce seraient cette fois les deux exodermes qui se toucheraient, et ce qui se passe quand une Hydre « se déretourne » en partie ne peut laisser aucun doute sur le succès de l'expérience : les deux Hydres se souderaient encore.

Ainsi chez les Hydres la soudure ne s'établit qu'entre tissus appartenant à la même paroi, interne ou externe, du Polype. Il y a donc bien normalement chez ces animaux deux tissus différents, composés tous les deux de cellules, jouant l'un le rôle de peau, l'autre celui de muqueuse digestive et possédant chacun des propriétés spéciales, caractéristiques. Mais de ce fait qu'un simple retournement de l'Hydre suffit pour les transformer l'un dans l'autre, il résulte nécessairement que ces tissus tiennent leurs propriétés particulières, non pas d'une différence d'origine ou de quelque autre cause plus ou moins mystérieuse, mais simplement d'une différence de position, d'une différence dans l'action et la réaction réciproques de ces tissus et des milieux extérieurs, c'est-à-dire d'une cause toute physique. Les Hydres nous montrent avec la dernière évidence quelle peut être l'influence de ces milieux sur les tissus organiques ; elles nous montrent que, placés hors de leurs conditions normales, ces tissus ne meurent pas fatalement, ils peuvent se transformer de manière à vivre dans les conditions nouvelles qui leur sont faites ; ils *s'adaptent* à ces nouvelles conditions. Leurs propriétés physiologiques, leur composition chimique, la forme même des éléments qui les composent peuvent dès lors se modifier plus ou moins profondément, et c'est là l'une des sources les plus fécondes de diversification du règne animal.

Mais cette faculté d'adaptation des tissus, qu'est-elle à son tour, sinon la faculté que possèdent les êtres vivants élémentaires, les organismes unicellulaires, de s'adapter eux-mêmes aux milieux dans lesquels le hasard les fait vivre ? Dans le cas spécial de l'Hydre, les cellules qui constituent l'entoderme ou couche digestive, celles qui constituent l'exoderme ou couche protectrice et sensible, sont-elles autre chose que des organismes unicellulaires, de petits êtres, plus ou moins analogues aux amibes, temporairement associés pour former un organisme plus élevé, se partageant le travail, devenant en quelque sorte les uns les ministres des affaires intérieures, les autres les ministres des affaires extérieures de la société qu'ils constituent, conservant d'ailleurs la faculté de changer de rôle quand les circonstances les y forcent ?

Tout aussi bien que l'*Olynthus* avec lequel nous indiquions précédemment sa ressemblance, tout aussi bien que les Éponges, l'Hydre doit être considérée comme une colonie d'individus élémentaires dont la personnalité, pour s'être fondue quelque peu dans celle de la société qu'ils constituent, n'en est pas moins encore facile à dégager. Le propre de l'individu est, en effet, de pouvoir vivre d'une vie indépendante. Or, chez l'Hydre — cela est peut-être encore plus clair que chez les Éponges — toutes les parties du corps sont aptes non seulement à vivre séparées les unes des autres, mais encore à reproduire dans ces conditions un organisme analogue à celui de qui elles ont été détachées. C'est encore à Trembley que l'on doit les belles recherches qui mettent hors de doute cette proposition et c'est précisément sur leur résultat que comptait l'habile expérimentateur pour décider si les Hydres qu'il observait étaient des animaux ou des végétaux. Les parties d'un végétal sont seules aptes, pensait-il, à vivre encore et à reproduire le végétal après en avoir été détachées. Il se mit donc à couper des Hydres de diverses façons ; les fragments vécurent et se reproduisirent comme devaient le faire des fragments d'un végétal. Mais Trembley eut bientôt tant d'autres raisons de considérer les Hydres comme des animaux qu'il conclut seulement de ses recherches que son critérium était faux et qu'il avait sous les yeux la bête la plus étrange de la création. L'hydre devait, en effet, paraître telle à une époque où l'on comparait tous les organismes au plus élevé d'entre eux, où l'on n'avait aucune notion sur les éléments anatomiques et où l'on ne pouvait par conséquent soupçonner leur indépendance.

Une Hydre est-elle coupée en deux moitiés dans le sens de sa longueur? Chacune des deux moitiés ne met pas plus de vingt-quatre heures pour se refermer de manière à constituer une Hydre nouvelle capable de saisir une proie et de la digérer.

Si l'on coupe une Hydre par le travers, en deux jours la moitié antérieure s'est refait un pied et la moitié postérieure a déjà poussé de nouveaux bras. Si, au lieu de ne donner qu'un coup de ciseaux, on en donne deux de manière à partager l'Hydre en trois morceaux, il ne faudra pas plus de huit jours à chacun de ces tiers d'Hydres pour redevenir une Hydre complète. Que l'on essaye de couper une Hydre longitudinalement en deux moitiés, puis de diviser encore par le travers chacune de ces moitiés en deux ; l'Hydre est alors écartelée : mais en huit jours chacun des fragments a reconstitué un polype parfait. On peut découper l'Hydre en un nombre de rondelles superposées qui n'est limité que par l'impossibilité de saisir avec des ciseaux un corps trop petit, chacune de ces rondelles refait encore une Hydre. A la seule condition d'attendre que les parties en voie de restauration aient atteint une taille suffisamment considérable, Trembley a réussi à tailler dans une Hydre cinquante morceaux, et à fabriquer ainsi, aux dépens d'un même individu, cinquante hydres nouvelles.

Évidemment, dans de bonnes conditions, la division pourrait être poussée bien au delà et nous sommes dès lors en droit de dire que toute partie du corps d'une Hydre est capable de vivre d'une vie indépendante, et doit être en conséquence considérée comme un individu. Ce que nous savons des relations des Éponges et des autres organismes composés avec les Monères et les êtres unicellulaires, nous autorise à penser que ces individus élémentaires ont d'abord vécu isolés, se reproduisant par simple division. Les éléments nés les uns des autres, au lieu de se séparer, sont arrivés peu à peu à demeurer unis, puis se sont partagé le travail physiologique, tout en conservant la possibilité de se substituer les uns aux autres et de vivre isolément, possibilité qui témoigne encore de leur communauté d'origine, de leur égalité primitive, de leur indépendance réciproque et qui ne saurait s'expliquer en supposant l'Hydre formée d'emblée.

Ce que nous avons considéré comme la cavité digestive de l'Hydre n'est d'ailleurs nullement une condition nécessaire à la nutrition des éléments du Polype. On ne doit voir en cette cavité qu'un lieu où les matières nutritives sont maintenues à la disposition de ces éléments et où tous viennent puiser commodément et isolément leurs aliments. C'est une sorte de garde-manger plutôt qu'un lieu d'élaboration ; aussi les éléments du Polype peuvent-ils puiser directement leur nourriture dans le milieu ambiant. Cela est évidemment nécessaire pour qu'un lambeau détaché du corps d'une Hydre puisse augmenter suffisamment de volume et de poids pour constituer une Hydre nouvelle. Ces lambeaux se comportent alors exactement, au point de vue de la nutrition, comme les organismes unicellulaires et c'est encore une preuve à l'appui de l'indépendance primitive de leurs éléments.

Mais, au fond, qu'est-ce que la nutrition pour les organismes unicellulaires, constitués presque exclusivement par une gelée homogène, enveloppée ou non d'une membrane ? C'est le pouvoir de transformer totalement ou partiellement en une substance analogue à la leur, et de s'incorporer ensuite, les substances différentes *avec lesquelles ils sont en contact.* C'est ainsi qu'agissent les ferments ; ce n'est pas autrement qu'agissent les cellules des Hydres et les lambeaux qui en sont formés. Dans une Hydre bien vivante, on peut voir, durant la digestion, les cellules de l'entoderme émettre vers l'intérieur de la cavité stomacale de véritables pseudopodes, semblables à ceux des amibes, et qui englobent les matières alimentaires. Ces cellules se nourrissent donc exactement comme les Rhizopodes et les Monères en enfermant dans leur protoplasme les substances qu'elles doivent s'assimiler.

La nutrition suppose en présence deux substances différentes, l'une active, qui transforme l'autre et s'en nourrit ; l'autre passive, qui est décomposée et absorbée. Deux êtres protoplasmiques, deux êtres composés d'une substance homogène, ou même deux êtres composés dans toute leur étendue d'éléments semblables entre eux, ne pourront donc, s'ils sont identiques, se servir réciproquement de nourriture : ils pourront se fusionner, se souder l'un à l'autre, mais alors même ils ne se seront pas nourris l'un de l'autre, puisque chacun aura conservé sa constitution primitive et se sera simplement ajouté à son semblable. C'est ce qui arrive pour des lambeaux d'Hydres que l'on maintient en contact : ils se soudent avec une extrême facilité, mais ne s'altèrent pas réciproquement. On s'explique maintenant que l'Hydre, malgré sa gourmandise, ne dévore pas ses semblables. Animal presque homogène dans toutes ses parties, il est sans action sur un organisme aussi homogène que lui et qui lui est identique : il se soude à lui ou en demeure indépendant sans le modifier. La même chose a lieu du reste pour les Éponges, pour les Coraux, pour les Ascidies d'espèce identique, et cette aptitude à la soudure est un des bons caractères physiologiques de l'espèce chez ces animaux.

Pourquoi, chez les Hydres, l'exoderme se soude-t-il à l'exoderme, l'entoderme à l'entoderme, tandis que l'exoderme et l'entoderme sont sans action l'un sur l'autre ? Il serait difficile de l'expliquer actuellement d'une façon complète. Mais on peut conclure qu'entre l'identité absolue qui fait que deux êtres peuvent se souder en un seul et l'antagonisme qui fait qu'ils peuvent se nourrir l'un de l'autre, il y a des états intermédiaires correspondant à une sorte d'indifférence. Ainsi, l'Hydre brune ne paraît pas se nourrir de l'Hydre verte ; mais ses tissus ne se soudent qu'avec une extrême difficulté à ceux de cette espèce. Entre les éléments constitutifs de ces polypes il n'y a pas assez de dissemblance, ni assez de ressemblance pour que l'un de ces deux phénomènes se produise. Au contraire, les fibres musculaires, les cellules épithéliales, les éléments des différents tissus d'un jeune brochet, par exemple, sont des étrangers pour les éléments cellulaires d'une tout autre nature de la muqueuse digestive du brochet plus gros qui en fait sa proie : aussi sont-ils transformés par eux et assimilés. Pour que les animaux de même espèce arrivent à s'entre-dévorer, il faut que leurs tissus aient acquis un certain degré de variété. C'est donc un signe de perfection organique que la possibilité pour un animal de servir de nourriture à ses semblables.

Le phénomène de la soudure des tissus analogues de différents Polypes entraîne une conséquence des plus curieuses et qui montre bien à quel point l'individualité des éléments constitutifs d'une Hydre est distincte de celle de l'Hydre elle-même. On peut, en effet, couper une Hydre en plusieurs parties, souder chacune de ces parties à des fragments enlevés à des Hydres différentes et constituer ainsi une sorte de mosaïque qui ne tarde pas à devenir une Hydre distincte. Aucune trace des individualités primitives n'a été conservée, les lambeaux de diverses origines qu'on a rassemblés s'accommodent de leurs nouveaux compagnons et reconstituent avec eux une société nouvelle analogue à celle dont ils faisaient partie, mais distincte et possédant son individualité propre.

La possibilité de mélanger ainsi les éléments provenant de Polypes différents nous permet de préciser aussi nettement que possible le caractère de l'individualité chez les Hydres. Il est bien évident que si les divers éléments n'avaient pas gardé une indépendance considérable à l'égard les uns des autres, un tel mélange ne saurait avoir lieu ; cette indépendance permet seule de changer à volonté les membres de l'association ; l'individualité de l'Hydre est dès lors analogue à celle d'une société dont tous les membres se borneraient à mettre en commun leurs efforts et leurs richesses, et à manger, chacun pour son compte, à la même table. Peu importerait à une pareille société que l'un de ses membres disparût s'il était remplacé par un autre qui lui fût équivalent; l'association demeurerait tout aussi prospère, quels que fussent ses membres, tant que les règles qui la régissent seraient respectées. Cette société pourrait évidemment se partager en sociétés distinctes ayant chacune leur autonomie, et c'est ce qui arrive pour l'Hydre quand on la sectionne. On peut aller plus loin dans cette voie et constituer des sections ayant une certaine indépendance, mais demeurant toutefois directement reliées entre elles; c'est ce que l'on fait en coupant longitudinalement la partie antérieure d'un Polype et laissant les lambeaux attachés à sa partie postérieure. Chaque lambeau se referme et reconstitue la partie antérieure d'un Polype. Il semble qu'on ait alors un animal à plusieurs têtes et c'est là l'étymologie de ce nom d'Hydre qui a prévalu dans la science pour désigner les *Polypes d'eau douce à bras en forme de cornes*, de Trembley. Dans une Hydre ainsi faite, combien doit-on compter d'individus? Y en a-t-il autant que de têtes? N'y en a-t-il, au contraire, qu'un seul? Rien ne saurait permettre de répondre à cette question, car si les parties qui demeurent unies mettent tout en commun et contribuent également à faire vivre la partie de l'Hydre primitive qui les supporte, il suffit d'un coup de ciseaux pour en faire autant d'Hydres distinctes.

Ce que l'anatomiste fait avec ses ciseaux, la nature le fait du reste spontanément. Chaque partie de l'Hydre, artificiellement isolée, est capable, nous l'avons vu, de reproduire une Hydre; sans se séparer du reste de l'animal, chaque partie de l'Hydre est aussi capable de s'individualiser et de reproduire une Hydre nouvelle. C'est toutefois principalement au point où le corps de l'Hydre commence à s'amincir pour former le pied, que se manifeste cette tendance à l'individualisation. Il est impossible de conserver une Hydre quelques jours en la nourrissant convenablement, sans voir se manifester dans cette région du corps une ou deux petites bosselures. Ce sont d'abord de simples boursouflures de la paroi dans lesquelles se prolonge la cavité digestive. Peu à peu ces boursouflures grandissent; une ouverture se creuse à leur extrémité libre, et des bras poussent autour de cette ouverture : une Hydre nouvelle s'est formée sur la paroi du corps de la première. Sa cavité digestive continue à communiquer largement avec la cavité digestive de sa mère. Chacun des deux animaux peut chasser et engloutir sa proie pour son compte, mais par les contractions du corps la masse alimentaire est portée alternativement d'une cavité digestive dans l'autre : de sorte que le produit de la chasse profite également aux deux Polypes. C'est le commencement d'une société nouvelle, d'une *colonie*, dans laquelle deux individus de génération différente mettent en commun toute leur activité physiologique. En général, chez les Hydres d'eau douce, cette association, qui semble surtout avantageuse à l'individu en voie de développement, n'est que de faible durée; Il ne faut pas plus de vingt-quatre heures, en été, pour qu'un jeune Polype soit déjà complètement formé ; en hiver, quinze jours sont parfois à peine suffisants ; le Polype reste cependant uni plus longtemps à celui qui l'a produit ; mais au bout d'un temps variable de deux jours à cinq ou six semaines, suivant que la température est haute ou basse, la communication s'oblitère entre la mère et son rejeton, et celui-ci se détache pour vivre isolément.

Il n'est pas rare de trouver des Hydres qui portent deux, trois, quatre ou cinq petits à différents degrés de développement (fig. 33, n°s 2 et 3). La tendance à former des colonies s'accuse donc d'une façon assez nette chez nos intéressants Polypes ; on n'a pas trouvé cependant d'Hydre vivant à l'état de liberté qui portât plus de sept jeunes, ce qui est déjà respectable. En entretenant des Polypes en captivité, il est possible d'aller beaucoup plus loin et de se rendre compte en même temps des causes qui peuvent influer sur l'activité de la génération des Polypes. Plus un Polype est maintenu à une chaude température, plus sa nourriture est abondante, et plus sont nombreux les petits qu'il est capable de produire dans un temps donné, plus est considérable la durée de leur union avec la mère. Cela s'explique sans peine : la chaleur et l'abondance de nourriture surexcitent toujours l'activité vitale, il n'y a donc rien d'étonnant à ce que, dans ces conditions, les petits deviennent plus nombreux. Le manque de nourriture doit aussi forcer les jeunes à abandonner leur mère dès qu'ils sont capables de se suffire. Ils vont donc, pour leur propre compte, chercher une région plus plantureuse : c'est la vie de tous les jours. Mais si la nourriture abonde, les individus provenant de diverses générations n'ont plus de raison de se séparer aussi vite ; ils demeurent unis, et Trembley a pu obtenir par des soins convenables une Hydre qui ne portait

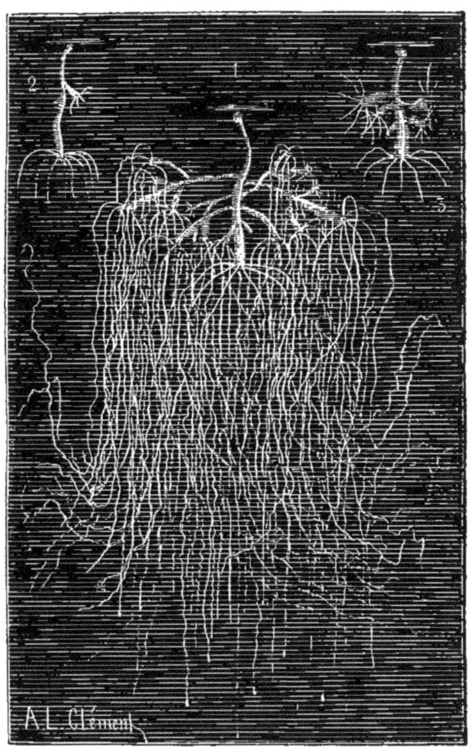

Fig. 33. — REPRODUCTION DES HYDRES. — 1. Hydre grise abondamment nourrie en captivité et ayant produit une colonie de dix-neuf petits. — 2. Hydre portant un petit. — 3. Hydre pêchée dans une eau exceptionnellement riche en Infusoires et petits Crustacés, et parvenue au maximum ordinaire de fécondité.

pas moins de dix-neuf petits appartenant à trois générations différentes (fig. 33, n° 1). C'était bien là une véritable colonie dont il aurait été intéressant de suivre la destinée ultérieure.

Ainsi l'Hydre d'eau douce nous fait assister au passage de la vie solitaire à la vie sociale. Il suffit d'un peu de bien-être pour que l'individu ne se sépare pas de ses semblables, pour que la société se fonde. L'homme, en pareil cas, n'agit pas autrement. Quand son domaine peut nourrir sa famille, il ne se sépare pas de ses enfants, il trouve même avantageux de les garder avec lui et considère comme une bénédiction une nombreuse famille. Quand le domaine est trop petit ou trop pauvre, les enfants sont trop souvent considérés comme une charge; ils émigrent; le chef de famille reste seul.

Les Hydres d'eau douce n'arrivent jamais à former des colonies bien nombreuses; mais après avoir vu la tendance à la vie sociale se manifester d'une façon aussi nette chez elles, on ne sera pas étonné que la vie en commun devienne l'état normal dans des conditions plus favorables. C'est surtout chez les espèces marines, en général plus abondamment pourvues de nourriture, vivant au milieu de conditions d'existence plus constantes, que la *colonie* se présente comme le mode ordinaire d'existence. Les Polypes forment alors des touffes arborescentes, souvent volumineuses, semblables à des pieds de Mousses ou à des Algues; en même temps que se développe, pour protéger la colonie et la soutenir, un étui de consistance cornée, le *Polypier*. On a découvert cependant dans quelques-uns des cours d'eau de l'Europe un Polype voisin des Hydres, le *Cordylophora lacustris* (fig. 34), remarquable en ce qu'il vit toujours en colonies arborescentes et en ce qu'il possède un Polypier corné tout comme les Polypes hydraires marins. Cet animal a été signalé en 1873 (1), dans les bassins souterrains du Jardin des Plantes, c'était la première fois qu'on le rencontrait en France. Ses colonies formaient de petites touffes sur les coquilles de la *Dreyssena polymorpha*, sorte de moule qui envahit depuis peu nos cours d'eau, cheminant de l'est à l'ouest, et qui paraît avoir été primitivement, comme le *Cordylophora*, un type semi-marin. La *Dreyssena* semble porter le *Cordylophora* avec elle partout où elle arrive, de sorte qu'on peut se demander si l'on

(1) E. Perrier, *Sur l'existence à Paris du Cordylophora lacustris* (*Archives de Zoologie expérimentale*, t. II, 1873, p. 17).

n'est pas en présence d'une double immigration dans les eaux douces d'animaux primitivement marins, qui habitent encore dans les eaux saumâtres de la Baltique ou de l'embouchure des fleuves, et qui auraient peu à peu remonté ceux-ci jusqu'au centre des

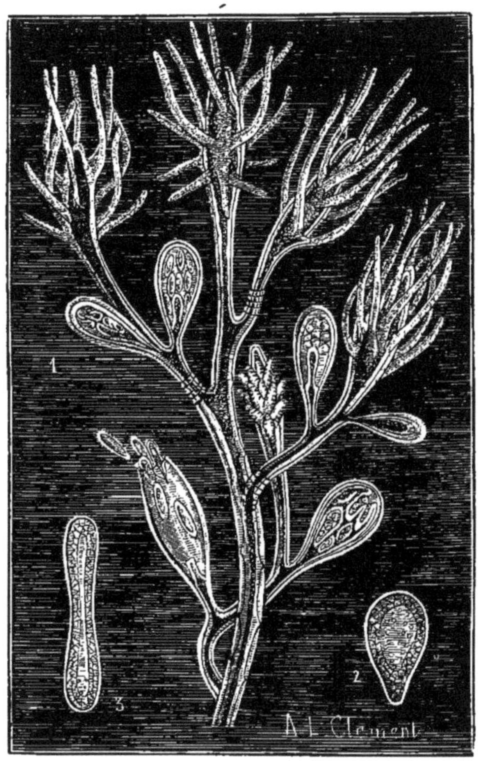

Fig. 34. — HYDRAIRES D'EAU DOUCE. — 1. Colonie de *Cordylophora lacustris* montrant les individus nourriciers et les individus reproducteurs. — Dans l'un des deux, les jeunes larves (*Planules*) ont acquis leur complet développement et s'échappent. — 2, 3. Planules ou Larves de *Cordylophora* à deux états de contraction différents. (Grossissement = 30 fois environ.)

continents pour se répandre ensuite dans les ruisseaux, voire même dans les simples conduites d'eau des villes, où la multiplication de la *Dreyssena* est fréquemment devenue un sérieux embarras.

Outre son habitude de former des colonies, le *Cordylophora* se distingue nettement des Hydres par sa taille un peu plus petite et par la disposition de ses bras qui, au lieu d'être disposés en couronne à peu près régulière, sont épars à la surface du corps, lequel présente la forme générale d'une massue.

La disposition des bras en couronne n'est pas du reste un caractère absolu des Hydres. Ces bras poussent assez souvent tantôt un peu plus haut, tantôt un peu plus bas, quelquefois tout à fait loin de la bouche, vers le milieu du corps, par exemple. Dans ce cas, ils se produisent parfois fort tard et d'une façon toute particulière. Sur le corps du Polype naît une bosselure que l'on prendrait d'abord pour le premier rudiment d'un jeune. Cette bosselure grandit, puis un petit tubercule apparaît à son sommet, s'effile et se transforme en un véritable bras auquel la bosselure forme une base conique élargie ; enfin cette base se résorbe et le bras persiste, mais à une place anormale. On serait tenté de dire que ce bras représente à lui seul une Hydre avortée, et d'assimiler chaque bras d'une Hydre à un individu ; mais précisément Trembley n'a jamais réussi à faire transformer en Hydre un bras isolé. Nous verrons cependant que chez certains Hydraires marins les bras peuvent tout aussi bien que les autres parties du corps se transformer en individus et ces individus présentent même une importance toute particulière : car ce sont les individus reproducteurs.

Les Hydres d'eau douce et les *Cordylophora* peuvent, en dehors du mode de reproduction que nous venons de décrire, se reproduire par voie de génération sexuée, c'est-à-dire au moyen d'œufs qui doivent être préalablement fécondés pour se développer. Vers la fin de la belle saison il se produit sur les Hydres (fig. 30), comme dans les colonies de *Cordylophora* (fig. 34, n° 1), des excroissances qui ressemblent tout à fait d'abord à de jeunes Polypes en voie de formation et occupent exactement la place où se produisent habituellement ces derniers. Mais au lieu de produire des bras et de se creuser d'une bouche, ces excroissances se transforment en petits sacs sphériques, et l'on voit apparaître dans les uns des œufs, dans les autres les éléments caractéristiques du sexe mâle (1). Les premiers

(1) Il y a quelques années, M. Édouard Van Beneden, professeur à l'Université de Liège, a cru devoir conclure d'observations faites sur des Polypes très

de ces sacs sont des ovaires, les autres des glandes génératrices mâles ; ce sont par conséquent des *organes*, au sens ordinaire de ce mot. Mais leur position tout extérieure est bien différente de la position habituelle des organes analogues chez les autres animaux ; leur mode de formation ressemble d'autre part d'une façon bien frappante à celle des Polypes eux-mêmes. En fait, l'étude des Polypes marins nous prouvera que ces *organes* ne sont autre chose que des *individus* modifiés en vue de la reproduction. Le nouveau pas que va faire la nature dans la complication des êtres et qui consiste dans la production d'organes chargés d'accomplir des fonctions spéciales, elle le fait donc en choisissant dans les colonies des individus qu'elle transforme de manière à les rendre plus aptes que leurs frères à l'accomplissement de ces fonctions ; aussi la distinction entre l'organe et l'individu est-elle d'abord difficile à établir. Bientôt cependant le caractère *personnel* de l'organe s'efface ; mais à mesure que chacun des membres de la colonie cède de sa personnalité, se dévoue plus exclusivement à sa tâche, à mesure que grandit la division du travail physiologique, grandit et se développe à son tour une personnalité nouvelle, plus active et plus puissante, la personnalité même de la *colonie*, qui devient à son tour l'*individu*.

voisins des Hydres que les glandes mâles de la reproduction étaient toujours produites par l'exoderme, les glandes femelles par l'entoderme Il considère en conséquence les deux feuillets de l'Hydre comme sexués, suppose qu'il en est ainsi dans tout le règne animal et établit sur cette hypothèse une théorie nouvelle de la fécondation. Les idées du savant belge ont été combattues par quelques naturalistes ; mais ont été confirmées d'un autre côté par d'habiles observateurs : il serait bien intéressant de savoir si le retournement de l'Hydre influe sur la sexualité de ses deux feuillets cellulaires et s'il suffit d'intervertir leur position pour intervertir aussi le mode de développement de l'appareil reproducteur.

CHAPITRE III

LES MÉDUSES ET LEUR PARENTÉ AVEC LES HYDRES.

Quiconque a visité une plage connaît les Méduses.

La mer rejette parfois sur ses grèves une quantité considérable de ces globes gélatineux, transparents comme du cristal, irisés comme de gigantesques diamants. Les gens de mer n'y touchent qu'avec précaution : ils savent que leur contact, comme celui des Anémones et des Galères, produit une inflammation des plus vives. Les Méduses possèdent, en effet, de nombreuses et puissantes capsules urticantes, aussi Cuvier les rangeait-il dans sa classe des Acalèphes, c'est-à-dire des Orties (1).

Certaines espèces atteignent une très grande taille. Parmi celles qui habitent nos côtes, l'une des plus communes dépasse souvent un pied de diamètre : c'est le Rhizostome bleu, ainsi nommé à cause de la splendide teinte azurée que présentent certaines parties de son corps. Les Méduses voyagent fréquemment par bandes considérables. Une substance grasse particulière répandue dans les cellules de leur épiderme rend plusieurs d'entre elles lumineuses pendant la nuit : telles sont la Pélagie noctiluque (fig. 36, n° 1), la *Cunina moneta* et d'autres encore, qui contribuent pour leur part au merveilleux phénomène de la phosphorescence de la mer.

(1) En grec ἀκαλήφη, ortie.

Il y a dans toute Méduse deux parties principales : 1° le globe transparent, gélatineux ou corné qui, de suite, attire sur elle l'attention, et que l'on voit constamment agité de contractions

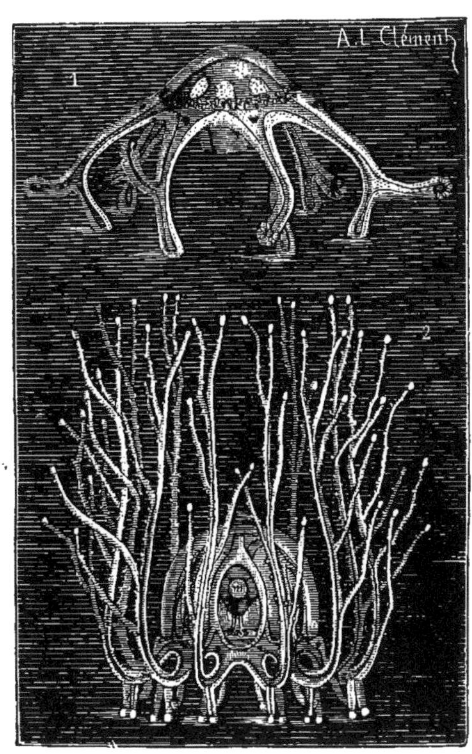

Fig. 35. — MÉDUSES. — 1. *Eleutherie*, Méduse marcheuse produite par la *Clavatella prolifera* et dont l'ombrelle n'est représentée que par les bras bifurqués qui constituent l'appareil locomoteur. — 2. *Cladonema radiatum*, Méduse en forme de cloche (*Craspédote*), à la fois nageuse et marcheuse montrant une ombrelle très développée du haut de laquelle pend le sac stomacal ou manubrium *m*, au-dessus de l'ouverture circulaire du voile *s*. (Grossissement = 10 fois.)

rythmiques pendant que nage l'animal ; c'est ce qu'on appelle l'*ombrelle* ou la *cloche* de la Méduse ; — 2° une sorte de sac parfois vivement coloré (fig. 35, n° 2, *m*), suspendu au-dessous de l'ombrelle, plus ou moins analogue par sa forme à un battant de cloche, ordinairement ouvert par le bas et généralement très mobile ; c'est le *sac stomacal* ou encore le *manubrium*, que l'on peut appeler tout simplement le *battant;* l'ouverture que porte ce sac à son extrémité libre est la bouche (fig. 35, n° 2, *s*). Chez les Rhizostomes, il n'y a pas de bouche proprement dite et le manubrium se divise en un grand nombre de ramifications terminées chacune par un orifice et constituant autant de suçoirs à l'aide desquels l'animal pompe sa nourriture. Souvent le sac stomacal porte autour de la bouche des tentacules ou bras, qu'il ne faut pas confondre avec ces suçoirs et qui le font ressembler, quand il est pris isolément, à un Polype hydraire.

L'ombrelle des Méduses présente deux formes principales bien distinctes : tantôt c'est une masse transparente compacte, qui surmonte le sac stomacal comme le chapeau d'un Champignon surmonte le pédoncule qui le supporte (fig. 36). Tantôt, au contraire, l'ombrelle se rabat autour du sac stomacal, de manière à figurer réellement une cloche dont le sac stomacal serait le battant. Dans ce cas, l'ouverture de la cloche est rétrécie par un disque membraneux, le *voile* ou *velum*, percé à son centre d'une ouverture par laquelle peut faire saillie le sac stomacal et disposé au devant de la cloche comme l'iris au-devant du globe de l'œil (fig. 35, n° 2). Les Méduses pourvues d'un *velum* forment une classe bien distincte (1) ; elles ont une organisation généralement plus simple que les autres, atteignent une moins grande taille, demeurent même quelquefois presque microscopiques et nagent toujours obliquement en comprimant leur ombrelle à intervalles réguliers, de manière à chasser brusquement l'eau qu'elle contient. De cette brusque expulsion de l'eau résulte un véritable phénomène de

(1) A cause de cette particularité, elles ont été désignées par Gegenbaur sous le nom de *Méduses Craspédotes* (de κράσπεδον, bordure), par opposition aux précédentes qui ont été nommées *Méduses Acraspèdes.* Forbes avait précédemment divisé les Méduses en deux groupes, les *Gymnophthalmes* (de γυμνός, nu et ὀφθαλμός, œil) dont les organes des sens sont nus, et les *Stéganophthalmes* (de στεγανός, couvert) où ces organes, nés dans une fossette, sont protégés par un repli des téguments. Les divisions de Gegenbaur correspondent à peu près exactement à celles de Forbes, les Méduses craspédotes étant en général gymnophthalmes et inversement.

recul dont l'action se manifeste sur le fond de l'ombrelle et détermine le déplacement de l'animal.

On découvre sans peine sur le bord de l'ombrelle des Méduses différentes sortes d'organes. Ce sont d'abord des filaments plus ou moins longs, plus ou moins nombreux, diversement disposés et le plus souvent garnis de pelotes de nématocystes. A l'aide de ces filaments, que l'on peut désigner sous le nom de *tentacules* ou de *filaments pêcheurs*, les grandes Méduses sont capables de capturer d'assez gros animaux, des crustacés, des poissons, qui sont réduits en une sorte de bouillie, soit dans le sac stomacal, soit au dehors, au moyen de sucs excrétés par l'animal et assimilés par cette masse d'apparence presque amorphe. C'est l'organisme le plus élevé, le plus complexe, le plus fini, si l'on peut s'exprimer ainsi, qui sert de proie au plus simple. La pièce d'or devient billon. Souvent, à la base des tentacules ou de leurs groupes, quelquefois alternant avec eux, se trouvent des capsules sensitives, dans la structure desquelles on ne peut méconnaître des yeux ou des oreilles fort simples, mais parfaitement caractérisés. Un système nerveux bien défini est en rapport avec ces capsules. Enfin l'ombrelle des Méduses est parcourue par un système de canaux qui cheminent sans se diviser le long des méridiens chez les Méduses en forme de cloche, et se ramifient à l'infini chez les Méduses en forme de champignon, les Rhizostomes, par exemple, de manière à former sur le bord de l'ombrelle un vaste réseau à mailles serrées. Ces canaux, le plus souvent au nombre de quatre ou de huit, partent du fond de la cavité stomacale, communiquent directement avec elle, puisent dans son intérieur les matières nutritives pour les répartir dans le reste du corps et constituent ainsi une sorte d'appareil circulatoire. Cet appareil n'est en réalité que la continuation de la cavité digestive, c'est une cavité digestive ramifiée dans les tissus, de là son nom d'*appareil gastro-vasculaire*. Il est complété chez les Méduses, où les vaisseaux sont simples, par un canal circulaire qui les fait communiquer tous ensemble en longeant le bord de l'ombrelle et, chez les Méduses à vaisseaux plus ou moins divisés, par le réseau périphérique né des nombreuses anastomoses des ramifications de ces vaisseaux. Dans tous les cas, les matières digestives élaborées passent directement du fond de la cavité stomacale dans l'appareil circulatoire, qui est en continuité avec elle et communique librement par son intermédiaire avec l'eau extérieure. Il ne saurait y avoir ici de sang proprement dit. Le liquide nourricier est un mé-

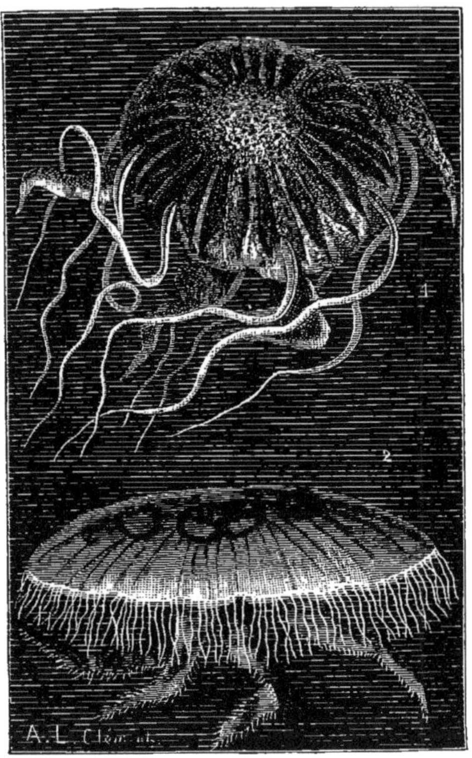

Fig. 36. — MÉDUSES NÉES DE SCYPHISTOMES. — 1. Pélagie noctiluque. — 2. Aurélie oreillarde (*Aurelia aurita*).

lange d'eau de mer et de produits immédiats de la digestion ; sa progression dans les vaisseaux est assurée par les contractions de l'ombrelle et par des cils vibratiles qui tapissent la paroi des canaux. C'est évidemment l'une des dispositions les plus simples que puissent présenter les *appareils de nutrition*.

Des glandes génitales bien développées se montrent soit dans l'épaisseur du sac stomacal, soit vers le sommet de l'ombrelle, soit sur le trajet des vaisseaux ; les sexes sont ordinairement séparés.

Par tous ces caractères, les Méduses s'élèvent bien au-dessus des

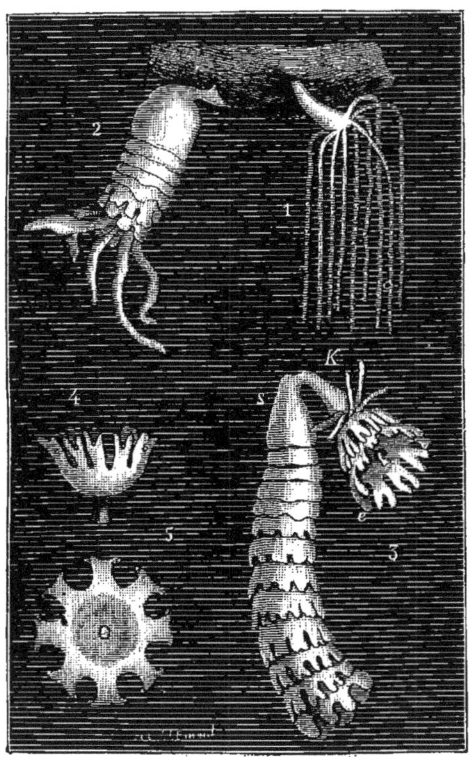

Fig. 37. — 1. Scyphistome de la *Cyanæa capillata*. — 2. Strobile né de ce Scyphistome et dont les tentacules commencent à s'atrophier. — 3. Deux strobiles ayant déjà donné naissance à plusieurs Méduses ; le 1er article du strobile de droite reproduit un Scyphistome. — 4, 5. Petites méduses (Ephyres) nées de ces scyphistomes et destinées à se transformer en *Cyanæa capillata*.

Hydres dans l'échelle des organismes. Il semble qu'une distance énorme les sépare, que ce soient des êtres construits sur des types presque entièrement différents. Cuvier, et avec lui tous les naturalistes de son époque, ne manquèrent jamais de constituer dans leurs méthodes des groupes bien distincts pour les Polypes et les Acalèphes. Aussi quelle ne fut pas la surprise de tous les naturalistes lorsqu'en 1837, un naturaliste norvégien peu connu jusqu'alors, Michaël Sars, vint annoncer (1) que les rapports génétiques les plus étroits unissaient les Méduses aux Hydres, que les Méduses étaient filles des Polypes ou pour mieux dire n'étaient que des Polypes modifiés!

Sars était le fils d'un capitaine au long cours de Bergen. Habitué de bonne heure au spectacle de la mer, il s'était épris de ses merveilles et, afin de pouvoir consacrer à leur étude une grande partie de sa vie, il avait choisi pour carrière le ministère évangélique. Successivement pasteur à Kinn et à Manger, localités situées sur le bord de la mer, il en explorait avec une ardeur infatigable les grèves rocheuses, si admirablement disposées pour offrir aux animaux marins les circonstances variées, propres à assurer leur multiplication. Quelques publications remarquables par l'exactitude des descriptions qu'elles contenaient et par la précision des détails avaient déjà attiré l'attention sur ses recherches. Parmi les êtres qu'elles faisaient pour la première fois connaître aux naturalistes se trouvaient deux Polypes, l'un presque semblable aux Hydres d'eau douce, pour lequel Sars créait le genre *Scyphistome* (fig. 37, n° 1); l'autre, plus grand, plus allongé, ayant un corps cylindrique régulièrement annelé, était le type du genre *Strobile* (fig. 37, n° 2).

Personne à cette époque n'aurait songé à une parenté entre le Scyphistome et le Strobile. Cependant Sars ne tarda pas à découvrir une foule de formes intermédiaires entre eux ; il vit lui-même le Scyphistome se changer en Strobile sous ses yeux : les deux genres devaient donc être réunis ; mais le pasteur-naturaliste n'était pas au bout de ses étonnements. Après s'être marqués seulement par des étranglements successifs, les segments du corps d'un Strobile prennent une forme très particulière. Ils deviennent concaves à leur partie supérieure, convexes à leur partie infé-

(1) *Archiv für Naturgeschichte*, vol. I, 1837, et *Lettres sur quelques animaux invertébrés de la Norwége* (*Annales des sciences naturelles*, 2e série, vol. VII, 1837). Voir aussi : *Mémoire sur le développement de la Medusa aurita et de la Cyanea capillata* (*Annales des sciences naturelles*, 2e série, vol. XVI, 1841).

rieure et augmentent graduellement d'épaisseur ; en même temps leurs bords se découpent en huit lobes présentant eux-mêmes une échancrure assez profonde. Le Strobile ressemble alors à une pile d'assiettes creuses ou d'écuelles à contour élégamment festonné. Le segment supérieur continue à porter les tentacules du Polype tout en acquérant des lobes, comme ceux qui le suivent. Au fond de l'échancrure des lobes de chaque segment apparaît enfin une tache colorée, un œil (fig. 37, n° 3). Sars ne pouvait s'y méprendre ; à cet état, les divers segments d'un Strobile rappellent exactement certaines petites Méduses, abondantes précisément dans les eaux où vivent les Scyphistomes et pour lesquelles on avait créé le genre *Ephyra*. Il n'hésita pas à annoncer que les *Ephyra* (fig. 37, nos 4 et 5) n'étaient autre chose que les segments détachés du corps du Strobile, vivant désormais librement, d'une vie indépendante et vagabonde. Il eut d'ailleurs bientôt la bonne fortune de constater directement que ses prévisions étaient parfaitement exactes, il put voir les segments des Strobiles se séparer un à un dans ses aquariums et devenir autant de petites Méduses. Les Acalèphes et les Polypes devaient donc être désormais réunis comme il avait fallu réunir les Scyphistomes et les Strobiles; mais ce n'étaient plus deux genres, c'étaient cette fois deux classes qui se fondaient en une seule.

Ce n'est pas tout : les petites Méduses, les *Ephyra*, issues des Strobiles, n'ont pas atteint leur forme définitive. Elles grandissent et se transforment encore : leur ombrelle s'élargit, se régularise, se frange sur ses bords de filaments grêles et délicats tombant autour d'elle de la plus gracieuse façon ; quatre bras apparaissent autour de la bouche et s'allongent de plus en plus. L'*Ephyra* est devenue l'*Aurelia aurita* (fig. 36, n° 2), l'une de nos plus charmantes Méduses. D'autres Éphyres, provenant bien entendu de Scyphistomes et de Strobiles d'espèces distinctes, donnèrent encore à Sars une autre Méduse d'un type un peu différent, la *Cyanea capillata*.

Les observations de Sars ont été répétées depuis par un grand nombre de naturalistes ; tous ont reconnu leur exactitude absolument rigoureuse, quelques-uns ont pu même les compléter.

Un professeur de l'Université de Louvain, P. J. Van Beneden, qu'ont illustré ses belles recherches sur les migrations des Ténias, a pu suivre, sur les côtes de Belgique, les métamorphoses du Scyphistome et du Strobile de la *Cyanæa capillata* (1). Il restait encore quelques doutes sur le sort du premier et du dernier segment du corps des Strobiles, segments qui ne ressemblent pas tout à fait aux autres : Van Beneden a vu les tentacules du Scyphistome qui surmontent le premier segment du Strobile se flétrir (fig. 37, n° 2) et disparaître graduellement, résorbés par l'animal qui les porte et qui devient ainsi identique à ses frères. Quant au dernier segment, celui qui est fixé, il reproduit bientôt une nouvelle couronne de tentacules : avant même que l'Éphyre qu'il supporte ait pris sa liberté, il est redevenu lui-même (fig. 37, n° 3) un nouveau Scyphistome, apte à se transformer en Strobile et à fournir, par conséquent, une génération nouvelle de Méduses. On ignore encore combien de fois le phénomène peut se répéter, combien de générations de Méduses peuvent naître d'un seul Polype. Il est possible que les Scyphistomes se reproduisent ainsi durant toute la belle saison.

Le Scyphistome, l'Hydre ou plutôt le Polype hydraire qui engendre les Méduses résulte lui-même de la métamorphose d'une petite larve ovoïde sans organes, formée de cellules toutes semblables entre elles, issue d'un œuf de Méduse et qui ne se fixe sur les corps sous-marins qu'après avoir plus ou moins longtemps nagé librement à l'aide des cils vibratiles dont son corps est entièrement recouvert. Cette larve ciliée, qui est aussi la première forme sous laquelle se montrent les Coraux et les Madrépores, est ce qu'on appelle une *planule* (fig. 34, n°s 2 et 3 et fig. 43, n° 5).

Cette longue série de phénomènes se résume finalement ainsi : l'œuf d'une Méduse donne naissance à une larve ciliée ovoïde, la *planule;* celle-ci se transforme en un Polype hydraire, le *Scyphistome*. Par division spontanée de son corps, le Scyphistome, devenu *Strobile*, produit un nombre assez considérable de générations de *Méduses*. Les Méduses à leur tour subissent d'importantes méta-

(1) P. J. Van Beneden, *Polypes des côtes de Belgique* (*Mémoires de l'Académie royale des sciences, belles-lettres et arts de Bruxelles*, 1867).

morphoses, puis, arrivées à l'âge adulte, pondent des œufs, et le cycle de la génération se trouve ainsi fermé ; nous revenons au point de départ.

Ces découvertes avaient certes de quoi surprendre et les naturalistes devaient les interpréter de bien des façons. Tout d'abord on fut frappé des différences manifestes que présentent la forme extérieure et l'organisation des Hydres et des Méduses que l'on considérait comme leurs filles. Rien n'était plus contraire aux idées reçues, rien n'est encore plus fait pour frapper l'imagination que de voir des êtres d'une forme déterminée engendrer des êtres de forme absolument différente, des fils qui ne ressemblent jamais à leurs parents et reproduisent, au contraire, d'une façon constante les traits de la génération qui précède. Il ne pouvait être ici question de métamorphoses puisque l'Hydre primitive, le Scyphistome ne conservait pas son individualité, que celle-ci disparaissait et se trouvait finalement remplacée non par une autre individualité — ce qui aurait encore pu fournir matière à discussion — mais par un grand nombre d'individualités nouvelles, indépendantes les unes des autres. C'était bien là le propre de la reproduction ; on se trouvait réellement en présence de deux *générations* différentes succédant régulièrement l'une à l'autre, *alternant* l'une avec l'autre. Un illustre naturaliste danois, Steenstrup, caractérisa ce phénomène en le désignant (1) du nom de *génération alternante* qui est encore usité dans la science. Il montra en outre que ce mode de génération n'était pas particulier aux Méduses, qu'on le retrouvait chez un assez grand nombre d'animaux et notamment chez beaucoup de Vers. La reproduction des Méduses cessait donc d'être un fait exceptionnel ; l'alternance de formes successives était la règle chez beaucoup d'Invertébrés inférieurs. Mais quelles étaient les causes de cette alternance, à quels phénomènes plus profonds pouvait-on la rattacher? P. J. Van Beneden ne tarda pas à faire remarquer que les Hydres et les Méduses devaient leur origine à deux procédés de développement bien différents. Les Hydres provenaient directement d'un œuf fécondé, relevaient, par conséquent, de la *génération*

(1) Steenstrup, *Ueber den Generationwechsel*, Copenhague, 1842.

sexuée; les Méduses naissaient des Hydres sans fécondation préalable par une simple division du corps, plus ou moins compliquée de cette individualisation de parties récemment formées, que nous avons déjà eu occasion de désigner sous le nom de *bourgeonnement*, par comparaison avec ce qui se passe dans le règne végétal. La génération alternante était donc simplement pour Van Beneden un cas particulier de cette faculté plus générale que possèdent beaucoup d'êtres vivants de se reproduire de deux façons, par voie *sexuée* et par voie *agame*. Il y a de nombreux animaux chez qui l'on peut constater l'existence de ces deux sortes de reproduction, sans que les générations qui en résultent et qui se succèdent diffèrent entre elles ; il y en a d'autres chez qui la génération sexuée n'apparaît qu'après un nombre plus ou moins considérable de générations agames; l'alternance peut manquer soit dans la forme des individus nés les uns des autres, soit dans les modes de reproduction, soit dans les deux à la fois sans que l'essence du phénomène change. P. J. Van Beneden repousse donc, pour ce phénomène, la dénomination de *génération alternante* et propose de la remplacer par celle de *digénèse*, impliquant seulement l'existence de deux modes différents de reproduction (1).

M. de Quatrefages (2) admet pleinement ces distinctions, mais pour lui la génération agame n'est qu'une forme modifiée et presque une conséquence de l'*accroissement* proprement dit. On a pu voir déjà en maintes occasions combien cette vue était juste, combien l'*accroissement* et la *reproduction* sont, en effet, deux phénomènes intimement liés l'un à l'autre. La reproduction agame n'est au fond qu'un accroissement suivi d'individualisation, un véritable *marcottage*, pour me servir d'un terme emprunté à la culture. Mais elle a une conséquence, qui est pour M. de Quatrefages le point capital ; elle multiplie la puissance de reproduction des êtres qui la présentent ; elle fait sortir d'un œuf non plus un seul individu, mais toute une volée d'individus aptes à se reproduire par voie sexuée. Imaginez que d'une Chrysalide sorte non pas un pa-

(1) P. J. Van Beneden, *Mémoire sur les Vers intestinaux* (Supplément aux *Comptes rendus de l'Académie des sciences*, t. II, 1860).

(2) A. de Quatrefages, *Métamorphoses de l'homme et des animaux*, Paris, 1857.

pillon, mais des centaines de papillons tous capables de s'accoupler, et voyez quelle sera la fécondité des Lépidoptères ! Voilà pour M. de Quatrefages le caractère essentiel de la reproduction des Méduses : entre deux générations sexuées successives, il y a engendrement d'un nombre plus ou moins considérable de générations qui ne le sont pas. C'est ce que le savant professeur du Muséum indique par le mot de *généagénèse* qui lui sert à désigner non seulement les phénomènes étudiés par Sars et les phénomènes analogues, mais encore tous ceux qui rentrent dans la *digénèse* et dont le mécanisme, variable dans les détails, ne paraît pas suffisamment indiqué par ce dernier mot.

Steenstrup est surtout frappé des différences souvent profondes que présentent les formes qui se succèdent ; il les explique par le rôle différent que ces formes ont à jouer. Pour lui la forme essentielle est celle qui se reproduit par voie sexuée ; les autres sont une sorte de terrain vivant sur lequel la forme sexuée se développe, elles ont surtout pour fonction de réunir et d'élaborer les réserves alimentaires qui doivent être utilisées par cette forme privilégiée ; Steenstrup les désigne sous le nom de *nourrices*. L'œuf n'est pas suffisamment riche en substances nutritives pour mener à bien l'évolution de l'être qui doit assurer la propagation de l'espèce, il se borne à produire un organisme provisoire, chargé de suppléer à son insuffisance. C'est là, d'après le savant de Copenhague, la cause de l'alternance des formes dans une même espèce.

Les organismes inférieurs sont délicats, fragiles, exposés à mille dangers; la fécondation de leurs œufs est le plus souvent livrée au hasard, et, parmi les œufs fécondés, bien peu donnent naissance à des individus qui arrivent au terme de leur croissance et deviennent capables de se reproduire à leur tour. Pour diviser les chances, la nature met à profit, suivant M. de Quatrefages, l'accroissement de l'individu; elle le laisse grandir et, dès qu'il a acquis une certaine taille, elle le brise en un nombre plus ou moins considérable de parties dont chacune tente la fortune pour son propre compte et se reproduit si elle est assez heureuse pour arriver au port. L'*alma parens rerum* agit ici comme un bon général qui éparpille ses troupes pour donner moins de prise à l'artillerie. En fait, la *généagénèse* est incontestablement, pour les espèces qui la présentent, une condition avantageuse dans la lutte pour la vie.

Van Beneden enfin ne se préoccupe ni du but à atteindre, ni du résultat obtenu : il se borne à constater l'existence chez un grand nombre d'animaux de deux modes de reproduction : toutes les autres circonstances ne sont pour lui que des accessoires de ce phénomène principal.

Mais au fond, qu'est-ce que cette *génération asexuée* dont les conséquences sont si importantes à tous les points de vue ? N'en trouverait-on pas l'explication dans quelque phénomène plus général ? Est-elle sans rapport elle-même avec la génération sexuée ? Les Éponges, les Hydres ne sont, nous l'avons vu, que des colonies d'*individus unicellulaires*. Chacun de ces individus, bien que fondu dans une individualité plus générale, conserve au moins, de son indépendance primitive, le pouvoir de se reproduire ; bien plus, s'il est isolé, les divers éléments qui naîtront successivement de lui devront venir se grouper, en vertu des lois mêmes de l'hérédité, de manière à reconstituer une colonie semblable à celle dont leur progéniteur faisait partie. Toute cellule d'une Hydre ou d'une Éponge peut donc être considérée comme un élément reproducteur et fonctionne, à peu de chose près, comme telle chez les Éponges et chez les Hydres. Il suffit, pour lui donner cette qualité, d'un accident qui la sépare de ses compagnes. Mais les éléments anatomiques conservent, lorsqu'ils sont engagés dans les colonies, toutes les facultés qu'ils manifestent lorsqu'on les isole ; on conçoit donc qu'ils puissent reproduire, sous l'influence de causes naturelles, les phénomènes qu'ils produisent sous l'influence de causes artificielles : sans avoir besoin de se séparer, ils peuvent donc devenir le point de départ de nouvelles colonies ; ainsi s'expliquent à la fois la génération asexuée ou *métagénèse*, la *digénèse* et la *généagénèse*, simples conséquences des lois de l'hérédité, de l'indépendance des éléments anatomiques, et de leur faculté de reproduction.

Cette explication de la génération asexuée fait pressentir la nécessité de la génération sexuée. Lorsqu'un organisme s'élève, tous ses éléments constitutifs, loin de continuer à se ressembler, présentent une variété croissante de positions, de formes, de fonctions.

Chaque cellule arrive à un rang déterminé dans l'ordre de l'évolution, résulte d'un travail d'élaboration spécial auquel ont pris part toutes les cellules qui, depuis l'œuf, comptent dans sa généalogie; elle participe à son tour à la production d'autres cellules qui vont se diversifiant de plus en plus. Isolée et prise comme point de départ d'une évolution nouvelle, on comprend, à la rigueur, qu'elle puisse refaire toutes les parties de l'organisme auquel elle appartient qui se sont formées après son apparition ; mais comment pourrait-elle revenir en arrière, refaire ses ancêtres, reconstituer les éléments en qui réside sa propre cause? Les actions qui modifient graduellement les caractères primitifs des cellules associées modifient donc nécessairement aussi leur pouvoir reproducteur.

D'autre part la vie coloniale place les cellules dans des conditions de plus en plus spéciales, en dehors desquelles elles ne peuvent vivre ; or, la reproduction suppose précisément que la cellule ou le groupe de cellules qui en est le point de départ peut conquérir son indépendance. On doit donc voir, dans un organisme, le pouvoir de le reproduire qu'ont tout d'abord les cellules, diminuer à mesure qu'elles se spécialisent, à mesure que leur individualité se subordonne davantage à celle de la colonie. De là, la nécessité d'une localisation du pouvoir reproducteur.

Considérons même un organisme simple, formé, comme les Éponges ou les Hydres, de deux sacs cellulaires emboîtés l'un dans l'autre ; ces deux sacs sont, vis-à-vis du milieu extérieur, dans des conditions différentes. Les éléments qui les forment ne sont plus identiques à l'élément originel d'où la première Hydre, la première Éponge sont sorties ; ils ont subi une évolution, acquis des propriétés particulières, ils constituent deux espèces nouvelles d'éléments, éloignées l'une et l'autre de leur point de départ. Pour que l'une quelconque de ces deux sortes d'éléments soit propre à la reproduction, il faut revenir en arrière : il faut que les propriétés acquises soient neutralisées et que les propriétés premières, plus ou moins masquées par elles, reprennent ainsi toute leur valeur. Cette neutralisation peut être obtenue chez les Éponges et chez les Hydres par le mélange d'éléments provenant de la couche externe et de la couche interne de l'animal : ce mélange n'est autre chose que la *fécondation*, phénomène capital de la génération sexuée. Ainsi s'expliquerait la différence d'origine des glandes reproductrices mâle et femelle constatée par Édouard Van Beneden chez certains Polypes hydraires, et confirmée par Herman Fol chez des Mollusques où les éléments mâle et femelle semblent cependant naître côte à côte dans une seule et même glande. La reproduction asexuée n'échappe chez les animaux inférieurs à cette condition de rénovation des éléments d'où procède le nouvel individu, que parce que tous les tissus rassemblés au point où se manifeste spontanément un bourgeon prennent part tous ensemble à la formation du nouvel individu.

Les phénomènes de *conjugaison* qu'on observe chez de nombreux êtres unicellulaires montrent d'ailleurs que la génération sexuée est antérieure à toute association de cellules. Cette conjugaison consiste dans la fusion, peut-être accidentelle au début, de deux ou plusieurs individus ; elle a évidemment pour conséquence de ramener à une certaine moyenne de propriétés les éléments cellulaires, sans cesse sollicités à varier, même lorsqu'ils sont isolés, et leur permet ainsi de se constituer en espèces distinctes.

Dans la *génération alternante* proprement dite, la reproduction asexuée se complique d'un autre phénomène de haute importance. La partie qui se transforme en individu s'adapte en même temps à des conditions nouvelles d'existence, comme aussi à un rôle physiologique particulier. Il en résulte dans sa forme extérieure, dans son allure générale des modifications profondes, grâce auxquelles un être d'organisation plus ou moins élevée peut être substitué à un être d'organisation plus simple. Les conditions qui ont amené cette métamorphose peuvent être extrêmement variées, la métamorphose elle-même peut donc s'accomplir dans les sens les plus différents ; aussi toutes les Méduses sont-elles loin de se ressembler, parfois même elles sont remplacées par des êtres en apparence sans rapport avec elles. Il est toujours possible cependant de relier entre elles les formes les plus disparates de manière à établir leur filiation.

Il est facile d'abord de se convaincre que l'individualisation, même compliquée, dont nous venons de parler, se produit exactement comme dans le cas des Hydres d'eau douce, et que la formation des Méduses n'est que la conséquence de la faculté de reproduction possédée par une partie quelconque du polype primitif. L'histoire des petites Méduses en forme de cloche est à cet égard particulièrement instructive.

Ces Méduses ne naissent pas comme les grandes Méduses en

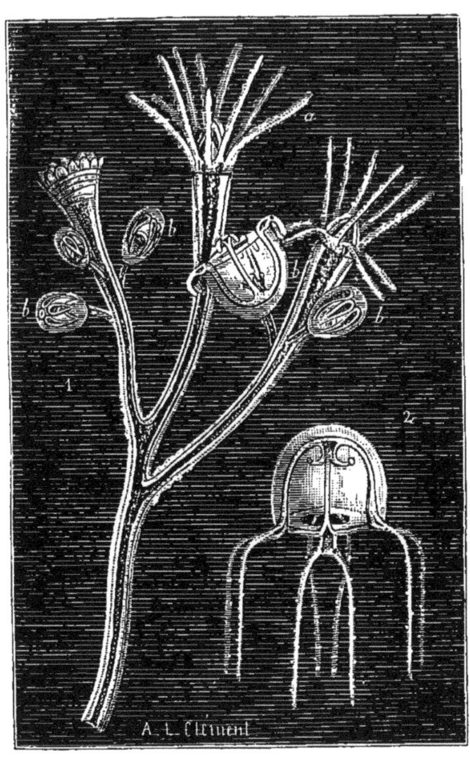

Fig. 38. — HYDRAIRES. — 1. Colonie de *Bougainvillia ramosa* portant des Méduses développées dans les régions où se développent également des polypes; — *a*, Polypes nourriciers; — *b*, Individus sexués (Méduses) à divers états de développement (grossie 10 fois). — 2. Méduse de *Bougainvillia ramosa* devenue libre (même grossissement).

forme de Champignon, par division transversale d'un Strobile. Elles proviennent d'Hydres vivant en colonies plus ou moins arborescentes, comme les *Cordylophora* et sont elles-mêmes la conséquence d'un véritable bourgeonnement. Or, quand on passe d'une espèce à l'autre, on les voit apparaître en des points absolument quelconques de la colonie.

Les *Perigonimus* forment des colonies dont les divers individus sont reliés entre eux par un réseau ramifié, rampant à la surface des objets sous-marins : leurs Méduses naissent sur les mailles de ce réseau et se dressent à des places correspondantes à celles qu'occupent les Polypes eux-mêmes : chaque Méduse représente donc un Polype qui s'est tout entier transformé. Chez les *Bougainvillia* (fig. 38, n° 1), les colonies sont ramifiées et la Méduse se développe également sur des rameaux identiques à ceux qui portent les Hydres. Chez les *Clavatelles* (fig. 40) qui produisent une charmante petite Méduse marcheuse désignée par M. de Quatrefages sous le nom d'Éleuthérie (fig. 35, n° 1), les Méduses naissent en un lieu spécial à l'extrémité inférieure des Polypes. Chez les *Syncoryne* (fig. 39), elles occupent une place plus remarquable encore ; c'est parmi les tentacules qu'elles apparaissent, occupant exactement la place de l'un d'eux. Il semble que dans ce cas la Méduse ait été produite par un simple tentacule et que, malgré l'insuccès des expériences de Trembley pour réaliser le fait artificiellement, on ait ainsi la démonstration de cette proposition que les tentacules d'un Polype hydraire sont susceptibles de s'individualiser, aussi bien que les autres parties de son corps, et d'atteindre au même degré de perfectionnement organique. Il serait étrange, en effet, que les éléments associés pour constituer le Polype et qui se disposent de manière à former les tentacules fussent les seuls qui n'eussent conservé aucune trace d'une faculté qui appartient à tous les autres.

Chez les *Corymorpha*, les Méduses se montrent aussi dans une position analogue à celle qu'on leur voit chez les Syncorynes (fig. 44), entre la trompe qui porte la bouche de l'animal et la couronne de tentacules : elles sont disposées en grappes le long de pédoncules qui retombent gracieusement autour de la tige de l'animal ; mais dans ce cas la Méduse paraît plutôt le résultat d'une prolifération spéciale de la région buccale, que de la transformation d'un tentacule.

Quelques Méduses naissent enfin dans des conditions particulièrement intéressantes. Elles se disposent soit en collerettes, soit en grappes autour de certains individus qui les produisent à l'exclusion des autres individus de la colonie, et présentent des modifications de forme caractéristiques, de sorte qu'on peut les considérer comme

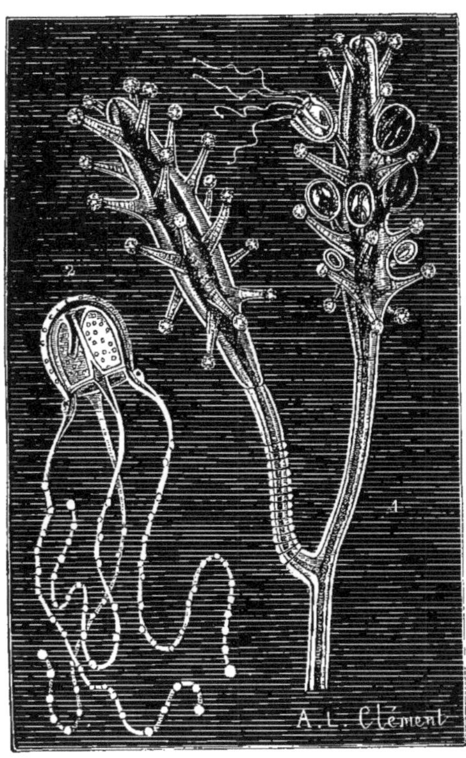

Fig. 39. — HYDRAIRES MARINS. — 1. Colonie de *Syncoryne eximia*, montrant sur l'un des individus des Méduses poussant à la place des tentacules. — 2. Méduse de Syncoryne dans sa position normale pendant la natation. On voit nettement l'ombrelle et ses canaux gastro-vasculaires, le sac stomacal et le velum avec son ouverture circulaire. (Grossissement = 10 fois.)

des *individus reproducteurs*, spécialement chargés de former et de porter, pendant leur évolution, les *individus sexués* (1), les Méduses.

(1) Ces deux termes : *individu sexué* et *individu reproducteur*, cessent par conséquent d'être équivalents pour nous.

La perte des tentacules, la disparition de la bouche et de la cavité digestive sont les caractères les plus ordinaires des individus reproducteurs que l'on trouve notamment chez les *Podocorynes* (fig. 42), les *Dicorynes* (fig. 45), et un assez grand nombre d'autres types. Dans tout un groupe d'Hydraires qu'Allman a désigné, à cause de cela, sous le nom d'Hydraires cryptoblastiques et qui comprend, entre autres, les genres *Campanulaire*, *Plumulaire*, *Sertulaire*, etc., ces individus reproducteurs et les individus sexués qu'ils portent finissent par constituer une sorte d'appareil reproducteur spécial, enfermé dans un étui corné, plus ou moins compliqué.

La place où naissent les Méduses est donc infiniment variable. Quand on considère le groupe des Polypes hydraires tout entier, on peut s'attendre à voir se former à une place quelconque, comme la théorie l'indique, ces individus sexués dont l'organisation paraît si énigmatique quand on la compare à celle des Hydres. Toutefois, dans chaque espèce, dans chaque genre la faculté de reproduction a une tendance bien marquée à se manifester en un lieu spécial d'élection, de sorte que la position des Méduses peut servir assez souvent dans les caractéristiques.

Il y a un remarquable contraste au point de vue de l'importance relative de la forme sexuée dans les deux groupes de Méduses. Les grandes Méduses nées de la division d'un Scyphistome ont une vie de longue durée, pendant laquelle elles grandissent et se transforment beaucoup; le Scyphistome n'a ordinairement qu'une existence transitoire. Les petites Méduses nées par bourgeonnement sur des colonies de Polypes hydraires atteignent au contraire presque tout leur développement sur la colonie, et ne vivent que peu de temps après s'être détachées, de sorte que c'est la forme hydraire, correspondant au Scyphistome, qui paraît être la forme principale. Il est incontestable que, dans le premier groupe, la forme hydraire tend à disparaître ; son importance première est cependant encore nettement accusée par ce fait que certains Scyphistomes passent encore de nos jours toute leur vie sans produire de Méduses et acquièrent cependant eux-mêmes un degré d'organisation assez élevée ; ils constituent le groupe intéressant des *Lucernaires* dont plusieurs espèces, semblables à des corolles de Campanules, vivent, sur nos côtes, à de faibles profondeurs, fixées aux feuilles des Zostères ou des Fucus. Inversement, dans d'autres types, la larve ciliée qui sort de l'œuf ne se fixe jamais et elle se transforme directement en Méduse ; c'est le cas de plusieurs *Ægi-nides*.

Des recherches récentes de Hæckel (1) semblent indiquer, d'autre part, que les Méduses ne seraient pas le dernier terme de l'évolution des Polypes hydraires. On trouve fréquemment à la surface de la mer, quelquefois par troupes nombreuses, des organismes transparents comme les Méduses, qui possèdent souvent, comme elles, des filaments pêcheurs, garnis de capsules urticantes, mais nagent de toute autre façon. Leur corps ne se contracte pas d'une façon rythmique, à la façon de celui des Méduses, la progression est assurée par le battement régulier de minces lames membraneuses déchiquetées sur leur bord, disposées en rangées parfaitement régulières et sur lesquelles l'arc-en-ciel déploie tous les reflets chatoyants de sa riche palette. Ce sont les Cténophores tantôt presque sphériques, comme les *Cydippes,* étirés en forme de datte, comme les *Beroës*, ou comprimés et allongés en ruban comme l'étonnant *Ceste* de la Méditerranée.

Dans la substance gélatineuse même qui constitue le corps des Cténophores est creusée une cavité digestive du fond de laquelle partent des canaux rayonnants, à peu près disposés comme ceux qui parcourent l'ombrelle d'une Méduse. Ces animaux possèdent donc un véritable appareil gastro-vasculaire ; par là ils se rapprochent des Méduses ; mais leur corps ne se décompose pas en un sac stomacal et en une ombrelle ; quelques naturalistes, au lieu de les rapprocher des Méduses, les rapprochent au contraire, pour cette raison, des Échinodermes et notamment des Oursins. Mais suivant des recherches récentes de Hæckel il y aurait entre eux et les Méduses des formes de passage nettement accusées. Chez une intéressante Méduse que le savant d'Iéna nomme *Ctenaria ctenophora,* le sac stomacal serait très réduit ; on trouverait des bandes de lames

(1) E. Hæckel, *Ursprung und Stammverwandschaft der Ctenophoren* (*Sitzungsberichten der Jenaische Gesellschaft für Medecin und Naturwissenschaf*, 16 mai 1879).

vibratiles aidant à la locomotion de l'animal et une paire de tentacules rétractiles comme ceux des Cydippes. Que le sac stomacal se réduise de manière à cesser d'être distinct, que les bandes de lames vibratiles se développent davantage, la *Ctenaria* deviendrait effectivement un Cténophore, de sorte qu'on pourrait voir dans ce dernier groupe d'animaux le produit d'une simple transformation des Méduses. Ce résultat est intéressant ; il ne manque pas de vraisemblance, mais demande à être appuyé de nouvelles observations. Dans tous les cas, la parenté des Cténophores et des Méduses est incontestable.

Et maintenant quelle peut être la nature des Méduses elles-mêmes? Nous les voyons bien naître sur des Polypes hydraires ; mais elles présentent, dès leur apparition, des caractères si différents de ceux de ces derniers que l'esprit se refuse à voir en elles une simple modification de forme de ces animaux. D'où leur sont venus leur ombrelle transparente, leur appareil vasculaire, leur sac stomacal et leurs autres organes? Comment une si étonnante métamorphose du polype a-t-elle pu se produire? Il ne sera possible de donner une explication satisfaisante de l'origine de ces élégants Acalèphes, que lorsque nous connaîtrons mieux les innombrables variations de forme dont les Polypes hydraires sont susceptibles et que nous aurons pu déterminer le mode de constitution de leurs colonies.

CHAPITRE IV

LA DIVISION DU TRAVAIL ET LE POLYMORPHISME DANS LES COLONIES DE POLYPES HYDRAIRES.

La *division du travail* est la condition même du progrès dans toute organisation sociale. L'association est peu utile quand tous ses membres possèdent les mêmes facultés, accomplissent les mêmes actes de la même façon. Chacun peut alors se passer de ses voisins, et ce n'est que dans de bien rares circonstances qu'il est conduit à leur demander une assistance passagère et accidentelle. Les liens entre les membres d'une pareille association sont nécessairement fort lâches; la société elle-même n'a aucun caractère personnel; elle est représentée par un nombre, mais elle ne saurait avoir ni volonté, ni cohérence. Que la division du travail apparaisse, tout change. Chaque individu a un rôle assigné, auquel il doit avant tout se dévouer, une fonction, un métier qu'il exerce plus ou moins exclusivement, et dans lequel il acquiert, au grand avantage de la société, une habileté extrême. En revanche, il devient, par le fait même de son application spéciale, de plus en plus inhabile à faire toute autre chose; il se trouve, par suite, forcé d'emprunter à chaque instant le concours de ceux de ses concitoyens qui ont pris une direction différente, et qui sont à leur tour dans l'obligation de lui demander ses services. Ainsi s'établit entre tous les membres de la société une solidarité qui grandit d'autant plus que la division du travail est plus grande. Chaque travail se trouvant mieux fait par les individus qui s'y consacrent plus particulièrement, l'échange réciproque met à la disposition de tous des produits d'une qualité supérieure, et si les divers individus accomplissent régulièrement leur tâche, si les échanges s'opèrent d'une façon strictement équitable, une telle société ne peut manquer de grandir et de prospérer. Riche et puissante, elle est en état de soutenir avantageusement contre ses voisines la lutte pour l'existence, et tôt ou tard l'emporte fatalement sur elles. Chez elle, l'individu conserve une large part d'indépendance ; il ne saurait être soumis, dans l'exercice de sa fonction, à des règles absolues qui le condamneraient à la routine et seraient la négation de tout progrès ; il n'est même pas nécessairement assujetti d'une façon immuable à un rôle déterminé, il peut se transformer dans le cours de son existence, et sa progéniture, qui hérite dans une large mesure de ses aptitudes et de ses facultés, peut à son tour en acquérir qui lui soient propres et arriver à prendre un rôle tout nouveau ; cependant, il arrive nécessairement, en raison même de la solidarité qui unit tous les individus, que chaque citoyen doit faire à la société l'abandon d'une certaine part de son indépendance, que tous doivent être soumis à une discipline rigoureuse, dont l'inobservance serait la mort de la société. Quand les règles qui dominent toute cette organisation sont enfreintes, la société souffre. Un commencement de conscience sociale s'est donc développé, et avec elle une personnalité réelle dans laquelle se confond en partie celle des citoyens. Cette personnalité ne résulte pas de la prédominance d'un membre quelconque de la société, qui impose aux autres sa volonté et les réduit à l'état d'esclaves : chacun concourt à la former par l'abandon qu'il fait d'une partie de sa liberté, par sa soumission à tout ce qui est nécessaire à la prospérité de l'association, qui lui donne en échange une part de bien-être plus grande que celle à laquelle lui donneraient droit ses facultés personnelles, s'il était livré à lui-même.

Pour que la société puisse vivre, il faut non seulement que tous ses membres soient intéressés à son maintien, que la majorité d'entre eux prospère, mais encore qu'elle soit elle-même constamment en voie de progrès, sans quoi elle serait bientôt dominée par des sociétés mieux organisées et condamnée à disparaître. Des modifications incessantes doivent donc s'accomplir dans son sein : il faut qu'à chaque instant, toutes les parties composantes s'harmo-

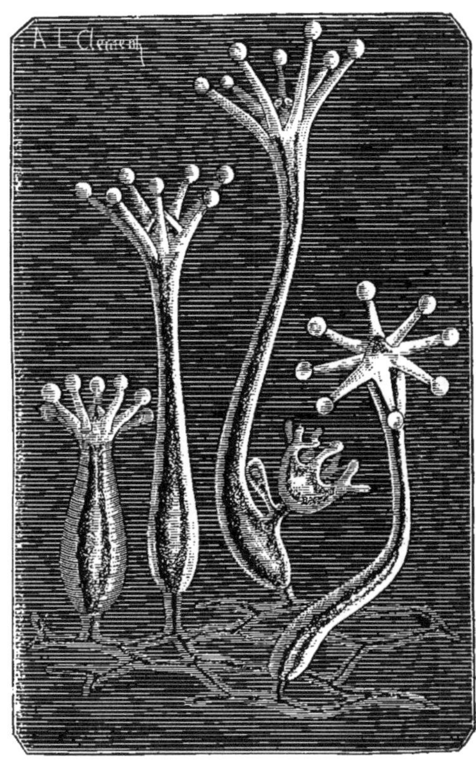

Fig. 40. — HYDRAIRES. — Colonie de *Clavatella prolifera*, grossie 7 fois. Le plus grand individu porte à sa base de jeunes individus sexués (Méduses modifiées), les *Éleuthéries*, de Quatrefages.

nisent entre elles, que rien d'immobile ne puisse entraver leur accord. La société la plus vivace est celle où l'immobilité est réduite au minimum. Cette liberté de transformation ne saurait affaiblir pourtant la discipline nécessaire à laquelle tous les organismes associés doivent se soumettre. Vis-à-vis de cette discipline, l'individu n'est plus qu'un organe social, il doit fonctionner comme tel et remplir rigoureusement son rôle pour le bien de tous.

Quelque semblables entre eux qu'aient pu être primitivement les individus qui se sont unis en colonie, une telle identification avec des fonctions diverses ne peut avoir lieu sans amener, par une inévitable conséquence, l'apparition et le développement de différences extérieures ou intérieures de plus en plus marquées. Chacun prend, suivant une expression vulgaire, mais aussi juste qu'énergique, la *figure de son emploi.* Quelques-uns n'éprouvent que des modifications sans grande importance ; d'autres s'élèvent dans l'échelle de l'organisation ; d'autres, au contraire, dégénèrent. La *division du travail,* indispensable à la force, à la puissance, à l'autonomie de la société, entraîne fatalement avec elle, comme une nécessité qu'on n'a pas le droit d'appeler un mal parce qu'elle est dans l'essence des choses, l'*inégalité des conditions.*

Appliquons ces considérations aux colonies animales.

Des individus de même espèce, de même origine, issus des mêmes parents, demeurant unis les uns aux autres, formeront des sociétés d'autant plus puissantes, d'autant plus aptes à prendre l'avantage, que les règles de la division du travail seront plus strictement appliquées chez elles. Dans ces sociétés, les individus ne pourront, d'après ce qui précède, conserver une forme identique. Les uns, accaparant pour eux seuls les fonctions relatives à l'alimentation de la société, auront des organes propres à saisir les êtres qui doivent devenir leur proie, une bouche, un estomac, dans lequel les matières alimentaires seront élaborées, pour être réparties ensuite, grâce à un système de canaux plus ou moins compliqué, dans toutes les parties de la colonie. Quelques-uns se trouvant particulièrement chargés de la reproduction, tout l'effort nutritif se portera chez eux vers l'appareil génital ; ils cesseront de dépenser leur activité vitale à la recherche et à la capture d'une proie ou à l'élaboration de matières alimentaires que leurs compagnons préparent pour eux et qu'ils se bornent à assimiler. Dès lors, leurs organes de préhension s'amoindriront et disparaîtront ; leur bouche s'oblitérera, leur cavité digestive seule persistera, demeurera en communication avec celle des individus chargés des fonctions nutritives et y puisera les substances alimentaires déjà élaborées, toutes prêtes à pénétrer dans les tissus. D'autres encore

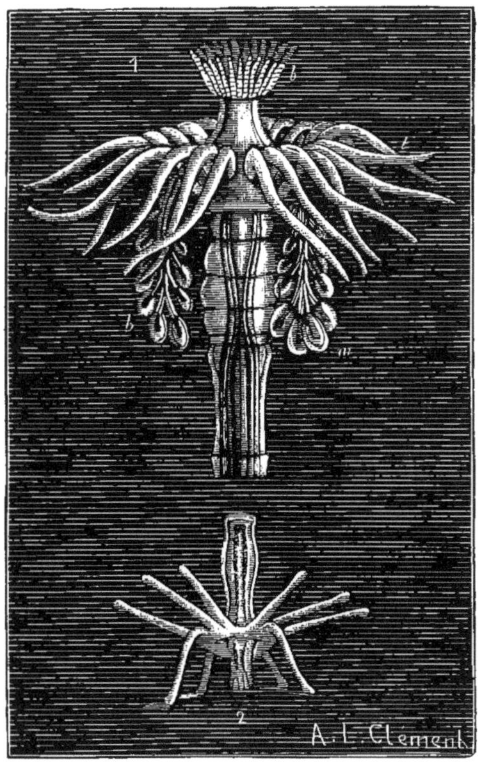

Fig. 41. — HYDRAIRES. — 1. Extrémité supérieure d'un individu de *Tubularia indivisa*, grossi un peu plus de 2 fois : *a*, tentacules buccaux ; *b*, deuxième couronne de tentacules ; *m*, grappe d'individus sexués (Méduses incomplètes). — 2. Une jeune *Tubularia indivisa* encore libre et marchant la bouche en bas.

pourront avoir en partage la locomotion, et acquerront dès lors de nouveaux organes appropriés à cette importante fonction.

Ainsi la physionomie, l'aspect extérieur, l'organisation même changeront avec l'emploi. Ce ne sera plus par la description d'une forme unique que l'espèce pourra être définie, elle sera quelquefois représentée par cinq ou six formes équivalentes entre elles. Non seulement le parent pourra différer complètement de sa progéniture, mais les individus de même génération, les frères, s'adaptant chacun à une fonction particulière, ne se ressembleront même plus, et paraîtront plus éloignés les uns des autres que s'ils n'étaient pas d'une espèce identique. L'espèce deviendra donc polymorphe. Ce sera le premier degré de l'organisation sociale.

Il existe déjà un certain polymorphisme chez les Éponges; mais là, l'état très inférieur de la génération sexuée ne permet pas la fixation par hérédité des progrès accomplis par les individus; de plus, en raison de la prédominance dans leur économie d'une proportion considérable de matières minérales inertes et par cela même vouées à l'immobilité, les Éponges ne présentent qu'une faible plasticité. Le polymorphisme se manifeste au contraire dans les colonies de Polypes hydraires, d'une façon d'autant plus remarquable que les individus composants conservent à un haut degré leur personnalité et sont par conséquent faciles à reconnaître. D'autre part, chez ces animaux, la reproduction agame et la reproduction asexuée sont combinées de façon à avoir une importance presque pareille; d'où il suit que nous trouvons également réunies la mobilité résultant toujours de la reproduction agame, qui permet à toutes les modifications individuelles de se transmettre, et la stabilité résultant de ce que la génération sexuée ramène sans cesse à une moyenne relativement constante les formes sollicitées à varier par les actions extérieures.

Nous avons déjà vu quelles différences profondes séparaient l'organisation des Polypes hydraires de celle des Méduses, bien que ces animaux représentent la forme asexuée et la forme sexuée d'une même espèce. Quoique très variable encore, la forme des individus asexués est infiniment plus fixe chez les Hydres que chez les Éponges. Les espèces sont nombreuses, très différentes entre elles, mais présentent cependant des caractères qui les rendent d'ordinaire assez facilement reconnaissables. La forme fondamentale des polypes est presque toujours une modification de celles que nous ont présentées les Hydres et les *Cordylophora*. Les *Dicoryne* (fig. 45, n° 1), les *Bougainvillia* (fig. 38), les *Perigonimus*, les *Eudendrium* (fig. 47, n° 1), les *Hydractinia* (fig. 46), les *Podocoryne* (fig. 42), les *Garveia*, les Tubulaires (fig. 41), les Campanulaires, les Sertulaires, les Plumulaires, etc., ont les tentacules disposés en couronne comme les Hydres. Les *Clava*, les Corynes (fig. 43), les Syncorynes (fig. 39), les Gémellaires, les ont épars, comme les *Cordylophora* (fig. 34). Le curieux *Stauridium* sur lequel Dujardin observa l'un des premiers, en 1845 (1), la formation par bourgeonnement des Méduses du genre *Cladonema* (fig. 35, n° 2) sur des Polypes hydraires, ne possède que huit tentacules, quatre relativement grands, terminés par des bouquets de nématocyste, et disposés en croix autour de la bouche, quatre autres, grêles et plus petits, alternant avec les premiers, situés vers la moitié inférieure du corps. Chez les *Myriothela*, dont la taille est considérable, et que l'on rencontre depuis les côtes de Suède jusqu'à celles de Bretagne (2), toute la moitié supérieure du corps est libre, et la moitié inférieure est au contraire couverte de nombreux tentacules épars, parmi lesquels se développe l'appareil reproducteur. Si la *Protohydra Leuckarti* de Greeff (3) est un hydraire adulte, il y aurait même des hydraires absolument dépourvus de tentacules, des Polypes sans pieds. Partout le nombre et la disposition des tentacules sont d'ailleurs éminemment variables.

Les colonies ont également une apparence très différente, même dans des types voisins. Peu d'Hydraires vivent isolés comme les Polypes de Trembley; mais tous sont bien loin de former des colonies arborescentes, même aussi simples que celles des *Cordylophora*. Très souvent de l'extrémité inférieure du corps du Polype, du point même par lequel il adhère aux corps étrangers, naissent des espèces de racines qui rampent en se ramifiant à la surface des

(1) Dujardin, *Mémoire sur le développement des Méduses et Polypes hydraires* (*Annales des sciences naturelles*, 3e série, vol. XII, 1849).

(2) Cet hydraire a été trouvé à Roscoff (Finistère), par M. de Lacaze-Duthiers.

(3) Greeff, *Protohydra Leuckarti* (*Zeitschrift für wissenschaftliche Zoologie*, t. XX, 1870).

corps et forment ainsi un réseau plus ou moins serré sur lequel bourgeonnent de nouveaux individus. Les colonies s'étendent alors en surface et forment sur les roches, les algues et jusque sur les coquilles des mollusques vivants et les carapaces des crabes, soit des

Fig. 42. — *Podocoryne carnea*, grossie 8 fois. *a*, *b*, individus nourriciers contractés ; *c*, individus reproducteurs ; *d*, individus sexués (Méduses) ; *e*, individu nourricier épanoui. — Les figures marquées *e* et isolées dans le haut du dessin sont des Méduses devenues libres et en train de nager, grossies 8 fois environ.

masses encroûtantes, soit de petites touffes rappelant l'apparence des mousses et des lichens. Tel est le cas des *Clava*, de certaines Syncorynes, des Gémellaires, des Clavatelles (fig. 40), des Hydractinies (fig. 46), des Podocorynes (fig. 42), des *Perigonimus* et des

Tubulaires (fig. 41), dont les individus atteignent quelquefois près d'un décimètre de longueur. Les tiges flexibles des Campanulaires rampent à la surface des feuilles, dressant seulement les clochettes pédonculées qui portent les Polypes. Les *Bougainvillia* (fig. 38), les

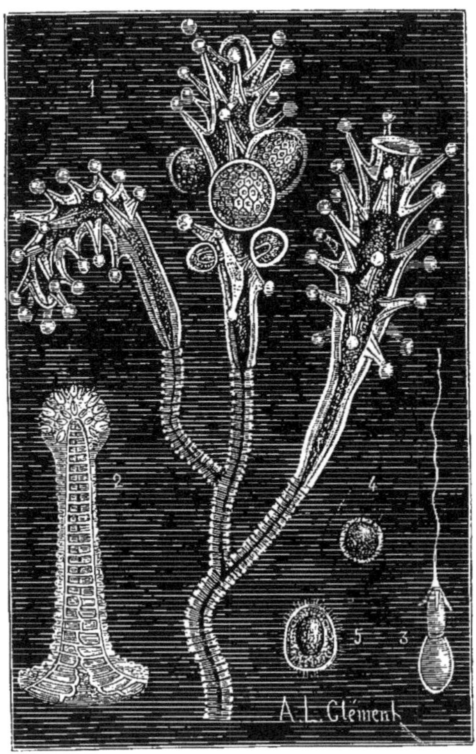

Fig. 43. — HYDRAIRES. — 1. Fragment de colonie de *Coryne pusilla* (grossie 20 fois environ) montrant deux individus stériles et un individu reproducteur. — 2. Un tentacule grossi 100 fois terminé par un bouquet de Nématocystes. — 3. Une capsule urticante ou nématocyste avec son fil spiral développé, grossie 400 fois. — 4. Un œuf mûr, grossi 60 fois. — 5. Planule ciliée prête à se métamorphoser en Polype.

Eudendrium (fig. 47, n° 1) et le plus grand nombre des Hydraires ayant un polypier corné suffisamment résistant (1) forment le plus

(1) Les Hydraires Calyptoblastiques d'Allman, notamment les Sertulaires, Plumulaires, Antennulaires, Halecium, etc.

souvent des colonies arborescentes dont le port est quelquefois caractéristique dans toute l'étendue d'un genre, comme si un commencement d'individualité tendait à se manifester. Dans un grand nombre de cas, chez les Corynes et certaines *Bougainvillia*, par exemple, les deux formes de colonies se combinent : le réseau encroûtant donne naissance, non plus à des Polypes isolés, mais à des touffes arborescentes de Polypes. Ces derniers, qui bourgeonnent le plus souvent sans ordre, se disposent, dans le groupe des Sertulariens, suivant des règles fixes, qui fournissent des caractères pour la distinction des espèces et des genres.

Malgré cela, nous ne trouvons pas encore dans les colonies des Polypes hydraires proprement dits cette fixité de forme que nous verrons bientôt s'accuser de plus en plus. L'instabilité paraît ici presque aussi grande que chez les Éponges, quand on considère la classe tout entière. Les Polypes eux-mêmes, malgré la simplicité de leur structure, présentent d'un groupe à l'autre des variations de forme extérieure plus étendues que dans les classes les plus élevées du règne animal. C'est spécialement par l'étude des individus sexués, dérivés des individus agames par une série de lentes et graduelles modifications, vivant longtemps aux dépens de la colonie, subissant plus que tous les autres, en raison même de leur complication, le contre-coup des influences qui s'exercent sur elle, que l'on peut bien mesurer l'étendue de la mobilité des formes animales qui nous occupent. Aucun de ces individus — on peut le dire — n'a conservé le type primitif, fondamental ; aucun d'eux ne présente d'une façon complète la forme et l'organisation d'un Polype. Mais tous ne sont pas parvenus, tant s'en faut, à l'état si nettement caractérisé de Méduse. Beaucoup même après l'avoir atteint sont revenus en arrière ; la colonie semble, comme le fait très justement remarquer P. J. Van Beneden, n'avoir plus la puissance de les conduire jusqu'au terme de leur évolution normale ; elle ne produit que des Méduses plus ou moins incomplètes, des Méduses *atrophiées*, ce que le savant naturaliste belge appelle d'un seul mot des *Atrophions*. L'atrophie peut du reste présenter tous les degrés. Chez les *Tubularia indivisa* (fig. 41), la Méduse atteint presque son entier développement ; elle peut même posséder des tentacules chez la *Tubularia larynx,* chez la *Gonothyrœa Loveni* (fig. 48, n° 1) et autres espèces où son appareil gastro-vasculaire est complet ; mais l'ouverture de l'ombrelle est très petite et celle du sac stomacal n'existe pas ; l'animal ne peut nager ; il est incapable de prendre de la nourriture et ne se détache pas du Polype qui lui a donné naissance. Chez la *Garveia nutans,* la Méduse est encore plus incomplète ; son ombrelle et son sac stomacal sont également dépourvus de tout orifice ; mais l'ombrelle possède encore quatre canaux gastro-vasculaires terminés en cæcum, le canal circulaire qui réunit d'ordinaire ces canaux et longe le bord libre de l'ombrelle chez les Méduses a disparu. Chez les Hydractinies, les canaux gastro-vasculaires ne sont plus représentés que par un léger renflement de la base de la cavité du sac stomacal entre les deux parois duquel les œufs se développent ; l'ombrelle manque complètement. Chez l'*Eudendrium ramosum* (fig. 47, n° 2), la *Clava squamata*, la cavité du sac stomacal est rejetée sur le côté, comme un organe inutile, par le développement de l'œuf unique que contiennent ses parois. Enfin cette cavité peut même cesser de se prolonger dans le sac reproducteur, c'est le cas des Hydres d'eau douce.

Assez souvent un seul sexe est ainsi frappé d'arrêt de développement et c'est indifféremment, suivant les espèces, le sexe mâle ou le sexe femelle ; mais les deux peuvent aussi avorter sans que le degré de développement de l'un entraîne nécessairement le même degré de développement de l'autre. On trouve ainsi dans un même groupe tous les intermédiaires entre les Méduses parfaites et de simples sacs remplis d'œufs et de semence. Les Méduses des deux sexes avortent complètement, par exemple, chez les Hydres, les *Cordylophora* (fig. 34), les *Clava*, les Hydractinies (fig. 46), certaines Corynes (*Coryne squamata*). Elles atteignent presque leur complet développement dans les deux sexes chez les *Tubularia indivisa*, *Coryne aculeata*, *Syncoryne ramosa*. La femelle seule devient une Méduse libre chez les *Corydendrium parasiticum*, *Bougainvillia ramosa* et *racemosa*, *Eucoryne elegans*, *Pennaria Cavolini ;* c'est, au contraire, le mâle qui arrive à l'état parfait chez la *Podocoryne carnea* et les *Coryne mirabilis* et *gravata*. Enfin les deux sexes sont également bien développés chez les *Tubularia Du-*

mortieri, *Syncoryne mirabilis*, *cleodora*, *Sarsii*, *stenio*, etc. (1). L'examen des espèces appartenant à ces différents genres prouve qu'on peut établir entre les formes de leurs individus reproducteurs une gradation continue montrant de la façon la plus indiscutable que les plus simples, les plus dégradés sont morphologiquement les équivalents des plus parfaits. La Méduse si élégante, si agile, si complexe même dans son organisation, peut donc se réduire à ce point de n'être plus qu'une glande reproductrice, sans individualité propre, simple dépendance du Polype qui la porte. Ce n'est plus un être personnel, c'est un organe. Néanmoins l'équivalence morphologique subsiste : nous devons considérer cet organe comme représentant la Méduse ; le sac reproducteur de l'Hydre d'eau douce n'est qu'une Méduse avortée.

Dans ces transformations des Méduses, la forme du Polype primitif n'est absolument pour rien. En regard de chaque genre de Polypes producteurs de Méduses, on peut mettre un ou plusieurs genres de Polypes, identiques en apparence, mais qui ne produisent jamais que des Méduses plus ou moins atrophiées. Les Corynes (fig. 43) ne diffèrent des Syncorynes (fig. 39) dont il a été précédemment question que par la substitution de simples sacs reproducteurs aux belles Méduses à quatre tentacules que produisent ces dernières et pour lesquelles on avait créé le genre *Sarsia*. Les Syncorynes ne diffèrent à leur tour des *Gemellaria* que par la forme des Méduses qu'elles produisent. De même les colonies complexes d'Hydractinies (fig. 46), que nous étudierons plus tard, ne diffèrent des colonies de Podocorynes (fig. 42) que parce que les premières n'ont que des sacs reproducteurs, tandis que les Podocorynes produisent, exactement à la place de ces sacs, de petites Méduses bien développées, pourvues de huit tentacules simples ; c'est aussi le caractère qui distingue les *Eudendrium* (fig. 47) des *Bougainvillia* (fig. 38). Les *Heterocordyle* ont toute l'apparence de *Perigonimus* où les Méduses à deux tentacules qui poussent sur les stolons seraient remplacées par des individus sans bouche, ni tentacules, portant à leur surface de nombreuses Méduses avortées.

(1) Van Beneden, *Recherches sur les Polypes des côtes de Belgique* (*Mémoires de l'Académie royale des Sciences de Bruxelles*, 1867).

Le parallélisme absolu des deux formations n'est peut-être nulle part plus saisissant que chez les *Tubularia* (fig. 44, n° 1) et les *Corymorpha* (même fig., n° 2). Les Tubulaires poussent en général isolément sur un réseau de stolons et chaque individu n'est relié à ses

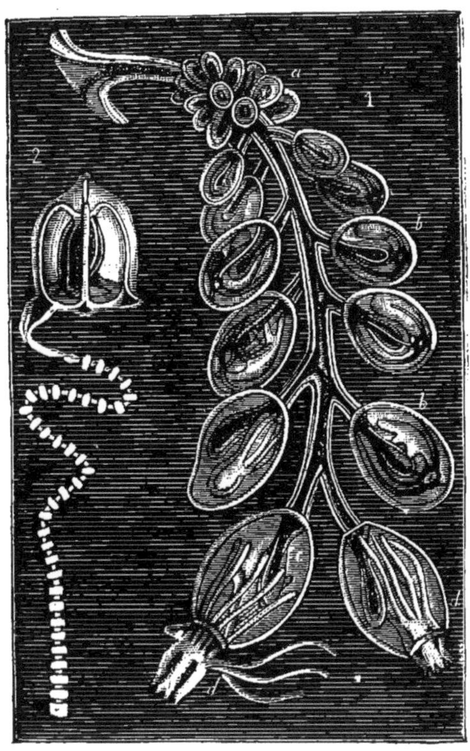

Fig. 44. — HYDRAIRES. — 1. Un rameau reproducteur de *Tubularia indivisa*, grossi 13 fois ; *a*, jeunes individus sexués en voie de développement ; *b*, individus sexués (Méduses incomplètes) plus développés ; *d*, jeune tubulaire développée dans l'individu sexué et en voie d'éclosion. — 2. Méduse de *Corymorpha nutans* grossie 3 fois.

frères que par ces sortes de racines communes ; les *Corymorpha* sont isolées et enfoncent dans le sable la partie inférieure de leur corps. Les polypes dans les deux genres ont une forme commune, mais très particulière : ils portent (fig. 41) deux couronnes de tentacules, dont l'une placée immédiatement autour de la bouche, au sommet du cône qui porte celle-ci, tandis que l'autre, formée de tentacules plus grands, entoure la base même de ce cône. Nous avons déjà dit qu'entre ces deux couronnes poussent, chez les *Corymorpha*, des grappes de Méduses souvent formées d'une dizaine d'individus qui se détachent successivement, pour nager librement et pêcher leur nourriture à l'aide du long tentacule unique, dont chacun d'eux est muni. Les Tubulaires présentent des grappes en tout analogues (fig. 44, n° 1), souvent plus fournies, mais dont les divers éléments ne revêtent jamais la forme de Méduse. Ils s'en rapprochent cependant parfois beaucoup, car on peut reconnaître en eux, nous l'avons vu, une véritable ombrelle, parcourue par un appareil gastro-vasculaire bien développé, et portant même des rudiments de tentacules. Mais cette ombrelle demeure fermée pendant la plus grande partie de son existence ; le sac stomacal qu'elle entoure et avec lequel communiquent ses vaisseaux n'offre jamais de bouche et, par conséquent, ne peut servir à la digestion ; enfin, ces Méduses incomplètes ne se détachent jamais du pédoncule qui les supporte. Il en est de mâles et de femelles ; celles-ci ne produisent en général qu'un seul œuf, qui traverse toutes les phases de son développement dans la cavité de l'ombrelle de sa mère, et n'en sort (fig. 44, n° 1, *d*) que sous la forme d'un Polype présentant déjà une ressemblance considérable avec les Tubulaires adultes. Ce jeune Polype marche quelque temps (fig. 44, n° 2) à l'aide des longs bras dont il est pourvu ; puis il se fixe pour prendre enfin sa forme définitive.

L'examen des listes de Van Beneden montre que dans l'étendue d'un seul genre tous les passages du simple sac reproducteur à la Méduse complète peuvent se rencontrer. Suivant ce naturaliste, tandis que les deux sexes avortent également chez la *Coryne squamata*, ils atteignent presque l'état de Méduse chez la *Coryne oculeata*, le mâle y parvient même complètement chez les *Coryne mirabilis* et *gravata*. Les Syncorynes seraient plus remarquables encore puisque de la *Syncoryne Listeri*, où les deux sexes avortent, on peut s'élever aux *Syncoryne cleodora, Sarsii* et *stenio* où ils atteignent tous deux l'état de Méduse, par l'intermédiaire de la

Syncoryne ramosa où les Méduses, quoique assez parfaites, ne quittent jamais la colonie. Les Tubulaires nous offriraient des exemples analogues.

Des Polypes hydraires extrêmement voisins peuvent produire

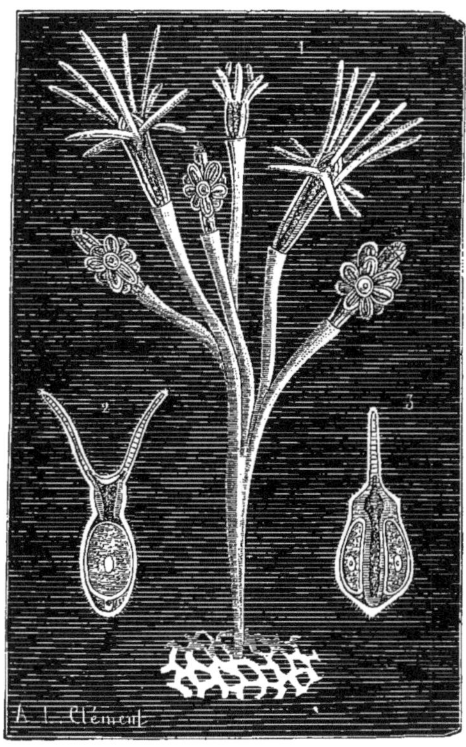

Fig. 45. — HYDRAIRES. — 1. Colonie de *Dicoryne conferta* avec individus nourriciers et individus reproducteurs dépourvus de tentacules (grossie 10 fois environ). — 2. Individu sexué (Sporosac) femelle, vu de face (grossi 50 fois). — 3. Le même vu de profil (d'après Allman).

des individus sexués d'aspect absolument différent. Les Hydraires du groupe des *Eudendrium* sont à cet égard particulièrement remarquables. Tandis que les *Eudendrium* vrais ne donnent que rarement des Méduses complètes, les *Bougainvillia* produisent des Méduses pourvues de quatre tentacules bifurqués dès leur base, les *Perigonimus* des Méduses qui n'ont que deux tentacules opposés, les Dicorynes (fig. 45, n°s 2 et 3) des individus sexués libres d'une forme tout autre que celle des Méduses.

En présence de cette instabilité dans la forme extérieure comme dans l'organisation, que les Méduses offrent à un si haut degré, en présence de tous ces passages graduels entre les formes sexuées de Polypes presque identiques les uns aux autres sous leur forme agame, n'est-il pas permis de se demander s'il ne serait pas possible d'amener, par le choix de conditions convenables, les Hydractinies, les Corynes, les Tubulaires, les *Garveia*, à produire des Méduses complètes, et d'arrêter inversement le développement des Méduses dans les genres correspondants des Podocorynes, des Syncorynes, des *Gemellaria*, des *Corymorpha?* Ce seraient là de bien curieuses expériences à tenter. Peut-être la nature s'est-elle chargée du reste de les faire pour nous. Louis Agassiz a cru voir que, suivant la saison, les Méduses produites par la *Coryne mirabilis* peuvent devenir libres ou pondre sans se détacher de la colonie. Des recherches attentives permettraient sans doute de découvrir d'autres cas où, dans la même espèce, on trouverait des colonies produisant des Méduses, d'autres n'en produisant pas. Une température et une nourriture convenables suffisent pour amener l'Hydre d'eau douce, habituellement solitaire, à fonder de petites colonies : des circonstances analogues ne pourraient-elles pas déterminer les Méduses à demeurer unies à la colonie qui les a produites, hâter chez elles le développement et l'expulsion des éléments reproducteurs et rendre, par conséquent, inutile la formation des organes destinés à assurer l'existence des individus sexués pendant la durée de sa vie vagabonde ? Quels arguments plus précieux pourrait-on recueillir en faveur de la mutabilité des formes spécifiques? Les Polypes hydraires nous montrent déjà comment un organisme simple peut revêtir les formes les plus diverses, redescendre l'échelle de l'organisation après avoir acquis une forme, en apparence, définitive ou la remonter, au contraire, pour devenir un organisme relativement élevé ; ils nous permettent, encore de nos jours, de suivre pas à pas cette merveilleuse métamorphose ; ils nous enseignent comment elle a pu avoir lieu spontanément; quel complément à cette grande leçon si nous pouvions à notre gré produire ou empêcher cet admirable phénomène !

L'individu sexué, né sur une colonie d'Hydraires, peut du reste devenir libre et apte à se mouvoir sans revêtir nécessairement la forme de Méduse. Chez la *Clavatella prolifera* (fig. 35, n° 1 et fig. 40), cet individu sexué décrit par M. de Quatrefages sous le nom d'*Eleutérie* (1) est presque une Hydre, sans appareil de fixation, assez analogue à un jeune Tubulaire et qui marche sur les Algues à l'aide des longs tentacules bifurqués, terminés par des pelotes de nématocystes, dont est garni le pourtour de son corps. Ces tentacules rappellent un peu les tentacules courts sur lesquels la *Cladonema radiatum* (voir la fig. 35, p. 193), la Méduse élégante provenant des *Stauridium*, aime à reposer son ombrelle. Mais ici, il n'y a pas à proprement parler d'ombrelle ; les éléments reproducteurs se développent, au-dessus du sac stomacal, dans la région dorsale et convexe de l'Eleuthérie, celle par laquelle le jeune animal était d'abord fixé à la colonie.

Chez la *Dicoryne conferta* (fig. 45, n°s 2 et 3), l'individu sexué est particulièrement étrange : c'est une sorte de double sac ovale, muni, à l'un de ses pôles, de deux bras placés côte à côte et divergeant comme des cornes. Cet animal nage à l'aide des longs cils vibratiles, dont tout son corps est recouvert. De même que l'Éleuthérie des Clavatelles rappelle un peu les jeunes Tubulaires, l'individu sexué des Dicorynes n'est pas sans analogie avec les larves de certaines Méduses dont le développement s'effectue directement, sans nécessiter la formation préalable de Polypes hydraires, telles que les *Ægineta* ou les *Æginopsis*. On pourrait donc considérer ces formes aberrantes comme représentant quelques-unes des phases du développement historique des Hydres ou des Méduses, quelques-unes des phases que le Polype sexué a eu à traverser avant d'atteindre sa forme définitive.

Retenons de tout ceci que les Méduses sont essentiellement

(1) A. de Quatrefages, *Mémoire sur l'Elenthérie dichotome* (*Annales des sciences naturelles*, 3e série, t. XVIII, 1842).

polymorphes, c'est-à-dire que leur forme est essentiellement variable et peut changer avec une extrême facilité suivant les circonstances ; leurs tentacules, leur ombrelle, leur velum, leur appareil circulatoire peuvent avorter ; l'ouverture de l'ombrelle peut changer de place, se trouver portée sur le côté, comme on le voit chez les Tubulaires, ou disparaître. Il suffit que la Méduse demeure attachée à la colonie pour que ces modifications se produisent en elle, et l'on sait que pour conduire à demeurer unis des individus primitivement destinés à se séparer, il n'est besoin que d'un peu plus de chaleur et d'une plus copieuse nourriture. D'autres influences peuvent sans doute agir dans ce sens et transformer des Méduses primitivement destinées à devenir libres, en Méduses qui demeurent indéfiniment fixées. Ce sont là des faits d'une haute importance et dont nous sommes bien loin d'avoir encore épuisé les conséquences.

Si nous avons pu supposer qu'il ne serait pas impossible d'obtenir expérimentalement des modifications assez considérables dans la forme des Méduses d'une même colonie, si même il paraît probable que dans les colonies issues d'une même ponte, il arrive naturellement que les individus sexués ne se présentent pas toujours avec des caractères identiques, nous avons dû cependant, pour établir le polymorphisme des individus sexués du groupe des Hydraires, avoir recours à des formes que l'on considère habituellement comme appartenant à des espèces ou même à des genres distincts. Les différences profondes qui séparent une Méduse adulte de l'Hydre qui l'a engendrée nous ont montré toutefois que, dans une même colonie, les individus sexués revêtent une forme qui paraît au premier abord n'avoir aucun rapport avec celle de l'individu stérile. Mais ce n'est pas seulement entre l'individu agame et l'individu sexué que de telles différences se produisent.

Les colonies d'Hydres marines se trouvent dans les conditions les plus variées. A marée basse, quand l'eau ne recouvre plus les feuilles vertes et déliées des Zostères ou les brunes frondes vésiculeuses des Varechs que d'une mince couche transparente, on aperçoit sur elles les grêles filaments des *Campanulaires*, terminés chacun par une coupe élégante sur laquelle s'étale, semblable à une délicate corolle, la couronne de tentacules du Polype. Plus bas, parmi les touffes du *Fucus vesiculosus*, ces masses, couleur de chair, rappelant un peu certains Champignons, sont des *Clava* de différentes espèces. Les Laminaires, notamment le superbe

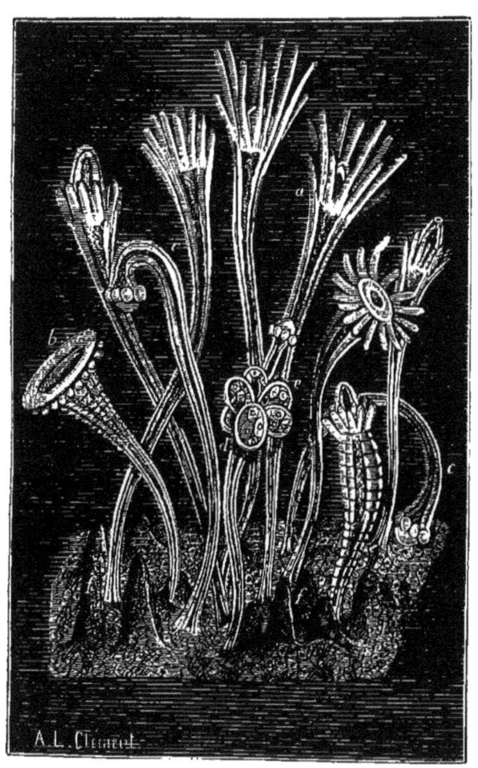

Fig. 40. — POLYPES HYDRAIRES. — Colonie d'*Hydractinia echinata* grossie 6 fois ; *a*, individus nourriciers épanouis ; *b*, un individu nourricier contracté la bouche ouverte ; *c*, un Dactylozoïde (individu astome et stérile) ; *d*, individu reproducteur ; *e*, individus sexués (Sporosacs) femelles ; *f*, épines cornées protectrices (d'après Allman).

Baudrier de Neptune, portent souvent les colonies en forme de plumes, des *Aglaophenia*. Les diverses espèces de Sertulaires couvrent de leur mousse aux teintes foncées la plupart des corps sous-marins et s'attachent souvent aux coquilles d'Huîtres et de Peignes pendant la vie du Mollusque qui les habite. Les Hydractinies, les Podocorynes, les *Perigonimus*, les Heterocordyles et plusieurs autres espèces préfèrent, au contraire, se fixer sur les coquilles de Mollusques, tels que les Nasses, les Troques, les Buccins et jusque sur leur opercule. Ces Polypes choisissent souvent de préférence les coquilles qui sont habitées par les Crabes singuliers, connus sous les noms de *Pagures* ou *Bernard-l'Hermite*. Toutes les fois que vous voyez une coquille contenant un *Pagure* courir sur le sable, enveloppée comme d'une sorte de mousse légère, demi-transparente, recueillez-la : ce sont des Polypes qui forment son habit. Chez les Hydractinies, une substance cornée sert de soutien à la colonie, revêt la coquille d'une croûte épaisse, et se prolongeant plus ou moins au delà de son ouverture, lui forme une collerette par laquelle sortent les pinces du Crabe. Des épines se dressent sur cette base cornée et constituent pour les Polypes une palissade naturelle.

En examinant de près une colonie d'Hydractinies (fig. 46), on ne tarde pas à distinguer en elle diverses sortes d'individus. Les plus nombreux (fig. 46, *a*) dont le corps, très contractile, peut revêtir les aspects les plus variables, ont à peu près l'apparence des Hydres d'eau douce, sauf qu'ils possèdent un plus grand nombre de tentacules, plus régulièrement disposés. Leur bouche peut se dilater démesurément (fig. 46, *b*) ; ils mangent avec avidité, sont stériles et doivent être considérés essentiellement comme des *individus nourriciers*. On peut avec N. Moseley les désigner sous le nom de *Gastrozoïdes* (1). Au milieu d'eux se trouvent d'autres individus plus allongés, plus grêles, privés de bouche, et chez lesquels les bras sont remplacés par un collier de tentacules remplis de nématocystes (fig. 46, *d*); sur ces individus se développent les sacs reproducteurs mâles et femelles des Hydractinies (fig. 46, *e*), les Méduses sexuées qui sont chargées de reproduire et de disséminer les colonies des Podocorynes. Ce sont là des *individus reproducteurs* ou *Gonozoïdes* (2). Sur les bords de la colonie se montrent encore d'autres

(1) De γαστήρ, estomac et ζῶον, animal, littéralement *animal-estomac*.
(2) De γεννάω, j'engendre et ζῶον, animal, *animal-reproducteur*.

individus stériles (fig. 46, *c*), construits sur le type de ceux qui portent les sacs reproducteurs, mais un peu plus grêles, plus allongés et susceptibles de se rouler en spirale au moindre contact. Leur position et leur façon générale de se comporter démontrent que ces individus se sont modifiés de manière à devenir des espèces d'organes du tact, des tentacules coloniaux. On peut les appeler des *Dactylozoïdes* (1). D'autres filaments dépourvus de bouquets de nématocystes, plus ou moins flexueux, mais rarement enroulés en spirale régulière, représentent chez les Hydractinies un degré plus inférieur encore de dégénération de l'individu. Il paraîtrait même — c'était du moins l'opinion de Louis Agassiz — que les Épines cornées qui hérissent la colonie (fig. 46, *f*) sont formées par des bourgeons exactement semblables à ceux qui deviennent des Polypes ; seulement ces bourgeons, au lieu de continuer à grandir, sont rapidement recouverts d'un enduit chitineux. On n'en doit pas moins les considérer comme de véritables individus, arrêtés dans leur développement et transformés en organes de défense.

On peut donc se figurer une colonie d'Hydractinies comme une espèce de ville dans laquelle les individus se sont partagé les devoirs sociaux et les accomplissent ponctuellement. Les uns sont de véritables officiers de bouche ; ils se chargent d'approvisionner la colonie ; ils chassent et mangent pour elle ; d'autres la protègent ou l'avertissent des dangers qu'elle peut courir, ce sont les agents de police. Sur les autres repose la prospérité numérique de l'espèce et ils sont de trois sortes, à savoir : les individus reproducteurs chargés de produire les bourgeons sexués, les individus mâles et les individus femelles. Dans la ville le nombre total des corporations — que l'on me passe le mot — n'est pas inférieur à sept. Une telle division du travail laisse nettement pressentir qu'une individualité nouvelle pourra naître d'une association d'Hydres ; nous verrons bientôt, en effet, comment cette individualité se réalise.

La diversité des aspects que peut revêtir l'individu chez les Hy-

(1) De δάκτυλος, doigt et ζῶον, animal, *animal-doigt*.

dractinies est bien faite pour étonner. On se demande tout d'abord quelles causes ont pu déterminer d'aussi multiples adaptations : un seul exemple suffira à montrer à quel point la forme et l'organisation des Polypes sont sous la dépendance des circonstances extérieures. Il arrive assez souvent que certains animaux viennent se loger à l'intérieur d'un Polype nourricier, soit pour y trouver un abri, soit pour profiter de la chasse de leur hôte et se nourrir ainsi sans se donner beaucoup de peine. La gêne qui résulte de la présence de ces parasites ne semblerait pas devoir être bien considérable et cependant le Polype ainsi habité perd presque toujours ses tentacules et prend un aspect très voisin de celui des individus reproducteurs. Les larves de Pycnogonides, êtres bizarres, intermédiaires entre les Crustacés et les Arachnides, sont les auteurs les plus habituels de ce singulier phénomène. Les excitations incessantes produites par le contact des objets extérieurs sur les Polypes occupant le bord d'une colonie d'Hydractinies n'ont-elles pas été suffisantes pour déterminer chez eux une dégénérescence analogue à celle qui résulte de l'excitation produite par la présence d'un corps étranger ? L'organe reproducteur en voie de formation, attirant à lui les fluides nutritifs, n'agit-il pas dans le même sens qu'un parasite qui détourne à son profit une part de l'activité digestive du Polype ? Ces assimilations, quoique imparfaites, n'en sont pas moins suffisantes pour indiquer comment se produisent ces variations de la forme fondamentale des Hydres, si étonnantes qu'elles paraissent. Quelquefois ces modifications ne sont que transitoires, et leur rapport avec la fonction que remplit le Polype n'en est alors que plus évident. L'*Eudendrium ramosum* (fig. 47) porte ses capsules reproductrices en verticilles au-dessous de la couronne de tentacules. Les individus reproducteurs (fig. 47, *b*) ne diffèrent d'abord en rien des individus stériles (fig. 47, *a*), mais leurs tentacules tombent dès que les bourgeons sexués ont atteint un certain développement (fig. 47, *c*). Il est évident que si l'on parvenait à faire apparaître ces derniers avant que le Polype qui les porte se soit garni de tentacules, ces tentacules ne se développeraient pas et on aurait ainsi un Polype reproducteur analogue à celui des Hydractinies.

Louis Agassiz (1) et Allman (2) ont observé un phénomène exactement inverse de celui que présente l'*Eudendrium ramosum*. Dans un Hydraire américain pourvu de sacs reproducteurs très simples, le *Rhizogeton fusiformis*, L. Agassiz a vu ces sacs se transformer en

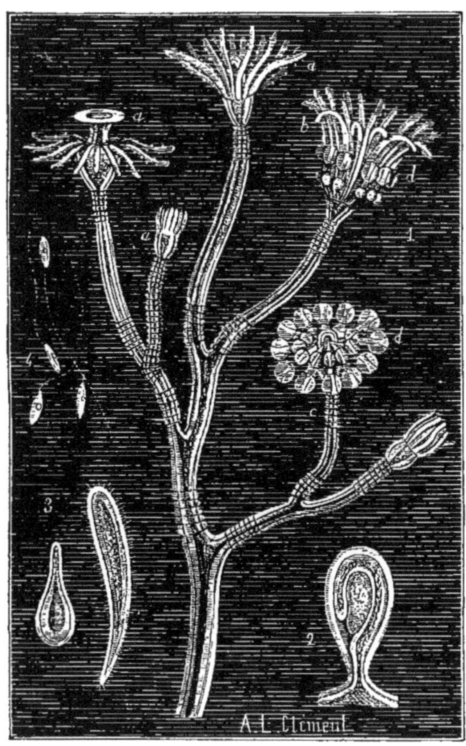

Fig. 47. — HYDRAIRES. — 1. Colonie d'*Eudendrium ramosum* grossie 7 fois ; *a*, individu stérile ; *b*, individu portant des sacs reproducteurs mâles, avant la chute des tentacules ; *d*, bouquet de sacs reproducteurs mâles. — 2. Un sac ovigère. — 3. Planules à divers états de développement. — 4. Spermatozoïdes.

Polypes complets, après s'être débarrassés de leur contenu. La même chose a été observée par Allman sur le *Cordylophora lacustris*.

(1) Louis Agassiz, *Contributions to the Natural History of United States*, t. IV, p. 226.

(2) Allman, *A Monography of Gymnoblastic or Tubularian Hydroïds*, p. 40, 1871.

C'était cette fois la partie de l'individu reproducteur correspondant au sac stomacal qui avait produit un Polype, ce qui est du reste parfaitement conforme aux homologies. Allman pense que ces deux cas sont accidentels : ils n'en sont que plus intéressants, puisqu'ils démontrent, par cela même, l'influence des conditions dans lesquelles les Polypes sont placés. Rien ne saurait mieux prouver que le développement précoce des éléments sexuels peut retarder momentanément l'évolution des Polypes qui les porte, évolution qui reprend son cours dès que disparaissent les causes qui la gênaient.

Dans l'une des grandes divisions de la classe des Polypes hydraires, où l'on observe un développement plus considérable de l'étui corné qui soutient et protège, dans un grand nombre d'autres genres, le corps délicat des Polypes, les individus reproducteurs et les individus sexués qui se développent sur eux affectent une disposition des plus remarquables. Quand on examine ces colonies où chaque Polype a une loge particulière, où ces loges ont, suivant les genres et les espèces, une forme et une disposition tout à fait caractéristiques et souvent fort élégantes, l'attention est bien vite attirée par des loges beaucoup plus grandes que les autres et dont la surface est ordinairement couverte d'une ornementation particulière. Ces loges ressemblent quelquefois à de petites corbeilles habilement tressées : plus souvent ce sont des urnes relativement spacieuses, au col rétréci, qui surgissent sur les rameaux de la colonie comme les cônes des Thuya ou des Cyprès au milieu de leurs frondes aux mille découpures. Les noms de *Sertulaire cyprès*, de *Sertulaire sapin* qui ont été donnés à quelques espèces indiquent à quel point cette ressemblance est frappante. Elle est d'autant plus réelle que les loges en question sont précisément les appareils de fructification de nos Polypes. Je me sers à dessein du mot *appareil*, car le contenu de ces chambres est l'équivalent de tout un rameau du Polypier. Dans l'*Obelia geniculata* (fig. 48, n° 2) l'axe de chaque loge en forme d'urne est occupé par une sorte de massue charnue (1), dont le sommet dilaté ferme l'ouverture de l'urne : cette

(1) Le *Blastostyle* d'Allman.

massue n'est pas autre chose qu'un individu reproducteur sur toute la longueur duquel se forment successivement, de haut en bas, un nombre considérable de Méduses. Les Méduses les plus rapprochées de l'ouverture de la loge arrivent les premières à l'état de maturité, et s'échappent bientôt pour nager librement à l'extérieur.

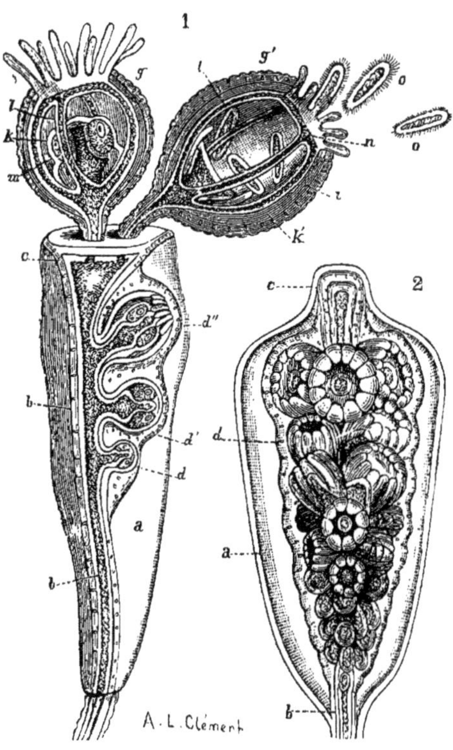

Fig. 48. — 1. Appareil fructificateur de la *Gonothyræa Loveni* : *a*, cavité de la loge; *b*, individu reproducteur (*Blastostyle*); *c*, son sommet élargi en forme d'opercule ; *d*, *d'*, *d''*, individus sexués parvenus à maturité et présentant l'organisation d'une Méduse; *k*, *k'*, paroi externe du sac stomacal incomplet ; *l*, canaux gastro-vasculaires aboutissant au vaisseau circulaire *n* ; *m*, œufs; *o*, embryons ciliés ou planules s'échappant de la cavité de l'*ombrelle*. — 2. Appareil fructificateur de l'*Obelia geniculata* : *a*, la loge; *b*, l'individu reproducteur couvert de Méduses à différents degrés de développement ; *c*, son extrémité supérieure élargie en opercule ; *d*, membrane commune enveloppant les Méduses (d'après Allman).

Sans que rien de fondamental soit changé dans cette disposition, les individus sexués peuvent prendre toutes les formes que nous connaissons déjà depuis l'état de Méduse jusqu'à l'état de simple sac reproducteur ne contenant qu'un seul œuf. Déjà chez la *Gonothyræa Loveni* (fig. 48, n° 1), les Méduses ne dépassent pas l'état auquel elles arrivent chez les Tubulaires, et ressemblent même exactement aux Méduses de la *Tubularia larynx* dont l'ombrelle porte autour de son orifice, très petit du reste, une couronne de tentacules. Ces Méduses ne se détachent jamais de l'individu reproducteur et les œufs se transforment en larves ciliées ou planules (fig. 48, n° 1, *o*) dans la cavité de l'ombrelle. Au fur et à mesure que les larves mûrissent, l'accroissement de l'individu reproducteur porte successivement les Méduses hors de la loge qui les contient : les planules s'échappent alors tandis que la Méduse se flétrit et disparaît comme disparaissent les fruits mûrs après leur déhiscence. Les individus sexués sont réduits à de simples sacs contenant chacun un œuf chez les *Laomedea*. Chez la *Laomedea repens*, Allman, l'individu reproducteur présente une modification particulière : presque dès sa base il se divise en quatre branches sur chacune desquelles se développe une double série de sacs sexués, exactement comme cela arrive pour le placenta de certains végétaux. Parmi les Hydraires à appareil reproducteur très simple, le *Cordylophora lacustris* nous a déjà présenté une division analogue de l'individu reproducteur. Chez les Sertulaires, c'est seulement à son extrémité supérieure, après avoir donné naissance sur sa longueur à plusieurs individus sexués, que l'individu reproducteur se divise en plusieurs autres, autour desquels se développent (1) autant de lames cornées, découpées sur leur bord comme des feuilles et dont l'ensemble forme une sorte de corolle au-dessus de la loge. Au centre de cette corolle apparaît d'ordinaire une poche sphérique (2) dans laquelle passent les œufs, quand ils sont mûrs, pour y subir les premières phases de leur développement. Ne dirait-on pas que cet appareil est une fleur pourvue de ses pétales, de son ovaire infère par rapport à la corolle et contenant un placenta couvert d'ovules ?

Peut-être ces ramifications de l'individu reproducteur conduisent-elles à la disposition singulière que l'on observe chez l'*Hale-*

(1) *Sertularia rosacea*, *Sertularia tamarisca*, etc.

(2) L'*Acrocyste* ou la *poche marsupiale* de Allman.

cium halecinum où chaque grande loge contient, accolés l'un à l'autre sur une partie de leur longueur, deux individus stériles, tout à fait semblables aux individus nourriciers, et un individu reproducteur qui disparaît quand les œufs sont arrivés à maturité. On pourrait voir dans les deux individus stériles des ramifications de l'individu reproducteur parvenues à l'état de Polype, grâce à une exagération de développement semblable à celle qui change, dans les fleurs doubles, les étamines ou même les feuilles carpellaires en pétales et rend ainsi ces organes stériles. Les Plumulaires nous fournissent d'ailleurs l'exemple d'un appareil dans lequel plusieurs individus reproducteurs, nés symétriquement sur un même rameau, sont rassemblés dans une même enveloppe cornée, semblable à une petite corbeille, dans laquelle tous les individus seraient déposés. On réserve à cet appareil des Plumulaires le nom de *Corbules*.

Nous avons déjà vu dans un grand nombre de cas s'effectuer, chez les Polypes hydraires, le passage d'un individu à l'état d'organe, ou le passage d'un organe à l'état d'individu : les différents exemples que nous venons de citer montrent qu'il n'est pas moins fréquent de voir un assez grand nombre d'individus s'associer pour former un organe. Nul ne songerait à voir dans les appareils reproducteurs des *Laomedea*, des *Obelia*, des Sertulaires ou des Plumulaires autre chose que de simples organes, si une comparaison attentive des modes de reproduction des Polypes hydraires n'amenait à conclure, en toute certitude, que ces organes résultent de la fusion d'un nombre plus ou moins considérable de polypes modifiés en vue de la fonction de reproduction. Ainsi chez les végétaux un nombre variable de feuilles, originairement indépendantes les unes des autres, s'associent en se modifiant, pour former un organe complexe : la fleur.

S'il est rare que chez les Hydraires proprement dits le polymorphisme soit porté aussi loin que chez les Hydractinies et les Podocorynes, on retrouve cependant assez fréquemment associées cinq sortes d'individus : l'*individu nourricier*, l'*individu reproducteur*, les deux sortes d'*individus sexués* (le mâle et la femelle), enfin ces individus sans bouche dont le rôle se borne à palper et à saisir, et que nous avons nommés avec Moseley des *dactylozoïdes*, car ils auront pour nous dans la suite une importance particulière. Ces dactylozoïdes sont surtout faciles à observer chez un Polype voisin des Campanulaires, découvert par Thomas Hincks, qui lui a donné le nom d'*Ophiodes mirabilis* (1). Les individus nourriciers portent, un peu au-dessous de la bouche placée au sommet d'un cône surbaissé, une couronne parfaitement régulière de tentacules ; au-dessous de cette couronne, le corps présente une constriction circulaire formant une sorte de cou, puis se renfle de nouveau pour s'amincir ensuite de manière à figurer une massue. Les dactylozoïdes sont beaucoup plus minces, très capables d'une grande extension, très mobiles, presque cylindriques et terminés chacun par un bouquet de capsules urticantes, comme ceux des Hydractinies. Ils sont presque aussi nombreux que les individus nourriciers et disséminés dans la colonie sans présenter avec eux aucun rapport déterminé de position. Des individus reproducteurs, offrant une disposition spéciale, complètent un ensemble analogue au fond à celui des Hydractinies, mais très différent d'aspect parce que la colonie, au lieu de s'étaler en couche horizontale, forme, au contraire, des branches ramifiées portant les diverses sortes d'individus. Les Ophiodes sont enveloppés par un mince Polypier corné où les diverses sortes d'individus possèdent des loges de forme différente et très facilement reconnaissables. Les plus grandes ressemblent à des urnes : c'est dans leur intérieur que se développent les individus reproducteurs ; les moyennes s'évasent en entonnoir : elles sont habitées par les individus nourriciers ; les plus petites, ayant l'aspect de petits cornets, appartiennent aux dactylozoïdes.

Dans presque toutes les colonies de Polypes du groupe des Plumulaires, on observe, à la base des loges occupées par les individus nourriciers, de petites loges (fig. 49, n° 1), souvent disposées par couples, toutes semblables aux loges des dactylozoïdes des *Ophiodes*, mais habitées cependant par des individus d'une structure toute spéciale et des plus significatives. Ces individus ont

(1) *Annals and Magazine of Natural History*, novembre 1866.

été désignés par Busk, qui a le premier attiré sur eux l'attention, sous le nom de *nématophores* (1). Quand on observe pendant quelque temps une colonie bien vivante de Plumulaires ou d'Antennulaires (fig. 49, n° 1), on ne tarde pas à voir sortir des

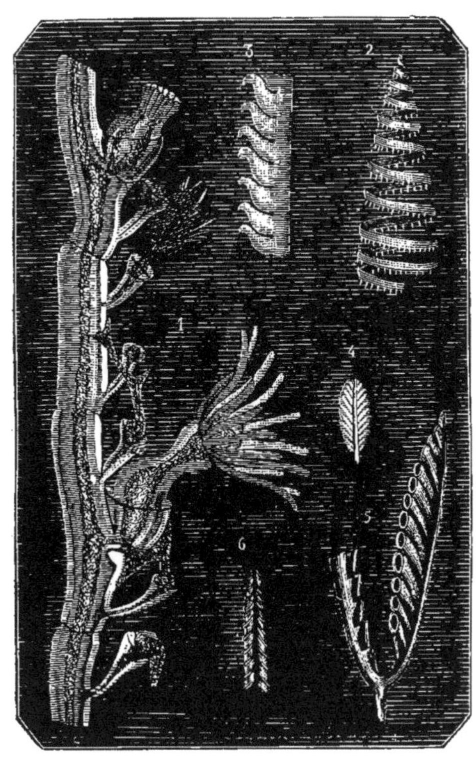

Fig. 49. — 1. *Antennularia antennina*, montrant deux polypes et six nématophores à divers états de contraction. — 2 à 6 : GRAPTOLITES : 2, *Graptolites turriculatus*, Barrande ; 3, *Graptolites priodon*, Bronn ; 4, *Diplograpsus folium*, Hisinger ; 5, *Prionotus geminus*, Hisinger ; 6, *Gladiolites Geinitzianus*, Barrande.

petites loges en question des masses charnues, qui s'allongent en s'amincissant jusqu'à dépasser de beaucoup les Polypes propre-

(1) Busk, *Hunterian Lecture delivered at the Royal College of Surgeons*, London, 1857.

ment dits. On ne reconnaît en elles aucune structure : ces masses sont d'abord presque cylindriques ou coniques, mais peu à peu leur surface se hérisse de prolongements irréguliers, de véritables pseudopodes, en tout analogues à ceux des Protozoaires. L'être qui habite les petites loges d'une colonie de Plumulaires n'a rien de l'organisation d'un Polype hydraire ; il est exclusivement formé de protoplasme, ou plutôt de masses protoplasmiques diversement fusionnées entre elles. S'il existait seul, si l'on supprimait par la pensée tous les individus nourriciers et reproducteurs, on ne pourrait manquer de considérer la partie restante de la colonie comme une colonie de Rhizopodes. Il faudrait placer les Plumulaires, les Antennulaires et tous les Hydraires qui ont comme elles des nématophores, à côté des Foraminifères et des Radiolaires.

Eh bien, il est une période de la vie de ces singuliers Polypes, où cette condition est réalisée, où les *individus protoplasmiques*, les nématophores, existent seuls. Quand la jeune planule qui provient d'un œuf de Plumulaire se fixe, ce sont les individus protoplasmiques avec leur appareil protecteur qui naissent les premiers (1). La Plumulaire est caractérisée, dès le début de son développement, par ces individus. Or, c'est une loi fondamentale du développement embryogénique des êtres — tel que l'interprète la doctrine transformiste — que les métamorphoses éprouvées par chaque individu, dans le cours de son évolution, ne font que reproduire, en abrégeant leur durée, les diverses formes qu'a traversées, dans la suite des temps, l'espèce à laquelle il appartient pour parvenir à sa forme actuelle. Les Hydraires auraient-ils donc apparu tout d'abord sous la forme de simples colonies de Rhizopodes qui se seraient graduellement compliquées, comme l'ont fait depuis les colonies d'Hydraires elles-mêmes ? C'est l'opinion d'un homme qui s'est illustré par ses recherches sur ces animaux, le naturaliste anglais Georges James Allman : c'est aussi l'opinion de l'un des savants qui occupent les rangs les plus élevés dans la science européenne, Thomas Huxley.

(1) Allman, *A Monograph of Gymnoblastic or Tubularian Hydroids*. Part. II, 1876.

Cette hypothèse que suggère l'embryogénie semble du reste confirmée par la paléontologie. Dans les terrains les plus anciens, dans les couches siluriennes, on trouve des fossiles délicats, semblables à des Mousses d'une grande régularité, dont les folioles seraient remplacées par de petites loges toujours disposées, suivant une loi déterminée : ce sont les *Graptolites*, aux formes aussi nombreuses qu'élégantes et variées (fig. 49, n°s 2 à 6). Ils sont généralement constitués par un axe solide sur lequel viennent se placer des loges pressées les unes contre les autres, presque toujours soudées entre elles, et formant tantôt une seule série occupant l'un des côtés de l'axe, tantôt deux séries symétriquement disposées de chaque côté de ce dernier. L'axe peut être absolument rectiligne, comme chez les *Diplograpsus*, ou bifurqué et gracieusement courbé de manière à figurer une accolade, ou enroulé en spirale et présenter encore d'autres dispositions fort diverses. Les loges ne sont pas moins variables d'aspect. Quelquefois elles sont en forme de cornet comme celles des nématophores des Plumulaires; souvent aussi leur ouverture se rétrécit brusquement de manière à devenir à peine visible, et l'on ne peut supposer qu'un organisme comparable à une Hydre ait pu jamais passer à travers une pareille filière. Nous avons vu, au contraire, les Rhizopodes habiter des loges ou des coquilles qui les enveloppent complètement et ne laissent qu'un étroit orifice pour permettre au protoplasme demi-fluide, qui forme le corps de ces animaux, de se répandre à l'extérieur ; on est donc conduit à penser que les êtres qui ont formé les Graptolites étaient de nature protoplasmique, comme les Rhizopodes que nous connaissons, et, par conséquent, tout à fait semblables aux nématophores des Plumulaires. Les Graptolites étaient des colonies de nématophores, comme les jeunes Plumulaires, réduites à leurs nématophores, sont ellesmêmes de véritables Graptolites.

Ces rapprochements jettent une vive lumière tout à la fois sur la véritable nature des Graptolites et sur la généalogie des Polypes hydraires. Les Hydraires, comme les Éponges, sont ainsi rattachés aux Rhizopodes ; mais pour ces deux groupes la généalogie s'établit d'une façon différente. Les Éponges semblent avoir exigé la formation préalable d'éléments cellulaires de deux sortes : c'est sur les éléments qu'a porté tout d'abord la division du travail ; l'*individu spongiaire* n'est venu qu'après, et ses colonies ne se sont jamais élevées bien haut. Chez les Hydres, l'*individu hydraire* s'est formé avant toute spécialisation des éléments qui le constituaient, et, dans la suite, les plus essentiels de ces éléments, ceux qui constituent l'exoderme et l'entoderme, sont encore demeurés de même nature. Les Hydraires primitifs, les Graptolites se sont très vite constitués en colonies, et c'est seulement entre les individus de ces colonies complexes qu'a commencé la division du travail.

Il y a donc eu, dès l'origine, une différence profonde dans le mécanisme de formation des Éponges et des Hydres. Les unes et les autres dérivent des êtres protoplasmiques et des organismes monocellulaires, et sont encore trop près de cette origine pour ne pas manifester quelques analogies ; chez les unes et les autres, le progrès organique s'accuse par la production d'une cavité dans laquelle les matières alimentaires sont retenues pour être élaborées ; mais là se borne la ressemblance et les parties qui entourent cette cavité, les éléments constitutifs de ses parois, les individus monocellulaires qui contribuent à former l'individualité nouvelle sont déjà de nature différente. Ce ne sont pas, en un mot, les mêmes Protozoaires qui ont formé les Éponges d'une part, les Hydres de l'autre.

Aussi le progrès s'arrête-t-il très vite dans le premier de ces groupes, tandis que nous allons voir les colonies des Polypes hydraires se transformer en individualités nouvelles, plus complexes et d'une haute importance.

CHAPITRE V

PREMIER MODE DE TRANSFORMATION DES COLONIES D'HYDRES EN INDIVIDUS.

(Les Siphonophores.)

Bien peu d'animaux marins excitent l'étonnement au même degré que les Siphonophores ; bien peu offrent des formes aussi capricieuses, aussi variées, aussi inattendues. Qu'on imagine de véritables lustres vivants, laissant flotter nonchalamment leurs mille pendeloques, au gré des molles ondulations d'une mer tranquille, repliant sur eux-mêmes leurs trésors de pur cristal, de rubis, de saphirs, d'émeraudes, ou les égrenant de toutes parts, comme s'ils laissaient tomber de leur sein une pluie de pierres précieuses, chatoyant des innombrables reflets de l'arc-en-ciel, montrant en un instant à l'œil ébloui les aspects les plus divers ; tels sont ces êtres merveilleux, bijoux animés que l'on croirait fraîchement sortis de l'écrin de quelque reine de l'Océan. L'esprit ne saurait rêver rien de plus riche, et c'est précisément pourquoi la froide analyse des naturalistes est demeurée longtemps confondue en présence d'organismes qui ne semblaient relever que de la fantaisie d'un divin joaillier.

Les Siphonophores sont bien connus des navigateurs qui désignent l'un d'entre eux, la *Physale*, sous le nom de *Galère*. C'est surtout dans les mers chaudes et tempérées qu'ils abondent. Par les temps calmes, ils viennent à la surface, et se laissent aller à la dérive, emportés par les courants ; mais ils savent aussi très bien se soustraire à la poursuite de leurs ennemis : après avoir suivi plus ou moins longtemps la même route, on les voit tout à coup changer d'allure. L'extrême complexité de leur corps, fait pour flotter et non pour nager, n'est pas un embarras pour eux : toutes ses parties se mettent admirablement au service de la volonté directrice ; leurs mouvements se coordonnent de la façon la plus précise.

Rien n'égale cependant la multiplicité et la variété des parties qui doivent obéir ainsi.

Les Galères ou Physales montrent tout d'abord une sorte de ballon allongé, aux reflets d'un violet brillant, qui peut atteindre la grosseur d'une outre de cornemuse, flotte à la surface de l'eau et présente à l'action du vent une large crête membraneuse, vivement colorée, lui servant de voile. A l'une des extrémités de son grand axe, le ballon est effilé et se trouve percé à sa partie supérieure d'un orifice par lequel l'air peut s'échapper, tandis qu'un bouquet de tentacules orne sa partie inférieure ; l'autre extrémité est plus large, et sur toute la portion qui plonge habituellement dans l'eau, on voit naître une forêt de filaments qui peuvent, à la volonté de l'animal, ou s'étendre démesurément, ou se rétracter au contraire jusqu'à venir se perdre dans le fouillis d'organes suspendus comme eux à la coque de ce petit navire gonflé d'air.

Parmi ces organes, on distingue surtout de grands tubes pourvus d'une ouverture à leur extrémité libre et portant chacun un des filaments dont il vient d'être question. Ce sont les *siphons* dont l'existence très générale chez les animaux qui nous occupent leur a valu le nom de Siphonophores. D'autres siphons plus petits portent des filaments moins longs et sont disposés d'une façon assez irrégulière sur de longs rameaux charnus, divisés de mille façons, qui naissent du ballon, à la base des grands siphons. Ces rameaux portent encore des bouquets de tubes sans ouverture, qui semblent sécréter un suc digestif particulier et que M. de Quatrefages (1) a nommés, pour

(1) A. de Quatrefages, *Mémoire sur l'organisation des Physales* (*Annales des sciences naturelles*), 4e série, vol. II, 1854.

cette raison, tubes hépatiques. Les tubes hépathiques sont entremêlés de grappes d'organes reproducteurs. Un même rameau peut porter un nombre indéfini de branches secondaires, présentant une constitution identique à la sienne. La cavité interne des siphons et celle de tous les autres appendices communiquent directement avec un canal qui occupe la cavité centrale de chaque rameau ; tous ces canaux viennent enfin se réunir en un réseau qui rampe dans l'épaisseur des parois de la vessie aérienne.

Les Galères sont extraordinairement urticantes. Les longs filaments adossés à leurs Siphons sont garnis d'une multitude innombrable de volumineux nématocystes qui en font de puissants instruments de défense. Ce sont aussi pour les Physales de précieux instruments de chasse. S'étendant de toutes parts, comme un filet vivant, autour de l'animal, explorant sans cesse les eaux environnantes, attirant même par leur apparence inoffensive les poissons et les crustacés nageurs en quête d'un gibier facile, ils déchargent au moindre contact leurs mille flèches subtiles et empoisonnées sur toute proie qui vient à les toucher, la paralysent, l'enveloppent de leur inextricable écheveau et méritent ainsi leur nom de *filaments pêcheurs ;* ils sont capables chez les grandes Physales de s'emparer d'animaux d'ordre élevé et de taille relativement considérable.

Dès qu'une proie a été capturée, il se passe un phénomène curieux : un certain nombre de filaments pêcheurs concourent à la maintenir d'abord et à la porter ensuite au contact de tubes hépatiques qui dégorgent sur elle leur suc corrosif. Les tissus de l'animal et jusqu'à ses os et à ses écailles, s'il s'agit d'un poisson, sont transformés peu à peu en une épaisse bouillie ; le liquide de tubes hépatiques, sans qu'il soit besoin d'un estomac, d'une cavité spéciale, a opéré une véritable digestion extérieure. La proie est maintenant à point : les Siphons grands et petits s'appliquent sur cette sorte de chyme, l'absorbent, et la masse nutritive, après avoir séjourné quelque temps dans leur cavité, passe dans les canaux qui la répartissent entre toutes les régions du corps.

Dans tous les actes qui composent cette singulière digestion, la Physale n'a cessé de se comporter en individu parfaitement autonome. Entre sa façon de faire et la façon de faire d'une Méduse, en pareil cas, on ne pourrait signaler que de bien faibles différences, et l'on est tout d'abord tenté de voir dans les siphons qui portent les bouches les représentants des suçoirs d'un Rhizostome, dans la vessie aérifère qui soutient l'animal à la surface de l'eau l'analogue de l'ombrelle d'une Méduse. Tout comme la Méduse, la Physale sait accélérer ou ralentir sa marche, émerger ou plonger à volonté, monter, descendre, aller droit devant elle ou virer de bord ; elle sait faire concourir tous ses organes à ces actes compliqués. Au point de vue physiologique, comme au point de vue psychologique, si je puis m'exprimer ainsi, une Physale et une Méduse semblent être des individus du même ordre.

Un fait, tout d'abord insignifiant en apparence, vient cependant provoquer la réflexion. Les grappes reproductrices des Physales présentent une apparence que nous connaissons bien : elles sont essentiellement constituées par de petites Méduses incomplètement développées, tout comme les grappes reproductrices des Tubulaires. De là trois conséquences importantes : premièrement, la parenté des Siphonophores avec les Hydro-Méduses se trouve confirmée ; secondement, puisque la Physale, au lieu d'être directement sexuée comme le sont les Méduses, produit au contraire des Méduses sur lesquelles se développent les éléments reproducteurs, on ne saurait la comparer à la phase *Méduse*, mais bien à la phase *Hydre* du développement de nos Polypes ; troisièmement enfin, si cette conclusion est exacte, la Physale ne peut être un individu unique ; c'est une agglomération d'individus équivalant chacun à une Hydre, une véritable colonie flottante de Polypes hydraires. Les grands et les petits siphons du singulier Acalèphe nous apparaissent donc comme autant d'Hydres portant chacune un énorme tentacule, le filament pêcheur. Les tubes hépatiques sont également des bouquets de Polypes, des dactylozoïdes accomplissant une fonction particulière ; les grappes reproductrices sont enfin, nous l'avons vu, des grappes de Méduses des deux sexes. Il y a donc ici cinq sortes d'individus, sans compter le globe flottant ou vessie aérienne, organe très particulier dont nous verrons un peu plus tard l'origine. On pourrait même à la rigueur considérer les filaments pêcheurs comme dérivant de Polypes analogues soit

SIPHONOPHORES. — N° 1. *Agalma Sarsii.* Kölliker. — *a*. Vésicule aérifère servant d'appareil de flottaison. — *b*. Méduses ou cloches natatoires. — *d*. Cloches natatoires en voie de formation. — *e*. Axe commun. — *f*. Polypes nourriciers ou gastrozoïdes. — *g*. Filaments pêcheurs portant leur appareil urticant. — *h*. Polypes sans bouche ou dactylozoïdes. — *k*. Groupes de Méduses femelles. — *l*. Bractées. — N° 2. *Praya diphyes*, C. Vogt. — *b*. Cloches natatoires. — *e*. Axe commun. — *f*. Groupes de Méduses formant autant d'individus distincts. — *g*. Filaments pêcheurs. — N° 3. *Physophora hydrostatica*. — *a*. Vésicule aérifère. — *b*. Cloches natatoires. — *d*. Cloches natatoires en voie de développement. — *e*. Axe commun. — *f*. Polypes nourriciers. — *g*. Filaments pêcheurs. — *h*. Appareils urticants. — *k*. Dactylozoïdes servant d'organes protecteurs.

aux dactylozoïdes, soit aux nématophores des Hydraires et leur attribuer une individualité propre ; mais que ce soient des *individus* ou des *organes*, cela n'a pas grand intérêt, puisque nous savons que toute partie du corps d'une Hydre est susceptible de s'individualiser et que d'autre part, chez ces êtres, le mode de production des organes est fondamentalement le même que celui des individus, en sorte qu'on pourrait presque, dans la région où nous sommes du règne animal, définir l'organe, un *individu adapté à une fonction particulière*.

Les Physophores (pl. II, n° 3) sont constitués un peu autrement que les Physales et élargissent encore l'idée que nous devons nous faire de nos Acalèphes flottants. Ici la vésicule aérifère (*a*) est fort petite : elle présente la forme générale d'un ellipsoïde dont le grand axe serait vertical et qui serait le bouton terminal d'une sorte de tige portant le reste de la colonie. Cette colonie comprend à son tour : 1° une double série de cloches contractiles, parfaitement transparentes, situées immédiatement au-dessous de la vésicule aérifère (pl. II, n° 3, *b*) ; 2° une couronne de longs tentacules vermiformes, sans bouche ni organes, souvent colorés des teintes les plus vives et rangés circulairement autour d'un disque qui termine la tige inférieurement (*ibid.*, *k*) ; 3° des siphons (*ibid.*, *f*) pourvus d'une bouche et d'une cavité digestive présentant à leur base une couronne de nématocystes et munis chacun d'un long filament pêcheur (*ibid.*, *g*), portant lui-même de petits organes d'un beau rouge (*ibid.*, *h*), semblables à des boutons de fleurs et qui ne sont autre chose que des appareils urticants d'une structure assez complexe, contenant des milliers d'énormes nématocystes ; 4° et 5° des grappes d'individus sexués mâles et femelles (1) intercalés entre les siphons, et dont le développement est toujours considérable.

Nous retrouvons donc chez les Physophores, comme chez les Physales, des *individus nourriciers* ou *gastrozoïdes*, des *dactylozoïdes* qui jouent seulement le rôle d'organes protecteurs, des

(1) Non visibles dans les gravures.

individus reproducteurs ou *gonozoïdes*, qui sont des Méduses avortées. Mais, en outre, si l'on vient à considérer les cloches contractiles que porte la tige, on est tout de suite frappé de leur ressemblance avec des Méduses dépourvues de sac stomacal ou de *manubrium*, avec des Méduses réduites à leur ombrelle. L'ombrelle a du reste conservé ses fonctions : par ses contractions rythmiques elle détermine la locomotion de la colonie ; c'est toujours une *cloche natatoire*. Nous voyons donc apparaître ici une nouvelle catégorie d'individus, les *individus locomoteurs*, chargés de remorquer leurs compagnons : ces individus ne sont plus des Hydres, mais bien des Méduses, c'est-à-dire des individus reproducteurs transformés.

Nous avons signalé déjà un phénomène identique lorsque nous avons montré comment les Éponges se constituaient au moyen d'êtres monocellulaires. Nous avons vu, dans le groupe des Protistes, la forme Amibe donner naissance, pour les besoins de la reproduction, à une forme plus mobile, la forme Monade ; nous retrouvons ces deux formes associées dans l'Éponge. Seulement, la Monade est détournée de sa destination primitive, qui était la dissémination de l'espèce, et sa faculté locomotrice est utilisée pour la production des courants qui traversent l'Éponge, et portent à ses diverses parties l'eau aérée et les matières nutritives qui sont nécessaires à l'entretien de leur existence. De même, pour les besoins de la dissémination de son espèce, l'Hydre se transforme en une Méduse qui nage et se meut avec agilité dans le liquide qui l'entoure. Puis l'Hydre et la Méduse cessent de se séparer, forment une colonie complexe, un être nouveau, le Siphonophore, et là encore la Méduse est détournée de son rôle primitif; elle cesse d'être un individu reproducteur; mais ses facultés acquises sont utilisées et elle devient un individu exclusivement locomoteur. Le parallélisme entre les deux modes de transformation ne saurait être plus complet.

Ce n'est pas, du reste, la seule adaptation à laquelle se prêtent les Méduses. Chez les Agalmes (pl. II, n° 1), la colonie commence, comme chez les Physophores, par une vésicule aérienne (*ibid.*, *a*), suivie d'une tige le long de laquelle sont disposées deux séries de cloches natatoires (*ibid.*, *b*). Mais au lieu de s'épanouir en un disque portant le reste de la colonie, cette tige (*ibid.*, *e*) se prolonge et c'est sur sa longueur que sont disséminées, formant comme un épi mobile et transparent, les diverses sortes d'individus.

« Je ne connais, dit M. Carl Vogt (1), à propos de l'une des espèces, l'*Agalme rouge*, rien de plus gracieux que cette Agalme lorsqu'elle flotte étendue près de la surface des eaux. Ce sont de longues et délicates guirlandes marquées de place en place par des paquets d'un rouge vermillon, tandis que le reste du corps se dérobe à la vue par sa transparence.

« L'organisme entier nage toujours dans une position un peu oblique, mais il peut se mouvoir avec assez de vitesse dans toutes les directions et plus d'une fois les guirlandes ont échappé par des mouvements subits au courant qui devait les entraîner dans mes bocaux.

« J'ai souvent eu en ma possession des guirlandes de plus d'un mètre de long, dont la série des cloches natatoires mesurait plus de deux décimètres, de sorte que dans les grands bocaux de pharmacie dont je me servais pour garder mes animaux en vie, les colonnes de cloches natatoires touchaient le fond alors que la vésicule aérienne flottait à la surface. Immédiatement après la capture, les colonies se contractaient à tel point qu'elles étaient à peine reconnaissables, mais lorsqu'on laissait les bocaux spacieux en repos, sans remuer, ce qui ne pouvait avoir lieu dans le bateau, tout l'ensemble se déroulait et se déployait dans les contours les plus gracieux à la surface du bocal. La colonne des cloches natatoires se tenait alors immobile dans une position verticale, la bulle d'air en haut, et bientôt commençait le jeu des différents appendices. Les Polypes placés de distance en distance sur le tronc commun de couleur rose s'agitaient en tous sens et prenaient, par les contractions les plus bizarres, mille formes diverses... Mais ce qui excitait le plus la curiosité, c'était le jeu continuel des fils

(1) *Recherches sur les animaux inférieurs de la Méditerranée*, 1er Mémoire : sur les Siphonophores de la mer de Nice, p. 63.

pêcheurs qui tantôt se déroulaient en s'allongeant de la manière la plus surprenante, tantôt se retiraient brusquement avec la plus grande précipitation. Chaque Polype semblait un pêcheur qui fait descendre au fond de l'eau une ligne garnie de hameçons vermeils qu'il retire lorsqu'il sent la moindre secousse et qu'il lance ensuite de nouveau pour la retirer de même. Tous ceux qui ont vu chez moi ces colonies vivantes ne pouvaient se détacher de ce spectacle saisissant. »

Les filaments pêcheurs (fig. 3, n° 1, *g*), qui semblent formés de tronçons distincts placés bout à bout, se bifurquent gracieusement de place en place et leurs branches sont, en général, terminées par une vrille épaisse du plus beau rouge, véritable arsenal, constitué par une accumulation d'organes urticants, en forme de sabre, contenant un fil spiral barbelé (fig. 50, n° 4), qui est lancé au dehors au moindre attouchement. Les vrilles, de 2 millimètres de longueur environ, se prolongent en un appendice transparent, contourné lui-même en spirale ; elles sont capables de s'enrouler ou de se dérouler plus ou moins, montrant alors dans leur axe un double cordon transparent, également garni de nématocystes et sur lequel s'appliquent leurs spires. A la base de chaque filament pêcheur s'en trouvent beaucoup d'autres en voie de formation, prêts à le remplacer au cas où il viendrait à être brisé. Entre les Polypes nourriciers (*ibid.*, *f*), pourvus d'une large bouche et de suite reconnaissables aux douze bandes rouges qui parcourent leur longueur, se trouvent de nombreux individus astomes (*ibid.*, *h*) à la base desquels on voit un fil pêcheur rudimentaire. Ces individus ondulent en tous sens constamment agités, semblables à des vers et paraissent disposés sans ordre le long de la colonie. Ils ressemblent beaucoup aux dactylozoïdes vermiformes, rouge-vermillon, des Physophores Autour d'eux, mais sans rapport apparent avec eux, se trouve disséminée sans ordre la multitude des individus reproducteurs.

Jusqu'ici, au point de vue de la constitution fondamentale, il y a la plus frappante analogie entre un Physophore et une Agalme ; la différence la plus notable consiste en ce que chez les Physophores les individus reproducteurs des deux sexes se ressemblent beaucoup et sont les uns et les autres réunis en grappes, tandis que chez les Agalmes les femelles seules (fig. 3, n° 1, *k* et fig. 1, n° 3) sont ainsi groupées. Les mâles (fig. 50, n° 2) sont isolés et seraient des Méduses parfaites si leur *manubrium* (*ibid.*, *f*), creux comme d'habitude et à parois remplies d'éléments fécondateurs, présentait

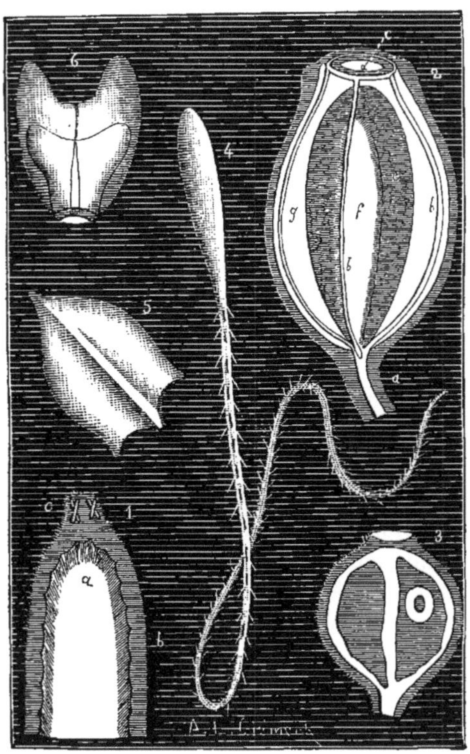

Fig. 50. — Détails de l'*Agalma Sarsii*. — 1. Extrémité d'une dactylozoïde contenant deux couples de cristaux *c*; sa cavité *a* est garnie de cils vibratiles. — 2. Individu mâle. *a*, pédoncule qui l'attache à l'axe; *b*, canaux gastro-vasculaires de l'ombrelle; *c*, ouverture de l'ombeller; *g*, cavité de l'ombrelle; *f*, sac stomacal ou *manubrium* dont les parois contiennent les spermatozoïdes. — 3. Individu femelle. — 4. Une capsule urticante ou nématocyste avec son fil spiral déroulé. — 5. Une bractée. — 6. Une cloche natatoire, très réduite.

une ouverture buccale. Durant la vie de l'Agalme, l'ombrelle de ces Méduses mâles se contracte rythmiquement comme les cloches natatoires elles-mêmes et contribue peut-être à la locomotion.

Quand la Méduse est mûre, elle se détache et nage librement autour de la colonie qui l'a produite.

Voici maintenant une disposition nouvelle qui manque à la fois aux Physales et aux Physophores. Le long de la tige des Agalmes, sur le côté opposé aux Polypes, généralement au-dessus des siphons et des dactylozoïdes et comme pour leur servir de bouclier, se trouvent un grand nombre de lames parfaitement transparentes (pl. II, n° 1, *l* et fig. 50, n° 5), de consistance cartilagineuse et dont les bords sont découpés en écu de blason. On ne saurait mieux les comparer qu'aux bractées qui, dans un épi de blé, protègent les épillets. Quelle est la signification de ces organes dont nous n'avons nulle part rencontré les analogues? Si l'on considère l'extrême variabilité de forme de l'ombrelle des Méduses, qu'elles appartiennent à des colonies d'Hydraires fixés ou à des Siphonophores, si l'on remarque que les bractées contiennent presque toujours une indication d'appareil gastro-vasculaire, qu'elles sont enfin étroitement unies au siphon qu'elles recouvrent, on arrive à leur trouver une réelle analogie avec l'ombrelle d'une Méduse dont le siphon serait le manubrium. L'Agalme serait donc non plus une colonie de Polypes hydraires, mais bien une colonie de Méduses. Au fond, la distinction n'est pas de grande importance, puisque les Méduses elles-mêmes ne sont qu'une modification des Hydres; il est cependant bon de savoir, pour la précision des comparaisons que l'on peut avoir à établir entre les divers Siphonophores, si le mélange des deux formes hydre et méduse n'est pas nécessaire pour constituer un Siphonophore; chez ceux de ces êtres qui seraient exclusivement des colonies de Méduses, les siphons ne pourraient plus être considérés, dans ce cas, comme indépendants des organes qui les accompagnent.

L'existence de colonies de Méduses est aujourd'hui bien connue; malgré leur qualité d'individus sexués, les Méduses, en effet, n'ont pas perdu la faculté de se reproduire par bourgeonnement, à la façon des Hydres. Le bourgeonnement peut même avoir lieu, comme chez les Hydres, sur les parties les plus variées de la Méduse : la Méduse d'une sorte de Tubulaire très voisine des *Corymorpha*, l'*Hybocodon prolifer*, d'Agassiz, produit de nouvelles

Méduses tout le long de son tentacule unique ; les *Amphicodon* ont deux tentacules, souvent chargés de grappes de jeunes ; chez les Méduses de diverses Syncorynes (fig. 51, n° 2), c'est sur le pourtour de l'ombrelle, à la base des quatre tentacules, que naissent les bourgeons ; chez les Éleuthéries, le bourgeonnement se produit au

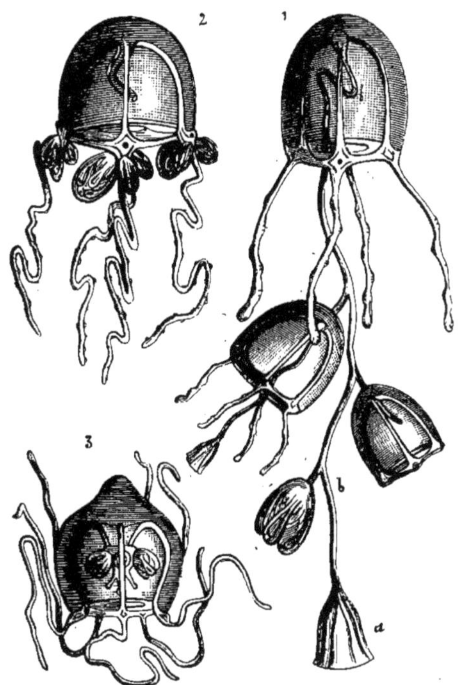

Fig. 51. — Bourgeonnement des Méduses. — 1. *Sarsia* portant de jeunes Méduses pédonculées sur son sac stomacal. — 2. Méduse d'une Syncoryne portant de jeunes individus sur le bord de son ombrelle. — 3. Jeune *Lizzia* portant de petits individus sessiles sur son sac stomacal.

contraire sur le manubrium et il en est encore ainsi chez les *Sarsia* (fig. 51, n° 1) qui sont également des Méduses de Syncorynes et chez les *Lizzia* (fig. 51, n° 3). On peut même trouver, sur le long manubrium des *Sarsia*, des Méduses de plusieurs générations constituant déjà des colonies d'une vingtaine d'individus. Le bourgeonnement peut aussi avoir lieu sur le dos de l'ombrelle, comme l'a vu Metschnikoff chez des Méduses parasites d'autres Méduses ; il peut enfin être tout à fait interne et se produire au fond du sac stomacal. Il est à noter que dans tous ces cas les Méduses produisent par voie agame des Méduses et non des Hydres : il ne peut donc résulter de ce mode de génération que des colonies exclusivement composées de Méduses. Tout porte à penser que les individus constituant ces colonies peuvent éprouver, comme les Hydres elles-mêmes, les diverses modifications de forme qui résultent de la division du travail et constituer des colonies tout aussi complexes que celles qui résultent du mélange d'Hydres et de Méduses. Il n'y aurait donc pas lieu de s'étonner si, parmi les Siphonophores, on trouvait des colonies exclusivement composées de Méduses plus ou moins modifiées et, en même temps, des colonies à qui l'on ne saurait appliquer de qualification plus exacte que celle d'*hydroméduisaires*, puisqu'elles contiennent à la fois des Méduses et des Hydres véritables.

Chez les *Agalmes*, le rôle des individus astomes, des dactylozoïdes, qui poussent isolés le long de la tige commune, semble au premier abord assez mal défini. Ces individus ne paraissent pas remplir un rôle digestif particulier, comme ceux observés par M. de Quatrefages chez les Physales ; ils sont trop courts et trop cachés parmi leurs compagnons pour qu'on puisse leur attribuer un rôle dans la recherche ou dans la capture des petits êtres dont la colonie se nourrit ; on ne peut même voir réellement en eux des individus chargés spécialement d'explorer les alentours de la colonie et de la renseigner sur les dangers qu'elle peut courir. Du moment qu'on ne leur découvre aucune utilité, ils semblent infirmer cette grande loi de la division du travail physiologique, dont le polymorphisme des individus constituant une même colonie est une conséquence. La forme devant s'adapter à la fonction, il ne devrait pas y avoir de forme inutile. Cela est incontestable, en principe ; en fait, quand la réaction réciproque d'un organisme donné et du milieu extérieur a déterminé le développement simultané d'un organe et d'une fonction, il peut très bien arriver que l'organe et la fonction se séparent, que la fonction disparaisse même et l'organe, désormais inutile, n'en persiste pas moins plus ou moins longtemps, sauf à disparaître ou à se modifier à son tour pour accomplir quelque fonction nouvelle. Il n'est pas d'animal tant soit peu élevé qui ne porte les traces indubitables de quelque transformation de ce genre. Les organes rudimentaires de tant de Vertébrés, sur lesquels Étienne Geoffroy Saint-Hilaire a le premier attiré l'attention et qui sont d'une si haute importance pour les déterminations de l'anatomie comparée, ces organes rudimentaires ne sont pas autre chose que des organes qui ont cessé d'accomplir leur fonction primitive et qui sont, par suite, en voie de disparition ou de transformation : tels sont le cæcum de l'intestin grêle des mammifères, le coccyx de l'homme et des singes supérieurs, les ailes d'un assez grand nombre d'oiseaux, les pattes de beaucoup de reptiles du groupe des Scincoïdiens. Il y a donc lieu, quand on trouve un organe problématique chez un animal, soit d'étudier le même organe aux différents âges de l'animal, soit d'étudier chez les animaux voisins les organes analogues et de rechercher s'ils ne fournissent pas quelques renseignements sur sa véritable nature.

Il sera facile d'expliquer la présence d'individus à la fois astomes et stériles, en apparence, chez les Agalmes si l'on examine, comme l'a fait Carl Vogt, au lieu d'Agalmes adultes de jeunes colonies. Là point d'individus inutiles. Tout d'abord, chaque individu possède sa plaque protectrice, chaque plaque protectrice son polype. Les polypes eux-mêmes ne sont que de deux sortes : les uns, pourvus d'une large bouche et d'un long filament pêcheur, sont les individus nourriciers que nous connaissons déjà ; les autres, transparents, dépourvus de bouche, portent tous à leur base des grappes plus ou moins volumineuses, dans lesquelles on reconnaît sans peine les bourgeons des individus reproducteurs. Plus tard, à mesure que la colonie grandit, que le nombre des individus augmente, il se fait entre ces éléments une véritable dissociation. Les rapports primitifs des plaques protectrices avec les divers individus deviennent difficiles à constater ; les bourgeons reproducteurs s'éloignent des individus qui les ont produits et se disséminent sur le tronc commun. Bientôt il devient impossible de reconnaître entre eux aucun lien de parenté ; nous arrivons à l'état ordinaire des colonies adultes d'Agalmes. Mais le passage se fait graduellement, insensiblement et les individus astomes, en forme de dactylozoïdes, n'en méritent pas moins de conserver le nom d'individus reproducteurs ; ils sont absolument les analogues des individus reproducteurs, également sans bouche et porteurs de bourgeons sexués, que nous avons précédemment signalés chez les Polypes hydraires proprement dits.

Ce serait maintenant une question de savoir si, chez les jeunes Physophores, on ne pourrait pas démontrer entre les dactylozoïdes et les grappes reproductrices des rapports analogues à ceux que ces différentes parties présentent chez une jeune Agalme. La dissociation des individus serait produite chez les Physophores par le raccourcissement extrême de l'axe commun, comme elle est produite chez les Agalmes par un très grand allongement. Peut-être aussi trouverait-on chez de jeunes Physales un rapport analogue entre les grappes reproductrices et ce que M. de Quatrefages appelle les cæcums hépatiques.

Chez une autre espèce d'Agalme, l'*Agalme pointillée*, les plaques protectrices se rapprochent davantage de la forme de cloche, typique chez les Méduses libres. Ces cloches et les divers individus de qui elles dépendent sont rassemblés en bouquets le long de l'axe commun, qui est absolument nu dans l'intervalle de ces bouquets.

C'est ce que l'on voit plus nettement encore chez un autre Siphonophore de forme assez analogue, la *Praya diphyes* (pl. II, fig. 2) ; mais ici nous constatons en outre une tendance remarquable à l'individualisation des groupes qui se forment ainsi, de sorte qu'entre l'individualité du polype hydraire et celle de la colonie, vient s'interposer une individualité nouvelle, capable de devenir à son tour totalement indépendante, et qu'il est par conséquent intéressant de connaître.

Les *Praya diphyes* peuvent, comme les Agalmes rouges, atteindre plus d'un mètre de long. Leur contractilité est telle qu'un individu de cette taille peut se réduire, quand il le veut, à n'avoir plus que la longueur du doigt. Les *Praya* manquent de vésicule aérifère ;

elles ne possèdent que deux cloches natatoires, très semblables à des Méduses, entre lesquelles prend naissance le tronc commun, rétractile, qui porte le reste de la colonie. Les bouquets d'individus situés sur ce tronc sont uniformément composés de la façon suivante. Chaque groupe comprend un polype nourricier, muni d'un long filament pêcheur et protégé par une pièce cartilagineuse, en forme de casque, dans laquelle il peut complètement se retirer avec son filament. Le polype doit être considéré comme le sac stomacal d'une Méduse dont la pièce en forme de casque serait l'ombrelle ; cette pièce présente du reste, comme d'habitude, un appareil gastro-vasculaire qui complète l'analogie. Son ouverture est fermée par une autre pièce parfaitement transparente, attachée au côté opposé du tronc commun, et dont la forme se moule exactement sur celle de l'ouverture, de façon à intercepter toute communication entre la cavité intérieure du casque et l'extérieur, lorsque le Polype s'est contracté. Mais cette pièce nouvelle n'est pas un simple opercule, comme celui qui ferme l'orifice des cloches natatoires chez d'autres Siphonophores, les *Hippopodius* et les *Vogtia*, par exemple. C'est une véritable Méduse, pourvue d'un appareil gastro-vasculaire complet, d'un velum contractile en forme d'iris et ne différant des Méduses typiques que par l'absence de manubrium et par le développement particulier de la paroi de son ombrelle, adaptée à une fonction nouvelle. Enfin, vis-à-vis de chaque polype, on voit attaché au tronc commun, parmi d'autres bourgeons remplis de cellules urticantes, un petit corps isolé, ayant l'apparence d'un bourgeon de Méduse ; c'est l'individu reproducteur, tantôt mâle, tantôt femelle, mais changeant de sexe d'un groupe à l'autre, de sorte que si chaque groupe est sexué, la colonie tout entière est hermaphrodite.

On pourrait dire que les *Praya* sont des Agalmes dont les cloches natatoires ont quitté le sommet de la colonie pour venir se mettre chacune au service d'un polype. Il résulte de cette disposition nouvelle que les différents groupes ne sont pas liés d'une façon aussi intime à l'ensemble de la colonie, et c'est en effet, dit M. Vogt, « un spectacle fort surprenant que celui des mouvements de tous les groupes qui semblent n'avoir entre eux qu'un lien absolument physique. Je ne puis mieux comparer, ajoute-t-il, toutes les évolutions des polypes qu'à celle d'une réunion de jongleurs faisant des exercices de gymnastique autour d'une corde qui est ici représentée par le tronc commun. Sauf cette adhérence, la vie, la volonté de chaque groupe sont parfaitement indépendantes, et on ne remarque une dépendance dans l'ensemble que lorsque le tronc commun se contracte pour ramener tous ses appendices vers les cloches natatoires qui se mettent alors en mouvement. »

Chaque groupe secondaire d'une *Praya* a tout ce qu'il lui faut pour constituer un organisme autonome : son individu nourricier, son individu locomoteur, son filament pêcheur et même son appareil de protection et son individu reproducteur. Il peut donc se détacher sans être pour cela menacé en quoi que ce soit dans son existence, et il est fort probable qu'à un certain moment tous les groupes quittent, en effet, la colonie, soit pour en former de nouvelles, soit pour pondre, comme le font les Méduses des hydraires ordinaires.

On s'est quelquefois demandé si, plutôt que de considérer ces individualités secondaires comme résultant d'une association de Méduses, il ne valait pas mieux voir en elles un seul et même individu, une méduse dont le battant serait extérieur, comme un marteau de sonnerie, au lieu d'être intérieur, le casque n'étant alors qu'un organe accessoire. Les Galéolaires d'une part, les Athoribies de l'autre fournissent une réponse à cette question. Les Galéolaires, comme les *Praya*, ont deux cloches natatoires ; mais ces cloches ont la forme de sabots et sont de dimensions et d'aspect un peu différents. Entre les deux cloches, naît comme d'habitude le tronc commun qui supporte les individus nourriciers et reproducteurs. Ces individus sont groupés exactement comme chez les *Praya;* mais chaque groupe comprend une bractée protectrice, en forme de cornet, qui enveloppe le groupe tout entier, un Polype avec son filament pêcheur et une Méduse sexuée dont le battant a ses parois remplies d'œufs ou de spermatozoïdes. Ici l'on ne saurait bien évidemment considérer le polype extérieur comme dépendant de la Méduse puisqu'elle a déjà son battant ; il occupe d'ailleurs par rapport à elle exactement la même position que chez les *Praya* et, par conséquent, nous sommes amenés à le considérer aussi chez ces dernières comme indépendant de la cloche natatoire à laquelle il est accolé.

Les groupes secondaires des Galéolaires ne diffèrent de ceux des *Praya* que parce que, dans chaque groupe, le même individu sert à la fois à la reproduction et à la locomotion. Mais ici se présente, en outre, une particularité importante. Tandis que les colonies de *Praya* sont hermaphrodites, celles de Galéolaires, comme celles d'un genre voisin, les Diphyes, sont unisexuées: dans une même colonie tous les individus reproducteurs sont exclusivement mâles ou femelles. Il y a donc entre eux un lien physiologique, de nature inconnue, qui n'existe pas chez les *Praya*. Le développement des groupes secondaires se fait graduellement chez ces animaux, des cloches natatoires à l'extrémité libre du tronc commun, où se trouvent les individus les plus âgés. Dès que les groupes qui sont à cette extrémité sont arrivés à maturité, ils se détachent pour vivre d'une vie indépendante. L'illustre anatomiste anglais Huxley, les ayant recueillis pendant leur phase indépendante, les avait d'abord pris pour des organismes spéciaux, des Siphonophores réduits en quelque sorte au maximum de simplicité ; il avait créé pour eux le genre Eudoxie. On doit à Carl Vogt d'avoir bien montré que les Eudoxies ne sont que les groupes terminaux, individualisés, d'organismes analogues aux Diphyes. Il est inutile de faire ressortir davantage les affinités qui lient les Eudoxies aux groupes correspondants des *Praya*.

De petits Siphonophores, qui ne sont pas sans quelque ressemblance avec les Eudoxies, les *Athorhybies*, viennent enfin faire disparaître tous les doutes qui pourraient subsister relativement à l'assimilation que nous avons faite des plaques protectrices des Polypes avec les ombrelles des Méduses. Là, en effet, les cloches natatoires ont disparu et sont remplacées immédiatement au-dessous de la vésicule aérienne par une couronne de boucliers en tout analogues aux bractées des genres précédents. Entre ces bractées se montrent des dactylozoïdes et les gastrozoïdes, précisément dans les rapports qu'ils pourraient avoir avec elles, si elles étaient des ombrelles rudimentaires.

Les *Praya*, les Diphyes, les Galéolaires se rapprochent évidemment beaucoup de la forme la plus élémentaire que puissent présenter les Siphonophores. On ne peut rien concevoir de plus simple qu'une colonie flottante composée de Polypes naissant isolément sur un stolon que maintient à la surface de l'eau, comme un ludion, une vésicule remplie d'air, dont la formation première peut être attribuée, nous le verrons tout à l'heure, à une sorte d'accident. De petits Siphonophores, les Rhisophyses, ne s'élèvent guère au-dessus de cette condition. Que les Polypes situés à l'une des extrémités de la tige se développent en Méduses locomotrices, en même temps que la vésicule aérienne disparaît, que les Polypes situés plus bas produisent chacun, tout en se modifiant eux-mêmes plus ou moins, une ou plusieurs Méduses sexuées, nous passons aussitôt de la forme rhizophyse à la forme diphye ou galéolaire. Puis une division du travail se fait dans chaque groupe ; l'une des Méduses devient exclusivement locomotrice ; les Méduses sexuées se développent alors plus ou moins, nous arrivons aux *Praya*. Dans tous ces types, la personnalité de la colonie est fort peu développée. Chaque groupe s'est constitué en un village à peu près indépendant de ses voisins ; de telles colonies sont de simples *confédérations*. Les Agalmes et les types voisins, tels que les Apolémies ou les Stéphanomies (fig. 52), s'élèvent déjà plus haut sur l'échelle des individualités. Chaque groupe ne peut plus se suffire à lui-même ; la faculté de locomotion se centralise décidément d'une façon complète. Les Méduses sexuées, arrivées à maturité, peuvent bien parfois se détacher ; mais elles n'aident en rien au transport de la colonie et ce sont les cloches natatoires accumulées en double série ou, comme chez les Stéphanomies, en rangées multiples au-dessus de la vésicule aérienne, qui accomplissent seules cette fonction. Il en résulte nécessairement une dépendance plus grande de tous les individus ; des liens plus intimes s'établissent entre eux ; les impressions produites sur une partie quelconque de l'ensemble doivent nécessairement être transmises aux cloches locomotrices ; les mouvements de celles-ci, sous peine de désordre, doivent être coordonnés. Il naît donc une sorte de *conscience coloniale:* par cela même, la colonie tend à constituer une unité nouvelle ; elle tend à former ce que nous nommons un *individu*. Cette individualité s'accuse davantage chez les Physophores où le tronc commun se raccourcit,

Fig. 52. — SIPHONOPHORE. — *Stephanomia contorta*, Edw. — *a*, cloches natatoires ou méduses locomotrices. — *b*, siphons ou gastrozoïdes recouverts de leurs bractées. — *c*, grappes reproductrices. — *d*, filaments pêcheurs.

où tous les individus se rassemblent de manière à former une sorte de bouquet qui s'épanouit au-dessous des cloches natatoires ; elle est peut-être encore plus développée chez les Physales. Là, la vésicule aérifère prend un immense développement ; les cloches locomotrices et l'axe commun disparaissent en entier, et c'est directement à la surface de la poche remplie d'air que naissent les Polypes principaux et les troncs ramifiés qui portent les Polypes secondaires, les grappes reproductrices et les individus astomes qui jouent le rôle de cæcums hépatiques. M. de Quatrefages nous montre ces singulières colonies comme déjà très hautement individualisées. Toutefois elles ne présentent pas encore cet arrangement constant, calculé d'une façon précise, sans lequel la coordination des mouvements ne saurait être absolue, ni la perception des impressions régulièrement centralisée de manière à produire une véritable conscience et, par conséquent, un individu parfait.

Ce sont d'autres Siphonophores qui nous fournissent ce dernier terme de l'évolution de l'*individualité*.

Certes, si les Polypes hydraires et les lois de leurs associations n'avaient pas été connues, si l'on n'avait pas rencontré dans nos mers d'autres organismes du même ordre, il ne serait venu à l'esprit de personne de décomposer l'individualité des Vélelles ou des Porpites (fig. 53). Ces êtres, aussi singuliers qu'élégants, sont cependant des colonies au même titre que les Physales. Chez eux, la vésicule aérifère est remplacée par un appareil assez compliqué présentant la forme d'un disque aplati chez les Porpites, d'une sorte de parallélipipède de très faible hauteur chez les Vélelles. Le long de la petite diagonale de la face supérieure du parallélipipède s'élève chez les Vélelles une sorte de crête triangulaire qui surnage au-dessus de l'eau et qui sert à l'animal à prendre le vent pour se laisser pousser par lui. Cette crête manque aux Porphites. C'est à la face inférieure du disque chez les Porpites, du parallélipipède chez les Vélelles, que sont attachés les Polypes vivement colorés, comme toutes les autres parties, d'une magnifique teinte bleu de Prusse. Dans les deux genres, la constitution de la colonie est à peu de chose près la même ; nous nous occuperons seulement des Porpites qui sont à la fois plus simples et plus régulières.

Là le centre du disque est occupé par un grand Polype (fig. 53, n° 1 *a* et n° 2, *g*), toujours stérile et qui est exclusivement nourricier ; c'est l'estomac principal de la colonie. Autour de lui viennent se ranger circulairement une foule d'autres Polypes plus petits (fig. 53, n° 1 *b*, et n° 2 *h*), pourvus également d'une bouche et qui

Fig. 53. — SIPHONOPHORE. — *Porpita Mediterranea*. — 1. *Porpita* vue par sa face inférieure. — *a*, polype central stérile; *b*, polypes reproducteurs portant les individus sexués; *c*, petits dactylozoïdes marginaux; *d*, grands dactylozoïdes garnis de tentacules. — 2. Coupe diamétrale d'une Porpite : *a*, appareil cartilagineux aérifere; *b*, tégument; *g*, individu stérile; *h*, individus reproducteurs; *c*, *d*, petits dactylozoïdes ; *e*, grands dactylozoïdes. — 3. Individu sexué, en forme de méduse libre (*Chrysomitra*).

peuvent par conséquent l'assister dans ses fonctions de nourricier de la colonie. Ils ont cependant un autre rôle important à jouer. C'est sur eux, à leur base, que bourgeonnent les individus sexués. Ces derniers ne sont autre chose que de petites Méduses à un seul tentacule latéral, pour qui le professeur Gegenbaur, avant de connaître exactement leur origine, avait institué le genre *Chrysomitra* (fig. 53, n° 3). Ces Méduses, chose exceptionnelle chez les Siphonophores, se détachent avant d'avoir développé les éléments reproducteurs. Ceux-ci n'apparaissent que lorsque les *Chrysomitra* ont déjà vécu plus ou moins longtemps d'une façon indépendante.

Vers le bord du disque, les individus reproducteurs sont remplacés par une couronne de longs dactylozoïdes, sans bouche, bien entendu, en forme de massue et portant épars sur leur surface, de petits tentacules terminés chacun par un bouquet de capsules urticantes (fig. 53, *d* et n° 2, *e*). Au-dessus d'eux se trouvent d'autres appendices (fig. 53, *c*, *e* et n° 2, *c*, *d*) que l'on pourrait considérer comme des dactylozoïdes rudimentaires. Enfin parmi les Polypes on voit une foule de courts prolongements tubulaires qui semblent des dépendances de l'appareil aérifère.

Telles sont les Porpites qui présentent ordinairement les dimensions d'une pièce de cinq francs. A part leurs bouches multiples, elles ont, en somme, assez exactement la physionomie d'une anémone de mer flottante. Or jusqu'à présent — nous verrons bientôt ce qu'il faut penser de cette opinion — tous les naturalistes ont considéré chacune de ces anémones comme un individu simple, au même titre que les Méduses. La multiplicité des bouches n'est d'ailleurs pas un signe de complexité, puisque les Rhizostomes, qui sont homologues des vraies Méduses, en possèdent un nombre assez considérable. Nous sommes donc arrivés à un point où la *colonie* est indiscutablement devenue un *individu*. Les Vélelles et les Porpites se sont constituées à l'aide des Hydres, exactement comme les Hydres et les Éponges se sont constituées à l'aide des organismes monocellulaires. Il suffit de se rappeler la série des formes intermédiaires que nous avons pu établir entre les Rhizopodes, les Infusoires flagellés, leurs colonies fixes et les Éponges, pour reconnaître, dans les deux cas, une parfaite analogie. Seulement, dans un cas, les individus qui s'associent sont les plus simples des êtres, les éléments primitifs ; dans l'autre, ce sont des individus résultant de cette première association qui se groupent à leur tour pour constituer, par des procédés identiques, une individualité plus élevée, qu'on pourrait appeler une individualité de troisième ordre. Les *Praya*, les Diphyes, les Galéolaires nous ont appris que, même dans cette dernière individualité, pouvaient se constituer encore des individualités intermédiaires.

Il reste à rechercher comment les colonies fixes de Polypes hydraires ont pu se transformer en colonies flottantes, pour produire les Siphonophores. L'embryogénie va nous éclairer sur ce point et confirmer en même temps tout ce que nous venons de dire relativement à la nature coloniale de ces êtres singuliers. Nous avons vu comment se développent les colonies de Polypes hydraires : l'œuf se transforme en une larve ciliée, la *Planule*, qui se fixe et commence alors à se transformer en un Polype unique ; la colonie se constitue ensuite par un bourgeonnement successif de Polypes les uns sur les autres.

S'il est réel que les Siphonophores soient des colonies d'hydres, l'œuf d'un Siphonophore ne doit donner directement qu'un seul individu ; les autres doivent naître par voie agame de celui-là. Mais il est clair, d'autre part, que, dès le début, une différence doit se manifester : la jeune larve ciliée, la Planule ne peut se fixer, sans quoi elle reproduirait la forme ordinaire des colonies d'hydraires ; destinée à vivre en haute mer, elle doit acquérir rapidement les moyens de se soutenir et de se mouvoir dans le liquide ambiant. Lorsque le Polype dans lequel elle se transforme a atteint une certaine taille, les cils vibratiles dont elle est revêtue ne seraient plus suffisants pour remplir cette fonction : aussi voyons-nous apparaître, presque en même temps que les premiers linéaments du Polype, l'appareil aérifère qui devra servir de flotteur à la colonie. L'apparition précoce de cet appareil est significative. Elle nous montre que c'est sur la larve même, sur la planule, qu'ont porté les modifications d'où est résultée la transformation des colonies d'Hydraires en Siphonophores. Les Hydraires vivent presque tous à de faibles profondeurs ; que des Planules emportées vers la haute mer aient acquis individuellement la propriété de conserver dans leurs tissus une certaine quantité de gaz, elles auront pu se maintenir dans des conditions d'existence plus favo-

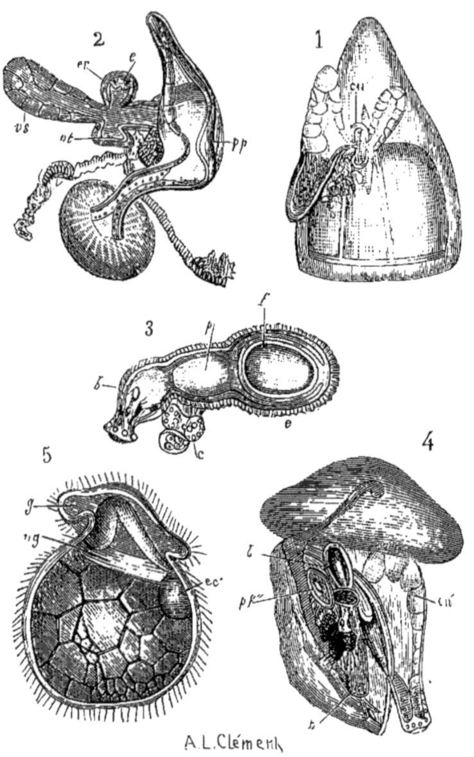

Fig. 54. — EMBRYOGÉNIE DES SIPHONOPHORES. — 1. Jeune *Galeolaria aurantiaca* âgée de 10 jours, montrant la 1re méduse locomotrice, à sa gauche, le rudiment du 1er polype et de son filament pêcheur; CII, rudiment de la 2e méduse locomotrice; au-dessus d'elle vésicule glandulaire spéciale. — 2. *Galeolaria aurantiaca* âgée de 11 jours: *vs*, vésicule glandulaire; *cr*, 2e méduse locomotrice avec ses canaux gastro-vasculaires, *c*; *vt*, 2e polype; *pp*, 1er polype avec son filament pêcheur et sa plaque tectrice (d'après Metschnikoff). — 3. Jeune Physale; *e*, poche aérifère; *f*, sa cavité; *b*, 1er polype; *p*, sa cavité stomacale; *c*, son filament pêcheur (d'après Huxley). — 4. Jeune d'*Agalma Sarsii* âgée de 12 jours; *cn'*, 1er siphon; *l*, vésicule aérifère; *b*. rudiment du filament pêcheur; *pf"*, rudiment de la 3e plaque tectrice. — 5. Larve d'*Agalma Sarsii* âgée de 6 jours. *g*, dépôt de gélatine entre l'entoderme et l'exoderme dans le rudiment de la plaque tectrice; *ng*, cavité interne comprise entre les deux couches cellulaires; *cc'*, épaississement exodermique d'où naîtra l'appareil aérifère.

rables à leur développement que celles qui auront été entraînées par leur poids à des profondeurs considérables, où elles ne trouvent ni l'air, ni la lumière, ni la chaleur qui leur est nécessaire, et où la pression de la masse d'eau superposée est énorme. Les larves flottantes se seront donc maintenues, transmettant à une partie de leur descendance la faculté précieuse à laquelle elles ont dû leur salut. Cette faculté s'est ensuite généralisée et, par le plus simple des mécanismes, la classe si remarquable des Siphonophores s'est trouvée constituée. On voit, par là, que l'appareil de flottaison n'est, en quelque sorte, que le résultat d'un accident du développement; il provient de l'adaptation d'une partie de la Planule ou du Polype qu'elle produit à une fonction nouvelle, et l'on ne saurait par conséquent, dans aucun cas, le considérer comme l'équivalent d'un individu. Son évolution postérieure a suivi deux voies très différentes, et, comme on devait s'y attendre, son degré de développement a dû être en raison inverse de celui des individus locomoteurs. Si l'appareil de flottaison a rapidement acquis un certain volume et une organisation en rapport avec les conditions d'existence créées par le milieu ambiant, les individus purement locomoteurs ne se sont pas développés : les individus sexués ont pu cesser de revêtir la forme de Méduse complète, comme chez les Physales, ou bien se sont détachés de bonne heure, comme chez les Vélelles et les Porpites. Dans ce cas, la colonie, au début, n'est absolument constituée que par un Polype unique, muni de son appareil aérifère (fig. 54, n° 3), comme Huxley (1) l'a constaté chez les Physales, comme Carl Vogt (2) et Huxley l'ont vu chez les Vélelles. C'est exactement ce que supposait la théorie. Si l'appareil de flottaison se développe peu ou mal, il est évident qu'il y aura avantage pour la colonie à ce que les individus locomoteurs se développent et se perfectionnent rapidement. De plus, d'après les lois bien connues de la sélection naturelle, ce développement devra tendre à s'accélérer de plus en plus, et il arrive, en effet, que ces individus se développent directement sur la Planule, avant même que celle-ci se soit transformée en Polype (fig. 54, n°s 1, 2 et 4).

(1) Huxley, *Oceanic hydrozoa* (Ray Society, London, 1854).

(2) Carl Vogt, *Recherches sur les animaux inférieurs de la Méditerranée*, 1re partie (*Mémoires de l'Institut genevois*, 1854).

Un habile naturaliste, M. Elias Metschnikoff, a voulu conclure de ce fait, que l'élément fondamental des colonies de Siphonophores était la Méduse (1) : les siphons ou gastrozoïdes, les tentacules, cæcums hépatiques, individus astomes ou dactylozoïdes, les filaments pêcheurs, les pièces protectrices cartilagineuses ne sont pour lui que les organes de Méduses diversement modifiées. Les Hydres, et leurs formes secondaires, n'entrent pour rien dans la colonie. Nous avons déjà fait remarquer combien cette distinction était subtile, puisque les Méduses dérivent indubitablement des Hydres, et qu'une Méduse sans ombrelle n'est, en définitive, autre chose qu'une Hydre véritable. Mais les faits extrêmement intéressants observés par Metschnikoff n'impliquent nullement les conclusions qu'il en tire. Ils sont absolument conformes aux procédés ordinaires de l'embryogénie ou même du bourgeonnement. N'avons-nous pas vu celui-ci s'accélérer d'une manière extraordinaire, chez les Hydres bien nourries, au point qu'une toute jeune Hydre, à peine formée, n'ayant encore que des bras rudimentaires, commence déjà à produire des bourgeons? Qu'une cause quelconque vienne hâter le développement de ces bourgeons ou entraver le développement de la mère, le bourgeon le plus jeune pourra devenir un individu parfait, bien avant celui qui l'a produit; il y aura interversion dans l'ordre naturel du développement. Il semblera parfois que l'individu de seconde génération se soit développé avant celui qui devait le produire. Bien peu d'animaux, ayant atteint un certain degré de complication, sont absolument exempts d'interversions de ce genre, dans le développement de leurs organes. C'est là toute l'explication des faits observés dans le développement des Siphonophores pourvus de cloches locomotrices. La planule qui provient de leur œuf se transforme toujours en Polype hydraire; elle n'est même, à proprement parler, qu'un jeune Polype hydraire qui est devenu apte à produire déjà des bourgeons de Méduses au cours de son développement. Ces Méduses, éminemment utiles à la future colonie en leur qualité d'individus locomoteurs,

(1) Elias Metschnikoff, *Studien über die Entwickelung der Medusen und Siphonophoren* (*Zeitschrift für wiss. Zoologie*, vol. XXIX, 1874).

hâtées pour cette raison dans leur développement, conformément aux conséquences ordinaires de la sélection naturelle, prennent les devants sur le Polype nourricier. Celui-ci est inutile à la colonie, tant que l'embryon contient suffisamment de cette matière nutritive que les œufs renferment toujours en proportion variable ; il n'y a donc aucun inconvénient à ce que son développement soit retardé. Mais à un certain moment, ce développement, d'abord ralenti, reprend la marche ordinaire et le Polype nourricier s'épanouit. Ce Polype est toujours, il faut le remarquer, le résultat d'une transformation directe de la Planule primitive (fig. 54, n° 1), tandis que la première cloche natatoire, malgré sa précocité, s'est développée sur le côté de cette Planule, exactement à la façon d'un bourgeon ordinaire. Cela achève de justifier l'explication que nous venons de donner et qui ramène au même plan général le développement de tous les Siphonophores.

L'embryogénie confirme donc pleinement les conséquences auxquelles nous avait conduits l'observation des colonies adultes de Siphonophores. Ces êtres sont bien réellement des colonies d'Hydraires que leur genre de vie errante a conduites à s'individualiser de plus en plus. Leur histoire nous fait assister à toutes les phases de cette transformation en individu d'une colonie, c'est-à-dire d'un groupe d'individus eux-mêmes complexes : elle nous en fait en même temps pénétrer le mécanisme. Aussi bien que les Hydres, les Méduses pourront prendre part à la production de ces individualités nouvelles; mais nous pouvons dès maintenant établir qu'elles doivent elles-mêmes leur origine à une petite société de Polypes qui s'est individualisée.

L'une des modifications les plus fréquentes que subissent les Hydraires vivant en colonies, c'est la disparition de la bouche. Dès qu'un individu s'adapte à une fonction nouvelle, l'orifice unique par lequel sa cavité digestive communique avec l'extérieur tend à s'oblitérer ; l'animal, suffisamment imprégné des sucs alimentaires élaborés par ses concitoyens, cesse de chasser et de digérer pour son compte : il puise, comme un parasite, sa nourriture dans la colonie au lieu de la chercher au dehors. A cet état, le Polype hydraire est réduit essentiellement à une massue plus ou moins développée dont l'axe est occupé par un canal correspondant à la cavité digestive des autres individus : c'est ce que nous avons appelé un *dactylozoïde*. Les individus reproducteurs revêtent ordinairement cette forme particulière. Si l'on examine le sac stomacal ou *manubrium* d'une Méduse en forme de cloche, on ne peut manquer d'être frappé de la ressemblance considérable que ce manubrium présente avec un Polype ; la ressemblance est surtout grande lorsque l'orifice buccal est entouré de tentacules, ce qui arrive très fréquemment. Supposons donc qu'autour d'un Polype nourricier se développe un verticille de 4, 8 ou 16 dactylozoïdes ; supposons que ces nouveaux individus s'accroissent suffisamment pour arriver à se toucher, ils se souderont alors forcément comme nous avons vu se souder les Hydres maintenues en contact. Ils finiront donc par constituer autour de l'individu nourricier une sorte de corolle très semblable à l'ombrelle d'une Méduse dont cet individu serait le manubrium et dont les canaux gastro-vasculaires seraient représentés par les cavités centrales des dactylozoïdes ; il ne manquerait pour que la Méduse fût complète que le canal circulaire qui longe le bord de l'ombrelle ; or la formation de semblables canaux de communication entre cavités homologues est un fait dont il serait facile de trouver de nombreux exemples. Il est donc déjà permis de se demander si la Méduse ne résulterait pas de l'individualisation d'une petite colonie formée d'un Polype nourricier occupant l'axe d'une couronne de dactylozoïdes. Le mode de développement des Méduses et les propriétés physiologiques de leurs segments confirment cette hypothèse. Si l'on jette les yeux sur les figures 38, n° 1, *b;* 39, n° 1 ; 42, *d;* 48, n° 2 qui montrent des Méduses en voie de développement sur des colonies de *Syncoryne eximia*, de *Bougainvillia ramosa*, de *Podocoryne carnea*, de *Corymorpha nutans*, d'*Obelia geniculata* ou même sur la figure 51, qui montre des Méduses bourgeonnant sur d'autres Méduses, on voit partout l'ombrelle naître autour du sac stomacal sous la forme de parties indépendantes, en nombre égal à celui des canaux gastro-vasculaires de la future Méduse. Chacune de ces parties est un véritable dactylozoïde ; il ne se soude que plus tard à ses voisins et alors seulement apparaît le canal circulaire qui met en communication les cavités centrales des dactylozoïdes et complète ainsi l'appareil gastro-vasculaire. La Méduse une fois constituée, chacun des dactylozoïdes conserve encore une part importante d'autonomie ; il forme la ligne moyenne d'une région qui se contracte indépendamment de ses voisines ; il peut être le centre du développement de glandes de la reproduction qui lui sont propres et même donner naissance à de nouvelles Méduses ; il ne cesse, en toutes ces circonstances, de se comporter comme un individu.

Un de ces dactylozoïdes peut donc, dans certains cas, se développer isolément, sans que le verticille se complète jamais, et l'on s'explique ainsi quel genre de rapport existe entre les Méduses et les bractées ou les pièces protectrices analogues des Siphonophores. Ces bractées ne correspondent qu'à un seul des dactylozoïdes transformés qui constituent une Méduse ; ce sont des quarts ou des huitièmes de Méduse ; chacune d'elles est morphologiquement équivalente à un Polype hydraire.

La Méduse au contraire n'est pas équivalente au Polype sur lequel elle bourgeonne, mais bien à une série de Polypes ; elle est exactement à l'Hydre ce que la fleur est à la feuille (1) ; son ombrelle est une corolle monopétale qui a même été polypétale dans sa jeunesse. De même que la fleur est formée de feuilles modifiées qui se sont groupées en rayons, par suite de leur rapprochement sur l'axe qui les porte, de même la Méduse est formée de polypes hydraires modifiés, qui ont pris une disposition rayonnante par suite du raccourcissement de la distance qui les séparait à l'origine. Singulière ressemblance entre les procédés mis en usage dans le règne végétal et le règne animal pour la constitution de parties analogues et qui montre à elle seule combien certains animaux inférieurs méritent ce nom de Zoophytes, d'Animaux-plantes que leur a fait donner leur apparence extérieure !

Ainsi disparaît le mystère de la transformation des Hydres en

(1) Le professeur Jæger a développé cette comparaison entre la Méduse et la fleur dans son *Manuel de zoologie*.

Méduses; la Méduse est complexe par rapport à l'Hydre, puisqu'elle résulte de la soudure de plusieurs hydres : l'individualité de l'une est aussi nette que l'individualité de l'autre, et cependant la Méduse n'a pu être au début qu'une association de Polypes dont les individualités confondues ont fini par constituer la sienne. Cette transformation est de même nature que celle qui donne naissance aux Siphonophores, mais elle est chez ces derniers plus frappante encore, car elle s'empare non plus d'un fragment d'une colonie de Polypes, comme dans le cas des Méduses, mais de la colonie tout entière.

Un autre groupe, dérivé lui aussi des Polypes hydraires, va nous offrir des phénomènes tout à fait semblables, mais obtenus par une voie différente.

CHAPITRE VI

LES CORALLIAIRES ET LEURS COLONIES.

Le Corail a donné son nom à une classe nombreuse d'animaux, les CORALLIAIRES, qui lui sont plus ou moins analogues et qui jouent dans les régions chaudes du globe un rôle considérable. Le fond de la mer est en quelque sorte tapissé de leurs colonies, qui montent graduellement vers la surface, et finissent par former des îles d'une étendue assez vaste pour suffire au développement de flores et de faunes variées, en attendant que l'homme lui-même vienne s'y établir. Souvent leurs édifices s'étendent en longues murailles de récifs en avant des continents et les protègent contre l'érosion des vagues furieuses de l'Océan.

Les architectes de ces prodigieux monuments sont ordinairement désignés, comme les Hydres, sous le nom de *Polypes*, quoique leur structure soit, en apparence, fort différente. Ils comptent parmi les êtres les plus délicats; presque toujours leurs tissus sont à demi transparents, parfois ils revêtent des teintes éclatantes, et les colonies, quand tous leurs hôtes sont épanouis, ressemblent alors, suivant leur étendue, soit à de gracieux bouquets, soit à d'admirables massifs des fleurs les plus brillantes : Marsigli, apercevant pour la première fois, en 1706, les animaux de Corail, crut en avoir réellement découvert les fleurs et en avoir démontré par cela même, d'une manière incontestable, la nature végétale ; aucun nom ne saurait être mieux choisi que celui d'*Anémone de mer*, sous lequel tout le monde désigne le plus commun des Coralliaires qui vivent sur nos côtes, l'*Actinia equina*.

Le Corail et l'Anémone de mer peuvent être considérés comme les représentants des deux grandes divisions de la classe des Coralliaires, divisions que l'examen le plus superficiel de ces animaux suffit à faire reconnaître. Les fleurs du Corail n'ont jamais que huit pétales, et ces pétales sont toujours régulièrement frangés sur leurs bords. Les Anémones de mer ont, au contraire, un nombre variable et souvent très considérable de pétales, ou, pour parler plus exactement, de *tentacules;* ce nombre augmente avec l'âge et il est ordinairement un multiple de six (1). Les tentacules sont régulièrement coniques, parfois découpés en houppes ou arborescents, comme chez le *Thalassianthus aster*, Klünzinger, de la mer Rouge (fig. 55), jamais frangés, pectinés ou dentelés sur leurs bords. De semblables caractères paraissent sans doute de peu d'importance, mais ils se retrouvent avec une telle constance chez ces êtres présentant, d'ailleurs, les formes les plus variées, qu'on est naturellement conduit à leur attribuer une grande valeur.

Les Coralliaires du premier type, ceux qui ressemblent le plus au Corail, sont désignés sous le nom d'ALCYONNAIRES. Ils vivent toujours en colonies plus ou moins nombreuses dont les plus simples sont celles des Cornulaires (2), où chaque individu habite une petite loge cornée, semblable à celle des Hydres, et n'est relié à ses voisins que par une sorte de stolon extrêmement grêle. Les Tubipores, de l'océan Pacifique, constituent des masses compactes formées de tubes calcaires cylindriques, presque droits, de couleur rouge foncé, dans chacun desquels habite un Polype. Des planchers calcaires continus unissent de loin en loin tous ces tubes entre eux, et un réseau vasculaire assez complexe met les divers Polypes en rapport étroit de nutrition les uns avec les au-

(1) Les *Antipathes* ont régulièrement six tentacules et les *Gerardia* vingt-quatre.

(2) Plusieurs espèces vivent dans la Méditerranée et se rencontrent jusque sur les côtes de Bretagne. M. Poirier, aide-naturaliste au Muséum, en a recueilli une à Roscoff (Finistère).

tres. Les tubes calcaires ont environ 2 millimètres de diamètre, ils sont placés les uns à côté des autres, de manière à rappeler un peu la disposition des tuyaux d'orgue : de là le nom de Tubipore-Musique (*Tubipora musica*, Linné) donné à l'espèce la plus commune du

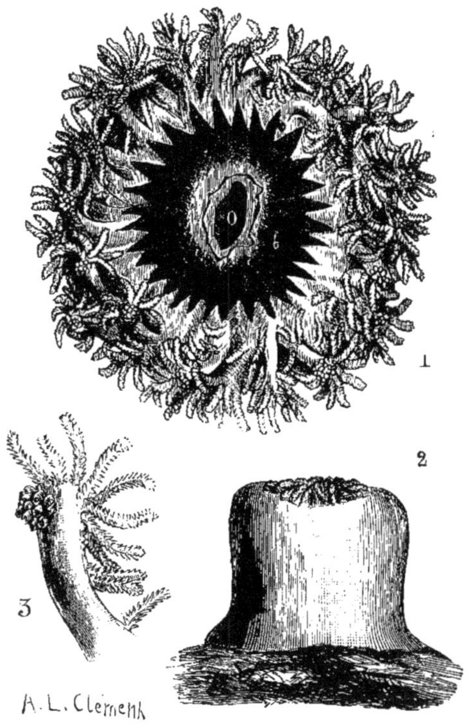

Fig. 55. — CORALLIAIRES. — *Thalassianthus aster*, Klünzinger, de la mer Rouge. — 1. Un individu épanoui, vu de face. — 2. Un individu rétracté, vu de profil. — 3. Un tentacule isolé et grossi pour montrer les digitations et le bouquet dorsal d'organes urticants.

genre. La plupart des autres Alcyonnaires jouissent de la propriété de sécréter en quantité variable des particules solides, qui se déposent non plus à l'extérieur, mais dans l'épaisseur même de leurs tissus. Ce sont chez les *Alcyons* proprement dits, qui étalent sur les rochers sous-marins leurs croûtes charnues, vivement colorées, des *spicules* analogues à ceux des Éponges, et dont les formes, nettement déterminées, sont très caractéristiques des espèces. Ce sont aussi des spicules d'un rouge de sang qui donnent sa riche couleur à la masse charnue du Corail ; les parties solides qu'elle revêt, et qu'on emploie dans la joaillerie, ne sont elles-mêmes qu'une agglomération de ces spicules soudés les uns avec les autres.

Les branches de Corail, si estimées comme parures, avec leur solidité, leur apparence végétante, leur teinte magnifique, ont longtemps été une énigme pour la science. Orphée voyait en elles des algues rougies par le sang de Méduse et pétrifiées par le regard mourant de la Gorgone, lorsque Persée posa la tête du monstre sur le rivage pour purifier ses mains dans la mer. Ovide pensait que le Corail était mou sous l'eau et se durcissait à l'air. La plupart des naturalistes ont cru, jusqu'à Peyssonnel, que cette précieuse production des mers était une plante (1). En réalité, les branches de Corail ne sont que l'axe solide (fig. 59, *a*), dépourvu de vie par lui-même, d'une colonie de Polypes. Chez les Gorgones, cet axe calcaire et résistant est remplacé par un axe de consistance cornée, flexible, élastique, qui tantôt pousse de longs rameaux parfaitement rectilignes, tantôt se divise en branches légères, de manière à simuler un buisson, tantôt s'épanouit en éventail, ou bien forme un réseau dont les mailles serrées font de la colonie une sorte de crible vivant. Cet axe corné n'exclut pas la présence de spicules dans les tissus mous qui l'enveloppent, et la forme de ces spicules est, là encore, absolument caractéristique des espèces.

L'axe solide d'une belle espèce d'Alcyonnaires, l'*Isis hippuris*, Lamarck, présente une particularité remarquable : il est formé de parties alternativement calcaires et cornées. Les parties calcaires sont d'un blanc pur et ont un peu l'aspect du Corail blanc ; les parties cornées sont brunes et leur couleur foncée tranche nettement sur celle des parties qu'elles séparent, de sorte que l'axe tout entier

(1) Voir l'historique de la découverte de l'animalité du Corail dans l'*Histoire naturelle du Corail*, de M. de Lacaze-Duthiers, 1 vol. — J.-B. Baillière.

paraît régulièrement annelé de brun et de blanc. Une disposition analogue se rencontre chez tous les Alcyonnaires du groupe des *Mélitées;* mais elle est moins tranchée, parce que les parties calcaires et cornées présentent la même teinte générale. Quelques Alcyonnaires, dépourvus d'axe solide, tels que les *Bébryces*, empruntent à d'autres, plus privilégiés, les moyens de se soutenir, viennent, en parasites, établir leurs colonies sur celles de diverses Gorgones et étouffent sous leurs vivaces plaques rouges les Polypes qui gênent leur développement. Aucune fusion ne s'établit, du reste, entre les deux colonies, pas plus qu'il ne s'en produit entre les tissus d'Hydraires d'espèces distinctes. On a donné des noms différents à la Bébryce, suivant qu'on l'a rencontrée dans tel ou tel état d'épanouissement. M. Deshayes en a publié une belle figure, sous le nom d'*Anthozoanthe parasite* (1).

La plupart des colonies d'Alcyonnaires n'ont pas de forme déterminée. De même que chaque essence d'arbre, chaque espèce a bien un port qui lui est propre, mais elle varie à l'infini cette forme générale, qui échappe d'ordinaire à toute description et subit d'une manière évidente l'influence modificatrice des milieux ambiants. Il n'en est cependant pas toujours ainsi. Certaines espèces ne vivent pas indissolublement fixées aux rochers sous-marins, comme celles dont nous venons de parler; elles sont libres de toute adhérence et se bornent à enfoncer plus ou moins profondément dans les fonds vaseux leur partie inférieure, dépourvue de Polypes. Quelques-unes se laissent même parfois emporter au gré des vagues. Elles sont aux colonies ordinaires à peu près ce que sont les Siphonophores aux autres colonies de Polypes hydraires. Chose remarquable! la vie indépendante a produit chez elles exactement les mêmes modifications que chez les Siphonophores; elles ont acquis une sorte d'individualité, peut-être moins élevée, mais qui se traduit nettement par une tendance bien marquée à revêtir une forme constante.

Les *Rénilles* ont, comme leur nom l'indique, l'apparence d'un rein aplati, soutenu par un pédoncule fixé à sa partie rentrante,

(1) Voir Alfred Fredol, *le Monde de la mer*, Paris, 1865, in-8, page 96.

celle qui correspondrait au hile de la glande. Les Polypes disséminés sur les deux faces de la plaque réniforme se détachent en jaune sur un fond du plus beau violet. Les *Véretilles* (fig. 56, n° 2) ont l'aspect d'une longue massue, dont un tiers est dépourvu de Polypes, tandis que les deux autres tiers, plus renflés, portent un nombre considérable de ces animaux, incapables de se cacher dans la masse charnue sur laquelle ils prennent naissance. Chez les *Virgulaires*, la massue s'allonge considérablement en forme de baguette, et les Polypes se développent sur des espèces de crêtes, obliquement disposées relativement à l'axe de la baguette. Enfin, chez les *Pennatules* (fig. 56, n° 1), l'axe se raccourcit de nouveau et s'épaissit; mais les crêtes obliques que nous avons vues chez les Virgulaires s'épanouissent en larges feuilles latérales, serrées les unes contre les autres, soutenues par des nervures rayonnantes, formées de longs spicules et portant les Polypes sur l'une de leurs faces. Ces feuilles s'élargissent et s'allongent graduellement, du sommet de la tige jusque vers son milieu, pour diminuer ensuite et laisser finalement un espace nu assez allongé, exactement comme le font les barbes d'une plume; il en résulte pour la colonie une ressemblance réelle avec une grande plume d'oiseau, de là le nom de *Pennatules* et aussi celui de *Plumes de mer* sous lesquels on désigne ces étranges Zoophytes. Les Pennatules grises de la Méditerranée ont à peu près la taille d'une belle plume d'autruche; elles sont, à l'époque de la reproduction, vivement phosphorescentes.

Là s'arrêtent les transformations que subissent les colonies d'Alcyonnaires dans la direction de l'individualisation. Dans aucune d'elles les Polypes composants ne perdent leur personnalité; dans aucune d'elles leur forme ne se modifie pour se prêter à une division de travail, et si, dans un petit nombre de cas comme chez les *Sarcophytons* (fig 57, n° 2), et diverses Pennatules, nous voyons apparaître des individus de deux formes différentes, ces individus ne sont pas des individus perfectionnés en vue de quelque fonction nouvelle à accomplir, mais simplement des individus incomplets, qui ne modifient pas d'une manière importante les allures de la colonie. Évidemment on ne saurait refuser une personnalité à ces colonies provenant chacune d'un œuf unique et conservant toujours une forme rigoureusement définie, composées à la vérité de Polypes indépendants, mais offrant, en outre, des parties qui produisent ces Polypes et dont aucun d'eux ne peut revendiquer

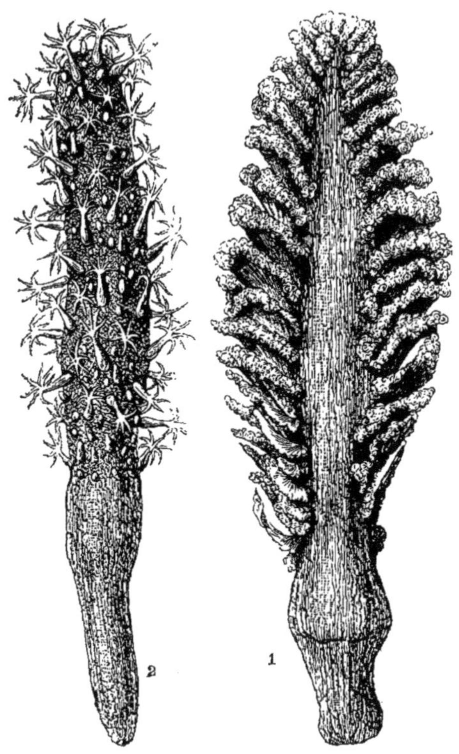

Fig. 56. — CORALLIAIRES. — 1. *Pennatula grisea*, Lk, de la Méditerranée. — 2. *Veretillum cynomorium*, de Blainville (demi-grandeur naturelle environ).

la propriété, des parties qui sont, en d'autres termes, des *organes de la colonie* et non des dépendances des Polypes. Toutefois ces parties communes n'établissent entre les Polypes aucun lien psychologique. Chaque Polype semble ignorer totalement l'existence de ses voisins ; aucune sensation commune, aucun mouvement combiné ne paraît pouvoir se produire dans cet assemblage d'êtres tous identiques et vivant chacun pour soi. Il y a donc entre les *colonies personnelles* des Coralliaires et les *colonies personnelles* des Hydres certaines différences tout à l'avantage de ces dernières. Les causes de cette infériorité des colonies de Coralliaires, d'où la division du travail semble totalement absente (1), apparaîtront pleinement lorsque nous aurons pu faire connaître d'une manière complète la nature réelle des individus constitutifs de ces colonies.

Les Coralliaires du second type sont souvent désignés sous le nom de Zoanthaires. Ils se divisent eux-mêmes en trois groupes, suivant que leurs tissus conservent leur mollesse primitive, sécrètent un axe solide plus ou moins analogue à celui des Gorgones ou produisent enfin un polypier calcaire, tellement moulé sur les animaux qui l'habitent, qu'on retrouve dans les loges de ceux-ci comme une reproduction pétrifiée de toutes les parties molles. Les Actinies ou Anémones de mer de nos côtes appartiennent au premier groupe, que M. Milne-Edwards appelle pour cela groupe des Actiniaires. Le type du second groupe est ce que les pêcheurs nomment le *Corail noir*. On croyait autrefois que le corail noir était souverain contre toutes sortes de douleurs ; de là le nom d'*Antipathe* qui lui a été donné et celui d'Antipathaires qui a été étendu à tous les représentants du groupe auquel il appartient. Les Polypes de ce groupe n'ont d'ordinaire que six tentacules mal développés. Il faut toutefois rapprocher d'eux un singulier coralliaire de la Méditerranée, soigneusement étudié par M. de Lacaze-Duthiers, qui lui a imposé le nom de *Gerardia La-*

(1) Il convient de faire à ce sujet quelques réserves. Nous ignorons à peu près totalement, en effet, quelle est la véritable nature de l'axe des Pennatules et des lames qui portent les Polypes. Sont-ce de simples parties accessoires, empruntées à l'ensemble des Polypes, comme chez le Corail, dont le développement a été si bien décrit par M. de Lacaze-Duthiers? Sont-ce des individus transformés? L'embryogénie peut seule nous renseigner sur ce point, et peut-être l'étude du développement de ces colonies fournirait-elle de précieux renseignements sur la morphologie des Polypes coralliaires.

marckii (fig. 57, n. 1) (1). Les *Gerardia* ont vingt-quatre tentacules égaux entre eux et assez allongés. Pendant leur jeune âge, elles sont complètement molles et vivent, comme les *Bébryces*, en parasites sur le polypier des Gorgones. Peu à peu elles étouffent

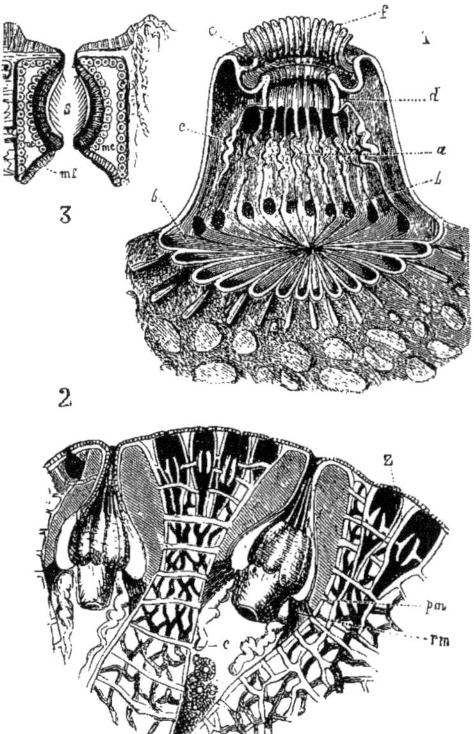

Fig. 57. — CORALLIAIRES. — 1. *Gerardia Lamarckii*, Lacaze-Duthiers; coupe montrant le tube œsophagien *d*, les loges *a*, dans leur fond l'orifice de l'un des canaux vasculaires *b*; *f*, tentacules; *c*, cloison naissant dans l'intervalle de deux tentacules et dont le bord libre porte un bourrelet garni de nématocystes; *e*, bourrelet membraneux entourant la bouche. — 2. *Sarcophyton*, indét. (grossi 7 fois); *c*, polypes complets; *z*, polypes avortés ou *Zoïdes*; *pm*, orifices des canaux de communication entre les individus. — 3. Un Zoïde isolé, grossi 20 fois. — *s*, estomac.

celles-ci et se mettent à sécréter un axe solide, dont la consistance et l'apparence générale rappellent celles d'un bois dur et poli. A

(1) H. de Lacaze-Duthiers, *Mémoires sur les Antipathaires* (*Annales des sciences naturelles* : Zoologie, 5e série, t. II et t. IV).

l'intérieur de cet axe on trouve encore très souvent l'axe de la Gorgone qui a été recouverte. Enfin le troisième groupe est celui des Madréporaires. C'est celui qui renferme le plus grand nombre d'espèces et aussi les espèces de la plus grande taille, celles qui jouent dans l'économie de la nature le rôle le plus important. Ce sont exclusivement les Madréporaires qui construisent les îles de Corail et les récifs auxquels les régions chaudes du Pacifique et les mers qui les avoisinent doivent une physionomie si particulière.

Un assez grand nombre d'Actiniaires et de Madréporaires vivent à l'état isolé. Presque tous les Actiniaires sont dans ce cas; ils ne sont même pas fixés au sol d'une façon définitive et peuvent ramper grâce aux contractions d'une sorte de disque qui termine la partie inférieure de leur corps et qui leur sert à la fois d'organe d'adhérence et de pied. Dans certains genres, tels que les *Mynias*, ce pied se renfle de manière à former une bourse, qui se remplit d'air et permet à l'animal de flotter en pleine mer. Pas plus chez les *Mynias* que chez les Pennatules, la vie errante ne modifie l'agencement des parties qui constituent essentiellement le Polype Coralliaire. Le pied seul est transformé en un véritable ludion et le Polype se laisse emporter par les vagues à la façon des Physales, des Vélelles et des Porpites, avec lesquels il n'est pas sans présenter une certaine analogie. Cette analogie est plus profonde, nous le montrerons bientôt, qu'on ne l'a supposé jusqu'ici. Chez quelques espèces d'Actiniaires, chez les *Thalassianthus* par exemple, les tentacules prennent un développement tout à fait remarquable, se divisent, se découpent de mille manières et forment ainsi les plus élégantes arborescences; on ne peut, à leur aspect, se défendre de l'impression que chacun d'eux est une individualité distincte et que le *Thalassianthus* est une colonie formée de leur assemblage.

Parmi les Madréporaires, les espèces vivant solitaires sont plus rares ; on en connaît cependant un certain nombre, et l'on trouve, entre autres, sur nos côtes, la *Caryophyllia Smithi* et la *Balanophyllia verrucaria*, Pallas, que l'on peut conserver des années entières vivantes, dans un simple flacon d'eau de mer, sans qu'on ait besoin ni de renouveler leur eau, ni de pourvoir à leur alimentation (1). La plupart des Madréporaires forment de volumineuses colonies dans lesquelles les individus sont tantôt presque complètement isolés, comme dans les *Mussa*, les *Oculina*, les *Dendrophyllia* ; tantôt pressés les uns contre les autres, au point que l'ouverture de leur calice perd sa forme circulaire pour prendre un contour

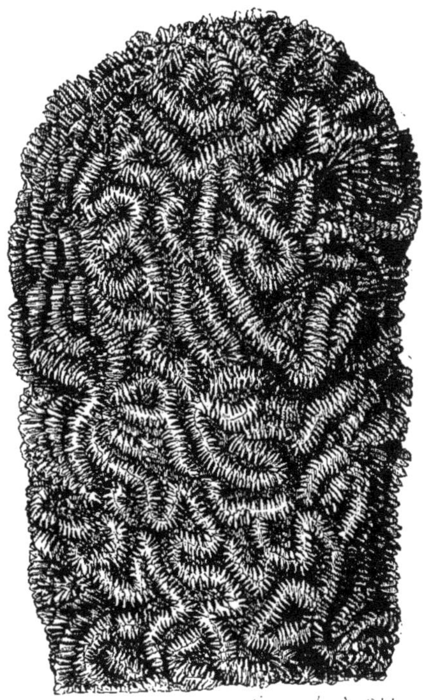

Fig. 58. — CORALLIAIRES. — *Dendrogyra cylindrus*, Ehrenberg (demi-grandeur).

(1) J'ai conservé vivantes dans ces conditions, pendant plus d'un an, dans mon cabinet du Muséum, à Paris, plusieurs Balanophyllies, qui m'ont été expédiées du laboratoire de zoologie expérimentale fondé à Roscoff (Finistère) par M. de Lacaze-Duthiers. Le savant professeur de la Sorbonne a pu conserver dans des conditions analogues des Caryophyllies plus de trois ans.

polygonal, comme dans les *Astroïdes* (fig. 60, n° 2) ou les *Porites;* tantôt enfin tellement confondus qu'il est absolument impossible de dire où commence et où finit chacun d'eux. Les individus, chez les *Cœloria*, les *Diploria*, les *Dendrogyra* (fig. 58), les Méandrines, se fusionnent ainsi latéralement, de manière à former à la surface du polypier de longues et tortueuses galeries dans lesquelles rien ne peut indiquer la part qu'il faut faire à chacun des composants. Chez les *Herpetholitha*, les *Halomitra* et quelques autres genres, la colonie peut devenir libre : elle prend alors une forme déterminée, celle d'une sorte de ver allongé dans le premier cas, d'un bonnet conique dans le second ; de là son nom grec, qui signifie *mitre de mer*. Les individus sont là à peine distincts ; rien ne vient les limiter extérieurement, de sorte que ces colonies reprennent à très peu près l'apparence des individus simples du même groupe, tels que les *Fongies* (1) : nouvel et frappant exemple de la tendance des colonies devenues libres à passer à l'état d'individus. Particularité remarquable, comme chez les Éponges du genre *Sycon*, c'est avec la forme simple primitive d'où elle dérive que la colonie présente, dans le cas actuel, une réelle ressemblance ; la nature semble donc ici revenir sur ses pas et ramener par un long détour l'individu complexe à la forme que présentait déjà l'individu simple.

Malgré les nombreuses variations que nous venons de signaler dans l'apparence extérieure et dans la constitution de leur polypier, les Polypes coralliaires présentent une grande uniformité de structure. Au centre de la couronne, le plus souvent multiple, de leurs tentacules, s'ouvre la bouche (fig. 55, n° 1, *a*, fig. 57, *c*), ordinairement elliptique et capable de s'élargir démesurément ou de se réduire à un orifice à peine visible. Cette bouche conduit dans une sorte de cylindre (fig. 57, *d*), tantôt largement ouvert par le bas, tantôt susceptible de se fermer complètement et qui pend dans la cavité du corps du Polype ; les uns ont considéré ce cylindre comme un rudiment d'estomac, les autres comme un

(1) Ces dernières sont ainsi nommées parce qu'elles rappellent tout à fait un chapeau de champignon du genre Agaric qui serait privé de son pédoncule.

œsophage ; il n'y a pas d'inconvénient à lui conserver le nom de *sac stomacal*. Entre la paroi externe du sac stomacal et la paroi interne de la cavité du corps, il existe nécessairement un espace vide annulaire ; cet espace correspond à la zone occupée extérieurement par les tentacules, qui sont creux et peuvent d'ordinaire, quand l'animal se contracte, rentrer dans son intérieur en se retournant comme des doigts de gant (fig. 59, *d*). Quand les tentacules sont épanouis, leur cavité communique largement avec l'espace annulaire dont nous venons de parler et peut, en conséquence, être considérée comme un prolongement vers l'extérieur de la cavité du corps du Polype.

Entre deux tentacules contigus, au-dessous de la membrane qui forme, à l'intérieur de la couronne tentaculaire, une sorte de plancher, au centre duquel serait située la bouche, naît toujours une cloison verticale (fig. 57, *c*) qui descend jusqu'à la partie inférieure de la cavité du corps, s'accole intérieurement au sac stomacal dans une étendue plus ou moins grande de sa longueur, et devient libre quand elle a dépassé ce sac. Il suit de là que l'espace annulaire qui sépare le sac stomacal de la paroi du corps est divisé en autant de loges sans communication entre elles que le Polype a de tentacules. Au-dessous du sac stomacal, le bord interne des cloisons qui séparent ces loges devenant libre, toutes les loges (fig. 57, *a*) communiquent largement, sur tout le reste de leur étendue, avec un espace central que l'on considère comme la *cavité viscérale* du Polype. Un corps que l'on essayerait de faire entrer dans cette cavité par l'extrémité coupée de l'un des tentacules ne pourrait donc y arriver qu'après avoir dépassé le sac stomacal. De même un corps suffisamment petit, entré par la bouche, ne pourrait pénétrer dans la cavité des tentacules qu'après avoir traversé le sac stomacal ; il s'engagerait alors dans la loge, béante intérieurement, qui correspond à un tentacule et remonterait ainsi jusqu'au sommet de ce dernier.

M. de Lacaze-Duthiers a justement comparé ces loges rayonnant autour de la cavité centrale, aux stalles d'une salle de spectacle. On peut encore s'en faire une idée moins gracieuse mais parfaitement exacte, en imaginant qu'autour d'un gros cylindre creux vertical, on a étroitement lié des cylindres de diamètre plus petit, contigus les uns aux autres, puis, qu'on a enlevé la moitié inférieure du gros cylindre et pratiqué une large fente verticale sur la partie intérieure correspondante des petits. La partie restante du gros cylindre représenterait le sac stomacal ; la partie intacte des petits cylindres, les tentacules et les loges péristomacales qui leur correspondent; leur partie fendue figurerait enfin les stalles qui rayonnent autour de la cavité viscérale.

Le bord libre des cloisons porte toujours une sorte d'ourlet saillant, bizarrement contourné, qu'on appelle le *cordon pelotonné*. Ce cordon pelotonné est bourré de nématocystes ou corps urticants exactement semblables à ceux des Hydres. Il y en a aussi une quantité considérable dans la partie externe des tentacules. La présence constante de nématocystes chez les Coralliaires et la ressemblance absolue de ces organes avec ceux des Hydres ne sont pas des faits sans importance. Il est impossible que des organes construits sur un type si particulier et si compliqué se retrouvent, avec cette constance et cette généralité, chez tous les représentants de deux ordres du Règne animal, sans impliquer entre ces deux ordres des affinités réelles ; nous ne tarderons pas, en effet, à les voir surgir d'elles-mêmes.

C'est sur les parois des cloisons des loges périviscérales que naissent les glandes génitales. Ce sont ordinairement des sacs plus ou moins volumineux dont chacun contient un œuf ou une masse de spermatozoïdes. Ces sacs sont suspendus à la paroi des cloisons et flottent par conséquent dans la cavité viscérale. On comprendra bien la singularité de cette disposition si nous ajoutons que la plupart des auteurs voient encore dans la cavité viscérale la véritable cavité digestive. Les Coralliaires semblent alors porter leurs organes génitaux dans l'estomac.

Tous les animaux supérieurs ont leur corps partagé en deux cavités dont l'une enveloppe l'autre plus ou moins complètement, savoir : 1° la *cavité digestive* où sont élaborées les matières alimentaires ; 2° la *cavité générale*, dans laquelle tous les organes sont contenus, placés d'ordinaire entre la paroi externe du tube digestif et la paroi interne de l'enveloppe extérieure du corps. Les Vertébrés, les Arthropodes, les Mollusques et les animaux qu'on y rattache, les Vers, les Echinodermes eux-mêmes ont une cavité digestive distincte de la cavité générale. Cette cavité apparaît même de très bonne heure, car dès le début de leur développement, la plupart de ces animaux se montrent sous la forme bien connue d'une *Gastrula* (fig. 26, n° 1, page 155), formée de deux sacs, ayant une ouverture commune, et dont l'un, plus petit, est suspendu dans la cavité de l'autre. Les deux sacs étant soudés tout le long de leur ouverture, celle-ci ne peut évidemment conduire que dans l'intérieur du plus petit. Ce dernier correspond à l'*entoderme* des Hydres; ses parois fourniront à l'animal adulte le revêtement cellulaire de la paroi interne de son tube digestif et des glandes qui en dépendent. Le sac extérieur, analogue à l'*exoderme* des Hydres, est aussi l'exoderme de l'embryon : il fournit à l'adulte la peau, le système nerveux, les organes des sens et s'associe d'ordinaire à l'*entoderme* pour former avec lui la plupart des autres organes, soit directement soit après avoir constitué avec lui une couche cellulaire intermédiaire, le *mésoderme*. Entre l'*exoderme* et l'*entoderme* des embryons de la plupart des animaux (1), il existe une cavité close; c'est là la *cavité générale primitive*, qui prend une part plus ou moins grande à la formation de la cavité générale définitive et dans lesquelles se développent, aux dépens des deux feuillets, tous les autres organes, ainsi complètement séparés de la cavité digestive.

Chez les Éponges et les Polypes hydraires l'entoderme et l'exoderme sont intimement soudés l'un à l'autre, qu'ils soient ou non séparés par un feuillet mésodermique, de sorte qu'il n'y a pas à proprement parler de cavité générale. Chez les Coralliaires, on admet généralement qu'il y a un commencement de distinction entre la cavité digestive et la cavité générale : l'intérieur du tube œsophagien serait une indication de cavité digestive ; l'intérieur des loges rayonnantes qui l'entourent, l'in-

(1) Hæckel (*Règne des Protistes*, trad. française, p. 69) ne considère même comme de véritables animaux que les êtres se présentant à leur état embryonnaire sous cette forme d'un double sac dont les deux feuillets sont séparés par un espace vide.

térieur des tentacules et la cavité centrale dans laquelle s'ouvrent toutes les loges constitueraient la cavité générale de chaque Polype ; mais ici la cavité digestive rudimentaire s'ouvrirait largement dans la cavité générale ; le sac stomacal, percé par le bas, serait simplement traversé par les matières alimentaires qui tomberaient dans la cavité générale pour y être élaborées ; les deux cavités digestive et générale seraient donc confondues, et c'est pourquoi le zoologiste allemand Leuckart a placé les Coralliaires dans une division spéciale du Règne animal, celle des Cœlentérés (1) où il les réunit aux Polypes hydraires et aux Éponges. Nous avons vu précédemment ce qu'il fallait penser de la parenté des Éponges et des Hydraires. Les analogies que présentent, à certains égards, ces animaux ne peuvent faire oublier les différences originelles qui les séparent. Les Polypes hydraires et les Coralliaires sont au contraire de même souche ; mais les analogies invoquées par Leuckart pour les réunir ne sont qu'apparentes. La cavité viscérale d'un Coralliaire ne peut, en effet, être comparée ni à la cavité digestive d'une Hydre, ni à la cavité générale des autres animaux ; nous le démontrerons un peu plus tard. D'autre part chez les Hydres, comme chez les Méduses, la cavité digestive ne saurait se confondre avec une cavité générale qui n'existe pas à proprement parler. Ni les uns, ni les autres ne sont donc des *Cœlentérés* au sens précis de ce mot et comme, en définitive, tous ces animaux sont plus ou moins urticants, que le nom d'*orties* leur était autrefois communément donné à tous, peut-être vaudrait-il mieux, étendre au groupe dans lequel on les réunit la dénomination d'Acalèphes, qui signifie ortie, en grec, et que Cuvier n'appliquait qu'à un certain nombre d'entre eux.

Dans les colonies les plus simples de Polypes hydraires, les cavités générales des différents individus communiquent directe-

(1) De κοῖλος, creux et ἔντερα, viscères, — κοῖλος est pris ici pour cavité générale et ἔντερα pour cavité digestive ; la réunion des deux mots indique que chez les *Cœlentérés* la cavité digestive et la cavité générale ne sont qu'une seule et même chose.

ment ensemble, de sorte que les matières alimentaires passent avec la plus grande facilité de l'une à l'autre, comme nous l'avons vu dans les petites colonies d'Hydres d'eau douce. Quand la colonie se complique, quand les différents individus, au lieu d'être simplement greffés les uns sur les autres, semblent émerger d'une masse charnue commune, dont les diverses parties ne peuvent être attribuées à un individu plutôt qu'à un autre, les prolongements des cavités générales, dans cette masse, peuvent se ramifier et s'anastomoser entre elles de manière à constituer une sorte de réseau

Fig. 59. — Corail rouge : *a*, l'axe calcaire de couleur rouge employé en bijouterie ; *b*, les vaisseaux ; *c*, coupe transversale d'un Polype ; *d*, coupe longitudinale d'un Polype rétracté ; *e*, coupe longitudinale d'un Polype épanoui.

vasculaire plus ou moins complexe. C'est ce que l'on observe souvent chez les Siphonophores, et c'est aussi le mode de communication que l'on constate, chez les Coralliaires, entre les divers individus d'une même colonie.

Dans son admirable ouvrage sur le Corail (1), M. de Lacaze-Duthiers a fait connaître en détail le système de vaisseaux qui parcourent les ramifications diverses d'une branche de Corail. Les uns (fig. 59, *b*), directement en contact avec l'axe calcaire, sur lequel ils laissent leur empreinte sous forme de stries à peu près régulières, sont parallèles et reliés les uns aux autres, de loin en loin, par de courtes et minces branches latérales ; ils communiquent

(1) *Histoire naturelle du Corail.* — J.-B. Baillière, 1864.

aussi avec un réseau vasculaire irrégulier, mais à mailles serrées, qui est plus superficiel et envoie vers chaque Polype un certain nombre de branches, plus fines que les autres, venant s'ouvrir directement dans la cavité viscérale. Ainsi les matières alimentaires élaborées par tous les individus passent aussitôt dans le système vasculaire commun et sont également réparties dans toutes les régions de la colonie : c'est le *communisme* dans toute l'acception du mot.

Les *Gerardia* (fig. 57) sont particulièrement remarquables en ce que les communications du Polype avec l'appareil vasculaire colonial s'établissent avec une régularité parfaite. Les cloisons qui séparent les loges se prolongent en côtes légèrement saillantes sur le plancher inférieur de la cavité viscérale et se réunissent au centre de ce plancher de manière à le découper en secteurs rayonnants ; du fond de chaque loge, c'est-à-dire de l'espèce de cul-de-sac qui correspond à l'union de sa paroi extérieure avec le secteur correspondant du plancher, part un vaisseau unique qui vient s'ouvrir dans le réseau commun. Il suit de là que si l'on considère chaque loge comme le prolongement du tentacule qui la surmonte, le canal qui suit la loge peut être, à son tour, considéré comme un prolongement de ce même tentacule, et l'on est par conséquent en droit de dire que chaque tentacule, communiquant avec le réseau commun par un canal qui lui est propre, se greffe directement sur ce réseau. C'est là un fait d'une certaine importance et que nous aurons à invoquer par la suite.

A part la trace des vaisseaux et quelques cavités informes indiquant parfois la place des individus, l'axe solide des Alcyonnaires garde rarement la trace du Polype ; au contraire, chez les Madréporaires, chaque Polype marque profondément son empreinte sur le polypier ; sa place est indiquée par un calice plus ou moins profond, divisé par tout un système de lames calcaires en *chambres* rayonnantes, qui rappellent les *loges* rayonnantes du Polype (fig. 60) qui l'ont produit. Nous avons déjà dit qu'on voit dans chaque calice, chez les Madréporaires, tout un appareil de parties solides rappelant par leur disposition la disposition des parties molles que nous venons de décrire : il est nécessaire, pour faire bien comprendre ce qui va suivre, de préciser nettement quelles sont les parties dures qui constituent un polypier et quels sont les rapports de ces parties avec les tissus qui les recouvrent.

Fig. 60. — MADRÉPORAIRES. — *Astroïdes calycularis*, de la Méditerranée. — 1. Polypes épanouis et rétractés. — 2. Polypier dégarni de Polypes.

Prenons pour exemple la *Caryophyllia Smithi* qui a le double avantage de vivre sur nos côtes et de présenter avec la plus grande netteté toutes les parties essentielles d'un Polypier. Ce qui frappe tout d'abord chez elle, c'est l'appareil cloisonnaire formé de lames (1) calcaires verticales, à bord convexe, qui font saillie au-dessus du polypier. Ces lames sont de diverses grandeurs. Il est facile d'en distinguer 12 plus grandes que les autres, puis 12 immédiatement plus petites, intercalées entre elles, puis 24 encore plus petites et toutes d'égales dimensions : on en compte un plus grand nombre encore de taille immédiatement inférieure. L'ensemble des lames de même grandeur constitue ce qu'on appelle un *cycle;* on peut retrouver des cycles analogues dans la disposition des tentacules. Aucune des lames n'atteint le centre du calice. Il reste en avant des plus grandes un espace circulaire, une sorte de cirque, occupé par un bouton calcaire, à surface irrégulière ; ce bouton porte le nom de *columelle.* Entre la columelle et les lames, directement sur le prolongement de celles-ci, se voient d'autres petites lames calcaires, parfaitement indépendantes des premières et qu'il ne faut pas confondre avec les dents que présentent dans certaines espèces les lames principales; ce sont les *palis.* Le polypier doit être limité extérieurement : aussi le bord externe de toutes les lames vient-il se souder à une enveloppe calcaire conique qui constitue la *muraille.* Assez souvent, il semble que les lignes de suture des lames et de la muraille soient marquées extérieurement par des crêtes calcaires diversement denticulées ; on donne à ces crêtes le nom de *côtes.* Enfin la muraille est fréquemment couverte d'une sorte d'enduit qui la fait paraître vernissée. Cet enduit porte le nom d'*épithèque.*

Tous les polypiers ne présentent pas un ensemble de parties aussi compliqué. La columelle peut manquer et les lames ne pas atteindre l'axe vers lequel elles convergent ou, au contraire, s'y rencontrer et même se replier en s'enroulant sur elles-mêmes le long de leur ligne de contact. Dans les deux derniers cas, les palis manquent naturellement ; mais ils peuvent aussi manquer (fig. 60) quand la columelle existe ou quand les lames ne se rencontrent pas. Il est rare d'ailleurs que leur nombre soit égal à celui des

(1) A l'exemple de M. de Lacaze-Duthiers, nous nous servirons des termes de *lames* pour désigner ces pièces dures et calcaires, réservant le nom de *cloisons* aux parties molles qui séparent les *loges* du Polype. L'intervalle entre deux *lames* sera une *chambre* du polypier.

lames : les Caryophyllies, par exemple, n'ont qu'une seule couronne de palis, alors qu'elles peuvent avoir jusqu'à six cycles de lames. Les côtes manquent encore très souvent ; enfin dans les polypiers composés il peut arriver que tout ou partie de la muraille disparaisse. Ainsi chez les Méandrines, chez les *Dendrogyra* (fig. 58), toutes les parties de muraille, transversales par rapport aux galeries sinueuses qui forment la surface du polypier, manquent nécessairement. De même chez les *Halomitra*, il existe bien une muraille générale pour la colonie, mais les divers individus qui la composent sont dépourvus de muraille particulière. Toutes ces particularités sont mises à profit pour établir des divisions de différents ordres dans la classe des Coralliaires, distinguer les espèces, les genres et les familles dans lesquels se divise ce groupe extrêmement nombreux du Règne animal.

Quels sont maintenant les rapports que les parties dures d'un polypier présentent avec les parties molles d'un Polype coralliaire ?

La concordance qui paraît exister entre ces diverses parties inspire tout d'abord l'idée que les lames solides du polypier ne sont pas autre chose que la partie centrale solidifiée des cloisons du Polype, une sorte de squelette de ces cloisons. Il n'en est rien cependant. Chaque lame du polypier est exactement intercalée entre deux cloisons du Polype, de sorte qu'elle fait saillie sur le plancher de la loge correspondante. Si cette loge était fermée intérieurement, autrement dit si le tentacule correspondant se prolongeait sans s'ouvrir jusqu'à la base du Polype, la lame du polypier serait contenue dans sa cavité, absolument comme la columelle dans la cavité viscérale. Par suite de cette disposition les *loges* du Polype ne correspondent nullement aux *chambres* du polypier. Chaque chambre de celui-ci est à cheval sur deux loges de celui-là et réciproquement.

De cette description, il résulte en toute évidence qu'entre l'organisation si simple de la plupart des Hydraires et l'organisation si complexe des Coralliaires, les différences sont aussi nombreuses que profondes. Les uns et les autres n'ont qu'un seul orifice pour l'entrée et la sortie des matières alimentaires, mais cet orifice conduit dans des cavités construites d'une façon absolument différente. La cavité digestive est très simple chez les Hydraires, très complexe chez les Coralliaires. On a bien signalé sur les parois de la cavité digestive de certains Hydraires, des Scyphistomes notamment, des cordons longitudinaux qu'on serait tenté de comparer avec les cloisons de la cavité viscérale des Coralliaires; mais ce sont là de simples cordons cellulaires qui n'ont pas de rapport avec la génération sexuée, comme les cloisons de ces derniers, ne présentent pas leur arrangement régulier et n'offrent surtout jamais leur étroite relation avec les tentacules. Les tentacules mêmes ne peuvent être comparés dans les deux cas. Souvent, chez les Hydraires, ils naissent d'une façon tout à fait irrégulière; alors même qu'ils affectent une disposition en couronne, cette couronne n'offre rien d'absolument typique; le nombre des tentacules qui la composent peut varier, ces tentacules peuvent même se déplacer sans que rien autre chose soit modifié dans l'économie de l'animal; le tentacule de l'Hydre n'est souvent lui-même qu'un simple cordon de cellules, une simple prolifération très localisée de la paroi du corps de l'animal. Chez le Coralliaire, c'est au contraire une des parties essentielles du corps, une des parties qui dominent l'organisation tout entière de l'animal, une des parties qui déterminent la forme même du polypier. Aussi voit-on les tentacules se grouper toujours suivant des règles invariables, affecter dans toute l'étendue de la classe une disposition remarquablement constante, qui contraste de la façon la plus complète avec l'extrême variabilité que présente d'un genre à l'autre, et souvent dans une même espèce, la disposition des tentacules des Polypes hydraires. Ces tentacules, ces espèces de pieds multiples qui ont valu aux animaux de ces deux classes ce même nom de Polypes, ces tentacules, dis-je, sont des productions d'ordre absolument différent. Tout nous avertit qu'ils ont chez les Coralliaires une importance morphologique de premier ordre, que rien ne saurait faire pressentir dans le groupe, pourtant si varié, des Polypes hydraires.

Les Coralliaires, plus complexes et plus élevés en apparence que les Polypes hydraires, sont loin d'avoir leur perfectibilité. Même lorsqu'ils se détachent du sol pour vivre à l'état de liberté, ils ne présentent jamais d'organes aussi nombreux que ceux de certaines Méduses. Ils ne présentent plus cette mobilité de forme, cette faculté d'adaptation dont sont susceptibles les organismes simples, et qui frappe d'étonnement quand on étudie la classe des Polypes hydraires. La constance relative de leur forme dans toute l'étendue de la classe témoigne, comme leur complexité, que ces êtres ne sont arrivés à leur état actuel qu'après une longue élaboration, après des modifications lentement accumulées, et fixées aujourd'hui d'une manière à peu près définitive. Ils semblent protégés contre toute transformation par l'effort même qu'ils ont coûté.

Et cependant rien, jusqu'à ces dernières années, ne pouvait faire supposer comment avaient pris naissance ces organismes si admirablement réguliers dans toutes leurs parties. Bien que tous les naturalistes fussent persuadés que les Coralliaires n'étaient pas sans quelque parenté avec les Hydraires, on les plaçait dans leur voisinage, plutôt par instinct, par habitude, qu'en raison de ressemblances qu'il eût été difficile de préciser et qui n'étaient du reste que superficielles. Le problème de la parenté des Hydraires et des Coralliaires peut être aujourd'hui résolu, grâce aux documents recueillis sur les Millépores et les animaux voisins durant l'expédition de draguages du navire *The Challenger*, par l'un des naturalistes de l'expédition, M. Moseley, et si les pages qui précèdent ont pu paraître à plus d'un lecteur surchargées de détails, c'est que nous avons tenu à montrer avec quelle netteté chacun de ces détails si multiples trouvera son explication quand nous aurons fait connaître le procédé simple qui a permis aux colonies de Polypes hydraires de se transformer en colonies de Coralliaires.

CHAPITRE VII

TRANSFORMATION DES COLONIES DE POLYPES HYDRAIRES EN COLONIES DE CORALLIAIRES.

Quand on vient à briser un polypier ordinaire, on s'aperçoit bien vite que les chambres comprises entre les lames calcaires d'un même calice sont divisées en étage, à différentes hauteurs, par de petits planchers transversaux, de nature calcaire comme le Polypier lui-même. Ces planchers ne se correspondent pas dans deux chambres voisines, de sorte que celles-ci manifestent les unes par rapport aux autres une certaine indépendance et que la cavité centrale demeure plus ou moins libre. Dans un assez grand nombre de polypiers à lames généralement rudimentaires, cette disposition fait place à une disposition tout autre : les planchers successifs ne se limitent plus à l'étendue d'une chambre, ils s'étendent à toute la cavité des calices qui se trouvent ainsi divisés en étages superposés, dépourvus de toute communication les uns avec les autres. Les polypiers qui présentent cette structure particulière ont été réunis par MM. Milne Edwards et Jules Haime dans un même groupe, et ils ont reçu le nom de Polypiers tabulés ; MM. Milne Edwards et Jules Haime les considéraient, d'ailleurs, comme formant une simple section dans l'ordre des Madréporaires. Il n'existe actuellement qu'un petit nombre de genres de ces polypiers tabulés ; presque tous vivent dans les mers chaudes : ce sont les *Millépores* aux frondes blanches, fragiles, très découpées, plus ou moins aplaties et percées, comme leur nom l'indique, d'une multitude de petits trous représentant les loges des Polypes ; les *Héliopores* dont le polypier aux ramures épaisses, cylindriques, présentant des calices plus distincts, est remarquable par sa teinte bleu-foncé ; les *Pocillopores*, formant des masses très irrégulièrement dendritiques, sur lesquelles on aperçoit des calices polygonaux, presque dépourvus de lames ; enfin les *Sériatopores*, reconnaissa-

Fig. 61. — HYDROCORALLIAIRES. — *Millepora* (esp. indét., d'après Moseley) : *g*, gastrozoïdes ; *d*, dactylozoïdes.

bles à leurs ramifications terminées en pointes, sur lesquelles les calices sont disposés en séries sensiblement rectilignes, assez espacées les unes des autres. Mais un grand nombre d'autres genres sont fossiles et se trouvent surtout dans les terrains les plus anciens tels que les terrains silurien, dévonien et carbonifère.

Pendant longtemps, personne n'a douté que ces animaux ne fussent de véritables Coralliaires ; tout dans l'apparence générale de leur polypier semblait confirmer cette manière de voir ; les différences dont nous parlions tout à l'heure devaient sembler effectivement bien légères en présence de ce fait que tous les polypiers calcaires dont on avait pu jusqu'alors étudier les architectes avaient manifestement pour auteurs des organismes voisins des Actinies.

En 1859, l'illustre naturaliste suisse Louis Agassiz, fixé depuis peu en Amérique, eut, pour la première fois, l'occasion d'observer à l'état vivant les Polypes des Millépores. Il fut vivement surpris de ne leur trouver aucun des caractères bien connus des Coralliaires : c'étaient, à n'en pas douter, des Polypes hydraires, bien reconnaissables au petit nombre, à la forme, à la disposition de leurs tentacules, à l'absence de cloisons dans leur cavité générale. L'examen de la figure 61 suffira pour faire comprendre à quel point L. Agassiz avait raison.

Ce savant publia son observation en mai 1859, dans le cinquième volume de la *Bibliothèque universelle de Genève;* mais son opinion ne fut accueillie qu'avec la plus grande réserve.

« Au moment d'envoyer ce chapitre à l'impression, écrivait M. Milne Edwards, dans le troisième volume de son *Histoire naturelle des Coralliaires* (1), nous apprenons que M. Agassiz a étudié le mode d'organisation des parties molles des Millépores et a constaté que ces Zoophytes ne sont pas des Coralliaires, mais bien des Acalèphes hydroïdes voisins des Hydractinies. M. Dana partage l'opinion de M. Agassiz et ce dernier pense que les Favosites, ainsi que les autres espèces dont les cloisons ne sont pas continues verticalement, c'est-à-dire nos Madréporaires tabulés et rugueux, doivent être considérés comme étrangers à la classe des Coralliaires. Mais les faits sur lesquels il se fonde ne sont pas encore assez connus pour que nous puissions en discuter la valeur, et, jusqu'à plus ample informé, nous continuerons à ranger les polypiers dont il est ici question d'après la méthode adoptée dans nos précédents ouvrages. »

En 1860, l'un de nos naturalistes les plus éminents, celui de tous les zoologistes français qui pouvait alors passer à bon

(1) *Histoire naturelle des Coralliaires*, par MM. Milne Edwards et Jules Haime, t. III, p. 224, 1860.

droit pour connaître le mieux les Zoophytes, M. Milne Edwards, croyait donc devoir maintenir encore son opinion primitive, à savoir que les Millépores étaient des Coralliaires. Depuis cette époque jusqu'en 1875, deux naturalistes américains seulement eurent l'occasion d'observer les Polypes de Madréporaires tabulés. Le professeur Verrill put étudier les *Pocillopores* et le comte de Pourtalès constater de nouveau avec Agassiz que les Millépores étaient bien des Polypes hydraires. En 1871, Allman, dont nous avons rappelé si souvent les travaux sur les Polypes hydraires, hésitait pourtant à rapprocher de ces animaux les Polypes tabulés et rugueux. Verrill avait, du reste, été conduit par ses observations à une opinion diamétralement opposée à celle d'Agassiz; il avait vu que les Polypes des Pocillopores possèdent tous douze tentacules simples; c'étaient donc bien des Coralliaires de l'ordre des Zoanthaires, comme le voulait M. Milne Edwards. Enfin, pour compléter la confusion, un autre tabulé, l'*Heliopora cœrulea*, avait été autrefois décrit et figuré par Hombron et Jacquinot (1), comme ayant quinze ou seize tentacules; il ne rentrait en conséquence dans aucun des groupes connus.

C'est seulement en 1875, grâce au grand voyage d'exploration et de draguages entrepris sous les auspices du gouvernement anglais par le navire *The Challenger*, que la question a été définitivement jugée. L'un des jeunes naturalistes de cette brillante expédition, H. N. Moseley, a pu étudier presque complètement soit à l'état frais, soit à l'état conservé, l'*Heliopora cœrulea* aux Philippines, le *Millepora alcicornis* aux Bermudes, le *Pocillopora acuta* également aux Philippines. Il a pu faire des coupes au travers des animaux, après leur avoir préalablement enlevé leur substance calcaire, et ce n'est pas sans un réel étonnement qu'il a dû constater la parfaite exactitude des assertions différentes émises par les divers auteurs à l'égard des différents genres de Tabulés. Il était rigoureusement exact que les Pocillopores étaient des Zoanthaires, comme le voulait Verrill, les Millépores des Hydraires, comme le voulait Louis Agassiz; mais, chose plus étrange encore, les Hélio-

(1) Voyage de l'*Astrolabe* (Zoophytes, pl. XX, fig. 12, 13, 14).

pores n'appartenaient à aucun de ces deux groupes : c'étaient des Coralliaires voisins du Corail, des Gorgones, des Pennatules, des Alcyonaires en un mot (1). Ainsi dans ce groupe des Tabulés se trouvaient rassemblés des animaux appartenant aux deux grandes divisions primordiales de la classe des Coralliaires et des animaux appartenant à une classe différente, celle des Hydraires ; des êtres absolument différents pouvaient sécréter des polypiers à peu près complètement semblables entre eux. Il était en outre définitivement démontré que les Hydraires, qui s'enveloppent habituellement de polypiers cornés, sont aussi capables de produire, comme les Coralliaires, des polypiers calcaires.

Là ne devaient pas se borner les découvertes de Moseley. Presque en tête de l'ordre des Madrépores, les naturalistes placent de charmants polypiers à structure compacte, à surface parfaitement polie, généralement ramifiés de la façon la plus élégante et dont les branches arrondies portent, de place en place, les calices isolés et saillants des Polypes. Ce sont les Oculinides dont quelques espèces, l'*Oculina virginea*, par exemple, sont colorées du rose le plus tendre. Une section spéciale, établie dans cette famille, renfermait les plus délicats d'entre ces Zoophytes, les *Stylaster* (fig. 62). Là le polypier prend les formes les plus gracieuses : le *Stylaster flabelliformis* habite les parages de l'île Bourbon, où on le trouve jusqu'à des profondeurs de 160 brasses. Son polypier aplati est formé de veines solides, flexueuses, diversement divisées, émettant de toutes parts, toujours dans le même plan, une profusion de ramuscules arrondis sur lesquels se développent les Polypes. Toute cette dentelle de pierre figure une sorte d'éventail du blanc le plus pur. Le *Stylaster flabelliformis* est certainement l'un des objets les plus élégants qu'on puisse admirer dans les collections zoologiques. Le *Stylaster roseus*, des îles Sandwich et de diverses

(1) *On the structure and relations of alcyonarian* Heliopora cœrulea, *with some account of the anatomy of a species of Sarcophyton; Notes on the structure of the genera* Millepora, Pocillopora *and* Stylaster, *and remarks on affinities of certain Palæozoic Corals*, by H. N. Moseley (*Philosophical Transactions of the Royal society*, London, vol. CLXVI, part. I, 23 november 1875). — *On the structure of a species of* Millepora *occurring at Tahiti, Society Islands*, by H. N. Moseley (*Ibid.*, 6 avril 1876).

autres régions du Pacifique, est de plus petite taille ; ses ramifications n'ont pas la même tendance à se produire dans un plan déterminé ; mais il se recommande par sa magnifique couleur rose. Deux espèces se rencontrent dans les mers européennes : le *Stylaster gemmascens*, dans les parties profondes de l'Atlantique, sur les côtes de Norwège ; le *Stylaster Madeirensis* à Madère. On trouve aussi sur les côtes de Norwège un polypier voisin des *Stylaster*, l'*Allopora oculina*, dont les congénères (fig. 64), parfois vivement colorés, ont été rencontrés à des profondeurs formidables dans diverses régions de l'Atlantique et du Pacifique. Une autre espèce d'Oculinide, la *Cryptohelia pudica* (fig. 65), présente cette particularité tout exceptionnelle que chacun de ses calices est surmonté d'une sorte d'opercule fixé seulement par un point de sa circonférence et derrière lequel le Polype se dissimule.

Dans un groupe assez éloigné des Oculinides, MM. Milne Edwards et Jules Haime plaçaient enfin des Polypiers rappelant un peu la physionomie des *Stylaster*, ornés comme eux de teintes rouges, mais bien faciles à distinguer parce que, chez eux, les calices des Polypes ne sont jamais placés que sur la tranche des rameaux aplatis du polypier ; ces calices forment ainsi deux séries opposées, d'où le nom de *Distichopores* donné à nos Zoophytes. L'espèce la plus commune, le *Distichopore violet*, est d'une teinte vineuse ; il nous arrive des îles Fidji, des îles Sandwich et de plusieurs autres archipels du Pacifique.

Aussi bien que les Oculinides, les Distichopores étaient pour tout le monde de véritables Coralliaires.

Les Oculinides doivent compter parmi les groupes qui présentent au plus haut degré les caractères typiques de la classe. Eh bien ! les recherches récentes de M. H. N. Moseley (1) montrent d'une indiscutable façon que les Distichopores d'une part, et d'autre part les *Stylaster*, les *Allopora*, les *Cryptohelia*, les *Sporadopora*, etc., considérés jusqu'ici comme des Oculinides, ne sont nullement des Coralliaires, mais bien des polypes hydraires.

(1) H. N. Moseley, *On the structure of the* Stylasteridæ, *a family of the hydroid stony Corals* (*Philosophical Transactions of the Royal society*, London, 28 february 1878).

M. Moseley insiste avec raison sur les caractères qui rapprochent de la façon la plus nette les animaux qui nous occupent des Hydraires et sur ceux qui les séparent des Coralliaires. Préoccupé de bien établir son importante découverte, il est surtout frappé

Fig. 62. — HYDROCORALLIAIRES. — *Stylaster flabelliformis* (d'après nature).

de ces derniers caractères et s'arrête après avoir démontré la nécessité d'épurer la classe des Coralliaires, et de créer dans celle des Hydraires un ordre particulier, celui des *Stylasteridæ*, pour les animaux qui ont fait l'objet de ses habiles investigations. Est-ce à dire qu'entre les Coralliaires et ces Hydraires, capables de sécréter du calcaire, de produire des polypiers que rien d'essentiel ne distingue de ceux des véritables Coralliaires, il n'y ait pas de réelles et profondes affinités ? Nous allons voir, au contraire, que les Millépores, les Stylaster, les Distichopores et les nombreux Zoophytes voisins, récemment découverts par M. Moseley, nous

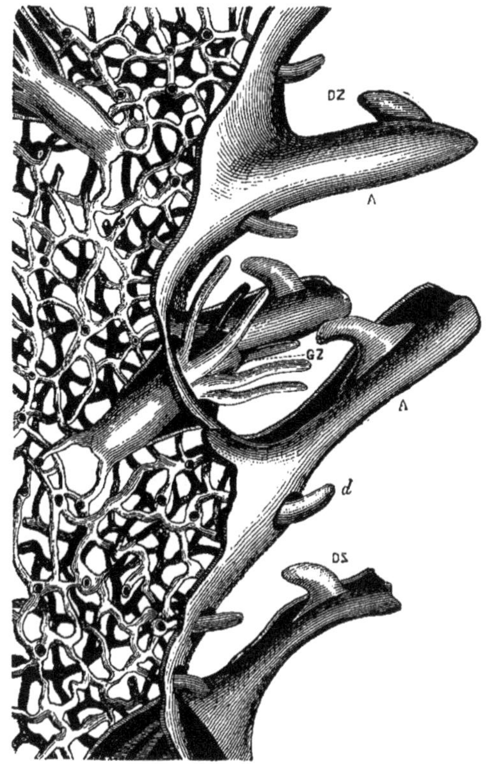

Fig. 63. — *Spinipora echinata* (grossi 15 fois). — A, tubes calcaires dans lesquels sont enfermés les dactylozoïdes DZ ; GZ, gastrozoïdes ; *d*, petits dactylozoïdes (d'après Moseley).

montrent le chemin qu'ont suivi les Hydraires pour se transformer en Coralliaires, nous conduisent pas à pas, sans sauter une seule étape, des premiers aux seconds.

Si l'on examine avec quelque attention le polypier d'un *Sporadopora*, d'une *Errina*, d'un *Spinipora*, ou même d'un Millépore, on reconnaît bien vite que les loges de polypes parsemées à sa surface, et qui ressemblent à une multitude de petits trous d'aiguille, sont presque toujours de deux ou trois dimensions différentes. Toutes ces loges ont leur bord également simple chez les *Sporadopora;* chez les *Errina*, leur bord inférieur se prolonge en une sorte de godet qui donne au polypier son aspect hérissé et qui semble destiné à soutenir la base du polype lorsqu'il se développe; chez les *Spinipora*, les grands orifices sont simples; mais les petits sont surmontés d'une sorte de cheminée, longitudinalement fendue en dessus (fig. 63), qui présente elle-même, vers sa base, un certain nombre de perforations. Ce sont ces fines cheminées, semblables à des épines, qui ont valu à ces animaux la dénomination générique choisie par M. Moseley. Les différences de dimensions des pores, les différences que présente leur structure, suffisent déjà à indiquer qu'ils ne doivent pas avoir le même rôle et que, s'ils sont les uns et les autres habités par des polypes, ces polypes ne doivent pas se ressembler.

On peut donc prévoir déjà qu'ils doivent présenter des phénomènes de polymorphisme analogues à ceux que nous avons dû reconnaître chez les Hydraires. L'examen anatomique vient absolument confirmer cette prévision. Quand, après avoir plongé une colonie vivante dans l'alcool pour en durcir les parties molles, on la débarrasse du calcaire qui l'imprègne en la faisant macérer dans un liquide acidulé, on peut facilement pratiquer des coupes dans les tissus qui restent, et aller chercher au fond de leur loge les polypes qui s'y sont retirés. On reconnaît alors que les plus grandes loges sont habitées par un Polype hydraire (fig. 63, GZ) absolument identique à ceux que nous avons si souvent décrits. Ce polype possède une bouche, des tentacules disposés en couronne, pleins comme ceux de la plupart des Hydraires et non rétractiles; sa cavité stomacale ne présente aucune trace du cloisonnement caractéristique des Coralliaires. Nous sommes donc bien en présence d'un polype hydraire tout à fait typique. Ce polype ne présente pas trace d'appareil reproducteur; il a une bouche et une cavité stomacale, c'est donc un polype nourricier, un *gastrozoïde*.

Dans les petites loges, nous trouvons au contraire des polypes sans bouche, sans tentacules, évidemment de même nature que les individus astomes des Hydractinies, des *Ophiodes* et de divers Siphonophores : ce sont, en d'autres termes, de véritables *dactylozoïdes* (1). Entre ces dactylozoïdes et les gastrozoïdes, il n'y a chez les Sporadopores, les Errines, les Spinipores aucune relation de position ; les uns et les autres sont disséminés sans ordre à la surface du polypier, et se montrent ainsi comme des individualités parfaitement indépendantes. Les dactylozoïdes des Sporadopores et des Errines sont de simples tubes coniques, quelquefois légèrement renflés en massue, complètement rétractiles chez les premiers, incomplètement chez les seconds ; de là le godet qui les protège dans ce dernier cas. Les dactylozoïdes des Spinipores se rétractent seulement dans le tube qui surmonte leur loge ; ils présentent vers leur extrémité libre une sorte de prolongement en forme de pioche, courbée vers l'axe du polypier (fig. 63, DZ) et sont ordinairement associés à de petits dactylozoïdes simples qui sortent par les trous pratiqués à la base de chaque tube saillant (fig. 63, *d*). Les *Labiopora* possèdent également deux sortes de dactylozoïdes ; mais là les individus se disposent en séries régulières. Chez les Distichopores, tous les individus sont également arrangés en une triple série linéaire sur la tranche du polypier, et chaque gastrozoïde se trouve ainsi avoir dans son voisinage au moins deux dactylozoïdes, mais ces deux sortes de polypes n'en contractent pas pour cela de rapports plus intimes les uns avec les autres.

Les coupes minces révèlent encore chez les *Stylasteridæ* la présence d'autres loges sphériques, peu visibles au dehors et dans lesquelles se développent des bourgeons sexués (fig. 64 et 65, G) identiques, sous tous les rapports, à ceux des Hydres, des *Cordylophora*, des *Clava*. Nous avons vu que ce sont là de véritables individus reproducteurs et nous les avons désignés sous le nom de

(1) C'est précisément pour le polype astome des *Stylasteridæ* que ce nom de dactylozoïde a été imaginé par M. Moseley. Nous l'avons, par extension, appliqué aux individus dépourvus de bouche des premières colonies d'Hydraires que nous avons rencontrées afin de laisser aux faits que nous avions à exposer toute leur généralité.

gonozoïdes. Ces gonozoïdes sont absolument enfouis dans la substance même du polypier ; ils paraissent totalement indépendants des gastrozoïdes et des dactylozoïdes. Peut-être y aurait-il lieu de rechercher si leur indépendance, par rapport à ceux-ci, n'est pas plus apparente que réelle, s'il ne s'est pas produit là un phénomène analogue à celui que nous avons signalé chez les Agalmes et si, par conséquent, les dactylozoïdes ne sont pas, en réalité, les individus reproducteurs sur lesquels poussent les individus sexués qui se dissocient ensuite.

Chez les Sporadopores, d'autres cavités creusées sur le polypier ne sont pas autre chose que des cupules remplies de nématocystes à divers états de développement et dont les plus grands forment une sorte de pavage irrégulier fermant l'ouverture de la cupule. Il serait curieux de savoir si, pendant la vie, ces organes ne sont pas capables de s'épanouir hors de la cupule comme les appendices protoplasmiques des Plumulaires.

On trouve donc dans les types qui nous occupent, en tenant compte des deux sortes d'individus sexués, quatre ou même cinq catégories d'individus, dont l'indépendance respective ne saurait être mise un moment en doute. L'identité avec les colonies d'hydraires est absolue : la nature calcaire du polypier est la seule différence qu'il soit possible de signaler. Grâce à l'énorme développement du polypier, les divers individus sont même plus distants les uns des autres, chez les *Stylasteridæ*, que dans les colonies ordinaires de Polypes hydraires ; leurs cavités générales ne communiquent plus directement entre elles. Elles sont mises en rapport par un réseau vasculaire très compliqué (fig. 63 et suivantes), dans les mailles duquel se dépose la substance calcaire. Les branches terminales de ce réseau vont s'ouvrir dans la cavité des dactylozoïdes et des gastrozoïdes. En général, chaque dactylozoïde n'est en rapport qu'avec une seule branche vasculaire dont il semble n'être que la continuation extérieure : plusieurs branches, au contraire, viennent recueillir dans la cavité des gastrozoïdes les matières alimentaires élaborées par eux, et les répartissent dans toutes les régions de la colonie. Autour des gonozoïdes femelles, le réseau vasculaire tresse une sorte de corbeille dans laquelle les œufs reposent comme dans un nid ; il envoie dans chaque gonozoïde mâle un rameau unique en forme de massue, qui n'est autre chose qu'un sac stomacal rudimentaire autour duquel se développent les masses de spermatozoïdes : c'est la disposition que nous avons précédemment rencontrée chez les Hydraires à Méduses atrophiées.

Évidemment, rien jusqu'ici ne rappelle les traits typiques des Coralliaires ; nous sommes absolument au contraire dans les données du type des Hydraires. Les Millépores présentent une première modification intéressante. Comme si quelque force attractive les dominait, les dactylozoïdes viennent se ranger en cercle autour des gastrozoïdes (fig. 61). Sur le polypier on voit déjà chacun des grands pores entouré d'un cercle à peu près régulier de pores plus petits dont le nombre, sans être absolument constant, varie cependant dans des limites assez étroites ; on en compte ordinairement de six à huit. Ce nombre peut, du reste, varier suivant les espèces. Il y a là un phénomène bien évident de concentration des dactylozoïdes autour des gastrozoïdes ; mais les divers individus restent cependant tout aussi distincts les uns des autres que dans les genres précédents. Leurs rapports physiologiques s'établissent exactement de la même façon et les dactylozoïdes des Millépores sont même plus compliqués que ceux des autres types : ils sont pourvus de tentacules disséminés, terminés chacun par une pelote de nématocystes (fig. 61, *d*). Le gastrozoïde (fig. 61, *g*) est en revanche un peu plus simple : il ne possède que quatre tentacules massifs, très courts, terminés également par des pelotes de nématocystes. Les gastrozoïdes et les dactylozoïdes peuvent se retirer entièrement dans leurs loges dont l'entrée se trouve alors défendue par de volumineuses capsules urticantes.

Dans les quatre genres *Allopora* (fig. 64), *Stylaster*, *Astylus*, *Cryptohelia* (fig. 65), la concentration des dactylozoïdes autour des gastrozoïdes s'accentue d'une manière remarquable. Les dactylozoïdes ne sont plus simplement rangés circulairement autour du gastrozoïde, tout en demeurant à la fois écartés les uns des autres et écartés de ce dernier. Ils se rapprochent au point que les parties calcaires qui les soutiennent se soudent entre elles et forment un calice continu, cloisonné comme celui des Coralliaires et au centre duquel se trouve le gastrozoïde (fig. 64, GZ). Désormais ce dernier forme avec les dactylozoïdes qui l'entourent un seul et unique système, ayant son domaine à part dans la colonie, ses

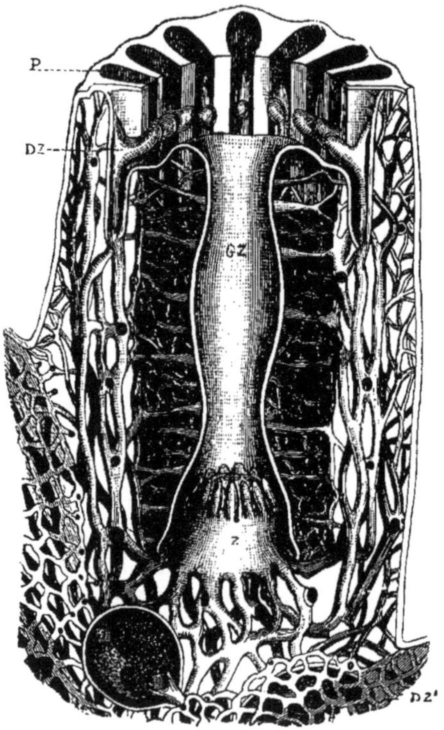

Fig. 64. — HYDROCORALLIAIRES. — *Allopora profunda* (grossie 25 fois). — Coupe à travers l'un des calices, dont le calcaire a été dissous. P, muraille et cloisons du calice ; DZ, dactylozoïdes ; Z, gastrozoïde ; GZ, gaine du gastrozoïde ; U, gonozoïde ou individu sexué (d'après Moseley).

organes particuliers et par conséquent une individualité déjà nettement accusée. Dans ce système, les divers individus tendent manifestement à descendre au rang d'organe. La ressemblance avec les Coralliaires est suffisamment grande, chez les *Allopora* et les *Stylaster*, pour que le seul examen des polypiers ne permette pas *à priori* de distinguer ces productions de celles des véritables Madréporaires. Nos *Stylasteridæ* présentent encore cependant, dans leurs parties molles et dans les rapports de ces parties avec les parties dures, des différences qui les éloignent sensiblement des vrais Coralliaires. Tout d'abord leurs gastrozoïdes et leurs dactylozoïdes ne communiquent entre eux que par l'intermédiaire du réseau vasculaire que nous avons précédemment décrit chez les espèces à dactylozoïdes irrégulièrement disséminés. Le gastrozoïde garde de la façon la plus nette son caractère de polype hydraire; il possède même des tentacules, courts à la vérité, mais bien évidents. Les dactylozoïdes gardent aussi leurs caractères particuliers; dans les deux genres, ils possèdent un prolongement latéral, semblable au prolongement en pioche des Spinipores et toujours dirigé vers l'axe du système. En réalité, les *Stylaster* et les *Allopora* ne sont pas autre chose que des *Spinipora* dont tous les dactylozoïdes sont venus se ranger en cercle autour des gastrozoïdes et se sont tellement rapprochés les uns des autres que leurs tubes calcaires protecteurs se sont soudés. Ces tubes en se soudant forment les calices. Les individus sexués ou gonozoïdes ont suivi eux aussi ce mouvement de concentration; ils se sont enfoncés de plus en plus dans les tissus et sont venus se placer immédiatement au-dessous de chaque système, mais sans rien perdre non plus de leur constitution primitive. Nous sommes encore assez loin, comme on voit, du type Coralliaire; nous demeurons franchement dans le type hydraire.

La ressemblance qui résulte pour les polypiers du cloisonnement des calices n'est elle-même qu'apparente. Il suit, en effet, du mode de formation des calices tel que nous venons de l'indiquer, que chez les *Stylaster* et les animaux voisins, les cloisons rayonnantes sont extérieures aux polypes, qu'elles alternent avec eux, les séparent les uns des autres, de manière que chaque dactylozoïde est placé dans la loge qui lui correspond absolument comme dans un étui. Chez les Coralliaires au contraire, les lames du calice, loin de séparer les tentacules, sont situées à l'intérieur même de la loge qui leur fait suite. Les tentacules les coiffent comme d'une sorte de bonnet charnu; chacun d'eux, au lieu d'occuper une chambre du calice, est à cheval sur deux chambres consécutives dont il occupe les deux moitiés contiguës. Il n'y a donc aucune homologie à établir entre les cloisons et les loges d'un calice d'*Allopora* ou de *Stylaster* d'une part, et les lames et les chambres d'un calice de Coralliaire d'autre part. Nous désignons à dessein par des noms différents les parties similaires, en apparence, de ces calices.

Chez les *Astylus*, un progrès nouveau est accompli dans la centralisation. Les dactylozoïdes, séparés par des cloisons moins épaisses, sont beaucoup plus rapprochés les uns des autres; ils sont aussi beaucoup plus près du gastrozoïde et, quand ils se rétractent, se rabattent au-dessus de lui, exactement comme le feraient les tentacules d'un Coralliaire au-dessus de la bouche du polype. En même temps, les uns et les autres, pouvant désormais se rendre des services réciproques de plus en plus fréquents, se trouvant unis décidément à la façon des organes d'un même animal, des simplifications importantes peuvent se produire dans leur structure. Les dactylozoïdes jouent maintenant par rapport au gastrozoïde le rôle de tentacules, celui-ci n'a donc plus besoin d'organes de cet ordre : il se réduit à un simple tube, comme chez les Siphonophores ; ces mêmes dactylozoïdes, plus voisins les uns des autres, peuvent s'entr'aider pour la capture des proies ; ils n'ont plus besoin d'appendices : ils se simplifient donc, à leur tour, et prennent la forme régulièrement conique des tentacules des Coralliaires. Quant aux gonozoïdes, ils continuent à se rapprocher des systèmes, mais demeurent toujours placés à l'extérieur des dactylozoïdes. On n'en trouve pas encore entre ceux-ci et les gastrozoïdes.

Les diverses parties de chaque système circulaire, composé d'un gastrozoïde et de ses dactylozoïdes, fonctionnent déjà comme les diverses parties d'un polype de Coralliaire ; physiologiquement, le polype coralliaire est réalisé. Cependant c'est toujours au moyen de vaisseaux que les individus d'un même système communiquent entre eux. Un fait important nous achemine vers la réalisation d'un nouveau type : c'est la production au-dessous du gastrozoïde d'un espace vide au-dessus duquel celui-ci semble suspendu et qui s'étend même au-dessous de la zone occupée par les dactylozoïdes.

Tous ces caractères s'accusent encore plus nettement chez les *Cryptohelia* (fig. 65). Les tentacules sont beaucoup plus près les uns des autres, beaucoup plus près du gastrozoïde. La membrane qui les unit ne recouvre plus qu'une couche fort peu épaisse de vaisseaux anastomosés; l'espace vide qui s'était produit sous chaque système s'agrandit considérablement, devient de plus en

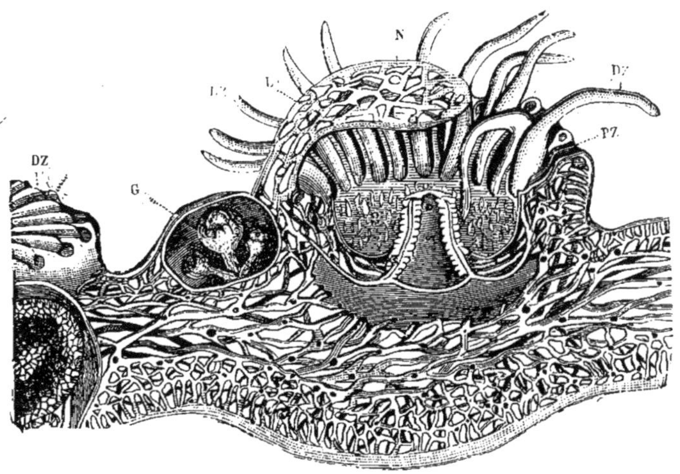

Fig. 65. — *Cryptohelia pudica*. — Coupe à travers un calice. DZ, dactylozoïde; S, gastrozoïde, au centre de la couronne de dactylozoïdes; O, sa bouche; GZ, gaine du gastrozoïde devenue membrane buccale; G, gonozoïdes; PZ, muraille et cloisons du calice; L, opercule; N, réseau vasculaire (d'après Moseley).

plus apparent. Enfin l'individualité des systèmes s'accuse par la production d'organes destinés à protéger l'ensemble de chacun d'eux. Une sorte de chaperon (fig. 65, L) s'élève au-dessus de chaque calice et le masque d'une façon plus ou moins complète.

Lorsqu'un phénomène s'accomplit d'une façon aussi régulière, avec des gradations aussi ménagées que le phénomène de concentration dont nous venons de suivre la marche à travers le groupe des Hydraires à polypier calcaire, il est permis de se demander ce qui arriverait si, continuant dans le même sens, ce phénomène s'accentuait encore davantage. Est-il probable d'ailleurs qu'après avoir déterminé la formation d'individualités aussi nettes que celle des systèmes de *Cryptohelia*, la cause qui a amené les dactylozoïdes et les gonozoïdes à se serrer graduellement autour des gastrozoïdes se soit arrêtée là ?

Supposons donc que les liens entre les parties composantes d'un même système deviennent encore plus intimes. Les dactylozoïdes vont se rapprocher les uns des autres ; les cloisons qui les séparent et que nous avons déjà vues s'amincir des *Allopora* aux *Cryptohelia*, vont disparaître. Rien n'empêchera plus les dactylozoïdes de se souder par leur base ; la membrane qui va de la circonférence du cercle sur lequel ils sont rangés à la bouche du gastrozoïde se rétrécira et, sa concavité diminuant, elle se transformera en une membrane plane, au-dessous de laquelle le gastrozoïde sera suspendu ; les dactylozoïdes, se rapprochant de plus en plus des gastrozoïdes, finiront nécessairement par se souder avec lui. Mais alors le réseau vasculaire qui les unit et qui fait communiquer ensemble leurs cavités deviendra inutile ; toutes ces cavités vont se mettre directement en rapport et s'ouvrir dans la chambre commune qui s'est formée au-dessous du système. Les *gonozoïdes* eux-mêmes, entraînés par le mouvement commun, vont pénétrer dans cette chambre et se fixer à ses parois, naturellement cloisonnées par les parties confondues des dactylozoïdes contigus. Si, comme l'analogie l'indique, ces dactylozoïdes n'étaient eux-mêmes primitivement que les individus reproducteurs, il devient absolument nécessaire que les gonozoïdes se développent sur ces cloisons. Mais alors le type Coralliaire est complètement réalisé jusque dans ses moindres détails ; il apparaît comme le résultat nécessaire de la continuation du phénomène qui a déjà déterminé la production des *Allopora*, des *Stylaster*, des *Astylus* et des *Cryptohelia*. Ces derniers animaux sont bien réellement des êtres intermédiaires entre les Hydraires et les Coralliaires et ainsi se trouve justifiée, plus complètement même que son auteur ne le pensait, la dénomination d'Hydrocoralliaires par laquelle Moseley a proposé de désigner l'ensemble des Hydraires à polypier calcaire.

S'il en est ainsi, toutes les particularités de structure communes aux Hydraires et aux Coralliaires s'expliquent de la façon la plus simple. On conçoit que la structure de leur polypier soit la même, on conçoit que le réseau vasculaire qui met en communication les diverses parties de leurs colonies soit construit dans les deux cas sur le même type ; on conçoit que les uns et les autres présentent à profusion cette arme si singulière, construite d'une façon si compliquée et si constante : la *capsule urticante* ou *nématocyste ;* on conçoit enfin que les Coralliaires, résultat d'une modification longtemps continuée dans le même sens de certaines colonies de Polypes hydraires, organismes compliqués, en définitive, aient perdu leur plasticité. Constitué par un laborieux effort dans une voie déterminée, formé de parties soudées entre elles par une longue sélection, l'individu coralliaire a acquis des caractères qui ne pouvaient plus se modifier que dans des détails insignifiants. Il nous apparaît maintenant sous un nouveau jour. On comprend que malgré l'identité des premières phases du développement dans les deux groupes, l'Hydre et l'Actinie, provenant l'un et l'autre d'œufs et de larves semblables, ne soient pas des individualités que l'on puisse comparer. Chacune des parties de l'Actinie, du Polype coralliaire, se trouve représenter une Hydre tout entière. Dans toute fleur de Corail, dans tout polype de Madrépore, le sac stomacal est, en effet, l'équivalent d'un gastrozoïde ; chaque tentacule, l'équivalent d'un dactylozoïde, portant lui-même les individus chargés de la reproduction sexuelle. La cavité du sac stomacal, les cavités des tentacules et des loges sont les cavités digestives d'autant de Polypes hydraires. Les loges elles-mêmes ne sont que les parties inférieures des dactylozoïdes, ouvertes longitudinalement pour communiquer avec la cavité centrale. Quant à cette cavité, c'est une sorte de salle commune, une sorte d'*atrium*, représenté d'abord par l'espace vide qui se constitue au-dessous des systèmes des *Cryptohelia* et des *Astylus;* elle n'a rien de commun ni avec la cavité digestive, ni avec la cavité générale des autres animaux ; c'est une cavité banale, en quelque sorte, dans laquelle il n'y a pas à s'étonner, par conséquent, que puissent se produire et se développer les glandes sexuelles.

A la vérité, entre les *Cryptohelia* et les véritables Madrépores, tels que nous les avons décrits, il existe encore une lacune, mais cette lacune n'est pas aussi considérable qu'elle peut le paraître au premier abord. Nous avons déjà vu que l'indépendance réciproque des dactylozoïdes est encore bien indiquée chez les *Gerardia* où toutes les loges continuant les tentacules sont séparées les unes des autres par un léger repli, jusqu'au centre de la cavité commune et communiquent chacune par un vaisseau unique avec le réseau vasculaire colonial, exactement comme le font les dactylozoïdes des *Stylasteridæ*. Le sac stomacal n'est pas de son côté toujours aussi complètement uni aux dactylozoïdes que chez les polypes du Corail et de la *Gerardia*. Dans l'*Heliopora cærulea*, et dans les Alcyonnaires du genre *Sarcophyton* (fig. 57, n° 2), ce sac pend librement dans la cavité commune et ne contracte sur toute sa longueur aucune adhérence avec les tentacules; les cloisons elles-mêmes descendent dans cette cavité sans s'attacher à elle, de sorte qu'il n'y a pas, à proprement parler, de loges périgastriques. Cet estomac déjà indépendant des tentacules peut, d'autre part, se contracter et se fermer inférieurement de manière à ne plus communiquer momentanément avec la cavité située au-dessous de lui et dans laquelle s'ouvrent directement les tentacules ou dactylozoïdes; il a donc conservé presque entièrement son caractère primitif de gastrozoïde. Il y a plus, dans ce même *Sarcophyton*, de même que chez les Pennatules, un certain nombre de gastrozoïdes (fig. 57, n° 2, *z*) peuvent des évelopper isolément et demeurer dépourvus de dactylozoïdes; ils pendent chacun librement dans une cavité relativement spacieuse, rappellent un peu la structure des corbeilles vibratiles des Éponges et semblent exclusivement chargés d'introduire de l'eau dans la colonie.

Il est certain qu'une étude plus approfondie de la structure encore à peu près complètement inconnue des parties molles des Polypes à polypiers calcaires permettra, si nous sommes dans le vrai, de combler bien d'autres lacunes entre les colonies d'Hydrocoralliaires et celles des Coralliaires proprement dits, et d'expliquer bien des particularités singulières de celles-ci. Il serait intéressant, par exemple, de savoir si, chez les Méandrines et les autres colonies de Coralliaires à individus mal limités, cette absence de délimitation ne coïnciderait pas avec une dissociation des dactylozoïdes et des gastrozoïdes, ceux-là n'étant qu'imparfaitement groupés autour de ceux-ci, comme chez les *Distichopores*.

Nous venons de montrer comment un polype de Coralliaire peut résulter de la fusion de plusieurs polypes hydraires de forme différente, mais nous n'avons encore rien dit de la formation du polypier, si complexe pourtant, et lié d'une façon si intime au polype lui-même. Nous avons fait voir seulement que les ressemblances qu'on avait cru constater entre les calices cloisonnés des *Allopora* ou des *Stylaster* et ceux des vrais Madréporaires n'étaient que des ressemblances superficielles. La théorie de formation des Polypes coralliaires que nous avons développée semble même définitivement exclure toute comparaison, car les cloisons des *Stylasteridæ*, intercalées entre leurs dactylozoïdes, doivent disparaître complètement pour permettre la soudure de ceux-ci. Comment donc songer à les retrouver dans les calices des Madréporaires ?

Ce ne sont pas elles, en effet, qui constituent les diverses parties du polypier; mais bien d'autres parties dont nous n'avons pas parlé jusqu'à présent. Au fond de la loge de chaque gastrozoïde on aperçoit dans plusieurs genres d'Hydrocoralliaires une proéminence de forme conique, une sorte de colonnette pointue bien distincte des autres pièces calcaires: on la voit facilement chez les Sporadopores, *Pliobothrus*, Errines, Distichopores, Labiopores et Spinipores; c'est ce que M. Moseley nomme le *gastrostyle*. Dans les genres *Stylaster* et *Allopora*, à chaque dactylozoïde correspond une pièce semblable, le *dactylostyle* qui, au lieu d'être conique, comme le gastrostyle, présente une forme lamellaire, partage en deux moitiés chaque loge calcaire de dactylozoïde et vient s'appuyer par son bord externe sur la muraille du calice. Dans les Stylastéridés où les dactylozoïdes se rangent circulairement autour des gastrozoïdes, les gastrostyles et les dactylostyles sont toujours absents ou présents en même temps ; par leur forme, par leur position, ils correspondent exactement à la *columelle* et aux *lames* des calices des Coralliaires ; dans le mouvement de concentration des individus, il n'y a aucune raison pour qu'ils disparaissent ; il semble même naturel qu'ils se développent d'autant plus que les autres parties calcaires. constitutives du même calice, s'amoindrissent davantage ; ils arrivent donc à prendre la prédominance et deviennent définitivement les parties essentielles du calice des Coralliaires. La muraille n'est, à son tour, qu'une transformation de la muraille primitive des calices d'Hydrocoralliaires ou peut-être de la fusion des bords externes des dactylostyles eux-mêmes. On trouve enfin chez les *Stylaster*, entre le gastrostyle et la couronne de dactylostyles, une couronne de petites pièces accessoires dont les liens avec les parties molles sont beaucoup moins intimes ; on pourrait voir dans ces pièces l'origine des *palis*.

Ainsi nous retrouvons chez les Hydrocoralliaires toutes les parties qui devront constituer plus tard le polypier des Coralliaires ; les modifications qu'elles subissent concordent exactement avec celles des parties molles elles-mêmes. L'identification entre les deux types paraît dès maintenant complète. Quelques rapprochements fournis par le développement embryogénique des Coralliaires viennent lui donner un nouvel appui.

Quand on examine un polypier complètement développé, avec son appareil de lames partant de la muraille et faisant inégalement saillie dans le polypier, on ne peut échapper à l'impression que ces lames naissent de la muraille, sous forme de côtes légères, et s'avancent graduellement vers le centre à mesure qu'elles vieillissent ; les plus courtes paraissent les plus jeunes et toutes semblent n'être que des dépendances de la muraille. C'est l'opinion que MM. Milne Edwards et Jules Haime ont développée d'une façon si remarquable dans leur classique *Histoire naturelle des Coralliaires*. La muraille est, pour eux, « la pièce fondamentale, qui sert de support à toutes les autres » (1) ; son accroissement se fait d'une façon inégale ; il est particulièrement plus rapide le long de certaines lignes, « points de départ d'autant de prolongements verticaux qui s'avancent vers le centre de la cavité viscérale... et

(1) *Histoire naturelle des Coralliaires*, t. Ier, p. 34.

divisent cette cavité en une série de chambres disposées circulairement (1). »

Les choses, dans notre théorie, devraient se passer autrement.

Les lames et la columelle provenant des dactylostyles et du gastrostyle, la muraille de la paroi externe provenant d'autre part du calice primitif, sont des parties totalement indépendantes les unes des autres qui doivent naître séparément, isolément, et ne contracter d'union entre elles qu'en raison de leur accroissement consécutif. Cette union n'a rien d'essentiel : les lames et la columelle pourraient même exister sans la muraille. D'autre part, les lames et la columelle sont des transformations de parties internes de chaque individu primitif, liées essentiellement à son organisation et qui n'ont eu à subir, dans la suite du développement, aucune modification autre que celles résultant de leur accroissement ; elles sont nées plus ou moins près les unes des autres et ont grandi, voilà tout. Le calice primitif de l'Hydrocoralliaire est, au contraire, un appareil de seconde formation qui a dû subir mille transformations pour s'adapter sans cesse au double phénomène de l'accroissement des polypes et de leur concentration graduelle vers le gastrozoïde. Il y a donc entre ces parties des différences physiologiques dont on peut s'attendre, si notre théorie est vraie, à retrouver le contre-coup dans le développement du polypier des Coralliaires actuels.

Nous ne possédons sur ce sujet qu'une seule étude : heureusement elle est due à un observateur des plus expérimentés, M. de Lacaze-Duthiers, et elle a été conduite avec l'habileté consommée et la sincérité absolue qui distinguent les travaux de ce savant éminent. C'est l'histoire complète du développement de l'*Astroïdes calycularis* (fig. 60, n°s 1 et 2), polypier fort abondant sur les côtes d'Algérie, où il couvre certains fonds de ses masses d'un jaune orangé des plus vifs (2). Or, cette étude montre qu'effectivement les lames du polypier, sa muraille, sa columelle apparaissent d'une façon tout à fait indépendante : les lames se montrent les premières, totalement isolées les unes des autres, et leurs deux extré-

(1) *Annales des Sciences naturelles*, 3e série, t. IX, p. 61.

(2) H. de Lacaze-Duthiers, *Développement des Coralliaires* (*Archives de Zoologie expérimentale*, t. II, 1873, p. 320, pl. XIV et XV).

mités sont même, au début, très distantes du centre et de la circonférence du Polype (fig. 66, n° 3, *lg*) ; ces lames sont tout de suite parfaitement solides et résistantes. La muraille vient après, mais

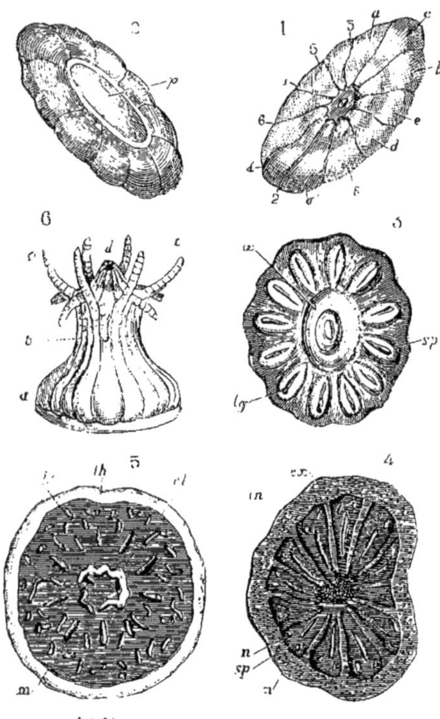

Fig. 66. — Développement de l'*Astroïdes calycularis*. — 1. Jeune embryon vu par sa face orale 1 à 6, cloisons de différents âges; *a,b,c*, tentacules. — 2. Le même, vu par la face inférieure; *p*, région correspondante au gastrozoïde ou *pied*. — 3. Embryon montrant, en *sp*, les loges et en *lg*, les lames calcaires qui se déposent; *æ*, sac stomacal. — 4. Embryon un peu plus âgé; *ex*, exoderme; *in*, entoderme; *sp*, loges contenant chacune une lame calcaire; *n*, nodules calcaires qui s'unissent à la lame et à la muraille. — 5. Embryon où les lames se sont formées irrégulièrement; *m, sp*, nodules calcaires qui les représentent; *cl*, columelle formé isolément; *lh*, muraille. — 6. Jeune *Astroïdes* vu de profil; *a*, muraille; *b*, loges dessinées extérieurement; *c*, tentacules; *d*, bouche et mamelon buccal correspondant au gastrozoïde (d'après Lacaze-Duthiers).

elle demeure longtemps de faible consistance, et se laisse déformer comme une membrane qui serait seulement pénétrée de calcaire ; non seulement elle apparaît indépendamment des lames, mais elle manifeste aussitôt des propriétés physiologiques différentes et, par sa mollesse, semble conserver la trace des nombreuses modifications qu'elle a subies. Enfin naît la columelle qui a d'abord la forme d'un anneau calcaire adhérent au sol sur lequel le polype est fixé, mais dont l'axe correspond à celui du sac stomacal (fig. 66, n° 3, *œ* et n° 5, *cl*) : à ce moment, les lames se sont déjà assez rapprochées du centre pour que la columelle paraisse quelquefois être dans leur dépendance ; on s'assure facilement que cette dépendance n'est qu'apparente : il suffit de tourmenter le polype et de l'empêcher ainsi de se fixer. Les lames se forment alors d'une façon tout à fait irrégulière et ne sont représentées que par des nodules calcaires disjoints, disséminés sans ordre dans la substance du Polype (fig. 66, n° 5, *sp*, *m*) ; cela n'empêche pas la columelle de se développer avec sa forme normale et elle ne montre alors de liens d'aucune sorte avec les nodules qui représentent les lames (fig. 66, n° 5, *cl*). Elle a, comme l'indique la théorie, une consistance analogue à celle de ces dernières.

Un autre fait étonnant au premier abord trouve encore une explication toute naturelle dans le mode de formation que nous avons attribué aux polypes coralliaires. Les lames apparaissent, en effet, d'une façon toute spéciale : à un certain moment, avant que la muraille ne se soit formée, chacune d'elles est composée de trois parties, l'une occupant la région moyenne de chaque loge, les deux autres placées symétriquement, près de la paroi extérieure de la loge et dans les angles de cette loge contigus aux loges voisines ; ces deux parties naissent un peu plus tard que la première avec laquelle elles ne tardent pas à se souder, de telle façon que chaque lame finit par figurer une sorte d'Y (fig. 66, n° 4, *n* et *sp*). Les deux nodules extérieurs sont très probablement les derniers vestiges des cloisons qui, dans les calices des *Allopora*, des *Stylaster*, des *Astylus* et des *Cryptohelia*, séparent les différents dactylozoïdes les uns des autres. Il est même à noter que dans la figure (1) où M. de Lacaze-Duthiers montre la première apparition de ces nodules, ils sont, dans 10 loges sur 12, représentés divergents

(1) *Archives de Zoologie expérimentale*, 1873, t. II, pl. XIV, fig. 28.

de la lame principale, comme s'ils étaient destinés à embrasser le tentacule à la base duquel ils se trouvent; c'est seulement plus tard que, par suite d'un changement d'orientation, ils convergent vers la lamelle médiane et se soudent avec elle de manière à la faire paraître bifurquée extérieurement. Plus tard encore cette bifurcation est empâtée par les progrès des dépôts calcaires et cesse absolument d'être apparente; en même temps ces dépôts unissent les lames à la muraille et les parties primitivement disjointes des calices finissent ainsi par former un même tout.

Cette concordance entre les données de la théorie et celles de l'embryogénie est d'autant plus précieuse que les travaux de M. de Lacaze-Duthiers sont très antérieurs à ceux de M. Moseley, qu'ils ont été publiés cinq ans au moins avant ceux-ci, et que même en publiant, en 1878, ses beaux travaux sur les *Stylasteridæ*, M. Moseley, loin de vouloir établir la parenté de ces Zoophytes avec les Coralliaires, ne songeait qu'à bien montrer à quel point ils en différaient.

On pourrait pousser encore plus avant les comparaisons. Les beaux mémoires de M. de Lacaze-Duthiers sur les Coralliaires sont riches de faits qu'il y aurait intérêt à étudier pas à pas en leur demandant le contrôle dont toute théorie exacte doit sortir victorieuse. Qui pourra par exemple jeter les yeux sur les jeunes *Astroïdes* représentés dans les n°s 1, 2, 3 et 6 de la figure 66 que nous empruntons à ces mémoires, sans être frappé de l'indépendance réciproque des tentacules et du sac stomacal de ces petits êtres, sans remarquer que les tentacules demeurent distincts les uns des autres, depuis leur sommet jusqu'à la base du corps du Polype, montrant ainsi que les loges de celui-ci sont bien réellement, comme nous l'avons plusieurs fois répété, le prolongement des tentacules?

A cet égard un autre fait est particulièrement instructif. S'il est vrai que la paroi du corps du Polype résulte de la fusion de dactylozoïdes primitivement distincts, la partie centrale des cloisons doit être nécessairement formée par la fusion des feuillets exodermiques de ces dactylozoïdes et présenter, en conséquence, tous les caractères propres à l'exoderme des Polypes hydraires. Cet exoderme se distingue de la façon la plus nette de l'entoderme par la présence d'un nombre considérable de nématocystes; on le voit effectivement, sur des coupes transversales de l'animal, se replier vers l'intérieur et se prolonger jusqu'au bord lib e de chaque cloison, en conservant tous ses nématocystes devenus cependant parfaitement inutiles. Cette couche exodermique dépasse même le bord libre des cloisons; c'est elle qui forme le bourrelet pelotonné supporté par celles-ci et qui est, lui aussi, particulièrement riche en nématocystes.

Ainsi, la plupart des faits actuellement constatés, ceux-là même qui semblaient énigmatiques, trouvent tout naturellement leur interprétation dans la théorie.

Mais si les polypes coralliaires se sont formés de la sorte, s'ils sont bien réellement le résultat de la fusion d'un certain nombre de polypes hydraires de forme différente, il est parfaitement évident qu'ils n'ont pu se produire, au début, que sur des colonies d'hydraires où la division du travail avait déjà déterminé un polymorphisme assez avancé. La vie coloniale a donc été la vie primitive des Coralliaires; elle était, en quelque sorte, une nécessité de leur développement, et l'on s'explique ainsi la disproportion considérable entre le nombre de ceux de ces animaux qui vivent en colonie et le nombre de ceux d'entre eux qui vivent solitaires. Ce n'est qu'assez tard, quand l'individualité du polype a été suffisamment consolidée, que les Coralliaires ont pu se séparer les uns des autres et lutter isolément pour leur existence. Dans des colonies défavorablement placées, les individus nouvellement formés ont alors quitté la masse commune, et sont devenus la souche des Actinies et des Madrépores solitaires qui habitent presque tous les régions peu profondes de la mer et la zone des marées. Mais ces espèces elles-mêmes n'ont pas entièrement perdu leur faculté primitive de se reproduire par bourgeonnement ou par division; c'est ce dernier mode de reproduction qui a pris le dessus, et c'est encore par une sorte de segmentation incomplète, compliquée, il est vrai, de bourgeonnement, que le développement du polype semble se faire aujourd'hui. Malheureusement les types observés jusqu'ici, à ce point de vue, comptent précisément parmi les plus élevés et les plus récemment formés. L'on ne sait rien, au contraire, du développement des *Stylaster* et des Zoophytes voisins, et c'est seulement quand on connaîtra l'embryogénie de ces animaux et celle des Coralliaires qui semblent s'en rapprocher le plus que des comparaisons plus approfondies pourront être fructueuses.

Nous sommes arrivés au terme des modifications que les polypes hydraires et leurs colonies sont susceptibles de présenter. On ne peut douter maintenant que des individualités, même complexes, ne soient capables, après s'être constituées, de perdre leur autonomie pour contribuer à former des individualités nouvelles d'ordre plus élevé. C'est une des conséquences de la vie sociale aussi bien pour les êtres les plus simples, les êtres monocellulaires, que pour les organismes qui résultent de leurs premières associations. Plus faciles à observer que les êtres monocellulaires, plus franchement animales que les Éponges, les Hydres nous ont permis de suivre pas à pas toutes les phases de cette transformation, de déterminer nettement les caractères de ces singuliers changements d'un animal vivant isolé en un animal apte à vivre en colonies, de prendre sur le fait la métamorphose d'une colonie en un véritable animal.

Les polypes hydraires, en se modifiant, suivent trois directions différentes. Chaque individu se perfectionne d'abord ; il acquiert plus de volume ; ses éléments constitutifs, primitivement tous semblables entre eux, s'approprient à des rôles déterminés, et revêtent des formes différentes, en rapport avec leurs fonctions ; ainsi, par une division du travail et une diversification des éléments s'accomplissant au sein d'un organisme déjà constitué, prennent graduellement naissance les parties différentes des divers individus. Puis ce phénomène, au lieu de se produire sur les individus eux-mêmes, se produit sur leurs colonies, où des individus ayant des formes et des fonctions différentes succèdent à des individus tous semblables entre eux. Un premier mode de groupement d'individus de forme différente produit les Méduses, dont personne ne saurait contester l'individualité. Dans les cas où la colonie a pu devenir libre tout entière, les Méduses douées de la faculté de se mouvoir ont joué, à leur tour, un grand rôle dans l'individualisation de la colonie flottante dont l'ensemble a dès lors constitué un Siphonophore. Mais chez les Siphonophores, il semble que l'ordre n'ait pu s'établir au milieu de la multitude d'organes résultant des modifications sans nombre échelonnées de l'hydre à la méduse : l'individualité des colonies ne s'est jamais élevée assez haut pour absorber complètement celle des polypes. Dans beaucoup de colonies qui sont demeurées fixées et particulièrement dans celles qui se sont développées dans les mers profondes, la Méduse a pour ainsi dire avorté. Certains individus n'en ont pas moins perdu la faculté de se nourrir par eux-mêmes, soit qu'ils aient primitivement joué le rôle d'individus reproducteurs, soit pour toute autre cause; ils sont devenus plus tard les pourvoyeurs de la colonie et sont demeurés subordonnés, pour leur alimentation, aux individus nourriciers. Les colonies dans lesquelles les pourvoyeurs étaient groupés autour des individus nourriciers avaient un avantage évident sur celles où ces individus étaient disposés sans ordre, ainsi a pris naissance tout d'abord la disposition propre aux Millépores. Les colonies où les sucs nourriciers partant du gastrozoïde avaient le moins de chemin à faire pour arriver aux dactylozoïdes étaient, d'autre part, mieux nourries et conséquemment plus vivaces que les autres : elles ont encore pris l'avantage et ainsi s'est produite cette concentration graduelle des dactylozoïdes autour des gastrozoïdes qui a abouti à la constitution des Coralliaires. Tous les Polypes étant, dans ce cas, perpendiculaires à la surface de la colonie, ne pouvant, comme chez les Siphonophores, se développer dans toutes les directions, leur concentration devait nécessairement établir entre eux cette disposition rayonnée, que Cuvier considérait comme caractéristique de l'une de ses grandes divisions du Règne animal. L'histoire des Ascidies, et surtout celles des Étoiles de mer et des Oursins, nous montrera une semblable disposition obtenue, dans des circonstances analogues, avec des animaux bien différents des Hydres.

CHAPITRE VIII

LES COLONIES DES BRYOZOAIRES.

Nos études sur les Polypes hydraires nous ont permis de démontrer la réalité de la transformation en individus de colonies animales formées elles-mêmes d'individus complexes. Il existe d'autres animaux qu'on a longtemps confondus avec les Hydres, que l'on classait d'abord avec elles dans le règne végétal et dont les colonies ne sont pas moins remarquables : ce sont les *Polypes à panache* de Trembley, ceux qu'en raison de leur physionomie Ehrenberg a appelés les Bryozoaires (1), c'est-à-dire les *Animaux-Mousse* et que le naturaliste anglais Grant, frappé de leur habitude presque constante de vivre en colonies nombreuses, avait nommés, à peu près en même temps, les *Polyzoaires* (2) ou *animaux sociaux*.

Les eaux douces comme les eaux marines nourrissent des Bryozoaires. Dans les eaux stagnantes et les rivières à faible courant, on les trouve sur les pierres, les bois flottants, quelquefois sur les herbes aquatiques. Leurs colonies ne sont jamais bien volumineuses et leur consistance est le plus souvent presque gélatineuse. Elles s'étendent d'ordinaire en se ramifiant à la surface

(1) Du grec βρύον, mousse, et ζῶον, animal.
(2) Du grec πολύς, beaucoup, et ζῶον, animal.

des corps submergés; rarement elles forment, comme les *Lophopus* (fig. 67) ou les *Cristatelles* (fig. 73), des colonies compactes. Une observation superficielle ne montre pas entre les Bryozoaires et les Hydres de différence bien sensible : la plupart des Bryozoaires

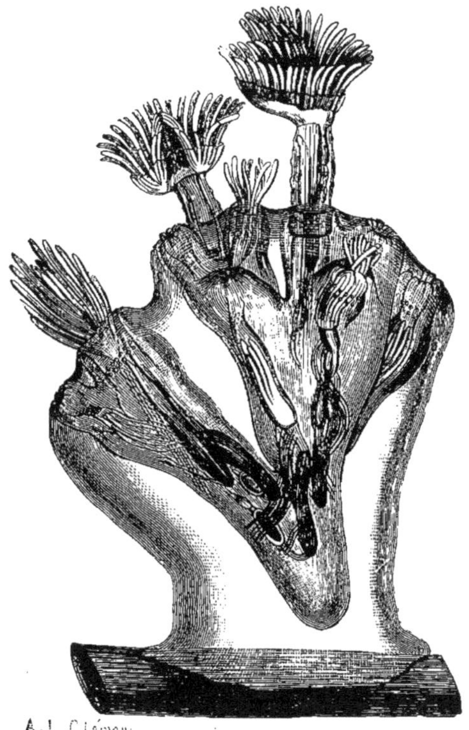

Fig. 67. — BRYOZOAIRES. — *Lophopus cristallinus*. — Les Polypes épanouis montrent nettement la disposition en double fer à cheval des tentacules des Bryozoaires d'eau douce et la forme en siphon recourbé du tube digestif.

ont, comme ces dernières, un corps allongé, une couronne de tentacules au centre de laquelle se trouve la bouche, et qui permet de leur appliquer aussi justement qu'à elles la dénomination de Polypes. Toutefois leurs allures sont bien différentes : autant les mouvements des Hydres sont lents et comme hésitants, autant ceux des Polypes à panache sont rapides et précis. A la moindre alerte ils se retirent vivement au fond de la cellule qu'ils habitent et reparaissent de même, peu après, en étalant leur couronne. Celle-ci se meut tout d'une pièce, mais on ne voit pas les tentacules qui la composent s'étendre au loin, se rétracter isolément, s'infléchir de toutes façons, saisir des animaux au passage et se replier pour les porter à la bouche, comme le font ceux des Hydres ; on ne voit pas non plus les Infusoires et les petits Crustacés frappés de paralysie au contact du Polype ; au contraire tout les fins corpuscules qui l'approchent sont aussitôt entraînés par un rapide mouvement de tourbillon et, si leur volume n'est pas trop grand, précipités en masse dans la bouche béante de l'animal.

Le mode de préhension des aliments est donc tout différent chez nos deux sortes de Polypes. Les Hydres chassent réellement et ne capturent que les proies qui les tentent ; les Bryozoaires sont le centre d'un courant mystérieux, entraînant vers eux, d'une façon continue, des matières alimentaires qu'ils ne peuvent choisir. Il faut user du microscope pour pénétrer la cause de ce courant. On reconnaît alors que les bras du Polype sont couverts de cils vibratiles animés d'un mouvement extraordinairement actif ; ces cils fouettent à coups répétés l'eau qui les entoure, la forcent à circuler autour de l'animal et à s'engouffrer dans son tube digestif avec tout ce qu'elle tient en suspension. Dans le tube digestif, des cils vibratiles la font encore circuler tandis que les matières qu'elle amène avec elle sont retenues et élaborées dans le vaste estomac du Polype. Les Hydres sont exclusivement carnivores, les Bryozoaires sont omnivores. Les algues microscopiques et les diatomées forment la partie essentielle de leurs repas.

Le microscope révèle, en outre, dans la structure des Bryozoaires de nombreuses particularités qui les éloignent notablement des Hydres. Leur appareil digestif n'est plus une simple cavité, creusée dans l'épaisseur du corps et ne possédant qu'un seul orifice, servant à la fois pour l'entrée des matières alimentaires et la sortie des résidus de la digestion. C'est un tube complet, recourbé en forme d'U, possédant deux orifices externes, rapprochés, il est vrai, l'un de l'autre, mais bien distincts (fig. 67 et fig. 73, n° 2), et réservés chacun d'une façon constante et exclusive à un seul des usages que cumule l'orifice unique des Hydres.

Pour la première fois nous voyons apparaître une véritable bouche, un véritable tube digestif dans lequel il faut encore distinguer un œsophage, un estomac et un intestin. Ces faits n'avaient pas échappé à Trembley; leur réalité a été confirmée, en 1828, par M. Milne Edwards en France, par Ehrenberg en Allemagne, et ces deux illustres savants ont été ainsi amenés à conclure simultanément, mais indépendamment l'un de l'autre, à la nécessité de séparer dans des groupes particuliers les *Polypes à bras en forme de cornes*, les Hydraires, des *Polypes à panache*, les Bryozoaires.

Ce n'est pas seulement par leur appareil digestif que les Bryozoaires s'élèvent au-dessus des Polypes proprement dits. Tandis que chez ces derniers les parois mêmes du corps, formées de deux couches superposées, constituent la paroi de la cavité digestive, le tube digestif des Bryozoaires a des parois propres, absolument séparées de celles du corps. Il y a un espace vide assez considérable entre les deux parois : c'est la *cavité générale* que traversent des muscles très nets, chargés de faire mouvoir les diverses parties de l'animal, et dans laquelle flottent librement les glandes reproductrices. On voit même, chez les Bryozoaires d'eau douce, à la base de la couronne des tentacules, entre la bouche et l'anus, un ganglion nerveux, une sorte de cerveau. Rien de semblable chez les Hydraires où les muscles, quand ils existent, et les glandes génitales ne se développent jamais que dans l'épaisseur des parois du corps, et où le système nerveux demeure diffus tant que l'Hydre ne s'est pas élevée au rang de Méduse.

Chez la plupart des Bryozoaires marins, les tentacules forment une couronne parfaitement circulaire autour de la bouche (fig. 70 et 71). Cette disposition ne se rencontre, parmi les Bryozoaires d'eau douce, que chez les Paludicelles (fig. 73, n° 2) et les Urnatelles; dans les autres genres, la bouche recouverte d'une sorte de lèvre ciliée (1) vient s'ouvrir au milieu de la

(1) L'épistome.

partie convexe d'un fer à cheval (1) dont les bords interne et externe portent les tentacules (fig. 67 et 73, n° 1). Ceux-ci forment par conséquent deux couronnes incomplètes concentriques, emboîtées l'une dans l'autre et qui se rejoignent à l'extrémité libre des cornes du fer à cheval. Au-dessous de cette double couronne, du côté de la concavité du fer à cheval, du côté par conséquent où la double couronne est ouverte, se trouve l'anus. L'animal est à peu près symétrique par rapport à un plan qui comprend la bouche, l'anus, le ganglion nerveux, et partage en deux moitiés égales l'ensemble de l'appareil tentaculaire. C'est encore une différence à signaler entre les Bryozoaires et les Hydraires dont le plan de symétrie est absolument indéterminé.

Par tous ces détails de leur organisation, les Bryozoaires s'éloignent considérablement des Hydraires avec lesquels on les confondait jadis : on ne connaît même aucune forme de passage qui permette de les relier les uns aux autres. On a indiqué comme occupant une position intermédiaire entre eux l'*Halilophus mirabilis* recueilli par Michel Sars, au moyen de la drague, dans les régions profondes de l'Atlantique qui avoisinent les îles Lofoden ; cette opinion émise par Ossian Sars, fils du grand observateur, ne saurait être soutenue. L'*Halilophus mirabilis* ne possède pas, il est vrai, de faisceaux musculaires nettement définis ; ses téguments sont directement appliqués sur les organes qu'ils protègent, de manière à supprimer presque entièrement la cavité générale ; le tube digestif lui-même n'offre pas la division ordinaire en trois régions ; mais cet appareil n'en conserve pas moins ses parois propres et ses deux orifices ; l'animal offre même la disposition en fer à cheval des tentacules et la lèvre buccale qui caractérise les Bryozoaires d'eau douce, plus élevés que tous les autres. L'*Halilophus* est donc un Bryozoaire dégradé, si l'on veut ; mais son organisation conserve son type spécial, sans rien perdre de ce qu'elle a de caractéristique, sans se rapprocher en quoi que ce soit de celle des Polypes hydraires.

(1) Le lophophore.

Nous avons pu, sans forcer aucune analogie, faire remonter jusqu'aux Rhizopodes la généalogie des Polypes hydraires; rien ne permet jusqu'à présent de rattacher sûrement les Bryozoaires à quelque forme inférieure du règne animal. Nous nous trouvons donc en présence d'un type organique tout à fait différent de

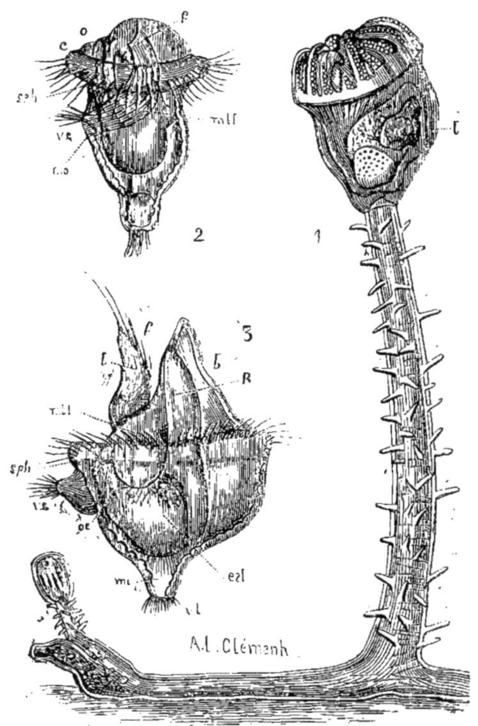

Fig. 68. — BRYOZOAIRES. — *Pedicellina echinata*. — 1. Un individu adulte avec des stolons à sa base dont l'un est terminé par un bourgeon. — 2. Larve de *Pedicellina echinata* à l'état de rétraction : *o*, bouche; *c*, couronne ciliée; *sph*, région contractile au-dessous de la couronne; *va*, organe tactile, cilié; *mo*, *mbl*, muscles qui le font mouvoir; *f*, fente séparant la face buccale en deux parties *b* et *l*, bien visibles dans le n° 3 qui représente la même larve à l'état d'expansion. — 3. Mêmes lettres et en outre : *œ*, œsophage; *est*, estomac; R, rectum; *vt*, ventouse terminale du corps; *mi*, masse musculaire qui lui correspond.

ceux dont nous nous sommes occupés jusqu'ici, et dont il est, par cela même, intéressant d'étudier les divers modes de groupements coloniaux.

L'*individu* chez les Bryozoaires présente, nous l'avons vu, une organisation plus élevée que celle de l'*individu* chez les Hydraires; il semble, au premier abord, plus apte à vivre seul, il est cependant plus souvent encore soumis à la vie sociale. On ne connaît qu'un très petit nombre de Bryozoaires vivant isolés : tels sont les Loxosomes, encore se trouvent-ils le plus souvent dans des conditions toutes particulières, fixés en parasites sur la peau d'animaux fouisseurs, ou habitant dans l'intérieur des canaux ciliés des Éponges (1), comme si l'assistance d'un autre organisme leur était absolument nécessaire.

Tous les autres forment des colonies le plus souvent très nombreuses et qui revêtent les apparences les plus diverses. Les colonies des Pédicellines (fig. 68, n° 1) voisines des Loxosomes, celles des *Æthea*, sont formées d'individus réunis entre eux seulement par des stolons rampants ; celles des Sérialaires sont arborescentes et les individus sont groupés en bouquets le long des rameaux. Mais ordinairement les loges dans lesquelles habitent les polypes sont serrées les unes contre les autres de manière à former des masses plus ou moins compactes. Les *Membranipores* s'étendent en plaques minces, comme une légère dentelle, à la surface des fucus et des laminaires ; les *Cellépores* déposent leurs masses consistantes jusque sur les galets; les *Flustres* imitent, par les dispositions de leurs frondes flexibles, les algues au milieu desquelles elles vivent; les *Electra* (fig. 69, n° 1) aux loges régulièrement disposées en verticilles, les *Canda* (fig. 69, n° 2), les *Crisia* (fig. 69, n° 3) aux rameaux articulés, les *Salicornaria*, les *Myriozoum*, les *Hornera* forment des polypiers rameux, rappelant parfois ceux des Hydraires ou de certains Hydrocoralliaires, des *Stylaster*, par exemple; les Eschares ont une consistance absolument pierreuse

(1) Le *Loxosoma singulare*, Keferstein, vit sur la peau d'une Annélide, la *Capitella rubicunda* ; le *Loxosoma phascolosomatum*, C. Vogt, sur l'extrémité caudale des *Phascolosoma elongatum* et *margaritaceum*, espèces de Géphyriens ; le *Loxosoma Neapolitanum*, Kowalevsky, sur les tubes d'une Annélide sédentaire, le Phyllochétophère; les *Loxosoma Raja* et *cochlear*, d'Oscar Schmidt, dans les canaux de plusieurs Éponges; le *Loxosoma Kefersteinii*, Claparède, sur les colonies d'un autre Bryozoaire, le *Zoobothrium pellucidum*.

et poussent en lames planes, d'épaisseur à peu près constante, qui se soudent entre elles de manière à présenter toutes sortes d'anfractuosités. Les colonies des *Adeona* sont formées de lames semblables, régulièrement percées de trous arrondis, à bord élégamment festonné ; enfin chez les Rétépores et les *Carbasea* (fig. 70, n° 2), les trous qui perforent les lames sont en forme de losange, si nombreux et si rapprochés que la colonie rappelle absolument l'aspect d'un tissu à mailles lâches, tel que celui d'un filet délicat ; de là le nom de *manchettes de Neptune*, donné à ces élégantes colonies.

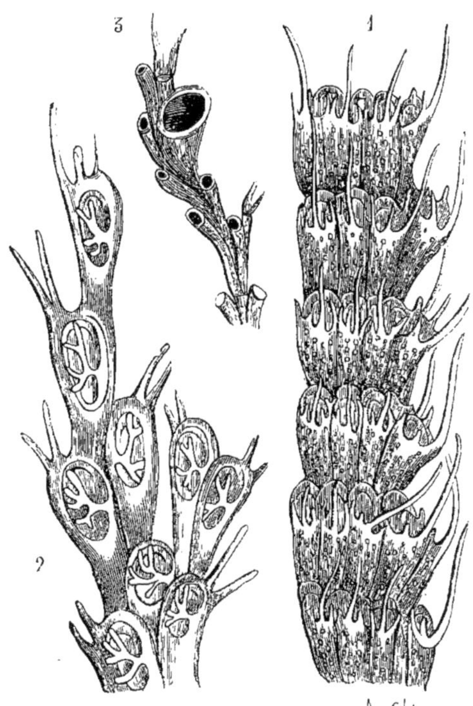

Fig. 69. — BRYOZOAIRES. — 1. Fragment très grossi d'un polypier d'*Electra verticillata*. — 2. Id. de *Canda reptans*. — 3. Id. de *Crisia eburnea* avec ovicelle.

Les petits pores innombrables que montrent les parties solides

des polypiers, et qu'il ne faut pas confondre avec ces trous, sont les orifices des loges occupées par leurs habitants. Ces pores n'affectent jamais, comme chez les Coralliaires, la forme de calices rayonnés. Dans certains cas, les colonies présentent une forme à peu

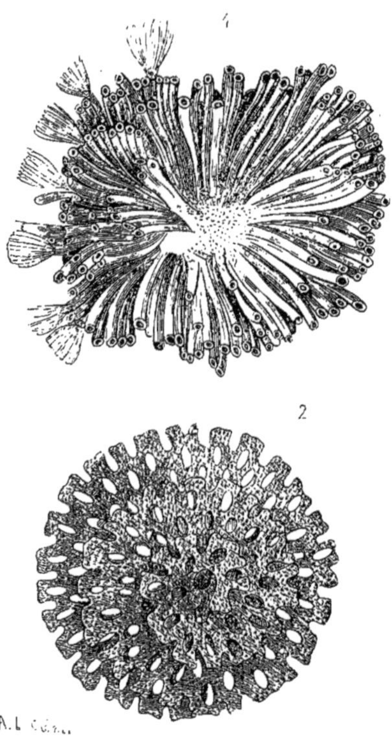

Fig. 70. — BRYOZOAIRES. — 1. *Tubulipora verrucosa* avec un certain nombre de polypes épanouis. — 2. *Carbasea cribriformis*.

près géométrique : telles sont celles des *Tubulipores* (fig. 70, n° 1) où tous les individus sont rangés en cercle, et surtout celles des *Carbasea* (fig. 70, n° 2) qui sont souvent libres, et se disposent soit en cornet, soit en spirale parfaitement régulière.

Dans un très grand nombre de genres, des organes extrêmement singuliers sont disséminés parmi les polypes et occupent, en général, une place fixe par rapport à eux. On ne saurait mieux les comparer qu'à des têtes microscopiques d'oiseau de proie : c'est pourquoi le nom d'*aviculaires* leur a été donné (fig. 71, n° 1 et n° 2, *av*). Dans les genres où il existe des aviculaires, ces organes sont placés

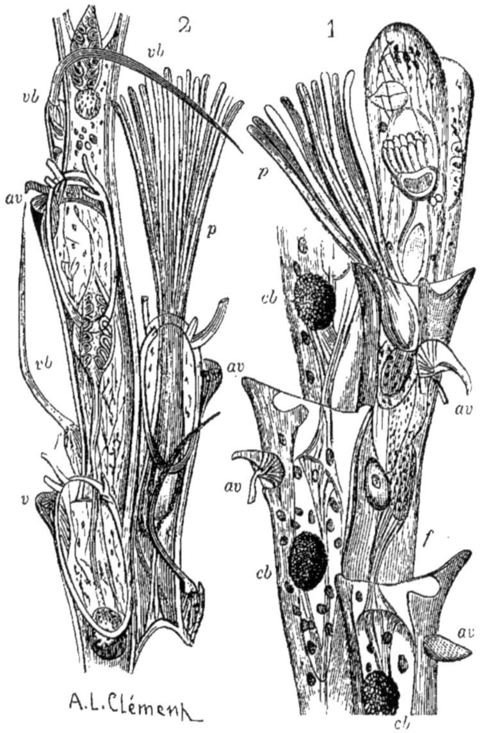

Fig. 71. — BRYOZOAIRES. — 1. Groupe de loges de *Bugula avicularia* portant chacune un aviculaire, *av*; dans trois de ces loges le polype s'est réduit à l'état de corps brun, *cb*; la loge qui contient un polype épanoui *p* est surmontée de deux bourgeons. — 2. Groupe de loges de *Scrupocellaria scruposa* avec aviculaires de forme particulière, *av* sur le côté des loges et trois vibraculaires, *vb*.

à l'entrée des loges des polypes; ils sont ordinairement sessiles, quelquefois supportés par un pédoncule (1), et peuvent exécuter des mouvements d'ensemble très variés. La mandibule supérieure

(1) Dans les genres *Bicellaria*, *Bugula*, *Beania*, etc.

de leur bec est fixe ; la mandibule inférieure, très mobile, est actionnée par des muscles qui s'insèrent en rayonnant dans toute la cavité qui correspondrait à celle du crâne de l'oiseau. L'aviculaire ne cesse d'ouvrir et de fermer son bec, et d'osciller au devant de la loge du polype qui le supporte : il est probable que c'est un organe de préhension, destiné à arrêter et peut-être à broyer les particules alimentaires trop grosses pour que le courant ciliaire puisse les amener tout entières vers la bouche ; il est également probable qu'il fonctionne souvent comme organe de défense, et que plus d'un crustacé contre la gourmandise duquel le polype, mou et sans armes, serait sans défense quand il est épanoui, se trouve happé au passage par l'aviculaire. Quand les polypes sont rétractés, ce moyen de protection leur est à peu près inutile : l'entrée de leur loge est ordinairement fermée par une couronne de soies (1), ou par un véritable opercule (fig. 69, n° 2).

Outre les aviculaires, d'autres Bryozoaires, la plupart des *Cellularia* et les *Scrupocellaria*, par exemple, possèdent des organes non moins singuliers, les *vibraculaires* (fig. 71, n° 2, *vb*). Ce sont de longs filaments contractiles qui s'agitent, pareils à des vers, à la surface de la colonie, et semblent, comme les aviculaires, continuellement en proie à un mouvement pendulaire. Les vibraculaires sont fixés à leur base sur une sorte de loge comparable à celle qu'habitent les polypes. Cette loge contient et protège l'appareil musculaire qui fait mouvoir le filament.

Les loges des polypes sont enfin souvent surmontées de loges spacieuses, de forme spéciale, dans lesquelles on trouve d'ordinaire des larves à tous les états de développement (fig. 69, n° 3). Ce sont de véritables *chambres d'incubation* (2).

(1) On désigne les Bryozoaires qui présentent la première de ces dispositions sous le nom de *Cténostomes*, les autres sous le nom de *Chilostomes* (*Cellularia*, *Bugula*, *Electra*, etc.); dans quelques genres l'orifice est nu et le Bryozoaire est dit alors *Cyclostome* (*Tubulipora*, *Crisia*, etc.). Ces dénominations viennent des mots grecs στόμα, bouche ; κτείς, peigne ; χεῖλος, lèvre.

(2) Ces diverses parties ont fourni la base d'une nomenclature assez compliquée. Les auteurs appellent *zoœcie* (de ζῶον, animal et οἶκος, maison) la loge qu'habite le Polype, *oœcie* (de ᾠόν, œuf et οἶκος, maison) la chambre d'incubation, *polypide* le polype lui-même.

Les colonies de Bryozoaires présentent donc une complication presque aussi grande que celles des Polypes hydraires. On reconnaît en elles quatre sortes de parties plus ou moins indépendantes, mais dont l'individualité est attestée par ce fait qu'elles ne sont pas indissolublement liées les unes aux autres et que leur existence est loin d'être constante, même dans les espèces les plus rapprochées : la *Cellularia Peachii*, par exemple, manque d'aviculaires et de vibraculaires, tandis que la plupart de ses congénères en sont pourvues ; dans deux genres voisins les mêmes différences peuvent *à fortiori* se manifester. Enfin les Bryozoaires d'eau douce et plusieurs familles de Bryozoaires marins ne présentent jamais rien de semblable, bien qu'ayant, du reste, la même organisation que les autres animaux de leur groupe. Les aviculaires et les vibraculaires ne font donc pas partie intégrante de l'économie de nos polypes. On ne voit d'ailleurs, dans ceux-ci, rien qui puisse leur donner naissance par une simple transformation.

Ces singuliers appareils seraient-ils des individus modifiés de manière à jouer un rôle spécial, comme nous en avons tant vu chez les Hydres ? La différence entre le polype, si complexe, en apparence, du Bryozoaire et l'aviculaire ou le vibraculaire, à peu près dépourvus d'organes, est tellement grande que l'on repousse tout d'abord cette interprétation. Cependant ce sont bien là des *organes de la colonie* et non pas des organes des individus qui la composent ; leurs mouvements sont totalement indépendants de ceux des polypes dans le voisinage desquels ils sont placés ; aucune impression s'exerçant sur l'aviculaire n'agit sur le polype ou inversement ; aucune communication physiologique ou anatomique n'existe entre eux. On est donc forcé de revenir à l'idée qu'ils représentent des individus autonomes ; cette idée se trouve, en effet, confirmée par le mode de développement des aviculaires. Ces organes se forment par un bourgeonnement tout semblable à celui qui produit les loges habitées par les polypes. Bien plus, les aviculaires de la *Flustra foliacea* peuvent eux-mêmes bourgeonner et produire des loges de Polypes, comme ces loges elles-mêmes, auxquelles ils ressemblent, d'ailleurs, beaucoup plus que dans les autres genres. Mais l'équivalence de l'aviculaire et de la loge du polype devient plus manifeste encore dans certains cas. Au fond du bec des aviculaires de plusieurs Bryozoaires, tels que la *Bugula flabellata*, la *Bicellaria ciliata*, à l'endroit qui correspondrait au gosier de l'oiseau, on aperçoit des corps qu'on a souvent considérés comme des glandes; leur situation, leur mode de formation montrent que ce ne sont autre chose que les rudiments d'un tube digestif (1). L'aviculaire correspond, par conséquent, à un individu dont le tube digestif ne se serait pas développé, ou ne se serait développé que fort incomplètement; ses muscles sont ceux qui feraient mouvoir le polype dans sa loge; sa mandibule inférieure mobile n'est autre chose qu'un opercule, et, de fait, c'est seulement dans le groupe des Bryozoaires operculés que l'on trouve des aviculaires.

Les vibraculaires sont incontestablement des organes analogues aux aviculaires; la loge sur laquelle ils reposent est, dans la *Scrupocellaria scruposa* (fig. 71, n° 2, *vb*), exactement semblable à celle des aviculaires; leur appareil musculaire est construit sur le même type, et il suffit, pour passer de l'un de ces appareils à l'autre, de supposer que la mandibule mobile de l'aviculaire s'est considérablement allongée. On peut donc appliquer aux vibraculaires les conclusions qui s'imposent d'une manière absolue pour les aviculaires : ils représentent une troisième sorte d'individus. Les Bryozoaires sont par conséquent des êtres polymorphes comme les Polypes hydraires; dans leurs associations deux sortes d'individus ne se développent qu'à demi, et, par une étrange division du travail, les uns se bornent à protéger la colonie et à mâcher les matières alimentaires que doit dissoudre l'estomac des individus parfaits : les autres, par leur agitation perpétuelle, contribuent à renouveler l'eau à la surface de la colonie et à produire, concurremment avec les cils vibratiles des tentacules, les courants qui amènent sans cesse des aliments aux polypes et emportent leurs déjections. L'animal, dans ces deux cas, est à peu près réduit à son habitation : il est difficile de supposer une dégénérescence plus complète. On a quelquefois comparé la loge encroûtée de calcaire

(1) Heinrich Nitsche, *Beiträge zur Kenntniss der Bryozoen* (*Zeitschrift für wissenschaftliche Zoologie*, 1861. Bd XXI, S. 490).

d'un Bryozoaire à la coquille d'un colimaçon : que serait un colimaçon réduit à sa coquille? On se prend à douter, en présence d'un pareil résultat, de la légitimité des conclusions auxquelles conduit cependant, d'une façon inévitable, l'anatomie comparée. L'observation des phénomènes physiologiques qui se succèdent dans une même loge de Bryozoaire lève les derniers scrupules que pourrait conserver l'esprit le plus rigoureux.

Certains Bryozoaires vivant à de faibles profondeurs, sur des parties de la grève qui se découvrent à chaque marée, s'acclimatent très bien dans de petites cuvettes plates, dont il est à peine nécessaire de changer l'eau et que l'on peut porter sur la platine du microscope toutes les fois qu'on veut observer. Ils s'accommodent même d'un long voyage. M. Lucien Joliet a réussi à conserver pendant cinq mois, dans le laboratoire de zoologie de la Sorbonne, une branche de *Bowerbankia imbricata* qui est demeurée, pendant tout ce temps, en parfaite santé. La *Bugula flabellata* est tout aussi robuste : une colonie recueillie à Roscoff (Finistère), pendant l'automne, a passé tout l'hiver à Paris et, au printemps suivant, a pu être rapportée, aussi vivace que possible, dans son pays natal. Ces Bryozoaires se prêtent donc de la meilleure grâce du monde à l'observation et dans des conditions, pour ainsi dire, physiologiques.

Dans une colonie bien accoutumée à ce genre de vie, choisissez le polype le plus vigoureux et suivez-le plusieurs jours avec attention. Au début, vous le verrez s'épanouir fréquemment; peu à peu, il se reposera plus longuement au fond de sa loge ; finalement, il ne sortira plus du tout ; ses organes ne tarderont pas à se flétrir ; bientôt il ne sera plus possible de les distinguer : une masse brune amorphe, d'abord irrégulière, mais qui prendra graduellement la forme sphérique (fig. 71, n. 1, *cb*), un cordon cellulaire, le *funicule*, par lequel le polype était relié à la paroi de sa cellule, voilà tout ce qui restera de l'animal, naguère si actif, qui occupait la loge. Cependant la maison ne demeurera pas longtemps vide. En un de ses points qui n'a rien de fixe, du reste, parfois même à la surface du *corps brun* (1), débris du premier occupant, un bour-

(1) Ce *corps brun* a été l'objet des interprétations les plus diverses. Dans ses

geon se forme et grandit (fig. 71, n. 2). Il n'y a plus à en douter, c'est un polype nouveau qui apparaît. Quelquefois ce polype naît à côté du corps brun qui demeure dans la loge, où il diminue lentement et finit par disparaître : mais le plus souvent le nouveau polype, en quelque point qu'il ait apparu, se rapproche du corps brun par le fait même de sa croissance, l'englobe dans son estomac, le désagrège et en rejette successivement toutes les parties. La loge se trouve complètement déblayée quand le polype a atteint son complet développement. Le nouveau venu aura du reste le sort de son prédécesseur : après avoir vécu quelque temps d'une vie des plus actives, il dépérira à son tour et se transformera en un nouveau corps brun qui persistera à côté du précédent, ou sera éliminé quand un troisième polype, né comme les autres sur les parois de la loge, aura fait son apparition.

A voir les régions de la colonie où les polypes sont le plus remuants, il semble que ces animaux en soient la partie principale, la partie essentiellement vivante ; la loge paraît au contraire comme une partie accessoire, une simple habitation tout à fait inerte, quelque chose comme la maison du polype. Mais quelle singulière habitation ! Voilà donc une maison dont les propriétaires meurent périodiquement, et qui se crée, quand elle est vide, un nouvel hôte ; une maison dont les murailles enfantent ses propres habitants ! Quel conte de fées a jamais étonné nos oreilles du récit de semblable prodige ?

Cela se renouvelle un certain nombre de fois durant l'été : puis la scène change. Nous avons vu que chaque Polype est relié aux parois de sa loge par un cordon cellulaire plus ou moins allongé qu'on appelle le *funicule* (fig. 71, *f*). Tantôt dans la substance de ce funicule, tantôt dans l'épaisseur des parois de la loge, un certain nombre de cellules prennent un caractère particulier, grandissent rapidement, se multiplient avec une prodigieuse activité, deviennent bientôt libres dans la cavité viscérale et flottent tout autour

Contributions à l'histoire naturelle des Bryozoaires des côtes de France (*Archives de zoologie expérimentale*, vol. VI, 1876), M. L. Joliet a fort bien exposé et discuté les opinions de ses prédécesseurs, en même temps qu'il a donné aux siennes propres des bases expérimentales irréfutables.

du tube digestif. La plupart bornent là leur développement et semblent représenter les globules du sang des animaux supérieurs; d'autres produisent dans leur intérieur un grêle filament qui s'échappe à son tour, c'est un spermatozoïde : un très petit nombre, qui ne se séparent que fort tard du funicule, deviennent des œufs. Souvent un seul de ces œufs arrive à maturité : les autres disparaissent. Le développement des spermatozoïdes et des œufs a lieu à des époques différentes : bien que présentant l'hermaphrodisme le plus net, un polype bryozoaire ne peut donc féconder lui-même ses œufs.

Le polype proprement dit ne semble prendre aucune part directe à la formation de ces divers éléments. C'est toujours sur le funicule ou sur ses ramifications qu'ils apparaissent, et le funicule ne saurait être considéré comme appartenant au polype, car il survit aux individus qui se succèdent dans la loge, et c'est toujours par une prolifération de sa substance qu'il s'en produit de nouveaux. Si le lieu d'apparition des jeunes pousses et des éléments reproducteurs semble varier, c'est tout simplement que le funicule se ramifie de façons diverses, que parfois il s'étale en réseau à la surface intérieure de la loge et que, partout où se trouve une particule de sa substance, cette particule peut former un polype ou des glandes génitales. Le funicule a d'ailleurs la même durée que la loge dans laquelle il se trouve ; c'est donc avec elle et non avec le polype qu'il est le plus intimement uni : il est un des éléments obligés de la maison qu'habitent successivement les divers polypes ; il fait partie intégrante de cette maison qui, ayant engendré ses propres habitants, engendre encore, par un prodige plus surprenant, les œufs qui devront fonder des colonies nouvelles.

Le procédé par lequel les œufs sont expulsés dépasse en merveilleux tout ce que nous venons de voir. M. L. Joliet a suivi pas à pas toutes les phases du phénomène sur la *Valkeria cuscuta* et quelques autres types (1). Une loge est en pleine reproduction : sa cavité est remplie de spermatozoïdes, deux œufs à peu près égaux sont attachés au funicule. Le polype est parfaitement

(1) Le *Bowerbankia imbricata* et la *Lagenella repens* notamment.

vivant : fréquemment il s'épanouit, puis se contracte brusquement. A chaque fois un grand nombre de spermatozoïdes sont refoulés vers l'ouverture de la loge, passent au travers de la fine membrane qui unit le polype au bord de son orifice et sont expulsés au dehors. Au bout de quelque temps, il n'en reste plus un seul : la loge ne contient alors que le polype et les deux œufs. Le polype cesse bientôt de se mouvoir, s'atrophie, se change en corps brun, en même temps que la membrane qui le reliait à l'orifice de la loge se tend au-dessus de cet orifice. La bouche du polype se trouvant à son tour oblitérée, la loge est momentanément close. Cependant, l'un des œufs a pris l'avance sur l'autre qui commence à se résorber : le gros œuf finit par demeurer seul et atteint un volume considérable. A ce moment, sur la paroi de la loge, en un point où vient s'attacher quelque branche du funicule, un petit polype apparaît, remonte vers le sommet de la maison et développe rapidement tout l'appareil musculaire des polypes ordinaires. Lui-même n'atteint jamais l'état parfait : ses bras restent à l'état de bourgeons, son œsophage ne se creuse pas d'une cavité et peu à peu se réduit aux dimensions d'un fil. Graduellement, le polype, l'œuf et le funicule se rapprochent ; ils arrivent à se disposer en un cordon continu qui s'étend en ligne droite du fond de la loge à son ouverture. La portion du funicule comprise entre le polype et l'œuf commence alors à se raccourcir, le polype est amené par suite de ce raccourcissement en contact avec l'œuf, glisse sur l'un de ses côtés, descend au-dessous de lui, de sorte que l'œuf se trouve ainsi immédiatement en rapport avec l'orifice de la loge. Le polype, parvenu au fond de celle-ci, se résorbe à son tour, mais ses muscles restent et c'est désormais l'œuf qu'ils actionnent directement et qu'ils font passer dans la gaine où étaient primitivement enveloppés les tentacules naissants du polype. Dans cette gaine l'œuf se trouve en libre communication avec l'eau extérieure : c'est là qu'il est fécondé, là qu'il se développe, toujours attaché au funicule. La larve qu'il produit se comporte exactement comme le ferait le polype qui, suivant l'heureuse expression de M. Joliet, a disparu pour lui prêter ses muscles. Elle peut, grâce à eux, remonter jusqu'à l'orifice de la loge ou se retirer au fond, à la manière d'un polype qui s'épanouit ou se rétracte. Finalement, elle se détache et s'échappe au dehors, pour nager activement à l'aide des cils vibratiles dont elle est couverte. Quand tous ces phénomènes sont accomplis, la loge qui, outre les polypes et les éléments reproducteurs, a engendré un plus ou moins grand nombre d'autres loges semblables à elle-même, perd toute activité et meurt. La formation des éléments sexués marque le terme de son existence.

Quelle est donc la signification de cette loge que nous avions tout d'abord qualifiée d'habitation du polype? Évidemment notre interprétation première, celle qui s'impose quand on ne connaît pas la série de phénomènes que nous venons de décrire, celle qu'ont adoptée tous les anciens auteurs, ne saurait plus se soutenir. La loge est vivante par elle-même, elle est indépendante des polypes qui se sont successivement développés sur ses parois, et cela est si vrai que dans l'*Alcyoncella fungosa* (fig. 73, n. 4), les *Lophopus*, les Plumatelles, deux ou plusieurs Polypes habitent simultanément la même loge. La loge présente donc, tout aussi bien que les polypes qu'elle contient, les caractères physiologiques d'un *individu*.

Ce que nous nommions jusqu'ici l'individu, chez le Bryozoaire, est donc, en réalité, un être complexe, une petite colonie; cette colonie comprend deux individus : l'un, de durée éphémère, est chargé de toutes les fonctions de relation et de nutrition; c'est le polype, dont les bras ciliés sont à la fois des organes de respiration et de préhension des aliments, dont le tube digestif élabore les matières nutritives. Cet individu est absolument stérile; il ne peut même pas se reproduire par bourgeonnement ou par division; c'est, dans l'acception la plus stricte du mot, un *individu nourricier*. Quand il meurt, un autre le remplace et la série de ces individus nourriciers est engendrée par l'individu de l'autre espèce, celui que nous avons désigné jusqu'ici sous le nom de *loge*. Ce dernier a gardé pour lui seul toute la puissance reproductrice et nous devons l'appeler, par conséquent, l'*individu reproducteur*.

Il s'en faut cependant que toutes ses parties jouissent également de la faculté de reproduction. On peut se représenter l'individu reproducteur comme une vésicule creuse dont les parois sont formées de deux couches : l'une extérieure, résistante, ordinairement encroûtée de calcaire, dans laquelle tous les phénomènes vitaux ont cessé ; l'autre intérieure, cellulaire au début, pareille ensuite à une couche homogène de protoplasme, réellement vivante, capable de grandir, de se diviser, de produire des loges nouvelles dans lesquelles naîtront des polypes, ou qui se transformeront simplement en chambres d'incubation (1). La couche extérieure ne fait que la suivre dans toutes ses transformations et n'en est en réalité que la portion la plus externe, devenue inerte. Dans cette vésicule se trouve un troisième tissu d'une importance exceptionnelle, car c'est en lui que réside la plus grande part du pouvoir reproducteur. Très réduit chez les Pédicellines (fig. 68), il est au contraire fort développé chez les autres Bryozoaires où il forme une sorte de cordon solide, le *funicule*, s'élevant du fond de la loge, mais pouvant émettre des ramifications qui s'étalent en réseau à la surface intérieure de celle-ci à laquelle ils communiquent, dès lors, une part de leurs facultés génétiques. C'est ce tissu (2), constamment en voie de prolifération, qui produit les polypes, les globules sanguins, les œufs et les spermatozoïdes. Sa puissance chez les Pédicellines se borne à produire un polype unique et les éléments de la génération sexuée ; il ne forme ces derniers, chez les Bryozoaires ordinaires, qu'après avoir produit plusieurs générations de polypes. C'est la partie la plus vivante de la loge, sa raison d'être. Quand son pouvoir reproducteur est épuisé, la loge elle-même a épuisé sa vitalité et meurt.

Comme chez les Polypes hydraires, l'individu reproducteur est aussi celui sur qui s'exercent plus spécialement les influences modificatrices. C'est lui qui, dans la division du travail, se prête aux fonctions les plus variées. Indépendant des polypes qu'il contient, il peut cesser d'en produire quand il s'adapte à un rôle particulier

(1) Ces deux couches ont été nommées par Allman et sont désignées par tous les auteurs sous les noms d'*ectocyste* et d'*endocyste*.

(2) L'*endosarque* (ἔνδον, dedans ; σάρξ, chair) de M. Joliet.

et se transformer seul, mais il peut aussi entraîner le polype dans les modifications qu'il subit. Tel est le cas pour les aviculaires. Les *Valkeria* nous ont montré un Polype qui n'apparaissait un instant que pour fournir à l'œuf et à la larve les muscles qui sont nécessaires pour les mouvoir dans la loge où ils doivent se développer : les muscles d'un aviculaire ou d'un vibraculaire sont de même ceux d'un polype avorté dont on ne retrouve les dernières traces que dans un certain nombre d'espèces comme la *Bugula flabellata* ou la *Bicellaria ciliata*. Mais bien d'autres parties résultent encore de transformations des loges : telles sont, en premier lieu, les chambres d'incubation des œufs qui surmontent si fréquemment les loges à Polypes ; tels sont encore les articles de la tige des Sérialaires et des *Crisia* (fig. 69, n° 3) qui ne sont que des loges complètement closes, asexuées, dépourvues de polypes, produisant les loges qui doivent engendrer à la fois les Polypes et les éléments sexués. La transformation des loges conduit encore à des formes plus simples, plus dégénérées : les épines qui se développent à la surface de certaines colonies, les stolons qui fixent sur le sol les espèces arborescentes ne sont pas autre chose que des loges adaptées à ce rôle modeste. Cela résulte d'une façon bien certaine de leur mode de développement (1).

Puisque les loges produisent les polypes, qu'elles ne sont liées en aucune façon à leur existence, on comprend très bien qu'il puisse y avoir des loges de Bryozoaires qui vivent libres de tout habitant. On s'est demandé si, inversement, il existait des polypes bryozoaires normalement dépourvus de loges. On a cru poser là une question qui fût simplement la contre-partie de la précédente. La question est cependant tout autre, car elle revient à celle-ci : un polype bryozoaire peut-il se développer autrement que par bourgeonnement dans une loge préexistante ? Si cela était, l'équivalence des deux individus qui constituent le Bryozoaire serait par cela même démontrée irréfutablement, puisque chacun d'eux pourrait se développer isolément. On ne connaît cependant

(1) Dr H. Nitsche, *Beiträge zur Kenntniss der Bryozoen* (*Zeitschrift für wissenschaftliche Zoologie*, t. XXI, 1871, p. 491).

aucun bryozoaire qui se développe dans ces conditions. Peut-être l'*Halilophus mirabilis* de Sars, indépendant comme il l'est de son polypier, présente-t-il un mode de développement différent de celui qui a été constaté dans les autres genres : c'est une étude à faire ; mais jusqu'ici nous devons considérer tout polype comme ayant été engendré par une loge. Il semble donc y avoir une subordination du polype à la loge, et l'on peut se demander si le polype équivaut réellement à une loge tout entière ou s'il résulte simplement d'une adaptation à des fonctions spéciales d'une partie des tissus de celle-ci. Cette question ne saurait être tranchée d'une façon définitive dans l'état actuel de nos connaissances ; mais nous verrons bientôt que sa solution importe moins, au fond, qu'on pourrait le croire.

En résumé, il suit nécessairement du mode de production des polypes que chacun d'eux, quand il vit, forme avec sa loge un tout complexe dont les diverses parties sont ensemble dans les rapports les plus étroits. A première vue il ne viendrait pas plus à l'esprit de distinguer le polype de sa loge, qu'un colimaçon de son manteau qui sécrète, lui aussi, une coquille. Pour tous les anciens naturalistes l'*individu* dans une colonie de Bryozoaires, c'était un polype plus sa loge. Cette manière de voir est encore parfaitement correcte. Ce n'est pas seulement, en effet, par le funicule sur lequel il a bourgeonné que le polype est lié à sa loge : des muscles nombreux s'attachent d'une part aux parois de celle-ci, d'autre part au corps du polype (1) ; quelques-uns vont d'un point de la loge à l'autre, n'ont aucun rapport anatomique avec le polype (2), mais sont liés physiologiquement avec lui de façon qu'ils naissent et disparaissent ensemble. La loge et son polype réagissent donc constamment l'un sur l'autre. Un grand nombre de Bryozoaires possèdent un ganglion nerveux qui règle leurs rapports ; un tube cilié s'ouvrant par l'une de ses extrémités dans la cavité de la loge, par l'autre dans la couronne tentaculaire, met chez plusieurs espèces, cette cavité en communication avec l'exté-

(1) Muscles rétracteurs.

(2) Muscles pariéto-vaginaux et muscles pariétaux.

rieur par l'intermédiaire du polype (1). Ce sont là des relations qui ne diffèrent en rien de celles qui existent, chez un Ver, par exemple, entre son tube digestif et les parois de son corps. *Physiologiquement* l'ensemble du polype et de sa loge forme donc à coup sûr un *individu*. *Morphologiquement*, cet individu est peut-être formé de deux autres: le polype lui fournit les organes de digestion, de respiration et d'innervation ; la loge, l'enveloppe extérieure du corps et les organes de reproduction. La loge et le polype, quoique se prêtant un mutuel concours pour la constitution d'un *individu physiologique* plus complexe, n'en conservent pas moins une indépendance qui se trahit nettement par la différence de leur durée.

Un animal dont les organes de digestion, de respiration et d'innervation disparaissent périodiquement pour être remplacés par d'autres, déconcerte au premier abord quiconque n'a observé que les animaux supérieurs. Chez ceux-ci les diverses parties de l'individu sont liées d'une façon autrement intime. Une telle combinaison n'a pourtant rien de surprenant quand on se reporte au mode de constitution des organismes avec lequel nous ont familiarisés l'histoire des Éponges et celle des Hydres. Nous avons vu que ces animaux étaient des associations d'éléments nés les uns des autres, qui primitivement se séparaient pour vivre isolément et n'étaient arrivés que peu à peu à la vie sociale, tout en gardant une large part de leur indépendance. Nous avons vu qu'on pouvait, sans les faire périr, les séparer les uns des autres : ils reforment dans ce cas des sociétés nouvelles, identiques à celles d'où ils proviennent; ils peuvent spontanément se grouper de manière à former, dans la société qu'ils constituent, des sociétés secondaires qui tantôt arrivent à une complète autonomie, tantôt demeurent subordonnées à la société primitive. Dans le premier cas, ces sociétés secondaires forment de nouveaux *individus;* dans le second elles forment seulement des *organes* et les plus nombreuses transitions permettent de passer de l'individu à l'organe ou inverse-

(1) Le fait a été constaté chez les *Alcyonidium gelatinosum*, *Membranipora pilosa*, *Pedicellina echinata*, appartenant à des groupes très différents; il est sans doute plus général qu'on ne pense.

ment : de telle façon que toute délimitation est impossible entre les formations que ces deux mots désignent ; qu'il peut y avoir et qu'il y a, dans bien des cas, une absolue équivalence entre l'individu et l'organe ; il devient dès lors superflu de rechercher s'il faut appliquer à certaines parties l'une de ces dénominations plutôt que l'autre. En raison même de l'indépendance primitive des éléments anatomiques, indépendance qui n'est jamais complètement aliénée, un groupe quelconque de ces éléments est un candidat au titre d'individu et devient réellement tel, s'il peut arriver à s'isoler de l'organisme dans lequel il s'est produit et à vivre par lui-même. Mille circonstances peuvent amener la réalisation de ce phénomène ou l'empêcher quand il a commencé à se produire, de manière à donner au développement de l'individualité ce caractère étonnamment accidentel que nous avons eu si souvent à constater dans l'histoire des Polypes hydraires.

L'histoire des Bryozoaires ne fait que reproduire les mêmes traits sous un aspect un peu différent. Dans un Bryozoaire la société qui constitue l'individu est scindée en deux groupes que l'on peut à volonté considérer comme deux individus ou deux organes parce qu'une fois constitués, ils ne sont pas absolument nécessaires l'un à l'autre, que la durée de l'un ne détermine pas d'une façon rigoureuse la durée de l'autre, et que, cependant, ils fonctionnent ensemble de manière à ne former, pendant toute la durée de leur existence, qu'une seule et même unité physiologique. Dans les organismes les plus élevés, les éléments anatomiques de tous les organes naissent, vivent et meurent tout à fait indépendamment les uns des autres : ils se renouvellent sans cesse au sein de l'organisme dont ils font partie sans qu'il y ait aucun rapport entre leur durée et la sienne. Chez les Bryozoaires il n'y a de plus qu'une seule particularité : au lieu de disparaître isolément, c'est par groupes que ces éléments disparaissent, et c'est seulement le fait de cette disparition en masse des éléments du Polype, alors que ceux de la loge persistent encore, qui donne au premier son caractère individuel. Cette disparition simultanée d'un groupe tout entier d'éléments nécessite l'existence d'un tissu chargé de réparer la perte ; le funicule remplit ce rôle important et complète périodiquement le Bryozoaire lorsque son polype s'est résorbé. Il reproduit le polype comme les fragments de Tubulaires ou d'autres Hydraires reproduisent leur tête quand celle-ci vient à disparaître.

Les Insectes, dans leur métamorphose, nous présentent quelque chose de tout à fait analogue. Là aussi, pendant la période d'immobilité qui sépare l'état de larve de l'état parfait, la plus grande partie des tissus disparaît; des bourgeons spéciaux qui sont demeurés au repos pendant toute la période larvaire reconstituent, parfois sur un plan tout à fait nouveau, les organes disparus, tout comme le funicule refait l'*individu nourricier* du Bryozoaire. Chez les Insectes ces bourgeons épuisent en une fois leur pouvoir reproducteur; chez les Bryozoaires, sauf chez les Pédicellines et les Loxosomes, le funicule peut renouveler plusieurs fois le polype ; tant qu'il possède cette faculté de régénération, il ramène le Bryozoaire à la vie après une courte phase de repos; quand il l'a perdue, la mort arrive sans retour et l'individu tout entier, loge et polype, disparaît exactement comme cela se passe chez les Insectes (1).

On dirait qu'en un Bryozoaire les éléments anatomiques chargés de jouer les rôles les plus actifs sont encore à peine capables de les soutenir; ils s'usent rapidement à accomplir leur tâche tandis que persistent les éléments dont la vie est moins agissante. Dans un organisme plus élevé, dont les éléments seraient plus cohérents, la mort simultanée d'éléments constituant à eux seuls presque tout l'ensemble des systèmes organiques serait nécessairement fatale : ici le contre-coup se fait à peine sentir. La nutrition devenant moins active, un certain nombre d'éléments dont les besoins sont relativement considérables disparaissent avec le polype, bien qu'ils semblent au premier abord n'avoir aucun lien avec lui ; tels sont les muscles des parois de la loge ou *muscles pariétaux;* d'autres, moins spécialisés, trouvent encore moyen de se

(1) Chez les Pédicellines la tête tombe périodiquement; mais le pédoncule qui la supporte conserve sa vitalité et reproduit bientôt une tête nouvelle. Ce pédoncule est sans doute l'analogue des articles de la tige des *Crisia*, c'est-à-dire une loge transformée et normalement dépourvue de polype.

suffire, et comme le tissu funiculaire a conservé la faculté de reproduction dans sa presque totalité, le dommage est bientôt réparé.

Nulle part la division du travail combinée avec l'indépendance des éléments anatomiques ne produit des résultats plus frappants et plus instructifs ; nulle part on ne trouve démontrée d'une façon plus nette cette faculté que possèdent les éléments de se grouper au sein d'un individu en individualités nouvelles, qui peuvent paraître ou même devenir réellement autonomes parce que les éléments qui les composent le sont eux-mêmes, mais dont la formation n'implique pas la disparition de l'individualité primitive. De ce que l'on peut considérer le polype et sa loge comme deux individus distincts, il ne s'en suit pas, tant s'en faut, que l'être résultant de leur union ne soit pas lui aussi un véritable individu. N'avons-nous pas vu la Porpite, le Polype coralliaire, se constituer par la soudure d'individus dont chacun est l'équivalent absolu d'un Polype hydraire?

Les deux *individus morphologiques* qui constituent un Bryozoaire apparaissent de très bonne heure. Dans ce groupe du Règne animal les larves, ordinairement fort compliquées, affectent des formes assez variées ; chez toutes cependant le corps est divisé en deux moitiés par un bourrelet plus ou moins apparent (fig. 72, n° 3, *c*), qui tantôt est parfaitement circulaire, tantôt se déforme de manière à présenter des courbes et des renflements pouvant changer complètement la physionomie de la larve (fig. 72, n°s 1 à 7, *c*). Ce bourrelet est couvert de puissants cils vibratiles. Il est souvent surmonté d'une sorte de disque rétractile (*mi*) également cilié, tandis qu'au-dessous de lui se trouvent un ou deux orifices (*ibid.*, *o*) constituant dans ce dernier cas une bouche et un anus reliés par un tube digestif déjà passablement compliqué. La larve des Membranipores, le *Cyphonautes* (fig. 72, n° 7), est l'un des organismes microscopiques les plus étranges que l'on puisse voir.

M. Joliet considère avec raison ces larves, quand elles sont complètement développées, comme équivalant à un polype et à sa loge, ce qui est, soit dit en passant, une preuve que cet ensemble doit être bien réellement considéré comme le véritable *individu bryo-*

zoaire. Le jeune animal est d'abord libre et nage en tournoyant sur lui-même d'une façon tout à fait caractéristique. Mais cette phase n'est que de courte durée. Bientôt le terme de la vie est

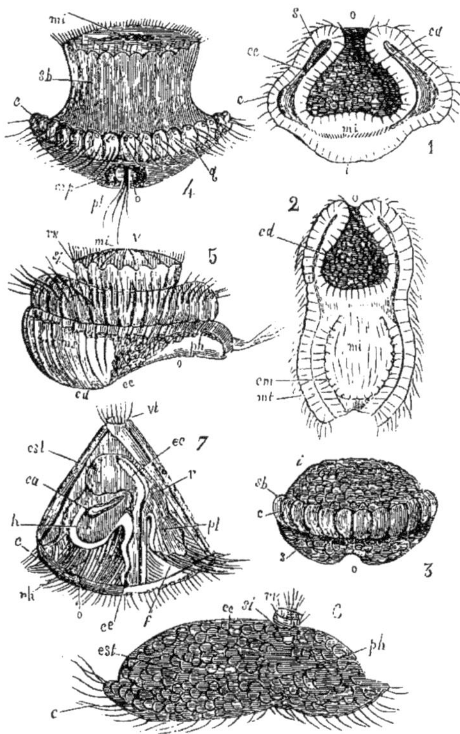

Fig. 72. — LARVES DE BRYOZOAIRES. — 1. Jeune larve de *Bugula flabellata*, avant l'éclosion. — 2. La même nageant librement. — 3. Très jeune larve (trochosphère) d'*Alcyonidium Mytili*. — 4. La même plus âgée. — 5. Larve libre de *Membranipora nitida*. — 6. Larve de *Flustrella hispida*. — 7. Larve libre (Cyphonautes) de *Membranipora pilosa*. Dans toutes les figures : *c*, couronne ciliée ; *i*, région aborale de la larve ; *sb*, *si*, parties qui en proviennent ; *s*, région orale ; *mi*, parties qui en proviennent : *o*, bouche ; *ph*, pharynx ; *cd*, cavité digestive primitive ; *est*, estomac *r*, rectum *mi*, disque vibratile ; *v*, *vt*, ventouse de ce disque.

arrivé pour la portion de la larve qui correspond au polype : la larve tombe au fond de l'eau. Ses parties intérieures perdent leur aspect primitif et éprouvent des modifications profondes : la larve cesse d'avoir une forme régulière ; elle se fixe. Désormais tous ses organes locomoteurs lui deviennent inutiles ; elle prend peu à peu la forme d'une simple loge dans laquelle le polype apparaît bientôt. La colonie est maintenant fondée et se développe comme nous l'avons vu. Nous retrouvons dans cette métamorphose de la larve les faits fondamentaux que nous connaissons déjà.

Quelle que soit la colonie de Bryozoaires que l'on observe, on ne voit jamais les individus complets se grouper, dans la colonie, pour constituer en elle des individualités d'ordre supérieur. Comme les Coralliaires, les Bryozoaires sont eux-mêmes le résultat d'une trop longue élaboration, d'une trop considérable accumulation héréditaire de modifications acquises, pour que leur organisme soit encore susceptible de se prêter à d'importantes adaptations. Les seules adaptations nouvelles que l'on observe, chez eux, tiennent à ce que la loge et le polype ont conservé l'un par rapport à l'autre une indépendance relative. Le polype très complexe et d'existence éphémère demeure toujours identique à lui-même ; la loge, dont les éléments sont plus rapprochés de l'état primitif, se prête au contraire, nous l'avons vu, à un certain nombre de transformations. Nous connaissons déjà les principales ; mais il en est de plus intéressantes, car elles permettent à certaines colonies d'atteindre en bloc et d'une manière presque complète à la qualité d'individus.

Par une exception assez remarquable, c'est chez les Bryozoaires d'eau douce que nous voyons cette transformation s'accomplir. Au lieu d'être encroûtées de calcaire ou de matière cornée, comme les loges des Bryozoaires marins, les loges des Bryozoaires d'eau douce demeurent souvent molles et gélatineuses. Chez le *Lophopus cristallinus* (fig. 67), qui forme de petites colonies adhérentes aux tiges des lentilles d'eau (1) et d'autres plantes aquatiques, toutes les loges sont confondues entre elles et forment une masse glaireuse, d'une transparence parfaite, de laquelle émergent les polypes. Les *Lophopus* avec leurs polypes unis par une substance commune, n'ayant à proprement parler qu'un seul corps, sont déjà un

(1) Les diverses espèces de *Lemna*.

acheminement évident vers la constitution d'une individualité particulière.

Les Cristatelles (fig. 73, n° 1) sont bien plus avancées dans cette direction. Là encore, chaque polype garde son individualité ; les

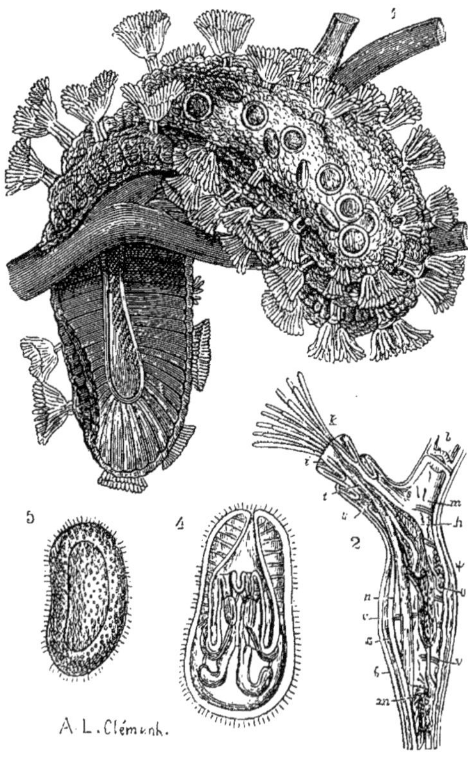

Fig. 73. — BRYOZOAIRES. — 1. Colonie de *Cristatella mucedo* rampant sur des herbes aquatiques et montrant des Polypes épanouis et des œufs d'hiver. — 2. *Paludicella Ehrenbergii*, une loge avec le polype épanoui : *k*, tentacules ciliés du polype ; *i*, gaine du polype plusieurs fois repliée sur elle-même ; *t*, muscle rétracteur du polype ; *s*, muscles pariéto-vaginaux : *v*, muscles pariétaux ; *m*, glande mâle développée sur la paroi de la loge à l'extrémité de l'une des brahches du funicule et spermatozoïdes flottant dans la loge ; *o*, ovaire à l'extrémité d'une autre branche des funicules ; *n*, endocyste ; *b*, ectocyste ; *h*, œsophage du polype. — 3. Jeune larve d'*Alcyoncella fungosa*. — 4. Larve plus âgée et contenant deux embryons.

loges seules se fusionnent dans une certaine mesure et la colonie tout entière, parfois assez volumineuse, est une plaque ovale, dont la forme est bien déterminée. Mais le point le plus important, c'est que cette plaque n'est plus fixe comme les autres colonies des Bryozoaires ; sa face inférieure constitue une sorte de pied sur lequel la colonie rampe, comme une limace sur sa sole ventrale. Elle peut même s'infléchir autour des tiges d'un suffisant diamètre et les embrasser assez étroitement pour grimper sur elles, à la façon d'un Ver. Cela suppose qu'une coordination s'est établie entre les mouvements des diverses loges confondues, qu'une conscience générale a commencé à se développer, en d'autres termes que la colonie a acquis un degré assez élevé d'individualité. C'est déjà presque un animal à un seul corps, mais à une multitude de bouches et d'appareils digestifs. Les polypes Coralliaires nous ont montré une transformation analogue de leurs colonies : les Cristatelles correspondent aux Pennatules, aux Vérétilles, aux Rénilles et aux autres Alcyonnaires nageurs.

Il semble que des rapports aussi étroits ne puissent s'établir entre les membres d'une même colonie sans que des organes ou des tissus spéciaux prennent en même temps naissance pour présider à ces rapports. Quand l'organisme se complique, on voit toujours apparaître un système nerveux chargé de maintenir l'harmonie entre ses diverses parties. Si les éléments nerveux sont disséminés chez le plus grand nombre des Polypes hydraires ils se rassemblent chez les Méduses en organes bien définis. On a signalé quelque chose de semblable chez les Coralliaires. On ne serait pas surpris de découvrir chez les Siphonophores un appareil de cette nature, d'autant plus perfectionné que la solidarité doit être plus grande entre les différents membres de la colonie flottante. Les Bryozoaires, dont les tissus sont formés d'éléments plus variés et mieux caractérisés que ceux de tous les animaux que nous avons étudiés jusqu'ici, devraient se prêter merveilleusement à l'étude de l'évolution de ces organes directeurs. Quand on observe une de leurs colonies, on voit assez souvent tous les polypes s'épanouir ou se rétracter en même temps. Il semble donc que, même dans le cas où les individus sont parfaitement distincts les uns des autres, une sorte de *conscience sociale* se soit déjà développée. Un observateur sagace et ingénieux, Fritz Müller, a décrit tout un ensemble de tissus qu'il considère comme le siège de cette conscience et auquel il a donné le nom de *système nerveux colonial* (1). Il a vu chez la *Serialaria Coutinhii* tous les polypes unis entre eux par des cordons contenant des éléments cellulaires qui lui paraissaient être des cellules nerveuses. Ces cordons se divisent, envoient des rameaux aux parois des loges et se renflent de loin en loin de manière à figurer des ganglions analogues à ceux qui caractérisent le système nerveux des Mollusques ou des animaux articulés. Des observateurs éminents, Smitt, Claparède, Hincks, ont successivement retrouvé, chez nombre de Bryozoaires marins, les organes décrits par Fritz Müller et leur ont attribué la signification à laquelle s'était arrêté cet auteur. Le fait paraissait si bien établi que Hæckel, depuis sa découverte, n'a cessé de soutenir que chez les Bryozoaires le véritable individu c'est la colonie. Comment admettre en effet qu'un ensemble doué d'un système nerveux particulier n'ait pas une personnalité ?

Cependant on a fait remarquer que ce prétendu système nerveux ne contractait jamais aucun rapport avec le système nerveux particulier de chaque polype ; en vain le docteur Henrich Nitsche a cherché en lui les éléments caractéristiques du tissu nerveux ; il a dû demeurer, à cet égard, dans une réserve parfaitement justifiée. M. Joliet est venu, à son tour, démontrer que les connexions des rameaux de l'appareil en question n'avaient rien qui vînt confirmer l'opinion que s'en était faite Fritz Müller. Loin d'aboutir aux organes les plus actifs du polype ou à quelque point spécial de la loge, ils viennent s'attacher au hasard aux parois de celle-ci, en des points où il n'y a certainement ni impression à percevoir, ni mouvement à produire. Ses prétendus ganglions sont, en réalité, partagés dans toute leur épaisseur par le diaphragme corné qui sépare l'une de l'autre deux loges consécutives, et qui ne laisse communiquer les deux moitiés de l'organe que par un très étroit orifice central. Enfin, fait plus grave que tous les

(1) *Archiv für Naturgeschichte*, 1860, p. 310-318, pl. XIII.

autres, M. Joliet a vu les globules du sang, les œufs, les spermatozoïdes, les polypes eux-mêmes engendrés par ces nerfs singuliers!

On l'a deviné déjà, le *système nerveux colonial* de Fritz Müller n'est que l'ensemble des funicules des diverses loges et de leurs dépendances. M. Joliet a montré d'ailleurs que les mouvements qu'exécutent simultanément tous les polypes d'une colonie ne se manifestent jamais que lorsqu'une action a été exercée à la fois sur eux tous, comme lorsqu'on ébranle le vase qui contient une colonie. Mais, à la condition d'y mettre quelque précaution, on peut exciter un polype, le détacher même de la colonie sans que les autres paraissent s'en apercevoir.

Il n'y a donc pas irradiation dans toute la colonie des sensations éprouvées par chaque polype, et, malgré tout ce qu'avait de séduisant cette idée d'un tissu particulier établissant entre tous les membres d'une même société la communauté des sensations et de la volonté, il faut convenir que rien de semblable n'a encore été découvert.

A la vérité les Bryozoaires qui ont servi à ces recherches comptent précisément parmi ceux où les individus sont le plus nettement séparés, parmi ceux où rien ne permet de supposer qu'une conscience sociale ait commencé à se développer. Peut-être une semblable recherche donnerait-elle chez les Cristatelles de meilleurs résultats.

Faut-il d'ailleurs s'attendre à découvrir un système nerveux présentant tout l'appareil de fibres, de cellules, de ganglions que l'on observe chez les animaux supérieurs? Non, sans doute. Quelques éléments cellulaires à peine modifiés suffisent probablement aux premières manifestations de l'individualité psychologique d'une colonie : une simple fibre unissant le ganglion nerveux d'un polype à ceux de ses voisins, il n'en faudrait pas davantage pour assurer la communauté des sensations dans une colonie de Bryozoaires.

Les parties qui unissent entre eux les différents membres d'une colonie de Bryozoaires sont, même chez les Cristatelles, peu compliquées. Chez les Coralliaires, un appareil circulatoire très ramifié met en rapport les différents polypes; s'il n'y a pas communauté d'impressions, il y a au moins communauté de nutrition dans toute l'étendue de la colonie ; un liquide unique circule dans les vaisseaux et répartit également partout les matières nutritives élaborées par les différents polypes. Chez les Bryozoaires rien de semblable; chaque loge est séparée de ses voisines (1); chaque individu digère pour lui seul et ce n'est que par endosmose qu'il peut communiquer à ses compagnons la part de matières nutritives qu'il ne consomme pas lui-même.

Des animaux plus élevés que les Bryozoaires, quoique présentant avec eux certaines affinités de détail, vont nous offrir des associations plus parfaites à certains égards : ce sont les Ascidies dont les larves, en forme de têtard de grenouille, sont devenues fameuses depuis que Kowalevsky a cru voir en elles les plus simples des Vertébrés, les représentants de la forme primitive de l'embranchement du règne animal auquel l'homme lui-même appartient, les êtres qui comblent la lacune que tous les naturalistes ont longtemps admise entre les animaux pourvus d'une colonne vertébrale et les animaux sans vertèbres.

(1) Il y a cependant des exceptions.

CHAPITRE IX

LA VIE SOCIALE CHEZ LES TUNICIERS.

Les animaux que les zoologistes réunissent dans le groupe des Tuniciers sont relativement peu nombreux; mais presque tous sont célèbres dans la science à cause de quelque particularité de leur organisation, de leurs mœurs ou de leur histoire.

Ce sont des êtres d'une organisation plus élevée que celle des Bryozoaires, de taille beaucoup plus considérable, assez semblables cependant aux organismes résultant de la réunion d'une loge de Bryozoaire et d'un polype pour que M. Milne Edwards ait cru pouvoir les réunir à eux dans une grande division de l'embranchement des Mollusques, celle des Molluscoïdes.

Les Tuniciers ont, en effet, comme les Bryozoaires, un tube digestif, généralement recourbé en forme d'anse (fig. 74 et 75) et pourvu de deux orifices, un ganglion nerveux unique, situé entre ces deux orifices; beaucoup vivent fixés pendant la plus grande partie de leur existence et sont susceptibles de former des colonies; mais là se bornent les ressemblances. On ne voit jamais chez un Tunicier le tube digestif avoir une durée différente de celle des autres organes et mourir, pour être rapidement remplacé; les parois du corps n'ont aucun pouvoir reproducteur spécial; elles sécrètent en général une enveloppe épaisse, translucide, en grande partie formée d'une substance presque identique à la *cellulose* que l'on croyait auparavant exclusivement propre aux végétaux; grâce à cette enveloppe, l'animal paraît réduit à une sorte de sac, percé seulement de deux orifices, l'un pour l'entrée, l'autre pour la sortie de l'eau; ce sac aux contours irréguliers adhère, pa une étendue plus ou moins grande de sa surface, aux corps sub mergés; sa consistance varie de celle de la gélatine épaisse à celle du cartilage.

L'organisme qu'il contient est plus élevé que ceux dont nous avons jusqu'ici fait l'histoire. Aux organes de la digestion et de la reproduction vient s'ajouter, chez les Tuniciers, un appareil circulatoire parfois fort complexe et possédant un organe central d'impulsion, un véritable *cœur*. Ce cœur est, sans aucun doute l'un des organes les plus remarquables de l'économie de nos Molluscoïdes. Il est fort simple : un tube musculaire, enveloppé d'un sac membraneux, en guise de péricarde, sans valvules, oreillettes, ni ventricules, c'est là tout. Mais il possède la singulière propriété de battre pendant un certain temps dans un sens, puis de se mettre, après une courte pause, à battre en sens inverse. Le cours du sang se trouve ainsi brusquement changé, à des intervalles irréguliers, dans toutes les parties du corps : tous les vaisseaux qui jouaient à un instant donné le rôle d'artères jouent, l'instant d'après, le rôle de veines et inversement. Une telle permutation des diverses parties de l'appareil circulatoire est unique dans le règne animal, mais elle est absolument générale chez les Tuniciers et témoigne de la parenté intime qui unit tous les êtres de cette classe exceptionnelle à tant de titres.

L'appareil respiratoire présente à son tour des caractères auxquels on a attaché une haute importance philosophique : il est toujours constitué aux dépens de la partie antérieure du tube digestif. C'est une particularité que les Tuniciers présentent en commun avec les Vertébrés et qu'on a invoquée à l'appui de l'idée émise par le naturaliste Kowalevsky et ardemment soutenue par beaucoup d'observateurs éminents, que les Tuniciers sont, de tous les animaux sans vertèbres, les plus voisins des Vertébrés. Ce seraient là nos derniers ancêtres invertébrés.

Cet appareil respiratoire ou *branchie* (fig. 74, n° 1, *Br* et n° 2) présente, suivant les types, de nombreuses variations. Il conserve toujours cependant certains traits d'une généralité frappante. Ce sont toujours les cils vibratiles dont il est pourvu qui entraînent vers la bouche l'eau chargée de particules alimentaires; cette eau

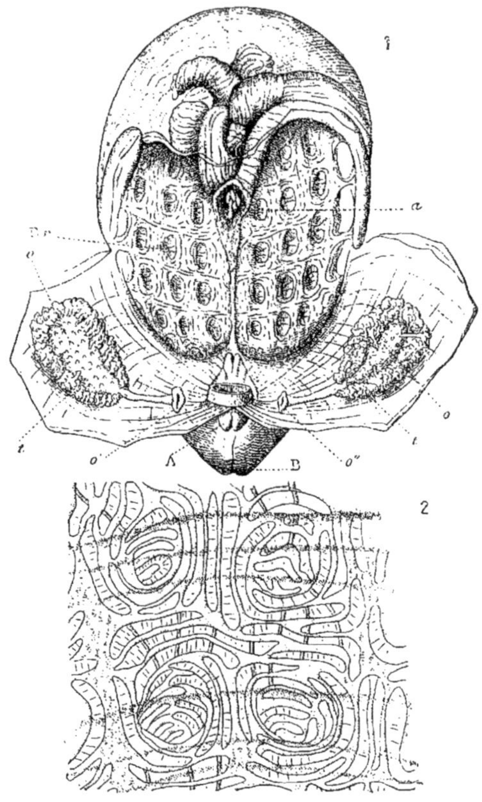

Fig. 74. — TUNICIERS. — 1. Organisation de la *Molgula* (*Anurella*) *roscovita*. La chambre cloacale est ouverte pour montrer la branchie *Br*; l'extrémité anale du tube digestif, *a* et les glandes reproductrices mâle, *t*, et femelle, *o*, qui se trouvent sur les lambeaux rabattus de ses parois; A, ouverture contractée du siphon efférent; B, ouverture du siphon afférent. — 2. Fragment de la branchie de la *Molgula echinosiphonica* montrant la complication des fentes ciliées et quatre des culs-de-sac sur lesquels ces fentes sont disposées. (D'après de Lacaze-Duthiers.)

ne pénètre pas dans l'estomac : elle traverse la branchie percée d'un grand nombre de trous et tombe dans un sac s'ouvrant à l'extérieur par un orifice expirateur spécial (*ibid.*, A), ou bien (1) elle ne fait que traverser la partie antérieure du tube digestif et s'échappe par deux orifices latéraux et symétriques garnis de cils vibratiles très vigoureux (fig. 75, n° 3).

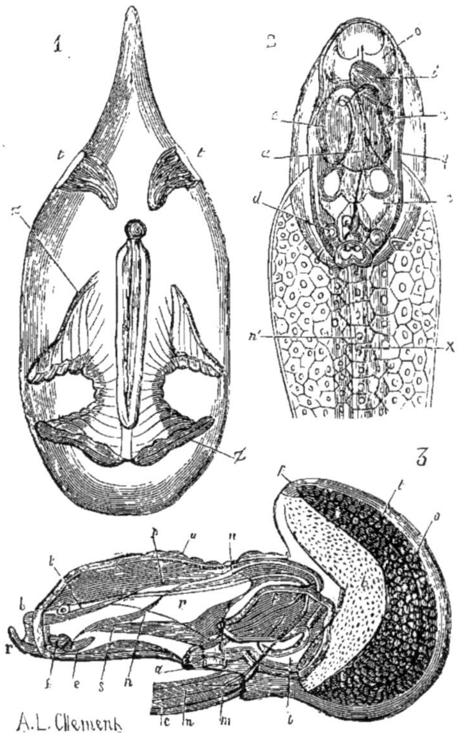

Fig. 75. — APPENDICULAIRES. — 1. *Oïkopleura cophocerca*, au centre de sa coquille; *t*, ouverture treillagée de la coquille; *z*, grande cavité de la coquille (grossissement 6 fois). — 2. *Oïkopleura dioïca* vue de face; *a*, œsophage; *d*, glandes unicellulaires; *e*, estomac; *i*, intestin; *n*, pylore de l'estomac; *n'*, le nerf caudal; X, corde cellulaire dite *corde dorsale*; *o*, ovaire. — 3. *Oïkopleura cophocerca*, vue de profil; *b*, la bouche; *r*, le pharynx s'ouvrant latéralement à l'extérieur par un large canal situé sur la figure un peu en arrière de l'anus; *f*, l'estomac; *i*, l'intestin; *a*, l'anus; *b*, glandes; *g*, ganglion nerveux et otocystes; *n*, nerf dorsal se recourbant postérieurement pour pénétrer dans la queue; *m*, muscles de la queue; *o*, ovaire; *t*, testicules (grossissement 25 fois). (Daprès Herman Fol.)

Sur le côté de la cavité respiratoire opposé à celui où l'on voit le ganglion nerveux, se trouve une sorte de gouttière glandulaire à

(1) Chez les Appendiculaires.

demi close, à bords ciliés (fig. 78, n° 3, *Rn*) : c'est l'*endostyle* commun à tous les Tuniciers. Ce corps sécrète une sorte de cordelette gélatineuse sur laquelle viennent s'agglutiner toutes les particules nutritives que l'eau entraîne avec elle : la cordelette est entraînée vers l'orifice buccal situé au fond de la branchie, pénètre dans cet orifice et chemine ensuite dans le tube digestif, abandonnant tout ce qui subit l'action des sucs gastrique et intestinal, auxquels sa propre substance est, d'ailleurs, réfractaire. M. Herman Fol a pu étudier dans tous ses détails ce singulier mode de préhension des aliments chez les *Doliolum*, qui sont des Tuniciers exceptionnels (1); mais ses observations se sont trouvées exactes de tous points pour les Tuniciers supérieurs. C'est encore une particularité qui rapproche les uns des autres tous ces animaux et contribue à faire de leur ensemble un groupe bien distinct et parfaitement homogène.

On rencontre cependant parmi eux les formes et les mœurs les plus diverses. Les Appendiculaires (fig. 75) sont presque microscopiques; elles vivent en pleine mer, nageant à la surface de l'eau à l'aide d'une longue queue aplatie, repliée sous le corps de l'animal qu'elle dépasse de trois ou quatre longueurs et qui semble reposer sur elle. Une énorme coquille gélatineuse (*ibid.*, n° 1, *tz*), aux formes bizarres, transparente comme l'eau même, abrite l'animal et constitue pour lui un précieux moyen de protection. Qu'un poisson carnassier aperçoive l'Appendiculaire et se jette sur elle pour la saisir ; il s'empare de la coquille, mais d'un vigoureux coup de queue l'habitant s'échappe, abandonnant son logis qu'il aura bientôt reconstruit.

Les *Salpes* et les *Doliolum* ou *Barillets* vivent également en pleine mer où leur corps délicat, d'une limpidité parfaite, se confond presque avec l'eau qui l'entoure. Les Barillets ont, comme leur nom l'indique, la forme d'un petit baril qui serait défoncé des deux côtés : un courant d'eau déterminé par le mouvement des cils vibratiles de la branchie traverse constamment ce tonneau des Danaïdes d'un nouveau genre. Des anneaux musculaires régulièrement

(1) Herman Fol, *Mémoire sur les Appendiculaires du détroit de Messine* (*Mémoires de l'Académie de Genève*, t. XVIII, p. 8).

espacés, figurant les cercles du baril, permettent à l'animal de se contracter, de chasser plus ou moins vivement l'eau qu'il contient et de progresser ainsi par un mouvement de recul exactement semblable à celui que nous avons précédemment décrit chez les

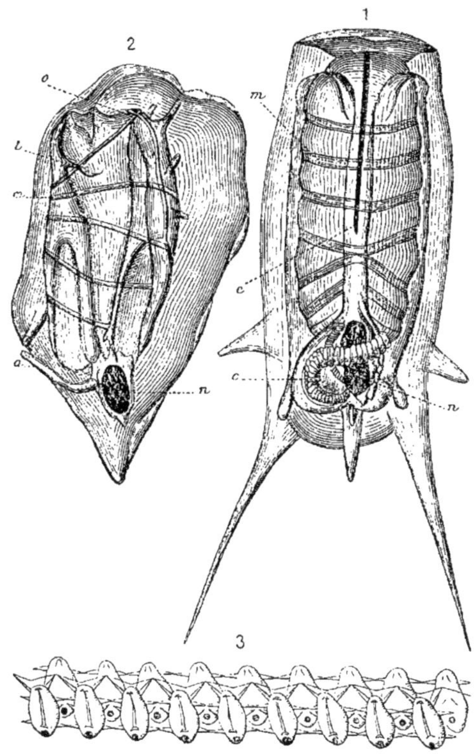

Fig. 76. — SALPES. — 1. Forme solitaire (*Salpa democratica*, Forskäl) et 2, forme sociale (*Salpa mucronata*, Forskäl), d'une même espèce. — 3. Chaine de la même espèce (*Salpa pyramidalis*, Quoy et Gaimard) : *o*, orifice buccal ; *e*, endostyle ; *l*, languette saillante dans la cavité branchiale : *m*, muscles ; *n*, viscères ou nucleus ; *c*, chaîne de jeunes salpes dans la salpe solitaire ; *a*, appendices à l'aide desquels s'unissent les salpes sociales comme on le voit au n° 3.

Méduses. Chez les jeunes, une petite queue, en forme de gouvernail, complète l'appareil de locomotion.

Les Salpes (fig. 76) ont des formes plus compliquées : leur corps ouvert, comme celui des *Doliolum*, à ses deux extrémités présente d'assez nombreux appendices : sa cavité est traversée par une branchie étendue en écharpe de haut en bas et d'avant en arrière. Tous les viscères sont réunis, en dehors de la cavité occupée par la branchie, en une seule masse, souvent colorée très vivement, le *nucleus*. Les Salpes sont des animaux tantôt vivant solitaires, tantôt au contraire en sociétés parfois nombreuses, dont les membres sont reliés en une sorte de chaîne par des espèces de moignons dépendant de la paroi du corps et figurant des membres rudimentaires (fig. 76, n° 3). On croyait autrefois que les *Salpes solitaires* et les *Salpes agrégées* constituaient des espèces distinctes; le premier, le poète de Chamisso, qui était aussi un hardi voyageur et un observateur de mérite, s'aperçut qu'une même espèce de Salpes menait alternativement ces deux modes d'existence.

Quand on examine avec quelque attention une Salpe solitaire on aperçoit bien vite, à travers les parois cristallines de son corps, une sorte de chapelet enroulé en spirale autour du nucléus. La longueur de ce chapelet varie avec les individus; parfois on voit l'une de ses extrémités flottant au-dessous de l'animal, tandis que l'autre est fixée sur les viscères, dans le voisinage du cœur. Ce chapelet n'est pas autre chose qu'une colonie de jeunes Salpes, encore à l'état d'embryon vers l'extrémité fixée, déjà parfaitement développées vers l'extrémité libre de la chaîne. Leur forme, leur organisation même sont assez différentes de celles de l'individu solitaire dans lequel elles se sont développées (fig. 76, n° 1,*c* et n° 3): personne ne soupçonnerait leur parenté, s'il n'était facile de prendre sur le fait cette singulière filiation. Les Salpes agrégées ne produisent jamais de nouvelles chaînes. Chaque individu porte sous ses téguments un œuf ou un embryon unique, dans un état de développement plus ou moins avancé et qui devient identique à l'individu solitaire, parent de la chaîne.

Chaque espèce de Salpe est donc représentée par deux sortes d'individus qui se succèdent en alternant, de génération en génération, et qui diffèrent non seulement par leur apparence extérieure, mais encore par leur organisation et leurs mœurs : les enfants reproduisent périodiquement non pas les traits de leurs parents, mais ceux de leurs grands-parents.

Tous ces faits avaient été constatés de 1815 à 1818 par Adalbert de Chamisso, alors attaché comme naturaliste (1) à l'expédition de découvertes du capitaine Kotzebue. Lorsqu'ils furent publiés, en 1819 (2), on ignorait encore l'étrange succession de phénomènes que présente la reproduction des Hydres et des Méduses; on ne crut guère aux affirmations du naturaliste-romancier, auteur des *Aventures de Peter Schlemihl*, l'homme qui a perdu son ombre et court après elle dans tous les coins du monde. Les observateurs les plus scrupuleux ont cependant confirmé depuis la parfaite exactitude de ce qu'avait vu chez les Salpes leur brillant prédécesseur.

Les *Doliolum* sont plus remarquables encore que les Salpes : deux générations identiques sont séparées au moins par deux générations différentes, de sorte que les mêmes formes ne reviennent qu'à la quatrième génération. Les enfants ne ressemblent jamais qu'à leur bisaïeul. Les *Doliolum* sont d'ailleurs toujours solitaires.

Au contraire d'autres Tuniciers non moins étonnants, les Pyrosomes (fig. 79), vivent toujours en colonie. Leur nom signifie *corps enflammé* : ce sont en effet des êtres doués de la faculté de produire une phosphorescence des plus vives. Péron qui les a décrits le premier, en 1804, compare la lueur qu'ils répandent à celle d'un fer rouge : cette lueur varie avec l'état de santé de l'animal; elle peut passer du rouge vif au violet et au bleu et se ravive brusquement lorsque la colonie effectue quelque mouvement : un Pyrosome, placé dans un bocal, est parfois suffisamment lumineux pour qu'on puisse lire auprès de lui durant la nuit. Les colonies de Pyrosomes ne se rencontrent qu'en pleine mer. On les voit souvent nager obliquement près de la surface, semblables à des manchons de cristal, sur lesquels seraient taillées mille facettes miroitantes. Ces manchons, parfaitement

(1) Adalbert de Chamisso était Français; il naquit en 1781 au château de Boncourt, en Champagne, et quitta la France lors de l'émigration. Il n'y revint qu'après la paix de Tilsitt, en 1807, et fut alors nommé professeur à Napoléonville. Il se fixa définitivement en Prusse au retour de ses voyages et mourut directeur du Jardin des Plantes de Berlin.

(2) Chamisso, *De animalibus quibusdam e classe Vermium*, Berlin, 1819.

cylindriques, sont fermés à une extrémité, ouverts à l'autre et le diamètre de leur orifice peut être agrandi ou diminué grâce à la présence d'une sorte d'iris musculaire assez semblable au voile des Méduses. C'est aussi en se contractant et en chassant l'eau plus ou moins vivement à travers cet orifice que la colonie progresse, par un recul tout semblable à celui qui détermine la progression des Méduses. Les parois du manchon sont constituées par une infinité d'animaux dont chacun est assez semblable à une Salpe (fig. 80, n° 3) : tous sont disposés perpendiculairement à l'axe de la colonie et présentent un orifice à leurs deux extrémités : l'orifice extérieur sert à amener dans la cavité respiratoire l'eau chargée d'air et de particules alimentaires ; l'orifice intérieur déverse dans la cavité du manchon les matières excrémentitielles, l'eau qui a traversé la branchie et peut-être les embryons des jeunes colonies. Tout cela est entraîné au dehors par les courants alternatifs que déterminent les brusques contractions du Pyrosome.

Le sagace compagnon de voyage de Péron, Lesueur, avait déjà parfaitement reconnu, en 1815, les principaux phénomènes physiologiques que présentent les Pyrosomes : il avait notamment remarqué que leurs parois étaient sans cesse traversées par une multitude de courants d'eau de mer; c'est à lui que revient l'honneur d'avoir démontré que chacun de ces courants correspondait à un animal distinct, que par conséquent le Pyrosome n'était pas un organisme comparable à une Méduse ou à un Beroë, mais une colonie, une sorte de ville flottante, composée de Tuniciers.

Toutefois cette ville flottante présente déjà des traces non équivoques d'une véritable individualité. Elle possède une forme parfaitement déterminée pour chaque espèce ; les mouvements des diverses Ascidies y sont coordonnés en vue d'une natation d'ensemble ; il existe des organes *coloniaux* comme le vélum qui rétrécit l'orifice du manchon ; enfin les observations du professeur Paolo Panceri, de Naples, sur la production de la phosphorescence, témoignent hautement des liens étroits qui unissent entre eux les divers membres de la colonie. Chaque individu possède deux organes producteurs de lumière, situés immédiatement au-dessous des branchies et adhérents à la tunique externe ;

en excitant directement l'un d'eux, on peut déterminer chez lui l'apparition d'un brillant éclair ; mais l'action ne se limite pas au seul individu sur lequel on agit : on la voit rayonner autour de lui et produire de longues traînées de lumière qui parcourent plus ou moins rapidement le cylindre vivant, comme si chaque animal transmettait à ses voisins les excitations qu'il a reçues. Il existe chez les Pyrosomes un véritable système musculaire social. M. Panceri pense que les *muscles coloniaux* sont pourvus de nerfs qui mettent les ascidies en rapport les unes avec les autres et suivant lesquels se propage l'excitation qui détermine la production de lumière. Nous avons vu qu'il fallait abandonner chez les Bryozoaires l'hypothèse séduisante d'un système nerveux colonial ; ce système se retrouverait-il chez les Tuniciers ? Il ne semble pas qu'on ait à cet égard des renseignements certains ; mais le fait de l'existence d'une sorte de lien sensitif entre les diverses ascidies d'un Pyrosome n'en est pas moins réel et indique certainement l'existence chez ces êtres d'un commencement de conscience commune.

Les Appendiculaires, les Salpes, les Doliolum, les Pyrosomes et leurs congénères sont les seuls *Tuniciers nageurs*, les seuls qui vivent libres de toute attache, flottant au gré des vagues ou des courants dans presque toutes les mers. Tous les autres, formant la grande division des Ascidies, passent la plus grande partie de leur existence fixés à la surface inférieure des rochers, ou parmi les racines capricieusement divisées des grands laminaires. Parmi elles cependant quelques-unes jouissent encore d'une demi-liberté : les Molgules (fig. 74, n° 1), par exemple, dont M. de Lacaze-Duthiers a donné (1) une si belle monographie, vivent enfouies dans le sol des grèves sablonneuses : elles agglutinent autour d'elles de très petits cailloux, des débris de coquille et de polypier et ne laissent apercevoir que les deux siphons par lesquels s'établit le courant d'eau de mer qui traverse constamment leur branchie. Encore les siphons ne sont-ils apparents que lorsque l'animal se croit en toute sécurité ; à la moindre alerte, il les contracte et l'on

(1) *Archives de zoologie expérimentale*, t. III, 1874 et t. VI, 1877.

n'a plus sous les yeux, suivant l'expression des pêcheurs, qu'un *œuf de sable* qui se dissimule admirablement dans le gravier qui l'entoure.

Les Ascidies abondent sur un grand nombre de plages, elles atteignent parfois une assez grande taille ; il n'est pas très rare d'en rencontrer de la grosseur d'un œuf de poule. Elles adhèrent en général aux corps sous-marins par une large surface et figurent des excroissances gélatineuses tout à fait irrégulières. Qu'on les touche, on les voit brusquement se contracter et projeter au loin, en même temps, un mince filet liquide ; souvent quand, à basse mer, sur une grève, on retourne une grosse pierre, une multitude de petits jets d'eau s'élançant de toutes parts sont la première indication de la présence des Ascidies qui tapissent sa face inférieure.

Les *Boltenia* (fig. 77, n° 2) qui habitent les mers polaires des deux hémisphères sont remarquables parce que leur corps ovoïde, quelquefois de la grosseur du poing, est suspendu à l'extrémité d'une longue tige flexible qui seule est fixée aux rochers. M. de Lacaze-Duthiers a dragué sur les fonds coralligènes de la Méditerranée une petite Ascidie (fig. 77, n° 3) dont la tunique a la forme d'une sorte de cylindre sur lequel un opercule peut se rabattre à la façon d'un couvercle de tabatière. Il a donné à ce curieux tunicier, qu'on a voulu rapprocher des mollusques bivalves, le nom de *Chevreulius Callensis* (1). Dans tous les autres genres la tunique est absolument continue. Quelquefois, comme chez certaines *Cynthia*, elle est vivement colorée en rouge ; chez les Pérophores (fig. 78) et les Clavelines elle est au contraire parfaitement incolore et tellement transparente qu'on peut étudier à travers ses parois tous les détails de l'organisation, suivre la marche des corpuscules sanguins et constater, sans aucune préparation, le phénomène si intéressant de la réversibilité des battements du cœur.

Beaucoup d'Ascidies vivent solitaires ; on les a réunies dans un même groupe, celui des Ascidies simples. Mais dans ce groupe,

(1) Lacaze-Duthiers, *Sur un nouveau genre d'Ascidiens* (*Annales des sciences naturelles*, 5e série, t. IV).

chez quelques *Cynthia*, par exemple, on voit déjà se manifester des phénomènes de bourgeonnement. Ces phénomènes sont absolument constants dans les genres Claveline et Pérophore, aussi trouve-

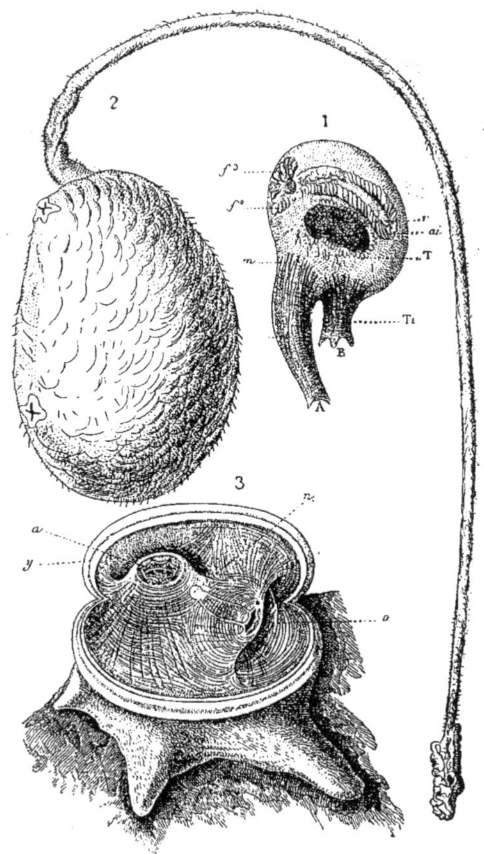

Fig. 77. — ASCIDIES SIMPLES. — 1. *Molgula* (*Anurella*) *solenota*, Lac. Duth. (côté droit). A, orifice efférent ; B, orifice afférent ; T, *Ti*, siphons correspondant à ces orifices ; *m*, fibres musculaires des siphons ; *ai*, *r*, tube digestif ; f^3, f^4, lobes droits du foie ; T, glandes reproductrices (grand. nat.) — 2. *Boltenia oviformis*, munie de son pédoncule (1/3 gr. nat.). — 3. *Chevreulius Callensis*, Lac. Duth. *a*, orifice afférent ; *o*, orifice efférent ; *n*, ganglion nerveux situé dans leur intervalle ; *y*, opercule de la tunique (Gross. 3 fois).

t-on presque constamment les Clavelines par petits bouquets dans les prairies de zostères, tandis que les Pérophores (fig. 78) forment à la surface des algues marines d'élégantes arborescences. Dans un cas comme dans l'autre, tous les individus sont absolument autonomes, leur mode de groupement n'a rien de régulier; ils ne sont reliés entre eux que par leurs pédoncules greffés les uns sur les autres et par les anastomoses que leurs vaisseaux présentent entre eux. Le sang est donc commun à toute la colonie chez les Pérophores; mais les cœurs, la plupart des vaisseaux, les branchies, les tubes digestifs des divers individus sont complètement indépendants. M. Milne-Edwards a appelé *Ascidies socailes*, les Ascidies qui forment de telles colonies (1). Ces colonies elles-mêmes reproduisent assez exactement les formes les plus simples des colonies de Polypes hydraires, telles que celles des *Clava*.

Fig. 78.
ASCIDIES SOCIALES. — *Perophora Listeri*. — Les flèches indiquent le sens du courant d'eau de mer qui traverse la branchie; *i*, intestin; *e*, estomac; *o*, siphon afférent; *r*, siphon efférent.

Dans les *Ascidies composées*, les divers individus d'une même colonie contractent des rapports beaucoup plus intimes. Ces individus appartiennent à trois types que l'habile anatomiste Savigny a le premier distingués (2). Chez les *Polycliniens*, le corps est pour ainsi dire passé à la filière, et les organes sont répartis en trois masses suspendues chacune à celle qui la précède par un grêle pédoncule. La première masse ou *masse thoracique* ne comprend guère que la branchie, la seconde est formée par l'estomac et le tube digestif, la troisième par les organes génitaux. Ces deux dernières se réunissent chez les *Didemniens* dont le corps est ainsi divisé en deux moitiés par un étranglement médian. Enfin le tube digestif et les organes génitaux remontent chez les *Botrylliens* vers la partie inférieure de la branchie, de sorte que le corps ne forme plus qu'une seule masse ovoïde, adhérente à l'un des côtés de l'organe respiratoire. Dans

(1) H. Milne-Edwards, *Observations sur les Ascidies composées des côtes de la Manche*. — Mémoires de l'Académie des sciences, t. XVIII.
(2) Savigny, *Mémoires sur les Animaux sans vertèbres*, 1816.

ces trois familles, les colonies se perfectionnent exactement de la même façon. De même que nous avons vu les divers individus d'une colonie de *Stylasteridæ* se grouper en *systèmes* de plus en plus serrés et finir par constituer ainsi cette unité complexe le *Polype coralliaire*, de même nous voyons les diverses ascidies

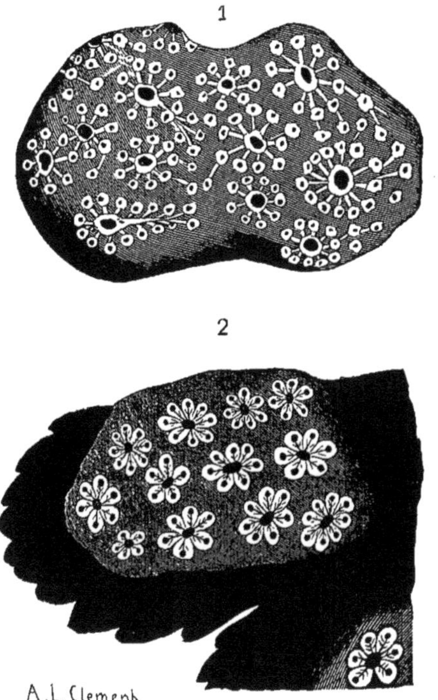

Fig. 79. — ASCIDIES COMPOSÉES. — 1. Amarouque argus (*Amaræcium argus*. M. E.) — 2. *Botryllus violaceus* (Gross. 3 fois).

d'une colonie se rapprocher graduellement jusqu'à former de véritables *systèmes rayonnés* tout comme ceux des *Stylaster*. Toutefois, nous ne trouvons pas ici la division du travail et le polymorphisme, si frappants chez les Polypes hydraires : point d'individu central, ni d'individus périphériques, rangés autour de lui comme autant de serviteurs empressés. Tous les membres d'un même système se ressemblent; tous présentent les mêmes organes, également développés : la formation du système semble n'avoir d'autre but que de fournir aux individus qui le constituent un orifice commun par lequel toutes leurs déjections puissent être rejetées à l'extérieur. Dans les systèmes parfaitement réguliers des Botrylles (fig. 79, n° 2), par exemple, les individus sont rangés en cercle, l'orifice branchial tourné en dehors, l'orifice excréteur tourné en dedans. Tous ces orifices viennent s'ouvrir dans une chambre centrale surmontée d'une sorte de cheminée membraneuse par laquelle le courant d'eau efférent et les déjections diverses des individus du système arrivent au dehors. Chaque individu envoie une languette membraneuse à cette cheminée centrale, qui devient ainsi véritablement un organe commun par l'intermédiaire duquel certaines sensations sont probablement perçues par tous les individus à la fois. Les *Polyclinum* présentent une disposition semblable, également reproduite chez les *Diazona*.

Chez les Amarouques (fig. 79, n° 1) et aussi, suivant M. Giard, chez les *Aplidium* de Savigny, la masse commune dans laquelle sont enveloppés les divers individus est creusée de canaux ramifiés s'ouvrant, à l'extérieur de loin en loin, par des orifices assez apparents sur les colonies vivantes. C'est le long de ces canaux, véritables égouts, que sont disposés les individus associés. L'eau dépouillée d'air, les résidus de la digestion, les embryons arrivent pêle-mêle dans ces conduits et sont expulsés par les orifices qui perforent leur paroi.

Il y a quelques genres comme les *Sigillina*, où les individus, tout en se groupant assez régulièrement et demeurant enfermés dans une enveloppe commune, sont cependant totalement isolés les uns des autres : ces genres forment le passage entre les colonies des ascidies sociales et les colonies à systèmes composés des Botrylles, des Polyclinum et des Amarouques.

Malgré leur tendance au groupement, nous ne verrons pas chez les ascidies composées, les colonies se transformer en véritables organismes. Nous avons déjà fait remarquer, à propos des Coralliaires, que lorsqu'un individu atteignait un certain degré de complication, représentait, en quelque sorte, le résultat d'efforts accumulés en vue de souder ensemble, de river les unes aux autres ses parties constituantes, cet individu semblait avoir perdu presque toute plasticité et devenait incapable de subir d'autres modifications que celle de la dissociation de ses parties. Il suit de là que la division du travail a infiniment moins de prise sur de telles colonies, que sur des colonies formées d'individus plus simples. Le polymorphisme n'arrivant pas à s'établir, les divers individus se suffisent à eux-mêmes ; leur individualité demeure distincte ; celle de la colonie ne peut se dégager ; l'association demeure à l'état de colonie et ne passe pas à celui d'individu. Certaines colonies n'en prennent pas moins une forme régulière et une structure spéciale qui pourraient les faire considérer comme des individus : tel est le cas des Pennatules, des Rénilles et de divers Coralliaires du même groupe.

Nous retrouvons chez les Tuniciers composés des phénomènes tout à fait du même ordre. Les Pyrosomes nous en ont déjà offert un exemple ; il semble même que chez eux la colonie ait une certaine personnalité, car on la voit changer de route volontairement, après avoir nagé quelque temps dans un sens, éviter les obstacles et fuir la main qui cherche à la saisir, tous actes qui supposent un certain concert dans les volontés, une harmonie dans les mouvements, une communauté dans les sensations qui touche de bien près à la conscience ; différents types d'ascidies composées sont également fort remarquables. Une espèce du Cap de Bonne-Espérance présente constamment la forme d'un gros œuf parfaitement régulier porté par un pédoncule, encore robuste, mais d'un diamètre beaucoup plus petit que celui de l'œuf. Une autre espèce s'épanouit en une sorte d'éventail rappelant les inflorescences de certaines variétés cultivées d'Amaranthe. Les *Sigillina* forment de longues massues pédonculées. Ce sont là autant d'indices d'une personnalité. La forme de la colonie n'est plus livrée à tous les hasards d'un bourgeonnement irrégulier ; c'est elle au contraire qui semble dominer l'arrangement des nouveaux individus et les forcer à se disposer suivant des lois déterminées. L'adaptation et l'hérédité ont suffi, en général, à amener ce progrès. La résistance au polymorphisme des individus constituant la colonie, des *individus-ascidies* ou, comme disait Huxley, des *Ascidiozoïdes*, a seule empêché le progrès de se continuer et l'être collectif résultant de l'assemblage de ces individus de devenir une véritable unité.

Presque tous les Tuniciers présentent dans leur développement des métamorphoses dont la constance et la généralité méritent d'attirer l'attention et qui sont la preuve que ces remarquables organismes ont subi d'une façon énergique, dans le cours des âges, l'influence de forces modificatrices puissantes.

Fort peu de Tuniciers sortent de l'œuf avec leur forme définitive. On pourrait tout au plus considérer comme dépourvus de métamorphoses les Appendiculaires, les Salpes, les Pyrosomes et les Molgules, ces curieuses ascidies des plages de sables, auxquelles M. de Lacaze-Duthiers a consacré plusieurs beaux mémoires (1); encore aurons-nous à examiner bientôt ce qu'il faut en penser. La plupart des ascidies simples ou composées ont, en naissant, toute l'apparence d'un têtard de grenouille. Une masse antérieure contient tous les viscères, une longue queue mobile fouette l'eau en arrière : c'est l'appareil locomoteur de l'animal dont les téguments sont dépourvus des cils vibratiles, instruments ordinaires de locomotion des embryons dans les classes les plus variées du règne animal.

Ce têtard (fig. 83, n° 1), que MM. Audouin et Milne-Edwards ont les premiers décrit avec quelques détails chez les ascidies composées, a une importance toute particulière pour la détermination des affinités intimes des Tuniciers, que l'on considère ou non ces affinités comme l'expression d'une parenté effective, d'une parenté généalogique. Il se retrouve, en effet, à peine modifié dans tous les groupes des Tuniciers. On peut fixer à trois le nombre de ces groupes et leur attribuer la valeur d'*ordres:* ce sont les Appendicu-

(1) De Lacaze-Duthiers, *Les Ascidies simples des côtes de France.* — Archives de zoologie expérimentale, t. III, 1874 et t. IV, 1877.

LAIRES, élevées à ce rang par M. Herman Fol; les THALIDES, de Savigny, comprenant les *Doliolum*, les Salpes et les Pyrosomes; les LUCIES, également de Savigny, qui ne sont que l'ensemble des Ascidies simples ou composées (1). Les Appendiculaires demeurent toute leur vie à l'état de têtard; on peut dire qu'elles sont des embryons permanents de Tuniciers et la disposition de leur queue réfléchie sous la région ventrale de l'animal, ne fait qu'accentuer leur caractère embryonnaire, car, dans l'œuf, la queue du têtard des ascidies est, comme chez les Appendiculaires adultes, repliée sous le corps et conserve cette situation pendant presque tout le temps qui précède l'éclosion. Dans l'ordre des Thalides, les Salpes et les Pyrosomes n'ont pas de têtard, mais Krohn a soigneusement décrit et figuré (2) celui des *Doliolum*. Enfin dans l'ordre des Lucies, le genre *Anurella* (3) est le seul où, par une exception tout à fait inattendue, révélée par les patientes et habiles recherches de M. de Lacaze-Duthiers, l'Ascidie en sortant de l'œuf soit dépourvue de queue.

Le têtard a un sort très différent dans les trois ordres des Tuniciers : nous avons vu qu'on pouvait le considérer comme persistant chez les Appendiculaires comparables, à cet égard, aux Batraciens urodèles tels que les Salamandres ou les Tritons; chez les *Doliolum*, le têtard demeure libre, et sa queue disparaît sans que l'a-

(1) On a dit qu'il n'y avait pas plus de raison de distinguer des Ascidies simples, *sociales* et composées, qu'il n'y en aurait de distinguer des Éponges, des Hydraires ou des Coralliaires simples, sociaux ou composés. Il est bon de remarquer cependant que les Ascidies groupées en systèmes comme les Botrylles sont à peu près aux Ascidies simples dans le même rapport que les Coralliaires sont aux Hydres et l'on distingue cependant avec soin ces animaux les uns des autres. Cette différence d'interprétation tient surtout à ce que l'on compare l'ensemble d'un polype coralliaire à une hydre; on est alors immédiatement frappé du contraste, et l'on perd ainsi de vue la valeur morphologique des tentacules descendus au rang d'organe, tandis que les divers rayons d'une étoile de Botrylle, conservant nettement leur caractère d'Ascidies, c'est-à-dire d'animaux compliqués, on continue à les comparer aux Ascidies simples et on laisse au second rang leur système qui passe au premier dans le cas des Coralliaires.

(2) *Archiv für Naturgeschichte*, 1852.

(3) De Lacaze-Duthiers, *Les Ascidies simples des côtes de France*. — Archives de zoologie expérimentale générale, t. VI, 1877.

nimal perde jamais la faculté de nager en haute mer ; chez les Ascidies, au contraire, le têtard se fixe à quelque objet sous-marin à l'aide de ventouses, généralement au nombre de trois (fig. 83, b''), qui se trouvent à la partie antérieure de son corps. La tunique de l'Ascidie se soude elle-même à l'objet sur lequel s'est fixé le têtard ; bientôt la queue se résorbe et l'Ascidie acquiert sa forme définitive.

Ces destinées si variées, ces genres de vie si profondément dissemblables des Tuniciers adultes ne rendent que plus remarquable et plus significative la persistance de la forme urodèle dans les trois ordres de la classe. C'est là évidemment la forme larvaire typique, ou si l'on veut la forme larvaire primitive, disons mieux, la forme que devait présenter l'ancêtre commun de tous les Tuniciers, dont les traits doivent se reproduire, plus ou moins modifiés, au début de la vie embryonnaire de tous ses descendants.

Dans tous les cas où ces traits ont disparu, deux problèmes se posent à nous. Quelle a pu être la cause de cette disparition? Par quels procédés de développement a-t-elle été amenée? Partisans des causes finales et transformistes sont également intéressés à en chercher la solution : la science ne saurait se borner à constater simplement les faits, sans s'en inquiéter davantage. Nous montrerons dans le prochain chapitre comment une explication toute naturelle découle de l'étude comparative des phénomènes qui caractérisent les deux sortes de reproduction chez les Tuniciers.

Expliquer la disparition exceptionnelle de la forme larvaire commune à tous les ordres de Tuniciers, montrer qu'on ne saurait considérer cette forme comme le résultat d'une simple adaptation de la larve à la vie pélagique, postérieure à l'apparition du type Tunicier, c'est laisser à cette larve toute son importance, au point de vue généalogique. Or cette importance est, un moment, devenue capitale après les recherches de Kowalevsky sur l'embryogénie des Ascidies (1). Malgré les travaux de Geoffroy Saint-Hilaire, la croyance à un hiatus profond entre les animaux pourvus, comme l'homme, d'une colonne vertébrale et les animaux sans vertèbres, était demeurée, depuis Lamarck, comme une sorte de dogme

(1) *Mémoires de l'Académie de Saint-Pétersbourg*, vol. X, 1866-1867.

scientifique. Quelques essais avaient été tentés pour établir entre les Vertébrés et les animaux composés d'anneaux comme les Insectes, la réalité de la parenté qu'avait cru pouvoir indiquer Geoffroy; mais ils n'avaient été accueillis qu'avec indifférence par la plupart des naturalistes.

En 1866, Kowalevsky vint annoncer qu'il était en mesure de démontrer, par une tout autre voie, la parenté entre les Vertébrés et les Invertébrés. Suivant lui, c'était par les Tuniciers que s'établissait la liaison tant cherchée entre les deux grandes divisions du règne animal. Etudiant presqu'en même temps l'embryogénie des Ascidies simples et celles du Vertébré le plus inférieur et, selon toute apparence, le plus ancien de celui qu'Hæckel a appelé le *vénérable* Amphioxus, il avait été frappé de certaines ressemblances inattendues, dans le mécanisme de formation de la plupart des organes; d'autre part, l'appareil respiratoire des Ascidies adultes et celui de l'Amphioxus présentent d'incontestables analogies. Kowalevsky concluait donc de ses recherches que le têtard d'une Ascidie n'était qu'un vertébré plus simple encore que l'Amphioxus; l'Ascidie devenait alors une sorte de vertébré dévoyé. Les Tuniciers, confondus jusque-là dans un même groupe avec les Bryozoaires, considérés par tous comme n'ayant pas de plus proches parents que les Mollusques acéphales, Huîtres, Moules, Peignes, devaient-ils donc représenter désormais le prototype de l'embranchement le plus élevé du règne animal, celui des Vertébrés? Les Poissons, les Batraciens, les Reptiles, les Oiseaux, les Mammifères ne seraient-ils que des Tuniciers perfectionnés? Auraient-ils tout au moins les mêmes ancêtres? Cette opinion, encore énergiquement soutenue par de nombreux naturalistes, donne à l'histoire des Tuniciers un intérêt tout particulier. Nous aurons à l'examiner.

CHAPITRE X

INFLUENCE DE LA VIE SOCIALE SUR LE MODE DE DÉVELOPPEMENT DES TUNICIERS.

Si quelque philosophe de la nature avait annoncé, au commencement de ce siècle, qu'une colonie d'animaux peut sortir toute formée d'un œuf unique, que d'un œuf peut éclore non le fils, mais le petit-fils de l'animal qui l'a pondu, le fils n'apparaissant dans l'œuf que pour s'y reproduire et y mourir aussitôt, de telles affirmations eussent été certainement accueillies comme des rêveries insensées. Ce sont là cependant des faits réels qui ressortent sans contestation possible de l'histoire du développement embryogénique des Pyrosomes. Si paradoxaux, si étranges qu'ils puissent encore paraître, il faut bien se résigner à les enregistrer. Ce que l'imagination la plus hardie n'aurait osé concevoir, la nature le réalise, comme pour démontrer une fois de plus la profondeur de ce mot de Faraday : « Dans les sciences, l'absurde même est possible. »

Il est absurde, en effet, de supposer qu'un œuf se forme pour produire un être qui ne verra jamais le jour, que les enveloppes de cet œuf seront à la fois le berceau et le tombeau d'un organisme qui se reproduira à leur intérieur en demeurant à l'état de fœtus, et dont les restes lentement résorbés, serviront d'aliments à la génération nouvelle, seule destinée à paraître au dehors. Pourquoi tout cet appareil, pourquoi tant de complications dans la reproduction d'animaux, en somme, assez simples? Pourquoi, dans le cas actuel, ces moyens détournés quand nous voyons, dans tant d'autres, des résultats certainement plus complexes obtenus de la façon la plus rapide, en allant droit au but?

La doctrine des créations directes ne saurait nous donner aucune explication de ces faits étranges. Si nous admettons au contraire la théorie de l'évolution, l'étude des phénomènes de la reproduction chez les Ascidies composées et chez les Salpes nous permet de reconstituer toutes les phases par lesquelles ont dû passer les Pyrosomes pour atteindre leur forme actuelle, d'expliquer toutes les singularités de leur développement et d'affirmer une fois de plus la généralité des lois qui régissent les transformations des sociétés animales.

Bien plus, à être ainsi expliquées les particularités en apparence mystérieuses du développement de nos Tuniciers perdent leur caractère insolite. Elles jettent une vive lumière sur certains traits essentiels du développement des animaux supérieurs, élargissent singulièrement l'idée que nous devons nous faire des phénomènes embryogéniques, soulèvent de nouveaux problèmes et donnent, en même temps, la solution d'énigmes qui, sans elles, fussent demeurées éternellement indéchiffrables.

On a quelquefois soutenu qu'on devait considérer comme un individu simple tout organisme tirant son origine d'un œuf unique ou pour le moins tout organisme tel qu'il est constitué à sa sortie de l'œuf, et cette dernière opinion est encore très généralement répandue. Or plusieurs Vers, beaucoup d'Articulés, le plus grand nombre des Vertébrés sortent de l'œuf, à peu près tels qu'ils seront toute leur vie. On devrait donc les considérer comme des individus simples; il ne saurait être question de voir en eux une transformation de colonies. Les faits observés successivement par Savigny (1), Huxley (2) et Kowalevsky (3), dans l'histoire des Pyrosomes, laissent, à cet égard, la discussion ouverte et nous aurons plus d'une fois à

(1) *Mémoires sur les animaux sans vertèbres*, 1816.
(2) *Philosophical Transactions of the Royal Society*, 1851.
(3) *Archiv für mikroskopische Anatomie*, Bd XI, 1875.

les invoquer dans la suite ; il y en a peu dont les conséquences soient aussi fécondes et dont la signification soit aussi décisive.

Les Pyrosomes sont des colonies. A ce titre, ils doivent jouir de deux modes de reproduction : la reproduction agame, destinée à produire la colonie et à augmenter son importance ; la génération sexuée, destinée à multiplier les colonies et à assurer par leur dissémination, la conservation de l'espèce. Chacun des membres de la colonie jouit à la fois de ces deux modes de reproduction. Chacun d'eux produit, pour ainsi dire indéfiniment, des individus nouveaux qui viennent s'intercaler entre leurs parents ou leurs aînés et accroissent ainsi le volume de la société dont ils font partie; chacun d'eux met au jour, dans le courant de son existence, au moins une nouvelle colonie de Pyrosomes, qui s'est en partie développée dans son organisme, provient d'un œuf fécondé et se trouve déjà constituée à sa naissance.

On peut suivre sur un même Pyrosome (1) toutes les phases du développement des colonies futures. Déjà les plus jeunes individus contiennent un œuf parfaitement mûr (fig. 81, n° 3, *ov*); chez les plus âgés la jeune colonie est prête à éclore. L'éclosion elle-même n'a pas été observée ; mais il semble qu'elle doive entraîner la rupture des téguments de l'animal dans lequel le développement s'est opéré ; cette parturition si difficile qu'elle soit n'est pas du reste nécessairement mortelle.

Savigny croyait que chaque œuf donnait immédiatement naissance à quatre embryons qui, s'unissant déjà avant d'éclore en une petite colonie, constituaient la première forme libre du Pyrosome. Huxley a le premier démontré que les phénomènes n'étaient pas aussi simples. Il a vu se former, aux dépens d'une faible partie du vitellus de l'œuf, un premier embryon (fig. 80, n° 2, *c*) présentant, quoique d'une façon rudimentaire, les traits généraux d'une Ascidie. Cet embryon est couché sur le reste du vitellus, qui con-

(1) Nous appelons ainsi la colonie tout entière pour laquelle Péron avait créé ce nom; nous désignerons les individus sous le nom suffisamment distinctif d'Ascidies. Huxley a créé pour le pyrosome le nom d'*Ascidiarium*, qui a l'avantage de s'appliquer à toutes les colonies d'Ascidies. Les individus qui s'associent pour former un *Ascidiarium* sont pour lui des *Ascidiozoïdes*.

serve sa forme à peu près sphérique; l'embryon coiffe ce vitellus comme une sorte de calotte, ou, si l'on veut, le reçoit dans sa face inférieure comme dans une coupe ; de là le nom de *cyathozoïde* qui lui a été donné par Huxley. Kowalevsky, qui a suivi avec

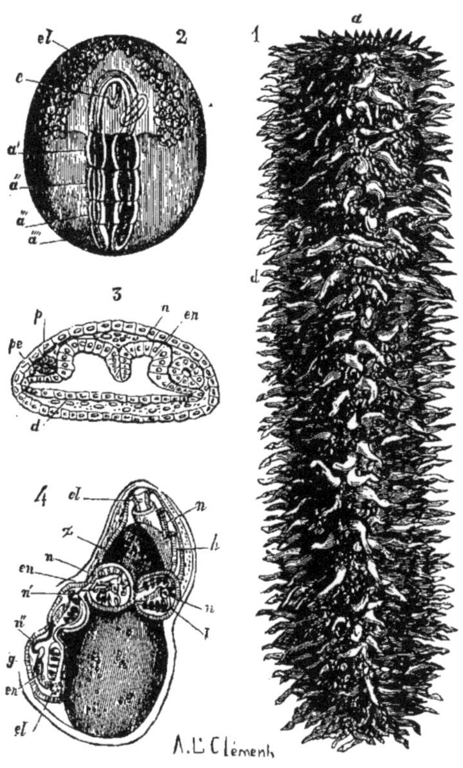

Fig. 80. — 1. *Pyrosoma elegans*, Lesueur. — *d*, appendices des ascidiozoïdes; *a*, ouvertures du manchon (1/3 de la grandeur naturelle). — 2. Embryogénie des Pyrosomes ; *c*, cyathozoïde ; *a*, *a'*, *a's* *a''*, *a'''*, ascidiozoïdes; *cl*, sac excréteur. — 3. Phase plus avancée ; *n*, vésicule nerveuse ; *pe*, péricarde ; *h*, cœur ; *en*, endostyle ; *g*, orifice afférent ; *cl*, orifice afférent ; *z*, vitellus nutritif. — 4. *pc*, sacs périthoraciques ; *en*, branchie dans la région endostylaire ; *d*, région opposée ; *n*, téguments.

détail (1) la formation de cet embryon l'a vu se constituer, comme celui des animaux supérieurs, aux dépens d'un feuillet cellulaire

(1) *Archiv für mikroskopische Anatomie*, vol. XI, 1875.

qui se développe lui-même, à l'un des pôles de l'œuf, par voie de segmentation de l'une des portions du vitellus, dite *formative*, l'autre portion, dite *nutritive*, demeurant intacte. A peine le cyathozoïde s'est-il formé qu'on voit sa partie postérieure se segmenter en quatre parties semblables entre elles (fig. 80, n° 2, a', a'', a''', a''''), situées toutes les quatre dans le prolongement l'une de l'autre et dans celui du cyathozoïde, de sorte que tout cet ensemble possède le même plan de symétrie. Il semble qu'on ait alors sous les yeux l'embryon d'un animal articulé, couché à la surface d'un vitellus extrêmement volumineux. Peu à peu le cyathozoïde grandit ; en même temps le vitellus diminue et bientôt se trouve presque entièrement englobé dans la concavité du corps de l'embryon. Les segments qui terminent le corps de celui-ci grandissent aussi et se séparent de plus en plus les uns des autres. L'accroissement même de leur taille s'oppose à ce qu'ils puissent trouver place sur le prolongement du cyathozoïde ; ils se portent sur le côté et forment une sorte de chaîne courbe qui s'étend en écharpe sur la surface libre du vitellus, à l'opposé du cyathozoïde (fig. 80, n° 4). Ce dernier atteint des dimensions bien plus considérables que celle des quatre segments pris ensemble. Toutefois, malgré sa grande taille, il ne possède encore qu'une organisation très simple alors qu'on aperçoit déjà dans les quatre segments qui se sont produits à sa partie postérieure, tous les caractères de quatre ascidies présentant même des fentes branchiales parfaitement distinctes. Jamais, du reste, le cyathozoïde ne devient une véritable ascidie : il ne tarde pas à diminuer de volume de même que le vitellus, tandis que les quatre petites ascidies, ses filles, continuent à grandir ; ses organes rudimentaires se flétrissent eux-mêmes et lorsque, par les progrès de leur croissance, les quatre ascidies sont arrivées à se réunir en couronne, ce qui reste du cyathozoïde ne forme plus qu'une sorte de coupe hémisphérique sur le bord de laquelle sont disposés les quatre premiers individus du Pyrosome. Ce travail de résorption du cyathozoïde se continue encore et l'individu qui a donné naissance aux quatre ascidies a presque entièrement disparu quand a lieu l'éclosion.

On ne saurait contester au cyathozoïde le caractère d'individu :

les phases de son développement sont exactement celles de plusieurs Tuniciers qui arrivent à une existence indépendante ; on voit se former en lui un ganglion nerveux, un rudiment de sac branchial ; des sacs péribranchiaux, qui tous apparaissent de la façon ordinaire. C'est à le former qu'est d'abord appliqué tout l'effort embryogénique et, à un certain moment, il est seul distinct à la surface du vitellus. Lui seul provient directement de la segmentation de l'œuf fécondé ; lui seul peut être considéré comme produit par la génération sexuée. Mais, phénomène remarquable et que nous avons déjà signalé chez les Siphonophores, à peine cet individu, né par voie de génération sexuée, est-il ébauché, qu'il possède la faculté de reproduction par voie agame. Ce n'est encore qu'un embryon hors d'état de se suffire à lui-même, de quitter l'œuf, et déjà sa partie postérieure s'allonge, se segmente et semble attirer vers elle toute l'activité vitale. Bientôt chaque segment s'organise en un individu distinct, tandis que l'individu générateur, enrayé dans son développement, disparaît peu à peu. Tous ces phénomènes s'accomplissent sous les enveloppes de l'œuf, de telle façon que lorsque ces enveloppes se brisent, ce n'est pas en réalité l'individu né de l'œuf qui est mis en liberté, mais bien d'autres individus engendrés par lui et déjà parfaitement distincts les uns des autres, ayant chacun son individualité propre, représentant chacun une ascidie entièrement constituée. L'œuf n'a pas donné directement naissance à quatre individus comme le croyait Savigny ; mais, en définitive, le résultat est le même et le procédé par lequel il a été obtenu est particulièrement instructif. Il nous montre la génération agame pouvant s'exercer dans les périodes les plus précoces de la vie embryonnaire et l'œuf arrivant ainsi à produire non pas un individu unique, mais toute une petite famille.

Dans le Pyrosome tous les membres de cette famille parviennent à conquérir une individualité parfaitement distincte. Mais supposons que la vie sociale ait marqué plus profondément son empreinte sur la jeune colonie enfermée dans l'œuf, appliquons-lui les résultats de nos études antérieures, nous devons prévoir que la *division du travail physiologique*, le *polymorphisme*, l'*absorption des individualités* constituantes de la colonie par celle de la colonie elle-même pourront se produire dans l'œuf même. Dès lors les diverses individualités associées n'arriveront pas à se séparer complètement ; elles seront toujours dominées par l'individualité qui résulte de leur assemblage ; dans l'œuf même se constituera un animal simple, en apparence, mais qui en réalité résultera de la fusion d'organismes primitivement capables de devenir indépendants les uns des autres, aussi bien que les quatre Ascidies qui se sont formées, chez le Pyrosome, en arrière du cyathozoïde.

La vie sociale peut donc retentir sur le développement de l'embryon, amener la formation dans l'œuf de véritables colonies ; un animal composé, résultant de la soudure de plusieurs autres, peut sortir de l'œuf constitué de toutes pièces. C'est là une conséquence nécessaire de l'histoire embryogénique des Pyrosomes, conséquence dont toute l'importance ressortira lorsque nous aurons à expliquer le mode de formation des animaux supérieurs, tels que les Articulés ou les Vertébrés.

Chacune des ascidies qui constituent le jeune Pyrosome possède du reste, pour son propre compte, le pouvoir de se reproduire par voie agame et transmet cette faculté à sa descendance : c'est grâce à cela que s'accroît le Pyrosome, dont tout individu est constamment en voie de bourgeonnement, en même temps que s'accomplissent dans son sein les phénomènes de génération sexuée que nous venons de décrire. Ce bourgeonnement reproduit l'un des traits les plus essentiels de celui du cyathozoïde : les divers organes de l'ascidie mère contribuent à la formation de la fille. Le fait est moins frappant chez les Polypes hydraires, à cause de leur constitution plus simple ; mais en réalité chez ces animaux les seules parties distinctes, l'exoderme et l'entoderme, prennent également part à la formation des nouveaux individus. Il n'y a donc pas là, comme on l'a cru, quelque chose de particulier au bourgeonnement des Tuniciers.

Dans le Pyrosome, l'endostyle de chaque Ascidie est le point de départ du bourgeonnement. A son extrémité postérieure, il donne naissance à une sorte de bourgeon (fig. 81, n° 1, *ed*) qui ne tarde pas à se creuser d'une cavité et à grandir en se portant vers l'extérieur. Dans cette région, l'endostyle se trouve enveloppé par un tissu particulier, très nettement cellulaire, auquel Kowalevsky attribue la signification d'un ovaire. Le bourgeon en grandissant se couvre du tissu de l'ovaire comme d'une sorte de coiffe (même figure, *eist*) et le refoule devant lui, en même temps que

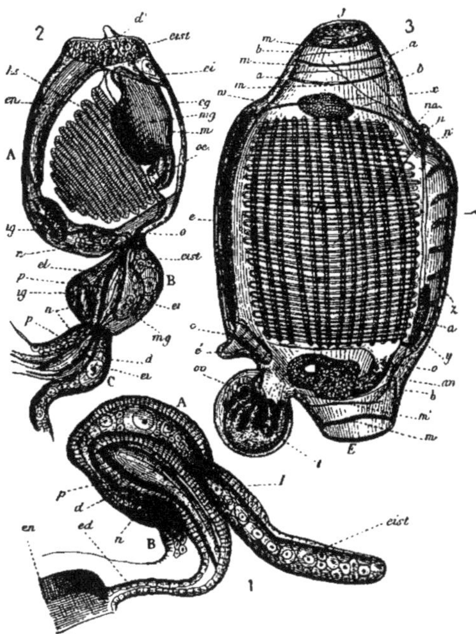

Fig. 81. — Développement agame des *Pyrosomes*. — 1. Chaîne de bourgeons peu de temps après sa formation sur l'endostyle *en* d'un individu adulte. — A, B les ascidies en formation; *ed*, bourgeon central né sur l'endostyle *en* et destiné à former la branchie et le tube digestif des jeunes ; *d*, téguments du bourgeon formés aux dépens de ceux du parent ; *p*, sac péribranchial né de ces téguments; *n*, ganglion nerveux ; *eist*, tissu reproducteur coiffant le bourgeon central et dans lequel se forment les œufs. — 2. Chaîne de trois bourgeons A, B, C, plus avancés dans leur développement (grossis 8.) fois). Mêmes lettres et en outre : *en*, endostyle; *eg*, point où se formera l'orifice efférent; *ig*, orifice afférent; *ks*, fentes branchiales ; *œ*, œsophage ; *m*, *mg*, estomac ; *ei*, l'œuf destiné à mûrir dans l'ascidie ; *o*, orifice de communication entre les bourgeons. — 3. Jeune ascidie d'un Pyrosome, presque adulte (grossie 30 fois). J, orifice afférent ; E, orifice efférent ; *a*, tunique ; *b*, manteau ; *z*, bandes musculaires du manteau ; *m*, *m'*, bandes musculaires des siphons ; *br*, branchies ; *e*, endostyle ; *o*, bouche ; *an*, anus ; *é*, bourgeon en voie de formation ; *c*, cœur ; *ov*, ovisac communiquant par son pédoncule avec la branchie ; *t*, glande mâle ; *n*, ganglion nerveux et nerfs qui en partent ; *xy*, organes indéterminés.

les téguments qui le recouvrent. Au début, le bourgeon a donc la forme d'une massue formée de trois couches superposées, dépendant l'extérieure (*d*) du manteau, la moyenne (*ed*) de l'ovaire, l'intérieure (*eist*) de l'endostyle de l'ascidie mère. Cette massue grandit et on voit bientôt la partie qui correspond à son manche présenter des étranglements. Les portions de la massue ainsi limitées sont destinées à s'organiser en autant de nouveaux individus.

Des trois couches qui forment chaque bourgeon, l'extérieure donnera naissance au manteau et aux sacs péribranchiaux (*p*) des nouveaux individus; l'intérieure produira la branchie et le tube digestif. La couche moyenne mérite une attention particulière. Elle est refoulée graduellement par le développement des organes vers la partie postérieure du corps et la plupart de ses éléments ne subissent aucune modification ultérieure. L'un d'entre eux cependant (fig. 81, n° 2, *ei*) prend l'avance sur ses voisins, se distingue de plus en plus des éléments parmi lesquels il était primitivement confondu, revêt tous les caractères d'un œuf et s'entoure d'une sorte de sac, muni d'un pédoncule creux qui va s'ouvrir dans la cavité de la branchie du jeune animal qui le porte (1). Par l'intermédiaire du pédoncule, l'eau peut donc passer librement de la branchie dans l'intérieur du sac et venir baigner l'œuf qui s'y trouve contenu. C'est grâce à cette disposition que l'œuf peut être fécondé. Il y a toujours dans la colonie un certain nombre d'individus dont les spermatozoïdes arrivés à maturité sont expulsés dans le liquide ambiant; ces spermatozoïdes, pénétrant avec l'eau qui doit servir à la respiration, dans la chambre branchiale des individus dont l'œuf attend leur action, arrivent jusqu'à lui en cheminant dans le conduit du pédoncule; pendant presque toute la durée du développement, on peut en voir un certain nombre, plus ou moins altérés, à l'intérieur de la partie élargie du pédoncule la plus voisine de l'œuf. Après la fécondation le sac qui renferme l'œuf se clôt de toutes parts, le pédoncule se résorbe graduellement et il ne reste bientôt plus de lui qu'une chambre close pleine de débris de spermatozoïdes, adhérente à l'un des pôles du sac ovigère.

Les ascidies qui composent un Pyrosome sont hermaphrodites;

(1) A l'ensemble de l'œuf et de ce sac pédonculé Huxley a donné le nom d'*ovisac*.

on peut voir (fig. 81, n° 2, *t*) la glande mâle, embrassant l'œuf de ses digitations et rejetée avec lui dans une sorte d'annexe de l'animal située entre l'orifice d'excrétion et le point où se forme la chaîne des bourgeons reproducteurs; mais les éléments de cette glande sont encore loin d'être parvenus à maturité, que le développement du jeune embryon est depuis longtemps commencé; ils ne pourront féconder en conséquence que les œufs d'individus plus jeunes. C'est seulement aussi dans une génération postérieure que les éléments constituant l'ovaire de chaque individu se développeront et arriveront à produire une nouvelle colonie. Ceci conduit à poser quelques questions imprévues.

L'œuf que porte, dès le début de son existence, chaque ascidie, l'embryon qui naît de cet œuf est-il le fils ou le frère de l'ascidie? L'ascidie qui porte un embryon, doit-elle être considérée comme sa mère ou ne serait-elle qu'une sœur nourricière? Les ascidies même d'un Pyrosome sont-elles de véritables hermaphrodites? Ne seraient-elles pas, en réalité, des mâles ayant la double mission de féconder les œufs des générations qui les suivent et de recevoir en dépôt, pour assurer leur développement, les œufs fécondés des générations antérieures?

Dans un individu résultant du développement d'un œuf, tous les organes procèdent au même titre de l'œuf, tous sont également la propriété de l'individu dans lequel ils sont contenus. Chez les Pyrosomes, l'ovaire de chaque individu n'est au contraire, nous l'avons vu, qu'une partie plus ou moins accrue et nullement modifiée, d'ailleurs, de l'ovaire de l'ascidie sur laquelle cet individu s'est formé. Pendant la plus grande partie de la période du développement, l'ovaire de la mère et celui de la fille sont tellement en continuité qu'ils ne forment qu'un seul et même organe : aucune ligne de démarcation ne les sépare. A ce moment cependant, dans un bourgeon qui n'est encore nettement distinct ni de sa mère ni de son aîné, l'œuf qui doit se développer en lui est déjà parfaitement reconnaissable, presque mûr au milieu de ceux qui l'entourent. Cet œuf, comment l'attribuer à un individu qui n'existe pas encore? Il fait partie d'un organe appartenant certainement à la mère par l'une de ses extrémités; bien plus, il s'est formé dans le corps de celle-ci : il s'y trouvait déjà à l'état de cellule bien définie avant toute trace de bourgeonnement, et n'a fait que passer dans le bourgeon, quand celui-ci a commencé à se constituer. L'individu dans lequel l'œuf se développe n'a donc sur lui aucun droit réel de maternité ; il s'est borné à le recevoir tout formé de l'organisme auquel il doit lui-même son existence. L'œuf et le bourgeon sont, au même titre, fils de cet organisme : ce sont deux frères, formés il est vrai de deux façons très différentes, et dont l'un, plus précoce que l'autre, se trouve chargé de présider, à la place de la véritable mère, aux destinées de son cadet.

S'il en est ainsi, ce frère aîné ne saurait être considéré comme un hermaphrodite : l'œuf qui se développe en lui, n'est pas à lui ; ceux qui constituent son ovaire n'arrivent jamais à maturité que dans ses fils. On peut donc contester qu'un tel individu joue véritablement jamais le rôle de femelle ; la glande mâle accomplissant au contraire toute son évolution à ses dépens, on ne peut douter que le sexe mâle ne lui appartienne bien réellement.

Mais où seront dès lors les femelles? Les considérations que nous venons d'exposer s'appliquent à tous les individus qui constituent un Pyrosome. Aucun d'eux ne peut revendiquer la propriété absolue de l'ovaire qu'il contient ; il faut remonter pour trouver les véritables producteurs de ces ovaires aux quatre ascidies qui ont fondé la colonie et plus probablement encore jusqu'au cyathozoïde. Dans cette dernière hypothèse, celui-ci serait la seule femelle, mais quelle singulière femelle qui disparaît à peu près avant de sortir de l'œuf, léguant à sa progéniture son ovaire qui lui survit, continue à se développer, loge quelqu'une de ses parties dans chacun des individus nouveaux formés dans la colonie, met à profit pour multiplier ses éléments les matières alimentaires élaborées par ces individus, tandis qu'un de ces mêmes éléments, conduit ainsi à maturité, nourri et protégé par son hôte, s'apprête à jeter les fondements d'une autre colonie ! Ne semble-t-il pas que cet ovaire, héritage que chaque individu transmet à sa descendance, après l'avoir accru, soit dans chaque ascidie comme une sorte d'étranger, une manière de parasite, grandissant en conservant son indépendance, provoquant peut-être la formation des organismes qui doivent assurer sa prospérité et permettre à chacun de ses éléments d'accomplir sa destinée?

Les Salpes reproduisent avec quelques instructives modifications l'histoire des Pyrosomes.

Chacun des individus de petite taille qui vivent en société contient, dès son jeune âge, un œuf qui doit subir en lui tout son développement. Les rapports de cet œuf et de l'individu qui le porte sont exactement ceux que nous ont offert les Pyrosomes; la fécondation s'accomplit de la même manière; mais le développement suit une tout autre voie. Il aboutit à la formation d'un individu unique qui, pendant toute la période fœtale, est uni à l'individu qui le porte par un organe des plus remarquables et dont les fonctions présentent une étonnante analogie avec celles du placenta des mammifères. Dans cet organe le sang du fœtus, celui de l'adulte, se mettent en rapport l'un avec l'autre au travers des tissus de chacun d'eux, sans jamais se mêler; les échanges s'opèrent exclusivement par endosmose. Quand elle peut se suffire, la jeune Salpe quitte l'individu nourricier : elle doit mener désormais une vie indépendante durant laquelle elle sera toujours solitaire.

Mais auparavant ont déjà commencé chez elle les phénomènes qui doivent assurer la production des nouvelles chaînes de Salpes (1). Le bourgeon qui doit produire cette chaîne est d'abord un simple diverticulum en doigt de gant qui naît à peu près à égale distance du placenta et de l'amas de viscères auxquels on donne habituellement le nom de nucleus. Bientôt apparaît sur le péricarde ou enveloppe du cœur un diverticulum semblable qui s'engage dans le premier, et y forme une cloison complète, le divisant en deux canaux juxtaposés. L'organe ainsi constitué, qu'on a comparé aux *stolons* des fraisiers, vient se loger au-dessous du test qu'il refoule devant lui et l'on ne tarde pas à voir apparaître dans chacune de ses deux cavités un cordon plein, d'apparence protoplasmique. Ces cordons ne sont pas autre chose que des ovaires ru-

(1) Les mémoires les plus récents sur ce sujet sont ceux de Brooks dans le *Bulletin of the Museum of comparative Zoology*, t. VIII, 1876 et de Salensky, dans le *Zeitschrift für wissenschaftliche Zoologie*, t. XXX, supplément, 1878.

dimentaires dans toute la longueur desquels on distingue bientôt des œufs, placés bout à bout et formant une rangée unique (1). En même temps la paroi extérieure du stolon se creuse de sillons annulaires, assez régulièrement espacés, qui la divisent en segments placés bout à bout. Chacun de ces segments correspond exactement à l'un des œufs dans lesquels s'est divisé le cordon ovarique ; il devient par la suite l'un des individus de la double chaîne que forment la plupart des Salpes sociales, et emporte avec lui l'œuf qui lui correspond et qui devra se développer, uni à ses organes par un placenta. Concurremment avec cet œuf ou avec l'embryon qui résulte de son évolution, tous les individus d'une chaîne de Salpes possèdent une glande mâle ; on les considère donc communément comme hermaphrodites, et les Salpes solitaires sont dès lors des individus asexués. Mais Brooks a fort justement fait remarquer que l'œuf porté par ces individus était formé avant même qu'aient apparu les premiers linéaments de leurs organes : au moment où il se montre cet œuf ne saurait appartenir qu'à la Salpe solitaire, qui est dès lors une femelle, les Salpes agrégées étant simplement des mâles nourriciers. Les considérations que nous avons développées à propos des Pyrosomes s'appliquent évidemment de tous points au cas actuel ; seulement ici, si l'on en croit Brooks, l'ovaire aurait tout entier passé dans le stolon, et chacun des individus de la chaîne n'emporterait avec lui qu'un œuf unique.

Ce dernier fait n'est pas sans importance. Chez les Salpes agrégées chaque individu ne contient qu'un œuf, au développement duquel il doit pourvoir : il a une durée d'existence suffisante et au delà pour mener à bien cette tâche, et il ne produit pas par voie agame de nouveaux individus. Chez les Pyrosomes chaque individu, outre l'œuf qui se développe en lui, contient un grand nombre d'autres œufs fort éloignés encore de l'époque de leur maturité ; il ne saurait vivre assez longtemps pour assurer le développement de tous ces germes ; il produit donc de nouveaux

(1) Quels sont les rapports de ces ovaires avec la salpe solitaire ? Brooks les considère comme se formant spontanément dans les deux canaux juxtaposés du stolon.

individus par voie asexuée et leur confie le précieux dépôt qu'il a reçu lui-même. La faculté de reproduction asexuée semble donc liée, chez nos Tuniciers, au mode de développement des éléments de leur ovaire si singulier déjà par son origine. On dirait que ce tissu ovarique, l'un des facteurs essentiels de la reproduction sexuée, peut encore déterminer ou empêcher, suivant ses propres besoins, la formation de nouveaux individus par voie asexuée. Peut-être la multiplication plus ou moins rapide de ses éléments est-elle, en effet, la cause immédiate de la production d'un plus ou moins grand nombre d'individus nés par voie asexuée ; mais il est plus probable encore que les phénomènes simultanés manifestés par le tissu ovarique et les tissus qui concourent avec lui à la formation de nouveaux individus, tiennent à quelque cause commune, plus générale, dont les effets se sont harmonisés par voie d'adaptation héréditaire.

Les Salpes ne produisant par voie asexuée, qu'une seule série d'individus qui contiennent les éléments de la reproduction sexuée mais ne forment jamais de bourgeons, leurs colonies ne peuvent s'accroître, et demeurent ce qu'elles étaient quand elles ont quitté l'individu où elles ont pris naissance ; il y a une alternance parfaitement régulière des deux modes de génération ; la vie sociale résulte de ce que les frères issus d'une même mère demeurent unis entre eux ; mais l'association ne va pas au delà : les individus constituant la génération suivante redeviennent indépendants. Chez les Pyrosomes, au contraire, les individus nés par voie asexuée se reproduisent encore de cette façon un nombre de fois indéterminé ; ils n'abandonnent pas leur progéniture ; ils la font entrer dans leur association à mesure qu'elle se développe ; la colonie grandit donc rapidement et la vie sociale prend une activité considérable. La colonie elle-même tend à se constituer de plus en plus tôt, et c'est ainsi que dans l'œuf, avant d'être complètement formé, l'individu né par voie sexuée commence à produire, par voie asexuée, de nouveaux individus et perd lui-même cette dernière qualité.

Les Pyrosomes ne semblent pas, au premier abord, présenter une alternance de génération semblable à celle des Salpes ; en réalité, il y a dans les deux cas un parallélisme complet. Le cyathozoïde des Pyrosomes correspond exactement à la forme solitaire des Salpes, le Pyrosome lui-même à la forme agrégée de ces animaux. Seulement la durée de la forme solitaire, de plus en plus raccourcie en raison de la précocité et de l'énergie de plus en plus grandes du bourgeonnement, a fini par devenir presque nulle dans le cas des Pyrosomes. La forme sociale a pris au contraire de plus en plus d'importance; elle a éliminé l'autre à peu près entièrement, et l'alternance semble, dès lors, avoir disparu.

Les Ascidies composées présentent des phénomènes très analogues à ceux que nous ont offerts les Tuniciers du groupe des Thalides. Savigny et, après lui, Kölliker, Lœwig (1), Van Beneden, avaient cru autrefois que les colonies de Botrylles étaient déjà représentées, au sortir de l'œuf, par un petit système de quatre individus, identique aux systèmes des colonies adultes et se formant directement sur l'embryon. C'eût été quelque chose de très analogue à ce qu'on observe chez les Pyrosomes. Metschnikoff (2), Krohn (3), ont montré depuis qu'il n'y avait là qu'une illusion produite par certaines particularités de structure de la larve des Botrylles. Cette larve est un têtard ; elle se fixe et se métamorphose comme toutes les autres ; mais à peine est-elle fixée qu'elle produit par bourgeonnement un nouvel individu et disparaît. Celui-ci, au début de son apparition, montre déjà les traces de deux bourgeons symétriques : ces bourgeons grandissent, et ils présentent à peine les traits caractéristiques d'une jeune ascidie que leur parent commence à s'atrophier; en raison de sa disparition, les deux individus formant la troisième génération arrivent à se trouver en contact par leur orifice d'excrétion. Mais auparavant ils ont déjà produit eux-mêmes deux nouveaux bourgeons latéraux : ce sont ceux qui deviennent les individus définitifs. La troisième génération est, en effet, destinée à s'atrophier comme les précédentes et c'est seulement la quatrième, formée de quatre individus rayonnants autour d'une région centrale représentant leur cloaque commun, qui constitue le premier système du Botrylle (fig. 82, n° 1).

(1) *Annales des Sciences naturelles*, 8e série, Zool., t. V, 1846, p. 193.
(2) *Bulletin de l'Académie des sciences de Saint-Pétersbourg*, t. VI (1868), p. 719.
(3) *Archiv für Naturgeschichte*, 35e année, 1869, 1er vol., p. 190 et 326.

Il semble évident — et c'est, du reste, ce que l'on observe le plus souvent — qu'un individu donné ne devrait commencer à se reproduire qu'après s'être lui-même complètement constitué. Les conditions primitives de la reproduction par bourgeonnement sont donc bien modifiées déjà chez les Botrylles. Mais les phénomènes qui précèdent la formation du premier système sont particulièrement instructifs : trois générations n'ont qu'une existence éphémère et sont sacrifiées à la constitution de ce système. Le chemin suivi pour arriver au but ne démontre-t-il pas à lui seul que cette constitution a du être graduellement acquise? Tous les individus devaient avoir d'abord la même durée et ne se réunissaient pas en systèmes étoilés. Cette forme une fois réalisée s'est perpétuée par voie d'hérédité. Elle était avantageuse, la sélection naturelle a dû avoir pour effet d'en amener le plus rapidement possible la production dans chaque nouvelle colonie ; ainsi ont été abrégées toutes les phases qui devaient y conduire ; mais ici cette abréviation n'est pas très considérable et laisse encore apercevoir les principales étapes de la route parcourue.

Les phénomènes présentés par le têtard de l'*Astellium spongiforme* et par celui du *Pseudodidemnum cristallinum*, étudiés par M. Giard (1), sont plus singuliers encore. Le têtard commence déjà à bourgeonner dans l'œuf, mais n'en poursuit pas moins son développement ; au moment de son éclosion, il porte sous sa tunique deux jeunes individus. La petite colonie ne nage guère librement que deux ou trois heures, puis se fixe ; la queue du têtard disparaît, et sept ou huit heures après la fixation, on peut déjà observer un petit système composé de six ou sept individus bien développés

Chez les *Didemnum gelatinosum* (2) observés par Gegenbaur, l'abréviation est encore plus considérable et atteint presque au degré

(1) A. Giard, *Recherches sur les Ascidies composées.* — Archives de Zoologie expérimentale, t. I, 1870.

(2) Cette espèce serait sans doute considérée par M. Giard comme un *Pseudodidemnum;* elle n'est pas identique à son *Pseudodidemnum cristallinum* et son développement se rapproche au contraire de celui du *Diplosoma* de Mac-Donald. M. Giard ne faisant pas mention dans ses *Recherches* du mémoire de Gegenbaur, une assimilation précise avec les espèces qu'il décrit est malheureusement impossible.

observé chez les Pyrosomes. Le bourgeonnement commence, en effet, à se produire alors que l'embryon est encore sous les enveloppes de l'œuf (1). La larve du *Didemnum* est un têtard (fig. 82, n° 2), qui doit, dans certains cas, quitter l'œuf pour aller librement fonder de nouvelles colonies; mais il n'en est pas toujours ainsi. Très souvent, on voit sur la face du têtard qui, dans l'œuf, est appliquée sur la queue, apparaître deux lobes larges et saillants (fig. 82, n° 2, B et C). Le têtard continue son évolution, présente même à un certain moment les trois ventouses qui servent ordinairement à le fixer au moment de sa métamorphose (Ibid., *p'*), ainsi qu'une vésicule nerveuse et les organes des sens (Ibid., *o*) qu'elle contient habituellement, mais cette phase dure peu et le têtard commence déjà à se transformer en Ascidie sous les enveloppes de l'œuf. En même temps les deux lobes qui se sont produits sur sa face ventrale subissent des changements considérables ; ils se séparent de plus en plus du têtard qui les a produits et finissent par figurer deux masses ovoïdes, pédonculées, réunies elles-mêmes par un pédoncule commun au sac stomacal de l'Ascidie résultant de la métamorphose du têtard (fig. 82, n° 3, B') ; mais alors le lobe supérieur est devenu un sac branchial; le lobe inférieur, un tube digestif ; la réunion des deux lobes ou, si l'on veut, des deux bourgeons constitue une ascidie complète, étranglée vers le milieu du corps, comme cela est de règle dans la tribu des Didemniens. Cependant le têtard a achevé sa métamorphose ; sa queue a complètement disparu, et l'enveloppe de l'œuf, qui n'est pas encore rompue, se trouve contenir deux ascidies, unies l'une à l'autre dans la région moyenne du corps, comme les frères Siamois, par un cordon charnu transversal. Quand ce jeune couple est mis en liberté, il ne possède aucun moyen de locomotion, il est fort probable qu'il ne quitte pas la colonie où il s'est formé et ne fait qu'accroître le nombre des individus qui la composent.

Il y a, dans cette histoire des *Didemnum*, deux séries de faits qui méritent également l'attention : le mode de formation de la nouvelle ascidie, l'influence du bourgeonnement précoce sur le têtard.

(1) *Archiv für Anatomie, Physiologie und wissenschaftliche Medicin*, t. IV, p. 149

Au point de vue de la constitution morphologique des Ascidies, quelle valeur faut-il attribuer à l'intervention de deux bourgeons dans la formation d'un même animal? Est-ce à dire que l'on doive considérer l'ascidie elle-même comme un animal composé? On ne saurait mettre en doute la réalité de ce bourgeonnement en deux parties; il avait déjà été vu en 1859 par Mac-Donald, chez une ascidie australienne (1). Il a été constaté de nouveau par Ganin (2) sur l'animal même qui avait servi aux observations de Gegenbaur, par M. Giard (3) sur divers Didemniens; malheureuse-

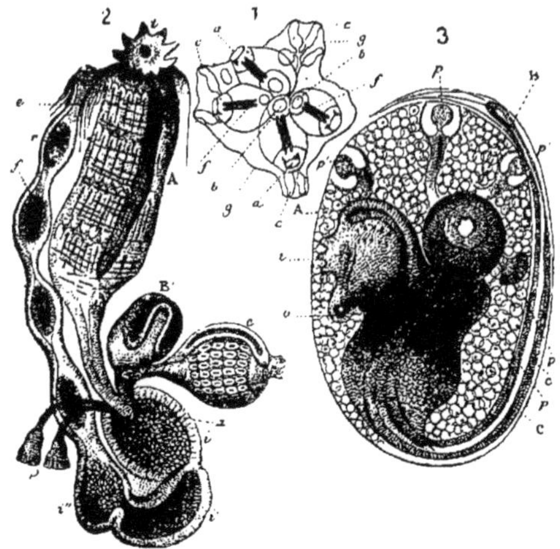

Fig. 82. — 1. Premier système d'une colonie de *Botrylles*. *a*, orifice afférent; *b*, orifice efférent; *c*, organes de fixation pris par les premiers auteurs pour des bourgeons; *f*, bande colorée sur chaque individu; *g*, enveloppe commune. — 2. Têtard de *Didemnum gelatinosum* bourgeonnant dans l'œuf. A, la partie renflée du têtard; B et C, bourgeons qui constitueront une seconde ascidie; *t*, tentacules de la branchie de l'ascidie qui résulte de la métamorphose du têtard; *o*, œil; *p*, appendices particuliers aux *Didemnum*; *p*, organes frontaux de fixation du têtard; *c*, queue. — 3. La même larve après l'éclosion; mêmes lettres et, en outre : *e*, endostyle de l'ascidie née par bourgeonnement et dont B′ représente la région intestinale; *i*, *i′ i″*, diverses parties de l'intestin; *r*, rectum; *f*, boules excrémentielles.

ment les faits recueillis jusqu'à ce jour sont loin d'être suffisants pour qu'on en puisse tirer quelque conclusion relativement à la nature même des Tuniciers. Il existe un groupe d'Ascidies com-

(1) Le *Diplosoma Rayneri*, M. D. — Trans. of the Linnæan Society, t. XXII, p. 373.

(2) *Zeitschrift für wissenschaftliche Zoologie*, t. XX, 1870.

(3) *Archives de zoologie expérimentale*, t. I, 1872.

posées qui semblerait devoir être plus instructif, sous ce rapport, que celui des Didemniens, c'est le groupe des Polycliniens où le corps est divisé non plus en deux, mais en trois parties : respiratoire, abdominale et génitale. Or, là l'ascidie se forme tout d'une pièce, ce qui fait supposer qu'il n'y a dans le cas du *Didemnum* qu'une simple modification du procédé général de bourgeonnement où l'on voit les organes des nouveaux individus se former régulièrement au moyen des organes analogues de leur parent.

Quant à l'influence de la précocité du bourgeonnement sur le têtard, elle est des plus remarquables. Dans les Ascidies que M. Edwards a désignées sous le nom d'*Ascidies sociales* en raison de la simplicité de leurs colonies, le bourgeonnement ne commence qu'après la fixation du têtard ; mais il arrive souvent — c'est le cas des Pérophores (1), par exemple — que le têtard a subi dans l'œuf ses principales métamorphoses, de telle sorte qu'au moment de son éclosion, c'est déjà une ascidie toute formée, et n'ayant conservé de son état larvaire que les organes des sens et la queue qui lui sert à nager. Quand l'association devient plus intime, le bourgeonnement s'accélère, et chez un grand nombre d'ascidies composées, le têtard présente déjà, au sortir de l'œuf, les rudiments des nouveaux individus qu'il devra produire ; il n'en atteint pas moins son complet développement. Chez les Diplosomides, le bourgeonnement est encore plus précoce : il se produit dans l'œuf même. Dès lors l'importance du têtard diminue considérablement. Il se montre encore dans l'œuf presque complet ; mais sa métamorphose arrive rapidement ; sa queue ne lui est plus d'aucune utilité et ne prend pas l'accroissement qu'elle acquiert d'habitude. Chez les Pyrosomes enfin, non seulement le têtard a complètement disparu, non seulement l'embryon, à mesure qu'il se développe, revêt d'emblée le type ascidie ; mais il tend lui-même à disparaître. Il ne sort jamais de l'œuf, sous l'enveloppe duquel on voit se produire une succession de générations analogues à celles que présentent les Botrylles hors de l'œuf.

Le mode de reproduction des Pyrosomes n'est donc pas un fait

(1) A. Giard, *Recherches sur les Ascidies composées;* Archives de Zoologie expérimentale, t. I, p. 677.

isolé, c'est le couronnement de toute une série de faits dont le nombre serait sans doute considérablement accru par des recherches nouvelles. Les gradations qu'on observe dans la série nous montrent une tendance de plus en plus grande, comme un effort plus ou moins fructueux mais constant, à précipiter le déroulement d'une même succession de phénomènes, représentant d'abord des *temps* nettement distincts du développement, arrivant ensuite peu à peu à empiéter les uns sur les autres, au point que certaines phases parviennent à se substituer à celles qui devaient normalement les précéder et à les faire entièrement disparaître. Nous avons déjà rencontré chez les Hydraires et leurs dérivés des traces incontestables d'une telle *accélération* des phases de la génération asexuée. Mais elle est plus évidente peut-être chez les Ascidies, en raison même de l'élévation plus grande dans l'échelle organique des formes qui se substituent les unes aux autres et des traces plus nettes que laissent ces formes de leur existence éphémère.

Nous pouvons suivre ici presque pas à pas, et d'une façon inespérée, si l'on songe à la longueur du temps depuis lequel ce grand phénomène s'accomplit, l'*accélération* graduelle des phénomènes génésiques depuis le moment où des Ascidies, bourgeonnant successivement les unes sur les autres, forment une colonie dont tous les membres sont indépendants, jusqu'au moment où cette colonie sort toute formée de l'œuf : un pas de plus et la colonie se transforme dans l'œuf en un animal composé, résultat que nous verrons atteint chez un grand nombre de Vers, chez les Arthropodes et chez les Vertébrés.

On ne saurait trop le faire dès à présent remarquer, ces mots *accélération des phénomènes génésiques* ne sont nullement l'expression d'une hypothèse, mais bien celle du résultat de la comparaison d'un grand nombre de faits. Quelles que soient les opinions scientifiques que l'on professe, que l'on soit partisan ou non de la théorie de la descendance, si l'on cherche à exprimer le rapport qui existe entre le mode de développement des Pyrosomes, des Diplosomes, des Astellium et des Botrylles, on ne peut grammaticalement employer une formule qui ne soit l'équivalent de celle-ci : il y a des derniers aux premiers abréviation graduelle de la durée des phases du bourgeonnement, ou, si l'on veut employer un seul mot, *accélération* des phénomènes de la génération asexuée.

L'influence de la vie sociale, dans cette importante série de phénomènes est évidente : ce mode d'existence est une conséquence de la reproduction agame ; il constitue un avantage ordinairement incontestable pour les animaux qui le pratiquent et plus tôt il se trouve réalisé, plus l'avantage est lui-même marqué. La sélection naturelle tend donc constamment à conserver les colonies dont la formation est précoce, et à éliminer celles qui sont tardives. L'hérédité intervient, à son tour, pour accélérer de plus en plus la production du premier bourgeon.

On peut objecter, il est vrai, qu'il n'y a pas toujours un parallélisme absolu entre la perfection apparente de la vie sociale et le degré de l'accélération génésique. Les Botrylles, par exemple, dont les colonies sont plus parfaites que celle des Didemniens, ont cependant un développement moins accéléré. Mais il ne faut pas oublier que les comparaisons de ce genre n'ont de valeur que si elles portent sur des êtres appartenant au même rameau généalogique. Or, rien ne prouve qu'il en soit ainsi des Didemnum et des Botrylles; ces derniers présentent peut-être même, à certains égards, plus de ressemblance avec les Pyrosomes.

Chez les Botrylles les individus fondateurs de la colonie arrivent à l'état parfait, mais n'ont qu'une durée éphémère ; chez les Pyrosomes, le cyathozoïde n'atteint même pas cet état parfait et disparaît dans l'œuf même : supposons que les phénomènes se précipitent plus encore, cette forme du cyathozoïde qui n'est qu'ébauchée chez les Pyrosomes, finirait-elle par disparaître? Chez les Botrylles, trois générations se succèdent avant d'arriver à la formation de la colonie : à laquelle de ces générations peut-on comparer le cyathozoïde des Pyrosomes? Est-ce à la première ou à la dernière, et, dans ce dernier cas, que sont devenues les précédentes ? On ne peut jusqu'ici répondre d'une façon plausible à ces questions ; toutefois quelques remarques sont permises à ce sujet. Chez les Pyrosomes, la larve en forme de têtard a disparu ; le cyathozoïde revêt d'emblée la forme ascidie et cette forme est précisément celle qu'engendrent toujours les têtards par voie de bourgeonnement. Il semble donc naturel d'admettre que le cyathozoïde correspond non à la première génération des Botrylles, mais à l'une de celles qui lui succèdent, les précédentes ayant disparu. Or, chez les Pyrosomes, contrairement à ce que l'on voit chez les autres Tuniciers, il existe un vitellus nutritif volumineux, sur lequel se

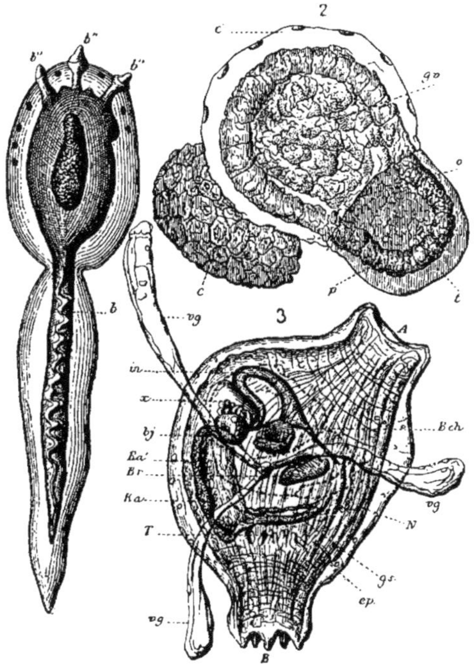

Fig. 83. — 1. Têtard d'une ascidie composé (*Amarouque*) : *b*, membrane caudale ; *b″*, organes de fixation (grossi 15 fois). — 2. Embryon de Molgule au moment de son éclosion ; *c*, coque de l'œuf dont l'animal s'est débarrassé ; *c'*, seconde enveloppe que l'animal quitte également ; *t*, tunique ; *p*. couche tégumentaire ; *vg*, masse viscérale (gross. 300 fois). — 3. Jeune molgule à peu près complètement développée ; B, orifice afférent ; T, tentacules, à l'orifice de la branchie ; *Br*, premières fentes branchiales ; *Bch*, bouche ; *in*, intestin ; *Ra*, endostyle ; *x*, cœur et amas de cellules qui l'avoisinent *bj*, rein ; N, position du ganglion nerveux ; *op*, *gs*, partie supérieure de la branchie ; *vg*, premiers organes d'adhérence (gross. 175 fois). D'après de Lacaze-Duthiers.

développe tout un appareil cellulaire dont une partie seulement est employée à la formation de l'embryon. Les générations disparues ne seraient-elles pas représentées par quelqu'une de ces formations préliminaires qui n'arrivent jamais à se réunir à l'état d'organisme, de même que le cyathozoïde n'arrive jamais à l'état d'ascidie?

S'il en était ainsi, l'absence de têtard constatée par M. de Lacaze-Duthiers chez certaines Molgules trouverait une explication nouvelle. Chez ces animaux singuliers, l'être qui sort de l'œuf (fig. 83, n° 2) n'est, à aucun point de vue, comparable au têtard des autres Tuniciers (même fig., n° 1). Il constitue rapidement une petite ascidie dont les siphons sont très éloignés l'un de l'autre (Ibid, n° 3), et dont le manteau porte généralement cinq appendices vasculaires (*vg*), doués d'un pouvoir énergique de contractilité et d'adhésion ; grâce à ces contractions, le jeune animal paraît d'une forme si mobile qu'on le dirait doué de mouvements amiboïdes ; l'illusion est encore complétée par la facilité avec laquelle ses appendices se collent aux petits objets environnants qu'ils accrochent et fixent à la surface de la tunique. Ces appendices ne sont pas autre chose que les premières des villosités qui recouvriront plus tard toute la surface de la Molgule et lui permettront de se faire l'habit de sable ou de coquilles qui la dérobe si facilement aux yeux. A cet état, la jeune Molgule n'est pas sans une réelle ressemblance avec les individus fondateurs des colonies de Botrylles décrits par Krohn. Sur la figure de Krohn, les appendices vasculaires de ces individus (fig. 82, n° 1, *c*) sont même au nombre de cinq, exactement comme chez les Molgules ; d'autre part, l'œuf des Molgules contient ordinairement un vitellus nutritif assez abondant et dont les éléments rappellent tout à fait ceux qui résultent de la dégénérescence de certaines parties du têtard chez les autres ascidies. Faut-il voir dans ces faits une indication que la jeune Molgule est un animal de seconde génération, procédant par voie agame d'un têtard qui aurait fini par ne plus se développer dans l'œuf où il ne serait représenté que par des éléments nutritifs plus ou moins abondants?

Toute hardie qu'elle paraisse, cette interprétation n'est pas plus invraisemblable que les faits révélés par l'histoire même des Pyrosomes ; elle mérite donc examen. Mais il y a une autre explication plus naturelle. La vie sociale n'est, en effet, que l'une des causes de l'accélération des phénomènes génésiques ; cette cause est comprise elle-même dans une formule plus générale qui est celle-ci : *Toutes les fois qu'un organisme présente, à l'état adulte, une forme différente de sa forme première, la forme définitive tend à se produire de plus en plus rapidement.* Il suit de là qu'à mesure qu'un type prend des caractères de plus en plus spéciaux, les formes primordiales du groupe auquel il appartient doivent disparaître peu à peu de son embryogénie ; la Molgule est précisément une des formes où le type ascidie a pris ses caractères les plus tranchés, où les organes propres à ce type, comme la branchie, ont subi les plus grands perfectionnements ; on peut la considérer comme représentant l'un des termes supérieurs des modifications dont ce type est susceptible ; la disparition de la forme têtard, si importante que soit cette forme, est donc un phénomène normal et dont nous retrouverons fréquemment les analogues. La disparition du têtard n'est pas une exception aux lois de l'embryogénie ; elle est au contraire conforme à ces lois ; elle ne doit diminuer en rien la confiance que l'on accorde aux données que peut fournir cette science relativement à la parenté des êtres, elle nous avertit seulement que la marche des phénomènes embryogéniques est sujette à des modifications dont nous devons rechercher les causes et tâcher de découvrir la signification ; elle nous avertit encore que les caractères des animaux adultes retentissent sur toutes les phases de leur développement, de telle sorte que si, dans certains cas, la forme de l'embryon peut nous donner d'utiles renseignements sur les affinités d'une forme adulte, inversement la forme adulte contient souvent l'explication des modifications que subit la marche des phénomènes génésiques.

Sous le bénéfice de ces observations, nous sommes donc en droit de continuer à voir dans le têtard des ascidies la larve typique des animaux de ce groupe, larve qui peut disparaître dans certains cas, comme la forme hydre est quelquefois éliminée du développement de certaines Méduses, sans rien perdre de sa signification primitive.

RÉSUMÉ DES DEUX PREMIERS LIVRES

Nous avons terminé l'étude des animaux que l'on considère le plus habituellement comme vivant en colonies, étude que nous avons fait précéder de celle des organismes les plus simples. Il est nécessaire de résumer maintenant en peu de mots les conclusions auxquelles nous sommes parvenus. Nous avons d'abord constaté l'existence d'un groupe de substances, les *protoplasmes*, substances dans lesquelles réside la vie et qui sont soumises à cette étrange loi de ne pouvoir exister qu'à l'état d'*individus* distincts dépassant rarement quelques dixièmes de millimètre de diamètre. Ces individus dont les formes sont susceptibles d'un certain nombre de variations et s'échelonnent depuis le simple grumeau protoplasmique jusqu'à la cellule pourvue d'un noyau, d'un nucléole et d'une membrane d'enveloppe, ces individus, dis-je, se forment par la division en deux ou plusieurs parties d'un individu antérieur; ils peuvent s'isoler complètement les uns des autres à mesure qu'ils se forment ou demeurer associés pour mener une existence commune. *Toute association est le commencement d'un organisme.*

Dans les associations nombreuses tous les individus ne peuvent être exactement dans les mêmes rapports soit entre eux, soit avec le monde extérieur; en raison de ces différences, leur forme et leurs fonctions se modifient; l'association d'abord *homogène*, c'est-à-dire formée d'individus tous semblables entre eux devient *hétérogène*, c'est-à-dire formée d'individus dissemblables. Grâce à leur *variabilité*, grâce à l'*indépendance réciproque* qu'ils conservent dans une mesure plus ou moins étendue ces individus désormais *polymorphes*, accomplissent des fonctions différentes, profitables à tous ; entre eux se fait une *division du travail physiologique* nécessaire à l'existence de l'association.

Le maintien de l'association, sa prospérité, semblent être le but commun vers lequel tendent les efforts de tous les individus associés ; cette unité de but transforme l'association en un nouvel *individu* qui devient bientôt d'autant plus réel que ses membres, ayant à remplir chacun une fonction différente nécessaire à tous, ne peuvent plus se séparer sans être en danger de mort. Une *solidarité* de plus en plus grande s'établit entre eux.

Par la simple association de ces individus protoplasmiques que l'on peut désigner sous le nom de *plastides* (1), il se forme donc déjà des organismes parfois assez complexes et que nous désignerons, pour abréger le discours, sous le nom de *mérides* (2). Mais ces individus, dont la taille est souvent assez limitée, s'associent également : ce sont leurs associations que les zoologistes ont le plus habituellement désignées sous le nom de *colonies*. Nous avons étudié successivement des colonies d'Éponges, des colonies d'Hydres, des colonies de Polypes coralliaires, des colonies de Bryozoaires, enfin des colonies d'Ascidies. Malgré les différences profondes qui séparent les individus composant ces colonies, partout nous avons vu apparaître à des degrés divers la même succession de phénomènes ; la colonie d'abord homogène, formée d'individus tous semblables entre eux, est devenue hétérogène ; entre les individus associés actuellement *polymorphes*, une *division du travail physiologique* s'est accomplie et la conséquence de ces faits a encore été la *transformation de la colonie en individu*.

De même que les plastides associés naissent les uns des autres par voie de division, les mérides qui résultent de leur association et qui s'unissent pour former une colonie, naissent également les uns des autres, soit par division des individus préexistants, soit par une sorte de bourgeonnement qui s'opère à leur surface. Le premier individu de la colonie provient d'un œuf fécondé, mais les autres se forment de toutes pièces, sans qu'il soit nécessaire d'œufs ni de fécondation préalable. Cette espèce particulière de reproduction, la *reproduction agame*, qu'on appelle d'un seul mot la *métagénèse*, peut donc être considérée comme la cause première de la formation des colonies et des individus dans lesquels ces colonies se transforment. A mesure que cette transformation de-

(1) De πλασσω, je forme ; les plastides sont, en effet, les éléments formateurs par excellence de tous les organismes.

(2) De μέρος, partie ; les mérides deviennent les parties constituantes des organismes supérieurs. Heckel a désigné les mérides d'une façon analogue dans les mots *métamère* et *antimère*.

devient plus complète, la reproduction agame devient aussi de plus en plus précoce, de telle façon que par une *accélération* de plus en plus grande de toutes les phases qui précèdent la constitution de la colonie ou de l'*individu composé*, cet individu tend d'une façon manifeste à se former d'emblée dans l'œuf, fait que nous ne verrons se réaliser complètement que chez les animaux supérieurs.

Toutes les colonies que nous avons étudiées présentent du reste des conditions d'existence communes : elles sont *flottantes* ou *fixées*. Les colonies fixées peuvent à leur tour se développer librement suivant les trois directions de l'espace, ou suivant deux d'entre elles seulement ; nous ne les voyons jamais revêtir de formes à symétrie bien déterminée ; mais dans les deux cas, les individus associés se groupent souvent de manière à présenter une disposition *rayonnée*, comme nous l'ont montré les Méduses, les polypes Coralliaires et les Botrylles. Ainsi les formes absolument irrégulières et les formes dont le type est nettement rayonné sont intimement liées à un mode d'existence au moins momentanément sédentaire.

Les colonies fixées ne se transforment jamais en bloc en individus. Toutefois les groupes rayonnés d'individus qui naissent sur certaines d'entre elles peuvent s'individualiser, se détacher et mener une vie indépendante. Les colonies errantes présentent au contraire une tendance manifeste à se transformer totalement en individus : toutes celles que nous connaissons sont même individualisées a des dergés variables et leur forme tend toujours à devenir régulière : les Siphonophores, les Pennatules, les Cristatelles, les Pyrosomes nous en ont fourni la preuve dans les groupes les plus divers. *La vie errante favorise donc le développement de l'individualité.*

Il y a un lien étroit entre le type que revêt chaque forme de colonie et ses conditions d'existence. Il est de toute évidence que ce type est à peu près complètement indépendant de la nature des individus associés : les hydres, les ascidies en s'associant ne forment pas toujours des *colonies rayonnées ;* inversement, dans les mêmes conditions d'existence, les hydres et les ascidies, quoique de nature bien différente, peuvent former des *colonies rayonnées.*

Nous pouvons donc pressentir déjà que ce qu'on appelle le *type*, chez les animaux, c'est-à-dire le mode de disposition de leurs diverses parties, est le produit du genre de vie auquel ils sont astreints.

Dans les conditions spéciales où vivent les êtres que nous venons d'étudier, nous n'avons pas vu apparaître le type de *symétrie bilatérale* si caractéristique des animaux supérieurs. Ce sont en effet des colonies d'une autre nature qui le réalisent, colonies auxquelles seront cependant applicables toutes les lois que nous avons déjà constatées.

LIVRE III

LES COLONIES LINÉAIRES

CHAPITRE PREMIER

CONDITIONS DE FORMATION ET D'EXISTENCE DES COLONIES LINÉAIRES.

Imaginons une colonie composée d'individus placés bout à bout, en ligne droite, formant par conséquent une *série linéaire ;* ainsi que le faisait déjà remarquer en 1865 M. de Lacaze-Duthiers, dans l'une de ses leçons au Muséum d'histoire naturelle (1), une telle disposition favorisera plus que toute autre les rapports réciproques des individus et tendra à établir entre eux une union de plus en plus intime. Une rapide comparaison avec les colonies que nous avons déjà étudiées suffira pour établir jusqu'à l'évidence cette proposition.

Ces colonies peuvent être ramenées à deux types essentiels : elles sont irrégulières, le plus souvent rameuses, ou bien formées d'individus disposés comme autant de rayons autour d'un centre. Dans le premier cas, en dehors des communications qui s'établissent d'ordinaire entre les cavités digestives, les rapports d'un individu déterminé avec ses voisins sont purement accidentels ; ils n'ont tout au moins rien de nécessaire. Un individu donné peut se mouvoir à sa guise, sans que ses compagnons soient le moins du

(1) *Revue des cours scientifiques* du 28 janvier 1865.

monde affectés par ses mouvements. Dans certains cas, soit pour se contracter, soit pour s'étendre, il est forcé de prendre un point d'appui sur ses voisins et réagit par conséquent sur eux : mais toute adhérence contractée par lui avec un corps solide a pour effet de neutraliser ces réactions et d'isoler ainsi complètement les uns des autres les membres de la colonie. D'ailleurs chaque individu chasse et digère pour son compte et quand les sucs élaborés pour la nutrition sont mis en commun, ils ont toujours à suivre pour arriver à leur destination une voie plus ou moins compliquée. Les réactions même qu'un membre de la colonie peut exercer sur ses semblables rayonnent autour de lui, se divisent en courants multiples et s'épuisent d'autant plus vite que ces courants sont plus nombreux et que les individus qu'ils doivent atteindre sont plus éloignés les uns des autres ; leurs effets sont nécessairement incertains et irréguliers en raison même de la disposition irrégulière des individus de la colonie.

Dans une colonie rayonnée les liens sont déjà plus intimes ; mais là encore la disposition est peu favorable au développement d'une personnalité élevée. S'il existe un individu central, cet individu est immédiatement en rapport avec tous ceux qui sont rangés en cercle autour de lui ; mais ces derniers peuvent demeurer presque indépendants les uns des autres, n'être en communion que sur une partie de leur étendue ou seulement même par l'intermédiaire de l'individu central. Les dactylozoïdes d'un Millépore, d'un Stylaster, les tentacules d'un Coralliaire se contractent ou s'épanouissent isolément, sans que leurs voisins en aient nécessairement conscience.

Il en est tout autrement dans une chaîne rectiligne d'individus. Les deux individus terminaux jouissent bien d'une certaine indépendance ; s'ils sont libres de toute adhérence avec le sol, ils peuvent se rétracter sur eux-mêmes, se replier dans tous les sens, sans réagir sur les individus intermédiaires ; mais il suffit qu'un de leurs points devienne fixe, même temporairement, pour que tous les individus de la chaîne ressentent nécessairement les moindres mouvements des parties situées entre eux et le point fixe. Tout mouvement de contraction du premier individu, en arrière de ce point, a pour effet de ramener vers lui la chaîne entière des membres de la colonie ; tout mouvement d'expansion refoule, au contraire, cette même chaîne en arrière. Que l'un des deux individus terminaux se déplace, il traîne nécessairement après lui tous ses compagnons et les force à se déplacer de la même quantité ; quant aux individus intermédiaires, aucun de leurs mouvements ne peut passer inaperçu pour le reste de la colonie ; qu'ils se resserrent ou s'étalent, ils rapprochent ou écartent inévitablement tous les individus entre lesquels ils sont compris ; les adhérences passagères ou permanentes qu'ils peuvent contracter avec les corps environnants, ne changent rien à ces réactions, et la production de charpentes solides pouvant servir de points d'appui aux parties molles, est même impuissante à les supprimer : chacun des individus constituant la colonie doit donc arriver très vite, par une sorte de nécessité mécanique, à avoir conscience de l'existence de ses coassociés.

Entre les diverses cavités des membres de la colonie, les communications s'établissent comme d'elles-mêmes ; tous les fluides sont mis en commun ; la moindre pression exercée par l'un des individus, détermine aussitôt en eux des mouvements qui se transmettent, sans aucune déperdition de force, d'un bout à l'autre de la colonie et de tels mouvements contribuent encore à faire naître entre tous ses membres la communauté des sensations. Presque fatalement la colonie est donc amenée à cet état d'unité psychologique qui fait d'elle ce que nous nommons un individu.

Les organes de même nature sont, d'ailleurs, dans les meilleures conditions possibles pour se fusionner par le fait seul de leur accroissement et pour se transformer en organes coloniaux. C'est ainsi, par exemple, que les tubes digestifs des divers individus placés bout à bout n'ont qu'à s'ajouter l'un à l'autre pour former un tube unique, dont les segments demeurent plus ou moins reconnaissables et qui devient le tube digestif de l'individu composé. Les aliments avalés par les individus terminaux peuvent passer, sans que rien les arrête, dans le tube digestif des autres, céder la place à un nouveau bol de matières nutritives, de sorte que ces individus peuvent théoriquement avaler de nouvelles substances tant que le tube digestif commun n'est pas rempli. D'autres bouches que les leurs sont inutiles car, marchant les premiers, plus libres dans leurs mouvements que leurs compagnons forcés de suivre leur trace, ils suffisent à s'emparer, partout où ils passent, de tout ce qui peut servir à l'alimentation de la colonie : des bouches multiples gêneraient même le fonctionnement du tube digestif commun, soit en offrant une issue à des matières incomplètement élaborées, soit en facilitant l'obstruction de l'intestin par suite du conflit des aliments ingérés par un individu donné et ceux qui le précèdent. La sélection naturelle a dû faire, en conséquence, disparaître rapidement les bouches accessoires et conserver seulement celles des individus terminaux.

Ces individus ne sont pas eux-mêmes absolument équivalents entre eux ; l'un d'eux, plus ancien, s'est trouvé, de ce chef, investi des fonctions de mouvoir et de nourrir la jeune colonie quand elle n'était encore qu'une partie de lui-même. Obligé de chercher et d'ingérer la nourriture de tous, on pourrait presque dire d'avoir pour tous de l'initiative, s'avançant toujours le premier, traînant à sa suite la chaîne plus ou moins longue de sa progéniture, portant seul une bouche, la première bouche qui se soit formée, c'est lui qui détermine l'*avant* de la colonie. Seul il peut choisir la route à suivre, aller en avant ou reculer, modifier l'allure de la colonie, en accélérer ou ralentir les mouvements ; il doit donc être à chaque instant informé des dangers que peuvent courir chacun de ses membres. A lui doivent aboutir toutes les impressions ; à lui, de les apprécier et de réagir en conséquence : plus que tout autre, il a besoin d'un appareil tactile d'une grande finesse, d'organes des sens multiples et variés, son système nerveux doit donc prendre un développement considérable. L'individu le plus ancien, l'individu antérieur devient donc, par la force des choses, l'individu prédominant, au point de vue des fonctions de relations : il s'empare des organes les plus délicats, revêt une forme de plus en plus différente de celle de ses compagnons et, seul ou associé à quelques-uns d'entre eux, finit par prendre la direction de la colonie tout entière. Mais, dès lors, qu'est-il autre chose sinon ce que nous nommons une *tête ?*

La colonie est désormais un individu parfait; la plupart des Annélides, les curieux Péripates de l'hémisphère austral, les Myriapodes nous montrent d'une façon frappante les traits prévus de colonies ainsi constituées.

Des modifications intérieures de haute importance viennent encore accuser cette transformation. C'est une règle générale dans les organismes, que lorsque deux tissus vivants, de même nature, arrivent à se rencontrer et à se presser l'un contre l'autre, ils se soudent. Deux hydres maintenues en contact par leur peau se greffent l'une sur l'autre; une hydre retournée introduite dans une hydre normale, de manière que les deux entodermes soient en contact, se fusionne avec elle, ce qui n'aurait pas eu lieu si elle n'avait pas été retournée, l'exoderme de l'une se trouvant alors en contact avec l'entoderme de l'autre; des organes qui apparaissent dans les embryons, pairs et symétriques, se transforment par un phénomène analogue, en organes impairs et médians. C'est le fondement, très réel de la loi d'*attraction du soi pour soi* de Geoffroy Saint-Hilaire. Ces soudures peuvent se manifester aussi bien dans le sens longitudinal que dans le sens transversal. Ainsi des organes se répétant par séries linéaires doivent, par le progrès même de leur croissance, arriver à se fusionner; ils forment alors des unités d'un nouvel ordre, de petits domaines indépendants dans colonie. Grâce aux adhérences nouvelles qu'ils ont contractées, les organes soudés entre eux peuvent s'éloigner plus ou moins des individus desquels ils dépendent pour se rapprocher des organes semblables des autres individus; de la sorte, un organe compact, véritable unité physiologique, peut se substituer à une série d'organes primitivement indépendants : l'anatomie ou l'embryogénie comparées pourront seules dévoiler son origine première. L'histoire des métamorphoses des Insectes est pleine de transformations de ce genre. On peut voir, en particulier, le système nerveux des larves se concentrer graduellement chez l'adulte, les ganglions quittant les anneaux qui leur correspondent pour se réunir dans le thorax ou l'abdomen en masses plus ou moins volumineuses.

Viennent maintenant la division du travail physiologique et les modifications de formes qui en sont la conséquence, les différents individus pourront prendre chacun un rôle particulier et revêtir des caractères appropriés. La colonie se divisera en régions comme chez certaines Annélides, chez les Crustacés et les Insectes; certaines parties s'isoleront davantage de leurs voisines; d'autres au contraire pourront se fusionner presque complètement, comme cela arrive chez les Araignées; la colonie pourra revêtir, en un mot, toutes les apparences que manifestent les animaux de la classe des Annelés ou de celle des Arthropodes.

La disposition relative des différents membres d'une colonie linéaire rend tellement facile sa transformation en individu que cette transformation a dû se produire de très bonne heure et presque dans tous les cas. De là deux conséquences :

Les colonies dans lesquelles les individus sont demeurés indépendants doivent être relativement rares aujourd'hui.

Les individus résultant de la transformation de ces colonies, ayant apparu de bonne heure, se montrant d'ailleurs éminemment perfectibles, doivent s'être élevés plus haut dans la série zoologique. C'est en effet ce que nous aurons bientôt à constater.

Mais, dira-t-on, comment ont pris naissance les colonies linéaires elles-mêmes? Quelles causes ont présidé à leur formation? Il semble qu'on puisse en rendre compte d'une façon satisfaisante et cependant fort simple.

La plupart des êtres que nous avons étudiés jusqu'ici dérivent de larves ou d'embryons agiles, de forme presque sphéroïdale, nageant avec facilité à l'aide des cils vibratiles dont ils sont revêtus, dans un liquide de densité presque égale à la leur. Plus lourds, ces embryons ne pourraient se soutenir au moyen de leurs rames légères et leur existence se passerait forcément au ras du sol. Le cas a dû se présenter. Mais cette simple augmentation de densité des embryons entraîne avec elle d'autres conséquences importantes. Les tissus n'étant plus supportés de toutes parts par la poussée du liquide ont dû s'affaisser sur eux-mêmes; le frêle animal a dû s'aplatir, et passer d'une forme symétrique par rapport à un axe à une forme symétrique par rapport à un plan : ainsi est née ce que l'on nomme la *symétrie bilatérale*, celle qui caractérise les animaux formés de deux moitiés telles que notre moitié droite et notre moitié gauche. En outre, la nécessité de rechercher sa nourriture a forcé l'embryon ainsi modifié, à maintenir constamment tourné vers le sol son orifice buccal : il était dès lors évidemment avantageux que cet orifice au lieu de demeurer terminal, se transportât sur l'une des faces du corps ; cette face était fatalement destinée à devenir celle par laquelle l'animal reposerait sur le sol ; les deux faces de l'embryon ont donc cessé d'être semblables, l'une est devenue la face *dorsale*, l'autre la face *ventrale*. Cette même nécessité de la recherche de la nourriture imposait à l'animal l'obligation de se mouvoir presque toujours dans la direction où se trouvait sa bouche et de porter celle-ci constamment en avant : un côté *antérieur* et un côté *postérieur* ont été déterminés de la sorte et, par conséquent, les deux moitiés symétriques du corps sont devenues, l'une la moitié *droite*, l'autre la moitié *gauche*.

Tout cela s'enchaîne nécessairement.

Ces diverses régions du corps que nous pouvons aujourd'hui facilement reconnaître et dénommer, dont nous pouvons même indiquer l'origine dans l'hypothèse que nous avons admise, n'ont plus au contraire rien de déterminé dès que nous en sortons. Une éponge, une hydre, une anémone de mer, une ascidie même, n'ont, à proprement parler, ni dos, ni ventre, ni droite, ni gauche. Cela est si vrai que les principaux anatomistes qui se sont occupés des ascidies, Savigny, M. H. Milne-Edwards, M. de Lacaze-Duthiers ont chacun désigné sous ces noms des parties totalement différentes (1).

La symétrie bilatérale a été parfois considérée comme un signe de perfection chez les animaux. Ce que nous venons de dire montre qu'elle peut s'accorder parfaitement avec un degré de simplicité

(1) Savigny considère les siphons d'une ascidie comme formant son côté *antérieur*, et le siphon excréteur comme *ventral* ; M. H. Milne-Edwards adopte, quant au côté antérieur, les idées de Savigny ; mais pour lui le siphon excréteur est *dorsal* ; M. de Lacaze-Duthiers considère aussi ce siphon comme dorsal ; mais les deux siphons déterminent, à son avis, le côté *postérieur* de l'ascidie, ce qui est tout à fait logique quand on veut comparer une ascidie à un mollusque acéphale. Huxley tourne la difficulté en distinguant simplement un côté *neural*, déterminé par la présence du ganglion nerveux et un côté *hæmal*, déterminé par la présence de l'endostyle et du cœur.

extrême de l'organisme. Son apparition n'en a pas moins été un fait important dans l'histoire du règne animal. La symétrie bilatérale, si elle n'est pas un *signe de perfection*, a été sûrement une *cause de perfectionnement*, et c'est pourquoi on la retrouve dans les plus élevés des animaux. C'est elle, en effet, qui a déterminé l'apparition des colonies linéaires dont nous avons montré tout à l'heure l'exceptionnelle perfectibilité.

Revenons à l'organisme simple que nous pouvons considérer comme le type primitif, le type élémentaire de l'animal à symétrie bilatérale. Comme tous les organismes de son rang, il est doué de la faculté de reproduction asexuée : des êtres nouveaux peuvent bourgeonner sur lui ; mais se trouve-t-il à cet égard dans les mêmes conditions que les hydres? Sa progéniture peut-elle apparaître en un point quelconque de son corps? L'examen des rôles différents que sont appelées à jouer les régions antérieure et postérieure, droite et gauche, dorsale et ventrale de l'animal, montre qu'il ne saurait en être ainsi. La région antérieure doit demeurer extrêmement mobile pour explorer le sol et découvrir les matières alimentaires; les côtés sont constamment agités par les mouvements nécessaires à la locomotion et doivent demeurer libres d'exécuter ces mouvements; la face ventrale appuie sur le sol dont elle doit embrasser les moindres anfractuosités et dont elle ne saurait être séparée sans nuire à la sûreté de la progression ; sur la face dorsale les bourgeons devraient, pour s'élever, lutter contre la pesanteur à laquelle nous avons vu céder cependant les tissus de l'animal, ce qui impliquerait contradiction. Tout animal chez qui la reproduction s'effectuerait dans ces diverses parties serait mis, par cela même, dans des conditions désavantageuses et par conséquent menacé de mort. La partie postérieure du corps, qui n'a aucun rôle actif à jouer, demeure donc seule parfaitement libre de produire des individus nouveaux ; les tissus s'y trouvent dans un état de tranquillité relative qui favorise leur accroissement régulier et les phénomènes plus ou moins compliqués de leur évolution. Les jeunes organismes qui viennent s'ajouter dans cette région à l'organisme primitif, cessent rapidement d'être une gêne pour devenir au contraire des auxiliaires; ils prennent leur part du travail de la locomotion, du travail de la digestion, et produisent bientôt, à leur tour, de nouveaux individus dans les mêmes conditions. Chaque individu venant, par une inévitable nécessité physiologique, se placer dans le prolongement de ses aînés, la *colonie linéaire* se trouve fondée.

On peut donc considérer ce genre de colonies comme engendré par la symétrie bilatérale ; celle-ci résulte, de son côté, d'un simple accroissement dans la densité des organismes amenés à ramper sur le sol, au lieu de nager librement ou de se fixer. S'il est vrai que la production des colonies linéaires ait été pour les organismes une cause décisive de progrès, quels effets splendides ont été la conséquence de ce fait, en apparence, si simple et si peu important : l'accroissement de poids d'un faible amas de cellules !

L'histoire des Vers inférieurs vient donner une saisissante réalité à ces vues théoriques. Il serait difficile de donner une définition précise et rigoureuse de ce que les naturalistes actuels entendent par ce mot *Ver*, plus ancien que la science et qui rappelle à l'esprit tout ce qui est infime, tout ce qui rampe sur les fonds limoneux des mers ou dans la vase des cours d'eau. Depuis Linné, la classe des Vers n'a cessé d'être le capharnaüm où les naturalistes rassemblent pêle-mêle tout ce qu'ils ne peuvent avec quelque certitude classer ailleurs : Linné y plaçait les Mollusques ; Cuvier y laissa des Crustacés ; on classe souvent encore dans ce groupe les Bryozoaires et même les Tuniciers. Quoi qu'il en soit, le Ver est essentiellement, dans le langage ordinaire, un animal libre, plus ou moins allongé, rampant, symétrique, d'organisation très inférieure ; c'est bien l'être hypothétique dont nous avons dans les pages précédentes retracé les caractères et qui a dû fournir les premières colonies linéaires.

Mais nous ne devons pas demeurer dans les abstractions ; nous devons indiquer d'une façon précise les formes auxquelles nous faisons allusion, si elles existent encore dans la nature. Or, on reconnaît sans peine leurs analogues dans les animaux qui ont été réunis sous la dénomination commune de *Turbellariés*. Là l'organisation semble d'une simplicité extrême : point de membres, ni de régions du corps distinctes (fig. 84) ; pour organes locomoteurs, de simples cils vibratiles d'une finesse excessive, recouvrant d'une façon continue tous les téguments ; une forme aplatie ; une bouche située sur la face ventrale et généralement vers la partie antérieure du corps ; un intestin presque toujours terminé en cul-de-sac, réduit par conséquent à une simple poche plus ou moins développée ; des organes des sens rudimentaires; des viscères enchevêtrés les uns dans les autres; l'intestin et la paroi du corps reliés par des tissus compacts, ne laissant entre eux aucun intervalle semblable à celui qui existe chez les animaux supérieurs : voilà tout ce que révèle d'abord un examen superficiel. Malheureusement une étude minutieuse des Turbellariés même les plus inférieurs ne tarde pas à montrer que ce sont là des animaux déjà très éloignés du point de départ que nous avons supposé. Les téguments forment, en réalité, une couche parfaitement distincte, bourrée de *bâtonnets* qu'on a souvent comparés aux nématocystes des Acalèphes : au-dessous d'eux se succèdent quatre couches alternativement transversales et longitudinales de véritables fibres musculaires, entremêlées de pigments diversement colorés ; puis vient un tissu réticulé, contenant un assez grand nombre de corps glandulaires et remplissant tout l'intervalle qui sépare les muscles tégumentaires de l'intestin. C'est dans les mailles de ce tissu que s'intercalent le système nerveux et ses rameaux délicats ; d'innombrables arborescences vasculaires constituent un appareil d'excrétion dont les branches maîtresses s'ouvrent tantôt directement à l'extérieur, tantôt dans une gaîne particulière qui enveloppe l'œsophage ; c'est encore dans ces mailles que se rencontrent les diverses parties de l'appareil de la génération (fig. 84, n° 1). Celui-ci est d'une complication particulièrement remarquable. A l'exception des Némertes, la plupart des Turbellariés sont hermaphrodites. L'appareil mâle comprend chez eux tantôt un grand nombre de testicules, tantôt deux seulement dont le produit, accumulé souvent dans une vésicule séminale, est porté à l'extérieur par un organe copulateur de forme variable. Outre l'ovaire, l'appareil femelle se compose, en général, de deux glandes volumineuses chargées de sécréter des éléments nutritifs qui viennent se déposer autour de l'œuf, avant que celui-ci ne s'enferme dans une coque, d'une poche copulatrice où la semence est conservée après l'accouplement, enfin d'un utérus où l'œuf fécondé séjourne quelque temps avant la ponte et accomplit parfois une partie de son développement.

Voilà donc des animaux fort compliqués, ne rappelant en rien la grande simplicité des hydres auxquelles on serait tenté de comparer le Ver primitif, fort éloignés par conséquent de ce *prototype*. La forme générale du corps a bien été conservée ; mais les organes

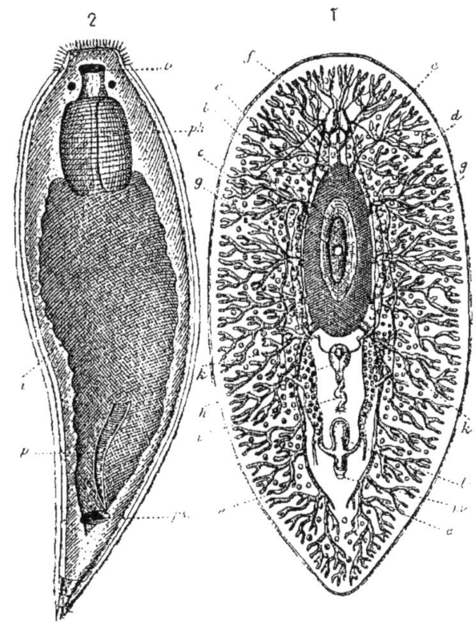

Fig. 84. — TURBELLARIÉS. — 1. *Polycelis pallidus* (grossi 3 fois) : *a*, œsophage ; *b*, pharynx ; *c*, bouche ; *d*, estomac ; *e*, ramifications du tube digestif ; *f*, ganglion nerveux et nerfs qui en partent ; *g*, canaux déférents aboutissant aux testicules répandus dans les tissus et représentés sur la figure par des cercles ombrés ; *h*, vésicule séminale ; *i*, organes copulateurs ; *k*, matrice ; *l*, poche copulatrice ; *m*, orifice génital femelle. — 2. *Vortex hispidus*, Claparède (grossi 300 fois) : *o*, bouche suivie des deux yeux ; *ph*, pharynx ; *i*, intestin terminé en cul-de-sac ; *p*, spicule copulateur ; *ps*, orifice génital.

internes ont subi de tels perfectionnements, que l'on pourrait s'attendre à la disparition presque complète des propriétés premières des ancêtres ; l'appareil de la reproduction sexuée présente en particulier un tel luxe de développement que l'on devrait craindre.

par une compensation naturelle, l'extinction définitive de la reproduction asexuée.

Il n'en est rien cependant. Dans quelques types remarquables, cette faculté s'est heureusement conservée avec ses caractères typiques. Elle a été observée par divers naturalistes dans les formes les plus variées de Turbellariés inférieurs, en particulier chez les *Catenula lemnæ*, Dugès (1), *Strongylostomum cærulescens*, Œrsted, *Microstomum lineare*, Œrsted (2), *Microstomum giganteum*, Hallez (3), *Stenostomum leucops* et *unicolor*, Oscar Schmidt (4), *Alaurina prolifera*, Busch, (5), *Alaurina composita*, Mecznikoff (6). D'après les recherches les plus récentes, celles de M. Hallez, chez le *Microstomum giganteum*, un individu isolé, d'abord simple, arrivé à une certaine taille, est divisé en deux parties par une double cloison se produisant entre le tiers postérieur et les deux tiers antérieurs de sa longueur (fig. 85, n° 1, *as*, *as*); le tiers postérieur devient peu à peu un individu nouveau ; mais il ne se sépare pas tout d'abord et ne tarde pas à se segmenter à son tour exactement comme son aîné ; en même temps celui-ci éprouve une nouvelle segmentation, de sorte que l'on a bientôt une chaîne de quatre individus placés bout à bout. De ces quatre individus deux seulement, les plus anciens, possèdent des bouches (même fig. *m*) ; plus tard les bouches des deux autres apparaissent (m_1), mais déjà tous les individus se sont segmentés et on les voit séparés les uns des autres par de jeunes individus sans bouche qui portent à huit le nombre des segments de la chaîne. Ce

(1) Dugès, *Recherches sur l'organisation et les mœurs des Planariés* ; Annales des Sciences naturelles, 1re série, t. XV, 1828, — et *Aperçu de quelques observations nouvelles sur les Planaires et plusieurs genres voisins* ; Annales des Sciences naturelles, 1re série, t. XXI, 1830.

(2) Œrsted, *Entwurf einer systematische Eintheilung und specialische Beschreibung der Plattwürmer*, Copenhague, 1844.

(3) Hallez, *Contributions à l'histoire naturelle des Turbellariés* ; Travaux de l'Institut zoologique de Lille, fascicule II, 1879.

(4) Oscar Schmidt, *Die Rhabdocœlen Strudelwurmer des süssen Wassers* ; Iéna, 1848.

(5) Busch, *Beobachtungen über wirbellose Thiere*, Berlin, 1851.

(6) Mecznikoff, *Zur Naturgeschichte der Turbellarien* ; Archiv für Naturgeschichte, t. XXXI, 1865.

nombre n'est généralement pas dépassé ; quelquefois cependant, chez le *Vortex lineare*, une nouvelle division s'opère et l'on a alors une colonie de seize individus (fig. 85, n° 1).

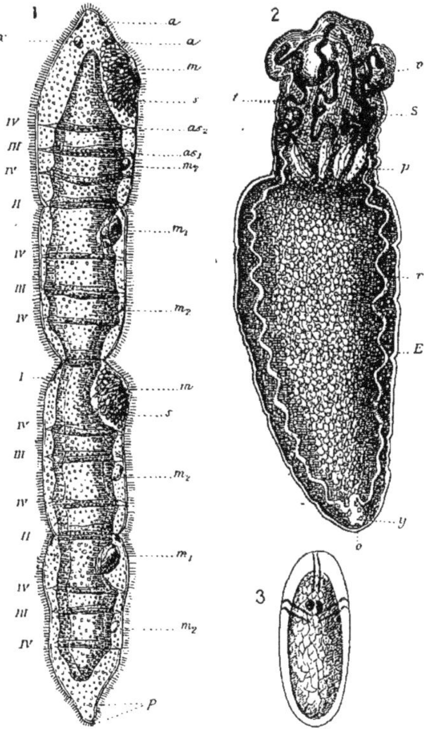

Fig. 85. — 1. Colonie linéaire de *Microstomum lineare*, formé de 16 individus, à quatre états de développement, grossie 20 fois environ. I, II, III, IV, les individus de chacune des quatre générations qui constituent la colonie ; *as*, *as*, cloisons de 4e et de 3e génération ; m, m_1, m_2, bouches de différents âges ; *a*, fossettes vibratiles et *x*, yeux de l'individu le plus âgé ; *p*, extrémité postérieure effilée de l'individu primitif. — 2. Cysticerque d'un cestoïde (Tetrarhynque), grossi 15 fois. E, l'individu caduc ordinairement vésiculaire résultant de la métamorphose de l'embryon ; S, le *Scolex*, ou tête, produit par bourgeonnement sur l'individu E ; *v*, ventouses du Scolex ; *t*, les trompes armées de crochets, caractéristiques des Tétrarhynques ; *p*, poches dans lesquelles elles se rétractent ; *r*, vaisseaux excreteurs ; *y*, vésicule excrétrice. — 3. *Hexacanthe* ou embryon à six crochets des cestoïdes, grossi 200 fois.

La chaîne se brise bientôt d'une façon d'ailleurs fort irrégulière, tantôt en son milieu, tantôt en deux tronçons inégaux comprenant chacun un nombre variable d'individus.

Évidemment nous sommes fort près du mode primitif de reproduction. Les bourgeons se forment bien à la partie postérieure du corps, comme la théorie l'indique ; tous les individus qui se succèdent sont absolument équivalents ; tous se ressemblent d'une façon complète ; il n'y a entre eux aucun lien physiologique permanent, aucune subordination. Les colonies de Microstomes, à part leur disposition linéaire, sont exactement comparables aux colonies temporaires des Hydres d'eau douce. Les unes ne sont pas plus élevées que les autres dans l'échelle sociale. Mais, sans nous éloigner beaucoup des Turbellariés, nous allons trouver un autre groupe de Vers dans lequel les colonies prennent un caractère individuel bien nettement dessiné.

On a donné le nom général de Trématodes à des vers parasites qui s'attaquent à peu près à tous les groupes d'animaux, sont ordinairement munis de ventouses analogues à celles des Sangsues et dont le corps est souvent aplati comme une feuille. Deux espèces, bien connues sous le nom de *Douves du foie*, se logent dans les canaux biliaires du mouton et déterminent parfois chez cet animal une grave maladie, la *cachexie aqueuse*, dont les ravages ont été souvent une cause de ruine pour les éleveurs. Une curieuse espèce, à tissus plus épais, le *Gastrodiscus Sonsinoni* (fig. 86) récemment découvert, habite, dans certains pays, l'intestin du cheval. Les Douves et les autres Trématodes présentent avec les Turbellariés en général les plus étroites analogies; leur forme extérieure est sensiblement la même : leur tube digestif se divise en eux branches arborescentes (fig. 87, n° 1, *b*, *c*), mais leur appareil excréteur et surtout leur appareil de la génération reproduisent presque dans leurs moindres détails les dispositions propres aux Turbellariés à tube digestif droit. Les Trématodes sont de véritables Turbellariés devenus parasites et chez lesquels les cils vibratiles des téguments ont disparu. Ces délicats organes locomoteurs ont été remplacés par des ventouses souvent munies de crochets, mieux appropriées à la vie sédentaire que mènent des parasites.

Les Trématodes diffèrent encore des Turbellariés parce qu'ils ont conservé à un haut degré le pouvoir de reproduction par voie agame, pouvoir qu'ils exercent dans des conditions toutes particulières. Ils peuvent former des colonies, et ces colonies, d'un ordre relativement élevé, tout le monde les connaît : leur type n'est autre chose que le Ver solitaire, le Ténia. Les Trématodes vivant en colonie constituent une classe nombreuse de parasites, celle des *Vers rubannés* ou Cestoïdes, dont les représentants vivent aux dépens de presque toutes les espèces d'animaux vertébrés et n'épargnent même pas les Oiseaux-Mouches (1).

Que l'on compare un anneau encore jeune de Ténia à un Trématode adulte, il sera facile d'y reconnaître tous les organes qui

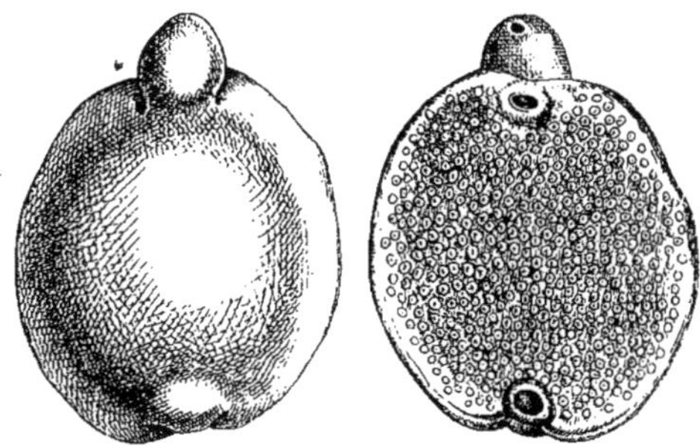

Fig. 86. — TRÉMATODES. — *Gastrodiscus Sonsinoni*, Cobbold; grossi 4 fois. — N° 1, face dorsale; n° 2, face ventrale montrant la bouche, l'orifice génital, la ventouse postérieure et les nombreuses petites ventouses, caractéristiques du genre, qui sont disséminées sur sa surface épanouie en disque.

constituent ce dernier (fig. 87, n°s 1 et 2). Le tube digestif, si tant est qu'il existe, a subi à la vérité une transformation profonde; mais il existe un appareil excréteur bien caractérisé, et l'on retrouve trait pour trait dans l'appareil génital les dispositions si particulières que montre l'appareil correspondant des Trématodes et des Turbellariés. Chaque segment possède en propre un double appareil reproducteur, indépendant de celui de ses voisins; l'appareil mâle est pourvu de son appareil copulateur spécial; l'appareil

(1) M. le Dr Camille Viguier, actuellement professeur à l'école supérieure des sciences d'Alger, a trouvé dans le tube digestif d'un oiseau-mouche de l'isthme de Panama un Cestoïde parfaitement caractérisé qui a été malheureusement desséché par accident, mais dont les débris ont été néanmoins conservés dans les collections du Muséum. C'est sans doute avec les petits insectes dont elles se nourrissent que ces délicates créatures avalent le jeune Ténia qui se développera plus tard dans leur intestin.

femelle, construit avec la complication ordinaire, ne manque pas davantage de son orifice externe. Les anneaux d'un Ténia ne sont donc pas de simples parties d'un tout organique indivisible : ce sont de véritables individus, des organismes autonomes, ayant encore actuellement leurs analogues vivant à l'état solitaire. Ces

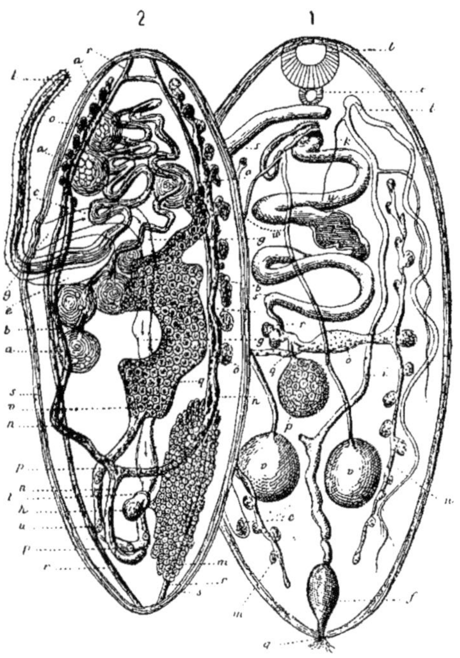

Fig. 87. — Comparaison d'un Trématode et d'un anneau de Cestoïde. — 1. *Trématode : b*, pharynx; *e*, œsophage et tube digestif; *f*, vésicule terminale de l'appareil rénal; *g*, orifice de cette vésicule; *i*, *k*, *l*, ramifications des vaisseaux de l'appareil rénal; *n*, glandes annexes de l'appareil génital femelle; *o*, région où le produit de ces glandes s'unit à l'œuf et aux zoospermes, avant la ponte; *p*, ovaire; *r*, poche copulatrice; *i*, *s*, *t*, *u*, matrice; *v*, glandes mâles; *w*, canaux déférents. — 2. *Anneau* ou *proglottis* de Cestoïde : *a*, glandes mâles; *b*, *c*, canaux déférents; *e*, poche renfermant l'organe copulateur; *l*, organe copulateur; *g*, orifice de l'appareil génital femelle; *h*, poche copulatrice; *m*, ovaire; *n*, conduits des glandes accessoires de l'appareil femelle (deutoplasmigène); *o*, ces glandes accessoires; *p*. *q*. matrice; *r*, vaisseaux représentant l'appareil rénal des Trématodes; *s*, paroi musculaire du corps; *u*, *v*, œufs.

anneaux ne sont pas, du reste, indissolublement unis les uns aux autres; arrivés à maturité, ils se séparent spontanément de la colonie dont ils faisaient partie pour vivre plus ou moins longtemps d'une vie indépendante; ils se meuvent souvent alors avec plus d'agilité que lorsqu'ils étaient unis à leurs compagnons, ils peuvent encore se nourrir et grandissent même parfois d'une façon considérable.

Enfin, s'il était besoin de démontrer davantage le caractère colonial des Ténia, on pourrait encore invoquer l'extrême variabilité

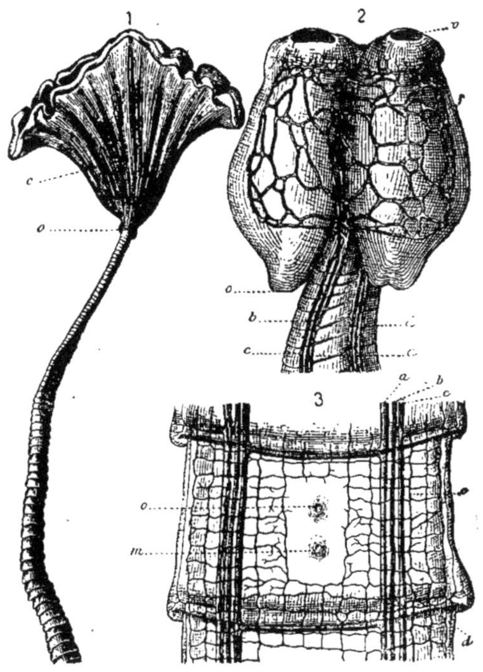

Fig. 88. — CESTOIDES. — 1, *Duthiersia expansa*, ver solitaire d'un lézard (Varan à deux bandes); *c*, le *scolex* ou *tête* de ce Cestoïde; *o*, orifice inférieur des deux ventouses, élargies en éventail qui forment ce Scolex (grossie 2 fois). — 2. Scolex ou tête du *Solenophorus megacephalus* du Python (grossie 5 fois); *o*, orifice inférieur, *v*, orifice supérieur des ventouses du *scolex;* *v*, *b*, *c*, les trois vaisseaux latéraux qui mettent les proglottis en rapport les uns avec les autres; *r*, réseau vasculaire qui dans le scolex fait communiquer entre eux tous les vaisseaux (d'après les dessins de M. Poirier. — 3. Un *anneau* ou *proglottis* du même *Solenophorus* (grossi 3 fois); *a*, vaisseau communiquant par un gros vaisseau transversal avec le vaisseau symétrique; *b*, vaisseau intermédiaire ne communiquant avec les précédents que dans le *scolex;* *c*, vaisseau externe donnant naissance dans chaque anneau à une branche *d*, qui fournit à son tour le .éseau superficiel; *e*, *o*, *m*, orifices de l'appareil génital (d'après les dessins de M. Poirier).

que l'on observe dans le nombre des anneaux suivant les espèces. Dans quelques cas ce nombre est de plusieurs centaines; mais, en revanche, le *Tænia echinococcus*, qui n'est guère plus gros qu'un grain de mil et vit dans l'intestin du chien, ne possède jamais que deux anneaux, dont l'un représente la tête des Ténias ordinaires, et ces deux anneaux sont même confondus en un seul dans les *Caryophyllæus*, parasites des Poissons.

Si nette que soit la distinction entre les divers individus qui constituent un ruban de *Tænia*, la colonie chez ces animaux n'en présente pas moins une tendance remarquable vers l'unité. Il a fallu les remarquables travaux de P.-J. Van Beneden, professeur à l'Université catholique de Louvain, pour détruire l'ancienne opinion que chaque ruban de Cestoïde constituait un animal unique et cette opinion compte encore d'illustres partisans. Ne voit-on pas, en effet, dans un tel ruban, une partie spéciale par laquelle le parasite se fixe (fig. 85, s; fig. 88, n° 1, *c* et n° 2), qui ne présente jamais d'organes génitaux, porte toujours des ventouses, souvent une armature plus ou moins complexe de crochets, des taches oculiformes, une sorte de système nerveux central, et semble par tous ces caractères correspondre à une tête? Tous les anneaux ne sont-ils pas, d'autre part, unis entre eux par un système fort complexe de canaux (fig. 88, n°s 2 et 3) dont les uns sont chargés d'assurer l'égale répartition des matières alimentaires, tandis que les autres vont prendre partout, dans la colonie, les humeurs inutiles et les rejettent au dehors par un orifice situé à l'une des extrémités de la chaîne? Ces faits témoignent sans doute qu'une réelle unité physiologique s'est établie entre tous les anneaux d'une même ruban de Ténia ; mais nous savons qu'ils sont sans grande importance au point de vue de l'individualité même de ces anneaux. Dans une colonie d'Hydraires ou de Coralliaires, les divers Polypes sont également unis par un réseau vasculaire extrêmement riche ; ni ce réseau, ni le polymorphisme si fréquent de ces animaux, n'empêchent de considérer leur ensemble comme une colonie.

Tel est le cas des Cestoïdes : la vie coloniale a permis chez eux une division du travail, suivie de polymorphisme. Tout ruban complet de Cestoïde se compose de deux sortes d'individus : 1° un individu asexué, le *scolex*, qu'on appelle vulgairement la *tête* (fig. 85, S ; 88, n° 1, *c* et n° 2), doué à un haut degré de la faculté de se reproduire par bourgeonnement, servant en même temps à fixer la colonie dans l'intestin de son hôte; 2° les *proglottis* ou *cucurbitains* (fig. 87, n° 2 et 88, n° 3), pourvus d'organes très développés de génération sexuée, mais incapables de se reproduire par bourgeonnement, correspondant aux individus sexués des colonies d'Hydraires. L'ensemble du *scolex* et des *proglottis* peut être considéré comme une sorte d'individu auquel P.-J. Van Beneden a proposé d'étendre la dénomination de *strobile*, rapprochant ainsi la colonie cestoïde de la colonie que produit en se segmentant le scyphistome des Méduses supérieures (1). Ce rapprochement est d'autant plus acceptable qu'un Ténia ne donne, comme le strobile des Méduses, l'illusion d'un animal unique qu'en raison de la disposition linéaire des parties qui le composent. Au fond, s'il est permis de comparer les chaînes de Turbellariés aux colonies temporaires des Hydres d'eau douce, les Cestoïdes ne s'élèvent guère au-dessus des colonies permanentes de *Cordylophora* ou d'Hydres marines dans lesquelles le polymorphisme est souvent même beaucoup plus considérable.

Malgré la localisation de la faculté de bourgeonnement sur un seul individu, cette faculté s'exerce encore sur cet individu dans des conditions très voisines des conditions normales. Le *scolex* paraît grandir sans cesse par son extrémité postérieure exactement comme le font les Microstomes, et les parties nouvelles qui se forment s'organisent successivement en segments distincts. La seule différence, c'est que ces segments une fois formés n'en produisent plus d'autres; de nouveaux anneaux ne viennent plus s'intercaler entre eux; les proglottis se disposent donc naturellement à la suite les uns des autres, par rang d'âge, les plus jeunes refoulant incessamment les plus anciens plus loin du scolex. Les proglottis grandissent d'ailleurs, au moins pendant un certain temps, à mesure qu'ils vieillissent; ils sont par conséquent d'autant plus larges qu'ils sont plus âgés; de là la forme particulière des colonies de Ténias qui vont en s'élargissant presque régulièrement de leur extrémité dite antérieure à leur extrémité postérieure.

(1) Voir pages 197 et 198 et figure 37.

Les Cestoïdes, à leur état de parasite intestinal, ne forment que des colonies linéaires; l'individu qui seul possède le pouvoir de reproduction agame, le scolex, ne donnant naissance à de nouveaux individus qu'à l'une de ses extrémités; mais il est facile de montrer que cette localisation de la faculté de reproduction n'est qu'un phénomène secondaire, dû à des conditions particulières d'existence, une modification d'une faculté de reproduction plus générale et de donner ainsi une confirmation expérimentale à la théorie du mode de formation des colonies linéaires que nous avons exposée au début de ce chapitre.

Nous avons vu que, chez des organismes condamnés à ramper sur le sol, les nécessités de la locomotion avaient dû fatalement déterminer la production de colonies linéaires. Or ces nécessités n'existent pas pour des Vers parasites, au-devant de qui la nourriture vient d'elle-même, et pour qui la faculté de locomotion est, en conséquence, devenue inutile. Chez ces animaux la reproduction agame devrait donc s'exercer, comme chez les Hydres, sur toute la surface du corps. Mais les Cestoïdes descendent, comme les Trématodes, des Turbellariés, chez qui la reproduction asexuée s'est déjà localisée à la partie postérieure de l'animal. Ce caractère acquis ne pourra disparaître que sous l'influence persistante d'actions tendant à détruire l'effet de celles qui l'ont produit; on devra donc voir, chez les Cestoïdes, la reproduction asexuée se manifester successivement, sur toute la surface du corps ou seulement à l'une de ses extrémités, suivant que les circonstances extérieures seront plus ou moins favorables à l'un de ces modes de reproduction.

A l'état adulte, les Cestoïdes habitent l'intestin de leur hôte et, dans l'espace tubulaire où ils sont obligés de résider, il est avantageux pour eux de conserver la forme allongée propre aux colonies linéaires; la seconde hérédité se trouve favorisée par les circonstances, elle prend le dessus et la reproduction agame demeure localisée à l'extrémité postérieure du *scolex*. Néanmoins le nombre relativement considérable de Ténias monstrueux qu'on observe indique encore la lutte qui s'établit entre les deux tendances contraires; on rencontre souvent, en particulier, des Ténias dont les anneaux présentent une section triangulaire ou en forme de croix, et qui résultent de la soudure de deux anneaux formés simultanément sur le scolex dans des directions différentes (1).

L'embryon des Ténias (fig. 85, n° 3) va, au contraire, se loger, en sortant de l'œuf, au milieu même des tissus, parmi les fibres musculaires, au sein du parenchyme des glandes et jusque dans la substance du cerveau. Là, il se transforme en une vésicule qui, chez certaines espèces, peut atteindre la grosseur d'un œuf, produit un ou plusieurs scolex pouvant s'abriter dans sa cavité, et forme ce qu'on appelle un *cysticerque* (fig. 85, n° 2). A la place où il s'est produit, le cysticerque demeure immobile, attendant qu'un accident le fasse pénétrer dans le tube digestif de l'hôte qui doit le nourrir pendant les dernières phases de son développement.

Dans une telle situation, le bourgeonnement linéaire ne serait évidemment d'aucun avantage pour le jeune animal. Toutes les parties de son corps sont également favorables à la production de nouveaux individus; il n'y a pas de raison pour qu'il s'allonge dans un sens plutôt que dans un autre, et l'on voit alors, dans un assez grand nombre de cas, les conditions les plus anciennes de la reproduction, réapparaître par un cas remarquable d'atavisme. Chez le Cénure cérébral qui habite le cerveau ou la moelle épinière du mouton et provoque, chez cet animal, la singulière maladie connue sous le nom de *tournis*, l'embryon grandit assez pour atteindre la taille du poing et produit sur toute sa surface une foule de scolex destinés à devenir autant de Ténias dans l'intestin du Chien ou du Loup. M. P. Mégnin a récemment découvert dans les muscles d'une Gerboise une espèce de Cénure dans laquelle l'embryon transformé en vésicule produit par bourgeonnement, en des points quelconques de sa surface, un nombre plus ou moins considérable de vésicules nouvelles sur lesquelles naissent les scolex.

En 1877, un naturaliste de Grenoble, M. Alfred Villot (2), a trouvé sur les canaux biliaires d'un Myriapode, le *Glomeris limbatus*, les kystes des scolex de deux espèces de Ténias qui achèvent

(1) Léon Vaillant, *Bulletin de la Société philomathique*, 1869.

(2) *Comptes rendus de l'Académie des sciences*, 1877, t. LXXXIV, p. 1097 et t. LXXXV, p. 352 et 971.

leur développement dans l'intestin des Musaraignes, le *Tænia scalaris* et le *Tænia pistillum* de Dujardin. La vésicule résultant de la métamorphose de l'embryon s'enveloppe d'une membrane résistante et ces kystes, plus compliqués que les Cénures, non seulement produisent comme eux, sur toute leur surface, une multitude de têtes de Ténias, mais, comme le Cénure de la Gerboise, engendrent aussi un grand nombre de kystes nouveaux qui demeurent plus ou moins unis entre eux.

Cette faculté se retrouve encore à un plus haut degré dans l'*Échinocoque des vétérinaires* qui produit chez les animaux domestiques et même chez l'homme, d'énormes tumeurs trop souvent mortelles. La paroi de ces Échinocoques est formée de deux membranes superposées, dont l'une externe, élastique, résistante, est simplement un appareil de protection, tandis que l'autre, interne, mince et contractile, produit sur toute sa surface de nouvelles capsules et une infinité de têtes de Ténias. C'est chez les Échinocoques qu'est portée au plus haut degré l'activité génétique de la vésicule qui provient de la métamorphose de l'embryon.

Un fait important de l'histoire de ces animaux semble indiquer bien nettement que la reproduction asexuée de la vésicule embryonnaire n'est pas une propriété nouvelle acquise par celle-ci, mais qu'elle n'est autre chose que la propriété de reproduction agame du Scolex exercée dans d'autres circonstances. En effet, si la reproduction asexuée de la vésicule embryonnaire et celle du scolex sont des phénomènes du même ordre, il est évident que le pouvoir reproducteur de la première entraînera nécessairement, en se développant, un amoindrissement du pouvoir reproducteur du second. C'est ce qui arrive chez les Échinocoques. Les *scolex* povenant de leurs énormes vésicules se développent en Ténias dans l'intestin du chien, où ils deviennent des *T. echinococcus ;* or nous avons vu que ces Ténias demeurent presque microscopiques et ne possèdent le plus souvent qu'un seul anneau parvenu à maturité.

Ce lien entre les deux séries d'individus nés d'un même embryon par voie agame serait encore fortifié si l'on devait considérer comme fondées les conclusions tirées par M. Mégnin des observations intéressantes au plus haut point faites par lui sur le développement des Ténias des mammifères. On a été frappé depuis longtemps de ce que les Ténias des mammifères herbivores sont très généralement dépourvus de la couronne de crochets qui est, pour le scolex des Ténias de carnassiers, un si puissant moyen de fixation ; les carnassiers s'infestent de Ténias en avalant les cysticerques cachés dans les tissus des herbivores dont ils font leur nourriture habituelle. Ainsi une même espèce de Ténia habite successivement à l'état de cysticerque, l'épaisseur des muscles ou des viscères d'un herbivore et, à l'état de strobile, l'intestin d'un carnassier (1). Les travaux de Küchenmeister, de P. J. Van Beneden, de Leuckart, ont accrédité l'idée que ces *migrations* étaient nécessaires au développement des vers analogues aux Ténias ou vers cestoïdes. Cette nécessité ne semble plus aujourd'hui aussi rigoureuse : les *Ligules* sont des Cestoïdes qui habitent successivement les poissons et les oiseaux. M. Donnadieu a pu ramener la question de leurs migrations à une question de température (2) ; de son côté, M. Mégnin (3) pense que les embryons d'une espèce donnée de Cestoïdes peuvent fixer indifféremment leur résidence soit dans les tissus, soit dans le tube digestif du même animal ; dans le premier cas, ils se transformeraient d'abord en cysticerques et ne passeraient à l'état de strobiles qu'après une migration ; dans le second, ils se développeraient directement en strobiles. Les strobiles provenant de cysticerques auraient des scolex pourvus de crochets ; les strobiles formés directement en seraient dépour-

(1) Il faut étendre un peu cette proposition ; ainsi le *T. solium* de l'homme lui vient du porc, le *T. fasciolaris* du chat lui vient de la souris ; le *T. cucumerina* du chien habite à l'état de cysticerque une sorte de pou de cet animal, le *Trichodectes canis* et le chien introduit le premier de ces parasites dans son intestin en cherchant à se débarrasser du second. Nous avons vu que les Ténias des musaraignes passent la première période de leur existence dans des Myriapodes, les *Glomeris*. En somme, la règle qui détermine les stations successives du cysticerque et du strobile, c'est que l'hôte du premier soit habituellement dévoré par l'hôte du second.

(2) A. L. Donnadieu, *Contributions à l'histoire de la Ligule* (Journal de l'anatomie et de la physiologie de l'homme et des animaux, 1877).

(3) P. Mégnin, *Nouvelles observations sur le développement et les métamorphoses des Ténias des mammifères*. — Même recueil, 1879, p. 225.

vus. Chez les mammifères, la même espèce de Ténia pourrait donc se présenter, à l'état de strobile, sous deux formes distinctes : l'une sans crochets, propre aux herbivores; l'autre pourvue de crochets habitant l'intestin des carnivores. Ainsi le *Tænia pectinata* du lapin et le *Tænia serrata* du chien appartiendraient l'un et l'autre à la même espèce que le *Cysticercus pisiformis*, si abondant dans la cavité péritonéale du lapin ; le premier résulterait d'un développement sur place, le second d'un développement après migration d'embryons identiques.

Le *Tænia echinococcus* se trouverait dans le même cas.

D'après M. Mégnin, ses embryons éclos dans le tube digestif d'un herbivore peuvent se développer dans des cavités en communication directe avec l'intestin, ou échouer dans des cavités complètement closes d'où ils ne peuvent sortir une fois qu'ils ont subi leur métamorphose en Échinocoque. L'Échinocoque habitant une cavité ouverte se développe peu sous cette forme ; il ne produit qu'un nombre relativement faible de scolex qui donnent chacun naissance à un Ténia sans crochets, pourvu d'un nombre assez considérable d'anneaux et qui n'est autre chose que le *T. perfoliata* du cheval. L'échinocoque habitant une cavité close grandit au contraire beaucoup, pullule sur place, sous sa forme d'échinocoque, d'une façon irrégulière et donne naissance à une infinité de scolex ; mais lorsque la dent d'un carnassier ramène ceux-ci dans des conditions propres à leur développement, la puissance génétique est épuisée et chaque scolex ne peut plus donner naissance qu'à un nombre fort limité d'anneaux.

Si les faits constatés par M. Mégnin ont bien la signification que ce savant observateur leur attribue, ce serait une intéressante confirmation de l'influence du milieu sur le mode d'exercice de la génération agame. Nous devons toutefois, pour des raisons qui apparaîtront plus tard, faire à l'égard des conclusions de M. Mégnin des réserves sérieuses mais qui n'enlèvent rien au contraste manifesté par les Cestoïdes lorsqu'ils bourgeonnent dans des cavités closes ou dans le tube digestif d'un animal.

Nous venons de trouver réalisées dans la nature, au delà de toute espérance, les colonies linéaires dont nous avons d'abord supposé l'existence; nous avons pu suivre, dans ces colonies, les premières conséquences des lois de développement auxquelles nous avons été conduits par des considérations *à priori*. Les études antérieures que nous avons faites sur les colonies animales nous ont amenés à penser que la transformation de ces colonies en individus sera plus facile et par conséquent plus complète que partout ailleurs. Nous devons maintenant rechercher si cette prévision est confirmée, si la transformation supposée a réellement eu lieu, si elle a eu lieu dans des conditions conformes à celles qu'indique la théorie, et, dans le cas de l'affirmative, montrer quelles ont été ses conséquences pour le développement ultérieur du Règne animal.

CHAPITRE II

TRANSFORMATION DES COLONIES LINÉAIRES EN INDIVIDUS.

Les Vers annelés.

Quel pourrait être le sort de colonies linéaires semblables à celles dont les Turbellariés et les Cestoïdes viennent de nous fournir des exemples? Ces colonies seraient-elles aptes à se transformer en organismes sans éprouver d'autre modification qu'une division du travail plus considérable entre les individus qui les composent et par conséquent l'apparition d'un polymorphisme plus grand parmi les individus ?

On aperçoit bien vite dans leur constitution les indices d'une faiblesse compatible avec l'existence de colonies temporaires, comme celles des Turbellariés, ou vivant dans des conditions spéciales comme celles des Cestoïdes, mais qui deviendrait rapidement causes de destruction si elle se maintenait dans des colonies devant présenter les conditions de durée et de puissance physiologique que requiert un organisme obligé de rechercher sa nourriture et de défendre sa vie. Dans les colonies de Microstomes, l'apparition périodique de jeunes individus entre les individus déjà adultes, entrave singulièrement la coordination des mouvements de ces derniers. Les tissus en voie de formation des jeunes, ne peuvent ni recueillir les impressions, ni exécuter les mouvements d'une façon aussi parfaite que les tissus analogues des adultes : ils sont entre ceux-ci comme des masses à demi inertes qui s'opposent même aux réactions réciproques des individus plus développés. Chez les Cestoïdes, la maturation successive des segments, l'inactivité qui résulte pour eux de l'accumulation à leur intérieur des produits de la génération, enfin l'état embryonnaire perpétuel de la région du corps qui suit immédiatement le scolex et semble correspondre à la partie antérieure de l'animal peuvent bien s'accorder avec la vie obscure d'un parasite demeurant immobile dans l'organe où il s'est réfugié, mais seraient autant de désavantages pour un animal vivant en pleine liberté. S'imagine-t-on, ce que pourrait être l'existence d'un Ver dont la région antérieure et la région postérieure, constamment en voie de rénovation, seraient à peu près incapables de percevoir une sensation, d'accomplir un mouvement?

La vie sociale étant un avantage, la sélection naturelle tendra à accélérer constamment la production des circonstances qui peuvent en assurer le parfait fonctionnement, et il n'est pas difficile de prévoir dans quelle direction s'accompliront les modifications des colonies. Les raisonnements qui nous ont permis d'établir comment un animal symétrique, doué du pouvoir de reproduction agame, est nécessairement amené à ne produire de nouveaux individus qu'à sa partie postérieure sont, en effet, de tous points applicables aux colonies linéaires qui résultent de ce mode de reproduction. Les parties antérieure, latérales et ventrale de ces colonies ont à jouer les mêmes rôles que les parties correspondantes d'un Ver simple ; elles doivent donc demeurer parfaitement libres, et le bourgeonnement tend, par suite, à se localiser dans la région postérieure dont il pourra occuper une partie plus ou moins considérable. Suivant une règle dont nous avons pu apprécier dans nos précédentes études le degré de généralité et dont les effets se manifestent déjà chez les Cestoïdes, le bourgeonnement tendra également à s'accélérer de plus en plus; de telle façon que les individus nouveaux, n'ayant pendant un certain temps aucun rôle particulier à jouer dans la colonie, largement nourris par leurs aînés arrivés à l'état adulte, n'auront plus besoin de parvenir à cet état pour commencer à se reproduire. De même que nous avons vu, chez les Pyrosomes, le cyathozoïde bourgeonner déjà dans l'œuf, nous verrons des segments, à peine formés, en produire déjà de nouveaux : ainsi une chaîne plus ou moins longue d'anneaux de plus en plus jeunes à mesure que l'on s'éloignera de la partie antérieure de la colonie, se constituera rapidement à l'arrière de celle-ci.

Là se trouve un anneau qui a son rôle à part : c'est le dernier. Nous l'avons déjà vu disputer la prépondérance à celui qui est devenu la tête de la colonie et ne céder qu'au droit de primogéniture ; il n'en conserve pas moins une réelle importance au point de vue de la sécurité de l'association dont il constitue l'arrière-garde, comme l'anneau antérieur en constitue l'avant-garde. Les yeux, les appendices tactiles qu'il porte dans beaucoup d'Annélides témoignent de la réalité de ce rôle. On prévoit donc que ce n'est pas à sa suite que de nouveaux individus se formeront, mais il pourra s'en former soit immédiatement avant lui, soit même aux dépens de sa partie antérieure, sa partie postérieure demeurant intacte.

D'ailleurs, précisément en raison du nombre des unités qui constituent la colonie, les phénomènes de reproduction agame pourront présenter une plus grande variété que lorsqu'il s'agissait d'un Ver simple. Les différents individus associés ne sont pas tous dans des conditions identiques : un individu placé entre deux autres pourra, par exemple, se comporter autrement que l'individu antérieur et l'individu postérieur. Seules, en effet, ses parties latérales sont actives ; sa partie antérieure et sa partie postérieure sont redevenues équivalentes l'une à l'autre, au point de vue physiologique ; les raisons qui avaient localisé le bourgeonnement à sa partie postérieure n'existent plus : cet individu s'il se met, pour une raison quelconque, à en produire de nouveaux, pourra sans inconvénient le faire à ses deux extrémités. Ces conclusions se trouvent de point en point d'accord avec les faits qu'elles expliquent et prévoient ; chacun peut s'en convaincre avec la plus grande facilité.

Il existe dans nos eaux douces une quantité innombrable de petits vers annelés, agiles, transparents et d'une réelle élégance. Ils se plaisent comme les Nymphes antiques, dans les claires fontaines, au milieu des herbes des ruisseaux : de là leurs noms de *Naïs*, de *Dero* qui rappellent ces gracieuses divinités. Les *Naïs*, plus communes, plus anciennement connues, ont donné leur nom à la famille qui réunit tous ces êtres délicats, la famille des NAÏDIENS. Cette famille est elle-même très voisine de celle des LOMBRICIENS dont le type est le Ver de terre, et ne s'éloigne pas beaucoup des nombreuses familles qui constituent la grande classe des ANNÉLIDES MARINES.

Tous ces Vers sont également formés d'anneaux placés bout à bout, parfaitement distincts les uns des autres, mais souvent tous semblables entre eux ; l'anneau antérieur et l'anneau postérieur présentent seuls d'ordinaire des modifications caractéristiques. Tous se meuvent à l'aide de soies rigides, élastiques, de consistance cornée, plus ou moins nombreuses, plus ou moins longues (fig. 89 et 91) et qui revêtent souvent des formes aussi complexes que variées. C'est surtout dans les Annélides marines que ces organes éprouvent le plus de modifications ; ils sont en général portés par des mamelons charnus (1), disposés en double rangée de chaque côté du corps et forment dans chaque mamelon un volumineux faisceau. Chez les Lombrics, les Naïs et les animaux voisins les mamelons qui portent les soies n'existent pas ; mais celles-ci conservent encore très généralement la disposition typique. Les caractères fournis par les soies présentent une telle constance qu'on a tenté plusieurs fois d'en faire la base de la classification des Annélides (2). Il ne faut pas cependant leur donner une importance trop exclusive. On peut seulement dire que, d'une manière générale, les Annélides terrestres et d'eau douce sont moins bien armées de soies locomotrices que les Annélides marines (3) et c'est l'un des carac-

(1) Les parapodes.

(2) Voir Grube : *Die Familien der Anneliden*, et Léon Vaillant : *Note sur deux espèces du genre* Perichæta *et essai de classification des Annélides lombricines* (Annales des Sciences naturelles, 5e série, t. X, p. 225).

(3) Plusieurs de ces dernières manquent totalement de soies, tels les *Phoronis*, les *Tomopteris* ou encore les *Polygordius*.

tères que l'on emploie encore pour diviser les vers annelés, pourvus de soies, en deux classes : celle des *Polychètes* (1), à soies nombreuses et variées, comprenant toutes les Annélides marines et celle des *Oligochètes* (2), à soies peu nombreuses, rarement de plus de trois sortes sur un même individu et fréquemment toutes semblables. C est dans la classe des Oligochètes que viennent se ranger les Vers de terre ou Lombrics, les *Tubifex* dont es nombreuses familles marbrent souvent de plaques rouges la vase des ruisseaux, enfin les *Naïs* que leurs soies multiples et polymorphes rapprochent davantage des Annélides marines.

Tous ces êtres sont, d'ailleurs, étroitement unis entre eux ; ce sont des organismes dont la parenté intime ne saurait être contestée, dont le mode de constitution est absolument identique. Ce que nous démontrerons pour un Oligochète serait applicable aux Polychètes ; mais l'on trouve dans ces deux classes des faits absolument identiques qui dispensent d'étendre par induction à l'une, les résultats fournis par l'étude de l'autre.

Personne ne refusera à un Ver de terre le caractère d'individu : c'est pour ainsi dire le type du Ver ; son organisme est sans doute formé d'anneaux placés bout à bout, mais il ne semble pas que ces anneaux soient séparables les uns des autres. Un Ver de terre mutilé répare bien dans une certaine mesure des parties importantes de son corps, se refait une queue, voire même une tête ; mais les mutilations ne sauraient être poussées au delà d'une certaine limite. Les anneaux, pour vivre, ont besoin les uns des autres, on ne saurait les isoler, même par groupes, sans entraîner fatalement leur mort ; il semble qu'il n'y ait là qu'une individualité, celle du Lombric, et que les unités dans lesquelles son corps se décompose ne soient que des unités apparentes, sans réelle autonomie.

Il n'en est plus ainsi quand on étudie les *Naïs*. Là, en effet, apparaît un phénomène que ne présentent à aucun degré ni les Lombrics, ni même les *Tubifex* pourtant si voisins des Naïs et,

(1) De πολύς, beaucoup et χαίτη, cheveu, soie.
(2) De ὀλίγος, peu nombreux et χαίτη, cheveu, soie.

comme elles, habitants des eaux douces. Considérons d'abord une *Dero* (fig. 89). Le corps de ces charmants animaux se termine par un large pavillon qui peut à volonté se rétracter ou s'épanouir, laissant alors apparaître quatre digitations (fig. 89, n° 2, *v*) couvertes de cils vibratiles, parcourues chacune par un anse vasculaire et constituant évidemment un appareil respiratoire. A mesure que l'on s'approche de ce pavillon, on voit les anneaux du corps diminuer

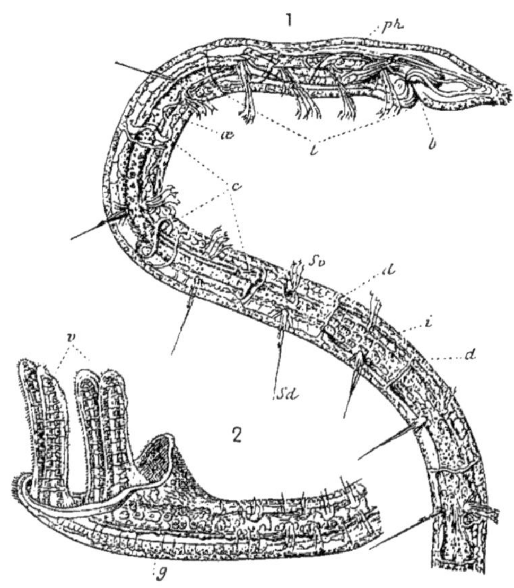

Fig. 89. — OLIGOCHÈTES. — *Dero obtusa* (grossissement 40 fois). — 1, partie antérieure de l'animal ; *b*, bouche ; *ph*, masse glandulaire pharyngienne ; *æ*, œsophage ; *i*, intestin ; *c*, anses vasculaires latérales fonctionnant comme des cœurs ; *d*, cloisons séparant les anneaux les uns des autres ; — *Sd*, soies dorsales ; *Sv*, soies ventrales ; *t*, les quatre premiers anneaux qui se forment en même temps que la tête, pendant le bourgeonnement et qui se distinguent par la forme et la disposition particulière de leurs soies. — 2. Extrémité postérieure du même animal ; *v*, les digitations couvertes de cils vibratiles qui surmontent le pavillon respiratoire ; *g*, la série des anneaux en voie de formation à la partie postérieure du corps.

de longueur ; les soies locomotrices qu'ils portent, se raccourcir de plus en plus ; tous les organes qu'ils contiennent, devenir de plus en plus rudimentaires (fig. 89, n° 2, *g*). Les soies ne se montrent bientôt plus que comme des points brillants enfermés dans une cellule ; les fibres musculaires elles-mêmes sont remplacées par des éléments cellulaires, les segments deviennent enfin tellement courts que le corps paraît marqué de simples stries de moins en moins espacées jusqu'au contact du pavillon respiratoire. Ce sont là tous les caractères de parties en voie de formation : durant le printemps et l'été on ne rencontre pas une *Dero* qui ne présente à sa région postérieure une semblable accumulation de segments nouveaux, d'autant plus jeunes qu'on se rapproche davantage de l'extrémité anale. L'animal est donc en voie constante d'accroissement : des anneaux nouveaux se forment sans cesse à la partie postérieure de son corps ; ces anneaux se forment immédiatement en avant du dernier segment transformé en appareil de respiration. C'est déjà exactement ce qui devrait être si la *Dero* était une colonie linéaire. Dans ces conditions, il semble que le jeune Ver doive grandir indéfiniment ; il n'en est rien. Dès qu'il a acquis un nombre de segments variable de 40 à 60, on voit vers le milieu de son corps, à la hauteur du 18e anneau, en général, les téguments devenir opaques et comme granuleux ; c'est toujours immédiatement en avant et en arrière de l'une des cloisons qui séparent deux anneaux consécutifs (fig. 89, n° 1, *d*) que ce phénomène se produit. La région opaque grandit de plus en plus ; bientôt on distingue en elle des segments parfaitement évidents, d'autant plus marqués que l'on s'éloigne en avant ou en arrière de la cloison : il est évident qu'un bourgeonnement très actif se produit à la fois des deux côtés de celle-ci, et ce double bourgeonnement a pour points de départ l'extrémité postérieure de l'anneau qui précède la cloison, l'extrémité antérieure de celui qui la suit. Ce fait n'est pas sans importance ; il montre, comme nous l'avions prévu, que dans les anneaux intermédiaires du corps dont les deux extrémités se trouvent placées dans des conditions identiques, la faculté de reproduction agame peut se réveiller. Les bourgeons qui se forment en arrière et en avant de la même cloison ont d'ailleurs des sorts bien différents. Le premier produira seulement le segment qu'on désigne d'ordinaire sous le nom de *tête*, plus quatre anneaux qui différeront toujours des anneaux suivants par l'absence des faisceaux de soies dorsales et la forme particulière des soies ventrales (fig. 89, n° 1, *t*) ; le second produira un pavillon respiratoire et un nombre indéfini de nouveaux anneaux. Lorsque la tête et le pavillon respiratoire qui lui est contigu ont acquis un développement suffisant, ils se séparent l'un de l'autre et les deux *Dero*, désormais indépendantes, qui se sont ainsi constituées, continuent à grandir chacune par son extrémité postérieure, jusqu'au moment où peut se produire une nouvelle division. L'apparition, vers l'automne, des organes de la génération sexuée met seule un terme à cette série de bipartitions successives (1).

Les *Naïs* présentent exactement les mêmes phénomènes; mais, en même temps, de nouveaux individus se forment chez elles d'une autre façon. La *Naïs proboscidea*, par exemple (fig. 93, n° 1), se partage d'abord en deux, à peu près vers le milieu du corps, comme la *Dero obtusa,* pendant que l'anneau placé en avant de la cloison qui a été le point de départ de cette division se met à bourgeonner à ses deux extrémités; les deux bourgeons nouvellement formés grandissent, s'avancent à la rencontre l'un de l'autre et absorbent peu à peu toute l'étendue de l'anneau primitif (fig. 91, n° 1, B) ; en même temps qu'ils se multiplient, les segments constituant ces bourgeons s'accroissent; le premier d'entre eux se transforme en tête, le dernier en segment anal; l'anneau devient ainsi un nouvel individu.

Bien avant que cette métamorphose ait atteint son terme, les mêmes phénomènes s'accomplissent dans l'anneau qui précède immédiatement et ainsi de suite, en remontant, de sorte que l'individu primitif se trouve porter quelquefois, à son extrémité postérieure, une chaîne de trois ou quatre individus. Chez les *Chætogaster*, très voisins des Naïs, et dont une espèce se trouve parfois en abondance dans les mucosités qui recouvrent le corps des Mollusques de nos eaux douces, tels que les Lymnées, le bourgeonnement s'accomplit avec une telle activité qu'il n'est pas rare de trouver des chaînes de douze à seize individus composés chacun de quatre anneaux (2).

En général, dans chaque anneau, la formation du bourgeon postérieur précède celle du bourgeon antérieur. Lorsque par l'indi-

(1) E. Perrier, *Histoire naturelle de la Dero obtusa;* Archives de Zoologie expérimentale, t. Ier, 1870-1872.

(2) Claus, *Würzburg Naturwissenschaft's Zeitschrift*, vol. I.

vidualisation successive de ses anneaux, la Naïs a été réduite à une certaine longueur, les bourgeons postérieurs continuent seuls à se développer (1) ; la Naïs cesse donc de donner naissance à de nouveaux individus, mais elle s'allonge précisément par le procédé qui lui servait tout à l'heure à se reproduire, et arrive peu à peu à une taille double de celle à laquelle elle avait été réduite. Alors une nouvelle division se produit en son milieu de la façon que nous avons déjà décrite chez les *Dero;* avant que cette division ait atteint son terme, de jeunes individus se forment de nouveau aux dépens des anneaux qui précèdent le point de division et la série des phénomènes que nous venons d'étudier recommence. Finalement, les glandes de la reproduction sexuée apparaissent dans tous les individus ; la gemmiparité s'arrête ; les Naïs s'accouplent, pondent et meurent.

Tous ces faits ont une haute signification. En premier lieu, ils nous montrent nettement que, chez les Naïdiens, l'accroissement de l'individu et la reproduction agame ne sont que des phases différentes d'un seul et même phénomène, conformément à ce qui doit être si ces animaux sont des colonies linéaires. L'avant-dernier anneau du corps en se reproduisant lui-même détermine l'allongement de la colonie ; il suffit de quelques anneaux nouveaux formés dans la région moyenne de l'animal pour transformer en individus distincts les parties situées en avant et en arrière du point où ces nouveaux anneaux se sont produits. On peut déterminer à volonté cette transformation, en un point quelconque du corps, par un simple coup de ciseaux ; les deux parties séparées se refont l'une une tête, l'autre une queue, et chacune d'elles devient un nouvel individu. Enfin un anneau quelconque du corps, produisant à ses deux extrémités des anneaux semblables à lui, peut, à son tour, atteindre à la qualité d'individu. La production des nouveaux anneaux s'accomplit exactement de la même façon que nous avons vu s'accomplir celle des nouveaux individus chez les Microstomes et plusieurs autres Turbellariés ; toute la différence

(1) Tauber, *Undersögelser over Naïdernes Kjönslöse Formering*; Naturhistorik Tidskrift, 1874, Copenhague.

consiste en ce que, chez ces derniers, les individus nouvellement formés se séparent plus ou moins rapidement de leurs parents, tandis que chez les Naïs, ils lui demeurent attachés et contribuent à former avec lui un ensemble complexe, une individualité supérieure, celle de la Naïs. Mais chacun des anneaux de cette dernière n'en est pas moins lui aussi un véritable individu ; il le montre en reprenant d'une façon totale son autonomie dès que les circonstances sont favorables ; il est à la Naïs exactement ce qu'un Polype hydraire est à la colonie dont il fait partie et qu'il est capable de reproduire dès qu'il en est détaché.

Chez les Naïs, à la vérité, la vie sociale a rendu les différents membres de la colonie plus nécessaires les uns aux autres ; de même que les cellules d'une Hydre d'eau douce ne peuvent continuer à vivre et reproduire l'Hydre que si elles sont plusieurs ensemble, de même les anneaux de la Naïs ont besoin de s'appuyer, en quelque sorte, sur un certain nombre d'anneaux semblables pour reconstituer un organisme tel que celui d'où ils ont été détachés ; mais il suffit de quatre anneaux chez les *Chætogaster*, pour que la vie indépendante soit possible, quoique les *Chætogaster* adultes, pourvus de leur appareil reproducteur sexué, ne possèdent pas moins d'une quinzaine de segments. La meilleure preuve que la nécessité d'être unis pour vivre et se reproduire n'est pour ces anneaux qu'une condition acquise, une simple condition de nutrition, c'est que chacun d'eux possède, lorsqu'il est engagé dans la colonie, la faculté de refaire une Naïs complète, dont il est le centre, et de se séparer ensuite de ses compagnons.

Les *Naïs*, les *Chætogaster* sont donc incontestablement des colonies et chacun de leurs segments est réellement un individu. Or, ces organismes, relativement inférieurs dans la classe des Lombriciens, se relient de la façon la plus intime et par une série de transitions aux formes supérieures de la classe à laquelle ils appartiennent. Les *Tubifex* communs dans tous les ruisseaux à fonds vaseux, peuvent être considérés comme le type d'une famille de Lombriciens ne différant guère des *Naïs* que par leur taille plus grande, par leur appareil circulatoire plus développé, contenant un liquide sanguin d'un rouge vif qui donne à ces animaux leur couleur caractéristique, par l'uniformité de leurs soies locomotrices, bifurquées à l'extrémité libre, et surtout par certaines particularités de leur appareil reproducteur; ils se relient intimement eux-mêmes, par ces dernières particularités, aux *Enchytræus*, petits vers à sang blanc, très abondants dans la terre humide des jardins; la complexité de leur appareil circulatoire et la couleur de leur sang les rattachent, d'autre part, aux Lombriciens terrestres ou Vers de terre proprement dits, qui sont les géants de la classe. Entre ces divers groupes les passages sont tellement insensibles que la plupart des tentatives faites pour subdiviser les Oligochètes en familles ou en ordres naturels ont à peu échoué. Il est donc évident que tous les animaux composant cette classe sont exactement équivalents entre eux: ce sont tous, par conséquent, des colonies linéaires, et l'on peut suivre, chez eux, la fusion de plus en plus complète des individus primitifs dans une individualité qui les comprend tous et semble finalement tout à fait indivisible. Le caractère colonial, si nettement accusé chez les *Naïs* par la segmentation du corps, son mode d'accroissement, l'indépendance relative et les facultés reproductrices de chacun des segments, n'est plus accusé bientôt que par les premiers de ces caractères. Chez les *Tubifex*, les *Enchytræus* et les Lombrics, l'accroissement du corps se fait encore comme chez les *Naïs* et les *Chætogaster;* la division en anneaux équivalents entre eux est encore de la dernière évidence; mais la reproduction asexuée a désormais cessé de se produire spontanément. Un Ver de terre mutilé reproduit cependant non seulement la partie postérieure, mais aussi sa tête, y compris le cerveau. On a même affirmé que si l'on coupait un individu en deux moitiés égales, chacune des deux parties, placée dans des conditions convenables, finissait par se compléter; mais les fonctions de l'animal sont déjà trop centralisées, les diverses parties de la colonie primitive sont trop bien appropriées à la vie commune pour qu'on puisse admettre, à défaut de preuves positives, que les segments postérieurs, séparés d'organes qui semblent essentiels à la nutrition puissent continuer à vivre. Les segments antérieurs contiennent le cerveau, tout un appareil de glandes digestives, un gésier, des cœurs puissants, l'appareil de la reproduction ; les parties retranchées en arrière de ces anneaux privilégiés sont donc, après la section, dans des conditions vitales très inférieures; on comprendrait qu'elles soient incapables de refaire un nouvel individu alors que la moitié antérieure aurait seule conservé ce pouvoir. C'est à l'expérience de nous l'apprendre.

L'aptitude à la reproduction agame est moindre encore chez les Sangsues (fig. 90) que l'on doit considérer comme étroitement unies aux Lombrics, mais qui ont subi dans une direction différente un degré de concentration organique plus considérable. Là, en effet, les segments du corps sont bien moins distincts, parfois même difficiles à reconnaître; ils ne portent plus de soies lomocotrices; mais des organes de fixation, des ventouses se sont développées aux deux extrémités du corps et tiennent ainsi sous leur dépendance l'organisme tout entier.

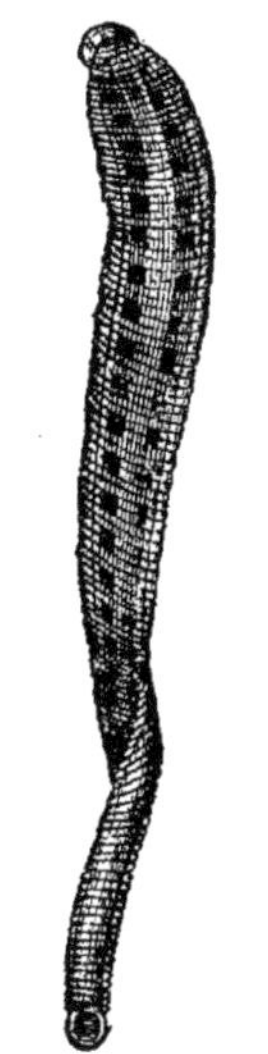

Fig. 90. — HIRUDINÉES. — Sangsue médicinale.

En rapport avec le degré élevé d'organisation que présentent les Vers de terre et les Sangsues, les phénomènes de développement ont pris eux-mêmes, chez ces animaux, un caractère particulier. Théoriquement, il devrait se former dans l'œuf un premier anneau qui produirait ensuite successivement tous les autres. Peut-être chez les Naïdiens, dont le développement est malheureusement inconnu, les choses se rapprochent-elles de ces conditions premières; mais chez les *Tubifex*, chez les Lombrics et les Sangsues, le processus embryogénique est infiniment plus rapide. De même que nous avons vu sous l'influence accélératrice de l'hérédité sociale, le cyathozoïde d'un Pyrosome produire dans l'œuf, avant même d'être complètement formé, les premiers individus de la colonie, de même nous voyons, chez la plupart des Lombriciens et des Sangsues, l'embryon se segmenter dans l'œuf avec une telle rapidité qu'un assez grand nombre d'anneaux semblent se former simultanément. Le jeune animal, au moment de son éclosion, ne possède cependant pas tous les anneaux qu'il doit avoir à l'état adulte. Après sa naissance, de nouveaux segments se forment à la partie postérieure de son corps, comme chez les *Naïs;* mais, tandis que, chez celles-ci, le nombre des segments nécessaires pour constituer un individu est assez variable et que celui des anneaux nés par voie agame de l'anneau primitif peut être considéré comme indéfini, chez les Lombriciens supérieurs et chez les Sangsues ce nombre devient à peu près constant pour une même espèce. Cette tendance à la fixité du nombre des parties constitutives d'un individu est un des caractères les plus manifestes que présente toute colonie lorsque son individualité arrive à une certaine puissance.

Chez les Naïs, le nombre des segments qui peut provenir d'un seul œuf est sans doute très variable ; les circonstances dans lesquelles se trouvent placées les diverses Naïs nées par voie agame des premiers individus formés peuvent en accroître ou en diminuer le nombre dans une proportion considérable. De même que pour les Hydres d'eau douce, ce sont probablement des conditions de température ou de nutrition qui déterminent l'intensité de la reproduction agame et l'apparition des organes de reproduction sexuée qui y met un terme. Le *pouvoir reproducteur* que l'on suppose souvent exister dans l'œuf, qui est censé s'épuiser à mesure que le nombre des individus nés par voie agame augmente et qui rendrait nécessaire, par cela même qu'il est limité, l'apparition de la génération sexuée, cette sorte de dot de puissance vitale que, suivant certains naturalistes, l'œuf transmettrait à sa descendance, n'intervient certainement chez les *Naïs*, que d'une façon bien secondaire dans la détermination du nombre total des segments successivement engendrés. Même lorsque tous les segments nés d'un œuf demeurent unis, leur nombre peut encore être très variable; cependant, à mesure que l'union de ces segments devient plus étroite, une place de moins en moins grande est laissée à l'imprévu; des règles de plus en plus rigides déterminent avec une précision toujours croissante le nombre, les rapports réciproques et les fonctions des individualités secondaires appelées à constituer l'organisme qui prend naissance. Le nombre des segments engendrés par voie agame devient constant comme si l'œuf et ses premiers descendants contenaient réellement une réserve nutritive spéciale, nécessaire à la production des nouveaux individus, qui cessent de se former dès que cette réserve est épuisée. Mais l'existence d'une réserve semblable est en opposition avec le fait qu'il suffit de couper la tête ou la queue d'un Lombric pour faire réapparaître le pouvoir reproducteur et augmenter par conséquent le nombre des anneaux issus d'un œuf. Ce nombre continue donc à être sous la dépendance, non pas d'une prétendue puissance vitale reçue par l'œuf, mais bien des conditions d'existence que créent aux segments associés le milieu extérieur et les rapports réciproques qu'ils contractent entre eux.

Les plus simples des Lombriciens et des Sangsues sont déjà des colonies ayant subi de profondes modifications, comme en témoigne la localisation de l'appareil reproducteur chez ces animaux, cependant hermaphrodites. S'il nous a été possible de reconstituer leur origine à l'aide de déductions rigoureuses, nous n'avons pu cependant, sans doute à cause de notre ignorance de l'embryogénie des *Naïs*, retrouver chez eux les passages qui les relient aux conditions théoriques de formation et de développement des colonies linéaires. Nous serons plus heureux dans la classe des Annélides proprement dites qui représentent, dans les mers, avec une richesse de formes et une variété d'organisation infiniment plus grandes, les *Naïs*, les *Tubifex*, les *Enchytræus* et les Lombrics de nos eaux douces ou des parties humides de notre sol.

Les plus communes et peut-être aussi les plus nombreuses en espèce de ces Annélides sont les *Néréides* (fig. 91, n^{os}1 et 2,); on peut les considérer comme réalisant extérieurement le type idéal des animaux de cette classe, auxquels les anciens naturalistes appliquaient même indistinctement leur nom. Leur corps très allongé, composé d'une multitude d'anneaux s'amincit graduellement en arrière; leur tête porte deux paires d'appendices charnus, les *antennes*, dont l'une, la plus externe est tout à fait caractéristique; elle consiste en deux masses ovoïdes, assez allongées, occupant ensemble toute la largeur de la tête et surmontées chacune d'un petit tubercule plus ou moins apparent (fig. 92, n° 1, *d*). A leur base se trouvent quatre yeux reconnaissables à leur teinte noire; l'anneau qui suit porte la bouche et quatre paires de tentacules allongés, grêles, très mobiles, terminés en pointe, qui complètent, si je puis m'exprimer ainsi, l'armature sensitive de la partie antérieure du corps. Les soies locomotrices sont, pour la plupart, composées d'une hampe, légèrement élargie et échancrée à son extrémité libre dans laquelle vient s'enchâsser un appendice aplati, dentelé, en forme de serpe ou de crochet.

Les Néréides abondent sur toutes les plages. A côté d'elles, viennent se placer des êtres longtemps demeurés énigmatiques et pour qui de Blainville et Œrsted ont successivement établi les genres *Nereilepas* et *Heteronereis*. Chez ces Vers, le corps est brusquement divisé en deux moitiés: la moitié antérieure reproduit exactement les caractères d'une Néréïde, la moitié postérieure prend un aspect rès différent et se frange de tout un appareil d'appendices locomoteurs qui lui donnent une apparence plumeuse (fig. 91, n°s 3 et 4). Aux mamelons qui servent de pied, s'ajoutent des lames membraneuses, aplaties en forme de feuille, souvent armées d'un éventail de longues soies. Les soies elles-mêmes, au lieu d'être surmontées d'un crochet ou d'une serpe microscopique, soutiennent chacune une large palette aplatie et deviennent autant de petites rames, frappant l'eau à coups redoublés, et entraînant l'animal dans une rapide et incessante natation. Les Néréides rampent sur les fonds vaseux de la mer, les Hétéronéréides aiment au contraire les eaux pures de la surface où elles se meuvent entourées des chatoyants reflets que produit la lumière, en se jouant dans leurs mille avirons de cristal. Que penser de ces êtres hybrides, chenilles par devant, papillons par derrière, qui semblent réaliser sous une forme nouvelle les Sirènes et les Tritons, les Centaures et les Sphynx de la mythologie? On les classait à part, dans les méthodes, en attendant que l'observation suivie de leurs mœurs et de leur origine vînt révéler le secret de leur existence.

En 1864, un naturaliste finlandais, Malmgren, comparant la *Nereis pelagica* de Linné et la *Nereis Dumerilii* d'Audouin et Milne

Edwards avec les *Heteronereis grandifolia* et *fucicola*, fut frappé de l'extrême ressemblance de leurs parties antérieures. Chez ces Néréides les organes de la reproduction paraissaient toujours à l'état rudimentaire ; chez les Hétéronéréides, ils se montraient toujours à un état avancé de développement. Malmgren conclut

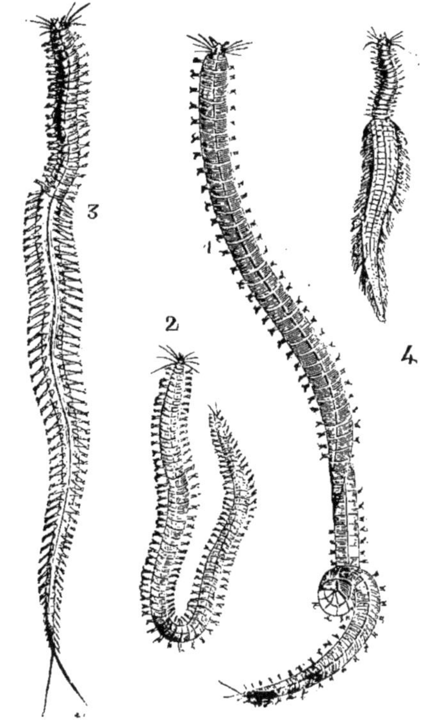

Fig. 91. — ANNÉLIDES. — 1, *Nereis cultrifera*, Grube, adulte. — 2, jeune individu. — 3, forme *hétéronéréide* femelle de la même espèce. — 4, forme *hétéronéréide* mâle. Grandeur naturelle.

de ces faits que les Néréides et les Hétéronéréides représentaient respectivement la forme asexuée et la forme sexuée d'une seule et même espèce. Peut-être les Néréides produisaient-elles les Hétéronéréides par bourgeonnement, comme l'hydre produit la méduse ; peut-être une simple métamorphose transformait-elle les unes dans les autres, comme les chenilles en papillons.

Presque en même temps, Ernst Ehlers, professeur à l'université de Göttingue, comparait, de son côté, avec soin les Néréides avec les Hétéronéréides conservées dans les collections, et découvrait des individus chez qui les faisceaux de soies caractéristiques des Hétéronéréides étaient en train de se substituer aux soies plus simples des Néréides; il devenait évident qu'une simple métamorphose se produisait à l'époque de la maturité sexuelle et donnait aux Néréides, avec une forme nouvelle, une agilité qui leur manquait jusque-là (1).

Mais déjà un fait important venait jeter quelque doute sur ces interprétations : en 1867, Ljungman avait rencontré et soumis à l'examen de Malmgren lui-même des *Nereis Dumerilii* renfermant des œufs presque mûrs. Pouvait-on considérer plus longtemps cette Néréide comme la forme asexuée de l'Hétéronéréide fucicole?

La question était entièrement à reprendre et elle fut reprise, l'année même, par Edouard Claparède (2), professeur à l'université de Genève, durant le dernier hiver que passa à Naples ce savant regretté, avant d'être enlevé à la science. A Naples, Claparède retrouva la *Nereis Dumerilii*, et il put se convaincre, tout à fait contre son attente, de l'identité spécifique bien réelle de cette Néréide avec l'Hétéronéréide fucicole. A l'époque de la maturité sexuelle, c'est bien par une métamorphose que l'animal passe de l'une à l'autre de ces formes. Mais la métamorphose est infiniment plus complexe que ne le croyait Ehlers : elle ne se borne pas à un développement des organes de la locomotion et à une sorte de *mue* des soies latérales : elle envahit l'organisme tout entier, élargit la tête (fig. 92, n°s 1 et 2), agrandit les yeux, fait disparaître le pigment d'un violet éclatant disséminé à la surface des viscè-

(1) Ernest Ehlers, *Die Borstenwürmer*, in-4°, 2e parties, 1868, p. 451.

(2) Ed. Claparède, *Recherches sur des Annélides présentant deux formes sexuées distinctes*. Archives des Sciences physiologiques et naturelles de Genève, 5e série, t. XXXIX, 1869. p. 129. — Extrait de l'ouvrage intitulé : *Les Annélides chétopodes du golfe de Naples, Supplément* ; Mémoires de l'Académie de Genève, t. XX, 1869.

res, multiplie les ramifications vasculaires, transforme enfin toutes les fibres musculaires de l'animal en fibres plus transparentes qui laissent apercevoir à travers les téguments la couleur propre

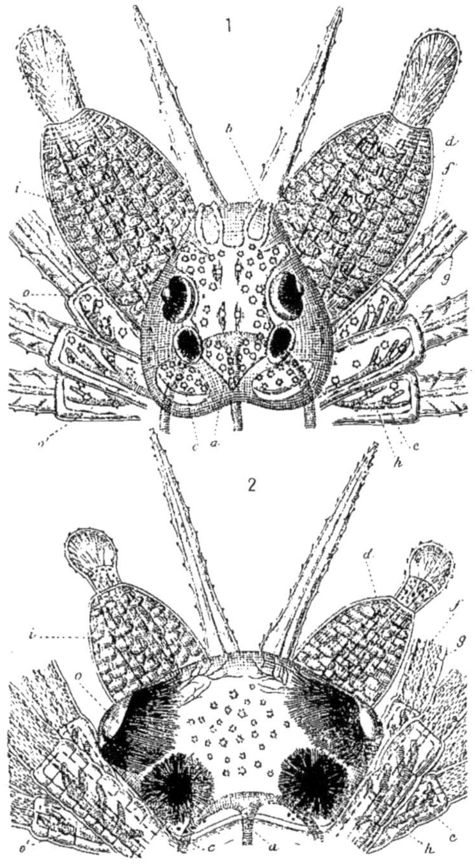

Fig. 92. — ANNÉLIDES. — Tête d'une même espèce de *Néréide* (*Nereis Dumerilii*) avant et pendant l'époque de la reproduction (grossie 15 fois) : *i*, partie périphérique ; *d*, partie axiale des grandes antennes ; *g*, *e*, les tentacules ; *f*, leur partie centrale ; *h*, rameaux vasculaires enfermés à leur base ; *a*, *c*, vaisseaux céphaliques ; *o*, *o'*, les deux paires d'yeux. Les lettres se correspondent dans les deux figures (d'après Claparède).

des éléments de la reproduction. Dans certaines espèces, après la métamorphose, les mâles se distinguent des femelles non seulement par les couleurs des produits sexuels qu'on aperçoit par transparence, mais encore par un développement plus considérable de l'appareil locomoteur (fig. 91, nos 3 et 4).

Une fois transformée, l'annélide quitte le sol, comme le ferait un insecte fraîchement débarrassé des enveloppes de la Nymphe, et s'envole vers la haute mer. Ici se présente un fait singulier. Les Hétéronéréides que l'on pêche à la surface de l'eau ne dépassent guère 40 millimètres de longueur : en revanche on trouve souvent, rampant au fond de la mer et habitant des tubes, comme les vraies Néréides, de grandes Hétéronéréides ayant de 60 à 80 millimètres de long. Jamais ces individus de grande taille ne s'élèvent à la surface; mais parmi eux on rencontre des individus plus petits qui sont alors vifs, remuants et bons nageurs comme les individus pélagiques. Les œufs des grands individus présentent une couleur jaune intense et une zone granuleuse périphérique qui manquent à ceux des petits. Claparède croyait « donc nécessaire de distinguer deux formes d'Hétéronéréides, l'une petite et fort agile, gagnant la surface de la mer pour porter au loin les éléments reproducteurs; l'autre beaucoup plus grande, mais moins agile, ne s'éloignant guère du fond de la mer, et servant à la multiplication de l'espèce dans un lieu donné. »

Ces différences dans les mœurs des Hétéronéréides étaient déjà connues de M. de Quatrefages, bien avant la publication du mémoire de Claparède. Le savant professeur du Muséum en donne une explication beaucoup plus simple, que rendent d'ailleurs très plausible les caractères mêmes invoqués par Claparède pour distinguer ses deux formes d'Hétéronéréides.

« L'Hétéronéréide vagabonde, dit M. de Quatrefages (1), a été pêchée par moi, au printemps, dans les mers de Sicile, nageant librement en pleine eau, et dans aucun des individus que je me suis procurés je n'ai trouvé ni œufs, ni zoospermes. Au contraire, à Saint-Vaast, j'ai trouvé en très grande quantité les H. d'Œrsted, vivant sous terre dans de petits lots de sable vaseux couverts de zostères qui découvraient à marée basse au milieu des rochers.

(1) *Suites à Buffon* de Roret, *Histoire naturelle des Annelés*, t. I, p. 131, 1865.

Pendant tout le mois de septembre, le nombre de ces Annélides ne parut pas diminuer, mais ayant laissé passer quelques jours sans m'occuper d'elles, je n'en trouvai pas une seule quand je voulus m'en procurer. Toutes celles que j'avais ouvertes étaient gorgées, soit de zoospermes à maturité, soit d'œufs prêts à être pondus. Il m'a paru probable qu'après avoir assuré la multiplication de l'espèce, en déposant leurs œufs à l'abri, elles avaient regagné la mer et repris leur course vagabonde. »

Tous ces faits rapprochés ne s'expliqueraient-ils pas, en effet, en supposant que les Hétéronéréides ne viennent nager à la surface que pendant la formation dans leur corps des éléments de la reproduction, peut-être pour trouver plus de lumière et une eau plus oxygénée, plus propre au développement de ces éléments, plus en rapport avec l'importance nouvelle prise par l'appareil circulatoire et les appendices tégumentaires qui servent à la respiration ; elles grandissent en même temps, mais leur accroissement de taille n'est pas suffisant pour compenser la diminution d'agilité qui résulte pour elles de l'envahissement total de la cavité du corps par les éléments reproducteurs ; alors les Hétéronéréides retournent vers le fond, s'y débarrassent de leurs produits et meurent ou redeviennent de simples Néréides, après avoir déposé leur *robe de noces*.

Le phénomène saillant demeure donc l'apparition, chez les Néréides, aux approches de la maturité sexuelle, de deux régions du corps, absolument distinctes, dont il n'existait aucune trace auparavant. Pourquoi l'apparition de ces deux régions, pourquoi cette modification partielle qui fait paraître l'Hétéronéréide formée de deux individus soudés bout à bout ? Ce fait va s'expliquer de lui-même, quand nous l'aurons rapproché d'autres faits que nous fournit encore l'histoire des Annélides.

Les *Autolytus* (fig. 93, n° 2) sont de petites annélides dont l'apparence extérieure est peu éloignée de celle de jeunes Néréides ; elles doivent leur nom à la faculté qu'elles possèdent de se diviser spontanément par le travers (1), chaque moitié constituant un

(1) Étymologie : αὐτός, moi-même ; λύω, je divise.

nouvel individu. L'une des espèces de ce genre, l'*Autolytus cornutus*, habitant la côte orientale des États-Unis, a été étudiée dans toutes les phases de son existence par M. Alexandre Agassiz (1). L'on retrouve chez elle des phénomènes tout aussi remarquables que ceux offerts par les Néréides et qui contiennent l'explication de ces derniers.

Les Autolytes se présentent sous trois formes tellement différentes qu'on les a d'abord classées dans trois genres distincts. L'une de ces formes, celle pour laquelle Grube avait créé le genre *Autolytus* (2), est asexuée et produit les deux autres en se partageant par le milieu du corps. Celles-ci sont sexuées : la forme mâle (fig. 95, n° 2) était considérée par Œrsted comme le type du genre *Polybostrichus* (3), tandis que la femelle (fig. 95, n° 1) était pour Max Müller une *Sacconereis*. Plus tard Max Müller reconnut que les *Polybostrichus* et les *Sacconereis* n'étaient que les mâles et les femelles d'une même espèce.

A ce moment Krohn avait déjà démontré que la *Nereis prolifera*, dont O.-F. Müller avait décrit, dès 1788, le mode de reproduction par voie agame, produisait des individus sexués de forme autre que la sienne et différant eux-mêmes considérablement entre eux, suivant le sexe ; il avait identifié la forme mâle avec la *Nereis corniculata* du même auteur. Or la *Nereis prolifera* n'est autre chose qu'un *Autolytus*, la *Nereis corniculata* est de son côté un *Polybostrichus*. Dès ce moment le cycle de la génération des Autolytes était donc à peu près connu ; il restait à voir sortir de l'œuf des *Sacconereis* un véritable Autolyte. Cette lacune a été comblée par Alexandre Agassiz, qui a, en même temps, confirmé et complété les observations de ses devanciers de façon qu'il ne saurait demeurer l'ombre d'une incertitude sur ces singuliers phénomènes.

Lorsque l'Autolyte asexué a acquis 40 à 45 anneaux, au niveau

(1) *On alternate generation in Annelids and the Embryology of Autolytus cornutus* (*Boston Journal of natural history*, vol. VII, july 1862, p. 384).

(2) Grube, *Die Familien der Anneliden* (*Wiegmann's Archiv*, 1850, I, p. 310).

(3) Œrsted, *Grönland's Annulata dorsibranchiata*, Copenhague, 1843, p. 30. Ce genre est ensuite devenu pour Grube (*loc. cit.*) le genre *Diploceræa*.

du treizième anneau apparaît une tête d'individu sexué (fig. 93, n° 2) en même temps qu'un certain nombre d'anneaux qui la suivent immédiatement. Cette tête diffère déjà considérablement par le nombre, la forme, les dimensions des antennes ou des tentacules de la tête de l'individu primitif; elle est différente aussi

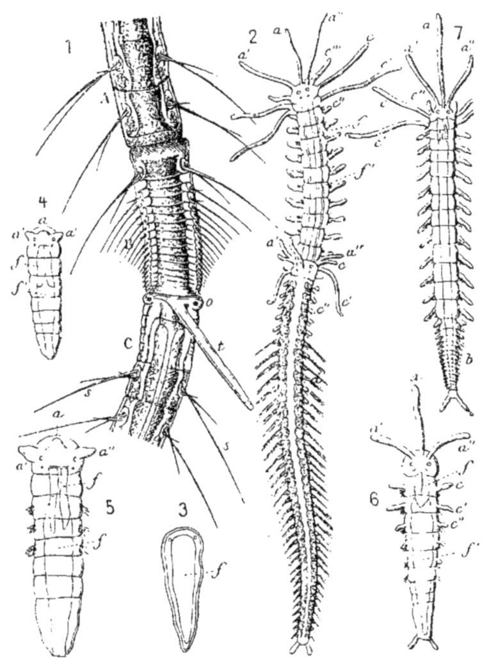

Fig. 93. — Reproduction agame des Annélides. — 1. Bourgeon de *Naïs* (*Stylaria*) *proboscidea* (gross. 38 fois environ) : A, extrémité de la moitié antérieure de l'individu primitif ; C, tête et premiers anneaux nouvellement formés en avant de la moitié postérieure de cet individu ; B, jeune individu se développant aux dépens de l'anneau postérieur de A ; *o*, yeux ; *t*, tentacule impair caractéristique de la *Naïs proboscidea* ; *s*, soies locomotrices. — 2. *Autolytus cornutus* en voie de segmentation (grossi 7 fois) ; *d*, faisceaux de soies caractéristiques de l'individu sexué. — 3, 4, 5, 6, 7, formes successives de l'*Autolytus cornutus* depuis son éclosion jusqu'à l'état adulte (fort grossissement). — *a, a', a''*, antennes ; *c, c', c''*. tentacules et cirres à divers états de développement ; *ff*, tube digestif.

suivant le sexe de l'individu qui se forme, mais les individus sexués se distinguent encore de l'individu asexué par leur appareil locomoteur. Avant qu'ils ne se détachent, on voit naître de chaque côté du corps, au-dessus de chaque pied, un tubercule dans lequel apparaissent bientôt de longues et fines soies, en forme d'aiguilles qui manquaient totalement à l'individu asexué (fig. 93, n° 2, *d*); en même temps les éléments de la reproduction se développent et les femelles sont parfois absolument remplies d'œufs qu'elles sont encore attachées au corps de leur parent, dans lequel on n'aperçoit jamais aucune trace d'organes de génération.

Une fois libres, les individus reproducteurs manifestent une vivacité bien autrement grande que celle de l'individu asexué. Ce dernier habite généralement dans des tubes; les mâles et les femelles sont au contraire essentiellement errants, rampent sur les tiges de Campanulaires ou nagent en pleine eau, et mettent dans leurs mouvements une telle violence qu'ils perdent souvent leurs faisceaux de soies supérieures. Le contraste entre leur activité et la nonchalance de l'individu qui les a engendrés n'est jamais plus frappant que dans la période qui précède la séparation. La petite colonie sort à chaque instant du tube qu'habitait l'individu asexué pour y rentrer ensuite : elle semble ne pouvoir tenir en place; mais cette turbulence est exclusivement le fait des individus sexués. Le parent suit sans résistance tous leurs mouvements et semble une masse inerte poussée en avant par l'être remuant qu'il a produit. Après la séparation, cet individu si paresseux reprend cependant une certaine activité, se complète et le même phénomène de division ne tarde pas à recommencer.

Comparons maintenant les phénomènes de la reproduction chez les Autolytes, à ceux que nous ont offerts les Néréides. Supposons que chez les premiers la tête des individus sexués ne se forme pas, l'identité est complète. L'individu agame de l'Autolyte, le parent des individus sexués, correspond exactement à la partie antérieure du corps de l'Hétéronéréide; l'individu sexué correspond à la partie postérieure du corps de cette dernière. Le parallélisme se poursuit jusque dans les détails : même développement de l'appareil locomoteur; même accroissement d'activité; même mode d'apparition des caractères sexuels par métamorphose portant sur des parties déjà existantes. Nous sommes donc en droit de considérer d'ores et déjà les Hétéronéréides comme résultant de la soudure de deux individus, l'un comparable aux individus nourriciers des Polypes hydraires, l'autre aux individus reproducteurs.

La *Syllis amica* (fig. 94, n° 1), étudiée par M. de Quatrefages, se comporte à peu près comme les Autolytes ; l'individu sexué (*b*) se forme seulement aux dépens d'une partie moins considérable du parent et ses caractères distinctifs, déjà manifestes avant la séparation, ne se développent pourtant d'une façon complète qu'après qu'elle s'est produite. L'individu reproducteur ne vit d'ailleurs que fort peu de temps : il meurt après l'évacuation des œufs ou des zoospermes.

Chez la *Syllis amica* les deux individus agames et asexués sont nettement séparés l'un de l'autre ; on ne trouve pas trace dans le premier d'éléments sexués. Chez la *Syllis fiumensis*, de Sicile, que MM. de Quatrefages et Ehlers ont successivement étudiée, les produits de la génération sont tellement abondants qu'ils envahissent la partie postérieure du corps de l'individu agame, tout en demeurant contenus dans une membrane spéciale. Les deux individus finissent cependant par se séparer, car Ehlers a fréquemment vu des mâles et des femelles indépendants et dont le corps était rempli d'œufs ou de zoospermes (1).

Certaines Annélides sédentaires nous présentent des cas plus simples. Sars (2), Oscar Schmidt (3) ont constaté que les Filigranes (4) se reproduisaient par voie de division transversale ; le nouvel individu est seul sexué ; il ressemble complètement à son parent. Huxley (5) a constaté la même chose chez les Protules, mais ici le parent et sa progéniture sont également sexués. Claparède a confirmé ces observations sur les Protules (6) et les a étendues plus tard aux *Salmacina incrustans* et *ædificatrix* (7).

(1) Ehlers, *Die Borstenwürmer*, p. 232.

(2) Michaël Sars, *Fauna norvegica littoralis*.

(3) O. Schmidt, *Neue Beiträge zur Naturgeschichte der Würmer*, 1848.

(4) *Filograna implexa* et *Filograna Schleidenii*.

(5) *Edinburgh new philosophical Journal*, 1855.

(6) Claparède, *Beobachtungen über Anatomie und Entwickelungsgeschichte der wirbellöser Thiere angestellt an der Küste der Normandie*, 1863.

(7) Claparède, *Les Annélides Chétopodes du golfe de Naples* (Mémoires de l'Institut Genevois, 1869).

Kröyer a constaté des phénomènes analogues chez la *Sabelle ocellée* (1).

En tenant compte de ces diverses observations, une gradation évidente, conforme à tout ce que nous ont appris les colonies de Polypes, relie entre eux les phénomènes de la reproduction asexuée des Annélides. Les Protules nous montrent une reproduction par simple division transversale ; les deux moitiés qui se séparent sont absolument équivalentes entre elles, jouent le même rôle ; c'est ce que nous avons déjà vu chez les *Naïs*. Déjà chez les Filigranes la division du travail physiologique apparaît : tous les anneaux qui composaient l'individu primitif cessent d'être équivalents ; les anneaux postérieurs, les plus jeunes, s'emparent du pouvoir reproducteur. Des œufs et des spermatozoïdes se développent en eux, tandis que les anneaux antérieurs se chargent plus spécialement des fonctions de nutrition ; il y a là une répartition des rôles comparable à celle que nous avons constatée tant de fois chez les Polypes hydraires, une tendance manifeste des anneaux du ver à se constituer en *anneaux nourriciers* et *anneaux reproducteurs*. Les anneaux d'une même sorte, placés bout à bout, s'unissent d'ailleurs pour constituer un seul et même individu : l'*individu nourricier* ou l'*individu reproducteur ;* ces deux individus ne tardent pas à se séparer.

Chez les Monères, les Rhizopodes, les végétaux inférieurs, les Éponges, les Acalèphes, nous avons vu la fonction de locomotion s'associer à la fonction de reproduction, se mettre à son service pour la dissémination de l'espèce. L'individu reproducteur, quand il s'isole, est toujours doué d'organes locomoteurs spéciaux ou perfectionnés, si bien qu'il perd, chez les Siphonophores et les Éponges, son caractère d'individu reproducteur pour devenir exclusivement locomoteur. La *Syllis amica*, l'*Autolytus cornutus*, l'*Autolytus prolifer* nous présentent, chez les Annélides, quelque chose de semblable. L'individu reproducteur, au moment où il se constitue, acquiert en même temps de nouveaux organes de locomotion et une vivacité de mouvements qui manquaient à l'indi-

(1) Kröyer, *Oversigt over Videnskabelige selskab Forhandlingar*, 1856.

vidu primitif. Ces modifications n'atteignent leur complet développement, chez la *Syllis amica*, qu'après la séparation de l'individu reproducteur; elles se produisent plus vite chez les Autolytes où l'individu reproducteur est déjà gorgé d'œufs ou de zoospermes et entièrement caractérisé avant de se séparer. Cet individu manifeste chez l'*Autolytus cornutus* une sorte de nonchalance à se séparer de son parent; chez la *Syllis fiumensis* cette paresse est encore plus caractérisée; les éléments génitaux produits dans l'individu reproducteur distendent la membrane qui les enveloppe et la font remonter jusqu'au troisième avant-dernier anneau de l'individu asexué.

Faisons un pas de plus : que la tête lente à se développer et souvent incomplète de la *Syllis fiumensis* ne se développe pas, et que l'individu reproducteur revête néanmoins ses caractères sexuels, qui apparaissent toujours de très bonne heure, nous aurions dans la famille des Syllidiens un terme exactement correspondant à celui que nous offrent les Hétéronéréides, dans la série voisine des Néréidiens. Or, ce terme existe : les *Syllia* de Gosse sont de véritables *Heterosyllis*, et leur origine qui ressort si nettement de l'ensemble de faits que nous venons d'exposer nous explique celle des Hétéronéréides.

Ainsi, dans ces dernières, le monstre de la fable est vraiment réalisé. L'Hétéronéréide est bien formée, comme elle le paraît, de deux êtres différents placés bout à bout : la Néréide à l'époque de la reproduction se coupe virtuellement en deux ; sa partie antérieure demeure chenille, sa partie postérieure devient papillon : la comparaison que nous faisions tout à l'heure est parfaitement exacte. Toutefois, pour deux êtres aussi dissemblables que la lente Néréide et sa pétulante progéniture, l'existence commune serait bien difficile : nous en avons vu la preuve chez l'*Autolytus cornutus*. Un accord se fait donc entre les deux parties, la transformation gagne quelques-uns des organes ou des tissus de l'individu antérieur. Les conditions d'existence se trouvant changées, c'est presque une conséquence mécanique de la vie sociale à deux.

L'individu reproducteur ayant, du reste, sur l'individu agame une prédominance bien marquée, une fois la fusion accomplie entre les deux organismes, il arrive que le type du premier envahit peu à peu le second; la distinction entre les deux individus devient de moins en moins nette; quelques-uns des anneaux antérieurs conservent seuls le type asexué et passent graduellement au type sexué. C'est ce que nous montrent à des degrés divers toute une série de Néréides dont les pieds sont surmontés d'une lame foliacée semblable à celle des Hétéronéréides et dont les soies sont mélangées de soies en forme de rame comme celles de ces derniers animaux : la Néréide hétérochète, de Java, et la Néréide yankee, de New-York, sont à cet égard particulièrement remarquables (1).

Les Néréides de Duméril nous offrent encore d'autres particularités remarquables. Nous avons vu que Ljungmann avait pu, dès 1867, envoyer à Malmgren des exemplaires de cette espèce qui avaient conduit leurs œufs ou leurs éléments fécondateurs à complète maturité, sans avoir revêtu la forme hétéronéréide. Malmgren pensait que ces individus devaient appartenir à quelque espèce particulière, difficile à distinguer de celle qu'il avait étudiée. Claparède a démontré que ces Néréides sexuées appartiennent bien à la même espèce que les Hétéronéréides dans lesquelles il avait vu se transformer les Néréides de Duméril. La même espèce peut donc se reproduire, par voie sexuée, dans des conditions différentes qui rappellent l'état larvaire et l'état parfait des insectes.

Que des animaux se reproduisent sans perdre pour cela leurs caractères larvaires, sans revêtir la livrée sexuée de leurs congénères, c'est un fait avec lequel sont familiers tous les entomologistes : les femelles de Vers luisants, celles de plusieurs Bombyx, les deux sexes des punaises des lits et de beaucoup de parasites sont à peu près dans ce cas. On peut forcer les Salamandres à conserver leurs branchies longtemps après la maturité sexuelle et, dans nos climats, ce n'est qu'exceptionnellement qu'on voit les Axolotls, cependant si féconds, perdre la livrée caractéristique des larves de Batraciens. Mais il n'est pas besoin d'avoir recours à ces exemples pour expliquer le fait observé par Ljungman et Claparède. Puisque chacune des deux moitiés d'une Hétéroné-

(1) De Quatrefages, *Histoire naturelle des Annelés*, t. Ier, p. 552 et 553.

réide correspond à un individu, une Néréide ne peut se transformer en Hétéronéréide qu'après avoir acquis un nombre d'anneaux suffisamment grand pour que la segmentation soit possible. L'individu asexué conserve toujours de quinze à vingt segments ; l'individu sexué en présente toujours davantage, beaucoup plus du double ; en fait, les plus petites Hétéronéréides de l'espèce qui nous occupe possèdent au moins soixante-dix segments environ. Or, les anneaux des Annélides deviennent très vite, et indépendamment les uns des autres, aptes à la reproduction. M. de Quatrefages a vu de petites Marphyses sanguines, n'ayant encore que le cinquième de leur taille, produire déjà des œufs, mais seulement dans la région moyenne de leur corps, les anneaux postérieurs étant encore trop jeunes et les anneaux antérieurs demeurant toujours stériles. Chez les Néréides plusieurs anneaux peuvent ainsi arriver à maturité, avant que le nombre total des anneaux de l'animal soit suffisant pour que la segmentation ait lieu : dès lors la reproduction s'accomplira sans métamorphose. C'est ce que semblent indiquer les faits observés par Claparède. Les Néréides de Duméril sexuées sont toutes d'une taille beaucoup plus petite que les Hétéronéréides de la même espèce : elles ne dépassent que rarement quarante à quarante-cinq segments, et n'atteignent jamais le nombre soixante-cinq que présentent les plus petites Hétéronéréides de cette espèce. L'écart entre ces nombres est de quinze à vingt segments et représente précisément la longueur moyenne de la portion antérieure des Hétéronéréides, c'est-à-dire la longueur moyenne de l'individu asexué. Claparède ne peut être suspect d'avoir cherché une telle coïncidence ; il faut reconnaître dès lors que ses chiffres présentent une remarquable confirmation de la théorie que nous proposons.

Quoi qu'il en soit, cette faculté de la Néréide de Duméril de se reproduire à la fois sous la forme néréidienne et sous la forme hétéronéréidienne nous fait voir que cette dernière n'est pas nécessairement liée à l'apparition des éléments sexuels chez les Néréides. La Néréide de Duméril nous prépare à l'existence d'animaux du même genre qui ne quittent jamais leur forme première, et c'est, en effet, le plus grand nombre. Nous sommes donc en présence d'un type qui semble osciller entre deux formes extrêmes que peuvent revêtir et conserver pendant toute leur vie les différents anneaux du corps. L'une de ces formes, la forme Néréide, est primitive ; l'autre est le résultat d'une adaptation en rapport avec la fonction de reproduction. Comme les Syllis, comme les Protules, les Néréides possèdent une forme asexuée et une forme sexuée; chez les premières ces deux formes se séparent de bonne heure sur des individus distincts ; chez les secondes ces individus demeurent unis, tout en revêtant leurs caractères spéciaux ; de là la forme Hétéronéréide.

Comme si les Néréides devaient reproduire dans leur type, cependant élevé, tous les traits propres aux Annélides inférieurs, il faut encore que la même espèce présente, à côté d'individus sexués de deux formes distinctes, d'autres individus qui réunissent en eux les deux sexes. M. Gaston Moquin-Tandon avait décrit en 1869, sous le nom de *Nereis massiliensis*, une Néréide hermaphrodite trouvée à Marseille. Des observations plus récentes de Mecznikoff, faites à Villefranche-sur-Mer, tendent à faire penser que cette Néréide n'est elle-même qu'une jeune Néréide de Duméril (1). Quelle moisson de faits intéressants nous offre l'histoire de ces singuliers animaux !

Nous venons d'assister à la soudure de deux individus de forme et de fonction différentes, à la fusion de ces individus en un individu complexe d'ordre plus élevé ; nous avons pu expliquer, de la sorte, toute une série de phénomènes singuliers et embrasser dans une seule théorie le plus grand nombre des phénomènes de la reproduction agame chez les Annélides. Le fait capital d'où nous sommes parti est la division du corps d'un animal en deux régions, égales ou non, qui deviennent chacune un nouvel individu. Ce fait n'était pas nouveau : nous l'avions déjà rencontré chez les *Dero*, et un peu plus complexe chez les *Naïs*. Mais le parallèle entre les deux groupes peut se poursuivre plus loin.

(1) Claparède, *Annélides du golfe de Naples* (*Supplément*) (Mémoires de l'Académie de Genève, t. XX, p. 435, 1869).

Au moment où M. de Quatrefages communiquait à l'Académie des sciences ses belles recherches sur la reproduction des Syllis (1), M. H. Milne Edwards publiait (2) de remarquables observations sur la reproduction agame d'une Annélide nouvelle, la *Myrianida fasciata*. Les Myrianides (fig. 94, n° 2) sont voisines des *Syllis*. Elles s'en distinguent surtout par la transformation du tentacule qui surmonte le pied de ces dernières en un large appendice foliacé : de

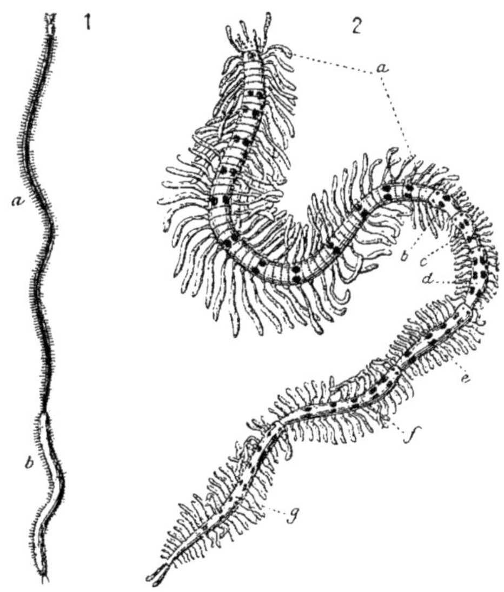

Fig. 94. — Reproduction agame des Annélides. — 1. *Syllis amica*, en voie de reproduction ; *a*, l'individu asexué ; *b*, l'individu sexué. — 2. *Myrianida fasciata* en voie de reproduction (grossie 2 fois) : *a*, ce qui reste de l'individu primitif ; *b*, *c*, *d*, *e*, *f*, chaîne de six jeunes individus de plus en plus développés à mesure qu'ils s'éloignent de l'individu primitif.

là un aspect des plus étranges. Le plus souvent on rencontre ces animaux par chaînes de quatre, cinq, six individus placés bout à bout et à divers états de développement. O.-F. Müller avait déjà constaté un fait semblable chez sa *Nereis prolifera* que certains auteurs ont confondue avec la *Syllis prolifera* de Johnston et que M. de Quatre-

(1) *Comptes rendus de l'Académie des sciences*, 15 janvier 1844, et *Annales des sciences naturelles*, 3e série, t. I, p. 22.

(2) *Annales des sciences naturelles*, 3e série, t. III, p. 170.

fages rattache au genre Myrianide ; mais son observation était demeurée contestée jusqu'au moment où M. de Quatrefages rappela l'attention sur la reproduction asexuée des Syllis ; elle a été depuis confirmée par Krohn qui a démontré en même temps que les nouveaux individus se formaient successivement aux dépens des derniers anneaux de l'individu primitif, chacun de ces anneaux se transformant en un nouvel individu. C'est exactement ce que nous avons vu chez les *Naïs ;* l'identité entre les phénomènes de reproduction agame que nous ont présentés les Lombriciens d'eau douce et les Annélides marines est absolue. Il n'y a donc pas lieu de répéter ici les raisonnements que nous avons faits à l'égard des premiers. L'histoire des Myrianides, des Syllis, des Autolytes, des Filigranes, des Protules, des Serpules, démontre jusqu'à l'évidence que les Annélides ne sont nullement des Vers simples. Ce sont de véritables colonies, formées d'animaux placés bout à bout. Chacun de leurs segments est un organisme à part, un individu parfait, qui a dû être jadis capable d'une vie indépendante et conserve encore une part considérable de ses facultés primitives (1).

Il reste à confirmer la théorie par l'étude des phénomènes embryogéniques chez les Annélides. Là nous allons trouver une série nouvelle de faits s'éclairant les uns les autres et qui nous permettront de remonter du type le plus simple de développement, tel que l'implique la formation des colonies linéaires, au type plus complexe que nous présenteront certains organismes déjà hautement perfectionnés de la classe importante des Annélides.

(1) On a encore signalé deux modes de reproduction des Annélides qui ne rentreraient pas dans ceux que nous venons d'énumérer et seraient assez difficiles à expliquer. Pagenstecher a cru voir, chez l'*Exogone gemmifera*, de jeunes individus se former de chaque côté du corps, sur la face dorsale des mamelons sétigères supérieurs. M. Léon Vaillant, chez une Annélide demeurée énigmatique, a décrit des jeunes naissant sur une expansion membraneuse de la tête, ce qui serait infiniment plus singulier. Mais Krohn a montré qu'il ne s'agissait, dans le premier cas, que d'un mode de gestation très répandu chez les Annélides inférieures voisines des Exogones ; le second n'a malheureusement pu être étudié par M. Vaillant d'une manière suffisante pour qu'il soit encore possible de se faire, à son égard, une opinion définitive.

CHAPITRE III

MÉTAMORPHOSES ET DÉVELOPPEMENT DES ANNÉLIDES.

Le choix du type auquel on s'adresse est de la plus haute importance lorsqu'on cherche à démêler la signification de phénomènes aussi complexes et aussi éloignés de leur allure primitive que les phénomènes embryogéniques. Les espèces qui montrent encore à l'état adulte les traces les plus manifestes de leur constitution coloniale sont celles chez qui l'on peut s'attendre à voir les phénomènes embryogéniques présenter la marche la plus normale et par conséquent la plus instructive. C'est là que ces phénomènes doivent avoir subi au plus faible degré l'influence accélératrice de la vie coloniale. Mais c'est là aussi que la vie larvaire doit avoir la plus grande durée, et cette durée est, à son tour, la source de difficultés d'un autre genre. Les larves qui passent lentement à l'état adulte, qui sont exposées à des vicissitudes très nombreuses, se sont souvent adaptées à des conditions d'existence fort différentes ; elles ont acquis des organes accessoires, destinés soit à les défendre, soit à augmenter leurs facultés locomotrices, soit enfin à assurer leur subsistance ; ces organes défigurent parfois complètement le type primitif. Sous l'action des tendances héréditaires qui entraînent dans une direction déterminée l'évolution de la colonie dont la larve est le fondateur, ces caractères personnels au premier individu, inutiles à la constitution de la colonie, disparaissent au moment où elle se forme, mais ils compliquent son développement de métamorphoses au milieu desquelles il est parfois difficile de distinguer les phénomènes essentiels des phénomènes accessoires. C'est là un nouvel écueil à éviter.

On trouve réunies chez l'*Autolytus cornutus*, et probablement chez les autres Annélides du même genre, des conditions exceptionnellement favorables aux études que nous poursuivons. Nous avons vu, en effet, ces Annélides posséder au même degré que les Naïs la faculté de se reproduire par voie agame, et l'exercer sous des formes aussi diverses qu'intéressantes; elles présentent de plus une particularité qui soustrait complètement leurs larves à toute influence modificatrice et permet à ces larves de conserver leur forme primitive. Au moment de la ponte, on voit se développer sur la face ventrale des individus femelles une volumineuse poche sphérique ; de là le nom de *Sacconéréides*, c'est-à-dire de *Néréides à sac*, qui leur avait été donné à l'époque où leur parenté avec les Autolytes était encore inconnue (1). Les œufs mûrs et fécondés passent dans cette poche (fig. 95, n° 1) et y accomplissent leur développement. Ainsi abritées, n'ayant pas d'ennemis à fuir, de subsistance à rechercher, ne vivant, du reste, en aucune façon, aux dépens de leur mère, demeurant trop peu de temps prisonnières pour avoir à subir les dégradations ordinaires du parasitisme contre lesquelles les protégerait, au besoin, la puissance même de leur force évolutrice, ces larves peuvent être considérées comme ayant conservé, mieux que toutes les autres, la marche normale et régulière du développement des Annélides. Elles se montrent, à l'époque de leur éclosion (2), sous forme de petits vers *plats, en forme de triangle allongé, munis de deux yeux,* dépourvus de bouche (3), présentant des rudiments de tube digestif, *couverts de cils vibratiles*, mais n'offrant aucune trace de soies locomotrices.

(1) Voir précédemment page 152.

(2) Alexandre Agassiz, *On the alternate generation in Annelida and embryology of Autolytus cornutus* (*Boston Journal of natural history*, t. VII, 1862).

(3) Cette observation demanderait peut-être à être revue, les larves des autres Annélides paraissent toutes posséder une bouche au moment de leur éclosion.

A cet état l'embryon d'Autolyte présente, suivant M. Alexandre Agassiz, la ressemblance la plus frappante avec un jeune Turbellarié. N'est-ce pas, d'autre part, l'organisme simple que nous nous sommes tout d'abord représenté comme ayant pu être la souche des premières colonies linéaires?

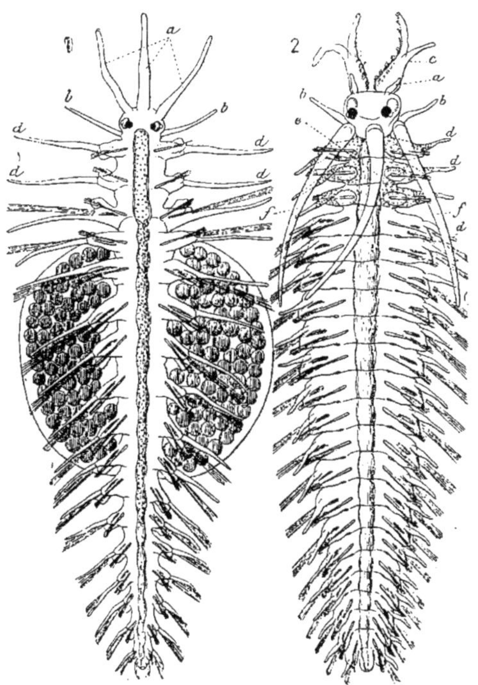

Fig. 93. — ANNÉLIDES. — 1. *Autolytus prolifer*, femelle (*Sacconereis helgolandica*, Müller), portant son sac à œufs. — 2. *Autolytus prolifer*, mâle (*Polybostrichus Mülleri*, Keferstein) dont les trois premiers anneaux sont seuls sexués et remplis de spermatozoïdes. — *a*, antennes ; *b*, première paire de cirres dorsaux ; *c*, antennes bifurquées du mâle ; *d*, cirres dorsaux normaux ; *f*, cirres tentaculaires du mâle ; *e*, antenne médiane du mâle. (Grand. nat. = 0m,01.)

Derrière les yeux, on aperçoit bientôt un étranglement annulaire qui semble limiter la tête (fig. 93, n° 3) ; plus bas, vers la région moyenne du corps, un autre étranglement, portant aussi sur le rudiment du tube digestif, indique la séparation en deux anneaux de la région du corps située derrière la tête. La bouche se voit alors sur la surface inférieure du corps, comme une fente située entre la tête et le premier anneau. Le second anneau qui est actuellement le dernier continue à s'allonger ; un nouvel étranglement se produit vers le milieu de sa longueur et porte à quatre le nombre des anneaux, y compris la tête ; puis, le même phénomène se répétant successivement plusieurs fois, le jeune Autolyte compte bientôt sept segments en tout ; on voit nettement (fig. 93, n°s 4 à 7) que les nouveaux anneaux se forment constamment par une bipartition du dernier. Nous retrouvons par conséquent ici, dans toute leur simplicité primitive, les conditions les plus normales du développement d'une colonie linéaire.

C'est seulement quand l'embryon est composé de sept anneaux que les soies locomotrices, caractéristiques des Annélides, font leur apparition dans le segment qui suit la tête, le premier segment du corps (fig. 93, n° 4) ; elles se montrent successivement dans tous les autres par rang d'âge ; bientôt le dernier et l'avant-dernier anneau en sont seuls dépourvus. En même temps se développent les antennes qui ornent la tête, les deux cirres du segment anal, puis les mamelons sétigères et les cirres qu'ils supportent.

Il est à remarquer que dans le développement, si conforme à la théorie, de l'Autolyte, le rôle du dernier segment est tout différent de celui qu'on lui attribue généralement chez les Naïs ou les Syllidiens. On admet d'ordinaire que, chez ces Vers, l'élongation du corps et même la production des nouveaux individus sont produites par la formation rapide de nouveaux anneaux qui bourgeonneraient entre le dernier et l'avant-dernier ; mais les détails recueillis par divers observateurs sur cet intéressant phénomène, et notamment les observations de Semper (1) sur les *Naïs* et les *Chætogaster*, tendent à montrer que le bourgeonnement a déjà subi chez ces animaux de profondes modifications. Chez les Auto-

(1) Semper, *Die Verwandschaftsbeziehungen der gegliederten Thiere*, Arbeiten der zoologisch-zootomischen Institut in Würzburg, t. III, 1876-1877, p. 161.

lytes, c'est bien le dernier anneau qui est en jeu ; c'est lui qui s'allonge et se partage, le nouvel anneau se constituant aux dépens de sa partie antérieure, tandis que sa moitié postérieure conserve une figure constante. Cela ne paraît pas particulier aux Autolytes; si l'on jette les yeux sur les nombreuses figures de larves d'Annélides qui ont été représentées, on reconnaît, dans beaucoup d'entre elles la trace plus ou moins évidente de ce mode de formation des nouveaux anneaux ; les figures publiées par Claparède et Metschnikoff (1) des larves d'*Audouinia filigera*, d'*Ophriotrocha puerilis* (fig. 96, n° 2) et de *Nephthys scolopendroïdes* sont à cet égard particulièrement instructives. On y voit toujours le dernier anneau présenter une partie postérieure plus ou moins invariable et une autre antérieure, évidemment en voie d'élongation, marquée de légers étranglements qui indiquent un commencement de segmentation.

Supposons maintenant que la formation des nouveaux anneaux s'accélère à la partie antérieure du dernier, que chacun d'eux, à peine formé, se montre déjà distinct de celui qui le précède, nous aurons une apparence très analogue à celle qui est affectée par la partie postérieure du corps des *Naïs* et des Annélides les plus élevées. pendant leur développement. On est donc amené à penser que la façon dont se développent les segments à la partie postérieure du corps des Vers annelés n'est qu'une modification du phénomène plus simple que nous venons d'étudier chez les Autolytes et quelques autres Annélides; le dernier anneau du corps serait le véritable anneau générateur et sa partie antérieure, presque toujours considérée comme l'avant dernier anneau, serait le point de départ de toutes les formations nouvelles. Le résultat de la comparaison entre les cas simples et les cas compliqués s'exprime donc par cette même proposition que nous avons déjà formulée à propos des colonies irrégulières : *la complication résulte d'une accélération des phénomènes de reproduction agame.*

Il serait intéressant de savoir si l'on ne pourrait pas constater l'apparition et les progrès de cette accélération pendant la

(1) Claparède und Metschnuikoff, *Beiträge zur Kenntniss der Entwickelungsgeschichte der Chætopoden*, Zeitschrift für wissenschaftliche Zoologie, t. XIX, 1879.

durée de la vie d'une même Annélide, de rechercher en particulier si pendant une certaine période de temps la formation des anneaux ne deviendrait pas plus rapide à mesure que l'Annélide grandirait.

On pourrait croire, au premier abord, que le mode de développement des Annélides est tout à fait l'opposé de celui que présentent les Ténias. Là, en effet, on considère habituellement le *scolex* comme la *tête* du Ver, et ce serait par conséquent la *tête* et non la *queue* qui aurait conservé la puissance génétique. Quelques naturalistes ont voulu opposer sous le nom de *strobilation* ce mode de développement, caractérisé par une production d'anneaux d'avant en arrière, au mode de développement des Annélides, à la véritable *segmentation* dans laquelle les anneaux se développent d'arrière en avant (1). Mais, en tenant compte de toutes les circonstances du développement des Ténias, on arrive au contraire à établir entre la *strobilation* et la *segmentation* un tel parallélisme qu'on ne peut considérer la première que comme la plus curieuse conséquence héréditaire de la seconde. Chez les Annélides, le segment postérieur n'est autre chose, en effet, que le *second segment* formé, qu'on peut considérer comme un *individu reproducteur*, tandis que le premier présente des modifications spéciales et devient l'*individu sensitif* ou la *tête*. Or, chez les Vers cestoïdes, le scolex, l'individu reproducteur, est lui aussi, comme nous l'avons vu, le second segment de la colonie; le premier segment n'est autre chose que la vésicule qui résulte de la métamorphose de l'embryon né dans l'œuf; au point de vue morphologique, c'est cette vésicule qui correspond à la tête des Annélides, et le scolex, que l'on considère habituellement comme la tête des Ténias, correspond au contraire au segment postérieur des Vers supérieurs; il en possède aussi la principale fonction, celle de produire de nouveaux anneaux; c'est à proprement parler la queue. Il suffit, dès lors, de renverser le Ténia, de placer le scolex dans la position où l'on place le segment anal des Anné-

(1) Semper, *Die Verwandschaftsverhaltnisse der gegliederten Thiere*, Arbeiten der zoologisch-zootomischen Institut in Würzburg, t. III.

lides, pour retrouver une correspondance parfaite dans le rôle et dans l'ordre chronologique d'apparition des anneaux. La vraie différence entre le Cestoïde et l'Annélide, au point de vue du mode de constitution de la colonie, c'est que, chez le premier, la véritable *tête*, la *tête morphologique* disparaît après avoir joué pendant quelque temps un rôle actif; le rôle prédominant incombe alors au segment postérieur qui prend ainsi tous les caractères d'une *tête physiologique ;* chez la seconde, au contraire, la tête morphologique persiste et demeure la tête physiologique. Il est à noter, que le segment anal vient immédiatement après elle dans l'ordre d'importance, et nous avons vu qu'il partage, dans une certaine mesure, ses fonctions.

Supposons d'ailleurs que l'embryon ordinairement très remuant d'un Ténia ne subisse pas de métamorphose et produise un scolex sans prendre la forme vésiculaire : c'est lui qui sera l'individu actif de la colonie, lui qui marchera le premier, traînant en arrière sa progéniture, lui qui choisira la voie à suivre et l'ouvrira au besoin; personne ne pourra lui refuser le caractère d'une tête. C'est précisément ce qui arrive chez un très remarquable parasite découvert en 1863 par Ratzel (1) dans la cavité du corps des *Tubifex* et étudié depuis par Leuckart qui l'a nommé *Archigetes Sieboldii* (2). L'*Archigetes* paraît poursuivre tout son développement sans quitter son hôte; il se montre d'abord sous la forme d'un embryon à six crochets semblable à tous égards à celui des Cestoïdes ordinaires et qui marche dans la direction où se trouvent ses crochets; ceux-ci marquent donc sa partie antérieure. Cet embryon se fixe dans les tissus. A sa partie postérieure, celle qui est opposée aux crochets, se constitue bientôt un anneau dans lequel se développent les organes qui caractérisent un proglottis adulte de Cestoïde. La reproduction agame ne va pas plus loin. Ici, l'embryon à six crochets qui correspond à la vésicule dite *caudale* du cysticerque a persisté et a conservé son

(1) F. Ratzel, *Zur Entwickelungsgeschichte der Cestoden*, Archiv für Naturgeschichte, t. XXXIV, p. 138.

(2) Leuckart, *Archigetes Sieboldii, eine geschlechtreife Cestodenamme*, Zeitschrift für w. Zoologie, t. XXX, Supplément, 1872.

rôle de tête; l'anneau unique qui s'est formé *à sa partie postérieure* n'est autre chose qu'un scolex sexué bien caractérisé comme scolex par une paire de ventouses latérales rappelant celles des Bothriocéphales. Si de nouveaux anneaux se formaient suivant la règle ordinaire, ils se développeraient entre le scolex et l'embryon qui lui a donné naissance, par conséquent *à la partie postérieure* de la colonie, car on ne peut donner aucune raison pour intervertir l'orientation initiale du premier individu formé; les choses se passeraient exactement comme chez les Annélides. Le développement de l'*Archigetes* prouve donc irréfutablement ce que de simples considérations morphologiques nous avaient déjà permis d'établir : à savoir que le *scolex* du Ténia est non pas la *tête*, mais la *queue* de la colonie. Au point de vue physiologique on peut cependant conserver le nom de tête au scolex des Cestoïdes, car chez ces animaux le premier individu formé, la *tête morphologique* se transforme, puis disparaît, et c'est à l'extrémité opposée du corps que passe la *tête physiologique*. Cette seconde tête peut même disparaître à son tour, suivant les observations de M. Mégnin, sans que le reste de la colonie en soit incommodé. Le caractère adventif de la tête physiologique, son peu d'importance au moment de son apparition, l'influence des circonstances extérieures sur son développement sont ici bien manifestes.

Ces influences s'exercent tout aussi bien sur les larves d'Annélides vivant en liberté que sur l'embryon parasite des Ténias ; mais, loin de déterminer chez elles une atrophie de tous les organes, elles favorisent au contraire le développement d'appareils de toutes sortes destinés à mettre la larve dans les meilleures conditions d'existence. Aussi, loin d'avoir, comme les Autolytes, une forme simple au début de leur existence, les Annélides présentent-elles dans cette période de leur développement les formes les plus bizarres et les plus variées. Elles ont pourtant ce caractère commun d'avoir pour organes essentiels de locomotion des cils vibratiles ; mais leurs cils sont groupés des façons les plus diverses. Tantôt ils forment au jeune animal un revêtement uniforme (fig. 98, n° 1), tantôt ils se disposent en bandes ou ceintures plus ou moins régulières, qui s'étendent sur toute la circonférence du corps (fig. 96, n° 2 et fig. 98, n° 2) ou se limitent soit à la région dorsale (fig. 97, n° 2), soit à la région ventrale (fig. 97, n° 3). De là, dans les formes larvaires, des modifications infinies dont il est souvent difficile de saisir le sens (1). Parmi toutes ces formes il y en a quatre qui semblent tout d'abord devoir mériter l'attention : dans toutes les quatre le ceintures ciliées sont complètes, mais leur nombre peut être 1, 2 ou indéfini, et leur position peut également varier. La ceinture unique est placée, par exemple, à la partie antérieure du corps, immédiatement au-dessus de la bouche (fig. 96, n° 1), ou bien au contraire vers la région moyenne (fig. 96, n° 4) ; dans le premier cas, elle laisse du même côté du corps les deux orifices du tube digestif ; dans le second, elle les sépare. Lorsqu'il n'existe que deux ceintures, l'une est placée en avant de la bouche, comme dans le premier des cas précédents, l'autre à l'extrémité postérieure (fig. 98, n° 2) ; lorsqu'il en existe plusieurs (fig. 96, n° 2) les deux ceintures extrêmes conservent encore cette disposition, seulement un certain nombre de nouveaux cercles ciliés viennent s'intercaler entre elles. Mais ces caractères sont loin d'avoir la même importance. Tout d'abord, lorsqu'il existe plus de deux ceintures

(1) JOHANNES MÜLLER (*Ueber die Jungenzustände einiger Seethiere*, Monatsber. der Akad. der Wiss. Berlin, 1851), BUSCH (*Beobachtungen über Anatomie und Entwickelung einiger wirbelloser Seethiere*), MAX SCHULTZE (*Ueber Entwickelung von Arenicola piscatorum*, Halle, 1856), CLAPARÈDE (*Untersuchungen über Anat. und Entwick. wirbelloser Thiere an der Küste von Normandie*, Leipzig, 1863), ont successivement essayé de donner une classification des larves d'Annélides, en s'appuyant sur la disposition de leurs ceintures ciliées. On appelle *larves atroques*, celles dont les cils sont uniformément répartis ; *larves céphalotroques*, celles qui ont une couronne de cils laissant d'un même côté la bouche et l'anus ; *larves mésotroques*, celles qui possèdent une seule ceinture médiane, entre la bouche et l'anus ; *larves télotroques*, celles qui portent une ceinture à chaque extrémité ; *larves polytroques*, celles qui ont plus de deux ceintures. Lorsqu'il existe plusieurs ceintures incomplètes, la larve est *gastrotroque* si les demi-ceintures sont limitées à la région ventrale, *nototroques* lorsqu'elles sont limitées à la région dorsale. Ces dénominations sont composées au moyen du mot τροχός, roue (pour ceinture) et des déterminatifs α privatif, κεφαλή, tête μέσος, moyen, τῆλε, éloigné, πολύς, plusieurs, γαστήρ, ventre, νῶτον, dos. Certaines larves portent des soies caduques qui ne se retrouvent plus chez l'adulte, Claparède les nomme *métachètes*, de μετὰ, après, χαίτη, cheveu.

vibratiles, c'est que le corps est déjà segmenté, au moins dans sa région ventrale ; le nombre des ceintures est donc, avant tout, une question d'âge ou mieux de degré de développement. On voit, en effet, les larves de Leucodores, par exemple, qui n'ont d'abord qu'une seule ceinture, arriver graduellement à en avoir un nombre considérable ; que ces ceintures soient complètes ou incomplètes, le fait a peu d'importance ; c'est là simplement une affaire d'adaptation. Toutefois, la multiplication des ceintures ciliées, concordant avec celle du nombre des anneaux, indique assez nettement que ces ceintures doivent être considérées comme un des traits caractéristiques des parties constitutantes de l'Annélide. Nous sommes ainsi amenés à étudier avec plus de soin leur disposition dans les larves où aucune trace de segmentation ne s'est encore manifestée.

Ces larves, à moins d'être ciliées sur toute leur surface, comme les larves de Lumbriconéréides (fig. 98, n° 1), ne présentent jamais qu'un ou deux cercles de cils (fig. 96, n° 1) ; encore cette dernière disposition, très fréquente sans doute, plus fréquente même qu'aucune autre, doit-elle être considérée comme subordonnée, car, dans un grand nombre de cas, la ceinture postérieure est seulement indiquée et l'on est ainsi graduellement conduit aux cas où elle fait entièrement défaut. Nous demeurons donc en présence de trois formes larvaires qui seules ont quelque droit à être considérées comme typiques : dans la première les téguments sont entièrement revêtus d'une fine toison de cils, comme chez l'*Autolytus cornutus* ou la *Lumbriconereis;* c'est probablement la forme primitive ; dans les deux autres, il n'existe qu'une ceinture ciliée qui est placée tantôt de manière à laisser d'un même côté du corps les deux orifices du tube digestif, tantôt de manière à les séparer. Ces trois sortes de larves sont celles qui ont été désignées par les auteurs sous le nom de larves *atroques*, *céphalotroques* et *mésotroques*.

On ne connaît guère avec certitude de larves mésotroques que celles du *Telepsavus costarum* (fig. 96, n° 4), des Chétoptères et de quelques genres voisins. Mais l'examen de ces larves, au moment où apparaît la ceinture unique médiane, montre qu'elles portent déjà un grand nombre de faisceaux de soies rudimentaires (fig. 96, n° 4, *s*) indiquant un état avancé de segmentation du corps ; elles sont par conséquent comparables aux larves à plusieurs ceintures ; leur ceinture médiane n'est qu'une de ces ceintures plus développée, un

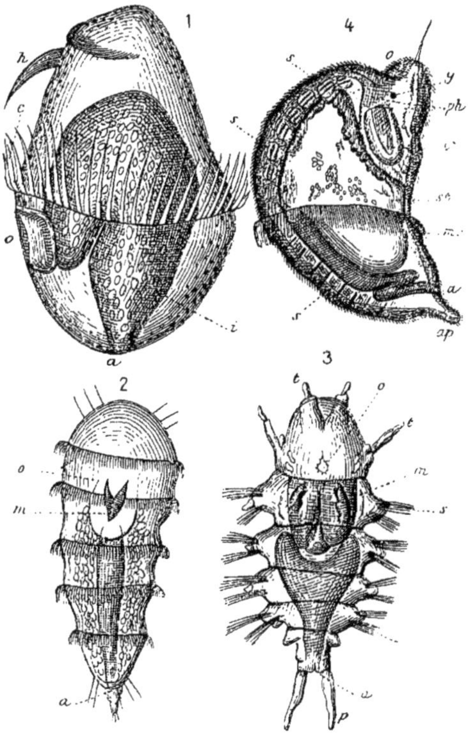

Fig. 96. — LARVES D'ANNÉLIDES. — N° 1. Larve céphalotroque de *Phyllodoce*, grossie 100 fois. — 2. Larve polytroque d'*Ophriotrocha puerilis*, grossie 100 fois. — 3. Très jeune Néreide. — 4. Larve mésotroque d'un Chétoptéride (*Telepsavus costarum*), grossie 100 fois. — Dans toutes les figures : *o*, bouche ; *a*, anus ; *ph*, pharynx ; *i*, tube digestif ; *st*, estomac ; *m*, mâchoires ; *t*, *t'*, antennes ou tentacules ; *y*, yeux ; *c*, *mc*, ceintures vibratiles ; *h*, appendice cilié servant probablement au tact ; *s*, soies locomotrices ; *p*, *ap*, appendice terminaux.

organe d'adaptation probablement en rapport avec le développement si singulier que présentent certaines régions du corps chez les Annélides de la famille des Chétoptérides, à l'état adulte. Ces larves ne peuvent donc, à aucun titre, être considérées comme des formes primitives ; elles sont elles-mêmes le résultat d'une accélération du développement et ne sauraient nous donner aucune indication relativement à l'individu fondateur des colonies d'Annélides. Les larves atroques paraissent également assez rares, ce sont des larves de Syllidiens ou d'Euniciens ; toutefois, un assez grand nombre d'observations porteraient à penser qu'avant de prendre la forme céphalotroque, beaucoup d'embryons d'Annélides seraient ciliés sur toute leur surface ; mais ce n'est là qu'un état tout à fait transitoire. En somme, les larves céphalotroques, avec ou sans ceinture postérieure, constituent la forme simple, de beaucoup la plus générale, des larves d'Annélides ; à ce type se rattachent les larves de *Polynoë* (fig. 97, n° 1), de *Phyllodoce* (fig. 96, n° 1), de *Nephthys*, de *Nerine* (fig. 97, n° 3), de *Spio*, de *Cirratule*, d'*Audouinia*, de *Capitella* et probablement de la plupart des Annélides errantes ; c'est donc le type normal, celui sur lequel notre attention doit plus particulièrement se porter. Mais cette forme de larve n'est pas spéciale aux Annélides proprement dites ; elle s'est déjà présentée à nous chez les Bryozoaires ; nous la retrouverons plus tard encore ; c'est donc une forme d'une importance considérable et qu'on a désignée d'un mot par le nom de *trochosphère*.

A cet état, le jeune ver est déjà à un organisme assez élevé (fig. 96, n° 1) : son tube digestif, pourvu de deux orifices, remonte d'abord vers la partie antérieure de l'animal, pour se recourber ensuite et s'ouvrir au sommet de la partie postérieure ; on peut y reconnaître assez souvent un œsophage, un estomac et un intestin ; la bouche occupe toujours sa position caractéristique, immédiatement au-dessous de la ceinture vibratile ; il existe assez souvent des yeux et fréquemment apparaissent, sur diverses parties du corps, des appendices que l'on pourrait considérer comme des organes du tact. Quelquefois autour de la bouche se développent des lèvres plus ou moins épaisses qui peuvent s'allonger en un cône portant à son extrémité l'orifice buccal (fig. 97, n° 1) ou former au-dessus de cet orifice une sorte de trompe ; les deux régions du corps que sépare la couronne ciliée peuvent enfin présenter les modifications de formes les plus nombreuses ; de là la variété d'aspect que présentent les larves. Souvent encore, et c'est là un point dont l'importance apparaîtra plus tard, la zone de la ceinture ciliée se développe en un bourrelet saillant ou en un large repli, frangé de longs cils, qui constitue un puissant appareil de locomotion. Cet appareil, déjà remarquable chez certaines larves d'Annélides errantes, telles que les *Polynoë* (fig. 97, n° 1, *c*) ou les Leucodores, atteint sa plus grande perfection chez les larves des

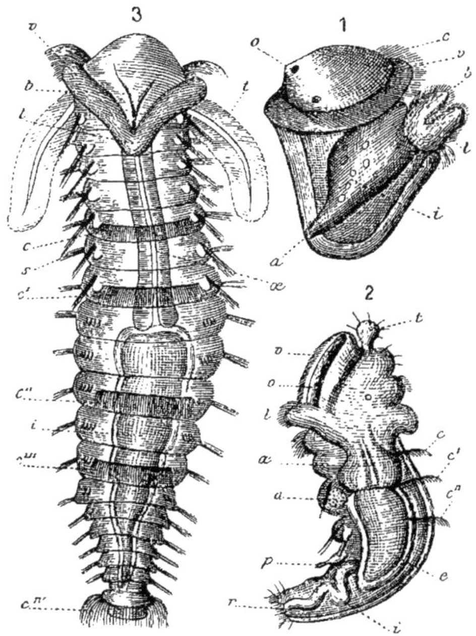

Fig. 97. — LARVES D'ANNÉLIDES. — 1. Larve céphalotroque de *Polynoë*: *o*, yeux ; *c*, ceinture ciliée et *v*, expansion membraneuse qui la supporte ; *b*, bouche ; *l*, lèvres ciliées entourant la bouche ; *i*, tube digestif. — 2. Larve nototroque de *Wartelia* : *t*, tentacule unique ; *v*, repli cilié entourant la bouche ; *o*, bouche ; *l*, lèvre inférieure ; *c*, *c'*, *c"* demi-ceintures ciliées ; *a*, vésicule auditive ; *p*, pieds ; *œ*, œsophage ; *e*, estomac ; *i*, intestin ; *v*, anus. — 3. Larve gastrotroque de *Nerine cirratulus*: *v*, repli cilié passant au-dessous de la bouche ; *b*, bouche ; *l*, lèvre inférieure ; *t*, tentacule ; *c*, *c'* à *c"'*, demi-ceintures ciliées ; *s*, soies locomotrices ; *œ*, œsophage ; *i*, estomac et intestin.

Annélides céphalobranches (fig. 98, n°s 3 et 4), où il se complique souvent d'ailes membraneuses, premiers rudiments de l'appareil respiratoire si développé de ces animaux. Les larves sont à ce moment essentiellement pélagiques et ne présentent ordinairement aucune trace de soies locomotrices ; ces organes n'apparaissent que plus tard lorsque la segmentation est déjà bien manifeste : ils manquent encore aux anneaux nouvellement formés et ne se montrent que lorsque ceux-ci ont atteint un certain âge ; la partie antérieure du corps possède déjà son armature complète de soies, que la partie postérieure en est encore totalement dépourvue. Les soies locomotrices sont donc, chez les Annélides, des organes dont l'acquisition est relativement récente. L'organisme primitif d'où la classe entière est dérivée n'en possédait pas et rampait sur le sol comme un Turbellarié ou nageait à l'aide d'un appareil cilié plus ou moins développé.

La trochosphère ne présente aucune trace d'anneaux ou de segments ; l'apparition d'une ceinture postérieure de cils doit être considérée comme la première indication de la division de son corps en deux segments ; le segment nouvellement formé n'est lui-même qu'une trochosphère équivalente à la première et engendrée par elle ; la larve est alors formée de deux trochosphères soudées. La première, la plus ancienne, se transforme peu à peu et devient la tête de l'Annélide ; la seconde forme son segment postérieur ; chacune d'elles équivaut donc à un segment de l'animal adulte, et le développement tout entier se réduit à l'interposition de segments nouveaux, entre les deux segments primitifs. Les segments nouveaux résultent à leur tour d'une division répétée de l'un des segments postérieurs qui se reproduit d'une façon continue jusqu'à ce que l'animal arrive à l'état adulte.

Il suit de là que la trochosphère, forme primitive de l'Annélide ne représente que l'un des segments du Ver ; elle arrive à constituer l'Annélide simplement en se reproduisant elle-même, par voie de division transversale, exactement comme le Microstomes et autres Turbellariés inférieurs ; seulement, ici, la segmentation ne va pas jusqu'à la séparation complète des parties qui se sont formées ; ces parties demeurent unies entre elles et chacune d'elles devient l'un des segments de l'Annélide. Tous les segments d'une Annélide sont de tous points équivalents à la trochosphère primitive ; celle-ci était sans conteste un individu autonome, au moment de son éclosion ; il en est nécessairement de même des segments qu'elle a formés et qui ne sont que la répétition d'elle-même. L'Annélide, résultat de l'association de ces individus, est donc, par définition même, une colonie. La trochosphère primitive ne donne par sa métamorphose directe qu'un

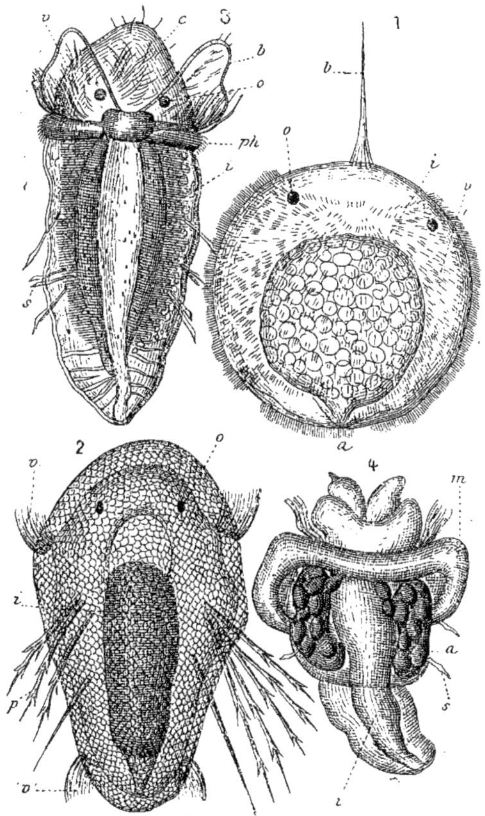

Fig. 98. — LARVES D'ANNÉLIDES. — 1. Larve atroque d'une Eunicide (*Lumbriconereis*), grossie 100 fois. — 2. Larve télotroque et métachète de *Nerine cirratulus*, grossie 100 fois. — 3. Larve de *Dasychone lucullana*, annélide voisine des Serpules. — 4. Larve de *Pileolaria militaris*, grossie 100 fois. Dans toutes les figures : *i*, intestin ; *ph*, pharynx ; *a*, anus ; *o*, yeux ; *s*, soies locomotrices permanentes ; *p*, soies caduques des larves métachètes ; *v*, *v'*, ceintures vibratiles ; *b, m*, voile céphalique cilié.

seul des individus associés, et cet individu n'est autre, comme l'indiquait la théorie, que la tête de l'Annélide.

Les Annélides, que nous venons d'étudier, *sont, au moment de leur éclosion réduites à leur tête;* cette tête, qui n'est plus tard qu'un segment de l'animal comme les autres, vit alors à l'état d'individu parfait, et se suffit complètement; elle engendre tous les autres segments en se reproduisant elle-même par voie agame. Ces segments sont par conséquent comme elle des individus. Peut-on souhaiter une démonstration plus complète de cette proposition : *Les Annélides ne sont autre chose que des colonies linéaires?*

Il est intéressant de voir combien peu de segments suffisent, dans certains cas, pour que l'Annélide présente déjà tous les caractères du genre auquel elle appartient. Les Néréides adultes (fig. 91) n'ont guère moins d'une centaine d'anneaux; leurs larves sont déjà reconnaissables, présentent des mâchoires, des antennes, des soies de Néréides alors qu'elles ne sont encore formées que de cinq ou six anneaux (fig. 96, n° 3). Ce petit nombre d'anneaux, parfaitement développés d'ailleurs, bien caractérisés, et qui suffit pour constituer un individu, n'est-il pas une nouvelle preuve à ajouter à celles que nous avons déjà données de l'indépendance primitive des segments et de la faculté qu'ils ont dû avoir de s'individualiser isolément?

Une autre conséquence de l'individualité de chaque segment est que, chez les Annélides sédentaires dont le corps est divisé en régions distinctes, chacune de ces régions acquiert une sorte d'individualité et se développe, indépendamment des autres parties, tout comme si elle était un animal distinct. Chez les Naïdiens, le corps est déjà divisé en deux régions, dont l'une, composée le plus souvent de la tête et de quatre anneaux, peut être désignée sous le nom de région céphalique; cette région se forme isolément, lors de l'individualisation de chaque nouvelle partie du corps, et ses segments se développent d'avant en arrière, comme s'il s'agissait d'un nouvel individu. Chez les Térébelles, la région thoracique qui porte les branchies ne commence à se développer que lorsque l'animal possède déjà trente-huit ou quarante segments (1).

(1) Milne Edwards, *Observations sur le développement des Annélides*, Annales des sciences naturelles, 3e série, t. III, 1845, p. 157.

Ses anneaux se forment successivement et d'avant en arrière comme ceux de la tête des *Naïs*. De nouveaux anneaux se forment de même en arrière de la tête pour constituer la région thoracique chez la *Salmacina Dysteri* (1). L'examen des figures de larves d'Annélides publiées par Claparède dans ses divers mémoires semble indiquer que ce phénomène se produit aussi dans plusieurs des types qu'il a étudiés, et il est probablement beaucoup plus fréquent qu'on ne l'a cru jusqu'ici. Il est évidemment de même nature que celui qui donne naissance à de nouveaux individus chez les Syllis, les Myrianides, et même les Autolytes et les Hétéronéréides : les anneaux postérieurs ou les anneaux intercalaires qui, dans ces Annélides, s'organisent en nouveaux individus dont l'aspect est souvent si différent de celui de leurs parents, se bornent ici à constituer des régions distinctes du corps. Dès 1844, M. Milne Edwards signalait cette identité entre la génération agame de certains animaux articulés et l'accroissement des régions du corps chez certains autres :

« Lorsque le développement devient plus actif, dit-il dans son mémoire précédemment cité (2), comme dans le cas de la multiplication par bourgeonnement, dont les Syllis et nos Myrianides offrent des exemples, on voit même un anneau donner directement naissance à deux ou plusieurs zoonites qui, en se reproduisant à leur tour de la manière ordinaire, constituent une ou plusieurs séries intercalaires ; l'ensemble des produits segmentaires représente alors une série de *groupes de zoonites*, dont chacun s'allonge par sa partie postérieure comme le faisait la série unique dans le cas précédent (3)... Ce phénomène qui, dans la classe des Annélides, ne se manifeste que lors de la reproduction de nouveaux individus (4) par voie de bourgeonnement..., se voit ailleurs pendant le développement de l'embryon... Chez les Crustacés, par

(1) Giard, *Note sur le développement de la Salmacina Dysteri*; Comptes rendus de l'Académie des sciences, t. LXXXII, 1876, p. 287.

(2) Annales des sciences naturelles, 3e série, t. III, 1845, p. 174.

(3) Celui où l'animal ne se reproduit pas par voie asexuée.

(4) Le mode de développement des diverses régions du corps des Annélides était alors inconnu ou n'avait pas été interprété comme il l'a été depuis.

exemple, il paraît y avoir trois de ces systèmes ou séries de systèmes génésiques de zoonites, dont l'allongement peut se continuer après la formation du premier anneau de la série suivante, et il est à noter que ces groupes correspondent précisément aux trois grandes divisions du corps de ces animaux : la tête, le thorax et l'abdomen. »

L'assimilation entre chacune des régions du corps d'un Crustacé et les nouveaux individus qui se forment chez une Syllis ou une Myrianide s'impose donc en dehors de toute théorie ; cette assimilation est incontestablement tout aussi légitime en ce qui concerne les diverses régions du corps de la plupart des Annélides sédentaires. Si les Annélides errantes sont des colonies au premier degré, ces Annélides sédentaires méritent le nom de colonies au second degré ; chez elles, chaque région du corps peut être considérée comme un individu adapté à une fonction ou à un mode d'existence spécial : l'Annélide résulte de la fusion de ces individus. Nouvel exemple de ce procédé constant de transformation des colonies dont les conséquences ont été si nombreuses, si variées, si importantes.

Il ne faudrait pas conclure de ce qui précède que la tête, le thorax, l'abdomen d'une Annélide, d'un Crustacé ou d'un Insecte aient dû nécessairement former des individualités capables, sous leur forme actuelle, de vivre isolées les unes des autres : la division du travail a sans doute produit sur place le polymorphisme que nous constatons aujourd'hui ; elle a porté sur des individus ou des groupes d'individus qui pouvaient se passer les uns des autres et se séparaient, en conséquence, lorsqu'ils étaient encore tous identiques entre eux, qui se séparent encore, malgré un certain degré de polymorphisme, chez les Syllis et les Autolytes, mais qui, déjà chez les Hétéronéréides, demeurent unis toute leur vie. Plus tard, lorsque la division du travail est devenue plus complète, suivant une loi générale l'union est en même temps devenue plus intime : de sorte que plus les régions du corps sont distinctes chez un animal articulé, plus les individus composants sont différemment construits, plus les fonctions qu'ils remplissent sont variées, et moins ces régions ou ces individus ont de tendance à quitter leurs compagnons.

A mesure que se cimente l'union des membres d'une colonie vermiforme, on doit s'attendre à voir se précipiter les phénomènes embryogéniques qui tendent à la constitution de cette colonie. Les anneaux se formaient d'abord un à un par simple division du dernier ou de l'avant-dernier segment, et ne prenaient un caractère individuel qu'après avoir atteint une certaine taille : ce temps de croissance s'amoindrit de plus en plus ; à peine un anneau est-il caractérisé qu'un autre se caractérise à son tour ; bientôt il se forme en avant du dernier anneau une sorte de plage neutre qu'envahit une segmentation tellement rapide que les anneaux sont déjà distincts avant qu'aucun des organes qu'ils doivent contenir ait commencé à se former ; cette plage se limite enfin à une région circonscrite de la face ventrale, qui semble le point de départ de toutes les formations nouvelles et qu'on a nommée pour cette raison la *bandelette germinative*. Par quel procédé s'opèrent ces changements dans le mode de production des nouveaux individus? On ne peut dire que cette question ait encore été explicitement posée ; il n'y a donc pas à s'étonner que nous manquions actuellement de documents pour la résoudre ; mais c'est là un problème important dont la solution donnera la clef de bien des mystères embryogéniques. L'étude comparative de la formation des nouveaux anneaux pendant la période larvaire et dans le voisinage de l'état adulte ; celle du mode de régénération des segments excisés, chez une seule et même espèce, pourraient fournir, à cet égard, de précieux renseignements, car il semble que l'accélération dans la production des parties nouvelles que l'on observe en comparant des espèces de plus en plus hautement individualisées, se manifeste aussi chez le même individu, à mesure que, par les progrès de la croissance, la collaboration d'un plus grand nombre de parties donne aux phénomènes vitaux une intensité plus grande. Mais l'embryogénie comparée des différents types conduit au même résultat par une voie un peu différente, et ces deux modes de recherche peuvent se servir réciproquement de moyen de contrôle.

On observe, en effet, dans le développement de l'embryon des Annélides, des gradations exactement correspondantes à celles que présente la formation des nouveaux individus ou des nouveaux anneaux dans les colonies linéaires. On y trouve tous les intermédiaires entre le développement des Syllidiens et des Néréides, où les anneaux se forment successivement et un à un, et celui des Chétoptères, des Lombrics et des Sangsues, où un grand nombre d'anneaux prennent leur origine presque simultanément dans un tissu formatif spécial, occupant une région plus ou moins limitée de la face ventrale de l'embryon.

Entre les Annelés marins et les Annelés d'eau douce ou terrestres, comme les Lombrics, il existe d'ailleurs une différence importante. Ces derniers ne pourraient évidemment subsister dans la terre humide, à l'état de simplicité où nous avons vu naître la plupart des embryons d'Annélides : la plus grande partie de leur développement s'accomplit donc, non pas sous les enveloppes de l'œuf, mais à l'intérieur d'une sorte de capsule assez résistante, dans laquelle la mère, au moment de la ponte, accumule un certain nombre d'œufs, un faisceau de spermatozoïdes et une réserve considérable de matières alimentaires. Dans les grandes espèces, il arrive souvent qu'un seul de ces œufs se développe ; les autres sont dévorés par le jeune ver : c'est une façon comme une autre d'être utilisés. Au moment de l'éclosion définitive, le Lombric présente déjà un assez grand nombre d'anneaux ; toutes les parties de l'adulte sont nettement caractérisées en lui. Quand l'Annélide se trouve mise en rapport avec le monde extérieur, elle n'est souvent représentée, au contraire, que par son premier anneau. La plus grande partie de son développement doit s'accomplir au grand jour : elle est donc extrêmement jeune par rapport au Lombric naissant. On voit par là combien serait grande l'erreur que l'on commettrait en considérant comme équivalents deux organismes, fussent-ils même voisins, au moment de leur naissance : c'est une erreur analogue que l'on a commise lorsqu'on a essayé de classer, d'après le nombre de leurs ceintures vibratiles, des larves d'Annélides que l'on supposait implicitement contemporaines. On est sans cesse exposé à commettre cette erreur dans les études d'embryogénie comparée, à cause de ce raccourcissement des phénomènes de développement dont nous avons déjà vu tant d'exemples : une larve qui acquiert presque simultanément une vingtaine de segments, comme les larves de Polynoës, celles de Lombrics ou encore comme les larves mésotroques des Chétoptéridés, est au point de vue embryogénique, bien moins jeune qu'une larve, plus âgée de quelques heures ou même de quelques jours, mais qui n'a employé ce temps qu'à acquérir 3 ou 4 segments. Toute comparaison portant sur l'ordre d'évolution de leurs organes sera sans valeur, si l'on ne tient pas compte, avant tout, des indications fournies par la marche de la segmentation du corps, phénomène primordial, qui mesure véritablement l'âge physiologique de l'animal, puisqu'il indique la quantité de matériaux employés à sa formation, et que ces matériaux naissent les uns des autres.

Or, le résultat de tous les rapprochements que l'on peut faire entre le mode d'évolution des larves d'Annélides observées jusqu'à ce jour est exactement celui auquel nous a conduit l'étude des Tuniciers. *A mesure que les diverses parties de la colonie deviennent plus étroitement solidaires, le développement de l'Annélide tout entière s'accélère de plus en plus.* Entre les cas où le développement est le plus rapide et ceux où le développement est le plus lent, on trouve toutes les transitions et l'on peut affirmer que les différences observées dans le mode de formation des tissus, des organes et des segments tiennent uniquement à l'accélération embryogénique. Ces différences ne sauraient donc être invoquées contre les conclusions auxquelles nous ont conduits les observations exactes, rigoureusement interprétées dont l'embryogénie des Annélides a été l'objet. Elles posent des problèmes de physiologie et d'histologie fort intéressants, mais dont la solution ne saurait modifier en rien le problème plus général, désormais résolu, de la constitution des Annélides.

Si les Annélides sont des colonies, si leurs anneaux sont autant d'individus distincts, ces individus peuvent, comme ceux des colonies d'Hydraires, éprouver des modifications diverses. L'histoire de ces modifications va nous offrir des arguments nouveaux et d'un autre ordre en faveur de la thèse que l'embryogénie nous permet déjà de considérer comme établie.

CHAPITRE IV

LA DIVISION DU TRAVAIL DANS LES COLONIES LINÉAIRES.

Chez un très grand nombre d'Annelés, l'apparence extérieure du corps et même les organes internes sont demeurés dans des conditions très voisines de celles que doit remplir une colonie linéaire typique. Les anneaux des Lombrics et de la plupart des Annélides, qu'on désigne sous le nom d'*errantes* à cause de leurs mœurs vagabondes, se répètent toujours identiques à eux-mêmes ; seuls l'anneau postérieur et les premiers anneaux antérieurs subissent des modifications spéciales en raison du rôle particulier qui leur revient dans une colonie linéaire. Ces rôles ne sont pas sans avoir quelque ressemblance, aussi n'y a-t-il pas entre les extrémités d'une Annélide le contraste que l'on est habitué à voir entre la tête et la queue des animaux supérieurs : les anneaux terminaux de plusieurs Vers marins se ressemblent à ce point que les plus habiles naturalistes ont quelquefois confondu les deux bouts de l'animal l'un avec l'autre : Savigny, Cuvier, de Blainville, ont pris la tête de l'*Ophelia bicornis* pour la queue ; la même erreur a été commise par Oken relativement aux *Sternaspis*. Mais ce n'est pas seulement l'apparence extérieure de l'animal qui pourrait conduire à de tels renversements : l'organisation du segment anal présente souvent de curieuses analogies avec celle du segment céphalique ; tous deux portent des appareils tactiles bien développés, tous deux peuvent être pourvus d'yeux, aussi bien caractérisés à l'extrémité postérieure qu'à l'extrémité antérieure. La *Nematonereis contorta*, l'*Oria Armandi*, les Fabricies, ont généralement deux yeux sur le segment anal, les Amphicorines, les Myxicoles en ont quatre, l'*Amphiglena Mediterranea*, six ou huit.

Il est à remarquer que cette particularité s'observe surtout chez des Annélides dans lesquelles la tête a été détournée de son rôle primitif, du rôle de *cicerone* de la colonie, par le développement d'un volumineux panache respiratoire. Les Annélides à branchies céphaliques (fig. 99) sont ordinairement sédentaires et habitent dans des tubes calcaires ou dans des étuis de grains de sable qu'elles savent fabriquer ; leur tête, ornée de son panache, fait seule saillie hors du tube dans lequel l'animal se retire brusquement à la moindre alerte. Tout autres sont les mœurs des espèces qui possèdent des yeux postérieurs ; les Amphicorines et les Myxicoles quittent volontiers leur tube pour courir à l'aventure ; ils en sortent la queue la première ; on les voit alors explorer le sol avec leur segment anal et marcher en dirigeant, toujours en avant, ce segment qui semble traîner après lui tout le reste de la colonie. L'anneau postérieur s'est donc réellement emparé d'une des fonctions essentielles de la tête, ou plutôt les rôles que remplit ordinairement une tête se sont partagés entre les deux extrémités du corps : la *tête digestive*, celle qui porte la bouche, est demeurée à l'extrémité qui correspond au côté antérieur des autres Vers, la *tête sensitive* s'est transportée à l'extrémité postérieure, gênée qu'elle était dans l'exercice de ses fonctions par le développement particulier de l'appareil respiratoire. Il s'est ici produit quelque chose de très analogue à ce que nous avons vu chez les Ténias, où le premier individu de la colonie qui aurait dû devenir une tête, déchoit de son rôle, se transforme en un individu protecteur destiné généra-

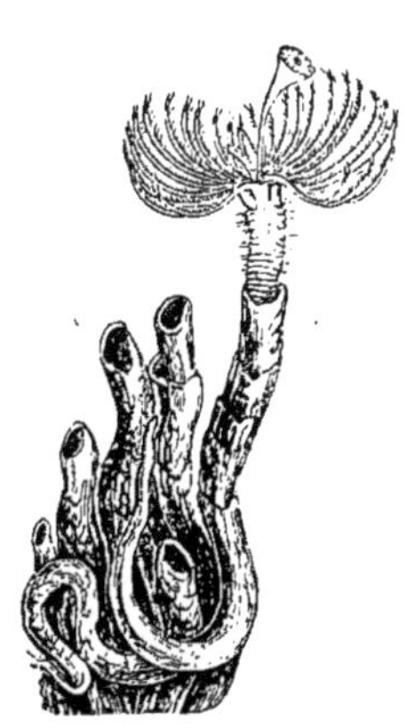

Fig. 99. — ANNÉLIDE SÉDENTAIRE. — *Serpula contortuplicata*. Un seul individu est épanoui et montre ses branchies et son opercule (légèrement grossie).

lement à disparaître et se trouve remplacé au point de vue de la fonction par le scolex, qui n'est autre chose que le second individu par rang d'âge, celui qui, chez les Annélides, occupe toujours l'extrémité postérieure.

Les yeux postérieurs et les yeux antérieurs ne sont pas des

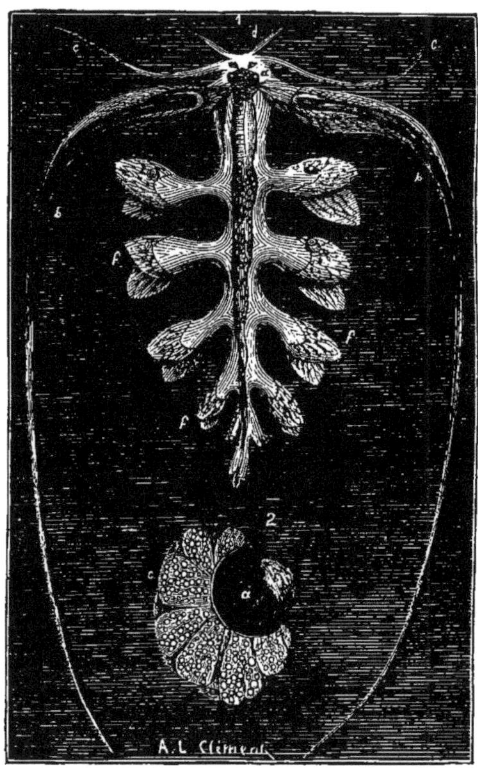

Fig. 100. — ANNÉLIDES. — 1. *Tomopteris vitrina*, jeune (grossi 13 fois); *a*, le cerveau et les yeux; *b*, grands tentacules portant une soie; *c*, *d*. antennes et tentacules secondaires; *f*, rames pédieuses portant les yeux. — 2. Un des yeux portés par les pieds; *a*, pigment; *b*, cristallin; *c*, cellules indéterminées (nerveuses ?). Grossissement 200 fois.

formations nouvelles : ils sont simplement les restes des yeux que possédait primitivement chacun des anneaux du corps, en sa qualité d'individu autonome. Dans les genres où il existe des yeux postérieurs, on trouve, en effet, presque toujours quelques espèces qui en portent sur tous les anneaux, telles sont : le *Myxicole parasite* (1) qui possède quatre yeux sur chaque segment, l'*Amphicorine coureuse*, l'*Amphicorine argus* (2) qui en ont deux. Plusieurs Annélides errantes présentent aussi de ces yeux segmentaires : les *Tomopteris* (fig. 100) ont un œil admirablement développé sur chacune de leurs rames pédieuses (3), les Polyophthalmes en ont au moins une série, parfois deux de chaque côté (4), et ces animaux marchent également bien la tête ou la queue en avant, comme si ces deux extrémités étaient à peu près équivalentes. On voit même de chaque côté du corps, dans le voisinage des pieds, chez certaines Eunices (fig. 101), deux taches noires qui ne peuvent être que des yeux rudimentaires (5), car elles sont remplacées chez l'*Eunice vittata* par de véritables yeux pourvus d'un cristallin (6).

Plus souvent encore que les yeux, les organes de l'ouïe quand ils existent, appartiennent à d'autres segments que le segment céphalique. Il n'est pas, en effet, particulièrement utile à la colonie que cette fonction soit exercée par un anneau plutôt que par un autre. Les organes auditifs n'ont été rencontrés que chez un petit nombre d'espèces; ils sont simplement constitués par une paire de petites vésicules sphériques garnies intérieurement de cils vibratiles et contenant tantôt une concrétion calcaire, très réfringente, parfaitement arrondie, tantôt une multitude de petits corpuscules analogues à ceux de l'oreille interne des animaux supérieurs. M. de Lacaze-Duthiers a donné à l'organe exactement semblable que l'on trouve chez la plupart des Mollusques le nom d'*otocyste*. L'*Oria Armandi*,

(1) De Quatrefages, *Histoire naturelle des Annelés*, t. II, p. 474 et suivantes.

(2) De Quatrefages, *même ouvrage*, p. 480.

(3) Vejdovsky, *Beitrage zur Kenntniss der Tomopteriden* (Zeitschrift für wissenschaftliche Zoologie, t. XXXI, 1878, p. 195).

(4) De Quatrefages, ouvrage cité, p. 203.

(5) Ehlers pense que ces taches pourraient résulter d'une accumulation de pigment dans les organes segmentaires; mais il n'exprime cette opinion qu'avec doute (*Die Borstenwürmer*, p. 311); Claparède combat absolument cette manière de voir (*Annélides Chétopodes du golfe de Naples*; Mém. de la Soc. de Phys. et d'Hist. nat. de Genève., t. XX, p. 396).

(6) Claparède, *même ouvrage*.

la *Dialychone acustica* (1), possèdent une paire d'otocystes dans le segment qui porte la bouche ; c'est dans le segment suivant qu'on les trouve chez les Amphicorines coureuse et régulte ; ils passent au troisième segment du corps chez l'*Amphicorine argus* (2) ; enfin chez les *Wartelia* (3) que Claparède a considérées comme des larves de Térebelles (4), ils sont situés dans le quatrième segment (fig. 96, n° 2). Cette variabilité de position montre que l'appareil auditif est un appareil en voie de disparition chez les Annélides, de même que la rareté des yeux latéraux, leur imperfection, leur dissémination dans les groupes les plus différents, témoignent qu'ils constituaient d'abord une disposition générale qui tend aujourd'hui à s'effacer.

Nous avons le droit de conclure de tous ces faits que les divers anneaux du corps étaient primitivement aussi bien pourvus que les anneaux antérieur et postérieur sous le rapport des organes des sens. Cela suppose qu'ils étaient, eux aussi, capables de mener une vie indépendante, ou qu'ils étaient, tout au moins, les équivalents d'animaux ayant cette faculté. Les organes visuels leur sont devenus presque toujours inutiles, en raison du rôle assumé par le segment céphalique et le segment anal, en raison surtout de la concentration dans le premier des phénomènes de conscience et de volonté, et ils ont graduellement disparu.

Dans tous les Vers annelés le système nerveux se compose de deux parties : l'une, située dans la tête, que l'on considère habituellement comme un cerveau, l'autre, située dans le corps, tout le long de la ligne médiane ventrale, entre le tube digestif et les téguments. Le cerveau est composé de deux masses nerveuses ou *ganglions* placés au-dessus de l'œsophage et de deux masses nerveuses, placées au-dessous, reliées de chaque côté par un cordon vertical, de manière à constituer autour du tube digestif un col-

(1) Claparède, *les Annélides Chétopodes du golfe de Naples.*

(2) De Quatrefages, *Histoire naturelle des Annelés*, t. II, p. 474 et suivantes.

(3) Giard, *Sur les Wartelia* ; Comptes rendus de l'Académie des sciences, 1878, 1er semestre, p. 1147.

(4) Claparède, *Beobachtungen über Anatomie und Entwickelungsgeschichte wirbelloser Thiere an der Kuste von Normandie angestellet*, 1863.

lier complet, le *collier œsophagien*. Le reste du système nerveux se compose d'une double série de ganglions dont chaque paire est située dans l'un des anneaux du corps; des cordons nerveux transversaux relient entre eux les deux ganglions d'une même paire ; d'autres cordons longitudinaux relient les ganglions d'un anneau à ceux des anneaux qui suivent et qui précèdent; les ganglions de la première paire sont reliés aux ganglions inférieurs du collier œsophagien. Cet ensemble constitue une double chaîne ventrale dont les diverses parties peuvent être plus ou moins confondues; on le désigne sous le nom de *chaîne ganglionnaire*. C'est cette disposition très remarquable du système nerveux que Cuvier avait prise pour caractère primordial de son embranchement des Articulés.

Il semble au premier abord qu'entre le *collier œsophagien* et la *chaîne ganglionnaire* des animaux articulés, il y ait, au point de vue des fonctions, un contraste aussi complet que celui généralement admis entre le cerveau et la moelle épinière des Vertébrés. A part le volume relatif beaucoup plus faible du collier œsophagien, la comparaison que nous venons d'indiquer se soutient assez bien. Le cerveau des Vertébrés est le centre auquel aboutissent toutes les sensations: c'est à lui qu'arrivent les fibres sensitives de tous les points du corps, c'est lui qui fournit directement leurs nerfs aux organes des sens, à la face et aux principaux viscères thoraciques; c'est lui qui est l'intermédiaire obligé de la conscience, l'organe de la volonté. Chez l'Annélide, les ganglions supérieurs qu'on désigne plus particulièrement sous le nom de *ganglions cérébroïdes* envoient de même des nerfs aux organes tactiles ou *antennes*, aux yeux, quelquefois à la lèvre supérieure; les parties latérales du collier, les *connectifs*, innervent l'anneau buccal et ses appendices, envoient quelques rameaux à la première cloison interannulaire et donnent naissance aux nerfs de la partie antérieure du tube digestif; c'est dans les ganglions cérébroïdes que les principales sensations, visuelles et tactiles, sont perçues, appréciées et transformées en actes volontaires. Le collier œsophagien d'une Annélide remplit donc toutes les fonctions du cerveau d'un Vertébré; mais il est loin de les avoir aussi complètement centralisées et lorsqu'on vient à le comparer aux centres de la chaîne ganglionnaire qui résident dans chaque anneau, on est frappé de la ressemblance profonde qui existe entre eux. Lorsqu'un segment du corps est pourvu d'organes de la vue ou de l'ouïe, il n'emprunte jamais, en effet, de nerfs aux ganglions cérébroïdes; ce sont ses propres ganglions qui innervent ces organes et qui réunissent dès lors toutes les fonctions d'un *cerveau segmentaire*. C'est le ganglion postérieur qui apprécie, chez les Myxicoles et les Amphicorines, la direction que doit suivre l'animal ; il fonctionne bien plus nettement encore comme un véritable cerveau. Ainsi, au point de vue physiologique, aucune différence essentielle ne distingue les parties composant le collier œsophagien des autres parties du système nerveux ; c'est-à-dire que ces dernières sont ou ont été capables de remplir, dans des temps plus ou moins reculés, les fonctions que le collier œsophagien a seul conservées dans le plus grand nombre des cas : ce collier n'est autre chose que l'ensemble des premiers segments de la chaîne ganglionnaire, au travers duquel est venu passer l'œsophage.

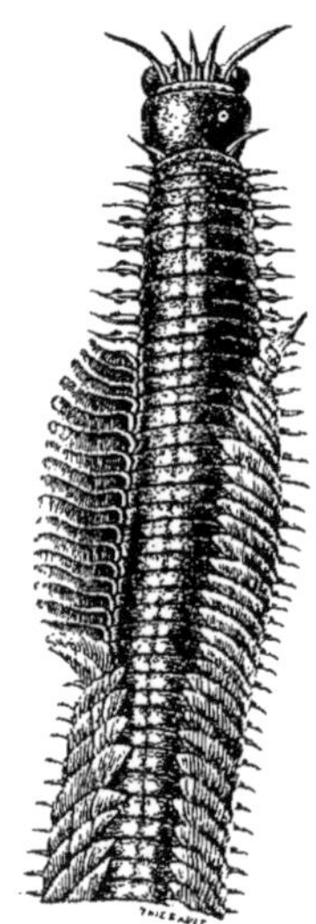

Fig. 101. — ANNÉLIDE ERRANTE. — *Eunice Harassii* : partie antérieure du corps réduite ; un certain nombre des branchies plumeuses de gauche ont été rabattues sur le côté.

Au point de vue psychologique les ganglions cérébroïdes ne jouissent pas non plus de propriétés bien particulières et leur pouvoir de centralisation paraît assez borné ; chaque ganglion tient sous sa dépendance les mouvements de l'appareil locomoteur de l'anneau qui lui correspond. Lorsqu'on vient à couper en deux une Annélide, sa partie postérieure continue à se mouvoir aussi régulièrement que sa partie antérieure. M. de Quatrefages a pu conserver assez longtemps des fragments postérieurs d'Eunices (fig. 101) et les a vus « manifester par la coordination de leurs mouvements, par la manière dont ils se comportaient quand on dirigeait sur eux une lumière très vive, une sorte de conscience et de volonté ». L'illustre académicien a observé des faits de même nature dans un très grand nombre d'espèces et a vu les portions médianes du corps se comporter comme les portions postérieures (1). L'indépendance psychologique des divers anneaux est ici bien évidente. Chaque ganglion n'a pas seulement conscience de lui-même, il a aussi conscience dans une certaine mesure de ses voisins, comme l'implique la coordination des mouvements de toutes les parties détachées, si longues qu'elles soient. Cette conscience est, à la vérité, bien plus nette dans le cerveau ; mais elle tend à s'affaiblir à mesure qu'augmente le nombre des anneaux. Certaines Eunices (2) peuvent atteindre 1m,50 de long, sur près de 3 centimètres de large, elles possèdent plusieurs centaines d'anneaux ; il en est de même de plusieurs Vers de terre des pays chauds (3). Sans parler de ces Annelés gigantesques dont la taille est comparable à celle des plus grands reptiles de nos pays, on rencontre souvent dans nos mers des Annélides d'une taille moindre et chez qui la conscience de l'extrémité postérieure de leur corps est tellement affaiblie qu'elles se mordent elles-mêmes, sans paraître aucunement le ressentir. C'est sans doute à cette diminution de la conscience qu'il faut attribuer la facilité avec laquelle se mutilent spontanément, sauf à réparer plus tard leurs pertes, les Annélides tenues en captivité dans de mauvaises conditions. La faiblesse de la subordination des divers segments au segment céphalique ne serait-elle pas aussi pour une part dans l'apparition des phénomènes de scissiparité chez les Annélides inférieures ?

Tout ce que nous avons dit dans le chapitre précédent de la constitution coloniale des Annélides trouve donc une confirmation absolue dans les rapports physiologiques et psychologiques des différents segments. L'anatomie ne manque pas de son côté de nous fournir des arguments.

Chaque anneau possède, dans un grand nombre de types, son appareil locomoteur, ses branchies, ses reins, ses organes de repro-

(1) De Quatrefages, *Histoire naturelle des Annelés*, t. Ier, p. 88. — *Suites à Buffon de Roret.*

(2) *Eunice Roussæi*, de Quatrefages ; *E. gigantea*, Linné.

(3) *Titanus brasiliensis*, du Brésil ; *Anteus gigas*, de Cayenne ; *Acanthodrilus*, de la Nouvelle-Calédonie.

duction tout comme ses ganglions nerveux. L'appareil digestif et l'appareil circulatoire, qui doivent répartir également les matières alimentaires entre tous les membres de la colonie, ont une tendance plus grande à se fusionner, mais conservent cependant des traces bien nettes de leur segmentation primitive. Le tube digestif s'étrangle au niveau de chaque cloison de séparation des anneaux, comme s'il était formé d'un chapelet d'estomacs. Le vaisseau dorsal, particulièrement chargé de donner au sang l'impulsion qui doit le faire cheminer dans tout l'organisme, se compose d'une série de poches contractiles dont chacune correspond à un anneau et représente par conséquent un *cœur segmentaire*. Les vaisseaux longitudinaux non contractiles se sont, à la vérité, réunis en tubes indivis; mais tous les vaisseaux latéraux se répètent fidèlement d'anneau en anneau, sauf dans les régions où ces anneaux ont subi eux-mêmes des modifications plus ou moins considérables. Chez les *Magelona* (1) le vaisseau ventral serait encore divisé en autant de parties indépendantes qu'il y a de segments, de sorte que dans chaque anneau le sang ne circulerait pas, mais éprouverait un simple balancement.

Dans tous les viscères, à l'intérieur aussi bien qu'à l'extérieur du corps, la segmentation est donc le phénomène dominant de l'organisation de l'Annélide : à tous les points de vue, comme cela doit être dans une véritable colonie, les divers segments des Annélides errantes sont équivalents entre eux. Nous avons prouvé que ces segments étaient, en réalité, des individus.

De leur individualité primitive résulte pour eux un certain degré d'indépendance et de cette indépendance la possibilité d'éprouver des modifications qui ne se répercutent pas sur leurs voisins. Dans les colonies linéaires comme dans les colonies irrégulières que nous avons étudiées précédemment, la *division du travail physiologique* peut donc s'établir, entraînant à sa suite un degré plus ou moins marqué de *polymorphisme*, ou, si l'on veut, d'inégalité dans les conditions des individus. On peut déjà rattacher à ces causes

(1) F. Müller, *Einiger über die Annelidenfauna der I. Sta Catharina*, p. 215, pl. VI, fig. 10 et 11, 1858.

les formes reproductrices spéciales des Syllidiens, les métamorphoses des Néréides et les différences sexuelles que l'on observe chez ces animaux ; les caractères acquis par l'anneau céphalique et l'anneau postérieur des Annélides errantes s'y relient plus étroitement encore, puisqu'ils n'impliquent pas une tendance à la

Fig. 102. — ANNÉLIDE SÉDENTAIRE. — *Spirographis unispira*, Cuv. grand. nat.

séparation des segments en question, mais, au contraire, une tendance à la transformation de la colonie en individu.

Le polymorphisme ne s'élève guère plus haut chez les *Annélides errantes ;* mais il prend une importance bien plus considérable chez les Annélides dites *sédentaires*. Les tubes qu'habitent ces Annélides présentent des dispositions très diverses. Les *Pectinaires* traînent peut-être le leur après elles à la manière des larves de Phryganes de nos eaux douces; ordinairement le tube est fixé, l'animal ne le quitte presque jamais et passe la plus grande partie de sa vie dans le lieu qu'il a choisi pour s'établir. Les Térebelles (fig. 103), les Clymènes habitent un tube droit ouvert aux deux bouts, collé à la face inférieure des pierres et des rochers ou enfoncés dans le sable; et l'animal peut faire saillir son corps par les deux extrémités : les Sabelles, les Spirographes (fig. 102) exsudent un tube droit qui prend la consistance de parchemin; celui des Myxicoles est constitué par une épaisse masse gélatineuse, transparente; celui des Serpules (fig. 99) est calcaire : tous ces animaux ne montrent guère, lorsqu'ils sont au repos, que la partie antérieure de leur corps ; enfin, les Chétoptères (fig. 105), les Arénicoles, creusent dans la vase une galerie en forme d'U, dans laquelle l'eau pénètre par les deux extrémités comme dans un siphon ; dans l'intervalle des marées, le tube demeure empli et l'eau séjourne dans la partie courbe du siphon.

Au point de vue de leurs relations avec le monde extérieur, au point de vue notamment de la fonction respiratoire, ces divers animaux se trouvent donc dans des conditions très différentes, et leur organisation reflète ces différences. Les anneaux qui composent leur corps reçoivent inégalement l'action du milieu ambiant et réagissent sur lui de façons très dissemblables; ils ne peuvent plus jouer tous le même rôle; il y a un avantage à ce que quelques-uns d'entre eux se spécialisent, et dès lors l'organisme cesse de présenter l'uniformité de structure si frappante chez les Annélides errantes : le corps se divise en régions plus ou moins distinctes les unes des autres.

Dans les espèces qui habitent des tubes droits, la partie antérieure du corps est la seule qui ne soit pas couverte par le tube; c'est sur elle que se centralisent les fonctions les plus importantes; il se constitue, en arrière de la tête, une région thoracique plus volumineuse que le reste du corps, sur laquelle les soies locomotrices sont autrement disposées et sont d'une forme particulière; cette région porte les branchies chez les Térebelles (fig. 103); elle est nue, au contraire, chez les Serpules et les Sabelles. La tête subit à son tour des modifications importantes; n'ayant plus à explorer les alentours de l'animal ou à le guider, elle perd sa mobilité, s'élargit, s'aplatit, se confond avec l'anneau

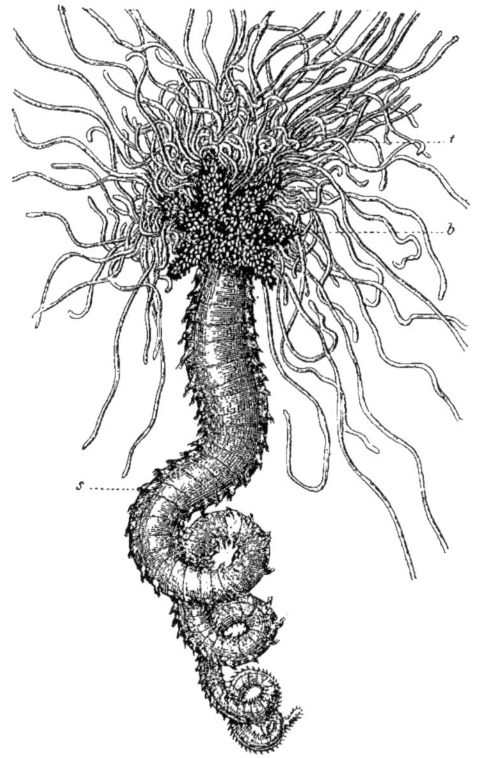

Fig. 103. — ANNÉLIDE SÉDENTAIRE. — *Terebella Edwardsi*, de Quatrefages (demi-grandeur naturelle). — *b*, branchies; *s*, faisceaux de soies locomotrices; *t*, paquet de filaments préhensiles.

buccal et en même temps ses appendices, désormais inutiles, sous leur ancienne forme, prennent des fonctions et un aspect nouveaux. Chez les Hermelles (fig. 104, n° 2, *o*), elle disparaît sous les tentacules qui s'aplatissent pour fermer exactement le tube qu'habite l'animal ; chez les Pectinaires, elle porte une rangée de fortes soies d'un magnifique éclat métallique, tandis que deux des antennes se soudent en une espèce de voile qui se rabat sur la bouche pour la protéger ; ces mêmes antennes deviennent chez les Térebelles un paquet souvent considérable de longs filaments mobiles que l'ani-

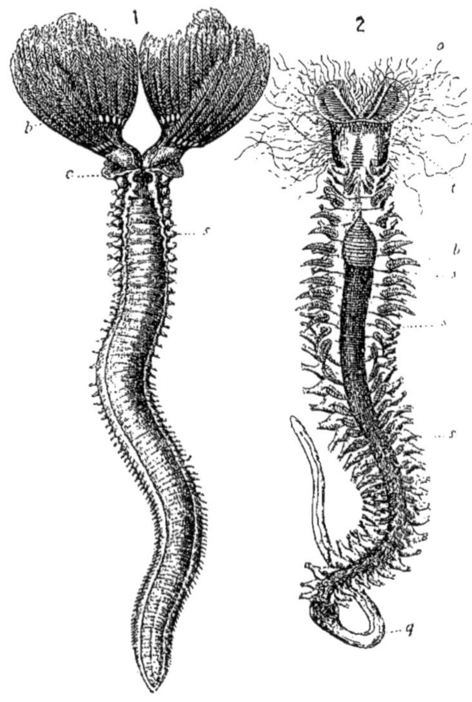

Fig. 104. — ANNÉLIDES SÉDENTAIRES. — 1. *Distylia volutifera* (grandeur naturelle). — *b*, branchies ; *c*, expansion membraneuse de la tête ; *s*, soies locomotrices ; — 2. *Hermella alveolata* (grossie deux fois). — *o*, portion antérieure élargie, transformée en opercule ; *t*, tentacules ; *b*, branchies ; *s*, soies locomotrices ; *q*, queue.

mal étend de toutes parts autour de lui, avec lesquels il saisit fort adroitement et ramène vers lui une foule de petits corps dont il fait sa nourriture ou qu'il emploie à consolider son tube : ce sont encore ces antennes qui forment chez les Sabelles, les Distylies (fig. 104, n° 1), les Myxicoles, les Serpules (fig. 99), etc., les deux élégants panaches qui surmontent le corps de l'animal. Ces panaches découpés en nombreuses lanières, ornés de barbules, couverts de cils vibratiles, déterminent dans l'eau un vif tourbillon qui engouffre dans la cavité buccale de l'Annélide les petits organismes dont elle fait sa pâture, et amène sans cesse dans son

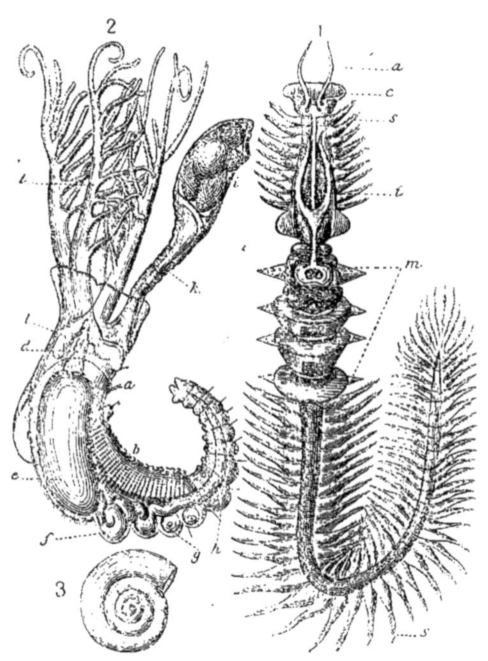

Fig. 105. — ANNÉLIDES SÉDENTAIRES. — 1. *Chætopterus Valencinii*, de Quatrefages (demi-grandeur naturelle) : *a*, antennes ; *c*, expansion membraneuse de la tête ; *i*, pieds supérieurs du 1er anneau thoracique ayant pris l'apparence de cornes ; *m*, anneaux thoraciques ; *s*, pieds et soies locomotrices. — 2. *Spirorbis lævis*, grossie 20 fois : *t*, les antennes transformées en branchies ; *a*, région antérieure munie de soies ; *b*, région moyenne dépourvue de soies ; *g*, anneaux femelles ; *h*, anneaux mâles ; *d*, œsophage ; *e*. estomac ; *f*, intestin ; *k*, appendice supportant l'opercule ; *i*, opercule contenant les œufs ; *l*, glande sécrétant le tube calcaire. — 3. Tube calcaire de Spirorbe, grossi 4 fois.

voisinage l'eau aérée nécessaire à sa respiration. L'échange gazeux s'établit au travers des téguments du panache, de sorte que les antennes, primitivement organes du tact, sont ici devenues des organes de préhension des aliments en même temps que des organes de respiration. Elles n'ont pas pour cela perdu toute fonction sensitive, car, chez un grand nombre d'espèces, chaque plume du panache porte des yeux très développés. Chez les Serpules, les Vermilies, les Spirorbes (fig. 105, n° 2, *ki*), à côté des branchies on aperçoit un appendice charnu qui porte à son extrémité évasée un corps calcaire ou corné; lorsque l'animal se rétracte, ce corps vient s'appliquer sur l'ouverture du tube qu'il ferme exactement; c'est là l'*opercule*, et l'appendice qui le supporte n'est aussi qu'une antenne modifiée. Chez les Spirorbes, la cavité de cette antenne communique largement avec le corps; l'opercule lui-même est creux, et les œufs accomplissent leur développement dans sa cavité.

C'est la région moyenne du corps qui se transforme dans les espèces d'Annélides habitant un tube recourbé. C'est elle, en effet, qui demeure le plus constamment plongée dans l'eau, et c'est par elle que la respiration peut être accomplie de la façon la plus régulière. Ses anneaux portent des houppes branchiales chez les Arénicoles; chez les Chétoptères (fig. 105, n° 1) ils sont au nombre de cinq (*m*), et prennent une forme très singulière et très différente d'un anneau à l'autre; les pieds supérieurs du premier se relèvent sur le dos, et, se dirigeant en avant, semblent deux cornes qui remontent jusqu'au deuxième anneau de la région précédente; l'anneau suivant est boursouflé et de couleur noirâtre; les trois autres s'élèvent en larges poches demi-transparentes qui ondulent sans cesse comme pour déterminer un courant de liquide dans le tube parcheminé qu'habite cette splendide Annélide.

Les Phyllochétoptères et les *Telepsavus*, quoique modifiés autrement, n'ont pas une apparence moins étrange.

En général, il n'y a jamais, dans chaque espèce, qu'un nombre fixe d'anneaux qui subissent des modifications à la partie antérieure du corps. Toutes les fonctions importantes des Annélides tubicoles se concentrent peu à peu dans ces anneaux qui ont subi des adaptations spéciales; chaque organe nouveau qui se constitue est un progrès vers cette localisation; d'où il suit que l'abdomen lui-même, en grande partie inutile, devenant même dans certains cas une gêne, est fatalement amené à se réduire le plus possible. Le nombre total des anneaux de l'animal, d'abord variable et illimité, tend à diminuer et à prendre en même temps une fixité de plus en plus grande, de sorte que toutes les parties du corps, divisé en régions, contractent des rapports réciproques de plus en plus déterminés, tels que ceux qu'on observe chez les animaux supérieurs.

Par une sorte de *balancement*, que Geoffroy Saint-Hilaire avait déjà nettement aperçu, le *perfectionnement* des parties entraîne avec lui une *réduction du nombre* de ces parties, comme si l'organisme se débarrassait alors de tout ce qui est superflu. Déjà l'abdomen des Arénicoles présente des signes de dégénérescence : ses anneaux postérieurs sont moins apparents et totalement dépourvus d'organes locomoteurs ; mais nulle part la rétrogradation de la région abdominale n'est plus manifeste que chez les Hermelles et les Pectinaires. A la partie postérieure des Hermelles (fig. 104, n° 2, *q*), on voit un appendice vermiforme que l'on prendrait volontiers pour un parasite. Un examen plus attentif montre que c'est là une sorte de queue dont l'animal tiré de son tube paraît du reste fort embarrassé ; il se résigne le plus souvent à la replier au-dessous de lui comme pour la dissimuler. On ne peut y reconnaître ni annulation distincte, ni trace de soies locomotrices ; cependant le tube digestif, les deux vaisseaux dorsal et ventral, la chaîne ganglionnaire traversent dans toute sa longueur ce singulier prolongement du corps ; mais ils y sont, eux aussi, frappés de dégénérescence ; les parois de l'intestin sont minces, translucides, ne présentent aucun étranglement ; les deux vaisseaux dorsal et ventral ne communiquent plus que par des anses semi-annulaires. La partie de l'abdomen qui avorte ainsi peut être égale dans certaines espèces au quart de l'animal entier ; le phénomène qui a donné naissance à cet avortement est de même nature que celui qui a produit la queue des Vertébrés ; seulement, chez les Vertébrés, la plupart des organes ont définitivement quitté cette région ; ils n'ont fait que s'atrophier dans la queue des Hermelles. Chez les Pectinaires il existe aussi une queue ; mais les anneaux, au nombre de cinq ou six, qui la composent, se sont élargis, aplatis, et tout l'organe forme, en général, une plaque repliée sous le corps, à peu près comme l'abdomen rudimentaire des Crabes. Certains Vers annelés nous fournissent un autre exemple d'une queue plus semblable encore à celle des Vertébrés, mais ayant subi une adaptation spéciale. Ce sont les Sangsues : chez elles le tube digestif s'ouvre sur le dos, un peu en avant de l'extrémité postérieure du corps, et les anneaux qui suivent se soudent de manière à former un disque circulaire qui n'est autre chose que la ventouse anale. Il est à peine utile de faire remarquer que, si l'on retournait la sangsue de manière que sa chaîne ganglionnaire devienne dorsale, comme la moelle épinière des Vertébrés, la ventouse en question occuperait, par rapport aux autres organes, une position toute semblable à celle de la queue de ces animaux.

Que l'on cherche maintenant à appliquer aux diverses régions du corps des Annélides sédentaires des dénominations communes, on s'aperçoit bien vite de l'insuffisance de toute nomenclature. Il semble au premier abord que les dénominations de *tête*, *thorax*, *abdomen* et *queue* puissent répondre à tous les besoins; mais comment définir toutes ces parties?

La *tête* est caractérisée chez les animaux supérieurs par la présence du cerveau, de la bouche et des organes des sens. Les ganglions cérébroïdes des Annélides occupent le segment antérieur du corps ; la bouche est située sur le suivant ; la tête comprend donc chez elles au moins deux anneaux. Chez les Lombrics, les ganglions cérébroïdes n'occupent jamais le premier anneau du corps et sont quelquefois refoulés jusque dans le quatrième ; la tête de ces Vers aurait ainsi l'étendue de quatre anneaux. Chez les Naïdiens, lors de leur reproduction par division, il se forme toujours non seulement un segment céphalique, mais encore quatre anneaux nouveaux qui diffèrent des autres par la forme de leurs soies. Il semblerait naturel d'étendre le nom de tête à l'ensemble de toutes ces parties nouvelles, et la tête comprendrait ainsi cinq anneaux. Désigne-t-on, d'autre part, par *région thoracique* la région qui, généralement plus élargie que les autres, précède immédiatement l'abdomen? Il faut attribuer ce nom aux cinq anneaux des Chétoptères dont nous avons précédemment décrit la singulière conformation, la tête serait alors formée des onze anneaux qui précèdent.

En somme, il a paru plus simple de donner chez les Annélides le nom de tête au premier segment du corps qui est en général placé au-dessus et en avant de la bouche, et cette détermination peut être justifiée par le fait que ce segment, contenant le cerveau et supportant souvent les organes des sens, est bien réellement une tête physiologique ; mais il faudrait se garder de croire que la tête ainsi définie corresponde à ce qu'on nomme la tête chez un Insecte ou chez tout autre animal articulé. Là, en réalité, un nombre d'anneaux, variable d'un groupe à l'autre, se sont entièrement confondus pour former cette région du corps, de même que le crâne des Vertébrés s'est constitué à l'aide de plusieurs segments vertébraux. On peut voir dans la variabilité de position de la région thoracique chez les Annélides et dans la multiplicité des segments qui la précèdent, une sorte d'acheminement vers les têtes complexes des animaux supérieurs qui demeurent encore ici décomposées en leurs parties théoriques.

Entre les variations de la forme extérieure des segments et les modifications que subissent les organes qu'ils contiennent il n'y a aucune relation nécessaire. Sous leurs anneaux qui se ressemblent tous, les Annélides errantes et les Lombrics cachent des organes très variés : plusieurs possèdent une trompe, un gésier, des mâchoires profondément situées, des cœurs, des glandes de diverses natures : ces organes sont obtenus à l'aide de modifications, en quelque sorte *personnelles* à chaque anneau et ne dépassant pas son étendue, des organes typiques qu'il contient. Ainsi le gésier des Lombrics résulte de l'épaississement des parois musculaires du tube digestif dans un ou deux de leurs anneaux ; leurs cœurs ne sont que des dilatations des anses vasculaires latérales d'un certain nombre d'anneaux, etc. Ces anneaux demeurant séparés les uns des autres par des cloisons presque complètes, il ne peut, en général, s'opérer aucune soudure entre les parties qu'ils contiennent, sauf pour le tube digestif et les vaisseaux longitudinaux dont les soudures d'un anneau à l'autre sont, pour ainsi dire, originelles ; on ne trouve donc pas, chez les Annélides, d'organes compacts comme le foie ou le rein des animaux supérieurs. Les éléments de ces organes sont disséminés dans l'étendue entière du Ver; les seules modifications qu'ils éprouvent sont une exagération de volume, un avortement ou une adaptation à des fonctions particulières.

L'indépendance des anneaux est souvent telle que, chez un même animal, les uns peuvent être mâles et les autres femelles; chez les Spirorbes (fig. 105, n° 2) les premiers anneaux de l'abdomen (*g*) sont femelles, les autres (*h*) mâles; chez les Autolytes mâles (fig. 95, n° 2), les anneaux antérieurs sont seuls sexués, les autres sont stériles, tandis que tous les anneaux produisent des œufs chez les femelles. Les Lombriciens et les Sangsues ne possèdent, au contraire, qu'un seul anneau femelle; mais plusieurs anneaux sont mâles, le plus grand nombre demeurent stériles; c'est un cas remarquable de la réduction d'une propriété qui, chez les Annélides marines, dont les sexes sont habituellement séparés, est ordinairement commune à tous les segments du corps.

En résumé, dans le groupe si étendu des Vers annelés, les individus élémentaires, groupés en colonie, demeurent toujours à un haut degré d'indépendance vis-à-vis les uns des autres, quelque nette que paraisse d'ailleurs l'individualité de la colonie. Les organes digestifs, les portions longitudinales de l'appareil circulatoire et les centres nerveux sont les seules parties qui contractent une union plus ou moins intime; c'est uniquement par leur intermédiaire que s'établit l'unité physiologique de la colonie. Les portions transversales de l'appareil circulatoire, les nerfs, les organes des sens, les organes de respiration, de sécrétion, de reproduction demeurent propres à chaque segment, sans contracter de soudures avec les organes ou appareils analogues qui existent dans les segments voisins; dans l'unité qui se fonde, ils ne cessent de maintenir l'équivalence des individus et leur autonomie.

A part la disposition relative des individus composants, le Ver annelé reproduit donc tous les traits qui affirment le caractère colonial d'un Siphonophore, par exemple. La division du travail ne produit pas chez l'un d'effets plus complexes que chez l'autre; le polymorphisme est peut-être même moins considérable chez l'Annelé, et si un plus haut degré d'individualité est obtenu chez lui, cela tient surtout aux avantages qui résultent, à cet égard, de la disposition linéaire. Toutefois la division du travail trouve ici à s'exercer d'une façon différente, ce qui donne à ses effets une plus grande variété.

Entre le tube digestif et la paroi externe du corps s'est développée une cavité dans laquelle se disposent les autres viscères ; grâce à l'espace qui les sépare, le tube digestif, les organes qui l'environnent et les parois du corps ne sont plus indissolublement liés les uns aux autres. Chacun d'eux peut s'adapter à un rôle particulier, prendre une forme spéciale sans entraîner des modifications correspondantes autour de lui. Chaque organe devient ainsi une sorte d'individu secondaire, indépendant à la fois des organes analogues des segments voisins et des organes différents du segment qui le contient. L'existence des cloisons interannulaires maintient, à la vérité, tous les organes d'un même segment dans certains rapports réciproques ; mais que les cloisons disparaissent, ces rapports cesseront d'être nécessaires. En vertu d'une propriété commune à tous les tissus vivants, les organes de même nature appartenant à des segments différents pourront se souder entre eux. Les adhérences ainsi contractées les amèneront à quitter leur position normale, s'ils ne suivent pas l'accroissement des parties environnantes : ainsi pourront se constituer, à l'intérieur d'un corps réellement segmenté, des organes qui paraîtront échapper à toute segmentation. Nous démontrerons bientôt qu'il en est réellement ainsi et nous aurons à faire, par la suite, d'importantes applications des données acquises de la sorte.

Lorsque la disparition des cloisons interannulaires se produit chez un animal segmenté dont les téguments ne sont soutenus par aucune production solide, on conçoit qu'elle ait une autre conséquence : elle doit entraîner avec elle la disparition de la segmentation, même dans la paroi du corps, et ramener l'animal à un état de simplicité apparente qui peut devenir fort embarrassant pour l'appréciation de sa véritable nature. C'est sans doute ce qui est arrivé pour la classe entière des Géphyriens. Ces vers exclusivement marins fouissent parfois en grande abondance les fonds vaseux ou sablonneux de nos grèves. Leur corps, à peu près cylindrique, ne possède que des vestiges d'organes de locomotion ; sa partie antérieure est rétractile et, dans certaines espèces, se montre surmontée, quand elle s'épanouit, d'une couronne régulière de tentacules ; ni leur corps ni leurs viscères ne présentent aucune trace de segmentation. Leurs larves ressemblent cependant tout à fait à des larves d'Annélides, présentent des segments distincts, et leur système nerveux se compose d'un collier œsophagien et d'une bandelette ventrale dépourvus de ganglions ; quelques-uns ont un petit nombre de paires de soies locomotrices. On ne peut donc voir dans ces êtres singuliers que des Annélides arrivées à un état de dégradation qui les rend méconnaissables. Ils ne sont cependant que la préface de modifications infiniment plus profondes que nous aurons bientôt à signaler pans le type annelé.

CHAPITRE V

DEUXIÈME TYPE DE COLONIES LINÉAIRES.

Les animaux articulés.

Nous avons assisté, en étudiant le groupe des Vers, à la transformation graduelle de colonies linéaires en véritables individus physiologiques et psychologiques, et nous avons pu suivre pas à pas toutes les phases de cette transformation.

Les animaux pourvus de membres articulés, souvent appelés Arthropodes ou Articulés, ceux dont les Écrevisses, les Mille-Pieds, les Araignées et les Insectes nous représentent les types vulgaires, forment une série exactement parallèle à celle des Vers annelés : les diverses modifications dont l'organisme se montre susceptible dans cette importante division du Règne animal, ne sont pour ainsi dire que la reproduction amplifiée de celles que nous avons constatées chez les Vers. La ressemblance est telle que de nombreux naturalistes considèrent encore aujourd'hui, à l'exemple de Cuvier, ces animaux comme n'étant que des variations légères d'un seul et même type, comme ne formant que deux rameaux différents d'un même embranchement.

Les animaux articulés et les animaux annelés ont, en effet, les uns et les autres, pour type des organismes hypothétiques, formés d'anneaux tous identiques entre eux et présentant non seulement la même structure extérieure, mais encore des organes semblables et semblablement placés. Les formes innombrables qu'ils revêtent peuvent toutes être déduites de ce type primitif, en supposant des variations dans le nombre des anneaux, en admettant des changements de forme et de structure chez un certain nombre d'entre eux, et en tenant compte aussi de la faculté que possèdent les anneaux ou les organes qu'ils contiennent de se fusionner plus ou moins complètement les uns avec les autres.

Ces anneaux sont peut-être encore plus évidents chez les Articulés que chez les Annelés, et de même que, chez ces derniers, nous avons trouvé l'organisme type d'où tous les autres sont dérivés à peu près complètement réalisé chez les Annélides errantes, de même nous voyons les Péripates et les Myriapodes, parmi les articulés, reproduire à peu de chose près le type colonial primitif.

Les Péripates (fig. 106) sont des animaux fort singuliers, répartis sur une vaste étendue de l'hémisphère austral, et qu'on hésitait à classer, jusque dans ces dernières années, soit parmi les Annelés, soit parmi les Articulés. Une de leurs espèces a été étudiée avec soin durant l'expédition du *Challenger*, par M. Moseley (1), qui a pu montrer d'une manière définitive que c'étaient de véritables articulés.

Ils habitent à terre les endroits humides et ombragés, et ont l'habitude bizarre de sécréter, quand on les manie ou qu'on les irrite, une toile assez semblable à celle des araignées, mais dont les fils sortent de deux papilles situées près de la bouche. Leur apparence rappelle assez bien celle d'une chenille nue, dont la tête, peu distincte, se prolongerait en deux appendices assez allongés, flexibles, s'amincissant graduellement de la base au sommet et semblables à des antennes. Leur corps est divisé en anneaux bien apparents qui tous se ressemblent entre eux, et portent sur leur face ventrale, au lieu de membres articulés, une paire de mamelons charnus, coniques, terminés à leur extrémité libre par une

(1) H. Moseley, *On Peripatus Capensis;* Philosophical Transactions of the Royal Society. London, 1874.

griffe bifurquée. Ces organes ressemblent beaucoup à ce qu'on appelle les *pieds membraneux* chez les Chenilles ; mais, outre ces pieds membraneux, celles-ci possèdent à la partie antérieure du

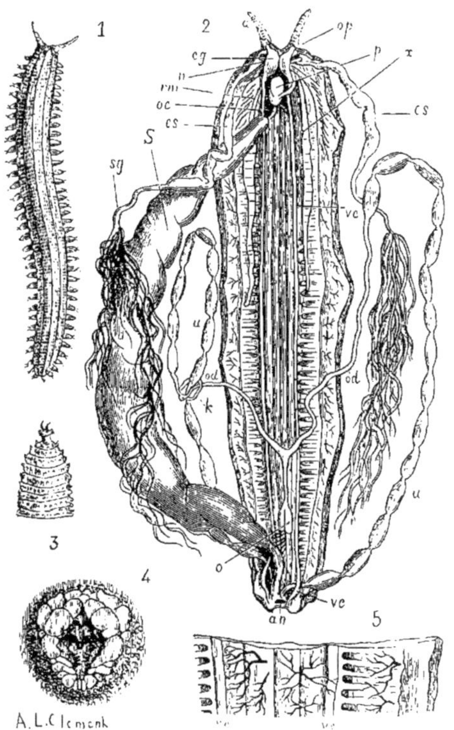

Fig. 106. — ONYCHOPHORES. — 1. *Peripatus Edwardsi*, gr. nat. — 2. Anatomie du *Peripatus capensis* (d'après Moseley) : *a*, antennes ; *op*, nerfs optiques ; *cg*, ganglions cérébroïdes ; *p*, pharynx ; *œ*, œsophage ; *S*, estomac ; *an*, anus ; *sg*, glandes sécrétant la substance qui forme la toile ; *es*, leur canal excréteur ; *vc*, nerfs latéraux ; *o*, ovaire ; *od*, oviducte ; *u*, utérus dans lequel se développent les embryons ; *k*, nœud formé par l'un des oviductes ; *x*, corps de nature indéterminée. — 3. Patte grossie d'un *Peripatus Edwardsi*. — 4. Bouche du même montrant les lèvres en forme de bourrelet et au fond une paire de mâchoires bifurquées qui ne sont que des pattes modifiées. — 5. Portion ouverte étalée des parois du corps d'un Péripate montrant les nerfs latéraux *vc* et les bouquets de trachées sous forme de ramifications dessinées en noir.

corps, trois paires de *pieds articulés*, correspondant aux pieds futurs du papillon et qui manquent aux Péripates, dont la bouche est également construite sur un type tout différent.

Les Péripates respirent, comme les autres Articulés terrestres, au moyen de tubes remplis d'air qui s'ouvrent à l'extérieur par des orifices diversement situés à la surface des anneaux et se prolongent plus ou moins à l'intérieur du corps où ils se terminent en doigt de gant. Ces tubes respiratoires portent le nom de *trachées;* leurs orifices externes, celui de *stigmates*. Les trachées de la plupart des Articulés terrestres sont très ramifiées, et leur paroi est soutenue par un ruban élastique enroulé en spirale serrée ; les trachées des Péripates sont, au contraire, fort courtes, manquent de spirale, et leurs stigmates, au lieu de former de chaque côté du corps une rangée parfaitement régulière, sont disséminés sur toute la surface des anneaux.

L'appareil respiratoire, l'appareil locomoteur et les autres traits de l'organisation des Péripates indiquent nettement que ce sont des êtres très inférieurs dans leur groupe. Ces animaux remontent sans doute à une époque fort ancienne, où la faune terrestre était plus uniforme que de nos jours, car leurs espèces, peu nombreuses, très peu différentes les unes des autres, se trouvent dans des localités fort éloignées et n'ayant entre elles aucune communication, telles que le cap de Bonne-Espérance, les Indes, l'Australie, la Nouvelle-Zélande, le Chili et la Guyane.

Les Myriapodes (fig. 107), bien connus sous le nom de *bêtes à mille pieds* ou simplement de *cent-pieds*, abondent dans tous les pays et atteignent parfois une taille considérable ; quelques-uns sécrètent un venin qui rend leur morsure, sinon redoutable, au moins fort douloureuse. Ils ont, comme les Péripates, le corps allongé et divisé en anneaux à peu près tous semblables entre eux. Ces anneaux portent une ou deux paires de pattes articulées qui, chez les Scutigères, sont aussi longues et aussi grêles que celles des Araignées si communes dans les bois humides, que l'on désigne habituellement sous le nom de *faucheurs*. Comme chez les Annélides, les premiers et le dernier anneau sont généralement les seuls qui diffèrent des autres : les premiers anneaux, en se soudant, constituent la tête qui porte une paire d'antennes, des yeux et trois paires d'organes masticateurs, à savoir : une paire de *mandibules* et deux paires de *mâchoires*. Ces deux paires de mâchoires se soudent chez les Iules (fig. 107, n° 1) de manière à former un organe unique : chez les Scolopendres (fig. 107, n° 2), les mâchoires demeurent distinctes et, en outre, la première paire de pattes se dirige vers la bouche et se transforme en grands crochets, au sommet desquels viennent s'ouvrir les glandes à venin.

L'organisation interne des Péripates et des Myriapodes reproduit

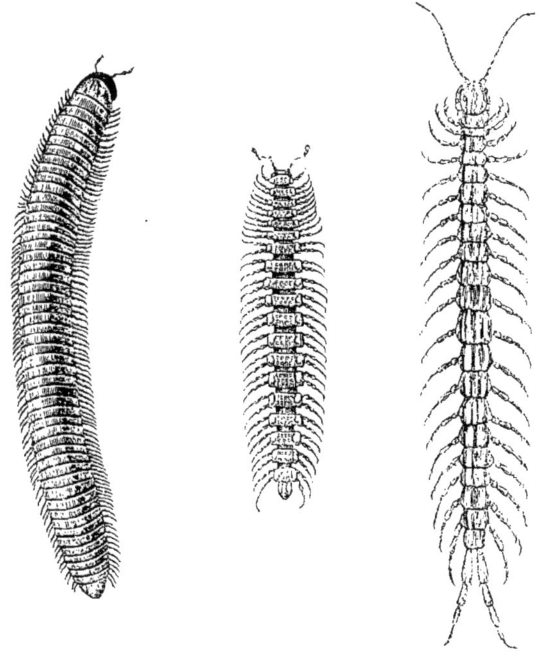

Fig. 107. — MYRIAPODES. N° 1. Iules (*Julus terrestris*). — N° 2. Polydesme (*Polydesmus complanatus*). — N° 3. Scolopendre (*Lithobius forficatus*).

exactement la segmentation si nette des téguments, et le fait est d'autant plus remarquable que, chez tous les animaux articulés, les cloisons verticales qui limitent les anneaux, chez les Vers, ont complètement disparu et qu'aucune barrière ne sépare les divers organes. Chacun des anneaux forme donc un tout complet, possède tous les organes nécessaires pour assurer son indépendance physiologique. C'est exactement la répétition de ce que nous ont montré les Vers annelés. Le tube digestif lui-même, chez qui les traces de composition disparaissent toujours en premier lieu, présente chez les Péripates des étranglements correspondants à chaque sillon de séparation des anneaux. Ces étranglements n'existent plus chez les Myriapodes, où le tube digestif, divisé en régions, comme chez les Annélides supérieures, conserve cependant, en général, la forme d'un tube étendu en ligne droite du premier au dernier segment du corps. A part l'appareil génital, tous les autres organes résultent de l'union de parties semblables dont le nombre et la position correspondent exactement au nombre et à la position des anneaux. Le cœur ou vaisseau dorsal se décompose en ampoules placées bout à bout, possédant chacune une paire d'orifices latéraux, en forme de boutonnières; l'appareil respiratoire consiste en une série de paires de bouquets de trachées; la chaîne nerveuse, exactement semblable à celle des Annélides, se renfle en ganglion dans chaque anneau qui possède par conséquent, en propre, un centre nerveux, un cœur, un appareil respiratoire, en même temps que des membres, un appareil musculaire et un système tégumentaire particuliers.

Il y a donc, au point de vue de la disposition des parties, une ressemblance extrême entre les animaux articulés et les animaux annelés; l'identité pour certains appareils importants comme la chaîne nerveuse est même absolue. Les plus grandes différences portent sur l'appareil génital dont la segmentation est nulle chez les Myriapodes et les Péripates; mais il existe entre les Lombrics et les Annélides, qui appartiennent cependant au même type, des différences de même ordre, dues probablement aux conditions plus rigoureuses dans lesquelles doit s'effectuer la reproduction chez les animaux terrestres.

Une telle identité de structure autorise évidemment à supposer que les animaux qui la présentent se sont formés de la même façon : si les uns résultent de la transformation de colonies linéaires en individus, tout conduit à attribuer aux autres la même origine, et le mode de développement des Myriapodes vient confirmer cette induction. En effet, ces animaux ne naissent pas tout formés à la manière d'une unité dont la division en parties semblables serait le résultat d'un phénomène secondaire. Ils quittent l'œuf, comme les Annélides, ne possédant qu'un petit nombre d'anneaux, neuf en général, dont trois seulement sont pourvus de membres (1). Les autres anneaux poussent successivement à la partie postérieure du corps et viennent ainsi s'ajouter un à un à l'organisme, témoignant de la sorte que celui-ci s'est formé dans la suite des temps d'une façon graduelle, par addition de parties semblables. Le nombre des parties associées n'a encore rien de nécessaire, et ces parties sont par conséquent d'une grande indépendance les unes par rapport aux autres. Chez les *Geophilus* le nombre des anneaux dépasse quelquefois 150 et s'accroît peut-être pendant toute la durée de la vie de l'animal; mais en général il est beaucoup plus limité et devient constant, d'abord pour chaque espèce, ensuite dans l'étendue tout entière d'un même genre. Au moment de l'éclosion, les Géophiles possèdent déjà un grand nombre de pattes et de segments (2); quelques Scolopendres sortent de l'œuf avec leur nombre définitif d'anneaux et de membres. C'est là une preuve que la centralisation a fait de rapides progrès dans la colonie.

L'indépendance des segments est loin d'ailleurs d'être aussi grande chez les animaux articulés que chez les animaux annelés. On ne voit jamais, même chez les Myriapodes, une partie du corps se détacher spontanément de l'ensemble pour former un nouvel individu, et toute mutilation peut, au contraire, être extrêmement grave. Les deux moitiés d'une Scolopendre coupée par le travers peuvent vivre encore pendant quelque temps et se mouvoir comme deux animaux distincts; mais elles finissent par succomber l'une et l'autre sans s'être complétées, ce que l'absence de toute cloison

(1) G. Newport, *On the organs of Reproduction and the development of the Myriapoda*, Philosophical Transactions, 1841. — Fabre, *Recherches sur l'anatomie des organes reproducteurs et sur le développement des Myriapodes*, Annales des sciences naturelles, 4e série, v. III, 1855. — E. Metschnikoff, *Embryologie der doppelfussigen Myriapoden*, Zeitschrift für wissenschaftliche Zoologie, Bd XXIV, 1874.

(2) Metschnikoff, *Embryologisches Untersuchungen über Geophilus*, Zeitschrift für w. Zoologie, vol. XXV, 1875.

limitant les segments suffit d'ailleurs à expliquer. La blessure qui résulte de la section permet, en effet, au liquide sanguin de s'échapper complètement, et la perturbation brusque qui en résulte pour la nutrition des tissus est, à elle seule, une cause de mort. Les divers segments ne peuvent donc plus vivre séparés de leurs semblables; mais ils n'en conservent pas moins, dans une large mesure, leur autonomie physiologique, comme en témoignent les mouvements qu'ils continuent encore à exécuter chez un Myriapode coupé en morceaux. On peut constater mieux encore l'autonomie du ganglion nerveux de chaque segment, en coupant les cordons qui l'unissent au ganglion précédent et au ganglion suivant sans blesser autrement l'anneau qui le contient. Les membres continuent alors à se mouvoir avec la même harmonie qu'auparavant.

Ainsi, au triple point de vue de l'organisation, du mode de développement et de la physiologie, les Péripates et les Myriapodes nous présentent la concordance la plus parfaite avec les Annélides. Nous sommes donc bien autorisés à conclure que, si les uns sont des colonies linéaires individualisées, les autres sont nécessairement des colonies de ce genre. Nous n'avons pu compléter notre démonstration de l'individualité des segments chez les Myriapodes en les montrant aptes, comme ceux des Annélides, à vivre isolés et à produire de nouveaux individus; mais nous savons que cette faculté disparaît chez les Annélides supérieures, au-dessus desquelles les Myriapodes doivent évidemment être placés. On pouvait donc prévoir qu'elle disparaîtrait également chez ces derniers.

En revanche, l'équivalence de tous les segments s'affirme chez eux avec la plus grande netteté. On ne saurait nier que ces anneaux, qu'on a souvent désignés, comme ceux des Annélides, sous le nom de *zoonites*, n'aient entre eux la plus parfaite identité; on ne saurait nier davantage qu'ils ne soient exactement analogues aux anneaux du corps des Insectes et des Araignées; mais là les anneaux qui se suivent ne se ressemblent plus comme chez les Myriapodes, et l'importance tout à fait exceptionnelle des modifications que chacun d'eux peut subir indépendamment de ses voisins n'est, en somme, qu'une démonstration indirecte de l'autonomie que tous conservent.

On voit d'abord se manifester un phénomène constant : le nombre des anneaux du corps diminue considérablement et tend à devenir absolument fixe pour des groupes zoologiques ayant une grande étendue, comme les ordres ou même les classes. En même temps, les anneaux restants se spécialisent, se partagent le travail physiologique et prennent une forme correspondante à leur fonction ; le plus souvent, un certain nombre d'anneaux consécutifs

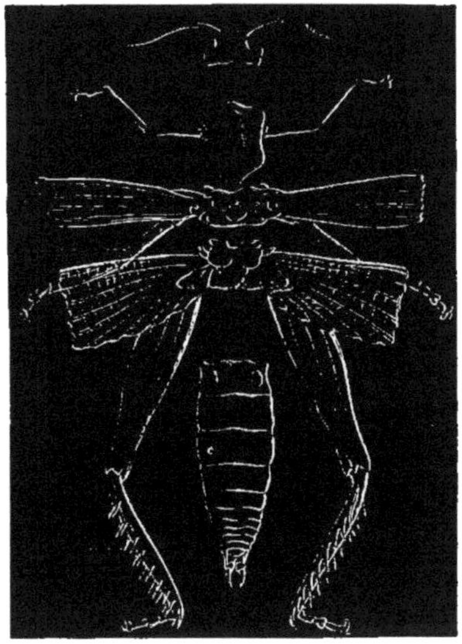

Fig. 108. — Différentes régions (tête, thorax formé de trois anneaux et abdomen) du corps d'un Insecte (*Criquet*).

subissent en même temps la même modification, de sorte que le corps se décompose en régions distinctes, dans chacune desquelles les anneaux ont une structure caractéristique. De ces régions, les plus antérieures sont aussi celles dans lesquelles le nombre des anneaux se montre le plus constant, tellement que ce nombre peut fournir des caractères de classe. Chez tous les Insectes, par exemple, le corps est décomposé en trois régions : la *tête*, le *thorax* et l'*abdomen* (fig. 108). Les anneaux composant la tête sont, comme chez les Myriapodes, soudés au point de ne pouvoir être distingués, mais la tête elle-même présente partout une telle identité de structure, ses appendices présentent une telle constance de nombre et de position malgré les importantes transformations qu'ils subissent d'un groupe à l'autre, qu'il ne peut demeurer le moindre doute sur la fixité absolue du nombre des segments qui la composent ; le *thorax* porte les membres ; il est *toujours* formé de trois anneaux ; le nombre des anneaux de l'abdomen oscille, au contraire, entre six et onze ; à la vérité, cette variabilité n'est souvent qu'apparente et tient à ce que les trois derniers anneaux de l'abdomen peuvent être profondément modifiés chez les

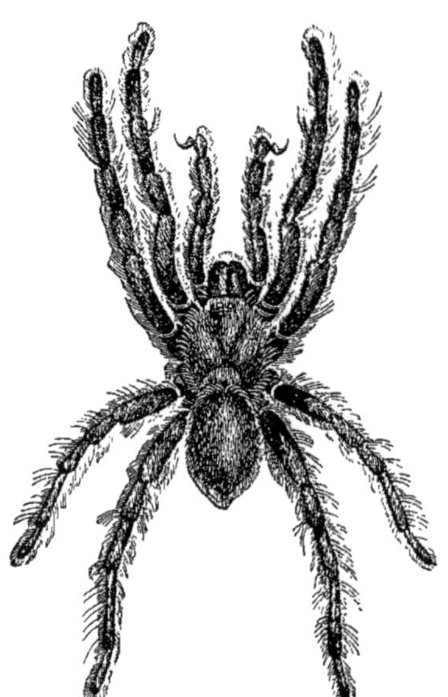

Fig. 109. — ARACHNIDES. — N° 1. Mygale aviculaire (1/3 grand. nat.). — N° 2. Bouche d'une Araignée vue en dessous ; *a*, chélicères ou antennes servant de mandibules ; *b*, leur crochet terminal ; *c*, les palpes ou pattes-mâchoires ; *d*, leur partie basilaire désignée souvent sous le nom de mâchoires ; *e*, lèvre inférieure ; *f*, première paire de pattes.

femelles où leurs diverses parties servent à constituer les aiguillons, les tarières, les oviscaptes, si admirablement compliqués qui doivent préparer le nid, porter la ponte en lieu sûr ou la défendre au besoin (1).

Chez les Arachnides (fig. 109), il n'y a pas, à proprement parler, de tête distincte correspondante à celle des Insectes ; mais les

(1) H. de Lacaze-Duthiers, *Recherches sur l'armure génitale femelle des Insectes*, Annales des sciences naturelles, 3e série, t. XII, XIV, XVII, XVIII, XIX.

six premiers anneaux du corps se confondent en une seule et même région à laquelle on donne le nom de céphalothorax, et l'on n'aperçoit entre eux d'autres lignes de démarcation que celles qui résultent de l'insertion des appendices qu'ils portent. Constamment, la première paire d'appendices constitue l'armature buccale; la seconde forme un appareil de préhension, et les anneaux qui les portent peuvent être considérés comme des anneaux céphaliques; les quatre paires suivantes d'appendices servent exclusivement à la marche: ce sont des pattes, et les anneaux correspondants forment une sorte de thorax. La tête des Arachnides est donc toujours formée de deux anneaux, leur thorax de quatre; ces nombres sont constants comme chez les Insectes. Mais le nombre des articles de l'abdomen est bien plus variable que chez ces derniers.

Fig. 110. — ARACHNIDES — Scorpion.

L'étude comparative de cette région du corps chez les Arachnides est extrêmement intéressante, car elle permet d'établir deux faits importants, à savoir : 1° que les animaux articulés dont le corps a un nombre d'anneaux limité descendent d'un type où ce nombre était beaucoup plus considérable, et, 2°, que c'est par une véritable atrophie des anneaux postérieurs qu'a eu lieu la réduction du nombre total des anneaux du corps. De même qu'on voit une sorte de queue se former chez les Hermelles par une diminution considérable de la largeur des anneaux postérieurs et une simplification très grande de leur organisation, de même chez les Scorpions (fig. 110), il se forme une queue par la réduction des six derniers anneaux de l'abdomen qui en compte treize en tout. Cette queue porte le crochet venimeux à son extrémité postérieure, elle est parcourue dans toute sa longueur par la portion terminale du tube digestif ; ses anneaux contiennent, comme les autres, des ganglions nerveux ; ils font donc bien réellement partie de l'abdomen et sont équivalents à ceux qui les précèdent. L'abdomen des Télyphones se prolonge également en une queue ; mais le tube digestif ne se prolonge plus dans cet appendice grêle, et cependant encore nettement divisé en anneaux ; les anneaux de l'abdomen qui n'ont pas subi de réduction dans leurs dimensions, sont au nombre de douze, ce qui suppose que les ancêtres des Télyphones avaient un plus grand nombre d'anneaux que ceux des Scorpions. La queue disparaît chez les Phrynes, très voisines des Télyphones, et dont l'abdomen est définitivement réduit à onze anneaux. Les *Chelifer* ou *Pinces des bibliothèques*, qui reproduisent en petit la physionomie des Scorpions, sont également dépourvus de queue, et leur abdomen est divisé, comme celui des Phrynes, en onze anneaux bien distincts. Chez les véritables Araignées, le nombre total des anneaux de l'abdomen est de dix chez l'embryon (fig. 115, n° 4) ; mais, de ces dix, quatre seulement sont bien développés ; les six autres, presque entièrement atrophiés, constituent une queue très courte, indiquant qu'il s'est produit ici un phénomène de réduction de même nature, mais plus complet encore que celui dont les Scorpions, les Télyphones et les Phrynes nous offrent un exemple.

L'abdomen peut enfin disparaître presque entièrement : on trouve souvent parmi les algues marines, venant de profondeurs diverses, de petits animaux aux formes bizarres, aux longues pattes noueuses, aux mouvements lents et incertains, ce sont les *Pycnogonon* et les *Nymphon*, reconnaissables encore à ce que leur tête, assez large, porte une paire d'appendices courts, en forme de pince d'écrevisse, et à ce que de longs prolongements tubulaires du tube digestif s'engagent dans les pattes qui contiennent aussi une partie plus ou moins considérable des glandes génitales. Les pattes logeant les organes qui se développent habituellement dans l'abdomen, celui-ci n'a plus de raison d'être : il se réduit à un simple tubercule qui porte l'anus. Les dispositions anatomiques si singulières du tube digestif des Pycnogonon ne sont, en réalité, qu'une exagération de ce qu'on observe chez les Araignées, où l'estomac envoie vers chaque patte et chaque antenne un prolongement tubulaire qui, chez les Galéodes, pénètre même à l'intérieur du membre.

Ce phénomène d'atrophie graduelle de la partie postérieure du corps est donc général chez les Arachnides, et nous sommes autorisés à penser qu'il a dû se produire de même chez les Insectes trop éloignés de leur type primitif pour en avoir conservé des traces. Tous ces animaux ont eu par conséquent des ancêtres multiannelés et sont parvenus à leur type actuel par suite de la suppression d'un nombre plus ou moins considérable d'anneaux de la partie postérieure de leur corps, suppression contrebalancée par un perfectionnement considérable de leurs anneaux antérieurs, diversement modifiés en vue de l'accomplissement de certaines fonctions spéciales.

Les Araignées nous montrent encore un phénomène extrêmement frappant : les anneaux de leur corps, parfaitement distincts pendant la période embryonnaire, se soudent ensuite et se fusionnent d'une manière tellement complète qu'il devient impossible d'établir entre eux aucune ligne de démarcation ; il n'existe plus que deux divisions : le *céphalothorax* et l'*abdomen*. La possibilité de la fusion de plusieurs anneaux en une seule masse est donc ici rigoureusement démontrée : on peut suivre, pendant le développement, toute la marche graduelle de cette fusion qui a joué un rôle important dans la production d'un grand nombre d'organismes.

Les régions du corps une fois constituées prennent chez les Articulés, comme chez les Annelés, une certaine autonomie qui est indiquée par la faculté qu'elles acquièrent de produire de nouveaux anneaux à leur extrémité postérieure, comme si elles constituaient de véritables individus. C'est ainsi que la plupart des *Acarus* ou Mites abandonnent l'œuf, n'ayant que trois ou même deux paires de pattes; la quatrième paire ne se forme que plus tard avec l'anneau qui la porte. Les Annélides sédentaires nous ont offert des faits entièrement analogues.

Les appendices des segments subissent naturellement des modifications plus considérables encore que les segments eux-mêmes. Normalement, chacun des anneaux du corps devrait porter une paire de pattes articulées : il en est réellement ainsi chez les Péripates et les Myriapodes. On peut considérer certaines larves d'Insectes, les Chenilles (fig. 111), par exemple, et peut-être les larves

Fig. 111. — Chenille de *Papillon Machaon*.

de *Sialis*, ou même certains Insectes parfaits, dépourvus d'ailes, tels que les *Japyx* et les *Campodea*, comme remplissant encore cette condition ; seulement, chez tous ces animaux, les pattes abdominales demeurent à l'état rudimentaire.

Chez les Insectes arrivés à l'état parfait, les membres abdominaux disparaissent d'ordinaire entièrement ; seuls un ou deux anneaux

Fig. 112. — INSECTES. — N° 1. Blatte orientale. — N° 2. Podurelle très grossie.

de l'extrémité postérieure portent assez souvent, notamment chez les Orthoptères (fig. 112, n° 1) et les Thysanoures (fig. 112, n° 2), une paire d'appendices articulés, modifiés de façons diverses, et qui représentent sans doute des pattes ; un Coléoptère de la famille des *Staphylins*, le *Spirachta eurymedusa*, porte même trois paires d'appendices de ce genre, mais ces pattes sont très modifiées et ne servent pas à la locomotion. Les pattes conformées pour la marche sont, en général, strictement limitées aux anneaux du thorax, encore ces pattes sont-elles loin de se ressembler toujours exactement. Assez fréquemment les quatre paires de pattes postérieures sont seules locomotrices. La paire antérieure s'adapte alors à des fonctions diverses : elle devient un remarquable organe de préhension

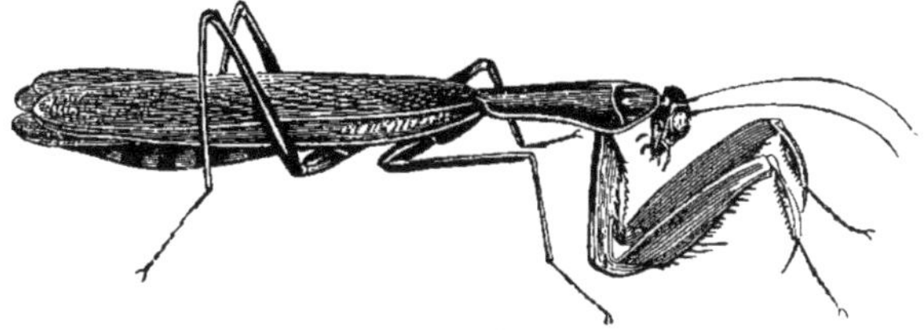

Fig. 113. — INSECTE ORTHOPTÈRE. — Mante religieuse.

chez les Mantes (fig. 113), les Mantispes, les Nèpes, les *Emesa*, les larves de Cigales, et, plus modifiée encore, constitue le singulier outil fouisseur des Courtilières (fig. 114); certains Papillons

Fig. 114. — INSECTE ORTHOPTÈRE. — Courtilière commune.

cessent de s'en servir, elle diminue alors considérablement de volume et vient se cacher parmi les poils qui couvrent leur thorax. Tout le monde connaît enfin les modifications qui font des pattes postérieures des Sauterelles (fig. 108) des organes éminemment propres au saut.

Les pattes abdominales manquent d'une façon complète chez les Araignées adultes; il n'en existe qu'une paire très modifiée chez les Scorpions où elles ont l'apparence d'une paire de peignes cornés, à dents très nombreuses chez certaines espèces; mais l'embryogénie prouve que les anneaux de l'abdomen possédaient autrefois des membres chez ces animaux. On a observé des rudiments de pattes (fig. 115, n°s 1 à 4) sur les quatre premiers anneaux de l'abdo-

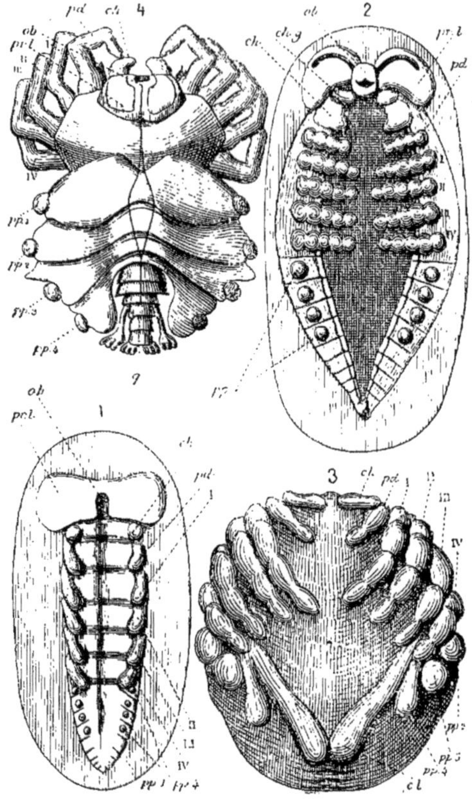

Fig. 115. — EMBRYOGÉNIE. — 1. Embryon d'une Araignée (*Angelena labyrinthica*) supposé déroulé au moment où les membres viennent d'apparaître (d'après Balfour); — 2. Le même un peu plus âgé. — 3. Embryon plus avancé avec sa forme naturelle (grossissement considérable). — 4. Jeune araignée (*Epeira diadema*) dont les dix segments abdominaux sont encore bien distincts. Dans toutes les figures : *ob*, lèvre supérieure et bouche ; *prl*, lobes céphaliques ; *ch*, chélicères ; *chg*, ganglions nerveux des chélicères ; *pd*, palpes ; I à IV, pattes ambulatoires ; pp_1 à pp_4, pattes rudimentaires des anneaux abdominaux, destinées à disparaître plus tard ; *cl*, lobe postérieur recourbé ; *q*, post-abdomen ou queue formée de six anneaux (d'après Barrois).

men des embryons de Scorpions (1), de Chelifer (2) et d'Arai-

(1) E. Metschnikoff, *Embryologie des Scorpions*.

(2) E. Metschnikoff, *Entwickelungsgeschichte der Chelifer*, Zeitschrift für wissensch. Zoologie, vol. XXI, 1871.

gnées (1). La deuxième paire d'appendices, celle qui fait suite à l'armature buccale, présente chez les Arachnides de remarquables métamorphoses : elle forme les *palpes maxillaires*, quelquefois aussi désignés sous le nom de *pattes-mâchoires*, à l'aide desquels les Araignées explorent le terrain sur lequel elles marchent, maintiennent la proie qu'elles dévorent ou accomplissent certains actes dépendant de la fonction de reproduction ; ces mêmes palpes maxillaires forment les pinces énormes qui donnent aux Scorpions, aux Télyphones et aux *Chelifer*, une certaine ressemblance avec les Écrevisses et les Crabes, ou bien encore ils viennent renforcer l'armature buccale qui permet aux Acarus de percer les téguments des animaux sur lesquels ils vivent en parasites.

Chez les Galéodes, la troisième paire d'appendices, grêle et dépourvue de griffes, fonctionne aussi comme appareil de tact, de sorte que les pattes ambulatoires sont réduites à trois paires, comme chez les Insectes. On pourrait, à la rigueur, chez ces animaux, considérer comme une tête l'ensemble des trois anneaux dont les appendices sont devenus des appareils de mastication ou des appareils tactiles ; le thorax présenterait alors le même nombre d'anneaux que celui des Insectes ; mais c'est là une ressemblance toute superficielle, car la tête des Insectes est formée de plus de trois anneaux.

Fait bien remarquable ! ce sont toujours des pattes modifiées qui forment l'appareil de mastication si compliqué de tous les animaux articulés. Comme les pattes, ces appendices reçoivent, en effet, leurs nerfs des parties du système nerveux situées sous le tube digestif, et ces nerfs naissent et se comportent, dans les deux cas, exactement de la même façon. Nous avons déjà vu comment, chez les Scolopendres, les premières pattes devenaient des crochets venimeux dépendant de la bouche ; les appendices qui précèdent forment une sorte de lèvre inférieure munie de filaments articulés, qu'on appelle les *palpes*, et au-devant de laquelle on aperçoit les véritables mâchoires, précédées elles-mêmes des mandibules (2).

(1) Balfour, *Notes on the development of the Araneina*, Quarterly Journal of microscopical science, vol. XX, avril 1880.

(2) Cette disposition est caractéristique des Myriapodes agiles, carnassiers,

Dans tout le groupe de Myriapodes où il existe deux paires de pattes à chaque anneau, groupe auquel appartiennent les Iules, les Polydesmes et les *Glomeris* (1), les deux paires de mâchoires sont soudées entre elles, dépourvues de palpes, et les mandibules demeurées libres fonctionnent seules alors comme organes de mastication ; les appendices qui forment les crochets à venin des Scolopendres se dirigent bien aussi vers la bouche chez les Iules, mais ils conservent absolument la forme de pattes.

La bouche des Insectes (fig. 116 et 117) est formée de trois paires de membres : la première (m), puissante, dépourvue de palpes, très variable dans sa forme, constitue les *mandibules ;* la seconde (n) plus faible, portant une ou deux paires de palpes (q, r), les *mâchoires ;* les deux moitiés de la troisième, également pourvues de palpes (p), se soudent au moins par leur base, deviennent par conséquent incapables de se mouvoir latéralement, et leur ensemble est désigné par les entomologistes sous le nom de *languette* ou lèvre inférieure. Savigny a montré dans un célèbre mémoire (2) comment de simples modifications dans la forme et les proportions de ces parties suffisent à produire le bec acéré des Insectes suceurs avec toute son armature de stylets pénétrants, la trompe molle qui sert aux abeilles à humer le miel (fig. 117) ou la curieuse langue spirale des papillons.

Chez le plus grand nombre des Insectes la bouche est recouverte en dessus par une pièce mobile impaire, résultant probablement de la soudure de deux pièces latérales et qu'on appelle la lèvre supérieure ou *labre.* Outre cette armature buccale, la tête des Insectes et des Myriapodes porte encore à sa partie supérieure une paire d'appendices, formés le plus souvent d'un nombre considérable d'articles et qui sont uniquement, chez les In-

venimeux, ne possédant qu'une paire de pattes par anneau qui forment le groupe des *Chilopodes* (χεῖλος, lèvre ; πούς, pied), dont les Scolopendres sont le type.

(1) Ce sont les *Chilognathes* (de χεῖλος, lèvre et γνάθος, mâchoire) qui sont lents dans leurs mouvements, se nourrissent de matières végétales en décomposition et dont les anneaux portent chacun deux paires de pieds.

(2) Mémoires sur les animaux sans vertèbres, — in-8°, 1816.

sectes adultes, des organes de sensibilité ; ce sont les *antennes* dont tout le monde connaît les aspects élégants et variés. Les antennes se distinguent d'une façon bien nette des appendices buccaux et des pattes parce qu'elles reçoivent directement leurs nerfs des

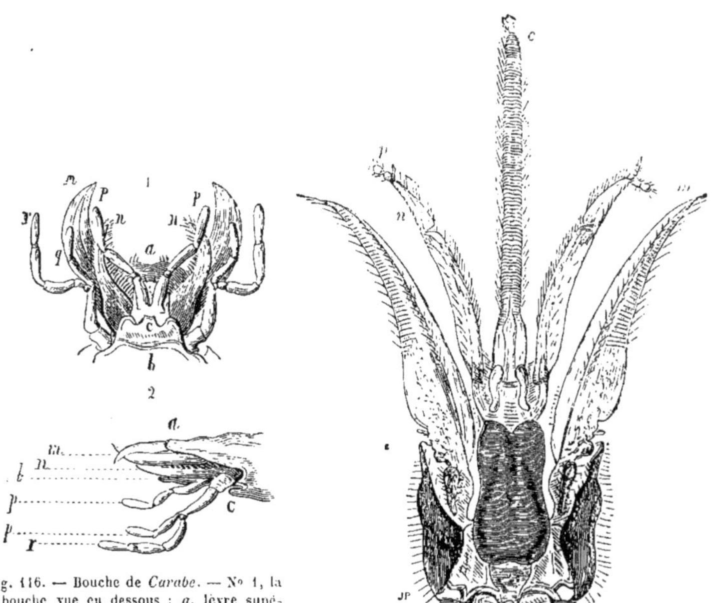

Fig. 116. — Bouche de *Carabe*. — N° 1, la bouche vue en dessous : *a*, lèvre supérieure ; *m*, mandibules ; *n*, mâchoires ; *q*, *r*, palpes maxillaires ; *c*, languette ou lèvre inférieure ; *p*, palpes labiaux. — N° 2, la bouche vue de profil ; mêmes lettres.

Fig. 117. — Bouche d'une espèce d'abeille (Anthophore) vue par-dessous : *m*, mandibules ; *n*, mâchoire ; *c*, lèvre inférieure ; *p*, palpes maxillaires (grossie).

ganglions cérébroïdes situés au-dessus de l'œsophage. Quelquefois chez les larves, celles des Hydrophiles, par exemple, ces antennes sont détournées de leur destination ordinaire et peuvent devenir des organes de préhension (1) ; c'est un exemple, rare

(1) Les larves d'Hydrophiles sont carnassières ; elles dévorent leur proie en la maintenant entre leur dos et leur tête renversée en arrière. Dans cette bizarre attitude les antennes sont mises en contact avec l'animal qu'il s'agit de maintenir, et leur article basilaire solide et armé de pointes joue alors le rôle d'une branche de pince.

chez les Insectes, de leur adaptation à la fonction de nutrition.

Cette adaptation est au contraire constante chez les Arachnides. Là, en effet, M. Blanchard a prouvé qu'il n'y a ni mandibules ni mâchoires; mais les antennes se rapprochent de la bouche, comme chez les Scorpions, ou se recourbent vers elle, comme chez les Araignées. Chez les premiers elles prennent la forme d'une pince bifurquée, courte, dirigée en avant, rappelant en petit les grandes pinces de l'animal; chez les secondes (fig. 123, n° 2, *m*, *g*), leur base se renfle, tandis que leur extrémité se transforme en un crochet mobile, aigu, recourbé et percé au sommet; c'est là l'appareil venimeux à l'aide duquel les Araignées saisissent leur proie et la tuent. Chez les Faucheurs (Opilionides), ces crochets sont didactyles, et il en est de même chez les Télyphones et les Phrynes, ce qui rapproche encore ces animaux des Scorpions. C'était là sans doute une disposition jadis très générale, car c'est encore sous cette forme qu'apparaît le rudiment des antennes dans l'embryon même des Araignées domestiques (1). On donne aux antennes ainsi transformées des Araignées le nom de *chélicères*. Cette transformation particulière des antennes explique pourquoi la tête des Arachnides ne supporte pas, comme celle des autres animaux articulés, d'appendices servant au tact; ces appendices ont été employés à un autre usage.

Mais faut-il admettre entre les antennes et les pattes une différence radicale? Les antennes ne seraient-elles pas simplement les appendices d'un ou plusieurs segments antérieurs à la bouche, comme le segment céphalique des Annélides? Ces suppositions peuvent paraître un peu hasardées, quand on mesure la distance qui sépare des pattes locomotrices les antennes plumeuses d'un Bombyx, le court stylet qui en tient lieu chez les Cigales, ou le long filament antennaire des Sauterelles; mais un examen plus approfondi montre qu'elles sont parfaitement fondées. Les antennes sont, à la vérité, des organes de sensibilité, les pattes des organes de locomotion; mais cela n'a rien d'absolu, car chez divers In-

(1) Balfour, *Notes on the development of the Araneina*, Quarterly Journal of microscopical science, avril 1880.

sectes, tels que les Grillons, les Sauterelles (1) et le Sphinx tête de mort, les organes de l'ouïe se trouvent sur les pattes antérieures. Dans une autre classe d'Articulés, celle des Crustacés, les pattes peuvent aussi porter des yeux (2), et les mâchoires partagent avec elles cette faculté : inversement dans quelques divisions de cette classe, telle que celle des Cladocères, les antennes peuvent demeurer des organes de locomotion. Chez les Araignées mêmes, les chélicères qui reçoivent, chez l'animal adulte, leurs nerfs du cerveau et sont indiscutablement des antennes, naissent d'abord à la face ventrale, en arrière de la bouche (3), comme de véritables pattes, et ne passent à la face dorsale et en avant de la bouche que dans la suite du développement.

Toute différence physiologique entre les antennes et les pattes s'efface donc, et la question de l'identité anatomique de ces organes mérite par conséquent un sérieux examen. Les Crustacés permettront de résoudre plus facilement ce problème que les Insectes et les Myriapodes, dont les segments céphaliques se sont adaptés trop complètement à des fonctions spéciales.

Les Crustacés montrent d'ailleurs plus nettement encore, s'il est possible, toutes les modifications et transformations d'appendices que nous venons d'indiquer. Ces animaux jouent dans les eaux douces et dans la mer le rôle qui appartient sur terre aux Myriapodes, aux Arachnides et aux Insectes. Leurs organes de respiration sont externes, dépendent en général des pattes et portent le nom de *branchies;* ils sont disposés pour extraire de l'eau l'air qu'elle tient en dissolution ; les organes de respiration des autres Articulés sont au contraire, nous l'avons vu, situés à l'intérieur du corps, indépendants de l'appareil locomoteur et constitués par des tubes maintenus béants par une fine spirale chitineuse et dans lesquels

(1) Ceci s'applique seulement aux *Locustides*, chez les *Acridiens* ou Criquets les organes de l'ouïe sont situés sur la partie antérieure du premier article de l'abdomen.

(2) Chez la *Thysanopoda norvegica* et diverses *Euphausia* il existe, outre les yeux céphaliques, huit paires d'yeux situés sur les segments et dont deux sont portés par l'article basilaire des 2e et 7e paires de pattes.

(3) Balfour, *Notes on the development of the Araneina*, Quarterly Journal of microscopical science.

l'air atmosphérique pénètre directement ; ce sont des *trachées*. Cette différence dans le mode de respiration permet de diviser l'embranchement des animaux articulés en deux sous-embranchements également importants.

Bien qu'ils atteignent parfois une taille plus considérable, les Crustacés ont une organisation plus simple que celle des Articulés pourvus de trachées ; on ne trouve cependant pas parmi eux de colonies typiques, telles que nous en offrent les Péripates et les Myriapodes, mais on y observe une variabilité de forme et de structure beaucoup plus grandes que celles des autres groupes réunis ou, pour mieux dire, cette variabilité est d'une autre nature. Elle ne consiste pas seulement dans des modifications de détail, respectant les dispositions principales ; mais elle affecte ces dispositions elles-mêmes, de sorte qu'un caractère qui paraît de premier ordre dans les articulés pourvus de trachées, tel que le nombre des parties de chaque région du corps, est susceptible de varier dans un même groupe de Crustacés. C'est là, du reste, un trait commun à tous les groupes inférieurs du Règne animal : il suffira de rappeler le peu d'homogénéité de la classe des Poissons ou de celle des Reptiles comparée à l'identité presque absolue de structure de tous les Oiseaux ou de tous les Mammifères.

Tous les Crustacés, sauf les Crustacés supérieurs à yeux pédonculés qui forment l'ordre des *Podophthalmes* (1), traversent dans leur développement une forme commune, très caractéristique, prise d'abord pour type d'un genre particulier auquel on avait donné le nom de *nauplius* (fig. 118, n°s 1 et 3). Quelquefois, cette forme n'est reconnaissable que dans l'œuf, mais le plus souvent le nauplius est déjà capable d'éclore et de mener une vie indépendante. Certains Podophthalmes, les *Penœus*, voisins des Crevettes, les *Euphausia*, les *Nebalia*, appartenant à des groupes assez éloignés, présentent comme les Crustacés inférieurs la forme de *nauplius* au moment de leur naissance ou dans l'œuf, preuve certaine que le

(1) De πούς, pied, ὀφθαλμός, œil, littéralement animaux à yeux pourvus d'un pied. C'est à cet ordre qu'appartiennent les Crevettes, les Langoustes, les Homards, les Écrevisses, les Crabes, etc.

nauplius est pour les Podophthalmes aussi bien que pour les autres Crustacés, une forme larvaire typique rappelant l'organisme primitif d'où tous ces animaux seraient issus. Le nauplius est aux Crustacés exactement ce que la larve à couronne vibratile que nous

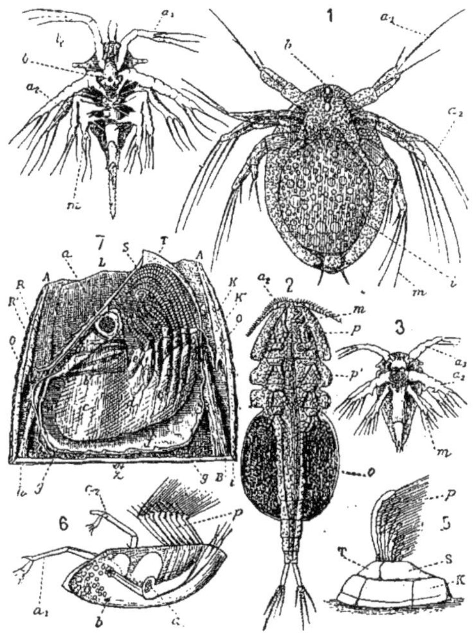

Fig. 118. — DÉVELOPPEMENT DES CRUSTACÉS. — N° 1. *Nauplius* de *Notodelphys mediterranea* (grossi 125 fois). — N° 2. *Notodelphys mediterranea*, femelle avec sa poche à œufs. — N° 3. Nauplius d'un cirripède (*Balanus balanoïdes*) très grossi, au sortir de l'œuf. — N° 4. Le même après la première mue. — N° 5. Le même ayant pris la forme cypridienne après son avant-dernière mue. — N° 6. Jeune Balane peu de temps après sa fixation. — N° 7. *Balanus balanoïdes*, adulte un peu réduit. (Dans toutes les figures de 1 à 6, a_1 et a_2, les deux paires de membres qui deviendront les antennes ; *m*, les futures mandibules ; *p*, les pattes ; dans les figures 6 et 7 ; *A*, *K*, *K'*, *R*, *R' O*, les diverses pièces de la coquille, *T*, les pièces postérieures (*terga*), *S* les pièces antérieures (*scuta*) qui forment le clapet de la coquille ; *f. g*, le manteau membraneux enveloppant l'animal ; *B*, *b*, *h*, muscles ; *c*, la portion céphalique de l'animal ; *e*, la bouche ; *d*, *c'*, la portion d'où naissent les pieds en forme de cirres.)

avons désignée sous le nom de trochosphère est aux Annélides ; il est donc d'un haut intérêt de le connaître et de le suivre dans ses diverses métamorphoses. Au moment de son éclosion, c'est un animal transparent, ne présentant aucune trace d'articulation, de forme ovale (fig. 118, n° 1) ou triangulaire et muni de deux ou trois paires de membres. Ces membres, eux-mêmes dépourvus d'articles, sont souvent bifurqués et terminés par un pinceau de soies raides, très longues, qui augmentent considérablement leur étendue. Ils servent exclusivement d'organes de natation ou de reptation ; ce sont par conséquent de véritables *pattes*. Bien que la plupart des Crustacés possèdent, à l'état adulte, deux paires d'antennes et une armature buccale fort compliquée, les nauplius ne possèdent jamais d'antennes ; leur bouche est un orifice dépourvu de tout appareil de mastication ; certaines espèces se servent seulement de quelques-unes des soies de leurs membres pour refouler vers elle les matières alimentaires. Bientôt, on voit apparaître les rudiments d'une quatrième paire de membres, puis généralement la peau qui enveloppait le jeune animal tombe et celui-ci se montre pourvu de membres nouveaux qui s'étaient formés sous les téguments, qui sont au nombre de trois à six paires et qui sont, comme étaient les précédents, des membres locomoteurs. Mais, pendant que cette évolution se préparait, les pattes primitives ont elles-mêmes subi les plus singulières métamorphoses : les deux premières paires (a_1, a_2) sont remontées vers la région dorsale du jeune animal, elles constituent désormais les deux paires d'antennes ; la troisième paire (m) s'est rapprochée de la bouche, et s'est aussi profondément modifiée dans sa forme : elle a cessé de servir à la natation ; elle est désormais uniquement employée à broyer ou à saisir les aliments ; elle s'est transformée en une paire de *mandibules*. La quatrième paire de pattes, qui avait apparu postérieurement, subit à son tour une transformation analogue ; c'est elle qui constitue les *mâchoires*. Les membres qui se sont formés en dernier lieu n'échappent pas eux-mêmes à ces singulières adaptations : leur première paire au moins devient toujours, chez les Crustacés ordinaires, un appareil accessoire de mastication ,mais les deux membres qui la composent conservent d'ordinaire une plus ou moins grande ressemblance avec des pattes locomotrices, de là le nom de *pattes-mâchoires* sous lequel on les désigne.

Ce n'est pas tout : la plupart des Crustacés podophthalmes

quittent l'œuf sous une forme particulière qui leur est également commune, mais qui est beaucoup plus avancée dans son développement que le nauplius. Cette forme larvaire qu'on désigne sous le nom de *Zoë*, est ordinairement caractérisée par les bizarres prolongements pointus de sa carapace et possède le plus souvent sept ou huit paires d'appendices, à savoir : deux paires d'antennes, une paire de mandibules, deux paires de mâchoires et deux ou trois paires de pattes disposées de manière à servir plutôt à la natation qu'à la marche ; son corps se termine par un abdomen assez long mais ne portant aucune trace de membres (fig. 119). Eh bien ! des trois paires d'organes locomoteurs que porte la *Zoë*, au moment de

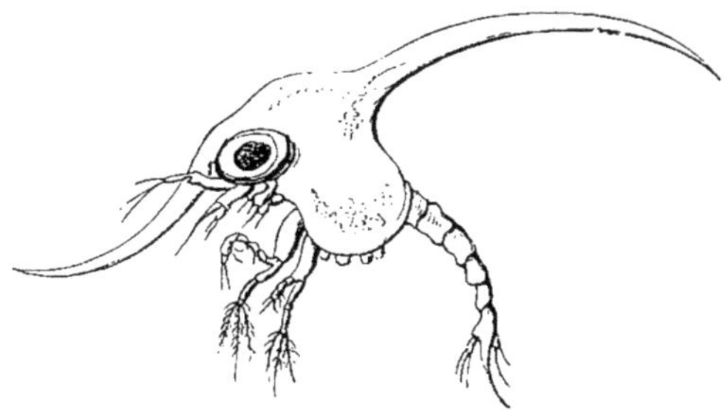

Fig. 119. — CRUSTACÉ. — Zoë ou larve de Crabe (*Cancer mœnas*).

son éclosion, aucune ne conservera cette fonction : toutes deviendront des dépendances de la bouche, des pattes-mâchoires, sans cesser cependant de conserver avec les véritables pattes une certaine ressemblance de forme, comme chacun peut s'en convaincre en examinant, chez un crabe, les parties qui entourent la bouche et qui précèdent la paire de grandes pinces. C'est seulement plus tard que se développeront, au nombre de cinq ou de six, les anneaux thoraciques portant les pattes définitives et qu'apparaîtront aussi les pattes abdominales destinées à subir elles-mêmes des modifications spéciales. Chez l'écrevisse (fig. 120) qui sort de l'œuf à peu près formée mais se lie d'une façon intime aux Crustacés traversant la forme de Zoë, il est facile de reconnaître les pattes-mâchoires, avec leur forme caractéristique, au-devant de la première paire de pattes.

Tandis que chez le plus grand nombre des Crustacés les appendices primitifs du nauplius sont détournés de leur fonction d'organes locomoteurs, il existe une petite famille bien remarquable où ils la conservent pendant toute la vie de l'animal : tout le monde connaît, au moins sous leur nom vulgaire de *puces-d'eau*, les Daphnies. Ce sont de petits Crustacés enfermés dans une carapace bivalve et qui abondent parfois dans les ruisseaux, où ils forment

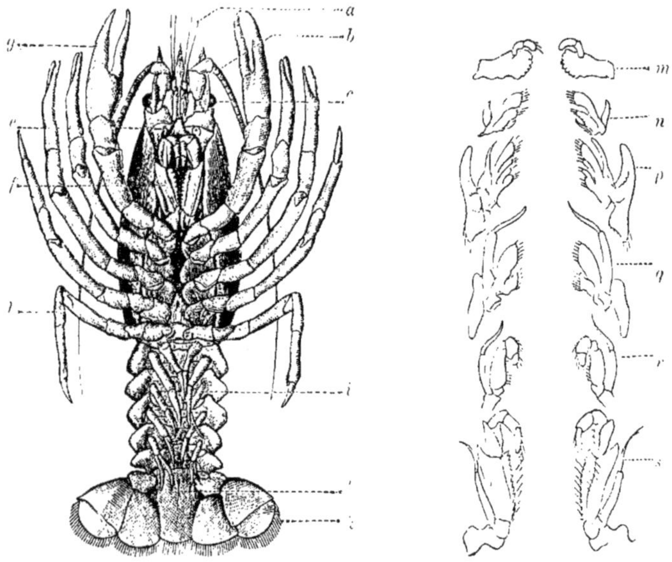

Fig. 120. — CRUSTACÉS. — N° 1. Écrevisse fluviatile, vue par sa face inférieure : *a*, antennes internes ; *b*, antennes externes ; *c*, yeux pédonculés ; *e*, *f*, mâchoires et pattes-mâchoires ; *g*, première paire de pattes ambulatoires ou pinces ; *h*, pattes ambulatoires ordinaires ; *i*, pattes abdominales chargées de porter les œufs ; *k*, dernière paire de pattes abdominales transformées en rames ; *l*, dernier anneau de l'abdomen en *telson*. — N° 2. Pièces buccales de l'écrevisse : *m*, mandibules ; *n*, et *p*, 1re et 2e paires de mâchoires ; *q*, *r*, *s*, les trois paires de pattes-mâchoires.

la nourriture la plus recherchée des jeunes poissons. On voit ces petits êtres avancer par soubresauts en fouettant l'eau au moyen de deux longs appendices bifurqués et garnis de soies, qui s'insèrent au voisinage de leur tête. Ces membres locomoteurs ne sont pas autre chose que la seconde paire de membres du nauplius, celle qui devient la seconde paire d'antennes chez les autres Crustacés. Les Daphnies (1) nagent donc encore au moyen de leurs antennes. Ce sont, du reste, des Crustacés assez éloignés du type primitif, ils possèdent sous leur carapace cinq paires de petites pattes, tandis que leurs mandibules et leurs mâchoires sont atrophiées.

Les Limules (fig. 121) sont le dernier reste d'un groupe d'Arti-

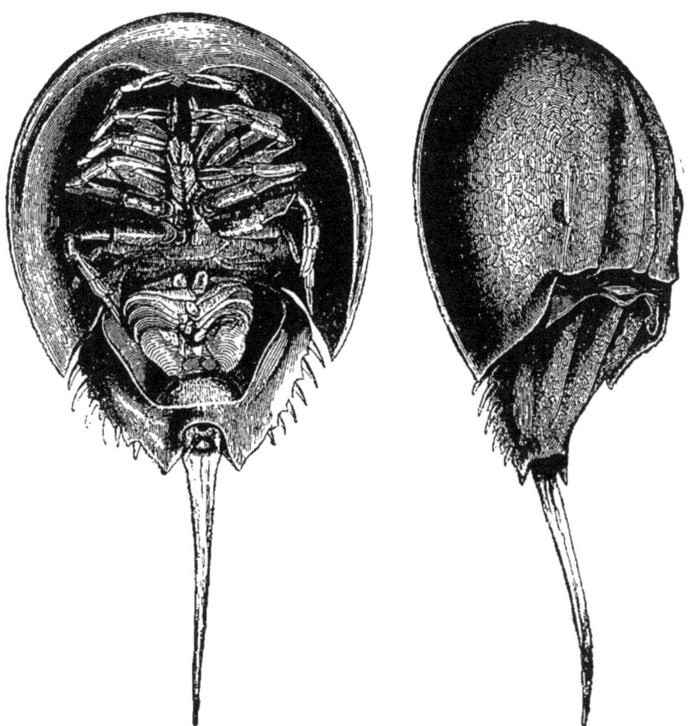

Fig. 121. — CRUSTACÉS. — N° 1. Limule polyphème, vue de trois quarts. — N° 2. La même, vue en dessous.

culés qui a apparu dès la période primaire et qui a autant de rapports avec la classe des Arachnides, qu'avec celle des Crustacés. Là

(1) Elles sont le type du petit groupe des *Cladocères* (de κλάδος, branche et κέρας, corne, animaux à antennes branchues) auquel s'applique également tout ce que nous venons de dire.

nous trouvons encore la preuve de l'identité originelle de tous les appendices des articulés : tous les membres céphalo-thoraciques ont conservé chez les Limules une forme commune, sont demeurés des organes locomoteurs et se sont néanmoins appropriés, en même temps, à une autre fonction ; ils se sont disposés en une sorte de cercle au centre duquel est venue s'ouvrir la bouche. Au-devant d'elle une première paire d'appendices représente les antennes, articulées comme les pattes, et terminées comme elles par une pince didactyle ; autour d'elle les pattes servent à la locomotion, mais en même temps l'article basilaire de chaque membre s'est modifié de façon à pouvoir broyer les aliments en se rapprochant des articles semblables de ses voisins : tous ces appendices, au nombre de six paires sont donc, dans toute l'acception du terme, des *pattes-mâchoires* (1).

Ainsi l'identité fondamentale de tous les appendices du corps que la comparaison des articulés pourvus de trachées nous avait conduit à admettre, se trouve absolument démontrée chez les Crustacés. Au cours du développement de ces animaux nous pouvons voir ces membres, primitivement pareils sous le triple rapport de la forme, de la position et de la fonction, se modifier, se déplacer et, après avoir servi à la locomotion, devenir peu à peu exclusivement propres à d'autres fonctions spéciales, tandis que des membres nouveaux apparaissent pour remplir temporairement les fonctions locomotrices délaissées par les premiers et se modifier à leur tour dans des sens divers.

Les antennes, les mandibules, les mâchoires, les pattes-mâchoi-

(1) Par les faibles modifications et le nombre de leurs appendices céphalo-thoraciques, par l'existence d'une seule paire d'antennes dont la ressemblance avec les chélicères des Scorpions est incontestable, les Limules se rapprochent beaucoup des Arachnides. D'autres traits de leur organisation interne resserrent encore leur parenté avec ces animaux ; mais leur abdomen porte des branchies, ce qui est l'un des caractères essentiels des Crustacés ; aussi prend-on souvent les Limules comme types d'une classe spéciale, celle des *Mérostomacés* qui comprend, en outre, un assez grand nombre d'articulés des plus anciennes périodes géologiques.

M. Alphonse Milne Edwards a publié, il y a quelques années (*Annales des Sciences naturelles*, 5e série, vol. XVII, 1872), des *Recherches sur l'anatomie des Limules*.

res sont indifféremment tout d'abord de véritables pattes et servent soit à la marche, soit à la nage. Ces organes, si variés par la suite, commencent par avoir la même forme et la même fonction ; ils naissent de la même façon ; nous avons donc le droit d'affirmer qu'il n'existe entre eux aucune différence. Malgré leur position en avant et au-dessus de la bouche, malgré leur mode tout spécial d'innervation, les antennes elles-mêmes ne sont pas autre chose que des pattes modifiées, et ce n'est pas là une hypothèse puisque tout observateur attentif peut voir s'accomplir sous ses yeux la métamorphose qui les tire des pattes du nauplius.

Cette détermination des antennes a une importance de premier ordre, car elle nous permettra de comprendre la véritable nature du cerveau des animaux articulés. Mais l'ensemble des faits que nous venons de rappeler a une portée plus générale encore. Quel sens auraient, en effet, les assimilations entre les appendices des Articulés, auxquelles sont parvenus, après de si grands efforts, tant d'illustres anatomistes, quelle signification pourraient avoir les admirables phénomènes d'évolution que nous offrent ces appendices dans le cours du développement d'un animal, si l'on n'admettait pas que les animaux articulés sont, comme les animaux annelés, formés de segments placés bout à bout, primitivement tous semblables entre eux, jouissant malgré les liens qui les unissent d'une indépendance relative, pouvant dès lors se modifier chacun dans une direction différente ; si l'on ne reconnaissait pas que les animaux articulés sont de véritables colonies dont tous les membres, remplissant des fonctions diverses, sont associés pour constituer une unité nouvelle ?

Nous avons suivi chez les Annélides l'évolution de segments analogues ; nous savons que là les segments ne sont pas indissolublement unis à leurs semblables, qu'ils peuvent s'en séparer, vivre d'une vie indépendante et reproduire des organismes identiques à celui d'où ils se sont détachés ; nous savons en un mot que ce sont de véritables *individus ;* nous savons encore que l'Annélide, au moment de sa naissance, n'est pendant un temps plus ou moins long constituée que par un seul de ces individus qui se meut, se nourrit et se reproduit comme un organisme complet, et que les autres viennent, par la suite, s'ajouter un à un à celui-là pour former l'Annélide adulte ; le mot *individu* a donc bien ici le sens d'*animal indépendant* ayant en lui tout ce qu'il faut pour vivre isolé et n'ayant perdu cette faculté que par suite de modifications consécutives. On ne saurait contester que l'Annélide soit une *colonie* à la façon des colonies d'Hydres, mais de forme différente. Comment douter qu'il en soit de même des Articulés, en présence du parallélisme si parfait qu'ils présentent avec les Vers annelés? Comment refuser aux segments des Articulés cette qualité d'individus quand nous les voyons se comporter en tout, d'une façon aussi manifeste, comme les segments des Annélides?

D'ailleurs, le nauplius des Crustacés produit un à un les segments de l'animal adulte, exactement comme la trochosphère produit ceux de l'Annélide ; il est lui aussi constamment en voie d'accroissement et de reproduction agame. La trochosphère ne forme qu'une seule partie de l'Annélide, sa tête ; de même le nauplius ne fournit, par métamorphose directe, qu'une seule partie du Crustacé et c'est également la tête ; ses membres deviennent les appendices de la tête : les *antennes* et les *mandibules*. Le plus souvent de nouveaux anneaux formés en arrière de cette *tête primitive*, viennent s'ajouter au nauplius pour former la tête définitive et apportent à la bouche des appendices supplémentaires, les *mâchoires* et les *pattes-mâchoires;* en même temps la région thoracique fait son apparition tandis que d'autres segments, se formant entre le dernier et l'avant-dernier anneau du corps, complètent l'abdomen. Entre le thorax et l'abdomen la séparation est brusque, en général; mais le mode même de formation de la tête et du thorax, qui se développe derrière elle et dont les premières parties formées se soudent très souvent avec elle, indique qu'aucune démarcation tranchée ne peut exister entre ces deux régions ; aussi est-on souvent amené à les confondre sous la dénomination commune de *céphalothorax*.

La tête se trouvant formée, comme le reste du corps, d'anneaux, c'est-à-dire d'individus distincts, équivalents à ceux qui entrent dans la constitution du thorax et de l'abdomen, le seul caractère des anneaux céphaliques consiste dans les fonctions spéciales que remplissent les appendices de ces anneaux. A moins de réserver, comme l'a fait M. de Quatrefages pour les Annélides, le nom de *tête* aux anneaux qui précèdent la bouche et portent les antennes, il faut considérer comme faisant partie de cette région du corps tous ceux dont les appendices seront transformés de manière à devenir soit des organes de sensation, soit des pièces buccales, et c'est ce que l'on est bien forcé de faire chez les Myriapodes et les Insectes où les anneaux à appendices modifiés se fusionnent de manière à former un tout nettement séparé. Rien dans tout cela ne diffère de ce que nous avons vu chez les Annélides sédentaires.

Singulier rapprochement! Le nauplius au moment de son éclosion représente seulement la *tête* du Crustacé, tout comme la trochosphère représente, à ce moment, la tête de l'Annélide. La *tête* n'est, dans les deux cas, *que le premier individu ou l'ensemble des premiers individus formés* dans la colonie. Si l'on veut exprimer le fait d'une façon plus saisissante on peut dire que *les Crustacés*, *comme les Annélides*, *sont*, *au moment de leur naissance*, *des animaux réduits à leur tête*, *et dont la tête se répétant elle-même*, *produit le reste du corps*. Dans le cas des Annélides, dans celui des Crustacés, les phénomènes sont exactement les mêmes; tout aussi rigoureusement que l'embryogénie des Annélides, l'embryogénie des Crustacés démontre donc que ces animaux, et avec eux, les autres Articulés qu'on ne saurait en séparer, sont des colonies linéaires.

Chez les Crustacés supérieurs, chez ceux qui sont adaptés à la vie terrestre le développement s'accélère : au moment de la naissance les diverses régions du corps sont déjà formées et continuent à se développer isolément à la façon d'individus distincts, comme nous le montrent les Zoës; assez souvent même le jeune animal sort de l'œuf avec tous ses anneaux comme cela arrive chez les Cloportes et les Écrevisses, ou bien il ne lui manque que quelques anneaux abdominaux, et nous arrivons ainsi graduellement au mode de développement des Arachnides et des Insectes qui possèdent toujours à leur naissance tous les anneaux de leur corps.

Les Myriapodes, parmi les Articulés pourvus de trachées, semblent être demeurés en arrière, mais il n'en est rien : leur *tête* est, en effet, beaucoup plus parfaite que celle des Arachnides; le nombre de ses appendices (1) nous autorise à la considérer comme résultant de la fusion de quatre articles au moins; en revanche, l'*abdomen* n'ayant subi aucune adaptation, peut atteindre une grande longueur; il fournit souvent à la tête un nouvel article, celui qui chez les Scolopendres porte les crochets venimeux.

Chez les Arachnides, comme chez les Limules, la région antérieure du corps ne se divise pas en tête et en thorax: les appendices du premier anneau, représentant les antennes des Crustacés, forment les crochets à venin ou chélicères; ceux du second anneau forment les palpes tout en conservant l'apparence de membres locomoteurs, ceux des quatre anneaux suivants demeurent à l'état de pattes.

Enfin chez les Insectes, la tête se constitue très vite comme chez les Myriapodes et se trouve, comme chez eux, formée de quatre et peut-être même de six (2) anneaux; là, elle est complètement individualisée; derrière elle, le thorax, également bien distinct, se constitue toujours à l'aide de trois anneaux; enfin vient l'abdomen dépourvu de membres chez les insectes adultes mais qui montre encore chez diverses larves qu'il en était originairement pourvu.

Il est difficile de passer par une transition absolument ménagée des Crustacés aux Arachnides et de ceux-ci aux Insectes ou aux Myriapodes; mais tous ces animaux se relient entre eux avec la plus grande facilité et leur mode de développement paraît extrêmement clair lorsqu'on les ramène au type fondamental de la colonie linéaire tels que les Annélides nous l'ont montré.

Si, dans une même série, celle des Crustacés, par exemple, ou celle que forment les Arachnides, les Myriapodes et les Insectes, on vient à comparer les phénomènes embryogéniques, on constate, comme chez les Annélides, ce phénomène général : dans les

(1) Une paire d'antennes, une paire de mandibules et deux paires de mâchoires.

(2) Il serait possible, en effet, que l'on dût considérer le labre des Insectes comme un résultat de la fusion d'une paire d'appendices correspondant aux antennes internes des Crustacés, et que l'on dût compter, comme chez les Crustacés podophthalmes, un anneau pour les yeux.

types inférieurs les appendices au moment de leur apparition sont tous semblables entre eux et ne se modifient que par la suite ; mais à mesure qu'un type déterminé se fixe ou se perfectionne davantage, ces appendices se montrent sous une forme et à une place de plus en plus rapprochées de la forme et de la place définitives. Les antennes, les mandibules et les mâchoires tendent à prendre d'emblée leurs fonctions particulières. De même les segments tendent à se former de plus en plus vite ; les parties de ceux qui doivent plus tard se fusionner finissent par se former dans un blastème commun, de sorte que les appendices demeurent seuls distincts. Ainsi, bien qu'il soit démontré par les considérations et comparaisons précédentes, que la tête des Myriapodes et des Insectes résulte de la fusion de plusieurs anneaux, ces anneaux ne sont d'ordinaire reconnaissables à aucune période du développement de l'animal. Enfin les segments, dont le plus grand nombre se formait d'abord après l'éclosion, finissent par apparaître simultanément dans l'œuf d'où le jeune animal sort avec tous ses éléments constitutifs : la larve d'un insecte, par exemple, quitte l'œuf avec tous ses anneaux (1). En dehors de toute hypothèse, le résultat de cette comparaison ne peut s'exprimer, aussi bien pour les Articulés que pour les Annelés que de la façon suivante :

« Dans les types élevés, il y a tendance à la production de plus en plus rapide de la forme définitive, précocité de plus en plus grande du pouvoir reproducteur des individus associés, raccourcissement toujours croissant de la durée des phases embryogéniques qui précèdent l'apparition de la forme définitive, de telle façon que celle-ci finit par se constituer directement dans l'œuf. »

C'est le phénomène que nous n'avons cessé de constater depuis le commencement de ces études et que l'on peut désigner simplement du nom d'*accélération embryogénique*.

Parmi les conséquences de cette accélération, il en est une qui

(1) Il y a donc une grande différence entre cette larve définitivement constituée et le nauplius auquel on donne souvent le nom de larve des Crustacés et qui ne présente que la tête du Crustacé.

doit être signalée d'une façon particulière. Lorsque le corps se décompose en régions distinctes, ces régions arrivent à se comporter comme autant d'individus secondaires, qui peuvent se modifier indépendamment des régions voisines ; leurs éléments constituants peuvent, par exemple, se fusionner complètement, alors qu'ils demeurent distincts partout ailleurs. Ces diverses régions subissent, chacune d'une façon particulière, l'accélération embryogénique, de telle façon que, malgré l'identité de leur constitution primitive, elles peuvent arriver à se développer par des procédés, en apparence différents, et qui tiennent simplement à ce que la forme et l'intensité de cette accélération n'ont pas été les mêmes pour toutes. Cela est particulièrement manifeste en ce qui concerne la tête des Myriapodes et des Insectes. Cette remarque trouvera par la suite d'importantes applications.

Du moment qu'il est démontré que les Articulés sont des colonies linéaires, ces animaux peuvent nous fournir des renseignements précieux sur les modifications dont leur genre d'association est susceptible, enseignements dont nous aurons plus tard à faire notre profit.

L'étude des Articulés à respiration trachéenne et notamment celle des Arachnides nous a déjà permis d'établir des faits importants que l'on peut résumer ainsi. Dans une colonie linéaire, les anneaux de la région antérieure du corps ont une tendance particulière à se modifier soit en se compliquant, plus ou moins, soit en se soudant les uns aux autres. Ces modifications concordent avec une réduction du nombre des anneaux du corps et une fixité dans ce nombre qui deviennent de plus en plus grande. La réduction du nombre des anneaux du corps se produit par une atrophie graduelle des anneaux postérieurs qui peuvent persister en formant une queue, être utilisés comme tels ou disparaître entièrement.

Ces modifications dans l'apparence extérieure de l'animal ne vont pas sans entraîner dans son organisation intérieure des modifications d'autant plus intéressantes que l'on voit quelques-unes d'entre elles se produire sur un même animal, à mesure qu'il avance en âge. Les plus remarquables sont peut-être celles qu'éprouve le système nerveux auquel on attache, depuis Cuvier, une importance prépondérante dans les classifications.

L'histoire des métamorphoses du nauplius et celle du développement des Arachnides nous montre d'abord un fait important que nous avons déjà constaté, du reste, dans le développement des Annélides. C'est que des parties primitivement ventrales telles que les deux premières paires d'appendices du nauplius ou les chélicères des Araignées passent à la région dorsale, tandis que la bouche recule de manière à se laisser précéder par ces parties qui étaient

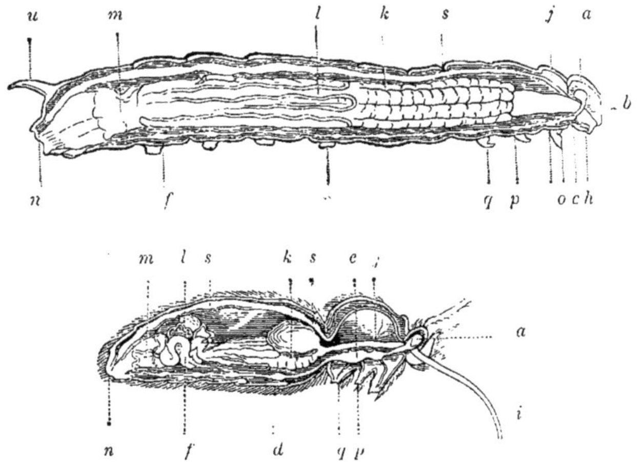

Fig. 122. — Anatomie de la chenille et du papillon d'une même espèce de Sphinx : *a*, ganglions cérébroïdes ou sus-œsophagiens ; *b*, collier œsophagien ; *c*, premiers ganglions de la chaîne nerveuse ventrale ; *d*, *f*, les divers ganglions de la chaîne nerveuse tous nettement séparés chez la chenille ; *e*, masse nerveuse résultant chez le papillon de la fusion des 3ᵉ et 4ᵉ paires de ganglion de la chenille ; *h*, bouche ; *i*, trompe ; *j*, œsophage ; *k*, estomac ; *l*, *m*, intestins ; *n*, anus ; *o*, *p*, *q*, *r*, pattes ; *s*, vaisseau dorsal servant de cœur ; *u*, corne postérieure de la chenille.

primitivement plus ou moins nettement derrière elle. De même que le premier anneau qui portait la bouche se trouve finalement placé au-dessus d'elle, chez les Annélides, de même un ou deux anneaux ont subi cette modification chez les Articulés et se sont adaptés exclusivement aux fonctions de sensibilité. Ils ont naturellement entraîné les parties du système nerveux, formées tout d'abord de deux moitiés symétriques, qui leur correspondaient ; ces parties sont venues se placer au-dessus de l'œsophage et ont constitué les ganglions cérébroïdes (fig. 122, *a*), tandis que leurs connectifs sont forcément demeurés à droite et à gauche de l'œsophage. Ainsi s'explique l'existence du collier nerveux antérieur qui est une disposition commune à tant d'animaux (fig. 122, *b*). Toutes les objections que l'on pourrait tirer du mode actuel de formation des diverses parties de ce collier ne sauraient prévaloir contre les faits primordiaux qui nous montrent quelle est son origine. L'expérience de tous les jours prouve, en effet, combien sont variables les mécanismes grâce auxquels se produisent, lors du développement embryogénique, des dispositions identiques et manifestement dues aux mêmes causes primitives. Ces causes une fois précisées, les phénomènes intimes qui s'accomplissent dans les tissus sont des procédés secondaires d'abréviation auxquels il faut se garder de donner, comme on le fait trop souvent, le premier rang dans l'appréciation des affinités.

La chaîne nerveuse subit, chez les Articulés, des transformations importantes sur lesquelles il est utile d'insister.

Les Insectes passent successivement, tout le monde le sait, par trois états, au moins, l'état de *larve*, l'état de *nymphe* et l'état d'Insecte parfait. A l'état de larve, les diverses régions du corps sont beaucoup moins distinctes, les anneaux beaucoup plus semblables entre eux et, sauf le dernier ou les deux derniers, chaque anneau possède un ganglion nerveux. Dans les adultes correspondants, tout autre est la disposition des centres nerveux : les ganglions abandonnent souvent l'anneau auquel ils correspondent, pour venir se souder aux ganglions les plus rapprochés (fig. 122, n° 2, *e*). Ces déplacements se font, dans les Insectes voisins, avec une telle régularité que M. Émile Blanchard, à la suite de ses belles et précises recherches sur le système nerveux des animaux sans vertèbres (1), a pu trouver « dans le degré de centralisation des noyaux médullaires, des caractères de famille ayant une persistance des plus remarquables ». Ce ne sont pas seulement les ganglions d'une même région du

(1) Émile Blanchard, *Recherches anatomiques et zoologiques sur le système nerveux des animaux sans vertèbres* (*Annales des Sciences naturelles*, 3e série, t. V, 1846).

corps qui peuvent se souder entre eux. Chez beaucoup d'Insectes, les ganglions postérieurs du thorax se soudent également avec un ou plusieurs ganglions abdominaux.

En général, durant les métamorphoses, le système nerveux se raccourcit par suite de la fusion ou du rapprochement d'un nombre plus ou moins considérable des ganglions de la larve ; mais il n'en est pas toujours ainsi. M. Jules Künckel, aide naturaliste au

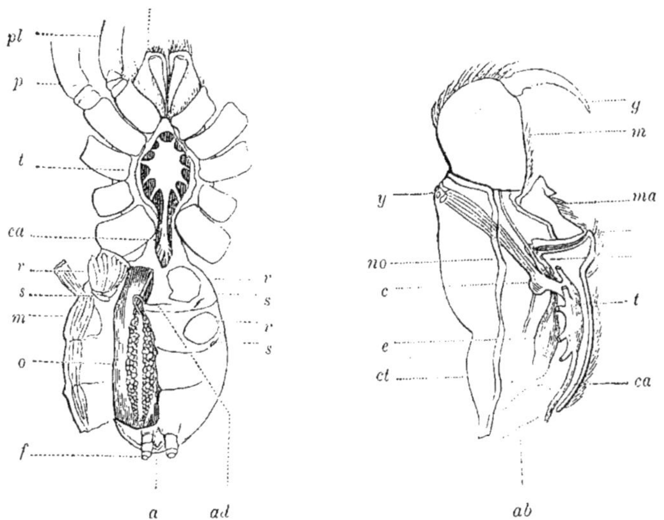

Fig. 123. — ARACHNIDES. — Anatomie d'une Mygale : *ct*, céphalothorax ; *m*, chélicères ; *g*, crochet qui les termine ; *ma*, pièces dépendant de la 2ᵉ paire d'appendices et fonctionnant comme mâchoires ; *pl*, 2ᵉ paire d'appendices ou palpes maxillaires ; *p*, les 4 paires de pattes ; *b*, bouche ; *œ*, œsophage ; *e*, estomac ; *ab*, abdomen ; *c*, ganglion cérébroïde ; *t*, masse nerveuse thoracique résultant de la fusion de tous les ganglions de la chaîne ventrale ; *ca*, cordons nerveux ; *no*, nerf optique ; *y*, yeux ; *r*, poches respiratoires ou poumons ; *s*, leurs orifices extérieurs ou stigmates ; *m*, muscles ; *o*, ovaire ; *ad*, orifice des oviductes ; *a*, anus ; *f*, filières.

Muséum (1), a, le premier, montré que chez certains Diptères dont les larves ont un système nerveux très concentré le contraire

(1) J. Künckel, *Comptes rendus de l'Académie des sciences de Paris*, t. LXVII, 1868 ; p. 1232. — Les recherches postérieures de M. Künckel et celles de M. Brandt ont montré que le système nerveux se *dilatait* au lieu de se *condenser* chez un assez grand nombre de Diptères. Voir dans le même Recueil, t. LXXXIX, 1879 : Ed. Brandt, *Recherches anatomiques et morphologiques sur le système nerveux des Insectes*, p. 491. — J. Künckel, *Recherches morphologiques et zoologiques sur le système nerveux des Insectes diptères*, p. 497.

pouvait avoir lieu; mais la concentration des ganglions de la larve n'est elle-même qu'un phénomène secondaire, car il résulte encore des recherches de M. Künckel que « chez tous les Diptères, les ganglions sont distincts et nettement séparés dans l'embryon ». Ainsi, dans le cours du développement, les ganglions quittent d'abord la position que leur assigne leur origine, pour s'en rapprocher ensuite de nouveau. Il est impossible dans l'état actuel de nos connaissances d'assigner à ces phénomènes une cause précise et d'en découvrir le véritable sens; le fait important pour nous est d'avoir constaté qu'ils peuvent se produire chez un même animal aux âges successifs de sa vie, car nous devons en conclure *à fortiori* qu'ils ont été également possibles durant l'évolution paléontologique des espèces et leur demander la raison des différences que présente le système nerveux dans les divers types. On s'explique ainsi, par exemple, comment chez les Araignées toute la chaîne ganglionnaire ventrale a pu être remplacée par une masse nerveuse unique (fig. 123, *t*), de forme étoilée située dans le céphalothorax, et qui envoie des nerfs aux palpes, aux pattes et à l'abdomen, ou comment, chez les Crabes, dont l'abdomen, allongé pendant le jeune âge, est devenu si petit à l'age adulte, la chaîne ganglionnaire est de même remplacée par une masse nerveuse thoracique de forme annulaire.

De toutes les actions modificatrices, il en est deux qui se font sentir avec une énergie toute particulière sur les colonies qui nous occupent : nous avons déjà vu la vie sédentaire, à l'intérieur de tubes fixés, modifier profondément les Annélides; il n'y a pas d'Articulés menant de la même façon, pendant toute leur vie, ce genre d'existence (1), mais il y en a qui se fixent définitivement dans le jeune âge et d'autres qui vivent en parasites sur le corps ou dans les organes d'autres animaux. Les uns et les autres éprouvent les plus étranges déformations.

(1) Les Pagures ou *Bernards-l'Ermite* se logent cependant dans des coquilles vides de Mollusques et il en résulte pour ces Crustacés des modifications importantes sur lesquelles nous aurons occasion de revenir.

Sur les branchies et quelques autres parties du corps des poissons on trouve souvent des organismes mous, aux formes bizarres, qui paraissent n'avoir rien d'arrêté et sur lesquels il est absolument impossible d'apercevoir aucune trace d'annulation. Les plus connus de ces parasites sont les Lernnées (fig. 124, n° 1) que Cuvier plaçait parmi les Zoophytes, à côté des Vers intestinaux. Nordmann reconnut le premier, en 1832, que c'étaient de véritables

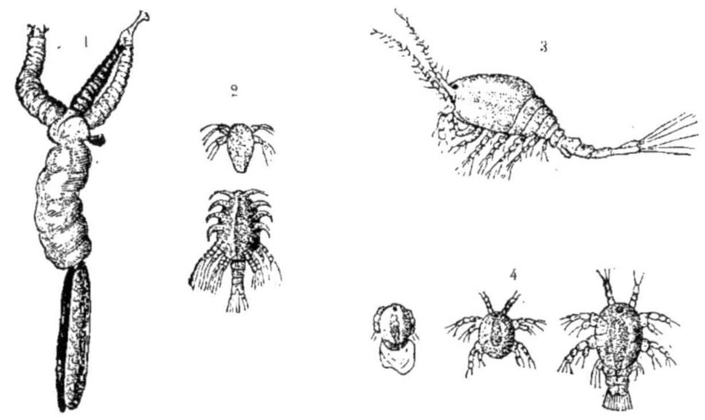

Fig. 124. — CRUSTACÉS. — 1. *Trachæliastes polycolpus*, parasite des carpes, femelle avec ses tubes remplisd'œufs. — 2. Son nauplius au sortir de l'œuf et après sa première mue. — 3. *Cyclops quadricornis* de nos eaux douces (très-grossi). — 4. Ses larves à divers états de développement.

Crustacés. Au sortir de l'œuf, ces animaux se présentent soit à l'état de nauplius (fig. 124, n° 2), soit même à un état de développement plus avancé ; ils arrivent rapidement, dans tous les cas, à posséder deux paires d'antennes, une armature buccale plus ou moins compliquée et de deux à quatre pattes natatoires parfaitement constituées au moyen desquelles ils nagent avec agilité. Il sont alors fort semblables à ces petits Crustacés qui abondent dans les moindres flaques d'eau et qui s'égarent même assez souvent dans les carafes de nos tables, les Cyclopes (fig. 124, n° 3). Après avoir nagé quelque temps, le futur parasite se fixe aux branchies de quelque poisson au moyen de sa seconde paire d'antennes transformée en griffes. Les mâles, en général, se modifient peu, parfois ils demeurent libres ou vont se fixer, comme des parasites, sur les femelles ; celles-ci grossissent énormément, changent de forme et finissent par ne plus présenter aucun des traits caractéristiques des Crustacés. Les Lernées qui sautent dans leur développement la phase de nauplius se fixent temporairement une première fois, arrivent ainsi à un état de développement assez élevé ; puis reprennent leur liberté, pour venir se fixer de nouveau après l'accouplement et revêtir alors l'aspect vermiforme qu'elles garderont toujours.

Comme les Araignées, les Crustacés parasites nous montrent que la segmentation du corps, après avoir été nettement accusée, peut sous des influences diverses disparaître entièrement. Des êtres qui primitivement étaient des colonies linéaires bien caractérisées font ainsi un retour apparent vers l'état simple, et le parasitisme est une des causes qui peuvent amener ce retour.

La vie sédentaire, la fixation amène des modifications non moins profondes chez les animaux qui s'y résignent. Il est impossible de visiter une plage sans remarquer de petites éminences coniques, formées par des coquilles à plusieurs valves qui hérissent tous les rochers à fleur d'eau et rendent parfois sur eux la marche très pénible. Ce sont les *Balanes* ou glands de mer (fig. 118, n° 7) ; si on vient à les placer dans l'eau, on voit bientôt les deux clapets qui ferment hermétiquement la coquille quand elle est à sec, s'entr'ouvrir et livrer passage à une sorte de panache recourbé qui se montre et disparaît rapidement, à des intervalles réguliers, comme s'il jouait à cache-cache. On avait pris d'abord ces animaux pour des Mollusques et, les réunissant aux Anatifes (fig. 125) dont la coquille est portée à l'extrémité d'un long pédoncule charnu et à quelques autres, on avait créé pour eux l'ordre des Cirripèdes (1). Les recherches de Thompson confirmées par celles de Burmeister, Martin-Saint-Ange, Goodsir, Rathke, ont montré que ces animaux étaient de véritables Crustacés et celles de Spence Bate (2) ont permis de préciser d'une façon remarquable leurs affinités.

(1) De *cirrus*, boucle de cheveux, et *pes*, pied ; animaux à pied chevelu.

(2) Spence Bate, *On the development of the Cirripedia* ; Annals of Natural History, 1851.

Les Cirripèdes sortent de l'œuf à l'état de nauplius (fig. 118, n° 3); leur larve est facile à reconnaître à sa forme triangulaire, aux longues pointes dans lesquelles s'allongent les sommets de sa carapace et à la trompe ventrale et mobile à l'extrémité de laquelle s'ouvre la bouche. Ce nauplius ne possède d'abord, comme d'ordinaire, que trois paires de pattes au moyen desquelles il nage activement; mais il grandit, sa peau tombe et se renouvelle; il finit par acquérir une quatrième paire de membres et les

Fig. 125. — CIRRIPÈDE — Anatifes (*Lepas anatifera*), fixés à un morceau de bois flottant réduits de moitié.

rudiments de six paires de pieds qui demeurent d'abord enfermés sous les téguments (fig. 118, n° 4). Une nouvelle mue le transforme singulièrement. Il était auparavant large et bombé; il est maintenant comprimé latéralement, et son corps est enfermé dans une carapace bivalve, rappelant par sa forme, dans des dimensions très réduites, la double coquille des Huîtres et des autres Mollusques acéphales (fig. 118, n° 6). La jeune larve ressemble alors beaucoup à de petits Crustacés, les *Cypris*, aussi communs que les Daphnies dans nos eaux douces, et qui sont également protégés par une carapace bivalve à valves articulées.

Les appendices du nauplius ont cependant subi des modifications considérables : la première paire de membres est devenue une antenne de quatre articles, dont l'avant-dernier s'élargit de manière à former une espèce de ventouse, au fond de laquelle vient s'ouvrir une glande particulière. La seconde paire de membres a disparu, les deux suivantes se sont transformées en mâchoires. Quant aux six paires de pieds qui s'étaient montrées sous les téguments, ils sont libres maintenant et constituent six paires de rames bifurquées (fig. 118, n° 6, *p*). La jeune larve ne cesse de se mouvoir : tantôt elle nage à l'aide de ses pattes postérieures, tantôt elle marche au moyen de ses antennes ; elle possède une tache oculaire impaire et deux gros yeux composés.

Bientôt on voit graduellement se produire en elle des parties nouvelles : il semble qu'un être différent, véritable Cirripède celui-là, se forme sous ses téguments ; quand ces parties ont atteint un certain développement, la jeune larve se fixe au moyen de la ventouse de ses antennes ; une sécrétion de la glande qui lui correspond rend définitive son adhérence au corps sous-jacent ; une dernière mue fait apparaître le jeune Cirripède (fig. 118, n° 5). Celui-ci subit encore diverses modifications ; ses yeux latéraux s'atrophient, tandis que la tache oculaire impaire subsiste ; les membres antérieurs achèvent leur métamorphose en pièces buccales et les pattes natatoires constituent le panache que l'animal fait incessamment mouvoir, et qui ne sert plus désormais qu'à renouveler l'eau autour de lui, tout en attirant vers la bouche les particules alimentaires. Le Cirripède passera désormais sa vie dans cette bizarre attitude, les pieds en l'air, la tête en bas, enveloppé dans sa coquille multivalve qui est son seul moyen de protection. Sa tête peut demeurer de dimensions restreintes : l'animal est alors sessile comme les Balanes (fig. 118, n° 7) ; ou bien elle s'allonge démesurément et forme le long pédoncule charnu qui supporte les Anatifes (fig. 125). Soupçonnerait-on, en voyant le Cirripède adulte, qu'il a débuté dans la vie à peu près exactement comme certaines Crevettes (1), et qu'il a revêtu ensuite une forme très

(1) Les *Penæus*.

analogue à celle des *Cypris*, affirmant ainsi qu'il a dû longtemps demeurer confondu dans la foule des Crustacés ordinaires avant de prendre les étranges caractères qui le distinguent?

Tous les Cirripèdes ne s'attachent pas à des corps inertes : il en est dont les larves recherchent particulièrement l'appui d'autres animaux. Les *Coronules* se fixent sur les Baleines et les Tortues marines; les *Dichelaspis*, sur les Crabes et les Langoustes; les *Alepas* se partagent entre les Crustacés, les Coraux et les Oursins. C'est d'abord une simple cohabitation; mais le familier de la maison ne tarde pas à se changer en parasite. Les *Analesma* enfoncent dans la peau des requins les prolongements en forme de racines de leur court pédoncule, s'enfouissent presque complètement dans les téguments de leur hôte et là, entourés de sucs nourriciers qui exsudent de toutes parts, n'ayant qu'à se laisser vivre, sans souci de chercher des aliments qui viennent à eux, manifestent bientôt des traces évidentes de dégénérescence : leurs pieds cirriformes et leurs mâchoires, désormais inutiles, demeurent à l'état rudimentaire. Chez les *Protolepas* qui se fixent à l'intérieur du manteau d'autres Cirripèdes, le tube digestif subit à son tour une rétrogradation marquée; enfin tous les membres et le tube digestif lui-même disparaissent dans le curieux groupe des *Rhizocéphales*.

Sur certaines côtes, on voit beaucoup de Crabes porter à la partie postérieure de leur corps, un sac d'un jaune sale, parfois volumineux, qui s'insinue entre le thorax de l'animal et son petit abdomen replié en dessous, écartant l'une de l'autre ces deux parties habituellement contiguës. Les pêcheurs croient que ce sac contient les œufs du Crabe. Cette masse informe n'est pas autre chose — tout son développement le démontre — qu'un Cirripède, la *Sacculine des Crabes*. Ses organes internes se réduisent, à peu de chose près, à un appareil reproducteur; mais son pédoncule, résultant de la métamorphose de la tête de la larve, plonge dans les viscères du Crabe, s'y divise en une multitude de racines qui embrassent le foie, étreignent l'intestin et vont chercher dans le malheureux animal, comme dans un sol vivant, les sucs qui doivent assurer sa subsistance. De là le nom de Rhizocéphales (1) donné aux Sacculines et aux Cirripèdes analogues. Ces animaux présentent le plus haut degré de parasitisme qu'il soit possible de concevoir : aussi, bien que, dans leur jeune âge, ils revêtent successivement des formes plus élevées que celles des Lernées, leur dégénérescence est-elle encore plus complète.

Ainsi, dans la classe des Crustacés, nous pouvons mesurer la grandeur des effets que certains modes d'existence peuvent produire sur l'organisme. Nous pouvons même comparer dans un groupe déterminé, l'influence de deux modes d'existence différents. Qu'un Crustacé, déjà nettement caractérisé, dont l'organisation porte même les traces de modifications considérables du type primitif, qu'une sorte de *Cypris* vienne à être obligé de vivre immobile, fixé qu'il est par une partie de son corps, des métamorphoses profondes se manifestent bientôt dans toute son économie; un abri se développe autour de lui; ses membres, inutiles pour la marche, s'adaptent à une autre fonction, revêtent une forme nouvelle; certaines parties du corps, les yeux, par exemple, s'atrophient; d'autres prennent un développement qui, dans la vie normale, eût été impossible; les organes internes eux-mêmes, placés les uns par rapport aux autres dans des conditions nouvelles, obligés de contracter d'autres rapports avec le milieu extérieur ne tardent pas à subir le contre-coup de ce mode nouveau d'existence.

Un animal fixé doit encore attirer à lui les matières alimentaires; chez les Cirripèdes ce sont les pieds qui se chargent de ce soin et se modifient dès lors dans un sens tout nouveau. Mais un parasite n'a plus même ce souci; une fois qu'il est solidement attaché à son hôte, si le milieu qu'il a choisi est convenable, les sucs nutritifs le baignent, le pénètrent d'eux-mêmes et vont, tout élaborés, à la rencontre des éléments qu'ils doivent alimenter; des membres seraient inutiles, un appareil digestif même devient superflu; cet appareil cesse ses fonctions, puis disparaît tandis que divers tissus, au milieu d'une abondance malsaine, prennent un dévelop-

(1) De ῥίζα, racine; et κεφαλή, tête; animaux à tête en forme de racine.

pement que, dans tout animal élevé, on considérerait comme maladif : le corps cesse alors de présenter ses formes ordinaires, et finit enfin par n'être plus qu'un sac, parfois énorme, rempli d'œufs.

Ce sont là des modifications extrêmes dues à l'action persistante d'un genre de vie tout à fait anormal. L'étude que nous venons d'en faire dans un groupe parfaitement défini, la puissance qu'ont eue des conditions biologiques bien déterminées de défaire en partie ce qu'avait pu produire une longue hérédité, nous montrent l'influence que de semblables conditions ont pu avoir sur le développement ultérieur d'organismes moins élevés et doivent nous mettre en garde contre les affinités trompeuses que pourraient présenter des animaux appartenant à d'autres groupes et vivant dans ces mêmes conditions.

Enfin nous devons pressentir que d'autres actions ont pu modifier les organismes, et nous sommes autorisés — nous l'avons fait, du reste, pour les Annélides sédentaires — à tenir compte de leur intervention pour reconstituer la véritable nature d'êtres qu'elles pourraient avoir écartés de leur type primitif.

CHAPITRE VI

LES FORMES ORIGINELLES DES VERS ANNELÉS ET DES ANIMAUX ARTICULÉS.

Chaque anneau d'un Ver annelé ou d'un animal articulé est un individu né par voie agame, qui aurait pu mener une existence indépendante et qui ne demeure uni à ses aînés que parce qu'il résulte pour lui des avantages de cette association.

Ce théorème a une réciproque : il existe ou il a existé des animaux vivant isolés, et qui sont équivalents à un anneau de Ver annelé ou d'Articulé.

De telles propositions sont autrement liées dans les théories biologiques que les théorèmes et leurs réciproques dans les théories mathématiques. Là, les démonstrations sont absolues : le théorème existe par lui-même ; les conséquences qu'on en peut tirer, les analogies qu'il permet de pressentir, n'ajoutent rien au degré de certitude qu'acquiert l'esprit. Dans le domaine des sciences naturelles, où toute proposition générale n'est assise que sur une accumulation de probabilités, chaque conséquence confirmée, chaque analogie établie, concourt à la démonstration de la proposition principale.

L'existence d'animaux équivalents aux zoonites des Annélides, qui soient à ces dernières ce que l'Olynthus est aux Éponges, l'Hydre aux Méduses, aux Coralliaires et aux Siphonophores, l'Ascidie aux Pyrosomes, aurait évidemment pour notre théorie une haute importance, sans être cependant indispensable à sa démonstration. Nous avons déjà trouvé dans les Trématodes et les Turbellariés les facteurs qui ont constitué les Ténias et, en général, les Cestoïdes ; d'autres organismes peuvent-ils être également considérés comme tenant de près aux êtres qui ont fondé les colonies linéaires ?

On rattache habituellement à l'embranchement des Vers un nombre assez considérable de formes inférieures tellement différentes les unes des autres qu'on a créé pour elles plusieurs classes distinctes. Ces êtres, souvent d'une taille microscopique n'ont, en effet, d'autre caractère commun que d'avoir un corps symétrique par rapport à un plan et dépourvu de toute trace extérieure de segmentation. Leur symétrie bilatérale rappelle celle des animaux segmentés; l'état d'indivision de leur corps les signale comme les analogues cherchés des ancêtres simples de ces animaux, ou bien comme des formes dégradées dans lesquelles les zoonites, pour des causes à déterminer, se seraient complètement effacés; peut-être même des organismes de ces deux types sont-ils confondus sous cette vague appellation de *Vers inférieurs*. Parmi ces prétendus Vers, il en est d'ailleurs qui accusent certaines ressemblances soit avec les Bryozoaires, soit avec les Mollusques, d'autres se rapprochent des Turbellariés ; quelques-uns semblent manifester encore quelques rapports avec les animaux articulés et s'acheminent en même temps vers la classe si nombreuse des Nématodes, dont l'*Ascaris lombricoïde*, si fréquemment parasite de l'intestin des enfants, est le type bien connu. Un examen, même rapide, des animaux de ces trois catégories ne peut manquer de nous fournir des résultats intéressants.

Les plus remarquables des animaux de la première catégorie sont les Rotifères qu'en raison de leur taille microscopique, Ehrenberg avait classé auprès des Infusoires; mais tandis que les plus élevés, les plus complexes en apparence des *Infusoires ciliés*, tels que le *Stentor polymorphus* (fig. 16, n° 4 p. 128), ne diffèrent en rien d'essentiel des autres Infusoires, et ne sont, comme eux, que de simples plastides doués de cils locomoteurs nombreux et de forme variée, les Rotifères possèdent des organes parfaitement distincts que la transparence des tissus permet d'étudier dans les moindres détails. La locomotion s'accomplit, cependant, comme chez les Infusoires ciliés, à l'aide de cils puissants, disposés sur des organes spéciaux, le plus souvent des disques membraneux (fig. 126, nos 3 et 4) que le battement des cils fait paraître

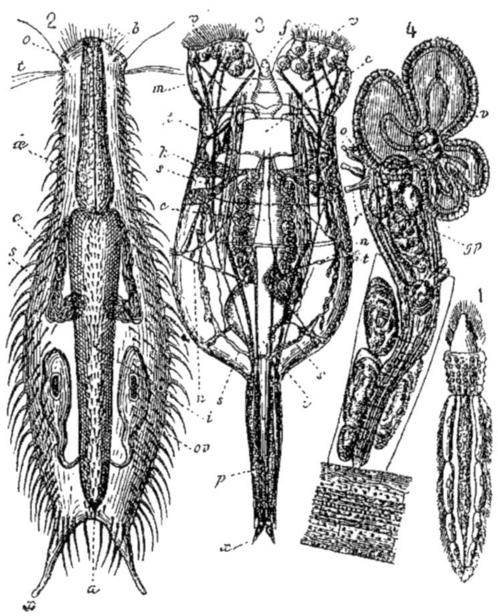

Fig. 126. — ORTHONECTIDE : 1. *Rhopalura ophiocomæ*, Giard, très grossi. — GASTÉROTRICHE : 2. *Chætonotus maximus* : *b*, bouche ; *o*, yeux ; *t*, soies tactiles ; *œ*, œsophage ; *i*, intestin ; *a*, anus ; *x*, bifurcation terminale du corps ; *s*, organes segmentaires ; *ov*, ovaires. — ROTIFÈRES : 3. *Brachionus plicatilis* : *v*, disques vibratiles ; *f*, appendice servant à la marche ; *e*, estomac ; *i*, intestin ; *p*, extrémité postérieure du corps ; *x*, sa bifurcation ; *m*, muscles ; *t*, soies tactiles ; *s*, organes segmentaires. — 4. *Melicerta ringens* : *o*, yeux ; *h*, tube ; *g*, jeunes individus ; les autres lettres comme dans la figure 3 ; grossie 100 fois.

semblables à de petites roues tournant avec rapidité. C'est l'origine du nom même de *Rotifère*. De chaque côté du tube digestif, muni d'un gésier ou *mastax* armé de mâchoires cornées toujours en mouvement, on voit deux tubes ciliés, pelotonnés, portant des ramuscules latéraux terminés chacun par une *ampoule vibratile* (fig. 126, n° 3, *s*; 126 *bis*, *lc* et 126 *ter*, n° 2, *v'*, *v'*). Ces ampoules sont formées par une cellule du cintre de laquelle pend, dans la cavité de l'organe une lanière en forme de flamme sans cesse ondulante; les deux tubes viennent s'ouvrir dans le tube digestif (fig. 126, n°s 3, *lc*). Ce sont là des organes en tout semblables à ceux qui constituent l'appareil rénal des Vers annelés et qui, se répétant dans chaque segment, sont, pour cette raison, désignés chez eux sous le nom d'*organes segmentaires*. Les variations de la forme extérieure des Rotifères sont des plus intéressantes et rapprochent tour à tour ces animaux soit des formes larvaires les plus caractéristiques des animaux segmentés, soit des Bryozoaires, de telle sorte qu'ils apparaissent véritablement comme un type primitif dont la descendance aurait été des plus luxuriantes.

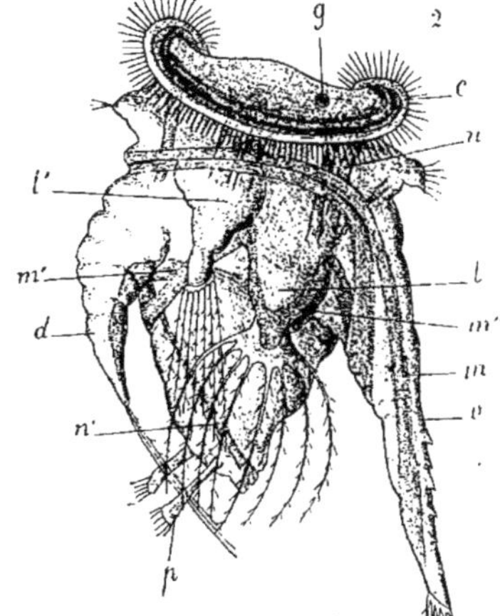

Fig. 126 *bis*. — ROTIFÈRES : 1. *Trochosphæra æquatorialis*. — *e*, œil ; *m*, muscle ; *n*, bandelette nerveuse ; *a*, organe sensitif ; *s*, estomac ; *o*, ovaire ; *ol*, oviducte ; *cl*, cloaque ; *lc*, canal néphridien ; *g*, glandes œsophagiennes ; *œ*, œsophage ; *mx*, mastax ; *ng*, ganglion nerveux (d'après Semper). — 2. *Pedalion mirum*, vu de profil. — *g*, yeux ; *c*, bande ciliée ; *m*, *m'*, *m''*, *n*, *n'*, bandes musculaires ; *v*, appendice ventral ; *d*, appendice dorsal ; *l*, *l'*, appendices latéraux.

On peut considérer comme le Rotifère le plus primitif la curieuse *Trochosphæra æquatorialis* découverte par Semper dans les rizières des îles Philippines. Elle reproduit à ce point les caractères de la larve primitive des Annélides que le même nom s'applique le plus justement du monde aux deux formes (fig. 96, n° 1, p. 473, et fig. 126 *bis*, n° 1). Comme la larve primitive des Annélides, la *Trochosphæra æquatorialis* de forme sphéroïdale, se meut à l'aide d'une ceinture équatoriale de cils vibratiles. Au-dessous de cette ceinture s'ouvre la bouche; le tube digestif est arqué à angle droit ; il y a une paire de néphridies ; seule la présence de glandes reproductrices indique que le *Trochosphæra æquatorialis* n'est pas un embryon, comme sa sœur, mais un être adulte.

Déjà les Rotifères dont le corps se prolonge en arrière en une sorte de queue bifurquée à son extrémité et plissée transversalement, qu'on nomme le *pied*, rappellent singulièrement l'aspect des Crustacés copépodes ; tel est le *Brachionus plicatilis* (fig. 126, n° 3) ; cette indication est singulièrement précisée par l'existence de Rotifères pourvus non seulement de deux paires d'appendices latéraux garnis de soies, disposés comme ceux de l'embryon primitif des Crustacés, le *nauplius* (fig. 118, p. 257, n°s 1, 3 et 4), mais encore de cornes impaires pareilles à celles des *Zoës* ou larves de Crabes (fig. 119. p. 529). Le *Pedalion miron* (fig. 126 *bis*, n° 2), par exemple est une sorte de nauplius compliqué de disques vibratiles. Les recherches récentes de M. de Zograf sur le système nerveux primitif de la Trochosphère et du *nauplius* (1) ont montré entre ces formes larvaires des ressemblances qui laissent très vraisemblable leur communauté d'origine. La disparition des cils vibratiles chez une forme voisine des *Pedalion* aurait transformé celle-ci en une sorte de *nauplius* qui aurait été l'origine de tous les animaux segmentés, sans cils vibratiles, c'est-à-dire des ARTHROPODES.

Enfin un certain nombre de Rotifères, tels que les *Melicerta* (fig. 126 n° 4 et 126 *ter*, n° 3.) vivent fixés et se sécrètent ou se construisent peu à peu des tubes d'habitation. Dans ces formes sédentaires les disques vibratiles s'élargissent démesurément, se lobent et leur pourtour finit même par se découper en longs bras (*Stephanoceros*, fig. 126 *ter*, n° 1). En même temps, le tube digestif se recourbe en U, et l'anus devient dorsal.

De tels Rotifères se rapprochent évidemment des Bryozoaires d'autant plus qu'assez souvent dans les espèces qui habitent dans des tubes, les divers individus accollent leur tube à celui de leurs voisins, et peuvent ainsi former d'assez volumineuses associations

(1) N. de Zograf, *Recherches sur le système nerveux embryonnaire des Nauplius et de quelques larves d'animaux marins*, Comptes rendus de l'Académie des sciences, t. CXXII, p. 248, 1896.

(*Lacinularia*, *Conochilus*, etc.). Il suffirait de quelques pas de plus et de l'apparition du bourgeonnement pour que les deux groupes ne puissent être séparés. Les Bryozoaires doivent donc être consi-

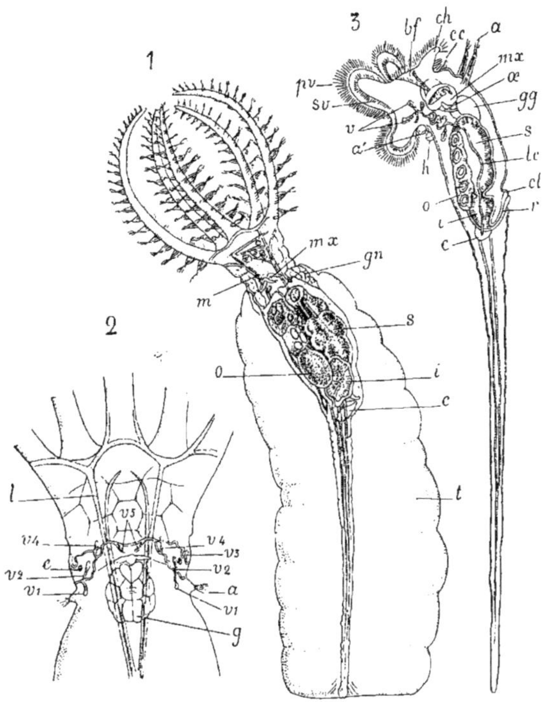

Fig. 126 *ter*. — Organisation des ROTIFÈRES. — 1. *Stephanoceros Eichhornii* vu par transparence. — 2. Région antérieure du même plus grossie. — 3. Diagramme de *Melicerta*. — *pv*, frange vibratile principale ; *sv*, frange vibratile accessoire ; *bf*, entonnoir buccal ; *ch*. menton ; *cc*, coupe ciliée ; *a*, antennes dorsales ; *a'*, antennes latérales ; v_1 v_5, pavillons néphridiens ; *h*, crochet ; *mx*, mastax ; *œ*, œsophage ; *gg*, glandes gastriques ; *s*, estomac ; *lc*, canal néphridien ; *o*, œufs ; *i*, intestin ; *cl*, cloaque ; *r*, rectum ; *c*, vésicule contractile ; *t*, tube gélatineux ; *g*, ganglion nerveux ; *l*, muscles (d'après Hudson).

dérés comme les descendants de Trochosphères qui se seraient fixées, de même que les Vers annelés descendent de Trochosphères demeurées libres. L'influence de la fixation sur la direction prise par le bourgeonnement apparaît donc ici bien indépendante de la nature de l'organisme qui se fixe, puisque nous voyons se répéter pour les Trochosphères fixées les phénomènes que nous ont présenté déjà les *Olynthus* pour les Éponges, les Hydres pour les Polypes. Cette indépendance sera plus évidente encore si l'on se rappelle que les mêmes faits sont présentés par les Ascidies d'où sont dérivées les Ascidies composées, les Pyrosomes et les Salpes. Or les Ascidies ne sont plus de simples mérides, mais des animaux apparentés aux Vertébrés, c'est-à-dire, comme nous le verrons bientôt, à des organismes segmentés dont la fixation au sol a fait disparaître la segmentation primitive.

Tout en demeurant à l'état de mérides, les Rotifères qui s'adonnent exclusivement à la reptation prennent d'ailleurs des caractères qui les rapprochent des Vers annelés; leur corps s'allonge, une face ventrale se caractérise (*Adineta*), et il conduisent ainsi vers des animaux toujours formés d'un seul méride, mais nettement vermiformes, les *Gastérotriches* dont les affinités multiples ont vivement frappé les zoologistes.

Les Gastérotriches (1) ressemblent vaguement à de petits poissons microscopiques, comme le rappelle le nom d'*Ichthydium* donné par Ehrenberg à l'un des genres. Assez souvent, le dos est protégé par des écailles chitineuses disposées en quinconce et qui peuvent être lisses (*Lepidoderma*) ou porter des aiguillons allongés (*Chætonotus*, fig. 126, n° 2; *Chætura*). La face ventrale présente deux bandes latérales de cils vibratiles rappelant la couronne ciliée ventrale des Rotifères du genre *Adineta*, et il existe parfois aussi des couronnes ciliées céphaliques (*Dasydytes saltitans*). Le corps est d'ordinaire bifurqué à son extrémité comme celui des Rotifères. Le tube digestif s'étend en ligne droite de l'extrémité antérieure à l'extrémité postérieure du corps; il est dépourvu de *mastax*, mais il se divise nettement en un œsophage musculeux et allongé et en un intestin proprement dit. Il existe de chaque côté du corps un tube excréteur très pelotonné (*s*) qui débute par un long cylindre à lumière vibratile, comparable à une ampoule terminale. Par le plus grand nombre de leurs caractères les Gastérotriches se rapprochent donc des Rotifères; ils s'en éloignent

(1) De γαστηρ, ventre; θριξ, cheveu, Metschnikoff et Claparède. Ce groupe ne comprend que les genres *Ichthydium*, *Lepidoderma* *Chætonotus*, *Chætura*, *Dasydytes*, *Gossea* et quelques autres genres douteux.

par la structure de leur œsophage qui rappelle celui des Nématodes, par l'abondance de leurs cils vibratiles et leur apparence générale qui fait penser aux Turbellariés dégradés formant l'ordre des Rhabdocœles; aussi a-t-on quelquefois considéré ces petits êtres comme des types primitifs d'où plusieurs autres seraient issus en suivant des voies différentes. Primitifs, ils le sont sans doute, comme tous les êtres demeurés à l'état de mérides; par suite d'adaptations spéciales, ils peuvent acquérir des caractères qu'on retrouve chez d'autres formes et qui sont ce qu'on appelle aujourd'hui des *caractères de convergence*; mais nous verrons que les Nématodes et les Turbellariés qui présentent des caractères analogues ne sauraient être rattachés directement à des êtres aussi simples.

La propriété de se reproduire par bourgeonnement paraissant devoir être générale chez les mérides, on peut s'étonner que cette propriété fasse défaut chez les Rotifères et les Gastérotriches; elle n'a disparu chez eux qu'en apparence, pour ainsi dire. Comme les Daphnies, parmi les Crustacés, les Pucerons parmi les Insectes, pendant la belle saison, ces animaux sont tous indistinctement aptes à produire des œufs qui se développent sans avoir besoin d'être fécondés, des *œufs parthénogénétiques*.

Quand la température s'élève au-dessus de 18°, les œufs se rapetissent et il en sort des individus notablement différents des individus ordinaires : ce sont des mâles. Si ces mâles s'accouplent avec un individu qui n'a pas été soumis à une température supérieure à 18°, il n'en résulte rien de particulier; s'ils s'accouplent avec des individus porteurs de petits œufs, ces œufs sont encore modifiés; l'embryon qu'ils produisent s'entoure d'une coque résistante qui élimine la membrane transparente de l'œuf primitif. Dans ces conditions, il peut défier indifféremment le froid de l'hiver et la sécheresse; il n'éclôt que lorsque les conditions sont favorables. Le jeune animal ainsi formé est une femelle dont les œufs parthénogénétiques recommenceront une nouvelle série (1).

(1) Voir à ce sujet diverses notes de M. Maupas, bibliothécaire à Alger, parues dans les *Comptes rendus de l'Académie des sciences*, en 1889, 1890 et 1891.

On peut admettre que les gros œufs à développement immédiat sont des bourgeons internes réduits à une seule cellule qui remplacent les bourgeons externes des Bryozoaires, et qu'un excès de température, menaçant de sécheresseère les Rotifèes transforme ces éléments en véritables œufs ; le sexe des embryons issus de ces œufs dépendrait de l'union de l'œuf avec un spermatozoïde. La température aurait donc ici pour rôle, comme cela arrive souvent, soit par action actuelle soit par une action primitive dont les effets fixés par hérédité auraient déterminé un synchronisme avec les saisons (*Hydra*, Bryozoaires, Naïdiens, etc.) de mettre un terme à la génération asexuée et de faire apparaître la génération sexuée. L'absence ou l'accomplissement de la fécondation détermineraient ensuite, comme chez les Abeilles, la nature du sexe.

A côté de ces formes simples que l'on peut à bon droit considérer comme apparentées de très près aux progéniteurs des animaux métamérидés, il est d'autres animaux de dimensions relativement grandes, d'apparence plus ou moins vermiforme et que l'on a quelquefois aussi considérés comme des formes ancestrales en raison de l'absence de toute segmentation extérieure de leur corps. Ce sont d'une part ceux que l'on appelle communément les Vers plats, c'est-à-dire les Trématodes, les Cestoïdes, les Turbellariés et les Némertes ; d'autre part, les Vers ronds que les naturalistes nomment Nématodes et dont le type est l'*Ascaris lombricoïde*, le plus commun des parasites de l'intestin des enfants. Il est à remarquer que si la structure des parois du corps de ces animaux présente des traces manifestes d'infériorité, si tout ce qui a trait chez eux à la vie de relation, organes des sens, système nerveux, organes de locomotion et jusqu'à la fibre musculaire demeure à un état de développement très inférieur, il n'en est plus de même de ce qui touche à leur multiplication. Les organes reproducteurs, en même temps qu'ils envahissent presque tout le corps présentent une étonnante complexité, et le développement comporte non seulement des métamorphoses, mais encore des successions de générations de forme différente et des migrations qui s'accordent mal avec l'hypothèse d'un état primitif. Cette réduction des organes de la vie de relation, ce développement luxuriant des organes de la reproduction, compliqués d'un effacement graduel des segments du corps, nous les avons déjà rencontrés chez les Crustacés parasites ; or, les groupes du règne animal dont il s'agit sont particulièrement riches en parasites : la classe des Trématodes, celle des Cestoïdes en sont exclusivement composées ; le plus grand nombre des Nématodes vivent aussi en parasites soit aux dépens des animaux, soit aux dépens des plantes et ceux qui vivent en liberté, vivent dans des conditions tellement voisines du parasitisme qu'on peut admettre que ce sont des parasites revenus à l'indépendance, comme les Siphonophores sont des Hydraires libérés, les Pyrosomes, les Barillets et les Salpes des Ascidies redevenues nageuses, les Tortues marines, les Cétacés, des Vertébrés terrestres retournés à la mer. Il est donc naturel de rechercher si l'apparente simplicité extérieure de tous ces êtres ne serait pas le résultat d'une dégradation produite par le parasitisme. L'histoire des Trématodes ne peut guère laisser de doute à cet égard. Déjà certains Vers annelés parasites externes des Crinoïdes, les Myzostomes (fig. 127) présentent avec eux de frappantes ressemblances. Des ressemblances analogues s'accusent entre eux et les Sangsues et la possibilité d'une parenté entre les Trématodes et les Vers annelés, en général, s'affirme ainsi doublement. Il y a plus : on peut ranger les Trématodes en série d'après leur degré de parasitisme, en commençant par les parasites externes et en finissant par ceux dont le parasitisme est le plus profond. Dans cette série, de nombreux parasites externes présentent encore des traces très nettes de segmentation du corps qui peuvent se manifester, soit dans la disposition des appendices externes et des organes mâles (*Dactylocotyle* fig. 127 *bis*), soit dans celle des ventouses dont le corps est muni (*Stichocotyle*), soit dans une véritable annulation des téguments qui peut persister toute la vie (*Temnocephala*, *Plectanocotyle*), ou se montrer seulement chez les jeunes (*Udonella*, *Pteronella*, *Diplozoon*). Beaucoup d'entre eux possèdent même des appendices fixateurs, armés de crochets que l'on peut facilement faire dériver des parapodes et des soies locomotrices des Vers annelés marins. A mesure que le parasitisme s'accuse, ces traces de segmentation disparaissent, en même temps l'appareil génital et les modes de reproduction se compliquent, comme cela était à prévoir dans notre hypothèse qui est, par cela même, justifiée.

La parenté des Cestoïdes et des Trématodes est évidente ; chaque

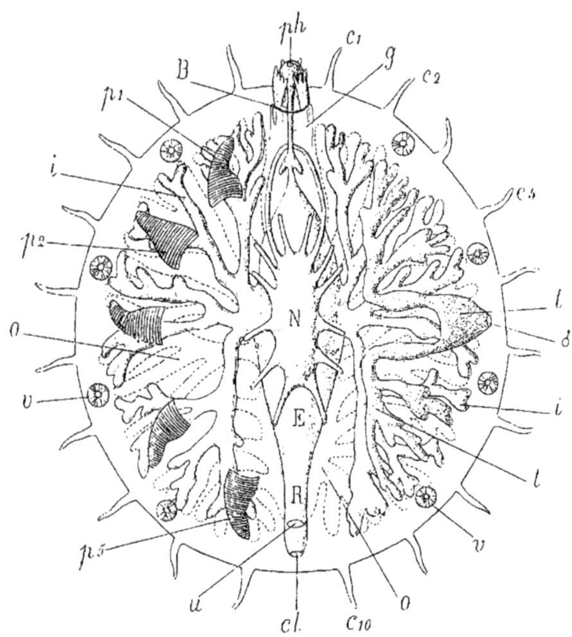

Fig. 127. — Figure schématique représentant l'organisation d'un *Myzostomum*. — *ph*, pharynx : *c*, c_{10}, cirres marginaux : B, bouche ; p_1, p_5, parapodes ; *v*, ventouses ; *i*, ramifications du tube digestif ; E, estomac : R, rectum ; *o*, ovaire ; *u*, orifice femelle ; *cl*, cloaque : *t*, testicule : *o*, orifice mâle ; N, chaîne nerveuse (d'après von Graff).

segment d'un Cestoïde est, nous l'avons vu, l'équivalent d'un Trématode, et il est remarquable de voir ces segments qui résultent de la fusion d'un très grand nombre de mérides, imposer encore au segment nouveau qu'ils produisent la disposition linéaire qu'ils ont eux-mêmes perdue.

La parenté des Turbellariés avec les Trématodes est non moins incontestée ; mais ces animaux viennent renforcer encore les preuves de la segmentation primitive du corps des Vers plats. Il en est, en effet, parmi eux un certain nombre (*Procerodes*, (fig. 127 *ter*) dont tous les organes ont conservé la disposition métamérique que présentent d'ailleurs nettement les branches du tube digestif chez tous les représentants de l'ordre des Po-

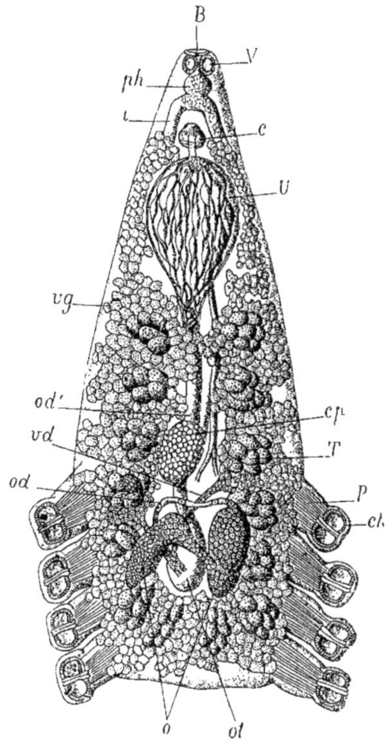

Fig. 127 *bis*. — TRÉMATODE. — *Octobothrium* (*Dactylocotyle*) *pollachii*. — B, bouche, *v*, ventouses buccales; *ph*, bulbe; *i*, intestin; *vg*, vitellogène; *od*, *od'*, deux parties de l'oviducte; *vd*, vitelloducte; *o*, ovaire; *ot*, ootype; *ch*, boucles chitineuses fixatrices; P, parapodes postérieurs; T, testicules métamérisés; *cp*, poche copulatrice; U, matrice; c, orifice de ponte (d'après Van Beneden).

lyclades. On a essayé cependant de rattacher ces derniers Turbellariés à des animaux longtemps considérés comme voisins des Méduses, les Cténophores. L'examen approfondi des prétendues formes intermédiaires telles que les *Cœloplana* et les *Ctenoplana* rend, au contraire, vraisemblable que les Cténophores sont des Turbellariés adaptés à la vie pélagique (1).

Les Némertes dont le corps toujours allongé, oscille entre quelques millimètres et plusieurs mètres de long (*Cerebratulus marginatus* et surtout *Lineus longissimus* de nos côtes) étaient autrefois

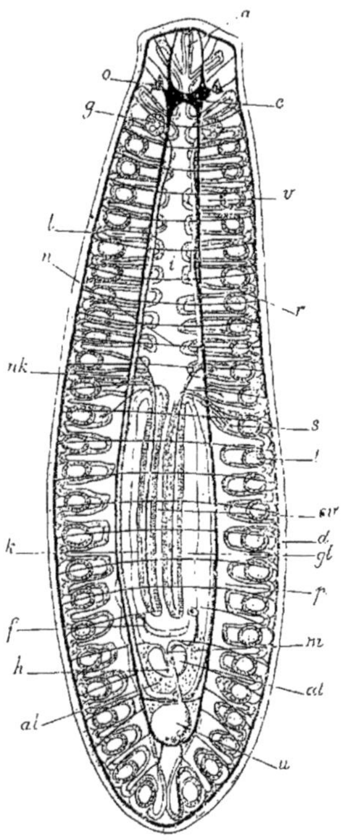

Fig. 127 *ter.* — TURBELLARIÉ. — *Procerodes segmentatus.* — *a*, branche antérieure du tube digestif; *o*, œil; *g*, ovaire; *c*, cerveau; *l*, troncs longitudinaux du système nerveux; *n*, nerfs; *i*, branche antérieure de l'intestin; *r*, ramifications latérales de l'intestin principal; *p*, branches postérieures de l'intestin; *t*, testicules; *ov*, oviducte; *tr*, trompe; *d*, dissépiments; *v*, vitellogène; *ntr*, nerfs de la trompe; *gt*, gaine de la trompe; *sn*, pénis; *at*, atrium génital; *a*, utérus; *h*, orifice génital; *al*, glande de l'albumen; *f*, canaux déférents (d'après Lang).

réunis aux Turbellariés. On les sépare aujourd'hui d'un commun accord, tout à la fois à cause de leur structure interne et de leur mode de développement. Si leur corps est, en effet, comme celui des

(1) Kœhler, *Revue générale des Sciences pures et appliquées*, 8e année, p. 268, 30 mars 1897.

Turbellariés, entièrement couvert de cils vibratiles, si leur cavité générale est aussi absolument bourrée par les tissus et les organes, les Némertes possèdent toujours une énorme trompe musculeuse rétractile, indépendante du tube digestif et souvent armée de stylets venimeux (fig. 128, R); leur tube digestif qui s'étend d'une extrémité à l'autre du corps est ouvert aux deux bouts; ils ont un appareil circulatoire bien différencié et complètement clos; un appareil néphridien en rapport étroit avec lui; un système nerveux très développé, essentiellement formé d'une masse cérébroïde et de deux cordons latéraux; les sexes sont généralement séparés et de simples perforations de la paroi du corps suffisent pour assurer l'émission des éléments reproducteurs. Par tous ces caractères, les Némertes s'éloignent des Turbellariés et se rapprochent davantages des Vers annelés proprement dits. La larve pélagique des Schizonémertiens, dite *Pilidium* (fig. 128 *bis*) n'est d'ailleurs pas sans analogie avec une trochosphère de Polychète. On a tour à tour affirmé et contesté la disposition en série linéaire de leurs organes. Les recherches les plus récentes (1) ont montré qu'il s'agit encore ici de formes qui vont en se dégradant ; la sériation linéaire des organes est encore très nette chez les *Pelagonemertidæ* (fig. 128 *ter*), *Lineidæ*, *Amphiporidæ*; elle ne s'efface que chez les *Carinellidæ*, dont les parois du corps éprouvent en même temps d'importantes simplifications histologiques. En même temps le développement indirect chez les *Lineidæ* se simplifie, tout en gardant des traces du processus du déve-

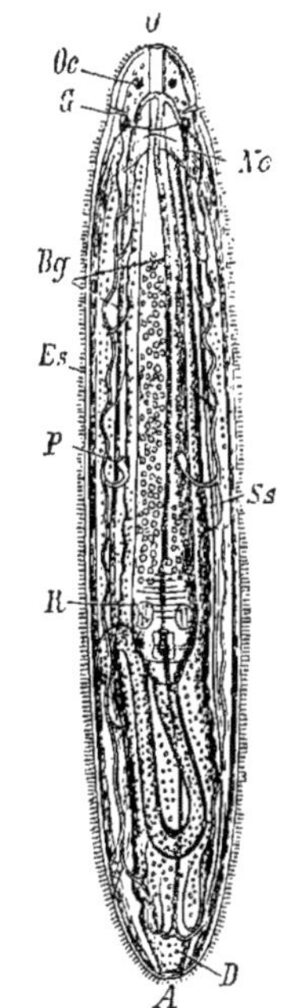

Fig. 128. — NÉMERTE. — Jeune *Tetrastemma obscurum*. — O, bouche; D, tube digestif; A, anus; *Bg*, vaisseaux sanguins; R, trompe avec stylets; *Ex*, troncs néphridiens; P, leurs orifices; G, fossettes ciliées; Nc, centres nerveux; *Ss*, troncs nerveux latéraux; *Oc*, yeux (Max Schultze)

(1) O. Bürger, *Untersuchungen über die Anatomie und histologie der Nemertinen* (*Zeitschr. f. wiss. Zoologie*, t. L, 1890 et Monographie, 1897.

loppement indirect, ce qui implique qu'il en est dérivé et démontre que les formes à développement direct qui sont, en même temps, les plus simples et les moins nettement métaméridées,

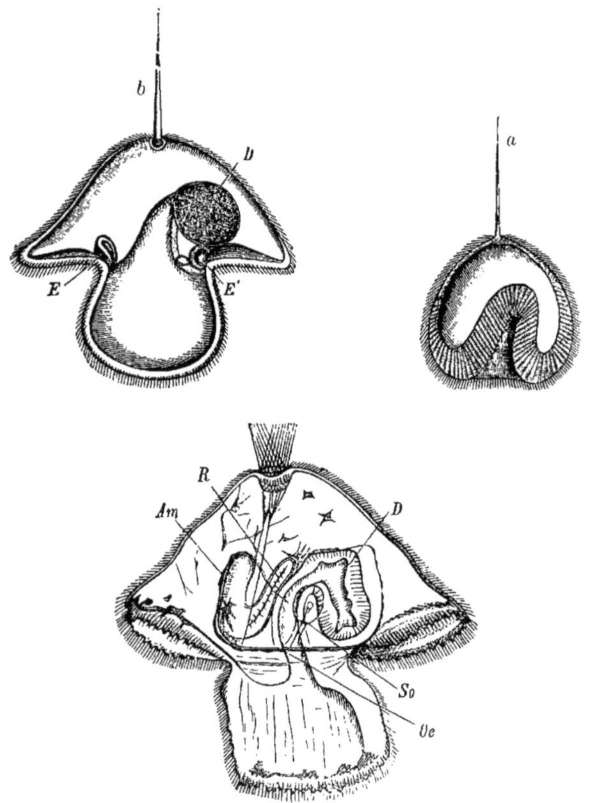

Fig. 128 *bis*. — Développement de la larve de Némerte dite *Pilidium*. — *a*, gastrula. — *b*, jeune *Pilidium* ; D, tube digestif : E, E', les deux paires d'invaginations exodermiques (d'après Metschnikoff). — *Pilidium* présentant déjà à son intérieur l'ébauche du Némerte. — Oe, œsophage ; D, tube digestif ; Am, enveloppe amniotique ; R, rudiment de la trompe ; So, organe latéral (d'après Bütschli).

descendent des formes métaméridées dont elles représentent une dégradation. Les Némertes semblent se rattacher directement aux Vers annelés par les *Dinophilus* dont le corps est nettement segmenté même extérieurement, mais qui ne présentent encore qu'à l'état rudimentaire la trompe rétractile si caractéristique des Némertes. Ainsi l'embranchement des Vers plats se dédouble en deux branches distinctes qui prennent chacune séparément racine dans le groupe des Vers annelés et où l'on voit graduellement les segments s'effacer. On peut considérer comme formant une branche distincte dont la segmentation

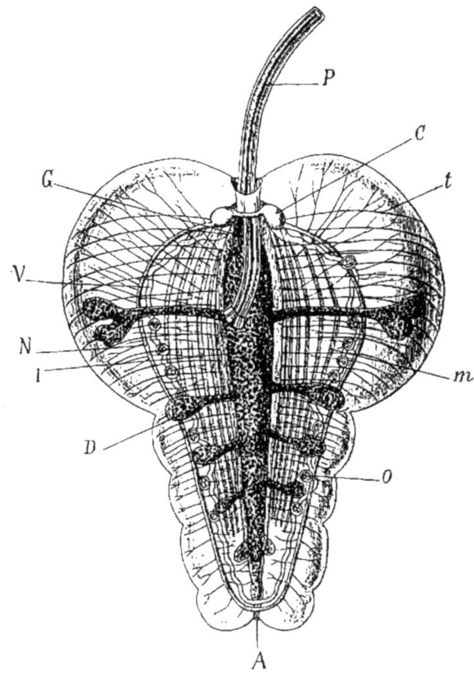

ig. 128 *ter*. — NÉMERTE. — Jeune *Pelagonemertes Rollestoni*, vu par la face dorsale. — P, trompe ; G, gaine de la trompe ; I, intestin ; D, diverticules de l'intestin ; C, ganglions cérébroïdes ; N troncs nerveux latéraux ; V, vaisseaux latéraux ; O, ovaires ; A, anus ; *m*, muscles longitudinaux ; *t*, muscles ransverses (d'après Hubrecht).

ne saurait d'ailleurs être contestée les *Entéropneustes* ou Balanoglosses (fig. 129) dont, par une interprétation abusive de caractères embryogéniques et morphologiques faciles à expliquer autrement, on a voulu faire les progéniteurs communs des Échinodermes et des Vertébrés.

La ressemblance des phases multiples de leur développement conduit encore à rapprocher les trois classes des Trématodes,

des Dicyémidés et des Orthonectidés (1). Les Dicyémidés ou Rhombifères et les Orthonectidés sont de tout petits animaux qui vivent en parasites les premiers dans le rein des Mollusques, les seconds dans les Ophiures et les Némertes; ils ont une structure tellement simple qu'on a un moment songé à les considérer comme présentant un degré spécial d'organisation, intermédiaire

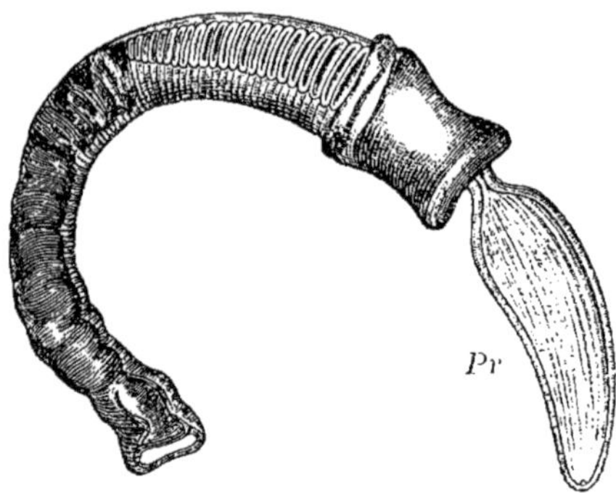

Fig. 129. — ENTÉROPNEUSTE. — Jeune *Balanoglossus* fortement grossi. — *Pr*, trompe. On aperçoit les nombreuses fentes branchiales.

entre les Protozoaires et les Métazoaires, celui des Mésozoaires. Leur corps est uniquement composé d'une couche de cellules exodermiques, généralement grandes et en petit nombre. enveloppant soit une cellule unique, soit un massif de cellules d'où procèdent les corps reproducteurs. Les cellules exodermiques sont en forme de losange chez les Rhombifères; elles sont disposées chez les Orthonectidés de manière à figurer plusieurs segments du corps, segments qui peuvent même présenter chacun des caractères spéciaux (fig. 126, n° 1), de manière que certains de ces animaux, les *Rhopalura* par exemple, ont tout à fait l'aspect de très petits Vers annelés. Dans les deux classes, les sexes sont séparés, les mâles profondément différents des femelles, et il y a même quelquefois deux sortes de femelles. Les embryons ne ressemblent pas non plus aux animaux adultes. Ce ne sont certainement pas là des caractères primitifs. Aussi a-t-on aban-

(1) Braun, *Die Orthonectiden; die Dicyemiden*, Centralblatt für Bakteriologie und Parasitenkunde, 1887.

donné l'idée de considérer comme représentant un degré spécial d'organisation des animaux que leur parasitisme désigne comme ayant subi une dégradation considérable ; ce sont simplement des Vers réduits à la plus rudimentaire organisation, et à ce point de vue, il n'est pas inadmissible que les segments formés d'une seule rangée de cellules des Orthonectidés ne soient un reste de la constitution ancestrale des Vers progéniteurs de ces remarquables parasites.

Cette dénomination de Mésozoaires s'appliquerait sans doute beaucoup mieux à la remarquable *Salinella*, récemment découverte par Frenzel dans la boue des Salines de Cordoba (République Argentine). La *Salinella* se multiplie comme les Infusoires ciliés dont elle a toute l'apparence extérieure, par division transversale ; comme eux aussi elle présente des phénomènes de conjugaison ; mais la conjugaison est ici suivie d'un enkystement et d'une division du corps en corpuscules auxquels on peut donner le nom de spores. Parmi les Infusoires ciliés il en est aussi qui au lieu de se multiplier par simple division transversale, s'enkystent, à la vérité sans conjugaison préalable, et se divisent dans leur kyste en nouveaux individus dont le nombre peut être deux (*Actinobolus radians, Prorodon teres*, *Trachelocerca phœnicoptera*), quatre (*Enchelys tarda*, *Ophryoglena flava*, *Colpoda cucullus*), huit (*Colpoda Steinii*) ou même près d'un millier (*Holophryá multifiliis*). Jusqu'ici la *Salinella* ne fait que réunir des propriétés éparses chez les Infusoires ciliés. Le jeune animal qui sort des spores ne diffère en rien d'essentiel d'un Infusoire cilié ordinaire. C'est une petite masse compacte de cytosarque munie d'un noyau unique, entourée d'une membrane d'enveloppe présentant deux orifices entourés de longues soies l'un pour l'entrée des matières alimentaires, l'autre pour la sortie des déchets de la digestion portant une toison de cils vibratiles sur la face ventrale, des soies rigides éparses sur sa face dorsale. Vraisemblablement entre les deux orifices de la membrane, le *cytostome* et le *cytoprocte*, s'étend, comme chez les *Didinium* et autres Infusoires, un tractus de cytosarque qui trace aux aliments leur route d'un orifice à l'autre. Durant toute sa vie, la *Salinella* conserve ses caractères extérieurs ;

à son intérieur, au contraire, son noyau se divise, de telle façon que l'animal devient plurinucléé ; ceci n'a rien non plus de bien spécial ; des Infusoires parasites du tube digestif des Grenouilles, les *Opalina*, sont exactement dans le même cas ; mais chez la *Salinella*, il se produit quelque chose de plus ; les noyaux résultant de la division du noyau primitif viennent se disposer en couche unique non loin de la membrane ; autour de chacun d'eux se condense une petite masse de cytosarque et, comme tout le cytosarque est employé à cet usage, la *Salinella* adulte se trouve être finalement un organisme pluri-cellulaire, composé d'une seule assise de cellules circonscrivant une cavité centrale qui sert de cavité digestive et dans laquelle battent les cils dont se revêt leur face interne. Sauf ses deux orifices, la *Salinella* ressemble alors à la forme embryonnaire des Éponges et des Polypes primitifs connue sous le nom de *blastula*. C'est donc un méride ; seulement tandis que la blastula s'est formée par la bipartition répétée d'un méride primitif, l'œuf, ici il y a eu division simultanée. Le phénomène est identique au fond au phénomène de division simultanée des *Opalina* et de l'*Holophrya multifiliis* ; seulement, tandis que chez les Infusoires les produits de la division se séparent, ils demeurent unis chez les *Salinella* et se transforment de manière à jouer par une de leur face le rôle d'éléments sensitifs et protecteurs, par l'autre celui d'éléments digestifs, transformation déjà connue chez la blastula de certaines Méduses, les *Geryonia*, par exemple. La *Salinella* est, avec la *Magosphæra*, le plus simple des mérides connus jusqu'ici. Elle établit une sorte de pont entre les Infusoires et les Planules ; entre les Protozoaires et les Métazoaires ; c'est bien le Mésozoaire typique.

A plus juste titre encore que les Vers plats, les Vers à corps cylindro-conique, comme celui des Lombrics, qui constituent la classe des Nématodes, pourraient être considérés comme des animaux simples. Toutefois parmi eux le corps présente encore, chez certains genres, des traces d'annulation extérieure (*Lecanocephalus*, *Liorhynchus* ou même *Filaria denticulata*), et d'autre part des Nématodes proprement dits se rapprochent des formes franchement annelées telles que les *Desmoscolex* (fig. 130, n° 3) dont les segments terminés par un bourrelet saillant portent chacun soit une paire de soies dorsales, soit une paire de soies ventrales.

Les *Echinodères* (fig. 130, n° 2) sont plus significatifs encore. Ce sont, comme les *Desmoscolex*, de petits Vers marins découverts en

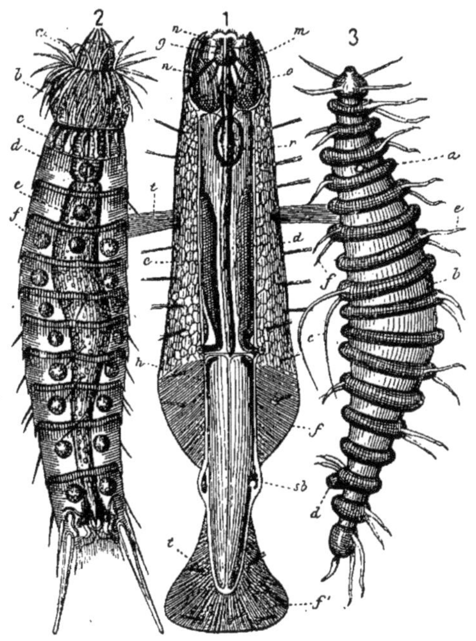

Fig. 130. — NÉMATHELMINTHES. — 1. *Spadella draco* grossie 10 fois : *m*, soies servant de mâchoires; *n*, nerfs; *g*, ganglions nerveux ; *t*, *t'*, poils tactiles; *d*, tube digestif; *f*, *f'*, expansions nombreuses ayant l'apparence de nageoires ; *e*, organes de la génération ; *h*, canaux déférents ; *sb*, vésicule séminale. — 2. *Desmoscolex minutus* : *a*, yeux ; *b*, côté ventral ; *c*, soies caractéristiques des femelles ; *d*, anus ; *e*, *f*, soies à extrémité rétractile. — 3. *Echinoderes Dujardini* : *a*, pharynx et trompe ; *b*, segment céphalique rétractile et couvert d'épines ; *c*, cou ; *d*, œsophage ; *f*, sphères de pigments (Fig. 2 et 3, grossies 200 fois).

1841 par Dujardin sur les côtes de Normandie et décrits par lui en 1851. Leur corps est nettement formé de onze segments présentant quelques soies éparses, et pourvues d'une région rétractile, la trompe habituellement invaginée. Lorsque la trompe est en extension, elle se divise en une région antérieure, étroite, armée de neuf piquants dirigés en avant et une région élargie portant quatre verticilles de piquants dirigés en arrière.

Les *Échinodères* présentent une ressemblance frappante avec les larves des *Gordius*, segmentées comme elles, pourvues comme elles d'une trompe épineuse contractile. Les *Gordius* adultes sont au printemps très communs dans les flaques d'eau et les rigoles; ce sont de longs Vers brunâtres, très grêles, à peine mobiles, sans trace de membres, semblables à un radicelle de plantes; on n'avait pas hésité autrefois à les classer parmi les Nématodes; ils en diffèrent surtout par la disposition annelée des éléments constitutifs du parenchyme qui remplit leur cavité générale. Ils occupent évidemment une situation intermédiaire entre les Nématodes et les animaux franchement segmentés. Aux *Échinodères* se relient encore par la forme générale de leur corps, les Echinorhynques pourvus eux aussi d'une trompe épineuse, rétractile qui est leur unique organe de mouvement, mais le parasitisme a tellement dégradé ces êtres qu'on ne peut tirer de leur structure ni de leur embryogénie aucune conclusion relativement à leur origine.

Plus obscure encore est l'origine des *Chétognathes* que l'on peut répartir en deux genres, les genres *Sagitta* et *Spadella*. Ce sont de petits animaux marins ayant, suivant les espèces, de 1 à 5 ou 6 centimètres de long, assez semblables à de petits Poissons (fig. 130, n° 1), qui nagent en quantité parfois considérable près de la surface de la mer, à la poursuite des Crustacés minuscules ou des embryons dont ils font leur nourriture. Deux groupes symétriques de crochets contenus dans une sorte de vestibule buccal leur servent d'organes de préhension; c'est ce qui leur a valu le nom de Chétognathes. Comme chez les Échinodermes, les Brachiopodes, les Entéropneustes, la Paludine, les Vertébrés, le mésoderme de l'embryon dérive de deux replis de l'endoderme, au lieu de se former aux dépens de cellules devenues de bonne heure indépendantes entre l'exoderme et l'endoderme; on a tenté de voir là un caractère primordial, commandant de réunir dans une même série généalogique tous les animaux qui le présentent; ce caractère signifie simplement que le développement embryogénique est ici très accéléré et ne peut nous donner aucun renseignement sur la parenté des Chétognathes. Les cils vibratiles dont leur intestin est pourvu, la couronne ciliée que porte leur tête indiquent peut-être une parenté avec les Gastérotriches, les Chétognathes seraient alors de simples mérides ; et il est, en tous cas, bien certain qu'ils n'ont rien à faire avec les Nématodes et avec la série d'animaux segmentés dont nous venons de parler. Tous ces animaux que nous désignerons sous le nom de *Némathelminthes* ont un ensemble de caractères commun : leurs épithéliums se transforment superficiellement en une couche de chitine ; ils manquent de cils vibratiles et leurs éléments mâles sont immobiles. Par cet ensemble de caractères ils se rapprochent des Arthropodes. On peut donc dire que les Némathelminthes ne sont autre chose que des Arthropodes vraisemblablement dégradés par le parasitisme et dont le mode très accéléré de développement a fait disparaître la segmentation.

Ainsi, parmi toutes les formes dénuées d'évidente métaméridation qui gravitent autour des animaux segmentés, on peut établir trois groupes : le premier groupe comprend des êtres que l'on peut réellement considérer comme apparentés de très près aux mérides progéniteurs communs des deux grandes séries d'animaux segmentés, ce sont : les Rotifères, les Gastérotriches et peut-être les Chétognathes. Les deux autres groupes ne comprennent au contraire que des descendants d'animaux segmentés chez qui, par suite de conditions d'existence particulières, en tête desquelles il faut placer le parasitisme, ou d'un mode très accéléré de développement, la segmentation du corps a plus ou moins complètement disparu. De ces deux groupes, l'un se rattache aux Vers annelés et comprend en premier lieu les Trématodes, les Cestoïdes et les Turbellariés, en second lieu, les Némertes, en troisième lieu les Entéropneustes ; l'autre se rattache aux Arthropodes, et comprend les Desmoscolex, les Echinodères, les Acanthocéphales, les Gordiacés et les Nématodes.

L'étrange ressemblance des *Pedalion* et des *Hexarthra* qui sont des Rotifères avec le *nauplius* des Crustacés autorise à penser que les deux séries d'animaux segmentés, les Vers annelés et les Arthropodes, ont pu avoir une origine commune. Mais ces deux séries se sont séparées de très bonne heure, dès l'état de méride. Il a suffi pour cela de l'apparition dans les cellules épithéliales d'un Rotifère tel que le *Pedalion*, d'une propriété histologique nouvelle, celle de produire une substance particulière, résistante, demi-solide, la *chitine* qui en se déposant au voisinage de leur surface libre en a fait disparaître la vie et a recouvert toutes les parois de l'animal d'un vernis exclusif de tout cil vibratile. A partir de ce moment, il s'est établi entre le groupe des mérides ciliés et celui des mérides chitinisés de profondes différences qui ont marqué leur empreinte sur toute leur descendance et ont amené la constitution de deux séries d'animaux de plus en plus divergentes; de même l'apparition d'une membrane de cellulose autour de plastides primitivement isolés a marqué d'une empreinte particulière toute la descendance de ces plastides et en a fait un Règne à part, évoluant parallèlement au Règne animal, le Règne végétal. Ces différences ont d'abord porté sur l'appareil locomoteur; pourvue de cils vibratiles nombreux, la Trochosphère se meut à l'aide de ces cils; ni elle, ni ses descendants immédiats ne possèdent de membres locomoteurs. Au contraire, le nauplius étant dépourvu de cils vibratiles, c'est à l'aide de membres munis de soies chitineuses qu'il se déplace en ramant dans l'eau ambiante. Les différences demeurent tout aussi accusées chez les animaux complexes dérivés de ces formes embryonnaires primitives. Les Crustacés, les Arachnides, les Myriapodes, les Insectes, les Némathelminthes sont, comme le nauplius, dépourvus de cils vibratiles; les Rotifères, les Bryozoaires, les Gastérotriches, les Annélides, les Lombriciens, les Sangsues, les Vers plats en présentent au contraire dans les parties les plus diverses de leur organisme.

L'absence de cils vibratiles a eu, d'autre part, sur la formation du type articulé et sur ses diverses modifications une influence considérable. Qu'un animal couvert de cils vibratiles vienne à se fixer, ses cils n'en continueront pas moins à battre l'eau environnante et à déterminer autour de lui un courant rapide, incessant, qui lui apportera de l'eau chargée d'air et de matières alimentaires; chez les Vorticelles et surtout chez les Rotifères, on voit les cils vibratiles fonctionner indifféremment de ces deux façons. Un tel animal peut donc sans grand danger pour lui, ou bien se fixer, ou bien continuer soit à nager, soit à ramper sur le sol. Dans le premier cas il fondera une colonie irrégulière, dans le second, une colonie linéaire. Nous avons en effet, parmi les Infusoires et parmi les descendants des trochosphères, des représentants de ces deux ordres de colonies.

Au contraire, un nauplius fixé ne pourrait à l'aide de ses trois paires de courtes pattes, aux mouvements lents et non susceptibles de se répéter indéfiniment sans fatigue, produire un courant d'eau suffisant pour assurer sa subsistance ; aussi ne connaît-on pas de nauplius qui se fixe et qui produise autre chose qu'une colonie linéaire.

Les animaux articulés qui résultent de la transformation de ces colonies linéaires en individus subissent eux-mêmes les conséquences de l'absence de cils vibratiles. Chez les autres invertébrés aquatiques, les cils vibratiles prennent une part active à la locomotion ; chez les Crustacés ils sont remplacés par des appendices plus volumineux, des membres articulés, en un mot de véritables pattes ; au début, cet appareil de locomotion est assez imparfait, et peut-être faut-il attribuer à la difficulté qui en résulte pour le déplacement le nombre relativement considérable des Crustacés parasites. Chez les Zoophytes et les Vers annelés, les cils vibratiles jouent un rôle important dans la constitution de l'appareil respiratoire, en déterminant un courant d'eau perpétuel à la surface des expansions tégumentaires dans lesquelles le liquide nourricier vient chercher l'air qui doit le vivifier. Ce mouvement, grâce auquel l'eau qui a perdu son oxygène est sans cesse remplacée par de l'eau aérée, est évidemment indispensable à l'accomplissement régulier des échanges gazeux entre l'organisme et le milieu extérieur. L'appareil respiratoire des Articulés, manquant de cils vibratiles, ne saurait être construit sur le même type que celui des Annélides. Le mouvement des liquides ambiants ne cesse pas néanmoins d'être une condition indispensable de la respiration ; ce mouvement peut être produit par l'appareil locomoteur, soit qu'il détermine le déplacement de l'animal, soit au contraire que, l'animal étant au repos, le liquide fouetté par les appendices se déplace. Les deux cas se trouvent réalisés dans la classe des Crustacés. Les plus inférieurs d'entre eux n'ont pas d'appareil respiratoire spécial, mais partout où se montre un appareil de ce genre, c'est à l'appareil locomoteur qu'il est emprunté : tantôt un certain nombre de membres se transforment en palettes mobiles qui agitent sans cesse le liquide pendant que le sang se répand dans leur épaisseur, tantôt des formations nouvelles, des branchies spéciales, se développent sur les pattes locomotrices, tandis que des organes, dépendant aussi de ces pattes, sont chargés, comme chez l'Écrevisse, d'assurer le renouvellement de l'eau. Ordinairement, il se fait donc une division du travail entre les diverses parties de l'appareil locomoteur ; mais lorsque cet appareil ayant acquis un certain développement, le crustacé abandonne la vie errante pour la vie sédentaire, comme le font les Cirripèdes, l'appareil locomoteur tout entier devient un appareil respiratoire en même temps qu'un appareil de préhension des aliments, exactement comme cela arrive pour les branchies des Annélides tubicoles.

On voit par ces exemples quelles modifications importantes peuvent résulter, pour un organisme, de particularités histologiques qui semblent au premier abord tout à fait négligeables.

L'apparition en quantité plus abondante d'un simple produit de sécrétion, la *chitine*, a suffi pour éliminer les cils vibratiles, différencier d'abord l'une de l'autre des formes simples, plus ou moins voisines de la trochosphère et du nauplius, formes qui peuvent très bien avoir été reliées par des types intermédiaires. La trochosphère et le nauplius une fois distincts, l'évolution les a entraînés, en raison même de leurs différences initiales, dans des voies de plus en plus divergentes. La distinction que tous les naturalistes ont conservée entre les Articulés et les Vers annelés est donc une distinction originelle qui remonte jusqu'à la constitution de l'individu équivalent au premier segment de leur corps, et les ressemblances que l'on observe entre ces deux classes d'animaux sont uniquement des ressemblances de groupement.

LIVRE IV

GROUPEMENTS ET TRANSFORMATIONS PAR COALESCENCE DES COLONIES LINÉAIRES

CHAPITRE PREMIER

LES COLONIES LINÉAIRES ET LES ANIMAUX RAYONNÉS.

I. — Constitution générale des Échinodermes.

Le 1er février 1837, un anatomiste français, qui occupa avec honneur la chaire d'anatomie comparée du Muséum, Duvernoy, communiquait à la Société d'histoire naturelle de Strasbourg le résultat d'observations qu'il avait entreprises sur les Oursins et les Astéries ou Étoiles de mer (1). Frappé de ce que les bras de ces Zoophytes présentent à leur partie inférieure des pièces solides, régulièrement disposées comme les vertèbres d'un squelette, et sont en outre formés de deux moitiés parfaitement symétriques, il avait cru trouver dans chacun de ces bras l'équivalent d'un animal particulier. Dix ans après, en 1848, dans un nouveau mémoire (2) Duvernoy développait cette idée : « Dans l'Étoile de mer qui a cinq rayons, disait-il, il y a proprement cinq colonnes vertébrales. Ces colonnes, dont le nombre varie dans les différentes espèces et dans les genres de cette famille avec celui des rayons, sont plus ou moins libres vers leur extrémité caudale, et soudées par leur extré-

(1) *L'Institut*, 1837, p. 208 et 209.

(2) Duvernoy, *Sur l'analogie de composition et quelques points de l'organisation des Echinodermes* (Mémoires de l'Académie des sciences, 1849, vol. XX).

mité buccale. Les Astéries à rayons libres sont donc les serpents des Échinodermes, mais des serpents sans tête, à plusieurs corps et à une seule bouche. »

C'était là une façon hardie d'envisager la constitution de ces singuliers organismes. Duvernoy ne faisait cependant que donner une forme plus précise à une idée déjà exprimée en 1818 (1) par son prédécesseur au Muséum, de Blainville, qui pensait qu'on pouvait considérer non seulement les Astéries et les Oursins, mais encore les Méduses et les Polypes « comme composés d'un certain nombre d'autres animaux disposés autour d'un centre ».

Cette idée visée également, en 1831, par Dugès dans son mémoire sur la conformité organique parut ingénieuse ; mais on ne pouvait lui supposer à cette époque d'autre caractère que celui d'une vue de l'esprit. A la suite des belles recherches de Sars, de Johannes Müller et des autres naturalistes, qui nous ont fait connaître les étonnantes métamorphoses des Étoiles de mer et des Oursins, elle a été récemment reprise par Reichert, d'abord, puis par Hæckel. Pour Hæckel, chacun des bras d'une Étoile de mer serait un Ver ; d'après le savant d'Iéna, l'explication du développement si étrange des Étoiles de mer serait tout entière contenue dans ce fait : les cinq Vers qui la composent naissent par bourgeonnement sur la larve qui n'est elle-même qu'un Ver de forme différente, chargé de produire la colonie rayonnée et qui disparaît dès qu'elle l'a constituée. Les rapports de la larve et de l'Étoile seraient exactement ceux d'une Hydre et de la Méduse qui pousse sur elle. La reproduction des Échinodermes serait donc une véritable génération alternante : rien ne s'opposerait à ce qu'une seule larve produisît, comme on l'a affirmé, plusieurs Étoiles de mer, plusieurs Oursins.

Il est difficile, en effet, lorsqu'on observe une Étoile de mer et surtout une Ophiure, de se défendre de l'idée que chacun de ses rayons est bien un animal distinct. Ces rayons, au nombre de cinq, rarement de six (2), plus rarement encore de huit, sont, chez les Ophiures, toujours allongés et souvent armés de rangées d'épines

(1) *Bulletin des sciences*, p. 155.
(2) Quelques *Ophiactis* et *Ophiacantha*.

qui rappellent grossièrement la disposition des soies des Annélides; ils sont fixés à une sorte de disque circulaire et s'agitent autour de lui comme de véritables serpents. Ils ondulent sur le sol à la façon de ces reptiles et continuent même à se mouvoir assez longtemps après avoir été détachés comme s'ils étaient réellement des organismes autonomes. Cependant la mort arrive bientôt sans qu'aucun phénomène de reproduction se soit manifesté.

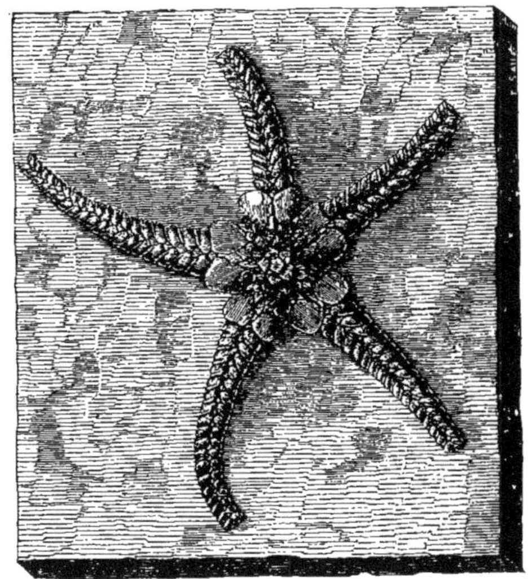

Fig. 131. — OPHIURE. — *Palæocoma* (genre fossile).

Les bras des Ophiures ne contiennent, d'ailleurs, aucun organe essentiel : l'appareil digestif, l'appareil reproducteur sont concentrés dans le disque et les bras jouent simplement le rôle d'appareil locomoteur; ils perdent fréquemment leur aspect vermiforme et peuvent se recourber en vrilles, comme chez les *Trichaster*, ou se ramifier à l'infini comme chez les *Astrophyton*. L'idée qu'ils sont de véritables individus paraîtrait donc bien contestable si l'histoire des Étoiles de mer ne venait l'appuyer de plus solides arguments.

Tout d'abord le nombre des bras des Astéries est extrêmement variable suivant les espèces et les genres, comme si vraiment ces animaux n'étaient que des associations dans lesquelles peuvent entrer indifféremment un nombre quelconque de membres. Tandis que chez les Ophiures, le nombre des bras est presque toujours cinq et ne dépasse pas sept, chez les *Brisinga* que l'on a voulu, il y a quelques années, considérer comme une forme intermédiaire entre les Étoiles de mer et les Ophiures, ce nombre est déjà de onze ou douze. Il est également de douze, chez une curieuse Étoile, récemment draguée dans le golfe du Mexique par M. Alexandre Agassiz et qui, par la simplicité d'organisation de ses bras, se rapproche beaucoup plus des Ophiures que les *Brisinga*. J'ai proposé de nommer cette espèce intéressante dont le disque, parfaitement circulaire, est tout à fait membraneux, *Hymenodiscus Agassizii* (fig. 132). Une Astérie de nos côtes, le *Solaster papposus* a communément treize ou quatorze bras; le *Solaster endeca*, plus septentrional, en a onze; les *Acanthaster* de l'océan Pacifique de onze à vingt et un; les *Pycnopodia* de la côte de Californie en offrent également jusqu'à vingt; le *Labidiaster radiosus* de la côte de Patagonie en possède trente et plus; les *Heliaster* des côtes du Chili sont encore mieux pourvus : le nombre de leurs bras peut s'élever jusqu'à quarante. Quand le nombre des bras dépasse dix, il est ordinairement sujet, dans une même espèce, à de nombreuses variations d'un individu à l'autre. Au-dessous, il est généralement constant : il y a des espèces de *Luidia* qui ont normalement neuf (1), sept (2) ou six bras, des *Asterina* qui en ont huit. Le nombre six est très fréquent chez les *Asterias* (3). Mais ce n'est que chez les individus monstrueux qu'on trouve quatre rayons, ou un nombre moindre.

Ces variations si grandes dans le nombre des bras s'expliquent tout naturellement dans l'hypothèse que ce sont des organismes indépendants, nés par bourgeonnement sur un parent commun. Quoi d'étonnant à ce que leur nombre croisse ou décroisse suivant l'activité de ce bourgeonnement? Quelques faits semblent même

(1) *Luidia senegalensis*, Adanson.

(2) *Luidia Savignyi*, Audouin et *Luidia ciliaris*, Philippi.

(3) *Asterias polaris*, Müller et Troschel, *A. borealis*, Ed. Perrier, *A. hexactis*, Stimpson, etc.

autoriser à penser que le nombre des bras n'est pas absolument constant pendant la vie d'un même animal et qu'il peut venir s'en intercaler de nouveaux entre les premiers formés ; il faut bien que ceux-ci aient une indépendance réciproque considérable pour ne pas souffrir de l'intercalation de ces parties nouvelles.

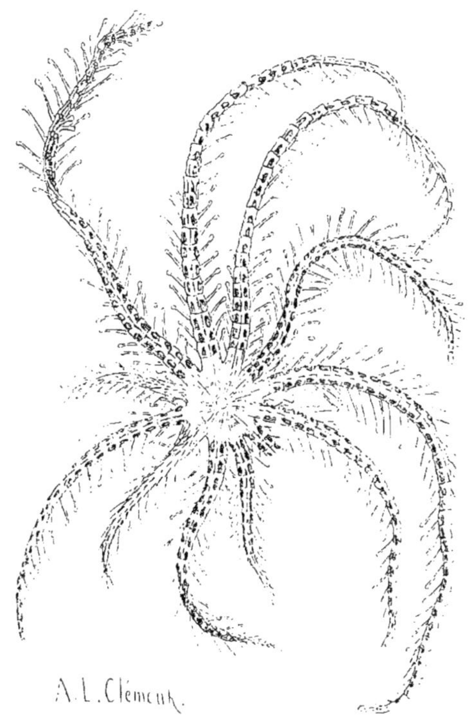

Fig. 132. — ASTÉRIE. — *Hymenodiscus Agassizii*, E. P. (grandeur naturelle).

Il y a plus. Un certain nombre d'espèces ne se présentent que rarement avec des bras tous égaux entre eux : les bras d'une moitié du corps sont plus petits que ceux de l'autre moitié, comme s'ils étaient plus jeunes, et l'on observe surtout ce phénomène chez les espèces qui ont plus de cinq bras. Tel est le cas d'une jolie Astérie épineuse, l'*Asterias tenuispina*, qu'on trouve en abondance dans la Méditerranée et jusqu'aux environs du cap Vert. L'*Asterias calamaria* de l'île Bourbon, qui lui ressemble beaucoup, paraît toujours aussi en train de reproduire une moitié de son corps; il en est de même du petit *Stichaster albulus*, Stimpson, du Groënland et d'une élégante *Asterina* de la mer Rouge, à qui Valenciennes a donné le nom d'*Asterina Wega*. Par une coïncidence remarquable, parmi les Ophiures qui ont plus de cinq bras on constate aussi fréquemment des faits analogues. Steenstrup et Sars en avaient déjà signalé quelques-uns; Lütken a vu des irrégularités de cette nature chez l'*Ophiothela isidicola* et les *Ophiactis Savignyi*, *sexradia*, *virescens*, *Krebsii*, *Mülleri*, *virens* ou même chez les *Ophiocoma pumila* et *Valenciennii* qui n'ont que cinq bras. Pourquoi ces espèces présentent-elles cette particularité à l'exclusion de bien d'autres qui ne sont cependant ni plus fragiles, ni plus exposées à des mutilations? Le Dr Lütken pense — et le fait a été absolument démontré pour l'*Ophiactis virens*, par le Dr Heinrich Simroth (1), — que toutes ces espèces se partagent spontanément en deux à certaines époques de leur existence, chacune des moitiés arrivant à se compléter pour refaire une Ophiure ou une Étoile. Dans les espèces à bras nombreux, le lien qui unit les différents rayons semblerait donc moins serré que chez les espèces typiques; un certain nombre de rayons pourraient devenir indépendants, se constituer en une individualité nouvelle et c'est déjà un argument de valeur à l'appui de la théorie qui veut voir dans chacun d'eux l'équivalent d'un individu distinct. Toutefois cette faculté de reproduction n'est pas liée d'une façon absolue, à la multiplicité des bras. Les espèces dont les bras sont le plus nombreux, les *Solaster*, les *Acanthaster*, les *Pycnopodia*, les *Heliaster*, ne semblent pas se reproduire par division spontanée. En revanche, l'individualité des bras s'affirme d'une façon complète dans une autre catégorie de phénomènes. Quelques naturalistes sont portés à penser que les bras des *Brisinga* se détachent successivement à l'époque de la reproduction pour disséminer plus facilement les œufs et les spermatozoïdes; chez plusieurs espèces d'Astéries à

(1) *Zeitschrift fur wissenschaftliche Zoologie*, vol. XXVIII, pag. 419, 1877.

cinq bras le fait de la chute spontanée de ces parties est incontestable et prend une autre signification.

Les *Linckia* sont des Étoiles de mer à bras allongés, assez grêles,

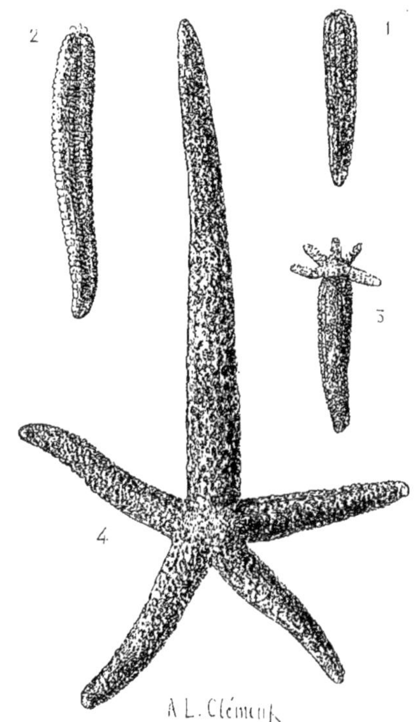

Fig. 133. — REPRODUCTION DES ASTÉRIDES. — 1. Bras d'une *Linckia Guildingii*, au moment où il vient de se détacher. — 2. Autre bras ayant produit une petite étoile à son extrémité cicatrisée. — 3. Un autre ayant la forme dite *comète*. — 4. Une *Linckia* presque complète formée par voie agame (grandeur naturelle).

presque cylindriques, dépourvus d'épines mais à squelette très développé. Dans certaines espèces (1) on trouve beaucoup d'individus

(1) *Linckia diplax*, Müller et Troschel, *Linckia Guildingii*, Gray, *Linckia multifora*, Lamarck, *Linckia Ehrenbergii*, Müller et Troschel. Il en est de même chez quelques *Ophidiaster*, genre très voisin des *Linckia* et chez les *Mithrodia*, grandes et remarquables Astéries de l'océan Pacifique qui en sont un peu plus éloignées.

présentant un bras proportionnellement énorme et quatre ou cinq autres beaucoup plus petits (fig. 133). Ces individus ressemblent grossièrement à une Étoile qui aurait une queue ; aussi les anciens naturalistes les appelaient-ils des *Comètes*. On a pensé que ces comètes étaient la preuve qu'un seul bras détaché de l'Étoile était capable de reproduire l'Étoile tout entière. La collection du Muséum contient une série d'exemplaires de la *Linckia Guildingii*, recueillis par Duchassaing aux Antilles et qui ne peuvent laisser aucun doute à cet égard. On peut voir dans cette série un bras simplement cicatrisé (fig. 133, n° 1), un autre sur lequel commence à apparaître une petite Étoile (fig. 133, n° 2) dont les bras ont à peine un millimètre de long et qui ne présente encore aucune trace de disque. Puis les bras grandissant, le disque se caractérise, toutes les parties de l'Étoile de mer sont désormais distinctes (fig. 133, n°s 3 et 4).

Il résulte des observations de Hæckel que la chute des bras et leur transformation en nouvelles Étoiles de mer n'est pas un phénomène accidentel. C'est un mode normal de reproduction. A certaines époques, il se fait successivement à la base des bras une résorption annulaire des tissus ; chaque bras se détache à son tour et devient une Étoile, tandis qu'un bras nouveau le remplace sur l'individu primitif. Il est certain d'ailleurs que, chez la plupart des Étoiles, les bras peuvent vivre assez longtemps après avoir été détachés de l'individu principal. Il suffit de garder pendant quelques jours dans un aquarium la plus grande Étoile de mer de nos côtes, l'*Astérie glaciale*, pour être témoin du phénomène. Lorsque l'animal commence à être malade, il s'ampute de lui-même successivement les bras et les bras isolés s'agitent presque aussi longtemps que ceux qui demeurent attachés au disque. Que l'animal mutilé soit replacé dans de meilleures conditions, il reproduit rapidement les parties qu'il a perdues, et chacun des bras peut, à son tour, reproduire l'animal entier. Cette faculté générale ou du moins très fréquente chez les espèces dont les bras sont très développés par rapport au disque, s'amoindrit naturellement à mesure que le disque prend de plus en plus d'importance et que les bras deviennent de moins en moins distincts.

La fusion graduelle des bras et du disque est l'un des caractères les plus remarquables de la morphologie des Étoiles de mer. Tandis que, chez les Ophiures, les organes se sont concentrés dans le disque en abandonnant les bras, de sorte que ceux-ci ne sont plus, dans ce groupe, que des membres locomoteurs, on voit, au contraire chez les Astéries, les organes envahir de plus en plus les bras qui, gonflés par eux, deviennent de moins en moins distincts du disque, et finissent par ne plus former avec lui qu'une masse pentagonale (1) capable même, dans certaines Étoiles de mer, telles que les Culcites, de prendre la forme sphérique.

Fig. 134. — OURSIN. — *Acrocladia mammillata*, vue par la face buccale (réduite de moitié).

Par une autre voie, la forme sphérique a été définitivement réalisée, avec une régularité géométrique, chez les Oursins (fig. 134) qui, malgré leur apparence bien différente, appartiennent incontestablement au même type organique que les Étoiles de mer et nous font assister aux modifications les plus singulières de la colonie primitive. Le nombre des parties constituantes que nous avons vu varier dans des limites restreintes chez les Ophiures, considérables chez les Étoiles de mer, devient d'une fixité absolue

(1) On peut observer dans le genre *Pentagonaster* tous les passages entre la forme nettement étoilée et la forme pentagonale. Les *Asterina* présentent des gradations analogues.

chez les Oursins, toujours formés, à l'état normal, de cinq fuseaux sphériques exactement semblables (fig. 135). Mais nous voyons apparaître ici une autre tendance déterminée par une disposition nouvelle de l'appareil digestif.

Chez les Ophiures cet appareil n'a qu'un seul orifice, la bouche. Chez la plupart des Étoiles de mer, il en a deux, mais le second orifice est un pore à peine visible, qui peut être quelquefois absent et dont l'importance physiologique est très peu considérable. Le

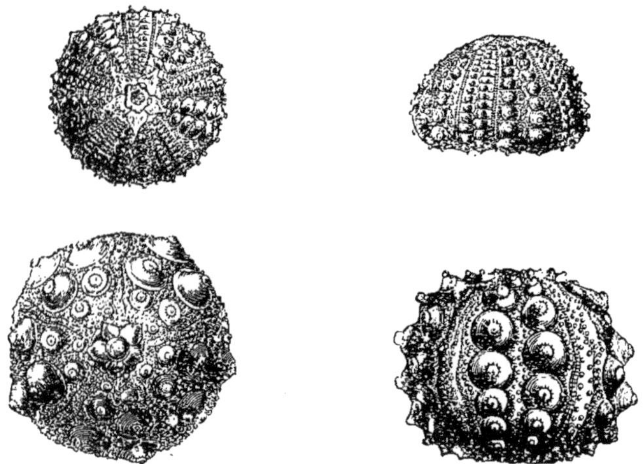

Fig. 135. — OURSINS. N° 1. *Goniopygus major*, vu par le pôle anal. — N° 2. Le même, vu de profil. — N° 3. *Hemicidaris crenularis*, vu par le pôle anal. — N° 4. Le même, vu de profil.

tube digestif des Oursins présente, au contraire, deux orifices également développés. Chez un grand nombre de ces animaux (fig. 134 et 135), l'orifice buccal et l'orifice anal sont situés sur un même axe vertical autour duquel viennent se disposer régulièrement les différents organes; l'animal présente alors, comme les Étoiles de mer, une structure nettement rayonnée. Mais dans d'autres espèces (fig. 136 et 137), la bouche devient excentrique, l'anus descend vers la partie inférieure de l'animal, la structure rayonnée est moins nette et toutes les parties finissent par se disposer symétriquement par rapport à un plan vertical passant par les deux orifices du tube digestif. L'animal rayonné devient un animal à symétrie bilatérale comme les Vers et comme les Vertébrés : nous assistons à toutes les phases de cette transformation que nous avons déjà invoquée dans d'autres circonstances. Cinq animaux

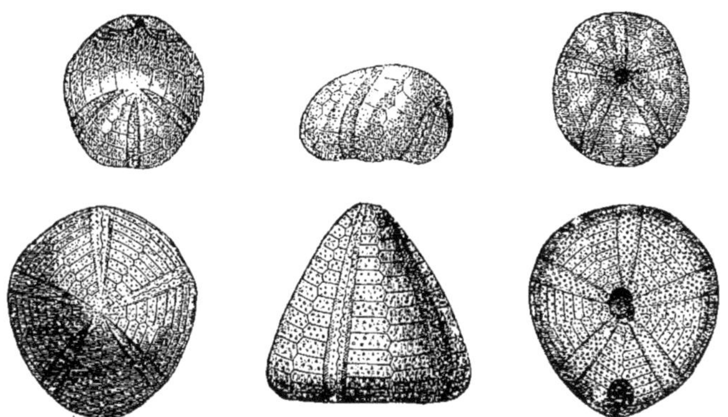

Fig. 136. — OURSINS à symétrie bilatérale. — 1. *Dysaster Eudesii*, vu par sa face supérieure de profil, et par sa face inférieure. — 2. *Galerites albogalruse*, vu dans les mêmes positions.

présentant chacun la symétrie bilatérale se seraient donc soudés, suivant la théorie, pour constituer d'abord un animal rayonné et revenir ensuite, par ce chemin détourné, à la symétrie bilatérale.

Fig. 137. — OURSINS. — *Scutella subrotunda*, vue par sa face supérieure, de profil et par sa face inférieure où l'on aperçoit la bouche au centre et l'anus près de l'échancrure médiane de la partie inférieure.

Tantôt l'Oursin, tout en conservant à peu près sa forme globuleuse, s'allonge dans le sens horizontal de manière à présenter la figure d'un cœur (1), et l'une des cinq zones qui le constituent

(1) Dans la famille des *Spatangoïdes*, par exemple, dont une espèce qui habite la Méditerranée est même vulgairement désignée sous le nom de *Cœur de mer*.

tend alors à se confondre avec les zones voisines ; tantôt l'animal s'aplatit jusqu'à devenir discoïde, comme chez les Scutelles (fig. 137); les cinq parties primitives se manifestent alors nettement et paraissent même avoir une tendance à se séparer les unes des autres mais en affectant un mode de groupement différent du mode primitif. On voit, en effet, apparaître entre elles des espèces de fenêtres ovales, allongées suivant l'un des rayons et qui percent de part en part le corps de l'animal. Il y a deux de ces fenêtres ou *lunules* chez les *Lobophora*, six chez les *Mellites*. Chez les Encopes les lunules atteignent le bord du disque et en festonnent le pourtour de manière à rappeler un peu la physionomie des Étoiles de mer. Enfin chez les Rotules la partie postérieure du disque présente de nombreuses digitations qui reproduisent bien davantage encore l'aspect de ces derniers animaux. Nous ne revenons cependant pas vers le groupe des Astérides, car la symétrie bilatérale est, en réalité, conservée et les lunules ou entailles n'occupent nullement la place qu'elles devraient avoir si elles étaient comparables aux intervalles des bras d'Ophiures et d'Etoiles de mer.

Les grandes expéditions d'explorations sous-marines entreprises par l'Angleterre ont amené la découverte d'un grand nombre d'animaux singuliers, parmi lesquels plusieurs espèces d'Oursins que les formes connues jusque-là n'auraient jamais pu faire soupçonner : telles sont les *Calveria*. C'est un caractère général des Oursins d'avoir un test dur et résistant : si vous appuyez sur ce test, vous pouvez le briser, mais il ne plie en aucun point : les Oursins ne peuvent modifier leur forme extérieure comme le font les Étoiles de mer et, jusqu'à un certain point, les Ophiures. Leur test est pourtant formé de pièces distinctes, mais ces pièces, de forme hexagonale, sont enchâssées les unes dans les autres, comme les pièces d'un parquet; leurs sutures même sont encroûtées de calcaire, de sorte que la continuité est absolue entre les parties (1).

(1) Certains Oursins de la collection du Muséum sont cependant déformés comme si une pression avait été exercée sur leur test, pendant que celui-ci aurait traversé une période de malléabilité après laquelle il se serait consolidé de nouveau, mais il est possible que leur test ait été simplement défoncé et que l'animal ayant survécu à la blessure l'ait réparé.

Chez les *Calveria*, ces plaques sont, au contraire, disjointes et peuvent jouer les unes sur les autres comme les lattes d'une jalousie. L'animal est donc capable de subir des modifications de forme considérables. Cette flexibilité du test, exceptionnelle chez les Oursins, devient la règle chez d'autres animaux marins appartenant comme eux à la grande division zoologique des Échinodermes, Chez les Holothuries (fig. 138), il ne se forme même plus de plaques régulières. Les téguments, fort épais, sont simplement bourrés de corpuscules calcaires analogues à ceux des Coralliaires et ayant comme eux des formes caractéristiques pour chaque espèce.

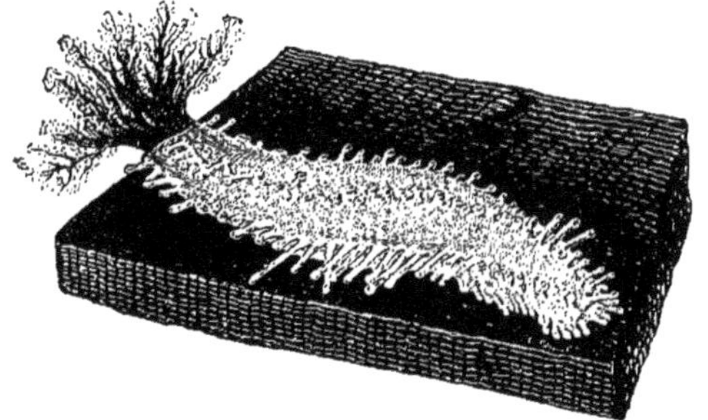

Fig. 138. — HOLOTHURIE. — *Cucumaria pentacta.*

Le corps est mou, se déforme facilement; mais il est encore aisé de reconnaître, dans la plupart des espèces, qu'il est formé de cinq parties accolées suivant leur longueur et disposées géométriquement, comme chez les Oursins réguliers, autour de l'axe longitudinal du corps. Celui-ci s'est considérablement allongé de sorte que l'Holothurie, au lieu d'être sphérique comme l'Oursin, présente la forme d'un boudin. A part cela, la comparaison entre les animaux des deux groupes peut se poursuivre jusque dans les moindres détails.

Toutefois la forme du corps des Holothuries et son faible degré de consistance amènent une conséquence nécessaire. Tandis que les Oursins, comme les Étoiles de mer, comme les Ophiures, marchent la bouche tournée vers le sol et peuvent maintenir vertical leur axe de symétrie, les Holothuries se tiennent horizontalement couchées sur un des côtés de leur corps, la bouche en avant, et rampent ainsi sur les pierres. Cette reptation peut d'abord avoir lieu sur un côté quelconque du corps, mais dans beaucoup d'Holothuries (1) l'une des faces du corps s'adapte plus particulièrement à cette fonction : c'est sur cette face que l'animal repose, sur cette face qu'il marche. Dans le genre *Psolus*, il se forme une large sole plane, nettement limitée, semblable sous tous les rapports à la sole ventrale des Limaces, ou à celle de certains Vers; en même temps la bouche se relève et d'antérieure qu'elle était devient franchement dorsale. Les faces dorsale et ventrale sont bientôt à ce point distinctes l'une de l'autre que chez quelques espèces, pour lesquelles on a établi le genre *Cuvieria* (fig. 139, n°s 1 et 2), la face ventrale plane est tout à fait nue, tandis que la face dorsale est protégée par de grandes écailles calcaires, semi-circulaires, se recouvrant les unes les autres comme les ardoises d'un toit. Il résulte de ces modifications que les *Psolus* cessent de présenter un arrangement rayonné de leurs parties pour devenir eux aussi des animaux symétriques bilatéraux. Ainsi par deux voies différentes, dans deux groupes voisins, nous assistons à la transformation de la symétrie radiaire en symétrie bilatérale : mais dans les deux cas, la pesanteur et les nécessités de la locomotion sur le sol sont les causes premières de ce changement de symétrie. Elles agissent sur l'organisme complexe de l'animal rayonné, exactement comme elles l'ont fait sur l'organisme simple auquel les colonies linéaires doivent leur origine : la théorie que nous avons développée relativement aux causes de formation des colonies trouve ainsi dans l'histoire des Échinodermes une confirmation inattendue.

La symétrie radiaire peut encore disparaître chez les Holothuries par un autre procédé. Les cinq fuseaux dans lesquels le corps se décompose sont surtout marqués, chez ces animaux, par les lignes de tentacules et de pieds terminés par des ventouses qui permettent à l'animal d'adhérer aux corps solides. Ces lignes sont disposées suivant cinq méridiens dans les espèces qui présentent

(1) *Stichopus*, Brandt, *Holothuria*, Linné, *Mulleria*, Jæger.

la conformation typique (1); dans celles où une sole ventrale se délimite, c'est généralement sur cette sole que les pieds se rassemblent; mais, dans plusieurs genres, ils sont absolument épars

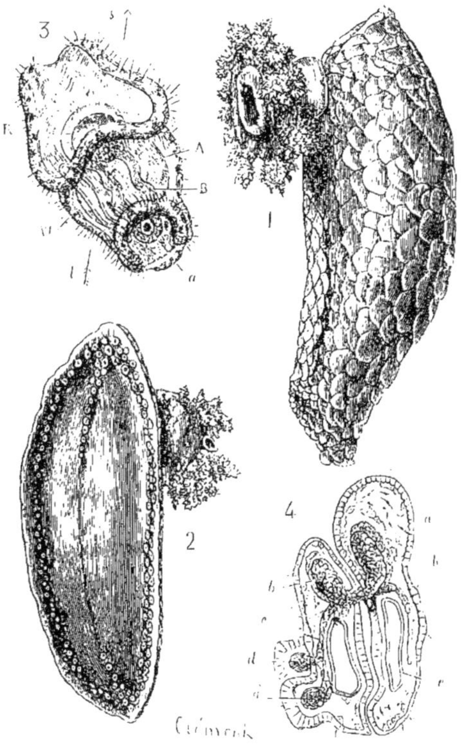

Fig. 139. — HOLOTHURIES. — 1. *Cuvieria* (*Psolus*) *squamata*, vue de trois quarts de manière à montrer sa face dorsale. — 2. La même, vue du côté opposé pour montrer le pied garni de tubes ambulacraires sur lequel elle marche (grandeur naturelle). — 3. Larve d'*Holothuria tubulosa*, dans sa position normale pendant la natation; R, bandelettes de cils vibratiles; A, tube digestif; *a*, anus; B, cavité générale; *vp*, rudiment de l'appareil ambulacraire. — 4. Coupe optique à travers une très jeune Holothurie (*Cucumaria doliolum*): *a*, parois du corps; *b*, rudiments des tentacules; *c*, poches péritonéales; *d*, tubes ambulacraires en voie de formation; *e*, canaux ambulacraires (d'après Selenka).

à la surface des corps et ils finissent par manquer complètement chez les Molpadies et chez les Synaptes. Les pieds sont remplacés

(1) *Cucumaria*, de Blainville, *Ocnus*, Forbes, etc.

chez ces dernières par une multitude de petites pièces calcaires, figurant rigoureusement une ancre de vaisseau et suffisant, malgré leur petite taille, pour fixer l'animal aux corps qui l'entourent. Quand les pieds ont complètement disparu, rien ne trahit plus à l'extérieur la disposition rayonnée primitive. Le corps de l'Holothurie, mou, allongé, cylindrique, rappelle tout à fait celui d'un Ver. Il y a, d'autre part, des Vers véritables qui reproduisent d'une façon si fidèle la forme extérieure des Holothuries, qu'on les a longtemps placés dans la classe des Échinodermes : tels sont les Siponcles qui fouissent, comme des Lombrics, le sol de toutes les prairies sous-marines; telles sont aussi les Bonellies qui habitent les trous des rochers et ne laissent sortir à l'extérieur qu'un long cou bifurqué, de couleur verte, bien connu des pêcheurs de la Méditerranée. Les Siponcles, les Bonellies et les Vers analogues n'avaient pas été reconnus pour des Vers avant M. de Quatrefages qui les a nommés Géphyriens (1) parce qu'ils semblent former un pont entre l'embranchement des Rayonnés et des Articulés.

Les affinités entre les Géphyriens et les Holothuries ne sont pas seulement extérieures : M. de Lacaze-Duthiers et plusieurs autres anatomistes ont découvert entre ces êtres de nombreuses particularités communes de structure. Les Holothuries nous ramènent donc à leur tour à l'embranchement des Vers; mais cette fois, l'Échinoderme ne nous apparaît plus comme l'équivalent de cinq Vers soudés par la tête; il se montre comme l'équivalent d'un Ver unique, et cette nouvelle assimilation trouve à son tour des défenseurs convaincus parmi les naturalistes (2).

L'Holothurie, au lieu d'être une modification extrême du type Échinoderme, serait, au contraire, dans cette manière de voir, la forme primitive, intimement liée aux Vers, d'où seraient descendues toutes les autres.

L'examen que nous venons de faire du groupe des Échinodermes nous conduit donc à deux résultats contradictoires. Il faudrait admettre, pour concilier ces résultats, que cinq Vers, en se sou-

(1) De γέφυρα, pont.
(2) Semper à Würzbourg, Claus à Vienne, Huxley en Angleterre, etc.

dant longitudinalement sur toute la longueur de leur corps, peuvent reconstituer un seul Ver. Si fécond que soit le règne animal en phénomènes surprenants, une telle proposition demanderait, pour être admise, à être démontrée par les preuves les plus évidentes. Il faut donc pénétrer plus avant dans le cœur du sujet.

Dans une question ainsi posée nous savons déjà quels enseignements peut fournir l'embryogénie. D'autre part, il est un groupe d'Échinodermes, celui des *Crinoïdes*, qui, par son ancienneté, par la variété des formes qu'il contient, est naturellement indiqué comme la souche commune d'où tous ces êtres sont sortis. C'est donc à l'embryogénie et plus particulièrement à celle des Crinoïdes que nous devons demander de trancher le différend.

CHAPITRE II

LES COLONIES LINÉAIRES ET LES ANIMAUX RAYONNÉS (SUITE).

II. — Les Crinoïdes.

De tous temps les naturalistes ont été frappés par la singulière configuration de certaines pierres qu'on rencontre en abondance dans un grand nombre de localités. Généralement de forme pentagonale, présentant d'ordinaire sur leurs deux faces l'empreinte d'une étoile parfaitement régulière, ces pierres étaient désignées par les amateurs de curiosités sous les noms de *pierres étoilées* ou d'*Entroques*.

Ce sont les débris d'animaux appartenant au groupe des Crinoïdes. Ils forment parfois, presque à eux seuls, la masse de puissantes assises de l'époque du muschelkalk et ont donné leur nom à toute une couche géologique, le *calcaire à Entroques*. Les Crinoïdes étaient donc prodigieusement nombreux dans les mers de l'époque secondaire : ils tapissaient leurs profondeurs de véritables prairies animées et présentaient alors une immense variété de formes souvent d'une extrême l'élégance. Presque tous les Crinoïdes de cette époque étaient fixés au sol : une longue tige flexible, formée d'articles nombreux (c'étaient précisément les *entroques* des anciens naturalistes), supportait une touffe d'appendices également articulés, parfois ramifiés à l'infini et qui pouvaient s'étaler au-dessus de la tige comme les feuilles pennées de certains palmiers, ou se resserrer frileusement les uns contre les autres, s'enroulant de mille façons, comme les pétales d'une fleur durant son sommeil. Quelques-uns de ces Crinoïdes avaient plus d'un mètre de longueur, et la tige de certains *Pentacrinus subangularis* dépassait cinquante pieds (1).

On peut suivre les Crinoïdes jusqu'à l'époque la plus reculée de l'histoire du globe, et leurs formes, à mesure que l'on se rapproche des couches les plus profondes que les géologues aient étudiées, deviennent plus dissemblables entre elles, plus voisines en même temps des formes typiques des autres classes d'Échino-

Fig. 140. — CRINOÏDE. — *Hemicosmites pyriformis*, vu de profil et par la région buccale.

dermes. Les appendices qui surmontent la tige et qu'on nomme les *bras* de l'Encrine se raccourcissent; leurs ramifications sont moins nombreuses; leurs mouvements moins étendus; leurs pinnules demeurent parfois constamment enchevêtrées et finissent par se souder entre elles; des rangées de plaques calcaires se développent dans l'intervalle des bras et cimentent cette union; enfin on arrive à des formes remarquables dont les éléments, en se groupant et se soudant de façons diverses, semblent avoir produit les Holothuries et les Oursins aussi bien que les Encrines, les Ophiures et les Étoiles de mer. Certaines formes anciennes ressemblent, en effet, à des Étoiles de mer dont tous les bras se seraient relevés sur le dos et soudés par leur extrémité ou à des

(1) Claus, *Zoologie*, trad. française, pag. 246.

Oursins qui seraient fixés au sommet d'un pédoncule; d'autres, dépourvues de bras, paraissent, au premier abord, se rattacher aux Oursins en raison de leur forme sphérique, mais ils ne présentent pas la division en dix fuseaux si caractéristique de ces animaux et sont exclusivement formés de pièces calcaires polygonales, régulièrement groupées (fig. 140).

Ces formes compactes, qui se montrent dès l'apparition de la classe des Échinodermes, sont certainement une des grosses difficultés de la théorie qui veut voir dans ces derniers des colonies de Vers. La difficulté est encore accrue si l'on considère que ces formes sont contemporaines d'autres à bras très ramifiés, et qu'il suffit souvent de priver celles-ci de leurs bras pour reproduire à peu près les premières. Il semble résulter de là que les bras des Crinoïdes, qui devraient être la partie principale de l'animal, si celui-ci était une colonie de Vers, n'en seraient au contraire que des appendices accessoires pouvant ou non se développer suivant les espèces.

Après avoir eu une époque d'extraordinaire prospérité durant la période secondaire, les Crinoïdes ont rapidement décliné dans les périodes suivantes; leurs espèces sont devenues infiniment moins nombreuses et infiniment moins bien représentées. On a cru longtemps que les Comatules (fig. 141) avaient seules persisté jusqu'à l'époque actuelle; il en existe dans toutes les mers, des deux pôles à l'équateur; elles remontent sur nos côtes à peu de distance des grèves que le reflux laisse à découvert et demeurent souvent à sec pendant quelques heures durant les marées d'équinoxe.

Au lieu d'être fixées comme la plupart des Crinoïdes anciens, les Comatules sont libres. A les voir gracieusement accrochées parmi les grands varechs, on dirait des touffes d'algues écarlates, ouvrant et fermant tour à tour leurs dix rameaux semblables à des plumes flexibles. Elles paraissent ne se plaire sur les algues flottantes que jusqu'à un certain âge : plus tard elles quittent ces stations où leur corps fragile courrait trop de dangers, et viennent s'abriter sous les galets que la mer accumule sur certains récifs (1).

(1) C'est du moins ce que l'on observe sur les grèves de Roscoff (Finistère).

Là, elles appliquent exactement, sur la pierre, leurs dix bras rayonnants, tandis que sur les varechs elles les tiennent ordinairement à demi relevés, plus ou moins enroulés au sommet, de manière à reproduire le profil d'une fleur de lis (1). Qu'on vienne à les inquiéter, elles quittent aussitôt la place et se mettent à nager en imprimant à leurs bras de lentes ondulations. Ce sont probablement les seuls Échinodermes dont le corps soit suffisamment léger pour se prêter à ce mode de locomotion.

Fig. 141. — CRINOÏDES. — *Comatula* (*Antedon*) *rosacea* (grandeur naturelle).

En 1755, Guettard décrivit le premier, dans les Mémoires de l'Académie des sciences de Paris, une autre espèce vivante de Crinoïde : c'était, cette fois, une véritable Encrine fixée au sommet

Dans le chenal qui sépare la plage de l'île de Batz, située en face de Roscoff, les *Comatules* se trouvent sur les varechs ; elles sont toujours de petite taille. Au récif de Roléa, où elles habitent sous les galets, leur taille est presque double. C'est un fait sur lequel M. de Lacaze-Duthiers a souvent attiré l'attention de ses élèves.

(1) Le mot Encrine et celui de Crinoïde viennent en effet du mot grec κρίνον qui signifie lis.

d'une longue tige, comme celles des mers crétacées. La découverte de ce représentant attardé d'une faune que l'on croyait éteinte pour jamais fit profonde sensation. Le Muséum garde encore précieusement l'Encrine de Guettard (*Pentacrinus asteria*, Linné, *Pentacrinus caput-Medusæ*, Miller). Jusqu'à ces dernières années, les Encrines demeurèrent fort rares dans les collections. Successivement, on a cependant découvert d'autres représentants du même groupe. Une seconde espèce de Pentacrine, le *P. Mülleri*, Œrsted, nous est également venue des Antilles. D'Orbigny a fait connaître sous le nom d'*Holopus Rangii* un Crinoïde fixé, plus intéressant encore, dont la tige est extrêmement courte et épaisse, de sorte que l'animal paraît attaché par la partie inférieure de son disque qui se serait moulée sur son support. L'*Holopus Rangii* n'est connu que par l'unique échantillon, mal conservé, du reste, de d'Orbigny, échantillon qui fait partie des collections du Muséum d'histoire naturelle et par quelques exemplaires ramenés par la drague dans les parages de la Barbade, durant une des expéditions dirigées par le comte de Pourtalès.

En 1864, Ossian Sars a recueilli en assez grande abondance dans les régions profondes de l'Atlantique qui avoisinent les îles Lofoden, un nouveau Crinoïde fixé, le fameux *Rhizocrinus Lofotensis* (figure 142, n° 2), dont la tige rampe sur les corps environnants auxquels elle adhère par des prolongements ramifiés, ayant tout à fait l'apparence de racines et qui sont les analogues des cirrhes simples, en forme de crochet, que l'on observe le long de la tige des Pentacrines. Une espèce différente de *Rhizocrinus*, le *Rhizocrinus Rawsoni*, Pourtalès, a été découverte sur les côtes des États-Unis et divers échantillons de ce genre y ont été pêchés, soit par Louis Agassiz, soit par de Pourtalès. Des *Rhizocrinus* ont été également trouvés, en 1869, par Wyville Thomson dans le canal des îles Feroë, au cap Clear, aux îles Shetland, et par les naturalistes de la *Joséphine*, à l'entrée du canal de Gibraltar. Les expéditions d'exploration sous-marine organisées par l'Angleterre sont encore venues ajouter à la liste des Crinoïdes vivants, le *Bathycrinus gracilis*, Wyville Thomson (figure 142, n° 3), de l'entrée de la baie de Biscaye. Lovén a décrit l'*Hyponome Sarsii*. Enfin dans les régions profondes de l'Atlantique qui avoisinent les côtes de Por-

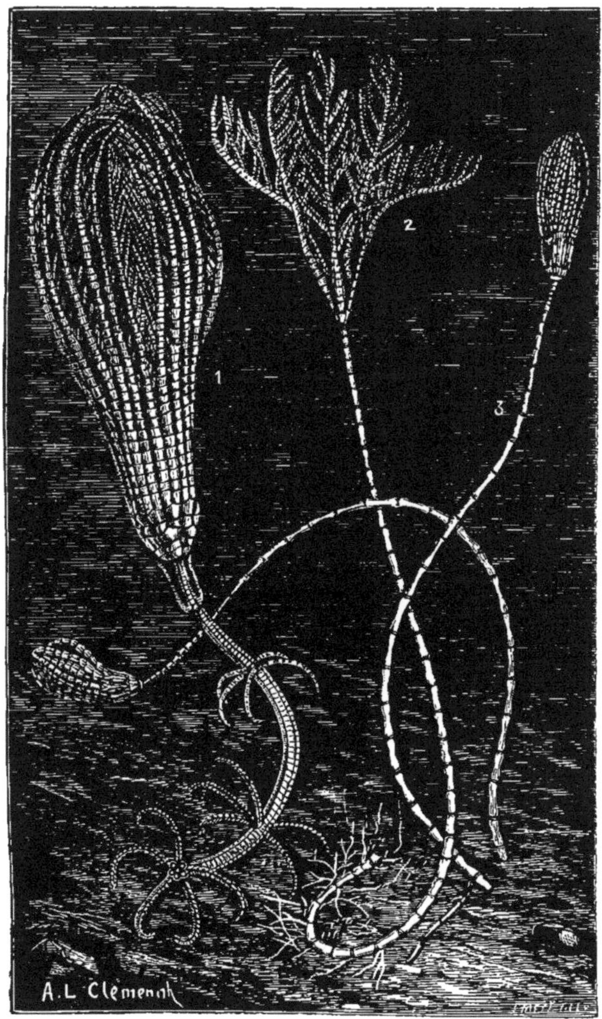

Fig. 142. — CRINOÏDES des grandes profondeurs. — 1. *Pentacrinus Wyville-Thomsoni*, Gw. Jeffreys. — 2. *Rhizocrinus Lofotensis*, O. Sars. — 3. *Bathycrinus gracilis*, Wyville-Thomson.

tugal, la drague du *Porcupine* a ramené une vingtaine d'individus d'un nouveau Pentacrine, le *Pentacrinus Wyville-Thomsoni*, Gwyn-Jeffreys, qui présente, suivant Wyville Thomson, cette particularité remarquable que sa tige n'est pas fixée. L'animal l'enfonce seulement dans la vase et peut, quand il le veut, se déplacer. Ce dernier Pentacrine a été découvert seulement le 24 juillet 1876 (planche III, fig. 1).

Tous ces Crinoïdes vivent à des profondeurs considérables : le *Pentacrinus caput-Medusæ*, à 25 ou 30 brasses au-dessous du niveau de l'Océan, le *Rhizocrinus Lofotensis* depuis 100 jusqu'à 900 brasses, le *Pentacrinus Wyville-Thomsoni*, à 1095 brasses, enfin le *Bathycrinus gracilis* à 2,435 brasses. Dans ces régions que les mouvements des tempêtes effleurent à peine, que n'atteignent pas les variations de température extérieure, où le soleil n'envoie plus que de faibles rayons, où les organismes phosphorescents répandent seuls une lueur d'étoiles, la vie a pu échapper aux modifications profondes que lui ont incessamment imprimées les conditions si variables et si variées de la surface. Là elle a pu suivre sans secousses la lente et graduelle évolution du globe ; c'est dans le fond des mers que se sont perpétués jusqu'à nous, avec leur forme initiale, les êtres pour qui la vie dans de telles conditions avait été originairement possible. La difficulté d'atteindre les habitants de ces sombres abîmes les a longtemps soustraits à notre investigation, mais on sait aujourd'hui, grâce surtout aux recherches d'Agassiz et de ses élèves, qu'ils sont fort nombreux et que dans certaines régions les Pentacrines couvrent le sol sous-marin d'une végétation d'un nouveau genre.

Les Crinoïdes vivants ont toujours excité la curiosité des naturalistes, mais de toutes les formes qui ont été décrites aucune peut-être ne mérite autant d'intérêt que le modeste *Pentacrinus europæus*, découvert, en 1827, par Thomson sur les Comatules de nos côtes et à qui de Blainville donna plus tard le nom de *Phytocrinus*. C'est un véritable Crinoïde, de fort petite taille, il est vrai, mais reproduisant dans tous ses détails la figure des Encrines des âges géologiques et celle des Pentacrines des Antilles, avec leur pédoncule flexible, leurs bras en verticille et les cirrhes préhensiles de leur tige (fig. 143). On le crut d'abord une espèce indépendante;

mais, en 1837, Thomson observant de nouveau ses petites Encrines les vit avec étonnement quitter leur tige, marcher à l'aide de leur bras ou se fixer avec leurs cirrhes. Les suivant de plus près, il vit les bras, qui paraissaient d'abord simplement bifurqués au sommet, revêtir peu à peu tous les caractères des bras des Comatules. Bientôt l'observation fut répétée de divers côtés, notamment par le

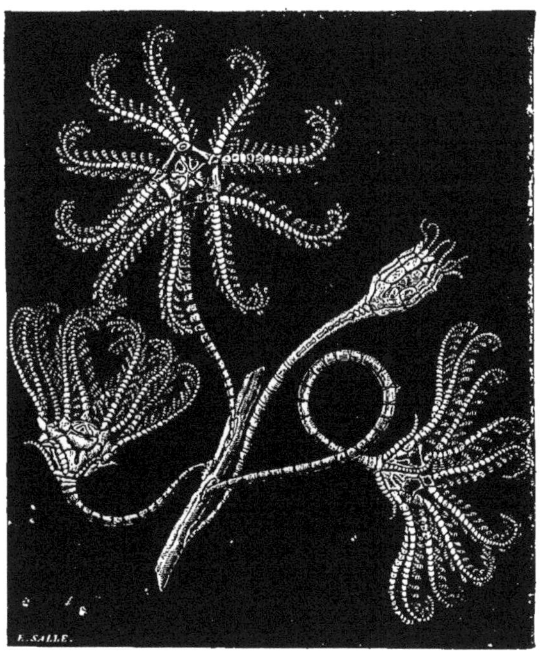

Fig. 143. — CRINOÏDES. — Groupe de jeunes Comatules à l'état où elles furent décrites sous le nom de *Pentacrinus europæus*.

naturaliste français Dujardin. Il fallut reconnaître que le Pentacrine d'Europe n'était qu'une jeune Comatule.

Cependant, en 1849, Busch voyait naître de l'œuf d'une Comatule des îles Orcades une petite larve vermiforme, portant plusieurs ceintures de cils vibratiles. Comment cette larve vermiforme se changeait-elle en Pentacrine ? C'est ce que Busch ne put savoir.

Ces données éparses ne furent coordonnées qu'en 1865, après les beaux travaux de Wyville Thomson et de William Carpenter (1), récemment complétés par ceux de Götte (2).

Pour bien juger de la façon dont s'opère le développement de nos Crinoïdes jetons un coup d'œil sur l'organisation des Comatules adultes.

Les Comatules ont dix bras qui se réunissent deux par deux avant d'atteindre le disque : ces dix bras ne sont en réalité que cinq bras bifurqués et nous trouvons par conséquent dans le groupe des Crinoïdes ce type 5 qui s'est montré d'une manière si constante dans les autres Echinodermes. Chaque bras est formé d'une tige centrale, sur les deux bords de laquelle viennent se disposer de petits rameaux simples, alternant d'un côté à l'autre et diminuant de longueur de la base des bras au sommet. On désigne ces rameaux sous le nom de *pinnules*. A certaines époques leur tissu se gonfle considérablement : ce sont les glandes génitales qui se développent; leurs produits sont déversés à l'extérieur par un orifice spécial à chaque pinnule. Plus grêles et en apparence moins importants que les bras des Ophiures, les bras des Comatules contribuent cependant, comme on voit, à l'accomplissement d'une fonction de premier ordre. Le disque auquel ils se réunissent ne contient guère que l'appareil digestif. Ce disque est soutenu par une sorte de coupe ou de calice dont les pièces calcaires sont disposées avec une grande régularité : l'une d'entre elles forme la base du calice et porte les appendices articulés, analogues aux cirres de la tige des Pentacrines, qui servent à la Comatule à s'accrocher. Au-dessus de cette pièce se trouvent deux séries superposées d'autres pièces formant les parois de la coupe dont les bords supportent les cinq bras bifurqués et dont la cavité contient le sac viscéral. La surface de ce dernier présente à son centre un orifice, la bouche ; elle est, en outre, découpée en cinq secteurs à peu près égaux entre eux par de petits cordons saillants qui descendent de

(1) *Philosophical Transactions of the Royal Society*, t. 154 et 155.

(2) Götte, *Entwickelungsgeschichte der Comatula Mediterranea*: Achiv. für mikroskopiche Anatomie, t. XII, 1876, pag. 583.

la bouche vers les bras. Sur l'un de ces secteurs s'élève un tube charnu dont l'ouverture supérieure est entourée de huit petites dents. C'est le tube anal.

Les deux orifices du tube digestif, situés tous les deux sur la même face du disque, sont donc, chez les Comatules, tous les deux tournés vers le haut, attitude qui est exceptionnelle chez les Echinodermes actuels, mais qui était forcément celle des Crinoïdes fixés que nous avons précédemment étudiés.

Le tube digestif est une sorte de sac, enroulé autour d'un axe central. Ses parois, couvertes de cils vibratiles, sont nettement séparées de celles du corps ; il existe donc une cavité générale. Cette cavité communique avec l'extérieur par un grand nombre de fins tubes ciliés venant s'ouvrir chacun à la surface du disque où ils s'épanouissent en forme d'entonnoir. Dans les très jeunes Comatules on ne trouve qu'un seul de ces orifices pour chaque secteur du disque ; mais leur nombre augmente rapidement et atteint 40 ou 50 chez les grands individus. Il résulte de cette disposition que l'eau de mer peut entrer directement dans la cavité générale et baigner ainsi tous les organes.

Cette cavité se prolonge elle-même dans les bras, sous forme d'un tube situé entre le tégument supérieur et l'axe calcaire ; ce tube est simple chez les très jeunes individus ; mais, quand se développe l'appareil génital, il se forme à son intérieur (1), deux cloisons longitudinales, perpendiculaires entre elles, qui le partagent en trois cavités ; l'une inférieure immédiatement au-dessus de l'axe calcaire, les deux autres sur le même niveau, immédiatement au-dessous des téguments. Au point de jonction de ces deux cloisons se trouve le cordon génital d'où naissent les glandes mâle ou femelle : il semble donc que les cloisons ne soient que des sortes de ligaments destinés à supporter ce cordon.

Les bras contiennent encore d'autres appareils importants : ce sont, immédiatement au-dessous du tégument, qui est vibratile, une bandelette nerveuse entourée d'un canal spécial, et surtout un tube

(1) J'ai observé toutes les phases de ce phénomène au laboratoire de zoologie expérimentale de Roscoff (Finistère).

régulièrement sinueux que l'on appelle le *tube ambulacraire*. Ce tube, très apparent, envoie une branche dans chaque pinnule et donne en outre naissance, au sommet de chacun de ses angles, à un rameau perpendiculaire à la direction des bras ou des pinnules, qui se divise rapidement en trois branches inégales, garnies de papilles ; à la base de chaque bras, il se réunit au tube analogue du bras de la même paire et de l'union de ces tubes résultent les cinq cordons ou plutôt les cinq tubes, qui divisent le disque en secteurs égaux. Ces cinq cordons se jettent eux-mêmes dans un anneau circulaire entourant la bouche. L'*appareil ambulacraire* ainsi constitué est un véritable appareil respiratoire. A cet ensemble de canaux assez compliqués, il faut encore ajouter un appareil vasculaire dont la nature et la disposition demandent encore de nouvelles études.

Les recherches dont les Pentacrines et les *Rhizocrinus* ont été l'objet de la part de Johannes Müller, Ludwig et Herbert Carpenter permettent d'affirmer que les Crinoïdes fixés ne diffèrent en rien d'essentiel des Comatules. Il serait difficile de trouver dans cette organisation quelque chose qui rappelle celle des Vers.

Les rapports physiologiques des bras et du disque méritent une attention particulière. Les bras sont incapables de reproduire l'animal. Quand on les coupe, ils meurent rapidement, mais, dans de bonnes conditions, ils ne tardent pas à repousser, et c'est comme chez les Vers par une élongation de leur extrémité libre que se fait leur accroissement. En captivité les Comatules se débarrassent souvent de ces appendices, de manière à se réduire à leur disque, il est probable que ce disque isolé pourrait produire de nouveaux bras. D'autre part, le sac central qui contient les viscères se détache assez fréquemment du disque calcaire qui le supporte sans que les Comatules qui ont depuis peu subi cette perte paraissent moins actives que les autres. Les dix bras, demeurant unis, sont-ils capables de reproduire alors un sac viscéral ? cela n'est pas impossible. Quand les Holothuries sont inquiétées ou qu'elles sont placées dans des conditions défavorables, elles rejettent tous leurs viscères par une brusque contraction de leur corps, : le tube digestif, l'appareil reproducteur, projetés au dehors, se détachent bientôt et meurent. L'animal est alors réduit à son enveloppe coriace parcourue par des vaisseaux ambulacraires et se trouve exactement comparable à une Comatule qui aurait perdu son disque. Qu'on le replace dans un milieu qui lui convienne, loin de mourir, il refera les parties qu'il a abandonnées. Les observations de Dalyell et de Semper ne peuvent laisser aucun doute sur ce point.

Cela témoigne réellement d'une indépendance considérable des parties constituant nos Echinodermes ; mais si nous voyons déjà la partie centrale manifester par rapport aux bras une indépendance presque aussi grande que celle dont jouissent les bras entre eux, ces bras sont-ils bien dès lors cinq Vers soudés par la tête et ayant bourgeonné simultanément sur un autre Ver qui aurait disparu après les avoir produits? Revenons à l'embryogénie.

Les œufs de Comatule se transforment rapidement, par une série de bipartitions successives, en une sphère creuse dont les parois sont constituées par de grandes cellules cylindriques toutes semblables entre elles. Cette sphère s'allonge bientôt suivant l'un de ses diamètres de manière à constituer un ellipsoïde : quatre ceintures de cils vibratiles apparaissent, puis à l'une des extrémités du petit axe de l'ellipsoïde se creuse une fossette qui devient de plus en plus profonde, de manière que la partie correspondante de la larve se trouve refoulée vers l'intérieur. Les bords de la fossette se rapprochent alors ; la fossette devient une sorte de bouche tandis que la poche dans laquelle elle conduit est analogue à un sac stomacal, flottant dans une cavité plus vaste limitée par les parois du corps de la larve. Cette cavité peut être comparée à une cavité générale. La larve est alors ce que l'on nomme souvent une *gastrula*. A ce moment, un phénomène singulier se produit : de la paroi externe du sac stomacal se détachent des cellules isolées, douées de mouvements amiboïdes, qui nagent d'abord librement dans la cavité générale, mais finissent par devenir tellement nombreuses qu'elles se gênent réciproquement, se soudent par leurs pseudopodes et constituent de la sorte un tissu réticulé contractile, qui prendra plus tard une part importante à la formation des parois des viscères. Ce sont des individus unicellulaires qui regagnent momentanément leur indépendance en attendant qu'un rôle nouveau leur soit dévolu.

Cependant, le sac stomacal continue à grandir : son orifice se rétrécit, se ferme et il en reste, pour toute trace, une fossette longitudinale que Wyville Thomson a décrite comme la bouche de la larve (fig. 144, n°s 1 à 3, *c*). Cette dernière est alors formée de deux poches complètement closes; la plus petite, enfermée dans la plus grande, est séparée d'elle par le tissu réticulé résultant de la fusion des éléments amiboïdes qu'elle a produits. A ce moment, la larve avec ses quatre ceintures de cils vibratiles, son apparence de bouche, ressemble assez bien à certaines larves d'Annélides; mais cette ressemblance est tout extérieure, puisque le corps n'est en aucune façon segmenté et que le tube digestif est entièrement dépourvu d'orifices. Le développement ultérieur des parties déjà formées s'éloigne bien davantage de ce que nous avons vu chez les Vers. La poche intérieure, l'estomac clos de la *gastrula*, est plus près de l'extrémité antérieure ou extrémité large de la larve que l'autre. Elle grandit irrégulièrement et ne tarde pas à présenter trois boursouflures qui deviennent autant de sacs suspendus à l'estomac et s'ouvrant par un étroit orifice dans sa cavité : l'un de ces sacs est impair et médian; les deux autres sont situés à droite et à gauche, sans affecter une position bien régulièrement symétrique.

Ces trois sacs jouent désormais un rôle prépondérant dans le développement de la Comatule. Les deux sacs latéraux grandissent en contournant l'estomac dont ils ne tardent pas à se détacher et arrivent à remplir toute la cavité générale primitive; leurs parois finissent par se rencontrer et forment en s'adossant une cloison qui partage la larve en deux moitiés (fig. 144, n°s 4 et 5, *mt*). L'une de ces moitiés correspond au sac latéral droit : c'est autour d'elle que se forment le calice (fig. 144, n°s 1, 2, 3 et 6, *r*) et le pédoncule du jeune Pentacrine; l'autre moitié, correspondant au sac latéral gauche, est traversée, suivant son axe, par une colonne de cellules qui relie l'estomac (*d*) aux téguments de la larve; elle est de nouveau cloisonnée par le développement du sac médian qui s'allonge jusqu'à former un anneau complet autour de cette colonne et constitue ainsi le cercle ambulacraire (fig. 144, nos 4 *r*, et 5, *rt*) et les tentacules qui le surmontent. La colonne cellulaire se rompt au-dessus de la nouvelle cloison et laisse alors une cavité libre (mêmes nos, *ot*) dans laquelle font saillie les premiers tenta-

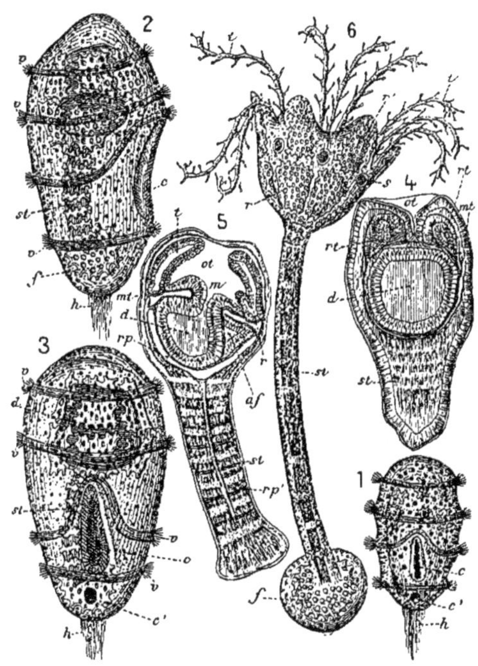

Fig. 144. — ÉCHINODERMES. — Développement des Comatules. — 1, 2, 3, larves de la *Comatula mediterranæa* à divers états de développement ; 1 et 3, sont vues par la face ventrale ; 2, de profil ; *c*, fossette résultant de la fermeture de la bouche primitive ; *c'* fossette postérieure correspondant à l'extrémité du pédoncule ; *f*, plaque calcaire terminale du pédoncule ; *v*, bandelettes de cils vibratiles. — 4 et 5, coupe à travers de jeunes larves de Comatules à deux états différents de développement ; *rp*, *rp'*, cavités résultant du développement du sac péritonéal droit ; *mt*, cloison résultant de l'adossement du sac péritonéal droit et du sac péritonéal gauche ; *r*, *rt*, canal ambulacraire formé par le sac péritonéal médian dans l'intérieur de la cavité du sac péritonéal gauche ; *ot*, cavité contenant les tentacules *t* et dans laquelle s'ouvre momentanément la bouche, *m* ; *st*, pédoncule ; *d*, cavité digestive ; *af*, rectum (grossissement 50 fois d'après Götte). — 6. Jeune Pentacrine avant la formation des bras ; *r*, *r'*. plaques calcaires correspondant à la position future des bras ; *t*, tentacules oraux ; *s*, glandes (corps sphériques) spéciales aux Comatules ; *st*, pédoncule ; *f*, plaque calcaire de fixation.

cules ambulacraires. Bientôt, au centre de la couronne de ces tentacules, apparaît la bouche (*m*) qui ne communique d'abord qu'avec la cavité renfermant ces derniers; mais la peau se fend à son tour, les tentacules s'épanouissent, la bouche se trouve librement en contact avec l'eau de mer et l'on voit apparaître le tube anal (fig. 144, n° 5, *af*).

Cependant des plaques calcaires se sont enfin montrées autour du sac stomacal, tandis que des anneaux également calcaires sont venus se déposer autour d'un prolongement du sac droit primitif, qui deviendra la partie centrale du pédoncule par lequel la jeune larve ne tardera pas à se fixer. C'est seulement après cette fixation et après l'ouverture de la bouche que les plaques calcaires du disque prennent une disposition nettement radiaire ; elles forment deux rangées exactement superposées, de cinq plaques dont la position correspond à celle qu'occuperont plus tard les bras (fig. 144, nos 2, 3, 6, *r*).

A ce moment tous les organes contenus dans le disque du jeune Pentacrine sont formés. Ces organes sont une simple modification des parties qui constituaient la larve ciliée; nulle trace de bourgeonnement, nulle trace de génération alternante; le Pentacrine et sa larve ne sont que le même organisme. Or, le Pentacrine fait essentiellement partie de l'organisme qui va se compléter. La larve, loin de se séparer de l'Echinoderme, comme dans les cas de génération alternante, est au contraire englobée dans sa formation ; loin d'en être la mère, elle en est simplement la partie essentielle, principale ; elle le produit par simple métamorphose.

Précisons les caractères de cette métamorphose.

Le Pentacrine et sa larve ont l'un et l'autre une région dorsale et une région ventrale ; si l'on considère le tube anal des Pentacrines et le bouquet de poils de la larve comme indiquant respectivement la partie postérieure de ces êtres, l'un et l'autre ont aussi un côté droit et un côté gauche. Mais ces diverses parties ne se correspondent pas. Nous avons vu que tout le côté ventral du Pentacrine s'est formé au moyen de parties nées sur le côté gauche de la larve, et que tout le côté dorsal du premier s'est de même développé aux dépens de parties nées sur le côté droit de la seconde. En passant de l'état de larve ciliée à l'état pentacrinoïde, l'animal a donc tourné de 90 degrés autour d'un axe vertical, exactement comme si durant la vie fœtale nos bras et nos jambes venaient se mettre peu à peu en croix avec leur position primitive. Un autre mouvement de torsion s'est ensuite produit autour d'un axe horizontal, amenant graduellement la face ventrale des jeunes Pentacrines à occuper la calotte antérieure de la larve. Tous les viscères essentiels de la Comatule se sont formés sur le côté gauche de la larve; toutes les pièces principales de son squelette sur le côté droit. Ce sont là des rapports importants que nous retrouverons, comme les précédents, dans l'histoire des autres Echinodermes.

Il est essentiel de le noter, la métamorphose de la larve ciliée n'a pas produit la Comatule tout entière ; elle n'en a produit que la partie centrale, le disque ; elle a donné naissance à un Echinoderme sans bras, simplement pourvu d'une couronne de tentacules (fig. 144, n° 6); elle a produit précisément quelque chose d'équivalent à ces Crinoïdes enfermés dans une sphère solide, composée de plaques calcaires diversement groupées, qui comptent parmi les plus anciens des Echinodermes, et dont on a fait l'ordre des Cystidés (fig. 140).

C'est sur cet organisme central que les bras vont se développer par un véritable bourgeonnement. La partie centrale de l'Echinoderme, née la première, est évidemment un organisme autonome, primitif, qui ne doit rien aux bras qui vont pousser sur elle. Elle ne résulte pas de la fusion de parties que cinq individus différents auraient mises en commun, comme le voudrait la théorie de de Blainville, de Duvernoy et d'Hæckel; c'est elle, au contraire, qui est le point de départ de toutes les formations nouvelles. L'Echinoderme ne saurait donc avoir été produit par la soudure de cinq Vers.

Mais une autre théorie s'offre à nous d'elle-même. On ne saurait contester que les rayons des Crinoïdes, des Ophiures, des Astéries, les fuseaux couverts de tentacules ou *ambulacres* des Oursins et des Holothuries soient des parties exactement de même nature. Chez les Astéries, les phénomènes de reproduction que nous avons rapportés dans le précédent chapitre ne permettent pas de refuser aux rayons de ces animaux une réelle autonomie : leur qualité d'organismes indépendants doit être, par conséquent, étendue aux parties homologues des Crinoïdes, des Ophiures, des Oursins et des Holothuries. L'Echinoderme apparaît donc comme une colonie formée d'un individu central et d'un nombre variable d'individus rayonnant autour de lui : il est, au point de vue de sa constitution, comparable au polype Coralliaire ou à la Méduse.

Nous devons, pour contrôler la valeur de cette proposition nouvelle, rechercher si les phénomènes de développement des Comatules sont conformes à ceux qu'on observe dans les autres types.

CHAPITRE III

LES COLONIES LINÉAIRES ET LES ANIMAUX RAYONNÉS (SUITE).

III. — Les métamorphoses des Échinodermes et leur signification.

Les larves d'Échinodermes connues jusqu'ici ne paraissent guère avoir de commun au premier abord que l'étrangeté de leur forme et la transparence de leurs tissus qui les fait ressembler à de jeunes Méduses.

On a appelé *Bipinnaria* des larves d'Astéries ou Étoiles de mer ayant quelque ressemblance avec une guitare dont la table supérieure, repliée en dessous antérieurement, serait beaucoup plus grande, plus bombée que la table inférieure qui aurait conservé la forme d'un écusson. Ces deux tables sont bordées de cils vibratiles, seuls organes locomoteurs de l'animal. Un large estomac occupe la partie inférieure de la larve ; la bouche s'ouvre entre les deux tables de la guitare, l'anus dans la partie repliée en dessous de la table supérieure. Les *Solaster* sont les plus remarquables Astérides qui aient pour larves des Bipinnaires.

Les *Brachiolaires* (fig. 145, n°s 1 à 3) ont une physionomie plus singulière encore. Lorsqu'elles sont jeunes, elles ressemblent beaucoup à des Bipinnaires, mais, avec les progrès de l'âge, de longs prolongements ciliés poussent par paires sur le pourtour de leur corps et constituent autant de bras flexibles, grâce auxquels l'animal prend les attitudes les plus bizarres. La Brachiolaire adulte de l'*Asterias pallida*, dont le développement a été soigneusement étudié par M. Alexandre Agassiz, ne porte pas moins de dix bras symétriques deux à deux (fig. 145, n° 1, *e*), plus un bras impair au pôle de la larve opposé à celui où se développera l'Astérie. Au-

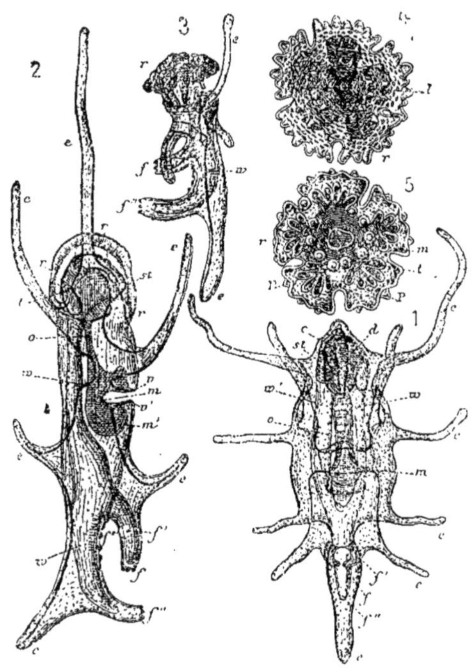

Fig. 145. — DÉVELOPPEMENT DES ASTÉRIES. — 1. Brachiolaire ou larve adulte de l'*Asterias pallida*, vue par la face ventrale. — 2. Brachiolaire de même espèce, un peu plus âgée, vue du côté droit. — 3. Autre Brachiolaire portant déjà une jeune Astérie et commençant à se résorber. — 4. Jeune *Asterias pallida*, vue de dos au moment où la Brachiolaire vient d'être entièrement résorbée. — 5. La même, vue par sa face inférieure. — Dans toutes les figures : *m*, bouche ; *o*, œsophage ; *d*, cavité digestive ; *e*, bras flexibles, couverts de cils vibratiles le long des bandes noires ; *f*, bras brachiolaires pairs ; *f'*, prolongement de l'appareil aquifère qu'ils contiennent ; *f''*, bras brachiolaire impair ; *w*, appareil aquifère ; *s, si*, rudiments des tubes ambulacraires des bras ; *r*, rudiments de la face dorsale (fort grossissement) ; d'après Al. Agassiz.

dessus de ce bras impair, la Brachiolaire en possède encore trois autres (*f*, *f''*) dont deux symétriques, tronqués au sommet et terminés par une ventouse, lui servent sans doute à se fixer momentanément, ce sont les *bras brachiolaires*. Le tube digestif est très semblable à celui des Bipinnaires, et ses orifices sont disposés de la même façon.

Chez les larves d'Astéries, le calcaire ne commence à apparaître qu'à une époque assez avancée du développement; de là la flexibilité des bras chez les Brachiolaires; il n'en est pas de même chez les *Pluteus*, qui sont les larves des Ophiures et des Oursins. Là des

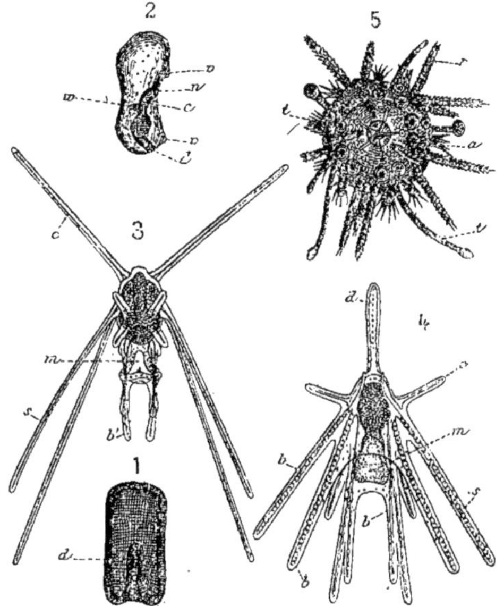

Fig. 146. — DÉVELOPPEMENT DES ÉCHINODERMES. — 1. Jeune embryon d'*Asterias pallida* au moment où la cavité digestive vient de se former. — 2. Le même plus âgé; l'orifice primitif *d* est devenu l'anus; il s'est formé une bouche en *b*; les rudiments de l'appareil aquifère *w*, se détachent du tube digestif; *v*, *v'* rudiments des bandes vibratiles. — 3. *Pluteus*, larve d'un Oursin régulier (*Arbacia*). — 4. *Pluteus* ou larve d'un Oursin à symétrie bilatérale (*Echinocardium*), *b*, bras prolongeant les arêtes du corps du *pluteus*; *b'*, bras de la marquise buccale; *c*, bras latéraux; *s*, baguettes calcaires soutenant les bras; *m*, bouche; *e*, estomac. — 5. Très jeune Oursin, après la résorption du *pluteus*; *a*, bouche; *t*, tentacules ambulacraires; *r*, piquants.

bâtonnets calcaires se forment de bonne heure dans les bras, se réunissent dans la région dorsale de la larve, comme les baleines d'une ombrelle, et donnent au jeune animal une apparence de rigidité, en même temps qu'une forme géométrique tout à fait caractéristiques. Un *Pluteus* a l'aspect d'une pyramide à quatre faces (fig. 146, n° 3) dont les arêtes se prolongeraient bien au delà des faces. De la paroi interne de l'une de ces dernières, on voit pendre entre les quatre arêtes prolongées une sorte de marquise membraneuse (*b'*) dont les bords latéraux se prolongent aussi, et sont soutenus chacun, comme les arêtes de la pyramide, par une baguette calcaire ; la bouche (*m*) s'ouvre à la partie inférieure de cette marquise : elle conduit dans un œsophage suivi d'un estomac (*e*) assez volumineux, d'où part un tube anal qui vient s'ouvrir sur la face de la pyramide opposée à celle qui porte la bouche. Le tube digestif se trouve ainsi divisé en trois parties, comme on l'observe du reste également chez les Bipinnaires et les Brachiolaires. Parfois, chez le *Pluteus* des Spatangues, par exemple, le sommet de la pyramide se prolonge en une longue pointe également soutenue par une baguette calcaire (fig. 146, n° 4, *s*).

Les bras des *Pluteus* ne sont susceptibles que d'un petit nombre de mouvements : ils ne peuvent guère que s'ouvrir ou se fermer. L'animal nage au moyen de puissants cils vibratiles rassemblés d'ordinaire sur des renflements qui chevauchent sur ses quatre arêtes. Johannes Müller appelait ces renflements les *épaulettes vibratiles*. Sur le côté gauche de la plupart des *Pluteus* on observe un cercle de plaques calcaires que Johannes Müller comparait à un cadran, placé sur l'un des côtés d'une horloge ; c'est le commencement de l'Échinoderme.

On a donné le nom d'*Auriculaires* à d'autres larves ayant l'apparence d'une toupie dont la surface présenterait un certain nombre d'appendices membraneux en forme d'oreilles, garnis de cils vibratiles ; ce sont des larves d'Holothuries. Un assez grand nombre d'Holothuries ont des larves beaucoup plus simples, en forme de barillets entourés de plusieurs ceintures de cils vibratiles : telles sont les larves des Synaptes et celle de l'*Holothuria tubulosa* (fig. 139, n°s 3 et 4), récemment étudiée par Selenka. Ces larves ont une ressemblance incontestable avec celles des Comatules et rappellent par conséquent aussi certaines larves d'Annélides.

Il semble, au premier abord, impossible que des larves, aussi différentes les unes des autres, soient construites sur le même type ;

malgré leurs ressemblances fondamentales, les divers Échinodermes paraissent donc suivre, dans leur développement, des voies fort divergentes. Mais nous avons trouvé chez les Annélides une aussi grande variété de formes larvaires. Nous savons que des larves dont l'éclosion est précoce et l'évolution subséquente de longue durée peuvent avoir subi de profondes modifications extérieures qui n'altèrent cependant en rien le type de leur développement. Cherchons s'il n'en serait pas ainsi chez les Échinodermes et si les larves des plus éloignés d'entre eux, obligées de se développer dans des conditions identiques, ne reviendraient pas à un type commun. A cette question, l'expérience vient donner bien vite une réponse positive.

Il y a un cas remarquable où la larve, entourée de tout ce qui est nécessaire à sa nutrition, protégée contre tous les dangers extérieurs, n'a pas d'adaptation à subir, où l'influence héréditaire domine, par conséquent, d'une façon exclusive. C'est celui où les œufs conservés par la mère, après la ponte, sont en quelque sorte couvés par elle, soit que l'incubation ait lieu dans une partie disposée à cet effet de l'organisme maternel, soit que la mère s'astreigne à prendre de ses œufs le même soin que les oiseaux des leurs. Nous avons déjà signalé le fait dans les Annélides. Dans toutes les classes d'Échinodermes, nous trouvons quelques espèces qui se comportent ainsi. Les œufs des Comatules demeurent attachés en grappes aux pinnules des bras, au moins pendant les premières phases de leur développement. Parmi les Étoiles de mer l'*Archaster excavatus*, le *Pteraster militaris*, l'*Hymenaster nobilis*, la *Cribrella Sarsii*, les *Asterias Mülleri* et *Perrieri* couvent leurs œufs soit dans des cavités spéciales pratiquées dans leur organisme, soit en les rassemblant entre leurs bras ramenés vers la bouche de manière à constituer une sorte de voûte. L'*Asterina gibbosa*, de nos côtes, attache les siens sous les pierres, et sa larve est également sédentaire. Les Ophiures, qui gardent leurs œufs jusqu'à l'éclosion, sont assez nombreuses : on peut citer l'*Amphiura squamata*, l'*Amphiura magellanica*, les *Ophiacantha vivipara* et *marsupialis*. Parmi les Oursins, les *Cidaris nutrix*, *Goniocidaris canaliculata*, *membranipora* et *vivipara*, les *Hemiaster cordatus* et *excavatus* sont dans le même cas ; enfin la classe des Holothurides n'est pas exempte de phénomènes du même ordre qui ont été observés notamment chez les *Cladodactyla crocea*, *Psolus ephippifer*, *Phyllophorus urna*, etc.

Rarement, lorsque le développement a lieu dans ces conditions, la larve revêt l'une des formes compliquées que nous avons précédemment décrites ; elle conserve une forme sensiblement sphérique ou ellipsoïdale, jusqu'au moment où le jeune Échinoderme apparaît, et celui-ci est manifestement le résultat d'une simple métamorphose de la larve. La *Cribrella Sarsii* et l'*Asterina gibbosa* peuvent être considérées comme constituant une phase intermédiaire : leurs embryons de forme sphéroïdale portent à un de leurs pôles deux prolongements tronqués, terminés par une ventouse qui permet au jeune animal de se fixer et de prendre diverses attitudes. Il est probable que ces prolongements correspondent aux bras brachiolaires des larves d'*Asterias*. Les larves de *Cribrella* et d'*Asterina* seraient dès lors des brachiolaires dans leur état le plus simple : les bras brachiolaires qui contiennent, du reste, un prolongement de l'appareil aquifère semblent donc faire plus spécialement partie de l'organisation typique des larves d'Étoiles de mer.

Quoi qu'il en soit, de la simplification considérable des larves d'Échinodermes placées dans des conditions de développement qui excluent toute adaptation spéciale, de la ressemblance que présentent alors ces larves, à quelque classe d'Échinodermes qu'elles appartiennent, il résulte que ni les Brachiolaires, ni les Bipinnaires, ni les Pluteus, ni les Auriculaires ne sont des formes larvaires typiques. Nous sommes amenés à regarder, au contraire, comme typiques les larves simples, dépourvues d'appendices, des Échinodermes vivipares, et cette manière de voir est encore confirmée par le fait que ces larves se retrouvent assez fréquemment même chez les espèces qui ne prennent aucun soin de leurs œufs, comme l'Holothurie connue sous le nom de *Cucumaria doliolum* qui a fait récemment l'objet des recherches de Selenka (1).

(1) *Zur Entwickelung der Holothurien* ; Zeitschrift für wissenschaftliche Zoologie, t. XXVII, 1876, p. 115.

C'est donc chez ces larves que nous devons étudier le mode de développement normal des Échinodermes, sauf à voir si les conclusions que nous tirerons de cette étude sont confirmées par ce que l'on sait des cas plus compliqués et jettent quelque lumière sur les côtés encore obscurs de ces derniers.

Le développement de la *Cucumaria doliolum* est, grâce à Selenka, particulièrement bien connu. Or, nous retrouvons là des phénomènes exactement semblables à ceux que nous avons déjà décrits chez les Comatules. Toutefois la bouche primitive de la *gastrula* ne se ferme pas comme chez ces derniers, elle devient l'anus de la larve tandis qu'une bouche se forme à l'extrémité opposée du tube digestif. En outre la poche aquifère qui, chez les Comatules, ne communique pas avec l'extérieur, vient ici s'ouvrir à la surface des téguments et contribue à former le canal connu sous le nom de *canal du sable* ou de *canal hydrophore* par lequel l'eau ambiante peut s'introduire dans l'appareil ambulacraire des Échinodermes supérieurs.

Au moment où la larve achève son développement, la jeune Holothurie est tout à fait comparable, au point de vue de son organisation, à un Pentacrine encore dépourvu de bras; mais elle traverse rapidement cette phase. Le collier ambulacraire né de la poche aquifère produit très vite cinq cæcums (fig. 139, n° 4) qui se dirigent vers la partie postérieure du corps, ce sont les rudiments des canaux ambulacraires qui représentent chez l'Holothurie les bras des Crinoïdes. Sur l'un d'entre eux, formé avant les autres et occupant la ligne médiane ventrale, ne tardent pas à apparaître les premiers tentacules à l'aide desquels la jeune Holothurie déjà complètement formée, et commençant à perdre ses cils vibratiles, pourra désormais se fixer sur les objets qui l'environnent et ramper à leur surface. Comment s'accomplit le développement ultérieur de ces canaux ambulacraires? Comment naissent les glandes génitales qui dépendent des bras? On l'ignore: toutefois nous en savons assez pour affirmer que, s'il faut considérer ces bras comme des individus distincts, loin de s'unir directement pour former l'Holothurie, ces individus ont dû, comme chez les Comatules, bourgonner autour d'un individu central, résultant de la métamorphose de la larve.

Les Comatules et les Holothuries sont aux deux extrémités de l'embranchement des Échinodermes. Nous retrouvons dans le développement des unes et des autres les mêmes phases, c'est une forte présomption que les phénomènes que nous venons de décrire sont absolument généraux, et cette présomption se change en une certitude absolue lorsqu'ayant présentes à l'esprit les notions que nous venons d'acquérir, on cherche à grouper les faits recueillis par les divers observateurs. Les beaux mémoires de M. Alexandre Agassiz notamment (1) nous montrent constamment les *Pluteus* des Oursins et les Brachiolaires des Astéries comme provenant toujours d'une larve ovoïde (fig. 146, n° 1) dont l'exoderme peut subir les modifications les plus variées, mais dont l'entoderme ou sac intérieur (*d*) fournit toujours, grâce aux transformations que nous avons déjà exposées : 1° un tube digestif pourvu de deux orifices (fig. 146, n° 2, *d*, *n*) ; 2° l'appareil ambulacraire ; 3° deux poches (*w*) destinées à tapisser la cavité générale, comme le péritoine des animaux supérieurs tapisse la cavité abdominale et que nous pouvons appeler en conséquence *poches péritonéales :* l'une d'elles est située à droite de l'intestin et complètement close ; l'autre est située à gauche et s'ouvre à l'extérieur par un pore donnant accès à l'eau.

La bouche primitive de la larve devient toujours l'anus ; son tube digestif devient toujours le tube digestif de l'Échinoderme adulte et c'est autour de lui que se développent toutes les autres parties.

Les deux poches péritonéales de droite et de gauche, après avoir été de simples dépendances de l'estomac, finissent toujours par s'isoler complètement. Le plus souvent la poche spéciale chargée de constituer l'appareil ambulacraire ne naît pas directement sur l'estomac primitif ; elle se forme alors par une division précoce du sac péritonéal gauche, autour duquel se développe, en outre, presque toute la face ventrale de l'Échinoderme. Le squelette, correspondant à la face dorsale, apparaît toujours autour de la

(1) *Revision of the Echini*, 3 vol. in-4°. Boston, 1871 ; et *North American Starfishes*, 1 vol. in-4°. Boston, 1871.

poche péritonéale droite. Ces phénomènes commencent à se manifester avant que ces poches soient assez grandes pour entourer le tube digestif. Il en résulte que les rudiments du squelette et de l'anneau ambulacraire forment chacun au début un commencement d'hélice autour du tube digestif. Les cinq rayons calcaires (fig. 145, n° 2, *r*) qui représentent le squelette ne correspondent même pas aux cinq lobes de la poche péritonéale de gauche (fig. 145, n° 2, *t, st*) qui sont les rudiments des bras. Les progrès du développement transforment ces hélices en cercles fermés, les amènent à se superposer exactement et le jeune Échinoderme se trouve ainsi constitué.

Ces phénomènes sont trop frappants, leur identité dans les types les plus variés trop manifeste pour que nous n'ayons pas le droit d'affirmer maintenant que le mode de développement des Échinodermes s'accomplit toujours sur le même plan, quelle que soit la forme de la larve. Toutes les observations récentes s'accordent à montrer qu'aucune partie de la larve ne se détache au cours du développement. Les organes d'adaptation si remarquables que possèdent quelques-unes d'entre elles, les lobes ciliés des Auriculaires et des Bipinnaires, les bras flexibles des Brachiolaires, ceux des Pluteus avec leur squelette se flétrissent et sont graduellement résorbés, comme disparaissent les branchies des Salamandres quand le développement des poumons les a rendues inutiles. D'autre part, c'est toujours une Astérie ou une Ophiure sans bras (fig. 145, n°s 4 et 5), un Oursin ou une Holothurie sans ambulacres proprement dits (fig. 146, n° 5 et fig. 139, n° 4) que produit la métamorphose de la larve. Le squelette dorsal des jeunes Astéries peut être considéré comme formé de dix plaques disposées en deux verticilles alternes autour d'une plaque centrale et reproduisant absolument, comme l'a fait remarquer M. Lovén (1), la disposition du calice de certains Crinoïdes tels que les *Marsupites* ou celle des dix plaques qui occupent le pôle supérieur des Oursins et forment ce qu'on nomme leur *rosette apiciale*. Le squelette ventral n'existe pas encore, toutefois les rudiments des bras paraissent déjà (fig. 145, n 5, *t*). Le jeune Oursin est également réduit à sa

(1) *Études sur les Échinoïdées*. Stockholm, 1874.

rosette apiciale ; mais sa face ventrale est déjà bourrée de nombreux corpuscules calcaires. Les ambulacres ne possèdent chacun que sept tentacules dont un impair qui sans doute a dû être seul à un moment donné. L'Échinoderme à ce premier âge est donc toujours comparable au Pentacrine sans bras dans lequel se transforme la larve des Comatules, et nous devons considérer cette forme résultant directement de la métamorphose de la larve, comme le prototype de la classe remarquable qui nous occupe, comme l'organisme primitif autour duquel s'est constitué, par addition d'un nombre variable de rayons, l'animal complet.

C'est là un point important, car cet organisme primitif est par lui-même indivisible et il devient dès lors impossible de voir en lui le résultat de la soudure de cinq organismes distincts. Nous avons déjà fait remarquer l'analogie qu'il présente avec les Cystidés anciens. Les Cystides jusqu'ici isolés dans la classe des Échinodermes se trouvent donc, par cela même, intimement reliés aux formes qui vivent encore de nos jours. Chez toutes ces dernières, il est facile de reconnaître la persistance de l'individu central. Il est représenté par le calice et le sac viscéral des Crinoïdes actuels, par le disque des Ophiures et des Astéries, par la rosette apiciale, le tube digestif et le singulier appareil masticateur des Oursins (1), par le tube digestif et les organes qui en dépendent chez les Holothuries. Tous ces organes échappent en grande partie à la disposition rayonnée.

L'individu central une fois constitué, les bras ne tardent pas à se développer, et cette fois par un véritable bourgeonnement.

Leur disposition rayonnante est la conséquence nécessaire du

(1) On a cherché vainement jusqu'ici à homologuer cet appareil masticateur, connu, chez les Oursins, sous le nom de *lanterne d'Aristote*, avec les pièces dentaires qui entourent la bouche des Astéries ; l'insuccès des recherches dirigées dans ce sens s'explique par le fait que la *lanterne d'Aristote* dépend manifestement, chez les Oursins, de l'individu central, tandis que les dents des Astéries appartiennent aux bras qui se sont développés sur cet individu. La membrane buccale serait aussi chez les Oursins une dépendance de l'individu central, et il est à remarquer que, sur sa surface, les pédicellaires, organes de préhension propres aux Échinodermes, ont une forme différente de celles qu'ils présentent sur le reste de la surface du corps.

mode d'existence de l'individu primitif sur lequel ils se produisent. Nous avons vu que cet individu était fixé au sol dans son jeune âge chez les Comatules; il demeure fixé pendant toute sa vie chez les autres Crinoïdes vivants et il en était de même chez les Crinoïdes anciens desquels descendent les Échinodermes libres qui peuplent nos mers. L'organisme primitif qui devait produire les Échinodermes, vivait dans des conditions analogues aux hydres : le groupement des parties constitutives de l'Échinoderme a été régi en conséquence, par les lois mêmes qui ont régi le groupement des parties chez les Méduses et chez les Coralliaires.

Les Hydraires fixés qui produisent des Méduses sont encore nombreux ; mais nous savons que beaucoup de Méduses se développent aujourd'hui directement ; l'accélération embryogénique a fait graduellement disparaître les colonies fixées d'où elles proviennent. La même chose s'est produite chez les Échinodermes : les Échinodermes fixés qui étaient la règle autrefois sont aujourd'hui l'exception ; les Comatules nous permettent encore heureusement de prendre sur le fait le passage des formes fixées aux formes libres chez les Crinoïdes ; dans toutes les autres classes d'Échinodermes, l'accélération embryogénique a complètement éliminé la phase fixée. La forme rayonnée s'est néanmoins conservée dans un grand nombre de cas, comme elle l'a fait chez les Méduses supérieures ; mais elle a aussi quelquefois cédé aux nouvelles influences agissant sur l'Échinoderme libre ; de là, ces Oursins et ces Holothuries à symétrie bilatérale, si remarquables à tant de titres.

Malgré les modifications qu'ils subissent, les rayons des Échinodermes ne perdent jamais complètement le caractère d'individus reproducteurs qu'ils présentent si nettement chez les Crinoïdes. C'est à leur intérieur que sont contenues les glandes génitales chez les Astérides ; c'est de chaque côté des ambulacres et en rapport intime avec eux qu'on les trouve chez les Oursins et, bien qu'elles se soient ramassées dans le disque chez les Ophiures, leur nombre est toujours en rapport avec celui des rayons, ce qui indique bien nettement le lien qui les unit. Les rayons des Échinodermes sont donc, en définitive, les *individus reproducteurs* de la colonie, tandis que l'individu central est l'individu *nourricier*. C'est exactement la répétition de ce que nous ont montré les Méduses, les Cténophores et les Polypes Coralliaires.

S'il en est ainsi, la forme spéciale des rayons des Crinoïdes trouve une explication toute naturelle dans l'avantage qui résultait pour la dissémination de l'espèce de leur grande mobilité et de la facilité avec laquelle ils pouvaient se détacher. Mais, suivant une règle physiologique dont nous avons déjà vu de fréquentes applications, l'association entre l'individu nourricier et les individus reproducteurs étant devenue de plus en plus intime, le pouvoir locomoteur acquis par ceux-ci a tourné au profit de la colonie qu'ils contribuaient à former. Aussi est-ce toujours aux rayons ou ambulacres des Échinodermes libres qu'est dévolue la fonction de locomotion. Chez les Ophiures, les glandes reproductrices s'étant concentrées dans le disque, les rayons sont même devenus des organes exclusivement locomoteurs ; ainsi avons-nous vu chez les Siphonophores, les Méduses, d'abord constituées en vue de la reproduction, devenir stériles et se transformer en cloches exclusivement natatoires.

Les liens qui unissent aux Crinoïdes les Échinodermes pourvus de bras distincts comme les Astérides ou les Ophiures sont évidents ; tous ces animaux ne sont, en somme, que des modifications peu importantes d'un même type. Il est possible de trouver dans l'histoire des Crinoïdes anciens des indications précises sur la façon dont les Échinodermes à forme cylindrique ou sphérique sont arrivés à se constituer. Dans certains types tels que les *Platycrinus* (fig. 147) on voit l'individu central prendre une prédominance énorme, tandis que les bras se redressent autour de lui. Dans cette attitude, leurs pinnules s'enchevêtrent; et dans certaines espèces des plaques calcaires nées entre les bras, comme chez les *Periechocrinus*, maintiennent ceux-ci de plus en plus fixement dans leur position. Les bras ainsi relevés et garnis de leurs pinnules correspondent d'une manière frappante aux ambulacres des Oursins ; les rangées de plaques nées entre ces bras représentent les fuseaux interambulacraires de ces animaux. Ces diverses parties arrivent peu à peu à ne former qu'un seul tout et finissent par se souder à l'individu central et par l'emprisonner d'une façon complète. Dès lors, les plaques calcaires qui le protégeaient d'abord et formaient à sa surface une mosaïque serrée lui deviennent inutiles; ces plaques disparaissent, les tissus mous persistent seuls; l'ensemble des individus reproducteurs et de l'individu nourricier ne forme plus qu'une masse sphérique, uniquement limitée par le squelette des premiers ; de son armature primitive, l'individu

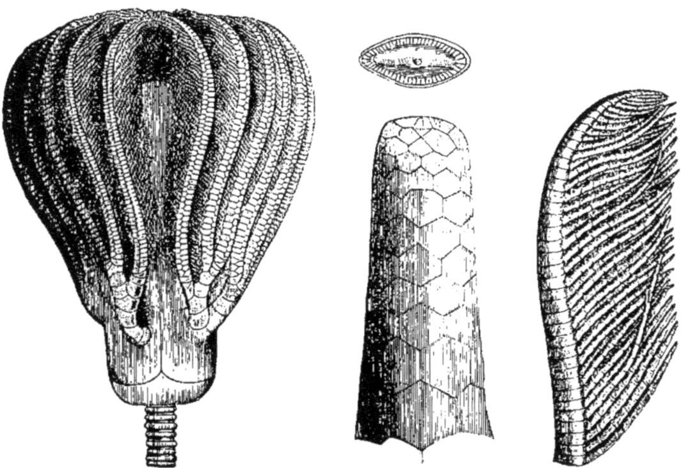

Fig. 147. — CRINOÏDES. — *Platycrinus triacontadactylus.* — L'animal entier, l'individu central; une section de la tige; un des individus latéraux avec ses pinnules.

central ne conserve que celles qui ont subi des adaptations spéciales : telles sont les pièces de l'appareil masticatoire qui environnent la bouche chez les Oursins.

Ainsi le passage des Crinoïdes aux Oursins se fait par degrés insensibles; le passage des Oursins aux Holothuries est plus manifeste encore : la prétendue parenté entre ces derniers et les Vers composés de segments placés bout à bout, ne repose que sur des apparences résultant de la forme générale du corps. Rien dans l'embryogénie ne vient confirmer cette parenté.

Les Holothuries, comme les Oursins, comme les Échinodermes

étoilés résultent bien du groupement de cinq individus reproducteurs autour d'un individu nourricier central.

Il est également impossible d'apercevoir, à une phase quelconque du développement, la moindre ressemblance entre les rayons ou l'individu central des Échinodermes et un animal annelé ; il n'y a pas davantage de ressemblance entre ces parties et celles qui constituent les autres animaux Rayonnés, tels que les Méduses, les Cténophores ou les Coralliaires. Le seul caractère commun aux Échinodermes et aux autres rayonnés, c'est le mode de groupement des parties : tous ces êtres sont des colonies de même *type;* mais les organismes associés pour former ces colonies sont essentiellement différents. L'Échinoderme est à la Méduse ce que l'animal articulé est au Ver annelé. Dans l'organisme primitif auquel les Échinodermes doivent leur origine, il faut voir une forme simple, équivalente à l'Hydre, à la Trochosphère, au Nauplius, mais indépendante et que nous n'avons pas encore su découvrir.

On ne manquera pas de voir une objection à la théorie que nous venons d'exposer dans les différences considérables que l'on observe chez tous les Échinodermes connus, entre l'individu central et les individus rayonnants. Il serait difficile, en effet, de dire par quelle série de transformations ont pu passer ces deux sortes d'individus pour devenir aussi dissemblables ; mais il ne faut pas oublier que les bras des Crinoïdes, aussi bien que leur individu central, ont des formes extraordinairement variables et qui témoignent par leur variabilité même de leur éloignement du type primitif. La complication du développement de l'individu central est une autre preuve irrécusable des modifications qu'il a subies. Tous les Échinodermes que nous connaissons sont donc fort éloignés des formes originelles de ce groupe, formes qu'il est impossible, pour le moment, de reconstituer, le type Échinoderme étant déjà fort avancé dans son développement dans les plus anciennes couches géologiques que les paléontologistes aient étudiées ; mais cette impossibilité ne saurait diminuer la valeur des déductions auxquelles nous a conduits une étude rigoureuse des faits.

En résumé, l'embryogénie nous montre que l'Échinoderme se

forme en deux temps : la partie centrale d'abord, les rayons ensuite. La partie centrale n'est que le produit d'une métamorphose de la larve ; elle a droit comme elle à la qualification d'individu ; des Échinodermes qui comptent parmi les plus anciens, les Cystidés sont ordinairement réduits à cette partie centrale. Les rayons se forment par bourgeonnement sur cette dernière : le mode de reproduction de certaines Étoiles de mer prouve que les rayons sont eux-mêmes de véritables individus. On ne peut donc échapper à cette conclusion que l'Échinoderme est formé d'un individu central et d'un nombre, au moins égal à cinq. d'individus rayonnants. L'équivalence primitive de ces divers individus résulte du fait que les rayons peuvent reproduire l'organisme central, aussi bien que ce dernier reproduire les rayons. Toutefois une division du travail s'est faite entre eux : l'individu central est un *individu nourricier ;* les individus rayonnants des *individus reproducteurs*. C'est exactement le mode de division du travail et le mode de groupement des divers individus que nous ont offert les Méduses et les Coralliaires. Cette ressemblance résulte de l'identité, chez tous ces animaux, des conditions d'existence de l'individu central, progéniteur de ceux qui l'entourent : cet individu est fixé au sol. Les individus reproducteurs ont d'ailleurs pris accessoirement chez les Échinodermes, comme chez les animaux rayonnés provenant des Hydres, la fonction locomotrice. Le parallélisme complet que présentent les deux ordres d'animaux rayonnés est précieux, car l'histoire des polypes hydraires, dont nous avons pu suivre pas à pas les transformations, lève toutes les objections que l'on pourrait tirer des lacunes de celle des Échinodermes.

Le développement des Échinodermes fournit un dernier argument à l'appui de notre théorie. Si l'Échinoderme tout entier n'était que le résultat d'une métamorphose de sa larve, on ne comprendrait pas que la moindre des modifications de celle-ci ne fût le point de départ de modifications correspondantes de l'Échinoderme adulte et que les larves si différentes des animaux de ce groupe n'aient pas donné naissance à des êtres tout à fait dissemblables. Ce phénomène s'explique au contraire naturellement si la larve d'un Échinoderme ne représente que l'individu central de la colonie. En tant qu'individu autonome, elle peut, en effet, éprouver individuellement toutes sortes de modifications, comme en éprouvent souvent les individus engagés dans une colonie ; en tant que membre d'une colonie, elle est dominée dans son évolution par une force supérieure qui tend à la constitution rapide de cette colonie et fait disparaître tous les caractères qui ne sont pas nécessaires à cette constitution. Pendant la période de son existence qui précède l'apparition du bourgeonnement, la larve prend donc les caractères qui sont le plus en harmonie avec son genre de vie ; mais, au moment où la colonie échinodermique se constitue, elle perd ces caractères, en quelque sorte personnels, pour revêtir ceux qu'elle a acquis par suite de son adaptation à la vie sociale.

C'est exactement ce que nous ont montré précédemment les larves d'Annélides et de Crustacés, et l'on peut voir dans ce rapprochement une preuve indirecte que les Échinodermes sont bien des animaux composés.

CHAPITRE IV

RETOUR DES COLONIES LINÉAIRES AU TYPE SIMPLE.

Les Mollusques et les Brachiopodes.

L'embranchement des Mollusques qui compte des représentants si nombreux et des formes si variées paraît être une des difficultés de la théorie. On chercherait en vain chez ces animaux une trace extérieure de segmentation : leur corps se divise bien en régions, mais ces régions sont mal limitées ; ce sont des parties d'un même tout, des organes d'un même individu, mais nullement des individus distincts. Faut-il voir dans les Mollusques des êtres simples analogues aux *Olynthus*, aux Hydres, aux Trochosphères ou même aux Ascidies dont nous n'avons pas encore déterminé les parents? Pareille idée se concilie mal avec l'organisation complexe de ces animaux, avec la taille considérable qu'atteignent quelques-uns d'entre eux, certains Calmars par exemple dont la longueur se chiffre par mètres. Devons-nous admettre qu'à la façon des Bryozoaires dont on les a rapprochés, ils résultent de l'emboîtement l'un dans l'autre de deux individus différents? On ne peut invoquer aucun argument en faveur de cette manière de voir. Les Mollusques comptent au contraire parmi les êtres dont toutes les parties sont le plus étroitement solidaires.

D'ailleurs tous les organismes simples que nous avons rencontrès se sont montrés doués de la faculté de reproduction par voie agame qui fait totalement défaut aux Mollusques.

Ces animaux ne se rattachent par aucun trait de leur structure anatomique ni aux organismes provenant de colonies irrégulières, ni à ceux qu'ont pu former des colonies rayonnées. Des quatre classes dans lesquelles on les divise trois sont caractérisées par la symétrie bilatérale bien franche des organismes qu'elles comprennent, et ceux qui forment la quatrième ne présentent en somme qu'une déviation peu importante de cette symétrie. C'est donc parmi les animaux à symétrie bilatérale, c'est-à-dire parmi les Vers, qu'il faut chercher les plus proches parents des Mollusques, et comme leurs ancêtres ne paraissent pas devoir être des Vers simples, il faut bien les chercher parmi les Vers composés. Les Mollusques seraient donc des colonies linéaires revenues à l'état simple. Les Géphyriens, les Arachnides, les Crustacés parasites nous ont déjà montré que dans de telles colonies toute trace de la segmentation primitive pouvait disparaître.

Comment nous orienter dans la reconstitution de cette parenté? Il n'existe parmi les Mollusques qu'un seul groupe où l'on puisse constater une apparence de segmentation ; c'est celui des Oscabrions dont le dos est recouvert de plaques transversales simulant des anneaux. Mais les Oscabrions sont si rapprochés, par tout le reste de leur organisation, d'autres Mollusques où il n'est possible de trouver aucune trace de segmentation qu'on ne peut voir dans leurs anneaux apparents que des productions sans importance au point de vue des affinités. D'autre part, il y a une quantité considérable de Mollusques, dépourvus de coquilles dont l'aspect rappelle assez bien celui des Vers simples. M. de Quatrefages a fait ressortir autrefois de singuliers rapprochements entre l'organisation de ces *Mollusques nus* et celle des Planaires. Mais l'embryogénie vient démontrer que les Mollusques nus sont tous, dans le jeune âge, pourvus d'une coquille : ils ne peuvent être considérés que comme des Mollusques à coquille, ayant subi une dégénérescence plus ou moins considérable. Leur parenté avec les Vers n'est encore qu'une apparence.

Nous ne pouvons résoudre le problème qu'en prenant pour point de départ les Mollusques typiques, ceux dont tout le monde connaît les brillantes coquilles. Malgré le nombre immense de leurs espèces, ces Mollusques ne dérivent en somme que d'un petit nombre de formes fondamentales. On les divise en sept ordres : les *Céphalopodes*, les *Ptéropodes*, les *Gastéropodes*, les *Hétéropodes*, les

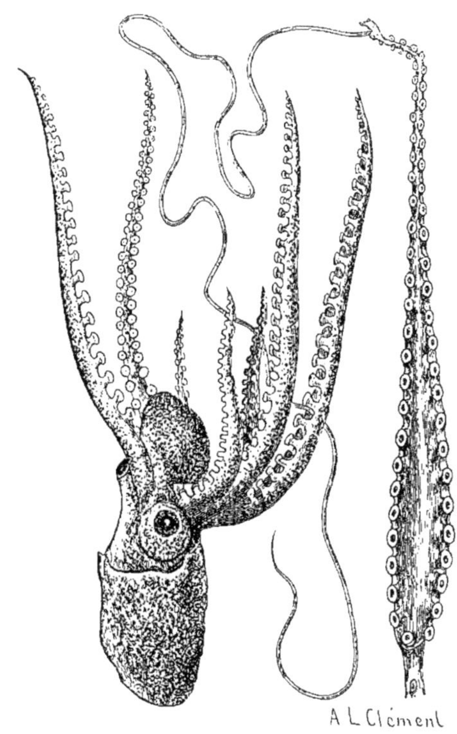

Fig. 148. — CÉPHALOPODE. — *Octopus violaceus*, avec son bras fécondateur encore enfermé dans une poche cutanée, située à droite de l'animal. — Sur la gauche de la figure, le bras fécondateur (hectocotyle) complètement développé.

Solénoconques, les *Acéphales* et les *Brachiopodes*. Ces ordres sont d'inégale valeur. On réunit assez souvent les Ptéropodes, les Hétéropodes et les Gastéropodes en un seul groupe, le groupe des *Céphalophores*, ainsi nommé parce que tous les Mollusques qu'il comprend ont une tête plus ou moins distincte ; les Solénoconques, dont la singulière organisation a été révélée par les beaux Mémoires de M. de Lacaze-Duthiers sur le Dentale, sont exactement intermédiaires entre les Céphalophores et les Acéphales, de telle façon que ces deux groupes sont à leur tour étroitement unis ; enfin les Brachiopodes s'éloignent tellement de tous les autres qu'on s'est demandé s'ils étaient vraiment bien des Mollusques. Nous les laisserons pour le moment de côté.

En somme trois animaux bien connus donneront une idée nette des trois groupes principaux de Mollusques : les *Poulpes* ou Pieuvres sont des *Céphalopodes* (fig. 148), les *Escargots* des *Gastéropodes*, les *Huîtres* et mieux encore les *Mulettes* ou moules de rivière des *Acéphales*. La plupart des Céphalopodes actuels n'ont pas de coquille ; mais leurs ancêtres en avaient une ; les Gastéropodes ont une coquille formée d'une seule pièce et généralement enroulée en spirale ; les Acéphales ont une coquille divisée en deux moitiés semblables, articulées par une sorte de charnière, pouvant s'ouvrir ou se fermer en tournant autour de cette charnière et comprenant entre elles l'animal comme la couverture d'un livre comprend les pages du volume.

Huit ou dix appendices, armés de ventouses, souvent plus longs que le corps tout entier, prolongent en avant la tête du Céphalopode et forment autour de sa bouche une couronne complète ; ce sont ses *bras* si l'on s'en tient au langage des naturalistes, ses pieds si l'on se reporte à l'étymologie du mot Céphalopode. Les poulpes seraient donc des Mollusques ayant leurs pieds autour de la tête. Les Gastéropodes semblent au contraire marcher sur leur ventre : leur organe de locomotion est une sorte de pied aplati en forme de semelle ; enfin les Acéphales ont aussi un pied situé sur leur face ventrale et ayant, en général, la forme d'une langue comprimée. En réalité, *les bras du Céphalopode, le pied aplati du Gastéropode et le pied linguiforme de l'Acéphale sont tous trois des dépendances de la tête du Mollusque*. Quelque paradoxale que paraisse cette proposition, *tous les Mollusques marchent sur un appendice de leur tête ;* à proprement parler tous les Mollusques sont céphalopodes.

Ce point une fois accepté, toute l'organisation des Mollusques devient d'une extrême clarté ; les liens de parenté de ces singuliers animaux se dévoilent d'eux-mêmes. Nous devons donc l'établir d'une manière irréfutable.

Rappelons d'abord que presque tous les naturalistes admettent que les bras des Céphalopodes sont des organes de même nature que le pied des Gastéropodes : on est également d'accord pour admettre l'identité du pied des Gastéropodes et du pied des Acéphales. La tête de ces derniers s'étant fusionnée avec la masse du corps, nous ne pouvons puiser dans leur organisation aucun renseignement utile ; nous n'avons donc à nous occuper que des Gastéropodes, sauf à démontrer ensuite que les résultats acquis en ce qui les concerne doivent être nécessairement étendus aux Acéphales.

Or, tout auprès des Gastéropodes, les Ptéropodes viennent déjà confirmer notre manière de voir. Ces gracieux animaux (fig. 152, n° 3) vivent dans la haute mer et nagent par soubresauts, en frappant l'eau à l'aide de deux larges membranes, épanouies comme deux ailes de chaque côté de leur tête. Leur allure capricieuse rappelle le vol des Lépidoptères : on les a quelquefois surnommés les *papillons de la mer*. Quelle est la nature de leurs rames céphaliques? L'embryogénie et l'anatomie démontrent à la fois qu'il faut voir en elles des organes correspondant au pied des Gastéropodes. Mais ce sont en même temps des dépendances étroites de la tête, de véritables *pieds céphaliques;* pour la seconde fois, nous sommes obligés de rapprocher la prétendue *sole ventrale* du Gastéropode d'organes dont les rapports avec la tête sont incontestables. Faut-il donc admettre que chez les Céphalopodes et les Ptéropodes le pied a quitté la place qu'il occupe d'habitude chez les Gastéropodes pour venir se souder à la tête ? Nullement. Le pied des Gastéropodes occupe chez ces animaux exactement la même place que chez les autres Mollusques, seulement la tête a été chez eux mal définie ; le volume énorme du pied l'a fait considérer comme la partie importante du corps ; le pied étant pris pour le corps, la face par laquelle il s'applique sur le sol est devenue une *face ventrale*, de là ce nom parfaitement inexact de *Gastéropode* qui est, en somme, la seule difficulté contre laquelle nous ayons à lutter.

Tout le monde, en voyant ramper un Escargot, le compare aussitôt à une Limace ; la partie visible du premier ressemble presque entièrement à l'ensemble du corps du second ; on est donc naturellement porté à considérer ce que l'on voit alors de l'Escargot comme l'animal entier et à négliger la partie qui reste enfermée dans la coquille ; il semble que cette masse spirale, ce *tortillon*, comme disent les anatomistes, soit sans importance puisqu'il n'existe rien qui lui ressemble chez la Limace. Involontairement on garde cette impression en étudiant les autres Mollusques, et si les anatomistes, reconnaissant que le tortillon renferme en réalité tous les organes, lui accordent une grande attention, ils n'en continuent pas moins à diviser le corps du Gastéropode en trois parties à peu près équivalentes : la *tête*, située en avant de la coquille ; le *pied* au-dessous et en arrière ; le *tortillon*, à l'intérieur. Ils considèrent encore la bouche comme indiquant la partie antérieure du Mollusque, l'extrémité du pied comme indiquant sa partie postérieure ; le tortillon se trouve alors placé verticalement au-dessus de l'animal. C'est toujours, comme on voit, la Limace que l'on prend inconsciemment comme point de départ.

Mais la Limace, comme tous les autres Mollusques sans coquille, est une forme tout à fait exceptionnelle parmi les Mollusques ; son organisation porte l'empreinte irrécusable des modifications profondes qu'elle a subies. Revenons à l'Escargot, souvenons-nous que, dans la presque totalité des Gastéropodes, le *tortillon*, précieusement enveloppé dans sa coquille, contient tous les organes et nous sommes bien obligés de voir en lui le véritable corps de l'animal. Supposons-le déroulé et maintenu verticalement, l'animal continuant à marcher sur le sol, et comparons le corps, ainsi rétabli dans sa forme normale, au corps d'un Ver. Il devient tout de suite évident que la partie *supérieure* du tortillon n'est autre chose que la partie *postérieure* de l'animal et que sa base correspond à l'extrémité *antérieure* ou *céphalique* du Mollusque. Le Gastéropode marche donc en réalité la tête en bas et le corps vertical. Pour continuer cette restauration, il suffit de ramener la tête et le pied dans le prolongement du corps comme le fait l'animal lui-même quand il rentre dans sa coquille : les deux moitiés de la sole ventrale se rapprochent alors de plus en plus l'une de l'autre ; le *pied* se replie vers la tête et, dans sa position de repos, il n'apparaît plus que comme un prolongement de la face inférieure de celle-ci.

A ce moment, le Gastéropode, le Ptéropode et le Céphalopode sont absolument comparables l'un à l'autre. Il n'est besoin de rien forcer pour retrouver les déterminations de l'anatomie comparée. Chez tous les trois, l'appareil locomoteur se montre incontestablement comme une simple dépendance de la tête du Mollusque. Les bras étalés d'un Poulpe, les ailes étendues et le lobe moyen du pied d'une Hyale, la sole d'un Colimaçon déterminent un plan auquel le corps de l'animal est perpendiculaire ; ce plan, on peut l'appeler le plan céphalique ; c'est le plan de locomotion du Gastéropode, mais il n'a rien à faire avec sa face ventrale.

La seule différence qu'il y ait, au point de vue de l'appareil locomoteur chez les Céphalopodes, les Ptéropodes et les Gastéropodes, c'est que chez les premiers cet appareil est également développé tout autour de la tête et divisé en huit ou dix lobes à peu près semblables ; chez les seconds, il est partagé en trois lobes, un médian qui demeure rudimentaire et deux latéraux qui prennent un développement considérable et constituent les ailes et nageoires ; chez les troisièmes enfin les deux lobes latéraux manquent et le lobe médian devenant énorme constitue à lui seul ce qu'on nomme le *pied :* la même chose a lieu chez les Acéphales où le pied est comprimé au lieu d'être aplati.

Le Mollusque ainsi considéré n'est pas sans quelque ressemblance avec une Annélide à branchies céphaliques, telle qu'une Serpule, un Myxicole ou une Sabelle. Le développement que prennent chez ces animaux les appendices presque insignifiants que l'on désigne sous le nom d'*antennes* chez les Annélides errantes, le rôle nouveau qu'ils jouent en devenant un puissant appareil respiratoire après avoir été de simples organes du tact, montre quelles transformations profondes peuvent éprouver des organes de même nature et prépare l'esprit aux modifications plus considérables encore que les appendices céphaliques du Gastéropode ont dû subir pour devenir un appareil locomoteur.

La branchie de l'Annélide joue d'ailleurs, elle aussi, un rôle important dans la locomotion. Quand l'animal demeure dans son tube, elle fait mouvoir autour de lui l'eau ambiante et lui amène à la fois de l'air et des aliments ; quand il en sort, comme le font les Myxicoles, les Amphicorines, les Fabricies, c'est encore le tourbillon ciliaire de la branchie qui détermine, suivant M. de Quatrefages, le déplacement. La branchie est donc dans ce cas un véritable appareil de locomotion.

Bien plus, chez les Annélides à branchies céphaliques qui habitent un tube calcaire, nous avons précédemment signalé, au-dessous des branchies (fig. 99 et 105, n° 2) la présence d'un appendice plus ou moins développé portant un opercule tantôt calcaire, tantôt corné, qui vient s'appliquer exactement sur l'orifice du tube ; chez les Mollusques gastéropodes typiques (fig. 150), le pied porte constamment sur son extrémité postérieure un opercule qui peut être, lui aussi, tantôt calcaire et tantôt corné et qui est destiné à fermer la coquille quand l'animal se rétracte. Il y a là un remarquable parallélisme et, si l'on s'en tenait à ces considérations, la ressemblance extérieure entre le Mollusque déroulé et la Serpule serait suffisante pour faire naître l'idée d'une parenté réelle entre ces deux êtres.

Mais une grosse objection se présente. On admet depuis Cuvier que les Mollusques et les Vers sont contruits sur deux plans absolument différents, et l'on en trouve la preuve dans la disposition de leur système nerveux, de cet appareil qui « non seulement fait de l'être un animal, mais établit encore le degré de son animalité (1). » Chez les Mollusques, en effet, la chaîne ganglionnaire si caractéristique des Annelés paraît avoir disparu ; tout le système nerveux est réduit à deux colliers entourant l'œsophage et sur lesquels sont disséminés des ganglions que l'on croyait autrefois irrégulièrement distribués. L'existence de ces deux colliers est tout à fait générale ; mais leurs diverses parties présentent une netteté particulière chez les Gastéropodes ; le système nerveux de ces animaux a été d'ailleurs l'objet d'études approfondies, c'est donc chez eux que nous devons rechercher les dispositions typiques. M. de Lacaze-Duthiers a nettement établi que, chez tous ces Mollusques, le premier collier,

(1) Cuvier, *Règne animal*, édit. de 1829, t. Ier, p. 46.

le *collier antérieur*, était constamment formé de deux ganglions cérébroïdes (fig. 149, *c*), situés au-dessus de l'œsophage, et de deux ganglions symétriques (*p*), situés au-dessous. Le collier postérieur (fig. 149, c, n_1, n_2, n_3) se rattache lui aussi aux ganglions cérébroïdes; mais il comprend une série de cinq ganglions (n_1, n_2, n_3) reliés entre eux par des cordons nerveux plus ou moins allongés; en outre, les

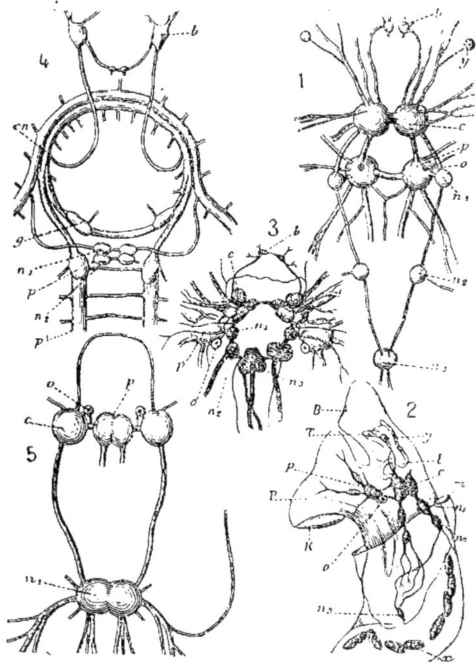

Fig. 149. — SYSTÈMES NERVEUX DE MOLLUSQUES. — 1. *Acera bullata*. — 2. *Truncatella truncatula*. — 3. *Limnæus stagnalis*. — 4. *Chiton fascicularis*. — *Pecten opercularis*. — *b*, ganglions stomato-gastriques; c, ganglions cérébroïdes; *o*, otocystes; *y*, yeux; *p*, ganglions pédieux; *p'* nerfs qui en naissent chez les *Chiton;* n_1, n_2, n_3, les trois ganglions de la chaîne nerveuse; B, partie portant la bouche; T, tentacules; *l*, râpe linguale; P, pied; K, opercule; *x*, excréments chez la Troncatelle. (Les figures 1, 3 et 5 d'après V. Ihering; 4, d'après Lacaze-Duthiers.)

deux colliers sont rattachés l'un à l'autre de chaque côté de l'œsophage par un cordon allant du ganglion sous-œsophagien du premier collier au premier ganglion sous-œsophagien du second. L'origine du tube digestif se trouve donc comprise entre deux triangles nerveux dont les sommets sont, de chaque côté, représentés en haut par le ganglion cérébroïde, en bas et en avant par le ganglion inférieur du collier antérieur, en bas et en arrière par le premier ganglion sous-œsophagien du collier postérieur. On admet implicitement que tous ces ganglions sont également caractéristiques du système nerveux du Mollusque et sont vis-à-vis les uns des autres dans les mêmes rapports que les divers ganglions de la chaîne nerveuse des animaux annelés. S'il en est ainsi, les systèmes nerveux de ces animaux ne peuvent évidemment être rattachés au même type, et les Mollusques sont construits tout autrement que les Vers : on ne peut songer à établir entre eux aucun lien de parenté.

Cependant l'examen de la distribution des nerfs qui naissent des divers ganglions vient montrer que l'équivalence qu'on leur suppose est au moins douteuse. Chaque collier a, en effet, un domaine parfaitement circonscrit qui lui donne une signification toute spéciale. Le collier antérieur (fig. 149, n° 2, *c, p*) n'envoie absolument de nerfs qu'aux parties habituellement désignées sous les noms de *tête* et de *pied* et au muscle qui sert à faire rentrer ces parties dans la coquille. Le collier postérieur (même fig., c, n_1, n_2, n_3) dessert, au contraire, toutes les parties du corps enfermées dans la coquille. La comparaison des divers types de Mollusques nous avait déjà conduits à considérer la tête et le pied des Gastéropodes comme ne formant qu'un seul et même tout ; les attributions spéciales du collier nerveux antérieur viennent confirmer cette appréciation, et le nom de *tête* doit être, en conséquence, transporté au tout ainsi déterminé ; le premier collier nerveux représente simplement l'ensemble des nerfs céphaliques ; il correspond aux différents nerfs qui, chez les Annélides, se distribuent dans les téguments et les appendices céphaliques, et ses dispositions particulières ne sont que la conséquence des modifications éprouvées par les parties auxquelles il correspond.

S'il en est ainsi, le second collier nerveux correspond seul au système nerveux des Annelés ; des cinq ganglions qui le constituent, quatre sont à peu près symétriques deux à deux, le cinquième est impair. Ces cinq ganglions peuvent être considérés comme formant une chaîne ventrale réduite à trois segments (fig. 149, n° 1). Dès lors le système nerveux des Mollusques se trouve correspondre exactement à celui des Vers annelés ; les deux types sont ramenés l'un à l'autre. A la vérité, la chaîne nerveuse des Gastéropodes n'est pas tout à fait symétrique ; le deuxième ganglion de l'un des côtés est presque toujours plus développé que le ganglion correspondant de l'autre (fig. 149, n° 2) ; mais cela tient simplement à ce que l'un des côtés du Mollusque est lui-même plus développé que l'autre, condition qui a déterminé précisément l'enroulement du corps en spirale. On doit, en effet, à M. de Lacaze-Duthiers d'avoir démontré que, lorsque l'enroulement d'un Mollusque se fait de droite à gauche, comme dans l'Escargot ou la Lymnée, c'est le ganglion droit qui est le plus développé ; c'est au contraire le ganglion gauche qui est le plus développé lorsque l'enroulement se fait de gauche à droite comme dans les Physes ou les Planorbes (1). Dans le premier cas, le plus ordinaire, les coquilles sont dites *dextres*, dans le second elles sont dites *senestres*.

Le Mollusque gastéropode pourrait donc être considéré comme un Ver réduit à un très petit nombre d'anneaux ; mais cela suppose une modification considérable de l'ensemble des nerfs céphaliques, cette modification est-elle possible? Nous avons un moyen de répondre, c'est de rechercher quelles modifications a subies le système nerveux dans la tête des Sabelles et des Serpules concurremment avec les modifications dont les appendices céphaliques de ces animaux ont été l'objet.

Là nous voyons les nerfs antennaires devenir énormes comme les antennes elles-mêmes qui constituent le panache respiratoire, un nerf particulier se détache de ces nerfs antennaires pour se rendre au support de l'opercule, en même temps un autre gros nerf part du premier ganglion sous-œsophagien pour se rendre au pourtour de la bouche et se termine par un renflement ganglionnaire. Cette partie céphalique du système nerveux possède à elle

(1) De Lacaze-Duthiers, *Du système nerveux des Gastéropodes pulmonés aquatiques*; Archives de Zoologie expérimentale, t. Ier, 1872, p. 494.

seule un volume très supérieur à celui de toutes les autres. Non seulement les nerfs grossissent avec les parties qu'ils desservent, mais ils se renforcent encore de ganglions lorsque ces parties prennent une importance considérable. Cela posé, supposons que les deux appendices operculaires d'une Serpule soient remplacés par un appendice unique situé sur la ligne médiane du corps, les nerfs qui les desservent se rapprocheront pour innerver ce nouvel organe ; en se rapprochant, ils rencontreront les gros nerfs labiaux qu'ils comprennent, se souderont avec eux, et le ganglion qui les termine se transportera au point de suture. De chaque côté de l'œsophage se constituera donc un triangle nerveux tout semblable à celui d'un Gastéropode et qui sera complété par la soudure des deux ganglions symétriques. L'appendice operculaire rabattu en arrière avec une portion des tissus de la bouche formera le pied du Gastéropode pourvu de son opercule ; ce pied prenant un volume supérieur à celui du corps, les ganglions pédieux et leurs annexes se développeront en conséquence, finiront par acquérir une sorte de prépondérance sur les ganglions voisins, dépasseront même en volume les ganglions typiques dont le domaine est plus restreint, et le système nerveux du Gastéropode sera constitué. La distance qui sépare le double collier du Mollusque du collier de l'Annelé est donc bien facile à franchir ; le collier double du Mollusque n'est qu'une conséquence des modifications de forme et de position subies par certaines parties de la tête.

On peut donner d'autres preuves de l'origine exclusivement céphalique du premier collier des Mollusques. Les Mollusques ont un appareil auditif tout semblable à celui des Annélides, formé d'une vésicule, l'*otocyste*, contenant un ou plusieurs *otolithes*. Les délicates dissections de M. de Lacaze-Duthiers, entreprises en vue de démontrer que les ganglions cérébroïdes étaient avant tout des centres nerveux sensitifs, ont montré (1) que ces otocystes (fig. 149, n°s 1, 2, 4, 5, *o*) étaient toujours directement reliés au cerveau par un véritable nerf acoustique souvent fort long, mais toujours grêle

(1) H. de Lacaze-Duthiers, *Sur l'otocyste des Mollusques* ; Archives de Zoologie expérimentale, t. Ier, 1872.

et fort difficile à apercevoir. Ces otocystes sont donc sous la dépendance étroite du cerveau. Or chez la plupart des Gastéropodes et des Acéphales, ils sont cependant situés sur les ganglions inférieurs du premier collier, sur les ganglions qui donnent naissance aux nerfs

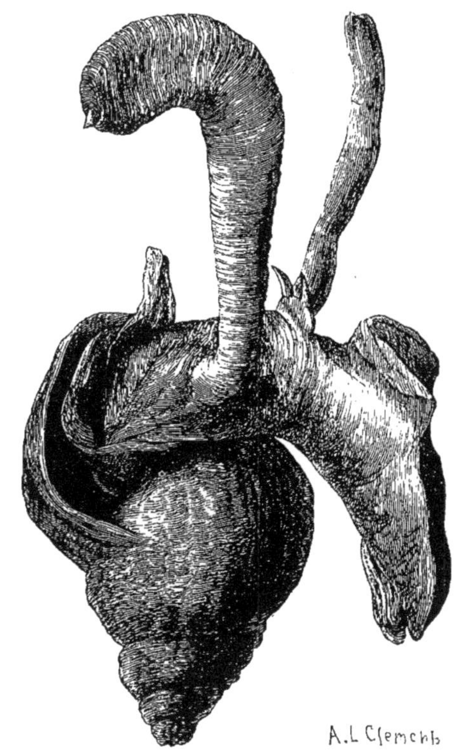

Fig. 150. — GASTÉROPODE. — Buccin ondé (*Buccinum undatum*), un peu réduit, dont la trompe et l'organe copulateur sont étalés ; au-dessous de la trompe on voit le pied, portant son opercule (d'après une préparation déposée au Muséum par M. de Lacaze-Duthiers).

du pied, les ganglions *pédieux*. Ils leur sont souvent unis si étroitement qu'on les a considérés longtemps comme une dépendance de ces ganglions. Le fait est trop général pour qu'on puisse ne voir en lui qu'un accident. Quelle singulière connexion si l'on considère le pied comme un organe indépendant! Elle devient au contraire toute naturelle si le pied n'est, comme nous le pensons, qu'une dépendance de la tête et son ganglion qu'un centre nerveux secondaire, développé sur des nerfs nés directement du cerveau.

Autre exemple non moins frappant : les Gastéropodes possèdent sur l'un des côtés du corps un volumineux organe de fécondation (fig. 150) : cet organe reçoit directement un nerf du cerveau; chez un Ver annelé il faudrait donc le considérer comme une *antenne* modifiée. Souvent l'orifice mâle se trouve à la base même d'un véritable tentacule, c'est-à-dire d'une antenne; ailleurs il arrive que le canal de la glande mâle s'ouvre très loin de l'organe fécondateur; ce dernier n'est alors qu'un simple prolongement des téguments céphaliques; il faut encore le considérer comme un tentacule. D'autre part, chez les Céphalopodes, c'est l'un des bras (fig. 149) qui sert d'organe fécondateur, et dans certaines espèces ce bras, prenant un développement considérable, se détache et peut vivre un certain temps à la façon d'un animal indépendant (1). L'organe fécondateur est ici emprunté à une partie correspondante au pied du Gastéropode. Entre le bras fécondateur du Poulpe et l'organe innervé par le cerveau du Gastéropode, il ne semble donc y avoir aucun lien. Ces dispositions se rattachent au contraire étroitement l'une à l'autre si le pied des Mollusques, en général, doit être considéré comme un organe céphalique.

En rapprochant toutes ces données, on arrive à conclure que l'explication de l'organisation des Mollusques réside avant tout dans l'importance exceptionnelle prise chez ces animaux par la tête et ses appendices; les Mollusques et les Annélides à branchies céphaliques ou *Annélides céphalobranches* sont donc des êtres qui résultent de modifications dans le même sens de certains organismes vermiformes. La direction de ces modifications est elle-même la conséquence des conditions communes dans lesquelles ont dû se transformer les organismes qui les ont subies. Les Mollusques et les Annélides céphalobranches sont les

(1) Cuvier l'avait pris pour un Ver parasite de certains Poulpes et lui avait donné le nom d'*Hectocotyle*.

uns et les autres les descendants d'êtres habitant des tubes, n'ayant de rapports avec le monde extérieur que par les orifices de ceux-ci ou même seulement par leur orifice antérieur. Dès lors toutes les fonctions de relation ont dû se concentrer vers les parties voisines de cet orifice : de là ce développement exceptionnel de la tête si manifeste déjà chez les Annélides céphalobranches, mais qui n'atteint son plus haut degré que chez les Mollusques. Aujourd'hui beaucoup de Gastéropodes n'habitent plus de coquilles, mais les larves pourvues d'une coquille et d'un opercule de ces Mollusques nus témoignent encore que ces animaux ont eu pour ancêtres des Mollusques à coquilles; la plupart des Céphalopodes n'ont plus que des coquilles internes; mais les Céphalopodes anciens avaient tous des coquilles externes, et certains traits de mœurs des Céphalopodes actuels peuvent encore être rattachés à ce fait primitif. Chez les Seiches, par exemple, c'est entre la membrane buccale et un repli des téguments qui entoure la bouche que le mâle vient déposer les éléments fécondateurs.

N'y a-t-il entre les Annélides céphalobranches et les Mollusques que des analogies résultant d'un mode commun d'existence? Quelques autres caractères établissent nettement entre les deux types une parenté plus proche : la courte chaîne ganglionnaire des Mollusques a ses deux moitiés, la droite et la gauche, nettement séparées et distantes l'une de l'autre; chez la plupart des Annélides les deux moitiés de la chaîne ganglionnaire sont au contraire confondues tout le long de la ligne médiane du corps; mais chez beaucoup d'Annélides sédentaires, et notamment chez les Serpules, les Vermilies et probablement les autres Céphalobranches à tube calcaire, les deux moitiés de la chaîne nerveuse sont précisément très éloignées l'une de l'autre. Les Mollusques ont un organe de l'audition dont la forme se maintient constante, sauf en ce qui concerne le nombre des otolithes; les Annélides ont rarement des organes de l'ouïe; mais ces organes sont très fréquents dans le groupe des Céphalobranches; ils affectent exactement la forme de ceux des Mollusques, et leurs otolithes présentent les mêmes modifications. Le corps des Gastéropodes présente une asymétrie très marquée, les Annélides céphalobranches présentent également de nombreuses traces d'asymétrie : les Spirographes (fig. 102) ont l'une de leurs branchies céphaliques presque entièrement atrophiée ; il devrait exister normalement chez les Serpules deux appendices operculaires, il ne s'en développe ordinairement qu'un seul (fig. 99). L'enroulement en spirale si fréquent chez les Mollusques Gastéropodes se retrouve, parmi nos Annélides, chez les Spirorbes (fig. 105, n°s 2 et 3) ; de plus, chez ces animaux l'appareil circulatoire est nul ou peu développé, et les glandes reproductrices des deux sexes sont réunies sur le même individu, caractères exceptionnels dans la classe des Annélides marines, mais qui sont fréquents chez les Gastéropodes.

Les analogies entre les Mollusques gastéropodes et les Annélides céphalobranches habitant des tubes calcaires se multiplient donc d'une façon remarquable. Quoique le tube des uns et la coquille des autres se forment aujourd'hui de façons fort différentes, ne serait-il pas possible de leur trouver une origine commune?

On peut objecter, il est vrai, que les Annélides sédentaires sont pourvues de soies et que les Mollusques n'en ont jamais; mais les soies ne sont pas aussi caractéristiques des Annélides qu'on pourrait le croire : les *Polygordius* et quelques organismes voisins d'assez grande taille en sont dépourvus; il en est de même des *Phoronis* qui sont des Céphalobranches tubicoles, et du groupe entier des Sangsues. Déjà même, chez les Spirorbes, une portion considérable de la face ventrale manque de ces organes.

Une objection plus grave consiste dans la position de l'anus qui est presque toujours terminal chez les Annélides, tandis qu'il est ramené en avant chez les Mollusques, mais la position de l'anus chez les divers Annelés ne demeure pas fixe. Déjà cet orifice cesse d'être terminal chez les Sangsues; il est ramené plus en avant encore chez les Géphyriens; il n'y a donc pas de raison de se refuser à admettre qu'il ait pu se porter vers la région antérieure chez des Vers enfermés dans des tubes, formés d'ailleurs d'un petit nombre d'anneaux, et dont les téguments ont pu être refoulés en arrière par le développement d'organes volumineux dans un espace restreint.

Enfin l'entrée du tube digestif des Mollusques supérieurs est

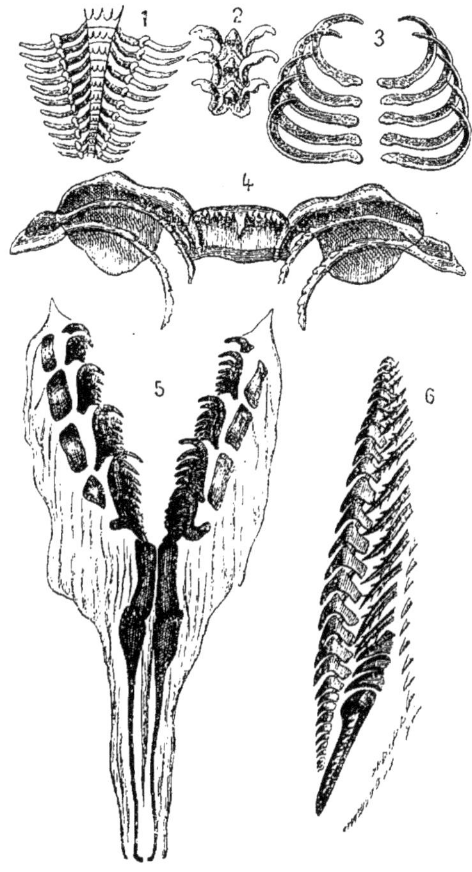

Fig. 151. — ARMATURES PHARYNGIENNES DE MOLLUSQUES. — 1. Langue ou *radula* d'*Atlanta Peronii*. — 2. Id. de *Sigaretus tonganus*. — 3. Id. de *Philine aperta*. — 4. Id. de *Strombus pugilis* (une des rangées transversales seulement).
ARMATURES OESOPHAGIENNES D'ANNÉLIDES. — 5. *Cirrhobranchia parthenopeia*, vue de face — 6. *Staurocephalus rubrovittatus*, vue de profil (d'après Ehlers).

pourvue de mâchoires et d'une armature linguale fort compliquée, formée d'une foule de dents disposées avec une régularité parfaite suivant un nombre plus ou moins considérable de rangées longitudinales (fig. 151, nos 1 à 4); cette armature manque aux Annélides céphalobranches. Ceci est un point important, car l'armature linguale des mollusques supérieurs est un des caractères les plus généraux de leur appareil digestif; le nombre, la forme et la disposition des dents qui la composent sont considérés par tous les malacologistes comme des caractères de haute valeur pour la classification. L'animal donnant à l'organe un mouvement de va-et-vient l'utilise comme une véritable râpe à l'aide de laquelle il saisit, use et déchire les corps dont il se nourrit. Les Annélides du groupe des Serpules avalent au contraire sans mâcher tout ce que le mouvement ciliaire de leurs branchies entraîne dans leur tube digestif.

Il y a donc là une sérieuse différence: toutefois cette différence est atténuée par l'absence de radule chez les Mollusques acéphales, et elle est en rapport avec la direction particulière dans laquelle s'est développé chacun des deux groupes. Tous les deux descendent d'Annélides errantes, et, chez ces dernières, au tube digestif est annexée une trompe qui est très souvent armée soit d'épines cornées que M. de Quatrefages désigne sous le nom de *denticules*, soit de longues *dents* disposées symétriquement par paires et mobiles latéralement comme les *mâchoires* des Insectes (fig. 151, n° 5). On les désigne quelquefois sous ce dernier nom, mais entre les *denticules* et les *mâchoires* le passage s'établit d'une façon insensible; ce sont des organes de même nature et leur ensemble présente une incontestable ressemblance avec l'armature linguale des Mollusques (comparer fig. 151, n° 6) : leur nombre est moins grand chez les Annélides, mais le plus souvent, à côté des denticules qui fonctionnent, il y en a un certain nombre en voie de formation et qui sont destinées à les remplacer en cas d'usure. Que la résistance des uns devienne plus grande, que l'accroissement des autres devienne plus rapide, le nombre des pièces cornées qui peuvent exister simultanément augmente. l'armature de la trompe de l'Annélide se transforme en une radule de Mollusque. En fait, il serait impossible d'indiquer une différence entre l'armature pharyngienne d'Annélide représentée figure 151, n° 6, et une *radula* de Gastéropode. Mais un tel appareil masticateur serait inutile à un animal destiné à demeurer immobile, ne pouvant saisir que les proies qui viennent à lui sans défense, emportées par quelque courant et qui sont par conséquent de petite taille ; il faut donc admettre que les Annélides tubicoles qui ont pu se transformer en Mollusques n'étaient pas fixées comme les Serpules, mais avaient conservé la faculté de se mouvoir, d'aller au-devant de leur proie et de s'en emparer de vive force. Effectivement, les Annélides tubicoles dont le tube n'est jamais adhérent sont encore nombreuses. Beaucoup d'Annélides errantes proprement dites, les Néréides elles-mêmes se construisent des tubes qu'elles abandonnent avec la plus grande facilité ; les Pectinaires traînent leur tube après elles à la façon des larves de Phryganes; les *Ditrupa*, voisines des Serpules, ont aussi un tube libre.

Les Annélides *tubicoles* ne sont donc pas nécessairement *sédentaires*, et l'on peut concevoir en conséquence le *Ver à branchies céphaliques* et le *Ver à pied céphalique* comme ayant évolué suivant deux voies différentes, gardant du type primitif un certain fond commun, acquérant même de nouvelles ressemblances, résultant de ce qu'il y avait de semblable dans leur manière de vivre, mais s'éloignant aussi de plus en plus à d'autres égards. Les rapports que l'on constate entre les Annélides céphalobranches et les Mollusques s'expliquent suffisamment en leur supposant une origine commune; il n'est pas nécessaire de faire descendre directement les seconds des premières.

Comme leur système nerveux, l'appareil circulatoire des Mollusques rapproche encore ces animaux des Vers annelés. Ce fait avait, dès 1870, frappé l'anatomiste allemand Gegenbaur. Dans son Traité classique d'anatomie comparée, ce savant rapproche déjà les Mollusques des Vers ; il déclare que certains traits de leur organisation ne peuvent s'expliquer qu'en supposant leur corps primitivement composé d'anneaux, et il développe surtout cette idée en décrivant leur cœur qu'il compare au vaisseau dorsal

(1) Gegenbaur, *Éléments d'anatomie comparée* ; traduction française, pages 502 et 521.

d'un Ver qui n'aurait qu'un petit nombre de segments. Il signale encore les ressemblances que présente la constitution du rein dans les deux groupes.

Nous avons déjà dit que les reins des Vers, ordinairement désignés sous le nom d'*organes segmentaires*, étaient de longs tubes pelotonnés, se répétant par paires d'anneau en anneau, s'ouvrant à l'extérieur par un orifice latéral et dans la cavité générale par un entonnoir couvert de cils vibratiles. Ces organes contractent souvent de remarquables rapports avec les glandes génitales. Chez les Brachiopodes, ils conservent pendant toute la vie de l'animal leur caractère typique : ce sont des poches volumineuses à parois glandulaires, disposées symétriquement de chaque côté de l'intestin, s'ouvrant au dehors par des orifices situés vers la base des bras, et couronnés, dans la cavité générale, par un large pavillon vibratile, fortement plissé. Owen avait d'abord pris ces organes pour des cœurs. A leur fonction de reins ils ajoutent celle de canaux excréteurs pour les glandes génitales, comme cela arrive chez la plupart des Vers, notamment chez les Géphyriens. Ils fournissent une nouvelle preuve de la segmentation primitive du corps chez les Brachiopodes : chez les Rhynchonelles ils se répètent, en effet, comme chez les animaux segmentés; on en trouve deux paires au lieu d'une.

Il existe aussi des organes segmentaires chez les Mollusques, mais ils n'ont qu'une existence transitoire. On n'a jusqu'à présent constaté leur existence que chez les Mollusques pulmonés qui peuplent les eaux douces ou sont devenus tout à fait terrestres. Ils sont pendant la période larvaire au nombre de deux, situés à la partie antérieure du corps et ayant, comme d'habitude, la forme de deux longs tubes ciliés s'ouvrant d'une part à l'extérieur, de l'autre dans la cavité générale, par un entonnoir également cilié. Ces organes se retrouvant dans un type tel que celui des Gastéropodes pulmonés sont encore un argument bien difficile à combattre, en faveur de la parenté des Mollusques et des Vers annelés. Plus tard, ces reins primitifs disparaissent pendant que se forme un organe nouveau, désigné généralement sous le nom d'*organe de Bojanus;* mais, chose bien digne d'attention, cet organe de Bojanus, quoique très modifié dans sa partie glandulaire, reproduit complètement les connexions propres aux organes segmentaires des Vers et se prête à l'accomplissement des mêmes fonctions. Chez les Acéphales il est toujours pair et symétrique (1); souvent les deux organes communiquent l'un avec l'autre et, sauf dans quelques genres tels que les Peignes ou Coquilles de Saint-Jacques, les Spondyles, les Moules et les Pinnes marines où l'appareil tout entier a subi une dégénération évidente, chacune des deux glandes s'ouvre, d'une part, à l'extérieur, de l'autre, par un orifice cilié, dans la cavité d'une poche qui enveloppe le cœur et qui forme ainsi une sorte de *péricarde*. Cette cavité n'est d'ailleurs qu'imparfaitement séparée de la cavité générale, de sorte que les liquides contenus dans cette dernière peuvent passer à l'extérieur par l'intermédiaire du corps de Bojanus exactement comme ils le feraient par l'intermédiaire d'un organe segmentaire.

La glande singulière, signalée par M. de Lacaze-Duthiers dans le Vermet et au travers de laquelle la cavité générale du corps communique avec l'extérieur, ne serait-elle pas elle aussi un organe segmentaire comparable aux organes segmentaires modifiés qui occupent la région céphalique de beaucoup de Vers annelés?

Comme les organes segmentaires ordinaires, les corps de Bojanus des Mollusques lamellibranches peuvent contracter des rapports plus ou moins étroits avec l'appareil génital. C'est toujours au voisinage de leurs orifices que l'on trouve les orifices des canaux excréteurs des glandes reproductrices; chez les Pinnes marines et chez les Arches ces orifices se confondent déjà; les glandes reproductrices s'ouvrent enfin dans le corps même de l'organe rénal chez les Spondyles, les Peignes et les Limes. Bien qu'on ne puisse voir là que des phénomènes de simplification, simples conséquences d'une tendance générale de l'organisme des Acéphales, la répétition chez ces animaux des rapports que nous avons déjà trouvés chez les Vers dont ils dérivent, n'en est pas moins un fait d'une réelle signification.

Chez les Mollusques Céphalophores, moins éloignés des Vers

(1) H. de Lacaze-Duthiers, *Recherches sur la structure de l'organe de Bojanus chez les Acéphales lamellibranches*; Annales des Sciences naturelles, 4e série, tome XVIII.

à bien des égards que les Acéphales, mais affectés d'une déformation particulière d'où résulte leur enroulement en hélice, l'un des corps de Bojanus avorte généralement. Celui qui reste est tantôt une glande compacte, tantôt un tube cilié. Quelle que soit sa forme, sa double communication avec l'extérieur et avec le péricarde est constante chez les Ptéropodes et les Hétéropodes ; elle a été positivement observée chez un certain nombre de Gastéropodes, elle reste douteuse chez un certain nombre d'autres ; mais en présence de la variété des types chez qui elle existe, on peut dire que les cas où elle n'existe pas constituent l'exception.

L'appareil rénal définitif des Mollusques est donc construit sur le même modèle général que celui des Vers et s'accorde avec tous les grands systèmes organiques pour nous révéler l'origine commune de ces animaux. Les Mollusques ne diffèrent, en réalité, des Vers que par le petit nombre des anneaux qui sont entrés dans la constitution de leur corps, par la disparition dans celui-ci de toute trace extérieure de segmentation, enfin par la résorption ou tout au moins la transformation qu'ont subie les cloisons qui séparaient primitivement les anneaux. Le système nerveux, l'appareil circulatoire, l'appareil excréteur, attestent cependant encore la réalité des segments dont le nombre, réduit à trois ou quatre, n'a sans doute éprouvé une telle diminution qu'en raison du développement considérable pris par le segment céphalique.

La disparition des cloisons a ici une conséquence importante : les relations entre les parties constituant un même segment n'étant plus maintenues par leur présence, ces relations cessent d'être aussi étroites; les ganglions nerveux et les centres d'impulsion de l'appareil circulatoire se déplacent, se rapprochent, se fusionnent même de manière que le type primitif se trouve dans certains cas complètement masqué ; nous avons trouvé de saisissants exemples de ces déplacements chez les animaux articulés. C'est au rapprochement et à la fusion de tous les ganglions qu'est due la masse nerveuse concentrée dans la tête du Céphalopode et que semble abriter une sorte de crâne.

S'il est plus élevé que le Gastéropode, à ce point de vue, s'il présente des organes des sens plus développés, un système nerveux plus complexe, le Céphalopode se rapproche peut-être davantage du type primitif par d'autres traits de son organisation. Ses bras ont encore une telle ressemblance avec des appendices céphaliques, tels que les antennes des Annélides, que des anatomistes distingués se refusent encore à voir en eux autre chose et, ne songeant pas que le pied du Gastéropode n'est lui-même qu'un organe de cet ordre, leur refusent toute homologie avec ce pied.

Les bras des Céphalopodes et le pied des Gastéropodes résultant d'une modification dans un sens différent de parties primitivement identiques, on conçoit que ces deux ordres de Mollusques aient pu se développer simultanément. Il n'y a entre eux aucun lien nécessaire de filiation, et, si l'une des formes pouvait être considérée comme ayant engendré l'autre, on pourrait faire valoir d'assez nombreuses raisons en faveur de la forme Céphalopode dont les représentants se sont élevés cependant bien au-dessus des Gastéropodes.

D'autre part, de quelque façon que l'on rattache à la classe des Vers annelés celle des Mollusques, les Mollusques bivalves ou acéphales, tels que les Huîtres, les Moules, les Anodontes, les Vénus, etc., représentent certainement une forme infiniment plus modifiée, quoique inférieure en apparence : les traces de la segmentation primitive sont beaucoup plus effacées que dans les autres types ; le pied s'est beaucoup plus éloigné de la bouche ; la coquille est devenue bivalve ; le corps, plus raccourci, ne s'enroule plus en spirale et avec cet enroulement disparaît la dissymétrie du système nerveux. Mais la parenté intime de ce type nouveau avec celui des Gastéropodes est bien assurée par l'existence d'un double collier œsophagien, l'un pour la région buccale et le pied, l'autre pour les viscères et le manteau (fig. 151, n° 5). Ces deux colliers se trouvant très éloignés l'un de l'autre, aucune anastomose supplémentaire ne s'établit entre eux ; il n'y a plus de cordon nerveux étendu entre les ganglions inférieurs du second collier et les ganglions pédieux. Mais ces derniers manifestent encore leur origine essentiellement céphalique par les rapports de voisinage presque constants qu'ils présentent avec les otocystes. Les Acéphales doivent donc être considérés, d'une manière générale, comme des Gastéropodes dégénérés ; s'il en est ainsi, ils n'ont pu apparaître qu'après eux dans la série des couches géologiques.

Cette conséquence de la théorie mérite d'être signalée. L'un des paléontologistes contemporains les plus éminents, celui qui a le plus contribué à faire connaître les animaux et les végétaux les plus voisins des êtres primitifs, M. Joachim Barrande, résumant les résultats consignés dans son immortel ouvrage sur le *Système silurien du centre de la Bohême*, a cru pouvoir faire de l'ordre d'apparition des Mollusques une objection capitale à la théorie de l'évolution : « La trace des Acéphales, dit-il (1), n'a été signalée jusqu'à ce jour ni dans la faune primordiale, ni dans les phases de transition entre cette faune et la faune seconde..... Comme, d'ailleurs, les ordres des Ptéropodes et des Gastéropodes, supérieurs par leur organisation, se sont manifestés durant les premiers âges siluriens, l'absence des Acéphales, durant toute la faune primordiale, constitue une grave anomalie et une interversion de l'ordre supposé, c'est-à-dire une discordance inexplicable entre les prévisions théoriques et la réalité. »

La discordance doit faire place, nous venons de le voir, à une remarquable concordance, et ce n'est pas un des moindres arguments en faveur de notre façon d'envisager les rapports des diverses classes des Mollusques que cet accord entre les déductions exclusivement tirées de l'anatomie et les phénomènes paléontologiques que M. Joachim Barrande considérait encore, en 1871, comme inexplicables.

S'il est impossible de méconnaître, chez les Mollusques adultes, les rapports étroits qui unissent ces animaux aux Vers annelés, des ressemblances plus grandes encore se manifestent pendant la durée de leur développement. Avant d'arriver à leur forme définitive, les Mollusques traversent une série de formes transitoires qui sont à peu près constantes pour un même groupe. Tous les Céphalopodes, par exemple, peuvent être considérés comme ayant le

(1) J. Barrande, Trilobites (Extrait du Supplément au vol. Ier du *Système silurien du centre de la Bohême*, p. 233. 1871).

même mode de développement. Les Ptéropodes, les Hétéropodes et les Gastéropodes, c'est-à-dire tous les Céphalophores, traversent les mêmes formes larvaires, et les larves des Acéphales ne sont elles-mêmes que peu différentes de celles des Céphalophores.

Le développement des Céphalopodes est fort condensé, il s'accomplit presque entièrement dans l'œuf ; ses phénomènes essen-

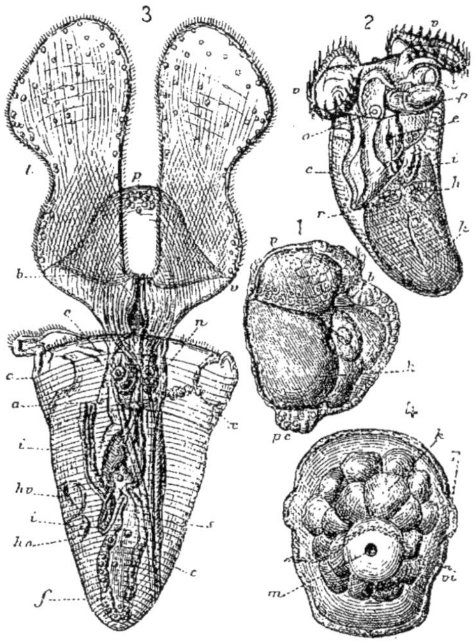

Fig. 152. — DÉVELOPPEMENT DES MOLLUSQUES. — 1. Embryon d'un Ptéropode (*Cavolinia tridentata*), âgé de 48 heures (grossi 120 fois). — 2. Jeune de la même espèce âgé de près de 4 jours (grossi 90 fois). — Jeune de la même espèce âgé de 5 jours (grossi 90 fois). — 4. Embryon d'un Gastéropode pulmoné (*Planorbis corneus*) : *v*, couronne ciliée ; *b*, bouche ; *pc*, glande qui formera le rudiment de la coquille ; *c*, coquille ; *k*, sphères vitellines provenant de la segmentation de l'œuf ; *p*, pied ; *l*, ses lobes latéraux formant les nageoires du Ptéropode adulte ; T, tentacules ; *o*, otocystes ; *e*, estomac ; *f*, cœcum de l'estomac ; *i*, intestin ; *a*, anus ; *r*, rudiment du rein ; *h*, cœur ; *hv*, ventricule ; *ho*, oreillette ; *s* muscles ; *x*, organe sensitif spécial (d'après Herman Fol).

tiels sont masqués par la présence d'un énorme amas de matières nutritives qui se rassemble en un sac volumineux adhérent à la tête de l'embryon, ce qui est aussi le cas chez les Limaces ; mais dans la plupart des Céphalophores et des Acéphales, les choses se passent plus simplement. Chez les Ptéropodes, que l'on peut prendre comme type depuis les beaux travaux de M. Herman Fol (1), on voit se former d'abord une larve (fig. 152, n° 1) dont la ressemblance avec une trochosphère d'Annélide est frappante. Cette larve est à peu près sphérique; elle est divisée en deux parties inégales par une ceinture ciliée (*v*) immédiatement au-dessous de laquelle se forme la bouche (*b*). Bientôt cette ceinture se soulève : de même que chez les larves de Serpules, elle se transforme en expansions membraneuses frangées de cils vibratiles puissants (fig. 152, n° 2, *v*) qui constituent d'abord les seuls organes de locomotion du jeune animal. Ces expansions, que l'on désigne sous le nom de *voile* ou *velum*, sont au nombre de deux, parfaitement symétriques chez les Céphalophores (voir aussi fig. 153, n° 6) et correspondent exactement à des expansions semblables qui, chez les Annélides céphalobranches, se développent immédiatement avant les branchies et devront entourer leur base. En même temps le pied fait son apparition ; c'est d'abord une protubérance médiane située au-dessous de la bouche qui occupe ainsi le centre d'un triangle dont les sommets sont marqués par les deux moitiés du *voile* et par le pied. On considère, avec raison, le voile comme une dépendance de la tête du Mollusque, mais ses deux moitiés et le pied occupent, par rapport à la bouche, des situations équivalentes : il n'y a donc pas de raison pour considérer le voile comme appartenant à la tête plutôt que le pied ; le plan du triangle qui entoure la bouche est, au contraire, par rapport à l'animal, dans la même situation que le plan déterminé par les bras des Céphalopodes si on les étalait horizontalement en rayons ; c'est bien là un plan céphalique, et l'embryogénie se trouve d'accord avec l'anatomie pour faire du pied du Gastéropode une dépendance de la tête.

Le pied, à cette époque de la vie de l'animal, n'est d'ailleurs nullement employé à la locomotion ; il porte d'ordinaire chez les Gastéropodes, même chez ceux dont plus tard les téguments seront

(1) Herman Fol, *Études sur le développement des Ptéropodes;* Archives de Zoologie expérimentale, t. IV, 1875.

nus, un opercule (fig. 153, n° 6, *o*, *p*) destiné à fermer la coquille larvaire lorsque le jeune animal se rétracte. Chez les Ptéropodes, le pied conserve pendant toute la vie sa position céphalique (fig. 152, n° 3, *p*) ; on voit de bonne heure se former à ses dépens des lobes latéraux (*l*) qui grandissent rapidement, de manière que la partie médiane prend de moins en moins d'importance et finit par deve-

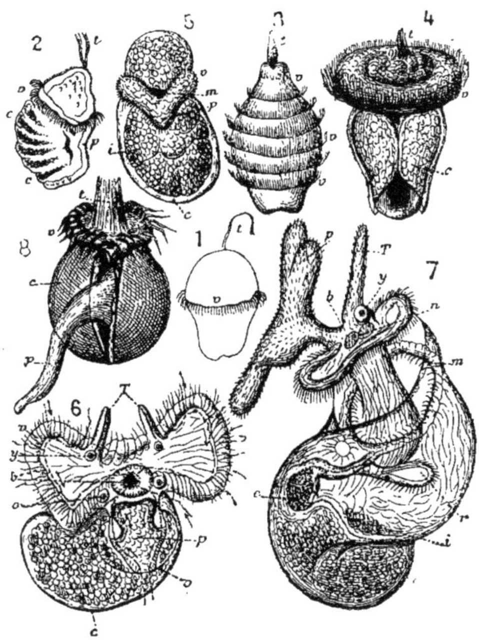

Fig. 153. — DÉVELOPPEMENT DES MOLLUSQUES. — Larve (trochosphère) d'Oscabrion. — 2. Jeune Oscabrion dont les plaques dorsales *c*, commencent à être indiquées. — 3. Larve du Dentale peu après de l'éclosion. — 4. Larve plus âgée] du Dentale pourvue d'une coquille *c*, et d'un disque vibratile *v*. — 5. Très jeune larve de Vermet ; *v*, bourrelet cilié passant au-dessous de la bouche *b*, et d'où naîtront le pied et les deux lobes du voile. — 6. Larve plus âgée. — 7. Jeune Vermet plus avancé dans son développement. — 8. Larve d'un Mollusque acéphale, le Taret (*Teredo navalis*). — Dans toutes les figures : *b*, bouche ; *v*, voile cilié ; *p*, rudiment du pied ; *op*, opercule ; *o*, otocystes ; T, tentacules ; *y*, yeux ; *c*, coquille ; *t*, bouquet de poils tactiles ; *m*, manteau ; *n*, ganglions nerveux ; *e*, estomac ; *i*, intestin ; *r*, rudiment de la branchie.

nir à peine distincte. Ces deux lobes sont les nageoires, tellement placées qu'on n'aurait jamais songé à y voir autre chose que des lobes de la tête si elles n'avaient pas été innervées par des ganglions correspondants à ceux qui innervent le prétendu pied ventral des Gastéropodes.

D'ailleurs l'embryogénie ne peut laisser le moindre doute sur la nature céphalique du pied des Gastéropodes ; ses relations sont particulièrement évidentes chez les larves des Vermets (fig. 153, n° 5 et n° 6) où l'on voit les bords du pied (*p*) se continuer immédiatement de chaque côté avec ceux du voile (*v*), de sorte que les deux organes ne forment qu'un seul tout. La nature céphalique du voile ne saurait être ici un instant contestée, car c'est sur lui qu'on voit apparaître les tentacules (T) et les yeux (*y*) qui appartiennent essentiellement à la tête. Chez la larve des Vermets la ressemblance du bourrelet aux dépens duquel se formeront le voile et le pied avec le bourrelet céphalique de certaines larves d'Annélides, telles que les larves de Spio, est frappante et témoigne de l'identité de ces deux formations. La comparaison de la larve de Vermet représentée dans la figure 153, n° 5, *v*, avec la larve de Spio, représentée page 475, fig. 97, n° 3, *v*, est à cet égard des plus significatives.

Par suite de l'allongement de sa partie postérieure et par suite de l'usage qu'en fait l'animal, le pied des Gastéropodes prend un tel volume, les proportions relatives des parties sont si complètement changées, que ce pied, d'abord simple appendice de la tête, paraît bientôt la partie la plus importante du corps. D'ailleurs, à mesure qu'il se développe, le corps semble se résorber (fig. 154); ses parois se confondent insensiblement avec celles de la cavité du pied ; il s'étale comme ferait un sac de caoutchouc dont on distendrait de plus en plus l'orifice dans toutes les directions. Les limites, déjà difficiles à tracer, entre la tête et le corps tendent de plus en plus à s'effacer, et l'on peut suivre toutes les phases de la fusion graduelle de ces parties primitivement distinctes.

C'est par un phénomène de ce genre bien plutôt que par une véritable disparition de la tête que s'explique l'organisation des Acéphales, dont les liens intimes avec les Gastéropodes sont démontrés par la position, exactement intermédiaire entre les deux classes, du Dentale dont M. de Lacaze-Duthiers a fait connaître, dans des mémoires classiques, la curieuse structure.

La coquille des Acéphales, malgré sa division en deux moitiés symétriques, correspond exactement, elle aussi, à celle des Gastéropodes et par son mode d'apparition et par son mode de développement. On retrouve cette bipartition de l'enveloppe solide du corps dans un grand nombre de groupes sans qu'elle entraîne avec elle aucune modification bien importante. Les larves de *Flustrella*, parmi les Bryozoaires, le *Chevreulius*, parmi les Tuniciers, les *Cypris* et les *Daphnies*, parmi les Crustacés, ont tous une carapace bivalve et sont autant d'exceptions dans les groupes zoologiques auxquels ils appartiennent. La coquille larvaire du Dentale (fig. 153,

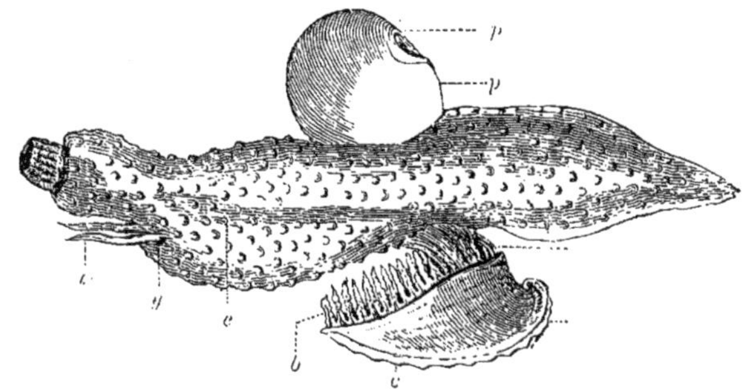

Fig. 154. — MOLLUSQUE HÉTÉROPODE. — Carinaire dans sa position ordinaire de natation : *t*, tentacules ; *y*, yeux ; *e*, indication du tube digestif ; *b*, branchies ; *c*, coquille ; *d*, région du foie ; *p*, nageoire aplatie et membraneuse dépendant du pied ; *vp*, ventouse du pied.

n° 4, *c*), en forme de cornet ouvert sur le côté, peut être considérée comme établissant une transition entre celle des Mollusques gastéropodes et celle des Mollusques acéphales.

Intéressant déjà comme trait d'union entre les deux grandes divisions de l'embranchement des Mollusques, le Dentale l'est plus encore, peut-être, à cause du lien nouveau qu'il établit entre cet embranchement et celui des Vers annelés. La plupart des larves de Mollusques (fig. 152, n°s 1 et 4, fig. 153, n° 1) peuvent être comparées aux larves céphalotroques d'Annélides ; celle du Dentale (fig. 153, n° 3), qui arrive plus tard à ressembler aux larves d'Acéphales (fig. 153, n° 8), prend auparavant toute l'apparence d'une larve polytroque d'Annélide. De forme ovoïde, elle porte un certain nombre de ceintures ciliées complètes (fig. 153, n° 3, *v*), tandis que ses deux pôles sont ornés d'un volumineux bouquet de poils. « Lorsque j'en montrai les dessins à quelques naturalistes, dit M. de Lacaze-Duthiers, on me dit tout d'abord : le Dentale est un Ver (1) ! » Nous avons vu que, chez les larves d'Annélides, la présence de plusieurs ceintures de cils vibratiles indiquait l'apparition de la segmentation du corps : en est-il de même chez le Dentale? Trouverions-nous dans sa larve une dernière indication extérieure de cette division du corps en anneaux dont le système nerveux, l'appareil circulatoire et l'appareil excréteur des Mollusques portent encore les traces ?

Les Oscabrions sont de véritables Gastéropodes ; ils ont une larve céphalotroque qui semble aussi se segmenter en arrière de la ceinture ciliée (fig. 154, n° 2, *c*) ; cette répétition d'un phénomène analogue dans deux types aussi différents mérite l'attention. Indiquerait-il dans les deux cas l'empreinte d'un ancêtre commun dont le corps était annelé ?

On a longtemps classé parmi les Mollusques des animaux qui présentent avec eux certaines ressemblances, qui dérivent comme eux des Vers annelés par une réduction considérable du corps ; mais qui se sont néanmoins formés par un procédé tout différent, ce sont les *Brachiopodes*.

Les Brachiopodes comptent parmi les plus anciens habitants du globe. On les prendrait à première vue pour des êtres très voisins des Acéphales. Ils ont, en effet, comme eux une coquille bivalve ; mais cette coquille présente une structure particulière : au lieu d'être compacte comme celle des vrais Mollusques, elle est traversée par un grand nombre de perforations, visibles seulement à un assez fort grossissement, dans lesquelles s'engagent autant de prolongements cutanés. L'animal est relié à sa coquille par des muscles fort nombreux et fort variés, dont la disposition ne ressemble en rien à celle des deux muscles qui sont, en général, chargés de fermer la coquille

(1) Lacaze-Duthiers, *Recherches sur l'organisation et l'embryogénie du Dentale*; Annales des sciences naturelles, 4e série, t. VII et VIII, 1857.

des Acéphales. Cette dernière s'ouvre mécaniquement par l'action d'un ligament élastique, étendu extérieurement entre les deux valves, en arrière de leur charnière, et qui tend par conséquent à les faire bâiller ; sauf dans des cas très rares, elle est libre et sa position ne peut changer par rapport à ce qui l'entoure que grâce aux mouvements de reptation du Mollusque. Chez les Brachiopodes, au contraire, ce sont de véritables muscles qui ouvrent et ferment la coquille ; l'une des valves, perforée à son sommet, livre passage à un *pédoncule* au moyen duquel l'animal se fixe ; des muscles s'étendent entre ce pédoncule et la coquille, actionnent celle-ci et lui permettent de prendre les orientations les plus variées.

Cela montre déjà combien est superficielle la ressemblance qui

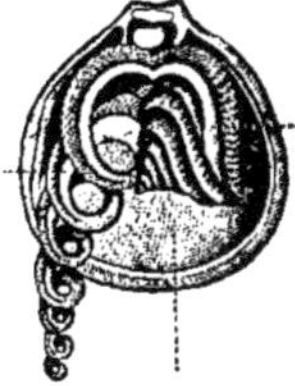

Fig. 155. — BRACHIOPODES. — Valve inférieure de coquille de Térébratule perforée pour le passage du pédoncule. — Valve inférieure d'une espèce de *Rhynchonelle* contenant l'animal à qui on a enlevé le lobe supérieur du manteau de manière à montrer le mode d'enroulement des bras.

paraît exister, au premier abord, entre la coquille d'un Acéphale et celle d'un Brachiopode ; mais toute analogie disparaît lorsqu'on vient à considérer les positions respectives de ces animaux à l'intérieur de leur double enveloppe calcaire. Le Brachiopode et l'Acéphale sont des animaux parfaitement symétriques par rapport à un plan, comme les Vers, les Insectes ou les Vertébrés ; le plan de symétrie de l'Acéphale n'est autre chose que le plan qui séparerait l'une de l'autre les deux valves fermées de la coquille ; c'est, si l'on veut, le plan de la lame du couteau qu'on introduit entre les deux valves d'une huître pour l'ouvrir ; le plan de symétrie du Brachiopode est, au contraire, exactement perpendiculaire au plan de séparation des deux valves et divise chacune d'elles en deux moitiés égales. L'Acéphale a donc une valve droite et une valve gauche ; le Brachiopode a, au contraire, une valve dorsale et une valve ventrale, et chacune de ces valves a une moitié droite et une moitié gauche : une valve d'Acéphale correspond aux deux moitiés de même nom des valves d'un Brachiopode. C'est dire qu'entre ces animaux il ne saurait exister que de lointaines analogies.

Le corps des Brachiopodes est fort peu développé ; il est compris, comme celui des Acéphales, entre deux larges replis membraneux qui tapissent intérieurement la coquille et forment ce qu'on appelle le *manteau*. Ordinairement le manteau des Acéphales ne contient d'autres organes que des nerfs et des vaisseaux ; dans le groupe le plus important des Brachiopodes, les organes reproducteurs se développent dans son épaisseur (1), ce qui donne à cette partie du corps une importance toute particulière. Le bord libre du manteau est toujours frangé de soies chitineuses dont la structure et le mode de développement sont absolument identiques à la structure et au mode de développement des soies des Annélides. La partie la plus apparente du corps consiste dans deux longs appendices, les *bras* (fig. 155), situés de chaque côté de la bouche, enroulés en spirale au moins à leur extrémité et garnis d'une multitude de digitations couvertes de cils vibratiles. Une armature calcaire, de forme variable, fixée à la coquille, soutient ces bras. Sauf chez les Lingules, le tube digestif ne possède qu'un seul orifice ; il s'amincit graduellement à son extrémité opposée à la bouche et se termine, chez les Thécidies, en un filament fixé aux parois du corps. L'appareil vasculaire est complètement clos et pourvu d'un certain nombre d'ampoules contractiles, en guise de cœurs. Il n'y a qu'un seul collier nerveux, dont les ganglions supérieurs disparaissent parfois, tandis que les ganglions inférieurs peuvent donner naissance à une paire de connectifs reliés à de nouveaux ganglions qui innervent principalement le pédoncule.

Ce système nerveux est exactement celui d'un Ver qui ne posséderait que deux ou trois anneaux. L'appareil circulatoire, la struc-

(1) On trouve les glandes reproductrices dans le manteau des Moules et des Anomies, qui sont des Mollusques acéphales ; en revanche, chez les Lingules, qui sont des Brachiopodes, ces organes se développent dans la cavité du corps.

ture des bras, celle des soies du manteau reproduisent des particularités que l'on retrouve, sans modification, chez les Vers annelés et notamment chez les Céphalobranches. La structure de l'appareil d'excrétion, dont nous avons précédemment parlé, rend cette parenté encore plus proche; enfin les études embryogéniques de Edward S. Morse et celles de Kowalevsky, ajoutant aux données déjà recueillies par M. de Lacaze-Duthiers sur le développement d'une espèce méditerranéenne, la Thécidie, sont venues préciser encore les affinités des Brachiopodes.

La larve de ces animaux est réellement composée de trois segments. Le segment antérieur, qui joue d'abord le rôle de tête, devient le corps de l'animal adulte; le segment moyen, garni de soies chitineuses, forme le manteau et sécrète la coquille; le segment postérieur constitue le pédoncule. Ces segments, loin de se fusionner comme chez les Mollusques proprement dits, éprouvent donc des transformations fort différentes et arrivent au plus haut degré du polymorphisme.

Il suit de là que les Brachiopodes ne rentrent que très indirectement dans le groupe des Mollusques; ils ne sont ni les ancêtres ni les descendants de ces animaux; ils font partie d'une lignée collatérale, et l'on doit remonter jusqu'aux Annélides pour leur trouver des parents communs. Les ressemblances que l'on a pu constater entre les Brachiopodes et les Mollusques résultent à la fois de cette parenté et de la réduction du nombre des segments du corps qu'on observe dans les deux groupes. Les premiers sont du reste infiniment plus près des Annélides que les seconds. Malgré leur ressemblance superficielle, les Brachiopodes et les Acéphales sont aux deux extrémités opposées du groupe des Mollusques: les uns ont dû apparaître de fort bonne heure, les autres fort tard; c'est, en effet, ce que nous enseignent les recherches des paléontologistes. Dans cet écart entre l'âge de deux groupes que l'on pourrait croire voisins, M. Barrande a vu une objection nouvelle à l'hypothèse de la descendance (1); la théorie que nous venons de

(1) Joachim Barrande, TRILOBITES (Extrait du Supplément au vol. Ier du *Système silurien de la Bohême*, 1871, p. 229 et 233).

développer montre au contraire que cette hypothèse est en parfait accord avec les observations les plus rigoureuses.

Si l'on veut résumer la généalogie de tous ces animaux, on voit que les Brachiopodes sont les plus rapprochés de la souche commune, les Céphalophores et les Céphalopodes sont à peu près au même degré de distance de cette souche, les Acéphales viennent ensuite. C'est exactement leur ordre d'apparition dans les couches géologiques. Parmi les Céphalophores, les Ptéropodes avec leurs nageoires céphaliques sont évidemment les plus rapprochés du point de départ, ce sont eux aussi qui se montrent les premiers. Les Hétéropodes, dont le pied est si profondément modifié et le corps souvent si réduit, sont plus éloignés encore du type primitif que les Gastéropodes normaux ; ils apparaissent, en effet, après eux.

Ainsi se trouvent expliquées toutes les discordances apparentes qui avaient si vivement frappé M. Barrande. Ces discordances reposent simplement sur une interprétation inexacte des rapports réciproques des êtres. Suivant une coutume d'ailleurs assez répandue parmi les naturalistes, M. Barrande établit une sorte de hiérarchie organique entre les animaux, et pense que ceux qui occupent les degrés inférieurs de cette hiérarchie doivent s'être montrés avant ceux qui en occupent les degrés supérieurs ; l'Acéphale est, pour lui, inférieur au Gastéropode, il doit en être l'ancêtre ; nous avons vu, au contraire, qu'il en était le descendant.

La vie, en effet, ne s'astreint pas à faire uniformément progresser ses productions. Certains organismes, après s'être élevés très haut, rétrogradent : des classes tout entières sont le résultat non d'un progrès, mais d'une décadence. Quoi de mieux établi que les dégradations produites par le parasitisme ? Des Crustacés, des Vers, des Mollusques même sont ramenés par ce mode d'existence à l'état de simples sacs remplis d'œufs. Parfois l'un des sexes est seul parasite, seul il est alors frappé de déchéance, comme pour rendre plus évidents les effets de ce genre de vie. Les animaux condamnés à l'immobilité, ceux qui mènent une existence souterraine présentent presque toujours des dégénérescences en rapport avec ces circonstances qui limitent singulièrement l'exercice de leurs fonctions primitives. Le degré de perfection organique n'est donc nullement en rapport avec l'ordre d'apparition paléontologique. C'est là un principe qui a été trop souvent méconnu.

En résumé, les Brachiopodes peuvent être considérés comme des Annélides qui se sont fixées après leur période de segmentation, à la façon des Cirripèdes, leurs correspondants dans la série des animaux articulés. Les Bryozoaires sont également des Vers fixés, mais ayant commencé à adhérer avant toute segmentation, à l'état de trochosphère, et ayant conservé par conséquent, ce pouvoir de reproduction par voie agame, qui leur a permis de former des colonies irrégulières. De là les ressemblances et les différences qui ont été si souvent signalées entre eux et les Brachiopodes.

Les Mollusques proprement dits sont également des Annélides transformées : ils naissent comme elles à l'état de trochosphère, présentent une chaîne nerveuse composée de trois articles, deux paires d'organes segmentaires dont une seule persiste, un cœur formé de deux ampoules, une armature pharyngienne qui n'est qu'une modification de l'armature œsophagienne des Annélides. Mais la transformation qui les a produits a eu lieu sous l'empire de conditions d'existence toutes spéciales : elle a été dominée par le fait de l'habitation dans un tube clos de toutes parts, sauf à son extrémité antérieure. Les appendices céphaliques se sont alors modifiés de manière à remplir toutes les fonctions de relation, tandis que l'extrémité postérieure du corps se réduisait sous la double influence de l'importance prise par le segment céphalique et de l'emprisonnement dans un tube solide, emprisonnement dont diverses Annélides tubicoles, et surtout les Hermelles, nous ont montré les effets. La disparition de la segmentation ; son absence même dans la période de développement sont des phénomènes que nous ont déjà montrés les animaux articulés et qu'on ne saurait invoquer par conséquent contre la théorie. Les appendices céphaliques du Ver primitif, c'est-à-dire les appendices nés sur la trochosphère qui devait constituer sa tête, ont formé les bras des Céphalopodes dibranchiaux et les expansions membraneuses couvertes de tentacules des Nautiles ; à ces organes correspondent chez les Céphalophores et les Acéphales le voile de la larve, les tentacules, l'organe copulateur et le pied de l'animal adulte (1). On sera moins étonné des modifications qu'a dû subir une antenne pour constituer le large pied des Gastéropodes si l'on se rappelle que, chez le curieux Bryozoaire marin nommé par Sars *Halilophus mirabilis*, la languette qui recouvre la bouche des Bryozoaires d'eau douce devient un véritable pied servant à la reptation et fort semblable à celui des jeunes Mollusques. L'identité avec le pied des Gastéropodes serait parfaite si cet organe était situé au-dessous de la bouche au lieu d'être au-dessus, ce qui détruit toute homologie.

Quant aux effets de l'existence tubicole, il serait difficile de les contester en les voyant se renouveler avec une remarquable persistance, dans la série des animaux articulés, sur les Crustacés bizarres, bien connus sous les noms de Pagures ou de Bernard-l'Ermite. Ces animaux ont pris, sans doute durant la période de la mue, la singulière habitude d'enfermer la partie postérieure de leur corps précisément dans des coquilles de Mollusques. La partie du corps des Pagures ainsi emprisonnée demeure molle et ses anneaux disparaissent presque entièrement ; cette partie devient, en outre, dissymétrique comme la partie correspondante du Mollusque ; les appendices du côté concave du corps subissent une atrophie marquée ; le corps lui-même se réduit, tandis que les pinces prennent un grand développement et s'adaptent à l'ouverture de la coquille de manière à la boucher.

Sans doute ces modifications éloignent bien moins le Pagure des autres Crustacés, que le Mollusque ne l'est des Annélides ; mais il faut noter qu'elles ont nécessairement agi durant un temps

(1) Il y a quelques Mollusques nus cependant chez qui le pied pourrait avoir une autre origine. La large expansion céphalique des Téthys par exemple ressemble singulièrement à l'ensemble formé par le voile et le pied chez les Vermets. Cette expansion ne correspondrait-elle pas aux bras des Céphalopodes, à l'ensemble des appendices, y compris le pied des Gastéropodes, et dans ce cas ne faudrait-il pas voir dans la sole sur laquelle rampe la Téthys une modification de la région ventrale du corps correspondante à celle qu'offrent le sac branchial et l'entonnoir des Céphalopodes ? Ne voit-on pas une partie du corps se modifier de la sorte chez les Holothuries ?

moindre et que d'ailleurs le Pagure est loin d'être aussi intimement lié à son habitation que le Mollusque à sa coquille. Ce n'en est pas moins une confirmation précieuse de la théorie que de trouver, dans les deux séries parallèles des animaux annelés et des animaux articulés, des termes aussi exactement comparables, au point de vue des conditions d'existence et des modifications organiques qu'elles ont produites, que les Brachiopodes et les Cirripèdes d'une part, les Mollusques et les Pagures de l'autre.

Mais les conditions d'existence ne sont pas les seules actions modificatrices qu'aient subies les colonies linéaires. Un phénomène physiologique dont la nature intime nous échappe, mais dont nous avons eu constamment à signaler les effets, l'accélération embryogénique a produit chez elles des résultats bien autrement importants, en raison même des conditions exceptionnellement favorables que la disposition linéaire offrait à son action. C'est à cette accélération embryogénique que nous allons pouvoir rattacher presque exclusivement l'origine des animaux vertébrés.

CHAPITRE V

L'ORIGINE DES VERTÉBRÉS.

On réunit sous le nom de VERTÉBRÉS tous les êtres que l'on désigne, dans le langage vulgaire aussi bien que dans le langage scientifique, sous les noms de Poissons, de Batraciens, de Reptiles, d'Oiseaux et de Mammifères.

Malgré leurs différences extérieures, ces animaux présentent une telle ressemblance anatomique que leur étude avait conduit Geoffroy Saint-Hilaire à sa grande théorie de l'*Unité de plan de composition du règne animal*. Les Vertébrés sont, en effet, des animaux essentiellement de même type; ils manifestent par tous les détails de leur organisation une étroite parenté : on ne saurait un seul instant méconnaître leur commune origine. Ils doivent la dénomination générale qu'on leur applique à ce que les parties molles de leur corps sont soutenues, en général, par un ensemble de pièces solides constituant le *squelette* et subordonnées elles-mêmes à une colonne osseuse, occupant la ligne moyenne de la région dorsale du corps : cette colonne est la *colonne vertébrale* et l'on donne le nom de *vertèbres* aux pièces qui la composent.

Or l'examen le plus superficiel de la colonne vertébrale conduit à voir que ses vertèbres sont des parties équivalentes entre elles, absolument de même nature, qui se répètent en série linéaire et se prolongent en se modifiant à peine jusqu'à l'extrémité de la queue ; cette répétition est si frappante que Gœthe et Oken n'ont pas hésité à voir, dans les os du crâne des Vertébrés, des vertèbres ou des parties de vertèbres modifiées, et que Geoffroy Saint-Hilaire comparait à une colonne vertébrale les anneaux chitineux des segments du corps des Insectes.

A ne considérer que les mammifères et les oiseaux, il semble tout d'abord que les vertèbres se répètent seules longitudinalement et que les autres parties du squelette en soient relativement indépendantes. Le cou est exclusivement composé de vertèbres; dans la région thoracique, à ces vertèbres s'ajoutent des côtes et un appareil sternal, servant à leur tour de support au système osseux des membres antérieurs ; dans les lombes et dans la queue les vertèbres constituent encore à elles seules le squelette ; mais ces deux régions sont séparées par celle du bassin où le squelette subit tout un ensemble de modifications en rapport avec le développement des membres postérieurs. Quand, au lieu de s'arrêter à ces groupes supérieurs, résultat de profondes modifications organiques, on examine le squelette dans les classes où le type est plus flottant, comme chez les Reptiles ou les Poissons, on s'aperçoit bien vite qu'à la vertèbre se joignent un certain nombre de parties qui entrent presque au même titre qu'elle dans la constitution du squelette. Chez les Serpents et les Poissons le plus grand nombre des vertèbres portent des côtes ; les vertèbres du cou, celles de la queue sont également pourvues, chez les lézards et les crocodiles, de côtes au moins rudimentaires ; les vertèbres du cou en possédaient également chez l'*Archæopteryx*, ce curieux précurseur des Oiseaux. On peut donc concevoir toutes les vertèbres comme étant essentiellement munies de côtes, de même que toutes sont munies de lames qui se réunissent en arc au-dessus de la moelle épinière et constituent par leur ensemble le *canal rachidien*, chargé d'abriter cette partie importante du système nerveux central. Les *côtes* entourent les viscères d'une série d'arcs osseux, comme les *lames* forment elles-mêmes une série d'arcs osseux autour de la moelle épinière. Ces arcs se relient les uns et les autres au *corps* de la vertèbre. Le corps de la vertèbre, son arc viscéral et son arc neural constituent un *segment vertébral;* le squelette n'est autre chose que la répétition d'une série de segments vertébraux, primitivement tous semblables entre eux, mais qui se sont à la longue plus ou moins modifiés. Un squelette ainsi constitué est ce que l'illustre anatomiste anglais Richard Owen appelle le *squelette-archétype*. Dans cette conception du squelette, qu'il nous faudra d'ailleurs notablement modifier, le crâne lui-même résulterait, comme l'ont affirmé les premiers Gœthe et Oken, de la soudure d'une série d'arcs vertébraux diversement transformés et unis à quelques éléments osseux d'origine cutanée.

C'est ainsi qu'avant Richard Owen, Étienne Geoffroy Saint-Hilaire comprenait déjà la structure du squelette (1).

Que signifient donc ces segments identiques entre eux dont l'existence s'affirme si énergiquement dans la composition du squelette des animaux vertébrés? Sont-ils un simple accident dans la structure de ces animaux? Sont-ils, au contraire, l'indication la plus précise d'un mode de constitution fondamental dont la trace se serait plus ou moins effacée dans les autres parties de l'économie? Le Vertébré ne serait-il pas lui-même un organisme composé de *zoonites* à la façon des Articulés ou des Vers annelés? Les segments vertébraux ne seraient-ils pas simplement les parties solides de ces *zoonites*, ou individus primitifs, nés les uns des autres? En un mot, le Vertébré ne représenterait-il pas l'une des transformations extrêmes des colonies linéaires?

Admettre qu'un organisme dont l'individualité est aussi nette que celle d'un Vertébré soit cependant composé d'individualités animales distinctes, dont la fusion aurait constitué la sienne, pouvait sembler, il y a quelques années, une fantaisie de l'imagination. Nous avons accumulé les preuves que tous les organismes quelque peu élevés que nous avons étudiés jusqu'ici s'étaient cependant constitués de la sorte. Trouve-t-on chez le Vertébré plus d'harmonie entre les parties qu'il n'en existe chez un Insecte? Voit-on chez la plupart des représentants de ce groupe une individualité psychologique plus accusée que chez les Abeilles et les Fourmis? Ces Insectes sont cependant des colonies.

(1) Geoffroy Saint-Hilaire, *Philosophie anatomique*, t. Ier, p. 9 et 10, 1818.

Quand partout, dans le Règne animal, la complication est obtenue grâce à la production, par des organismes simples, d'organismes semblables à eux qui demeurent dans une étroite union, puis se diversifient en s'appropriant à des fonctions spéciales, avons-nous quelque raison de penser que cette méthode générale de création se soit trouvée en défaut précisément pour les êtres les plus étonnants par la variété de leurs parties, la merveilleuse perfection de leurs facultés, la puissance de leur organisation? Quand la Nature procède partout par étapes, crée d'abord ses matériaux, les assemble ensuite, puis les harmonise, les retouche et les perfectionne, pouvons-nous supposer qu'elle ait produit tout d'une baleine les plus magnifiques de ses ouvrages? Ne serait-il pas étonnant qu'après avoir composé l'Éponge d'*Olynthus*, la Méduse et le Coralliaire de Polypes hydraires, le Siphonophore d'Hydres et de Méduses, l'Annélide et l'Insecte de trochosphères ou de nauplius soudés bout à bout, qu'après avoir tiré de cette souche le Mollusque et l'Arachnide, elle ait constitué le Vertébré d'une seule pièce, par une simple association de cellules accumulées en nombre infini et prodigieusement variées?

Les analogies sont évidemment du côté de l'hypothèse de la complexité des Vertébrés : dès lors le *segment vertébral* prend une plus haute signification, et nous devons rechercher si les répétitions qui sont si manifestes dans le squelette ne se produisent pas aussi dans les autres catégories d'organes.

Or, ces répétitions ont depuis bien longtemps frappé les anatomistes. A chaque vertèbre correspond, chez tous les Vertébrés, une paire de nerfs naissant de la moelle épinière, dans les intervalles des vertèbres ; les muscles destinés à faire mouvoir les diverses parties du squelette, les vaisseaux qui sont chargés de les nourrir se répètent comme les os, et ces répétitions sont d'autant plus évidentes, d'autant plus régulières que l'on étudie des Vertébrés d'ordre plus inférieur.

A la vérité cette répétition incontestable, quand on considère les parois du corps, n'existe plus en général pour les viscères ; la plupart des Vertébrés ne possèdent qu'un foie, qu'un pancréas, qu'un cœur ; les branchies des Poissons sont peu nombreuses ; les

Batraciens, les Reptiles, les Oiseaux et les Mammifères n'ont qu'une seule paire de poumons, une seule paire de reins, une seule paire de glandes reproductrices. La segmentation très nette dans le squelette, moins apparente dans les tissus qui l'enveloppent, totalement absente dans les viscères, semble donc un phénomène de peu d'importance. Nous avons déjà vu cependant la segmentation faire également défaut au plus grand nombre des viscères chez les animaux articulés, dont les segments sont trop évidents, dont les rapports avec les Annélides sont trop étroits pour qu'il soit possible de mettre en doute le mode de formation de leur organisme. Nous avons pu d'ailleurs facilement expliquer les phénomènes observés. Nous serions donc en droit dès à présent d'appliquer aux Vertébrés les résultats acquis par l'étude de ces animaux. Mais les Vertébrés ont toujours été considérés comme des êtres à part. Chez eux, l'individualité a servi de type à la définition de l'individualité animale ; ils se distinguent d'ailleurs, comme le faisait remarquer en 1865 M. de Lacaze-Duthiers (1), par un degré de concentration plus grand de toutes les activités vitales ; leurs diverses parties sont unies d'une façon tellement intime que la suppression de quelques-unes d'entre elles entraîne nécessairement la mort de toutes les autres. Tandis qu'une Annélide décapitée se refait une tête, que ses deux moitiés deviennent parfois un nouvel individu quand on vient à la couper par le milieu du corps, un Vertébré meurt irrémédiablement si l'on vient à léser une portion même très limitée de son cerveau, si son cœur s'arrête, si ses poumons se détruisent, si l'une quelconque des parties de son corps subit une grave mutilation. Il y a donc chez les Vertébrés une fusion exceptionnelle de toutes les parties constituantes, fusion dont la mesure peut être donnée par la conscience que chacun de nous possède de l'unité de sa personne. Des inductions que l'on aurait, à la rigueur, le droit de considérer comme démonstratives s'il s'agissait d'autres animaux, pourraient donc être contestées lorsqu'on les applique à des Vertébrés : il faut ici une démonstration complète.

(1) *Leçons faites au Muséum d'histoire naturelle* ; Revue des cours scientifiques, 22 janvier 1865.

D'ailleurs, un corps aussi volumineux que celui de beaucoup de Vertébrés nécessite une charpente solide pour soutenir ses diverses parties; les mouvements ne peuvent s'accomplir que si cette charpente est formée de parties disjointes, pouvant se déplacer les unes par rapport aux autres, mais se fournissant dans le repos un mutuel appui. De là, la segmentation de la colonne vertébrale. Cette colonne une fois segmentée, les muscles qui doivent la faire mouvoir, les nerfs qui portent à ces muscles les ordres de la volonté, les vaisseaux qui les nourrissent, ont dû prendre une disposition en harmonie avec cette segmentation et produire ainsi l'illusion d'une segmentation des parois entières du corps (1). Loin d'être une disposition primordiale, la segmentation pourrait donc être une disposition acquise, subordonnée à des nécessités mécaniques, avantageuse du reste pour l'organisme, disposition qu'à défaut d'une corrélation préétablie, la sélection naturelle aurait pu développer à elle seule.

Les embryogénistes répondraient, sans doute, que la segmentation se montre dans les parties molles du corps avant l'apparition de tout squelette solide; les zoologistes et les paléontologistes ajouteraient à leur tour que, chez les Vertébrés inférieurs, la corde dorsale n'est pas segmentée et que cependant c'est précisément chez eux que la segmentation des muscles est le plus évidente; ils pourraient montrer que, chez les plus anciens des Vertébrés, le développement de corps vertébraux isolés a pu n'avoir lieu qu'après l'apparition des côtes, et que par conséquent, la cause de l'existence des segments vertébraux est dans un phénomène organique plus général que celui de la division du rachis en vertèbres. Les physiologistes pourraient dire à leur tour que la segmentation du système nerveux n'est pas seulement un fait

(1) L'enchaînement de ces dispositions paraissait nécessaire à Gratiolet lorsqu'il disait dans son *Anatomie du système nerveux*, t. II, pag. 6 : « Les vertèbres, comme chacun sait, sont à l'ensemble du squelette ce que les anneaux sont au corps des Articulés... Il y a des segments dans le squelette, il y a des segments dans les muscles. Les nerfs périphériques *s'accommodent* à leur tour à cette segmentation, et l'observation démontre qu'il y a aussi des segments dans le système nerveux central. »

anatomique ; que chaque segment de la moelle épinière possède une véritable autonomie qui constitue par cela même une réelle individualité à la région du corps qu'il tient sous sa dépendance. Toute l'histoire des singuliers phénomènes nerveux connus sous le nom de *phénomènes réflexes* n'est qu'une longue démonstration du fait que chacune des parties de la moelle épinière qui avoisine la naissance d'une paire de nerfs domine exclusivement ces nerfs, perçoit des excitations par leur intermédiaire et peut les transformer en mouvements, sans que le cerveau en ait conscience et alors même que celui-ci a été totalement enlevé.

Après avoir rappelé les idées de Moquin-Tandon sur la division des animaux articulés en zoonites ou animaux secondaires, après avoir indiqué les expériences de Dugès sur l'autonomie des ganglions nerveux qui gouvernent ces zoonites, M. Vulpian s'exprime ainsi dans ses *Leçons sur la physiologie générale du système nerveux* faites au Jardin des Plantes (1) : « Ce qui est vrai ici (pour les ganglions des animaux articulés) l'est aussi pour chaque segment de la moelle des Vertébrés. La moelle épinière de même que la chaîne ganglionnaire des Annelés est une série linéaire de centres à la fois indépendants et gouvernés. Permettez-moi cette comparaison, ce sont des provinces avec une administration autonomique, mais soumises, dans certaines limites, à une autorité supérieure. »

Mais l'autonomie des divers segments de la moelle épinière n'existe encore qu'en ce qui concerne l'action de ce centre nerveux sur des muscles dont la disposition est intimement liée à celle des parties du squelette ; tout ce qui concerne les sensations, la direction générale de l'organisme, est évoqué par le cerveau. La division de la moelle en domaines physiologiques distincts peut n'être encore qu'une conséquence de la division du squelette en segments vertébraux. L'objection subsiste donc tout entière. Il n'en serait évidemment plus de même s'il était possible de démontrer que des viscères totalement indépendants du squelette et de ses mouvements présentent cependant le même mode de segmentation que

(1) Page 787.

lui. Jusqu'à ces dernières années cette démonstration paraissait impossible.

De tous les organes que possèdent les différents membres d'une colonie, ceux qui se mettent le plus rapidement en commun et qui perdent le plus vite les traces d'une distinction primitive, sont les organes de la digestion. Chez tous les Vertébrés, les organes définitifs de la respiration sont sous leur dépendance. L'appareil circulatoire, entraîné d'un côté par les modifications que subit l'enveloppe du corps, de l'autre par celles que subissent les viscères, est trop mobile pour qu'il soit possible d'espérer de lui des renseignements précis. Restent donc les organes d'excrétion et de reproduction ; mais ces organes, au moins chez les Vertébrés supérieurs, sont extraordinairement condensés et réduits à quelques glandes d'un très petit volume. Il semble cependant *à priori* qu'ils dussent être, dans une colonie, les derniers à subir l'influence de l'individualisation. S'il est utile à l'ensemble d'une colonie que les matières nutritives soient rapidement et également réparties entre les individus qui la composent, s'il est nécessaire que chaque individu soit informé de ce qui arrive à ses voisins, et possède des moyens d'action sur eux, il est de même avantageux que chaque membre de l'association se débarrasse promptement des produits qui doivent être rejetés au dehors ; mais il n'y a qu'un intérêt de second ordre à ce que ces produits soient mis en commun et expulsés en bloc. Dans une ville qui se fonde, et se développe, c'est à la construction des égouts que l'on songe en dernier lieu ; c'est seulement quand la civilisation est avancée qu'on arrive à les réunir en un réseau unique qui devient ainsi un véritable organe social.

Ces inductions, les faits les ont absolument confirmées. Non seulement il est acquis aujourd'hui que les appareils d'excrétion, les reins des animaux supérieurs ne sont parvenus à leur état actuel qu'à la suite d'une longue élaboration ; mais, grâce aux découvertes très inattendues de Balfour (1) en Angleterre et de

(1) Balfour, *A preliminary account of the development of Elasmobranch Fishes* ; Quarterly Journal of microscopical science, octobre 1874. — *The development of Elasmobranch Fishes*, Journal of Anatomy and Physiology, 1876.

Carl Semper (1) en Allemagne, il est possible désormais de suivre pas à pas les modifications graduelles qu'ils ont subies, de montrer ce qu'ils étaient à l'origine et comment ils se sont transformés.

Non seulement ces récentes découvertes donnent l'explication des métamorphoses étranges et jusqu'ici énigmatiques qui marquent le développement de l'appareil excréteur et des glandes reproductrices chez les Vertébrés supérieurs, mais elles vont nous fournir encore la preuve cherchée que les Vertébrés étaient à l'origine des organismes complexes, des colonies linéaires, et nous permettre de préciser la nature des organismes qui se sont associés pour les constituer. Conclusion tout à fait imprévue, il se trouve que ces organismes devaient présenter la plus grande analogie avec ceux qui ont constitué les Vers annelés.

Il est nécessaire, pour faire bien saisir toute l'importance des résultats acquis, de revenir à l'histoire des Vers annelés et des animaux voisins, de montrer quelle est chez eux la constitution générale de l'appareil excréteur, d'en étudier, au moins rapidement, les transformations et de faire connaître les fonctions accessoires qu'il peut remplir.

(1) Carl Semper, *Die Stammesverwandschaft der Wirbelthiere und Wirbellosen*; Arbeiten aus dem zoologische-zootomischen Institut in Würzbourg, t. II, 1875 et t. III, 1876-1877.

CHAPITRE VI

L'APPAREIL EXCRÉTEUR CHEZ LES VERS

Lorsqu'on vient à ouvrir un Ver de terre ou une Sangsue et à rabattre horizontalement les téguments fendus tout le long de la ligne médiane du dos, on aperçoit sur les parois du corps, de chaque côté du tube digestif, une série d'organes assez volumineux semi-transparents, légèrement nacrés, enveloppés généralement d'un riche réseau vasculaire. Ces organes se répètent avec une régularité parfaite d'anneau en anneau (fig. 159, n° 3, *sgl*) et éprouvent seulement quelques modifications dans les anneaux antérieurs du corps. Dugès (1) reconnut le premier dans ces organes la présence de tubes tapissés intérieurement de cils vibratiles très actifs. Dans les Lombriciens transparents tels que les *Naïs*, les *Dero* ou les *Tubifex*, il est facile de reconnaître à travers les téguments l'existence de tubes semblables, de suivre leurs détours et d'observer les vibrations des cils qu'ils contiennent, sans qu'aucune préparation anatomique soit nécessaire pour cela. On peut constater, chez ces animaux, que le tube cilié est la partie essentielle de l'organe et souvent la seule ; ce tube s'ouvre à l'extérieur par un orifice situé au voisinage du sillon de séparation de deux anneaux consécutifs et dans l'alignement de l'une des rangées de

(1) Annales des sciences naturelles, 2e série, t. VIII, 1837.

soies locomotrices. Il en résulte deux séries d'orifices qui semblent représenter, chez les Vers, la double série des orifices des trachées, si évidents chez les Insectes et les Myriapodes. En suivant avec soin ces tubes dans l'intérieur du corps, on arrive à reconnaître qu'ils présentent une disposition constante et fort singulière. Après s'être plus ou moins contournés à l'intérieur de l'anneau qui les contient, ils se dirigent vers sa cloison antérieure, la traversent et viennent s'épanouir dans l'anneau précédent en un pavillon libre, largement ouvert et dont la surface est entièrement couverte de cils vibratiles (fig. 159, n° 3, *str*); ces cils vibrent à nu dans la cavité générale, ils sont plus faciles à apercevoir que ceux contenus dans les canaux, de sorte qu'en observant une Naïs par transparence, c'est ordinairement le pavillon vibratile qu'on aperçoit le premier. On avait longtemps considéré ces organes comme constituant un appareil respiratoire ; Jules d'Udekem, ayant à les décrire dans le *Tubifex rivulorum*, émit le premier l'idée que c'étaient des organes excréteurs analogues aux reins des animaux supérieurs (1). Cette opinion a été depuis complètement confirmée. On ne trouve jamais, en effet, ces tubes remplis de gaz chez les Lombriciens terrestres qui cependant sont bien obligés de respirer l'air en nature ; ils sont toujours au contraire plus ou moins gorgés d'un liquide qui ne peut évidemment avoir été puisé que dans l'économie de l'animal, et il est facile, en outre, de constater que les battements des cils font marcher ce liquide non pas de l'extérieur vers l'intérieur du corps, mais de l'intérieur vers l'extérieur. C'est conséquemment un liquide destiné à être rejeté.

Les Vers de terre et les animaux analogues présentent donc cette étrange particularité que la cavité viscérale de leur corps communique avec l'extérieur par autant de paires d'orifices que le corps possède d'anneaux. Le liquide qui remplit cette cavité dans chaque anneau et qui constitue la partie la plus importante du sang peut être rejeté au dehors par l'intermédiaire du canal cilié situé dans l'anneau suivant. Chez certaines sangsues, les *Nephelis*,

(1) J. d'Udekem, *Histoire naturelle du Tubifex rivulorum*; Mémoires couronnés par l'Académie de Bruxelles, t. XXVI, 1855 (Mémoire déposé en 1853).

par exemple, ces canaux offrent une disposition plus étonnante encore, leurs pavillons viennent s'ouvrir à l'intérieur même des vaisseaux sanguins, de sorte que, par une simple contraction de son corps, l'animal peut expulser volontairement une quantité de sang plus ou moins considérable, pratiquer sur lui-même une saignée plus ou moins abondante. On sait depuis le célèbre mémoire de M. de Lacaze-Duthiers sur le Pleurobranche que les Mollusques peuvent, d'une façon assez analogue, effectuer sur eux-mêmes cette bizarre opération.

Par ses études sur les Annélides marines, le docteur Williams (de Swansea) fit entrer dans une phase nouvelle l'histoire des canaux ciliés des Lombrics et des Sangsues. Il affirma d'abord que l'existence de ces organes était générale chez tous les Vers annelés ; de plus il exprima, au sujet de leurs fonctions et de leurs rapports avec l'organisme, des idées tout à fait nouvelles (1), et attribua aux canaux ciliés, que nous avons déjà précédemment désignés sous le nom, choisi par lui, d'*organes segmentaires*, une importance exceptionnelle.

L'anatomiste anglais considère les organes segmentaires comme étant, chez tous les Vers annelés, les organes mêmes de la génération. Pour lui ces organes représentent, en quelque sorte, la portion génitale du zoonite. A la vérité, ils ne fonctionnent pas absolument comme organes reproducteurs ; ils peuvent même être détournés de leur destination primitive et employés à d'autres fonctions ; mais, partout où se trouve un organe tenant en quelque façon à la génération, c'est, selon le Dr Williams, par une transformation de tout l'organe segmentaire ou de l'une de ses parties qu'il est produit. Ainsi, par exemple, chez les *Dero* et les autres Naïdiens, l'appareil fort compliqué de la génération comprend des poches dites *copulatrices*, destinées à recevoir les éléments fécondateurs après l'accouplement et à les conserver jusqu'au moment de la ponte, des glandes mâles, un ovaire, une paire de canaux excréteurs pour ces glandes ; tous ces organes si variés ne seraient

(1) Dr Williams, *Report on the British Annelida*, dans *Reports of the British Association for advancement of science*, 1851, et surtout *Transactions of the Royal Society*, 1853, t. I, p. 93.

que des modifications diverses des organes segmentaires. Mais ces organes ne rempliraient leur véritable fonction que dans les premiers anneaux du corps ; partout ailleurs ils en seraient détournés pour devenir de simples organes d'excrétion, de véritables reins.

Nous voyons apparaître ici pour la première fois ce lien singulier et inexplicable, en apparence, que l'on observe chez tous les Vertébrés entre les organes chargés de purifier l'organisme et ceux qui sont chargés de le reproduire, entre les organes de la sécrétion urinaire et ceux de la reproduction.

Telle qu'il la présentait, la théorie du Dr Williams n'était pas absolument exacte. En réalité, les organes essentiels de la reproduction, les glandes mâle et femelle, aussi bien chez les Vers de terre que chez les Sangsues, que chez les Annélides, se développent indépendamment des organes segmentaires et n'ont avec eux aucune relation directe. Ils n'apparaissent que lorsque l'animal a atteint un certain âge, tandis que les organes segmentaires sont, au moins chez les Vers de terre, parmi les premiers organes qui se constituent dans chaque segment, et ne sont nullement affectés, dans les anneaux stériles, par les modifications que subissent périodiquement les glandes génitales. Toutefois il y a là un exemple remarquable de l'emprunt fait par une fonction d'organes originairement destinés à une autre fonction. Dans presque tous les segments du corps, il existe chez les Vers annelés un organe segmentaire servant avant tout d'organe de sécrétion et faisant accessoirement communiquer la cavité du corps avec l'extérieur. Chez les Annélides les produits de la génération, œufs ou zoospermes, se formant dans tous les anneaux du corps, trouvent là un passage tout préparé pour arriver au dehors. Appelés par le mouvement ciliaire des pavillons, ils s'engagent dans le canal qui leur fait suite, cheminent dans ce canal, toujours poussés par le mouvement des cils, y peuvent achever leur maturation et sont enfin expulsés.

Assez fréquemment du reste, surtout chez les Annélides sédentaires, les organes segmentaires peuvent éprouver des modifications plus ou moins considérables ; il est rare qu'ils soient réduits.

comme chez les Annélides errantes, à un simple tube cilié terminé par un pavillon : le plus souvent leurs parois deviennent glandulaires; les organes prennent alors un volume relativement considérable, on trouve parfois dans leur intérieur des cristaux d'acide urique et assez souvent leur pavillon vibratile disparaît. Ce pavillon manque également chez un assez grand nombre de Sangsues ; mais cette disparition du pavillon est un fait sans grande importance, et qui est dû simplement à un arrêt de développement, ou plutôt à une sorte de balancement dans le degré de développement des diverses parties de l'organe. L'organe segmentaire commence en effet par revêtir d'abord la forme d'une simple poche ou d'un tube aveugle et plus tard seulement, à l'une de ses extrémités, le pavillon se développe. Chez le même individu, il arrive que dans un certain nombre d'anneaux les organes segmentaires gardent leur forme typique, tandis que dans les autres ils deviennent éminemment glandulaires et demeurent sans ouverture interne. Parfois, au contraire, le nombre de leurs orifices se multiplie : chez la *Polynoë pellucida*, l'organe segmentaire muni d'un seul pavillon vibratile et d'une portion glandulaire s'ouvre à l'extérieur par quatre orifices distincts, précédés chacun d'un tube assez long (1).

Chez les Annélides, malgré les modifications que nous venons de signaler, les organes segmentaires ne sont jamais liés d'une façon spéciale à la fonction de la génération. Mais, dans le groupe des Lombriciens, il se fait entre ces organes, dans les divers anneaux, une remarquable division du travail, en rapport avec la localisation plus grande de l'appareil reproducteur et aussi avec les conditions nouvelles dans lesquelles doit s'accomplir la fécondation qui, chez les animaux terrestres ou d'eau douce, ne peut plus être livrée au hasard comme chez des animaux aquatiques, habitant en grand nombre la même région et pouvant utiliser comme véhicule l'eau qui les entoure.

Tandis que chez les Annélides marines tous les anneaux sont également aptes à la reproduction, chez les Lombriciens trois ou

(1) Ehlers, *Die Borstenwürmer*, pl. IV, fig. 3.

quatre anneaux au plus sont sexués : deux ou trois sont mâles, un autre est femelle et tous ceux qui restent sont stériles.

Dans les anneaux reproducteurs, à la place ou à côté des organes segmentaires ordinaires, on trouve des organes exactement construits sur le même type, formés, comme eux, d'un tube cilié et d'un pavillon vibratile, mais évidemment modifiés pour servir exclusivement à porter au dehors les produits des glandes génitales. Chez les Lombriciens aquatiques, ces annexes de l'appareil reproducteur ne coexistent jamais avec de véritables organes segmentaires ; ils occupent la même position, s'ouvrent à peu près au même point. On peut admettre qu'ils résultent d'une simple transformation des organes segmentaires. Mais cette transformation peut faire d'eux des organes très variés : renflés en bourses volumineuses, dépourvus de pavillons vibratiles, ils constituent des *poches copulatrices;* considérablement allongés et agrandis, pourvus d'un gigantesque pavillon, ils deviennent les *canaux déférents* des glandes mâles ; réduits à un pavillon absolument sessile, ils jouent le rôle d'*oviductes.*

Parmi les Lombriciens voisins des *Tubifex* et constituant la famille des *Tubifécidés*, on trouve deux formes distinctes, également intéressantes, de canaux déférents. Dans certains genres il n'existe qu'un seul canal (1) terminé par un pavillon vibratile unique ; dans d'autres (2), il existe deux canaux déférents terminés chacun par un pavillon vibratile ; ces pavillons correspondent toujours à deux anneaux distincts ; mais les canaux eux-mêmes, après s'être développés parfois dans l'étendue de plusieurs anneaux, viennent toujours se souder l'un à l'autre, et constituer un canal unique qui ne possède qu'un seul orifice externe (3). Le plus souvent des glandes volumineuses se développent dans cette partie commune que peut terminer un organe d'accouplement.

(1) Tels sont les *Tubifex* et les *Psammoryctes.*

(2) Les genres *Rhynchelmis, Lumbriculus, Trichodrilus, Stylodrilus, Phreatothrix.*

(3) Voir à ce sujet les travaux de Claparède dans les *Mémoires de la Société de physique et d'histoire naturelle de Genève*, t. XVI, 1861-1862 et ceux de Vejdovsky dans le *Zeitschrift für wissenschaftliche Zoologie*, t. XXVII, 1876.

Cette disposition que nous ne rencontrons parmi les Tubifécidés que dans un certain nombre de genres, devient au contraire à très peu près générale chez les Lombriciens terrestres ou Vers de terre proprement dits. Là, à part deux exceptions, on a toujours trouvé de chaque côté du corps un appareil déférent composé de deux pavillons vibratiles s'ouvrant dans deux anneaux distincts, mais greffés sur un tube unique que terminent souvent des glandes accessoires et un organe d'accouplement. La seule différence qui existe entre cet appareil et celui des Tubifécidés est que, chez ces derniers, la partie commune aux deux organes qui viennent se souder est ordinairement très courte, tandis que chez les Vers de terre elle forme au contraire la plus grande partie de la longueur de l'appareil.

Mais les Vers de terre sont intéressants à un autre point de vue. Chez eux, en effet, les poches copulatrices, les canaux déférents, les oviductes ne prennent pas la place des véritables organes segmentaires; on trouve ceux-ci, à côté d'eux, dans les mêmes anneaux, possédant des orifices extérieurs distincts ou, ce qui est plus rare, partageant avec eux le même orifice. Malgré la ressemblance que ces annexes de l'appareil génital présentent avec de véritables organes segmentaires, malgré l'identité apparente de leur structure, malgré la transition des Lombriciens aquatiques vers les Lombriciens terrestres qu'indiquent certains Tubifécidés, il faut bien reconnaître que chez les Vers de terre s'est développé tout un système d'organes nouveaux, rappelant les organes segmentaires par leur structure et leurs modifications, mais ne résultant nullement d'une transformation de ceux-ci.

Chez ces animaux, à côté des organes spécialement chargés de la sécrétion urinaire, il existe donc d'autres organes, exactement construits sur le même type, occupant à peu près la même position et qui sont exclusivement dévolus à la fonction de reproduction. C'est là une donnée précieuse et dont nous allons avoir à faire usage en étudiant le *système uro-génital* des Vertébrés.

Dans les Vers annelés où l'appareil circulatoire ne forme pas de réseau dans les téguments, les organes segmentaires n'en possèdent pas non plus; mais partout où le système vasculaire des téguments se développe, des branches vasculaires relativement volumineuses viennent se diviser à la surface ou dans la masse glandulaire des organes segmentaires et y former un réseau à mailles serrées : souvent sur le trajet de leurs ramifications on observe des renflements variqueux qui paraissent destinés à ralentir le cours du sang, comme pour lui permettre de subir d'une façon plus complète l'action épuratrice de la glande.

Ces particularités ont encore une importance qui ne tardera pas à ressortir. Mais ce qu'il est avant tout nécessaire de bien établir, c'est la haute signification des organes segmentaires eux-mêmes. Ces organes ne se rencontrent pas seulement, en effet, chez les Vers annelés proprement dits, c'est-à-dire les Annélides, les Lombriciens et les Sangsues. On les retrouve, avec une remarquable persistance de forme et de fonctions, dans tous les types dont les affinités avec les Vers ne sont pas douteuses, depuis les Rotifères et les Gastérotriches jusqu'aux Bryozoaires, aux Brachiopodes et aux Mollusques où nous les avons vus contribuer à former l'organe rénal connu sous le nom d'*organe de Bojanus*.

Nous sommes donc conduits à considérer les *organes segmentaires* comme éminemment caractéristiques des êtres primitifs d'où sont descendus tous les animaux que nous désignons sous le nom de Vers. C'est grâce à eux que nous allons pouvoir remonter jusqu'à l'origine des Vertébrés, et retrouver le chemin par lequel ces animaux ont pu s'élever jusqu'à leur degré actuel de perfection et de puissance organique.

CHAPITRE VII

LES VERTÉBRÉS DÉRIVENT DE COLONIES LINÉAIRES.

Le résultat définitif de la transformation des colonies en organismes consiste dans une concentration graduelle des parties et des fonctions, qui efface peu à peu les limites des individus composant la colonie, dissocie leurs organes, réunit ceux qui sont de même nature, les soude aux organes analogues des autres individus, les isole des organes différents de l'individu auquel ils appartenaient d'abord, altère par cela même leurs rapports primitifs et finit par rendre méconnaissable leur mode initial d'association. Le développement de l'individualité sociale ou, si l'on veut, le perfectionnement de l'organisme entraîne nécessairement la disparition plus ou moins complète des individualités élémentaires et souvent même la fusion de leurs parties constitutives dans des unités apparentes, nées de quelque nécessité physiologique et qui deviennent les organes de l'individualité nouvelle.

Ainsi, dans une grande nation, les membres d'une même famille se dispersent, en raison des carrières différentes embrassées par chacun d'eux, pour se réunir à d'autres individus d'origine différente, mais remplissant les mêmes fonctions, dans ces unités nouvelles que l'on nomme la magistrature, l'université, l'armée, l'administration, et qui sont comme les organes du corps social. A ne considérer la nation que dans son ensemble et dans son organisation, on n'aperçoit tout d'abord que les unités physiologiques, qui assurent son existence. C'est seulement à l'aide de pénibles recherches d'état civil que l'on arrive à reconnaître les familles primitives, désormais fondues dans la masse et dont le démembrement a fourni ces familles artificielles auxquelles magistrats, soldats et savants se font honneur d'appartenir. Telle est la situation du naturaliste en face d'un très grand nombre des organismes dont il se propose de faire l'étude ; ce qu'il aperçoit tout d'abord dans un Vertébré, dans un Articulé, dans un Mollusque, ce sont les organes, et tous paraissent faire partie d'une unité indivisible à l'existence de laquelle ils sont nécessaires. Il faut une comparaison attentive avec les organismes voisins, une étude soigneuse des parties de l'animal adulte et de leur mode de développement pour faire apparaître avec évidence les traces de la constitution fondamentale.

De même que dans l'embranchement des Articulés et dans celui des Vers annelés, tous les types ne montrent pas avec la même évidence leur constitution coloniale, de même dans l'embranchement des Vertébrés, le plus éloigné de tous des formes originelles, on ne peut espérer trouver également dans tous les types les traces de leur origine. Si l'on a chance d'en découvrir quelques indices, c'est parmi les formes inférieures de l'embranchement et peut-être encore pendant la seule période du développement embryogénique, celle de l'enfance des éléments qui devront plus tard composer les organes, mais qui pendant un temps variable demeurent unis aux *familles* dans lesquelles ils ont pris naissance et conservent avec elles des connexions plus ou moins étroites, avant d'entrer définitivement dans des associations purement physiologiques. Les résultats fournis par une étude comparative des formes inférieures de Vertébrés n'en gardent pas moins toute leur généralité, car, dans aucun autre groupe du règne animal, l'unité de plan de composition n'est plus évidente et plus universellement reconnue.

C'est cette unité de plan de composition des Vertébrés qui donne leur grand caractère de généralité et leur haute importance théorique aux récentes découvertes de Balfour, de Carl Semper sur la constitution du système uro-génital des poissons plagiostomes (1), à celles de Wilhelm Müller sur les Myxines et les Lamproies, enfin à celles de Spengel sur les Batraciens et les Reptiles.

Chez les Poissons en général, et notamment chez les Plagio-

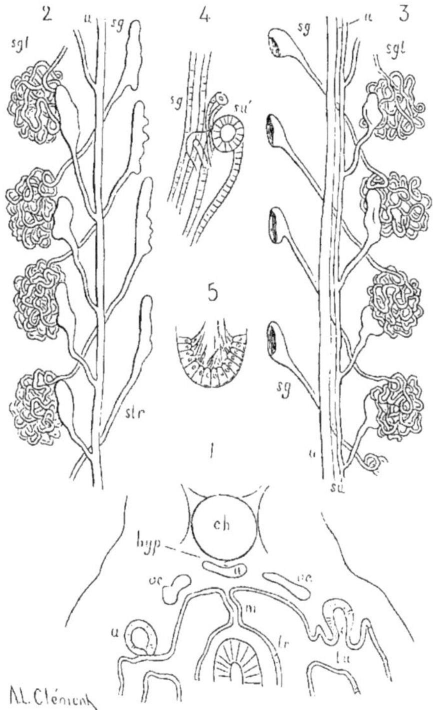

Fig. 156. — Appareil uro-génital d'un embryon de Squale. — 1. Coupe transversale de l'embryon : *ch*, corde dorsale ; *hyp*, cordon situé au-dessous d'elle ; *a*, aorte ; *tr*, intestin ; *m*, mésentère ; *u*, uretère ; *tu*, orifice des tubes du rein primitif ; *vc*, veines cardinales. — 2. Système uro-génital d'un individu mâle. — 3. Id., d'une femelle : *sgl*, organe segmentaire pelotonné ; *sg*, canal segmentaire ; *str*, pavillon vibratile ; *u*, uretère primitif formant l'oviducte chez la femelle ; *su*, uretère secondaire. — 4. Une partie terminale de l'un des organes segmentaires plus grossie. — 5. Les cellules vibratiles de l'organe segmentaire,

stomes, le rein n'est pas l'organe compact et de faible volume que nous connaissons chez les Mammifères. C'est un organe à tissu peu

(1) Ce sont les Squatines, les Requins, les Roussettes, les Anges, les Raies, etc.

serré qui s'étend tout le long de la colonne vertébrale où il se trouve enchevêtré avec les glandes reproductrices et d'abondants dépôts de matières grasses.

Si l'on observe des embryons suffisamment jeunes de Roussettes ou d'autres Plagiostomes, on reconnaît à la traînée glandulaire formée par ces divers organes une disposition tout à fait caractéristique. De chaque côté de la corde dorsale, les segments musculaires se succèdent régulièrement, indiquant le mode de division de la paroi du corps, également reproduite par les parties cartilagineuses qui représentent les vertèbres (fig. 158, n° 1). A chacun de ces segments correspond un tube qui s'ouvre dans la cavité générale par un large pavillon vibratile ; ce tube descend obliquement en ligne droite de haut en bas et de dedans en dehors, puis il se pelotonne, forme ainsi un corpuscule assez volumineux, revient obliquement vers la ligne médiane et finalement s'ouvre, au niveau du segment musculaire suivant, dans un canal longitudinal qui possède lui-même, au voisinage de l'anus, un orifice extérieur (fig. 156, n° 2). L'ensemble des tubes pelotonnés pourvus d'un pavillon vibratile constitue le *rein*, le canal dans lequel s'ouvre chacun d'eux est l'*uretère* ou canal excréteur du rein. Chez les mâles ce canal conserve définitivement cette fonction ; chez les femelles (fig. 156, n° 3), il se forme à un moment donné un nouvel uretère sur lequel viennent se greffer les canalicules rénaux, et l'uretère primitif se met exclusivement en rapport avec les glandes reproductrices, il devient l'*oviducte*.

On ne peut manquer d'être frappé de la ressemblance que ces organes rénaux présentent avec ceux des Annélides. De même que chaque anneau du corps possède, chez ces derniers, un tube rénal s'ouvrant dans sa cavité par un pavillon vibratile, de même chez les jeunes Requins et les poissons voisins, chaque segment vertébral possède son rein particulier exactement construit comme celui de l'Annélide. La seule différence est que, chez les Annélides, chaque rein, chaque organe segmentaire s'ouvre isolément au dehors, tandis que chez les Requins un canal commun recueille sur son trajet les produits sécrétés par les différents reins segmentaires et se charge seul de porter les produits au dehors.

Cette différence n'a rien de fondamental : des différences exactement de même nature existent chez des Insectes, d'ailleurs fort voisins, en ce qui concerne leur appareil respiratoire. Cet appareil consiste essentiellement en autant de paires de trachées arborescentes qu'il y a de segments du corps. Chaque touffe est

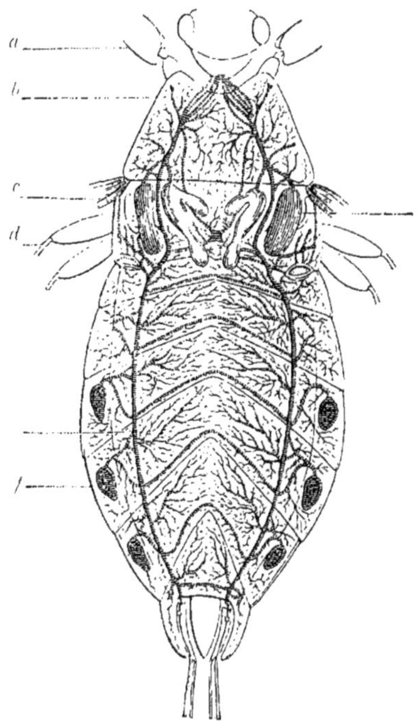

Fig. 157. — Appareil respiratoire de la *Nèpe cendrée* : *a*. pattes antérieures ; *b*, prothorax ; *c*, ailes antérieures ; *d*, deuxième paire de pattes ; *e*. troncs respiratoires longitudinaux s'ouvrant seulement à l'extrémité postérieure du corps et amenant l'air dans tout l'arbre trachéen ; *f*, reste des stigmates, oblitérés chez la Nèpe ; *g*, poches remplies d'air résultant de la dilatation des trachées.

originairement indépendante de ses voisines ; mais on voit chez la plupart des Insectes des anastomoses plus ou moins nombreuses réunir toutes les touffes ; enfin chez certaines Punaises d'eau, les Nèpes (fig. 157), les orifices par lesquels les touffes de trachées communiquaient isolément avec l'extérieur s'oblitèrent, et deux grands tubes dont les orifices sont situés à l'extrémité postérieure du corps ont seuls la charge de porter l'air dans l'appareil respiratoire. Entre le système trachéen d'une Nèpe et celui d'un Myriapode, par exemple, la différence est exactement la même qu'entre le système rénal d'un Poisson plagiostome et celui d'une Annélide. Nous sommes donc autorisés à regarder les reins segmentaires à uretère unique des Roussettes, des Requins et autres Poissons cartilagineux, comme ayant pu dériver de reins qui s'ouvraient d'abord isolément à l'extérieur.

Les relations qui, chez les Annélides, s'établissent entre les reins et les glandes génitales se retrouvent fidèlement ici ; mais de même que nous avons vu chez les Lombriciens une séparation se faire entre les reins véritables et les parties qui sont en rapport avec la fonction de reproduction, de même nous voyons ici l'uretère primitif se séparer complètement de l'appareil rénal et devenir partie intégrante de l'appareil reproducteur.

L'appareil uro-génital des poissons cyclostomes, c'est-à-dire des Myxines et des Lamproies, se rattache très étroitement à celui des Poissons plagiostomes. A la vérité, les pavillons vibratiles ont disparu, comme ils disparaissent souvent chez les Annelides ; mais on voit très nettement chez les Myxines (1) l'uretère primitif fournir dans chaque segment musculaire un canalicule latéral qui se termine par un renflement dans lequel viennent se pelotonner une artère et une veine ; ce renflement présente déjà la structure de ces parties essentielles du rein que l'on retrouve chez tous les autres Vertébrés et qui ont été désignés sous le nom de *corpuscules de Malpighi*, du nom de l'illustre anatomiste qui les a le premier signalés. Le rein conserve donc chez les Myxines les relations avec les segments vertébraux que nous lui avons vues chez les Plagiostomes. Il y a plus : chez les jeunes individus, l'uretère se prolonge antérieurement, et c'est sur lui que viennent se greffer les diverses parties d'une glande que Johannes Müller avait désignée sous le nom de *corps surrénal*, la rapprochant ainsi des *capsules*

(1) Wilhelm Müller, *Ueber das urogenital System der Amphioxus und der Cyclostomen* ; Jenaische Zeitschrift, t. IX, 1875, pag. 107.

surrénales des Vertébrés supérieurs. Ce corps surrénal n'est à l'origine qu'une simple dépendance du rein; il est effectivement constitué, comme les reins eux-mêmes, de canalicules pelotonnés, et ces canalicules qui rampent à la surface de l'enveloppe séreuse du cœur, le *péricarde*, viennent s'ouvrir dans la cavité de cette enveloppe par des pavillons vibratiles. *Chez les Myxines, comme chez les Mollusques, la cavité du péricarde communique avec l'extérieur par l'intermédiaire des reins.* Singulier rapprochement entre des animaux qui paraissent, au premier abord, si profondément différents et dont l'explication ne peut être que dans leur parenté commune avec les Vers annelés.

La complication de ces diverses parties est un peu plus grande chez les Batraciens. Les glandes génitales et les reins occupent une longueur plus restreinte de l'animal et semblent avoir éprouvé une sorte de condensation qui a altéré leurs rapports avec les autres parties du corps. On trouve toujours chez ces animaux deux canaux longitudinaux situés l'un auprès de l'autre : l'un est absolument indivis, ne présente aucune communication avec les canaux voisins et rappelle tout à fait le canal que forme l'*uretère primitif* des Plagiostomes après la formation de l'uretère secondaire. On lui donne le nom de *canal de Müller;* il sert d'oviducte chez les femelles, où il se termine par un pavillon ouvert dans la cavité générale; chez les mâles, contrairement à ce qui a lieu chez les Poissons plagiostomes, il se développe aussi, mais se termine en cæcum et ne contracte aucun rapport avec les glandes génitales. Près de lui, le second canal ou *canal de Leydig*, correspondant à l'uretère secondaire des Squales femelles, supporte les canalicules rénaux, qui sont très allongés, sinueux, et finissent par se bifurquer après un certain trajet. L'une de ces bifurcations se termine par un pavillon vibratile (1) ouvert dans la cavité générale; l'autre aboutit à un corpuscule de Malpighi. Chez les mâles, au voisinage des glandes génitales, un certain nombre de ces bifurcations se prolongent cependant au delà des corpuscules et se dirigent vers les testicules aux quels elles servent de canaux

(1) On donne assez souvent à ces pavillons le nom de *néphrostomes*.

excréteurs. La correspondance entre le nombre des canalicules rénaux et de leurs pavillons vibratiles et celui des segments vertébraux est encore parfaite chez les jeunes de certains Batraciens inférieurs, tels que les Cœcilies; mais, de même que nous avons vu chez les Annélides (1) les orifices extérieurs des organes segmentaires se multiplier, de même nous voyons ici les orifices internes des canalicules rénaux devenir de plus en plus nombreux avec l'âge ; les canalicules demeurent encore parfaitement distincts les uns des autres chez quelques Salamandres, telles que les *Spelerpes;* mais chez les Tritons tous les tubes, primitivement indépendants, se rassemblent et constituent une glande compacte, un rein, dans l'acception ordinaire du mot. Ce rein est divisé en deux parties : la première grêle, en forme de langue, longeant les glandes génitales, recevant d'un côté les canaux déférents chez le mâle, et de l'autre émettant des canaux qui aboutissent au canal de Leydig ; la seconde, renflée, donnant naissance à un grand nombre de fins canaux urinaires qui, sans se réunir entre eux, et sans se joindre au canal de Leydig, vont tous ensemble déboucher à l'extérieur par un orifice commun qui est aussi l'orifice de ce dernier. Une partie des canalicules urinaires est donc ici à peu près exclusivement affectée au service de la reproduction ; une autre partie est essentiellement affectée à la sécrétion urinaire, et les canalicules qui la composent semblent recouvrer à demi leur indépendance primitive. Au canal de Leydig est accolé chez le mâle un canal de Müller fermé à son extrémité antérieure et aboutissant, lui aussi, à l'orifice commun du canal de Leydig et des canalicules rénaux. Chez les femelles, le canal de Müller, plus volumineux, ouvert en pavillon dans la cavité générale, joue le rôle d'oviducte, et les canalicules rénaux proprement dits cessent d'avoir des rapports avec l'ovaire. Dans les deux sexes, la portion renflée du rein est couverte de pavillons vibratiles qui affleurent à sa surface sans faire saillie au-dessus d'elle et témoignent que la constitution de la glande est bien demeurée essentiellement la même que celle des *Spelerpes*, des Cœcilies et des jeunes Requins. Il y a eu simplement

(1) Les Polynoës.

multiplication et concentration en une seule masse de la plus grande partie des canalicules rénaux.

L'appareil uro-génital des Grenouilles et des autres Batraciens dépourvus de queues ne diffère que par des particularités secondaires de celui des Salamandres et des Tritons.

A partir du groupe des Amphibiens ou Batraciens, l'appareil uro-génital dont nous avons pu suivre pas à pas les métamorphoses depuis la forme élémentaire que nous ont offerte les Squales, change brusquement de structure. Le rein et les glandes génitales se séparent de plus en plus, en même temps qu'ils tendent à se ramasser sous des dimensions relatives de plus en plus faibles ; on ne trouve plus à aucune période du développement trace de pavillons vibratiles. Cependant cet appareil dans les Vertébrés les plus élevés dérive incontestablement, lui aussi, de ceux que nous connaissons déjà.

Dans les premières phases de la vie de l'embryon des Reptiles, des Oiseaux et des Mammifères, le rein tel que nous le voyons chez l'adulte n'existe pas. Il est remplacé par un organe temporaire, le *corps de Wolf*, dont le volume est relativement considérable puisque, chez l'embryon humain, il s'étend du sommet de la poitrine jusqu'au bassin, c'est-à-dire sur presque toute la longueur du tronc ; or, ce corps de Wolf n'est autre chose qu'un rein transitoire qui s'est développé exactement comme le rein définitif des Grenouilles, des Salamandres, des Lamproies et des Squales, et présente la même constitution. Sa masse glandulaire est formée de fins canalicules, les canalicules rénaux, auxquels il ne manque que des pavillons vibratiles ; sur les côtés de la glande, on aperçoit les deux canaux de Leydig et de Müller. Mais ces différents organes, au lieu de se partager entre la fonction de reproduction et celle de la sécrétion urinaire comme chez les Vertébrés inférieurs, sont plus tard exclusivement mis au service de la fonction de reproduction ; leurs parties superflues se résorbent. Le canal de Leydig et une partie du corps de Wolf constituent chez les mâles l'appareil excréteur de la semence ; le canal de Müller se réduit à une petite poche rudimentaire que l'on désigne souvent sous le nom d'*utérus mâle*. Chez les femelles

les canaux de Müller se développent au contraire considérablement pour former les oviductes et les organes qui en dépendent, tandis que le canal de Leydig et le corps de Wolf disparaissent rapidement ou ne laissent que rarement quelques faibles traces.

Quant au rein définitif, il apparaît d'abord sous la forme d'un simple bourgeon qui se produit à la partie inférieure du canal excréteur des reins primordiaux ; ce bourgeon grandit en remontant et se transforme en un tube sur lequel poussent latéralement des canalicules dont l'enchevêtrement constitue le corps de la glande. Le rein définitif n'est donc qu'un organe secondaire dont l'apparition concorde avec l'attribution des reins primitifs à la génération ; il n'est cependant qu'une dépendance de ces derniers ou de leurs annexes et ne trouble en rien les homologies que présente le corps de Wolf avec le système uro-génital des Vertébrés inférieurs.

Ainsi le corps de Wolf, dont la signification était jadis problématique, est désormais l'un des organes les plus instructifs que présente l'embryon ; grâce à lui nous pouvons reconstituer la généalogie des Vertébrés supérieurs; c'est un véritable certificat d'origine. Aucun autre appareil ne nous ramène aussi loin dans notre histoire, aucun ne nous montre avec plus de précision les étapes successives qui ont marqué les progrès du développement. Aucun autre ensemble d'organes, si ce n'est peut-être le système nerveux des Insectes, ne nous permet de prendre sur le fait le mécanisme en vertu duquel des parties de même nature, appartenant tout d'abord à des membres différents d'une même colonie, arrivent à se constituer en un système unique, puis se condensent peu à peu, tout en se modifiant de façons diverses, et finissent enfin par former un organe compact, commun à tous les membres de la colonie, et que l'on prendrait pour une production nouvelle si l'on n'avait pu suivre pas à pas tous les stades de son évolution. Phénomène merveilleux, un organe d'aussi faible volume que l'oviducte ou le canal déférent s'est constitué au moyen de parties empruntées à presque tous les segments vertébraux d'un Mammifère !

Les segments que, dans toutes les classes, le squelette nous montre en toute évidence, que l'on retrouve dans les muscles et les vaisseaux du tronc, que les physiologistes avaient été conduits à admettre avant les anatomistes dans le système nerveux central, l'embryogénie et l'anatomie nous les montrent, à leur tour, dans les viscères et dans des viscères totalement indépendants de la colonne

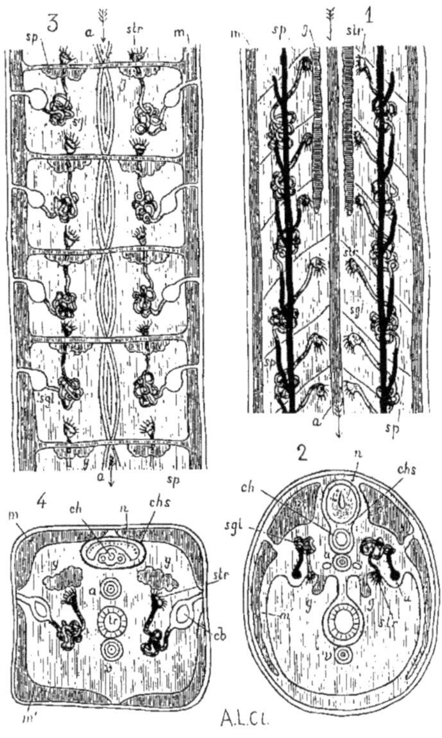

Fig. 158. — Comparaison d'un Vertébré et d'un animal annelé. — 1. Coupe longitudinale d'un embryon de Squale. — 2. Coupe transversale du même. — 3. Coupe longitudinale d'un Annelé voisin des *Tubifex* (*Euaxes*). — Coupe transversale du même : *n*, système nerveux ; *ch*, corde dorsale ; *chs*, étui de la corde ; *a*, aorte ; *tr*, tube digestif ; *v*, vaisseau contractile du cœur ; *g*, glandes génitales ; *sgl*, organe segmentaire ; *str*, son pavillon ; *u*, uretère primitif ; *cb*, ampoules terminales des tubes ciliés ; *sp*, cloisons séparant les segments du corps ou les segments musculaires ; *m*, *m'*, masses musculaires des parois du corps (figures demi-théoriques, d'après Semper).

vertébrale et de ses mouvements. Tous ces segments se correspondent exactement, et par le nombre et par la position, de telle façon que le corps du Vertébré peut être, tout aussi bien que celui du Ver annelé, décomposé en anneaux successifs ayant chacun son double arc vertébral, son appareil musculaire, ses vaisseaux, son centre nerveux, son rein et même ses corps reproducteurs. Mais c'est là tout ce qu'il faut pour constituer un individu distinct et autonome, et comment expliquer cette segmentation uniforme de tous les appareils, comment comprendre le lien qui unit les segments de chacun d'eux aux segments de tous les autres si l'on n'admet, dans un lointain passé, l'existence réelle de ces individus, aujourd'hui presque entièrement confondus, mais que nous pouvons mettre en pleine lumière, à l'aide des ressources dont la science contemporaine est armée ? Les Vertébrés n'échappent donc pas à la règle commune : eux aussi ont été au début de simples agrégations d'organismes nés les uns des autres et à peu près indépendants, mais qu'une longue existence commune a diversifiés d'abord, puis confondus ; ce sont, en un mot, comme les Vers annelés, comme les Animaux articulés, comme les Mollusques, des *colonies linéaires individualisées*.

Nous pouvons aller plus loin et préciser la nature des individus composant la colonie. Plaçons côte à côte, comme l'a fait Semper, une coupe longitudinale et une coupe transversale d'un embryon de Vertébré inférieur et d'un Ver annelé (fig. 158), en ayant soin de disposer les centres nerveux de la même façon dans les uns et les autres : on demeure frappé de l'identité presque absolue qui ressort de cette comparaison. Dans les deux cas, le centre nerveux étant vers le haut (fig. 158, n°s 2 et 4), au-dessous de lui on trouve une corde solide indivise, peu développée chez le Ver, très développée chez le Vertébré, c'est la *corde dorsale*, autour de laquelle se développent les vertèbres ; puis, toujours dans le plan de symétrie, l'aorte, le tube digestif, le cœur ; de chaque côté on aperçoit les glandes génitales et les organes segmentaires exactement construits sur le même type et pouvant, dans les deux cas, être indifféremment employés soit à porter au dehors les éléments de la reproduction, soit à épurer le sang par la sécrétion de l'urine, soit à ces deux fonctions à la fois ; dans les deux cas, le corps se divise en segments successifs où les dispositions se répètent sans aucune modification (fig. 158, n°s 1 et 3).

Ainsi non seulement on peut affirmer que le Vertébré est bien, comme les autres, un animal composé, mais on peut démontrer aussi que les individus qui le composent devaient à l'origine ressembler beaucoup à ceux qui ont constitué les Vers annelés et qui ont encore conservé, chez ces animaux, leur indépendance presque entière. Cette précision de la théorie n'est-elle pas une nouvelle preuve en sa faveur ?

L'embryogénie que nous avons déjà invoquée dans notre argumentation vient d'ailleurs lui prêter bien d'autres appuis. Il ne faut pas croire que, malgré la rapidité de leur apparition, tous les segments d'un Vertébré se forment simultanément. La loi de leur développement est, au contraire, exactement la même que celle de la formation et du développement des colonies linéaires. Les divers *zoonites* d'un Vertébré se forment successivement, s'ajoutent un à un à l'ensemble déjà formé, exactement comme les anneaux d'un Ver ; c'est également d'avant en arrière que se fait le développement, de sorte que les plus jeunes anneaux sont aussi ceux qui occupent le dernier rang. Le développement du Vertébré n'est, en définitive, qu'une segmentation plus accélérée encore que celle dont le développement des Vers annelés nous a offert des formes si variées.

Nous avons vu, chez les Annélides sédentaires et chez les Articulés, le corps se diviser en régions qui prennent un certain degré d'individualité, qui peuvent développer des anneaux nouveaux à leur extrémité postérieure, et présenter même chacune un mode spécial d'évolution ; il en est de même chez les embryons des Vertébrés : leur corps se décompose en trois régions, la tête, le tronc et la queue qui se comportent toutes trois, au point de vue de l'accroissement, comme autant d'individus distincts et, pendant la période embryonnaire, peuvent former de nouveaux segments vertébraux à leur extrémité postérieure. Dans la tête, les segments ont subi une condensation exceptionnelle : l'accélération embryogénique y devient plus grande que partout ailleurs ; cette partie du corps se forme, pour ainsi dire, tout d'une pièce. Nous avons constaté déjà le même phénomène chez les

Myriapodes et les Insectes, où la constitution segmentaire de la tête ne peut faire l'objet du moindre doute.

L'anatomie, la physiologie, l'embryogénie s'accordent donc pour nous montrer dans les animaux Vertébrés une association de zoonites, une véritable colonie linéaire. Dès lors quatre grandes divisions du Règne animal, quatre *embranchements* doivent leur origine à ce mode fécond de groupement des individualités primitives : les Vers annelés, les Mollusques, les Articulés et les Vertébrés, et chacun d'eux est caractérisé par un degré particulier de fusion des organismes élémentaires qui le composent. Chez les Vers annelés les zoonites sont à peu près indépendants : non seulement, à l'extérieur, les limites de chacun d'eux sont parfaitement déterminées, mais encore, à l'intérieur, des cloisons plus ou moins complètes séparent leurs domaines respectifs ; les organes appartenant à un individu ne peuvent, en conséquence, s'éloigner de lui ; ils ne contractent d'union que rarement avec les organes homologues des individus voisins ; le caractère colonial de l'animal apparaît dans toutes les parties de son corps. Chez les Articulés, la segmentation extérieure demeure évidente au plus haut point ; chaque anneau du corps a son squelette cutané, ses membres, et, d'un anneau à l'autre, toutes ces parties sont construites sur le même type ; mais les cloisons intérieures ont disparu ; les organes se répètent d'abord régulièrement et demeurent plus ou moins indépendants comme chez les Myriapodes; mais aucune cloison ne les maintient séparés. Les progrès de l'accroissement arrivent à mettre en contact des organes de même nature, et ces organes se soudent, se fusionnent de mille façons. Les cloisons protectrices de l'individualité des zoonites manquent aussi chez les Vertébrés, et là, les tissus extérieurs ne possédant pas la faculté de s'encroûter de chitine ou de calcaire comme ceux des Articulés, la segmentation laisse peu de traces extérieures : elle se manifeste encore cependant d'une façon assez nette dans les types inférieurs par un plissement régulier de la peau qui correspond à la division en segments de l'appareil musculaire du tronc, division à laquelle se rattache à son tour la segmentation du squelette. Mais aucune barrière ne se trouvant opposée ni à l'intérieur ni à l'extérieur à la soudure et au déplacement des parties, les adaptations produisent des modifications plus considérables encore que dans les groupes précédents ; les *organes coloniaux* tendent à se substituer plus complètement aux séries d'*organes zoonitaires*. Il faut appeler à soi toute la puissance de pénétration de l'embryogénie et de l'anatomie comparées pour arriver à reconstituer nettement le type colonial primitif.

Enfin, chez les Mollusques, des conditions d'existence toutes particulières ont déterminé une transformation plus profonde encore de cet *être collectif*, la *colonie linéaire*. Là aussi les cloisons de séparation des Zoonites ont disparu, les téguments de l'animal, protégés par un étui solide continu, sans lien direct avec eux, n'ont produit aucun organe de soutien qui pût maintenir quelque démarcation extérieure entre les individus primitifs. Ces individus se sont en conséquence fusionnés aussi bien extérieurement qu'intérieurement. Mais, en outre, le Mollusque s'est trouvé dans cette situation exceptionnelle de n'être en rapport avec le monde extérieur que par la partie de son corps la plus voisine de l'orifice unique du tube dans lequel il vivait. De là une concentration vers cette région de toutes les fonctions de relation, un surcroît d'activité, un excès d'accroissement de la partie céphalique de l'animal d'où est résulté, par un balancement nécessaire, une diminution correspondante des parties cachées dans la coquille : par ces deux causes les organes zoonitaires se trouvent modifiés dans leurs proportions et dans leurs rapports d'une façon plus considérable que partout ailleurs, sans que pour cela l'organisme tout entier s'élève à une bien grande puissance. Son unité paraît absolue, son indivisibilité incontestable ; il semble qu'on ait affaire à un type tout à fait nouveau, mais une analyse plus rigoureuse tenant compte des influences qui ont pu entrer en jeu pour modifier les organes arrive sans difficulté à reconstituer le type primitif dont les Mollusques sont plus rapprochés, d'ailleurs, que les Vertébrés.

Les Mollusques, les Articulés et les Vers annelés présentent en effet ce double caractère commun d'avoir un système nerveux composé d'un collier entourant l'œsophage et d'une chaîne nerveuse située sur la face du corps qui regarde le sol. Chez les Vertébrés le collier nerveux est remplacé par un organe compact, le cerveau, entièrement situé en avant du tube digestif ; la chaîne nerveuse qui devient une moelle épinière se trouve dans la partie du corps qui regarde le ciel lorsque l'animal s'appuie sur ses quatre membres ; d'où il suit, conformément à l'opinion de Geoffroy Saint-Hilaire, d'Ampère, de Leydig et de bien d'autres, que le dos des Vertébrés correspond réellement au ventre des Annélides, des Mollusques et des Articulés. Ce sont là des différences considérables, que Semper a le premier cherché à expliquer en montrant qu'elles tenaient tout simplement à ce que, dans ces différents groupes, la position de l'orifice buccal n'est nullement comparable.

La théorie que nous développons permet de remonter aux causes de ce déplacement. L'orifice buccal se produit, en effet, par un mécanisme tout différent dans chacun des principaux types d'organisme, et ce mécanisme est en rapport lui-même avec le mode de formation de la tête.

La tête est réduite à deux anneaux chez les Vers annelés, la bouche qu'elle supporte n'est autre chose que la bouche primitive de la *gastrula* dont nous avons décrit la formation ; c'est donc un des premiers organes apparus ; elle est née bien avant le système nerveux. Celui-ci se constitue plus tard et il se montre d'abord sous la forme de ganglions symétriques qui ne se réunissent pour former une chaîne ventrale que dans la suite du développement. A mesure que l'Annélide se constitue, son premier segment, issu de la trochosphère, passe graduellement au-dessus de la bouche, entraînant avec lui les ganglions qui lui appartiennent ; ceux-ci finissent donc par se trouver au-dessus de l'œsophage et deviennent les ganglions cérébroïdes : lorsqu'ils se soudent l'un à l'autre et aux ganglions des anneaux suivants, demeurés dans leur position initiale, il en résulte nécessairement la formation d'un collier œsophagien.

Chez les Mollusques, où la bouche est toujours très précoce, quand elle n'est pas la bouche même de la *gastrula*, les choses se sont passées exactement comme chez les Annélides, et le collier nerveux a la même origine.

Chez les Articulés supérieurs qui ont été observés à ce point de vue, notamment chez l'Ecrevisse, la bouche de la *gastrula* se ferme et le tube digestif est d'abord représenté par un sac clos de toutes parts ; mais, très rapidement, des enfoncements de la peau forment de petites poches qui vont à la rencontre de ce sac et constituent l'œsophage d'abord, la partie postérieure de l'intestin ensuite, tandis que leurs ouvertures deviennent la bouche et l'anus. Le système nerveux se constitue seulement après que le tube digestif s'est ainsi complété ; il est d'abord divisé comme chez les Annélides en deux moitiés symétriques ; comme chez les Annélides, sa partie antérieure est entraînée au-dessus de l'œsophage par les anneaux qui passent au-dessus de la bouche et dont les appendices, primitivement ventraux, deviennent les antennes et les pédoncules des yeux ; de sorte que, lorsque les deux moitiés symétriques du système nerveux se soudent, leur partie antérieure se trouvant au-dessus de l'œsophage, leur partie postérieure au-dessous, il se constitue encore un collier nerveux autour de cet organe.

Supposons que dans l'un quelconque de ces deux groupes des animaux articulés ou des animaux annelés, le système nerveux prenne un très grand développement, une prédominance bien marquée, l'accélération embryogénique qui a d'abord conduit toutes les parties du corps à se constituer de plus en plus rapidement, qui tend sans cesse à les faire apparaître, sous leur forme définitive, d'autant plus vite qu'elles sont plus modifiées, cette accélération va amener une formation d'autant plus précoce du système nerveux, que ce système ayant pris, dans l'organisme, un volume relatif plus considérable, une importance physiologique plus grande, aura plus de chemin à faire pour atteindre son développement final. Sans cela l'équilibre qui s'est établi grâce à lui entre les divers appareils de l'animal adulte serait nécessairement rompu. Les deux moitiés symétriques du système nerveux apparaîtront donc de bonne heure, se souderont de bonne heure. Si cette soudure a lieu avant que la bouche et l'œsophage, déjà tardivement formés chez les articulés, ne se soient constitués, l'œsophage, en voie de formation, rencontrant sur son chemin la masse nerveuse, ne pourra la traverser ; une autre bouche devra se former du côté opposé à celui qu'occupe le système nerveux : l'œsophage sera donc placé tout entier du même côté de ce système que la partie principale du tube digestif. Mais la bouche sera dès lors du côté du corps opposé à celle où elle se trouvait d'abord : la recherche et la préhension des aliments exigent qu'elle soit tournée vers le sol, si l'animal, comme c'est l'ordinaire, ne peut s'en éloigner pour nager sans cesse en pleine eau. Celui-ci sera donc conduit à se retourner : il marchera habituellement en appuyant sur le sol la région de son corps qui était primitivement son dos, tandis que sa région ventrale primitive, celle qui touchait d'abord le sol sera maintenant dirigée vers le ciel. Un tel retournement est facile chez un animal encore dépourvu de membres locomoteurs, et nous voyons les Vers annelés et les Insectes l'exécuter souvent d'une façon momentanée, lorsqu'ils y sont conviés par une raison quelconque.

Mais entre un Annelé ainsi modifié dans son développement, dans son organisation, dans son attitude par une série de circonstances qui s'enchaînent, entre un tel Annelé et les plus inférieurs des Vertébrés la différence est presque nulle.

Le développement embryogénique des Vertébrés reproduit précisément tous les stades de notre Annelé hypothétique. Le système nerveux se forme dès les débuts de la vie embryonnaire, et la masse cérébrale apparaît presque aussitôt. Le collier œsophagien des Annelés se courbe nécessairement au moment où il se relève pour passer au-dessus de l'œsophage ; le cerveau des Vertébrés se courbe lui aussi dès sa formation, comme pour préparer la constitution du collier ; mais il ne forme jamais qu'une masse unique ; le tube digestif se produit bientôt, mais il est clos, en avant, comme celui des Articulés supérieurs, et la peau doit s'enfoncer dans le voisinage de son extrémité supérieure pour aller le rejoindre et former ainsi la bouche et l'œsophage. Une première tentative se fait dans ce sens (1). Dans la région qui sera plus tard le fond de la bouche et des fosses nasales, un enfoncement se produit, marchant d'abord vers le cerveau, sur le côté opposé duquel apparaît une

(1) Voir Dohrn, *Der Ursprung der Wirbelthiere und das Princip des Functionswechsels.* Lepsig, 1875, p. 1 et suiv.

protubérance creuse marchant vers la peau. On croirait voir les premières phases de la formation d'un canal qui traversera le cerveau, dans lequel pourra venir s'ouvrir la partie antérieure du tube digestif et qui nous ramènera aux conditions anatomiques des animaux annelés et articulés (1). Mais la poche venant du fond de la bouche future est bientôt arrêtée dans son développement : elle rencontre un prolongement du cerveau qui marche vers elle, se soude à lui, et devient, chez l'adulte, ce corps singulier, commun à tous les Vertébrés, auquel on n'a pu cependant assigner aucun rôle physiologique et qu'on désigne sous les noms d'*hypophyse* ou de *corps pituitaire*. A la fin de la sixième semaine l'hypophyse de l'embryon humain communique encore avec l'extérieur. La protubérance qui s'est produite du côté opposé du cerveau, entre le cerveau antérieur et le cerveau moyen, s'arrête aussi dans son développement; elle devient cette *glande pinéale* dont, en désespoir de cause, on avait fait quelque temps jadis le siège de l'âme.

Après cette première tentative, la bouche définitive se constitue au-dessous du point où s'est formée l'hypophyse, et en même temps les diverses parties de la face prennent l'aspect et la position qu'elles devront toujours avoir. Ainsi, non seulement le déplacement de la bouche se trouve expliqué, mais nous pouvons en suivre, pour ainsi dire, les péripéties successives.

Toute l'histoire de la formation de la tête et du cerveau, nous montre que les Vertébrés ont eu pour ancêtres des animaux qui possédaient un collier œsophagien ; nous savons déjà que ces animaux étaient segmentés, que leurs segments étaient exactement construits sur le type de ceux des Vers annelés. D'un autre côté, pour tous les groupes organiques nous avons pu remonter à un être simple qui, se reproduisant par voie agame, est devenu le progéniteur du groupe tout entier : les Vertébrés apparaissent, au contraire, d'emblée segmentés, comme les Annelés supérieurs ; nous sommes donc conduits à affirmer qu'ils ne constituent pas un groupe indépendant du Règne animal, qu'ils sont réellement la

(1) Voir Kölliker, *Embryologie ou Traité complet du développement de l'homme.* Traduction française, 1880, p. 549.

suite, la continuation, le degré le plus élevé de perfectionnement des Vers annelés. Tous leurs caractères sont la conséquence du développement excessif de leur système nerveux, développement qui se poursuit encore de nos jours et a fait d'eux les privilégiés de la nature.

D'ailleurs, au moment où il s'est dégagé, le type Vertébré était bien loin de présenter un degré de complication organique très élevé. De nos jours, les Vertébrés les plus inférieurs sont encore, toute leur vie, dépourvus de membres, comme les Lamproies, ou naissent sans en avoir, comme les têtards des Salamandres et des Grenouilles; souvent leur squelette demeure cartilagineux. Les premiers Vertébrés avaient donc très probablement un corps mou, allongé, cylindrique, dépourvu de membres, toutes conditions qui plaçaient le mode de station de l'animal uniquement sous la dépendance de sa bouche et ont rendu facile le retournement de haut en bas qui distingue aujourd'hui les Vertébrés quand on les compare aux animaux annelés ou articulés.

La réalité de ce changement d'orientation est encore attestée, il ne faut pas l'oublier, par la position de l'embryon relativement aux parties nutritives de l'œuf, et par sa courbure qui sont inverses chez les Vertébrés et chez les autres animaux segmentés, si l'on tient compte de l'attitude que prendra l'animal par rapport au sol après sa naissance, mais qui sont exactement correspondantes, si l'on ne tient compte que de la position relative des organes, la bouche exceptée.

Ainsi, tous les traits caractéristiques des Vertébrés, toutes les étapes de leur évolution trouvent leur explication naturelle dans les lois qui régissent le développement des colonies linéaires dont ces animaux ne sont que la phase suprême d'évolution, le degré supérieur de condensation. Si étrange que soit, au premier abord, cette affirmation, l'histoire de l'embranchement du Règne animal dont nous faisons partie n'est que la continuation de celle des Vers annelés. Comme les Vers annelés, comme les animaux Articulés, les Vertébrés, malgré l'unité apparente de leur organisme, sont formés de segments, d'individus placés bout à bout et qui sont arrivés à se fusionner. Ils ont commencé par n'être que des organismes comparables à l'hydre, à la trochosphère, au nauplius, qui les ont constitués en se répétant eux-mêmes en série longitudinale pour former d'abord une colonie linéaire. Cette colonie s'est ensuite de plus en plus hautement individualisée jusqu'à disparition presque complète des individualités composantes. Les lois de constitution et de transformation des colonies animales, indépendantes dans une large mesure des éléments composant ces colonies, embrassent donc les formes supérieures du Règne animal aussi bien que les plus humbles.

Les Vertébrés, se rattachant étroitement aux colonies linéaires, ne sauraient plus être reliés aux Invertébrés par un groupe résultant d'une modification des mêmes colonies dans une direction toute différente, tel que le groupe des Mollusques. Kowalewsky croyait pouvoir établir cette liaison par l'intermédiaire des Ascidies et d'un singulier animal marin, d'une sorte de poisson tout à fait inférieur, l'*Amphioxus*. Ces animaux présentent entre eux, en effet, des rapports incontestables, soit à l'état adulte, soit durant leur développement; on ne saurait nier que l'*Amphioxus* appartienne à l'embranchement des Vertébrés, et il faut bien dès lors, quoi qu'on en ait, rapprocher les Ascidies de ces animaux; mais le mode d'existence de l'Amphioxus et des Ascidies est tout particulier. L'Amphioxus vit toujours enfoui dans le sable, les Ascidies son fixées au sol, et nous savons par l'histoire des Géphyriens, des Acéphales, des Cirripèdes, de quelle dégénérescence profonde sont toujours frappés les animaux qui mènent ces deux genres de vie. L'Amphioxus et les Ascidies ne peuvent donc être que des Vertébrés dégénérés, considérablement modifiés par des conditions d'existence toutes spéciales auxquelles, selon toute apparence, s'accoutumaient déjà leurs ancêtres à une époque où le Vertébré venait à peine de se dégager de la souche des Vers. Ainsi s'explique l'origine des Tuniciers jusqu'ici demeurée pour nous problématique; ainsi s'expliquent les affinités contradictoires que les Vertébrés semblaient présenter avec les Tuniciers d'une part, les Vers annelés de l'autre.

Les Vertébrés, parmi lesquels l'homme vient se ranger, sont le couronnement du monde vivant. Nous avons parcouru toute l'échelle organique, nous élevant successivement des êtres monocellulaires aux Éponges, des Hydres aux Coralliaires, aux Méduses et aux Siphonophores, des Infusoires et des Planaires aux Vers cestoïdes, de la trochosphère aux Annélides, aux Mollusques et aux Vertébrés, du nauplius aux Crustacés et aux Insectes. Partout nous avons vu le passage des organismes simples aux organismes complexes s'effectuer suivant les mêmes lois. Un petit nombre de principes ont suffi pour enchaîner un nombre considérable de phénomènes, en rattacher quelques-uns à d'autres auxquels ils semblaient étrangers, en mettre plusieurs d'accord avec des doctrines qu'ils paraissaient contredire.

Quelque fragiles que soient les théories, on prend confiance en elles, lorsqu'elles peuvent embrasser un ensemble aussi vaste que le Règne animal, et qu'elles semblent mêler un rayon de lumière, si pâle qu'on le suppose, aux obscurités profondes dont le mécanisme de la formation des êtres est si longtemps demeuré enveloppé. Peut-être nous sera-t-il permis, en raison du chemin parcouru, de jeter maintenant un coup d'œil sur l'avenir et de rechercher, après avoir résumé les lois qui se dégagent de ces études, quelles peuvent être dans d'autres directions leurs conséquences générales.

LIVRE V

CONCLUSIONS GÉNÉRALES

CHAPITRE PREMIER

LA THÉORIE DE L'ASSOCIATION ET LES LOIS DE L'ORGANISATION.

Un fait capital, bien modeste en apparence, domine toute l'évolution des deux règnes organiques : la *substance vivante*, le *protoplasme* ne peut exister qu'à l'état de masses de faible grandeur, distinctes les unes des autres, constituant autant d'*individus* auxquels est appliquée la dénomination de *plastides*.

Ces masses grandissent, en s'incorporant des substances diverses, tant qu'elles demeurent au-dessous d'un certain volume limité ; arrivées à ce volume, elles se divisent en deux ou en plusieurs parties égales qui constituent de nouveaux individus semblables entre eux et semblables à leur parent commun. Ces deux actes, l'incorporation des substances étrangères et la division précédée d'accroissement, représentent, sous leur forme la plus simple, les fonctions de *nutrition* et de *reproduction*, caractéristiques de tous les êtres vivants.

De ce que les masses de substance vivante ne peuvent dépasser une certaine taille, quelques dixièmes de millimètre de diamètre, sans se diviser en nouveaux individus, il résulte nécessairement que les animaux et les végétaux, gigantesques relativement à ces mesquines proportions, formés cependant de matière vivante, ne peuvent être constitués que par une accumulation de ces petites masses élémentaires, de ces petits individus. Une première loi, qu'on peut nommer la *loi d'association*, est donc la conséquence forcée de la *limitation de la taille* des masses protoplasmiques : *Les animaux et les plantes sont des sociétés* formées souvent d'individus innombrables. On donne à ces sociétés le nom d'*organismes ;* les individus qui les composent, les *plastides*, sont leurs *éléments anatomiques ;* l'*organisation* résulte de leur réunion.

L'organisation commence dès que deux plastides jumeaux, au lieu de s'éloigner l'un de l'autre, après la division de leur parent, demeurent accolés, quelle que soit du reste la cause qui les maintient unis.

Cette juxtaposition des deux éléments les laisse, sous tous les autres rapports, tout à fait indépendants l'un de l'autre ; la cause qui détermine la division des masses protoplasmiques arrivées à une certaine taille s'oppose évidemment à ce que les deux masses nées de cette division se réunissent de nouveau. Même rapprochés les uns des autres, les éléments anatomiques conservent donc respectivement toute leur individualité. Quel que soit leur nombre, aussi bien dans les organismes les plus élevés que dans les plus humbles, ils se nourrissent, s'accroissent, se reproduisent sans souci de leurs voisins. C'est en cela que consiste une seconde loi d'une haute importance, la *loi de l'indépendance des éléments anatomiques*, devenue si féconde entre les mains des physiologistes. Cette indépendance doit être considérée comme la condition nécessaire au libre exercice d'une autre faculté générale des plastides, la *variabilité* sous l'action des circonstances extérieures ou même de certaines forces immanentes dans les protoplasmes. Grâce à leur aptitude à varier et à leur indépendance réciproque, les éléments nés les uns des autres, et primitivement tous semblables entre eux, ont pu se modifier dans des sens différents, prendre des formes diverses, acquérir des fonctions et des propriétés nouvelles, augmenter ainsi la faculté des organismes de s'adapter aux milieux et accroître, par conséquent, leurs chances de durée.

Toute modification éprouvée par un élément anatomique se transmet à sa descendance. Cette *hérédité* est encore une conséquence nécessaire du mode primitif de reproduction des protoplasmes par division en masses équivalentes et semblables entre elles. L'*hérédité* des caractères des éléments anatomiques et l'*adaptation* de ces éléments aux conditions ambiantes constituent désormais les deux facteurs qui déterminent leur forme, leurs fonctions et leur évolution ultérieure. De la combinaison de ces deux facteurs résulte pour les organismes un accroissement de tendance à la variation, car l'hérédité multiplie par elle-même l'action des conditions ambiantes ou la combine avec l'action de conditions antérieures qui ont pu être très variables pour des êtres appartenant cependant à la même lignée.

La *vie sociale* est, à son tour, une cause importante de variation pour les plastides, soit en raison des conditions différentes dans lesquelles elle les place relativement au milieu extérieur, soit en raison des actions réciproques qu'exercent directement ou indirectement les uns sur les autres les plastides associés. Tout d'abord ces plastides occupent par rapport à la colonie des positions équivalentes, tel est le cas où un petit nombre de ces éléments se groupent autour d'un pédoncule commun, comme chez les *Anthophysa*, tel est encore celui où ils se distribuent régulièrement sur la surface d'une sphère comme chez les *Volvox* ou les *Magosphæra;* il ne peut alors se manifester aucune différence entre eux, et de fait tous sont parfaitement identiques. Mais que le pouvoir reproducteur des divers individus augmente : que la colonie s'accroisse très rapide ment, une surface régulièrement convexe ne sera plus suffisante pour permettre aux nouveaux venus de prendre place parmi leurs compagnons sans compromettre l'existence de la colonie : ces nouveaux venus pénétreront dans la cavité intérieure de la sphère, soit qu'ils s'y forment directement, soit que la sphère se replie sur elle-même de manière à prendre l'apparence d'une coupe à double paroi ou d'un double sac à étroit orifice. Cette seconde disposition se produit fréquemment, nous l'avons vu, dans le développement embryogénique et constitue la phase *gastrula* de Hæckel.

Du moment que la colonie, au lieu d'être formée d'une seule couche d'individus, se trouve formée de deux couches superposées, tous les individus qui la composent cessent nécessairement de se ressembler. Ceux qui constituent la couche externe, directement en rapport avec le monde extérieur, éprouvent, sans pouvoir s'y soustraire, l'action incessante du milieu ; ils vivent en pleine lumière, sont obligés de s'accommoder des variations plus ou moins rapides des conditions qui les entourent ; ceux qui constituent la couche interne, protégés par les premiers, ne reçoivent guère que le contre-coup des actions extérieures ; les conditions biologiques qui les entourent sont infiniment plus constantes. Dès lors, les éléments composant chaque couche prennent un ensemble de caractères communs, en même temps que ces deux couches diffèrent entre elles de plus en plus ; l'animal se décompose en deux *feuillets ;* le feuillet extérieur a été désigné sous les noms d'*exoderme* ou d'*ectoderme ;* le feuillet intérieur est l'*entoderme.* Ces feuillets peuvent donner naissance à leur tour par des procédés variés à des feuillets intermédiaires qui forment le *mésoderme.* La position même des deux feuillets de notre colonie de plastides force désormais les individus qui les composent à jouer des rôles différents et à prendre des formes particulières : les rapports avec le monde extérieur deviennent l'apanage exclusif des individus exodermiques ; les individus entodermiques, placés dans des conditions de tranquillité qui les rendent plus aptes à effectuer les longues besognes, se consacrent à l'accomplissement des fonctions de nutrition, élaborent les aliments, les digèrent et en font deux parts, l'une qu'ils gardent pour eux-mêmes, l'autre qui passe naturellement aux individus exodermiques avec lesquels ils sont en contact. Lorsque les groupements des plastides deviennent plus compliqués, leurs formes et leurs fonctions varient plus considérablement encore.

Le *polymorphisme* et la *division du travail physiologique* apparaissent donc comme des conséquences nécessaires du mode de groupement des individus associés. Mais ils deviennent eux-mêmes les instruments actifs d'une transformation nouvelle subie par les colonies. Tant que tous les individus associés se ressemblent et accomplissent les mêmes fonctions, les colonies demeurent des collectivités dont les diverses parties n'ont entre elles que les liens les plus fragiles. Si le voisinage de ses semblables crée à chaque plastide des conditions d'existence un peu différentes de celles dans lesquelles il se trouverait s'il était solitaire, ces conditions n'ont cependant tout d'abord rien d'essentiel pour lui. Il peut être séparé de ses compagnons sans en éprouver grand dommage et cette opération se fait souvent naturellement ; la colonie à son tour ne souffre pas de ses mutilations. Les plastides isolés et les plastides associés continuent à vivre comme auparavant. Il n'y a donc de véritable unité que les éléments protoplasmiques composant l'association ; ceux-là seuls sont frappés de mort quand on vient à les mutiler gravement.

Mais l'association, dès qu'elle se complique du *polymorphisme* et de la *division du travail*, entraîne nécessairement entre les plastides associés une *solidarité* de plus en plus étroite et qui finit par les rendre graduellement inséparables. L'observation de tout ce qui vit sur la terre, l'observation de nous-même vient donner à ce fait une évidente réalité. Quand les rôles se partagent, quand deux êtres se délèguent réciproquement l'exécution d'une partie des actes nécessaires à l'existence de chacun d'eux, à la suite d'une longue spécialisation de ce genre, chacun perd graduellement la faculté de faire ce que l'autre fait pour lui. A ce moment, les deux compagnons ne peuvent être séparés sans se trouver en danger de mort ; de leur union résulte un tout désormais indivisible. Ce que nous disons de deux êtres élémentaires est applicable à un nombre quelconque, et, de fait, dans le règne animal, c'est seulement dans les sociétés nombreuses de plastides qu'on voit s'établir une telle solidarité. Les sociétés où elle existe constituent donc des unités nouvelles. A ces unités résultant de l'association directe des plastides, nous avons déjà donné le nom de *mérides*. Mais l'unité est ici d'une tout autre nature que lorsqu'il s'agit des éléments protoplasmiques. Pour les plastides, l'individualité est un fait primitif, elle est un résultat de l'impossibilité de s'élever au-dessus d'une certaine taille et peut-être de descendre au-dessous de certaines dimensions ; on peut dire qu'elle est *essentielle;* elle résulte au contraire, chez les organismes polyplastiques, d'une harmonie entre les actes d'un certain nombre d'individus concourant à un but commun : le maintien de leur propre existence dans des conditions déterminées; on peut donc dire qu'elle est avant tout *physiologique*.

A tous les degrés de formation d'une colonie de plastides, à tous les degrés de sa transformation en *méride*, les plastides associés acquièrent une propriété remarquable, qui rentre du reste dans le domaine des phénomènes d'hérédité. Séparés de la colonie, ils tendent tous à reconstituer une colonie semblable, comme si chacun d'eux portait en lui l'empreinte de l'organisme à la formation duquel il a contribué. Ainsi se développe, à côté de la fonction reproductrice des plastides, qui consiste dans une simple division de leur substance, une autre sorte de fonction reproductrice qui vient façonner les éléments résultant de la première, les groupe dans un ordre déterminé et les fait servir à reconstruire un édifice semblable à celui duquel leur générateur commun s'est détaché. C'est, à vrai dire, en cela que consiste la fonction de reproduction telle que la définissent les physiologistes.

Mais cette fonction que peuvent d'abord exercer indifféremment tous les membres d'une colonie, tous les éléments anatomiques d'un méride, ne saurait demeurer ainsi générale.

A mesure que les individus associés deviennent plus différents les uns des autres, à mesure qu'ils se spécialisent davantage, ils deviennent de moins en moins aptes à reproduire la colonie tout entière. Séparés d'elle, ils meurent le plus souvent; sur place, l'évolution de leur progéniture est réglée d'avance dans un ordre de plus en plus rigoureux. Un élément donné est incapable de reformer les éléments d'où il est descendu par une longue élaboration, et dans les propriétés desquels réside la cause de ses propres facultés ; il est également incapable de reproduire les éléments appartenant à d'autres lignées que celle dont il fait partie : il peut reproduire certaines catégories d'organes ou de tissus, mais non la totalité de ceux dont le méride se compose. De là la nécessité d'un autre mode de reproduction.

Dans tous les organismes à plastides polymorphes on voit donc, à mesure que le polymorphisme augmente, la faculté de reproduire l'organisme se localiser de plus en plus. Certains éléments ne se spécialisent pas comme les autres; ils ne remplissent pas d'autre fonction que celle de reproduction, et peuvent dès lors se détacher de la colonie sans dommage pour elle, comme aussi se passer de son assistance. Il est particulièrement remarquable de les voir conserver dans toute l'étendue du règne animal et même dans une partie du règne végétal les deux formes tout à fait primitives que les monères solitaires sont aptes déjà à revêtir successivement : la forme *amiboïde*, représentée par l'*œuf* ou *élément femelle;* la forme *flagellifère*, représentée par le *spermatozoïde* ou *élément mâle*.

L'union de l'œuf et du spermatozoïde constitue la *fécondation*, phénomène essentiel de la *génération sexuée*. Cette union est presque toujours nécessaire pour assurer la reproduction.

Mais la fécondation entraîne une conséquence importante. Elle s'accomplit généralement entre éléments provenant d'individus différents. Par elle, les caractères communs à ces deux individus tendent donc à prédominer, tandis que leurs caractères personnels tendent au contraire à se neutraliser. A chaque génération nouvelle les caractères communs prennent donc une fixité de plus en plus grande et arrivent ainsi à se constituer des séries de formes en apparence immuables, tant les variations individuelles qu'elles présentent sont peu de chose relativement à l'ensemble des caractères qui demeurent constants. Ces séries de formes sont ce que nous appelons les *espèces*. Toutes les recherches récentes s'accordent à prouver que l'espèce n'existe pas dans les groupes du Règne animal où la reproduction s'effectue sans fécondation préalable.

Ainsi l'*apparition de l'espèce est intimement liée à celle de la génération sexuée;* la génération sexuée est elle-même une conséquence nécessaire du *polymorphisme*, de la *division du travail physiologique* et de la *solidarité* qui en résulte entre les plastides associés ; le polymorphisme est, à son tour, la suite de la *variabilité* des plastides et de l'*indépendance* qu'ils conservent dans leurs associations. Cette indépendance n'est enfin qu'une forme de cette propriété plus générale, la *limitation spontanée de la taille* des individus protoplasmiques. De telle façon que ces importants phénomènes s'expliquent les uns par les autres. L'espèce, loin d'être la preuve de l'immobilité de la vie sur la terre, est au contraire une conséquence de la facilité avec laquelle la substance vivante subit les influences auxquelles elle est soumise.

L'apparition de la reproduction sexuée ne fait pas disparaître pour cela la reproduction par voie agame. S'il est impossible à un plastide isolé d'un organisme composé de plusieurs sortes d'éléments, de reproduire cet organisme tout entier, les différentes sortes d'éléments peuvent, en revanche, concourir simultanément à la formation d'un être nouveau : lorsque l'organisme dont ils font partie a atteint un certain degré de développement, on voit, en effet, les tissus se grouper en un point de manière à constituer un *bourgeon* complexe qui ne tarde pas à se transformer en un être nouveau, semblable à celui sur lequel il est né. Les deux individus mènent quelque temps une existence commune ; puis ils se séparent et chacun va vivre pour son compte.

On a donné le nom de *génération agame* ou de *métagénèse* à cette forme de la fonction de reproduction (1) qui n'implique pas l'intervention d'un œuf et d'un spermatozoïde, d'un élément femelle et d'un élément mâle.

La métagénèse a une cause facile à découvrir. Dans des conditions données, une société humaine ne peut grandir indéfiniment sans être menacée par son accroissement même. Dès que le nombre de ses membres cesse d'être en rapport avec les moyens de subsistance qui sont à sa disposition, elle doit se diviser, fonder des colonies, sans quoi la misère devient imminente. Les sociétés de plastides n'échappent pas à cette loi : jusqu'à un certain degré l'association est favorable à ses membres ; mais il arrive un moment où, loin d'augmenter la puissance de l'association, l'addition de nouveaux éléments ne ferait que l'affaiblir et compromettrait même l'existence de tous. Cependant les cellules toujours nourries ne cessent de se reproduire, d'engendrer de nouveaux éléments ; les sociétés dans lesquelles ces éléments peuvent se grouper de manière à constituer des sociétés nouvelles, autonomes, ont l'avantage sur les autres, car elles répartissent sur un grand nombre d'individus les

(1) On lui donne aussi, dans certaines circonstances, les noms de reproduction par *scission*, par *division*, par *bourgeonnement* ou encore de *scissiparité*.

mauvaises chances au lieu de les accumuler sur un seul; elles prospèrent donc, et il en résulte *que les sociétés de plastides, c'est-à-dire les mérides, ont, comme les plastides eux-mêmes, une taille limitée.*

Au début, les individus nouvellement formés ont dû se séparer de leur parent; mais les hydres d'eau douce nous ont montré que, dans certaines circonstances, ces individus une fois constitués, n'étant plus une menace pour l'existence de l'individu primitif puisqu'ils peuvent en devenir indépendants dès que cela est nécessaire, ont pu, au contraire, trouver avantage à s'associer à lui de nouveau et à former ainsi une colonie de mérides.

La très grande majorité des animaux est constituée par de telles associations de mérides : on peut désigner, par conséquent, sous le nom de *zoïdes* (1) ces associations qui ont été la cause de la merveilleuse puissance qu'a pu acquérir l'organisation sur notre globe.

Toute colonie de mérides, une fois constituée, a été plus ou moins énergiquement entraînée à former un tout indivisible, par les raisons mêmes qui ont déterminé ce résultat pour les colonies de plastides. Formés de plastides variables à la fois dans leur forme, dans leurs propriétés et dans leur disposition relative, les mérides sont nécessairement variables; ils conservent dans l'association cette indépendance réciproque qui a été leur raison d'être : or, ce sont précisément des qualités analogues qui ont conduit les plastides à constituer des unités organiques nouvelles. Dans les colonies de mérides, les individus composants se partagent donc le travail physiologique, remplissent des fonctions différentes et revêtent en même temps une forme appropriée à leur fonction. L'activité vitale, la résistance de ces colonies aux causes de destruction sont par cela même accrues; les zoïdes peuvent s'accommoder à des conditions d'existence auxquelles les mérides isolés succomberaient; ils se perpétuent.

A mesure que les divers mérides se sont de plus en plus spécialisés, leur solidarité, par une conséquence nécessaire, est devenue

(1) De ζῶον, animal.

de plus en plus étroite ; la colonie de mérides qui semblait d'abord une association d'organismes à peu près indépendants est ainsi devenue, à son tour, et graduellement, cette unité indivisible dont nous voyons l'image dans les animaux supérieurs. La loi de la *division du travail physiologique* et la loi du *polymorphisme*, établies l'une et l'autre en dehors de toute idée d'évolution, ont présidé à cette transformation des *colonies polymériques*, comme elles avaient présidé au perfectionnement des *colonies polyplastiques*. C'est, du reste, l'étude des colonies de mérides qui avait conduit M. Milne Edwards, d'un côté, et M. Leuckart, de l'autre, à formuler respectivement ces deux lois corrélatives.

Les colonies polymériques et les animaux qui en résultent sont formés de mérides, primitivement très indépendants, tous semblables entre eux, construits de la même façon, nés par métagénèse les uns des autres et qui ne se sont graduellement modifiés et fusionnés qu'au fur et à mesure des progrès de l'unité physiologique de la colonie. Longtemps, même chez des animaux déjà très perfectionnés, les mérides demeurent parfaitement distincts et l'identité primitive de leur organisation ne cesse pas d'être évidente à tous les yeux : tel est le cas des polypes d'un Siphonophore, d'une Pennatule ou même des anneaux d'un Insecte. On s'explique donc comment les anatomistes ont pu depuis longtemps poser comme une loi générale que ces êtres étaient constitués par la répétition de parties plus ou moins semblables entre elles. La *loi d'association* comprend cette loi de la *répétition des parties* et la théorie à laquelle elle sert de base en donne l'explication, en accroît la généralité et montre les liens intimes qui l'unissent à la métagénèse ou génération agame.

Les causes immédiates de la division du travail physiologique et des modifications qui l'ont accompagnée dans la forme des mérides associés se trouvent en grande partie, pour ces derniers comme pour les plastides, dans la vie sociale elle-même. *Toutes les fois que deux ou plusieurs organismes entrent en relations constantes, il en résulte toujours pour chacun d'eux des modifications plus ou moins importantes*. C'est là une loi générale à laquelle on peut donner le nom de *loi d'adaptation réciproque*. Darwin a montré l'action qu'ont exercée les insectes sur les fleurs et celles-ci sur les trompes des papillons ; la plupart des caractères extérieurs des sexes sont les conséquences d'adaptations de ce genre ; mais il en est de particulièrement frappantes : ce sont celles que produit le parasitisme.

Lorsqu'un animal vit en parasite sur un autre sa forme primitive est ordinairement modifiée, quelquefois au point de devenir méconnaissable, et les deux sexes, lorsqu'ils ne mènent pas une existence identique, se modifient différemment. La perte des organes locomoteurs, et de ceux qui peuvent servir à la recherche et à la préhension des aliments, est une des conséquences les plus habituelles du parasitisme. Cette perte est généralement compensée par un accroissement considérable du pouvoir reproducteur. Mais le parasitisme n'est en définitive qu'une forme de la vie sociale dans laquelle tout le profit est pour l'un des associés, et Van Beneden a fait remarquer avec raison que l'on prenait trop souvent pour des parasites des êtres qui, vivant en commun avec d'autres d'espèce différente, étaient loin cependant de se nourrir toujours à leurs dépens et parfois, au contraire, leur rendaient de réels services : il a très justement distingué des *parasites* les simples *commensaux* et aussi les *mutualistes* (1). Nos animaux domestiques pourraient être pris à certains égards pour des parasites ; l'empressement avec lequel nous les recherchons suffit à témoigner que nous ne les considérons pas comme tels. Quel que soit le mode d'association, les modifications particulières subies par les individus associés resserrent de plus en plus les liens qui les unissent, de sorte que les mêmes espèces se rencontrent toujours ensemble et ne peuvent même plus être séparées sans que l'une d'entre elles au moins ne tombe en souffrance. La société hétérogène ainsi formée tend donc elle aussi vers une sorte d'unité ; il peut même arriver qu'elle simule les véritables organismes. Dans le Règne végétal, par exemple, les Lichens que tous les botanistes ont considérés jusque dans ces dernières années comme une classe particulière de plantes cryptogames ne seraient décidément, suivant les recherches ré-

(1) P. J. van Beneden, *Les Commensaux et les Parasites dans le Règne animal* (*Bibliothèque scientifique internationale*).

centes de M. Bornet, confirmant une hypothèse de Schwendener (1), que le résultat de l'association d'une algue et d'un champignon.

Les modifications réciproques qui résultent de l'association, pour deux individus de type différent, nous permettent de comprendre celles qui peuvent affecter les divers individus, primitivement identiques, qui demeurent associés pour former une *colonie*.

Nous avons déjà fait remarquer que la puissance d'adaptation et par conséquent la force des associations de mérides résidait essentiellement dans l'*autonomie*, ou, pour nous servir d'une expression plus généralement adoptée, dans l'indépendance réciproque qu'ils conservaient. Grâce à cette indépendance, les liens physiologiques qui unissent les divers individus ne sont guère plus intimes que ceux dont profitent les parasites, les commensaux et les mutualistes ordinaires ; les membres d'une colonie, dont l'identité primitive ne saurait être absolue, pourront jouer les uns vis-à-vis des autres ces différents rôles, et chacun sera affecté des modifications qui correspondent au rôle qui lui sera échu.

Supposons, par exemple, une colonie quelque peu considérable de polypes hydraires : certains membres de la colonie pourront se trouver placés par hasard dans des conditions désavantageuses pour la chasse ; incapables de se nourrir parce qu'aucun gibier ne vient jusqu'à eux, ces individus mourraient nécessairement s'ils étaient isolés; leur qualité de membres d'une colonie leur permet de demander à leurs compagnons les moyens de subsistance qu'ils ne peuvent se procurer par eux-mêmes ; ils vivent donc, mais leur vie est celle de véritables parasites. Ils subiront les effets dégradants de ce genre d'existence, perdront leurs tentacules, leur orifice buccal et seront ainsi profondément modifiés dans leur forme. En revanche, si quelque variation accidentelle profitable à la colonie se développe en eux, ces variations se transmettant par voie héréditaire assureront un avantage aux colonies qui les présenteront et arriveront à se fixer par voie de sélection naturelle.

Nous avons vu d'autre part que l'un des caractères de la vie pa-

(1) E. Bornet, *Recherches sur les Gonidies des Lichens* (*Annales des sciences naturelles*, 1re série, t. XVII, 1873). — (2) Schwendener, *Untersuchungen über den Flechtenthallen*.

rasitaire était un accroissement considérable, pour le parasite, du pouvoir reproducteur. Or tout accroissement de ce pouvoir est évidemment favorable à la durée des espèces qui le présentent. Dans une colonie quelques individus pourront présenter une précocité exceptionnelle, manifester une tendance à la reproduction avant d'avoir atteint leur complet développement; la faculté pour ces individus de vivre aux dépens de la colonie en fera d'excellents *individus reproducteurs;* dans la lutte pour l'existence, ils constitueront un avantage pour la colonie ; mais ils n'en subiront pas moins les dégénérescences qu'entraîne la vie oisive et prendront ainsi une forme particulière.

On comprend d'ailleurs que l'intensité des phénomènes vitaux dans ces individus puisse devenir une cause d'avortement pour les individus placés dans leur voisinage ; ces individus subordonnés sembleront ne faire avec les premiers qu'un seul tout, pourront se modifier dans des sens divers ou même s'associer plus étroitement avec les individus reproducteurs pour former avec eux des ensembles avantageux à la colonie : telle a été l'origine des Méduses.

Ainsi dans une colonie peut se constituer toute une série de *fonctionnaires*, parasites en ce sens qu'ils ne recherchent pas et ne préparent pas eux-mêmes leur subsistance, parasites en ce sens qu'ils finissent par perdre les organes qui leur seraient nécessaires pour accomplir ces différents actes ; mais dont l'utilité pour la colonie peut être de premier ordre, car ils deviennent les instruments de sa puissance et lui assurent, en définitive, la victoire dans la lutte pour la vie.

Dans toutes les associations animales, qu'elles soient composées d'individus d'espèce différente, ou d'individus de même espèce, que ces individus soient physiologiquement séparés les uns des autres, comme ils le sont dans les simples *sociétés*, ou qu'ils soient unis entre eux, comme ils le sont dans certains cas de parasitisme ou dans les *colonies*, nous voyons donc apparaître les mêmes faits. Par cela seul qu'elle réalise des conditions d'existence particulières et d'une variété exceptionnelle autour des individus qui s'y soumettent, la vie sociale, quelle que soit sa forme, détermine chez ces individus des variations nombreuses et devient par conséquent une cause puissante de diversification dans le Règne animal. Qu'elle unisse des individus d'espèce différente, elle produit les races et les variétés innombrables des animaux domestiques, les modifications sans nombre qui caractérisent les espèces parasites, commensales ou mutualistes ; qu'elle unisse des individus de même espèce, elle produit chez eux tous les phénomènes qui ont été groupés sous la dénomination générale de *polymorphisme ;* que ces individus conservent entre eux des liens physiologiques, comme dans les colonies, leur société se transforme en organisme grâce à la puissance qui résulte pour elle de la division du travail physiologique entre ses membres; elle commence ainsi une nouvelle évolution. Que sont d'ailleurs la *lutte pour l'existence* et la *sélection naturelle,* ces principes fondamentaux de la théorie de Darwin, sinon les conséquences rigoureuses de l'association forcée dans laquelle sont maintenus sur le globe tous les êtres vivants ?

Loin d'être indépendante du milieu dans lequel elle se constitue et des autres conditions dans lesquelles elle doit vivre, la forme d'une association est au contraire avec celles-ci dans une étroite dépendance. Il y a, en particulier, deux circonstances, qui ont eu une influence prépondérante sur le sort des colonies. Ou bien l'individu qui les a fondées a conservé la faculté de vivre d'une vie vagabonde et s'est mis à ramper sur le sol; ou bien, arrivé à une période variable, du reste, de son développement, il a perdu cette faculté, et a dû se résigner à se fixer sur quelque corps étranger où il est demeuré à peu près immobile pendant le reste de son existence. Dans le premier cas, il s'est trouvé mécaniquement forcé, pour ainsi dire, de constituer ces colonies linéaires dont les transformations ont produit les groupes les plus élevés du Règne animal: Annelés, Articulés, Mollusques et Vertébrés. Dans le second cas, l'individu primitif a produit des colonies irrégulières, aux formes généralement indéterminées, telles que les colonies d'Éponges, de Polypes hydraires, de Bryozoaires et d'Ascidies. Le méride fondateur d'une colonie a donc une influence prépondérante sur la forme et le développement ultérieur de la colonie ; en raison de son importance, il a droit à un nom particulier : nous l'appellerons le *protoméride* (1). Dans les colonies linéaires le protoméride n'est pas seulement l'individu qui détermine la forme de l'organisme ; il conserve pendant toute la durée de celui-ci une prépondérance physiologique des plus marquées. C'est lui qui, seul ou associé aux anneaux qui le suivent immédiatement, en constitue la *tête*. *Tous les êtres issus de colonies linéaires qui sont, à leur naissance, représentés par leur protoméride sont donc, en définitive, pendant la première période de leur existence, réduits à leur tête, et c'est la tête qui engendre le reste du corps par voie de métagénèse.*

Diverses circonstances secondaires sont intervenues dans l'évolution des colonies irrégulières. Le développement d'une charpente solide intérieure, celle d'un étui résistant soutenant les parties molles, ou même une plus grande fermeté dans les tissus, ont pu permettre aux colonies de s'élever verticalement, en sens contraire de la pesanteur, et de former ces colonies ramifiées dont les Hydraires, les Coralliaires et les Bryozoaires fournissent tant d'exemples; dans tous les cas où les tissus se sont trouvés de moindre consistance, la colonie n'a pu, au contraire, s'étendre qu'en surface ; elle est devenue encroûtante, et ces diverses particularités ont encore eu une influence évidente sur les modes ultérieurs de groupements des individus associés.

Dans une colonie encroûtante, comme celles de beaucoup d'Ascidies composées, dans une colonie à rameaux épais relativement aux individus composants, comme chez les *Stylasteridæ*, l'un des modes de groupement les plus fréquents qui se sont présentés a dû être le groupement rayonnant qui résulte simplement du rapprochement de plusieurs individus semblables autour d'un centre. Ainsi se sont constituées, dans la colonie, des unités secondaires, tels que les systèmes étoilés des Botrylles, parmi les Ascidies, ou les systèmes cycliques des Millépores, des *Stylaster* et des *Cryptohelia*. Ces unités secondaires ont pu à leur tour passer à l'état d'individus: les polypes coralliaires nous en offrent un exemple.

Dans les colonies arborescentes où la dimension des individus

(1) De πρῶτος, premier, et μέρος, partie.

n'était pas très petite par rapport à celles des rameaux, un autre procédé a pu amener entre eux des groupements nouveaux : c'est le raccourcissement de l'axe sur lequel ces individus étaient normalement distribués suivant une hélice plus ou moins régulière. Les individus situés sur un même tour de spire ont forcément encore pris, en se rapprochant, une disposition rayonnée. C'est à un phénomène de cet ordre que les Méduses et les Échinodermes ont dû leur origine.

Mais ce phénomène est lui-même identique à celui par lequel on explique la production de la fleur des plantes phanérogames. Les feuilles disposées en hélice sur la tige se sont de même rapprochées pour former le merveilleux appareil, à structure si nettement rayonnée, qui est chargé d'assurer la conservation de l'espèce chez les végétaux supérieurs et que nous appelons la *fleur*. Dans l'animal, comme dans le végétal, ces deux modes identiques de groupement des parties sont liés intimement à l'exercice de la fonction de reproduction : les Méduses et les Échinodermes sont donc de véritables fleurs animales.

Dans les végétaux et dans les animaux une même disposition a précédé la disposition rayonnée ; c'est la disposition arborescente. Nous avons vu que, dans le Règne animal, cette disposition était déterminée par une condition particulière d'existence, la fixation au sol : c'est précisément la condition dans laquelle sont, dès le début de leur vie, condamnés à se développer les végétaux arborescents. Les ressemblances qu'on a de tout temps remarquées entre les végétaux et les colonies de polypes ne sont donc pas aussi superficielles qu'on pourrait le croire : elles sont dues à une condition d'existence commune qui, dans les deux cas, a déterminé les mêmes effets ; c'est donc à bien juste titre que Pallas a donné aux polypes et aux animaux voisins le nom de *Zoophytes* ou d'animaux-plantes qui est demeuré depuis dans la langue zoologique.

Certains zoïdes ont conservé la faculté de former eux-mêmes des colonies qui, chez les Coralliaires, peuvent atteindre une énorme puissance de développement. On peut désigner ces colonies sous le nom de *colonies polyzoïques* (1) ou de *dèmes* (2). L'exemple des Rénilles, des Virgulaires, des Pennatules, nous prouve que ces colonies sont, à leur tour, capables de se transformer en véritables organismes auxquels doit s'étendre par conséquent la dénomination de dèmes. Les colonies linéaires peuvent se constituer en dèmes aussi bien que les colonies irrégulières ou rayonnées. Les diverses régions du corps d'une Annélide, d'un Articulé ou même d'un Vertébré se développent et se comportent comme des zoïdes, jouissent d'une réelle indépendance qui se manifeste notamment par de grandes différences dans le degré de solidarité des mérides qui les composent : les mérides sont, par exemple, complètement fusionnés dans la tête des Insectes et dans celle des Vertébrés alors qu'ils demeurent plus ou moins distincts dans les autres régions du corps de ces animaux.

La transformation en bloc des colonies irrégulières ou rayonnées en organismes autonomes est constamment corrélative d'un important changement qui s'est produit dans les conditions d'existence de la colonie primitive : cette colonie a recouvré sa liberté. Dès lors des formes régulières, symétriques, tout au moins nettement déterminées, ont pris la place des dispositions capricieuses que présentent, en général, les colonies fixées. Ce même phénomène se produit dans les classes les plus variées. On en peut suivre toutes les phases dans le groupe si éminemment instructif des Siphonophores où l'on s'élève graduellement de la vague individualité des *Praya* et des Agalmes à l'individualité des Vélelles et des Porpites, aussi nette que celle des Méduses et des polypes coralliaires. Aussi bien que les colonies d'Hydraires ou de Coralliaires, les colonies de Bryozoaires, en devenant libres, forment de véritables

(1) De πολύς, plusieurs, et ζῶον, animal.

(2) De δεμός, peuple. M. de Lacaze-Duthiers a dit dans ce sens *Zoanthodème* pour désigner une colonie de Coralliaires. Il a proposé de dire dans un sens analogue *Helminthodème* ou *Ascidiodème* pour désigner une colonie de Vers, telle qu'un Ténia, ou une colonie d'Ascidies. Nous employons le mot *dème* dans une acception plus restreinte qui exclut la première de ces deux dénominations, puisqu'un *dème* est pour nous une *colonie de zoïdes* et que les anneaux d'un Ténia ne sont que des mérides.

organismes tels que les Cristatelles ; les Ascidies elles-mêmes constituent ces chaînes de Salpes où le concert entre les individus associés est déjà bien manifeste, et surtout ces Pyrosomes où l'unité organique atteint au même degré que chez les Pennatules. Si le fait de recouvrer sa liberté tend déjà à établir, dans une colonie primitivement fixée, une solidarité plus étroite entre les individus menant une vie commune, *à fortiori* cette tendance doit-elle exister plus puissante dans les colonies qui ont été libres de tout temps comme les colonies linéaires. On peut donc énoncer ce principe général qui résume toute la théorie de la formation des organismes : *Toute colonie originairement libre ou qui le devient à une époque quelconque de son existence tend à revêtir rapidement, par cela même, la qualité d'individu.*

Si des colonies primitivement fixées ont pu recouvrer par la suite leur liberté, il est arrivé inversement que des colonies linéaires, libres par conséquent, déjà transformées en organismes plus ou moins hautement perfectionnés, ont malgré cela tardivement contracté l'habitude de mener une existence sédentaire ou même de se fixer soit d'une façon temporaire, soit d'une façon permanente. Aussitôt ont apparu des modifications caractéristiques, et qui ont conduit d'une part à l'organisation aberrante des Brachiopodes, d'autre part à celle non moins étrange des Cirripèdes. La classe des Tuniciers doit certainement une bonne part de ses particularités d'organisation aux déformations qui sont résultées de la fixation du têtard des Ascidies. Mais là encore, certains types ont pu reprendre leur liberté, comme cela est arrivé pour les Coralliaires et les Siphonophores ; ils ont donné les groupes aberrants des *Doliolum*, des Salpes et des Pyrosomes, à l'apparition desquels nous préparent déjà les Molgules vivant librement enfouies dans le sable. Les Pyrosomes, vivant en société d'une façon permanente, sont des individus dont l'unité psychologique est pour le moins aussi nette que celle des Pennatules.

Il y a donc deux sortes d'animaux fixés : ceux dont la fixation est, pour ainsi dire, *primitive*, se produit à une époque où ils sont encore réduits à leur protoméride ; ceux dont la fixation est *régressive*, et qui sont déjà, lorsqu'ils se fixent, des *individus poly-*

mériques parfaitement constitués. Dans ce dernier cas, le type primitivement acquis se conserve, en général. Dans le premier, au contraire, l'ensemble de la colonie qu'engendre l'individu fixé ne se transforme jamais en individu. Quelques-unes de ses parties peuvent seules s'individualiser comme le montre la formation des Méduses et des Polypes coralliaires. Au contraire toute colonie qui devient libre, quel que soit son degré de développement, tend à se transformer en individu : l'histoire des Siphonophores, des Pennatules, des Cristatelles et des Pyrosomes suffit à le prouver, et témoigne d'une étroite corrélation entre la vie libre et la production de l'individualité. Ce mode d'existence a encore une conséquence importante.

La taille des colonies fixées ne semble limitée que par la durée de l'existence des individus associés et l'activité plus ou moins grande de leur pouvoir reproducteur, qui sont l'une et l'autre influencées, dans une large mesure, par les conditions extérieures. Les bancs de coraux peuvent former des îles d'une vaste étendue ; dès qu'une colonie devient libre, sa taille se limite au contraire rapidement ; le nombre des individus qui la composent tend à se restreindre ; leur polymorphisme devient de plus en plus marqué, d'où résulte un développement rapide de l'individualité ; bientôt, tout semble sacrifié au développement de celle-ci et, par une sorte d'*économie* sur laquelle M. Milne Edwards a le premier attiré l'attention, le nombre des parties devient absolument fixe et strictement égal au nombre nécessaire pour l'accomplissement régulier des fonctions physiologiques. En même temps il peut arriver que la délimitation entre les parties s'efface, comme nous l'avons vu chez nombre de parasites, chez les Araignées, chez les Mollusques et que les organes intérieurs de même nature se soudent d'une façon intime. C'est là une tendance générale des tissus semblables, que les Éponges et les Hydres permettent déjà de constater, tendance que Geoffroy Saint-Hilaire avait parfaitement reconnue dans ses études sur la monstruosité des animaux supérieurs et qui l'avait conduit à formuler sa fameuse loi de l'*attraction du soi pour soi.*

Que deux organes de même nature, non protégés par un revêtement inerte, grandissent assez pour arriver en contact, ils se souderont infailliblement et ne constitueront plus qu'un organe unique. Il peut arriver que de telles *coalescences* se produisent de bonne heure, que l'adhérence entre les organes soudés devienne plus forte que leur adhérence respective avec les parties au contact desquelles ils se sont primitivement développés, que leur accroissement soit enfin moins rapide que celui des parties qui les entourent, il résulte alors de ces soudures un nouvel organe qui tend à perdre ses connexions primitives, s'isole dans l'organisme et semble y prendre une certaine individualité. Ainsi des organes compacts, formant des masses plus ou moins volumineuses, prennent graduellement la place des séries d'organes correspondant aux divers zoonites. Nous en avons vu un frappant exemple dans le mode de développement des reins des Vertébrés supérieurs. Grâce à ces phénomènes de fusion, toute trace des individus simples qui constituaient primitivement l'individu complexe finit par disparaître et celui-ci semble avoir toujours été une unité indivisible. Tel est le degré auquel sont parvenus les Mollusques et les Vertébrés.

Que d'étapes ont été parcourues pour arriver à ce but suprême !

Dans cette marche graduelle des colonies animales vers le degré d'unité physiologique qui finit par les transformer en organismes indivisibles, les diverses parties associées réagissent les unes sur les autres, en vertu de la loi d'adaptation réciproque, de manière que tout paraît combiné pour assurer le plus parfaitement possible l'existence de l'ensemble dans les conditions où il doit vivre. C'est précisément ce qui rend si étroite la solidarité des divers éléments d'un organisme. Il en résulte finalement entre ces éléments des *corrélations* dont l'étude était considérée par Cuvier comme la base même de l'anatomie comparée. Dans des organismes constitués d'une façon semblable, à l'aide d'éléments identiques, ces corrélations dépendent simplement des conditions d'existence : telles sont les corrélations que l'on observe entre la forme des membres et la dentition chez les mammifères herbivores ou chez les mammifères carnassiers. Mais il s'est produit des corrélations semblables à tous les degrés du développement du type que l'on considère ; en raison de l'hérédité, les plus récentes sont nécessairement *subordonnées* aux plus anciennes qui contiennent souvent l'explication de la forme qu'elles ont prises. L'une des plus anciennes de ces corrélations, pour un zoïde, est évidemment celle qui existe entre le mode de groupement des mérides qui le composent et le genre de vie du protoméride. A la condition de tenir compte de l'organisation des mérides qui s'associent, elle domine, en effet, toute la série des corrélations qui ont pu se produire depuis. Le premier problème de l'anatomie comparée consiste donc à déterminer, avant toute comparaison, la nature de l'individualité des organismes qu'il s'agit d'étudier : appartiennent-ils à la catégorie des plastides, à celle des mérides, à celle des zoïdes ou à celle des dèmes? Pour avoir négligé cette première détermination on a souvent tenté des recherches qui étaient fatalement destinées à ne pas aboutir, comme lorsqu'on s'est efforcé de comparer entre eux les Turbellariés, qui sont des mérides, et les Vers annelés qui sont, pour le moins, des zoïdes.

Il est évident que les organismes de même catégorie sont seuls comparables entre eux ; toutefois les divers zoïdes d'un dème, les divers mérides d'un zoïde sont comparables aussi aux zoïdes et aux mérides indépendants. Les zoïdes d'un même dème, les mérides d'un même zoïde, toujours construits de la même façon, sont dits *homologues* entre eux.

Dans une même catégorie d'organismes, zoïdes ou dèmes, la comparaison s'établit d'une manière plus étroite entre ceux dont les parties sont groupées suivant le même *type ;* et l'on arrive ainsi à rechercher si ces parties sont de même nature, c'est-à-dire si elles sont constituées d'éléments semblables et semblablement placés. Les parties pour lesquelles cette identité est établie sont *analogues ;* ainsi les tentacules d'un Polype coralliaire sont analogues des dactylozoïdes d'un *Stylaster*, les anneaux d'une Sangsue sont les analogues des anneaux d'une Annélide.

Mais des parties semblablement disposées peuvent être d'une nature différente : les rayons d'une Étoile de mer n'ont rien de commun avec ceux d'une Anémone de mer ; les anneaux d'un Mille-pieds ne ressemblent en rien à ceux d'un Lombric ; on peut appeler *homotypiques* ces parties dissemblables, mais affectant un même mode de groupement. Inversement, des parties analogues peuvent occuper des positions relatives très différentes : c'est ainsi que les individus d'une colonie ramifiée de Bryozoaires sont malgré leur disposition arborescente les analogues des anneaux d'une Annélide.

La recherche et la comparaison des parties analogues était pour Geoffroy Saint-Hilaire le but supérieur de l'anatomie comparée. Mais Geoffroy admettait l'*unité de plan de composition du règne animal.* Il supposait à tous les animaux des organes primitivement identiques, occupant les uns par rapport aux autres les mêmes positions relatives, ayant entre eux les mêmes *connexions.* C'est par les connexions des organes qu'il déterminait leur nature. C'était là une idée féconde : le *principe des connexions* a été l'âme des travaux les plus remarquables de naturalistes tels que Savigny, Audouin, Milne Edwards, de Quatrefages, Blanchard, de Lacaze-Duthiers. La théorie des colonies détermine la place que doivent tenir ces grandes conceptions dans la philosophie anatomique.

Puisqu'à l'état de mérides les organismes présentent déjà de profondes dissemblances, puisque les mérides, s'assemblant pour constituer des zoïdes, peuvent se grouper suivant des lois diverses, que les mêmes faits se retrouvent aussi nettement pour les dèmes, il est bien évident qu'il ne saurait être question pour l'ensemble du règne animal d'unité de plan de composition. Le principe des connexions tel que l'entendait Geoffroy ne saurait donc être applicable dans tous les cas. Il conduirait, d'ailleurs, à ne comparer entre eux, par exemple, que les zoïdes dont les mérides présentent la même disposition et c'est effectivement ainsi que l'on procède généralement ; or, nous avons vu que l'on peut trouver des parties absolument analogues dans des êtres aussi différents qu'une colonie de Bryozoaires et un Ver annelé. Le même principe conduirait, au contraire, à considérer comme analogues les anneaux d'une Annélide et ceux d'un Insecte, or nous savons que ces anneaux sont seulement homotypiques.

La recherche des analogues, quand on embrasse la totalité du règne animal ne saurait donc reposer, comme le voulait Geoffroy, sur le principe des connexions. Mais il n'en est plus de même lorsqu'il s'agit de rechercher les parties analogues chez des animaux formés de mérides originairement identiques et semblablement disposés. Dans les diverses modifications que subissent les mérides et leurs organes, les connexions primitives se conservent ou peuvent être reconstituées soit par des comparaisons méthodiques, soit par l'étude de l'embryogénie, en raison même de l'identité de structure et de groupement des mérides associés. L'identité des connexions se retrouve donc simplement comme un cas particulier, dans la théorie plus générale des analogies à laquelle nous avons été conduit.

Lorsqu'une proposition est introduite dans la science comme une loi générale, il est bien rare qu'elle ne contienne pas une part plus ou moins grande de vérité ; pour qu'une théorie scientifique mérite confiance, elle doit donc embrasser toutes les lois établies ou énoncées, en donner l'interprétation et déterminer l'exacte mesure dans laquelle elles sont applicables. C'est une condition que remplit la *théorie de l'association* vis à vis des lois diverses de l'anatomie et de la physiologie comparées qui toutes sont venues se grouper naturellement autour d'elle comme autant de déductions nécessaires, ont pris place dans l'horizon plus étendu qu'elle semble ouvrir et, s'expliquant les unes par les autres, se sont trouvées dépouillées de tout caractère mystérieux.

La théorie de l'association va, de même, nous permettre d'enfermer dans une formule unique l'ensemble des phénomènes de l'embryogénie.

CHAPITRE II

L'EMBRYOGÉNIE ET LA THÉORIE DES COLONIES.

On réserve généralement le nom d'embryogénie à l'étude du développement des organismes qui naissent d'un œuf après la fécondation. L'embryogénie comprend donc, avant tout, pour la plupart des naturalistes, l'étude des phénomènes de la génération sexuée et laisse de côté, relègue au second plan, ou consigne tout au moins dans un chapitre spécial, l'étude des phénomènes de la génération agame, de la métagénèse. Bien différente est la conception de cette science à laquelle doit nous conduire la série des faits que nous avons exposés dans cet ouvrage.

Les Vertébrés, les Mollusques, les Annelés, les Articulés, les Échinodermes, les Acalèphes, c'est-à-dire presque tous les animaux sont des organismes de l'ordre des dèmes ou de celui des zoïdes ; entre eux et ce que l'on nomme une colonie, c'est-à-dire une association d'organismes nés les uns des autres par voie de génération agame, ou de métagénèse, il n'existe aucune différence tranchée. Tous les animaux que nous venons d'énumérer ont été des colonies qui, par une adaptation réciproque des organismes qui les composaient, sont lentement et graduellement devenues des organismes d'un ordre supérieur. Il suit de là que *les lois du développement de ces organismes doivent être les mêmes que les lois du développement des colonies auxquelles ils doivent leur origine*. La métagénèse doit prendre à leur formation une part aussi considérable que celle qu'elle prend à la formation de ces colonies ; loin d'être, comme on le laisse croire le plus souvent, un phénomène accidentel, une faculté particulière aux organismes inférieurs, elle est au contraire un phénomène d'une généralité absolue ou, pour mieux dire, elle est la cause même de la production des organismes supérieurs. Les phénomènes de métagénèse deviennent ainsi les phénomènes dominants de l'embryogénie : ils contiennent l'explication de ces derniers, dont le sens ne peut être compris que si l'on possède une connaissance approfondie des phénomènes de génération agame grâce auxquels les colonies se constituent.

Or, l'essence même d'une colonie est d'être réduite, au début, au premier des individus qui la composent, c'est-à-dire à son protoméride. Celui-ci seul naît de l'œuf (1) ; les autres se forment successivement, par métagénèse, sur lui ou sur ses descendants agames. Il semble donc que l'œuf de tous les animaux appartenant aux ordres des zoïdes et des dèmes devrait produire seulement leur protoméride, les autres parties se formant successivement par voie agame sur le protoméride ou les mérides qu'il a produits.

Il en est réellement ainsi dans un grand nombre de cas : la larve des Méduses, des Coralliaires et des Siphonophores, celle des Échinodermes, le nauplius des Crustacés, la trochosphère des Annélides et des Mollusques ne représentent réellement qu'un protoméride qui devient l'individu central chez les animaux rayonnés, la tête chez les animaux segmentés : les autres mérides se forment par métagénèse. Ce procédé de développement des organismes, si conforme à la théorie, fait place chez les animaux les plus élevés à un procédé bien différent, en apparence, puisque toutes les parties de leur corps semblent naître

(1) Aussi M. de Lacaze-Duthiers a-t-il proposé de le désigner, chez les Coralliaires, sous le nom d'*oozoïte* (de ωον, œuf et ζωον, animal), que nous aurions employé si nous n'avions craint qu'il n'introduisît quelque confusion dans la nomenclature générale que nous avons dû adopter.

simultanément dans l'œuf que l'animal quitte souvent avec sa forme et sa constitution définitives.

Cependant ce dernier mode de développement n'est au fond qu'une transformation du premier : il en est dérivé par une série de lentes modifications, ménagées de la façon la plus graduelle. Ces modifications peuvent se résumer en deux principes desquels découle l'embryogénie comparée tout entière et qui peuvent s'énoncer ainsi :

1° *L'œuf d'un organisme faisant partie d'une colonie tend à reproduire non seulement l'organisme dans lequel il s'est formé, mais encore la colonie tout entière dans laquelle cet organisme était engagé.*

2° *A mesure que les organismes constituant une colonie deviennent plus étroitement solidaires, les œufs qu'ils produisent tendent à reconstituer de plus en plus vite l'ensemble même de cette colonie.*

Nous désignerons, pour abréger, le premier de ces principes sous le nom de *principe de la reproduction totale des colonies* ou simplement de *principe de la reproduction totale*, le second sous le nom de *principe de l'accélération métagénésique*. Rappelons les faits qui leur servent de démonstration.

Nous avons vu précédemment que lorsque des plastides s'associaient pour former un méride, ils acquéraient la propriété de reproduire non plus seulement des plastides semblables à eux-mêmes, groupés d'une façon quelconque, mais bien le méride même d'où ils se détachaient avec sa forme et ses propriétés caractéristiques. Le principe de la reproduction totale n'est évidemment que le résultat du transfert de cette propriété générale des plastides à l'œuf formé dans un zoïde ou un dème. Ce transfert passerait, sans doute, inaperçu si tous les individus de ces sortes de colonies conservaient leur ressemblance primitive, ou si l'on n'accordait d'attention, comme on le fait d'habitude, qu'aux animaux supérieurs qui sortent de l'œuf tout formés et ont longtemps passé, en raison de ce fait, pour des unités indivisibles. Dans ces deux cas, l'œuf reproduit tout simplement, en effet, un organisme semblable à celui dans lequel il a pris naissance. Mais sont là deux extrêmes entre lesquels viennent s'échelonner un nombre immense d'intermédiaires qui ne rentrent plus dans une formule aussi simple.

Dès que le polymorphisme apparaît dans une colonie, dès que les individus qui la composent affectent un mode de groupement déterminé, les choses se passent autrement. Toutes les modifications qui apparaissent, alors même qu'elles semblent ne pas affecter les individus reproducteurs, se transmettent par voie d'hérédité : elles ont eu par conséquent leur contre-coup dans l'œuf. Dans une colonie de polypes hydraires on voit les individus stériles, gastrozoïdes ou dactylozoïdes être toujours reproduits par les œufs des individus reproducteurs avec leur forme et leur position caractéristiques. C'est ainsi qu'ont pu se fixer les dispositions qui ont amené la production des Polypes coralliaires et celles qui permettent l'apparition intermittente des Méduses.

Cette propriété de l'œuf devient plus évidente encore dans le cas où la colonie prend une forme déterminée. Bien que les œufs d'un Siphonophore, d'une Pennatule, d'une Cristatelle, d'un Pyrosome soient respectivement formés dans une Méduse, dans un Polype coralliaire, dans un Bryozoaire, dans une Ascidie ils n'en reproduisent pas moins les colonies avec une telle fidélité qu'on peut les distinguer en espèces et en genres. Si ces colonies se formaient tout entières dans l'œuf, au lieu de se former pièce à pièce comme cela arrive généralement, rien ne distinguerait leur mode de développement de celui des animaux supérieurs, tels que les Insectes, ou les Vertébrés. Mais ceux-ci étant eux-mêmes des zoïdes ou des dèmes, quels que soient les procédés embryogéniques à l'aide desquels ils se constituent, il faut bien que l'œuf qui n'avait d'abord que la faculté de former un seul de leurs mérides, ait acquis celle de les produire tout entiers et d'un seul coup. Le principe de la reproduction totale est donc l'expression d'un fait indiscutable et ne contient aucune part d'hypothèse. Il en résulte que l'on doit considérer l'œuf comme appartenant non pas à l'individu qui l'a produit, mais à la colonie tout entière : ainsi s'explique ce fait, au premier abord si surprenant, que l'ovaire chez les Salpes et les Pyrosomes puisse être à un certain moment la propriété indivise de tous les individus qui, chez ces animaux, naissent par voie agame sur un individu donné.

L'œuf, avons-nous dit, appartient à la colonie à ce point que les moindres modifications qu'elle subit se repercutent en lui ; il s'ensuit, de toute nécessité, que les plus importantes de toutes ces modifications, c'est-à-dire les adaptations réciproques des individus composants qui rendent ces individus solidaires les uns des autres et fondent ainsi l'unité organique de la colonie, doivent avoir sur les propriétés héréditaires des œufs une influence prédominante. L'une des manifestations de cette influence est une accélération des phénomènes de métagénèse qui est exprimée par le second des principes que nous regardons comme fondamentaux. Ce principe n'est donc pas indépendant du premier, il en est un développement. Comme lui, il résulte invinciblement de la comparaison des faits observés : chaque fois que nous avons voulu réunir dans une même formule les lois du développement des animaux composant un groupe zoologique donné, c'est lui que nous avons retrouvé : chaque fois nous avons pu faire remarquer que notre conclusion était indépendante de toute théorie et devait être considérée comme la seule expression grammaticale possible du résultat de nos comparaisons.

Voici la marche de l'accélération métagénésique.

L'œuf ne donne d'abord naissance qu'à un protoméride, et les phénomènes de métagénèse se produisent avec plus ou moins de lenteur. Puis les individus formés acquièrent l'aptitude de produire de plus en plus tôt de nouveaux individus en même temps que le polymorphisme de la colonie devient plus précoce. Dans le groupe des Hydroméduses nous trouvons tous les passages entre la lente formation des Méduses sur des colonies d'Hydres et le développement rapide et direct de ces élégants organismes, tel que nous le montrent les *Trachynema*, les *Ægina*, les *Geryonia* ; il est probable que le développement des Hydrocoralliaires fournirait une série analogue conduisant au développement constamment direct des Coralliaires. Le développement des Siphonophores nous montre des larves d'Hydres produisant déjà des Méduses avant d'avoir atteint la forme de Polype. Le développement des Ascidies sociales et composées, dans lesquelles les individus gardent toujours d'une façon complète leur autonomie, nous révèle des faits plus démonstratifs encore : le têtard des Botrylles produit, à peine fixé, de nouveaux individus qui se reproduisent à leur tour et disparaissent avant d'avoir atteint l'âge adulte; le têtard des *Pérophores*, des *Astellium*, des *Didemnum* a déjà produit avant d'éclore un ou deux individus par métagénèse; nous savons enfin que chez les Pyrosomes un premier individu naît dans l'œuf et s'y résorbe presque entièrement après avoir produit, par métagénèse, quatre individus nouveaux qui sont autant d'Ascidies parfaites; ces dernières éclosent seules après s'être groupées en une couronne circulaire. Quelles preuves plus palpables peut-on donner de cette singulière accélération de la métagénèse?

Ces phénomènes d'accélération n'attendent pas, du reste, pour se manifester que l'individualité des organismes groupés en colonie se soient plus ou moins fondue dans celle de la colonie dont ils font partie. Ils se montrent déjà alors que les organismes gardent encore toute leur autonomie, comme c'est le cas chez les Siphonophores et mieux encore chez les Ascidies composées et les Pyrosomes, témoignant une fois de plus qu'ils sont une simple conséquence de la vie coloniale et de l'action qu'exercent sur les œufs de chaque individu l'ensemble des organismes auxquels il est associé.

L'histoire des Pyrosomes montre d'une façon incontestable qu'un organisme composé de plusieurs individus peut être produit par un œuf unique et met en pleine lumière le rôle de la métagénèse dans cet important phénomène. L'histoire des colonies linéaires vient compléter remarquablement cette donnée. Les Annélides inférieures sortent de l'œuf, nous l'avons vu, réduites à un seul anneau qui deviendra plus tard leur tête. Cet anneau grandit par sa partie postérieure; toutes les parties qui le composent prennent part à cet accroissement, puis, quand une certaine taille a été atteinte, l'anneau se partage par le travers et deux anneaux se trouvent ainsi placés bout à bout. Ce premier phénomène est exactement le même que celui qui s'accomplit chez divers Turbellariés ; là un individu se partage aussi en deux individus après avoir atteint une certaine taille, mais ces deux individus se séparent au bout de peu de temps ; il arrive cependant qu'ils demeurent unis assez longtemps pour avoir eux-mêmes donné naissance, avant de s'isoler, à deux individus nouveaux qui se partagent à leur tour. Ainsi se constituent des chaînes qui peuvent contenir 8 et même 16 individus. C'est là la reproduction normale par division transversale, et en même temps le début de la formation d'une colonie linéaire. Lorsque la colonie linéaire s'est définitivement constituée, pour des raisons que nous avons longuement expliquées la formation des nouveaux individus ou des nouveaux anneaux de la chaîne se localise à la partie postérieure du corps ; en même temps, peut être en raison de l'activité physiologique plus grande qui, pour chaque individu, résulte de l'association, la formation des nouveaux anneaux s'accélère de telle façon que l'individu-colonie tend à acquérir dans un laps de temps de moins en moins grand sa constitution définitive. D'abord les anneaux se forment successivement par un procédé identique à celui que nous venons d'indiquer, c'est-à-dire qu'un anneau grandit, puis se partage dès qu'il a atteint une certaine taille ; mais peu à peu il arrive que les anneaux nouvellement formés n'attendent pas pour se partager, qu'ils aient dépassé la taille moyenne des anneaux adultes ; bien avant d'avoir atteint cette taille, bien avant même que tous les organes internes se soient formés, ils se partagent déjà, de telle façon qu'en arrière de l'animal on observe une chaîne plus ou moins longue d'anneaux à tous les degrés de développement ; bientôt même, l'accélération continuant, il se forme une sorte d'organe spécial, la *bandelette germinative*, point de départ des nouveaux anneaux qui paraissent dès lors se former simultanément.

Il semble au premier abord que la colonie doive grandir ainsi indéfiniment ; mais, il n'en est rien : les causes qui limitent la grandeur des individus de premier et de second ordre, limitent aussi celles des individus d'ordre plus élevé. On voit donc les individus-colonies, lorsqu'ils ont atteint une certaine taille, se diviser comme le font leurs anneaux ; ces phénomènes, que nous offrent sous des formes diverses les Naïdiens, les Syllis, les Myrianides, les Protules, etc., sont, comme la segmentation même des anneaux, une simple conséquence de l'accroissement; la tête et la queue des deux individus qui se séparent se forment comme les segments nouveaux de l'individu qui grandit ; l'individu lui même s'est formé par l'addition successive d'anneaux nouveaux à la partie postérieure d'un anneau primitivement unique, représentant la tête; de sorte qu'entre l'accroissement pur et simple de l'individu-colonie, du zoïde, et sa reproduction par division il y a la continuité la plus absolue. La seule différence c'est que les segments nouvellement formés demeurent unis dans le premier cas et que deux d'entre eux, entraînant ceux auxquels ils tiennent, se séparent dans le second.

Quelquefois la séparation semble avoir pour cause une division du travail qui s'est opérée entre les divers individus. Un certain nombre d'entre eux sont devenus aptes à la reproduction sexuée ; ils revêtent des caractères spéciaux qui ont, en général, pour effet d'accroître dans des proportions considérables leurs facultés locomotrices. Leur ensemble prend alors le caractère d'un individu qui se sépare de l'individu constitué par l'ensemble des anneaux asexués : ces deux individus peuvent alors différer considérablement l'un de l'autre, et comme l'individu sexué paraît avoir été engendré par l'autre, que de ses œufs naissent des individus asexués identiques à celui qui lui a donné naissance, il en résulte une succession régulière d'individus qui ne se ressemblent pas entre eux, dont la forme alterne de génération en génération. C'est en cela que consiste le phénomène de la *génération alternante* dont la découverte causa jadis tant d'émoi. L'accroissement d'un individu-colonie, la reproduction par division et la génération alternante ne sont donc que des formes variées d'un seul et même phénomène.

Cependant l'individu-colonie acquiert une puissance physiologique de plus en plus grande, et qui finit par devenir suffisante pour que tous les segments nés les uns des autres puissent demeurer unis. La reproduction par voie agame disparaît alors : l'œuf qui semblait produire tout à l'heure un nombre parfois considérable d'individus distincts, semble maintenant n'en produire qu'un seul. Pourtant, il n'est intervenu dans tout ceci qu'une bien faible modification : l'œuf n'a formé directement dans les deux cas que le premier anneau de la colonie, le premier méride, celui qui doit devenir la tête de l'Annélide, les autres sont nés successivement de ce premier méride toujours par le même procédé ; nous les avons vus d'abord s'isoler à mesure de leur formation, puis se séparer par groupes constituant chacun un individu ; maintenant ils ne se séparent plus, et leur ensemble ne forme plus qu'un seul tout, incapable de se reproduire spontanément par voie asexuée. Toutefois cette faculté n'est pas entièrement éteinte : un Lombric ne se reproduit pas par division ; mais coupez-le par le milieu, la moitié antérieure se complétera, la moitié postérieure demeurera très longtemps vivante ; elle arriverait sans doute à se compléter aussi s'il était possible de la nourrir, car un Lombric dont vous enlevez la tête la refait très rapidement si vous n'avez pas enlevé un nombre trop considérable d'anneaux. Les parties séparées peuvent donc vivre isolément ; mais cette faculté est déjà diminuée chez le Lombric et nous arrivons ainsi par degrés insensibles à la perte totale de la faculté de reproduction asexuée et à la constitution d'une individualité dont toutes les parties conservent les caractères essentiels des parties primitivement séparables, mais sont devenues absolument solidaires, ne peuvent plus être isolées même par groupes considérables sans périr. C'est ce que nous voyons déjà chez les Sangsues, si voisines cependant des Lombrics et chez tous les animaux articulés.

L'individualité des mérides est alors complètement absorbée dans l'individualité plus élevée du zoïde qu'ils constituent. Mais avant que cette absorption ne soit complète, chez beaucoup d'Annélides, chez les Lombrics et les Sangsues on voit se produire un phénomène important.

La surexcitation de l'activité génésique produite par l'association aboutissait d'abord à la production rapide d'un chaîne plus ou moins longue de mérides, pouvant se diviser en un nombre variable de zoïdes : maintenant tout l'effort se concentre vers la production d'un zoïde unique et vers le perfectionnement de ses parties

Dès que tous les mérides issus d'un même œuf demeurent toujours unis, dès que l'individualité du zoïde qu'ils constituent s'est nettement établie, les mérides se perfectionnent, deviennent plus volumineux, contiennent des organes plus variés, mais en revanche leur nombre cesse d'abord d'être illimité. Chaque espèce atteint un nombre d'anneaux qu'elle ne dépasse pas et le nombre de ces anneaux tend à se réduire de plus en plus à mesure que le type se perfectionne. En outre, l'accélération dans la production des anneaux continue. La tête se formait d'abord seule dans l'œuf; bientôt l'animal sort de l'œuf présentant déjà un certain nombre d'anneaux bien développés et le rudiment de plusieurs autres; mais de nouveaux anneaux, parfois en nombre considérable, s'ajoutent encore après l'éclosion à ceux qui se forment dans l'œuf; c'est ce que nous montrent la plupart des Annélides, les Lombrics, beaucoup de Crustacés et les Myriapodes. A mesure que le nombre des anneaux diminue, la constitution précoce et définitive de l'individu devient de plus en plus facile, la proportion du nombre des anneaux qui se forment dans l'œuf à celui des anneaux qui se forment après l'éclosion de plus en plus forte. Finalement l'individu sort de l'œuf possédant autant de segments qu'à l'état adulte; ces segments n'auront plus qu'à grandir et à subir quelques modifications de forme dont l'importance est secondaire.

Le mouvement d'accélération dans la formation des parties ne s'arrête point là : les segments qui d'abord se formaient successivement, arrivent à se former presque simultanément; ils sont encore réduits à une étroite bandelette, ne contenant aucun organe, qu'ils se multiplient déjà et les bords de la bandelette ne se rejoignent pour former des anneaux complets, que longtemps après le moment où le nombre des segments est devenu définitif. Tels sont les phénomènes qui marquent le développement des Insectes ou Vertébrés. Alors, il semblerait vraiment que l'animal soit une unité indivisible, dont tous les segments, engendrés d'emblée dans l'œuf, loin de naître les uns des autres, sont, au contraire du même âge, et n'ont par conséquent entre eux aucun rapport génétique. Ces segments se présentent comme le résultat de la division d'un tout primitivement homogène, plutôt que comme une association d'individus autonomes successivement nés d'un individu unique. Mais la série de faits que nous venons de rappeler montre d'une manière indiscutable, que les animaux supérieurs n'ont acquis que très graduellement leur mode actuel de développement; nous pouvons retrouver dans un même groupe zoologique tous les passages entre la formation successive, qu'on pourrait appeler la formation normale des segments, et leur formation simultanée ; nous pouvons affirmer que le mécanisme qui a conduit à ce dernier type d'évolution est le même qui, agissant d'une façon constante, a commencé par précipiter simplement l'apparition des anneaux durant l'accroissement des Annélides. Il est à présumer qu'une étude de l'accroissement des Annélides poursuivie depuis les types où cet accroissement est le plus lent, jusqu'à ceux où l'animal se forme presque en entier dans l'œuf, contiendrait l'explication des phénomènes embryogéniques les plus complexes : en d'autres termes, l'étude de l'accroissement d'une Annélide ou d'un Crustacé, dont les segments se forment un à un, doit nous montrer en détail ce qui se passe en bloc dans le développement d'un Vertébré ou d'un Insecte ; l'étude successive de types qui se réalisent de plus en plus promptement doit nous révéler le mécanisme grâce auquel le développement presque simultané des segments des animaux supérieurs a été obtenu.

Il est aisé de voir maintenant combien sont fragiles les conclusions relatives aux affinités des êtres qu'on a souvent voulu tirer de l'époque relative d'apparition des organes chez leurs embryons, toutes les fois que l'on n'a pas tenu compte du degré de l'accélération métagénésique chez les animaux comparés. Ainsi l'on a considéré comme établissant une différence profonde entre les animaux vertébrés et les animaux invertébrés l'apparition précoce du cœur chez les premiers, l'apparition tardive de l'appareil circulatoire chez les seconds. Mais lorsque le cœur apparaît chez un Vertébré, la plupart des segments sont déjà nettement distincts; l'embryon du Vertébré est par conséquent beaucoup plus avancé dans son développement, on pourrait dire beaucoup plus âgé qu'une larve d'Annélide, libre depuis plusieurs jours et qui forme péniblement ses segments un à un à la partie postérieure de son corps. Il faut, quand on veut comparer des embryons d'une manière vraiment scientifique, tenir compte de ce long travail d'adaptation qui semble s'accumuler dans l'œuf et fait de deux embryons dont le développement a commencé depuis le même nombre de minutes des êtres que sépare dejà toute la distance de l'enfance à la jeunesse.

Dans l'œuf d'une Annélide inférieure et dans celui du Vertébré, les résultats à atteindre dans le même intervalle de temps sont très différents. Le premier ne doit donner naissance qu'à l'individu unique, au segment qui deviendra la tête de l'Annélide et produira les autres anneaux en empruntant directement au monde extérieur les matériaux de leur formation, c'est-à-dire, ses propres aliments. Le second doit produire simultanément un nombre considérable d'individus, équivalant chacun à celui qui naît de l'œuf d'Annélide et trouver en lui-même tout ce qui est nécessaire à cette œuvre prodigieuse. On pourrait à peine songer à rapprocher deux procédés d'évolution aussi différents, si l'histoire même des Annélides et celle des Crustacés, appuyées à leur tour sur l'histoire des animaux rayonnés ou vivant en colonies irrégulières, ne prouvait que l'œuf du Vertébré a acquis lentement son aptitude à faire d'un seul coup un organisme complexe, et qu'il est encore possible de reconstituer par l'étude des différents groupes du règne animal, la marche graduelle de ses progrès.

L'accélération des phénomènes embryogéniques peut enfin se poursuivre encore après que l'œuf est arrivé d'emblée à produire tous les mérides qui doivent former un organisme adulte. Il arrive fréquemment, en effet, que ces mérides doivent subir, hors de l'œuf, diverses métamorphoses pour amener l'animal à sa forme définitive. Aucun organisme n'est exempt de ces modifications ; mais chez quelques-uns elles sont particulièrement prononcées. Tout le monde connaît les métamorphoses des Grenouilles ; divers Poissons en présentent d'aussi considérables et chez les Insectes, elles sont d'autant plus remarquables, que les modifications de l'animal se produisent sous une enveloppe qui les dissimule aux yeux ; l'enveloppe éclate et l'animal en sort transfiguré, comme s'il avait été touché par quelque baguette magique ; l'enveloppe qui l'abrite pendant ses métamorphoses n'est autre chose que sa peau durcie ; la chute de cette peau est ce qu'on nomme une *mue*.

Or, il est des Insectes, les larves de Puce par exemple (1), qui éprouvent une première mue avant de sortir de l'œuf ; il en est de même de beaucoup de Crustacés. M. A. Bavay, pharmacien de la marine à la Guadeloupe, a constaté que, dans cette île dépourvue d'eaux stagnantes, une rainette, l'*Hylodes martinicensis*, subit rapidement toutes ses métamorphoses dans l'œuf et n'en sort qu'après avoir déposé la queue et les branchies caractéristiques du jeune âge des Grenouilles, après avoir acquis les pattes caractéristiques de leur âge adulte (2). Dans ces exemples, il n'y a qu'abréviation de phases du développement qui durent en général plus longtemps ; l'*Hylodes martinicensis* sort de l'œuf à l'état de batracien anoure, mais il a été têtard dans l'œuf. On conçoit que l'abréviation continuant, certaines phases finissent par disparaître d'une façon complète ; c'est un fait dont Fritz Müller a le premier fait ressortir toute l'importance dans son ingénieux opuscule intitulé « *Pour Darwin.* » On voit en effet certains Crustacés inférieurs, profondément modifiés par le parasitisme, tels que les *Lernéopodes* et les *Lernées*, sauter complètement la forme de nauplius que revêtent au sortir de l'œuf tous les Crustacés du même groupe. Cette forme est également sautée chez le plus grand nombre des Crustacés édriophthalmes et podophthalmes, mais, chez les derniers, le développement des *Penæus* vient prouver que la disparition du nauplius n'est qu'un phénomène d'abréviation, puisque ce nauplius peut reparaître inopinément dans certains cas ; de même certaines Méduses cessent de se former sur des colonies de Polypes hydraires et se développent directement ; de même encore, dans la classe des Tuniciers, les Molgules, les Salpes, les Pyrosomes ne passent plus par la forme de têtard que traversent tous

(1) Jules Künckel. *Observations sur les Puces*, Annales de la Société entomologique de France, 1873 ; fig. 136.

(2) *Un nouveau mode de reproduction chez les Grenouilles* ; lettre de M. Jules Garnier au directeur de la *Revue scientifique*. — *Revue scientifique*, 2e série, 2e année, 1873, page 880.

les autres Tuniciers dont le développement est connu; mais là nous sommes encore avertis que c'est simplement le résultat d'une abréviation par l'existence d'un têtard chez les *Doliolum*, si voisins des Salpes, et par ce fait, rappelant entièrement le cas de l'*Hylodes martinicensis*, que chez les *Didemnum* le têtard se forme dans l'œuf et se métamorphose sous ses enveloppes. Chez les Pyrosomes nous assistons à un phénomène plus étrange encore, la formation et la disparition dans l'œuf d'un individu qui n'a jamais pris la forme de têtard. Les Pyrosomes sont-ils les seuls êtres du groupe des dèmes dont le développement soit marqué par la disparition, dans l'œuf, du premier méride formé, ou même d'un certain nombre de mérides? Cela est peu probable et c'est un point sur lequel on ne saurait trop appeler l'attention. L'histoire du développement des Cestoïdes dont l'embryon, métamorphosé en vésicule cystique, ne fait presque jamais partie de la colonie définitive, montre que cette disparition peut avoir lieu hors de l'œuf.

Sans disparaître, il peut arriver que des mérides parfaitement distincts pendant une période plus ou moins longue de la vie de l'animal arrivent à se fusionner complètement de manière à ne former qu'un même individu. Ce phénomène est fréquent chez les parasites : les Lernées, les Sacculines nous en ont offert de frappants exemples. La coalescence des mérides peut encore se produire dans l'œuf : les embryons des araignées se montrent d'abord avec avec un thorax et un abdomen nettement segmentés, tandis que toute trace de segments a disparu sur le céphalo-thorax et sur l'abdomen de l'araignée au moment de l'éclosion. Ne pourrait-on revenir par là à un mode de développement dans lequel un animal résultant de la fusion de plusieurs mérides se formerait dans l'œuf sans que les mérides se soient jamais montrés à l'état isolé? Tout ce que nous savons des procédés habituels de l'embryogénie autorise à penser que cela est possible : la tête des Insectes et des Myriapodes, celle de la plupart des Vertébrés, bien qu'indiscutablement formées de segments confondus, se constituent d'un coup sans avoir présenté à aucune période de leur développement la moindre trace de ségmentation. Le mode de développement des Mollusques n'est donc pas une objection, dans l'état actuel de la science, à la théorie que nous avons donnée de leur origine ; de même le mode de développement des Tuniciers ne serait pas une objection à l'hypothèse de Dohrn que l'Amphioxus et les Ascidies ne sont que des Vertébrés dégénérés.

Les phénomènes d'accélération métagénésique peuvent avoir d'autres conséquences plus importantes encore. Grâce à eux, en effet, les organes de même nature qui correspondent aux divers mérides d'un dème, naissent beaucoup plus rapprochés les uns des autres qu'ils ne le faisaient lorsque les mérides se formaient un à un. Ils se constituent avant que les mérides déjà individualisés se soient séparés dans toute leur étendue ; leurs rudiments peuvent dans ces conditions contracter des adhérences qui ne se seraient jamais produites sans cela, et qui ont ensuite une influence considérable sur le développement. De telles adhérences ne déterminent lorsqu'elles sont anormales que la production de monstruosités, mais elles deviennent au contraire une cause importante de diversification des organismes, lorsqu'elles apparaissent comme la conséquence nécessaire d'un phénomène physiologique normal, tel que l'accélération métagénésique, et qu'elles rentrent dans le cadre du développement au lieu d'en venir troubler l'harmonie. C'est par l'effet d'adhérences de ce genre, contractées durant la période embryonnaire, que certains organes primitivement divisés en autant de segments qu'il y avait de mérides dans l'individu, comme les reins des Annelés et de quelques Vertébrés inférieurs, ont pu se transformer en organes compacts et d'étendue plus limitée, tels que les reins des Poissons et des Batraciens et les corps de Wolf ou reins primitifs des Vertébrés supérieurs. Ces adhérences ont pu contribuer, à leur tour, à empêcher la formation entre les mérides de cloisons qui sans elles les auraient séparés, à maintenir unies des parties de ces mérides qui auraient tendu à s'écarter, et concourir, par conséquent, à effacer les limites des individus primitifs.

Il faut également noter un autre résultat remarquable de cette individualisation hâtive des mérides dans un même zooïde. Ces individus, une fois formés, nés presque simultanément, ne sont plus nourris les uns par les autres, comme cela arrive dans une colonie ordinaire; au moins pendant un certain temps, ce que l'un prend n'est pas également réparti entre tous. Il y a dans l'œuf une réserve nutritive dans laquelle les divers mérides puisent simultanément: il peut dès lors se faire qu'ils ne soient pas tous également bien placés pour en profiter; les premiers nés par exemple, ont chance d'être à cet égard mieux partagés que leurs cadets; cette cause et d'autres encore peuvent hâter le développement des uns, retarder celui des autres; le polymorphisme peut apparaître plus tôt et retentir d'une façon plus énergique sur tout le reste du développement; de là l'apparition de variations brusques en apparence, en réalité longtemps préparées, qui peuvent frapper les individus, les modifier assez profondément, devenir héréditaires en raison même des circonstances embryogéniques qui les ont causées et déterminer l'apparition subite de types nouveaux à côté de ceux qui se modifient lentement. En l'absence de toute modification du milieu extérieur, de toute action exercée directement sur l'embryon, si l'on considère les animaux inférieurs comme résultant de la soudure d'individus secondaires distincts, le phénomène incontestable, indépendant de toute théorie, du raccourcissement des phénomènes embryogéniques dans certains types, suffit à faire prévoir dans les organismes des modifications lentes ou brusques, mais fatales, soumises à des lois inconnues, mais dont on entrevoit déjà la précision et qui relèvent de causes naturelles. Ainsi le fait même si souvent invoqué contre la doctrine de la descendance de la substitution subite d'un type à un autre quand on passe d'une couche géologique à la couche immédiatement voisine (1), loin d'être une objection contre cette doctrine, peut être prévu théoriquement, grâce à la connaissance que nous avons aujourd'hui de la loi qui a présidé à la production des phénomènes embryogéniques.

La rapidité plus ou moins grande avec laquelle se produisent les

(1) Il ne faut pas oublier que ces substitutions ne sont le plus souvent qu'apparentes et s'expliquent le plus simplement du monde par la remarque que deux couches géologiques marines, alors même qu'elles sont constamment et partout superposées, qu'elles semblent se succéder sans intervalle dans l'ordre chronologique, indiquent simplement deux retours successifs de la mer sur le même point, retours qui peuvent être séparés par de longs siècles.

phénomènes d'évolution de l'embryon entraînent nécessairement des changements dans la constitution de l'œuf. Primitivement, le premier méride formé trouvait au dehors les aliments de la jeune colonie en voie de formation. Dès que le développement s'accélère, ces aliments doivent s'accumuler dans l'œuf; ils en infiltrent d'abord le protoplasme, puis viennent, en outre, se déposer autour de lui de manière à former les œufs composés si volumineux des reptiles et des oiseaux. Le protoplasme vivant, celui en qui réside la force d'évolution, n'est donc plus seul sous la membrane d'enveloppe de l'œuf; il est uni à des matières inertes qui constituent sa réserve alimentaire. Son premier acte, lorsque le développement commence, est de s'en séparer d'une façon plus ou moins complète; mais la masse restante doit se loger, comme l'embryon lui-même, sous la membrane ovulaire; les mérides, à leur tour, doivent, se répartir autour de cette masse nutritive de manière à en tirer tout le profit possible. De là encore des modifications profondes dans les phénomènes normaux du développement, modification dont bien peu d'animaux sont exempts. Parfois, comme chez les Pyrosomes, à ces éléments nutritifs formés en même temps que l'œuf viennent s'ajouter ceux qui résultent de la dégénérescence de quelque méride déjà formé. Il serait intéressant de savoir s'il n'y a pas quelques cas où les éléments nutritifs auraient eux-mêmes une telle origine. Quoi qu'il en soit, on peut, en quelque sorte, mesurer le degré de raccourcissement des phénomènes embryogéniques à la quantité d'aliments accumulés dans l'œuf et qui constituent ce que l'on nomme le *vitellus nutritif*: toutes les fois que ce vitellus est volumineux, on peut être certain qu'on se trouve en présence d'un raccourcissement embryogénique considérable. Il y a cependant des causes qui en diminuent nécessairement la quantité : un embryon qui vient se greffer sur sa mère et vivre à ses dépens comme celui des Salpes ou des Mammifères n'a pas besoin d'un vitellus nutritif aussi considérable qu'un embryon qui se développe librement; d'autre part, lorsque certaines circonstances, comme le parasitisme ou la fixation de l'animal au sol, ont déterminé une simplification considérable d'un organisme primitivement complexe, le développement embryogénique, qui était d'abord graduellement compliqué, doit à son tour se simplifier, en vertu même du principe de l'accélération métagénésique qui tend toujours à constituer le plus rapidement possible la forme définitive de l'animal. Dans ce cas encore on doit voir diminuer la réserve nutritive de l'œuf; mais c'est là tout un domaine de l'embryogénie qu'on a à peine tenté de défricher.

Des complications embryogéniques d'une tout autre nature peuvent survenir dans certains cas. Une larve obligée à pourvoir pendant une durée plus ou moins longue aux besoins de son existence peut acquérir des organes transitoires qui lui sont avantageux dans les conditions où elle doit vivre, mais qui, tout en modifiant parfois beaucoup sa physionomie, ne changent rien ou presque rien à la marche ordinaire de son développement et disparaissent toujours à une certaine période de celui-ci. Ce phénomène si remarquable trouve une explication naturelle dans le principe de la reproduction totale, combiné avec celui de l'indépendance des organismes associés dans une colonie. Le méride fondateur d'une colonie possède au moment de son éclosion une double qualité. D'une part, c'est un organisme autonome qui peut, en cette qualité, subir, pour son compte personnel, toutes les modifications possibles; d'autre part, il est l'héritier de l'œuf, et des tendances évolutives supérieures l'entraînent à reproduire non pas un certain méride, mais un ensemble, une colonie de mérides de forme déterminée, où chacun a sa place, sa fonction et ses caractères. Pendant la phase où il est le seul représentant de la colonie, le protoméride cède aux influences modificatrices du milieu extérieur; de là ces formes larvaires bizarres des Échinodermes et de certaines Annélides; mais au moment où la colonie commence à se constituer, l'influence des adaptations réciproques antérieures l'emporte: le protoméride revient à sa forme primitive, plus ou moins modifiée par le rôle qu'il joue dans la colonie, et la garde d'une façon définitive.

L'accélération métagénésique explique enfin ce qu'on a appelé les *types de développement*. Les divers mérides qui constituent un animal du troisième ou du quatrième degré d'individualité se groupent suivant un ordre qui a été déterminé en grande partie par le mode d'existence du premier individu formé : flottant ou fixé, il a produit des colonies arborescentes ou rayonnées, libre et rampant sur le sol, des colonies linéaires. Loin de modifier cet ordre de groupement lentement acquis, intimement lié aux conditions biologiques du protoméride, l'accélération métagénésique ne peut que le fortifier, ne fait qu'en rendre l'apparition plus précoce. Plus un animal présentera un développement condensé, plus le mode spécial de groupement des parties qui le constituent se dessinera de bonne heure : un Vertébré, un Articulé, un Coralliaire, un Echinoderme, manifesteront presque dès le début de leur évolution embryonnaire leur type segmenté ou rayonné.

On a cru trouver dans ce fait la preuve que chaque animal avait été créé d'emblée avec le type qu'il nous présente actuellement. On n'a cessé de le présenter comme une objection absolue à la doctrine de l'évolution. Notre théorie nous conduit au contraire, à le prévoir, et nous savons d'ailleurs qu'il n'est pas général, comme le pensait Von Baër et comme l'affirmait encore, en 1869, Louis Agassiz. Toutes les fois que l'animal sort de l'œuf à l'état de simple méride, son type est absolument indécis et ce n'est qu'après l'apparition des premiers mérides qu'il se révèle : les larves des Coralliaires, des Méduses, ressemblent à de jeunes Vers; les Annélides, les Mollusques, les Bryozoaires ont une forme larvaire commune, la trochosphère; la *Tornaria*, larve d'un animal annelé, le *Balanoglossus*, a longtemps été prise pour une larve d'Étoile de mer; les larves des Némertes ont souvent une ressemblance étonnante avec celles des Échinodermes. Là le type ne s'est évidemment pas montré d'emblée; mais chez tous ces animaux les parties se développent successivement, et non pas à peu près simultanément. En général, dans tous les cas où il n'y a pas d'accélération métagénésique le phénomène initial du développement d'une colonie ou d'un organisme, si complexes soient-ils, se réduit à la formation du protoméride; les phénomènes consécutifs relèvent purement et simplement de la métagénèse dont les lois dominent encore le développement embryogénique lorsque l'accélération métagénésique est arrivée à son maximum. Mais les phénomènes intimes de la métagénèse dépendent eux-mêmes de la constitution du méride générateur qui prend ainsi une importance de premier ordre. L'étude des modes de formation des mérides par voie successive est donc la préface obligée de l'embryogénie comparée. Nous avons pu suivre toutes les phases qui cient les modes primitifs de développement au mode de développement des animaux supérieurs ; nous connaissons la raison d'être des types organiques ; nous savons la cause de l'apparition précoce de leurs caractères dans l'embryon : il n'est donc plus possible de trouver soit dans leur existence, soit dans le mode de développement des animaux la preuve de différences originelles, supposant qu'ils ont été créés d'après un plan préconçu et opposant à la doctrine de l'évolution des objections insurmontables.

On avait pu croire l'embryogénie générale constituée, lorsque Fritz Müller énonça ce principe entrevu peut-être par Geoffroy Saint-Hilaire, Serres et les philosophes de la nature : *L'embryogénie d'un animal n'est que la répétition abrégée des phases qu'a traversées son espèce, dans la suite des temps pour arriver à sa forme actuelle.* Mais il fallait pour que l'application de ce principe fût possible avoir déterminé d'abord la succession même de ces phases. La théorie de l'association nous a permis tout au moins de jalonner la route. Nous avons pu montrer le parallélisme absolu qui existe entre le développement des colonies et celui des organismes, établir la généralité des phénomènes de métagénèse, indiquer la part prépondérante qu'ils prennent au développement embryogénique des animaux supérieurs, comprendre dans une même formule la théorie de ce développement et celle de la métagénèse, soit qu'elle ait pour objet l'accroissement d'une colonie, soit qu'elle apparaisse sous forme de génération alternante, de généagénèse ou de digénèse. La théorie de l'association semble donc indiquer aux recherches d'embryogénie comparée une voie rationnelle, permettant de procéder méthodiquement du simple au composé dans des recherches où tout semblait également complexe, d'expliquer les uns par les autres des phénomènes qni paraissaient également mystérieux. Un avenir prochain dira si ce sont là de vaines promesses.

CHAPITRE III

APPLICATION DE LA THÉORIE DES COLONIES A LA CLASSIFICATION.

« Le système nerveux est au fond tout l'animal ; les autres systèmes ne sont là que pour l'entretenir ou le servir. »

Cette phrase de Cuvier est le fondement même de sa classification qui a longtemps été, pour la plupart des zoologistes, l'expression la plus parfaite des rapports naturels des animaux, et que beaucoup acceptent encore, sauf de légères modifications. Le système nerveux est, pour Cuvier, le *caractère dominateur* par excellence, celui qui doit définir les grandes coupes du Règne animal, ce qu'il nomme les *embranchements.*

M. Milne Edwards a indiqué le premier, en 1844, l'importance des caractères que pourrait fournir l'embryogénie. Cette importance a paru de premier ordre, du jour où l'on a vu dans le développement d'un animal, la brève répétition des phases successives traversées par son espèce pour arriver à sa forme actuelle. C'est à l'embryogénie qu'on est venu demander le moyen de reconstituer cet arbre généalogique du Règne animal avec lequel doit concorder toute classification naturelle. Divers zoologistes, quelques-uns du plus grand renom, ont tenté des classifications exclusivement fondées sur des caractères embryogéniques. Dans la théorie de la formation des organismes que nous avons développée, les caractères invoqués par Cuvier, ceux invoqués par les embryogénistes, prennent une signification que nous devons préciser.

Quelle que soit la théorie que l'on adopte relativement à l'origine des animaux, que l'on soit partisan de la création ou de l'évolution, de la fixité ou de la variabilité des espèces, il est hors de doute que la considération du système nerveux et de ses rapports suffit d'ordinaire pour indiquer les véritables affinités d'un être. Le système nerveux fournit donc à la classification d'importants caractères. Il y a cependant bien des cas où ces caractères sont en défaut, nous laissent dans le doute. Est-il possible de trouver la raison de ce fait et de déterminer par cela même le degré de confiance qu'il faut attribuer dans les classifications aux caractères que Cuvier considérait comme primordiaux?

Ce n'était pas seulement de ses nombreuses recherches anatomiques que l'illustre fondateur de la paléontologie avait déduit le principe qui servit de base à sa distribution méthodique du Règne animal. Cuvier pensait que chaque animal était créé pour lui-même, formait un tout indivisible dont les diverses parties étaient soigneusement combinées pour assurer l'existence de l'ensemble ; il y avait entre elles, suivant lui, une *corrélation* nécessaire ; elles se disposaient et fonctionnaient d'après un plan déterminé dont le système nerveux était chargé d'assurer l'exécution. On pouvait donc considérer le système nerveux comme étant dans une étroite relation avec le plan idéal de l'animal, ou, pour nous servir de l'expression de L. Agassiz, avec l'idée créatrice dont l'animal était l'incarnation. A toute variation dans le plan du système nerveux devait correspondre une variation dans le plan de structure, dans ce qu'on appelle le *type* de l'animal.

Si ces idées sont exactes, on ne peut échapper à cette conséquence que le système nerveux doit être présent dans tout animal et que, de tous les caractères que nous offrent les organismes, ce doit être le moins variable. Malgré les belles et nombreuses recherches de Cuvier et de la brillante pléïade de ses élèves, on a pu croire longtemps les méthodes d'investigations anatomiques trop imparfaites pour nous révéler toujours l'existence du système nerveux ; on a pu supposer que les nerfs et les ganglions atteignaient parfois une délicatesse suffisante pour échapper aux plus patientes investigations. Il n'est plus possible aujourd'hui de se soustraire à l'évidence de cette vérité : nombre d'animaux sont dépourvus de centres nerveux et de nerfs proprement dits; parfois on ne voit dans ces organismes aucun élément qui puisse être considéré comme particulièrement destiné à percevoir les sensations ou à déterminer les mouvements; ailleurs de simples cellules épithéliales modifiées, répandues sans ordre dans toutes les parties du corps tiennent lieu des ganglions et des nerfs que l'on observe chez les animaux supérieurs; d'autres fois encore des cellules nerveuses forment au-dessous de l'exoderme un réseau irrégulier. Tel est le système nerveux des Coralliaires, animaux dont les diverses parties se disposent avec une régularité qui s'accorderait très bien avec l'idée d'un plan préconçu : aucun système nerveux n'est cependant intervenu dans la réalisation de ce plan. On pourrait encore bien moins prétendre qu'un système nerveux ait réglé l'agencement très régulier aussi des parties de certains hydraires. Loin de là, chez ces animaux nous voyons le système nerveux apparaître par degrés, grâce à une lente division du travail entre les éléments anatomiques, se manifester longtemps sous forme de cellules éparses avant de constituer le moindre ganglion, le moindre nerf. Ce n'est que tardivement qu'apparaît chez les Méduses un vague anneau autour de l'ouverture de l'ombrelle, ou que les cellules nerveuses se condensent chez les Planaires en un ganglion autour duquel rayonnent les nerfs. Le système nerveux n'a donc pas une existence primitive; loin d'avoir dominé l'évolution de l'animal, il est un résultat de cette évolution. Ses diverses parties se forment d'abord isolément et se concentrent ensuite pour constituer des organes d'innervation correspondant aux principales régions du corps. C'est le degré de développement de ces diverses régions qui détermine les dispositions essentielles des centres nerveux. Ces dispositions présenteront donc comme un reflet de la forme et de l'organisation de l'animal; elles en suivront les modifications et en présenteront, pour ainsi dire, le résumé. De là l'importance de leur étude, pour arriver à un classement naturel des animaux.

Toutefois, il faut se garder de croire que ce résumé soit toujours très fidèle. Des changements dans les dimensions relatives des parties, assez considérables pour transformer complètement l'apparence extérieure de l'animal, pourront dans certains cas n'affecter que d'une façon insignifiante le système nerveux. Supposons qu'un même ganglion, par exemple, innerve à la fois deux organes dont l'un augmente, tandis que l'autre diminue, le ganglion lui-même pourra demeurer stationnaire; le système nerveux aura donc, dans certains cas, une fixité de caractères qui permettra d'attendre de lui de précieux renseignements sur les affinités des animaux. Au contraire, que de deux parties innervées par des ganglions différents, l'une se développe, tandis que l'autre s'atrophie, les ganglions correspondants suivront ce mouvement : l'un prendra une importance de plus en plus grande, l'autre pourra disparaître, comme cela arrive, chez l'Huître, pour le ganglion pédieux. On verra d'ailleurs se former des ganglions nouveaux dans le domaine d'un ganglion donné toutes les fois qu'une partie de ce domaine prendra un certain degré d'accroissement. Il y a donc aussi des cas où le système nerveux présentera de nombreuses variations chez des animaux cependant assez voisins, et où il ne faudra pas attacher une trop grande importance au nombre, au volume et à la disposition relative de ses ganglions.

Mais il importe ici de distinguer soigneusement deux cas : on peut avoir affaire soit à un animal simple, à un méride, soit à un animal composé, à un zoïde ou à un dème. Dans le premier cas, le système nerveux obéira avec une extrême facilité aux nombreuses causes de variations que nous venons d'indiquer; il n'aura rien d'essentiellement typique (1). Dans le second, au contraire, chaque individu, chaque méride composant le zoïde ou le dème, apportera dans la colonie son système nerveux tout formé. Ces systèmes nerveux s'uniront pour former le système nerveux colonial, dont les parties composantes reprodui-

(1) Il y aurait évidemment un très grand intérêt à déterminer les conditions d'apparition ou de disparition des ganglions nerveux dans les mérides; ce travail a déjà donné, dans le groupe des Trématodes, quelques résultats intéressants à M. Poirier, aide-naturaliste au Muséum.

ront fidèlement le nombre et le mode de groupement des mérides. En sorte que chez tous les animaux dont l'individualité est de troisième ou de quatrième ordre les variations du système nerveux dans chaque méride passeront au second plan ; on apercevra surtout les dispositions générales résultant de la réunion des systèmes nerveux particuliers, et ces dispositions seront les mêmes dans tous les organismes de l'ordre des zoïdes ou des dèmes où les mérides, *quelle que soit du reste leur nature*, affecteront un même mode de groupement. En se servant des dispositions fondamentales du système nerveux pour classer les animaux, Cuvier a donc pris implicitement pour *caractère dominateur*, le mode de groupement des individus dans des animaux composés. De là deux conséquences : en premier lieu, les caractères qu'il a employés ne sont applicables qu'aux animaux du degré des zoïdes et des dèmes ; en second lieu, ils ne sauraient tenir compte de la nature différente des mérides composant un zoïde ou un dème ; ils doivent conduire à placer dans un même embranchement certains zoïdes dont les mérides n'ont jamais eu aucun rapport : c'est ce qui est arrivé pour les animaux articulés et les Vers annelés que Cuvier réunissait dans son embranchement des Articulés, pour les Acalèphes et les Echinodermes dont il formait son embranchement des Zoophytes ou Rayonnés.

Le caractère général de l'embranchement des Articulés était, pour Cuvier, la présence chez ces animaux d'une double chaîne ganglionnaire ventrale ; ce caractère signifie avant tout que les Articulés sont des colonies linéaires. On a néanmoins tenté de rattacher à l'embranchement qu'il définit un grand nombre de formes équivalentes à de simples mérides et chez lesquelles on s'est efforcé de retrouver la trace plus ou moins effacée d'un type supposé commun ; on comprend maintenant que ces tentatives n'aient pu conduire à aucun résultat. En fait, les Turbellariés, les Trématodes, les Scolex de Cestoïdes, les Rotifères, les Bryozoaires, les Gastérotriches, peut-être les Sagitta et les Nématoïdes sont de simples mérides ; en cette qualité, ils échappent absolument à la caractéristique de Cuvier ; il n'y a pour eux aucune place dans sa classification et il n'y en a pas davantage dans le cadre habituel des classifications plus récentes.

D'autre part, les Coralliaires, les Siphonophores étant des groupes d'organismes dont le système nerveux n'avait pas encore fait son apparition sous une forme définie au moment de leur association, on comprend que chez ces animaux, tout système nerveux, représenté par un assemblage de ganglions et de nerfs, fasse souvent défaut et soit remplacé par un système nerveux diffus. Dans les colonies où il se développe, il reproduit la disposition générale des individus composants, disposition qui n'a le plus souvent rien de nettement déterminé ; aussi n'a-t-on trouvé quelque chose d'analogue à un système nerveux central que chez les Méduses et les Cténophores. Il y a là un anneau nerveux qui entoure l'ouverture de l'ombrelle, comme il existe un anneau nerveux autour de la bouche chez les Echinodermes. Dans les deux cas ce système nerveux ne fait que traduire la disposition rayonnante des parties qui composent l'Échinoderme, le Cténophore ou la Méduse, parties qui n'ont cependant rien de commun entre elles.

Ces considérations nous permettent de préciser maintenant la valeur du caractère considéré par Cuvier comme dominateur, et qui n'a pas été sans créer quelque embarras à ses successeurs. La disposition du système nerveux pourra servir à caractériser nettement certaines formes d'association et les organismes qui en sont dérivés ; mais elle ne saurait permettre le plus souvent de distinguer les ressemblances ou les différences des parties qui composent l'association elle-même ; on ne saurait l'invoquer à l'appui de la réunion dans un même groupe d'organismes dont les parties sont semblablement disposés, alors qu'il est démontré que ces parties ne sont pas elles-mêmes identiques entre elles. C'est ainsi que les Echinodermes ne peuvent être placés dans le même groupe que les Méduses, bien qu'ils soient rayonnés comme elles : c'est ainsi que les Vers annelés et les animaux articulés ne peuvent pas davantage être placés dans le même groupe, bien qu'ils présentent une identité complète dans la disposition de leurs anneaux ; les rayons dans le premier cas, les anneaux, dans le second, ont, en effet, une structure différente.

Les lois de la disposition du système nerveux chez les mérides sont d'ailleurs encore à trouver et l'on ignore par conséquent dans qu'elle mesure on pourrait lui demander des caractères.

Au moment même où Cuvier faisait connaître les résultats de ses recherches d'anatomie comparée et les appliquait à la classification des animaux, un autre savant illustre, Von Baër, terminait d'importantes recherches sur l'embryogénie comparée des animaux. De même que Cuvier avait reconnu quatre *types anatomiques*, Von Baër reconnaissait quatre *types embryogéniques* parfaitement identiques à ceux de Cuvier. Les deux éminents observateurs virent dans cette concordance une remarquable confirmation de leurs idées. Mais pouvait-il en être autrement ? Les divers modes d'association auxquels Cuvier avait emprunté, à son insu, les caractères de sa classification, devaient forcément, nous l'avons vu, se manifester tout d'abord dans le développement des organismes assez élevés qui avaient servi aux études de Von Baër. L'embryogéniste employait en définitive les mêmes caractères que l'anatomiste ; ils ne faisaient l'un et l'autre que traduire dans deux langues différentes l'expression d'une même idée ; les résultats embryogéniques de l'un, les résultats anatomiques de l'autre étaient dominés par ce fait unique : le mode de groupement des parties.

Les embryogénistes modernes ont fait appel à d'autres caractères : Van Beneden et Carl Vogt, à la position de l'embryon par rapport à la réserve nutritive plus ou moins volumineuse que l'œuf contient ; Huxley, au mode d'apparition de la bouche qui tantôt n'est autre chose que la bouche persistante de la gastrula, et tantôt est un orifice nouveau plus ou moins tardivement formé à une toute autre place que celle occupée par la bouche primitive ; d'autres caractères lui sont fournis par la nature du revêtement de la cavité générale. Giard a fait intervenir la présence ou l'absence d'une membrane cellulaire close, formée comme les autres organes aux dépens du vitellus de l'œuf, et enveloppant l'embryon pendant une phase plus ou moins longue de son évolution ; le mode d'apparition des deux couches de la gastrula et leurs diverses transformations ont fourni des caractères subordonnés aux précédents. Semper a enfin cherché ses principaux caractères dans le mode de développement de la cavité stomacale et des reins.

Nous savons maintenant que le vitellus nutritif fait son apparition partout où l'accélération métagénésique est considérable ; on le retrouvera donc dans les groupes les plus différents sans que cela implique une parenté effective entre les animaux qui en sont pourvus ; la position de l'embryon par rapport au vitellus variera naturellement avec le volume de celui-ci ; aussi Carl Vogt et Van Beneden ont-ils été conduits à réunir presque tous les animaux dans un même groupe, en dehors duquel il n'y a plus que les Articulés et les Vertébrés, c'est-à-dire les êtres où l'accélération métagénésique a atteint son maximum et où le vitellus est le plus volumineux. Il semble, au premier abord, que la position de l'Articulé et du Vertébré soient exactement inverses par rapport au vitellus, le premier ayant le vitellus dorsal, le second l'ayant ventral ; mais nous avons vu que la face dorsale de l'Articulé et la face ventrale du Vertébré se correspondent exactement ; qu'il n'y a de changé chez ces animaux que la position de la bouche et que cette modification est le résultat d'une accélération métagénésique portant sur des organismes dont la bouche était d'abord située comme celle des Articulés. Les caractères tirés de la position du vitellus n'indiquent donc pas les véritables affinités des organismes.

La conservation de la bouche de la gastrula qui équivaut à un protoméride, ou la substitution d'une bouche nouvelle à cet orifice, sont des phénomènes qui sont liés, eux aussi, d'une façon intime à l'accélération métagénésique. C'est surtout dans les cas où la tête se constitue par la fusion d'un certain nombre de mérides, comme chez les Vertébrés et les Articulés que l'orifice buccal primitif n'est pas conservé. On peut observer ce phénomène dans les séries les plus différentes et, d'autre part, la formation d'un nouvel orifice peut avoir lieu de façons très dissemblables. C'est donc encore un caractère auquel on ne peut guère avoir confiance.

La formation d'une membrane d'enveloppe autour de l'embryon est également un caractère secondaire qui est loin de se produire toujours de la même façon, n'est pas général dans les groupes où on l'observe et se trouve en rapport, soit avec une accélération métagénésique considérable, comme chez les Vertébrés et les Arthopodes supérieurs, soit avec des conditions d'existence très spéciales comme chez les Vers parasites; la présence d'une telle membrane, comme le mode de déformation de la bouche, indique donc un certain degré d'évolution et nullement une ressemblance de constitution chez les animaux qui la présentent.

Il y a lieu, sans doute, d'attacher plus d'importance au mode de formation des feuillets de l'embryon, de la cavité digestive, du revêtement cellulaire de la cavité générale. Ces phénomènes peuvent indiquer des différences originelles dans les protomérides qui ont produit les organismes supérieurs. Malheureusement ils sont fréquemment altérés eux-mêmes par l'accélération métagénésique, ou même par des causes moins importantes, comme le montrent les différences qu'ils présentent dans des groupes voisins, et aucune recherche n'a été entreprise jusqu'à ce jour pour déterminer la part qu'il faut faire à ces éléments perturbateurs. Quant aux caractères tirés du mode de formation des reins, ils ne peuvent guère servir qu'à séparer du reste des animaux ceux qui ont produit les Vers annelés ou qui sont dérivés de cet important groupe zoologique.

On voit par là combien sont encore incertains les caractères qu'a fournis l'embryogénie à nos méthodes de classification. Est-ce à dire que cette science, sur laquelle on avait fondé tant d'espérances, que l'on considère encore comme devant nous révéler, un jour, les affinités des êtres, soit incapable de réaliser ce qu'on attend d'elle? Non, sans doute; mais il ne faut pas oublier qu'en raison même des deux principes fondamentaux que nous avons développés dans notre précédent chapitre, la série tout entière des phénomènes embryogéniques est sans cesse modifiée par l'état définitif auquel doit atteindre l'organisme qui se constitue et par les circonstances dans lesquelles le développement doit s'accomplir. La théorie de l'association, conduisant à concevoir pour cette longue série de phénomènes un ordre rationnel de succession, à fonder sur cet ordre une série méthodique de recherches, permettra peut-être de rattacher à des causes précises les diverses modifications secondaires que l'on observe dans le développement des animaux et d'en faire une application à la systématique.

Le vice principal des classifications embryogéniques qui ont été proposées dans ces dernières années, paraît être d'ailleurs, en dehors de l'embryogénie ; il réside surtout dans la tendance des zoologistes à grouper tous les organismes sur un arbre généalogique unique, tendance qui les conduit à voir une indice de parenté dans des phénomènes embryogéniques analogues sans doute, mais se produisant dans des séries organiques absolument différentes : tels sont le remplacement de l'orifice buccal primitif, la formation d'une membrane d'enveloppe de l'embryon, etc. Les faits que nous avons exposés dans cet ouvrage s'opposent à ce que l'on puisse admettre une parenté aussi rapprochée entre les êtres vivants ; ils montrent que la séparation entre les diverses séries organiques a été beaucoup plus précoce qu'on ne l'admet communément. Les plastides en se groupant ont donné naissance à un nombre considérable de mérides de forme et de structure diverses. Ces mérides, doués de la faculté de métagénèse, auraient pu devenir la souche d'autant de séries distinctes ; ce qui importe, pour la détermination des affinités réelles des êtres, but vers lequel tendent toutes les méthodes de classification, c'est avant tout la connaissance de ceux de ces mérides qui ont évolué, celle des divers modes de groupement qu'ils ont affectés, enfin celle des zoïdes et des dèmes qu'il faut rattacher à chacun d'eux.

Il nous suffira, pour rendre évidente la variété qu'ont dû présenter les mérides primitifs, de rappeler les aspects si différents que nous offrent, quand on les compare entre eux, les Infusoires ciliés, les *Magosphæra*, les *Volvox*, les planules ou larves des Hydres, les larves des Éponges, les Olynthus, les Hydres elles-mêmes, les formes primitives des Turbellariés, les trochosphères, les nauplius. Un certain nombre d'entre eux se sont groupés de manière à s'élever plus haut dans l'échelle des individualités, mais beaucoup d'autres sont toujours demeurés à l'état isolé, ne se sont pas élevés au-dessus de l'état de mérides et n'ont cependant parfois aucun rapport direct, ni avec les mérides dont les groupements ont constitué les organismes supérieurs, ni avec ces organismes eux-mêmes ;

ils n'ont même entre eux d'autre rapport nécessaire que leur degré d'individualité. On ne saurait, sans forcer les rapports, les rattacher aux groupes plus élevés du Règne animal avec lesquels ils n'ont aucun lien de parenté. Ce sont eux qui constituent les petites classes satellites de la grande classe des Vers ou de celle des Articulés, classes qu'on ne peut rattacher ni à l'une ni à l'autre de ces dernières et qui ne paraissent pas davantage avoir entre elles de lien bien étroit. La place de ces classes ne se trouve naturellement indiquée dans les méthodes que si on les élimine définitivement des groupes supérieurs, en créant pour elles une division des Mérides, dans laquelle on pourra réserver une place spéciale pour les mérides qui correspondent aux manifestement formes simples dont les groupes supérieurs sont descendus.

On doit de même réunir dans une division spéciale les plastides qui sont demeurés à l'état simple et n'ont jamais formé de groupement de l'ordre des mérides. Cette division peut conserver le nom de division des Plastides.

La classification des colonies de mérides devient dès lors d'une grande netteté. Il se trouve, en effet, qu'un très petit nombre de mérides ont eu le privilège de s'élever au-dessus de ce degré d'organisation et peuvent revendiquer l'honneur d'avoir produit à eux seuls la plus grande partie du Règne animal. Ces mérides sont les suivants :

1° Les *Protascus* dont les *Olynthus* sont la plus simple modification et dont les groupements variés ont produit les Éponges.

2° Les *Prohydra*, ancêtres de l'Hydre d'eau douce et de tous les Acalèphes : Polypes hydraires, Méduses, Cténophores, Siphonophores et Coralliaires.

3° Les *Procystis*, précurseurs des Cystidés et de tous les Échinodermes.

4° Les *Proscolex*, dont les Turbellariés, les Trématodes et les Cestoïdes sont les descendants.

5° Les *Pronauplius* d'où sont sortis les nauplius, générateurs de tous les animaux articulés.

6° Les *Protrocha* qui, après s'être transformés en trochosphères, ont été l'origine, suivant qu'ils se sont fixés ou sont demeurés libres, des Bryozoaires, des Annélides, des Brachiopodes, des Mollusques, des Vertébrés et des Tuniciers, animaux que l'on peut réunir, en raison de la forme primitive de leurs reins, sous le nom de NÉPHROSTOMÉS.

Malgré leur grande simplicité, ces divers mérides sont déjà parfaitement distincts les uns des autres au moment où ils se constituent dans l'œuf. Il serait donc bien difficile de soutenir que les séries dont ils sont respectivement les formes embryonnaires primitives, ne sont pas toujours demeuré séparées depuis que l'organisation s'est élevée sur le globe au-dessus de l'état où se trouvent les mérides. Les formes que nous venons de distinguer sont-elles toutes réductibles à l'état de *gastrula*, comme l'affirme Hæckel? On pourrait l'admettre sans que cela préjuge la question de l'unité ou de la pluralité des origines, car rien ne prouve qu'il n'y ait pas eu plusieurs sortes de *gastrula*. Ce qui est certain, c'est que ce n'est pas sous la forme de *gastrula* que les mérides primitifs ont exercé la faculté de métagénèse qui les a transformés en zoïdes, mais bien sous les formes distinctes que nous venons d'énumérer.

Les animaux dont l'individualité est du troisième ou du quatrième ordre se divisent donc, d'après leur origine, en six groupes parfaitement naturels. Il semblerait que ces six groupes dussent se diviser chacun en trois autres. On conçoit en effet, que les mérides qui les ont produits se soient groupés de trois façons différentes, qu'ils aient formé des colonies pouvant s'étendre dans toutes les directions, ou seulement en surface, ou bien enfin ne pouvant s'étendre que dans le sens longitudinal, c'est-à-dire des colonies arborescentes, rayonnées ou linéaires. En réalité, il n'en a pas été ainsi : les *Protascus* n'ont formé que des colonies arborescentes, les Éponges; les *Prohydra* n'ont formé que des colonies arborescentes et des animaux rayonnés; les descendants actuels des *Procystis* sont tous des animaux rayonnés; les *Proscolex* n'ont fourni, en dehors des Turbellariés, que des Vers parasites, les *Pronauplius* que des colonies linéaires.

Seuls, les *Protrocha* ont donné, suivant qu'ils se sont fixés ou qu'ils ont continué à vivre en liberté, des colonies arborescentes comme celles des Bryozoaires ou des colonies linéaires.

Nous avons précédemment fait remarquer que l'absence de cils vibratiles avait nécessairement forcé les *Pronauplius* à mener une vie errante; peut-être faut-il attribuer la fixation de tous les *Protascus* et des *Procystis* à l'excès de matière minérale qui alourdissait leurs tissus, entravait leurs mouvements et s'opposait aussi bien à la natation qu'à la reptation. La destinée de chacune des catégories de mérides se trouverait ainsi expliquée par quelqu'une de ses propriétés primitives.

Les divisions auxquelles nous sommes conduits correspondent assez bien à celles qui sont à peu près unanimement adoptées. Cela devait être puisqu'on n'a apporté que de faibles modifications aux groupes principaux établis par Cuvier et qu'en définitive Cuvier, en demandant au système nerveux les *caractères dominateurs* de sa méthode, avait été amené à classer les animaux suivant le mode de groupement de leurs parties constituantes. Il suffit pour mettre sa classification d'accord avec celle qui ressort du mode de formation de l'individualité animale: premièrement, de mettre à part les individualités de premier et second ordre qu'il s'efforçait de rattacher aux embranchements établis pour les individualités de troisième et de quatrième ordre, dans lesquels elles ne sauraient trouver place; secondement, de distinguer dans ceux de ces embranchements uniquement fondés sur le mode de groupement des mérides, les organismes qui proviennent de protomérides différents; enfin troisièmement de rapprocher davantage les animaux qui résultent de modifications secondaires d'un même mode de groupement de mérides semblables.

Ce travail s'est pour ainsi dire fait spontanément à mesure qu'on a mieux connu l'organisation des animaux: c'est ainsi que les Échinodermes et les Articulés ou Arthropodes ont été élevés à l'état de groupes indépendants; que les affinités des Mollusques et des Annélides ont été signalées par nombreux auteurs, et qu'enfin Semper a montré les liens inattendus qui unissent les Vertébrés aux animaux Annelés.

La classification du Règne animal qui résulte de la théorie des colonies, bien que basée sur des principes nouveaux, ne saurait donc différer beaucoup des classifications qui ont reçu l'assentiment des zoologistes, et cet accord avec les résultats de recherches entreprises dans les directions les plus variées, sans aucune idée préconçue sur les rapports des organismes, nous paraît l'une des plus précieuses confirmations de la théorie. Cette classification est résumée dans le tableau ci-joint.

A partir de l'étage des mérides, les séries verticales de ce tableau constituent des lignées qui sont demeurées distinctes dès l'origine, et qui correspondent sensiblement aux grands types que l'on substitue à peu près partout, de nos jours, aux embranchements de Cuvier; seulement, les Mollusques et les Vertébrés, bien qu'on doive continuer à les considérer comme formant des embranchements distincts, sont généalogiquement rapprochés des Vers annelés d'où ils dérivent et avec qui on leur a longtemps dénié toute parenté.

Les animaux appartenant à une même couche horizontale du tableau auraient été, le plus souvent, classés par Cuvier dans le même embranchement. Les ressemblances qu'ils présentent tiennent à l'identité du mode de groupement des parties qui les constituent, ou à l'identité des modifications qu'ont subies leurs mérides groupés de la même façon; mais il n'y a entre eux aucune parenté généalogique. C'est ainsi qu'il existe certains rapports entre les Éponges et les Coralliaires, entre les Bryozoaires et les Hydraires, entre les Méduses et les Échinodermes, entre les Arthropodes et les Annelés, bien que ces êtres ne puissent avoir de parents communs que parmi les mérides primitifs.

On peut enfin se représenter simplement les rapports des diverses couches horizontales de ce tableau les unes avec les autres par une image d'une réelle exactitude, dont l'idée appartient à Haeckel. Supposons un vaste champ d'une fertilité sans borne dont toute la surface ait été couverte de semences; ces semences formeront comme une poussière vivante dont tous les grains paraîtront de même valeur; mais bientôt la germination va s'emparer d'elles: les unes continueront à se multiplier sous leur humble état de cellules vivantes, tandis qu'autour d'elles se développeront les semences des herbes, des arbrisseaux et des arbres qui ne tarderont pas à couvrir le champ d'un vert gazon. Tout d'abord cette jeune végétation semblera uniforme, l'orme et le cèdre cacheront leurs premières feuilles parmi les herbes, et le champ aura l'aspect d'une immense prairie : enfin les arbres prendront leur essor et la végétation qui couvre le sol, cachant au-dessous d'elle le monde des Algues microscopiques, se trouvera à son tour dominée par la futaie.

Les semences innombrables représentent le monde des plastides, source première des organismes ; l'herbe de la prairie avec laquelle se confondent les jeunes pousses des arbres correspond au monde des mérides, d'où s'élancent enfin, comme autant d'arbres distincts, les diverses sortes de colonies qui ont produit les organismes polymériques et polyzoïques, les zoïdes et les dèmes. Il y a là plus qu'une simple comparaison. Les diverses phases que traverse le champ ensemencé figurent bien exactement le développement historique du règne végétal ; ces phases successives ont leurs correspondantes dans le règne animal que distingue seulement une indépendance plus grande du sol et du milieu ambiant.

Les six séries du règne animal que nous avons définies ont dû se développer simultanément, puisqu'elles partaient toutes de formes originelles aussi simples les unes que les autres. Il n'y a donc pas à s'étonner que les êtres qui relèvent de chacune d'elles se trouvent mélangés dans les couches géologiques. Les Articulés n'ont pas dû succéder aux Zoophytes, les Mollusques aux Articulés, les Vertébrés aux Mollusques, comme on le suppose ordinairement ; ces organismes se sont formés indépendamment les uns des autres ; ils ne sont astreints à aucune règle de succession dans les couches géologiques, si ce n'est relativement aux organismes de la série à laquelle ils appartiennent. C'est ainsi que les Coralliaires ont dû se développer après les Hydraires et que les Hydrocoralliaires tabulés et rugueux doivent être plus anciens que les Coralliaires proprement dits ; c'est encore ainsi que les Mollusques et les Vertébrés doivent succéder aux Vers annelés, mais ont pu se développer simultanément ; que les Brachiopodes ont dû se montrer de bonne heure, les Céphalopodes, les Ptéropodes et les Gastéropodes presque en même temps, tandis que les Acéphales ont dû venir après eux. Tout cela est parfaitement d'accord avec les faits, tellement que d'illustres savants avaient vu dans ces faits eux-mêmes autant d'objections au transformisme. D'autre part, en raison même des facilités que la disposition linéaire offrait à l'individualisation des colonies affectant ce type, les organismes à symétrie bilatérale, tels que les Articulés, les Mollusques et les Vertébrés, ont dû se développer beaucoup plus rapidement que les organismes issus des colonies arborescentes qui formaient l'embranchement des Zoophytes de Cuvier. Nous devons les trouver très en avance sur eux dans les couches géologiques : ainsi s'explique l'apparition précoce des Arthropodes et des Vertébrés et la perfection relativement considérable des formes de ce groupe que contiennent les plus anciennes des couches géologiques actuellement connues. Cette apparition précoce de formes élevées, loin d'être une objection au transformisme, pouvait donc être prévue et devient un argument de plus à l'appui de la théorie qui fait l'objet de ce livre.

CHAPITRE IV

L'INDIVIDUALITÉ ANIMALE.

Tout animal est un être collectif. C'est là une des vérités les mieux établies de la biologie moderne.

« Le corps d'un animal, de même que le corps d'une plante, dit M. Milne Edwards, est une association de parties qui ont chacune leur vie propre, qui sont à leur tour autant d'associations d'éléments organisés et qui constituent ce qu'on appelle des *organites*. Ce sont des individus physiologiques unis entre eux pour constituer l'individu zoologique ou botanique, mais ayant une indépendance plus ou moins grande, une sorte de personnalité (1). »

Que sont eux-mêmes ces individus physiologiques? Ici, les interprétations diffèrent. Le grand poète de l'Allemagne, Gœthe, a vu le premier dans la plante une association d'individus primitivement semblables entre eux, mais susceptibles de se modifier diversement, de se montrer tantôt sous la forme de feuilles, tantôt sous celle d'épines, tantôt sous celle de pétales ou d'étamines. Le botaniste Dupetit-Thouars a cherché à rendre plus saisissante cette idée en imaginant le végétal comme une véritable colonie d'organismes, de *phytons*, formés chacun d'une feuille, d'un bourgeon, d'une petite tige et d'une petite racine.

(1) Milne Edwards, *Leçons sur la physiologie et l'anatomie comparée de l'homme et des animaux*, t. XIV, page 226. — 1880.

On ne saurait nier, dans le règne animal, l'existence d'individus réalisant le végétal idéal de Dupetit-Thouars. Personne ne conteste l'existence de colonies d'Hydres, de Coralliaires ; personne ne conteste que les Siphonophores ne soient de telles colonies qui tendent à prendre une réelle individualité. Moquin-Tandon, précisant une idée de de Blanville, a montré que tous les animaux articulés pouvaient être eux aussi considérés comme formés d'individus disposés en série linéaire ; il a donné à ces individus secondaires le nom de *zoonites ;* Dugès a étendu cette idée aux animaux rayonnés et a même cherché à l'appliquer aux Vertébrés. Pour ces savants, les zoonites ne sont cependant pas tout à fait des individus ; Moquin-Tandon distingue, en effet, dans un sous-règne particulier les animaux *zoonités*, c'est-à-dire les Articulés de Cuvier et les Échinodermes, des animaux *agrégés* formés de véritables individus tels que les Bryozoaires, les Polypes et les Spongiaires. Mais il considère les Infusoires, les Tuniciers, les Mollusques et les Vertébrés comme des individualités simples, indivisibles, et il forme pour eux une troisième sous-règne, celui des *animaux isolés.*

Malgré les tentatives de Geoffroy Saint-Hilaire, d'Ampère, de Leydig et de quelques autres savants pour assimiler les Vertébrés aux animaux articulés, la plupart des zoologistes acceptent encore sans aucune modification les idées de Moquin-Tandon. En 1865, dans ses leçons au Muséum, M. de Lacaze-Duthiers insiste sur l'opposition qui semble exister entre l'unité de l'organisme chez les Vertébrés et sa pluralité, exprimée par les zoonites, chez les Invertébrés ; toutefois les Mollusques paraissent être également pour lui des animaux simples. M. Milne Edwards dans l'ouvrage que nous venons de citer, tout en revenant plusieurs fois sur « l'hypothèse de la pluralité d'individus vivant unis entre eux pour constituer l'organisme d'un animal ou d'une plante », ne dit pas explicitement comment il faut entendre ces individus ; il indique, au contraire, l'idée de l'*individualité des zoonites* telle qu'elle a été exprimée par Dugès et Moquin-Tandon, celle de l'*individualité des tissus* formant les organes, qui est la base de la pathologie cellulaire de Virchow, enfin celle de l'*individualité des organes*, développée par Claude Bernard, comme des variantes d'une même conception. Hæckel lui-même, essayant dans sa Morphologie générale de donner une théorie de l'individualité animale, dominé par l'idée régnante encore que les Vertébrés et les Mollusques constituent des unités indivisibles, se trouve amené à réunir dans une même série les *organes*, dont la fonction seule crée l'individualité, et les *zoonites* possèdent une individualité qui résulte, au contraire, de leur mode de formation. Semper, développant d'une manière si complète les conséquences de sa découverte des *organes segmentaires* des Vertébrés, signalant l'assimilation définitive qui en résulte entre les animaux vertébrés, les animaux articulés et les animaux annelés, ne cherche pas à déduire de ses études une théorie générale de l'individualité. Enfin les derniers auteurs qui ont indiqué des ressemblances entre les Mollusques et les Vers n'ont jamais précisé la place qu'ils assignent à ces animaux dans l'évolution des organismes, et personne n'a tenté depuis Hæckel, de réunir dans un même faisceau toutes ces données éparses, de faire sortir du vague dans lequel elles sont constamment demeurées la notion de l'*individualité* et celle de l'*individu*.

Il est avant tout essentiel de remarquer que ce mot *individualité* est loin d'avoir toujours la même acception dans la bouche de ceux qui l'emploient.

Considérons le plus élevé des organismes, l'homme. Son corps est formé d'éléments anatomiques, *plastides*, *cellules* ou *organites*, peu importe le nom sous lequel on les désigne, qui jouissent les uns par rapport aux autres d'une certaine indépendance, agissent pendant la vie chacun selon un mode qui lui est spécial, présentent des propriétés fort diverses, remplissent des rôles très variés, peuvent vivre un certain temps après avoir été séparés de leurs compagnons ordinaires et meurent souvent sans que ceux-ci s'en aperçoivent. Tous les physiologistes les considèrent comme autant d'*individus*. La physiologie consistait essentiellement pour Claude Bernard, dans l'étude des propriétés de ces individus qui devaient être, suivant lui, pour les physiologistes, ce que les *radicaux* sont pour les chimistes. Ces éléments se groupent de façons diverses. Il existe dans l'homme un grand nombre d'éléments similaires dont l'ensemble forme ce qu'on appelle un *tissu*. Les éléments d'un tissu étant à peu près tous semblables entre eux, les propriétés d'un tissu ne sont, en définitive, autre chose que l'image agrandie des propriétés de l'un des éléments anatomiques qui le composent ; il en résulte que dans un organisme, les tissus jouissent d'une indépendance réciproque, analogue à celle dont jouissent eux-mêmes les éléments anatomiques ; ils vivent chacun d'une vie propre et chacun d'eux peut éprouver des modifications particulières dont les autres sont exempts. C'est ainsi qu'on voit certaines maladies envahir tous les tissus d'un même ordre en épargnant les autres, que certaines affections rhumatismales peuvent frapper, par exemple, toutes les séreuses simultanément. Les tissus se comportent donc, eux aussi, comme de véritables *individus*, c'est là une idée féconde qui a reçu de Virchow ses principaux développements, et qui est une conséquence directe de l'individualité des éléments anatomiques.

Mais différents tissus se groupent pour constituer un organe. Ces tissus ont des propriétés diverses ; on ne pourrait prévoir que de leur association va résulter quelque chose formant un tout, jouissant au sein de l'être vivant d'une certaine autonomie, pouvant dans une mesure quelquefois assez étendue acquérir une véritable indépendance. C'est cependant ce qui arrive. Les organes, comme les éléments anatomiques, ont leur vie propre : un cœur de tortue arraché de la poitrine de l'animal peut battre pendant plusieurs heures encore ; les glandes après la mort continuent pendant un certain temps à sécréter leur produit habituel ; on peut supprimer certains organes sans que d'autres ressentent en quoi que ce soit les effets de l'opération ; on peut même enlever un organe à un individu, le greffer sur un autre individu, chez lequel il continue à vivre comme par le passé ; c'est une opération qui a été tentée plus d'une fois avec un plein succès, et qui a fourni à M. Paul Bert le sujet de remarquables études. L'organe n'est donc pas lié nécessairement à l'organisme dont il fait partie ; il mène en cet organisme une vie qui lui est propre et l'on peut en conséquence le considérer lui aussi comme un véritable *individu*.

Ici se présente une distinction délicate. Les Siphonophores sont des colonies de polypes hydraires dans lesquelles chaque polype conserve une grande indépendance et peut même se séparer de la colonie pour vivre isolé pendant quelque temps, sauf à reconstituer ensuite peu à peu un nouveau Siphonophore. Dans la colonie, chaque polype a un rôle spécial à jouer : il y a, nous l'avons vu, des polypes nourriciers, des polypes reproducteurs, des polypes protecteurs, etc. Ces polypes, désormais consacrés à une fonction unique, perdent tout ce qui n'est pas nécessaire à l'accomplissement de cette fonction ; rien ne saurait dès lors les distinguer de ce que les physiologistes nomment ordinairement des organes. Des individus qui se sont *directement* associés pour composer la colonie, *qui la formaient à eux seuls*, qui étaient primitivement tous égaux entre eux, peuvent donc déchoir de leur rang et tomber à l'état d'*organes*. L'individualité de l'organe, appelé à remplir dans l'économie du Siphonophore un rôle déterminé, et celle du polype qui s'est associé à ses égaux pour former le Siphonophore, se confondent. Mais c'est là une exception. Les animaux supérieurs sont, comme les Siphonophores, des colonies d'individus primitivement tous semblables entre eux, qui subissent plus tard, par le fait même de leur association, des modifications diverses, et peuvent se fusionner plus ou moins. Ces individus que nous avons appelés des *mérides* ont eux-mêmes des organes mais qui se sont formés d'une tout autre façon que les *polypes-organes* des Siphonophores. Ces organes résultent de la division du travail qui s'est accomplie entre les éléments anatomiques des mérides ; ils jouissent d'une sorte d'individualité secondaire, de même nature que celle des tissus, quoiqu'ils n'aient jamais été des êtres indépendants et qu'ils n'aient pas d'analogues parmi les organismes libres ; ce sont ces organes qui dans un zoïde ou un dème peuvent se séparer du méride dont ils faisaient primitivement partie, pour s'associer et former les organes plus complexes de ces individus d'ordre supérieur. Il est évident que de tels organes n'ont plus rien de commun avec ceux des Siphonophores : l'individualité *qu'ils acquièrent* n'est nullement de même nature que l'individualité *primitive* des *polypes-organes* de ces derniers. C'est là une distinction essentielle qui n'a pourtant jamais été faite et qu'il était impossible de faire tant qu'on a considéré les

Mollusques et les Vertébrés, dont les organes sont si compliqués, comme des animaux simples. C'est l'absence de cette distinction qui entache la classification des individualités animales de Hæckel et qui laisse planer tant de vague sur les considérations générales que divers auteurs ont présentées à ce sujet. La notion de l'individualité des organes est, comme celle des tissus, une notion utile à considérer pour le physiologiste ou le médecin ; mais on ne peut ordinairement voir en elle qu'une simple abstraction. Cette individualité n'atteint jamais à la réalité qu'il faut bien reconnaître à celle des mérides et des éléments anatomiques ou plastides. Si l'on veut considérer les tissus et les organes comme des individus, il faut soigneusement distinguer ces deux sortes d'individus de ceux dont l'association directe concourt à la formation même des organismes et dont les analogues vivent encore ou ont vécu isolés les uns des autres.

Les organes se prêtent eux-mêmes à des groupements analogues à ceux qu'affectent les *individus primitifs*, les plastides. On trouve dans les diverses parties d'un être vivant des organes de même nature dont l'ensemble jouit d'une individualité analogue à celle des tissus ; on donne à ces ensembles le nom de *systèmes :* tels sont le système osseux, le système nerveux, le système vasculaire, le système rénal, etc. Des organes de nature différente peuvent aussi se grouper pour concourir à l'accomplissement de quelque grande fonction physiologique et constituer de la sorte un ensemble qui est aux organes ce que les organes sont eux-mêmes aux plastides ; les ensembles de ce genre portent le nom d'*appareils;* tels sont l'appareil digestif, l'appareil circulatoire, l'appareil sensitif, etc. Les *plastides*, les *tissus* et les *systèmes* forment ainsi une série d'individualités d'espèce particulière, parallèle à celle qui comprend les mêmes *plastides*, les *organes* et les *appareils*. La première série peut être distinguée sous le nom de série des INDIVIDUALITÉS HOMOPLASTIQUES (1), la deuxième est celle des INDIVIDUALITÉS PHYSIOLOGIQUES. Il faut à côté d'elles établir une troisième série, celle des INDIVIDUALITÉS MORPHOLOGIQUES comprenant les individus véritable-

(1) De ὅμοιος, semblable et πλάσσω, je forme.

ment constitutifs des organismes, auxquels nous avons été conduits à donner les noms de *plastides*, *mérides*, *zoïdes* et *dèmes*.

Entre ces trois séries, il peut y avoir certains points de contact : toutes trois ont pour point de départ les plastides; certains organes, tels que les nerfs ou les muscles, où un élément anatomique déterminé prédomine, ne diffèrent guère d'une partie de tissu ; on trouve employées dans des sens peu différents les expressions *tissu musculaire*, *système musculaire*, *appareil musculaire ;* nous avons vu divers mérides jouer le rôle d'organes et les individus morphologiques ont, en définitive, pour raison d'être un même but, essentiellement physiologique, le maintien de leur existence ; mais s'il est important de signaler ces ressemblances, faciles à prévoir, il ne l'est pas moins d'insister sur la conception différente de l'individualité qui caractérise chaque série. S'il est vrai que des mérides très simples puissent descendre au rang d'organes, la réciproque est absolument inexacte : un foie, un cœur, un rein, un cerveau sont des organes, mais n'ont jamais eu la qualité d'individus morphologiques vivant indépendants, la qualité de mérides. Faute d'avoir suffisamment distingué la série physiologique de la série morphologique des individualité, les *organes* des *mérides,* les groupements secondaires qui se produisent dans un organisme déjà formé des groupements primitifs auxquels cet organisme doit son origine, on s'est condamné à ne tirer de l'idée féconde de la production des organismes par association qu'une partie des importantes conséquences qu'elle contient.

Parallèlement aux phénomènes qui marquent la constitution progressive d'une individualité morphologique d'ordre quelconque, se déroulent des phénomènes d'une autre nature et qui sollicitent toute l'attention.

L'individu animal ou végétal peut être défini : *Une association de parties combinées de manière à former un tout capable de vivre par lui-même, sans aucun secours physiologique, et de reproduire des associations semblables à elle-même.*

Une telle association comprend bien des degrés, depuis l'état rudimentaire que l'on désigne habituellement sous le nom de *colonie*, jusqu'à l'état de remarquable coordination, d'étroite alliance des parties que présentent les animaux supérieurs. Or il se produit chez ces derniers, nous le savons par nous-même et les animaux en fournissent maintes preuves, un sentiment particulier d'indivisibilité et de continuité, grâce auquel chaque homme, chaque animal se considère, malgré le renouvellement de ses parties, comme un être absolument distinct, acquiert d'une façon précise la notion de son existence, de son *moi*, arrive à posséder ce que nous appelons la *conscience*. Tandis que l'individualité morphologique s'accentue, alors même que nous distinguons encore nettement les parties qui se fusionnent pour la constituer, nous voyons se dégager une sorte d'unité directrice qui domine toutes ces parties primitivement indépendantes, et c'est précisément la notion de cette unité qui a fait naître dans notre esprit l'idée même de l'*individu* que nous avons ensuite étendue aux cas analogues. L'homme est arrivé à distinguer cette unité abstraite, de l'unité morphologique ou physiologique qu'il constitue; il voit en lui, comme disait Xavier de Maistre, le *moi* et l'*autre*, l'*esprit* et le *corps*. Ce *moi* doit avoir une place à part dans la série des individualisés, on peut lui réserver le nom d'*individu psychologique*.

Or, et c'est là un fait important, ce *moi*, cet *individu psychologique* ne naît pas d'un seul coup. Il se constitue lentement, pièce à pièce, comme l'individu morphologique. Les plastides, simples cellules équivalentes aux éléments anatomiques des animaux supérieurs, manifestent nettement la notion qu'ils possèdent de leur individualité : ils se meuvent ou s'arrêtent à volonté, explorent le terrain sur lequel ils se trouvent à l'aide de leurs pseudopodes ou de leurs cils, exécutent d'une façon qui paraît consciente tous les actes nécessaires à la recherche de leurs aliments ; ils savent même s'associer à leurs semblables ou se séparer d'eux. Associés, ils conservent toutes leurs facultés que l'on voit encore se manifester nettement chez les Éponges et la plupart des polypes hydraires ; mais chez ces derniers, il devient déjà évident qu'une coordination entre toutes les volontés s'est établie ; il est évident même que certaines sensations sont devenues communes. L'Hydre marche comme pourrait le faire un Insecte ou un animal plus élevé ; elle peut varier ses procédés de locomotion, changer de direction quand celle qu'elle suit ne lui convient plus, se fixer ou devenir libre à volonté; elle sait se diriger vers la lumière qui n'éclaire cependant qu'une partie de son corps et se rétracte tout entière quand elle a saisi une proie ou qu'on vient à la toucher en quelque point. Ce sont là des traits qui supposent une *conscience;* mais cette conscience est elle-même bien rudimentaire, car on voit le polype serré par une ligature, traversé par une fine épingle ou forcé d'avaler quelque objet indigeste, se fendre ou se mutiler spontanément, sans paraître en souffrir ; pour recouvrer sa liberté, il semble d'ailleurs que la conscience d'une gêne ou d'un danger entre pour peu de chose dans les motifs déterminants de ces opérations; on peut simplement les expliquer par la tension particulière résultant pour les tissus de la présence de quelque corps étranger ; mais on ne saurait contester qu'une sensibilité et une volonté communes se soient déjà établies chez l'animal qui se mutile ainsi. Le sentiment de douleur, si énergique chez les animaux supérieurs, qui résulte d'une mutilation, ne s'est cependant pas encore développé ; les divers plastides composant une hydre ne sont pas tellement solidaires que le fait de leur séparation se traduise par une souffrance pour l'organisme qu'ils composent ; comment en serait-il autrement chez un être dont les parties accidentellement isolées, loin d'être atteintes dans leur vitalité, reproduisent un individu nouveau? Il y a donc une distinction à faire entre la *sensibilité* proprement dite, grâce à laquelle l'animal peut acquérir quelques notions sur ce qui l'entoure, et la faculté de ressentir la douleur. Une association de plastides peut posséder l'une sans posséder l'autre, et c'est là un fait qu'un exemple bien simple permettra de comprendre. Supposons plusieurs personnes se donnant la main de manière à former une chaîne. Que le premier et le dernier individu de la chaîne touchent l'un l'armature interne, l'autre l'armature externe d'une bouteille de Leyde, tous les individus composant la chaîne éprouveront simultanément une commotion, exécuteront même à la fois certains mouvements provoqués par la secousse qu'ils auront tous ressentie ; leur ensemble pourra donc paraître avoir un instant possédé une sensibilité et une volonté commune ;

mais ils ne s'en sépareront pas moins sans difficulté : l'individualité passagère qu'ils constituaient se dissoudra sans même regretter son existence d'un instant.

Ce n'est pas seulement aux associations de plastides que s'appliquent ces considérations : dans une colonie fixée de polypes hydraires ou de polypes coralliaires, bien qu'il y ait continuité entre tous les individus associés, bien que tous puisent dans un même système de vaisseaux, dans un même liquide nourricier les aliments qui leur sont nécessaires, bien que tous concourent simultanément au développement et à la prospérité de la colonie, bien que leur ensemble constitue une véritable communauté, on n'aperçoit encore aucune trace de conscience commune : on peut mutiler un individu, l'enlever même sans que ses compagnons paraissent s'en apercevoir. Il existe entre les Polypes des zones neutres de tissus qui n'appartiennent pas à l'un plutôt qu'à l'autre, une excitation produite sur cette zone n'impressionne aucun Polype si les Polypes sont éloignés, mais s'ils sont très rapprochés, s'ils deviennent presque contigus, il pourra résulter au contraire d'une excitation produite sur elle un mouvement simultané de deux ou trois Polypes. Il n'y a donc entre les individus d'autre sensation commune que l'ébranlement résultant pour les divers individus des mouvements exécutés par l'un d'eux ou par une partie de l'un d'eux. Il arrive cependant, lorsque les individus composant la colonie sont très sensibles, que ces ébranlements se propagent fort loin, et déterminent des mouvements simultanés que l'on pourrait croire dominés par une volonté commandant à la fois à tous les individus qui les exécutent ou dans lesquels on pourrait voir le signe de la perception par tous d'une excitation produite sur un seul. Si, dans une colonie bien vivante de Bryozoaires, on vient par exemple à toucher un individu, il se rétracte vivement ; mais on voit se rétracter en même temps tous ses voisins comme s'ils avaient éprouvé eux-mêmes le contact. L'illusion est telle qu'on avait cru un moment découvrir à ces animaux un *système nerveux colonial.* La rétraction simultanée des Polypes est due en réalité à ce que l'approche de l'objet qui a touché ce Polype, ou le mouvement rapide de celui-ci a ébranlé l'eau au voisinage des autres qui ont, en définitive, ressenti seulement les oscillations du liquide. Il n'en est pas moins vrai que dans de telles colonies un certain nombre de Polypes éprouvant presque toujours simultanément les mêmes impressions, exécutant les mêmes mouvements, une sorte de dépendance tend à s'établir entre eux et le reste de la colonie, ne fût-ce qu'en raison de l'ébranlement plus considérable que ces mouvements simultanés produisent en elle. En réalité, on n'a jamais observé de colonie fixée possédant des facultés que l'on pût regarder avec quelque certitude comme impliquant une notion du moi.

Bien différentes se montrent les colonies errantes même les plus humbles. Chez toutes, nous avons eu occasion d'en faire fréquemment la remarque, les observateurs signalent une réelle coordination des mouvements qui semble supposer une volonté directrice, ou des sensations produites par des excitations locales et qui sont cependant éprouvées en commun. Les individus composant une Agalme semblent indépendants tant que l'animal laisse flotter l'axe commun sur lequel ils sont implantés : qu'un danger se présente ou que l'animal veuille exécuter quelque mouvement complexe, l'axe se retire entraînant tous les Polypes avec lui. La Physale exécute, suivant M. de Quatrefages, une manœuvre compliquée pour virer de bord. Les Pyrosomes, dont les individus sont encore plus distincts les uns des autres que ceux des Siphonophores, savent exécuter un mouvement analogue ; lorsqu'ils sont phosphorescents, une excitation produite sur un individu en fait jaillir un éclair lumineux ; mais cet éclair n'est pas isolé, et un très grand nombre d'individus, souvent même la colonie tout entière paraît s'enflammer d'un seul coup. C'est une sorte de réalisation de l'expérience de la bouteille de Leyde dont nous parlions tout à l'heure. On peut, dans le cas actuel, expliquer l'émission simultanée de lumière en disant que les divers individus ont eux-mêmes en s'illuminant excité directement leurs voisins et que ce sont, en conséquence, des excitations nouvelles produites par chaque Ascidie et non pas la première excitation qui ont été ainsi transmises de proche en proche.

Chez les Pyrosomes et les Pennatules, la conscience résulterait donc, comme chez les Hydres, de ce que les divers individus avertissent leurs voisins des sensations qu'ils éprouvent, de même que des sentinelles placées de distance en distance s'avertissent réciproquement de tout ce que voit chacune d'elles. Ce mode d'avertissement est facilité chez les Botrylles par l'existence d'un organe particulier qui n'est autre chose que l'orifice commun, le cloaque autour duquel les individus composant un même système sont rangés. Chaque individu envoie vers le cloaque une languette pourvue d'un rameau nerveux grâce à laquelle une communication peut être établie d'une manière permanente entre tous les membres d'un même groupe. Aussi les voit-on tous fermer leurs orifices dès qu'on vient à toucher les bords du cloaque commun. On peut représenter cette disposition singulière en imaginant des chiens assis en cercle, la tête tournée vers la circonférence surveillant chacun une partie de l'horizon, et qui auraient étendu leurs queues vers le centre du cercle de manière à les amener au contact. Que l'on vienne à mettre le pied sur le point où ces appendices se réunissent, tous les chiens seront simultanément avertis et détaleront en même temps. L'effet serait exactement le même que si un seul individu s'était chargé d'avertir tous les autres. Mais cette disposition doit être considérée comme constituant un cas particulier.

Les conditions mêmes d'existence des colonies flottantes peuvent permettre de comprendre comment cette forme de la conscience doit se développer chez elles alors qu'elle manque le plus souvent chez les colonies fixées. Supposons toujours qu'il s'agisse d'une colonie de Polypes : un membre de la colonie lorsqu'il se contracte tend nécessairement à entraîner dans son mouvement les Polypes auxquels il est immédiatement uni ; ceux-ci ne peuvent résister qu'en s'appuyant sur leurs voisins et il en résulte une transmission de mouvement qui s'arrête, lorsque la colonie est fixée, sur le corps solide auquel elle est attachée. Il suit de là qu'une partie seulement de la colonie est influencée par les mouvements d'un individu déterminé. En fait, dans ce genre de colonies, les individus se développent sur des espèces de racines charnues qui rampent à la surface des corps, ou bien ils sont soutenus par une sorte de polypier, de façon que chaque individu trouve toujours à sa portée un point d'appui qui lui permet de se passer du secours de ses compagnons, et peut ainsi se mouvoir sans que ses voisins en aient conscience. Mais il n'en est plus de même dans une colonie flottante, comme celle des Siphonophores. Là les individus ne peuvent trouver de points d'appui pour leurs mouvements que dans la colonie elle-même : le développement de pièces solides ne change rien à cela ; la colonie ne peut s'appuyer que sur le liquide ambiant qui cède sous la pression, de sorte que tout mouvement d'un individu détermine un mouvement plus ou moins sensible de la colonie tout entière, mouvement qui est nécessairement perçu par tous ses membres. Les divers individus composant une colonie flottante exercent donc constamment les uns sur les autres une influence réciproque, et si l'un d'entre eux était convenablement placé pour recevoir de ces divers mouvements une influence plus directe, on comprendrait qu'il soit incessamment informé de ce qui se passe dans les différents points de l'association, qu'il puisse réagir en conséquence et prendre ainsi le rôle d'*individu-directeur*. Cet individu manque, en général, dans les colonies irrégulières ; l'individu central de la plupart des colonies rayonnées, absorbé d'ordinaire par les fonctions digestives, n'acquiert le plus souvent qu'une faible prédominance ; mais l'individu antérieur des colonies linéaires se distingue nettement de tous les autres ; il devient réellement l'individu-directeur, c'est lui qui forme la *tête* des animaux provenant de telles colonies.

De ce qu'une colonie acquiert la notion de son existence, en tant que colonie, il ne s'en suit pas nécessairement que chacun des individus qui la composent perde la notion de son existence particulière. Chaque individu continue au contraire à se comporter d'abord comme s'il était seul : rien ne permet de supposer que sa conscience personnelle se soit évanouie. M. de Lacaze-Duthiers constate que lorsqu'on vient à toucher légèrement l'un des tentacules d'un Polype de corail épanoui, ce tentacule rétracte d'abord ses barbules si l'excitation est légère, se replie tout entier si elle devient plus forte ; il exécute d'abord seul ce mouvement. Il serait possible que l'excitation de certains points de la membrane buccale commune à tous les individus ou l'ébranlement simultané de plusieurs tentacules fussent seuls capables de faire rétracter le Polype tout entier. Le Polype agit dans ces circonstances comme le ferait une colonie de Pyrosomes, ou même une colonie de Bryozoaires. Chaque tentacule correspondant, on le sait, à un Polype hydraire, équivalant à un Polype de Siphonophore, paraît sentir et vouloir isolément et cependant plusieurs de ses actes, comme ceux qu'exigent la capture et la déglutition d'une proie, impliquent nécessairement que le Polype possède une conscience qui s'élève au-dessus de la conscience particulière de ses parties. Les Étoiles de mer présentent des faits entièrement analogues; dans ces animaux rayonnés on pourrait d'autant moins mettre en doute l'existence d'une conscience embrassant les phénomènes qui se produisent dans toutes les parties de l'animal, que l'on ne peut guère en concevoir d'autre chez une Ophiure dont les bras sont devenus de simples individus locomoteurs, et surtout chez un Oursin ou chez une Holothurie dont les divers rayons peuvent cesser d'être distincts. Les Ophiures, les Oursins, les Holothuries sont aussi intimement liés que possible aux Étoiles de mer ; mais leurs rayons paraissent avoir perdu toute conscience propre, tandis que chez certaines Étoiles de mer chaque bras séparé continue à ramper, à suivre une route déterminée ou à s'en détourner suivant les cas, à s'agiter quand on l'excite, à témoigner en un mot d'une véritable conscience. La conscience du rayon n'en est pas moins subordonnée à la conscience de l'Étoile, comme le prouve l'harmonie qui s'établit entre les mouvements des parties lorsque l'animal se déplace. On peut considérer cette conscience comme résidant dans l'individu central, dans l'individu nourricier autour duquel les autres se sont groupés, et il en est de même chez les Polypes coralliaires. Les Méduses, plus élevées en apparence que ces derniers, se rapprochent au contraire des Botrylles au point de vue du mode d'établissement des sensations communes. L'individu central souvent caché au centre de l'ombrelle ne paraît pas intervenir plus directement que les autres dans les phénomènes de coordination. On a constaté au contraire que les individus composant l'ombrelle étaient unis par un anneau nerveux qui établit entre eux l'harmonie nécessaire aux mouvements de locomotion, et permet sans doute à ces mouvements de se combiner d'après les impressions qui sont produites en un point quelconque de la colonie.

Ainsi l'étude des colonies animales nous permet de distinguer déjà quatre degrés dans le développement des phénomènes qui correspondent à ce que nous nommons la *conscience* chez les animaux supérieurs. D'abord les individus associés demeurent à peu près complètement indépendants les uns et des autres; le voisinage forcé, la continuité des tissus, l'unité à peu près constante de l'appareil digestif établit néanmoins entre eux un certain nombre de rapports qui font que chaque individu ne peut demeurer absolument étranger à ce qui se passe chez ses compagnons les plus proches : c'est le cas des Éponges, des colonies de Polypes hydraires, de Polypes coralliaires, de Bryozoaires et de quelques colonies d'Ascidies; bientôt des communications régulières s'organisent entre les membres d'une même colonie ; mais cela peut avoir lieu de trois façons : ou bien chaque individu transmet successivement à tous les autres, par un procédé du reste variable, les sensations qu'il éprouve (Pyrosomes, Pennatules) ; ou bien grâce à la coopération de tous les individus il se forme un organe particulier chargé de transmettre simultanément à tous certaines impressions et capable par cela même de déterminer la production de certains mouvements combinés (Méduses, Botrylles) ; ou bien enfin un individu déterminé, membre comme les autres de la colonie, est chargé de concentrer toutes les impressions, de les apprécier et de diriger, en conséquence, les actes de l'association (Polypes coralliaires, Echinodermes, animaux annelés et articulés).

Dans un seul cas, le dernier, une certaine part des impressions produites sur les différents individus ou même certaines impulsions émanées d'eux arrivent à un individu *unique*, qui les ressent personnellement et dont la volonté semble alors dominer celle des autres. C'est la conscience de cet individu qui s'agrandit de manière à devenir la conscience même de la colonie; c'est lui qui veut pour tous ses compagnons : ceux-ci lui obéissent docilement et, cette centralisation faisant des progrès, l'on croit voir comment s'établit dans la colonie une unité psychologique, réelle, indiscutable, comment les animaux supérieurs arrivent à la notion de leur indivisibilité, comment le *moi* se substitue au *nous*. Ce *moi* ne serait autre chose que le *moi* envahissant et devenu despotique de l'individu à qui des circonstances diverses ont donné dans la colonie une place prépondérante.

Ce mode de développement de l'individualité psychologique présente lui-même des degrés. L'individu-directeur n'est pas arrivé d'un seul coup à établir son hégémonie. C'est, pour nous servir d'une heureuse expression de M. Alfred Espinas (1), par une longue série de délégations successives qu'il est parvenu à concentrer en lui la plus grande part de l'activité psychique de la colonie ; il a reçu peu à peu un mandat de plus en plus étendu avant d'arriver à obtenir l'abdication plus ou moins complète de ses associés. Est-ce autrement que les simples confédérations se transforment en nations puissantes, ayant de vastes capitales où s'agitent les questions d'intérêt général, d'où rayonnent les grandes idées, où se concentrent tous les pouvoirs?

Dans les chaînes de Turbellariés tous les individus sont égaux, il n'y a entre eux aucune différence ; chez les Cestoïdes, un individu, l'embryon ou plutôt la larve *hexacanthe*, se charge de trouver pour la colonie une place temporaire ; il disparaît une fois son œuvre accomplie ; un autre individu, le *scolex* ou prétendue tête du Cestoïde, prend le rôle principal et fixe la colonie à sa place définitive. Chez les Annélides ces deux individus, qui ne sont autre chose que les deux aînés de la colonie, forment la tête et le segment anal de l'animal : ils sont tous deux l'objet de délégations particulières ; mais c'est le plus âgé des deux qui conserve le rôle principal et qui devient en somme le véritable individu-directeur. Il est à remarquer toutefois que sa domination est relativement peu étendue. Nous avons vu que les grandes Eunices se mordent la queue sans en avoir conscience; souvent des Annélides dont la partie postérieure est presque broyée se meuvent à peu près comme celles

(1) *Les Sociétés animales*. 1 vol. in-8, 2e éd., 1878.

qui sont intactes ; on sait avec quelle facilité ces animaux placés dans de mauvaises conditions s'amputent spontanément, et la douleur qui résulte de cette amputation ne paraît pas plus considérable, si l'on en juge par les mouvements de l'animal, que celle éprouvée en pareil cas par les Hydres. La domination du premier segment est donc relativement très faible chez ces Annélides. Il n'est pas sans intérêt de la voir s'affaiblir de plus en plus à mesure que l'on s'éloigne de la tête, et ce fait est de nature à expliquer la réduction du nombre des anneaux que l'on remarque chez les animaux issus de colonies linéaires, toutes les fois que l'individualité de la colonie prend décidément le pas sur celle des organismes associés. Les anneaux sur lesquels l'individu-directeur n'aurait pas une influence suffisante deviennent une gêne ; ils se réduisent d'abord, comme chez les Hermelles, les Scorpions et les Vertébrés pourvus d'une queue, puis ils disparaissent. Il est difficile cependant de déterminer dans quelle mesure, même chez les Annélides, les différents individus ont perdu leur individualité psychologique. Les mouvements que l'on peut provoquer dans un tronçon d'Annélide, composé d'un aussi petit nombre d'anneaux qu'on voudra, ceux qui agitent les membres d'un thorax d'Insecte séparé de la tête et de l'abdomen, lorsqu'on vient à porter sur eux une excitation, ne prouvent pas, à la vérité, que le tronçon de l'Annélide, le thorax de l'Insecte aient conscience de ce qui se passe en eux-mêmes. On sait qu'un animal décapité, qu'un homme privé de sentiment peuvent sous l'influence des stimulants ordinaires exécuter des mouvements qui ressemblent étonnamment aux mouvements conscients, produits sous l'influence de la volonté : les physiologistes ont désigné ces mouvements tout mécaniques sous le nom de *mouvements réflexes*. Mais l'habitude peut transformer en mouvements réflexes presque tous les mouvements conscients et volontaires. C'est donc une question très délicate que d'arriver à déterminer quel est le degré de dépendance dans lequel l'individu-directeur, celui que nous nommons la tête, tient ses co-associés ; cependant comme, en définitive, chez les animaux supérieurs, les physiologistes excluent des phénomènes relevant de la conscience tous les phénomènes de sensation qui ne sont pas centralisés dans le cerveau et tous les phénomènes de mouvement qui ne sont pas directement commandés par lui, on est conduit à mesurer le degré d'*individualité psychologique* ou, ce qui revient au même, le *degré de conscience* d'une colonie par le degré de centralisation des fonctions psychiques dans l'individu qui joue le rôle de tête.

A mesure que cette centralisation s'accomplit, à mesure que la conscience générale prend une importance plus grande, les consciences particulières s'endorment, confiantes dans celle qui désormais sentira, appréciera, voudra pour toutes. Un petit nombre d'actes très habituels demeurent sous leur dépendance; ces actes échappent à la conscience directrice : ils doivent en général se répéter régulièrement, toujours de la même façon, dans toutes les circonstances de la vie; il est inutile, il serait même fâcheux que leur accomplissement n'ait pas été prévu et réglé une fois pour toutes. Ces actes forment la plus grande part des actes *réflexes*.

Mais cette domination apparente d'un individu de la colonie sur les autres ne fait que reculer la difficulté de l'unité psychologique des animaux supérieurs, sans la résoudre. Tout d'abord un seul individu suffit rarement à la direction d'une association d'ordre élevé. Il n'y a guère que les Annelés chez qui la tête soit réduite à un seul segment; elle en comprend généralement plusieurs, qui demeurent plus ou moins distincts chez les Crustacés et les Arachnides et sont à peu près complètement fusionnés; à l'état adulte, chez les Myriapodes et les Insectes. Comment concilier l'unité de la conscience avec cette multiplicité des individus qui semblent prendre part à sa formation? D'ailleurs, en admettant même que le rôle physiologique spécial et incontestable joué par le méride ou le zoïde-directeur coïncide avec un agrandissement de sa conscience qui absorberait celle de tous les individus subordonnés, comment expliquer la formation de cette conscience elle-même? Dans le cas le plus simple, celui d'un méride-directeur, ce méride n'est-il pas formé lui-même de plastides ayant conservé leur indépendance réciproque? Admettra-t-on que la conscience réside particulièrement dans l'un de ces plastides? Mais ce serait là une hypothèse gratuite que l'on ne saurait appuyer sur aucun fait scientifiquement constaté. Concluons donc que si l'anatomie peut nous rendre compte de certains rapports physiologiques, de certaines coordinations entre les individus constituant un animal donné, elle nous laisse complètement ignorants quant au phénomène de la formation du *moi*. C'est dans une autre direction qu'il faut chercher.

Or, un fait important que nous avons dû mettre en relief dans l'un de nos précédents chapitres prouve que, dans toute colonie, une véritable unité s'est constituée bien avant qu'aucun individu ait pris le rôle directeur qui semble appartenir à la tête chez les animaux annelés, arthropodes et vertébrés. « L'œuf d'un animal vivant en colonie reproduit, avons-nous dit, non pas seulement cet animal, mais la colonie même dont celui-ci faisait partie. » Les divers individus composant la colonie forment donc réellement, par le fait de leur association, une sorte de tout qui se résume dans l'œuf et qui est indivisible comme l'œuf lui-même. L'accélération métagénésique qui se manifeste presque dès le début de la vie sociale et qui tend à reconstituer le plus rapidement possible, avec sa forme définitive, la colonie, c'est-à-dire l'ensemble même dont l'œuf et l'individu qui l'a produit faisaient partie, cette accélération ne se comprendrait pas si l'œuf représentait une partie de la colonie indépendante et non la colonie tout entière, si, par conséquent, la colonie n'était pas virtuellement un tout aux parties solidaires.

Les phénomènes de la reproduction sexuée nous montrent donc que ces associations d'individus, qui semblent avoir conservé toute leur indépendance, se constituent en véritables unités, en dehors de toute prédominance de l'un des organismes associés. Entre les colonies de Polypes et les animaux les plus élevés il n'y a, à ce point de vue, aucune différence : les uns et les autres transmettent en bloc à un plastide unique, l'œuf, la totalité de leurs caractères, et c'est ainsi que les moindres des modifications qu'ils subissent peuvent se perpétuer par voie d'hérédité. L'hérédité de l'ensemble des caractères, telle que la montre l'œuf, les phénomènes de conscience, tels que les montrent les animaux supérieurs, ne sont-ils pas deux effets d'une même cause, deux modes différents de manifestation de cette unité qui se fait, dans une colonie quelconque, en dehors de toute combinaison d'organes?

Bien qu'on ne l'ait pas aperçu dans toute sa généralité et qu'on l'ait implicitement limité aux animaux que l'on considère habituellement comme des individus, le fait de la concentration dans l'œuf de la totalité des caractères d'un organisme a vivement préoccupé les naturalistes. Darwin a essayé de l'expliquer par son hypothèse de la *pangénèse* (1), Hæckel par ce qu'il appelle la *périgénèse des plastidules* (2). La première de ces hypothèses suppose que l'œuf est formé de particules vivantes venant de toutes les cellules du corps de l'individu qui le produit, ainsi que de particules ayant appartenu à tous les ancêtres de cet individu; la seconde n'admet dans l'œuf que des éléments venant de l'individu qui lui donne naissance; mais ces éléments ou *plastidules*, sont animés de mouvements ondulatoires qui peuvent se communiquer aux éléments voisins, et qui résument les mouvements hérités ou acquis par les plastidules analogues des ancêtres.

Malheureusement, dans les phénomènes de formation de l'œuf, on n'entrevoit rien qui autorise à le considérer ainsi, comme le rendez-vous de particules venues de toutes les régions du corps, et l'on se demande pourquoi, après avoir remplacé par un mouvement ondulatoire les particules que l'œuf tiendrait, suivant Darwin, de la série de ses ancêtres, Hæckel n'est pas allé jusqu'au bout et n'a pas rattaché de même à un mode particulier de mouvement imprimé au protoplasme de l'œuf, les propriétés que celui-ci tient de son parent immédiat. D'autre part, si les hypothèses de Darwin et d'Hæckel expliquent les phénomènes d'hérédité, elles ne cherchent pas à expliquer la formation de l'unité psychologique de l'individu et ne tiennent pas compte du lien qui semble exister entre cette unité abstraite et celle qui se manifeste d'une façon sensible dans les propriétés de l'œuf.

Plus préoccupé de cette unité organique qui s'affirme par l'hérédité et par la conscience, M. de Quatrefages a désigné sous

(1) Ch. Darwin, *De la variation des animaux et des plantes sous l'action de la domesticité*, tome II, page 369 (éd. française).

(2) Hæckel, *Essais de psychologie cellulaire*, trad. française, 1880, p. 86.

le nom d'*âme animale* la cause inconnue, mais unique, selon lui, des phénomènes caractéristiques de l'animalité (1); M. Milne-Edwards cherche, de son côté, la cause particulière de l'organisation dans l'alliance avec la matière d'une *substance*, également une, de nature indéterminée (2). Pour M. de Quatrefages, l'âme animale fait partie d'une série de causes dont l'essence est inconnue, mais qui sont capables d'agir simultanément sans se confondre. Ces causes, caractéristiques chacune d'un Règne spécial sont l'*attraction*, qui préside aux mouvements des astres, l'*éthérodynamie* qui produit tous les phénomènes physiques et chimiques ; l'*âme végétale*, cause de la vie, l'*âme animale* qui détermine les phénomènes de conscience et de volonté, propres à l'animal ; enfin l'*âme humaine*.

Quant au mot *substance*, employé par M. Milne-Edwards, il faut évidemment l'entendre non dans le sens de matière, mais dans celui d'un *substratum* indéfini, présent dans toute particule vivante et se rapprochant de ce que l'on nomme ordinairement un *esprit*. Cette « substance », de quelque façon qu'on la définisse, n'est en somme, comme l'âme végétale de M. de Quatrefages, que la cause commune de tous les mouvements qui constituent la vie. Distincte de la matière, elle ne saurait siéger que dans ce merveilleux Éther des physiciens qui baigne toutes les particules matérielles, participe à leurs moindres tressaillements, nous les transmet sous forme d'attraction, de chaleur, de lumière, de magnétisme, d'électricité et devient ainsi l'instrument de l'étroite solidarité qui unit toutes les parties de l'univers, le lien invisible qui relie entre eux tous les mondes. Admettre une âme végétale ou animale, admettre dans tout corps vivant une « substance immatérielle » revient donc à admettre que l'Éther est aussi l'instrument de l'unité caractéristique des corps vivants. Mais l'action de l'être vivant sur l'Éther, le physiologiste la constate à chaque pas. N'est-ce pas en ce fluide que s'accomplissent, en effet, les phénomènes électriques et lumineux dont s'accompagne l'exerçice de la vie dans un grand nombre

(1) A. de Quatrefages, *L'Espèce humaine*, page 11. 1877.

(2) H. Milne-Edwards, *Cours de physiologie et d'anatomie comparée*, t. XIV. 1879.

d'animaux ? S'il y a quelque chose de commun entre ce qu'on a appelé le *fluide nerveux* et l'*électricité* n'est-ce pas que l'un et l'autre sont des mouvements de l'Éther que tiennent emprisonné les corps vivants dans le premier cas, les corps inertes dans le second? S'il en est ainsi, c'est surtout par l'intermédiaire de l'Éther que réagissent les unes sur les autres les diverses parties des animaux même les plus élevés? Mais l'Éther est continu : les mouvements qui l'animent dans un corps vivant doivent donc se transformer en un mouvement d'ensemble qui entraîne toute ses parties dans un complexe et incessant tourbillonnement. Est-ce dans ce mouvement commun que réside le secret de l'unité dont nous cherchons l'explication ? De même que les tourbillons atmosphériques se décomposent souvent en tourbillons plus petits, les mouvements qui ont fait l'unité d'un organisme se résoudraient-ils en mouvements limités, les reproduisant en partie, et qui viendraient imprimer au protoplasme de l'œuf ses facultés héréditaires ?

Nous sommes bien loin de pouvoir espérer encore une réponse à ces questions ; mais puisque nous ne pouvons recourir qu'à l'hypothèse pour nous représenter la cause commune des phénomènes vitaux, l'hypothèse la plus compréhensive et la plus simple est évidemment la préférable. Or, l'intervention, d'ailleurs incontestable, de l'Éther dans le domaine de la vie permet de concevoir les phénomènes de l'hérédité; elle les relie à l'unité de l'individu; elle dispense d'imaginer l'existence d'éléments hypothétiques tels que les plastidules, et de supposer un voyage mystérieux, à travers l'organisme, de ces éléments cherchant à se réunir dans l'œuf; elle met enfin, à la place de toutes ces conceptions, le fluide même aux mouvements duquel on est bien obligé d'attribuer, en dernière analyse, la puissance particulière du système nerveux.

Mais ce n'est encore là qu'une hypothèse sans preuves, et le problème qu'elle voudrait résoudre est de ceux que les philosophes osent seuls aborder encore. Notre rôle de naturaliste doit être plus humble. Peut-être ne refusera-t-on pas cependant une certaine grandeur au but que nous avons poursuivi.

Nous avons cherché à ramener à une même loi le mode de formation des organismes, du plus bas au plus haut degré du Règne animal; nous nous sommes efforcé de mettre en évidence toute la généralité, toute la fécondité d'une idée qui a été plusieurs fois émise, sous des formes diverses, mais presque toujours à titre d'hypothèse partielle, et dont la haute portée et les précieuses conséquences n'avaient pu être aperçues, en raison de l'imperfection de nos connaissances anatomiques et embryogéniques. Personne ne conteste plus aujourd'hui que les êtres vivants ne soient des associations; mais pour que cette affirmation acquît toute sa valeur il fallait montrer par quelle voie ces associations s'étaient constituées pièce par pièce; déterminer quelle était la nature des parties associées, quels étaient les éléments qui avaient formé ces parties elles-mêmes, quelles lois avaient présidé à la constitution et aux métamorphoses de leurs sociétés.

La *reproduction asexuée* ou *métagénèse*, longtemps considérée comme l'apanage exceptionnel de quelques êtres privilégiés, apparaît aujourd'hui comme l'agent indispensable à la formation des colonies animales, mères à leur tour de tous les animaux supérieurs. Grâce à elle un individu primitif, relativement simple, a pu produire un plus ou moins grand nombre d'individus qui se sont groupés de façons diverses et dont l'ensemble est devenu plus tard une unité d'un ordre supérieur, un individu plus complexe; grâce à elle un lien étroit unit d'une façon indissoluble toutes les parties du Règne animal. Procédant, suivant la méthode scientifique, du simple au composé, nous trouvons dans les propriétés des organismes inférieurs, dans le conflit de ces propriétés avec celles du milieu ambiant la cause de la formation des organismes les plus élevés, l'explication de leur structure et de leurs facultés. Le milieu extérieur, les conditions d'existence, se révèlent comme jouant un rôle précis et de premier ordre dans l'évolution des organismes, trop longtemps considérés comme de petits mondes, portant exclusivement en eux-mêmes leur raison d'être et d'être tels qu'ils sont. Les lois mystérieuses de l'anatomie comparée, celles de l'embryogénie s'enchaînent rigoureusement comme la conséquence nécessaire d'une loi unique, la *loi d'association,* dans le développement de laquelle les principes affirmés par les écoles les plus opposées trouvent leur place marquée et leur explication.

Les liens nouveaux établis entre les organismes permettent de les grouper dans un ordre naturel, conforme à leur ordre d'évolution paléontologique. Enfin une notion plus nette de ce qu'il faut entendre par individu, un rapport imprévu entre les phénomènes d'hérédité et les phénomènes de conscience, une explication commune aux uns et aux autres, semblent se dégager, comme dernières conséquences, des lois qui ont régi la formation des organismes.

Entre ces lois et celles qui président au développement des sociétés humaines, il serait facile de signaler plus d'une ressemblance. Ne semble-t-il pas voir l'image exacte de l'évolution que nous venons de tracer dans la lente et graduelle marche ascensionnelle de l'humanité vers la civilisation? N'est-ce pas aussi par la division du travail, offrant aux aptitudes diverses les moyens de se développer, par la coopération, la solidarité, une liberté tempérée par la loi, une discipline respectée de tous, une coordination graduelle de toutes les forces sociales, que l'humble peuplade sauvage arrive à acquérir la richesse, la puissance et l'unité de nos grandes nations modernes? Il serait évidemment oiseux de chercher dans les organismes résultant de cette évolution une ressemblance avec telle ou telle forme de gouvernement. Pour les peuples comme pour les organismes, ce qui importe avant tout, c'est un mode de liaison des parties propre à assurer, dans des conditions données, la plus grande prospérité possible à l'association comme aux individus qui la composent : les formes d'association les plus diverses ont des chances égales de durée si elles sont appropriées aux qualités particulières des individus et au milieu dans lequel ils sont destinés à passer leur vie. La sélection naturelle se charge d'éliminer celles qui ne satisfont pas à cette double condition, ou qui ne savent pas se plier aux variations incessantes du milieu. Les espèces les plus parfaites d'une époque disparaissent à l'époque suivante, de même que les nations se succèdent dans la domination du monde et sur toutes ces ruines, s'édifie lentement le progrès des organismes comme celui des peuples.

Des ruines! Est-ce bien là cependant le dernier mot? De cet effort constant, de ce gigantesque travail qui a permis à la substance vivante de s'élever jusqu'aux superbes hauteurs de l'intelligence humaine, ne doit-il rien rester? Nous dont tous les efforts tendent vers le bien, qui nous abandonnons tout entiers à notre ardent amour pour le vrai, qui sentons vibrer la passion du beau dans toutes les fibres de notre être, pouvons-nous croire que nos travaux, nos émotions sublimes, nos dévouements généreux, tout ce que notre esprit ressent en lui de noblesse, de grandeur, d'aspirations vers l'infini, pouvons-nous croire que tout cela viendra s'évanouir dans les ombres du tombeau? Au nom des grandes doctrines qui tentent de soulever un coin du voile étendu sur l'origine des choses, devons-nous condamner, comme de vaines illusions, les consolantes croyances à une durée plus grande que celle de notre vie, à une sanction de nos actes plus élevée que celle dont les couronnent nos luttes quotidiennes?

Rien ne conduit dans la doctrine de l'Evolution, rien ne conduit dans la doctrine de l'unité de la Force, de l'unité de la Matière à ne voir dans l'Homme qu'une combinaison passagère, éminemment périssable. S'il est possible, comme nous le disions tout à l'heure, que les mouvements vitaux de la matière se transportent à l'Ether, pourquoi ces mouvements éthérés s'éteindraient-ils avec la vie qui est leur cause? La disparition d'une étoile arrête-t-elle le mouvement des rayons de lumière que l'astre a, depuis sa formation, lancés dans l'espace? Pourquoi ne pas admettre que durant la longue évolution historique du corps humain, l'âme humaine, siège de la conscience, s'élaborait à son tour, résumant et conservant ce qu'il y avait de plus harmonique dans les mouvements vitaux? Pourquoi tous les efforts de notre raison en lutte contre les passions qui se déchaînent en nous, pourquoi toute la somme de volonté dépensée à la conquête de ce que nous nommons la vertu, pourquoi tous les sacrifices que nous faisons pour agrandir les horizons de l'esprit humain n'auraient-ils pas pour conséquence d'harmoniser les mouvements de notre âme et d'en assurer la durée? Quelle plus grande récompense l'esprit humain peut-il rêver que celle de contempler, dans la jouissance qu'il acquiert après la mort des vérités dernières, dans la confiance absolue d'une durée sans limite, l'œuvre même qu'il a accomplie sur la terre?

La science ne saurait condamner de telles espérances; elle n'est pas armée davantage pour leur apporter un appui décisif : mais en demeurant dans le domaine du présent, elle peut du moins éclairer la conscience humaine d'une lumière qui défie toutes les négations et asseoir sur des bases inébranlables, parce qu'elles sont une émanation directe de la force des choses, une morale sociale, indépendante des pures croyances métaphysiques, capable par conséquent de donner à la loi une autorité qui commande tous les respects. Elle nous montre clairement, en effet, à quelles conditions le succès a été obtenu dans cette lutte pour la vie qui peut paraître un moment l'effroyable justification de la bataille des appétits et du triomphe de la force. Le succès a été, en réalité, le privilège d'associations dont nos sociétés humaines ne représentent que le dernier terme, terme dans lequel à des liens matériels ou exclusivement physiologiques et inconscients, sont venus s'ajouter des liens intellectuels dont nous avons chaque jour une plus nette conscience. La légitimité de l'association humaine se trouve ainsi établie, puisque l'association est la loi même, la condition inéluctable de la durée et du progrès chez les êtres vivants.

Les rapports entre nos sociétés humaines et celles des éléments vivants qui constituent les organismes sont d'ailleurs plus profonds qu'on ne le suppose d'ordinaire ; les unes et les autres de ces sociétés doivent satisfaire à une triple condition qui leur est commune et qui établit entre elles des ressemblances nécessaires : celle d'assurer la *durée*, la *sécurité* et la *multiplication* des individus qui les composent. Quelques formes qu'elles aient revêtues par la suite, les associations d'abord lâches et restreintes, se sont graduellement fortifiées par les sacrifices réciproques auxquels se sont astreints les individus associés, sans jamais cependant abandonner leur personnalité ; un tel abandon ne se rencontre que dans quelques types auxquels il imprime un caractère manifeste de dégradation. La discipline, la constitution d'organes communs, celle de réserves sociales, accompagnées toujours de réserves personnelles, souvent héréditairement transmises, ont été les facteurs les plus actifs du perfectionnement : ainsi apparaissent les conditions de persistance et de puissance des associations, et ces conditions résument justement la pratique de ce que nous avons nommé les *vertus sociales*.

D'autre part, dès que rayonne l'intelligence, elle se montre partout supérieure à la force : c'est par l'énorme développement de l'appareil coordinateur des forces physiologiques, par l'exceptionnelle perfection de leur système nerveux que les Vertébrés se sont d'abord caractérisés ; parmi eux, ceux qui n'avaient à leur disposition que la force brutale, comme les singuliers et gigantesques Reptiles de la période secondaire, ont disparu devant des êtres d'une intelligence toujours croissante, jusqu'à ce que la *raison humaine* soit arrivée à dominer le monde organique.

Ainsi s'ouvre un vaste champ aux méditations des philosophes et des moralistes ; à une époque, où tant de causes de trouble ont envahi les âmes, la science elle-même se fait révélatrice, et sur les frontières du domaine matériel où elle se confine volontairement, elle montre à l'Homme le chemin dont il ne doit pas s'écarter, alors même que lui échapperait le but vers lequel il marche.

FIN.

TABLE DES MATIÈRES

LIVRE PREMIER

LA VIE ET LES PREMIERS ÊTRES

CHAPITRE PREMIER

INTRODUCTION. — LES THÉORIES PHYSIQUES ET LA DOCTRINE DE LA DESCENDANCE.

CHAPITRE II

LA VIE ET LA SUBSTANCE VIVANTE.

CHAPITRE III

LES MONÈRES.

CHAPITRE IV

LES PREMIERS HÉRITIERS DES MONÈRES.

CHAPITRE V

LES ÊTRES INTERMÉDIAIRES ENTRE LES ANIMAUX ET LES VÉGÉTAUX.

LIVRE II

LES COLONIES IRRÉGULIÈRES

CHAPITRE PREMIER

LES ÉPONGES ET LA FORMATION DE L'INDIVIDUALITÉ ANIMALE.

CHAPITRE II

L'HYDRE D'EAU DOUCE ET L'INDIVIDUALITÉ ANIMALE.

CHAPITRE III

LES MÉDUSES ET LEUR PARENTÉ AVEC LES HYDRES.

CHAPITRE IV

LA DIVISION DU TRAVAIL ET LE POLYMORPHISME DANS LES COLONIES D'HYDRAIRES.

CHAPITRE V

PREMIER MODE DE TRANSFORMATION DES COLONIES DE POLYPES HYDRAIRES EN INDIVIDUS. — LES SIPHONOPHORES.

CHAPITRE VI

LES CORALLIAIRES ET LEURS COLONIES.

CHAPITRE VII

TRANSFORMATION DES COLONIES DE POLYPES HYDRAIRES EN COLONIES DE CORALLIAIRES.

CHAPITRE VIII

LES COLONIES DES BRYOZOAIRES.

CHAPITRE IX

LA VIE SOCIALE CHEZ LES TUNICIERS.

CHAPITRE X

INFLUENCE DE LA VIE SOCIALE SUR LE DÉVELOPPEMENT EMBRYOGÉNIQUE DES TUNICIERS.

LIVRE III

LES COLONIES LINÉAIRES

CHAPITRE PREMIER

CONDITIONS DE FORMATION ET D'EXISTENCE DES COLONIES LINÉAIRES.

CHAPITRE II

TRANSFORMATION DES COLONIES LINÉAIRES EN INDIVIDUS.

CHAPITRE III

MÉTAMORPHOSES ET DÉVELOPPEMENT DES ANNÉLIDES.

CHAPITRE IV

LA DIVISION DU TRAVAIL DANS LES COLONIES LINÉAIRES.

CHAPITRE V

DEUXIÈME TYPE DE COLONIES LINÉAIRES : LES ANIMAUX ARTICULÉS.

CHAPITRE VI

LES FORMES ORIGINELLES DES VERS ANNELÉS ET DES ANIMAUX ARTICULÉS.

LIVRE IV

GROUPEMENTS ET TRANSFORMATIONS PAR COALESCENCE DES COLONIES LINÉAIRES.

CHAPITRE PREMIER

LES COLONIES LINÉAIRES ET LES ANIMAUX RAYONNÉS.

I. — Constitution générale des Échinodermes.

CHAPITRE II

LES COLONIES LINÉAIRES ET LES ANIMAUX RAYONNÉS.

II. — Les Crinoïdes.

CHAPITRE III

LES COLONIES LINÉAIRES ET LES ANIMAUX RAYONNÉS.

(*Suite.*)

III. — Les métamorphoses des Échinodermes et leur signification.

CHAPITRE IV

RETOUR DES COLONIES LINÉAIRES AU TYPE SIMPLE. — LES MOLLUSQUES ET LES BRACHIOPODES.

CHAPITRE V

L'ORIGINE DES VERTÉBRÉS.

CHAPITRE VI

L'APPAREIL EXCRÉTEUR CHEZ LES VERS.

CHAPITRE VII

LES VERTÉBRÉS DÉRIVENT DE COLONIES LINÉAIRES.

LIVRE V

CONCLUSIONS GÉNÉRALES

CHAPITRE PREMIER

LA THÉORIE DE L'ASSOCIATION ET LES LOIS DE L'ORGANISATION.

CHAPITRE II

L'EMBRYOGÉNIE ET LA THÉORIE DES COLONIES.

CHAPITRE III

APPLICATION DE LA THÉORIE DES COLONIES A LA CLASSIFICATION.

CHAPITRE IV

L'INDIVIDUALITÉ ANIMALE.

7806 97. — Corbeil. Imprimerie Éd. Crété.

TABLEAU

exprimant le degré de parenté des groupes primordiaux du Règne animal.

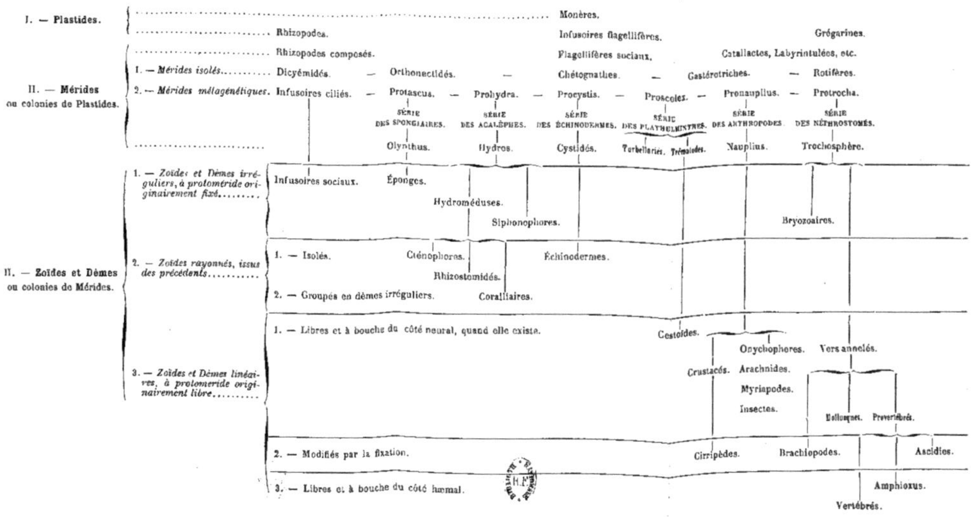

I. — Plastides.

Monères.

Rhizopodes. — Infusoires flagellifères. — Grégarines.

II. — Mérides ou colonies de Plastides.

Rhizopodes composés. — Flagellifères sociaux. — Catallactes, Labyrintulées, etc.

1. — *Mérides isolés*.......... Dicyémidés. — Orthonectidés. — Chétognathes. — Gastérotriches. — Rotifères.

2. — *Mérides mélagénétiques*. Infusoires ciliés. — Protascus. — Prohydra. — Procystis. — Proscolex. — Pronauplius. — Protrocha.

SÉRIE DES SPONGIAIRES. SÉRIE DES ACALÈPHES. SÉRIE DES ÉCHINODERMES. SÉRIE DES PLATHELMINTHES. SÉRIE DES ARTHROPODES. SÉRIE DES NÉTHROSTOMÉS.

Olynthus. Hydros. Cystidés. Turbellariés. Trématodes. Nauplius. Trochosphère.

II. — Zoïdes et Dèmes ou colonies de Mérides.

1. — *Zoïdes et Dèmes irréguliers, à protoméride originairement fixé*........ Infusoires sociaux. Éponges. Hydroméduses. Siphonophores. Bryozoaires.

2. — *Zoïdes rayonnés, issus des précédents*..........
   1. — Isolés. Cténophores. Rhizostomidés. Échinodermes.
   2. — Groupés en dèmes irréguliers. Coralliaires.

3. — *Zoïdes et Dèmes linéaires, à protomeride originairement libre*..........
   1. — Libres et à bouche du côté neural, quand elle existe. Cestoïdes. Onychophores. Vers annelés. Crustacés. Arachnides. Myriapodes. Insectes. Mollusques. Provertébrés.
   2. — Modifiés par la fixation. Cirripèdes. Brachiopodes. Ascidies.
   3. — Libres et à bouche du côté hæmal. Amphioxus. Vertébrés.

DU MÊME AUTEUR, A LA MÊME LIBRAIRIE

TRAITÉ DE ZOOLOGIE

2 volumes grand in-8
avec nombreuses figures dans le texte.

DIVISIONS DE L'OUVRAGE :

Fascicule I. — *Zoologie générale*, avec 458 fig. dans le texte. **12** fr.
— II. — *Protozoaires et Phytozoaires*, avec 243 fig. dans le texte .... **10** fr.
— III. — *Arthropodes*, avec 278 fig. dans le texte..... **8** fr.
— IV. — *Vers, Mollusques*, avec 566 fig. dans le texte. **16** fr.
— V. — *Tuniciers, Vertébrés* (Sous Presse).

Décembre 1897.

ÉCHINODERMES

Un fort volume in-4
avec planches hors texte .... *50 fr.*

Ce volume fait partie des "*Expéditions scientifiques du « Travailleur » et du « Talisman »* pendant les années 1880, 1881, 1882, 1883 ", ouvrage publié sous les auspices du ministère de l'Instruction publique, sous la direction de M. A. Milne-Edwards, membre de l'Institut, Président de la commission des dragages sous-marins, Directeur du Muséum d'histoire naturelle de Paris.

A LA MÊME LIBRAIRIE

Résultats scientifiques de la campagne du Caudan [illegible] le golfe de Gascogne (août-septembre 1895), par R. Kœhler, professeur de zoologie à la Faculté des sciences de Lyon. 3 volumes in-8 des *Annales de l'Université de Lyon*, avec figures dans le texte et 38 planches hors texte [illegible] couleurs dont 16 doubles. [illegible]

Résultats des campagnes scientifiques accomplies sur son Yacht par S. A. S. Mgr le Prince Albert Ier de Monaco, publiées sous sa direction avec le concours de M. le baron de Guerne, chargé des travaux zoologiques à bord. Dix fascicules in-4 parus, avec figures dans le texte, 2 cartes et 53 planches en noir et en couleurs hors texte .... 168 fr.

Traité de botanique, par Van Tieghem, membre de l'Institut, professeur au Muséum d'histoire naturelle. Deuxième édition, entièrement refondue et corrigée. 2 volumes grand in-8 avec 1213 gravures dans le texte.... 30 fr.

Les Enchaînements du monde animal dans les temps géologiques, par M. Albert Gaudry, membre de l'Institut, professeur au Muséum d'histoire naturelle.

Fossiles primaires. 1 vol. gr. in-8 avec 285 figures dans le texte [illegible]

Fossiles secondaires. 1 vol. gr. in-8 avec 403 figures dans le [illegible]

Mammifères tertiaires. 1 vol. gr. in-8 avec 312 figures dans le [illegible]

Essais de paléontologie philosophique, par A. Gaudry, membre [illegible] de France et de la Société royale de Londres, professeur au Muséum d'histoire naturelle. 1 vol. [illegible] avec 204 grav. dans le texte. 8 fr.

Traité de géologie, par A. de Lapparent, membre de l'Institut, professeur à l'École libre des Hautes Études. — *Ouvrage couronné par l'Institut.* Troisième édition entièrement refondue. 2 vol. grand in-8 de 1650 pages avec 726 gravures dans le texte.......................... 24 fr.

Cours de minéralogie, par A. de Lapparent, de l'Institut. Deuxième édition très augmentée. 1 vol. grand in-8 avec 598 gravures et une planche chromolithographiée................................. 15 fr.

Le Monde des plantes avant l'apparition de l'homme, par le marquis de Saporta, correspondant de l'Institut. 1 très beau volume gr. in-8 avec 13 planches dont 5 en couleurs et 118 figures dans le texte. [illegible]

Les Batrachospermes, organisation, fonctions, développement, classification, par S. Sirodot, doyen de la Faculté des sciences de Rennes. 1 vol. gr. in-4 avec [illegible] planches, cartonné. [illegible] fr.

Les Parasites articulés chez l'homme et les animaux, *maladies qu'ils occasionnent*, par P. Mégnin, membre de l'Académie de médecine. Deuxième édition. 1 vol. in-8 avec 91 figures dans le texte et un atlas de 26 planches dessinées par l'auteur, reliés. .... 20 fr.

7506-97. — Corbeil. Imprimerie Ed. Crété.

www.ingramcontent.com/pod-product-compliance
Ingram Content Group UK Ltd.
Pitfield, Milton Keynes, MK11 3LW, UK
UKHW020253230726
13925UKWH00001B/16

9 782014 057867